FRITZ SCHWERDTFEGER · DIE WALDKRANKHEITEN

FRITZ SCHWERDTFEGER

DIE WALDKRANKHEITEN

Ein Lehrbuch der Forstpathologie
und des Forstschutzes

Vierte, neubearbeitete Auflage

Mit 242 Abbildungen

1981

VERLAG PAUL PAREY · HAMBURG UND BERLIN

CIP-Kurztitelaufnahme der Deutschen Bibliothek

Schwerdtfeger, Fritz:

Die Waldkrankheiten: e. Lehrbuch d. Forstpathologie
u. d. Forstschutzes/Fritz Schwerdtfeger. – 4., neubearb.
Aufl. – Hamburg; Berlin : Parey, 1981.
ISBN 3–490–09116–7

ISBN 3–490–09116–7

VORWORT ZUR VIERTEN AUFLAGE

An dem im Vorwort zur ersten Auflage dargelegten Leitgedanken des Buches wurde festgehalten, die aus ihm sich ergebende Gliederung des Stoffes blieb unverändert. Gründlich bearbeitet und dem derzeitigen Wissensstande angepaßt wurde der Sachgehalt. Das Schrifttum ist bis Mitte 1980 ausgewertet.

Wie schon in der dritten Auflage und aus den gleichen, in ihrem Vorwort genannten Gründen wurden in die Schrifttumsnachweise – von wenigen Ausnahmen abgesehen – nur Veröffentlichungen aufgenommen, die seit dem Erscheinen der letzten Auflage, also seit 1970 herausgekommen sind. Die früheren sind in den vorangegangenen Auflagen zu finden. Für die Insekten bis einschließlich der Lepidopteren ist die Literatur nur so weit genannt, als sie noch nicht in den 1972 bis 1978 erschienenen drei ersten Bänden des unten zitierten Handbuchs aufgeführt ist. In den gelegentlich gebrachten Angaben größerer Schadensfälle wurden ebenfalls unter Hinweis auf die anderen Auflagen nur solche genannt, die seit 1970 entstanden sind.

In der Taxonomie und Nomenklatur namentlich der Pilze und Insekten mußten wiederum trotz der Bedenken, die jedem Ändern von Gliederung und Namen entgegenstehen, einige neue Erkenntnisse berücksichtigt werden. Wo es nötig erschien, einen neuen Namen einzuführen, ist der in der dritten Auflage benutzte in Klammern angegeben. Bei den Insekten wurden der Einheitlichkeit von Hand- und Lehrbuch halber Einteilung und Namensgebung dem von W. SCHWENKE herausgegebenen fünfbändigen Werk „Die Forstschädlinge Europas" angeglichen; dem genannten Kollegen danke ich herzlich für die mir überlassenen Vorab-Angaben aus dem noch nicht erschienenen vierten Band.

Dank schulde ich auch einer Reihe von Kollegen für hilfreiche Hinweise und Mitteilungen: Prof. Dr. J. M. FRANZ, Darmstadt; Dr. W. ALTENKIRCH, Dr. G. HARTMANN, Dr. H. KOLBE, Dr. H. NIEMEYER, Dr. K. WINTER, sämtlich Göttingen; Forstdirektor H. KREUSLER, Hessisches Forstamt Sinntal. Meiner lieben Frau danke ich für ihre Hilfe beim Lesen der Korrekturen. Den Inhabern und Mitarbeitern des Verlages Paul Parey bin ich für die wiederum vorzügliche Zusammenarbeit zu Dank verpflichtet.

Göttingen, im Frühjahr 1981   FRITZ SCHWERDTFEGER

AUS DEM VORWORT ZUR ERSTEN AUFLAGE

Obwohl in den zahlreichen bislang aufgestellten Systemen der Forstwissenschaft der Forstschutz als walderhaltende regelmäßig neben den Waldbau als waldbegründende und -erziehende Disziplin gestellt und ihm damit seitens der Wissenschaftstheorie ein fester Platz und ein bestimmter Inhalt zugewiesen wird, ist seine Daseinsberechtigung als Forschungs- und Lehrfach nicht unbestritten. Mit Recht wird darauf hingewiesen, und die derzeitigen Lehr- und Handbücher bestätigen es, daß der wesentliche Inhalt des Forstschutzes sich in der Schilderung der forstschädlichen Pilze und Insekten unter besonderer Betonung der Bekämpfungsmöglichkeiten erschöpfe und daher der Forstmykologie und der Forstentomologie zugewiesen werden könne; der dann noch verbleibende Rest könne von Waldbau und Forsteinrichtung mitbetreut werden.

Die wissenschaftliche Entwicklung des Forstschutzes ruht zum großen Teil auf Ergebnissen, die von Naturwissenschaftlern erarbeitet wurden, von Entomologen, Botanikern, Meteorologen, Chemikern und Bodenkundlern. Auf dem Gebiete arbeitende Forstmänner übernahmen die wohlausgedachten Fragestellungen und Methoden der Naturwissenschaftler. So konnte es nicht ausbleiben, daß der von der forstwissenschaftlichen Theorie gegebene Rahmen mehr unter naturwissenschaftlichen als forstlichen Gesichtspunkten gefüllt wurde. Daran ändert auch nichts die Bedeutung, welche dem Forstschutz in der Praxis beigemessen wurde, oder die Tatsache, daß wichtigste Fortschritte, wie die Schüttespritzung oder die Leimung, von praktischen Forstleuten ausgingen. Naturwissenschaftliche Grundlagen und Forstschutztechnik, beide in ihrer Art vortrefflich ausgebaut, konnten nicht zu einer befriedigenden Synthese gelangen und ein forstlich wohlbegründetes Wissensgebiet entwickeln. Die Folgerung zog die neue Forstliche Studienordnung vom 25. Oktober 1937, als sie den Forstschutz in Teilgebiete auflöste.

Und doch haben die Systematiker Recht, wenn sie den Forstschutz als selbständige und den anderen Fachgebieten gleichberechtigte forstliche Disziplin ansehen. Als solche darf sie aber weder unter naturwissenschaftlichen Gesichtspunkten noch als Technik arbeiten. Mit anderen Worten: Ausgangspunkt der Betrachtung dürfen weder der schädliche Pilz oder das Insekt noch die Bekämpfungsverfahren sein; als forstliches Wissensgebiet muß der Forstschutz vielmehr vom Walde oder von seiner biologischen und wirtschaftlichen Einheit, dem Bestande, ausgehen. Er gelangt auf diese Weise, fast möchte man sagen: zwangsläufig, zu einer von forstentomologischer oder mykologischer Betrachtung ganz abweichenden Auffassung, zu einem übergeordneten Standpunkt, welcher alles Geschehen im Walde, sei es das normale, sei es das zu Schädigungen führende, als Ganzheit erfaßt und von dieser Gesamtschau aus die Fragestellungen ableitet. Damit wandelt sich das, was wir bisher als Forstschutz bezeichneten, zu einer Lehre vom gefährdeten, in seiner Harmonie gestörten, vom kranken Wald, die sich noch klarer als Schwesterfach des Waldbaues ausweist, der biologische Grundlagen und Behandlungstechnik des normalen, in seiner Harmonie ungestörten, gesunden Waldes behandelt. Die den Forstschutz alter Art ausfüllende Aufzählung von Schadursachen und ihren jeweiligen Wirkungen und Abwehrmöglichkeiten muß als spezieller Teil des Faches ergänzt werden durch einen bisher völlig fehlenden, aber ebenso wichtigen allgemeinen Teil, welcher unter ganzheitlich-ökologischer Fragestellung die sowohl auf seiten des Schaderregers wie auf seiten des Waldes notwendiger Voraussetzungen prüft, die zum Ausbruch der Krankheit, zum Eintritt der Schadwirkung führen, welcher ferner den Verlauf der Krankheiten und ihre biologischen und wirtschaftlichen Auswirkungen und schließlich die Maßnahmen des den Wald als Wirtschaftsobjekt betreuenden Menschen zur Verhütung und Abwehr von Schäden untersucht.

Wenn damit die Disziplin ein neues und typisch forstliches Gesicht erhält, schien es nicht zweckmäßig, für sie den alten, das Technische zu sehr in den Vordergrund rückenden Begriff Forstschutz beizubehalten. Die Gesamtheit des Fachgebiets wird besser als Lehre von den Waldkrankheiten oder Forstpathologie bezeichnet, innerhalb deren der Forstschutz ein Teilgebiet darstellt.

Das vorliegende Buch stellt einen Versuch dar, diesen kurz skizzierten Gedankengängen, die erstmalig in meiner Antrittsvorlesung im Jahre 1935 zum Ausdruck kamen, Inhalt und Form zu geben. Wenn trotz des betont forstlichen Standpunktes viele naturwissenschaftliche Dinge eingehender geschildert wurden, als es sonst in forstlichen Büchern üblich ist, so waren dafür die historische Entwicklung des Faches und die derzeitige Handhabung des Unterrichts maßgebend. Auch daß die Einteilung der Krankheiten nach den Ursachen und die Schilderung der bei Waldkrankheiten beteiligten Organismen nach dem biologischen System und nicht, wie es forstlich vielleicht mehr gerechtfertigt erscheint, nach Bestandesform oder Holzarten bzw. nach der pathologischen Bedeutung der Lebewesen erfolgte, ist unter diesem Gesichtspunkt zu werten.

Das Buch, das in erster Linie als Grundlage für den Hochschulunterricht gedacht ist, will vor allem Verständnis für die großen Zusammenhänge erwecken, ohne dabei das notwendige Einzelwissen zu vernachlässigen. Neben dem Studenten der Forstwissenschaft wird es auch dem praktischen Forstmann manches geben können. Dem auf anderen Gebieten der Forstwissenschaft und in benachbarten Wissensfächern Arbeitenden, insbesondere dem Botaniker und Phytopathologen, dem Zoologen und Entomologen, vermag es ein Bild zu vermitteln von der überaus großen Mannigfaltigkeit des Geschehens in einer so vielfältig aufgebauten Lebensgemeinschaft, wie sie der Wald darstellt. Als Lehrbuch in seinem Umfang beschränkt, konnte es den großen, oft fast überwältigenden Stoff, nur bei knappster Gestaltung bewältigen; vieles konnte nur leitfadenmäßig gebracht werden. Tieferes Eindringen ermöglichen die umfangreichen Hinweise auf das Schrifttum.

Die Darstellung bezieht sich im wesentlichen auf die Verhältnisse in Mitteleuropa; die benachbarten Teile des Kontinents, insbesondere die forstpathologisch ähnlichen Gebiete Nord-, Ost- und Westeuropas wurden berücksichtigt.

Eberswalde, im Dezember 1942   FRITZ SCHWERDTFEGER

INHALT

VIERTER ABSCHNITT

Durch Bodeneigenschaften bedingte Krankheiten

DRITTER TEIL

BIOTISCH BEDINGTE KRANKHEITEN

ERSTER ABSCHNITT

Die pathozönen Organismen

ZWEITER ABSCHNITT

Massenentwicklung der pathogenen Organismen

VIERTER TEIL

DISPOSITION UND RESISTENZ DES WALDES

FÜNFTER TEIL

KRANKHEITSVERLAUF
UND KRANKHEITSERSCHEINUNGEN

Abkürzungen für häufig in den Schrifttumsnachweisen vorkommende Titel von Zeitschriften und Schriftenreihen

AdW	Aus dem Walde, Hannover
AEB	Acta Entomologica Bohemoslovaca, Praha
AEF	Annales Entomologici Fennici, Helsinki
AF	Allgemeine Forstzeitschrift, München
AFF	Acta Forestalia Fennica, Helsinki
AFJZ	Allgemeine Forst- und Jagdzeitung, Frankfurt (Main)
AFw	Archiv für Forstwesen, Berlin
AFz	Allgemeine Forstzeitung, Wien
APP	Archiv für Phytopathologie und Pflanzenschutz, Berlin
ARE	Annual Review of Entomology, Palo Alto, California
ARP	Annual Review of Phytopathology, Palo Alto, California
AS	Anzeiger für Schädlingskunde, Pflanzenschutz Umweltschutz, Berlin–Hamburg
ASF	Annales des Sciences Forestières, Paris
BE	Beiträge zur Entomologie, Berlin
BF	Beiträge für die Forstwirtschaft, Berlin
CgF	Centralblatt für das gesamte Forstwesen, Wien
EJFP	European Journal of Forest Pathology, Hamburg–Berlin
FA	Forstarchiv, Hannover
FC	Forstwissenschaftliches Centralblatt, Berlin
FE	Die Forstschädlinge Europas, Handbuch in fünf Bänden, Hamburg–Berlin
FF	Forstwissenschaftliche Forschungen, Hamburg–Berlin
FFD	Det Forstlige Forsøgsvaesen i Danmark, København
FH	Der Forst- und Holzwirt, Hannover
FI	Forsttechnische Informationen, Mainz-Gonsenheim
GP	Gesunde Pflanzen, Frankfurt (Main)
HP	Handbuch für Pflanzenkrankheiten, Berlin–Hamburg
HS	Handbuch der Säugetiere Europas, Wiesbaden
HZ	Holz-Zentralblatt, Stuttgart
JeE	Journal of economic Entomology, Baltimore, Maryland
MBBA	Mitteilungen der Biologischen Bundesanstalt für Land- und Forstwirtschaft, Braunschweig
MdGaaE	Mitteilungen der Deutschen Gesellschaft für allgemeine und angewandte Entomologie, Bremen

MEAfV	Mitteilungen der Eidgenössischen Anstalt für das forstliche Versuchswesen, Zürich
MFBW	Mitteilungen der Forstlichen Bundes-Versuchsanstalt, Wien
MNS	Meddelelser fra Norsk Institutt for Skogsforskning, Ås
MSEG	Mitteilungen der Schweizerischen Entomologischen Gesellschaft, Zürich
MVFS	Mitteilungen des Vereins für Forstliche Standortskunde und Forstpflanzenzüchtung, Stuttgart
NBB	Die Neue Brehm-Bücherei, Wittenberg Lutherstadt
NBT	Nederlandsch Bosbouw Tijdschrift, Wageningen
NdDP	Nachrichtenblatt des Deutschen Pflanzenschutzdienstes, Stuttgart
NR	Naturwissenschaftliche Rundschau, Stuttgart
Nw	Die Naturwissenschaften, Berlin
Oe	Oecologia, Berlin–Heidelberg–New York
Pp	Phytopathology, Worcester, Massachusetts
PVF	Pflanzenschutzmittel-Verzeichnis Teil 4 Forst, Biologische Bundesanstalt, Braunschweig
PVG	Pflanzenschutzmittel-Verzeichnis Teil 2 Gemüsebau–Obstbau–Zierpflanzenbau, Biologische Bundesanstalt, Braunschweig
PZ	Phytopathologische Zeitschrift, Berlin–Hamburg
SchwZF	Schweizerische Zeitschrift für Forstwesen, Bern
SF	Sozialistische Forstwirtschaft, Berlin
SG	Silvae Genetica, Frankfurt a. M.
ZaE	Zeitschrift für angewandte Entomologie, Hamburg–Berlin
ZaZ	Zeitschrift für angewandte Zoologie, Berlin
ZPK	Zeitschrift für Pflanzenkrankheiten und Pflanzenschutz, Stuttgart

ERSTER TEIL

GRUNDLAGEN DER FORSTPATHOLOGIE
UND DES FORSTSCHUTZES

Der Wald als Ökosystem. Wälder sind Ökosysteme, die ihr Gepräge durch ein Kronendach bildende Bäume erhalten.

Wir verstehen unter einem Ökosystem ein räumlich umgrenzbares Beziehungs- oder Wirkungsgefüge abiotischer und biotischerElemente.

Biotische Elemente sind Pflanzen und Tiere, die insgesamt eine Lebensgemeinschaft oder Z ö n o s e bilden. Sie sind durch Beziehungen miteinander verbunden.

Bäume und Sträucher des Waldes machen einander Konkurrenz um Boden- und Luftraum. Von ihren Blättern leben Käfer und Raupen; diese bilden die Nahrung für räuberische Insekten und Vögel. Die vom Schmarotzerpilz befallene Kiefer wird von Borkenkäfern zum Absterben gebracht; der Specht zimmert in ihr eine Höhle, die von der Hohltaube als Wohnung bezogen wird; die Taube verschleppt Bucheln und Eicheln und schafft im Kiefernwald einen Laubholzunterstand. Die Abfälle der Bäume an Laub und Holz, die Reste der kurzlebigen Pflanzen, Kot und Kadaver von Tieren werden von Organismen verarbeitet und zu Nahrungsstoffen umgewandelt, welche den höheren Pflanzen das Dasein ermöglichen.

Abiotische Elemente des Ökosystems Wald sind die physikalisch-chemischen Eigenschaften des von ihm beanspruchten Luft- und Bodenraums, mit anderen Worten: die klimatischen und edaphischen Gegebenheiten seines Standorts, soweit sie die Zönose beeinflussen und von ihr beeinflußt werden. Sie bilden in ihrer Gesamtheit die Lebensstätte der Zönose oder den Z ö n o t o p. Auch seine Komponenten stehen in Beziehung zueinander.

Die Lufttemperatur beeinflußt die relative Luftfeuchtigkeit und wird von der Verdunstung des Niederschlags beeinflußt; diese steigert sich mit der Luftbewegung. Die physikalische Struktur des Bodens steht in engem Zusammenhang mit seinem Chemismus. Klima und Boden wirken aufeinander ein.

Die Eigenschaften des Zönotops sind Voraussetzung für Dasein und Zusammenset- zung der Zönose, werden aber auch von ihr beeinflußt: der Wald schafft sich ein eigenes Waldklima und verändert mit dem Entzug von Nährstoffen und der Lieferung von Bestandesabfall den Boden. So bilden Lebensstätte und Lebensgemeinschaft ein Gefüge gegenseitiger Beziehungen und Wirkungen, eben ein Ö k o s y s t e m.

Namentlich im osteuropäischen Schrifttum wird für es auch das Wort Biogeozönose benutzt.

Ökologisches Gleichgewicht. Vom Menschen unberührte Wälder hatten vor Hunderten oder Tausenden von Jahren im wesentlichen die gleiche Zusammensetzung wie heute. Das ist insofern bemerkenswert, als jeder Organismus dazu neigt, sich zu vermehren; in einer Gemeinschaft von Lebewesen, die beständig sein soll, muß dieser Tendenz eine entsprechende Minderung entgegenwirken, die für jede Art im richtigen Verhältnis zur Mehrung steht. Der Zugang muß dem Abgang die Waage halten, wir sprechen von einem ö k o l o g i s c h e n G l e i c h g e w i c h t. Dieses Wort bedeutet nicht, daß Zu- und Abgang einander stets gleichen; sie weichen regelmäßig über längere oder kürzere Zeitspannen und oft erheblich voneinander ab. Auf die Dauer aber müssen Mehrung und Minderung einander aufheben. Bewirkt wird das Gleichgewicht durch den Mechanismus der Selbstregelung: zu reichlich angekommener Jungwuchs macht sich gegenseitig Konkurrenz, es bleiben nur so viele Pflanzen, wie Raum und Nahrung reichen; Raupen in den Baumkronen, die in erhöhter Zahl auftreten, werden verstärkt von räuberischen und parasitischen Widersachern angegriffen und rasch auf ihre frühere Besatzdichte zurückgeführt. Ein zuviel wird durch Gegenwirkungen, die aus der Lebensgemeinschaft selbst kommen, heruntergedrückt; ein Zuwenig füllt sich durch die allen Organismen eigene Vermehrungsfähigkeit bald auf.

Eine durch Selbstregelung im ökologischen Gleichgewicht bleibende, also beständige Lebensgemeinschaft wird als Biozönose oder abgekürzt Biozön, ihre Lebensstätte als Biotop und das Gefüge aus beiden als Holozön bezeichnet. Die Worte kennzeichnen durch das Vorhandensein eines ökologischen Gleichgewichts herausgehobene Formen von Wirkungsgefügen innerhalb der umfassenderen Begriffe Zönose, Zönotop und Ökosystem.

Der Wald als Bewirtschaftungsobjekt des Menschen. Auf den untersten Stufen seiner Kultur ist der Mensch, soweit er im Walde lebt, kaum mehr als eines der vielen Glieder der Lebensgemeinschaft. Mit zunehmender Einwirkungsmöglichkeit wird er zum Störer des Gleichgewichts und schließlich, zumindest zeit- und stellenweise, zum Zerstörer des Biozöns. Erst wenn er erkennt, daß die Vernichtung in mancherlei Hinsicht Unheil bringt, wird er zum Bewirtschafter des Waldes.

Auf dieser Stufe, die wir den weiteren Erörterungen unter Beschränkung auf den mitteleuropäischen Raum zugrundelegen, bewirtschaftet der Mensch den Wald mit verschiedenen Zielsetzungen: aus Produktionsgründen zur Gewinnung des Rohstoffs Holz, aus landeskulturellen Gründen z. B. im Interesse eines ausgeglichenen Wasserhaushalts, aus sozialen Gründen, um der Industriegesellschaft Erholungsmöglichkeiten zu bieten. Je nach dem Ziel kann oder muß das Handeln des Menschen verschieden sein.

Die Bewirtschaftung kann so erfolgen, daß der Charakter des Waldes als einer standortgemäßen, sich selbst regelnden Lebensgemeinschaft weitgehend bewahrt bleibt. Beispiel mag hinsichtlich der Zusammensetzung der artenreiche Mischwald der Flußauen oder auch der hier passende Fichtenwald in den Hochlagen des Harzes, hinsichtlich der Nutzung die plenternde Entnahme einzelner Stämme sein, die das Gefüge nicht beeinträchtigt. Der derart bewirtschaftete Wald entspricht trotz der Eingriffe des Menschen einer echten Biozönose. Anders ist sein Charakter, wenn er aus betrieblichen Gründen in gleichaltrige Bestände aufgeteilt, wenn statt der ortgemäßen eine andere Baumart, etwa anstelle der Buche die Fichte angebaut wird, oder wenn gar der Mensch auf einem Standort, der von Natur aus keinen Wald trägt, einen solchen aufzieht. Auch solche anthropogenen Zönosen besitzen die Fähigkeit zur Selbstregelung; sie strebt allerdings nicht das Erhalten eines (nicht vorhandenen) ökologischen Gleichgewichts an, sondern seine Gewinnung: die Selbstregelung drückt sich in einem Verändern des derzeitigen Zustandes in Richtung auf eine standortgemäße, beständige Gemeinschaft aus.

Beispiel hierfür sei die seit 1951 vorgenommene Aufforstung atlantischer Heiden im Emsland (BEHRNDT 1966). Nur mit Hilfe des Menschen konnten sich die frischgepflanzten Kiefern der Konkurrenz des Heidekrautes erwehren; nach wenigen Jahren wurden sie vom Schüttepilz *Lophodermium pinastri* und vom Kiefernknospentriebwickler *Rhyacionia buoliana* befallen, in einem Ausmaß, das wiederholt Bekämpfungen nötig machte, um sie vor der Vernichtung zu retten. Ohne die menschlichen Maßnahmen wäre der neugegründete Wald auf weiten Flächen bald wieder vergangen, um der standortgemäßen Heidebiozönose Platz zu machen.

In solchem Falle muß der wirtschaftende Mensch der Selbstregelung entgegenwirken, sie durch Fremdregelung unterstützen oder gar ausschalten. Es ist geradezu ein ökologisches Gesetz, daß in anthropogenen Organismengemeinschaften zur Wahrung ihrer Existenz die Selbstregelung, die im natürlichen Biozön meist allein ausreicht, um so mehr durch Fremdregelung ergänzt und schließlich antagonistisch kompensiert werden muß, je weniger die Gemeinschaft den standörtlichen Gegebenheiten entspricht.

Gesunder und kranker Wald. Wenn junge Kiefern infolge des Befalls durch Schüttepilz und Wickler in ihrer Entwicklung gehemmt oder gar in ihrem Fortleben bedroht sind, so heißt das: sie sind erkrankt. Denn: unter K r a n k h e i t wird gemeinhin eine Abweichung vom normalen Verlauf der Lebensvorgänge im Organismus verstanden, die ihn oder Teile von ihm in Gedeihen oder Dasein bedrohen.

Nicht jede Abweichung vom Normalen braucht Gedeihen oder Dasein des Lebewesens zu gefährden. Die Verbänderung einer Pflanzenachse oder die Gallbildung am Eichenblatt sind nicht als bedrohlich anzusehen. Solche unbedenklichen Abweichungen vom Normalen bezeichnet man als Mißbildungen oder Terata; sie sind Gegenstand der Teratologie. Für den Forstmann können Mißbildungen trotz ihrer Ungefährlichkeit wirtschaftlich von Bedeutung sein, wenn sie, wie beispielsweise Kropfbildung am Eichenstamm, Verwendbarkeit und Wert des erzeugten Holzes beeinträchtigen.

Im Einzelfall kann es schwer sein, eine Grenze zwischen krank und gesund zu ziehen, da auch das Normale eine gewisse Variationsbreite besitzt, deren äußere Werte in den Bereich des Anomalen übergreifen. Eine scharfe Abgrenzung des Begriffs Krankheit ist daher unmöglich.

Der übliche Krankheitsbegriff, wie er oben definiert wurde, bezieht sich auf den Organismus als Einzelwesen, auf den Menschen, das Tier, die Pflanze, die einzelne Kiefer. Er ist ein p h y s i o l o g i s c h e r Begriff, weil unter Krankheit eine Störung der physiologischen Prozesse im Organismenkörper verstanden wird. Das gilt auch, wenn nicht nur ein Einzelwesen betroffen ist, sondern zahlreiche gleichartige Individuen, z. B. sämtliche Kiefern einer Kultur krank werden. Die erkrankte Kultur ist die Summe der erkrankten Pflanzen.

Anders liegt der Fall, wenn wir den Krankheitsbegriff ö k o l o g i s c h auffassen und ihn auf die Lebensgemeinschaft beziehen. Die Daseinsbedrohung besteht dann in einer Störung des Beziehungsgefüges. Im natürlichen, ein ökologisches Gleichgewicht aufweisenden Biozön wird es nicht oft dazu kommen, doch vermag auch im Urwald ein Sturm, ein durch Blitz entstandenes Feuer oder ein infolge irgendwelcher Umstände verursachtes Massenauftreten eines Insekts Verheerungen anzurichten (S. 325). Im nicht standortgemäßen Wald führt – wie wir sahen – die jedem Ökosystem eigene Fähigkeit der Selbstregelung zu Entwicklungen, die von dem derzeitigen Zustand wegführen. Der wirtschaftende Mensch, der den von ihm geschaffenen Wald erhalten und nutzen will, muß solche Entwicklungen als unerwünscht, von seinem Standpunkt aus als krankhaft ansehen. Aber auch abgesehen von Vorgängen der Selbstregelung können im Kunstwald – wie im Urwald – Störungen des Wirkungsgefüges eintreten.

Im bewirtschafteten Wald läßt sich dem Krankheitsbegriff auch ein ö k o n o m i - s c h e r Inhalt geben. Unter der Norm, von der die Waldentwicklung im Krankheitsfalle abweicht, wäre dann nicht das biologische Geschehen, sondern der vom Menschen gesetzte wirtschaftliche Maßstab zu verstehen. Im ökonomisch erkrankten Wald ist die Erreichung des angestrebten Wirtschaftsziels gefährdet.

Im allgemeinen wird der physiologisch und ökologisch gesunde auch der ökonomisch gesunde Wald sein. Doch kann die Bewertung verschieden ausfallen. In Westfalen gibt es Eichenwälder, die in ihrer Zusammensetzung echten Biozönosen entsprechen; in ihnen richtet der Eichenwickler *Tortrix viridana* immer wieder schwächere und stärkere Fraßschäden an. Sie sind dadurch nicht in ihrem Dasein bedroht, und offenbar gehört zeitweiliger Fraß des Wicklers zu ihrer normalen Entwicklung. Ökologisch müssen sie als gesund angesehen werden, physiologisch wird der einzelne Baum in seinem Wachstum gestört, und ökonomisch bedeutet der Zuwachsverlust eine Abweichung von dem vom Menschen gesetzten Maßstab.

Gleichgültig, unter welchem Aspekt, dem physiologischen, dem ökologischen oder dem ökonomischen, er den erkrankten Wald betrachtet: der Forstmann kann nicht umhin, sich mit den Krankheiten im Walde zu befassen. Er muß, wenn er seine Aufgabe, den Wald zu bewirtschaften, erfüllen will, hinreichende Kenntnis von den vorkommenden Krankheiten, ihrer Entstehung, ihres Verlaufs, von den möglichen Folgen und den Maßnahmen zu ihrer Abwehr besitzen. Diese Kenntnis vermittelt ihm die Lehre von den Waldkrankheiten, die Forstpathologie. Sie ist das Gegenstück zur Lehre vom gesunden Wald und seiner Behandlung, zum Waldbau.

Forstpathologie und Forstschutz. Gegenstand der Forstpathologie ist die Erkrankung sowohl des einzelnen Baums als auch ganzer Bestände und Wälder. Im letzten Fall ist sie Epidemiologie: Massenerkrankungen werden als Epidemien oder Seuchen bezeichnet. Eine auf eine bestimmte Gegend beschränkte Seuche ist eine Endemie. Erzeugt die Seuche schwere biologische und wirtschaftliche Schäden, so spricht der Forstmann von einer Kalamität.

Wodurch ein pathologisches oder krankhaftes Geschehen zustandekommt, untersucht die Ätiologie, die Lehre von den Krankheitsursachen, von den pathogenen oder krankmachenden Faktoren. Als Ursachen der an Bäumen und Baumgemeinschaften auftretenden Krankheiten und Schäden kommen zwei Gruppen von Faktoren in Betracht: Einflüsse der unbelebten Welt oder abiotische Faktoren, wie Hitze, Frost oder Feuer, und Einwirkungen der belebten Welt oder biotische Faktoren, z. B. Bakterien, Pilze oder Insekten.

Der Verlauf der Krankheit ist durch Veränderungen im Organismus und in der Organismengemeinschaft gekennzeichnet. Er ist akut, wenn die Erkrankung plötzlich einsetzt, bald ihren Höhepunkt erreicht und schnell zu Ende geht, oder chronisch, wenn sie sich allmählich entwickelt und lange andauert. Sie führt entweder zur Wiedergesundung oder zum Tode; im letzten Falle verläuft sie letal.

Die Vorgänge bei einer Walderkrankung können einfach sein, etwa wenn ein Brand den Waldbestand vernichtet. Häufiger aber sind sie recht verwickelt: Beispielsweise wird durch geeignetes Wetter die Übervermehrung eines Schadinsekts ausgelöst, das durch Fraß an den Blättern die befallenen Bäume schwächt. Je nach dem Grad der Schwächung werden sie disponiert für eine Infektion durch Borkenkäfer oder durch Schmarotzerpilze, die zum Tode führen kann. Das Ausmaß der Schwächung ist abhängig vom vorherigen Vitalitätszustand der Bäume und der Stärke des ursprünglichen Insektenbefalls, der wiederum vom Auftreten tierischer Widersacher oder vom Einsetzen ungünstigen Wetters beeinflußt wird. So stehen, ähnlich wie in einer gesunden Lebensgemeinschaft deren Glieder, auch bei einer Erkrankung zahlreiche abiotische und biotische Elemente oder Faktoren miteinander in Wechselwirkung. Es liegt wiederum ein Beziehungsgefüge vor, das entsprechend dem Begriff Biozön als Pathozön bezeichnet werden kann; unter ihm soll die Gesamtheit der bei einer Krankheit wirksamen Faktoren einschließlich der erkrankten Organismen verstanden werden.

Der Mensch sucht, wenn Krankheiten ihn selbst oder die Objekte seiner wirtschaftlichen Tätigkeit bedrohen oder befallen haben, sie abzuwehren, entweder durch die vorbeugenden, auf weite Sicht wirksamen Maßnahmen der Hygiene oder mit den unmittelbar wirkenden Bekämpfungs- und Heilverfahren der Therapie. Die Maßnahmen des Forstmanns zur Abwehr von Baum- und Waldkrankheiten werden unter dem Begriff des Forstschutzes zusammengefaßt. Der Forstschutz ist ein Teil der Forstpathologie, kann aber auch als Technik der Forstpathologie im engeren Sinn als Grundlagenkunde gegenübergestellt werden.

Dieser Übersicht über die Aufgaben der Forstpathologie wird die Gliederung der weiteren Ausführungen, mit gelegentlichen Abänderungen und Ergänzungen, folgen.

Schrifttum: BEHRNDT, G.: 15 Jahre Ödlandaufforstung im Emsland. FH 21, 90–92, 1966. — BONNEMANN, A., u. RÖHRIG, E.: Der Wald als Vegetationstyp und seine Bedeutung für den Menschen. 1. Bd. v. Dengler, A.: Waldbau auf ökologischer Grundlage. 4. A. Hamburg-Berlin 1971. — ELLENBERG, H. (Hrsg.): Ökosystemforschung, Berlin-Heidelberg-New York 1973. — LEIBUNDGUT, H.: Der Wald – eine Lebensgemeinschaft. 2. A. Frauenfeld-Stuttgart 1970. — SCHWERDTFEGER, F.: Ökologie der Tiere. Bd. 3: Synökologie. Hamburg-Berlin 1975.

Einen historisch geordneten Überblick über die von 1811 bis 1955 herausgekommenen deutschsprachigen Buchveröffentlichungen über Forstpathologie und Forstschutz enthält die 2. Auflage des Buchs. Seitdem sind an Büchern neu erschienen: GÄBLER, H.: Allgemeiner Forstschutz. Radebeul-Berlin 1962. — Forstschutz. Wissenschaftl. Taschenbücher Bd. 9, Berlin 1963. — SCHIMITSCHEK, E.: Grundzüge der Waldhygiene. Hamburg-Berlin 1969. — SCHWERDTFEGER, F.: Die Waldkrankheiten, 3. A. Hamburg-Berlin 1970. — BUTIN, H., u. ZYCHA, H.: Forstpathologie. Stuttgart 1973. — REISCH, J.: Waldschutz und Umwelt. Berlin-Heidelberg-New York 1974.

Hinzuweisen ist auf die in der Zeitschrift für Pflanzenkrankheiten und Pflanzenschutz (Stuttgart) seit dem Jahrgang 1960 erscheinenden Sammelberichte „Deutsche Forstschutz-Literatur"; sie stammen für den Zeitraum 1958 bis 1971/72 von W. THALENHORST, seitdem von H. BOGENSCHÜTZ, J. KORSCH und A. WACHTER..

ZWEITER TEIL

ABIOTISCH BEDINGTE KRANKHEITEN

Die Eigenschaften des Klimas bzw. der Witterung und des Bodens, welche die Voraussetzung für Dasein und normale Entwicklung des Ökosystems Wald bilden, können, wenn sie in einer von der Norm abweichenden Weise auftreten, Ursache für dessen Erkrankung werden.

Die nachstehende Schilderung der durch abnorme Wetter- und Bodenbedingungen verursachten Waldkrankheiten ist nach den Schadursachen gegliedert. Dabei bleibt zu beachten, daß infolge der gegenseitigen Verzahnung der Komponenten vielfach nicht nur ein einzelner Faktor pathogen wird, sondern eine Vielheit, die oft nicht klar zu entwirren ist. Den durch Wetter- und Bodenfaktoren bedingten Erkrankungen sind die Feuer- und Rauchschäden vorangestellt, deren unmittelbare Ursachen ebenfalls abiotischer Natur sind, in den meisten Fällen allerdings auf menschliche Tätigkeit zurückgehen.

Die Eigenart und Unterschiedlichkeit der anwendbaren Abwehrmaßnahmen machen es notwendig, sie bereits hier unbeschadet der späteren zusammenfassenden Darstellung im siebten Teil des Buches zu schildern.

ERSTER ABSCHNITT

FEUERSCHÄDEN

Arten. Feuer kann im Walde auftreten als 1. Erdfeuer: unterirdische Torf- und Kohlenbrände, die gelegentlich an die Oberfläche durchbrechen; selten. 2. Stammfeuer: an einzelnen, trockenen, anbrüchigen Stämmen; bedeutungslos. 3. Boden- oder Lauffeuer im Bodenüberzug; am häufigsten. 4. Wipfel- oder Kronenfeuer: in den Kronen; am schädlichsten. Wipfelfeuer entsteht aus Bodenfeuer, das durch seine Hitze die Kronen austrocknet und leichter entzündbar macht und dann vom Boden aus über Dürräste, Harzkrusten u. ä. in das Wipfeldach schlägt.

Von 4336 Bränden, die während der Jahre 1900–1936 in Bayern vorkamen, waren 2,5 % Erdfeuer, 0,5 % Stammfeuer, 75 % Bodenfeuer, 22 % Wipfelfeuer (USLU 1942). Wir werden es im folgenden fast ausschließlich mit den beiden letztgenannten zu tun haben.

Entstehung. Zündursachen sind im dichtbevölkerten Mitteleuropa fast ausschließlich menschliche Einwirkungen: 1. Vorsätzliche Brandstiftung; nicht häufig. 2. Fahrlässige Brandstiftung, vor allem durch Rauchen, Abkochen, Verbrennen von Schlagabraum usw.; häufigste Ursache der Waldbrände. 3. Feuergefährliche Betriebe, wie Sägewerke, Fabriken, besonders aber die Eisenbahn, soweit sie noch mit Kohle betrieben wird. Bei sehr vielen Waldbränden bleibt die Entstehungsursache unbekannt.

Von 33 803 in der Bundesrepublik Deutschland 1957–1975 vorgekommenen Waldbränden gingen 6 % auf Brandstiftung, 46 % auf Fahrlässigkeit, 1 % auf Blitzschlag, 19 % auf andere und 28 % auf unbekannte Ursachen zurück (KWF 1976). In weniger dicht bevölkerten Gebieten spielen natürliche Ursachen eine größere Rolle: von 610 in Nordfinnland 1911–1921 vorgekommenen Brandfällen waren 42 % vom Blitz verursacht (SAARI 1923).

Für Entstehung, Verlauf und Wirkung eines Waldbrandes ist weniger die Art der Zündung als die Branddisposition, die Laufbereitschaft des Feuers entscheidend; sie ist an bestimmte Bedingungen gebunden.

Bedingungen. Ausschlaggebend ist das Vorhandensein von leicht brennbarem Material, von trockenem Gras, Heidekraut, Reisig, das einem Bodenfeuer Nahrung gibt. Dieses wird zu Wipfel- und somit zu Vollfeuer, wenn es in Nadelholzdickungen und -stangenhölzer vor der Astreinigung oder in mehrstufige Bestände mit Unterwuchs von Nadelholz läuft. Ungeeignet für die Entstehung und Fortleitung von Bränden sind einstufige, von Ästen bis mindestens Mannshöhe gereinigte Baum- und Stangenhölzer ohne Bodenflora oder brennbare Humusdecke, bodennasse Erlen- und Auewälder, Laubholzbestände im Sommerlaub ohne zusammenhängende Bodenflora und ohne stärkere Schicht von Auflagehumus. Ganz allgemein sind brandgefährdet die Nadelholzwaldungen der Ebene, vor allem die Kiefernbestände unter 40 Jahren, während im Gebirge die meist größere Frische des Standorts die Feuersgefahr mindert. Entsprechend ihren standörtlichen Bedingungen sind die deutschen Waldlandschaften sehr unterschiedlich von Bränden bedroht (Abb. 1).

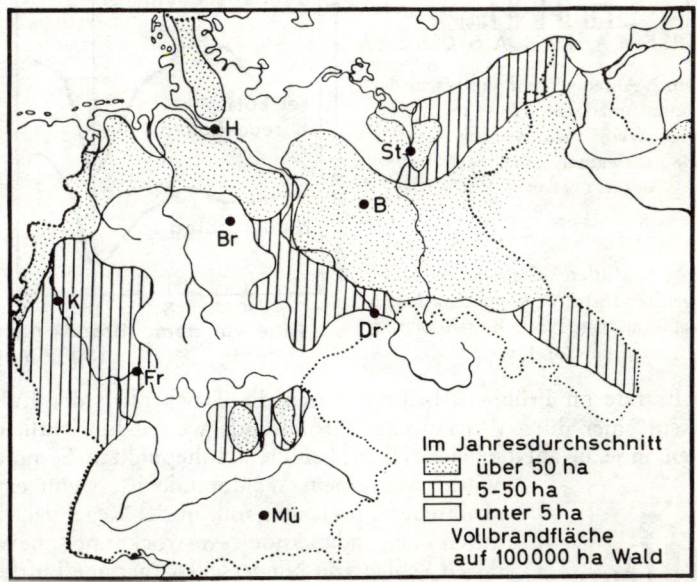

Abb. 1. Waldbrandgefährdung der deutschen Landschaften, auf Grund der Waldbrandstatistik 1866–1944. Nach WECK 1947

In den preußischen Staatsforsten sind im Jahresdurchschnitt des Zeitraums 1927–1937 folgende Flächen, auf jeweils 1 Million ha Holzbodenfläche der betreffenden B a u m a r t berechnet, durch Feuer vernichtet worden: Eiche 76, Buche und anderes Laubholz 20, Kiefer und Lärche 344, Fichte und anderes Nadelholz 125 ha. Von 414 während der Jahre 1877–1906 in Bayern beobachteten Wipfelfeuern entfielen 83 % auf die A l t e r s k l a s s e 1–30, 14 % auf die Klasse 31–60, 3 % auf Bestände, die älter als 60 Jahre waren (USLU 1942). Als relative Gefährdungsklassen gelten Kiefer bis 40 Jahre = 100, über 40 Jahre = 26, Fichte bis 40 Jahre = 45, über 40 Jahre = 3, Laubholz = 8 (WINTERBERG 1978). Die Gefahr ist um so höher, in je größerer A u s d e h n u n g sich brandempfindliche Bestände aneinanderreihen: in weiten, zusammenhängenden Nadelforsten, die infolge gleichzeitiger Entstehung, meist nach Kalamitäten, keine Altersunterschiede aufweisen und auf großen Flächen aus Dickungen bestehen, wird ein Feuer am ehesten zum Großbrand.

Es gibt ausgesprochene Waldbrandjahre, deren trocken-heiße Witterung die Entstehung von Feuerschäden begünstigt. Weiterhin ist von Bedeutung die Jahreszeit. Im Winter gibt es wegen der geringen Temperatur und der hohen Luft- und Bodenfeuchtigkeit keine Waldbrände. Wie Abbildung 2 zeigt, liegt das Maximum an Zahl und

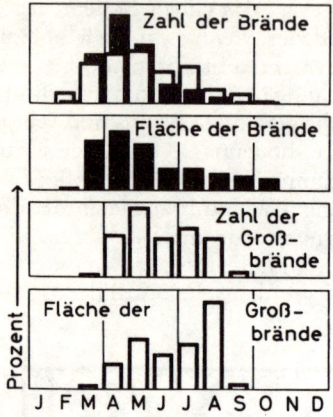

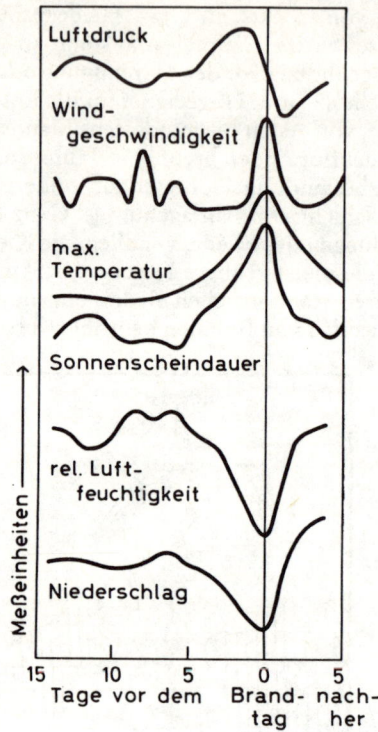

Abb. 2. Anteilige Zahl und Fläche der Brände und Großbrände im Jahresgang. Weiße Säulen nach GEIGER 1948, schwarze Säulen nach BAUMGARTNER et al. 1967

Abb. 3. Mittlerer Gang der meteorologischen Elemente vor und nach dem Waldbrandtag. Nach BAUMGARTNER et al. 1967

Fläche der Brände im Frühjahr, bedingt durch die Trockenheit der Luft und das Vorhandensein einer dürren Grasdecke; Großbrände weisen hinsichtlich der Zahl einen zweiten, inbezug auf die Fläche einen absoluten Höhepunkt im Sommer auf. Das

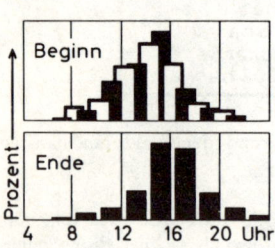

Abb. 4. Beginn und Ende von Waldbränden im Tagesgang. Weiße Säulen nach ZIEGER-LANGE 1960, schwarze Säulen nach BAUMGARTNER et al. 1967

Wetter vor einem Waldbrande ist, wenn er sich zum Großfeuer entwickeln soll, in der Regel gekennzeichnet durch langandauernde Austrocknung, hervorgerufen durch Fehlen von Niederschlag, geringe Luftfeuchtigkeit und hohe Wärme; am Brandtag selbst ist Wind vonnöten, der das Feuer anfacht und weitertreibt. Diese Bedingungen sind beim Abbau einer Hochdruckwetterlage erfüllt (Abb. 3). In den Ausflugsgebieten häufen sich die Brände an Wochenenden und Feiertagen. Vorwiegend entstehen Waldbrände am frühen Nachmittag (Abb. 4); sie enden (nach Untersuchungen in Bayern) im Durchschnitt nur eine Stunde später – ein Nachweis für die meist rasche Entdeckung und wirksame Bekämpfung des Feuers. Sonst läßt der Brand meist gegen Abend und über Nacht, wenn der Wind sich legt und die Luftfeuchtigkeit steigt, nach, um unter Umständen am nächsten Morgen wieder loszubrechen. Je eher am Tag der Brand entsteht, um so länger kann er dauern, um so größer ist die Gefahr. Die Geschwindigkeit, mit der ein Großbrand fortzuschreiten pflegt, beträgt im Durchschnitt 1 km, auf Teilstrecken bis 6 km je Stunde.

Folge eines Waldbrandes ist im schlimmsten Falle der Tod des Waldes. Er ist die Regel bei Wipfelfeuern. Bodenfeuer können von Baumarten mit starker Borke (Kiefer, Lärche, Eiche) ohne Schaden ertragen werden, wenn sie schnell über die Fläche hinweggehen. Junge Laubhölzer, namentlich Eiche, Birke und Erle, können nach dem Brande wieder aus der Wurzel ausschlagen. Nicht tödliche Brandschädigung beeinträchtigt die Widerstandskraft des Waldes gegenüber anderen Krankheiten; das Auftreten von Sekundärschädlingen, namentlich Borkenkäfern, wird begünstigt. Die vom verbrannten Humus übrigbleibenden anorganischen Nährstoffe werden leicht ausgewaschen; Nitrifikation und pH-Wert der obersten Bodenschicht steigen. In Steillagen, namentlich der Hochgebirge, kann das Schwinden der Bodendecke zur Erosion führen.

In der Bundesrepublik Deutschland wurden 1957–1975 durchschnittlich jährlich 2511 ha Wald durch Feuer vernichtet, die Jahresbrandfläche lag zwischen 355 ha 1966 und 8768 ha 1975. Bezogen auf die gesamte Waldfläche betrug die jährlich-durchschnittliche Brandfläche 3,6 ha je 10000 ha (KWF 1976).

Brandkatastrophen. Große, über 1000 ha erfassende, im Zeitraum 1800–1969 aufgetretene Waldbrände sind in der 2. und 3. Auflage des Buchs zusammengestellt. Seitdem kam es, begünstigt durch extrem hohe Wärme und Trockenheit im Juli/August 1975, zu Waldbränden in bis dahin in Mitteleuropa nicht bekannten Ausmaßen in der Lüneburger Heide: vom 8. bis 17. August wurden rund 8300 ha Wald vernichtet, 5 Feuerwehrleute kamen in den Flammen um, im Höhepunkt der Katastrophe waren rund 15000 Mann im Einsatz (BROSSMANN 1975, OTTO 1976).

Die Häufigkeit der Waldbrände hat eine steigende Tendenz, hauptsächlich wohl infolge des ständig zunehmenden Verkehrs. In den bayerischen Staatsforsten traten in den Jahrzehnten

1877–86	1887–96	1897–1906	1907–16	1917–26	1927–36	1950–59
814	1081	833	966	1595	1332	rd. 1900

Waldbrände auf. Zahlreiche Brände entstehen in Ausflugsgebieten und in der Nähe der Großstädte.

Vorbeugung. Der Entstehung von Waldbränden kann durch aufklärende, gesetzliche und technische Maßnahmen vorgebeugt werden.

Aufklärungsarbeit durch Poststempel, Presse, Rundfunk, Fernsehen usw., ferner durch Warnplakate an den Waldeingängen leistet wertvolle Hilfe, zumal da Waldbrände überwiegend durch menschliche Fahrlässigkeit entstehen.

Gesetzliche Maßnahmen bezwecken, alle unnötigen Feuerquellen vom Walde fernzuhalten, unvorsichtiges Umgehen mit Feuer zu verhindern und Voraussetzungen für eine wirksame Brandbekämpfung zu schaffen.

In der Bundesrepublik stellen die §§ 308, 309 und 310a StGB vorsätzliche und fahrlässige Brandstiftung sowie Verursachung von Brandgefahr in Wald, Heide oder Moor durch verbotenes Rauchen u. dgl. unter Strafe; § 368 Ziffer 6, 8 und 9 verbietet das Feueranzünden an gefährlichen Stellen in Wald und Heide, das Nichtbefolgen feuerpolizeilicher Anordnungen und das unbefugte Betreten gesperrter Schonungen und Privatwege. Darüber hinaus hat die Verordnung zum Schutze der Wälder, Moore und Heiden gegen Brände vom 25. Juni 1938 spezielle Vorschriften gebracht, deren wesentlichste in einer Hilfs- und Meldepflicht aller geeigneten Personen bei auftretenden Bränden und in Verboten, offenes Feuer mit sich zu führen, glimmende Gegenstände fortzuwerfen, feuergefährliche Anlagen zu errichten, die Bodendecke abzubrennen, sowie in einem Rauchverbot vom 1. März bis 31. Oktober bestehen. Das Rauchverbot gilt nicht für öffentliche Kunststraßen mit mindestens 4 m breiter, fester Decke. Da die Allgemeinheit an der Erhaltung aller Waldungen, auch der nichtstaatlichen, gleichstarkes Interesse besitzt, ist deren Sicherung gegen Brände durch die Verordnung zur Verhütung und Bekämpfung von Waldbränden in den nicht im Eigentum des Reiches oder der Länder stehenden Waldungen vom 18. Juni 1937 ebenfalls den Forstaufsichtsbehörden übertragen worden. Sie können dem Waldeigentümer die Herstellung technischer Einrichtungen und die Durchführung technischer Maßnahmen im Rahmen seines Leistungsvermögens auferlegen. In allen über 500 ha großen, waldbrandgefährdeten Gebieten sind Gefahrenbezirke gebildet, deren Aufsicht einem Forstverwaltungsbeamten übertragen ist. Einzelne Bundesländer haben eigene Gesetze oder Verordnungen erlassen, die alle auf den Verordnungen von 1937 und 1938 aufbauen. Die Bundesbahn besitzt eine eigene Brandschutz-Vorschrift von 1974 (WINTERBERG 1978).

Bei den technischen Maßnahmen können solche an der Feuerquelle selbst und solche im gefährdeten Wald unterschieden werden. Zu jenen gehören vor allem Einrichtungen, den Funkenflug aus Feuerstellen und Schornsteinen zu verhindern. Da solche Vorrichtungen den erforderlichen Luftzug hemmen, sind sie nur bedingt anwendbar. Der Forstmann muß daher sein Hauptaugenmerk auf die technischen Vorbeugungsmaßnahmen im Walde richten.

Waldbauliche Maßnahmen bezwecken, die Branddisposition der Bestände herabzusetzen, in erster Linie durch Nichtaufkommenlassen feuergefährlicher Bodenüberzüge wie Gras und Heide. Lichthölzern sind Schattenhölzer, Nadelhölzern sind Laubhölzer beizumischen. Unterbrechung des Kronenschlusses ist möglichst zu vermeiden. Bei Durchforstungen ist zu beachten, daß unterdrückte Bestandsglieder dem Übergang eines Bodenfeuers zum Wipfelfeuer Vorschub leisten; das gleiche gilt für Kiefernbestände mit Nadelholzunterbau oder -verjüngung und für plenterartige Bestände.

Maßnahmen der Forsteinrichtung schaffen durch Einteilung des Waldes in Wirtschaftsfiguren und Anlage eines Netzes von Wegen und Schneisen die wichtigsten Vorbedingungen für eine wirksame Bekämpfung. Nur ein ausreichendes Wegenetz gewährleistet das schnelle Heranschaffen von Mannschaft und Gerät an die Brandstelle. Breite Wege und Schneisen vermögen das Weiterlaufen eines Bodenfeuers zu verhindern und liefern Ansatzlinien für Bekämpfungsmaßnahmen. In Nadelholzrevieren ist ein ständiger Wechsel zwischen den am meisten gefährdeten jüngeren Altersklassen und Altbeständen anzustreben; die Entstehung ausgedehnter gleichartiger Bestandesflächen muß vermieden werden. Darüber hinaus sind Feuerriegel zu schaffen, die in der Lage sind, das Weiterlaufen des Feuers aufzuhalten. Sie können in verschiedener Weise eingerichtet werden:

1. Durch Aufasten hinreichend breiter Zonen in Nadelholzdickungen und -stangenhölzern; das anfallende Reisig muß aus der Riegelzone entfernt werden. 2. Durch streifenförmiges Abziehen des brennbaren Bodenüberzugs in Stangen- und Baumhölzern mit bereits fortgeschrittener Astreinigung. 3. Durch Anlage dichter, etwa 50 m breiter Laubholzgürtel an den Rändern von Nadelholzflächen. 4. Durch Ausbau vorhandener Naturschranken etwa durch Schaffen von Stauteichen längs eines Bachlaufs oder durch Anlage von Kunstwiesen. 5. Feuerschutzstreifen, d. h. 100–150 m breite holzleere, an den Seiten wundgehaltene Streifen, die bei Großaufforstungen mit Kiefer üblich waren, werden kaum noch angelegt; ihre Unterhaltskosten sind zu hoch, der Verlust an Holzbodenfläche ist groß, außerdem vermeidet man heute möglichst das Entstehen umfangreicher gleichaltriger Kiefernkulturen. 6. Eine besondere Form der Feuerschutzstreifen sind die Eisenbahnschutzstreifen längs den Bahnlinien. Die 12 bis 15 m breiten Schutzstreifen zu beiden Seiten des Bahnkörpers sind mit immergrünem Nadelholz bestockt, damit Wind und Funkenflug gehemmt werden. Sie werden gegen Wald und Bahn durch Wundstreifen eingefaßt, die durch Querstreifen miteinander verbunden sind (Abb. 5). Es entstehen so kleine, isolierte Rechtecke, auf denen sich kaum ein Bodenfeuer zum gefährlichen Wipfelfeuer entwickeln kann. Um auch die Entstehung eines Bodenfeuers zu erschweren, werden alle feuerfangenden Stoffe wie Heide, Reisig usw. beseitigt. Nachdem die Dampflokomotive den Diesel- und E-Loks hat weichen müssen, sind solche früher überall zu findenden Eisenbahnschutzstreifen weitgehend überflüssig geworden; sie werden nur noch an höchstgefährdeten Streckenabschnitten unterhalten (WINTERBERG 1978). 7. Ähnliche Schutzstreifen dienen in Ausflugsgebieten längs stark begangener oder befahrener Wege oder Straßen zur Sicherung des Waldes gegen Brand.

Da bei der Waldbrandbekämpfung Wasser sich als besonders wirksames Hilfsmittel erwiesen hat, ist in Waldgebieten, in denen es nicht aus der öffentlichen Leitung entnommen werden kann, die Anlage von Löschwasserstellen, zweckmäßig in Verbindung mit natürlichen Wasservorkommen, notwendig.

Bekämpfung. Solange ein Feuer klein ist, kann es von einem einzelnen Mann, erstickt werden. Die Bekämpfung eines Großfeuers, das mit dem Winde über weite Flächen rast, ist vielfach aussichtslos. Großwaldbrände haben häufig menschlicher Maßnahmen gespottet und ihr Ende auf natürliche Weise, durch Nachlassen des Windes, durch Gewitterregen oder nach Durchbrennen bis zu einer Wiesenfläche oder einem See, gefunden. Bei der Bekämpfung von Waldbränden kommt es daher entscheidend auf die frühzeitige Erkennung des noch im Entstehen begriffenen Feuers und auf die rasche Bereitstellung ausreichender, geschulter und mit geeigneten Werkzeugen versehener Arbeitskräfte an.

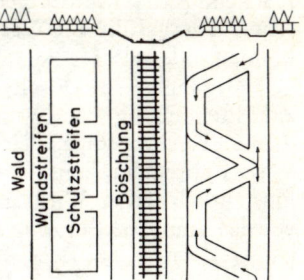

Vorarbeiten. In gefährdeten Waldgebieten wird während der trockenen Jahreszeit, besonders nach Waldbrandwarnung in Dürrezeiten und an Ausflugstagen, ein Feuerwachdienst ausgeübt.

Abb. 5. Feuerschutzstreifen an einer Eisenbahnstrecke. Schema. Links Normalausführung; rechts abgewandelt, damit das Wundhalten der Streifen durch den Pflug oder ein anderes Gerät ohne Absetzen erfolgen kann

Er erfolgt einmal durch Streifen, die auf dem Fahr- oder Motorrad, mit Spaten und Beil, nach Möglichkeit auch mit einem Feuerlöscher ausgerüstet, die gefährdeten Revierteile abfahren, auf Einhaltung der Feuerschutzvorschriften durch Ausflügler usw. achten, kleine Brände selbst löschen und bei großen schnellstens Meldung machen. Weiterhin werden Wächter auf erhöhten Punkten oder besonderen Feuerwachtürmen aufgestellt, die Fernsprechleitung oder Funkverbindung (mit eigener Frequenz: Funkwelle Forst, KRONWALD 1978) zum Forstamt oder zu einer anderen Dienststelle besitzen. Die Angabe des Brandortes erfolgt mit Hilfe einer auf der Plattform des Turmes stehenden, in 360° geteilten Signalscheibe mit Visiereinrichtung; die gleiche Gradeinteilung befindet sich auf einer Karte im Forstamt Der Wächter meldet die Richtung des Brandes nach der entsprechenden Gradzahl. Laufen Meldungen von zwei oder mehr Türmen ein, so läßt sich auf der Karte der Brandort als Schnittpunkt der Richtungslinien festlegen. Die Karte ist mit einem Vierecknetz überzogen, dessen Vierecke durch am Rande stehende Ziffern und Buchstaben gekennzeichnet sind. Entsprechende Karten besitzen alle für den Löschdienst in Frage kommenden Dienststellen und Organisationen, so daß ihnen bei Anforderung durch Angabe des Vierecks der Einsatzort schnell und klar mitgeteilt werden kann. Wertvolle Erkennungshilfe können Besatzungen von Flugzeugen leisten, die in Gefährdungszeiten eigens eingesetzt sind oder zu anderem Zwecke sich in der Luft befinden. Hubschrauber der Polizei, die namentlich entlang den Autobahnen Kontrollflüge vollführen, melden Rauchentwicklungen an ihre Zentrale. Angehörige von Luftrettungsstaffeln (freiwillige Zusammenschlüsse von Sportfliegern zum Einsatz im Katastrophenschutz) geben entdeckte Brandorte ihrem Stützpunkt bekannt, der die Meldung an das zuständige Forstamt, die Feuerwehr oder die Polizei weitergibt (SCHRAMM 1978, SEITSCHEK 1978, ZIPSE 1980). Darüber hinaus hat jedermann die Pflicht, einen entdeckten Waldbrand sofort zu melden bzw. zu löschen oder sich an den Löscharbeiten zu beteiligen. In der gefährlichen Zeit muß der zuständige Forstbeamte stets zu erreichen sein.

Wohin Waldbrandmeldungen weiterzugeben sind, muß in einem sorgsam abgestuften Alarmplan geregelt sein. In ihm sind Kompetenzfragen durch klare Bestimmungen zu beantworten. Er muß die Rufnummern aller ggf. an der Bekämpfung zu Beteiligenden enthalten. Beizufügen sind auf dem neuesten Stand gehaltene Waldbrandeinsatz-Karten (STRATMANN 1980), in denen die Forstdienststellen, Polizeiposten, Löschwasserstellen usw. eingetragen sind; sie müssen im Bedarfsfalle in ausreichender Menge zur Hand sein.

Damit das Zusammenspiel der im Alarmplan vorgesehenen Stellen und Tätigkeiten im Ernstfall wie vorgesehen verläuft, sollten regelmäßig Waldbrandbekämpfungs-Übungen abgehalten werden (BROSSMANN 1978).

Durchführung. Löschmannschaften stellen in erster Linie die örtlichen Feuerwehren. Sie werden ergänzt durch Waldarbeiter, im Katastrophenfall auch durch Angehörige der Bundeswehr, des Bundesgrenzschutzes und des Technischen Hilfswerks.

Als Ausrüstung haben in genügender Zahl bereitzustehen: Schaufeln, Spaten, Hacken, Äxte, Motorsägen, Feuerpatschen, Hand- und Rückenlöscher als Naßlöscher, d. h. gefüllt mit Wasser, dem löschkrafterhöhende Chemikalien beigefügt sein können, oder als Trockenlöscher mit sog. Glutbrandpulver. Besonders wirksam sind geländegängige Tanklöschwagen, sofern sie richtig eingesetzt werden (SCHMIDT 1980). Zur Herstellung von Wundstreifen und zum Niederwalzen von Dickungsstreifen dienen Treckerpflüge, Planierraupen, ggf. Panzer. Der Einsatz von Flugzeugen, die Wasser abregnen, kann in Ausnahmefällen bei Großfeuer angebracht sein, ist jedoch hinsichtlich seiner Wirksamkeit umstritten. Voll brauchbar sind nur Großflugzeuge wie das Transportflugzeug Transall, das in 4–8 Sekunden 12 200 l Löschmittel abregnen kann (GOLDAMMER 1978, STORNER 1978); doch scheidet es, vor allem aus Kostengründen, für den praktischen Einsatz aus (ZIPSE 1980). Ein von Polizei oder Militär zu stellender Hubschrauber sollte bei Großbrand dem Einsatzleiter zur Verfügung stehen, um ihm das rasche Erkennen der Gefahrenpunkte und das Koordinieren der Arbeiten zu erleichtern (GEISEL 1980). Wichtig ist das Heranschaffen von Trinkwasser für die Mannschaften sowie, bei längerer Dauer der Bekämpfungsarbeiten, von Verpflegung.

Die Leitung der Bekämpfung liegt zweckmäßig in der Hand des am Ort tätigen Forstmannes, der jedoch mit dem zuständigen Feuerwehrführer eng zusammenarbeiten soll. Beide bilden gewissermaßen eine Befehlseinheit, in welcher der orts- und fachkundige Forstmann die taktischen Weisungen gibt, aufgrund deren der Feuerwehrführer mit seinen spezifischen feuerwehrtechnischen Kenntnissen die ihm zur Verfügung stehenden Feuerwehreinheiten bestmöglich einsetzt (KWF 1976). Beide müssen mit Funksprechgeräten ausgerüstet und beweglich sein, sich jedoch grundsätzlich auf einer jeweils bekanntzugebenden Befehlsstelle aufhalten.

Die Bekämpfungstechnik ist verschieden nach der Art des Feuers.

Erdfeuer wird durch Zuführen von Wasser aus den das Moor durchziehenden Gräben und durch Isolieren der Brandfläche mit neuen tiefen Gräben bekämpft. Stammfeuer im einzelnen, hohlen Baum kann durch Verstopfen der Öffnungen mit Rasenplaggen erstickt werden; gelingt dies nicht, so wird die Bodendecke in der Umgebung weggeräumt, der Baum gefällt und das Feuer mit Erde oder Wasser gelöscht.

Die Bekämpfung von Bodenfeuer geschieht durch unmittelbares Löschen des Feuers, und zwar durch Ausschlagen, besser durch Ausfegen mit Patschen oder grünbenadelten und belaubten Ästen, wobei die Flammen in die Brandstelle hineingefegt werden, oder durch Bewerfen des Feuers mit Erde und durch Anwendung von Feuerlöschern. Ein kleines Feuer kann mit diesen Mitteln von allen Seiten angegriffen werden, bei größerem Feuer erschweren Hitze und Rauch den Angriff auf die Feuerfront an der Leeseite. Aber auch hier lassen sich Feuerlöscher und Tanklöschwagen einsetzen, weil ihr Strahl viele Meter weit reicht; man durchbricht mit ihnen die Feuerfront, die regelmäßig nur eine schmale Linie darstellt, und rollt von dieser Bresche das Feuer nach den Seiten auf. Ist wegen zu starker Hitze und Rauchentwicklung oder bei unzureichenden Hilfskräften ein Frontalangriff unmöglich, wird das Feuer von den Seiten angegangen und mit weiterem Vorrücken keilförmig eingeengt. Können stärkere Bodenfeuer auf diese Weise zwar seitlich begrenzt, aber nicht frontal zum Stehen gebracht werden, so sucht man ihnen vor der Front die Nahrung zu nehmen und sie damit zum Erlöschen zu bringen. Dies geschieht durch 5–10 m breite Schutzstreifen, die in hinreichendem Abstand von der Front, möglichst in Anlehnung an Wege und dergleichen, durch Abräumen alles Brennbaren und Schaffen eines Wundstreifens, am besten mit dem Pflug oder der Planierraupe, angelegt werden. Schneller läßt sich ein feuerhemmender Riegel durch Verstäuben oder Verblasen von Glutbrandpulver herstellen. Auch kleine Vorfeuer (siehe unten) können helfen.

Die Bekämpfung von W i p f e l f e u e r läuft darauf hinaus, es auf den Boden herabzudrücken und in ein leichter bekämpfbares Bodenfeuer umzuwandeln. Dies geschieht durch H e r s t e l l e n b a u m l e e r e r S t r e i f e n an den Seiten und vor der Front des Feuers. Das ist verhältnismäßig leicht in Dickungen, indem an den vorderen Feuerflanken hart am Feuersaum und vor der Front im Abstand von 20–40 m der Bestand durch Raupen oder Panzer auf einem 5–10 m breiten Streifen niedergewalzt wird. Löschmannschaften mit üblichem Gerät sichern den Streifen und verhindern ein Überspringen des Feuers. Im höheren Bestand werden die Bäume, in Anlehnung an Wege oder rasch hergestellte Pflugstreifen, mit der Krone zum Feuer hin gefällt; meist ist die Maßnahme nur an den Seiten durchführbar, vor der Front aber aussichtslos, da Rauch und Hitze das Arbeiten erschweren und auch in großer Entfernung vor der Feuerfront hinreichend breite Freistreifen selbst mit Motorsägen nicht schnell genug fertiggestellt werden können. Hier kann dem Feuer die Nahrung durch Gegen- oder Vorfeuer entzogen werden. Mißlingt jeder Frontalangriff, so ist der Brand durch seitlich angesetzte Maßnahmen zu einem natürlichen Hindernis, einer Wiese, einem See, einem Laubholzbestand hinzuleiten.

Ein G e g e n f e u e r wird an einer Landstraße o. dgl. als Ansatzlinie bei mäßigem Wind und nicht zu trockenem Boden mindestens 50 m, bei starkem Wind und trockenem Wetter mindestens 200 m vor der Feuerfront in großer Breite angelegt (Abb. 6). Die Ansatzlinie ist durch hinreichende Mannschaften zu sichern, damit das Feuer nicht zurückschlägt. Das Gegenfeuer, das als Boden- und Wipfelfeuer gegen den Wind laufen muß, brennt meist langsam, bis es in den Sog des Hauptfeuers gerät und ihm dann entgegeneilt. Die beiden Feuer schlagen zusammen und verlöschen, weil nichts Brennbares mehr vorhanden ist. Gegenfeuer ist nur zu empfehlen, wenn soviel Löschkräfte vorhanden sind, daß es mit einiger Sicherheit in der Hand zu halten ist. Da mit ihm das Gegenteil erreicht und der Waldbrand noch vergrößert werden kann, ist es stets als ultima ratio anzusehen. Weniger gefährlich sind V o r f e u e r: sie brennen mit dem Winde und bezwecken, den Bodenüberzug zu vernichten und damit dem Bodenfeuer die Nahrung zu nehmen; ohne Vorheizung durch Bodenfeuer muß auch das Wipfelfeuer erlöschen. Etwa 1 km vor der Feuerzeile wird in Anlehnung an eine Straße oder einen Wundstreifen 20–50 m vor der Ansatzlinie die Bodendecke angezündet und mit dem Wind abgebrannt. In gleicher Weise werden ein zweiter und ein dritter Streifen, die breiter sein können, in Richtung zum Hauptfeuer vorschreitend behandelt, bis schließlich das Hauptfeuer beim Herannahen eine 250–300 m breite, von brennbarer Bodendecke entblößte Zone findet (Abb. 6). Dann erlöscht das Wipfelfeuer, ehe es die Ansatzlinie erreicht hat. Die Anwendung von Vorfeuern ist auf wipfelbrandsichere Stangen- und Althölzer oder auf Freiflächen beschränkt. Die Vorheizung durch Bodenfeuer kann auch durch das bereits erwähnte Verblasen von Glutbrandpulver unterbunden werden.

Nach Niederkämpfung des Feuers ist der Brandplatz durch 1 m breite Wundstreifen zu umgrenzen; glimmende Stöcke und Trockentorfschichten sind möglichst mit Wasser zu löschen, sonst zu übererden. Der Brandplatz ist durch zuverlässige

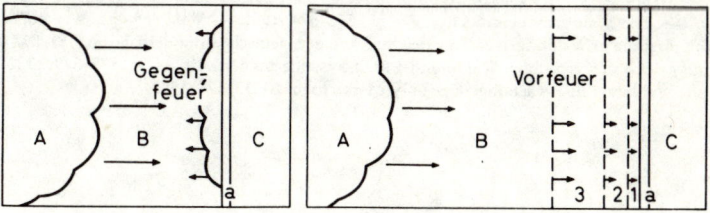

Abb. 6. Schema von Gegenfeuer und Vorfeuer. A Feuerwalze und verbrannte Fläche. B als verloren geltender Bestand. C bedrohter Bestand. a Straße als Ansatzlinie, 1, 2, 3 aufeinanderfolgende Vorfeuerstreifen. Weitere Erläuterung im Text

Mannschaften so lange zu bewachen, bis die Gefahr des Wiederaufflammens des Feuers endgültig beseitigt ist. Besondere Vorsicht und Verstärkung der Wachen sind morgens gegen Sonnenaufgang erforderlich, da der nach ruhiger Nacht einsetzende Morgenwind leicht ein scheinbar gelöschtes Feuer wieder anfacht.

Lehrreiche, ins Detail gehende Schilderungen von Waldbränden und ihrer Bekämpfung liegen von BARTH 1978, ELSSMANN 1978 und LIEBENEINER 1967, 1978 vor.

Behandlung der beschädigten Bestände. Junge Nadelhölzer sind in der Regel vernichtet; um die hohen Kosten des Abräumens zu sparen oder zu senken, kann man eine Handpflanzung ggf. zwischen den stehengebliebenen Stämmchen vornehmen oder diese mit einer Planierraupe niederwalzen, bei gefrorenem Boden auch abrasieren und zusammenschieben. Ältere Nadelhölzer mit dickborkiger Rinde überstehen oft das Feuer, wenn die Wipfel nicht beschädigt sind. Bei Laubholzbeständen ist mit dem Abtrieb zu warten, da sie sich häufig wieder erholen. Junge Laubhölzer können nach starker Beschädigung auf den Stock gesetzt werden.

Waldbrandversicherung. Die Frage der Waldbrandversicherung gehört in das Gebiet der Forstpolitik. Hier genügt der Hinweis, daß der Waldbesitzer die Möglichkeit hat, sich bei öffentlichen Anstalten oder Feuerversicherungsgesellschaften gegen den finanziellen Schaden, den er durch einen Waldbrand erleidet, zu versichern (JUNG 1978, JUST-KOCHS 1978).

Schrifttum: Anonym: Waldbrandverhütungsmaßnahmen und Folgerungen aus den Waldbränden 1975 und 1976 in Hessen. AF 33, 771–773, 1978. — BARTH, W.: Großwaldbrand bei Mannheim. AF 33, 246–250, 1978. — BROSSMANN: Chronik des Katastrophen-Feuers in Niedersachsen. AF 30, 698–700, 1975. — Das Waldbrand-Jahr 1976: Erfahrungen zur Früh-Erkennung und konzentrierten Feuer-Bekämpfung. AF 33, 237, 1978. — Waldbrandlöschübungen. AF 33, 789–793, 1978. — ELSSMANN, H.: Der Waldbrand im Veldensteiner Forst 1976. AF 33, 250–252, 1978. — GEISEL: Unterstützung der Waldbrand-Einsatzleitung durch Luftbeobachtung. AF 35, 575–576, 1980. — GOLDAMMER, J. G.: Kontrolliertes Brennen zur Verhütung und Bekämpfung von Waldbränden. AF 33, 801–803, 1978. — Zur Entwicklung von Systemen der Waldbrandbekämpfung aus der Luft. AF 33, 795–796, 1978. — Der Einsatz von kontrolliertem Feuer im Forstschutz. AFJZ 150, 41–44, 1979. — JULIO, G.: Waldbrände in Bayern im Zeitraum 1960–1976. FC 98, 331–347, 1979. — JUNG, H.: Möglichkeiten der Waldbrandversicherung und die Beitragsbemessung. AF 33, 266–267, 1978. — JUST, G., u. KOCHS, F.: Waldbrand-Gemeinschaftsversicherung am Beispiel der forstwirtschaftlichen Zusammenschlüsse im Rheinland. AF 33, 262–264, 1978. — KRONWALD, G.: Die Funkwelle Forst als wichtiges Hilfsmittel bei der Waldbrand-Alarmierung und -Bekämpfung. AF 33, 782–784, 1978. — KWF: Waldbrand – Vorbeugung und Bekämpfung. Buchschlag (1976). — LECHNER, W.: Waldbrandriegel – ein wirksames Mittel zur Erhöhung der Ertragssicherheit in großflächigen Kiefernwaldgebieten. SF 29, 185–186, 1979. — LEX, P.: Sicherung des Heidewaldes vor Waldbränden. AF 35, 274–275, 1980. — LIEBENEINER, E.: Zu den Waldbränden in Niedersachsen. FA 46, 177–181, 1975. — Waldbrand-Fibel. FH 31, 278–279, 1976. — Was geschah am Feuer? FH 31, 42–56, 1976. — Der große Waldbrand bei Lutterloh 1976. AF 33, 239–241, 1978. — Erfahrungen beim Löschen von Waldbränden. FH 34, 252–254, 1979. — LINNENBRINK, W.: Der Auftrag der Forstbehörden zur Waldbrandbekämpfung in Nordrhein-Westfalen. AF 33, 776–777, 1978. — MISSBACH, K.: Waldbrand-Verhütung und -Bekämpfung. 2. A. Berlin 1973. — MÜLLER, C.: Erfahrungen aus dem Einsatz der Agrarflugzeuge, Typ Z 37, bei der Waldbrandbekämpfung 1976 im Bezirk Potsdam. SF 26, 293–296, 1976. — OTTO, H. J.: Forstliche Erfahrungen und Folgerungen aus den Waldkatastrophen in Niedersachsen. FH 31, 285–295, 1976. — Organisatorische und technische Erfahrungen der Waldbrandkatastrophe 1975 in Niedersachsen. FH 31, 37–41, 1976. — Vorbeugende Maßnahmen gegen Waldbrände in Niedersachsen. AF 33, 774–775, 1978. — SCHMIDT, W.: Probleme der Wasserversorgung und Wasserförderung in Waldbrandgebieten. AF 35, 579–580, 1980. — Taktischer Einsatzwert von Löschfahrzeugen, insbesondere bei Waldbränden. AF 35, 585–587, 1980. — SCHRAMM, E.: Aufgaben, Einsätze und Erfahrungen der Luftrettungsstaffel Bayern bei der Waldbrand-Verhütung und -Bekämpfung. AF 33, 253–258, 1978. — SEITSCHEK, O. J.: Folgerungen aus den Waldbränden 1976 und Stand der Waldbrandabwehr in Bayern. AF 33, 767–769, 1978. — STORNER, H.: Der Einsatz von Luftfahrzeugen zur Waldbrandbekämpfung. AF 33, 778–781, 1978. — STRATMANN, W.: Die Waldbrandeinsatzkarte. AF 35, 572–574, 1980. — WINTERBERG, W.: Vorbeugender und abwehrender Brandschutz in Waldungen entlang den Strecken der Deutschen Bundesbahn. AF 33, 797–800, 1978. — ZIPSE, K.: Eignung der bisher erprobten Waldbrand-Lösch-Systeme aus der Luft. AF 35, 578–579, 1980. — ZIPSE, K. u. ERDMANN, W.: Waldbrandüberwachungsflüge in Niedersachsen. AF 35, 574, 1980.

DURCH LUFTVERUNREINIGUNG
VERURSACHTE KRANKHEITEN

Aus Heizfeuerungen, beim Betrieb von Motoren und bei industriellen Prozessen erfolgt ein Ausstoß von Stoffen in die Luft, eine Emission. Solche Verunreinigung der Luft kann für Organismen schädlich sein. Wir sprechen von Immission und meinen damit im rechtlichen Sinne eine Einwirkung auf ein Grundstück vom benachbarten Grundstück aus, im biologisch-pathologischen Sinne das schädigende Wirksamwerden von Luftverunreinigungen auf Organismen und Organismengefüge. Das auch häufig benutzte Wort Rauchschaden erfaßt strenggenommen nur einen Teil der Immissionsschäden, weil unter Rauch durch Verbrennung entstandene sichtbare Schwebeteilchen in der Luft, nicht aber Verunreinigungen schlechthin verstanden werden (BERGE 1970, DÄSSLER 1976, GUDERIAN 1977).

Ursachen. In Industriegebieten kann die Verunreinigung der Luft so stark sein, daß sich langanhaltende Dunstglocken bilden, durch die das einfallende Licht geschwächt und in seiner spektralen Zusammensetzung verändert wird. Wieweit sich dies auf die Assimilation der Pflanzen und damit auf ihre Produktion oder auch auf ihre Empfindlichkeit gegenüber anderen Schadeinflüssen auswirkt, ist nicht bekannt. Näher untersucht ist die schädliche Wirkung von Bestandteilen der Immissionen; sie treten als Abgase und Stäube auf. Unter den Gasen ist an erster Stelle das Schwefeldioxid (SO_2) zu nennen, das sich mit der Feuchtigkeit der Luft zu schwefliger Säure verbindet. Es tritt besonders häufig auf, weil die zur Zeit wichtigsten Energiestoffe beträchtliche Schwefelmengen enthalten: Kohle 0,3–6,5 %, Heizöl bis 5,1 % (FELLENBERG 1977). Hinsichtlich der phytotoxischen, also für die Pflanzen giftigen Wirkung sind noch bedenklicher der Fluorwasserstoff (HF) und andere Fluorverbindungen, die in den Abgasen von Aluminiumwerken, Düngerfabriken, Ziegeleien u. a. vorkommen. Als weitere schädigende Gase seien genannt Schwefelwasserstoff, Ammoniak, nitrose Gase, Salpetersäure, Chlor, Salzsäure, ferner Asphalt- und Teerdämpfe. Bei Stäuben sind die inerten, also nicht spezifisch giftigen, von den toxischen zu unterscheiden. Zu den ersten gehören Braun- und Steinkohlenflugasche und kohlensaurer Kalk, die zweiten fallen insbesondere in metallverarbeitenden Betrieben an, so als Blei-, Zinn- oder Zinkstaub. Häufig ist der beobachtete Schadeffekt nicht auf einen bestimmten Stoff zurückzuführen, sondern aus dem Zusammenwirken mehrerer Substanzen entstanden.

Schwere Schäden an Nadelhölzern sind auch in der Umgebung von Groß-Schweinemastanlagen und -Hühnerhaltungen festgestellt worden (HUNGER 1978, TESCHE-SCHMIDTCHEN 1978).

Wirkungen. Die Immissionen können auf die Pflanze in grundsätzlich dreierlei Weise einwirken: Starke Auflagerung inerter Stäube auf den Blattorganen absorbiert und reflektiert bis mehr als 50 % des einfallenden Lichts; es entsteht eine mechanisch bedingte Minderung der Assimilation, die einen erheblichen Rückgang der Wuchsleistung zur Folge haben kann. Außerdem kann eine transpirationhemmende Verstopfung der Spaltöffnungen eintreten. Handelt es sich um toxische Stäube oder Gase, die sich im Tau oder Regen lösen, so kommt es zu Ätzschäden, zu Zerstörungen von Geweben oder Nekrosen, hauptsächlich an den Blättern und oft nur auf deren Oberhaut beschränkt. Die häufigsten und schwerstwiegenden Schäden entstehen, indem gasförmige Stoffe durch die Spaltöffnungen in das Blattinnere eindringen: es resultiert eine Störung physiologischer Prozesse, namentlich von Assimilation und Transpiration.

Nach dem Erscheinungsbild werden unterschieden: a k u t e Schädigungen, plötzlich und auffallend eintretende Zerstörungen von Pflanzenorganen; c h r o n i s c h e Schädigungen, langfristig anhaltende, sichtbare Störungen der normalen Funktionen; l a t e n t e Schädigungen, die nicht vom bloßen Auge wahrgenommen werden können, wie vermehrte Anfälligkeit für Pilzkrankheiten u. dgl. (KELLER 1977).

Voraussetzungen. Für Zustandekommen und Ausmaß einer Immissionserkrankung sind bestimmte Voraussetzungen auf seiten der schädigenden Substanz, der Pflanze und der meteorologisch-topographischen Situation von Bedeutung.

Daß der schädigende Effekt der Immission von der Art ihrer Bestandteile abhängt, wurde schon angedeutet. Stoffe, die sich rasch niederschlagen, etwa Metallstäube, erzeugen nur in der Nähe der Emissionsquelle, hier aber starke Schäden; solche, die lange in der Luft schweben, wie SO_2, vermögen sich über ein weites Gebiet auszubreiten und in diesem durchschnittlich schwächere, mit der Entfernung von der Quelle abnehmende Wirkung zu verursachen. Man spricht von Nah- und Ferngiften. Die schädliche K o n z e n t r a t i o n ist bei den gefährlichen Substanzen sehr niedrig: der Unbedenklichkeitswert bei Dauerbelastung wird für Fluor bei 0,01 mg/m^3, Schwefeldioxid bei 0,4 mg/m^3 und Chlor bei 1–4 mg/m^3 Luft angenommen (OLSCHOWY 1966). Diese Werte scheinen nach neueren Untersuchungen noch zu hoch zu liegen: so sollen schon langfristige mittlere Konzentrationen von 0,05 mg/m^3 SO_2 erhebliche Schäden in der Landschaft verursachen (WENTZEL 1968). Die am Ort gegebene Konzentration hängt u. a. ab von der Art der Emissionsquelle, von der Zahl der Quellen und von ihrer Entfernung. Niedrige Konzentrationen, die eine gewisse Zeit ertragen werden, führen bei längerer E i n w i r k u n g s d a u e r zu chronischen Schäden, während kurzfristige Spitzenkonzentrationen akute Schädigungen hervorrufen. Ist der zeitliche Abstand zwischen solchen Spitzen groß genug, so kann sich die Pflanze in den Immissionspausen erholen; andernfalls ist die Schädigung irreparabel.

Die Pflanze ist nach S p e z i e s und Herkunft oder Rasse verschieden empfindlich gegen Immissionen; auch die Individuen eines gleichartigen Pflanzenbestandes zeigen unterschiedliche Empfindlichkeiten, was die später zu nennende Resistenzzüchtung auszunutzen versucht (VOGL et al. 1972). Das A l t e r der Pflanzen wie ihrer Teile scheint eine Rolle zu spielen: Kulturen und Dickungen von Nadelhölzern sowie Altbestände gelten als widerstandsfähiger als Stangenhölzer; ältere Nadeln verlieren die Fähigkeit, ihre Spaltöffnungen völlig zu schließen, und ermöglichen damit den Gasen ständigen Eintritt. Der p h y s i o l o g i s c h e Z u s t a n d der Pflanze ist von grundsätzlicher Bedeutung, weil allgemein guternährte, unter optimalen Verhältnissen aufwachsende Pflanzen mit schädigenden Einwirkungen besser fertig werden als andere. Die Ulme zählt auf nährstoffreichen Böden der Flußtäler zu den rauchhärtesten Gehölzen; auf den ärmeren Flugsanden des Ruhrgebiets ist sie eine der anfälligsten Laubbäume (WENTZEL 1964). Düngung macht die Pflanzen widerstandsfähiger gegen Immissionen (RANFT 1970, 1973, JÄGER-KLEIN 1976, s. a. Abb. 7). Schließlich ist die Empfindlichkeit der Pflanze von ihrer A k t i v i t ä t s p h a s e abhängig: sie ist im Winter und in der Nacht geringer als im Sommer und am Tage. In Begasungsversuchen mit Fichten und anderen Nadelhölzern bedurfte es im Zustand der Vegetationsruhe der hundertfachen Konzentration, um die gleichen Schadenssymptome wie in der Vegetationszeit zu erhalten (DONAUBAUER 1966). Die Einwirkung von SO_2 war während der Nacht etwa viermal weniger schädlich als im Tagesdurchschnitt (ZAHN 1963).

Nach allgemeinen Erfahrungen gelten als wenig empfindlich oder r a u c h h a r t : Roteiche, Eiche, Ulme, Ahorn, Buche, Birke, Erle, Pappel, Weide, Eibe, Schwarzkiefer, Strobe, Kiefer. Als e m p f i n d l i c h : Linde, Hainbuche, Fichte, Lärche. Als s e h r e m p f i n d l i c h : Esche, Tanne. Doch hängt die Empfindlichkeit, wie wir sahen, sehr von den Umständen ab, so daß der genannten Reihe keine allgemeinere Gültigkeit zukommt (WENTZEL 1964).

Eigenschaften des Wetters, welche die Pflanze physiologisch aktivieren, steigern die Aufnahme und die Wirkung der Immission. Je höher die Temperatur, die Intensität des Lichts und die Feuchtigkeit der Luft sind, um so größer ist in der Regel die Schädigung (Abb. 7). Besondere Bedeutung hat die relative Luftfeuchte, weil, wenn sie hoch ist, die Spaltöffnungen der Blattorgane weit geöffnet sind und der Gasaustausch intensiv ist. Auf der anderen Seite wird die Konzentration der Schadstoffe in Bodennähe durch das Wetter beeinflußt. Sonneneinstrahlung, die den Boden erwärmt, läßt mit der Luft auch ihre Verunreinigungen aufsteigen. Inversionslagen, die keinen regen Austausch zwischen bodennahen und höheren Luftschichten zulassen, hemmen die Verdünnung der Stoffe und führen in industriellen Verdichtungsgebieten zur Entstehung des Smog, eines dichten, mit schädlichen Substanzen angereicherten Dunstes. Wo der Wind hauptsächlich eine Richtung einhält, häufen sich die Schäden im Lee der Emissionsquelle. Dabei spielt auch die Ausformung des Geländes eine

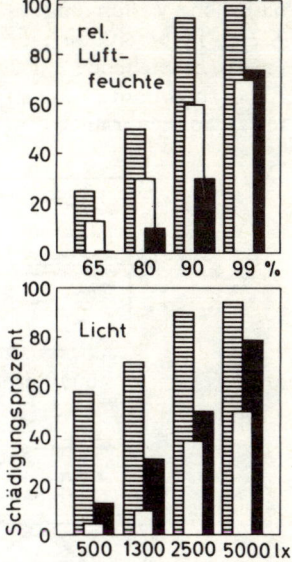

Abb. 7. Durchschnittliche Schädigungsprozente von Buche (weiß), Fichte (schraffiert) und Fichte zusätzlich vollgedüngt (schwarz) nach zehntägiger Begasung mit 0,1 mg/m³ F bei verschiedener relativer Luftfeuchte und Lichtintensität. Nach ROHMEDER-V. SCHÖNBORN 1965

wesentliche Rolle. Pflanzen auf Hängen, auf die der Wind die Immission zutreibt, oder in engen Tälern, in denen die Luftverunreinigungen kaum verdünnt werden, sind besonders gefährdet.

Im konkreten Fall kombinieren sich diese Voraussetzungen für das Eintreten von Schädigungen, den Effekt steigernd, indem z. B. bei trübfeuchtem Wetter die Konzentration eines Gases in Bodennähe hoch bleibt und die Pflanze infolge weitoffener Spaltöffnungen besonders aufnahmefähig ist; oder auch einander entgegenwirkend, wenn bei Sonnenschein und hoher Temperatur die Pflanze zwar infolge starker physiologischer Tätigkeit gefährdet ist, die Konzentration des Gases sich aber wegen laufender Verdünnung niedrig hält.

Folgen. Unter Immissionen leiden Bäume mehr als kurzlebige Pflanzen, von jenen im allgemeinen die Nadelhölzer mit ausdauernden Nadeln stärker als die Laubbäume, weil sich die Schadwirkungen mit den Jahren akkumulieren. Folge am einzelnen Baum ist zunächst eine Minderung der Produktion: je nach der Stärke der Einwirkung wurden laufende Verluste an Durchmesserzuwachs zwischen 10 und 50 % ermittelt (LUX 1965). Neben einer Verringerung der Jahresringbreiten treten Veränderungen der Holzanatomie auf, die einen Einfluß auf die Wasserversorgung des Baumes erwarten lassen (GRILL et al. 1979). Rauchgeschädigte Fichten fruktifizierten weniger, die Zapfen waren leichter und kürzer, das Saatgut hatte geringeres Tausendkorngewicht und Keimprozent (PELZ 1963). Zum Teil andere Befunde ergaben Untersuchungen an Kiefern (Abb. 8). Eine weitere Folge ist die größere Empfindlichkeit der Bäume gegen andere Schadeinwirkungen, z. B. gegen Dürre (LUX 1965), Frost (VOGL et al. 1972) oder manche forstschädlichen Pilze und Insekten (LANG 1977). Bei anhaltend starker Immission kommt es allein durch diese oder unter Mitwirkung weiterer Schadfaktoren zum Absterben von Blattorganen, Trieben, Ästen, damit zu einer Habitusänderung (WENTZEL 1971) und schließlich zum Tode des ganzen Baums.

Die Zuwachsminderung am Einzelstamm und der Ausfall von Bäumen senken im Bestand den Kreisflächenzuwachs und die Massenleistung. Bei Tanne und manchen

Laubbäumen führt die Auslichtung zum Austreiben zahlreicher Adventivknospen am bisher astreinen Stamm und damit einerseits zu dessen Wertminderung, andererseits zu schlechter Wasserversorgung der Krone und zu Wipfeldürre. Mangelnde Samenbildung gemeinsam mit der zunehmenden Verunkrautung des Bodens erschweren die natürliche Verjüngung; es wird aber auch von auffallend guter Naturverjüngung der Kiefer in bereits sich lichtstellenden Stangenhölzern berichtet (ENDERLEIN-STEIN 1964). Entstehende Lücken erhöhen die Sturm- und Schneebruchgefahr, an ihren Rändern kommt es an den nach Süden exponierten Stammteilen glattrindiger Baumarten zu Sonnenbrand.

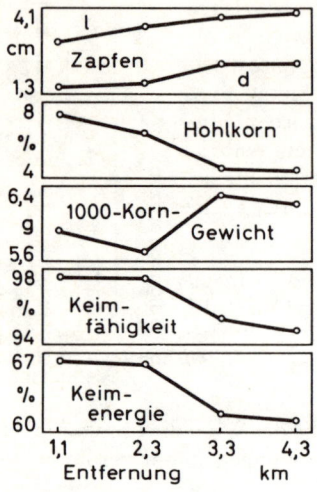

Abb. 8. Länge und Durchmesser der Zapfen, Hohlkornprozent, Tausendkorngewicht, Keimfähigkeit und Keimenergie der Samen von Kiefern in verschiedener Entfernung von einer Immissionsquelle. Nach PODZOROV 1965

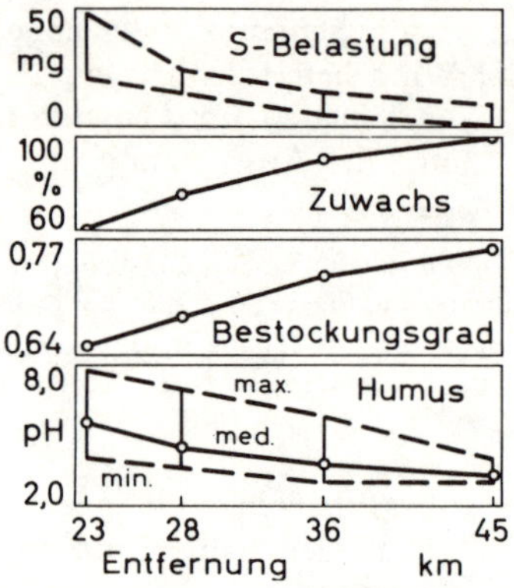

Abb. 9. S-Belastung der Luft (nach LIESEGANG), Zuwachs und Bestockungsgrad von Kiefernbeständen sowie pH-Wert der Humusauflage in verschiedener Entfernung von einem Industriezentrum. Nach ENDERLEIN-STEIN 1964

Immissionen geraten unmittelbar oder über den Pflanzenabfall in den Boden. Die durchweg sauren Gase bewirken in vielen Böden mit der Zeit eine unerwünschte Verschiebung des Ionenverhältnisses und somit auch des Gehaltes an Nährstoffen in der Bodenlösung und den Sorptionsträgern. Die Azidität wird erhöht, freie oder austauschbare Basen werden zu schwerlöslichen Sulfaten gebunden, was sich auch auf die physikalische Beschaffenheit des Bodens auswirkt (MAHENDRAPPA 1977). Stäube haben den gleichen Effekt, sofern sie sauer reagieren; manche sind neutral oder alkalisch, und im letzten Fall kann die azide Wirkung der Gase gemildert oder aufgehoben werden (WENTZEL 1959). In der Umgebung eines mitteldeutschen Industriezentrums, das Braunkohle verbrennt, ließ sich ein hoher, mit der Entfernung von der Emissionsquelle sinkender SO_2-Gehalt der Luft nachweisen; ihm entsprachen Zuwachs- und Bestockungsgrad der dortigen Kiefernbestände. Die Braunkohlenflugasche hingegen, die etwa 20 % CaO enthält, hat im näheren Umkreis des Emissionszentrums eine enorme Aufkalkung der Humusauflage bewirkt (Abb. 9). Selbst weitab von Emissionsquellen, inmitten des umfangreichen, industrieleeren Waldgebietes des Sollings lassen sich anthropogene, der allgemeinen Verunreinigung der Luft entstammende Ablagerungen und damit im Zusammenhang stehende Versauerungsprozesse im Boden nachweisen (ULRICH et al. 1979).

Die chemischen und physikalischen Veränderungen des Bodens beeinflussen natürlich auch die Kleinlebewesen in ihm; manche werden gefördert, andere gehemmt. Im Boden rauchgeschädigter Fichtenbestände fanden sich mehr Springschwänze, aber weniger Moosmilben und insgesamt um 46 % weniger Bodentiere als in ungeschädigten (VANĚK 1967).

Wie die Kleinlebewelt im Boden, wird auch die gesamte Lebensgemeinschaft des Waldes teils günstig, teils ungünstig beeinflußt.

Die Bodenvegetation ändert sich (LUX 1964, WINNER-BEWLEY 1978), rindenbewohnende Flechten verschwinden so völlig, daß ihr Fehlen geradezu als Hinweis für das Vorliegen von Immission angesehen wird (FERRY et al. 1973, HAWKSWORTH-ROSE 1976). Manche forstpathogenen Pilze, wie Eichenmehltau und verschiedene Rostarten, treten nur schwach, andere, wie Kiefernschütte und Hallimasch, dagegen verstärkt auf (GRZYWACZWAZNY 1973, FLÜCKIGER-OERTLI 1978). In Tannenbeständen nahmen nach Fluoreinwirkung nadelfressende Insekten und sonst häufige Borkenkäferarten ab, andere rinden- und holzbrütende Borkenkäfer, Rüßler und Holzwespen hingegen zu (PFEFFER 1963). Die letztgenannten, in geschwächten Stämmen brütenden Kerfe wurden verstärkt auch in rauchgeschädigten Fichten- und Kiefernbeständen beobachtet (BÖSENER 1969), in diesen dazu Motten- und Wicklerarten (SIERPIŃSKI 1966), in jenen die Kleine Fichtenblattwespe (WENTZEL-OHNESORGE 1961). Häufig wird über vermehrtes Auftreten von Gallen- und Rindenläusen berichtet (THALENHORST 1974). Die Veränderungen in der Lebensgemeinschaft können so weit gehen, daß der Wald zu existieren aufhört und eine Rauchblöße entsteht.

Ausmaß der Schäden. Vereinzelte Rauchquellen erzeugen lokal begrenzte Immissionserkrankungen, die allerdings bei starkem Auswurf und hohem Gehalt an schädlichen Bestandteilen auch schon beachtliches Ausmaß annehmen können. Es wird katastrophal, wo sich die Emissionsquellen häufen. Das gilt insbesondere für die vier großen industriellen Verdichtungsräume Mitteleuropas, das Ruhrgebiet, das mitteldeutsche Braunkohlenrevier, das oberschlesische Steinkohlenrevier und das nordböhmische Braunkohlenbecken. Für die Bundesrepublik Deutschland wird eine geschädigte Waldfläche von etwa 50 000 ha, davon die Hälfte in Nordrhein-Westfalen, angegeben; für die vier genannten Industrieräume wird geschätzt, daß in ihnen insgesamt 160 000 ha Nadelholzbestände produktionsmindernder Immission ausgesetzt und davon 60–70 000 ha in ihrer Existenz bedroht sind (OLSCHOWY 1966). Nach KNABE 1975 sind allein in Nordböhmen 116 000 ha Wald von Immissionsschäden betroffen. Der Verlust an Holzzuwachs im Bereich des mitteldeutschen Braunkohlenreviers wird auf jährlich 80 000 Vfm geschätzt (STEIN 1965). Wie sich das Ausmaß der Schäden in Zukunft gestalten wird, ist schwer zu sagen; der zu erwartenden Zunahme der Industriebetriebe und damit der potentiellen Emissionsquellen steht die laufende Verbesserung der technischen Einrichtungen gegenüber; durch sie kann die Luftverunreinigung erheblich gesenkt werden.

Erkennung. Äußere Merkmale einer Immission sind aufgelagerter Staub, der sich, namentlich wenn es Zementstaub ist, zu einer Kruste verhärten kann, ferner Verfärbung und Fleckung an Nadeln und Blättern oder besondere Erscheinungen an Trieb, Zweig und Stamm.

Nadeln werden vorwiegend von der Spitze her gelb (Gelbspitzigkeit); die Grenze zwischen gelbem und grünem Nadelteil ist meist scharf, bei Lärche unscharf. Fichte zeigt unregelmäßigere, mehr fleckige Verfärbung (Gelbfleckigkeit). Typische Nadelfärbung tritt aber nur bei starker Raucheinwirkung ein. Sonst sterben die Nadeln vorzeitig ab, sie werden namentlich bei trockenem Wetter abgeworfen, von der Fichte rascher als von Kiefer und Tanne. Stets fallen zunächst die älteren Jahrgänge ab, so daß schließlich nur die Nadeln der jüngsten Triebe übrig bleiben. Sich eben entfaltende Triebe können durch konzentrierte Säuren ganz vernichtet werden; zuweilen krümmen sie sich wie nach Spätfrost. Auf den Blättern der Laubhölzer entstehen gelbe oder rotbraune, bei *Sambucus nigra* weiße Flecken. Die

Blattsubstanz in ihnen stirbt ab und bricht aus, so daß die Blätter wie angefressen aussehen. Auch Verfärbungen des Blattrandes treten auf (HAUT-STRATMANN 1970). An Zweigen entstehen um die Lentizellen sogenannte Schadenhöfe in Gestalt kreisförmiger bis elliptischer Vertiefungen. Am Stamm können sich eigentümliche Farbtöne und Streifen zeigen, das Fehlen von Flechten weist auf Luftverunreinigung hin (KNABE 1971, KUNZE 1972, JÜRGING 1975). Farb- und Formeigentümlichkeiten der Kronen lassen das Vorliegen und bis zu einem gewissen Grade auch das Ausmaß von Immissionsschäden im Luftbild erkennen (ANONYM 1973, KENNEWEG 1978).

Die äußerlich sichtbaren Veränderungen an den Pflanzen reichen für eine einwandfreie Diagnose in der Regel nicht aus, weil sie nicht spezifisch sind und auch von anderen Schadursachen herrühren können. Die Erkennung von Rauchschäden muß sich daher zusätzlich auf besondere biologische und chemische Ermittlungen stützen, wobei zu beachten ist, daß sie in keinem Fall für sich allein, sondern nur im Zusammenhang mit andern beweiskräftig sind. Die angewandten Methoden müssen nach der in Frage kommenden Immission abgewandelt werden.

Einen ersten Hinweis auf das Vorliegen einer Raucherkrankung gibt bei Fichte die von R. HARTIG, NEGER u. a. empfohlene Sonnenprobe: werden rauchkranke, abgeschnittene Zweige der Sonne ausgesetzt, so färben sich die Nadeln häufig schon innerhalb eines Tages rot, während die Nadeln gesunder Zweige erst nach längerem Liegen welken und fahlgrün werden. Zuverlässig ist das Verfahren nicht. Bei der von SORAUER empfohlenen Fangpflanzenmethode werden im rauchverdächtigen Gebiet Kästen, die unvergiftete Erde enthalten, mit schnellwachsenden empfindlichen Pflanzen, etwa *Phaseolus vulgaris*, bepflanzt; umgekehrt werden Kästen mit Erde aus dem verdächtigen Bestand in rauchfreies Gebiet gebracht und bepflanzt. Zeigen die ersten Schaderscheinungen, so ist das Vorhandensein von Rauchgiften in der Luft erwiesen; Erkrankung der Fangpflanzen in den anderen Kästen zeigt, daß bereits der Boden im Rauchgebiet vergiftet war. Auch andere Pflanzen können als Bioindikatoren benutzt werden; durch Messen des in der Zeiteinheit erzeugten Wurzelgewichts, Blattgewichts u. dgl. lassen sich bis zu einem gewissen Grade quantitative Hinweise gewinnen (BARNER 1979). Durchaus quantitative Aussagen ermöglicht der Trübungstest nach HÄRTEL: er geht von der Beobachtung aus, daß rauchkranke Koniferennadeln verstärkt Wachs ausscheiden; eine bestimmte Menge von Nadeln wird in Wasser gekocht, das ausgeschiedene Wachs ergibt beim Abkühlen eine Trübung des Wassers, die photometrisch gemessen werden kann (HÄRTEL 1972). Durch vom Spezialisten auszuführende chemische Verfahren lassen sich die Verunreinigung der Luft und der atmosphärischen Niederschläge, immissionsbedingte Zustände des Bodens, der Gehalt der Pflanzen an natürlichen, aber in ungewöhnlicher Menge vorhandenen Stoffen, auch an schädigenden Substanzen sowie Veränderungen in ihren physiologischen Prozessen ermitteln. Es wurden zahlreiche Methoden ausgearbeitet, deren Brauchbarkeit von den jeweiligen Verhältnissen abhängt (BERGE 1970, GUDERIAN-v. HAUT 1970, DONAUBAUER 1971, BAASCH 1973, KELLER et al. 1976, GUDERIAN 1977).

Schutzmaßnahmen. Die Maßnahmen zum Schutz des Waldes gegen Immissionsschäden sind gesetzlicher, technischer und waldbaulicher Art.

Das Gesetz verbietet in der Bundesrepublik Deutschland grundsätzlich jede Einwirkung auf fremden Grund und Boden (§ 903 BGB); eine solche ist nur zulässig, soweit besondere Gesetzesbestimmungen oder Parteivereinbarungen sie gestatten. Der Eigentümer kann gewisse Einwirkungen auf sein Grundstück, auch solche durch Immissionen, nicht verbieten, wenn sie die Benutzung des Grundstückes nicht oder nur unwesentlich beeinträchtigen oder ortsüblich und durch wirtschaftlich zumutbare Maßnahmen nicht zu verhindern sind; für Einwirkungen, die geduldet werden müssen, aber über das zumutbare Maß hinausgehen, kann ein angemessener Ausgleich in Geld verlangt werden (§ 906 BGB). Spezielle Vorschriften bringen das Bundesimmissions-Schutzgesetz von 1974 (FELDHAUS-HANSEL 1975) sowie vom Bund und von den Ländern herausgegebene Verordnungen und Verwaltungsvorschriften. Von besonderer Bedeutung ist die Forderung, daß beim Betrieb in Frage kommender Anlagen bestimmte Immissionsgrenzwerte oder maximale Immissionskonzentrationen (MIK) einzuhalten sind (ANONYM 1979). Trotz der gegenüber früher wesentlich verbesserten Rechtslage ist die Forstwirtschaft bei privatrechtlichen Auseinandersetzungen dadurch im Nachteil, daß in der Regel der Geschädigte die Beweislast trägt. Das bedeutet erhebliche Kosten. In Industriegebieten ist es zudem vielfach objektiv unmöglich, den Nachweis zu erbringen, welcher Gewerbebetrieb im einzelnen und mit welchem Anteil Schaden verursacht. Es wird deshalb für industrielle Ballungsgebiete eine gesamtschuldnerische Haftung aller gewerblichen Unternehmer für Immissionsschäden gefordert (WENTZEL 1967)

Maßnahmen der Technik sind allein imstande, durch Herabsetzung der Emission die der Forstwirtschaft drohenden Schäden zu mindern oder auszuschalten. In dieser Hinsicht ist in letzter Zeit viel geschehen. Es gibt drei Möglichkeiten: 1. Verteilung und Verwirbelung des Rauchs z. B. durch höhere Schornsteine; damit wird unter Umständen die Schadensfläche vergrößert, außerdem ist das Verfahren in industriellen Ballungsräumen wirkungslos. 2. Reinigung der Rohstoffe oder Verwendung ungefährlicher Rohstoffe und 3. Reinigung der Emission von schädlichen Gasen und Stäuben. Hierfür sind zahlreiche chemotechnische Verfahren entwickelt worden; ihre Anwendung und Fortentwicklung verspricht allein einen durchgreifenden Erfolg zur drastischen Verbesserung der Luftreinheit (WENTZEL 1963).

Die vom Forstmann durchführbaren Maßnahmen des Waldbaus können lediglich die Immissionswirkungen lindern. Sie sind regelmäßig mit einer Erhöhung der Betriebsausgaben und einer Verringerung des Ertrags verbunden. Ausgangspunkt ist die Erkenntnis, daß 1. die Baumarten, -herkünfte und -individuen verschieden empfindlich sind, 2. Verunreinigungen der Luft sich um so rascher verdünnen, je mehr diese Hemmnisse zu durchströmen hat, und 3. die Pflanze widerstandsfähiger ist, wenn ihre Wuchsbedingungen günstig sind. Danach ist die erste und gebräuchlichste Maßnahme der Anbau möglichst rauchharter Baumarten. Die auf allgemeiner Erfahrung beruhenden Empfindlichkeitsreihen (siehe oben) können als Grundlage benutzt werden, doch ist zu beachten, daß die Rauchhärte einer Art sehr von den standörtlichen Verhältnissen abhängt; örtliche Beobachtungen sind deshalb zu berücksichtigen (PETSCH 1971). In der Regel wird ein Bestockungswechsel auf bevorzugten Anbau von Laubhölzern hinauslaufen. Weiter werden vor empfindliche Bestände, etwa von Fichte, oder überhaupt zur Aufgliederung des Waldes Schutzstreifen oder Rauchriegel aus Laubholz angebaut; sie sollen mindestens 30, möglichst 100 m breit sein, erfüllen aber nur ihren Zweck, wenn der rauchbeladene Wind vornehmlich von einer Seite in den Wald einstreicht. Bei allen Hiebsmaßnahmen ist darauf zu achten, daß nicht durch sie dem Rauch das Eindringen in bisher einigermaßen abgeschirmte Waldteile oder in die Tiefe der Bestände erleichtert wird. Es kann zweckmäßig sein, abgestorbene Kulissen unter Verzicht auf den Verkaufserlös zum Schutze hinter ihnen liegender Bestände stehen zu lassen. Ob allerdings solche immer wieder empfohlenen Maßnahmen gegenüber Gasimmission wirkungsvoll sind, ist zweifelhaft: die SO_2-Konzentration der bodennahen Luftschicht im Luv, inmitten und im Lee von Waldbeständen zeigte keine gesicherten Unterschiede (LAMPADIUS 1968). Zur Verbesserung der Wuchsbedingungen kommt hauptsächlich Düngung in Frage. Versuche zeigten u. a., daß rauchgeschädigte Fichten nach Volldüngung höheren Zuwachs hatten (LAMPADIUS-HÄUSSLER 1962), Kiefern nach N-Düngung ihre Nadeln größtenteils ein Jahr länger behielten, bis zu 30 % Mehrleistung hatten und allgemein einen besseren Gesundheitszustand besaßen (KRAUSS 1966, RANFT 1973), Laubbäume nach Zufuhr basischer Gesteinsmehle weniger äußere Immissionsschäden aufwiesen (MATERNA 1962). Die Art der Düngung hat sich selbstverständlich nach den örtlichen Gegebenheiten zu richten; Kalkung beispielsweise ist angebracht, wo Wald und Boden unter dem Einfluß saurer Immissionen stehen, dagegen falsch, wo alkalisch reagierender Flugstaub auf den Boden fällt (WENTZEL 1963).

Die Tatsache, daß die Rauchempfindlichkeit der Baumarten nach Herkunft und individuell verschieden ist, läßt auf weite Sicht die Züchtung immissionsharter Sorten aussichtsreich erscheinen (POLSTER-BÖRTITZ-VOGL 1965, ROHMEDER-SCHÖNBORN 1965, BRAUN 1977/78).

In schlimmsten Fällen muß auf die forstliche Bewirtschaftung von Immissionsflächen verzichtet werden, weil jede Aufwendung von Kosten unnütze Verschwendung bedeutet.

Schrifttum: ANONYM: Farbluftbilder für forstliche Rauchschadensdiagnose. FH 28, 196–197, 1973. — Haftung für Immissionsschäden. FH 33, 453–454, 1978. — Wirkung von Schwefeldioxid auf Pflanzen. NR 31, 24–25, 1978. — Maximale Immissionswerte zum Schutze der Wälder – Züchtung auf Immissionsresistenz. FH 34, 96, 1979. — BAASCH, D.: Die Methoden und die Meßtechnik der quantitativen SO_2-Bestimmung in der Luft. ZPK 80, 81–87, 1973.

— BARNER, J.: Ökologische Grundlagen des pflanzlichen Bioindikatorentestes zur Bestimmung der Luftreinheit und ihres Erholungswertes. AF 34, 1275, 1979. — BERGE, H.: Immissionsschäden (Gas-, Rauch- und Staubschäden). HP 1. Bd., 7. A., 4. Teil 1–196, 1970. — BÖSENER, R.: Zum Vorkommen rindenbrütender Schadinsekten in rauchgeschädigten Kiefern- und Fichtenbeständen. AFw 18, 1021–1026, 1969. — BRAUN, G.: Über die Ursachen und Kriterien der Immissionsresistenz bei Fichte, *Picea abies* (L.) Karst. EJFP 7, 23–43, 129–152, 236–249, 303–319, 1977; 8, 83–96, 1978. — BRÜCKNER, H.: Der Burkhardtswald bei Aue als klassisches Beispiel waldbaulicher Rauchschadensabwehr. FH 25, 418–420, 1970. — DÄSSLER, H. G. (Hsg.): Einfluß von Luftverunreinigungen auf die Vegetation. Jena 1976. — DONAUBAUER, E. (Hsg.): Methoden zur Erkennung und Beurteilung forstschädlicher Luftverunreinigungen. MFBW 92, 1971. — FELDHAUS, G., u. HANSEL, H.D.: Bundesimmissions-Schutzgesetz. Wiesbaden-Dotzheim 1975. — FELLENBERG, G.: Umweltforschung. Berlin-Heidelberg-New York 1977. — FERRY, B. W., BADDELEY, M. S., HAWKSWORTH, D. L. (Eds.): Air pollution and lichens. London 1973. — FLÜCKIGER, W., u. OERTLI, J. J.: Der Einfluß verkehrsbedingter Luftverunreinigungen auf den Befall der Eiche durch *Microsphaera alphitoides*. PZ 93, 363–366, 1978. — FORESTRY COMMISSION (Ed.): Fume damage to forests. London 1971. — GRILL, D., LIEGL, E., WINDISCH, E.: Holzanatomische Untersuchungen an abgasbelasteten Bäumen. PZ 94, 335–342, 1979. — GRZYWACZ, A., a. WAZNY, J.: The impact of industrial air pollutants on the occurrence of several important pathogenic fungi of forest trees in Poland. EJFP 3, 129–141, 1973. — GUDERIAN, R.: Air pollution. Berlin-Heidelberg-New York 1977.— GUDERIAN, R. u. v. HAUT, H.: Nachweis von Schwefeldioxid-Wirkungen an Pflanzen. Staub-Reinhalt. Luft 30, 1–10, 1970. — HÄRTEL, O.: Langjährige Meßreihen mit dem Trübungstest an abgasgeschädigten Fichten. Oe 9, 103–111, 1972. — HAUT, H. v., u. STRATMANN, H.: Farbtafelatlas über Schwefeldioxid-Wirkungen an Pflanzen. Essen 1970.— HAWKSWORTH, D. L., a. ROSE, F.: Lichens as pollution monitors. London 1976. — HUNGER, W.: Über Absterbeerscheinungen an älteren Fichtenbeständen in der Nähe einer Schweinemastanlage. BF 12, 188–189, 1978. — IUFRO: 9. Internationale Tagung über die Luftverunreinigung und Forstwirtschaft. Tagungsbericht. Zbraslav-Strnady 1976. — JÄGER, H. J., u. KLEIN, H.: Modellversuche zum Einfluß der Nährstoffversorgung auf die SO_2-Empfindlichkeit von Pflanzen. EJFP 6, 347–354, 1976. — JÜRGING, P.: Epiphytische Flechten als Bioindikatoren der Luftverunreinigung. Vaduz 1975. — KELLER, T.: Report on the IUFRO meeting "Air pollution effects on forests", Sopron (Hungary), October 9–14, 1972. EJFP 3, 56–60, 1973. — Zur Phytotoxizität von Fluorimmissionen für Holzarten. MEAfV 51, 303–331, 1975. — Begriff und Bedeutung der „latenten Immissionsschädigung". AFJZ 148, 115–120, 1977. — Der Einfluß von Fluorimmissionen auf die Nettoassimilation von Waldbäumen. MEAfV 53, 161–198, 1977. — KELLER, T., SCHWAGER, H., YEE-MEILER, D.: Der Nachweis winterlicher SO_2-Immissionen an jungen Fichten. EJFP 6, 244–249, 1976. — KENNEWEG, H.: Luftsichtbare Kronenschäden als Mittel zur Quantifizierung von Zuwachsverlusten in Nadelholzbeständen. FA 49, 89–94, 1978. — KNABE, W.: Luftverunreinigungen – forstlicher Standortfaktor oder abwehrbares Übel? FA 42, 172–179, 1971. — Rauchschadensforschung dient dem Umweltschutz. FA 42, 99–103, 1971. — Luftverunreinigungen und Forstwirtschaft. FA 46, 59–62, 1975. — KUNZE, M.: Emittentenbezogene Flechtenkartierung auf Grund von Frequenzuntersuchungen. Oe 9, 123–133, 1972. — LANG, K. J.: Immissionsbelastung und Anfälligkeit gegenüber Schadpilzen und Insekten. FC 96, 72–75, 1977. — MAHENDRAPPA, M. K.: Changes in the chemical properties of soil in Northern New Brunswick caused by sulfur dioxide emission. Bi-m. Res. Not. 33, 32–33, 1977. — MATERNA, J.: Probleme der Verunreinigung der Atmosphäre und ihre Auswirkungen auf die Forstwirtschaft der ČSSR. SF 25, 318–320, 1975. — OLSCHOWY, G. (Hsg.): Belastete Landschaft – gefährdete Umwelt. München 1971. — Natur- und Umweltschutz in der Bundesrepublik Deutschland. Hamburg-Berlin 1978. — PETSCH, G.: Baumartenwahl unter Berücksichtigung der Umweltprobleme in einem Industrieballungsgebiet. FA 42, 179–181, 1979. — RANFT, H.: Auswirkung einer NK-Düngung auf den Gesundheitszustand von Rauchschadenbeständen. AFw 19, 1259–1268, 1970. — Versuchsergebnisse zur Auswirkung der mineralischen Düngung auf den Gesundheitszustand von Rauchschadenbeständen. BF 7, 66–68, 1973. — TESCHE, M., u. SCHMIDTCHEN, A.: Schädigungen an Koniferen in der Umgebung von Anlagen der industriemäßigen Hühnerhaltung. APP 14, 327–332, 1978. — THALENHORST, W.: Untersuchungen über den Einfluß fluorhaltiger Abgase auf die Disposition der Fichte für den Befall durch die Gallenlaus *Sacchiphantes abietis* (L.). ZPK 81, 717–727, 1974. — ULRICH, B., MAYER, R., KHANA, P. K.: Disposition von Luftverunreinigungen und ihre Auswirkungen in Waldökosystemen im Solling. Frankfurt a. M. 1979. — VOGL, M., SCHEUMANN, W., BÖRTITZ, S., LEONHARDT, U., HAEDICKE, E.: Untersuchungen zur individuellen Rauch- und Frostresistenz von Fichten aus einem Schadgebiet im oberen Erzgebirge. APP 8, 233–243, 1972. — WENTZEL, K. F.: Habitus-Änderung der Waldbäume durch Luftverunreinigung. FA 42, 165–172, 1971. — Die Schwefel-Immissionsbelastung der Koniferenwälder des Raumes Frankfurt/Main. FA 50, 112–121, 1979. — Weißtanne – immissionsempfindlichste einheimische Baumart. AF 35, 373–374, 1980. — WINNER, W. E., a. BEWLEY, J. D.: Terrestrial mosses as bioindicators of SO_2 pollution stress. Oe 35, 221–230, 1978.

DURCH WETTERERSCHEINUNGEN
BEDINGTE KRANKHEITEN

Überfluß oder Mangel an Licht, ferner Hitze oder Frost, Wind und Sturm, Blitz, die verschiedenen Formen des Niederschlags wie Schnee, Duft, Eis, Hagel und Regen können unmittelbar Schäden am Einzelbaum und am Waldgefüge anrichten. Durch Einwirkung auf bestimmte Glieder der Lebensgemeinschaft, namentlich auf pathogene Pilze und Insekten, kann das Wetter auch mittelbar an einer Störung des ökologischen Gleichgewichts beteiligt sein. Auf solche Zusammenhänge soll später eingegangen werden, so daß hier nur die unmittelbaren Wirkungen schädlicher Witterungseinflüsse auf die Holzpflanzen und ihre Vergesellschaftungen zu besprechen sind.

A. LICHTSCHÄDEN

Krankheitserscheinungen infolge von Überfluß oder Mangel an Licht sind unter den natürlichen Verhältnissen des Waldes kaum zu finden. Morphologische oder physiologische Besonderheiten an Pflanzen bei geringem oder starkem Lichtangebot, z. B. in Gestalt der Blattausbildung oder der Intensität der Assimilation, sowie das im Zusammenhang mit den jeweiligen Lichtverhältnissen zu beobachtende Werden und Vergehen in der Lebensgemeinschaft sind innerhalb einer gewissen ökologischen Streubreite nicht als pathologisch anzusehen.

Ungewöhnlicher Lichtmangel führt zum Vergeilen oder Etiolieren der Pflanzen, d. h. zu einer krankhaften Überverlängerung der Sproßachse bei kümmerlicher Entwicklung der Blätter unter gleichzeitiger Bleichung der grünen Pflanzenteile. Etiolementerscheinungen fand CIESLAR 1909 bei der Aufzucht junger Nadelholzpflanzen unter starker Beschattung, am stärksten bei Kiefer und Lärche, schwach bei Fichte und nicht bei Tanne. Beschattung wirkte sich bei jungen Douglasien und Fichten negativ auf die Bildung von Trockensubstanz aus, bei den ersten beschleunigte sie den Abschluß des Höhenwachstums, verzögerte aber die Verholzung, was Ausfälle durch Frost zur Folge hatte. Unterdrückte Bäume verlangsamen ihr Wachstum um so stärker, je empfindlicher sie gegen Lichtentzug sind; bei dauernd ungenügendem Lichtgenuß sterben sie ab.

Werden Pflanzen, die an einen bestimmten Lichtgenuß angepaßt sind, anderen Lichtbedingungen ausgesetzt, werden beispielsweise unter Schatten erwachsene Buchen plötzlich freigestellt oder umgekehrt frei erwachsene Pflanzen in einen Bestand mit geschlossenem Kronendach gebracht, so können physiologische Störungen eintreten, die sich häufig erst nach Jahren ausgleichen.

Schrifttum: HUSS, J.: Vergleichende ökologische Untersuchungen über die Reaktionen junger Fichten auf Lichtentzug und Düngung im Freigelände und in Beschattungskästen. Götting. Bodenkundl. Ber. 51, 1977.
SCHLEGEL, F., RÖHRIG, E., HUSS, J.: Die Wachstumsreaktionen von jungen Douglasien verschiedener Herkunft auf Beschattungs- und Bodenunterschiede. SchwZF 123, 817–845, 1972.

B. HITZESCHÄDEN

Sonnenstrahlung kann Krankheitserscheinungen an Bäumen hervorrufen entweder durch Steigerung der Temperatur über die für Pflanzenzellen tödliche Grenze, die im allgemeinen zwischen 45 und 55 °C liegt, oder durch Auftreten starker Temperaturschwankungen, welche zu schädlichen Veränderungen im Wasserhaushalt der Pflanzen führen können. Unmittelbare Hitzeschäden äußern sich durch Eingehen junger Pflanzen infolge von Überhitzung der Bodenoberfläche, durch Absterben von Blättern und Trieben oder der Rinde (Rindenbrand) und durch Aufreißen der Schäfte (Sonnenrisse). Übermäßige Wärme hat ferner in der Regel Wassermangel zur Folge, der in anderem Zusammenhang (S. 67) betrachtet werden soll.

Absterben von Jungpflanzen durch Überhitzung der Bodenoberfläche. Erwärmt sich bei direkter Sonnenstrahlung die oberste Bodenschicht über die tödliche Grenze, so stirbt das Pflanzengewebe an der Berührungsstelle mit der Erdoberfläche ab, und zwar um so leichter, je weniger es durch eine isolierende Rindenschicht geschützt ist. Namentlich Sämlinge werden geschädigt und fallen um (Abb. 10). Schon verholzte Pflanzen zeigen zuweilen oberhalb der eingeschnürten Stelle erhöhten Zuwachs.

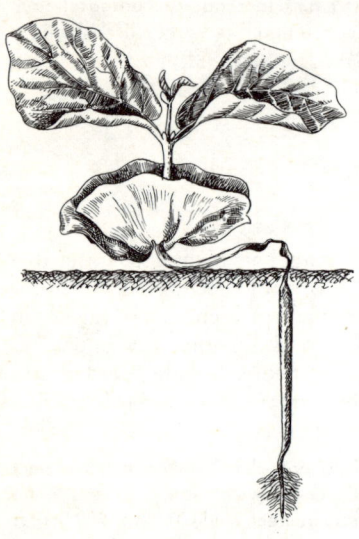

Abb. 10. Durch Überhitzung der Bodenoberfläche geschädigter Buchenkeimling. Nach Münch 1913

Im Laboratoriumsversuch starben Keimpflanzen der Kiefer bei 45 °C nach 3 Stunden, bei 50 °C in 30–60 Minuten, bei 55 °C in 10 Minuten ab; in Kiefern- und Fichtensaatbeeten traten überall dort, und zwar noch am selben Tage, Keimlingsschädigungen auf, wo die Bodentemperatur 46 ° überschritten hatte (Huber 1935). Da bei freier Sonneneinstrahlung Temperaturen von 50–55 ° in der obersten Bodenschicht keine Seltenheit sind, muß Überhitzung als eine beachtenswerte Keimlingskrankheit betrachtet werden. Ähnliche Krankheitserscheinungen werden durch Pilze verursacht.

Überhitzungsschäden entstehen besonders auf dunklen, humosen und torfigen Böden, welche die Wärme gut absorbieren, ferner auf trockenen und lockeren Böden, in denen die Wärme langsamer abgeleitet wird als in feuchten und dicht gelagerten. Durch Reflexion der Wärmestrahlen an stehenden Stämmen, namentlich weißrindigen Birken, an liegenden Holzstücken, hellen Pflugbalken (Widerhitze) kann an der Südseite die Überhitzungsgefahr für dicht anstehende Pflanzen erhöht werden. Eine schattenspendende Bodendecke von Gras, Beerkraut usw. verhindert Überhitzungserscheinungen, vergrößert aber die Gefahr von Dürreschäden (S. 67).

Dem Schutz gegen Überhitzungsschäden an Jungpflanzen dienen alle Maßnahmen, welche direkte Sonneneinstrahlung vom Boden fernhalten. Dazu gehören im Kamp das Abdecken der Beete mit Deckgittern, Rohrmatten, Reisig, Moos, Torfmull, Folien, Pappen usw., das auch dem Schutz gegen Spätfröste (S. 49) und Dürre (S. 70) dient, auf der Kultur das Belassen von Graswuchs u. dgl., soweit dem nicht andere Erwägungen (Dürreschäden, Mäusegefahr) entgegenstehen. Die Wärmeabsorption dunkler Beete kann durch Überstreuen mit hellem Sand, Kalkstaub oder Sägemehl herabgemindert, die Wärmeleitung in der obersten Bodenschicht durch Antreten, Anwalzen und Befeuchten erhöht werden.

Schrifttum: Ballik, K. H.: Grundlagen zur Wahl zweckmäßiger Bodenabdeckverfahren in Fichtenverschulbeeten. FC 89, 26–60, 1970. — Bodenabdeckung in Fichtenverschulbeeten. AFz 84, 141–146, 1973.

Absterben von Blättern und Trieben. Bei starker Sonneneinstrahlung und geringer Luftbewegung kann die Temperatur in Blattorganen und jungen Trieben derart ansteigen, daß sie teilweise oder ganz absterben. Blattränder und -spitzen, Teile der Blattflächen oder die ganzen Spreiten werden braun, die Blätter rollen sich zusammen und fallen schließlich ab. Besonders gefährdet sind Baumarten mit großen, verhältnismäßig weichen Blättern, wie Linde und Ahorn, während solche mit harten, glänzenden (Eiche) oder kleinflächigen, leicht beweglichen Blättern (Robinie, Aspe) weniger leiden. Nadeln der Lärche verfärben sich und fallen ebenfalls ab; bei anderen Nadelhölzern sterben nur die jungen Triebe.

Häufig sind nicht die ganzen Kronen, sondern nur ihre sonnenexponierten Teile betroffen. Derartige Schäden werden in extrem heißen Sommern beobachtet, mehr an Bäumen außerhalb des Waldes als im Walde; an ihnen ist regelmäßig auch Wassermangel beteiligt, und im Einzelfall ist schwer zu sagen, wie weit sie tatsächlich durch Überhitzung der Gewebe oder durch ungenügende Wasserversorgung der Krone verursacht sind.

Rindenbrand. Als Rinden- oder Sonnenbrand wird ein Absterben der Rinde am Schaft, zuweilen auch an den Ästen von Bäumen bezeichnet, das durch übermäßige Erhitzung bei direkter Sonnenstrahlung verursacht ist. Die Rinde hebt sich, erhält Längs- und Querrisse und fällt schließlich stückweise ab (Abb. 11). Die bloßgelegten Holzteile trocknen ein, reißen auf und gehen nach Pilzbefall in Fäulnis über, die sich bei längerer Dauer keilförmig in den Stamm hineinziehen kann.

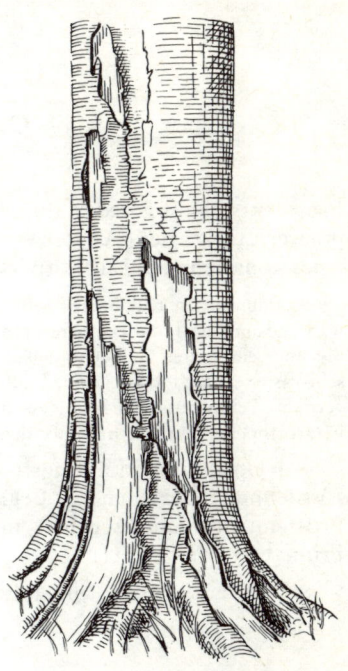

Abb. 11. Rindenbrand an Buche

Rindenbrand zeigt sich fast ausschließlich an Baumarten mit dünner, glattbleibender Rinde, namentlich Buche, Fichte und Strobe. Stärkere Bäume leiden meist mehr als schwächere. Die Erkrankung tritt dort ein, wo die Sonnenstrahlung am intensivsten ist und ungehindert Zutritt zur Rinde findet, d. h. an der Süd- und Westseite des Schaftes, am unteren, durch Zweige nicht beschatteten Stammteil, an Bestandsrändern, besonders an Stämmen, die plötzlich freigestellt und dadurch aus dem ausgeglichenen Bestandsklima in ein solches mit starken Extremen versetzt wurden.

Nach HUBER 1935 wurden an stehenden Stämmen von Fichte und Buche Kambiumtemperaturen bis 55 bzw. 47 °C gemessen. In Buchenreinbeständen montaner Lagen können auch im Innern des Bestandes, solange er noch unbelaubt ist, Rindenschäden entstehen, wenn auf Südhängen im Frühjahr bei noch vorhandener Schneedecke die schon kräftiger gewordene Sonnenstrahlung von dieser reflektiert und damit verstärkt wird (SCHRETZENMAYR 1950).

Der Schaden besteht in Minderung der technischen Verwendbarkeit des Holzes, Zuwachsverlust, Förderung von Pilz- und Insektenschäden, vielfach auch Eingehen der Bäume. Schutz gegen Rindenbrand gewähren Maßnahmen, welche den Zutritt direkter Sonnenstrahlung zu den Stämmen empfindlicher Holzarten verhindern: kein Freistellen gefährdeter Bestandsränder, Anzucht und Erhaltung von Träufen (S. 57) an den Süd- und Westrändern der Bestände. Einzelne wertvolle Stämme können durch Anstrich mit Kalkmilch, Lehmbrei usw., durch Umbinden des Schaftes mit Reisig, durch Berankenlassen mit Wildem Wein (*Ampelopsis veitchi*) geschützt werden. Rindenbrandig gewordene Randbäume sind zu erhalten und nicht zu hauen, da sonst die Krankheit in das Bestandsinnere fortschreitet.

Sonnenrisse. Beim Eintreten schroffer Temperaturwechsel können im Spätwinter oder Frühjahr durch starke Besonnung an Laubhölzern, namentlich Buche und Eiche, in Rinde und Holz Risse entstehen, die nach HARTIG 1894 als Sonnenrisse bezeichnet und auf einseitige Erwärmung und Ausdehnung des Schaftes zurückgeführt werden. Die Risse beginnen meist knapp über dem Boden und sind mehr oder weniger lang. Unter der sich zuweilen lösenden Rinde kann örtliche Fäulnis eintreten. In der Regel überwallt die Wunde bald. Im Winter 1928/29 konnte das Auftreten von Rindenrissen an Buche in großem Umfang beobachtet werden; es war offenbar verursacht durch das Zusammenwirken von außergewöhnlicher Kälte und hoher Bestrahlungswärme. Beiderseits des Risses löste sich die Rinde vom Holzkörper, erhielt Längs- und Querrisse und fiel im Lauf des Jahres an der Grenze der lebend gebliebenen Kambialschicht ab.

Einfluß der Hitze auf den Boden. Es wird vielfach die Meinung vertreten, daß direkte Sonnenstrahlung nach Freilegen des Bodens, insbesondere nach Kahlschlag, die biologischen Vorgänge im Waldboden ungünstig beeinflusse. Untersuchungen haben ergeben, daß diese Gefahr nicht groß ist. Die bakteriziden ultravioletten Strahlen des Sonnenlichts werden durch die oberste Bodenschicht abgefiltert; Temperaturextreme werden auf Kahlflächen durch die sich rasch einstellende Schlagflora gemildert. Aber auch wo der Mineralboden nackt zutage lag und durch Hacken unkrautfrei gehalten wurde, fand WITTICH 1931 einen guten biologischen Zustand. Größer ist die Gefahr des Hitzetodes für die Mikroorganismen im vegetationslosen Auflagehumus. Sie können aber Hitze- und Trockenzeiten in Dauerzuständen überstehen und Verluste infolge ihrer starken Vermehrungsfähigkeit in kürzester Zeit ausgleichen.

C. FROSTSCHÄDEN

Frost entsteht entweder durch kalte Luftströmungen, namentlich beim Einbruch polarer Luftkörper (Advektivfrost) oder durch Ausstrahlung beim Vorhandensein eines kontinentalen Luftkörpers (Strahlungsfrost).

Strahlungsfrost tritt örtlich sehr unterschiedlich auf und beschränkt sich auf die Nachtstunden, während am Tage hohe Temperaturen herrschen können. Advektivfrost verbreitet sich mehr gleichmäßig über ein weites Gebiet und hält mehr oder weniger den ganzen Tag an. Advektivfrost ist am schroffsten in den Hochlagen, Strahlungsfrost in den Tallagen. Strahlungsfrost weist ausgeprägte vertikale Temperaturschichtung auf und nimmt mit der Höhe über dem Erdboden rasch ab; Schäden verursacht er regelmäßig nur in Bodennähe, innerhalb der jeweiligen „Frosthöhe".

Advektiv- und Strahlungsfrost entsprechen in der Regel den sich auf die räumliche Ausdehnung beziehenden Begriffen Land- und Lokalfrost. Nach der Zeit des Frosteintrittes unterscheidet man Herbst- oder Frühfrost, Winterfrost und Frühjahrs- oder Spätfrost.

Schäden durch Frost treten auf als Kältetod, als Frostrisse und Frostkerne sowie durch Auffrieren.

1. KÄLTETOD

Als Kältetod wird das Absterben von Pflanzen oder Pflanzenteilen infolge niedriger Temperaturen bezeichnet.

Ursache. Die Ursache des Kältetodes wird verschieden gedeutet: als Vertrocknungserscheinung infolge des mit der Eisbildung verbundenen Wasserentzuges, als irreversible und deshalb tödliche Strukturänderung des Protoplasmas durch molekulare Umlagerung, als Veränderung der Plasmakolloide durch mechanische Koagulation, als Desorganisation oder Stillstand des Stoffumsatzes. Die Widerstandsfähigkeit der Pflanzen gegen Kälte steht im Zusammenhang mit bestimmten stofflichen Vorgängen. Ganz allgemein scheint Pflanzengewebe um so frosthärter zu sein, je höher sein osmotischer Wert ist; darüber hinaus spielt offenbar die nach den Jahreszeiten wechselnde Austrocknungsfähigkeit des Zellplasmas eine Rolle. Bei Untersuchungen an Kiefern fand LANGLET 1937 im Herbst eine Verringerung von Wasser- und Stärkegehalt und Azidität, während der osmotische Wert und der Gehalt an Trockensubstanz, Zucker, Fetten, Reservezellulose, Gerbstoffe und Katalase zunahmen. Der Grad der Kälteresistenz einer Pflanze zu verschiedenen Jahreszeiten und von verschieden frostharten Rassen sollte demnach einem verschiedenen Gehalt obiger Stoffe, der sich näherungsweise durch den Anteil an Trockensubstanz ausdrücken läßt, entsprechen. Doch ließen Untersuchungen von JUNGHANS 1959 an Fichtennadeln keine Parallelität im jahreszeitlichen Verlauf von Frosthärte, osmotischem Wert, Zucker- und Säuregehalt erkennen; es scheint also noch anderes im Spiele zu sein. Die kritische Frosttemperatur, d. h. der Kältegrad, bei dem erhebliche Frostschäden eintraten, betrug nach PFEIFFER 1933 bei Fichte in °C:

	bei langsamer Abkühlung	bei plötzlicher Abkühlung
im Dezember/März	−26 bis −35,5	−19 bis −25,5
im April	−22 bis −24	−11 bis −18,5
im Mai/Juni	− 5 bis − 7	− 5 bis − 7,5

Durch Anpassung (Akkomodation) an die Umgebungstemperatur kann sich die kritische Frosttemperatur ändern. So wurde die kritische Temperatur zweijähriger Fichtentriebe am 25. 3. 1931 bei −34 °C, sechs Tage später nach ständigem Frostwetter bei −43° festgestellt. Entsprechend wird der kritische Frostpunkt durch hohe Umgebungstemperatur erhöht. Die Frostempfindlichkeit steigt somit während des Frühlings, erreicht ihr Maximum im Sommer und sinkt gegen den Herbst bis zum Minimum im Winter (Abb. 12, 13); je nach den Temperaturen ist sie in verschiedenen Wintern unterschiedlich (Abb. 14). Das Akkomodationsvermögen ist anscheinend im Frühjahr und bei jungen Nadeljahrgängen größer als im Winter und bei älteren Jahrgängen. Neben der durch äußere Einflüsse induzierten Akkomodation bedingt nach Pisek 1952 auch ein innerer Rhythmus die wechselnde Frosthärte der Pflanzen.

Schaden. Durch Winterfrost verursachter Kältetod ist bei den heimischen, unserem Klima angepaßten Holzarten eine Ausnahmeerscheinung; er kommt nur in ungewöhnlich strengen und langanhaltenden Wintern vor, vor allem dann, wenn eine Periode relativ milden Wetters die Frosthärte der Pflanzen durch Akkomodation sinken läßt und dann erneut starke Kälte einsetzt (Templin et al. 1972). Bei raschem Eindringen des Frostes in den Boden können Wurzeln, die empfindlicher sind als die oberirdischen Achsenteile, erfrieren. Geschädigte Pflanzen treiben im Frühjahr kümmerlich oder nicht aus; die Nadeln der wintergrünen Nadelhölzer werden rot und fallen im Frühjahr ab.

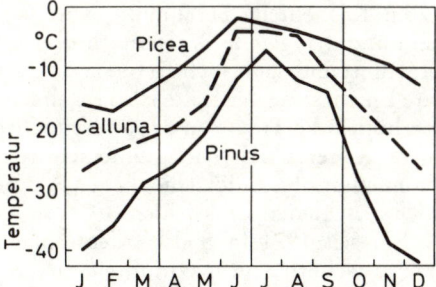

Abb. 12. Jahresgang der Frostempfindlichkeit, ausgedrückt durch die höchste schädigende Temperatur, für *Calluna vulgaris* und *Pinus cembra* im Hochgebirge bei langsamer, für *Picea abies* im Hügelland bei plötzlicher Abkühlung. Nach Ulmer 1937 und Junghans 1959

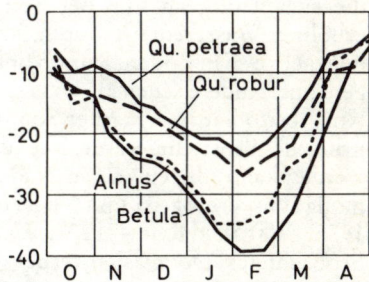

Abb. 13. Gang der Frostempfindlichkeit verschiedener Baumarten, von *Quercus petraea*, *Qu. robur*, *Alnus glutinosa* und *Betula pendula*, im selben Winter 1953/54. Nach Till 1956

Nach verhältnismäßig warmem Herbst und Frühwinter erfolgte am 31. Dezember 1978 in Teilen Deutschlands ein Temperatursturz von +5–10 °C auf etwa −15 °C; die Folgen waren namentlich an Fichten Rotfärbung und Abfallen der Nadeln und Tod der Bäume (Walther 1979). Über allein durch tiefe Temperaturen verursachte Schäden liegen zahlreiche Berichte aus den strengen Wintern 1928/29, 1939 bis 1942, 1954/55, 1955/56 und 1962/63 vor. Sie sind, je nach Ausmaß und zeitlichem Eintreten der Kälte, unterschiedlich, doch stimmen sie darin überein, daß die einheimischen Baumarten namentlich innerhalb ihres natürlichen Verbreitungsgebietes nur wenig gelitten haben. Stellenweise gingen Eiben und

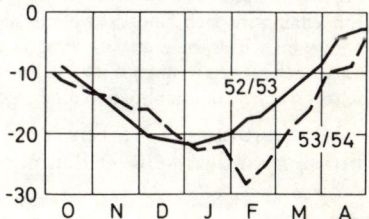

Abb. 14. Gang der Frostempfindlichkeit derselben Baumart, *Fagus silvatica*, in verschiedenen Wintern, 1952/53 und 1953/54. Nach Till 1956

Tannen ein, auch Eichen erfroren. An Eschen starb teils das Kambium ab, teils bildeten sich mechanisch innere Klüfte in der Kambialzone, die bei Beginn der Lebenstätigkeit im Frühjahr durch Wundgewebe ausgestopft wurden; so entstand eine Störung des normalen Holzaufbaus, vor allem der Gefäßbildung im Frühholz, die kümmerliches und lückenhaftes Austreiben zur Folge hatte. Die Buche erlitt in Ostpreußen, außerhalb ihres natürlichen Verbreitungsgebietes, erhebliche Verluste; andernorts führte starke Frostkernbildung (S. 51) zum Absterben von Kronenteilen. Auf gelockerten Boden gepflanzte, 1–3jährige Eichen erfroren am Wurzelhals und an den obersten Teilen der Wurzel; auch im Herbst ausgebrachtes Eichensaatgut wurde geschädigt. Im Gegensatz zu den heimischen haben ausländische Baumarten zum Teil erheblich gelitten.

Spätfrost im Frühjahr tötet junge, sich entwickelnde Blätter und Triebe ab. Unter Frühfrost im Herbst leiden noch nicht ausgereifte Pflanzenteile, namentlich Johannistriebe der Eiche oder auch Triebe, die sich nach Verlust der Belaubung durch Spätfrost, Pilzbefall oder Insektenfraß neu gebildet haben und noch nicht verholzt sind. Die durch Spät- und Frühfrost verursachten Verluste an Trieben, Blättern und Blüten führen zu Minderung des Samenertrags, zu Wuchsstörungen, bei häufiger Wiederholung zu Krüppelwuchs und Kusselbildung (Fichten in Frostlöchern, Korbwuchs der Lärchen). Frühfröste hindern das Ausreifen des Holzes. Vernichtung des Laubes durch Frühfrost, noch mehr aber durch Spätfrost bedeutet für den Baum einen Verlust an wertvoller Substanz, namentlich an Kali und Phosphorsäure. Frostjahre kennzeichnen sich durch schmale Jahresringe, zuweilen auch, wenn die kambiale Tätigkeit beim Eintritt des Spätfrostes schon begonnen hatte, durch Doppelringe.

Als Frostschütte wird der nach Frost im Vorfrühling zuweilen an Nadelhölzern, besonders an Fichte und Douglasie in warmen, sonnigen Lagen, zu beobachtende Nadelfall bezeichnet, dem häufig Rotfärbung der Nadeln vorangeht. Die Erscheinung, die sich häufig auf die der Sonne ausgesetzten Kronenteile beschränkt, wird auf erhöhten Wasserentzug durch Sonne und Wind und mangelnde Wassernachfuhr aus dem gefrorenen Boden, Stamm und Ast zurückgeführt und dann auch Frosttrocknis genannt. Andere sehen als Ursache unmittelbare Einwirkung der Kälte, also regelrechten Frosttod an: bei starker Sonnenstrahlung erhöhen die Triebe an der Südseite ihre kritische Frosttemperatur, die dann bei einem Kälterückfall leicht unterschritten werden kann; die einzelnen Nadeljahrgänge können infolge unterschiedlichen Akkomodationsvermögens und Vegetationszustandes verschieden stark leiden (OESCHGER 1973, WAGNER-KOCH 1977, LARSEN 1978). Ein seit 1971 in Südwestdeutschland beobachtetes Douglasiensterben scheint auf Frostschütte zurückzuführen zu sein (SCHÖNHAR 1979).

Frostplatten nennt man infolge von Frosteinwirkung platzförmig abgestorbene Rindenstücke am Schaft dünnrindiger Holzarten. Den nach Abfallen der Rinde freigelegten Holzkörper sucht der Baum von den Seiten her zu überwallen. Pilzinfektion kann den Schaden verschlimmern. Die regelmäßig an der Südseite der Stämme auftretenden Frostplatten sollen entweder durch plötzliches Auftauen des gefrorenen Schaftes entstehen oder dadurch, daß im Spätwinter durch Sonnenstrahlung die kritische Frosttemperatur des Stammes erhöht wird und ein Kälterückfall das Kambium erfrieren läßt. Im Einzelfall wird sich eine Frostplatte nicht immer vom Rindenbrand (S. 43) oder Sonnenriß (S. 43) unterscheiden lassen, zumal die Frage zu prüfen bleibt, ob diese drei ähnlich aussehenden Schädigungen ursächlich klar zu trennen sind. Als Frostkrebs bezeichnet man krebsartige Erscheinungen, welche in seltenen Fällen an Laubhölzern als Folge von Frost auftreten.

Bedingungen. Der Eintritt des Kältetodes hängt zunächst von der spezifischen Frostempfindlichkeit der Baumart ab.

Gegenüber Spätfrösten gelten unter den heimischen und häufiger angebauten fremdländischen Baumarten als sehr empfindlich: Esche, Edelkastanie, Walnuß, Buche, Eiche, Robinie; Tanne, Douglasie; empfindlich: Ahorn, Roteiche, Linde; Lärche, Fichte; wenig empfindlich (frosthart): Hainbuche, Erle, Birke, Ulme, Aspe; alle Kiefernarten.

Unter Umständen kann unsere sonst frostharte Kiefer stark unter Spätfrösten leiden: in der Nacht vom 31. 5. zum 1. 6. 1937 sind in der Schlochauer Heide nach vorherigem Schüttebefall und spätem

Austreiben 800 ha Kiefernkultur restlos erfroren; durch starken Spätfrost am 20. 5. 1943 wurden in einer mannshohen Kieferndickung außer den Maitrieben auch die Altnadeln abgetötet. Bei Fichte treibt die Endknospe später, bei Douglasie häufig früher als die Seitenknospen aus; bei dieser kommt es infolgedessen nach Frosttod der Endknospe zur „Frostverzweigung" (Rack 1974).

Gegenüber Früh- und Winterfrösten sind sehr empfindlich: Walnuß, Edelkastanie, Robinie; empfindlich: Esche, Buche, Eiche, Ulme; Tanne, Douglasie; wenig empfindlich (frosthart): Ahorn, Linde, Aspe, Pappel, Hainbuche, Birke, Erle; Fichte, alle Kiefernarten, Lärche (s. a. Abb. 13).

Innerhalb der gleichen Art spielt die Herkunft eine Rolle. Aus wärmeren Standorten stammende Herkünfte leiden in kühlerem Klima mehr unter Früh- und Winterfrost als solche aus kälteren Lagen, da die geringere Sommerwärme den Vegetationsabschluß verzögert und die ersten Herbstfröste noch unfertige Gewebe treffen. Die aus kälteren in wärmere Lagen versetzten Herkünfte sind spätfrostgefährdet, weil das wärmere Klima einen früheren Vegetationsbeginn auslöst und jeder Temperaturrückschlag dann schädlich wird. Über verschiedene Frostempfindlichkeit von Sorten liegen Beobachtungen an Pappeln vor.

Unter Spätfrost litten Balsampappeln teilweise schwer, Schwarzpappelhybriden im allgemeinen leicht (Morgeneyer 1960). Nach Winterfrost wiesen von den letzten z. B. *marilandica* und *serotina* keine oder schwache, *robusta* und *regenerata* mittlere Schäden auf (Eichbaum 1956). Eine als Braunfleckengrind bezeichnete partielle Rindennekrose namentlich an *robusta* wird von Joachim 1958 als physiologische Schädigung angesehen, die in kalten Wintern durch schnellen Wechsel von Temperaturextremen ausgelöst wird (siehe aber S. 96).

Im gleichen Bestand ist die Frostempfindlichkeit der Individuen unterschiedlich. Manche Baumarten, wie Eiche und Fichte, weisen eine sich über Wochen erstreckende individuelle Variabilität des Austreibezeitpunktes auf; die spät austreibenden Individuen sind weniger von Spätfrost gefährdet als die Frühtreiber. Auch individuelle Verschiedenheiten des Akkommodationsvermögens können eine Rolle spielen. Dies sind Ansatzpunkte für eine Züchtung auf Spätfrostresistenz (Moulalis 1973).

Die Gefährlichkeit des Frostes nimmt im allgemeinen mit dem Alter der Pflanzen ab. Jungpflanzen können durch Kälteeinwirkung ganz vernichtet werden, während ältere Holzpflanzen in der Regel nur Teilschäden erleiden, die heilbar sind oder das Dasein des Waldes und die Wirtschaftsführung nicht wesentlich beeinträchtigen. Zudem sind Jungpflanzen schädlichen Kältegraden mehr ausgesetzt, weil sich die Temperaturextreme der bodennahen Luftschicht mit Annäherung an den Erdboden steigern. Auch bei den Pflanzenteilen ist deren Alter von Bedeutung: Vollständig entwickeltes Laub ist frosthärter als frisches, diesjährige Fichtennadeln bleiben bis etwa November empfindlicher als die älteren. Leicht erfrieren Blüten und Blütenteile (Stempel); nur die Blüten von Esche, Pappel, Weide, Hasel und Erle sind frosthart.

Von Einfluß kann der Ernährungszustand der Pflanzen sein: Stickstoffdüngung förderte das Austreiben von Fichten im Frühjahr und setzte sie damit größerer Spätfrostgefahr aus (Pümpel et al. 1975); Düngung mit Kalium minderte unter kaliarmen Wuchsverhältnissen die Empfindlichkeit von Douglasien gegenüber Spätfrost und Frosttrocknis (Larsen 1976).

Je größer das Ausheilungsvermögen der Pflanze ist, um so geringer sind die Schäden. Wintergrüne Nadelhölzer leiden regelmäßig mehr als Laubhölzer oder Lärchen; die Douglasie jedoch besitzt eine oft überraschend große Erholungsfähigkeit. Unter den Laubhölzern vermag besonders die Eiche Spätfrostschäden rasch auszuheilen. Kränkelnde, durch Rauch, starke Beschattung, schlechte Ernährung, parasitische Pilze u. dgl. geschwächte Bäume leiden stärker unter Winterfrost als gesunde.

Die Vergesellschaftung der Holzarten zum Bestand mildert die Frostgefahr für den Einzelbaum und besonders für die Jungpflanze. Das Nebeneinander der Pflanzen gibt Seitenschutz, schwächt den Wind und damit die wärmezehrende Verdunstung.

Besonders günstig wirkt ein Schirm von Altbäumen über dem Jungwuchs, der die Wärme zurückstrahlt und unmittelbare Sonneneinstrahlung abwehrt; so sind Verjüngungen unter Schirm weniger frostgefährdet als solche auf der Freifläche. Geschlossene Bestände mildern die Temperaturextreme mehr als lückige.

Frostgefährdet sind alle Lagen, in denen sich kalte, schwere Luft sammeln kann, vor allem Vertiefungen im Gelände, Mulden (Muldenfrost), aber auch Bestandesränder und Bestandeslücken (Frostlöcher), aus welchen die Kaltluft nicht abzufließen vermag; hier leiden namentlich junge Pflanzen, solange sie nicht der örtlichen Frosthöhe entwachsen sind. Ferner sind gefährdet die kalten Winden ausgesetzten Nordost- und Osthänge, aber auch sonnige Orte, in denen der Pflanzenwuchs im Frühjahr eher erwacht und damit den Spätfrösten ausgesetzt wird. Schließlich sind frostgefährdet nasse, kalte Böden (Ton, Letten, Moor), auf denen starker Wärmeverlust durch Verdunstung eintritt.

Im allgemeinen wird angenommen, daß das Flachland mehr unter Frösten leidet als das Hügelland oder Gebirge. Am Großen Arber im Bayrischen Wald ergab sich in den untersuchten Lagen zwischen 637 und 1447 m, daß die Spätfrostgefährdung mit der Höhe eher ab- als zunahm. Nach MÜNCH-LISKE 1926 ist in Sachsen die Frostgefahr in Nichtfrostlagen im Tiefland und Gebirge bis etwa 725 m ziemlich unabhängig von der Höhe, steigt aber mit weiterer Erhebung im Gebirge beträchtlich; in Frostlagen nimmt sie mit zunehmender Meereshöhe stark zu.

Gras- und Unkrautwuchs steigert die Frostgefahr, da er die Erwärmung des Bodens erschwert, die Nässe erhält und durch Verdunstung und Ausstrahlung die Temperatur der unteren Luftschichten herabdrückt (Grasfrost). Nackter Boden mindert die Früh- und Spätfrostgefahr; doch dringt der Frost in ihn rascher und tiefer ein als in bedeckten. Ein guter Frostschutz für Jungpflanzen ist eine winterliche Schneedecke; im Winter 1939/40 erfroren junge Douglasien vielfach nur soweit, als sie über den Schnee hinausragten.

Wesentlich für die Höhe der Frostschäden ist die Geschwindigkeit, mit der Abkühlung und Erwärmung erfolgen. Da die Akkomodation der Pflanze eine gewisse Zeit beansprucht, schadet rascher Übergang von Wärme zu Kälte mehr als langsame Temperaturerniedrigung. Durch plötzliches Auftauen können gefrorene Pflanzenteile geschädigt werden, auch wenn ihr Temperaturminimum nicht unterschritten war. Die dabei auftretenden Schäden sind um so stärker, je tiefer die Frosttemperaturen waren und je schneller das Auftauen erfolgt.

Die Spätfrostgefährdung ist besonders groß bei zeitigem Vegetationsbeginn in einem ungewöhnlich warmen Frühjahr. Sie wird erhöht durch Reif, der bei der Verdunstung Wärme verbraucht, und verringert sich mit wachsendem Feuchtigkeitsgehalt der Luft sowie mit zunehmender Luftbewegung, welche die bei Strahlungsfrost entscheidende Luftschichtung stört.

In Eberswalde traten Maifröste im Durchschnitt der Jahre 1931–1936 bei einem nächtlichen, in 2,2 m Höhe gemessenen Wind von

	0,12	0,32	1,06 m/sec
in 1,3 m Höhe in	5	2	1
in 0,1 m Höhe in	7	4	2 Nächten auf.

Schutzmaßnahmen. Frost ist zwar ein unabwendbares Naturereignis, doch liegt es in der Hand des Forstmannes, einmal bei der Wahl der anzubauenden Baumarten die Gefahr zu berücksichtigen und weiterhin durch geeignete Maßnahmen das örtliche Kleinklima bis zu einem gewissen, vielfach aber entscheidenden Grade zu beeinflussen. Als vorbeugende Maßnahmen kommen in Frage:

Anbau frostharter Baumarten bzw. Rassen, z. B. der spät austreibenden Spätfichte in spätfrostgefährdeten Lagen. Geeignete Vorbereitung frostgefährdeter

Flächen durch Entwässerung, Beseitigung übermäßigen Graswuchses, gegebenenfalls dichte Waldpflugbearbeitung oder Vollumbruch, der die Spätfrostgefahr gegenüber unbehandelten Flächen wesentlich herabsetzt; ferner, falls möglich, Durchbrechung von Hindernissen, etwa von Dickungen, welche den Abfluß kalter Luft hemmen, und Ableitung von Kaltluftströmen durch dichtgeschlossene Waldstreifen in Altholzbestände u. dgl., wo sie unschädlich sind; umgekehrt Anlage von Frostriegeln in Gestalt von Hecken, um Zufluß von Kaltluft auf die Kultur zu verhindern. Verwendung besonders starker und hoher Pflanzen. Herausheben der Pflanzen aus der untersten Kaltluftschicht durch Pflanzung auf Hügel oder erhöhte Streifen. Bestandesgründung im Schirm- oder Seitenschutz, Voranbau eines Schirmbestandes von Birke, Kiefer, Weiß- und Roterle, Mitanbau landwirtschaftlicher Gewächse. Umstecken empfindlicher Einzelpflanzen, z. B. von Douglasien, mit benadelten Ästen.

AMANN 1930 untersuchte den Einfluß eines Birken-Vorwaldes, unter dem eine Fichtenkultur angelegt war, auf Temperatur und insbesondere Spätfrostgefahr im Vergleich zu einer unmittelbar anstoßenden Kahlfläche (Abb. 15). Die Darstellung der mittleren Minima der Frostnächte im Mai zeigt klar die Temperaturerniedrigung auf der Kahlfläche, ferner den Einfluß einer Lücke im Schirmbestand und das allmähliche Ansteigen der Temperatur zum Fichtenaltholz hin. Neben der Beeinflussung der Minima wurden eine Milderung der Maxima und Schutz gegen die Morgensonne nach Frostnächten beobachtet. HESMER 1953 fand nach Spätfrost im Mai 1952 an Douglasien, die unter Birkenschirm gepflanzt waren, starke, mittlere und geringe Schäden, je nachdem, ob der mittlere Stammabstand der Birken über 3,20 bzw. 2,20 bzw. 1,80 m betrug.

Erzeugen von Rauch oder Nebel, welcher die Wärmeausstrahlung herabsetzt; unwirksam bei Landfrösten, die durch Heranführen kalter Luftmassen entstehen, aber erfolgversprechend, wenn bei Windruhe nicht zu starke Strahlungsfröste auftreten.

Durch die künstliche Trübung der Luft werden Temperaturgewinne von 1–4 °C erzielt. Haufen von nicht zu trockenem Reisig, Laub u. dgl., die vorsorglich in Abständen von etwa 10 m im Quadrat aufgebaut sind, werden abgebrannt; oder man verwendet im Handel erhältliche Nebelbüchsen, Räucherpatronen oder Frostpatronen, die, in Abständen von 30–50 m verteilt, nach dem Entzünden einen dichten Rauch entwickeln. Entscheidend für den Erfolg sind gute Vorbereitung und Wachsamkeit, damit der richtige Zeitpunkt nicht verpaßt wird. Das Verfahren hat nicht immer befriedigt, auch wird seine Wirtschaftlichkeit bezweifelt.

In Forstgärten wird die Gefahr von Frostschäden gemildert durch: Vermeiden von Frostlagen bei der Anlage; späte Saat im Frühjahr; richtige Ernährung der Pflanzen durch gute Kaliversorgung bei schwachsaurer Bodenreaktion; Abschirmen der Beete mit Deckgittern und Rohrmatten (S. 42) oder Bedecken mit Zweigen, Farnkraut usw.; Erzeugen von Rauch oder Nebel; Begießen der bereiften Pflanzen mit kaltem Wasser vor Sonnenaufgang, um das Auftauen zu verlangsamen, in Großanlagen Frostberegnung mittels eingebauter Vorrichtungen; Übersprühen der Pflanzen mit 0,5%iger wässeriger Lösung von Borax zu Beginn der Vegetationszeit (BELTRAM 1958, HORVAT 1959); Vermeiden starker Stickstoffdüngung, welche die Pflanzen treibt, aber nicht genügend ausreifen läßt.

Um die zur Frosttrocknis führende Verdunstung der Pflanze herabzusetzen, wird ihr Übersprühen mit Antitranspirantien empfohlen (ZEYHER 1968, s. a. S. 70).

Durch Frost schwer geschädigte Laubhölzer werden zweckmäßig auf den Stock gesetzt, wobei der Schnitt möglichst bald nach Eintritt des Schadens und erdbodengleich zu führen ist.

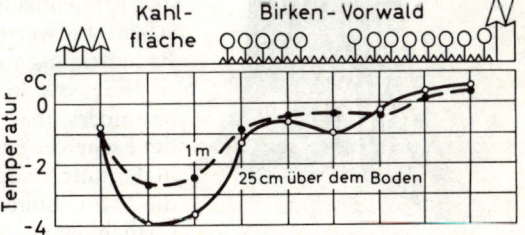

Abb. 15. Einfluß eines Birken-Vorwaldes auf die Frostgefahr. Erläuterung im Text. Nach AMANN 1930

Schrifttum: Larsen, J. B.: Untersuchungen über die Frostempfindlichkeit von Douglasienherkünften und über den Einfluß der Nährstoffversorgung auf die Frostresistenz der Douglasie. FH 31, 299–302, 1976. — Untersuchungen über die winterliche Trockenresistenz von 10 Herkünften der Douglasie *(Pseudotsuga menziesii).* FC 97, 32–40, 1978. — Moulalis, D.: Untersuchungen über das Austreibeverhalten der Baumart Fichte *(Picea abies* (L.) Karst.) in Bayern und die Züchtung auf Spätfrost-Resistenz. FC 92, 24–47, 1973. — Oeschger, H. J.: Gefährdung der Douglasie durch Frosttrocknis? AF 28, 190–191, 1973. — Pümpel, B., Göbl, F., Tranquillini, W.: Wachstum, Mykorrhiza und Frostresistenz von Fichtenjungpflanzen bei Düngung mit verschiedenen Stickstoffgaben. EJFP 5, 83–97, 1975. — Rack, K.: Frostanalyse in einer Douglasienkultur unter Berücksichtigung von *Phomopsis pseudotsugae.* AFJZ 145, 154–162, 1974. — Schönhar, S.: Douglasiensterben in Südwestdeutschland. AF 34, 1000, 1979. — Templin, E., Richter, D., Kessler, W.: Stand des Auftretens von Forstschäden auf dem Gebiet der Deutschen Demokratischen Republik und Prognose für das Jahr 1972. SF 22, 118–121, 1972. — Wagner, F., u. Koch, H.: Umfang und Folgerungen der Frosttrocknisschäden bei der Douglasie in Niederbayern/Oberpfalz. AF 32, 279, 1977. — Walther, G.: Frostschäden bei der Fichte im Frankenwald? AF 34, 1010–1011, 1979.

2. FROSTRISSE

Frostrisse sind durch Winterfrost verursachte, von der Rinde ausgehende und sich in radialer Richtung in den Holzkörper erstreckende Risse, die infolge von Spannungsunterschieden im Holzkörper entstehen (Abb. 16).

Nach Schirp 1967 werden die Spannungsunterschiede durch verschiedene neben- und nacheinander ablaufende Vorgänge verursacht: durch thermische Kontraktion des Holzes, die aber geringfügig ist; durch größere Kälteschwindung beim Ausfrieren von Wasser aus den Zellwänden in die Zellhohlräume; durch Volumenausdehnung beim Gefrieren des freien Wassers und durch thermische Kontraktion des entstandenen Eises. Wie stark die Zusammenziehung des Stammes sein kann, zeigt die Beobachtung Kohhs 1932, daß sich die Durchmesser von Aspen und Eschen bei −30° gegenüber 0 °C um 1,5–1,7 % verringerten. Risse an Pappel, Buche und Eiche weiteten sich bei einer Temperatursenkung von 10 °C um 4 bzw. 2 bzw. 1 mm (Schulz 1957). Die Rißbildung erfolgt zur kältesten Tageszeit, meist in den frühen Morgenstunden, vielfach mit einem schußähnlichen Knall.

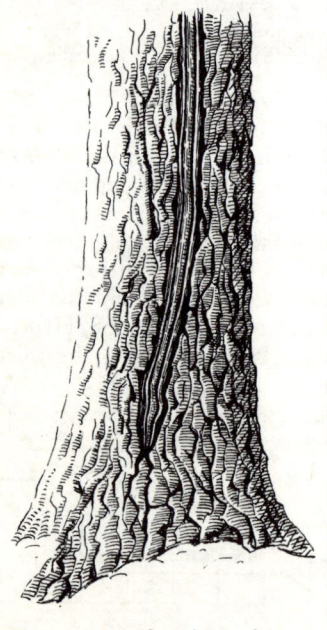

Abb. 16. Frostriß und Frostleiste an Eiche

Frostrisse mindern den Gebrauchswert der Stämme, namentlich wenn sie groß sind und eine Länge von mehreren Metern erreichen. Sie schließen sich bei wärmerem Wetter, werden äußerlich überwallt, reißen aber in späteren Wintern leicht wieder auf, so daß durch wiederholte Überwallungen leistenförmige Erhöhungen, sogenannte **Frostleisten** (Abb. 16), entstehen. Bisweilen treten neben den radialen Rissen namentlich im Frühjahrsholz tangentiale Sprünge auf, die wieder durch Radialrisse miteinander verbunden sein können; dadurch wird der Stamm technisch besonders stark entwertet. An Eiche und Tanne sind zuweilen innere Frostrisse beobachtet worden, welche den Rindenmantel nicht sprengen. Außer der technischen Entwertung bedeutet die Rißbildung eine Begünstigung von Pilzinfektionen.

Frostrisse kommen bei fast allen Holzarten vor, besonders aber bei harten Laubhölzern, namentlich der Eiche. Sie entstehen meist nur an starken Stämmen in der unteren Schafthälfte. Feuchte Standorte fördern die Frostrißbildung, vermutlich weil die auf solchen Örtlichkeiten stärkere Ausbildung des Markstrahlgewebes und sein hoher Wassergehalt das Aufreißen begünstigen.

Schutzmaßnahmen sind kaum durchführbar. Unter Umständen kann das Trockenlegen nasser Bodenstellen und die Anlage von Waldmänteln um gefährdete Bestandesränder in Frage kommen.

3. FROSTKERN

Starkes Auftreten pathologischer Verkernung im Holz der Buche, selten auch der Esche, der Walnuß und der Tanne, nach dem strengen Winter 1928/29 hat zur Bildung des Begriffes Frostkern geführt.

Als Frostkern bezeichnet man eine durch starken Frost verursachte, meist erhebliche, zentrale Kernbildung von dunklerem Ton, als ihn der Splint besitzt, in verschiedenen Farbabstufungen zwischen Weißgrau, Dunkelschwarzbraun und Hellrot, die bei Austrocknung verblassen, bei Feuchtigkeit hervortreten. Er ist durch einen häufig dem Jahrring folgenden, häufig aber auch unregelmäßigen dunklen Rand gegen den Splint abgesetzt. Zuweilen finden sich solche Ränder auch im Innern des Kernes, der oft einen echten Rotkern umhüllt. Der Stammfuß bleibt meist frei von Verkernung. Der Wassergehalt des Frostkernes ist im lagernden Holz höher als der des Splints.

Nach ZYCHA 1948 ist der Frostkern nichts anderes als eine besonders üppige und sich sehr schnell ausbildende, daher zunächst unvollständig bleibende Form des häufig zu findenden Rotkerns (S. 340), die durch abnorm starken Luftzutritt in den Stamm hervorgerufen wird. Die Frage, weshalb Frost das Vordringen von Luft in den Stamm fördert, bleibt noch zu klären. Wahrscheinlich ist niedrige Temperatur nicht allein ausschlaggebend für die Entstehung von Frostkern, da er nach späteren strengen Wintern (im Gegensatz zu 1928/29) kaum mehr beobachtet wurde.

Die Folgen der Frostverkernung für das Leben des Baumes und die technischen Eigenschaften des Holzes hängen von ihrem Umfang ab. Wo in Ausnahmefällen der Frostkern nur einen Jahresring freigelassen hat, kann der Wasserkreislauf so stark gehindert sein, daß der Baum kränkelt und abstirbt. Sonst kann Befall durch parasitische Pilze begünstigt werden. Schädigungen der mechanischen Eigenschaften sind, sofern überhaupt vorhanden, wahrscheinlich gering. Die Verstockungsgefahr dürfte vergrößert, die Imprägnierfähigkeit gemindert sein.

4. AUFFRIEREN

Unbedeckter, wasserhaltiger Boden wird bei Frost infolge der Volumvergrößerung des Bodenwassers bei der Eisbildung in die Höhe gehoben, wobei junge Pflänzchen mitgenommen werden. Bei Tauwetter sinkt der Boden wieder zurück, die Pflänzchen können aber nicht folgen, weil ihre Wurzeln in den tiefen, noch gefrorenen Schichten festgehalten werden oder nicht steif genug sind, um wieder in die Erde einzudringen. Sie fallen um und gehen ein. Diese Erscheinung wird als Auffrieren oder Auswintern, auch als Barfrost bezeichnet.

In der Jugend sind fast alle Baumarten, besonders die flachwurzelnden, dem Auffrieren ausgesetzt. Der Schaden beschränkt sich naturgemäß auf Forstgärten und junge Kulturen. Er wird gefördert durch nassen, moorigen und humosen Standort und tritt nur auf, wenn der Boden weder durch Schnee noch durch Pflanzenwuchs bedeckt ist.

Als Schutzmaßnahmen kommen in Frage Entwässern zu feuchter Böden, Vermeiden der Saat an Orten, die zum Auffrieren neigen, und Erhalten der natürlichen Bodendecke; ferner in Kämpen: Hochlegen der Beete zwecks besserer Abtrocknung, Saat in Rillen, nicht breitwürfig, Bedecken der Beete mit Moos, Laub u. dgl., Unterlassen des Jätens im Spätsommer zwecks Erhaltung eines leichten Unkrautwuchses, Anhäufeln der Pflanzen im Herbst. Durch Frost gehobene Pflänzchen sind baldigst wieder anzudrücken. Die Beete sind mit feiner Erde zu übersieben, damit die Pflanzen wieder so tief wie früher stehen.

D. WIND- UND STURMSCHÄDEN

W i n d ist die mehr oder weniger parallel zur Erdoberfläche verlaufende Luftbewegung, die temperatur-bedingte Luftdruckunterschiede ausgleicht. Er wird durch Richtung und Stärke gekennzeichnet; diese wird nach dem in der Zeiteinheit zurückgelegten Weg (m/s, km/h) oder nach einer Skala, z. B. der 12teiligen BEAUFORTschen Ska-la, benannt (Abb. 17). Stärkerer Wind mit einer Geschwindig-keit von mehr als 20 m/s wird als S t u r m bezeichnet.

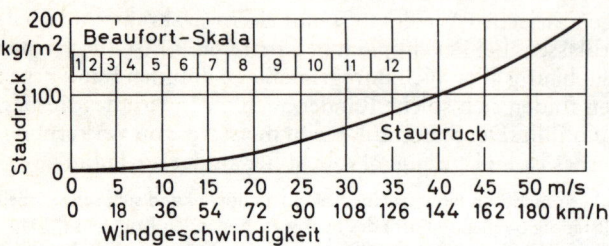

Abb. 17. Windgeschwindigkeiten in m/s und km/h, der von ihnen bewirkte Staudruck und Beaufort-Skala. Nach VOLK 1968

Wind kann dem Walde in zweierlei Weise Schaden zufü-gen: 1. bei geringen Windge-schwindigkeiten in chronischer und hauptsächlich physiologi-scher Form durch Austrocknen des Bodens und der Pflanzenteile und durch Verursachen von Wuchsstörungen: W i n d s c h a d e n. 2. bei hohen Windgeschwindigkeiten in akuter und hauptsächlich mechanischer Form durch Bruch oder Wurf von Bäumen und Beständen: S t u r m s c h a d e n.

1. WINDSCHÄDEN

Der unter normalen Umständen das Gedeihen von Pflanze und Wald förderndc Wind kann unter nicht selten anzutreffenden Verhältnissen pathogen werden. Die Schäden sind meist schleichender Natur und werden vielfach nach Ursache und Bedeutung nicht erkannt. In Freilagen, an Bestandesrändern, Bergrücken, Seeküsten u. dgl. vermögen bereits schwächere, aber ständige Winde den Boden auszutrocknen, Bodenkohlen-säure, Luftfeuchtigkeit und Wärme fortzuführen, Bodenstreu und Feinerde wegzuwe-hen, Bodenverarmung und -verhärtung hervorzurufen. Die Folgen sind Zuwachsrück-gang, Kümmern junger Bestände, Mißlingen von Verjüngungen. An Überhältern und Lücken im Bestandesmantel erhöht sich beim Um- und Durchströmen der Luft die Windgeschwindigkeit, wodurch Verhagerungserscheinungen auftreten. Unmittelbare Pflanzenschäden können durch Steigerung der Transpiration und Störung der Photo-synthese entstehen: junge Triebe sterben infolge der übermäßig erhöhten Verdunstung; verholzte Sproßteile vertrocknen, wenn durch Biegungen und Knickungen der Saft-strom unterbrochen wird. In windausgesetzten Lagen, besonders der Küste und des Gebirges, schrägt sich das Bestandesdach ab, stellen sich die Stämme schief, werden die Baumkronen fahnenförmig und die Jahresringe exzentrisch: auf der windabgewandten Seite sind die Ringe bei Laubhölzern schmäler, bei Nadelhölzern breiter.

In Untersuchungen BERNBECKS 1920 verhielt sich der Wasserverlust des Bodens bei Windgeschwin-digkeiten von 0 : 3 : 7 : 10 m/s wie 1 : 2 : 3 : 4,5. Infolge mechanischer Beeinträchtigung des Sproßteils verhielt sich der Zuwachs auf optimal feuchtem Boden bei Windgeschwindigkeiten von 0 : 5 : 10 m/s wie 3 : 2 : 1. FRITZSCHE 1929 fand in einem dem Wind stark ausgesetzten, 80jährigen Kiefernbestand:

Entfernung vom Bestandesrand	5	15	25	35	45	55	65 m
mittlere Höhe der herrschenden Stämme	7,6	9,7	11,1	11,7	12,4	13,0	13,5 m
mittlerer Durchmesser der herrschenden Stämme	16,4	17,0	18,3	18,1	18,8	18,7	19,1 cm
Inhalte (Derbholz) der herrschenden Stämme	0,086	0,119	0,158	0,162	0,186	0,193	0,209 fm
Inhalt in Prozent	41	57	76	78	89	92	100 %

Die Inhalte sind unter Annahme gleicher Formzahlen berechnet. Eine mit 1jähriger Kiefer ausgeführte Kultur zeigte nach 3 Jahren

	geschützter	halbgeschützter	windausgesetzter Fläche
auf einen Pflanzenausfall von	etwa 0	60	85 %
eine mittlere Höhe von	29,1	20,5	11,8 cm
eine Maximalhöhe von	85	60	35 cm

Empfindlich gegen Windeinwirkung sind Kiefer, Strobe, Fichte, Douglasie, Lärche, Buche, Hainbuche, Birke. Windhart sind Tanne, Bergkiefer, Schwarzkiefer, Sitkafichte, Ulme, Eiche, Erle, Pappel, Weide. Jüngere Bestände, namentlich Kulturen leiden meist mehr als ältere. Die Schäden sind um so größer, je trockener und ärmer der Standort ist.

Schutz gegen die genannten Windeinwirkungen vermögen alle, den örtlichen Verhältnissen anzupassenden Maßnahmen zu liefern, welche eine Brechung des Windes und Herstellung von Windruhe bezwecken. Dazu gehören Erhaltung des Bestandesschlusses, besonders des vertikalen, Mischung verschiedener Holzarten, Unterbau, besonders an den Grenzen, auch mit Sträuchern, Anlage von Schutzmänteln und Hecken, die breit genug und lückenlos bis zum Boden durchgebildet sein müssen, da in einer schlecht entwickelten Mantelzone die Windgeschwindigkeit erhöht und damit die Aushagerung verstärkt werden kann. Zur Erhaltung der Windruhe am Boden und zum Festhalten des Laubes dient ferner die Deckung mit Reisig u. dgl. sowie, namentlich an steilen Hängen, die Anlage von Laubfängen in Gestalt von Flechtzäunen oder horizontalen flachen Gräben in 5–10 m Abstand. Kunstverjüngung ist in Windlagen nur durch Pflanzung vorzunehmen.

Schrifttum: MITSCHERLICH, G.: Wald und Wind. AFJZ 144, 76–81, 1973. — TRANQUILLINI, W.: Photosynthese und Transpiration einiger Holzarten bei verschieden starkem Wind. CgF 86, 35–48, 1969.

2. STURMSCHÄDEN

Ursache. Als Ursache von Sturmschäden kommen in erster Linie im Winterhalbjahr auftretende Stürme, die mit den allgemeinen Luftbewegungen um barometrische Minima und Maxima in Zusammenhang stehen, in Betracht.

Daneben spielen Luftwirbel örtlichen Ursprungs eine Rolle; sie treten hauptsächlich im Sommer auf, hängen mit Gewitterbildung zusammen und werden als Gewitterstürme (Gewitterböen) und Wirbelstürme (Tromben, Wettersäulen) bezeichnet. Die ersten sind Luftwirbel mit waagerechter Achse, die außerordentliche Verheerungen anrichten können. Die als Waldverwüster nur selten in Frage kommenden Tromben sind Wirbelungen mit senkrechter Achse, welche ihren Ausgangspunkt in größerer Höhe haben; sie senden einen Wirbeltrichter zur Erde, der größte, meist örtlich begrenzte Verwüstungen anzurichten vermag, aber auf seinem Weg nicht immer die Erde berührt, so daß ganze Bestandesteile verschont bleiben können. Im Alpengebiet, besonders im nördlichen Teil, erzeugt auch der Föhn Sturmschäden.

Schaden. Der Sturm verursacht entweder Wurf, wenn die Verankerung des Baumes im Boden nicht ausreicht und der ganze Stamm mit dem Wurzelballen ausgehoben wird, oder Bruch, wenn bei fester Bodenverankerung der Sturmdruck die Biegefestigkeit des Stammes überschreitet und der Schaft bricht. Je nach dem Umfang der Verheerungen spricht man von Einzel-, Nester-, Gassen- oder Flächenbruch bzw. -wurf. Der Bruch kann Schaft-, Wipfel- oder Astbruch sein. Die Bruchstelle zeigt häufig spiralig gewundene Längssplitterung, was durch Drehwuchs oder Drehung des fallenden Stammteils infolge ungleichmäßiger Kronenausbildung verursacht ist. Bei weniger starker Wirkung führt der Sturm durch Lockern der Wurzeln eine dauerhafte Neigung des gerade bleibenden Stammes herbei: Sturmschub, der Baum ist „geschoben". Namentlich während der Vegetationszeit entsteht auch Sturmhang: die Stämme hängen, sie sind bei mehr oder weniger fester Verankerung im Boden irreversibel gebogen (KUNZ 1960).

An stehenbleibenden Stämmen können als Folge zu starker Biegung Wurzelzerreißungen sowie Stauchungen der Holzfaser entstehen (DELORME 1974). Wenn Rinde und Bast verletzt werden, können auch Fäulnispilze Eingang finden. Durch Aneinanderpeitschen der Triebe werden, namentlich bei der Kiefer und im zeitigen Sommer, wenn die Nadeln noch nicht ausgewachsen und verfestigt sind, die Nadeln abgerieben und Triebe verletzt. In einem Fichtenbestand verursachte gegenseitiges Abpeitschen der Zweigenden schätzungsweise einen Verlust von ⅓ der Benadelung (ZENTGRAF 1942).

Ökologisch führt der Sturm zu einer Störung, ggf. zur Zerstörung des Waldgefüges. Sturmschäden können eine völlige Umgestaltung des Ökosystems verursachen. In sturmgelichteten Beständen ändert sich die Bodenflora, starke Verunkrautung kann eintreten. Wurzelbeschädigungen an äußerlich unversehrten Bäumen bilden Eingangspforten für parasitische Pilze; die kränkelnden Stämme sind anfällig für den Befall durch andere Schädlinge, insbesondere Borkenkäfer (FÜHRER-KERCK 1978). Die neuen Bestandesränder sind Ausgangspunkte für weitere Wind- und Sturmschäden. Wirtschaftlich verursacht Sturmschaden Holzverlust durch Splitterung, Minderung der Verwertbarkeit des Holzes, Zuwachseinbuße infolge Durchlöcherung unreifer Bestände, vor allem aber Störung der zeitlichen und räumlichen Ordnung im Betrieb.

Bedingungen. Sturmschäden treten im allgemeinen von Windgeschwindigkeiten von etwa 20 m/s ab ein. Diese bewirken einen Staudruck von rund 25 kg/m², der sich bei nicht selten beobachteten kurzfristigen Spitzengeschwindigkeiten bis zu 50 m/s auf mehr als 150 kg/m² steigern kann (Abb. 17). Solche in Böen auftretenden Spitzen sind besonders gefährlich; sie werden katastrophal, wenn der Rhythmus der Sturmstöße mit der Eigenschwingung der Stämme übereinstimmt: die Pendelausschläge werden rasch so groß, daß die Grenzen der Haltefestigkeit überschritten sind. Gefährliche Stürme treten vorwiegend im Winter und während der Tagesstunden auf (Abb. 18); im

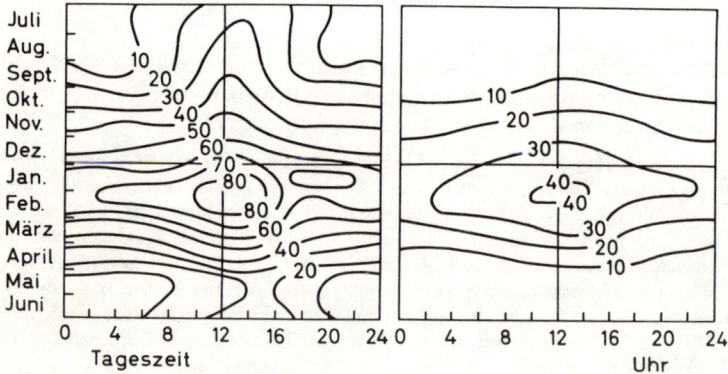

Abb. 18. Wahrscheinlichkeit (in ‰) des Auftretens stürmischer Stunden (links) bzw. von stürmischem Wetter bei weichem, nassem Bodenzustand (rechts) in Beziehung zur Jahres- und Tageszeit. Festgestellt für Potsdam. Nach GEIGER 1950

Sommer richten Gewitter- und Wirbelstürme wesentlich seltener und regelmäßig nur kleinräumigen Schaden an. Das G e b i r g e ist mehr von Stürmen heimgesucht als die Ebene, doch werden die Schäden in den Hochlagen durch die größere Sturmgewöhnung der hier stockenden Bestände gemildert.

Bei einem Sturm im Juni 1946 fielen im Harz in Höhenlagen von

401–500	501–600	601–700	701–800	801–900 m über NN
0,43	0,84	0,95	1,06	0,52 % des Vorrats.

Die Sturmgefahr wird wesentlich von der G e l ä n d e a u s f o r m u n g beeinflußt: Hänge, gegen die der Sturm trifft, vorstehende Bergkuppen, Querriegel, welche Täler abschließen, auch die Seiten enger Täler, in denen die Luftmassen zusammengedrängt werden, sind besonders bedroht. Bei nennenswerter Bodenerhebung steigt die Windgeschwindigkeit auf der Luvseite mit der Höhe; am Fuß schroff aufsteigender Hänge kann durch Bildung eines Luftkissens ein toter Winkel entstehen. Nach Überschreiten des Berges wird der Sturm zum Sturz-, Berg- oder Überfallwind, der nicht minder große Schäden anrichten kann. B o d e n , der wegen Flachgründigkeit, hohen Grundwassers oder Staunässe die Wurzeln nicht tief eindringen läßt, ferner solcher, der, obwohl tiefgründig, den Wurzeln keine feste Ankerungsmöglichkeit bietet, wie Moor, begünstigt Sturmwurf (Abb. 19). Auch auf sonst weniger disponiertem Boden ist die Ankerung schlecht, wenn langandauernder Regen oder Schneeschmelze ihn durchnäßte. Dieser gefährliche Zustand kommt hauptsächlich im Winter, also zur selben Zeit wie der Großteil der Stürme, vor (Abb. 18). Bei gefrorenem Boden haben die Wurzeln guten Halt; wenn es überhaupt zu Sturmschäden kommt, gibt es Bruch.

Gefrorenes Fichtenholz besitzt geringere Biegsamkeit und größere Sprödigkeit als normales Holz, eine nur schwache Biegung des Schaftes kann zum Bruch führen; andererseits ist Biege- und Druckfestigkeit gesteigert, so daß der Stamm durch Sturm weniger gebogen wird.

Von den B a u m a r t e n leiden die wintergrünen mehr unter Sturmschäden als die in der stürmischen Winterzeit blattlosen, weniger Angriffsfläche bietenden sommergrünen; Arten mit flachstreichendem Wurzelwerk sind mehr gefährdet als solche mit tief in den Boden eingreifenden Wurzeln.

Innerhalb der Nadelhölzer ist die flachwurzelnde Fichte am meisten gefährdet, es folgen Tanne, Douglasie, Kiefer, Lärche. Die Laubhölzer lassen sich nach der Sturmgefährdung etwa in folgender Reihe steigender Widerstandsfähigkeit anordnen: Buche, Birke, Aspe, Hainbuche, Ahorn, Esche, Ulme, Linde, Eiche. Naturgemäß kann diese Reihenfolge je nach den gegebenen Verhältnissen abgewandelt werden. Wipfel- und Astbrüche ereignen sich besonders bei Kiefer, Erle und Esche. Kranke Stämme mit Wurzel- oder Stammfäule, mit Schälwunden u. dgl. brechen leichter als gesunde.

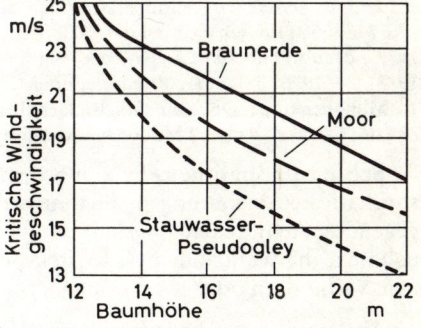

Abb. 19. Kritische Windgeschwindigkeit, die Sturmwurf erwarten läßt, in Abhängigkeit von Baumhöhe und Bodentyp. Untersuchungen in Sitkafichten-Beständen. Nach FRASER 1965

Sturmschäden treten fast nie in jungen A l t e r s k l a s s e n , sondern vorwiegend in höheren Beständen auf. In ihnen sind die Stämme weniger elastisch, sie stellen längere und damit wirksamere Hebelarme dar, die Kronen bieten größere Auffangflächen; infolgedessen ist die kritische, d. h. Schaden erwarten lassende Windgeschwindigkeit kleiner (Abb. 19). Außerdem vergrößert sich die Windgeschwindigkeit mit zunehmender Höhe über dem Erdboden.

Dicht am Boden wird der Wind abgebremst. Mit zunehmender Höhe steigt die Windgeschwindigkeit annähernd nach der Formel $v_h = v_1 \sqrt[4]{h}$, wobei v_1 und v_h die Windgeschwindigkeit in 1 bzw. h m über dem Boden bedeuten. Ist z. B. $v_1 = 10$ m/s, so ist v in 25 m Höhe 22,4 m/s (WOELFLE 1936).

Ein im Freistand oder lockeren Schluß erwachsener Baum ist sturmfester als ein im geschlossenen Bestand stehender, weil durch die ständige Beanspruchung Stamm und mechanisches Wurzelsystem sich angepaßt haben und entsprechend aufgebaut sind. An solchen Stämmen sind bei einseitig vorherrschender Windrichtung besonders die wichtigen Stützwurzeln auf der Leeseite kräftig entwickelt. Im Bestand wird der Windschutz von den Randstämmen übernommen, die den Trauf oder Windmantel bilden und den Bestand zu einer „inbezug auf Sturmschutz organisierten Einheit" (WAGNER 1930) zusammenschließen. Wird aber das Gefüge des Bestandes durch menschliche oder andere Einwirkungen durchbrochen, so kann der Sturm Eingang finden, namentlich wenn die Auflockerung unvermittelt erfolgt und den Bestandesindividuen keine Zeit gelassen wird, sich auf die neuen Verhältnisse umzustellen. Auch in geschlossene Bestände mit guter Traufbildung kann der Sturm unter Schonung der festen Randzone von oben einfallen. Besonders gefährdet sind einzelne über das Kronendach hinausragende Bäume. Relativ höchste Sturmfestigkeit besitzen ungleichaltrige und Mischbestände, da in ihnen dem Einzelstamm Gelegenheit gegeben ist, standfest, mit guter Wurzel- und Kronenausbildung aufzuwachsen, während im gleichaltrigen Reinbestand die langschäftigen Stämme mit hochangesetzter Krone und kleinem Wurzelwerk infolge relativ langen Hebels, hochliegenden Schwerpunktes und schwacher Verankerung im Boden der Sturmgefahr besonders unterliegen.

Sturmkatastrophen: Schwere Schadensfälle, die einen Anfall von mehr als 1 Million fm Holz brachten, sind für die Zeit von 1868 bis 1969 in der 2. und 3. Auflage des Buchs zusammengestellt. Von seitdem eingetretenen Sturmkatastrophen sind zu nennen: 1972, 13. November, Niedersachsen 17,6 Millionen fm, ein Zehntel der Waldfläche des Landes stark geschädigt bis ganz zerstört (BOEHM 1979), dazu in anderen Ländern der Bundesrepublik Deutschland 1,3 Millionen fm (KREMSER et al. 1977). — 1976, 3. Januar, Bundesrepublik Deutschland 2,9 Millionen fm, davon in Niedersachsen 1,2 Millionen fm; DDR, namentlich Harz, Erzgebirge, Bezirke Magdeburg und Schwerin 1,7 Millionen fm; Österreich über 2 Millionen fm (Anonym 1976, TEMPLIN et al. 1976).

Schutzmaßnahmen. Es gibt Stürme von solch katastrophaler Gewalt, daß sie die sorgfältigsten Sicherungsmaßnahmen durchbrechen und der Mensch ihnen machtlos gegenübersteht. In den meisten Fällen lassen sich aber Sturmschäden durch Schutzmaßnahmen, die waldbaulicher, forsteinrichtungsmäßiger und technischer Art sein können, verhindern oder abschwächen.

Als Unterlage für die Durchführung derartiger Maßnahmen ist eine örtliche, nach den bisher eingetretenen Schäden erfolgende Sturmschadenkartierung von großem Wert (VITÉ 1951, JUNGHANS 1964).

Waldbauliche Maßnahmen. Die radikalste Maßnahme, die Vermeidung des Anbaues sturmgefährdeter Baumarten, insbesondere der Fichte, läßt sich aus wirtschaftlichen Gründen nicht durchführen; doch wird auf stärkstgefährdeten Flächen ihr Anbau unterbleiben müssen. Im übrigen müssen alle waldbaulichen Maßnahmen unter dem Gesichtspunkt stehen, jedem Bestand eine möglichst große innere Festigkeit zu geben. Dazu dienen weite Bestandsgründung und frühzeitig einsetzende, planmäßig geführte Durchforstungen, welche die Selbständigkeit des Einzelbaumes, die Ausbildung eines kräftigen Wurzelsystems, gleichmäßig geformter Kronen und eines stufigen Bestandesaufbaus mit vertikalem Kronenschluß fördern, ferner Beimischen von Laubhölzern in Nadelholzbeständen, Naturverjüngung mit langem Verjüngungszeitraum, damit sich die Bestandesglieder allmählich an die Lichtstellung gewöhnen, bei Kunstverjüngung Verwenden standortgemäßer Herkünfte. Ungleichmäßige Auflockerung des Bestandesschlusses, Bildung von Löchern sind zu vermeiden; Bestandesränder, die an Kahlflächen u. dgl. grenzen, sollen in möglichst geringer Zahl entstehen. An allen gefährdeten Bestandesgrenzen ist die Schaffung sturmfester T r ä u f e anzustreben, auch wenn sie die Aufrollung des Bestandes von innen her nicht immer verhinder können.

Besteht der Mantel aus der gleichen Baumart wie der Bestand, so spricht man von N a t u r t r a u f, während als K u n s t t r a u f ein aus anderen, sturmsicheren Baumarten gebildeter Randstreifen bezeichnet wird. Der Trauf soll 30–50 m breit sein und aus Bäumen bestehen, die hinsichtlich Standfestigkeit und Kronenausbildung solchen, die im Freistand erwachsen sind, nahekommen. Durch Wahl eines weiten Verbandes und durch starke frühzeitig beginnende, starke Durchforstung muß den einzelnen Baumindividuen der zur kräftigen Wurzel- und Kronenausbildung nötige Raum ständig und allseitig erhalten bleiben. Zur Traufbildung am besten geeignet ist die standfeste, mit hervorragendem Reproduktionsvermögen begabte Eiche; daneben kommen unter den Laubhölzern noch Bergahorn, Rüster, Hainbuche, Buche, Esche und Schwarzerle in Frage. Doch besitzen alle Laubhölzer die unerwünschte Eigenschaft, während des sturmgefährdeten Winters unbelaubt zu sein. Deshalb ist es zweckmäßig, ihnen wintergrüne Nadelhölzer beizumischen oder den Trauf allein aus solchen, namentlich Tanne, Douglasie und Fichte aufzubauen. Trotz der Sturmgefährdung der letzten sind die viel benutzten Fichtenträufe bei sachgemäßer Behandlung ein brauchbares Mittel des Sturmschutzes. Der Traufrand darf keine dichte Wand bilden, weil an ihr die anströmende Luft nach oben abgeleitet, Wirbel bildet und hinter dem Trauf in den hier weniger sturmfesten Bestand einfällt: der Sturm „überspringt" den Trauf. Dem läßt sich entgegenwirken, indem man die Traufbäume aufastet; dann kann die Luft teilweise in die Traufzone und den dahinterliegenden Bestand eindringen, nur ein Teil wird nach oben abgelenkt (Mitscherlich 1973).

M a ß n a h m e n d e r F o r s t e i n r i c h t u n g. Da die Sturmbedrohung mit dem Bestandesalter steigt, sind in gefährdeten Lagen niedrige Umtriebszeiten zu empfehlen. Die der Einteilung des Waldes in Wirtschaftsfiguren dienenden Abteilungslinien müssen neben der zur Traufbildung nötigen Breite eine der Hauptsturmrichtung angepaßte Lage besitzen.

Die Waldeinteilung wird durch eine entsprechende H i e b s z u g b i l d u n g ergänzt: die Bestände sollen so gelagert sein, daß ihre Nutzung nicht die Nachbarbestände gefährdet. Dies wird erreicht durch eine geordnete Altersklassenfolge entsprechend dem in Abb. 20 gegebenen Schema. Ein Hiebszug kann eine oder mehrere Wirtschaftsfiguren umfassen. Die Altersklassen steigen in der Hauptwindrichtung, also im wesentlichen von West nach Ost, an: es entsteht ein Treppenwald. Bei Nutzung des jeweils ältesten Bestandes rückt der Hieb entgegen der Windrichtung, von Ost nach West, vor. Im Gebirge müssen darüber hinaus die Geländeverhältnisse und die durch sie bedingten Abänderungen der üblichen Sturmrichtung berücksichtigt werden. Viele und kleine Hiebszüge, die im Extremfall aus nur zwei oder drei Beständen bestehen, sind der Beweglichkeit des Betriebes halber großen und wenigen Hiebszügen vorzuziehen. Gleiche Wirkung wie der Hiebszug besitzt der Blendersaumschlag. Beide, Hiebszug und Blendersaumschlag, versagen und erhöhen unter Umständen die Gefahr, wenn der Sturm aus einer anderen als der vorgesehenen Richtung kommt.

Wo die Nutzung eines hiebsreifen Bestandes die Nachbarbestände der Sturmgefahr aussetzen würde, kann ein L o s h i e b helfen. Dies ist ein 10–30 m breiter, streifenförmiger Kahl- oder Schirmschlag, der am Ostrand des zu nutzenden, im Luv des späterhin gefährdeten Bestandes eingelegt wird (Abb. 20); er soll dem ostwärts liegenden Bestand die Möglichkeit geben, einen Trauf zu bilden. Durch Bepflanzung des Loshiebes und sturmfeste Erziehung des aufwachsenden Bestandes wird zusätzlich ein künstlicher Trauf herangezogen.

T e c h n i s c h e M a ß n a h m e n. Sie beschränken sich auf die Sicherung offener, namentlich vom Sturm aufgerissener Bestandesränder und wollen ein Weiterlaufen des Schadens in den

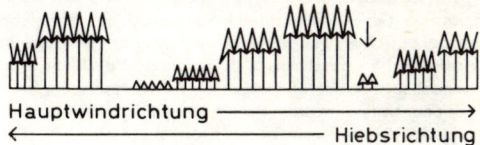

Hauptwindrichtung ————→

←———— Hiebsrichtung

Abb. 20. Hiebszug mit (Pfeil) Loshieb. Schema. Erläuterungen im Text

vom Trauf entblößten Bestand verhindern. Das am häufigsten benutzte und vielfach bewährte Verfahren ist die Wipfelköpfung am Rande von Fichtenbeständen: auf einem 20–40 m breiten Streifen werden die Kronen der äußeren Bäume um ⅔, der mitleren um ½ und der inneren um ⅓ gestutzt; damit werden die Auffangflächen verkleinert, die Schwerpunkte nach unten verlagert und eine schräge Abdachung des Bestandesrands erzielt. Variationen des Verfahrens bestehen darin, daß starke Äste in den Kronen entfernt werden, um sie durchlässiger zu machen; oder daß die Kronen auf der Leeseite aufgeastet werden, womit eine Gewichtsverlagerung dem Winde entgegen bewirkt wird. Wichtig ist, daß in die Behandlung nicht die äußersten Randstämme einbezogen werden, die bereits in ihrer Standfestigkeit beeinträchtigt sind; man sollte sie abräumen und den Rand begradigen.

Als weitere, meist teurere und nur unter geeigneten örtlichen Verhältnissen anwendbare Verfahren sind zu nennen: das Belasten der Wurzelteller am Bestandesrand mit bis zu 1 m hohen Steinwällen; das Verketten der Wipfel von je 2 oder 3 Bäumen; das Verankern der Randbäume mittels Draht, der in ⅔ Baumhöhe über einem Astquirl befestigt und um einen windseitig vor dem Baum stehenden Stock geschlungen wird. Schließlich wird auch die Anlage von Windschloten empfohlen, d. h. von Durchhieben, die den Anprall des Sturmes ableiten sollen.

Behandlung beschädigter Bestände. Eine Sturmkatastrophe stellt den Forstmann vor eine Reihe von Fragen arbeitstechnischer, forstnutzlicher und waldbaulicher Natur, auf die in diesem Zusammenhang nicht eingegangen werden kann. Es sei nur darauf hingewiesen, daß Sturmholz möglichst schnell aufzuarbeiten ist, damit es nicht durch Verpilzung entwertet und keine Borkenkäfergefahr entsteht. Dabei kann, wenn es an Arbeitern mangelt, zunächst der Hieb von nur geschobenen oder gebogenen Stämmen und solchen mit nur teilweise gebrochener Krone zurückgestellt werden. Auch das Holz von Windwürfen mit gutem Wurzelballen erhält sich oft noch ein volles Jahr gesund. In jedem Falle ist sorgfältigst auf das Auftreten von Sekundärschädlingen zu achten und der Borkenkäferbestand unter Kontrolle zu halten.

Schrifttum: ANONYM: Die Sturmschäden vom 3. Januar 1976. AF 31, 30, 1976. — Zu den Sturmschäden. AF 31, 102, 1976. — BAZZIGHER, G., u. SCHMID, P.: Sturmschaden und Fäule. SchwZF 120, 521–535, 1969. — BLANKENSPECK, H.: Die Beseitigung der Sturmschäden 1972/73. Betriebswirtschaftliche und waldbauliche Aspekte in einem Privatforstbetrieb. FH 34, 45–51, 1979. — BOEHM, E. B.: Über die Verwertung des Sturmholzes aus der Windwurfkatastrophe vom 13. November 1972. FH 34, 249–251, 1979. — DELORME, A.: Über das Auftreten von Faserstauchungen in Fichtensturmholz. FA 45, 121–128, 1974. — FÜHRER, E., u. KERCK, K.: Untersuchungen über Forstschutzprobleme in Kiefernschwachholz-Windwürfen in der Lüneburger Heide. FC 97, 12–25, 156–167, 1978. — GERMANN, D.: Die Bewertung des Windwurfrisikos der Fichte auf verschiedenen Standortstypen. Mitt. Hess. Landesforstverw. 12, 1975. — HORNDASCH: Grundsätze und Möglichkeiten der Stabilisierung windwurfgefährdeter Standorte. AF 26, 304–306, 1971; 27, 74–75, 1972. — Die Sturmgefährdung der Fichte in Abhängigkeit vom Standort, Bestandestyp und Bestandeshöhe. FH 31, 495–498, 1976. — HÜTTE, P.: Zu: Grundsätze und Möglichkeiten der Stabilisierung windwurfgefährdeter Standorte. AF 26, 758, 1971. — KOHLER: Sturmschäden in den Wäldern kosten 1 Milliarde. FH 28, 11–14, 1973. — KRAMER, W.: Der Sturmschaden vom 13. November 1972 im Forstamt Syke. Schadensausmaß – Walderneuerung. FH 31, 213–219, 1976. — KREMSER, W.: Die Sturmkatastrophe vom 13. 11. 1972 und ihre Folgen für die Forstwirtschaft. FH 28, 257–262, 1973. — KREMSER, W., et al.: Dokumentation der Sturmkatastrophe vom 13. November 1972. AdW 27, 1977. — KUNZ, R. G.: Die Verwertung von Holz aus sommerlichen Sturmholz. Diss. Reinbek 1960. — LIESE, W.: Zur Qualitätserhaltung von Sturmholz bei längerer Lagerung. FA 44, 149–153, 1973. — LIESE, W., u. KARSTEDT, P.: Erfahrungen mit der Wasserlagerung von Windwurfhölzern zur Qualitätserhaltung. FA 42, 41–47, 1971. — MITSCHERLICH, G.: Wald und Wind. AFJZ 144, 76–81, 1973. — MÜHLHÄUSSER, G.: Die Sturmgefährdung der Fichte in Abhängigkeit von Standort, Bestandestyp und Bestandeshöhe. FH 31, 494–495, 1976. — OTTO, H. J.: Forstliche Erfahrungen und Folgerungen aus den Waldkatastrophen in Niedersachsen. FH 31, 285–295, 1976. — PLATZER, H. B., u. STACKELBERG, S. FRHR. V.: Sturmholzaufarbeitung – Arbeitstechnik im Sturmholz und bei der Lagerung des Holzes. Frankfurt-Buchschlag 1972. — RODENWALDT, U.: Waldbauliche Lehren aus der Windwurf-Katastrophe 1967. AFJZ 144, 125–133, 1973. — ROSCHKE, G.: Sturmwurf und Sturmbruch im Altholzbestand. AF 32, 1256–1261, 1977. — SCHINDLER, U.: Forstschutz-Überlegungen bei der Aufarbeitung des Sturmholzes 1972/74. AF 28, 59–66, 1973. — SCHMIDT, G. D.: Schäden in Niedersachsens Wäldern durch den Orkan vom 13. November 1972. AF 28, 26, 1973. — SONDERHEFT Sturmschäden 1972 mit Beiträgen zur Aufarbeitung, Lagerung und Verwertung des Sturmholzes. FA 44, 41–75, 1973. — SÜLTMANN: Auswirkungen und Beseitigung der Sturmschäden im Privatwald des Kammerbezirkes Weser-Ems. FH 34, 51–55, 1979. — TEMPLIN, E., RICHTER, D., KESSLER, W.: Stand des Auftretens von Forstschäden auf dem Gebiet der DDR und Prognose für das Jahr 1976. SF 26, 118–119, 1976. — WACHTER, H.: Beobachtungen über Sturmschäden und Folgerungen in Waldungen von Nordrhein-Westfalen. AF 28, 727–729, 1973. — WANGLER, F.: Die Sturmgefährdung der Fichte in Abhängigkeit von Standort, Bestandestyp und Bestandeshöhe. FH 31, 220–222, 1976. — WEISS, H.: Technische und organisatorische Hinweise zur Sturmholzaufbereitung. AF 28, 30–35, 1973.

E. BLITZSCHÄDEN

Die an Bäumen durch Blitzschlag entstehenden Schäden sind teils mechanischer, teils physiologischer Art. Am häufigsten wird eine mehr oder weniger breite und tiefe Blitzrinne erzeugt, die meist unterhalb der Baumspitze beginnend und zuweilen aussetzend in Richtung der Holzfaser am Stamm herabläuft, wobei die Rinde nur in einem schmalen Längsstreifen, mitunter auch in größeren Teilen absplittert. Schmale Blitzrinnen überwallen, während nach stärkerer Bloßlegung des Holzkörpers der Baum, oft erst nach Jahren eingeht.

In anderen Fällen werden Stücke vom kleinsten Span bis zu mehreren Metern Länge aus dem Holz gerissen, der Schaft von oben bis unten gespalten oder das Gipfelstück abgeschlagen, wobei der verbleibende Stumpf oft völlig zersplittert. Neben solchen auffallenden mechanischen Verletzungen treten häufig innere Schädigungen durch Zerstörung des Kambiums ein. Zündungen finden nur statt, wenn Faulholz oder trockene Äste getroffen wurden. Über Waldbrand infolge von Blitzschlag siehe oben S. 24/25.

Forstlich bedeutungsvoller als die am Einzelbaum auftretenden Blitzschäden ist das vielfach beobachtete Absterben von Baumgruppen nach Blitzschlag. Es geht häufig von einem durch Blitzverletzung gekennzeichneten Baum aus und schreitet, oft jahrelang, zentrifugal weiter. Solche meist kreisrunden, 1 a bis 1 ha großen Blitzlöcher sind fast ausschließlich im Nadelwald, vorwiegend in Fichte, bekannt geworden. Laubhölzer, die zwischen den eingehenden Nadelhölzern standen, blieben verschont.

Die Entstehung der Blitzlöcher wird auf Flächenblitze zurückgeführt, die, mit der Entfernung vom Zentrum abnehmend, Zellzerstörungen in Schaft und Wurzeln verursachen; die sich abspielenden Vorgänge sind noch nicht bekannt. Das Holz der vom Blitz getöteten Fichten kann äußerlich vergraut und auch im Innern graubläulich oder rotstreifig, sein Raumgewicht und seine Druck-, Scher- und Stehfestigkeit können gemindert sein. Die Löcher sind Ansatzpunkte für den Sturm, in den absterbenden Stämmen brüten gern Borkenkäfer.

Bei der Frage nach der Blitzempfindlichkeit der verschiedenen Baumarten ist zu beachten, daß die vielfach durchgeführten statistischen Erhebungen nur die sichtbaren Blitzschäden erfassen, während die Fälle, in denen es zu keiner merklichen Verletzung des den Blitz ableitenden Baumes kam, unberücksichtigt bleiben. Die Beobachtungen sagen daher nichts über die Bevorzugung der Arten durch den Blitz aus, sondern weisen nur ihre Anfälligkeit nach. Meist gefährdet sind hochstämmige Nadelhölzer, Pappel, Eiche, Birne, Ulme, Weide, Esche, Robinie; wenig gefährdet sind Erle, Ahorn, Roßkastanie, Buche, Hainbuche, Vogelbeere, Birke. Entscheidend für die Empfindlichkeit ist die Oberflächenbeschaffenheit der Rinde: glattrindige, leicht benetzbare Bäume leiten die Elektrizität schnell ab und sind daher weniger gefährdet als solche mit rissiger Rinde. Darüber hinaus besteht eine besondere Gefährdung für hohe, das Kronendach überragende, oder einzeln stehende Bäume, für solche auf feuchtem, die Elektrizität gut leitendem Boden und für Stämme mit tiefem, ins Grundwasser reichendem Wurzelwerk. Die Empfindlichkeit glattrindiger Bäume kann durch Überzug der Rinde mit Flechten und Moosen gesteigert werden.

Schrifttum. BOSSHARD, H. H. u. MEIER, B.: Über den Einfluß von Blitzeinwirkungen auf Fichten. SchwZF 120, 476–484, 1969. — MASSENBACH-BARDT, E. U. FAHR, V.: Blitzlöcher oder Umweltschäden? AF 28, 729, 1973. — RIEDMANN, G.: Nochmals zu: Blitzlöcher im Walde. AF 29, 189, 1974. — SITTE, E.: Ursache „Flächen-Blitz"? AF 28, 989 a, 1973.

F. SCHNEESCHÄDEN

Ursache. Auflagernder Schnee führt durch übermäßige Belastung der Holzgewächse zu Druck- und Bruchschäden.

1 mm^3 Regenwasser ergibt etwa 13 mm^3 Schnee, was 1 kg/m^2 Belastung bedeutet. Nasser Schnee kann bis 3,3mal schwerer sein als trockener. Schaden tritt ein bei rund 50 kg/m^2 Belastung im Nadel-, bei 25 kg/m^2 im Laubholz. In der Schweiz wurden 1942 Schneelasten auf dem Kronendach verschiedener Bestände von 315 000 bis 855 000 kg/ha ermittelt.

Schaden. Schneedruck äußert sich in Niederdrücken der Bäumchen, Herausheben des Wurzelballens, in Ausziehen oder Schlitzen von Ästen und Aufreißen,
Aufspalten oder Zerstauchen von Stämmchen. Eine besondere Form des Schneedrucks
ist der Schneeschub, der durch Auflagerung von Schneemassen an Bestandesrändern
entsteht und die Stämmchen bei nachgebendem Erdreich aus der Vertikalen hinaus-
drückt. Als Schneebruch bezeichnet man das Abbrechen von Baumteilen infolge von
Schneebelastung; man unterscheidet Schaft-, Gipfel- und Astbruch. Entsprechend der
Ausdehnung der Schädigung spricht man von Einzel-, Nester-, Gassen- und Flächen-
druck bzw. -bruch. Die im Bestande durch Schnee verursachten Schäden sind
grundsätzlich ähnlicher Art wie nach Sturm. Biologisch kann eine Änderung oder gar
Vernichtung des Ökosystems eintreten, wirtschaftlich entstehen Holz- und Zuwachsverlust sowie Störung der zeitlichen und räumlichen Ordnung des Betriebes. Nach-
krankheiten durch parasitäre Pilze und Insekten können den Schaden erheblich
vergrößern.

Gipfelbruch schafft Eingangspforten für holzzerstörende Pilze, die jedoch meist nicht weit
vordringen und das Schaftholz unversehrt lassen; findet der Bruch in jüngeren Beständen statt, so kann
die Faulstelle nach weiterm Wachstum des Baumes in den Stamm geraten. Wenn weniger als ⅓ der
Krone erhalten ist, sollte der Stamm bald gehauen werden. Durch Schneebruch werden auch die
mechanischen Eigenschaften der nach dem Schadensereignis angelagerten Holzsubstanz ungünstig
beeinflußt (S. 333).

Bedingungen. Die wintergrünen Nadelhölzer leiden naturgemäß stärker als die
Laubhölzer. Diese sind, von Extremfällen abgesehen, nur gefährdet, wenn frühzeitige
Schneefälle im Herbst noch Laub an den Bäumen vorfinden; dann pflegen allerdings
besonders schwere Schäden einzutreten.

Die wintergrünen Nadelhölzer lassen sich nach ihrem Widerstandsvermögen gegen Schneebelastung etwa in folgender, absteigender Reihe ordnen: Bergkiefer, Strobe, Douglasie, Tanne, Fichte,
Kiefer, Schwarzkiefer. Von Laubhölzern sind besonders brüchig: Erle, Aspe, Linde, Birke. Die
meisten Schäden treten ein an Fichte, Tanne, Kiefer, Buche, weil diese in den Schneebruchlagen am
meisten verbreitet sind.

Wichtiger als die Art ist hinsichtlich der Schneegefährdung vielfach die Rasse oder
Herkunft, die besondere Wuchsformen ausgebildet hat. So besitzen die durch fichten-
ähnliche Kronen ausgezeichneten nordischen und Höhen-Kiefern größere Widerstandskraft als die breitkronigen Tiefland-Kiefern der norddeutschen Ebene. Auch die
Fichte entwickelt, namentlich im Norden und im Gebirge, ausgeprägt schlanke
Schneeformen, die einer Auflagerung kaum Ansatzpunkte bieten. Weiterhin ist die
durch Bestandesverhältnisse bedingte Ausbildung der Krone und des Schaftes von
Bedeutung: einseitig entwickelte Kronen, wie sie an steilen Hängen, bei ungleichmäßi-
gem Bestandesschluß oder an Bestandesrändern auftreten, kleine Kronen auf hohen
schlanken Schäften, weitlumiges, rasch gewachsenes Holz sind besonders gefährdet.

Als entscheidendes Kriterium für die Gefährdung einer Kiefer gegenüber Schneebelastung sehen
ABETZ-PRANGE 1976 den Quotienten Baumhöhe zu Brusthöhendurchmesser, den h/d-Wert an: beträgt
er weniger als 80, so ist kein Schaden zu erwarten; je höher er darüber liegt, um so stärker gefährdet ist
der Baum.

Die größten Schneeschäden entstehen in jungen Beständen von etwa 20 bis 50
Jahren, und zwar in Form des Schneedrucks. Bruch tritt mehr in älteren Hölzern auf.
Bestände mit vertikal gestaffeltem Kronenschirm sind widerstandsfähiger als solche mit
ebenem Kronendach, auf dem sich der Schnee dicht auflagert. Größte Widerstandsfähigkeit zeigen ungleichaltrige Mischbestände. Von Jugend auf im lockeren Schluß
erzogene Bestände leiden nach herrschender Meinung weniger als dicht geschlossene;
doch gibt es Ausnahmen von dieser Regel.

Nach WIEDEMANN 1937 wurde durch Schneebruch die Masse in einem schwach durchforsteten Bestand um 7%, in einem mäßig durchforsteten um 5% und in einem stark durchforsteten um 2% gesenkt; die nicht geschädigten Stämme gehörten fast durchweg hohen Durchmesserklassen an. Zu ähnlichem Ergebnis kamen auch andere Autoren, während wieder andere die geringeren Schäden auf den schwachdurchforsteten Flächen feststellten. Keinen Einfluß von Durchforstungsart und -stärke fanden DUMM 1971 und PETRI 1976 in Fichten- und Kiefern-Jungbeständen. Allgemein leidet der Nebenbestand stärker als der herrschende: in 60 jähriger Fichte wurden bei Schneeschaden 1928/29 nach der Stammzahl 0% herrschende, 28% mitherrschende, 51% beherrschte und 21% unterdrückte Stämme gebrochen.

Bestände mit Schaftschäden durch Wildschäle, Krebs, Stammfäule oder Harzung sind für Bruch besonders disponiert.

Der Schnee wirkt um so verderblicher, je ruhiger, grobflockiger und nasser er fällt. Wind ist günstig, da er den Schnee nicht zum Auflagern kommen läßt und ihn abweht; er erhöht die Gefahr, wenn er in geschützten Lagen den Schnee zusammenhäuft, und steigert sie aufs äußerste, sobald er erst eintritt, nachdem schwere Schnee- und Eismassen auf den Bäumen festgefroren sind. Bei festem, gefrorenem Boden tritt mehr Schneebruch, bei aufgeweichtem Boden mehr Schneedruck ein.

Am meisten dem Schneeschaden ausgesetzt sind in Mitteleuropa Gebirgslagen zwischen 400 und 900 m Meereshöhe. In höheren Lagen fällt der Schnee zwar reichlicher, aber nicht so großflockig und naß; in tieferen Lagen löst er sich häufiger in Regen auf. Kommt es hier einmal zu stärkeren Schneefällen, so wachsen die Schäden oft über das gewöhnliche Maß hinaus, weil besonders empfindliche Bestände, z. B. der breitkronigen Tieflandskiefer, getroffen werden. Da der Schnee meist aus Westen oder Südwesten kommt, sind die im Windschatten liegenden Ost- und Nordosthänge am meisten gefährdet. Besondere Gefahrenlagen sind ruhige, windgeschützte Mulden und Talkessel.

Schneekatastrophen: Schwere, von 1903 bis 1969 eingetretene Schadensfälle mit mehr als 100 000 fm Anfall sind in der 2. und 3. Auflage des Buchs zusammengestellt. In gefährdeten Gebieten stellen Schneeschäden eine ständige Belastung des Betriebes dar; so sind in Baden-Württemberg, hauptsächlich im Schwarzwald, während des Zeitraums 1953–1962 im Staats- und Körperschaftswald durchschnittlich jährlich über 250 000 fm Schadholz infolge von Schnee- einschließlich Duft- und Eisbruch angefallen (KÖNIG 1964). Als neuere schwere Schadensfälle seien genannt: 1975, 19./20. März, Naßschnee Pfälzer Wald und nordbadische Rheinebene, rund 250 000 fm (KÖNIG 1976); Frühjahr 1979 Bayern rund 1,78 Millionen fm gebrochen oder zu Boden gedrückt (ANONYM 1979).

Schutzmaßnahmen. Als Mittel zur Schadensabwehr kommen fast ausschließlich vorbeugende Maßnahmen waldbaulicher Art in Betracht, die den Aufbau eines möglichst festen Bestandes bezwecken. Dazu gehören Anbau schneefester Baumarten und Rassen, Naturverjüngung mit dem Ziel der Gründung ungleichaltriger Mischbestände, sonst Pflanzung im weiten Verband und früheinsetzende, mäßige, doch oft wiederholte Pflegehiebe, welche die einzelnen Kronen gleichmäßig sich entwickeln lassen und das Kronendach stufig gestalten, weiterhin Vermeiden von Stammbeschädigungen durch schälendes Wild, Harznutzung u. dgl.

Derartige Maßnahmen sind vordringlich auf Flächen, auf denen immer wieder Schneeschaden eintrat; um sie festzulegen, empfiehlt sich in Schadensgebieten eine entsprechende Kartierung (BORCHERS 1964). Im übrigen sind die Ansichten über die zweckmäßigsten waldbaulichen Maßnahmen keineswegs einheitlich, offensichtlich eine Folge der sehr unterschiedlichen Voraussetzungen, unter denen Schneeschäden vorkommen.

Als technisches Verfahren zur Abwehr von Schneeschäden hat sich in mehreren Versuchen das Abschütteln des aufgelagerten, noch nicht angefrorenen Schnees durch dicht über dem Kronendach fliegende Hubschrauber bewährt. Die Maßnahme ist nicht billig, ihre Problematik besteht in der unsicheren Prognose von Bruchkatastrophen sowie in der begrenzten Verfügbarkeit geeigneter Maschinen.

Behandlung beschädigter Bestände. Nach erfolgter Schneekatastrophe gilt für die zu treffenden Maßnahmen das Gleiche, was auf S. 58 für die Behandlung von Sturmbruchhölzern gesagt wurde (RITTER 1976).

Lawinen. Anhangweise sei auf die besonderen Schäden hingewiesen, die der Schnee im Hochgebirge bei Lawinenbildung anrichten kann. Niedergehende Lawinen zerschmettern die im Wege liegenden Holzbestände, versperren Straßen und Talzüge, zertrümmern Bauten usw. Schon der der Lawine vorausgehende Luftdruck vermag beträchtliche Würfe in den Waldungen zu verursachen. Die Schilderung von Entstehung, Arten und Bekämpfung der Lawinen gehört nicht in das Gebiet der Forstpathologie, ist vielmehr Gegenstand von Spezialschriften.

Schrifttum: ABETZ, P., u. PRANGE, H.: Schneebruchschäden vom März 1975 in einer Kiefern-Versuchsfläche mit geometrischen und selektiven Eingriffen in der nordbadischen Rheinebene. AF 31, 583–586, 1976. — ANONYM: Wirksame staatliche Hilfen bei Schneebruchschäden in Bayern. FH 34, 467, 1979. — DUMM, G.: Der Einfluß des Pflanz-Verbandes auf Astbildung und Schneebruchgefährdung bei Fichte. AF 26, 150–152, 1971. — KÖNIG, E.: Die gegenwärtige Forstschutzsituation in Südwestdeutschland. AF 31, 292–295, 1976. — LESSEL-DUMMEL, A.: Disposition von Kiefernbeständen gegenüber Schneebruch. AF 34, 1281–1282, 1979. — PETRI, G.: Schneedruckschäden vom März 1975 in Kiefernjungbeständen der nordbadischen Rheinebene. AF 31, 1048–1049, 1976. — RITTER, H.: Eine Entscheidungshilfe zur Behandlung schneebruchgeschädigter Kiefernbestände. AF 31, 587–588, 1976.

G. DUFT- UND EISSCHÄDEN

Als Duft oder Rauhreif bezeichnet man den Niederschlag der Luftfeuchtigkeit in Form feiner Eiskristalle an Nadeln, Zweigen usw. Er entsteht beim Auftreffen unterkühlter Nebel auf Zweige u. dgl. oder wenn aus zuströmender warmer Luft sich ausscheidender Nebel auf den unter 0° kalten Zweigen gefriert. Bei starkem Rauhreif können Duftbrüche entstehen, die in der Regel keinen großen Umfang annehmen. Beachtlicher wird der Schaden, wenn sich auf den bereiften Bäumen zusätzlich große Schneemengen ablagern.

Unter besonderen Verhältnissen können Duftschäden eine ungewöhnliche Bedeutung für den Wald annehmen. Das ist der Fall im Erzgebirge, wo in manchen Revierteilen infolge der immer wiederkehrenden Rauhreifkatastrophen von einer geregelten Wirtschaft keine Rede mehr sein kann (DÖBELE 1935). Der böhmische Raum ist als Übergang des kontinentalen zum ozeanischen Klima raschen Wechseln der Wärme und der Feuchtigkeit ausgesetzt und daher ein besonderer Nebelherd. Vermutlich fördert der aus dem böhmischen Braunkohlengebiet stammende Rauch die Nebelbildung durch Lieferung zahlloser Kondensationskerne. Bei kontinentaler Luftströmung stauen sich die Nebelmassen am Südosthang des Erzgebirges und bewirken hier, besonders bei Temperaturen zwischen −1 und −3 °C, massigen Duftanhang. Am stärksten rauhreifgefährdet sind die Höhenlagen von 700–900 m; in höheren Lagen haben die Nebelmassen Abflußmöglichkeit nach Norden, außerdem lassen die tieferen Temperaturen den Wasserdampf schon in der Luft als kristallinen Rauhreif kondensieren; in geringerer Höhe ist die Duftbildung wegen höherer Temperatur schwächer. Neben dem Erzgebirge sind bekannte Duftbruchgebiete das Fichtelgebirge mit Steinwald und nördlichstem Teil des Oberpfälzer Grenzgebirges, ferner Thüringer Wald, Riesengebirge, Glatzer Bergland und Teile von Oberösterreich, der Steiermark und des Burgenlandes (DÖBELE 1938, HEGER 1940).

Eisanhang entsteht, wenn unterkühlter Regen auf Äste usw. aufschlägt. Es bildet sich ein Eismantel, der um so schwerer wird, je größer infolge von dichter Benadelung, Belaubung oder Duftanhang die Auffangfläche ist. Weiterhin entsteht Eisanhang in Gestalt milchiger Eiskrusten und -zapfen durch Gefrieren aufgetauten oder beregneten Schnees. In dicht geschlossenen Beständen können dann die Kronen vollständig zusammenfrieren.

Wie groß die Belastung der Bäume durch Eis werden kann, zeigen u. a. Gewichtsbestimmungen, die im Wiener Wald durchgeführt wurden: auf 1 Gewichtsteil eines Zweiges kamen bei Tanne 31,1, Zerreiche 44,1, Fichte 51,3, Buche 85,3, Kiefer 99,0 Gewichtsteile Eis.

Glatteis entsteht bei Auftreffen von Regen oder Kondensation des Wasserdampfes der Luft an Gegenständen, deren Temperatur unter dem Gefrierpunkt liegt. Die sich bildenden Eisschichten sind meist dünn, so daß eine gefährliche Belastung der Bäume durch Glatteis nicht eintritt.

Da die Schadursache bei Duft- und Eisbildung die gleiche ist wie bei Schneebruch und -druck, nämlich übermäßige Belastung der Krone, so gilt das im vorigen Abschnitt über Arten und Bedingungen der Schäden sowie über Schutzmaßnahmen Gesagte grundsätzlich auch hier.

Schrifttum: ANTOINE, J.: Einige Untersuchungsergebnisse über die Abhängigkeit des Wipfelbruchs durch Eisanhang bei der Fichte von der Kronenmorphologie und den Holzmerkmalen. AFJZ 145, 93–98, 1974.

H. HAGELSCHÄDEN

Hagelschlag richtet an zarten Pflanzenteilen Schaden an, insbesondere an Blättern, Nadeln, Blüten, Früchten, Trieben und an dünner Rinde. Diese löst sich an den Schlagstellen in kleinen Stücken oder Streifen ab oder bleibt auch nach dem Absterben haften, was die Überwallung von der benachbarten gesunden Rinde her erschwert. Folgen von Hagelschäden sind Blatt- und Nadelverlust, Absterben der Triebe, Krüppelwuchs, Zuwachsminderung, Kränkeln der Stämme, dadurch Disposition für Borkenkäfer usw., ferner Entstehung von Eintrittspforten für parasitische Pilze, schließlich gänzliches Absterben jüngerer und älterer Holzpflanzen.

Die Aufnahme eines etwa 1000 ha großen oberbayrischen Waldgebietes, in dem 1919 ein ungewöhnlich heftiger Hagelschauer niedergegangen war, zeigte 30 Jahre später noch deutlich erkennbare schwere Kronenschäden, lange, streifenförmige Stammverletzungen, bei Fichte mit tiefgehender Zerstörung des Holzkörpers, bei Tanne und Buche überwallt, massenhaftes Auftreten von Krebsstellen und Mißbildungen. Laufende Ausfälle hatten die Bestände stark aufgelockert. Das Dickenwachstum von Fichte und Tanne war im Jahr nach dem Hagelschlag gleich Null und erst nach 4–9 Jahren wieder normal. Fäulen hatten die Holzqualität erheblich vermindert. Das Ergebnis der Untersuchungen wurde dahin zusammengefaßt, daß jüngere Bestände mit starken Hagelschäden so geringe Ausbeute an Nutzholz erwarten lassen, daß es sich meist nicht lohnt, sie stehen zu lassen (PECHMANN 1949). In der Schweiz wurde in über 80jährigen Nadelholzbeständen nach schneller Ausheilung der Verletzungen keine wesentliche Minderung des Nutzholzertrages beobachtet, während in jüngeren Beständen nachfolgender Pilzbefall den Holzkörper in den betroffenen Stammteilen völlig zerstörte (TANNER 1953) bzw. die unmittelbaren Schäden so erheblich waren, daß nur Abtrieb übrig blieb (FREI 1961).

Am meisten leiden Nadelhölzer, namentlich Fichte, Kiefer, Schwarzkiefer und Strobe; unter den Laubhölzern sind Eiche, Erle und Robinie besonders empfindlich. Die Baumarten sind um so mehr gefährdet, je jünger sie sind.

Gegen Hagelschäden stehen brauchbare Abwehrmaßnahmen nicht zur Verfügung. Das seit langem empfohlene und auch angewandte Verfahren, Silberjodid mit Raketen und anderen Mitteln in die Gewitterwolken zu bringen, um sie vorzeitig, bevor sich Hagel bilden kann, zum Ausregnen zu veranlassen, ist noch nicht klar zu beurteilen (BREUER 1978); auch wenn es wirksam wäre, würde es wegen seiner Kosten nur im Zusammenhang mit dem Schutz wertvoller landwirtschaftlicher Kulturen anwendbar sein. Für den Forstschutz allein bleibt nur die Empfehlung, in erfahrungsgemäß hagelgefährdeten Gebieten auf den Anbau empfindlicher Baumarten zu verzichten und ungleichaltrige gemischte Bestände anzustreben, deren starkbekronter Oberbestand den Unter- und Zwischenstand schützt, so daß sich auch nach schwerer Beschädigung aus diesem wieder eine gesunde Bestockung ausformen läßt.

Schrifttum: BREUER, G.: Kann man Hagel verhindern? NR 31, 330–331, 1978. — FRIEDRICH, W.: Versuche zur Hagelabwehr in Österreich (1956–1964). Wetter u. Leben 23, 69–75, 103–114, 1971.

I. REGENSCHÄDEN

Ungewöhnlich heftige Regenfälle vermögen mechanische Schäden unmittelbar an den Pflanzen und mittelbar durch Überschwemmungen und Wildbachverheerungen anzurichten. Darüber hinaus führen sie zu übermäßiger Wasseranreicherung des Bodens und damit zu biologischer Beeinträchtigung des Waldes. Diese letzte Art der Schädigung soll unten im Zusammenhang mit anderen pathogenen Eigenschaften des Bodens behandelt werden, so daß hier nur die eigentlichen Regenschäden zu besprechen sind.

Platzregen kann zarteste Pflanzenteile, besonders junge Blätter und Blüten, durch Tropfenanprall verletzen. Beachtlicher sind die Schäden, welche durch Fortspülen von Samen und jungen, noch wenig bewurzelten Pflanzen in Kämpen und Kulturen angerichtet werden; sie treten besonders auf leichten, nicht durch Wurzeln einer lebenden Bodendecke zusammengehaltenen Böden auf. Durch starke Regenfälle verursachtes Hochwasser schwemmt Boden ab und zerstört Wege, Gräben, Böschungen usw. Wildbäche, die im Hügel- und Bergland im wesentlichen durch ihre herabstürzenden Wassermassen schaden, führen im Hochgebirge häufig große Schutt- und Geröllmengen mit, die umfangreiche Zerstörungen anrichten können. Bodenabbrüche steigern sich in Extremfällen bis zum Abrutschen ganzer Hänge, zu Bergfällen oder Bergstürzen. Das mitgeführte Material wird talwärts wieder abgelagert, häufig auf wertvollem Kulturgelände. Die forstpathologischen Wirkungen von Platzregen, Überschwemmungen und Wildbächen sind regelmäßig nur ein Teil, und vielfach nur ein geringer, des entstehenden Gesamtschadens.

Bei der Verhütung von Schäden, die durch übermäßige Regenfälle oder auch bei rascher Schneeschmelze entstehen, ist der Wald ebenso Gegenstand wie Mittel der Schadensabwehr. Durch die starke Verdunstung seines Kronendachs, durch die Wasserspeicherung der lebenden und toten Bodendecke und durch die Festigung des Bodens mit seinem Wurzelwerk ist er in der Lage, dem Entstehen von Hochwassern und Wildbächen bis zu einem gewissen Grade vorzubeugen und die drohenden Schäden zu mildern. Im Quellgebiet der Flüsse und Bäche ist daher der Wald zu erhalten und jede Störung seines Zusammenhangs, etwa durch Großkahlschläge, zu vermeiden. Die Entwicklung von Vorschriften über die Erhaltung und gegebenenfalls Neugründung solcher Schutzwälder ist Aufgabe der Forstpolitik. Spezielle Mittel zur Verhütung der Bodenabschwemmung durch Regengüsse sind Schaffen und Erhalten einer lebenden Bodendecke, welche den Boden festigt, Ausführen notwendiger Bodenverwundungen, etwa von Pflugstreifen, nur in horizontaler Richtung, Anlage waagerecht geführter Sickergräben.

Zur Verhütung der von Wildbächen drohenden Schäden dienen besondere technische Maßnahmen; sie werden unter dem Begriff der W i l d b a c h v e r b a u u n g zusammengefaßt und sind nicht Gegenstand der Forstpathologie. Noch weniger gehören in den Bereich dieses Lehrbuches die der Verhütung von Hochwässsern dienenden technischen Maßnahmen, wie Durchführung von Flußregulierungen und Bau von Talsperren; sie sind Aufgabengebiet der Wasserbautechnik.

DURCH BODENEIGENSCHAFTEN BEDINGTE KRANKHEITEN

Ausgangs der zwanziger Jahre war viel von Bodenerkrankungen die Rede (ALBERT 1928, KRAUSS 1928, v. KRUEDENER 1928). Man verstand darunter Verschiedenes, durch menschliche Maßnahmen bewirkte Veränderungen, aber auch natürliche Zustände im Boden, die der Erreichung des vom Forstmann gesetzten Wirtschaftsziels hinderlich sind. Die Darstellung vieler dieser sogenannten Bodenerkrankungen, die Klärung ihrer Ursachen und die Entwicklung von Verfahren, sie zu beheben, sind Aufgaben der Bodenkunde und des Waldbaus.

Hier sollen lediglich vom üblichen stark abweichende, auf Naturereignissen oder menschlichen Einwirkungen beruhende Eigenschaften des Bodens erörtert werden, die das Gedeihen der Holzpflanzen wie der gesamten Waldgemeinschaft beeinträchtigen. Das sind Überschuß oder Mangel an Wasser und Nährstoffen, Gehalt an Giftstoffen und Folgen von Streunutzung; zusätzlich werden die vermeintliche Wirkung von Erdstrahlen sowie Gefahr und Bekämpfung von Flugsand erwähnt.

A. WASSERÜBERSCHUSS

Ursachen und Arten. Ursache des Wasserüberschusses im Boden ist letzlich der Niederschlag; die hier darzustellenden Erscheinungen knüpfen somit unmittelbar an die soeben beendete Besprechung der durch Witterungsfaktoren bedingten Waldkrankheiten an. Wasserüberschuß tritt, nach ausgiebigen Regenfällen oder im Fühling bei rascher Schneeschmelze, als Vernässung des Oberbodens nach Erhöhung des Grundwassers oder, bei schlechtdurchlässigem Boden, als Staunässe auf, d. h. als nahe der Oberfläche gestautes, seitlich nicht oder kaum bewegliches Niederschlagswasser; in schweren Fällen kommt es zur Überschwemmung. Auf grundwassernahen Böden kann auch Vernässung eintreten, wenn durch Sturmwurf, Raupenfraß oder dergleichen die Verdunstung des Kronendaches und damit der normale Wasserentzug aus dem Boden unterbrochen wird.

Schäden. Kurzfristige Vernässung oder Überschwemmung ist, abgesehen von den unter Umständen auftretenden, oben (S. 64) geschilderten mechanischen Schädigungen, in der Regel belanglos für das Gedeihen des Waldes. Länger andauernde Vernässung und wiederholtes Auftreten von Staunässe führt zum Absterben von Wurzelteilen, namentlich der unteren Partien, zum Kleinbleiben und Vergilben der Blattorgane, zu Wuchsstockungen, zu Wurzel- und Stammfäule, unter Umständen zum Eingehen der Bäume. Bei langfristiger Überschwemmung gehen junge, niedrige Pflanzen, sobald sie längere Zeit vom Wasser überstaut sind, zugrunde; aber auch ältere Bäume leiden je nach Holzart, Jahreszeit, Stärke und Dauer der Überflutung in mehr oder minder hohem Maße. Ursache für die Schädigung der Pflanze ist in erster Linie ungenügende Versorgung der Wurzeln mit Sauerstoff. In vernäßtem humusreichem Boden kann eine Giftwirkung durch Schwefelwasserstoff hinzutreten, der sich bei anaerober Zersetzung organischer Substanz entwickelt.

HESSELMAN 1910 fand das Wasser in den ausgedehnten, nordschwedischen versumpften Fichtenwäldern nahe der Oberfläche fast, in 20 cm Tiefe völlig sauerstofffrei. Ein Laubholzsterben bei Wesel wurde von TRÉNEL 1932 auf die Sauerstoffarmut des Grundwassers zurückgeführt; ihre Wirkung wurde in den tiefer liegenden Beständen dadurch verstärkt, daß infolge anaerober Bedingungen aus dem an Schwefelverbindungen reichen Trockentorf Schwefelwasserstoff entstand, der an diesen Stellen ein schlagartiges Sterben hervorrief. Außergewöhnlich hohe Ausfälle in Erlenkulturen der Lüneburger Heide konnten zum Teil, namentlich in nassen Senken, durch Sauerstoffmangel im Boden und

Vorhandensein von Schwefelwasserstoff erklärt werden (RACK 1967, unveröffentlicht). Stagnierende Nässe wird auf die Dauer von keiner Baumart ertragen. Am empfindlichsten sind Buche und Tanne, weniger empfindlich Kiefer und Fichte, ziemlich widerstandsfähig Weide, Pappel, Ulme, Stieleiche, Strobe und Birke.

Zu umfangreichen Schäden kann es kommen, wenn auf eine länger dauernde Periode des Wasserüberschusses eine solche des Wassermangels folgt. Das Jahrfünft 1954–1958 war abnorm niederschlagsreich. Etwa ab 1957 wurde in Nordwestdeutschland, namentlich auf schweren Böden, ein Kiefernsterben beobachtet, das WITTICH 1960 in einem untersuchten Fall auf partiellen Tod der Kiefernwurzeln in dem völlig „versuppten" Unterboden und anschließenden Hallimaschbefall zurückführen konnte. Als 1959 eine langanhaltende Dürre einsetzte, verschärften sich vielerorts die Schäden, weil auch bei den noch gesunden Kiefern das reduzierte Wurzelsystem zur Wasserversorgung der Bäume nicht ausreichte.

Gegen Überschwemmungen sind die Baumarten in der Vegetationsruhe widerstandsfähiger als im Frühling oder Sommer. Überflutungen durch fließendes Wasser sind weniger schädlich als durch Stauwasser. Bei einem mit der Hauptvegetationszeit zusammenfallenden, 4 Monate dauernden Hochwasser des Rheins zeigten sich am empfindlichsten glattrindige Bäume wie Esche, Buche, Ahorn, Kirsche und Schwarzerle, während wenig oder nicht geschädigt wurden Eiche, Ulme, Kiefer, Pappel, Weide, Birke. Bei einem Hochwasser 1926 in Schlesien erwiesen sich als sehr empfindlich Kirsche, Douglasie, Traubeneiche, Buche und Sommerlinde, als unempfindlich Pappel, Weißesche, Stieleiche und Hainbuche, während Kiefer, Fichte, Esche, Birke eine Mittelstellung einnahmen.

Wasserüberschuß hemmt die Sauerstoffversorgung nicht nur der Pflanzenwurzel, sondern auch der für die Zersetzung des Bestandesabfalls notwendigen Kleinlebewesen im Boden. Es kommt dann infolge ungenügender Streuzersetzung zu starker Rohhumusbildung, die das Dasein des Waldes gefährden und zur Moorbildung überleiten kann.

Schutzmaßnahmen. Ständiger Überschuß an Bodennässe kann nur durch Entwässerung beseitigt werden. Dabei ist zu beachten, daß bei Überschreiten eines gewissen Maßes die Senkung des Grundwasserspiegels sich auch auf die Nachbarschaft auswirken und eine erhebliche, unter Umständen unerwünschte Umgestaltung der Lebensgemeinschaft hervorrufen kann. Die ausgedehnten Wassermangelerscheinungen in Wald und Feld, die sich vielerorts bemerkbar machen, sind zum großen Teil auf zu weitgehende Entwässerung zurückzuführen. Deshalb soll im Walde nur das im Übermaß vorhandene Wasser entfernt und möglichst an trockene Orte geleitet werden, wo es dem Pflanzenwuchs wieder zugute kommt. Grundsätzlich sollte angestrebt werden, jeden Tropfen Wasser für die Holzproduktion auszunutzen.

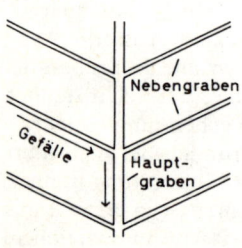

Abb. 21. Grabenentwäs-
serung. Schema

In seltenen Fällen kann das Wasser vertikal mittels Durchstoßens der undurchlässigen Schicht an der tiefsten Stelle abgeleitet werden. Meist wird die Entwässerung horizontal durch Gräben oder gedeckte Stränge ausgeführt werden müssen. Das Grabensystem besteht aus Haupt- oder Abzugsgräben, die das Wasser ableiten, und Neben- oder Sauggräben, welche das Wasser aus dem Gelände aufsaugen (Abb. 21). Die Gräben haben mäßiges Gefälle und werden in der Ebene in regelmäßiger Form, im Bergland den Geländeverhältnissen entsprechend angelegt. Gedeckte Entwässerung durch Sickergräben und -dohlen oder durch Röhren (Drainage) wird im Walde in der Regel nur beim Wegebau und zur Entwässerung von Wiesen angewendet.

Bei nicht zu starker Vernässung kommt auch Hügel- oder Rabattenkultur in Frage: es werden Hügel bzw. parallele Dämme aufgeworfen, die mit geeigneten Holzarten, meist Fichte, bepflanzt werden; die Jungpflanze findet auf dem Aufwurf geeignete Wachstumsbedingungen, größer geworden entwässert sie selbsttätig durch Wasseraufnahme und Verdunstung den Boden innerhalb ihres Wurzelbereichs.

B. WASSERMANGEL

Wassermangel im Walde ist eine forstpathologische Erscheinung, wenn er in ungewöhnlicher, von den üblichen oder bisherigen Verhältnissen abweichender Form auftritt. Ist der Boden von Natur aus trocken, so ist das forstliche Handeln ein Problem des Waldbaus und nicht der Forstpathologie.

Pathologischer Wassermangel entsteht in akuter Form als Dürre infolge bestimmter Witterungserscheinungen, wie starker Besonnung, Wind und Ausbleibens von Niederschlägen, in chronischer Form durch natürliche oder künstliche Senkung des Grundwasserstandes sowie durch Ereignisse und menschliche Maßnahmen, welche die Wasserführung des Bodens ungünstig beeinflussen. Von physiologischem Wassermangel sprechen wir, wenn trotz vorhandenen Wassers die Pflanze aus physiologischen Gründen nicht in der Lage ist, es in der notwendigen Menge aufzunehmen.

Folge des Wassermangels ist eine Störung des Gleichgewichts zwischen Verdunstung und Wasseraufnahme der Pflanze. Trockenschutzeinrichtungen (Schließung der Spaltöffnungen, Wachsüberzug von Koniferennadeln usw.) und Wasserspeicher in Stamm und Wurzeln ermöglichen der Pflanze, Wassermangel bis zu einem gewissen Grade zu ertragen. Wenn sich seinetwegen die Spaltöffnungen schließen, wird die Assimilation eingestellt: die Pflanze hungert. Wasserverlust mindert den Turgor, die Pflanze welkt. Die Schädigung kann so groß werden, daß die Pflanze stirbt.

1. AKUTER WASSERMANGEL (DÜRRE)

Schaden. Dürre verhindert die Samenkeimung, bringt junge Pflänzchen zum Absterben und führt bei älteren Holzpflanzen infolge Aufhörens der Assimilation und Welkens zu Verlust der Blattorgane, verminderter Fruchtbildung, Vertrocknen des Wipfels (Wipfeldürre), Wuchsstörungen, Entstehen kleiner Blätter, kurzer Kümmertriebe und schmaler Jahresringe mit häufig verringertem Spätholzanteil, schließlich zum Eingehen des ganzen Baumes.

Vorzeitiger, durch Dürre hervorgerufener „Hitzelaubfall" (WIESNER 1904) bringt den Pflanzen beträchtlichen Verlust an Stickstoff und Phosphorsäure, da sommerdürre Blätter fast doppelt soviel an diesen Nährstoffen besitzen als normal im Herbst abfallende.

Wahrscheinlich infolge von Spannungsunterschieden zwischen den äußeren, wasserarm gewordenen und den inneren, saftreichen Splintschichten entstehen in trockenen Sommern gelegentlich „Hitzerisse", die besser als Trockenrisse bezeichnet werden; sie wurden besonders an Fichte, auch an Junglärche beobachtet, entstehen im August und später, gehen oft bis zum Mark und reichen vom Wurzelanlauf bis zum Gipfel.

Im Bestande verursachen schwächere Dürren vorübergehende Wirkungen in Gestalt von Zuwachsverlust, krasse Dürrejahre oder langandauernde Dürrezeiten dagegen Dauerwirkungen, die sich in Wuchsstockungen, verstärktem Dürrholzanfall („Trocknis"), erhöhter Disposition für andere Krankheiten und gegebenenfalls in einer Änderung des Bestandesbilds durch Ausscheiden empfindlicher Bestandesglieder äußern. Auf ungünstigen Standorten können ganze Bestände absterben. Häufig betreffen die Schäden vorwiegend die Bestandesränder, die der Sonnenstrahlung und dem Wind besonders ausgesetzt sind. Die Austrocknung des Bodens kann zu einer unheilvollen Veränderung der Struktur des Auflagehumus führen, der kohlig wird und für lange Zeit die Benetzbarkeit verliert; die zur normalen Zersetzung des Bestandesabfalls notwenige Tätigkeit der Kleinlebewesen wird beeinträchtigt. In den dürregeschädigten Beständen können Folgeschädlinge auftreten (SCHÖNHERR 1980).

Der Einfluß der Dürre 1904 auf den mittleren Höhenzuwachs einer im Jahre 1892 gegründeten Fichtendickung drückt sich in folgenden, in den Jahren 1903 bis 1907 angelegten Trieblängen aus: 53, 42, 25, 21, 39 cm. Das Kreisflächenzuwachsprozent einiger Versuchsbestände verringerte sich in den Jahren 1904/05 gegenüber dem Jahre 1902/03 um 14–53 % (BÖHMERLE 1907). Nach dem Dürrejahr 1947 verminderte sich die durchschnittliche Jahrringbreite 1947/49 gegenüber 1946 (in 1 m Höhe) bei Japanischer Lärche um 52 %, Douglasie, Europäischer Lärche, Roteiche und Fichte um 32–37 %, Eiche und Kiefer um 22–26 %, Rotbuche um 9 % (SCHOBER 1951); der Massenzuwachs verlagerte sich in die oberen Stammteile. Die Dürre 1959 vernichtete in den Staats- und Körperschaftswaldungen Nordrhein-Westfalens auf 883 ha Neukulturen der Fichte 44 %, auf 259 ha Buchenkulturen 56 % der Pflanzen; der Trockniseinschlag betrug bis August 1960 rund 96 000 fm, davon 88 % Fichte; für alle Waldbesitzarten wurde der Gesamtanfall an Fichtentrocknis auf 900 000 fm veranschlagt (HESMER-GÜNTHER 1962). Im Bezirk Kassel wurde der Dürrholzanfall auf 270 000 fm, davon 82 % Fichte geschätzt (RUDELT 1961). Als Folgeschäden zeigten sich u. a. ein starkes Auftreten des Buchenrindensterbens, erhöhter Befall durch Hallimasch, auffällige Vermehrung von Schadinsekten, die durch Schwächung des Wirtsbaums begünstigt werden, während andere Insektenarten keine Reaktion zeigten (Abb. 22). Eine forstpathologisch günstige Auswirkung haben Trockenzeiten, wenn sie (wie in Norddeutschland während der Jahre 1971–1976) die an hinreichend Feuchtigkeit gebundene Entwicklung der gefährlichen Kiefernschütte (S. 99) nicht zulassen.

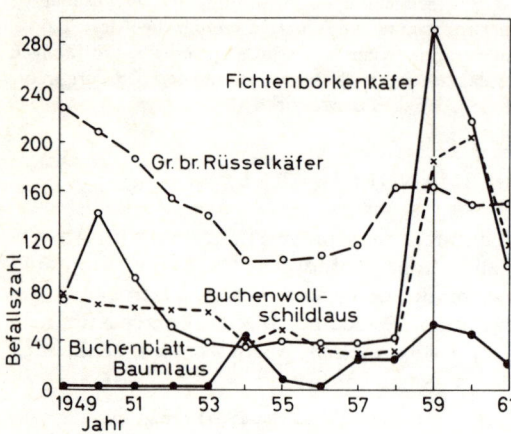

Abb. 22. Befallszahlen von Buchenblatt-Baumlaus, Buchenwollschildlaus, Großem braunen Rüsselkäfer und Fichtenborkenkäfer in Nordwestdeutschland 1949–1961. Nach SCHWERDTFEGER 1963

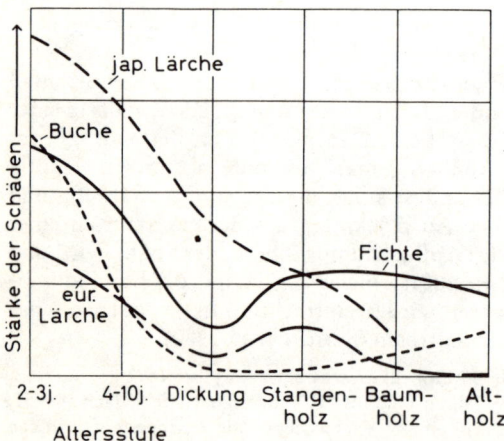

Abb. 23. Stärke der Trocknisschäden im Dürrejahr 1959 an einigen Baumarten in den verschiedenen Altersstufen. Nach HESMER-GÜNTHER 1962

Bedingungen. Der Umfang der Schäden steht meist in umgekehrtem Verhältnis zum Alter der Holzgewächse (Abb. 23). Wenn zuweilen in Dürrejahren ältere Kulturen stärker litten als im gleichen Jahr angebaute, so dürften diese infolge der besseren Krümelung und geringeren Verunkrautung der frischgelockerten Böden im Vorteil gewesen sein. Im allgemeinen sind stärkstgefährdet im Freien ausgeführte, noch nicht geschlossene Kulturen. Konkurrenz des Unkrautwuchses erhöht die Gefahr. Mit tieferem Eindringen der Wurzeln in den Boden verringert sich die Dürregefährdung. In Naturverjüngungen oder Kulturen mit Überhältern häufen sich die Dürreschäden am Fuß der alten Stämme; Ursache ist das Abhalten der Niederschläge durch die Krone, die Wurzelkonkurrenz und auch die durch Reflexion am Stamm erzeugte Widerhitze.

Die Empfindlichkeit der Baumarten gegen Wassermangel ist verschieden. Flachwurzler leiden mehr als Tiefwurzler, welche der von der Bodenoberfläche nach unten fortschreitenden Austrocknung nicht in so starkem Maße ausgesetzt sind.

Im allgemeinen sind sehr empfindlich: Fichte, Japanische Lärche, Strobe, Roterle, Bergahorn, Aspe, Birke; empfindlich: Tanne, Europäische Lärche, Douglasie, Buche, Esche, Hainbuche, Eiche, Linde; wenig empfindlich: Kiefer, Schwarzkiefer, Ulme, Spitzahorn, Roteiche, Traubenkirsche, Robinie.

Doch ist die Empfindlichkeit entsprechend den jeweiligen Umständen starken Schwankungen unterworfen. Insbesondere leiden Bestände, welche üblicherweise gut mit Wasser versorgt sind, stärker unter Dürre als solche, die alljährlich um die notwendige Feuchtigkeit zu kämpfen haben.

Mischung von Baumarten ist ebenso wie die Ausformung der Bodenflora je nach den Umständen verschieden hinsichtlich Verschärfung oder Milderung von Wassermangelschäden zu beurteilen.

Die Buche schützt im Kiefernbestand den Boden gegen die ausdörrenden Sonnenstrahlen, entzieht ihm aber durch ihre Wurzeln meist mehr Wasser, als der wassersparenden Schattenwirkung entspricht. Im Eichen-Fichten-Bestand entnimmt die Fichte den oberen Bodenschichten soviel Wasser, daß die Eiche häufig an Zopftrocknis leidet. Umgekehrt wurde in den Dürrejahren 1947 und 1959 vielfach beobachtet, daß im Fichten-Laubholz-Bestand die Fichte eher abstarb als im Reinbestand, weil das tieferwurzelnde Laubholz ihr die Wasserversorgung von unten verwehrte. Der Bodenbewuchs spendet zwar Schatten, verbraucht aber auch Wasser und kann, wenn es sich um dichte Pflanzendecken handelt, schon durch Abfangen der Niederschläge die Austrocknung des Bodens begünstigen. Auf diluvialen Sandböden wirken Gras-, Heide- und Beerkrautdecken im Frühjahr etwa bis Mai als Verdunstungsschutz; im Sommer aber überwiegt ihr eigener Wasserentzug, so daß der Boden unter dichter Heide noch bis 50 cm Tiefe, unter Heidelbeere etwa bis 20 cm Tiefe wesentlich trockener ist als der nackte Boden.

Dürreschäden treten meist nur in der Ebene und im Hügelland auf, über 400 bis 500 m Höhe dagegen wegen der hier üblichen größeren Luftfeuchtigkeit und höheren Niederschläge nicht mehr. Gefährdet sind vor allem Süd-, Südost- und Südwestlagen, Steilhänge, schmale Bergrücken und Kuppen, ferner enge Kessel, in denen die Reflexion der Sonnenstrahlen (Widerhitze) die Austrocknung fördert. Entscheidende Bedeutung für das Ausmaß der Dürreschäden besitzt der Boden. Besonders trocknisanfällig sind alle flachgründigen Böden, gleichgültig ob die nur flache Durchwurzelung zulassende geringe Gründigkeit durch hochanstehendes Gestein, durch große Bodendichte oder durch Staunässe bedingt ist. Von tiefgründigen Böden sind feinsubstanzarme Sand- und Kiesböden mit geringer Wasserspeicherfähigkeit, auch anmoorige Böden, in denen das Grundwasser stark absinkt, anfällig. Kulturen auf altem Waldboden sind weniger dürregefährdet als Neuaufforstungen.

Bäuerliche Auewaldungen, in welchen regelmäßig Gras- und Krautstreu genutzt und die Laubstreu geharkt wurde, litten unter der Dürre 1947 auffallend stärker als andere, von solchen Nutzungen verschont gebliebene Auewälder (Ow 1948).

Umfang und Art der Dürreschäden werden von der Zeit des Eintritts der Trockenheit sowie von ihrer Dauer entscheidend beeinflußt. Trockene Frühjahre pflegen am verderblichsten für die Kulturen zu sein. Bei Sommerdürre leiden Höhen- und Stärkezuwachs vielfach erst im folgenden Jahr oder noch später.

Für die Ausbildung des Höhentriebs ist die Bodenfeuchtigkeit im Juli/September des Vorjahres entscheidend, da um diese Zeit die Reservestoffe für den nächstjährigen Aufbau gespeichert werden, ferner die Feuchtigkeit im Mai/Juni desselben Jahres. In ohnehin regenarmen Gebieten ist ein Ausgleich auf Monate oder Jahre hinaus erschwert, die Dürrewirkung also besonders schlimm.
Nach GEIGER 1939 besteht jede sommerliche Trockenperiode aus 2 Teilen: während der „Anlaufzeit" von knapp einer Woche Dauer stellt sich die Atmosphäre auf die geltenden Strahlungs- und Stabilitätsbedingungen ein: Tagestemperatur und Verdunstungsanspruch steigen, Nachttemperatur und relative Luftfeuchtigkeit fallen. In der folgenden „Wirkungszeit" bleiben alle meteorologischen Elemente und damit auch der Verdunstungsanspruch im wesentlichen gleich. Die Abnahme des Wasservorrats im Boden ist proportional der Zeitdauer der Trockenperiode. Infolge steigenden Widerstandes des Bodens gegen die Wasserabgabe nimmt der Proportionalitätsfaktor mit der Dauer der Trockenperiode ab. Entscheidend für die Beanspruchung des Wasserhaushalts und damit für die Höhe der Trockenschäden ist die Dauer der Trockenperiode. Nach BAUMGARTNER 1950 ist in Mitteleuropa unter 10–11 Jahren ein strenges Dürrejahr zu erwarten; jedoch tritt durchschnittlich unter 4 Jahren ein Jahr mit einer Trockenperiode auf, die denselben Niederschlagsmangel wie die Trockenperioden der

strengen Dürrejahre aufweist. In diesem Jahrhundert waren besondere Dürrejahre 1904, 1911, 1921, 1947, 1959, 1971 und 1976 (ASTHALTER-LEHMANN 1979).

Schutzmaßnahmen. Die zur Abwehr von Dürreschäden tauglichen Maßnahmen können nur einen r e l a t i v e n Schutz gewähren; in extremen Trockenperioden versagen sie. Es handelt sich im wesentlichen um Maßnahmen, die im Pflanzgarten und bei der Bestandesgründung Anwendung finden können.

Im Kamp ist 1. direkte Sonnenstrahlung abzuwehren durch Anlage des Gartens unter Seitenschutz von alten Beständen und durch Decken der Beete mit Reisig, Moos, Rohrmatten und Deckgitter (S. 42), 2. die Verdunstung des Bodens durch Bedecken der Beete mit Torfmull, Folien, Pappen u. dgl. herabzusetzen (BALLIK 1970, 1973), 3. der Boden zu hacken und unkrautfrei zu halten, 4. falls möglich, in den Abendstunden zu gießen.

Bei der Bestandesgründung kommen in Frage: 1. Hintanhaltung der Sonnenstrahlung und austrocknender Winde durch Schirm- und Seitenschutz. 2. Gründliche Bodenbearbeitung vor der Kultur, welche das Eindringen der Wurzeln in den Boden fördert; sie muß so rechtzeitig vor der Kultur erfolgen, daß der Boden sich setzen und die unterbrochene Wasserführung wiederherstellen kann. Auch dann kann sich Bodenlockerung wegen Unterbrechung der Wasserführung namentlich auf mittelschweren Böden ungünstig auswirken; daher bei diesen besser 3. Schonung der natürlichen Bodenstruktur durch entsprechende Kulturverfahren, z. B. Winkel- oder Hohlspatenpflanzung. 4. Vernichten der Unkrautdecke mit einem Herbizid (S. 422), wobei die Unkrautkonkurrenz ausgeschaltet wird und die liegenbleibende abgestorbene Pflanzendecke als Verdunstungsschutz wirkt. 5. Frühzeitiger Beginn der Kulturarbeiten im Frühjahr, Schutz der Wurzeln vor Austrocknung. 6. Behandeln der Pflanzen mit Antitranspirantien (AINERDINGER-DIMPFLMEIER 1970, RABENSTEINER-TRANQUILLINI 1970, HESSBERG 1975). 7. Umstecken empfindlicher Holzarten mit schattenden Zweigen von Wacholder, Ginster oder Kiefer. 8. Oberflächliches Hacken zur Vernichtung der Unkrautkonkurrenz und zur Unterbrechung des kapillaren Wasseraufstiegs.

Schrifttum: AINERDINGER, H., u. DIMPFLMEIER, R.: Agricol-Wurzelschutz zur Sicherung der Pflanzenfrische. HZ 96, 729, 1970. — ASTHALTER, K.: Ursachen und standörtliches Vorkommen periodischer Trocknisschäden und mögliche Folgerungen für die Baumartenwahl. AF 35, 510–512, 1980. — ASTHALTER, K., u. LEHMANN, L.: Ergebnisse einer ökologischen Untersuchung von Trocknisschäden 1976 an Buche in Hessen. AF 34, 1029–1033, 1979. — BALLIK, K. H.: Grundlagen zur Wahl zweckmäßiger Bodenabdeckverfahren in Fichtenverschulbeeten. FC 89, 26–60, 1970. — Bodenabdeckung in Fichtenverschulbeeten. AFz 84, 141–146, 1973. — DIMITRI, L.: Der Witterungsverlauf 1976 und einige seiner waldbaulichen und waldschutzmäßigen Folgen in Hessen. AFJZ 148, 68–79, 1977. — FIEDLER, F., u. GEISSLER, H.: Der Einfluß des trockenen Sommers 1971 auf den Durchmesserzuwachs von Fichten im Tharandter Wald. SF 22, 339–341, 1972. — HAASEMANN, W.: Stammrisse an Junglärchen. BF 7, 148, 1973. — HESSBERG, H. FRHR. v.: Agricol-Tauchanlage für junge Forstpflanzen. AF 30, 1100, 1975. — PETRI, G.: Trockenschäden des Sommers 1976 in den Waldungen des Forstdirektionsbereiches Karlsruhe. AF 31, 921–922, 1976. — Ursachen der Trockenschäden des Sommers 1976 in den Waldungen des Forstdirektionsbereiches Karlsruhe. AF 31, 1050, 1976. — RABENSTEINER, G., u. TRANQUILLINI, W.: Die Bedeutung von Antitranspirantien und Wurzelfrischhaltemitteln für den Anwuchserfolg von Forstpflanzen. AFz, 319–320, 1970. — SCHÖNHERR, J.: Neue Erkenntnisse über Buchenschädlinge. AF 35, 513–514, 1980.

2. CHRONISCHER WASSERMANGEL

Natürliche, über längere Zeiträume sich erstreckende Schwankungen des Grundwasserspiegels, noch mehr aber künstliche, durch Kanalbau, Flußregulierung, Trinkwasserentnahme, Entwässerung usw. verursachte Grundwassersenkungen führen zu chronischen Wassermangelerscheinungen, die sich in Wuchsstockungen, oft jahrzehntelangem Kränkeln der Bestände, Vermehrung des Trocknisanfalls, Auftreten von

Wipfeldürre, Erscheinen sekundärer Schädlinge und schließlich Absterben von Baumgruppen und ganzen Beständen äußern. In vielen Fällen wird die eigentliche Ursache
dieser Erscheinungen nicht erkannt und den erst im Gefolge des Wassermangels
auftretenden Insekten oder Pilzen die Schuld gegeben. Tatsächlich haben Grundwassersenkungen infolge der genannten wasserbautechnischen Maßnahmen in den letzten
Jahrzehnten zu ausgedehnten Wassermangelerscheinungen geführt.

Ein besonders krasses Beispiel für totale Waldverwüstung durch Grundwassersenkung findet sich
am Oberrhein südlich des Kaiserstuhls: Korrektion des Flußlaufs im Zusammenwirken mit dem
Ausbau des französischen Rheinseitenkanals hat im Lauf von Jahrzehnten aus einem einst artenreichen
Auewald mit fast tropisch üppigem Wachstum einen trockenen, wertlosen Buschwald gemacht
(SCHEIFELE 1962).

Bei chronischem Wassermangel ist der mit seinem Wurzelwerk an die bisherige
Grundwasserhöhe angepaßte Bestand am besten, gegebenenfalls unter Baumartenwechsel, durch einen neuen zu ersetzen, der sich von vornherein auf die veränderten
Verhältnisse einstellt. Unter Umständen ist örtliche Hebung des Grundwasserstandes
durch Aufstauen vorhandener Gewässer möglich. Maßnahmen, die eine Verzögerung
des Abflusses von Niederschlagswasser bewirken, etwa die Anlage von horizontalen
Sickergräben an Hängen, können bis zu einem gewissen Grade Abhilfe schaffen.

Schrifttum: ALTHERR, E.: Grundwasserschäden an jungen Pappel-Beständen im Karlsruher Hardtwald. FH 26,
213–217, 1971. — Das Karlsruher Wasserwerk „Hardtwald" aus forstlicher Sicht. AFJZ 143, 109–117, 245–253, 1972.
— KÖLLNER, E.: Waldbauliche Probleme bei der Umwandlung grundwassergeschädigter Waldstandorte im Rheinau-
enwald bei Breisach. SchwZF 122, 277–284, 1971. — LÜDGE, W.: Die Auswirkung der Waldumwandlung im
Trockengebiet bei Breisach auf die Schädlingsdisposition der neuen Bestandestypen. FH 24, 488, 1969. — RIEBELING,
R.: Forstlich-ökologische Untersuchungen bei Grundwasserentnahmen in Waldgebieten. AF 34, 1036–1038, 1979.

3. PHYSIOLOGISCHER WASSERMANGEL

Physiologische Trockenheit liegt vor, wenn die osmotischen Werte in den durchwurzelten Schichten
des Bodens und der Humusauflage so hoch sind, daß die Saugkraft der Wurzeln nicht ausreicht, den
Wasserbedarf des Baumes zu befriedigen. Darüber hinaus wird von physiologischem Wassermangel
gesprochen, wenn dicke Rohhumusschichten infolge ihrer hohen Wasserkapazität die Niederschläge
während der Vegetationszeit abfangen und festhalten und auch bei hohem Feuchtigkeitsgehalt nur
wenig Wasser an die Pflanzenwurzeln abgeben. Schaden erleiden vor allem Naturverjüngungen, wenn
die Sämlinge trotz vorhandenen Wassers verdursten. Abhilfe schaffen Maßnahmen, welche die
Bestandesabfallzersetzung beschleunigen, namentlich Kalkung.

C. NÄHRSTOFFMANGEL

Ursache für Armut des Bodens an für die Pflanze aufnehmbaren Nährstoffen kann sein
einmal geologische Ablagerung von vornherein nährstoffarmer Schichten in der
Vergangenheit und zweitens Auswaschung der Nährstoffe.

Soweit diese als Salze auftreten, sind sie fast alle leicht löslich und werden in unserem Klima durch
die Niederschlagswässer schnell aus dem Boden ausgewaschen; dies gilt vor allem für die Alkalisalze
und für Gips; kohlensaurer Kalk ist schwerer löslich, unterliegt als Bikarbonat aber auch der Lösung
und allmählichen Auswaschung. Ein Teil der Nährstoffe wird im Boden durch anorganische und
organische Sorptionskomplexe, im wesentlichen Tonsubstanzen und Humus, festgehalten; je reicher
diese vorhanden sind, um so höher ist das Sorptionsvermögen des Bodens für Nährstoffe. Verarmung
an Sorptionsträgern, z. B. Verlust von Humus infolge von Streunutzung, schmälert die Sorptionskraft
des Bodens und führt zu Nährstoffverlust. In versäuerten Böden werden die sorbierten Basen

allmählich durch Wasserstoffionen verdrängt, die Sorptionsträger werden instabil und zerfallen; die Zerfallsprodukte werden beweglich und vom Niederschlagswasser in tiefere Bodenschichten geführt, in denen Fällung, Flockung und neue Festlegung erfolgen kann; schlimmstenfalls werden sie mit dem Sickerwasser, das in Quellen zutage tritt, ganz aus dem Boden entfernt.

Weiterhin entführt Streunutzung dem Walde neben den schon genannten Sorptionsträgern auch die im Bestandesabfall vorhandenen Nährstoffe und verursacht Bodenverarmung besonders in den oberen Schichten, die sich um so stärker auswirkt, je ärmer der Boden an sich ist. Schließlich kann einseitige unausgeglichene Düngung Mangel an bestimmten Nährstoffen zur Folge haben.

Schaden. Allgemeiner Nährstoffmangel führt zu geringen Wuchsleistungen, in krassen Fällen zu Nanismus oder Zwergwuchs, zum Kleinbleiben der ganzen Pflanze, darüber hinaus zu erhöhter Anfälligkeit gegenüber manchen biotisch bedingten Krankheiten. Ist ein bestimmter, für das Gedeihen der Pflanze notwendiger Stoff, der nicht durch einen anderen ersetzt werden kann, in unzureichender Menge vorhanden, so treten Mangel- oder Karenzerscheinungen in Gestalt von Verfärbungen, Fleckenbildung, Kümmerwuchs und vorzeitigem Absterben einzelner Organe, z. B. Nadelfall bei Kiefern, oder der ganzen Pflanze auf. Da die Baumarten verschiedene Ansprüche an die mineralischen Nährstoffe stellen, sind die Erscheinungen spezifisch.

Bei Mangel an Stickstoff sind Nadeln und Blätter klein und insgesamt von gelbgrüner Farbe, die Wurzeln hingegen verhältnismäßig stark entwickelt (Hungerwachstum oder Hungeretiolement). Phosphormangel bewirkt bei Fichte und Lärche eine Grau- oder Blaugrünfärbung, bei Kiefer, zuweilen auch bei Fichte, eine Violettbraunfärbung der Nadeln, besonders stark an den Nadelspitzen und gegen Ende des Sommers; Blätter werden auffallend dunkelgrün (Hyperchlorophyllierung) und rotfleckig. Mangel an Kali äußert sich bei Nadelbäumen in einem an der Spitze beginnenden, ohne deutliche Grenze fortschreitenden Grüngelb-, später Blaßgelbwerden der Nadeln, oft nur an den älteren und am stärksten im Herbst, Winter und zeitigen Frühjahr, bei Laubhölzern in einer scharf abgesetzten Bräunung der Blattränder. Kalkmangelerscheinungen sind bei Nadelhölzern seltener, bei Laubbäumen können sie als rotbraune Fleckung in den Interkostalfeldern der Blätter auftreten. Unzureichende Versorgung mit Magnesium verursacht namentlich an Kiefern eine hauptsächlich im Herbst sich zeigende orangegelbe Verfärbung der Nadelspitzen (Gelb- oder Goldspitzigkeit), die zum grünen Nadelteil scharf abgegrenzt ist, auf Blättern unregelmäßig geformte, gelblichhelle Flecken. Eisenmangel bewirkt Bleichsucht (Chlorose, Ikterus), weil die Chlorophyllbildung gestört ist; er kann, vor allem in Südwestdeutschland, die Folge von Kalküberschuß sein und tritt dann auf kalkreichen Böden, häufig in überkalkten Pflanzgärten auf; er wird durch hohe Bodenfeuchtigkeit gefördert. Chlorose kann auch, anscheinend seltener, durch Mangel an Mangan entstehen. Besonders in den nordwesteuropäischen Heidegebieten führt Kupfermangel zur Verfärbung und Fleckenbildung an Nadeln und Blättern, zu Wuchsstockungen, bei Lärche und Douglasie zum Herabhängen der Triebe. Da den Karenzerscheinungen ähnliche Symptome auch durch andere Ursachen, z. B. Immission, Trockenheit oder Spätfrost, entstehen können, bedarf es zur einwandfreien Diagnose einer sorgfältigen Untersuchung, die den Gehalt an Nährstoffen in Pflanze und Boden erfaßt und durch Zufuhr des vermutlich fehlenden Stoffs dessen Mangelwirkung nachweist.

Abhilfe kann auf den von Natur aus nährstoffarmen Böden durch eine harmonische Düngung erzielt werden, wobei außer den üblichen Handelsdüngern insbesondere nährstoffreiche Gesteinsabfälle, wie Basaltmehl, und organische Substanzen, Reisig, Moorerde, Spreu usw. sowie Gründüngung durch Anbau von Lupine, Ginster u. dgl. in Frage kommen. Beruht die Nährstoffarmut auf Rohhumusbildung oder Streunutzung, so ist die Bestandesabfallzersetzung in günstigere Bahnen zu lenken bzw. die Streunutzung einzustellen und zu düngen. Karenzerscheinungen, die durch Mangel an bestimmten Stoffen entstehen, können durch Zufuhr entsprechender Handelsdünger und andere Maßnahmen abgestellt werden, z. B. Eisenmangel-Chlorose durch Senken des pH-Wertes im Boden und Spritzen der Assimilationsorgane mit eisenhaltigen Präparaten.

Schrifttum: FIEDLER, H. J., NEBE, W., HOFFMANN, F.: Forstliche Pflanzenernährung und Düngung. Jena 1973. — HEINSDORF, D.: Ernährung und Wachstum junger Kiefern auf einem an Magnesium und Kalium armen Talsandboden nach mehrmaliger mineralischer Düngung. AFw 17, 813–838, 1968. — JUNG, J., u. RIEILE, G.: Beurteilung und Behebung von Ernährungsstörungen bei Forstpflanzen. München 1970. — KREUTZER, K.: Manganmangel der Fichte (*Picea abies* Karst.) in Süddeutschland. FC 89, 275–299, 1970.

D. NÄHRSTOFFÜBERSCHUSS
UND GIFTSTOFFE IM BODEN

Auch Überschuß an Nährstoffen kann in der Pflanze Stoffwechselstörungen erzeugen, er sowie unzuträgliche Substanzen im Boden können Vergiftungserscheinungen hervorrufen. Unter natürlichen Verhältnissen dürften allerdings solche Vorgänge nur gelegentlich auftreten.

Man kann, wenn auch anderes hier hineinspielt, an den Kalküberschuß auf Kalkböden denken, der zur Chlorose infolge ungenügender Aufnahme von Eisen, aber auch von Stickstoff oder Magnesium führt (DUCHAUFOUR 1960). Auf bestimmten Böden werden nach NEMEĆ 1954 Kationen von Metallen, z. B. Nickel, Kobalt oder Aluminium, in einen für die Wurzel leicht aufnehmbaren Zustand umgewandelt, so daß sie bei Nadel- und Laubhölzern Vergiftungserscheinungen in Gestalt von Wuchsstockung und Verkrüppelung hervorrufen. Nach BUBLITZ 1959 enthält der Rohhumus der Fichte organische Stoffe, welche die Keimung von Fichten- und Kiefernsamen hemmen sowie Wurzelbildung und Sproßwachstum von Sämlingen beeinträchtigen; die Wirkung ist um so stärker, je weniger die Giftstoffe infolge Ausbleibens von Niederschlägen ausgewaschen werden. DUCHAUFOUR-ROUSSEAU 1959 führen ähnliche Erscheinungen in Fichten- und Tannenbeständen auf den Gehalt des Humus an austauschbarem Mangan zurück. Meernahe Böden können nach zeitweiliger Überflutung oder infolge Eingewehtwerdens von salzhaltigem Gischt ziemlich viel Chlornatrium aufweisen, gegen das manche Baumarten, namentlich Fichte, Kiefer, Erle, Eiche und Buche, empfindlich sind.

Bei künstlicher Düngung vor allem in Pflanzgärten und auf Kulturen können durch übertriebene oder unausgeglichene Nährstoffgaben Schadwirkungen erzeugt werden, die entweder unmittelbar durch Vergiftung oder mittelbar infolge von Mangel oder verringerter Aufnahmefähigkeit anderer Nährstoffe zustande kommen.

Nicht gerade selten werden unmittelbare Schäden durch chlorhaltige Düngemittel, auch wenn sie in verhältnismäßig geringen Mengen gegeben werden, an empfindlichen Nadelhölzern beobachtet, insbesondere wenn Niederschlag fehlt. In dem trockenen Frühjahr 1953 gingen in Soltau frischgepflanzte Douglasien und *Abies grandis* ein, denen bei der Pflanzung ein Eßlöffel mit ¾ Thomasmehl und ¼ Kali beigegeben war, während Lärchen mit derselben Gabe und nur mit Thomasmehl gedüngte Pflanzen ungeschädigt blieben. Mittelbar kann ein sogenannter Verdünnungseffekt entstehen, wenn durch Zufuhr eines Nährstoffs das Wachstum der Pflanzen gefördert wird, diese dann zunehmend dem Boden andere, nicht mit der Düngung verabreichte Nährstoffe entziehen und bald an ihnen Mangel leiden; es kommt zu den im vorigen Abschnitt geschilderten Karenzerscheinungen. Sie treten auch durch wechselseitige Beeinflussung der Nährstoffe untereinander auf: wird z. B. die Kalkversorgung der Pflanze erheblich gesteigert, so wird die Kaliaufnahme zurückgedrängt, was schwere Schädigungen zur Folge haben kann (BAULE-FRICKER 1967).

Vorsicht ist bei der neuerdings von manchen Kommunen angestrebten Einbringung von Siedlungsabfällen, namentlich von Klärschlamm in den Wald geboten: der Gehalt des Klärschlamms an Pflanzennährstoffen ist wechselnd, so daß seine Wirkung nicht vorausschaubar ist, in ihm können in bedenklichem Maße phytotoxische Stoffe vorhanden sein – ganz abgesehen von der Gefährdung von Mensch und Tier durch möglicherweise in ihm enthaltene Krankheitserreger (EVERS 1975, EVERS-HÜSER 1975).

Die zunehmenden Schäden durch Auftausalze, vorwiegend Natriumchlorid, die bei Glatteis und Schneeglätte auf Straßen gestreut und mit dem Schmelzwasser von den schnellfahrenden Kraftfahrzeugen verspritzt werden, bleiben meist auf einen schmalen Bereich längs den Straßen beschränkt; dabei handelt es sich weniger um Vergiftung über den Boden als unmittelbar über die oberirdischen Pflanzenteile (SAUER 1967). Zu weiter vom Straßenrand entfernten, zuweilen mitten im Waldbestand auftretenden Schäden kommt es, wenn das salzhaltige Schmelzwasser auf abfallendem Gelände zügig abläuft, auf eben werdendem Boden zum Stillstand kommt, in ihn einsickert und ihn damit versalzt (EVERS 1974, WENTZEL 1974).

Die durch Immissionen im Boden verursachten Wirkungen sind S. 36, Bodenvergiftungen infolge der Anwendung chemischer Pflanzenschutzmittel sind S. 438 behandelt.

Schrifttum: EVERS, F. H.: Schäden an Beständen durch Auftausalze. AF 26, 90, 1971. — Fernwirkung abgeschwemmter Auftausalze im Innern von Waldbeständen. EJFP 4, 46–48, 1974. — Abwasser, Klärschlamm und Müllkompost im Wald. AF 30, 465, 1975. — Vom Nutzen und Schaden der Klärschlämme und Müllkomposte im Wald. AF 32, 623, 1977. — EVERS, F. H., u. HÜSER, R.: Zur Anwendung der vorläufigen Richtlinien für die Ausbringung von Klärschlamm auf Waldflächen in der Praxis. AF 30, 472–474, 1975. — KREUTZER, K.: Bodenkundliche Aspekte der Streusalzanwendung. EJFP 4, 39–41, 1974. — WENTZEL, K. F.: Salzstaub- und Salzspritzwasserschäden an Straßenrändern. FH 28, 445–449, 1973. — Salz-Spritzwasserschäden von den Autobahnen in die Tiefe der Waldbestände. EJFP 4, 45–46, 1974.

E. STREUNUTZUNG

Die früher in großem Maße und heute noch hier und dort getätigte Streunutzung, d. h. die Entnahme der Bodenstreu aus dem Walde zum Zweck der Einstreu in Viehställe, führt zu einer tiefgreifenden Störung des normalen Geschehens in Boden und Bestand. Mit der Streu werden Humus- und Nährstoffe entfernt. Das Verschwinden der wasseraufsaugenden und verdunstunghemmenden Decke beeinträchtigt den Wasserhaushalt des Bodens. Der ungehemmte Aufprall des Regens führt zu Bodenverdichtung (Abb. 24), zu Abschwemmung der Feinerde, der Tonbestandteile und der organischen Substanzen der Oberschicht und zu Auswaschung der Nährsalze. Die den Wetterextremen schutzlos ausgesetzte, ihrer Humusnahrung beraubte Kleinlebewelt erleidet schwerste Schäden. Die Bodenflora ändert sich nach der Seite der anspruchslosen Pflanzen hin. Die Wuchsleistung, insbesondere die Massenleistung (Abb. 25), aber auch die Wertleistung des Bestandes wird herabgesetzt; die Höhenbonität kann um 1–2 Klassen sinken. Anspruchsvollere Baumarten verschwinden, die verbleibenden entwickeln ihre Wurzeln oberflächlich in der spärlich mit Humus versetzten Oberkrume und werden dadurch allen Witterungsschwankungen ausgesetzt. Schlimmste Wuchsstockungen entstehen, die zur völligen Verkrüppelung führen können. Im Extremfalle wird der Wald zu Ödland.

Bereits einmalige Streuentnahme kann nachhaltige Schäden hervorrufen. Um so größer sind die Wirkungen bei wiederholter oder gar ständiger Streunutzung. Arme Böden reagieren besonders stark und sind gleichzeitig vorzugsweise der Streunutzung ausgesetzt, weil in Gebieten, in denen sie vorherrschen, die Landwirtschaft unter Strohmangel leidet.

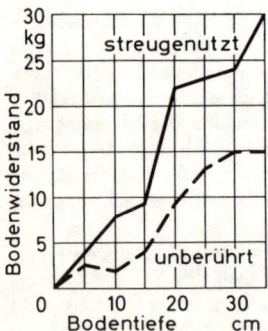

Abb. 24. Bodendichte, gemessen in Kilogramm des Bodenwiderstandes gegen die Bodensonde, in streugenutztem und unberührtem Boden. Nach WIEDEMANN 1935

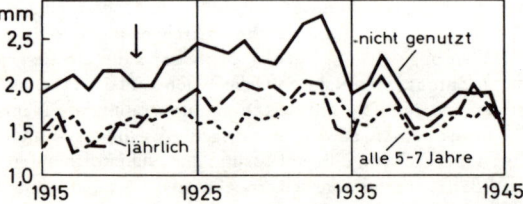

Abb. 25. Mittlere Jahrringbreiten in Teilen eines Kiefernbestandes auf nährstoffreichem Boden, die nicht streugenutzt bzw. vor der Einstellung der Nutzung im Jahre 1921 (Pfeil) jährlich oder alle 5–7 Jahre streugenutzt wurden. Nach MITSCHERLICH 1958

Ein eindrucksvolles Beispiel für die Wirkung fortgesetzter Streunutzung bringt ERLBECK 1940. Die Aufnahme zweier unmittelbar benachbarter Probeflächen auf gleichem Sandboden mit gleichaltem Kiefernwald, die eine ständig streugenutzt, die andere nicht, ergab:

	Masse des Bestandes fm/ha	Kreis- fläche m²	Durchmesser des Mittelstammes cm	Höhe m	Ertragsklasse (Schwappach 1908)
Streugenutzt	96,5	0,0113	13,0	9,5	V, 3
Nicht streugenutzt	194,7	0,0212	16,4	14,4	III, 8

In einem näher untersuchten Fall dauerte es rund 20 Jahre, bis nach Einstellung der Streuentnahme die Massenleistung der genutzten Bestandesteile sich derjenigen auf der nie genutzten Fläche angeglichen hatte (Abb. 25).

Schrifttum: ALTHERR, E.: Das Karlsruher Wasserwerk „Hardtwald" aus forstlicher Sicht. Teil IV: Prognose langfristiger Zuwachsschäden bei der Kiefer infolge Grundwasserabsenkung. Ertragssteigerung nach Einstellung der Streunutzung. AFJZ 143, 245–253, 1972. — KREUTZER, K.: Über den Einfluß der Streunutzung auf den Stickstoffhaushalt von Kiefernbeständen (*Pinus silvestris* L.). FC 91, 263–270, 1972.

F. ERDSTRAHLEN

Unter Erdstrahlen werden Kräfte verstanden, welche die Wünschelrute in der Hand geeigneter Menschen zum Ausschlag bringen, ohne daß ihre Natur heute durch die Physik geklärt werden kann. Ihnen wurde ein maßgeblicher Einfluß auf das Pflanzenwachstum und besonders auf die Entstehung von Pflanzenkrankheiten nachgesagt (MÜLLER 1935, 1936). Bei exakten Untersuchungen konnte eine derartige Auffassung nicht bestätigt werden (SCAMONI 1937).

G. FLUGSAND

Als Flugsand bezeichnet man feinkörnigen Sand mit so geringem Gehalt an tonigen oder humosen Bindemitteln, daß er beim Fehlen einer haltenden Bodendecke durch Wind in Bewegung gebracht wird. Damit droht für Kulturgelände aller Art, auch für den Wald, Versandung. Flugsand findet sich an den Meeresküsten als Dünensand (Wanderdünen), im Binnenland als Binnensand (Sandschollen). Der von ihm drohenden Gefahr begegnet man durch Erhalten jeglichen Pflanzenwuchses auf Düne und Sandscholle sowie durch künstliche Festlegung des Sandes mit mechanischen Mitteln oder durch Bepflanzen, wobei Aufforstung als sicherste und auf weite Sicht hin wirkende Maßnahme das Endziel ist. So ist der Wald – ähnlich wie bei der Abwehr von Hochwasser- und Lawinenschäden – gleichzeitig geschütztes Objekt und Schutzmittel.

Die Technik der Flugsandbekämpfung kann im Rahmen dieses Lehrbuchs nur in den Grundzügen skizziert werden. Die Bindung des Dünensandes geschieht durch Anlage einer künstlichen Vordüne, die, meerwärts gelegen, die hinter ihr befindlichen Dünenkulturen vor dem Anprall der Seewinde und der Brandung des Meeres schützt, und sodann in der Befestigung des Dünengeländes. Sie erfolgt auf mechanischem Wege durch Einbau von Hindernissen, z. B. durch netzförmiges Einstecken von Kiefernreisig oder Rohr („Besteck"), sowie auf biologischem Wege durch Pflanzen von Sandgräsern und Aufforstung mit geeigneten Holzarten, welche auf den trockenen und nährstoffarmen Sanden mit ihren Temperaturextremen noch zu gedeihen vermögen. Am besten bewährt haben sich, mit Unterschieden in den einzelnen Gegenden, verschiedene Kiefernarten. In frischen Lagen gedeihen auch Pappel, Birke, Vogelbeere, Weide und Erle, u. U. auch Buche und Douglasie. Gegen Schäden durch Binnensand besteht der beste Schutz in der Erhaltung jeglicher lebenden und toten Bodendecke, insbesondere in der Bewahrung vorhandenen Waldes, in der Unterlassung von Kahlschlägen, Streuentnahme usw. Offene Sandschollen sind ähnlich wie Dünen durch mechanische Bindung und Aufforstung festzulegen. Als Deckmittel dienen Reisig, Ginster, Heide, Schilf, Plaggen usw., jeweils das am billigsten zu beschaffende Material. Für die Aufforstung kommt in erster Linie die gemeine Kiefer in Frage.

DRITTER TEIL

BIOTISCH BEDINGTE KRANKHEITEN

ALLGEMEINES

Bei den durch biotische Faktoren erzeugten Krankheiten tritt ein pathogener Organismus als Krankheitserreger auf. Die pathogenen Organismen oder Pathobionten werden als Pathophyten bezeichnet, wenn sie aus dem Pflanzenreich, als Pathozoen, wenn sie aus dem Tierreich stammen.

Die Pathobionten des Waldes leben meist als Parasiten oder Schmarotzer der Holzgewächse, d. h. als Organismen, welche auf Kosten eines anderen, des Wirtes, ihr Dasein führen, ohne daß dieser sofort oder überhaupt getötet wird; in der Regel ist der Parasit kleiner, häufig erheblich kleiner als der Wirt. Durch Parasiten erzeugte Krankheiten werden auch Parasitosen genannt. Leben Organismen von toter organischer Substanz, so werden sie als Saprophyten oder Saprophagen bezeichnet.

Der Parasitismus oder die Parasitie tritt in mannigfaltigen Formen auf.

Phytoparasiten haben Pflanzen, Zooparasiten Tiere als Wirte.

Echte oder obligate Parasiten müssen ganz oder teilweise zur Vollendung ihres Entwicklungsganges sich von lebender Substanz nähren. Beispiele sind die *Erysiphaceae* und *Uredinales*, die Blattorgane fressenden Lepidopterenraupen, die pflanzensaftsaugenden *Homoptera* und die Schlupfwespen. Fakultative oder Gelegenheitsparasiten vermögen sich auch auf totem organischen Substrat voll zu entwickeln, wie manche *Peronosporaceae*. Als Perthophyten werden Pilze und Bakterien bezeichnet, die lebende Pflanzen befallen, aber nur in totem Gewebe leben, das sie entweder durch Ausscheidungen selbst getötet haben oder das schon von Natur leblos war (z. B. Kernholz); dazu gehören die meisten Blattfleckenpilze, die Zerstörer des Holzes und der Rinde von Holzpflanzen, also die Hauptmenge der Ascomyceten, Deuteromyceten und Hymenomyceten. Thryptophyten sind Pathophyten, welche nur in abgestorbenem Wirtsgewebe leben können, das benachbarte lebende Gewebe aber gegenüber anderen Schadeinflüssen so empfindlich machen, daß es bald abstirbt; so soll *Lachnellula willkommii* das umgebende Rindengewebe so frostempfindlich machen, daß es schon bei geringen Frösten erfriert. Saproparasiten gehen von saprophytischer zu parasitischer Lebensweise über und umgekehrt; der Hallimasch lebt als Saprophyt in toten Baumstöcken und dringt mit seinem im Boden sich ausbreitenden Myzel als Parasit in die Wurzeln benachbarter lebender Nadelbäume ein.

Mesoparasiten sind parasitisch lebende Pflanzen, die Blattgrün besitzen und daher sich zum Teil autotroph ernähren (Mistel).

Schwächeparasiten können nur Wirte befallen, die durch eine vorhergehende Schädigung geschwächt sind. Sie sind weitgehend identisch mit Sekundärparasiten, die sich im Gefolge eines erstauftretenden, gesunde Wirte besiedelnden Primärparasiten einstellen (Borkenkäfer nach Raupenfraß); die Grenzen zwischen primärem und sekundärem Angriff sind fließend. Wundparasiten können nur durch Verletzungen in das Wirtsgewebe gelangen.

Ektoparasiten sitzen auf der Körperoberfläche des Wirts und entsenden höchstens die Organe für die Nahrungsaufnahme (Haustorien, Saugstachel) in sein Inneres (*Erysiphaceae*, *Cuscuta*-Arten, Lachnidae). Endoparasiten wohnen im Körperinnern des Wirts (Schlupfwespenlarven, Borkenkäfer). Endoparasitische Pilze und Bakterien können im Innern der Zellen (intrazellulär) leben, wie die holzzerstörenden Basidiomyceten, die durch die Tüpfel von Zelle zu Zelle dringen, oder zwischen den Zellen (interzellulär), wie die Rostpilze; in diesem Falle entsenden die Hyphen Haustorien in das Innere der lebenden Wirtszellen, um ihnen Nahrung zu entnehmen.

Stationäre oder dauernde Parasiten wohnen ständig oder längere Zeit auf oder in ihrem Wirt, wie alle parasitischen Bakterien und Pilze oder die Pflanzenläuse. Temporäre oder zeitweilige Parasiten suchen zur Nahrungsaufnahme den Wirt auf, verlassen ihn aber nach erfolgter Sättigung wieder (Rüsselkäfer, Wanzen). Raumparasiten, auch Ephiphyten bzw. Epizoen genannt, beanspruchen von ihrem Wirt nur Raum, ohne ihm direkten Schaden zuzufügen. Bei massenhaftem Auftreten, z. B. von Flechten auf Nadelhölzern, können sie indessen das Gedeihen der Trägerpflanzen beeinträchtigen.

Die Eigenschaft eines Parasiten, einen bestimmten Wirt anzugreifen, zu bewohnen und zu seiner Ernährung zu benutzen, bezeichnen wir als Aggressivität. Stellen wir beim Angriff eines Parasiten auf einen Wirt seine krankheiterzeugende Wirkung in den Vordergrund, so sprechen wir von seiner Pathogenität. Agressivität und Pathogenität können durch äußere Umstände, z. B. durch die Ernährung des Pathobionten abgewandelt werden; solche Veränderlichkeit wird durch das Wort Virulenz ausgedrückt.

KUHLMAN 1970 infizierte einjährige Pflanzen von *Pinus taeda* mit verschiedenen Herkünften von *Fomes annosus*; infolge ungleicher Virulenz dieser Herkünfte war die bei den Pflanzen erzeugte Sterblichkeit sehr unterschiedlich. Nach MITTEMPERGHER-RADDI 1977 bildet *Cronartium flaccidum* in Mittelitalien Populationen mit unterschiedlicher Pathogenität, die jener Wirtsart am besten angepaßt sind, die am Heimatort der Population dominiert. Individuengruppen, die sich morphologisch nicht unterscheiden lassen, die aber biologisch durch unterschiedliche Aggressivität gegenüber dem gleichen Wirt voneinander abweichen, werden als Stämme, Formen oder Biotypen bezeichnet (GÄUMANN 1951). Dagegen versteht man unter biologischen Arten spezialisierte Formen innerhalb einer morphologisch einheitlichen Parasitenart, die unterschiedliche, aber stets wieder die gleichen Wirtsarten befallen. Biologische Arten finden sich besonders ausgeprägt bei den Rostpilzen.

Hinsichtlich des Wirtekreises oder Wirtespektrums finden wir auf der einen Seite Schmarotzer, welche regelmäßig nur auf einer einzigen Wirtsart vorkommen, auf der anderen solche, welche eine sehr große Zahl verschiedener Wirtsarten heimsuchen; dazwischen gibt es sämtliche Übergänge.

Wir unterscheiden monophage oder univore Wesen mit nur einer Wirtsart, oligophage oder plurivore mit wenigen, meist näher verwandten Wirten, polyphage, pleophage oder multivore mit vielen Wirtsarten und pantophage oder omnivore Lebewesen mit nahezu unbeschränkter Wirtswahl. Außerdem trennen wir zwischen phytophagen Arten, die von pflanzlicher Nahrung, und zoophagen, die von tierischer Nahrung leben. Monophag sind *Lachnellula willkommii* auf Lärche, *Panolis flammea* auf Kiefer, *Scolytus ratzeburgi* in Birke. Oligophag sind *Lophodermium pinastri* auf *Pinus*-Arten, *Melasoma populi* an Weiden und Pappeln. Polyphag sind *Armillariella mellea* und *Lymantria monacha* an Laub- und Nadelhölzern. Pantophag sind *Botrytis cinerea* an den verschiedensten Pflanzen, *Calosoma sycophanta* als Vertilger von Kerfen. Die Grenzen zwischen den einzelnen Kategorien sind fließend.

Innerhalb seines Wirtekreises ist die Aggressivität eines Pathobionten gegenüber den einzelnen Wirtsarten ungleich. Wir sprechen mit Blick auf den Parasiten von dessen spezifischem Befalls- oder Infektionsvermögen, mit Blick auf das Wirtespektrum von dem meist- oder stärkstangegriffenen als Hauptwirt und den übrigen als Nebenwirten. Zuweilen wird allerdings unter Hintansetzung der biologischen Gesichtspunkte derjenige Wirt als Hauptwirt bezeichnet, der die größte wirtschaftliche Bedeutung besitzt und dessen Befall für den Menschen von Belang ist, während dann andere, wirtschaftlich unwesentliche Wirtsarten trotz gegebenenfalls stärkerer Infektion als Nebenwirte angesehen werden.

Geht ein Organismus im Lauf seiner Entwicklung von einer Wirtsart zur anderen über, so liegt Wirtswechsel vor. Wirtswechselnde Organismen nennt man heterözisch, wirtstreue autözisch. Der Wirtswechsel, die Heterözie, ist obligatorisch, wenn der Lebenszyklus der Art ohne ihn nicht vollständig ablaufen kann; er ist fakultativ, wenn es von äußeren Umständen abhängt, ob der Wirt gewechselt wird oder nicht.

Fakultativen, von der Frische der Blätter bedingten Wirtswechsel finden wir beim Maikäfer, der an Orten, wo die entsprechenden Holzarten vorkommen, in zeitlicher Aufeinanderfolge zuerst an der früh ausschlagenden Birke, dann an der Buche und schließlich an der spät treibenden Eiche frißt, also jeweils an der Baumart, welche das jüngste und zarteste Grün besitzt. Obligatorische, mit Generationswechsel bzw. Heterogonie verbundene Heterözie weisen Rostpilze und Blattläuse auf. Der Weymouthskiefernblasenrost lebt in der Aezidiosporengeneration auf der Strobe, in der Uredo- und Teleutosporengeneration auf *Ribes*-Arten. Arten der Gattungen *Sacchiphantes*, *Adelges* u. a. wandern im Lauf eines 2 Jahre umfassenden Generationenzyklus von *Picea* auf *Larix*, *Pinus* und *Abies* über und zurück auf *Picea*.

Im Ökosystem Wald beschränkt sich die Entstehung einer Krankheit nicht allein auf die Beziehung zwischen Krankheitserreger und Baum. Bereits oben (S. 22) wurde angedeutet, daß die Vorgänge bei einer Walderkrankung recht verwickelter Natur zu sein pflegen, daß insbesondere neben den Pathobionten andere Organismen eine Rolle spielen, die zum Teil als unmittelbare Gegenspieler zu diesen auftreten, zum Teil in mittelbaren Beziehungen zu ihnen stehen.

Drohender Fraß des Kiefernspanners kann durch die polyphage Schlupfwespe *Trichogramma embryophagum*, welche in seinen Eiern schmarotzt, hintangehalten werden. Ein größerer Bestand dieser Schlupfwespe und damit eine hinreichende Wirkung ist nur zu erwarten, wenn auch in Zeiten, zu denen keine Spannereier vorhanden sind, genügend andere Insekteneier als Wirte zur Verfügung stehen. Damit erlangen diese anderen Insektenarten, die zunächst für das Gedeihen des Waldes belanglos zu sein scheinen, eine große Bedeutung für seine Gesunderhaltung.

Die pathogenen Lebewesen werden auch als Schädlinge, ihre Gegenspieler als Nützlinge bezeichnet, während man die Organismen, welche keinen Schaden im Walde anrichten und in keiner Beziehung zu den Schädlingen zu stehen scheinen, belanglos oder indifferent nennt. Die Begriffe Schädling und Nützling sind keine absoluten, sondern von dem jeweils wechselnden Standpunkt des wirtschaftenden Menschen geprägt. Indifferente Organismen können für die Forstpathologie von Bedeutung werden, wenn sie für das Gedeihen der Schädlinge oder Nützlinge, etwa als Zwischenwirte (S. 291), eine Rolle spielen oder als „täuschende Forstinsekten" zu Verwechslungen mit diesen Anlaß geben.

Die Darstellung der biotisch bedingten Krankheiten, insbesondere ihrer Ätiologie, erfordert somit nicht nur die Besprechung der pathogenen Organismen, sondern auch der übrigen bei der Entstehung oder Verhinderung von Krankheiten mitwirkenden Lebewesen. Die Gesamtheit aller bei einer Erkrankung wirksamen Faktoren ist oben (S. 22) als Pathozön bezeichnet worden. Entsprechend fassen wir die diesbezüglichen Lebewesen als pathozöne Organismen zusammen.

Im folgenden werden in einem ersten Abschnitt die wichtigeren pathozönen Organismen, ohne die als Krankheitsträger fungierenden Baumarten, in systematischer Reihenfolge vorgeführt. Soweit es sich um Krankheitserreger handelt, werden der Vollständigkeit halber die brauchbaren Bekämpfungsmaßnahmen, ggf. unter Hinweis auf die zusammenfassende Darstellung im siebten Teil des Buches, kurz genannt; kommt eine Bekämpfung mit im Handel befindlichen Pflanzenschutzmitteln in Frage, so wird mit (PVF) bzw. (PVG) auf das nach Bedarf von der Biologischen Bundesanstalt für Land- und Forstwirtschaft in Braunschweig herausgegebene Pflanzenschutzmittel-Verzeichnis Teil 4 Forst bzw. Teil 2 Gemüsebau-Obstbau-Zierpflanzenbau verwiesen; in ihnen sind die in der Bundesrepublik Deutschland zugelassenen Mittel nebst Angaben für ihre Anwendung aufgeführt (S. 421). Zuvor werden, sofern die entsprechenden Voraussetzungen vorliegen, unter den Stichworten Diagnose und Prognose einfache, ohne Benutzung von Hilfsmitteln erkennbare Befallsmerkmale genannt bzw. Verfahren erwähnt, mit denen die voraussichtliche Entwicklung der Krankheit ermittelt werden kann. Ein zweiter Abschnitt schildert die durch ihr Zusammenwirken mit den belebten und unbelebten Komponenten des Pathozöns sich ergebende Massenentwicklung der Krankheitserreger, welche Voraussetzung für die Entstehung der biotisch bedingten Krankheiten des Waldes ist.

Schrifttum: KUHLMAN, E. G.: Seedling inoculations with *Fomes annosus* show variation in virulence and in host susceptibility. Pp 60, 1743–1746, 1970. — MITTEMPERGHER, L., a. RADDI, P.: Variation of diverse sources of *Cronartium flaccidum*. EJFP 7, 93–98, 1977.

DIE PATHOZÖNEN ORGANISMEN

Als pathozöne Organismen treten im Walde Viren, Rickettsien, Bakterien, Pilze, höhere Pflanzen, Mikrosporidien, Würmer, Gliedertiere, insbesondere Spinnen, Tausendfüßler und Insekten, ferner Schnecken, Lurche, Kriechtiere, Vögel und Säugetiere auf.

A. VIREN

Viren erzeugen übertragbare Krankheiten, Viruskrankheiten oder Virosen. Sie sind charakterisiert durch extrem geringe Größe, die unter lichtmikroskopischer Sichtbarkeit liegt, durch Fehlen einer Zellstruktur wie eines autonomen Stoffwechsels, durch die Eigenschaft, nur in Verbindung mit lebenden Zellen sich erhalten zu können, durch ausschließlich intrazellulare Vermehrung, die nicht durch Teilung, sondern durch Synthese seitens der Wirtszellen erfolgt, durch den Besitz nur eines Typs von Nucleinsäuren und durch große Variationsfähigkeit. Unter dem Elektronenmikroskop zeigen sie bestimmte Form und Größe.

Schrifttum: FRAENKEL-CONFAT, H.: Chemie und Biologie der Viren. Stuttgart 1974. — SCHUSTER, G.: Virus und Viruskrankheiten. 3. A. Wittenberg 1972.

Pflanzenpathogene Viren. Zahlreiche Pflanzenkrankheiten, vornehmlich solche an krautigen Pflanzen und an Obstbäumen, sind als Virosen erkannt oder werden als solche gedeutet. Auch an Waldbäumen sind Viruskrankheiten nachgewiesen oder virusverdächtige Erscheinungen festgestellt worden. Sie haben bislang in Mitteleuropa vergleichsweise wenig Beachtung gefunden, weil sie zum Teil kaum auffallen und durchweg noch nicht zu nennenswerten Schäden geführt haben. Meist äußern sie sich in mosaikartiger, flecken- oder streifenförmiger Verfärbung (Mosaikkrankheit) und späterem Absterben von Blättern, so an Buche, Eiche, Birke, Esche, Ahorn, Ulme, Eberesche, Pappel, vorwiegend an Schwarzpappelhybriden, sowie an Robinie, die in Ungarn durch die Mosaikkrankheit erheblich im Wachstum beeinträchtigt werden kann. Scheckung und Vergilbung von Nadeln an Kiefer und Tanne wurden vermutlich, an Fichte mit Sicherheit auf Virosen zurückgeführt. Im letzten Fall zeigte sich die Chlorose (in Böhmen) hauptsächlich im September/Oktober, sie ging im folgenden Frühjahr zurück; in späteren Stadien der Erkrankung blieben die Nadeln kurz, die Zweige entwickelten sich asymmetrisch, und Gipfeltriebe bildeten sich nicht aus (ČECH et al. 1961). Weitere mutmaßlich oder nachgewiesen durch Viren erzeugte Erscheinungen sind Deformierung und Kleinbleiben von Blättern der Linde und Robinie, Zweigdürre an Traubenkirsche sowie Bildung von Hexenbesen an Esche und Robinie. FINK-BRAUN 1978 halten eine Beteiligung von Viren beim sogenannten Tannensterben (S. 351) für wahrscheinlich.

Schrifttum: COOPER, J. I.: Virus diseases of trees and shrubs. Cambridge 1979. — FINK, S., u. BRAUN, H. J.: Zur epidemischen Erkrankung der Weißtanne *Abies alba* Mill. I. Untersuchungen zur Symptomatik und Formulierung einer Virosen-Hypothese. AFJZ 149, 145–150, 1978. — MATTHEWS, R. E. F.: Plant virology. New York-London 1970. — NIENHAUS, F.. Viren und virusverdächtige Erkrankungen in Eichen (*Quercus robur* und *Quercus sessiliflora*). ZPK 82, 739–749, 1975. — SCHIMANSKI, H. H., SCHMELZER, K., ALBRECHT, H. J.: Die Spätblühende Traubenkirsche (*Prunus serotina* Ehrh.) als natürlicher Wirt des Kirschenblattroll-Virus. APP 11, 329–334. 1975. — SCHMELZER, K.: Zier-, Forst- und Wildgehölze. In: M. Klinkowski, Pflanzliche Virologie, 3. Aufl. Bd. 4, 276–405, Berlin 1977. — SMITH, K. M.: Plant viruses. 6. Aufl., London 1977.

Insektenpathogene Viren. Größere Bedeutung für die Forstpathologie haben die Viren als Krankheitserreger bei schädlichen Insekten. Sie erzeugen Seuchen, die sich mit großer Schnelligkeit auszubreiten und Insektenpopulationen bis auf wenige nicht erfaßte oder resistente Individuen auszulöschen vermögen. Häufig schon sind Massenvermehrungen von Schadinsekten durch eine Viruskrankheit beendet worden.

Virosen treten bei Forstinsekten hauptsächlich in zwei Formen auf: als Polyedrosen und als Granulosen. Die Polyedrose oder Polyederkrankheit ist gekennzeichnet durch das Vorkommen von

Polyedern, d. h. von 0,5–15 μm großen, stark lichtbrechenden, kristallähnlichen Körpern (Abb. 26) in Geweben und Blut. Die Polyeder, z. B. bei *Lymantria monacha*, enthalten innerhalb einer Hüllmembran überwiegend ein einheitliches, nichtinfektiöses Protein und zu etwa 5 % das infektiöse Polyedervirus; dieses besteht aus stäbchenförmigen Teilchen, von denen wenige bis über 100, je nach Größe des Polyeders, beieinanderliegen. Bei dieser „klassischen" Polyederkrankheit beginnt die Polyederbildung im Kern der Wirtszelle: Kernpolyedrose. Bei anderen Virosen entstehen die Polyeder im Zytoplasma der befallenen Zellen: Plasmapolyedrose. Ihre Polyeder enthalten nicht stabförmige, sondern kugelige Virusteilchen. Die Granulose oder Kapselkrankheit ist charakterisiert durch das Vorhandensein von vielen eiförmigen Kapseln oder Granula in den Organen und den Blutzellen; sie sind wesentlich kleiner als die Polyeder, haben einen Durchmesser von 0,3–0,5 μm und enthalten nur je 1 stäbchenförmiges Virusteilchen. Die Kernpolyederviren werden unter dem Genusnamen **Borrelinavirus** Paillot, die Plasmapolyederviren als **Smithiavirus** Bergold, die Kapselviren als **Bergoldiavirus** Steinhaus zusammengefaßt (KRIEG 1961). Kernpolyeder- und Kapselviren werden zusammen als Baculoviren bezeichnet.

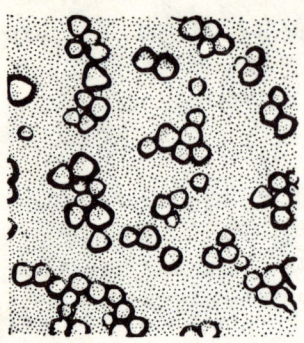

Abb. 26. Polyeder aus erkrankter Nonnenraupe. Nach BRAUNS 1951

Die Infektion des Wirts erfolgt im Larvenstadium durch Aufnahme virusbehafteter Nahrung. Dichtes Beieinander der Tiere und Kannibalismus fördern die Ansteckung und Verbreitung der Erreger. Im infizierten Tier braucht die Krankheit nicht zum Ausbruch zu kommen; es kann das Virus innerhalb der Eier auf die Nachkommen, oft über Generationen, übertragen. Durch besondere Umstände, etwa durch ungewöhnliche Beanspruchung der Tiere infolge von Schlechtwetter oder Nahrungsmangel, kann der Ausbruch der Erkrankung provoziert werden: in der bisher latent verseuchten Population kommt es zur Manifestierung der Seuche. Auf anderem Wege, durch akute Infektion, entsteht die Massenerkrankung, wenn in eine empfängliche Population der spezifische Krankheitserreger eingeschleppt wird.

Äußere Symptome der Krankheit sind Verfärbung der Haut, Einstellen der Fraßtätigkeit und Schlaffwerden der Tiere (Schlaffsucht). Raupen nehmen beim Tode eine charakteristische Stellung ein: sie haften nur mit einem Paar Bauchfüßen an der Unterlage fest, so daß die beiden Hälften des Körpers herabhängen. Polyederkranke Nonnenraupen pflegen sich in den Wipfeln der Bäume, namentlich der Fichten, anzusammeln und hier klumpenweise zu verenden: Wipfelkrankheit; der Körperinhalt verwandelt sich rasch in eine braune, übelriechende Jauche, die massenhaft Polyeder aufweist. Der sich zersetzende Kadaver gibt die Krankheitserreger zur Weiterinfektion frei.

Das Vorkommen von Viruskrankheiten scheint bei Insekten, namentlich Lepidopteren, ziemlich weit verbreitet zu sein. Kernpolyedrosen sind u. a. bekannt geworden bei Eichenwickler, Tannentriebwickler, Heidelbeerspanner, Großem Frostspanner, Nonne, Pappelspinner, Ringelspinner, Eichenprozessionsspinner, Baumweißling und Roter Kiefernbuschhornblattwespe; Plasmapolyedrosen u. a. bei Kleinem Frostspanner, Wintersaateule, Schwammspinner, Buchenspinner und Baumweißling; Granulosen u. a. bei Tannentriebwickler und Grauem Lärchenwickler (KRIEG 1961, 1973). Beim Maikäfer wurde eine als Wassersucht bezeichnete Virose beschrieben, deren Erreger zum Genus *Moratorvirus* gehört (HEIDENREICH 1938, KRIEG-HUGER 1960), sowie eine durch ein Virus des Genus *Vagoiavirus* erzeugte Erkrankung (HURPIN-ROBERT 1967).

Schrifttum: FRANZ, J. M.: Auftreten, Eigenschaften und Nutzung von Virosen bei Schadinsekten. ZaE 82, 124–128, 1976. — KRIEG, A.: Arthropodenviren. Stuttgart 1973. — SKATULLA, U.: Einsatz einer Virose gegen den Heidelbeerspanner, *Boarmia bistortata* (Goeze) im Freiland. AS 48, 179–181, 1975. — WEISER, J.: Recent advances in insect pathology. ARE 15, 245–256, 1970.

B. RICKETTSIEN

Einzellige Mikroorganismen, deren Größe wie diejenige der Viren außerhalb der Auflösungsmöglichkeit des Lichtmikroskops liegt, die aber, im Gegensatz zu diesen, eine Art protoplasmatischen Aufbaus und einen Stoffwechsel besitzen sowie sich durch Teilung vermehren. Sie können nur in lebenden Wirtszellen existieren und sind gewöhnlich Parasiten in Glieder- und Wirbeltieren.

Von forstpathologischer Bedeutung ist **Rickettsiella melolonthae** (Krieg) Philip, Erreger der Lorscher Krankheit bei Engerlingen des Maikäfers und verwandter Arten. Massiv infizierte Tiere überleben meist die folgende Häutung nicht. Anders als normale Engerlinge kommen sie bei Temperaturstürzen, statt in die Tiefe zu gehen, auf die Bodenoberfläche. Ihr Turgor ist vermindert, sie verfärben schmutzigweiß. Bei nicht letal infizierten Tieren kann die Krankheit über das Ei auf die Nachkommen übertragen werden.

Neuerdings wurden Rickettsien-ähnliche Organismen in Wurzel- und Nadelzellen junger und mittelalter Lärchen nachgewiesen, die hexenbesenartigen Wuchs, gegenüber gesund erscheinenden Bäumen auf die Hälfte verkürzte Nadeln und geringere Stammdurchmesser aufwiesen; im Winter weniger widerstandsfähig, sterben sie schließlich ab. Die Krankheit tritt nesterweise auf. Daß sie durch die gefundenen Rickettsien-ähnlichen Organismen verursacht wird, ließ sich im Infektionsversuch zeigen. Die Infektion erfolgt offenbar über die Wurzeln.

Schrifttum: NIENHAUS, F.: Lärchen-Degeneration durch Rickettsien-ähnliche Bakterien. AF 34, 130–132, 1979. — NIENHAUS, F., BRÜSSEL, H., SCHINZER, U.: Soil-borne transmission of Rickettsia-like organisms found in stunted and witches' broom diseased larch trees (*Larix decidua*). ZPK 83, 309–316, 1976.

C. BAKTERIEN

Die Bakterien oder Spaltpilze sind einzellige Lebewesen, die im Gegensatz zu den vorigen lichtmikroskopisch erfaßbare Größen aufweisen, im allgemeinen auf künstlichem Nährboden züchtbar und, von Ausnahmen abgesehen, keine obligaten Parasiten sind. Drei Hauptformen können unterschieden werden: Kugel oder Kokkus, Stäbchen oder Bazillus und Schraube oder Spirillum.

Ähnlich wie die Viren und Rickettsien spielen die Bakterien in der Forstpathologie als Erreger von Baumkrankheiten – nach unserem heutigen Wissen – eine bescheidene Rolle. Bedeutsamer sind sie als Erzeuger von Seuchen unter schädlichen Insekten.

Pflanzenpathogene Bakterien. Die phytopathogenen Arten sind längliche, mehr oder weniger stäbchenförmige Zellen mit meist abgerundeten Enden, deren Länge zwischen 1,5 und 3,5 μm schwankt und deren Dicke selten 1,0 μm übersteigt. Fortbewegungsorgane, Geißeln, Cilien oder Flagellen genannt, können vorhanden sein oder fehlen. Ihre Vermehrung geschieht ausschließlich durch Teilung.

Die pflanzenpathogenen Bakterien vermögen zum Teil in die unverletzte Pflanze einzudringen und diese zum Erkranken zu bringen; zum größeren Teil sind sie aber Wundparasiten, die nur wirksam werden können, wenn sie durch eine äußere Verletzung (Frostriß, Insektenfraß) Eingang in das Pflanzeninnere finden. Meist vermögen sie nur in den Interzellularen zu leben und sich zu vermehren und erst in die Zelle einzudringen, wenn diese nicht mehr lebensfähig ist; durch ein vom Angreifer ausgeschiedenes Enzym wird die Mittellamelle der Zellen gelöst und so der Zusammenhang der Einzelzellen gestört; die Tötung der isolierten Zellen wird durch gleichzeitig ausgeschiedene Giftstoffe (Toxine) beschleunigt; erst nach dem Absterben der Zellen können die Bakterien in sie einwandern. Andere Bakterien leben hauptsächlich in den Gefäßen; sie greifen von hier aus die benachbarten parenchymatischen Zellen an oder können nach Massenentwicklung die Leitungsbahnen verstopfen und so den Tod der Pflanzen herbeiführen. Nur wenige Bakterien besitzen die Fähigkeit, von den Interzellularen aus in die lebenden Zellen einzuwandern und hier ihre verderbliche Tätigkeit zu entfalten. Die befallenen Holzgewächse reagieren häufig an den erkrankten Stellen durch übermäßiges (hypertrophisches) Wachstum der Gewebe.

Die wenigen, bislang bekannten dendropathogenen Bakterienarten werden zweckmäßig an Hand der von ihnen verursachten Krankheitserscheinungen genannt, wobei zu beachten bleibt, daß die Erforschung der Bakteriosen an Forstgehölzen noch in den Anfängen steht und vielleicht manche, bisher verschiedenen Erregern zur Last gelegte Krankheitsbilder von der gleichen Art verursacht werden, andererseits aber auch weitere pathogene Arten gefunden werden können:

Wurzelkropf (Abb. 27) ist eine tumorartige Verdickung am Wurzelhals; bekannt geworden an Weide, Pappel, Kastanie, Walnuß, Esche, besonders aber an Obstbäumen, ferner an zahlreichen Krautpflanzen. Die Tumoren besitzen Nuß- bis Kopfgröße und beeinträchtigen die normale Wasserzufuhr, was bei jungen Bäumen zum Tode führen kann. Die Gefährlichkeit der Krankheit nimmt mit Älterwerden der Bäume ab. Erreger **Agrobacterium tumefaciens** (Sm. et Towns) Conn.

Krebs sind Bildungen an Stamm und Ästen, entstanden durch jahrelange Folge von Absterben und Aufreißen der Rinde sowie von Versuchen des Baumes, die Wunde von den Rändern her zu überwallen (S. 339). Von Bedeutung ist der Bakterienkrebs der Pappeln (Abb. 28), der durch **Aplanobacter**(*Xanthomonas*) **populi** Ridé verursacht wird und besonders in Nordwesteuropa auftritt. Aus Lentizellen oder

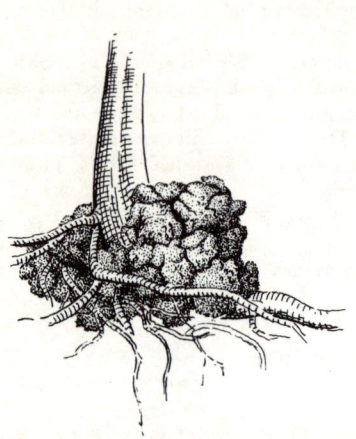

Abb. 27. Wurzelkropf, verursacht durch *Agrobacterium tumefaciens*, an Pappel

Abb. 28. Bakterienkrebs an Pappel

aus Rindenrissen tritt eine schleimige Flüssigkeit aus; es entsteht ein kleiner Krebs von unregelmäßiger, „krümeliger" Struktur. Im folgenden Jahr gehen Krebsbildung und gegebenenfalls Schleimaustritt weiter. Der bakterienhaltige Schleim ist infektiös und kann neue Krebse erzeugen. Die Krankheit breitet sich auch im Innern des Holzes in schmalen, rotverfärbten Bahnen aus; im Querschnitt zeigt der Holzkörper dann einen roten Punkt. Die rote Bahn kann über gewisse Entfernungen durch gesunde Äste oder Stämmchen laufen und an bestimmten Stellen wieder zur Krebsbildung führen. Der Erreger hat seine größte Angriffskraft im Frühling und Frühsommer. Die Pappelarten, -sorten und -klone sind sehr unterschiedlich anfällig. Da eine direkte Bekämpfung nicht möglich ist, liegt die Abwehr in der Wahl resistenter Sorten und Klone. Der Bakterienkrebs ist nicht immer leicht von den durch Pilze erzeugten Krebsen der Pappeln (S. 91) zu unterscheiden. Krebsartige Erscheinungen an Stämmen und Zweigen der Esche sind bekannt als Eschenkrebs, Eschenrindenrosen oder Eschentuberkulose; nicht zu verwechseln mit den vom Eschenbastkäfer erzeugten Käfergrinden (S. 187) oder dem *Nectria*-Krebs der Esche (S. 91). Erreger **Pseudomonas savastanoi** var. **fraxini** (Brown) Dowson. Als erstes äußeres Zeichen der Krebserkrankung zeigt die Rinde der Esche eine oft rötliche Verfärbung; später erscheinen helle elliptische Flecke, deren Längsachse in Stammrichtung liegt. Die hellen Stellen dehnen sich aus, ihre Zentren heben sich und reißen in Längsspalten von unterschiedlicher Breite auf. Bei weiterem Wachstum des Fleckes mehren und erweitern sich die Risse, schwarzes, verkorktes Gewebe dringt nach außen, und in Lücken, die durch Auflösung von Zellen entstanden, findet sich ein stark mit Bakterien durchsetzter Schleim. Rund um die wulstigen Ränder dieser offenen Wunden ist die aufgerissene Rinde gelblich bis rötlich verfärbt. *P. savastanoi* var. *fraxini* kommt häufig vergesellschaftet mit Pilzen vor; bei solchen Mischinfektionen waren die entstehenden Krebswunden größer als nach reiner Bakterieninfektion (Riggenbach 1956).

Welken der Zweige, hervorgerufen durch Beeinträchtigung der Saftleitung. An *Salix alba* und anderen Weiden in Holland und England beobachtet. Erreger **Erwinia salicis** (Day) Chester, identisch mit **Pseudomonas saliciperda** Lind. (GREMMEN-KAM 1970). Auf dem Querschnitt erkrankter Zweige lassen sich anfangs hell-, später dunkelgefärbte Flecke und Streifen erkennen: Wasserzeichenkrankheit. Infektion nur an älteren Trieben. Damit bei der Stecklingsvermehrung nicht bereits erkranktes Material verwendet wird, sollten nur ein- und zweijährige Triebe gesteckt werden (GREMMEN-KAM 1975).

Rindennekrose an Stamm und Ästen der Fichte wurde in Böhmen beobachtet: Bast und Kambium sterben lokal ab, die Rinde zeigt Flecken, oft mit Harzausfluß. Fließen die Flecken ringförmig zusammen, so stirbt der darüberliegende Stamm- oder Astteil ab. Als Ursache wird **Erwinia cancerogena** Uroš. angesehen (UROŠEVIĆ 1968).

Blattnekrose, fleckiges Braunwerden und Absterben in der Blattspreite bei Ulme und Erle wird auf **Pseudomonas** spec. zurückgeführt (GEHRING 1961).

Der Vollständigkeit halber sei erwähnt, daß Bakterien auch als Gegenspieler von Pilzen auftreten. Bei der Streuzersetzung können sie mit den dabei tätigen Pilzen konkurrieren. Möglicherweise führen sie vorzeitigen Verlust der Keimfähigkeit der an abgefallenen Nadeln sich entwickelnden Sporen des Kiefernschüttepilzes *Lophodermium pinastri* herbei. WOOD-FRENCH 1960 berichten über Keimverluste der Sporen von *Hypoxylon mammatum*, eines pilzlichen Krebserregers an Aspe, infolge von Bakterienbefall seiner Perithezien.

Schrifttum: GREMMEN, J., a. KAM, M. DE: *Erwinia salicis* as the cause of dieback in *Salix alba* in the Netherlands and its identity with *Pseudomonas saliciperda.* Neth. J. Pl. Pathol. 76, 249–252, 1970. — Research on poplar canker (*Aplanobacter populi*) in the Netherlands. Part II. EJFP 4, 175–181, 1974. — The necessity of using healthy propagation material of *Salix alba* in connection with the spread of Watermark Disease in the Netherlands. EJFP 5, 376–383, 1975. — GREMMEN, J., a. KOSTER, R.: Research on poplar canker (*Aplanobacter populi*) in the Netherlands. EJFP 2, 116–124, 1972. — LANIER, L., JOLY, P., BONDOUX, P., BELLEMÈRE, A.: Mycologie et pathologie forestières. Tome II. Pathologie forestière. Paris-New York-Barcelone-Milan 1976.

Insektenpathogene Bakterien.

Insektenpathogene Bakterien. Insekten können in starkem Maße unter Bakterienkrankheiten leiden, und häufig hat eine Bakteriose an der Beendigung der Massenvermehrung eines schädlichen Insekts maßgeblich mitgewirkt. Im Gegensatz zu Viren und Rickettsien sind insektenpathogene Bakterien weniger spezifisch: dieselbe Art wird als Krankheitserreger in mehreren bis zahlreichen Wirtsarten gefunden.

Die Infektion erfolgt im allgemeinen durch Aufnahme pathogener Bakterien mit der Nahrung oder auch, indem sie durch äußere Wunden in die Gewebe eindringen. Die erkrankten Insekten zeigen als Symptome häufig gesteigerte Aktivität, ruheloses Umherwandern, oder auch umgekehrt Nachlassen der normalen Bewegungen. Die Nahrungsaufnahme wird verringert oder eingestellt, Darmflüssigkeit tritt aus Mund und After aus, und weichhäutige Insekten, wie Raupen, werden schlaff. Häufig verfärbt sich die Haut. Nach dem Tode bräunt oder schwärzt sich der Kadaver; das Körperinnere besteht dann aus einer jauchigen, bakterienhaltigen Flüssigkeit. Der vielfach in der äußeren Erscheinung übereinstimmende Verlauf von Krankheiten, die von verschiedenen Bakterienarten verursacht werden, läßt eine Diagnose allein nach den Symptomen nicht zu; die verursachten Zell- und Gewebeschädigungen sind häufig so wenig charakteristisch, daß die Isolierung des Erregers zur Kennzeichnung der Krankheit erforderlich wird. Die Gestalt der Bakterienzelle ist wandelbar je nach dem Wirtsorganismus, in dem sie sich entwickelt; die Artbestimmung wird dadurch erschwert.

Von den bereits zahlreichen beschriebenen insektenpathogenen Bakterien seien nur wenige, häufiger in Forstinsekten gefundene Arten genannt: **Pseudomonas fluorescens** Migula und **Cloaca cloacae** (Jordan) Cast. et Chal., beide u. a. in Großem Pappelbock, Gestreiftem Nutzholzborkenkäfer und Kiefernspanner, die erste Art auch in Maikäfer, Wintersaateule und Baumeißling. **Bacillus fribourgensis** Wille, Erreger einer „Milchkrankheit" (milchige Verfärbung des Körpers) bei Engerlingen des Maikäfers. **B. thuringiensis** Berliner, pathogen für Raupen vieler Lepidopterenarten, u. a. von Eichenwickler, Tannentriebwickler, Frostspanner, Schwammspinner, Goldafter, Eichenprozessionsspinner und Baumweißling. Die Pathogenität beruht auf drei Wirkungsmechanismen: 1. die in den Raupendarm gelangten Sporen keimen zu vegetativen Zellen aus, die sich durch Teilung vermehren und nach Zerstörung der Darmwand in die Leibeshöhle des Wirtes eindringen; 2. während der vegetativen Phase erzeugen einige Varietäten von *B. thuringiensis* ein Exotoxin, das anscheinend die Tätigkeit der Metamorphose-Hormone stört; 3. jede vegetative Zelle verwandelt sich zu gegebener Zeit in ein Sporangium; dieses enthält neben der Spore einen Proteinkristall, das Endotoxin, das nach der Aufnahme in einen neuen Wirt die Darmmuskulatur lähmt. Die erkrankten Raupen stellen bald die Fraßtätigkeit ein und sterben nach einigen Tagen. Da sich *B. thuringiensis* auf künstlichem Nährboden leicht vermehren läßt und die gewonnenen Sporen und Toxine in trockenem Zustand jahrelang haltbar sind, wurde er zur Herstellung von handelsfähigen Präparaten benutzt und schon mehrfach zur biologischen Bekämpfung, auch von Forstinsekten (S. 449), eingesetzt.

Schrifttum: BURGES, H. D., a. HUSSEY, N. W. (Eds.): Microbial control of insects and mites. London-New York 1971. — KRIEG, A.: Neues über *Bacillus thuringiensis* und seine Anwendung. MBBA 125, 1967. — SKATULLA, U.: Zur Wirkung von *Bacillus thuringiensis* (Berliner) auf den Kiefernspanner *Bupalus piniarius* (L.) (Lep., Geometr.). ZaE 69, 1–30, 115–134, 1971. — Untersuchungen über die Wirkung von *Bacillus thuringiensis* (Berl.) auf den Kiefernspanner (*Bupalus piniarius*). AF 27, 517, 1972.

D. PILZE

Pilze spielen nach Insekten die wichtigste Rolle als Erzeuger von Waldkrankheiten; auch als Krankheitserreger bei Insekten können sie für das Gedeihen des Waldes bedeutsam werden.

Die Pilze (Fungi) sind ein- oder mehrzellige, chlorophyllfreie Thallophyten mit saprophytischer oder parasitischer Lebensweise. Ihr K ö r p e r baut sich, sofern er nicht einzellig ist, aus mehr oder weniger verzweigten Fäden, den H y p h e n, auf, die in ihrer Gesamtheit als M y z e l bezeichnet werden. Bisweilen wird durch Verflechtung der Hyphen ein parenchymähnlicher (pseudoparenchymatischer) Gewebekörper, ein P l e k t e n c h y m gebildet. Aus parallelen Fäden bestehende, in Rinde und Mark differenzierte, den Wurzeln höherer Pflanzen ähnlich sehende Plektenchymbildungen heißen R h i z o - m o r p h e n. Einen knolligen, widerstandsfähigen Dauerzustand des Myzels zur Überwindung des Winters und von Trockenperioden nennt man S k l e r o t i u m. Die ein- oder mehrkernigen Zellen besitzen eine Wand, in der Chitinsubstanzen neben sogenannter Pilzzellulose vorherrschen.

Das Myzel der hier hauptsächlich in Frage kommenden Arten lebt entweder ektoparasitisch und entnimmt die Nahrung durch kleine, stabförmige, in das Innere der Zellen versenkte Saughyphen, H a u s t o r i e n; oder es breitet sich endoparasitisch in den Zellzwischenräumen (interzellular) aus und ernährt sich durch in die Zellen eindringende Haustorien, bzw. es wächst direkt in die Zellen hinein (intrazellular). Die Hyphe durchbohrt in diesem Fall unter Ausscheidung besonderer Enzyme die Zellwände. Die Aufschließung der Nährstoffe erfolgt durch weitere Enzyme, so der stärkelösenden Diastase, der eiweißabbauenden Proteasen und der fettspaltenden Lipase.

Die F o r t p f l a n z u n g erfolgt durch S p o r e n, welche geschlechtlich oder ungeschlechtlich gebildet werden. Geschlechtlich erzeugte Sporen sind die Z y g o s p o r e n, welche aus der Vereinigung zweier gleichwertiger Geschlechtszellen (Gameten) entstehen, und die O o s p o r e n, die sich nach Befruchtung einer ruhenden Eizelle (Oosphäre) durch ein bewegliches Spermatozoid bilden; beide Formen treten nur bei niederen Pilzen auf. Geschlechtlich erzeugte Sporen bei den höheren Pilzen sind die A s c o s p o r e n, entstanden nach einem komplizierten Sexualakt in bestimmter Gestalt und Zahl, meist acht, innerhalb eines regelmäßig gebauten Schlauches oder A s c u s, sowie die B a s i d i o s p o r e n, welche nach ebenfalls kompliziertem Geschlechtsakt in bestimmter Form und Zahl, meist vier, von regelmäßig gebauten Sporenträgern, den B a s i d i e n, abgeschnürt werden. Asci und Basidien sind meist in besonderen F r u c h t k ö r p e r n vereinigt, die aus Flechtgewebe (Plektenchym) bestehen; sie bilden darin, palisadenförmig nebeneinander stehend, eine Schicht oder ein Lager, das H y m e n i u m. Kugelige oder flaschenförmige, geschlossene Fruchtkörper heißen P e r i t h e z i e n, scheiben-, schüssel-, becher- oder kreiselförmige, oben offene Fruchtkörper werden A p o t h e z i e n genannt. Das äußere, ein- oder mehrschichtige Hüllgewebe des Fruchtkörpers wird als P e r i d i e bezeichnet. U n g e - s c h l e c h t l i c h erzeugte Sporen sind im einfachsten Falle O i d i e n; sie entstehen durch Zerfall einer Hyphe in etwa gleichgroße Stücke. Im Innern besonderer Zellen, der S p o r a n g i e n, können nackte und bewegliche Z o o s p o r e n (Schwärmsporen) oder membranumgebene und unbewegliche S p o r a n - g i o s p o r e n gebildet werden. Die als K o n i d i e n bezeichneten Sporen werden äußerlich von Sporenträ- gern, den K o n i d i e n t r ä g e r n, einzeln, gruppen- oder reihenweise abgeschnürt. Bei den höheren Pilzen haben die Konidienträger bzw. die sie bildenden Hyphen die Tendenz, sich zu Fruchtkörpern zusammenzuschließen. Sind diese büschelförmig, so heißen sie K o r e m i e n; sind es flach ausgebreitete Lager, so nennt man das Geflecht, von dem sie ausstrahlen, S t r o m a. Vereinigen sich die konidientra- genden Hyphen zu plektenchymatischen Gehäusen, in deren Innern sie ihre Sporen abschnüren, so heißen diese P y k n i d i e n und die Konidien selbst P y k n o s p o r e n.

Die geschlechtlich entstandenen Sporen bezeichnet man als Hauptfruchtform, die ungeschlechtlich gebildeten als Nebenfruchtform.

Biologisch scheiden wir die dickwandigen, langlebigen, gegen äußere Einflüsse wie Trockenheit, Hitze und Kälte widerstandsfähigen Dauersporen, welche die Art während des Winters und durch Dürrezeiten erhalten, von den propagativen Sporen (Sommersporen); diese sind meist dünnwandig, kurzlebig, empfindlich gegen äußere Einflüsse, werden aber in großen, oft ungeheuren Mengen produziert und dienen der Ausbreitung der Art während der Vegetationsperiode.

Gelangt die Spore auf ein ihr zusagendes Substrat, so entwickelt sich ein Keimschlauch, der bei Endoparasiten in das Gewebe eindringt, indem er die Epidermis durchbohrt oder eine Spaltöffnung oder Lentizelle als Eingangspforte benutzt. Bei Wundparasiten vermag der Keimschlauch die unversehrte Oberhaut seines Wirtes nicht zu durchbrechen, sondern nur durch eine Wunde in das Gewebe zu gelangen. Von besonderer Bedeutung für das Eindringen der parasitischen Pilze in das Nährsubstrat ist ihr Chemotropismus, der häufig auf die Keimstadien beschränkt ist; chemische Reize veranlassen die Hyphen, in die Spaltöffnungen und dergleichen einzudringen. In einzelnen Fällen, namentlich bei Wurzelparasiten, kann die Ausbreitung auch durch das im Boden wachsende Myzel erfolgen.

Auf Wachstum und Organbildung, insbesondere auf die Fruktifikation der Pilze üben äußere Bedingungen wie Zusammensetzung und Konzentration des Nährsubstrats, Nahrungsmangel, Luftfeuchtigkeit, Temperatur und Licht einen großen Einfluß aus (S. 261 ff.). Die Abhängigkeit der Organgestaltung von Außenfaktoren führt bei einzelnen Pilzgruppen zu einer überraschenden Vielgestaltigkeit, welche die Erkennung der Arten erschwert.

In der uneinheitlich gehandhabten Systematik folge ich, mit dem Zweck des Buches angemessenen Vereinfachungen, im allgemeinen v. ARX 1967, bei den Uredinales HASSEBRAUK 1962 und den Hymenomycetes ZYCHA 1962 und JAHN 1979.

Schrifttum: ARX, J. A. v.: Pilzkunde. Lehre 1967. —BURNETT, J. H.: Fundamentals of mycology. 2.ed. London 1976. — BUTIN, H., u. ZYCHA, H.: Forstpathologie. Stuttgart 1973. — HASSEBRAUK, K.: Uredinales (Rostpilze). HP 6. A., III 4, 2–275, 1962. — JAHN, H.: Pilze, die an Holz wachsen. Herford 1979. — LANIER, L., JOLY, P., BONDOUX P., BELLEMÈRE, A.: Mycologie et pathologie forestières. II. Pathologie forestière. Paris-New York-Barcelone-Milan 1976. — I. Mycologie forestière. 1978. — MÜLLER, E., u. LOEFFLER, W.: Mykologie. Stuttgart 1977. — ZYCHA, H.: Hymenomycetes. II. Teil: Arten mit Fruchtkörperbildung. HP 6. A., III 4, 550–679, 1962.

Oomycetes

Myzel nicht in Zellen gegliedert, Fortpflanzung ungeschlechtlich oder geschlechtlich, im letzten Fall durch Oosporen. Meist im Wasser lebend. Hier allein belangvoll:

Familie Peronosporaceae.

Pythium debaryanum Hesse und **P. ultimum** Trow., ferner **Phytophthora cactorum** (Leb. u. Cohn) Schröt. und **P. cinnamomi** Rands sowie weitere Arten der beiden Gattungen sind – neben einigen später zu nennenden Vertretern anderer Familien – Erreger der Keimlingsfäule bei Laub- und Nadelhölzern. Sie tritt in drei Formen auf, die ineinander übergehen: Die Vorauflauffäule entsteht durch Infektion und Entwicklung der Krankheit am Hypokotyl, noch bevor der Sämling die Bodenoberfläche durchbrochen hat. Die Umfallkrankheit findet sich an auflaufenden Sämlingen: Wurzel, Stengel und Keimblätter zeigen dunkle Flecken, die sich rasch vergrößern; die Keimlinge schrumpfen, fallen um, soweit ihre Stengel noch nicht verholzt sind, und sterben ab. Wurzelfäule oder Wurzelbrand ist dieselbe Erkrankung an älteren Sämlingen: die Wurzeln werden, zunächst an den Spitzen oder an Verletzungen, zerstört; oberirdische Pflanzenteile sterben erst allmählich ab.

Ähnliche Erscheinungen wie bei Umfallkrankheit treten bei Hitzetod der Keimlinge auf (S. 42); Unterscheidung: bei Hitzetod sind die vertrockneten Primordialblätter zusammengerollt, Plumula stets geschrumpft, keine Knospenanlage vorhanden; bei Pilztod Blätter ausgebreitet, häufig Plumula nicht angegriffen und schwächliche Knospe vorhanden.

Erste Infektion durch Oosporen, die im Boden überwintert haben. Myzel verbreitet sich interzellular und dringt mit Haustorien in das Zellplasma ein. Aus den Spaltöffnungen wachsen Sporangienträger; die abgeschnürten, zitronenförmigen Sporangien keimen entweder direkt wie Konidien aus oder entlassen zahlreiche, der Ausbreitung des Pilzes dienende Schwärmsporen. Im Gewebe bilden sich Oosporen, die mit den faulenden Pflanzenteilen in den Boden gelangen und hier jahrelang keimfähig bleiben. Der Pilz gedeiht besonders in schattigen, feuchten Lagen und in regnerischen Frühjahren auf Böden mit vernäßter und verdichteter Oberfläche, geringem Humusgehalt, ungünstigen Nährstoffverhältnissen und neutraler bis basischer Reaktion. In Saat- und Pflanzbeeten kann er erhebliche Ausfälle verursachen.

Diagnose: Platzförmiges Absterben von Pflanzen im Beet. Diese zeigen die oben geschilderten Symptome.

Bekämpfung: Sachgemäße Bodenbearbeitung, Humusversorgung und Düngung. Mit Verwendung von Kompost ist Vorsicht geboten, da er namentlich *Pythium*-Arten enthalten und somit die Beete verseuchen kann (SCHÖNHAR 1968). Vorbeugend vor der Aussaat Beizen des Saatguts mit Benomyl oder Thiram (PVG) oder Behandeln des Bodens (Bodenentseuchung) mit Dazomet oder Dichlorpropen- +Dichlorpropan+Methylisothiocyanat oder Methylbromid (PVG). Bei Auftreten der Krankheit Beseitigen aller Beschattungsvorrichtungen und Übersprühen der Saatbeete mit einer (von G. HARTMANN, pers. Mitt.) erfolgreich geprüften Kombination von Benomyl 0,05 % + Prothiocarb 0,15 %, 4 l/m² Fungizidbrühe bei den ersten Krankheitsanzeichen, Wiederholung nach 2 Wochen. Im Verschulbeet 2–3 l/m in 2 cm tiefe Rillen zwischen den Pflanzenreihen eingießen.

Phytophthora cambivora (Petri) Buism., Erreger der Tintenkrankheit der Eßkastanie, aber auch an anderen Laubbäumen im Stangen- und Baumholzalter. Verursacht Fäulnis der Wurzeln, welche die Bäume tötet. Symptome sind: Vergilben der Blätter, braunschwarze nekrotische Flecken an Stamm und Ast, blauschwarzes Wurzelexsudat, das den Boden färben kann. Die Krankheit ist an maritimes Klima und feuchte, schlecht durchlüftete Böden gebunden. Besonders in Frankreich und England.

Schrifttum: BOUHOT, D., et PERRIN, R.: Mise en évidence de résistances biologiques aux *Pythium* en sol forestier. EJFP 10, 77–89, 1980. — GISI, U., u. MEYER, D.: Ökologische Untersuchungen an *Phytophthora cactorum* (Leb. et Cohn) Schroet. im Boden mit direkten Beobachtungsmethoden. PZ 76, 276–279, 1973. — JAHNEL, H. u. TESCHE, M.: Die Umfallkrankheit von Kiefernkeimlingen (*Pinus sylvestris* L.) als mögliche Folge von Störungen des Energiestoffwechsels. PZ 68, 346–360, 1970.

Zygomycetes

Myzel nicht in Zellen gegliedert. Ungeschlechtliche oder geschlechtliche Fortpflanzung, letztere durch Zygosporen.

Familie Mucoraceae, Köpfchenschimmel

Schimmelbildner auf organischen Körpern, namentlich **Mucor mucedo L.;** forstpathologisch meist belanglos. Können Samen in ruhendem Zustand befallen und deren Keimfähigkeit beeinträchtigen. Der sonst als Bodenpilz bekannte **M. silvaticus** Hag. wird von JUNG 1962 als hochpathogener Erreger einer Keimlingsfäule genannt. SCHÖNHAR 1965 fand **M. hiemalis** Wehm. häufig an fäulebefallenen Kiefernsämlingen, wohl als Saprophyten.

Familie Entomophthoraceae, Insektentöter

Parasiten in Insekten und anderen Wirbellosen; einige Arten wachsen auch saprophytisch auf Exkrementen.

Entomophthora (*Empusa*) **aulicae** Reich., wichtiger Krankheitserreger bei forstlichen Lepidopteren, besonders in Raupen der Forleule. Die keimende Spore treibt durch die Haut des Tieres einen Schlauch; das Myzel durchwuchert das Körperinnere und zehrt alle Weichteile auf. Die erkrankten Raupen, meist im letzten Häutungsstadium, klammern sich mit den Bauchfüßen an ihrer Unterlage fest, den vorderen Körperteil abhebend. Sie mumifizieren, werden grünbraun bis schwarz, und ihr Inneres verwandelt sich in eine gelblichgrüne, brüchige Masse. Aus dem Kadaver wachsen in dichtem Rasen die Konidienträger, so daß die Raupe und, nach Abschleudern der Konidien, ihre Umgebung wie mit gelbgrünem Mehl bestäubt aussehen. Überwinterung als Dauersporen. Die Krankheit tritt zuweilen schlagartig auf.

Entomophthora sphaerosperma Fres., an zahlreichen Insektenarten, häufig an Raupen des Kohlweißlings, aber auch an Forstschädlingen, so an *Epinotia tedella.* **E. muscivora** Schroet., gewöhnlich an Schmeißfliegen, trat 1937 in der Rominter Heide als Vernichter der Nonnentachine *Phorocera silvestris* auf (Niklas 1942).

Schrifttum: Zimmermann, G.: Zur Biologie, Untersuchungsmethodik und Bestimmung von Entomophthoraceen (Phycomycetes: Entomophthorales). ZaE 85, 241–252, 1978.

Ascomycetes, Schlauchpilze

Gekennzeichnet durch Entstehung der geschlechtlichen Sporen in einem Ascus. Myzel gegliedert. Hauptfruchtform: Ascosporen.

Familie Taphrinaceae

In ausgebreiteten Lagern zwischen Epidermis und Kutikula der Wirtspflanze, Asci Kutikula durchbrechend, freistehend.

Ohne forstliche Bedeutung. Vielfach Hexenbesen (S. 335) erzeugend, so **Taphrina carpini** (Rostr.) Joh. auf Hainbuche, **T. epiphylla** Sad. auf Weißerle, **T. betulina** Rostr. auf Moorbirke, **T. turgida** Sad. auf Birke, **T. acerina** Eliass. auf Spitzahorn. Blasige Auftreibungen an Blättern durch **Taphrina aurea** (Pers.) Fr. an Pappel (Goldflecken-Krankheit), **T. tosquinetii** (Westend.) Tul. an Schwarzerle. Rote taschenartige Bildungen an Fruchtzapfen der Weißerle durch **T. alni-incanae** Magn.

Familie Helvellaceae

Hymenium überzieht einen oft fleischigen, gelappten Fruchtkörper. Ascosporen mit Öltropfen.

Rhizina undulata Fr., Wurzel-Lorchel, bewirkt Absterben junger, selten älterer Nadelholzpflanzen auf Brandflächen, namentlich an Plätzen früherer Waldarbeiterfeuer und von Schlagabraumverbrennung. Temperaturen von 38–42 °C im Oberboden regen die dort in Keimruhe liegenden Sporen zur Keimung an. Das überwiegend saprophytisch lebende Myzel kann dann wahrscheinlich erst die Wurzeln von Stubben des Vorbestandes und von dort aus die nahe stehenden Pflanzen der neuen Kultur infizieren. Die dem Boden flach aufliegenden, häufig ringförmig (Hexenringe) angeordneten Fruchtkörper sind schüsselförmig, bis 8 cm groß, oben gewellt, braun, unten mit wurzelähnlichen Fortsätzen. Hat stellenweise namhafte Verluste in jungen Kulturen bewirkt. Gegenmaßnahme im gefährdeten Gebiet: Unterlassen der Schlagabraumverbrennung, Anlegen der Waldarbeiterfeuer außerhalb der zu kultivierenden Fläche.

Schrifttum: Gremmen, J.: *Rhizina undulata.* EJFP 1, 1–6, 1971. — Hartmann, G., u. Niemeyer, H.: Schäden durch Pilze und Tiere in den Forstkulturen von 1973–1977. AF 34, 324–329, 1979; AdW 31, 137–162, 1979. — Seaby, D.: *Rhizina undulata* on *Picea abies* transplants. EJFP 7, 186–188, 1977.

Familie Eurotiaceae

Fruchtkörper klein, von einer häutigen bis fleischigen Hülle (Peridie) umgeben, die bei der Reife unregelmäßig zerfällt. Häufige Schimmelbildner auf organischen Substanzen.

Aspergillus versicolor (Vuill.) Tirab. wurde als Erreger einer Pilzkrankheit bei Nonnenraupen erkannt. Als äußeres Symptom der Erkrankung zeigte sich eine häufig nach der Häutung auftretende Verkrüppelung der Beine. Der Pilz scheint auch für andere Forstinsekten pathogen zu sein (Janisch 1938).

Familie Erysiphaceae, Echte Mehltaupilze

Überziehen ektoparasitisch Blätter und unverholzte Triebspitzen mit ihrem verzweigten Myzel, aus dem Saughyphen in die Epidermiszellen eindringen. Fortpflanzung im Sommer durch Konidien (Oidien), die an sich aufrichtenden Seitenhyphen (Konidienträgern) entstehen, zur Überwinterung durch schwarzbraun werdende Perithezien, deren Sporen durch Verwitterung der Wandung freiwerden. Die befallenen, wie mit Mehl bestäubt aussehenden Blätter und Triebe kümmern und sterben unter Umständen ab.

Microsphaera alphitoides Griff. et Maubl., Eichenmehltau. Wahrscheinlich aus Nordamerika eingeschleppt und seit 1907 in Europa verbreitet. An Eichen, namentlich

Jungwuchs, aber auch älteren Bäumen. Gefährdet ist Stieleiche, weniger Traubeneiche; Zerr- und Roteiche gelten als widerstandsfähig, doch wird an letzter seit 1956 zunehmend Befall im Gebiet des nordostdeutschen Diluviums beobachtet (STOLL 1959). Auch an Buche. Meist nur in Konidienform (Oidium); Perithezien im allgemeinen selten, häufiger in Süd- und Osteuropa. Überwinterung meist durch Myzel in einzelnen Knospen.

Beim Austrieb solcher Knospen, ab Mitte Mai, entstehen kümmernde Triebe, die von weißem Myzel und Sporenrasen überzogen sind: Primärinfektion, meist nur an höchstens 10 % der Pflanzen. Hier entstehende Sporen verursachen Sekundärinfektion an Blättern der Maitriebe: bis pfenniggroße, hellgraue Flecken auf Blattunterseiten; Schaden gering, aber starke Produktion von Sporen. Diese infizieren Johannistriebe im Juli/August, deren Blätter, gelegentlich auch die oberen Teile der Triebachsen, beidseitig von flächigem, weißem Belag überzogen werden und absterben.

Befallen werden junge, bis 3 Wochen alte Blätter an Bäumen aller Altersklassen, am stärksten an Jungeichen vom 2. Jahr an und an Stockausschlägen. Entwicklung des Pilzes am besten auf wüchsigen Pflanzen mit starkem Johannistrieb und ausgeglichener Wasser- und Nährstoffversorgung. Befallfördernd wirken Temperaturen von 20–25 °C; anhaltende Hitze und niedrige Temperaturen verlangsamen die Krankheitsentwicklung. Hohe Luftfeuchtigkeit begünstigt die Sporenkeimung. Starke Mehltaujahre sind somit Jahre mit mäßig warmer, ausgeglichener Sommerwitterung; schwacher Befall ist zu erwarten in extrem trockenen, heißen oder sehr kühlen, regenreichen Sommern.

Schaden vor allem in Verschulbeeten; jährliche Einbußen an Höhenzuwachs von 5–15 cm. In Kulturen dagegen trotz zuweilen bedenklichen Aussehens im allgemeinen kein nennenswerter Einfluß auf die Entwicklung, da Höhenwuchs bei dem üblicherweise späten Befall abgeschlossen ist. Die Ansicht, daß befallene Johannistriebe nicht rechtzeitig die Winterreife erlangen und deshalb Frühfrösten zum Opfer fallen, ist nicht belegt: in Versuchen mit künstlicher Frühfrostbehandlung von stark und nicht befallenen Johannistrieben ergab sich kein Unterschied in der Frühfrostempfindlichkeit (WARAGHAI SHARGH 1979).

Bekämpfung, ausschließlich in Pflanzgärten und jungen Kulturen (hier nur bei sehr frühem, starkem Befall): Sprühen oder Spritzen mit gegen Eichenmehltau zugelassenen Schwefel- oder Pyrazophospräparaten (PVF) oder auch mit zusätzlich gegen *Botrytis cinerea* (S. 104) wirksamen Benomyl- und Dichlofluanidmitteln (PVG) beim Auftreten des Pilzes, gewöhnlich erst an den Johannistrieben; nur bei Massenbefall sind schon die Maitriebe gefährdet; Wiederholung der Behandlung in etwa zweiwöchigen Abständen.

Uncinula aceris (D. C.) Sacc. an Ahorn, **U. salicis** (D. C.) Wint. an Weiden, gelegentlich im Spätsommer und Herbst auch an Pappeln, **Phyllactinia suffulta** Reb. an Laubhölzern, wie Hasel, Buche, Hainbuche. Lebensweise ähnlich der des Eichenmehltaus. Keine nennenswerten Schäden.

Schrifttum: KRAMER, W.: Neue Möglichkeiten bei der Bekämpfung des Eichenmehltaues. FH 26, 260–261, 1971. — LEIBUNDGUT, A.: Untersuchung über die Anfälligkeit verschiedener Eichenherkünfte für die Erkrankung an Mehltau. SchwZF 120, 486–493, 1969. — NIEDERSÄCHSISCHE FORSTLICHE VERSUCHSANSTALT, Abt. Waldschutz: Biologie, Schädlichkeit und Bekämpfung des Eichenmehltaus. Göttingen o. J. — WARAGHAI SHARGH, A.: Untersuchungen über die Infektionsbiologie des Eichenmehltaus (*Microsphaera alphitoides* Griff. et Maubl.) sowie über die an der Wirtspflanze verursachten Schäden. Diss. Göttingen 1979.

Familie Melanosporaceae

Oberflächliche oder nur teilweise eingesenkte, kugelige Perithezien mit stark verlängerten Hälsen, Ascosporen in Schleimtröpfchen hervortretend. Forstliche Arten entweder Parasiten in Forstpflanzen und insektenpathogenen Pilzen oder Saprophyten im gefällten Holz.

Ceratocystis ulmi (Buism.) Mor., Erreger der gefährlichen Ulmenkrankheit oder des Ulmensterbens. Die Krankheit, die – wahrscheinlich aus Asien eingeschleppt – 1918 erstmalig in Frankreich festgestellt wurde, 1919 in Holland bereits epidemisch auftrat, sich dann in wenigen Jahren über fast ganz Europa ausbreitete und seit etwa 1930 auch in Nordamerika beobachtet wird, tritt je nach der Empfänglichkeit der Pflanzen und der Gunst der Außenbedingungen in chronischer oder akuter Form auf. Der schleichende Krankheitsverlauf ist durch dünne Belaubung der Bäume und vorzeitig einsetzenden Laubfall gekennzeichnet und führt erst nach einer Reihe von Jahren zum Tode. Bei akutem Verlauf tritt plötzlich am kräftig belaubten Baum einseitig, seltener in der ganzen Krone, Blattrollung ein, der unmittelbar Trocknen des Laubes folgt; die Blätter können dann grün oder gebräunt, aber trocken, an den Zweigen hängen. Junge Bäume können der Krankheit schon nach wenigen Monaten, ältere erst nach Jahren erliegen. Im Winter fallen kranke Ulmen bisweilen durch hakenartig abwärts gekrümmte, dürre Zweigspitzen und durch Wasserreiserbildung auf. Im Holz vom Stamm, Ästen und Zweigen finden sich braun bis braunschwarz verfärbte Leitbündelstränge, vor allem im Frühholz; sie erscheinen auf dem Querschnitt als mehr oder weniger zusammenhängende dunkle Ringe.

Die Verbreitung der Krankheit geschieht hauptsächlich durch Ulmensplintkäfer: in erkrankten Bäumen entwickelt der Pilz seine Koremien besonders üppig in den Fraßgängen der Käfer; die ausfliegenden Jungkäfer tragen Sporen an der Körperoberfläche und im Darmtrakt und infizieren neue, bisher gesunde Bäume, wenn sie Reifefraß an jungen Zweigen ausüben oder neue Muttergänge bohren. Die in die Wunde eingeschleppten Sporen keimen, das Myzel dringt in die Wasserleitungsbahnen des Holzkörpers ein. Die Ulme reagiert durch lebhafte Thyllenbildung und Gummiausscheidung, wodurch das Gefäßsystem verstopft und die Wasserführung unterbunden wird. Bevor dies geschieht, hat der Pilz Sporen gebildet, die mit dem Saftstrom bis in die jungen Triebe und Blätter geführt werden; diese welken nach der Invasion des Krankheitserregers. Auch Verbreitung von Baum zu Baum über Wurzelverwachsungen scheint möglich zu sein (BRAUN et al. 1978). Infektion vor Juli führt noch im selben Jahr, späterer Befall erst im folgenden Frühling zum Ausbruch der Krankheit.

Das Zustandekommen der Krankheit setzt eine Disposition des Wirts voraus, die hauptsächlich in einer Störung des Wasserhaushalts bestehen dürfte. Deshalb wohl tritt die Ulmenkrankheit vorwiegend und oft katastrophal in Parkanlagen und Alleen auf. Im Walde hingegen, auf natürlichen Standorten der Ulme, blieb sie, nachdem zunächst örtlich erhebliche Verluste beobachtet wurden, nahezu bedeutungslos. Seit Ende der 60er Jahre wird ein erneutes Aufflammen der Ulmenkrankheit beobachtet, zuerst in Südengland (GIBBS 1978), dann auch in anderen Teilen Europas. Starkes akutes Auftreten wird seit etwa 1973 aus Süddeutschland, seit 1975 aus Norddeutschland gemeldet (G. HARTMANN, pers. Mitt.). Dabei sind auch Ulmen auf baumartgerechten Mischwaldstandorten betroffen (MAYER-REIMOSER 1978). Als Ursache des neuen Seuchenzuges wird die Einschleppung eines in Nordamerika entstandenen aggressiveren Stammes von *C. ulmi* angegeben (GIBBS 1978, GIBBS et al. 1979).

Gegenmaßnahmen: Zunächst erfolgreich erscheinende Bemühungen, resistente Sorten zu finden, haben durch das neuerliche Auftreten eines offenbar besonders aggressiven Pilzstammes einen Rückschlag erlitten. Unmittelbare Bekämpfung des Pilzes durch Boden- und Stamminjektion von Benomyl, die in amerikanischen Versuchen Erfolg hatte (SMALLEY 1971, SMALLEY et al. 1973, STIPES 1973), kommt im Forstschutz wegen Unwirtschaftlichkeit nicht in Frage. In der Praxis realisierbare Möglichkeit wäre eine Bekämpfung der pilzübertragenden Borkenkäfer.

Schrifttum: BRAUN, H. J., VANSELOW, G., KHALISY, M.: Die mögliche Verbreitung des „Ulmensterbens" durch Wurzelverwachsungen bei *Ulmus carpinifolia* Gled. EJFP 8, 146–154, 1978. — GIBBS, J. N.: Development of the Dutch Elm Disease in Southern England. Ann. appl. Biol. 88, 219–228, 1978. — Intercontinental epidemiology of Dutch Elm Disease. ARP 16, 287–307, 1978. — GIBBS, J. N., HOUSTON, D. R., SMALLEY, E. B.: Aggressive and non-aggressive strains of *Ceratocystis ulmi* in North America. Pp 69, 1215–1219, 1979. — HEYBROCK, H. M.: Het ABC van de iepe ziekte. NBT 43, 211–219, 1971. — LAUT, J. G., a. SCHOMAKER, M. E.: Dutch Elm Disease – a bibliography. Colorado 1976. — MAKSIMOVIĆ, M.: Influence of the density of bark beetles and their parasites on dieback of elm in some woods of Yugoslavia. ZaE 88, 283–295, 1979. — MAKSIMOVIĆ, M., MOTAL, Z., BARTOVČAK, D., DRNDELIĆ,

M.: Study of the elm tree dieback caused by Dutch Elm Disease in the area of the Bjelovar forest estate. Zaštita Bilja22, 3–20, 1971. — MASCHNING, E.: Das Ulmensterben, neue Gefahren durch eine alte Krankheit. AF 29, 306–308, 1974. — MAYER, H., u. REIMOSER, F.: Die Auswirkung des Ulmensterbens im Buchen-Naturwaldreservat Dobra (Niederösterreichisches Waldviertel). FC 97, 314–321, 1978. — OLBERG-KALLFASS, R.: Starkes Auftreten von Spitzahorn- und Ulmensterben im Oberrheintal. AF 33, 380–381, 1978. — SMALLEY, E. B.: Prevention of Dutch Elm Disease in large nursery elms by soil treatment with Benomyl. Pp 61, 1351–1354, 1971. — SMALLEY, E. B., MEYERS, C. J., JOHNSON, R. N., FLUKE, B. C., VIEAU, R.: Benomyl for practical control of Dutch Elm Disease. Pp 63, 1239–1252, 1973. — STIPES, R. J.: Control of Dutch Elm Disease in artificially-inoculated elms with soil-injected Benomyl, Captan, and Thiabendazole. Pp 63, 735–738, 1973. — TOWNSEND, A. M., a. SCHREIBER, L. R.: Resistance of hybrid elm progenies to *Ceratocystis ulmi*. Pp 66, 1107–1110, 1976.

Ceratocystis fagacearum (Bretz) Hunt verursacht in Nordamerika eine seit etwa 1933 in steigendem Maße an Bedeutung gewinnende, verheerende Eichenkrankheit, die Eichenwelke (FOWLER 1958). Krankheitsbild und -verlauf ähneln dem des Ulmensterbens. Der Erreger befällt zahlreiche Eichenarten, darunter die Roteiche und unsere Stieleiche. Mit der Möglichkeit einer Verschleppung der Krankheit nach Mitteleuropa muß gerechnet werden.

Melanospora parasitica Tul. lebt als Hyperparasit auf insektentötenden Pilzen wie *Beauveria bassiana, Paecilomyces farinosus, Cordyceps militaris* u. a. Befall ist leicht an den hervorstehenden, dunklen Perithezienhälsen zu erkennen, die aus dem meist weißen, die Insektenmumie umhüllenden Myzel des Wirtspilzes herausragen.

Die Gattung **Ceratocystis** enthält eine große Zahl von Arten, die in absterbenden Stämmen und im frischgefällten Holz der Kiefer und anderer Nadelbäume eine Blaufärbung, die Bläue oder Verblauung, im Unterschied zu anderen Verblauungsformen als Stammholzbläue bezeichnet, hervorrufen. Genannt werden u. a. **C. minor** (Hedgc.) Hunt und **C. cana** (Mch.) Mor. in Kiefer, **C. pilifera** (Fr.) Mor., **C. penicillata** (Grosm.) Mor. und **C. coerulescens** (Mch.) Bak. in Kiefer und Fichte, **C. piceae** (Mch.) Bak. in Kiefer, Fichte und Tanne; dazu **Leptographium lundbergii** Lag. et Mel., die Nebenfruchtform einer bisher nicht aufgefundenen *Ceratocystis*-Art, die BUTIN 1965 am häufigsten in verblautem Kiefernstammholz nachwies. Die Infektion erfolgt über Verletzungen der Rinde, vielfach im Zusammenhang mit der Fraßtätigkeit rinden- und holzbrütender Borken-, Rüssel- und Bockkäfer. Manche Bläuepilze sind regelmäßig mit bestimmten Insektenarten vergesellschaftet, z. B. *C. cana* mit *Blastophagus minor*. Auch über die offenen Schnittflächen kann der Pilz im gefällten Holz Fuß fassen. Das Myzel breitet sich in den Parenchymzellen der Markstrahlen aus, deren plasmatischen Inhalt es verzehrt, ohne die Zellwand anzugreifen; unter Benutzung der Hoftüpfel dringt es in die Holzfaserzellen ein. Der Befall erstreckt sich stets nur auf den Splint. Die Entwicklung des Pilzes ist an einen gewissen Wasser- bzw. Luftgehalt des Holzes gebunden (S. 310). Die durch die Verbreitung der Myzelfäden im Holz auftretende Blaufärbung ist im wesentlichen ein Schönheitsfehler; spezifisches Gewicht sowie Druck- und Schlagbiegefestigkeit des Holzes werden erst nach monatelanger Einwirkung des Pilzes schwach beeinträchtigt; Befall durch andere holzzerstörende Pilze wird gehemmt und dadurch die Dauerhaftigkeit des Holzes erhöht; Wasseraufnahme und -abgabe und damit Quellen und Schwinden des Holzes werden nicht beeinflußt; die Teerölimprägnierung wird erschwert, nach Trocknung verblauten Kiefernholzes ist hingegen die Imprägnierfähigkeit für ölige und wässerige Schutzmittel verbessert. Der Schönheitsfehler allein macht das Holz aber für viele Zwecke ungeeignet und bedeutet einen oft erheblichen Wertverlust.

Gegenmaßnahmen: Winterfällung und Abfuhr vor wärmerer Witterung, wenn Infektionszeit beginnt. Lagerung so, daß Feuchtigkeitsgehalt des Holzes entweder rasch gemindert oder lange hoch gehalten wird, also nach Entrinden am sonnigen, luftigen Platz bzw. mit Rinde am schattigen Ort; am besten Wasserlagerung. Bei Sommerfällung kein Entrinden ab Anfang August: Holz in unverletzter Rinde verblaut nicht, bis Ende Juli ist mit Rindenverletzungen durch Käferbefall zu rechnen. Sprühen oder Spritzen des frischgeschlagenen Holzes mit Bläueschutzmitteln (PVF).

In Buchenholz verursachen **Ceratocystis bacillospora** But. et. Zim. und **C. torulosa** But. et Zim. eine schwach-bräunliche Verfärbung, die bislang ohne wirtschaftliche Bedeutung geblieben ist (BUTIN-ZIMMERMANN 1972).

Chaetomium globosum Kunze und andere Arten derselben Gattung befallen totes Holz und erzeugen Moderfäule (S. 338), namentlich an Kühltürmen, Hafenbauten, Masten usw.; im Wald sind sie am Abbau des liegengebliebenen Holzes wesentlich beteiligt.

Schrifttum: BUTIN, H., u. ZIMMERMANN, G.: Zwei neue holzverfärbende *Ceratocystis*-Arten in Buchenholz (*Fagus sylvatica* L.). PZ 74, 281–287, 1972.

Familie Hypocreaceae

Myzel teils in Rinde, teils in Holz; perthophytische, auch saprophytische Lebensweise. Perithezien lebhaft gefärbt, weich. Infektion an Vorhandensein von Wunden gebunden.

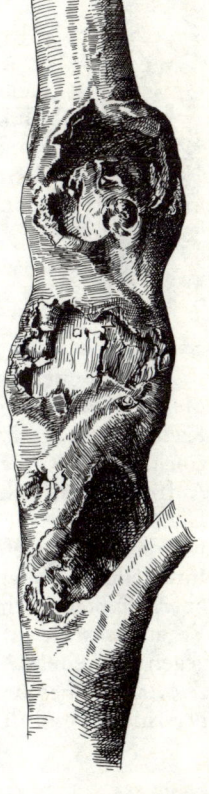

Abb. 29. Buchenkrebs

Nectria ditissima Tul., **N. galligena** Bres., **N. coccinea** (Pers.) Fr., Erreger des Buchenkrebses. Die drei morphologisch unterscheidbaren Arten scheinen an Buche und anderen Laubhölzern das gleiche Krankheitsbild zu erzeugen. Es besteht anfangs in örtlichem Einschrumpfen, Vertrocknen und Absterben der Rinde, Auftreten zunächst kleiner, weißer Konidienpolster, später zahlreicher blaß- bis dunkelroter Perithezien von 1–2 mm Durchmesser an den nekrotischen Stellen. Das Myzel breitet sich vom Infektionsort (Wunde) hauptsächlich in den äußeren Gewebeteilen aus, tötet sie ab und reizt die benachbarten Gewebe zu hypertrophischem Wachstum. Es bilden sich Überwallungswülste, die bei fortschreitender Krankheit auch getötet werden können. Durch jährliche Wiederholung von Absterbe- und Überwallungsvorgang entsteht das als Krebs bezeichnete Gebilde (Abb. 29). Befallene Zweige zeigen erst spindelförmige Verdickungen, werden dann einseitig aufgetrieben und nehmen zuweilen bizarre Formen an. Die Buchenblätter können oberhalb der Krebsstelle kleiner und im Hochsommer gelblich gefärbt sein. „Geschlossene" Krebse entstehen, wenn es dem Baum gelingt, die Krebswunde zu schließen und knollenartig zu überwallen; bisweilen an Eiche. Bei Buche bleibt der Krebs meist „offen". Stammkrebse sind gefährlicher als Astkrebse, da bei völliger Umfassung der Achse der oberhalb gelegene Stammteil absterben muß.

Auftreten besonders an Obstbäumen, unter den Waldbäumen meist an Buche, aber auch an Eiche, Esche, Hainbuche, Erle, Ahorn u. a. In allen Altersklassen, vorwiegend in Frostlagen und ungünstigen Standorten, jedoch auch in gutwüchsigen Buchenbeständen, zuweilen ortsweise gehäuft.

Bekämpfung: Vermeiden von Wunden, Aushieb der kranken Stämme.

Nectria coccinea (Pers.) Fr. **var. sanguinella** (Fr.) Wr. und **N. galligena** Bres. **var. major** Wr. sowie die Grundart *N. galligena* Bres. kommen als Erreger eines seit 1927 in Deutschland beobachteten Pappelkrebses in Betracht. Im Gegensatz zum Bakterienkrebs (S. 82) weist der Nektriakrebs keinen Schleimfluß auf. Die Rinde reißt in tiefen, meist längsgerichteten Rissen; oft wird der Holzkörper freigelegt. Die Überwallungswülste sind regelmäßiger als beim Bakterienkrebs, die Ausbreitung erfolgt in mehr oder weniger konzentrischen Ringen (Abb. 213). An den Befallsstellen bilden sich blaßrote bis rotbraune, pustelförmige Perithezien von 1–2 mm Durchmesser. Stämme und Äste von Bäumen aller Altersklassen können Krebsbildungen zeigen. Die Pappelarten und -sorten sind sehr unterschiedlich anfällig.

Bekämpfung: Anbau resistenter Arten und Sorten.

Nectria cinnabarina (Tode) Fr., Rotpustelkrankheit. Sehr häufiger Saprophyt in der Rinde abgestorbener Laubhölzer, äußerlich erkennbar durch die zahlreichen, aus der Rinde hervorbrechenden fleischroten Konidienpolster (Abb. 30). Kann auf geschwächten Wirtspflanzen parasitär werden: nach strengem Winterfrost erkrankten in einer 15 Jahre alten Ahornverjüngung 90 % der Pflanzen; feuchte Sommerwitterung 1978 führte zu vermehrten Schäden, vorwiegend an Bergahorn (G. Hartmann, pers. Mitt.). Dringt durch Wundstellen oder Aststümpfe in den Holzkörper ein und breitet sich in ihm aus, indem er als Perthophyt ein Welketoxin ausscheidet. Zersetzt den

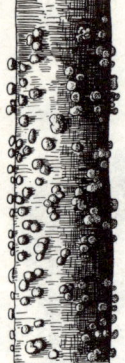

Inhalt stärkeführender Zellen, so daß sich der befallene Holzteil braun, bei Ahorn grün färbt, und unterbindet durch Eindringen in die Gefäße die Wasserleitung. Die umschließende Rinde vertrocknet, der oberhalb gelegene Achsenteil stirbt ab. Erkrankte Teile erscheinen infolge verringerten Dickenwachstums gegenüber ihrer Umgebung eingesunken. Hellrote Konidienstromata vorzugsweise im Herbst und Frühjahr, dunkelrote Perithezienstromata seltener, dann meist in bzw. auf dem Konidienstroma. Parasitisches Auftreten auf jungen Pflanzen und Ästen älterer Laubhölzer, wie Ahorn, Hainbuche, Linde, Roßkastanie, Ulme; niemals an Nadelhölzern.

Bekämpfung: Ausschneiden und Verbrennen der mit Pilzpolstern behafteten Baumteile.

Abb. 30. Konidienpolster von *Nectria cinnabarina* an Buche. 1/1

Nectria cucurbitula (Tode) Fr., Fichtenrindenpilz, Erreger einer Rindennekrose. Meist an Fichte von 1–4 m Höhe, vorzugsweise in Frostlagen, aber auch an Tanne, Kiefer, Zirbe und Lärche. Krankheitsbild: Bleichen der Nadeln, Bräunen und Vertrocknen des Rindenkörpers und Bastgewebes, meist von einer Wundstelle ausgehend; Auftreten zahlreicher roter, erst kürbis-, dann napfförmiger Perithezien auf der Rinde. Die Sporen werden vom Spätherbst bis Frühjahr ausgestoßen. Das Myzel wächst während der Vegetationsruhe in den Siebröhren des Weichbastes und in benachbarten Interzellularräumen. Ist der Bast im ganzen Stammumfang getötet, so sterben die oberhalb befindlichen Pflanzenteile ab. Behält das Stämmchen aber bis zum Beginn der Vegetationszeit auf einer Seite gesunde Rinde, so schützt es sich durch Korkbildung gegen die weitere Ausbreitung des Pilzes und überwallt die kranke Stelle. In einem von Zycha 1955 beschriebenen Fall ist dies offenbar bei Sitkafichte nicht gelungen: der Pilz persistierte, und durch wiederholtes Absterben und Überwallen entstanden Stammkrebse. Bazzhiger 1973 fand ihn massenhaft in alten Schälwunden.

Bekämpfung: Aushieb und Verbrennen der kranken Stämmchen.

Schrifttum: Bazzigher, G.: Wundfäule in Fichtenwaldungen mit alten Schälschäden. EJFP 3, 71–82, 1973.

Die zur Familie Clavicipitaceae gehörende Gattung *Cordyceps* Fries. enthält eine Reihe insektentötender Arten. Am bekanntesten ist **Cordyceps militaris** (L.) Lk. mit orange- bis purpurfarbenen, keulenförmigen, bis 6 cm langen, gestielten Fruchtkörpern, welche die Perithezien tragen. Wenn die aus den Perithezien ausgeschleuderten Sporen auf die Haut von Raupen gelangen, treiben sie Keimschläuche, welche die Haut durchdringen, sich im Körperinnern verzweigen und hier blasse, zylindrische Konidien bilden. Nach 2–3 Wochen stirbt die Raupe; sie ist dann weich und schlaff. Bei genügen-

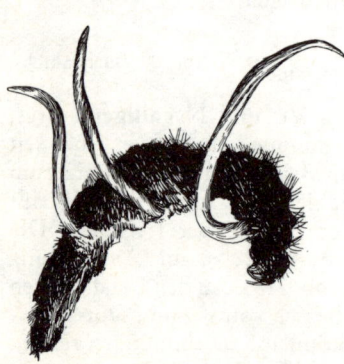

Abb. 31. Von *Cordyceps militaris* getötete Raupe des Kiefernspinners. 1/1

der Feuchtigkeit wachsen nun die zahlreichen Konidien zu Myzelfäden aus; sie durchwuchern den Raupenkörper, mumifizieren ihn und bilden ihn zu einem Sklerotium um, aus dem bei geeigneten Bedingungen die genannten, auffallenden Fruchtkörper auswachsen (Abb. 31). Neben diesem typischen Entwicklungskreis ist die Bildung kurzer, weißer Fruchthyphen bekannt, die das Sklerotium mit einem dichten Flaum bedecken und Konidien abschnüren können. Eine andere, als *Paecilomyces farinosus* beschriebene und zu den Fungi imperfecti gestellte Konidienform gehört vermutlich hierher. In Lepidopterenlarven, namentlich im Kiefernspinner. Weitere Arten der Gattung parasitieren in Larven, Puppen und Imagines von Lepidopteren, Coleopteren, Hymenopteren und Hemipteren.

Familie Sphaeriaceae

Von der vorigen Familie nur durch die dunkle, meist braune oder schwarze Wand der Perithezien oder ihre dunkle Beborstung unterschieden. Meist saprophytisch, einige Arten parasitisch.

Herpotrichia *(Trichosphaeria)* **parasitica** (Htg.) Rostr., Tannennadelpilz. An *Abies*-Arten. Weißes bis farbloses Myzel ektoparasitisch an Trieben und Nadeln, vorzugsweise an der Unterseite; entsendet zapfenartige Haustorien in die Epidermiszellen; auch interzellular. Nadeln werden mißfarbig und braun, lösen sich, bleiben aber, versponnen durch das zarte Myzel, am Zweig hängen. Im November kleine kugelige, schwarzbraune, behaarte Perithezien. Myzel überwintert auf Zweigen und Nadeln und umspinnt im Frühjahr die neuen Triebe. In dichten 20–40jährigen, auch älteren Tannenbeständen, namentlich in feuchten Lagen.

Gegenmaßnahmen: Ausschneiden der befallenen Äste, Lichterstellen mittels Durchforstung.

Herpotrichia juniperi (Duby) Petr. *(nigra* Htg.) und **H. coulteri** (Peck) Bose, der erste an vielen Nadelhölzern in Höhenlagen von 900 bis über 2000 m, der zweite bisher nur an Legföhre meist über 1900 m beobachtet. Schwarzer Schneeschimmel. Schwarzbraunes, lockeres bis filziges Myzel umspinnt Zweige und klebt Nadeln und Triebe zusammen; entsendet stabförmige Haustorien in die Epidermiszellen und dringt durch Spaltöffnungen in das Nadelinnere ein. Auf abgestorbener Nadel kugelige, dunkle, mit krausen Haaren besetzte Perithezien. Gedeiht bei relativ niedrigen Temperaturen (Abb. 155) unter der Schneedecke in der dort feuchtigkeitsgesättigten Luft. Schädlich vor allem in Saat- und Pflanzgärten, aber auch auf Freikulturen.

Gegenmaßnahmen: Sprühen mit Mancozeb, Maneb oder Zineb (PVF) in 5%iger Konzentration vor dem Einschneien (Bazzigher 1976).

Schrifttum: Bazzigher, G.: Der schwarze Schneeschimmel der Koniferen (*Herpotrichia juniperi* [Duby] Petrak und *Herpotrichia Coulteri* [Peck] Bose). EJFP 6, 109–122, 1976. — Freyer, K.: Untersuchungen zur Biologie, Morphologie und Verbreitung von *Herpotrichia parasitica* (Hartig) E. Rostrup (vormals *Trichosphaeria parasitica* Hartig). EJFP 6, 222–238, 1976.— Freyer, K., u. Aa, H. A. v. d.: Über *Pyrenochaeta parasitica* spec. nov., die Nebenfruchtform von *Herpotrichia parasitica* (Hartig) E. Rostrup (= *Trichosphaeria parasitica* Hartig). EJFP 5, 177–182, 1975.

Zu den Sphaeriaceae wird auch gestellt:

Phaeocryptopus gäumanni (Rohde) Petr., der Erreger der Rußigen Douglasienschütte. Im Mai/Juni befallen Ascosporen – Nebenfruchtformen sind nicht bekannt – die eben austreibenden jungen Nadeln der Douglasie, die zunächst keine äußerlich sichtbare Veränderung erfahren; auch ältere Nadeljahrgänge können anscheinend infiziert werden. Der Pilz durchdringt interzellular das Nadelgewebe. Ab November/Dezember beginnen auf der Nadelunterseite die weißen Wachspfropfen der Spaltöffnungen zu schwinden, im Nachwinter erscheinen vereinzelte, auf den Spaltöffnungen beiderseits der Mittelrippe stehende kugelige, schwarze Perithezien, die im Mai/Juni reife Sporen entlassen. Im Laufe des Sommers macht sich die erste Verfärbung der Nadeln bemerkbar: sie werden gelbgrün marmoriert und erhalten braune Flecken. Der Pilz lebt nach der ersten Fruchtbildung weiter und bildet im nächsten Winter sehr viel mehr Anlagen zu Fruchtkörpern aus. Bei manchen Bäumen kommt es im zweiten Winter schon zu stärkeren Nadelausfällen, die Färbung der Nadeln wird intensiver.

Nach der zweiten Fruktifikation verliert wiederum eine Anzahl von Bäumen ihre nun braun gewordenen Nadeln; die hängenbleibenden bilden weiterhin Fruchtkörper, die im nächsten Frühjahr Sporen bringen. Nun sind die beiden, aus zahlreichen schwarzen Pünktchen bestehenden, rußigen Streifen auf der Unterseite der älteren Nadeln das sicherste Merkmal der Krankheit (Abb. 32). Das dritte Jahr führt

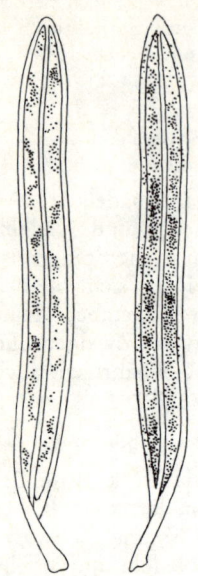

zur Entwicklung der meisten Fruchtkörperanlagen, die häufig wie eine schwarze Kruste die Nadelunterseite bedecken, und ist für fast alle noch vorhandenen Nadeln das letzte. Das Abfallen eines infizierten Nadeljahrganges kann sich auf mehrere Jahre erstrecken. Ungewöhnlich rasche, schon im Herbst des Infektionsjahres eintretende Entnadelung ist vermutlich auf Nebeninfektion (durch eine *Rhizosphaera*-Art) oder auf besondere Anfälligkeit des Wirtsbaumes zurückzuführen. An manchen Bäumen kann ein Gleichgewichtszustand zwischen Nadelverlust und jährlichem Nadelzuwachs eintreten, so daß der Baum über viele Jahre immer 1, 2 oder 3 Nadeljahrgänge zeigt.

Der Pilz ist ein seit alters her auf der Douglasie in ihrem Heimatgebiet auftretender, harmloser Nadelbewohner, der in Europa infolge der anderen Umweltverhältnisse zu ihrem gefährlichsten Schädling wurde. Sein Auftreten wurde 1925 aus der Schweiz, 1928 aus England und Irland, 1934 aus Oberschwaben und 1940 aus Dänemark gemeldet. Alle *glauca*- und *caesia*-Formen leiden besonders stark, weil sie die Nadeln rascher und vollständiger abwerfen und weniger durch Neubildung ersetzen als die *viridis*-Formen;

Abb. 32. Schwacher und dichter Besatz an Perithezien von *Phaeocryptopus gäumanni* auf der Unterseite von Douglasiennadeln. Nach ROHDE 1937

diese behalten außerdem häufiger in der Krone einen unteren, inneren Kern der ältesten Nadeljahrgänge auch nach Infektion mehrere Jahre lang grün. Langsamwüchsige Provenienzen sind stärker gefährdet als raschwüchsige. Die Krankheit tritt in allen Altersstufen, außer der einjährigen, auf, doch scheint es in mehr als 45jährigen Beständen im allgemeinen nicht mehr zum Nadelabwurf zu kommen, wenn auch bei ihnen pilzbefallene Nadeln gefunden werden. Feuchtwarme Gebiete, Jahre mit starken Sommerniederschlägen und Lagen mit hoher Luftfeuchtigkeit sind anscheinend dem Pilz günstig. Er bringt nur selten ganze Bestandesteile zum Absterben, sofern nicht Sekundärschäden hinzutreten; der Zuwachs wird erheblich beeinträchtigt (Abb. 215).

Schrifttum: OESCHGER, H. J.: Gefährdungen der Douglasie in Baden-Württemberg durch biotische Schädlinge? FH 26, 234–236, 1971. — STRITTMATTER, W.: Mykologische und biologische Studien an der Baumart Douglasie – *Pseudotsuga menziesii* (Mirb.) Franco – im Zusammenhang mit dem Auftreten von *Phaeocryptopus gäumanni* (Rohde) Petr. Schriftenreihe Landesforstverw. Bad.-Württ. Bd. 73, Stuttgart 1974.

Nach SCHAERFENBERG 1959 ist weiter ein insektentötender Pilz hierhin zu stellen: **Metarrhizium anisopliae** (Metsch.) Sorok., Parasit in zahlreichen Kerbtieren, u. a. in Maikäfer, Eichenwickler, Wintersaateule, Buchenspinner und Kiefernschwärmer. Infektion und Entwicklung im Wirtstier verläuft ähnlich wie für *Beauveria bassiana* geschildert (S. 113).

Die zur Familie Polystigmataceae gehörende Art **Glomerella miyabeana** (Fuk.) v. Arx, als Rutenbrenner bezeichnet, verursacht an Weiden Blattflecken, Rindennekrosen und Absterben der Triebspitzen. Als Schwächeparasit auch auf Steckhölzern von Pappeln gefunden.

Familie Xylariaceae

Perithezien kugelig oder flaschenförmig, in einem außen dunklen Stroma oder eingebettet in dem vom Pilz durchwachsenen Wirtsgewebe. Meist Saprophyten, wenige Arten parasitisch.

Rosellinia quercina Htg., Eichenwurzeltöter. An 1–9jährigen Eichen. Blätter bleichen und vertrocknen von oben nach unten; am Stengel, dicht unter der Erdoberfläche bräunen sich und schrumpfen Rinde und Holzgewebe; Pfahlwurzel wird braun und Pflanze stirbt ab. An kranken Wurzeln finden sich stecknadelkopfgroße, schwarze

Sklerotien, zwischen ihnen zahlreiche weiße, später braune Myzelstränge, die sich verästeln, die Wurzeln umspinnen, im Boden fortlaufen und die Krankheit von einer Pflanze zur andern übertragen. Infektion durch Einzelhyphen, die von den Myzelsträngen ausgehen und durch Lentizellen, Wunden oder die Wurzelspitzen in die Wurzeln eindringen. Bei trockenem, für das Pilzwachstum ungünstigem Wetter kann Pflanze durch Wundkorkbildung weiteres Vordringen des Pilzes verhindern. Konidien im Sommer aus dem oberirdisch vegetierenden Myzel; schwarze, kugelige Perithezien an der Oberfläche der kranken Pflanze. Das vom Myzel geschwärzte Holz des Stengels wird weißfaul und so mürbe, daß die Pflanze leicht am Wurzelhals abbricht. Schädlich vor allem in Saatkämpen und dichten Rillensaaten in nassen Jahren. Ähnlich **R. thelena** Rabh., auch auf toten Zweigen und Nadeln von Fichte, Kiefer und anderen Baumarten (BUTIN-ZYCHA 1973).

Bekämpfung wie bei Keimlings- und Wurzelfäule durch *Pythium*-Arten (S. 86).

Hypoxylon rubiginosum (Pers.) Fr. bildet unregelmäßige, bräunlichrote, später schwarzkohlige, 1–3 mm dicke und mehrere Zentimeter breite Krusten auf Holz und Rinde älterer absterbender und toter Laubbäume. **H. mammatum** (Wahl.) Mill. (*pruinatum* (Kl.) Cke.) erzeugt Rindenbrand an Aspen und vielleicht auch an einigen Pappelhybriden. Zunächst als gefährlicher Wundparasit nur aus Nordamerika bekannt, neuerdings auch aus verschiedenen Teilen Europas nachgewiesen, ohne hier bisher als beachtlicher Schädling hervorgetreten zu sein (PINON 1979).

Schrifttum: ANDERSON, N. A., OSTRY, M. E., ANDERSON, G. W.: Insect wounds as infection sites for *Hypoxylon mammatum* on Trembling Aspen. Pp 69, 476–479, 1979. — PINON, J.: Origine et principaux caractères des souches françaises d'*Hypoxylon mammatum* (Wahl.) Miller. EJFP 9, 129–142, 1979.

Familie Diaporthaceae

Perithezien mit häufig verlängerter, oft vorragender oder verdickter Mündung. Kein Stroma oder Stroma im Substrat. Artenreiche Familie mit Saprophyten, Perthophyten und Parasiten auf höheren Pflanzen.

Gnomonia errabunda (Rob.) Auersw. mit der Nebenfruchtform **Gloeosporium fagicolum** Pass. verursacht unregelmäßige, dunkelgerandete, vielfach den Blattnerven entlangziehende Flecken auf Blättern der Buche und anderer Laubhölzer. Bei starkem Auftreten vorzeitiger Blattfall. Gelegentlich kommt es zum Absterben junger Triebe und zu örtlich begrenzten Rindennekrosen. **Gnomoniella tubiformis** (Tode) Sacc. bildet glänzend schwarze, runde Flecken auf Blättern der Rot-, weniger der Weißerle. Ebenfalls an Erle tötet **Ditopella ditopa** (Fries) Schroet. gelegentlich als Schwächeparasit Zweigspitzen; ihre Rinde färbt sich rotbraun, die Fruchtkörper sitzen in der Oberhaut und lassen sich mit ihr abziehen.

Hercospora *(Diaporthe)* **taleola** (Fr.) Müll. wirkt im Gefolge von *Fusiococcum quercus* (S. 108) am Eichenrindenbrand mit: an jungen Eichen stirbt Rinde platz- und streifenweise ab, reißt auf und wird abgestoßen. Myzel dringt auch in den Splint ein und bräunt ihn. Flaschenförmige Perithezien im zweiten Jahr nesterweise zusammensitzend, in die Rinde versenkt und mit gemeinsamem Hals nach außen mündend. Auch an älteren Eichen beobachtet. **Diaporthe leiphaemia** (Fr.) Sacc. Schwächeparasit, auch saprophytisch an jungen Eichen. **D. eres** Nit. parasitisch an frischverpflanzten jungen Eichen, deren Wasserhaushalt gestört war (KERLING 1961), auch als Parasit auf dünnen Ästen und Zweigen von Ulmen sowie als Saprophyt auf abgestorbenen Rindenteilen mehrjähriger Pappeln beschrieben. **D. fasciculata** Nit. erzeugt Keimlingsfäule an Eichensämlingen, Wurzelfäule und Tracheomykose (S. 328) an älteren Eichenpflanzen (UROŠEVIĆ 1963).

Cryptodiaporthe populea (Sacc.) Butin mit der Nebenfruchtform **Dothichiza populea** Sacc. et Br. ist ein sehr gefährlicher Schwächeparasit der Pappeln und erzeugt Rindentod vorwiegend an ein- und zweijährigen Pflanzen. Auf der Rinde von Zweigen, Ästen und Stamm entstehen dunkle graue oder braune, zuweilen auch helle Flecken, die Rinde stirbt ab und sinkt ein; die tote Rinde kann der Länge nach oder konzentrisch um die Befallsstelle aufreißen, vielfach wird der Holzkörper freigelegt (Abb. 33). Bei stammumfassender Erkrankung stirbt der oberhalb gelegene Pflanzenteil ab; sonst wird die Wunde durch Überwallung geschlossen. Die unscheinbaren

Perithezien finden sich in der Regel nur an älteren Rindenschadstellen. Pyknidien bilden sich bald im Frühjahr und Sommer, hauptsächlich an der Basis der Seitenzweige und der jüngsten Jahrestriebe; entlassen die Sporen bei feuchtem Wetter während des ganzen Jahrs, Hauptsporenflug im Mai/Juni. Infektion über Rindenverletzungen,

 hauptsächlich durch Blattnarben, anscheinend auch über Lentizellen. Pilz breitet sich in Rinde und Kambium konzentrisch aus. Zwischen dem Zeitpunkt der Infektion und dem Sichtbarwerden der Krankheit können Monate, vielleicht sogar 1–2 Jahre vergehen. Auszubreiten vermag sich der Pilz nur bei geeigneter Temperatur und in Pflanzen oder Pflanzenteilen, die in ihrer Vitalität, insbesondere im Wassergehalt herabgesetzt sind: in den unteren, dem Absterben nahen Ästen älterer Kronen sowie in jungen Bäumchen, die zu lange in unsachgemäßem Einschlag gestanden haben, durch Verpflanzen geschwächt sind, sich infolge ungünstiger Standort- oder Wetterverhältnisse schlecht entwickeln oder unter Rost leiden. Die Pappelarten und -sorten sind verschieden anfällig.

Nach Schönhar 1960, 1963 sind u. a. stark anfällig: Italica, P. simonii, Selys, Serotina; anfällig Forndorf, Leipzig, Marilandica, Missouriensis Holland, P. alba, Robusta; schwach anfällig: Brabantica, Eukalyptus, Flachslanden, Gelrica, Grandis, Oxford, P. tremula, P. trichocarpa, Rochester; ziemlich widerstandsfähig: Allenstein, Lampertheim, Neupotz, Regenerata Harff.

Dothichiza populea ist anscheinend auch an einer als Braunfleckengrind bezeichneten Krankheit älterer Pappeln, namentlich der Robusta im Alter von etwa 15 Jahren ab, beteiligt. Erste Symptome sind pfennig- bis taschenuhrgroße braune

Abb. 33. Rindentod an Pappel, verursacht durch *Dothichiza populea*

Flecken auf der Spiegelrinde von Stamm und Ästen, aus denen im Frühling und Frühsommer Saft ausfließt. Beim Nachschneiden zeigt sich das Bastgewebe bis zum Kambium oder Splint abgestorben und braun verfärbt; unter der kranken Stelle färbt sich das Holz rotbraun. Wenn der Stamm an Dicke zunimmt, reißen die abgestorbenen Rindenstellen längs auf; es treten Verborkungen, auch leichte Überwallungen ein, so daß die Rinde ein grindiges Aussehen erhält. In den Grinden sind zwischen den Borketeilen die abgestorbenen dunkelbraunen Gewebefasern sichtbar. Die Krankheit erlischt an der einzelnen Befallsstelle in der Regel innerhalb eines Jahrs; im nächsten Frühjahr treten Fleckenbildung und Saftfluß an anderen, meist höher am Stamm gelegenen Stellen auf. Nach Überwallung ist die lokal erloschene Erkrankung äußerlich am Überwallungswulst, im aufgeschnittenen Stamm an der nach neuem Holzzuwachs in die Tiefe gerückten, braun verfärbten Stelle erkennbar. Nach Untersuchungen von Schönhar 1956 und Breuel-Börtitz 1965/67 ist mit größter Wahrscheinlichkeit *Dothichiza populea* Urheber der Krankheit. Voraussetzung ist eine schwere Schädigung der Pappel durch Temperaturschwankungen, namentlich durch kurzfristigen Wechsel tiefer und hoher Temperaturen ausgangs des Winters, oder durch Wassermangel.

Gegenmaßnahmen: Anbau wenig anfälliger Pappelsorten, sorgfältige Auswahl des Standorts. Bei Jungpflanzen: Vermeiden von Wasserverlusten beim Wintereinschlag, Transport und Pflanzen; vor dem Pflanzen Wurzeln mindestens 48 Stunden in möglichst fließendes Wasser einlegen. Beschneiden und Aufasten von Mitte April bis Mitte Mai, weil dann rascheste Überwallung der Schnittwunden. Spritzen mit Kupferoxychlorid (PVG) ab Ende April dreimal in vierwöchigen Abständen.

Cryptodiaporthe salicella (Fr.) Petr., ebenfalls Schwächeparasit, verursacht Rindennekrose und Absterben von Triebspitzen an Weiden, deren Wassergehalt herabgesetzt ist.

Schrifttum: Breuel, K.: Beiträge zur Ätiologie des Braunfleckengrindes, einer Rindennekrose der Gattung *Populus*. 4. Mitteilung. Untersuchungen über die mitwirkenden Faktoren. PZ 66, 297–316, 1969. — Über den Einfluß edaphischer Faktoren auf die Praedisposition einer Pappelplantage gegenüber *Dothichiza populea* Sacc. et Br. AFw 18, 1265–1272, 1969. — Werner, A., u. Siwecki, R.: Histological studies of infection processes by *Dothichiza populea* Sacc. et Briard in susceptible and resistant poplar clones. EJFP 8, 217–226, 1978.

Valsa sordida Nit. mit der Nebenfruchtform **Cytospora chrysosperma** (Pers.) Fr. ist ein sehr häufiger Saprophyt an Pappeln und Weiden, der in seiner Nebenfruchtform allenthalben auf toten Ästen gefunden wird. An geschwächten, im Wuchs stockenden, insbesondere schlecht mit Wasser versorgten Pflanzen kann er parasitär werden: das Rindengewebe wird bis auf das Kambium abgetötet, es erscheinen dunkelbraune bis schwärzliche Verfärbungen, die scharf gegen die gesunde Rinde abgegrenzt sind. An den Rändern der Befallsstelle treten Überwallungen auf, die bei fortgesetzter Wechselwirkung zwischen Pilz und Pflanze zur Krebsbildung führen, dem Valsakrebs, der dem früher geschilderten Nektriakrebs (S. 91) sehr ähnlich ist. Vielfach, namentlich an schwächeren Ästen und an Zweigen, wird das gesamte Rindengewebe schon innerhalb des ersten Jahres abgetötet. Schwarzbraune Pyknidien erscheinen als konvexe Aufwölbung der Rinde und durchbrechen mit graubrauner Scheibe das Periderm; dünne Rinde sieht dann wie mit dunklen Pusteln besetzt aus, in dicker Rinde fallen sie weniger auf; aus ihnen wachsen gelbrote Sporenranken, oft in Gestalt langer Fäden.

Ähnlich, aber von geringerer Bedeutung **Valsa ambiens** Sacc. und **V. nivea** Fr. mit den Nebenfruchtformen **Cytospora ambiens** Sacc. und **C. nivea** Sacc.

Gegenmaßnahmen grundsätzlich wie bei *Dothichiza populea;* über die Möglichkeit chemischer Bekämpfung ist nichts bekannt.

Valsa oxystoma Rehm, Erlenwipfelpilz, verursacht im Zusammenwirken mit Frost oder Ernährungsstörungen an Erle Zopfdürre und Absterben. Das Myzel verstopft die Gefäße und stört so die Wasserleitung. Von der Ansatzstelle infizierter Äste laufen ½–2 m lange braune Streifen stammabwärts, auf denen sich schwarze, linsenförmige Stromata mit langhalsigen, borstig behaarten Perithezien bilden.

Endothia parasitica (Murr.) And., ursprünglich in Ostasien heimisch, hat in den Oststaaten der USA gebietsweise die Kastanie ausgelöscht; der Pilz wurde um 1938 in Genua eingeschleppt und hat sich von dort als gefährlicher Parasit der Eßkastanie in Südeuropa einschließlich der südlichen Schweiz ausgebreitet. Befällt auch Eichen, allerdings weniger schwer. Erstes Symptom ist plötzliches Welken von Blättern und Trieben; das kremfarbene Myzel wuchert fächerförmig unter der Rinde und läßt an dieser ausgedehnte, krebsige Längswülste entstehen. Nach kürzerer oder längerer Zeit geht der Baum ein. Die europäische Kastanie ist anscheinend widerstandsfähiger als die durch den Pilz bereits vernichtete amerikanische; so ist man bemüht, nichtanfällige Sorten zu züchten. Doch läßt nach BAZZIGHER 1964 die Entwicklung, welche die *Endothia*-Seuche im Kanton Tessin bisher genommen hat, vermuten, daß die Kastanie in Europa als Waldbaum nicht mehr zu retten ist.

Familie Phacidiaceae

Apothezien scheibenförmig, dickwandig, lederig, schwarz, in einem mit dem Substrat verwachsenen Stroma eingesenkt. Hymenium lange mit einer bei der Reife lappig aufreißenden Gewebeschicht bedeckt.

Phacidium infestans Karst., Erreger der Schneeschütte an Kiefer in Skandinavien und an Arve im Alpengebiet. Nadeln werden durch anfliegende Sporen oder durch oberirdisch unter Schnee wachsendes Myzel infiziert; sind nach der Schneeschmelze fahl verfärbt, werden braunrot und bleichen ab August aus. Die meisten toten Nadeln bleiben an den Trieben und fallen auch im folgenden Sommer nur zögernd ab. Apothezien im Sommer als grauschwarze Punkte auf der Nadelepidermis sichtbar, wölben sich vor und zerreißen während der Reife die Epidermis lappig. Kleine Pflanzen gehen oft bereits nach einmaligem Totalbefall ein, größere werden zunächst nur in den unteren Teilen befallen, können aber nach mehrjähriger fortschreitender Krankheit ebenfalls absterben. Verhindert mancherorts über längere Zeitperioden jegliches Aufkommen einer Naturverjüngung. Gegenmaßnahmen: Gleich nach der Schneeschmelze befallene Zweige abschneiden und verbrennen. Nach KLINGSTRÖM-LUNDEBERG 1978 viermaliges Spritzen mit Chlorthalonil (PVG) und Cycloheximid.

Schrifttum: KLINGSTRÖM, A., a. LUNDEBERG, G.: Control of *Lophodermium* and *Phacidium* needle cast and *Scleroderris* canker in *Pinus silvestris*. EJFP 8, 20–25, 1978.

Potebniamyces *(Phacidiella)* **coniferarum** (Hahn) Smerlis mit der Nebenfruchtform **Phomopsis pseudotsugae** Wils., Erreger der Rindenschildkrankheit an Douglasie und Japanischer Lärche; auch an anderen Nadelhölzern, hier aber bedeutungslos, meist saprophytisch lebend. Tötet Rinde und Kambium ab, an Ästen,

Leittrieben und bis 3 cm starken Sproßachsen umfassend, so daß diese mit dem durch Wundreaktion und Nährstoffstauung entstehenden Bild einer Einschnürungskrankheit absterben. An dickeren Stämmchen, auch im unteren Kronenteil älterer Bäume, erfaßt die Krankheit nicht den gesamten Umfang, die Rinde stirbt lokal ab (Abb. 34) und läßt

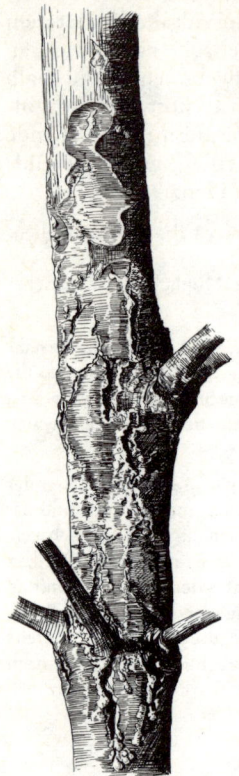

sich von der Schadstelle wie ein Schild abheben; von den Rändern her wird die Stelle mehr oder weniger schnell überwallt. Der Pilz ist ein Wundparasit, der insbesondere während der Vegetationsruhe seinen Wirt über Verletzungen jeglicher Art befällt. Erhöhte Disposition für die Ausbreitung des eingedrungenen Pilzes entsteht durch Wassermangel der Gewebe infolge von Frosttrocknis (S. 46) und frostbedingtem Nadelverlust. So breitet sich die Krankheit im Winter aus, während in der Vegetationszeit das vordringende Myzel von Wundkallus zurückgedrängt wird. Hat in Frostlagen schon ganze Kulturen vernichtet. Eine als *Discula pinicola* (Naum.) Petr. bezeichnete Nebenfruchtform erzeugt Bläue in Kiefernstammholz (Butin 1965).

Maßnahmen gegen die Rindenschildkrankheit: Kein Anbau von Douglasie und Japanischer Lärche an frostgefährdeten Orten, vielmehr Anbau unter Schirm, im Seitenschutz oder nach Vollumbruch. Keine Verwendung frostempfindlicher Herkünfte. Vermeiden von Verletzungen während der kalten Jahreszeit, also Astung und Zweigschnitt nur zwischen Mai und September.

Schrifttum: Gremmen, J.: Untersuchungen über *Potebniamyces coniferarum* in den Niederlanden. EJFP 3, 105–112, 1973. — Hartmann, G.: Prädisposition junger Douglasien für *Phomopsis pseudotsugae* in Abhängigkeit von ihrer Wasserversorgung und der Temperatur. ZPK 83, 66–71, 1976. — Gefährdung von Douglasienkulturen durch Pilzkrankheiten in Nordwestdeutschland. FH 32, 73–77, 1977. — Hartmann, G., u. Niemeyer, H.: Schäden durch Pilze und Tiere in den Forstkulturen von 1973–1977. AF 34, 324–329, 1979. — Holz, B., u. Butin, H.: Über ein Vorkommen der Hauptfruchtform von *Potebniamyces coniferarum* (Hahn) Smerlis an der Douglasie. EJFP 2, 129–133, 1972. — Rack, A.: Frostanalyse in einer Douglasienkultur unter Berücksichtigung von *Phomopsis pseudotsugae*. AFJZ 145, 154–162, 1974.

Abb. 34. Douglasienstämmchen mit Befall von *Phomopsis pseudotsugae*

Rhabdocline pseudotsugae Syd., Erreger der Rostigen Douglasienschütte. Erstmalig 1911 in Nordamerika beobachtet, seit etwa 1925 auf dem europäischen Festland. Im Mai werden die jungen, sich eben entwickelnden Nadeln infiziert. Myzel lebt zunächst intrazellulär, später auch in den Interzellularen. Im Herbst bilden sich an den infizierten Stellen kleine gelbgrüne Flecken, die sich während der folgenden Monate vergrößern und violettbraune Farbe annehmen. Nadeln erscheinen marmoriert. Verfärbung am stärksten im Februar/Mai. Im April bilden sich, meist auf der Nadelunterseite, Apothezien als längliche, gelbbraune Streifen, die im Mai/Juni die Sporen entlassen. Bald darauf erfolgt der Nadelabfall; die entsprechenden vorjährigen Triebe werden dadurch entnadelt. Bei langandauernder Krankheit ist somit nur der jeweils jüngste Nadeljahrgang vorhanden. Ausnahmsweise kann Bräunung der Nadeln bereits im August/September und der Nadelfall bald darauf erfolgen, so daß dann auch die jüngsten Triebe kahl sind. Weiterentwicklung des Pilzes in den am Boden liegenden Nadeln findet nicht statt. Sämtliche Altersklassen, selbst Keimpflanzen werden befallen. Der Schaden besteht in Entwertung des von der Douglasie vielfach gewonnenen Schmuckreisigs, in Zuwachsverlust, Erhöhung der Anfälligkeit für andere Schädlinge und bei langjähriger Krankheitsdauer im Tod der Bäume. Befall am einzelnen Baum in verschiedenen Jahren oft ungleichmäßig; im Gesamtbestand gleichen sich die Verschiedenheiten weitgehend aus. Vorübergehend kann auch Erholung eintreten.

Vermutlich spielt dabei eine bei den Baumindividuen jährlich unterschiedliche Koinzidenz zwischen dem Zeitpunkt der Knospenentfaltung und der kurzen, etwa 14 Tage dauernden Infektionszeit eine Rolle.

Die Douglasienrassen sind verschieden anfällig: die schnellwüchsigen und waldbaulich wertvollen *viridis*-Formen, insbesondere die sogenannte Küstendouglasie, haben sich als resistent erwiesen, während die *caesia*- und *glauca*-Formen mehr oder weniger empfindlich sind. Anbau resistenter Formen ist die einzige wirtschaftlich brauchbare und durchschlagende Bekämpfungsmaßnahme.

Schrifttum: PARKER, A. K.: Effect of relative humidity and temperature on Needle Cast Disease of Douglas Fir. Pp 60, 1270–1273, 1970. — STEPHAN, B. R.: Nadelschütte (*Rhabdocline pseudotsugae*) an Douglasien unterschiedlicher Herkunft. FA 44, 175–177, 1973. — Prüfung von Douglasien-Herkünften auf Resistenz gegen *Rhabdocline pseudotsugae* in Infektionsversuchen. EJFP 10, 152–161, 1980.

Didymascella thujina (Dur.) Maire, Erreger der Keithia-Krankheit an *Thuja plicata,* aus Nordamerika nach Europa eingeschleppt, namentlich in England schädlich. Befällt die Nadeln; selbst geringfügig erscheinende Infektion führt oft zum Tod des ganzen Triebs, offenbar infolge eines vom Pilz ausgeschiedenen Toxins. Besonders gefährlich in Pflanzgärten. **Clithris quercina** (P.) Fr., Wundparasit der Eiche, befällt abgestorbene oder absterbende (rauchkranke) Zweige und dringt in gesundes Gewebe vor. Entwickelt Fruchtkörper unter der Rinde, es entstehen Querrisse, aus denen sich die dunklen Apothezien entleeren.

Die zur Familie Cryptomycetaceae gehörende Art **Cryptomyces maximus** (Fr.) Rehm befällt lebende Zweige von *Salix*-Arten, oft umfassend, so daß sie absterben. Schwarze langgestreckte Fruchtkörper, die auf größeren Ästen bis 15 cm lang werden können. Nicht häufig, deshalb unbedeutend.

Familie Hypodermataceae

Apothezien flach und meist langgestreckt, im Substrat (Nadel oder Blatt) eingesenkt; öffnen sich bei der Reife mit einem Längsspalt, der sich bei Trockenheit wieder schließt; entlassen aus zahlreichen Schläuchen faden- oder spindelförmige, von einer schleimigen Hülle umgebene Ascosporen. An Koniferen hauptsächliche Erreger von Nadelschütten, des (oft plötzlichen) Abfallens der braun gewordenen Nadeln.

An Kiefer:

Lophodermium pinastri (Schrad.) Chev., Kiefernritzenschorf, Erreger der Pilzschütte oder gemeinen Kiefernschütte an 1- bis 7jährigen, weniger an älteren Kiefern, an Altkiefern nur in altersschwachen, bald abfallenden Nadeln, zuweilen auch an Berg-, Schwarz-, Zirbel- und Bankskiefer; an Strobe scheinen nur stark geschwächte Nadeln zu erkranken, so daß hier dem Pilz keine nennenswerte Bedeutung zukommt. Die Rassen und Herkünfte der gemeinen Kiefer sind verschieden empfänglich für die Krankheit: am widerstandsfähigsten sind im allgemeinen die nordischen, am anfälligsten die südeuropäischen Herkünfte, doch ist ein klarer Zusammenhang zwischen Empfindlichkeit und geographischer Lage oder Großklima des Herkunftsorts nicht erkennbar. Auch innerhalb der gleichen Herkunft verhalten sich die Baumindividuen recht unterschiedlich.

Erste Symptome sind ab August mit der Lupe erkennbare, gelbliche Infektionsflecken auf der Nadeloberfläche; sie werden bis November zahlreicher, größer und dunkler, bleiben aber unauffällig. Im Frühjahr rötet sich die Nadel, oft plötzlich, so daß die Kultur von einem Tag zum andern „wie verbrannt" dasteht. Im April/Mai erfolgt das Schütten der Pflanzen durch Abstoßen der toten Kurztriebe. Schwach infizierte Nadeln fallen auch erst im Herbst, zur Zeit, wenn die Kiefer ihre ältesten gesunden Nadeln abzuwerfen pflegt, oder im Frühwinter unter dem Einfluß der ersten Fröste. So gibt es jährlich 3 Schüttewellen: die meist stärkste im Frühjahr, schwächere im Herbst und Frühwinter (Abb. 35). Abgesehen von seinem meist größeren Ausmaß ist das Frühjahrsschütten für die Pflanze nachträglicher, weil neue Triebe noch nicht entwickelt sind; im Herbst und Frühwinter verfügt die Kiefer schon über den vollentwickelten neuen Nadeljahrgang, so daß sie den Verlust der älteren Kurztriebe eher ertragen kann.

Das in den Nadeln wuchernde Myzel bildet zweierlei Fruchtkörper. Zunächst Pyknidien als kleine, etwa 0,2 mm lange, schwarze Striche auf der Nadeloberfläche, deren Sporen, da schwer keimbar, für die Infektion keine Rolle spielen. Später, meist erst nach Abfall der Nadeln, entstehen die glänzend schwarzen, etwa 1 mm langen, ovalen Apothezien, deren Asci 8 langgestreckte, fadenförmige Sporen enthalten. Die Nadeln weisen dann häufig eine dunkle Querstrichelung auf (Abb. 36). Voraussetzung

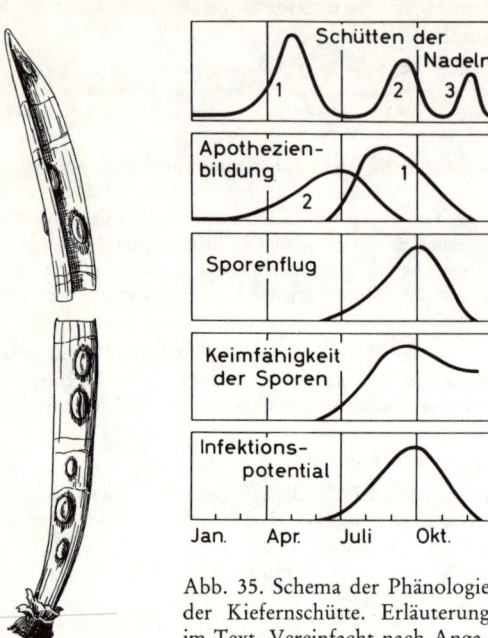

für die Apothezienbildung ist Feuchtigkeit. Die Apothezien reifen auf den frühlinggeschütteten Nadeln im Sommer desselben, auf den herbstgeschütteten im Frühsommer des folgenden Jahrs; die auf wintergeschütteten Nadeln im nächsten Sommer entstehenden Fruchtkörper liefern keine oder wenig keimfähige Sporen, so daß sie für die Verbreitung der Krankheit keine Bedeutung besitzen. Das sich mit einem Längsspalt öffnende Apothezium entleert seine Sporen während mehrerer Wochen; Trockenperioden unterbrechen das Auswerfen der Sporen, Regenzeiten fördern es. Die vom Winde fortgetragenen Sporen lassen sich in der Luft vorwiegend vom Juni bis in den Dezember, mit einem Maximum im Spätsommer, nachweisen. Aus der Sporendichte und der jahreszeitlich verschiedenen Keimfähigkeit der Sporen ergibt sich ein Infektionspotential, das im Spätsommer und Herbst am höchsten ist (Abb. 35). Alle diese Vorgänge sind von Temperatur und Feuchtigkeit abhängig, so daß das phänologische Schema im Einzelfall stark abgewandelt sein kann.

Abb. 35. Schema der Phänologie der Kiefernschütte. Erläuterung im Text. Vereinfacht nach Angaben bei RACK 1963

Abb. 36. Apothezien von *Lophodermium pinastri* an Kiefernnadel. 4/1

Ist die Spore auf einer Nadel gelandet, so dringt der Keimschlauch durch deren unversehrte Epidermis ein. Das sich in den Interzellularräumen vorwiegend des Assimilationsgewebes ausbreitende Myzel wächst zunächst sehr langsam, offenbar weil das Wirtsgewebe während der Vegetationszeit Widerstand leistet. Erst im Spätherbst und im nächsten Frühjahr übertrifft die Aktivität des Myzels die Abwehrkraft der Nadel (Abb. 187); es kann sich dann rascher verbreiten. Die abgetöteten Zellen bräunen sich, und es entstehen die symptomatischen gelben oder braunroten Flecken. Der Krankheitsverlauf hängt abgesehen von der Zeit der Infektion, der Widerstandskraft der Pflanze und den Wetterverhältnissen auch von der Massigkeit der Infektion, also der Zahl der auf einer Nadel zur Entwicklung kommenden Keimschläuche ab; ceteris paribus ergeben rund 10 und mehr Infektionen je Kurztrieb, im Sommer eingetreten, Schütten im nächsten Frühling, weniger Infektionen Nadelfall erst im folgenden Herbst.

Für Eintritt und Ausmaß der Kiefernschütte ist, abgesehen von dem notwendigen Vorhandensein apothezientragender Altnadeln, in erster Linie das Wetter vor und während der Infektionszeit maßgebend. Häufige Niederschläge im Frühling und

Sommer fördern die Apothezienreife, das Ausschleudern der Sporen und deren Keimung, die nur auf feuchten, auch betauten Nadeln erfolgen kann. Eine Reihe nasser Vegetationszeiten läßt die Krankheit epidemischen Charakter annehmen. Örtlich sind besonders gefährdet schattige, windruhige Lagen, in denen die Luftfeuchtigkeit hoch ist und Tau- oder Regennässe nicht so bald auftrocknet, also Mulden, von höherem Bestand umgebene Kulturen, auch dichte Kulturen und solche mit starkem Gras- und Unkrautwuchs. Kleine Pflanzen leiden stärker, vielleicht weil sie wegen des oberflächlichen Verlaufs ihrer Wurzeln und des geringen Wasserspeicherungsvermögens ihres kleinen Holzkörpers in Trockenzeiten leicht im Turgor absinken und damit empfindlicher werden, sicher aber, weil sie mit ihrer Benadelung mehr oder weniger vollständig in der bodennahen Luftschicht mit relativ höchstem Feuchtegehalt stehen. Höhere Kiefern schütten häufig nur innerhalb dieses feuchtesten Luftbereichs. Daß einzeln stehende junge Kiefern, die zwischen anderen Pflanzen, z. B. Fichten, wachsen, seltener von der Schütte befallen werden, mag mit der geringeren Wahrscheinlichkeit einer Sporenlandung, also der meist zu schwachen Infektionsdichte zusammenhängen. Dem Ernährungszustand der Wirtspflanze messen ZÖTTL-JUNG 1964 Bedeutung bei, indem sie feststellten, daß auf armem Sandboden Voll- und Stickstoffdüngung das Schütten verringerte; demgegenüber konnte RACK 1965 keinen Einfluß der Düngung auf das Ausmaß der Infektion und die Widerstandsfähigkeit der Kiefern nachweisen, doch glich der höhere Zuwachs infolge der besseren Nährstoffversorgung den schüttebedingten Zuwachsverlust mehr als aus.

Der Schüttepilz gehört zu den gefährlichsten Kamp- und Kulturschädlingen der Kiefer. Im Kamp können die kleinen Pflanzen durch starken Befall abgetötet oder doch so beeinträchtigt werden, daß sie zum Auspflanzen auf der Kultur nicht mehr brauchbar sind. Pflanzen, deren Endknospe oder oberer Achsenteil abgestorben ist, bleiben im weiteren Wuchs geschwächt und buschig; mit Vorsicht verwendbar sind nur solche Pflanzen, die eine gesunde, treibfähige Terminalknospe besitzen. Auf der Kultur bewirkt der Verlust der Altnadeln schwächere Entwicklung des Maitriebs; bei Wiederholung des Befalls bleibt er von Jahr zu Jahr kleiner. Wegen der individuell recht unterschiedlichen Schwere des Schadens hat dies ein ungleichmäßiges Wachstum der Kultur zur Folge. Es können auch Pflanzen eingehen, oft in großem Umfang, so daß Lücken in der Kultur entstehen. Kommen weitere, von der geschwächten Pflanze nicht mehr zu ertragende Belastungen hinzu, wie Dürre oder Schadinsekten, so können ganze Kulturen eingehen.

Vorbeugende Maßnahmen bezwecken neben einer Kräftigung der Pflanzen vor allem die Ausschaltung aller Umstände, die einer Infektion förderlich sind. Dazu gehören Anlage von Kämpen weitab von Infektionsquellen, möglichst in Nichtkiefernbeständen; Erziehen kräftiger Pflanzen durch sorgfältige Bodenbearbeitung, Düngung, Saat- und Pflanzarbeit; kein Bedecken der Beete mit Kiefernreisig. Auf Kulturen Vermeiden dichter Saaten, nicht zu enge Pflanzung, besonders an gefährdeten (feuchten) Stellen, Niederhalten des Gras- und Unkrautwuchses.

Diagnose: Braunwerden und Abfallen der Nadeln, auf ihnen werden die charakteristischen Apothezien sichtbar (Abb. 36).

Prognose: Bekämpfung ist im Kamp vorzunehmen, wenn sich auch nur geringe Anzeichen eines Schüttebefalls zeigen, auf der Kultur lediglich, wenn sie bereits geschädigt ist; gesunde Kulturen ertragen erstmaliges Schütten ohne wesentliche Nachteile. Ob tatsächlich und wann auf der Kultur die Bekämpfung stattzufinden hat, hängt von der Entwicklung der Apothezien ab. Ab Ende Juni werden im Frühjahr geschüttete Kurztriebe 3 Stunden in Wasser gelegt; nach weiteren 3 Stunden wird ausgezählt, wieviel Kurztriebe nun deutlich sichtbar gewordene, reife Apothezien tragen. Bekämpfung hat einzusetzen, sobald auf stark geschädigten Kulturen 5–10 %, auf schwach geschädigten 10–15 % der Kurztriebe reife Apothezien aufweisen (RACK 1960). Als stark geschädigt gelten Kulturen, deren Gipfeltriebe durchschnittlich weniger als die Hälfte des normal zu erwartenden Zuwachses aufweisen.

Bekämpfung: Sprühen oder Spritzen mit gegen Kiefernschütte zugelassenen Fungiziden (PVF). Maneb und Zineb haben Wirkungsdauer von etwa 35 Tagen; Wirkung von Maneb setzt gleich nach Applikation, die von Zineb erst etwa 20 Tage später ein (RACK 1965). Deshalb beide Mittel im Verhältnis

3 : 2 mischen, wodurch eine rund 55tägige Wirkungsdauer erzielt wird. Ungemischt werden Mancozeb und Metiram benutzt. Aufwand bei 60 cm hoher Kultur 1,2 kg/ha Präparat, für jede weiteren 10 cm Baumhöhe zusätzlich 0,2 kg/ha, jedoch nicht mehr als 3 kg/ha. Brühemenge im Sprühverfahren mit Bodengerät 100–150 l/ha, mit Luftfahrzeug 30–70 l/ha. Ausbringung zu dem Zeitpunkt, an dem die oben genannten Prozentsätze apothezientragender Kurztriebe erreicht sind, in der Regel Ende Juli / Anfang August. Chemische Bekämpfung verhindert häufig das Schütten nicht vollständig, setzt es aber regelmäßig auf ein erträgliches Maß herab.

Lophodermella *(Hypodermella)* **sulcigena** (Rostr.) Höhn., Erreger der Schwedischen Schütte an gemeiner Kiefer und Bergkiefer in allen Altersklassen, besonders an exponierten Bäumen. In ihrem Gefolge die früher als Nebenfruchtform angesehene, aber wohl eigene Art *Hendersonia acicola* Mch. et Tub. (Mitchell et al. 1976). Die Nadeln der letztjährigen Triebe werden im Sommer von der Spitze her lila bis gelbbraun, der untere grünbleibende Nadelteil ist in der Regel scharf abgegrenzt. Abgestorbene Nadeln fallen im Spätsommer ab. Bereits im Frühsommer entwickeln sich auf ihnen Apothezien in Form längsverlaufender, tiefer Furchen, die den Spaltöffnungsreihen der Nadel annähernd folgen. Ausstoß der Ascosporen und Infektion des laufenden Nadeljahrgangs Ende Mai bis Mitte Juli des folgenden Jahres. Kann epidemisch auftreten, namentlich in Skandinavien. In Mitteleuropa im ostseenahen Bereich beobachtet, meist zusammen mit der gemeinen Kiefernschütte. Deren Entwicklung ist auf Nadeln, die von *L. sulcigena* befallen sind, stark beschleunigt; bereits Ende August des Infektionsjahres sind reife Fruchtkörper von *Lophodermium pinastri* zu finden; das bald darauf einsetzende Massenangebot an Ascosporen führt noch im Herbst des gleichen Jahres zu umfangreichen Nadelinfektionen, denen das Schütten im nächsten Frühjahr folgt (Stoll 1961).

Schrifttum: Anonym: Schütte-Anfälligkeit und Pufferkapazität der Nadelzellen. AF 31, 156, 1976. — Costonis, A. C., Sinclair, W. A., Zycha, H.: Infection of detached needles of *Pinus strobus* and *P. sylvestris* by *Lophodermium pinastri*. PZ 67, 352–360, 1970. — Hartmann, G., u. Niemeyer, H.: Schäden durch Pilze und Tiere in den Forstkulturen von 1973 bis 1977. AF 34, 324–329, 1979. — Lanier, L., et Sylvestre, G.: Épidémiologie du *Lophodermium pinastri* (Schrad.) Chev. EJFP 1, 50–63, 1971. — Millar, C. S., a. Watson, A. R.: Two biotypes of *Lophodermium pinastri* in Scotland. EJFP 1, 87–93, 1971. — Minter, D. W., a. Millar, C. S.: Ecology and biology of three *Lophodermium* species on secondary needles of *Pinus sylvestris*. EJFP 10, 169–181, 1980. — Mitchell, C. P., Williamson, B., Millar, C. S.: *Hendersonia acicola* on pine needles infected by *Lophodermium sulcigena*. EJFP 6, 92–102, 1976. — Schindler, U.: Bekämpfungsversuche 1969 gegen die Kiefernschütte in Nordwestdeutschland. AF 25, 617–627, 1970. — Stephan, B. R.: Untersuchungen zur Variabilität von *Lophodermium pinastri*. EJFP 3, 6–12, 112–120, 1973. — Stephan, B. R., u. Millar, C. S. (Hrsg.): *Lophodermium* an Kiefern. Mitt. BundForschAnst. Forst- u. Holzwirtsch. Reinbek Nr. 108, 1975.

An Strobe: **Hypoderma brachysporum** (Rostr.) Tub., Strobenritzenschorf, Erreger der Strobenschütte. Nadeln zeigen mißfarbene Bänderung und bräunen sich im Sommer von der Spitze her, fallen später ab. Kurze schwarze Apothezien wie Perlschnüre an den abgestorbenen Nadeln. Myzel kann aus den Nadeln in den Trieb eindringen und diesen mit den Endknospen abtöten; beachtlicher Schaden, wenn es Gipfeltrieb ist: andere Triebe suchen seine Funktion zu übernehmen, bei mehrjähriger Wiederholung entstehen hexenbesenartige, buschige Gebilde. In allen Altersstufen, vorwiegend in 10- bis 20jährigen Naturverjüngungen unter Schirm. Als Gegenmaßnahme dürfte Auflockern oder Abräumen des Schirms in Frage kommen.

An Fichte: **Lophodermium macrosporum** Htg., Fichtenritzenschorf, Erreger der Fichtenschütte in 10- bis 40jährigen Beständen. Fleckenbildung und Bräunung an Nadeln vorjähriger Triebe im Frühling, Absterben der Nadeln innerhalb der Krone von unten nach oben und von innen nach außen. An den nicht abfallenden Nadeln entstehen im August oder später Apothezien in Form langer brauner, später glänzend schwarzer Wülste, vorwiegend auf der Nadelunterseite, die im Frühjahr des folgenden Jahres reifen. Oder aber die erkrankten Nadeln fallen im Sommer und Herbst nach der Infektion ab, und die Apothezien bilden sich sehr langsam am Boden. Bisweilen verzögert sich auch an hängenbleibenden Nadeln die Apothezienbildung bis in das 3. Jahr nach der Infektion. Außer Apothezien auch Spermogonien. Krankheit stellenweise und in einzelnen Jahren häufig. Bekämpfung wahrscheinlich mit gegen Kiefernschütte zugelassenen Mitteln (PVF) vom Hubschrauber aus möglich, in der Regel nicht erforderlich. **L. piceae** (Fuck.) Höhn. auf Fichte und **L. abietis** Rostr. auf Fichte und Tanne ähnlich dem vorigen.

An Tanne: **Lophodermium nervisequium** D. C. (= *Hypodermella nervisequia* [D. C.] Lag.), Tannenritzenschorf, Erreger der Tannenschütte. Befällt vorwiegend die älteren Nadeln, die sich im Mai/Juli gelb färben und allmählich abfallen. 2–3 Monate später erscheinen Pyknidien an Nadeloberseite als 2 wellig gekräuselte schwarze Längswülste; sodann Apothezien in einem Längswulst entlang der

Mittelrippe der Unterseite, reifen im nächsten April. Überall in Tannenbeständen, meist ohne merklichen Schaden. Nur in schlecht wachsenden Kulturen und Verjüngungen zuweilen gefährlich. Bekämpfung dann wahrscheinlich mit gegen Kiefernschütte zugelassenen Mitteln möglich (PVF).

An Lärche: **Lophodermium laricinum** Duby und **Hypodermella laricis** Tub., zwei Erreger von Lärchenschütte (s. a. S. 108 u. 112) im Alpen- und Voralpengebiet, vorwiegend in feuchten Lagen oder Jahren. Nadeln werden gelb und fallen ab. Apothezien in Längsreihe in der Mitte der Nadeln, bei der zweiten Art kleiner und weniger glänzendschwarz als bei der ersten.

Die Gattung **Rhytisma** Fr. erzeugt Runzelschorf auf Blättern verschiedener Laubbäume und Sträucher. Es bilden sich schwarze, polsterartige, zuweilen bis 2 cm Durchmesser aufweisende Flecken (Stromata), aus denen sich an den abgefallenen Blättern im Winter Apothezien entwickeln; vorher häufig Konidienlager. **R. acerinum** (Pers.) Fr., Ahornrunzelschorf, auf Ahornarten, besonders Spitzahorn. Mehrere, an die einzelnen Ahorn-Arten angepaßte biologische Rassen. Da Befall meist spät in der Vegetationszeit, praktisch belanglos. **R. punctatum** (Pers.) Fr. nur auf Bergahorn, mit zahlreichen, 1 mm großen Flecken. **R. salicinum** (Pers.) Fr., Weidenrunzelschorf, Erreger der Teerfleckenkrankheit: stark gewölbte, glänzend schwarze Stromata auf der Blattoberseite verschiedener Weidenarten; ebenfalls wirtschaftlich bedeutungslos.

Familie Helotiaceae

Apothezien scheiben- oder becherförmig, meist oberflächlich auf dem Substrat sich entwickelnd, dann oft gestielt. Vorwiegend auf toten Pflanzenteilen, aber auch perthophytisch oder parasitisch auf höheren Pflanzen. Da für einige forstliche Arten noch keine Einigkeit hinsichtlich der systematischen Zugehörigkeit besteht, werden hier auch Vertreter anderer zur Reihe Helotiales gestellter Familien behandelt.

Drepanopeziza populorum (Desm.) Höhn. mit Nebenfruchtform **Marssonina populi-nigrae** Kleb. erzeugt auf Blättern euramerikanischer Schwarzpappelbastarde kreisrunde, 4–5 mm Durchmesser aufweisende, zuweilen zusammenfließende, erst graue, später braune, öfter dunkler umrandete Flecken (Abb. 37). Ähnliche Blattflecken bildet **D. populi-albae** (Kleb.) Nannf. bzw. **M. castagnei** (Desm. et Mont.) Magn.

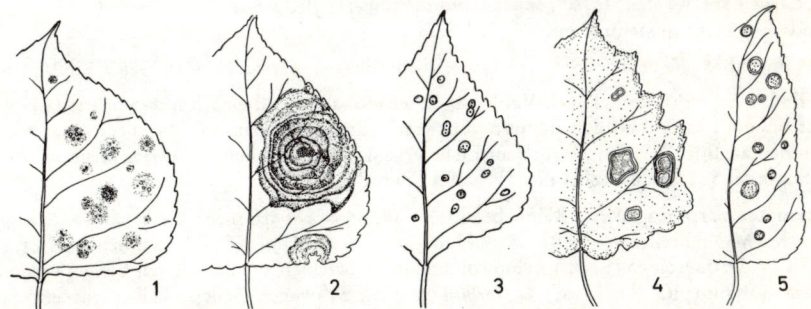

Abb. 37. Blattflecken auf Pappel, erzeugt von (1) *Marssonina populi-nigrae* auf Regenerata, (2) *Septotis podophyllina* auf Regenerata, (3) *Septoria populi* auf P. nigra var. italica, (4) *Pollaccia radiosa* auf P. canescens, (5) *Phyllosticta populina* auf P. trichocarpa. Zusammengestellt nach BUTTIN 1957

auf Weißpappel. Eine dritte Art, **D. punctiformis** Grem. bzw. **M. brunnea** (E. et E.) Magn., verursacht 1 mm große Tüpfel auf Blättern, Blattstielen und grünem Schaft ebenfalls von Schwarzpappelhybriden sowie auf Blättern von *Populus candicans*. Diese Blattfleckenkrankheit der Pappeln, auch Marssonina-Krankheit genannt, nimmt ihren Ausgang mit der Infektion der jungen Blätter im Frühjahr durch Ascosporen; während des Sommers kann sie laufend durch Konidiosporen verbreitet werden. Zwischen den charakteristischen Flecken färbt sich das Blatt teilweise gelb; es fällt vorzeitig ab. Am frühesten fallen die unteren und inneren Blätter, so daß bei noch nicht völliger Entlaubung ein typisches Kronenbild entsteht: die Zweige sind nur noch an ihren Enden normal belaubt. Das Ausmaß des Schadens hängt vom Zeitpunkt des Blattfalls ab: je früher er liegt, um so mehr wird die Bildung der für das Austreiben im nächsten Frühjahr benötigten Vorratsstoffe gestört, um so schwächer ist das Wachstum der Wurzeln im Herbst und Frühling, um so geringer ist der Wassergehalt der Rinde, was Befall durch *Dothichiza populea* begünstigt. Folgen sind Wuchshemmungen sowie Absterben von Trieben, Ästen und ganzen Bäumen. Beachtliche Schäden werden seit 1958 in Holland beobachtet, die Krankheit tritt aber auch, zeitweise in erheblichem Umfang, in Belgien, Nordfrankreich und Deutschland auf, vornehmlich auf geschwächten Pflanzen und Bäumen. Gleichbleibend hohe Luftfeuchtigkeit während des Sommers scheint sie zu fördern.

Gegenmaßnahmen: In erster Linie Anbau resistenter Sorten, doch ist unser Wissen hierüber noch unzureichend; während eines starken Auftretens der Krankheit waren am wenigsten befallen die Sorten Robusta, Brabantica, Serotina, Drömling und Grandis (ZYCHA-FRÖHLICH 1966). Gute Bodenvorbereitung und Versorgung der Pappel mit Phosphor, Stickstoff und Kalium. Spritzen mit kupferhaltigen Fungiziden (PVG), aber es fehlen noch umfangreichere Erfahrungen.

Schrifttum: PINON, J.: Sensibilité des jeunes rameaux de peuplier au *Marssonina brunnea* (Ell. et Ev.) P. Magn. EJFP 9, 192–199, 1979. — PINON, J., et POISSONNIER, M.: Étude épidemiologique du *Marssonina brunnea* (Ell. et Ev.) P. Magn. EJFP 5, 97–111, 1975.

Drepanopeziza sphaeroides (Fr.) Nannf. mit Konidienform **Marssonina salicicola** (Bres.) Magn. und verwandte Arten verursachen ähnliche Blattflecken auf Blättern sowie Rindenschorf an grünen Trieben verschiedener Weiden.

Septotinia (*Sclerotinia*) **podophyllina** Whetz. mit Nebenfruchtform **Septotis podophyllina** (Ell. et Ev.) v. Arx (*populiperda* Wat. et Cash) erzeugt an Pappeln meist rundliche Blattflecken, die konzentrische Ringe um die Infektionsstelle aufweisen (Abb. 37): Ringfleckenkrankheit. Infektion regelmäßig über eine Verletzung, die meist durch ein Insekt, namentlich Blattkäfer, verursacht ist. Konidien bilden sich wenige Tage später auf der Blattoberseite, Apothezien im folgenden Frühling oder Sommer auf den abgefallenen Blättern. Kann auch Rinde an jungen Trieben abtöten und Zweigsterben hervorrufen. An allen Schwarzpappelhybriden und einigen Vertretern der *Leuce-* und *Tacamahaca-* Gruppe, auch auf Weiden. Im allgemeinen von geringerer Bedeutung. Vorbeugende Abwehr durch Verhinderung von Insektenfraß mittels Insektiziden.

Schrifttum: KAM, M. DE: Life history, host range and distribution of *Septotinia podophyllina*. EJFP 3, 1–6, 1973.

Vermutlich gehört hierhin auch **Valdensia heterodoxa** Peyr., die nach BAVENDAMM 1944 im Juli/ August braune Flecken auf den Blättern von Kraut- und Holzpflanzen, vor allem an Heidelbeere, gelegentlich an Buche, vielleicht auch an Eiche erzeugt. Starkbefallene Pflanzen verlieren ihr Laub. Nennenswerter Schaden ist bisher nicht bekannt geworden.

Dermatea carpinea (Pers.) Rehm befällt als Wundparasit daumen- bis armdicke Stangen der Hainbuche; Myzel breitet sich in Rinde und Holz aus, Rinde platzt auf und Stämmchen stirbt, oft erst einseitig, ab. **D. quercinea** (Fuck.) Rehm soll ähnlichen Schaden an auch älteren Eichen verursachen. **Bulgaria polymorpha** (Oed.) Wett. (*inquinans* Fr.), Schwarze Gallertscheibe, gilt ebenfalls als Wundparasit an Eiche und Buche; an gehauenen Stämmen fällt die Art durch ihre großen, kreiselförmigen, schwarzen, gallertigen, häufig in langen Reihen angeordneten Fruchtkörper auf. Die Angaben über die Schädlichkeit der drei vorgenannten Arten liegen mehr als ein halbes Jahrhundert zurück und sind seitdem nicht bestätigt worden. **Chlorosplenium aeruginosum** (Oed.) DeNot., Grüner Becherling, Saprophyt, der im Walde liegendes Holz von Laubbäumen, weniger von Nadelbäumen, leuchtend spangrün färbt: Grünfäule.

Sclerotinia fuckeliana (deBary) Fuck. ist in der Konidienform **Botrytis cinerea** Pers. ex Fr. Erreger des Grauschimmels an zahlreichen Kultur- und Wildgewächsen. Meist an toten Pflanzenteilen, bei günstigen Bedingungen parasitär. Befallene Gewebe bräunen sich, aus ihnen wachsen lange Konidienträger in Gestalt graugrüner Schimmelrasen, die in Massen Sporen erzeugen. Dank der hohen Sporenproduktion kann sich der Pilz rasch ausbreiten. Im Herbst bilden sich auf den toten Pflanzenteilen kleine, runde, dunkle Sklerotien; sie überwintern, und im Frühjahr entstehen auf ihnen graue, sporentragende Pilzhyphen. Apothezien bisher nur gelegentlich gefunden.

Weniger an Laubholz, befällt aber in feucht-kühlen Sommern gern die Augusttriebe junger Eichen; das dadurch verursachte Absterben der Triebe wird dann irrtümlich dem Eichenmehltau angelastet (G. Hartmann, pers. Mitt.). Hauptsächlich aber an Nadelbäumen jüngeren Alters, hier nur an frischen, noch nicht erhärteten Nadeln und Trieben; schädlich vor allem im Saat- und Pflanzgarten. Besonders anfällig ist *Sequoia*, öfter auch an Lärche, Douglasie, Sitkafichte und Tanne, seltener an Fichte. Befall an Nadeln regelmäßig nur vereinzelt; auch der junge Trieb erkrankt nur an begrenzter Stelle, doch genügt dies, um den oberhalb gelegenen Teil absterben zu lassen: er welkt und hängt herab wie nach Spätfrost. An Lärche kann Myzel aus einem Kurztrieb auch in den bereits verholzten Langtrieb einwachsen und ebenfalls dessen oberen Teil zum Absterben bringen. Erheblicher Schaden zuweilen bei abnorm nasser Witterung, besonders wenn Wirtspflanzen etwa durch vorangegangene Dürre geschwächt sind.

Diagnose: Zu verwechseln mit Spätfrostschaden, zumal sich auf den frostgetöteten Geweben *Botrytis* häufig saprophytisch einstellt. Unterscheidung: Spätfrost erfaßt alle Triebe des Baums oder des exponierten Baumteils, Schimmelrasen findet sich erst eine Zeitlang später; an parasitärem Grauschimmel erkranken regelmäßig einzelne Triebe, Konidienträger treten sehr bald auf.

Bekämpfung nur im Pflanzgarten: Entfernen aller Beschattungsvorrichtungen. Spritzen mit 0,3 % oder Sprühen mit 1,2 % Zineb (PVF), Wiederholen nach 2 Wochen.

Sclerotinia betulae Wor. bildet an den Früchten der Birke Sklerotien in Form zweier schwarzer Wülste beiderseits der oberen Flügeleinbuchtung. **S. alni** Maul. ähnlich an Erlenfrüchten.

Lachnellula *(Dasyscypha)* **willkommii** (Hart.) Den. verursacht L ä r c h e n k r e b s an Ästen und Stamm der Europäischen Lärche. An der Befallsstelle wird die Rinde abgetötet. Dünne Triebe können sogleich absterben, es entsteht ein Krankheitsbild, das dem von *Botrytis cinerea* oder der Lärchentriebmotte verursachten ähnelt. An dickeren Trieben sucht der Baum die nekrotische Stelle zu überwallen: diese ist äußerlich verfärbt und gegenüber der Umgebung etwas eingesunken, die Ränder heben sich wulstig empor, Harz fließt aus, die Rinde reißt und löst sich stückweise; kleine gelbweiße Konidienpolster brechen hervor, auf denen sich später schüsselförmige Apothezien mit filzig-weißem Rand und glatt-orangeroter Innenfläche, mitunter in ringförmiger Anordnung, bilden. Durch jährlich fortgesetzten Angriff des Pilzes und Überwallungsversuch des Wirts entsteht das typische Bild des Krebses (Abb. 38).

Die Infektion erfolgt nach neuen Erkenntnissen wahrscheinlich über die Kurztriebe, in die vom Wind herbeigetragene Sporen gelangen. Wann und wie sie vor sich geht, ist trotz zahlreich vorgenommener Untersuchungen unbekannt. Ebenso wenig kennt man die Zeitspanne, in der die Lärche anfällig ist, noch ob die Anfälligkeit durch Wetterbedingungen beeinflußt wird. Milde Winter scheinen die Infektion zu begünstigen. Nach gelungener Infektion scheint das Myzel Substanzen auszuscheiden, die das Wirtsgewebe an der Infektionsstelle besonders frostempfindlich machen. Die Weiterentwicklung der Krankheit hängt nun von der Häufigkeit von Temperaturen unter dem Gefrierpunkt während der Vegetationsruhe ab: das Wirtsgewebe wird durch Frost abgetötet und damit für den Pilz angreifbar (Yde-Andersen 1980). Doch soll typischer Lärchenkrebs auch in frostfreien Lagen entstehen können. Die weitere Ausbildung des Krebses hängt von dem Verhältnis der das Pilzwachstum bzw. die Abwehrkraft des Wirts fördernden Bedingungen ab.

Bei gutem Gedeihen der Lärche bleibt die Krebsstelle klein; sie wird bald völlig überwallt, es ist ein „geschlossener

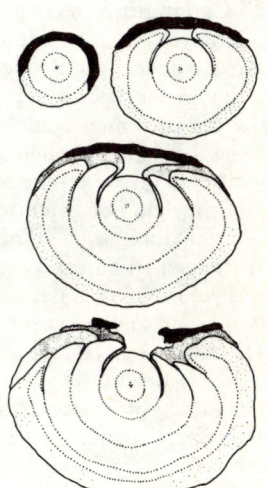

Abb. 38. Entwicklung eines von *Lachnellula willkommii* verursachten Krebses vom ersten Befallsjahr (Triebalter 2 Jahre) an. Hellpunktiert: lebende Rinde; dichter punktiert und schwarz: abgestorbene Rinde. Nach Zycha 1960

Krebs" entstanden. Im anderen Fall vergrößert sich der Krebs von Jahr zu Jahr, er bleibt „offen" und stellt schließlich, wenn er sich im jugendlichen Alter des Baums am Leittrieb gebildet hat oder bei stammnaher Infektion eines Astes von diesem in den Stamm eingewandert ist, eine schlimme Deformation des Stammes dar. Infiziert werden mehr herrschende Bäume, weil sie eine größere Zahl infizierbarer Kurztriebe besitzen; starker Krebsschaden findet sich aber öfter an unterdrückten und eingeklemmten Lärchen, deren Abwehrkraft geringer ist. In feuchten Lagen und bei dichtem Bestandesschluß ist der Krebs besonders häufig; Lärche in Mischung mit Buche soll weniger, in Mischung mit Fichte dagegen stärker leiden als im Reinbestand; auch scheinen bestimmte Herkünfte empfindlicher zu sein als andere. Folgen sind Zuwachsverlust, Förderung weiterer Schäden, vor allem aber Minderung der Nutzholzgüte. Junge Bäume können nach wiederholtem starken Triebbefall auch eingehen.

Vorbeugend wirkt eine baumartgerechte Erziehung der Lärche, also Beachtung der Standortsansprüche und Vermeidung zu dichten Anbaues in reinen Beständen, Verzicht auf Mischung mit der unduldsamen Fichte und intensive Bestandespflege. In gefährdeten Lagen Anbau der kaum anfälligen Japanlärche.

Lachnellula *(Dasyscypha)* **calyciformis** (Willd.) Rehm, von manchen als Rasse der vorigen Art angesehen, ist häufiger Saprophyt an abgestorbenen Ästen der Nadelhölzer, besonders der Tanne; unterscheidet sich von jener durch die gelben Scheiben der Apothezien. Kann anscheinend gelegentlich parasitär werden. **L. flavovirens** (Bres.) Den. an Arven, Lärchen und Legföhren im Hochgebirge. Gestielte Apothezien mit dottergelber Fruchtscheibe in der Regel an der dem Boden zugekehrten Seite der Äste und Nadeln, bei Jungpflanzen auch an den Stämmchen. Fakultativer Parasit und Folgeschädling nach Befall durch *Phacidium infestans*, dessen Schaden er verstärkt.

Schrifttum: BUCZACKI, S. T.: Observations on the infection biology of Larch Canker. EJFP 3, 228–232, 1973. — Some factors governing mycelial establishment and lesion extention in the Larch Canker disease. EJFP 3, 39–49, 1973. — FRAJO-APOR, A.: Physiologische und parasitologische Untersuchungen an *Lachnellula flavovirens* (Bres.) Dennis. EJFP 6, 360–371, 1976. — HABERMANN, A.: Physiologische und parasitologische Untersuchungen an *Lachnellula flavovirens* (Bres.) Dennis. Diss. Innsbruck 1974. — RUBLI, D., u. BALTENSWEILER, W.: Das Lärchen-Sterben: verstärktes Auftreten des Lärchenkrebses *(Lachnellula (Dasyscypha) willkommii* Hartig) nach einer Massenvermehrung des Grauen Lärchenwicklers *(Zeiraphera diniana* Gn.). Bündnerwald 31, 5–10, 1978. — SYLVESTRE-GUINOT, G.: Note sur l'aptitude lignivore du *Lachnellula willkommii* (Hartig) Dennis, agent du chancre du mélèze. EJFP 9, 122–125, 1979. — YDE-ANDERSEN, A.: Disease symptoms, taxonomy and morphology of *Lachnellula willkommii*. EJFP 9, 220–228, 1979. — Host spectrum, host morphology and geographic distribution of Larch Canker, *Lachnellula willkommii*. EJFP 9, 211–219, 1979. — *Lachnellula willkommii*-canker formation and the role of microflora. EJFP 9, 347–355, 1979. — Infection process and the influence of frost damage in *Lachnellula willkommii*. EJFP 10, 28–36, 1980.

Cenangium ferruginosum Fr., weitverbreiteter Saprophyt auf abgestorbenen Koniferenzweigen, gilt als Urheber eines T r i e b s t e r b e n s an gemeiner Kiefer. Myzel durchwuchert die Rinde der jüngsten, zuweilen auch älterer Triebe, Nadeln bräunen sich von der Basis aus, Endknospen vertrocknen. Im Gegensatz zur Kiefernschütte, bei der die einzelnen Nadeln infiziert werden, erkrankt hier der Trieb; Folge ist, daß alle seine Nadeln ziemlich gleichzeitig absterben. Auf der Rinde und an Blattnarben getöteter Triebe erscheinen später gruppenweise schwarzbraune, stecknadelkopfgroße Apothezien. Die Infektion geht regelmäßig von der Insertionsstelle solcher Kurztriebe aus, die durch die Gallmücke *Thecodiplosis brachyntera* befallen sind; deren stärkeres Auftreten ist somit Voraussetzung für auffälliges Vorkommen des Triebsterbens. In welchem Ausmaß der Infektion eine Rindenerkrankung folgt, hängt von der Vitalität des Triebes ab: kürzere Triebe werden häufiger zum Absterben gebracht als längere. Das Absterben erfolgt während der Ruheperiode der Kiefer; an erkrankten Trieben, die bis zum Beginn des neuen Austreibens nicht gestorben sind, kommt die Ausbreitung des Pilzes durch sich bildendes Wundperiderm zum Stillstand. Zeitweise epidemisches Auftreten, namentlich in Norddeutschland, das starken Zuwachsverlust und lokales Absterben von Kiefern, auch Vernichtung ganzer Dickungen und Stangenhölzer zur Folge hatte.

GREMMEN 1958, 1967 sieht die Art als harmlosen Saprophyten an; LORENZ 1966, 1967 hingegen konnte ihre parasitische Natur nachweisen und insbesondere die Rolle klären, welche die Kiefernnadelscheidengallmücke bei der Infektion spielt. Als Maßnahme zur Verhütung des Kieferntriebsterbens käme in erster Linie deren Bekämpfung in Frage; doch liegen hierüber keine Erfahrungen vor.

Scleroderris lagerbergii Grem. (= *Ascocalyx abietina* [Lgbg.] Schl.) mit der Konidienform **Brunchorstia pinea** (Karst.) Höhn. verursacht ein ähnliches T r i e b - s t e r b e n an Korsischer und Österreichischer Schwarzkiefer, seltener an anderen Kiefernarten und an (unterständiger) Fichte, vereinzelt an Douglasie und Lärche. Infektion vorwiegend im Frühsommer über Schuppenblätter der Kurz- und Langtriebe oder über Knospenschuppen durch die unversehrte Rinde. Pilz dringt nach Abtötung der Knospe vornehmlich während der Vegetationsruhe in den Trieb und in die Basen der Nadeln vor. Im nächsten Frühjahr wird Absterbevorgang sichtbar: Trieb trocknet von der Spitze her ein, Nadeln – ebenfalls vom Triebende her fortschreitend – röten sich von der Basis aus, behalten aber grüne Spitzen und fallen schließlich ab. Aus toten Knospen, Trieben und Nadeln brechen kugelige, braunschwarze, 0,5–2 mm Durchmesser aufweisende Pyknidien hervor; später bilden sich auf der Rinde dunkle, schüsselförmige Apothezien von 1–1,5 mm Durchmesser. Krankheit bleibt oft auf die jüngsten Triebe beschränkt, kann aber auch mehrere Jahrgänge, sogar die gesamte Benadelung erfassen. Dann stirbt der Baum, namentlich wenn sich der Verlust der Assimilationsorgane wiederholt. Sekundäre Pilze und Insekten beschleunigen seinen Tod. Weitverbreitet, namentlich in kühl-feuchten Lagen; zeitweise, vor allem nach einer Reihe niederschlagsreicher, kühler Vegetationszeiten, in epidemischer Form. Dies besonders stark in den Randgebieten der Nordsee, wo Schwarzkiefer in Küstennähe wegen ihrer Windverträglichkeit gern angebaut wird; Anpflanzungen vornehmlich im Alter von 8–25 Jahren wurden mehr oder weniger vollständig vernichtet. Die wärmeliebende Baumart befindet sich hier in einem Klima, das sich von dem ihrer Heimatgebiete erheblich unterscheidet, und infolgedessen in einem allgemeinen Zustand höherer Anfälligkeit, der durch naßkalte Sommer so gesteigert wird, daß dem Schwächeparasiten die Erzeugung einer Massenkrankheit gelingt. Gefördert wird sie durch dichte Pflanzung, unzureichende Bestandespflege und Beschattung durch angrenzende höhere Bestände (Abb. 39).

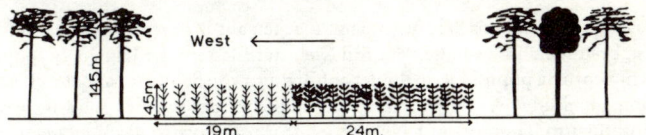

Abb. 39. Pflanzung von Schwarzkiefer, westlich auf 19 m Tiefe im Windschatten eines höheren Kiefernbestandes infolge Befalls durch *Scleroderris lagerbergii* abgestorben. Nach GREMMEN 1967

Maßnahmen gegen das Triebsterben der Schwarzkiefer: Wahl guter Standorte, nicht zu dichte Pflanzung, Meiden des Windschattens älterer Bestände, in dem sich feuchte Kühle lange hält; rechtzeitige starke Durchforstung. Versuche zur chemischen Bekämpfung sind verschiedentlich unternommen worden, ohne zu befriedigen (SCHÜTT-LANG 1973). In Schweden, wo die Krankheit auch im Pflanzgarten auftritt, haben KLINGSTRÖM-LUNDEBERG 1978 hier hinreichenden Erfolg mit viermaligem Spritzen von Chlorthalonil (PVG) und Cycloheximid erzielt.

Crumenula sororia Karst. ruft krebsartige Erscheinungen an Stämmen und Ästen verschiedener Kiefernarten hervor. **C.** *(Ascocalyx)* **laricina** Ettl. verursacht in den höheren Lagen der Alpen ein Triebsterben an Lärche; befallene Triebe verlieren ihre Nadeln, zwischen den Nadelpolstern erscheinen dunkelbraune Fruchtkörper von 1 mm Durchmesser. **Grovesiella abieticola** (Zell. et Good.) Mor. et Grem. haben GREMMEN-MORELET 1971 in Verbindung mit Astkrebsen und Zweigsterben an Tannen gefunden; seine Pathogenität wurde bisher nicht geprüft. **Scleroderris fuliginosa** (Fr.) Karst. befällt kleinere Zweige von Weiden, ohne nennenswerten Schaden anzurichten.

Schrifttum: DONAUBAUER, E.: Distribution and hosts of *Scleroderris lagerbergii* in Europe and North America. EJFP 2, 6–11, 1972. — Environmental factors influencing outbreak of *Scleroderris lagerbergii* Gremmen. EJFP 2, 21–25, 1972. — GREMMEN, J.: Our present-day knowledge of *Scleroderris* canker control. EJFP 2, 40–43, 1972. — *Scleroderris lagerbergii* Gr.: The pathogen and disease symptoms. EJFP 2, 1–5, 1972. — GREMMEN, J., et MORELET, M.: À propos de *Grovesiella abieticola* (Zell. et GOOD.) Morelet et Gremmen. EJFP 1, 80–87, 1971. — HAYES, A. J., a. MANAP AHMAD, A.: The status of *Crumenula sororia* infestations in crops of Corsican Pine. EJFP 5, 257–266, 1975.— IUFRO Proc. Work. Party on Canker Diseases *(Scleroderris)* Subject Group S 2-06-02 Div. II. Munich 1978. — KLINGSTRÖM, A., a. LUNDEBERG, G.: Control of *Lophodermium* and *Phacidium* needle cast and *Scleroderris* canker in *Pinus silvestris*. EJFP 8, 20–25, 1978. — LANG, K. J., a. SCHÜTT, P.: Anatomische Untersuchungen zur Infektionsbiologie von *Scleroderris lagerbergii* Gr. (*Brunchorstia pinea* (Karst.) von Höhn). EJFP 4, 166–174, 1974. — ROLL-HANSEN, F.: *Scleroderris lagerbergii*: resistance and differences in attack between pine species and provenances. EJFP 2, 26–39, 1972. — SCHÖNHAR, S.: Über das Vorkommen von *Brunchorstia pinea* in Schwarzkiefernbeständen Baden-Württembergs. FH 26, 220, 1971. — SCHÜTT, P. u. LANG, K. J.: Das Schwarzkiefern-Triebsterben in Bayern *(Brunchorstia pinea* (Karst.) v. Höhn). AF 28, 210–212, 1973. — SIEPMANN, R.: *Scleroderris lagerbergii* Gr. als Schwächeparasit in gesunden Schwarzkiefernbeständen *(Pinus nigra* Arnold). EJFP 5, 137–142, 1975. — Ein Beitrag zur Infektionsbiologie des durch *Scleroderris lagerbergii* verursachten Schwarzkieferntriebsterbens. EJFP 6, 103–109, 1976. — SIEPMANN, R., LANG, K. J., SCHÖNHAR, S.: Verbreitung des durch *Scleroderris lagerbergii* Gr. verursachten Schwarzkieferntriebsterbens in der Bundesrepublik Deutschland. EJFP 5, 185–189, 1975. — SKILLING, D. D.: Epidemiology of *Scleroderris lagerbergii*. EJFP 2, 16–21, 1972. — STEPHAN, B. R.: Beitrag zu der durch *Scleroderris lagerbergii* verursachten Triebspitzenkrankheit an verschiedenen Kiefernarten. ZPK 77, 417–424, 1970.

Familie Mycosphaerellaceae

Kleine, kugelige Perithezien mit papillenförmiger Mündung, Schläuche büschelförmig. Saprophyten oder Parasiten vorwiegend auf Blättern und Nadeln.

Mycosphaerella laricina (Htg.) Neg., Erreger einer L ä r c h e n s c h ü t t e an Europäischer und Japanischer Lärche. Nadeln werden im Juni/Juli braunfleckig und fallen ab. Myzel interzellular. Konidienpolster an den noch hängenden Nadeln; kugelige, dunkelbraune Perithezien an den abgefallenen Nadeln im nächsten Frühjahr. Befall nimmt am Baum meist von unten nach oben ab. In allen Altersklassen, besonders in feuchten Lagen.

Gegenmaßnahmen: Kein Anbau an dumpfen Orten, starke Durchforstung, Mischung mit Buche, aber nicht mit Fichte, weil die abgefallenen Nadeln auf den Fichten liegen bleiben und so die Verbreitung der Ascosporen gefördert wird, während das Buchenlaub die abgefallenen Nadeln zudeckt und das Entweichen der Sporen nach oben erschwert. Chemische Bekämpfung wahrscheinlich mit gegen Kiefernschütte zugelassenen Fungiziden (PVF) möglich.

Mycosphaerella maculiformis Schröt. erzeugt Flecken auf Blättern von Eiche, Buche, Hainbuche, Linde, Esche und besonders Eßkastanie. **M. ulmi** Kleb. auf Blättern der Ulmen. **M. populi** Auersw. mit Nebenfruchtform **Septoria populi** Desm. bildet auf Blättern von Schwarzpappel, Schwarzpappelhybriden und Balsampappel kleine, 1–3 mm große, rundliche, grauweiße, schwarzberandete Flecken (Abb. 37). **M. populorum** Thomps. mit Nebenfruchtform **S. musiva** Peck. erzeugt in Nordamerika eine der gefährlichsten Pappelkrankheiten. **M. tassiana** (DeNot.) Joh. mit Nebenfruchtform **Cladosporium herbarum** (Pers.) Lk. ist ein sehr verbreiteter Saprophyt auf absterbenden Pflanzenteilen, soll als Schwächeparasit Koniferenkeimlinge und -triebe befallen können.

Fusicoccum quercus Oud. (= *Dothidea noxia* Ruhl.) verursacht E i c h e n r i n d e n b r a n d an Stamm und Ästen 2- bis 5jähriger Eichen; auch auf Roteiche, Buche und Edelkastanie. Infektion wahrscheinlich über Wunden oder tote Seitenzweige. Auf der Rinde bilden sich langgestreckte oder elliptische, gelbrote, dunkelrandige, oft von zahlreichen Pusteln (Fruchtkörper) bedeckte Nekrosen. Bei umfassendem Befall stirbt der oberhalb gelegene Pflanzenteil ab. Erkrankung wird durch anomale Bodentrockenheit begünstigt. In Baumschulen sind Heisterpflanzungen fast völlig vernichtet worden. Als Gegenmaßnahme wird Ausschneiden der befallenen Stellen empfohlen; Spritzen mit kupferhaltigen oder organischen Fungiziden wäre zu versuchen.

Anzuschließen ist hier die zur Familie Pleosporaceae gestellte Gattung **Cucurbitaria** Gray, von der zwei Arten eine gewisse forstliche Bedeutung besitzen. **C. naucosa** Fuck. ruft an Ästen der Bergulme krebsige Geschwulste hervor, oberhalb deren die Zweige vertrocknen. **C. piceae** Borthw. befällt im Herbst oder im zeitigen Frühjahr Knospen der Stechfichte; sie bleiben sitzen oder sterben nach geringem Schwellen ab, wobei sich die äußeren Hüllblätter nach außen einrollen; bedecken sich mit schwarzen, höckerigen Krusten, die aus den Stromata und Perithezien des Pilzes bestehen. Empfindliche Verluste, besonders in Weihnachtsbaumkulturen. Bekämpfung vielleicht durch Spritzen mit kupferhaltigen Fungiziden (PVG) möglich, aber noch nicht erprobt.

Weiter soll hier aufgeführt werden: **Fenestella vestita** (Fr.) Sacc. mit der Nebenfruchtform **Dothiorella populnea** Thüm., häufig auf absterbenden, durch Frost oder *Dothichiza*-Befall geschwächten, 2- bis 5jährigen Pappeln. Stroma mit kleinen, kugeligen, schwarzen Fruchtkörpern unscheinbar und von der Rinde wenig unterschieden, vornehmlich am Stamm, an der Basis von Seitenästen. Rinde platzt hier auf und wird rissig. Vermag anscheinend auch lebenskräftige Pflanzen anzugreifen, die imstande sind, den Infektionsherd abzuriegeln und die Rindennekrose zum Stillstand zu bringen.

Familie Venturiaceae

Perithezien meist einzeln oder gruppenweise dem Wirtsgewebe eingesenkt oder einem Basalstroma aufgewachsen. Stets zweizellige Ascosporen, meist gelbgrün und die beiden Zellen verschieden lang. Fast ausschließlich Parasiten auf höheren Pflanzen. Oft wächst der Pilz zwischen Kutikula und Epidermis und bildet dann dünne Myzelhäutchen oder dickere Krusten.

Venturia macularis (Fr.) Müll. et v. Arx (*tremulae* Aderh.) mit der Konidienform **Pollaccia radiosa** (Lib.) Bald. et Cif. verursacht Blattfleckenkrankheit und Zweigdürre oder Triebspitzenkrankheit an Zitter-, Weiß- und Graupappel. Ondřey 1972 trennt von *P. radiosa*, die nur an Zitterpappel vorkommen soll, die auf Weißpappel beschränkte *P. ramulosa* (Desm.) Ondřej ab. Befallen werden Blätter, auf denen braune Flecken mit 5–15 mm Durchmesser, schmaler dunkler Umrandung, in der Mitte mit kleinen gelblichgrünen, samtartigen Überzügen besetzt, entstehen (Abb. 37). Flecken vergrößern sich, Blatt stirbt ab. Erfolgte die Infektion in der Nähe der Hauptrippe, so kann der Pilz in Blattstiel und Trieb eindringen; dieser krümmt sich und stirbt. Soweit nur die Blätter befallen werden, ist die wirtschaftliche Bedeutung des Pilzes anscheinend gering. Gefährlicher ist die Zweigdürre, namentlich wenn sie sich mehrere Jahre hintereinander wiederholt: durch Bildung von Ersatztrieben verbuscht die Krone, jüngere Pflanzen können eingehen. Als Gegenmaßnahme wird, abgesehen vom Anbau nichtanfälliger Sorten, das Entfernen der abgestorbenen Zweige empfohlen, damit nicht im nächsten Frühjahr eine Neuinfektion aus den an ihnen sich entwickelnden Fruchtkörpern entsteht. Über chemische Bekämpfung fehlen ausreichende Erfahrungen. **V. populina** (Vuill.) Fabr. mit der Nebenfruchtform **P. elegans** Serv. ruft eine ähnliche Krankheit an der Schwarzpappel und ihren Hybriden hervor. Blattflecken groß, unregelmäßig, vielfach dreieckig, gleichmäßig schwarz. In Mitteleuropa seltener, von erheblicher Bedeutung in Italien. **V. saliciperda** Nüesch (*chlorospora* [Ces.] Adh.) mit Konidienform **P. saliciperda** (All. et Tub.) v. Arx ist Erreger der Triebspitzendürre der Weiden oder des Weidenschorfs: auf den Blättern zeigen sich tiefbraune, scharfumgrenzte Flecken, die Triebspitzen werden braun und sterben ab, auf der Rinde des unteren Rutenteils bilden sich schwarze, nekrotische Stellen. Gefährlicher Schädling in Weidenhegern. **V. fraxini** Aderh. auf Esche, **V. ditricha** Karst. auf Birke.

Dothidella betulina (Fr.) Sacc. verursacht schwarze Stromaflecken auf der Oberseite lebender Birkenblätter. **D. ulmi** (Duv.) Wint. auf Ulmenblättern.

Schrifttum: Dimitri, L.: Untersuchungen über die Resistenzeigenschaften einiger Weißpappelklone gegenüber der Triebspitzenkrankheit. EJFP 1, 18–32, 1971. — Ondřej, M.: Ein Beitrag zur Kenntnis der parasitischen imperfekten Pilze der Gattung *Pollaccia* Bald. et Cif. an Pappeln (*Populus* spp.). EJFP 2, 140–146, 1972. — Weisgerber, H.: Untersuchungen über *Pollaccia radiosa*, den Erreger der Triebspitzenkrankheit an Pappeln der Sektion Leuce Duby. PZ 66, 50–68, 1969.

Familie Hysteriaceae

Apothezien frei, dem Substrat aufsitzend, muschel- oder kahnförmig, sich mit einem Längsspalt öffnend. Ascosporen zwei-, häufiger mehrzellig, oft auch fadenförmig. Auf Holz und Rinde lebende Saprophyten und Perthophyten.

Hysterographium fraxini (Pers.) DeNot. zerstört Kambium bei Oleaceen und anderen Bäumen, besonders bei Eschen. Schwarze, gewölbte Apothezien, oft kreisförmig angeordnet, auf eingefallenen Rindenplatten befallener Zweige und Stämmchen. An jüngeren, aber auch älteren Bäumen, am häufigsten in warmen, feuchten Lagen, wo die Wirtsbaumart aus irgendwelchen Ursachen ungünstige Entwicklungsbedingungen findet. Hier kann die Krankheit zum Tode des Baumes führen.

Deuteromycetes (Fungi imperfecti)

Pilze mit mehrzelligem Myzel, von denen nur die Nebenfrucht- oder Myzelformen bekannt sind und deren Einreihung in das System deshalb noch nicht geklärt ist.

Sphaeropsidales

Konidien in Pyknidien, die einzeln entstehen oder sich zu mehreren als Höhlungen in einem Stroma entwickeln.

Phoma abietina Htg. verursacht eine Einschnürungskrankheit an Tannenzweigen: einzelne Zweige vertrocknen, an der Grenze zwischen krankem und gesundem Teil zeigen sich Einschnürungen, an denen schwarze Pyknidien durchbrechen. Häufig in Tannengebieten, ohne größeren Schaden anzurichten. **P. pithya** Sacc. ruft eine ähnliche Einschnürungskrankheit an Douglasie, Strobe und anderen Nadelhölzern hervor; tritt die Krankheit an 2–3jährigen Pflanzen auf, so können diese eingehen. Die beiden Arten können identisch sein, wie überhaupt die Taxonomie dieser und verwandter Pilze noch der Klärung bedarf. Nach BAUER 1953 verursacht ein vermutlich derselben Gattung angehörender Pilz eine Erkrankung in Stangenhölzern der Roteiche: an der glatten Stammrinde färben sich handflächengroße Stellen braun, sie trocknen ein und das darunter liegende Kambium stirbt; später platzt die Rinde auf, der Stamm sucht die Schadstelle zu überwallen, so daß ein krebsartiges Bild entsteht. Meist zeigen die befallenen Stämme mehrere Schadstellen in Abständen von 0,5–2 m. **P. urens** Ell. et Ev. verursacht Rindennekrose an Stecklingen und Jungpflanzen von Schwarzpappelhybriden; graubraune bis schwarze Verfärbung an Stamm und Ästen, die sich über 40–50 cm Länge erstrecken oder auch den Rindenmantel ganz umfassen kann. Kleine, schwarze Pyknidien, einzeln oder traubenförmig gehäuft, auf Lentizellen abgestorbener Rindenteile. Anscheinend auf der Pappel nicht zusagenden Standorten (BUTIN 1957).

Sclerophoma pityophila (Corda) Höhn. verursacht Absterben von Zweigen und Ästen an jungen Europäischen Lärchen und Kiefern; die Nadeln hängen schlaff herab, an der Rinde treten Querrisse und schwarze Pyknidien auf. Infiziert auch Nadeln der Kiefer, die sich von der Spitze her verfärben; in

Abb. 40. Von *Septoria parasitica* befallene Fichtentriebe

Stangen- und Althölzern. Erkrankte Bäume erholen sich meist wieder, doch mußten Kiefern nach starkem zweimaligem Befall abgetrieben werden (JAHNEL-JUNGHANS 1957). Betätigt sich schließlich auch als Erzeuger von Bläue bei Kiefer, besonders in bereits verarbeitetem und lackiertem Kiefernholz, wo er als häufigster Bläuepilz gefunden wurde (BUTIN 1963, 1965). **Rhizophoma pini** P. et S. ist ein Schwächeparasit, der die Nadeln von Koniferen besonders nach Dürrezeiten befällt und sie zum Absterben bringt. Betroffen sind vor allem die älteren Nadeljahrgänge. Fruchtträger finden sich unregelmäßig, zuweilen in Längsstreifen angeordnet, auf den Nadeln. **Allantophoma nematospora** Kleb. ist ebenfalls eine häufige Ursache des Verblauens, und zwar an Kiefernstamm- und -schnittholz (BUTIN 1965). Die Art wurde auch als Erreger einer Triebspitzenkrankheit an 1–3jährigen Douglasiensämlingen festgestellt: befallene Triebe welken, krümmen sich nach unten und vertrocknen, ihre Nadeln färben sich braun bis schwarz. Meist beschränkte sich der Befall auf einzelne junge Maitriebe; bei Befall sämtlicher Triebe starben nicht selten die Pflanzen ab. Als weiterer, anscheinend weniger gefährlicher Erreger derselben Krankheit wurde **Diplodia pinea** (Desm.) Kickx nachgewiesen. Infektionen nur bei überdurchschnittlich hoher Luftfeuchtigkeit im Mai und Juni; Erkrankung wurde durch vorangegangene Schwächung der Pflanze begünstigt (KLUGE 1963). Die wärmeliebende Art fand sich 1978 bei Celle auf nach Blattwespenfraß und Trockenheit absterbenden Zweigen und Ästen von Kiefernbaumhölzern (G. HARTMANN, pers. Mitt.).

Rhizosphaera kalkhoffii Bub. läßt an 5–20jährigen Fichten Nadeln junger Triebe im Spätsommer und Herbst gelbfleckig werden; Nadeln färben sich nach einigen Wochen gelbbraun, später rostrot und fallen im Spätherbst und Winter oder erst in der nächsten Vegetationsperiode ab. An ihnen reihenweise kleine, schwarze, kugelig-konische Pyknidien. Krankheit zeigt sich zunächst an den unteren Zweigen und wandert allmählich nach oben. Auf feuchten Standorten. Kommt auch an anderen Fichtenarten, Tanne, Douglasie und Kiefer vor (SCHÖNHAR 1959, STOLL 1959). **Septoria parasitica** Htg. verursacht Herabhängen und Vertrocknen junger Fichtentriebe, besonders der Seitentriebe, im Kultur- und Stangenholzalter, auch an Blaufichte (Abb. 40). An der Basis oder Spitze der abgestorbenen Triebe erscheinen im Sommer kleine, kugelige, schwarze Pyknidien. In England auch an Sämlingen und Verschulpflanzen von Fichte und Kiefer beobachtet (PEACE 1960). **Phomopsis conorum** (Sacc.) Died. sekundär auf Nadeln und Zweigen von Douglasie und anderen Nadelhölzern, besonders nach Frostschaden.

Myxosporium devastans Rostr., Wund- und Schwächeparasit, Erreger eines Trieb- und Zweigsterbens an vorwiegend jüngeren Birken. Absterbeerscheinungen gehen von der Spitze des Haupttriebs oder den obersten Seitentrieben aus. Knospen sterben, mit der Terminalknospe beginnend, rasch ab, während Triebrinde länger grün bleibt. Abgestorbene gewöhnlich scharf gegen die noch grünen Triebteile abgegrenzt. An noch belaubten Zweigen oder Zweigabschnitten deutlich schwächere Triebentwicklung. Auf abgestorbener Rinde unscheinbare, polster- und warzenförmige, dunkelbraune bis schwarze Pyknidien, aus denen Konidien in weißlichen Ranken ausgestoßen werden. Erhebliche Verluste in Baumschulen. Gegenmaßnahmen: Beachtung der besonderen Ansprüche der Birke (PAETZHOLDT-SCHNEIDER 1966).

Phyllosticta populina Sacc. und andere Arten derselben Gattung erzeugen Blattflecken an Pappeln, die genannte Art besonders an Balsampappeln (Abb. 37); nennenswerter Schaden ist bisher nicht bekannt geworden.

Schrifttum: DIAMANDIS, S.: „Top-dying" of Norway spruce, *Picea abies* (L.) Karst., with special reference to *Rhizosphaera kalkhoffii* Bubák. V. Optimum conditions for diameter growth of *Rhizosphaera kalkhoffii*. EJFP 9, 175–183, 1979. — KUMI, J. a. LANG, K. J.: The susceptibility of various spruce species to *Rhizosphaera kalkhoffii* and some cultural characteristics of the fungus in vitro. EJFP 9, 35–46, 1979.

Melanconiales

Konidien an lagerartigen, unter der Epidermis oder Kutikula sich bildenden Massen von Konidienträgern (Acervuli).

Titaeosporina tremulae (Lib.) v. Luyk (= *Gloesporium tremulae* (Lib.) Pass. = *G. populi-albae* Desm.), nach PINON-MORELET 1975 Nebenfruchtform von *Linospora ceuthocarpa* (Fr.) Munk, verursacht an Pappeln auf der Oberseite der Blätter braungraue Flecken, deren Zentren sich weißlich verfärben und die oft von Fraßstellen blattnagender Käfer und ihrer Larven ausgehen. Im allgemeinen bedeutungslos.

Septogloeum hartigianum Sacc. bewirkt Zweigdürre des Feldahorns. Jüngste Triebe vertrocknen. Konidienlager an den abgestorbenen Zweigen in länglichen, graugrünen Linien. Konidien infizieren wieder die Maitriebe, die aber erst im nächsten Jahr, ohne auszuschlagen, absterben.

Pestalotia hartigii Tub. verursacht eine Einschnürungskrankheit an jungen Pflanzen aller Baumarten. An der dicht unter der Bodenoberfläche gelegenen Infektionsstelle trocknet die Rinde des Stämmchens ein, und es entsteht eine Einschnürung. Konidienlager in der abgestorbenen Rinde. Erkrankte Nadelhölzer sterben ab, Laubhölzer vermögen unter günstigen Bedingungen neue Ausschläge unterhalb oder Adventivwurzeln oberhalb der Einschnürungsstelle zu bilden. **P. funerea** Desm. schadet in ähnlicher Weise an Cupressaceen *(Chamaecyparis, Juniperus)* und anderen Koniferen, auch an älteren Pflanzen, namentlich in Stangenhölzern. **P. versicolor** Speg. wird als Erreger eines Triebsterbens bei Stechfichten angesehen; der Pilz konnte aus dem peripheren Wurzelsystem erkrankter Pflanzen isoliert werden (STOLL 1959).

Schrifttum: PINON, J., et MORELET, M.: Le *Linospora ceuthocarpa* (Fr.) Munk ex Morelet, parasite foliaire des peupliers. EJFP 5, 367–376, 1975.

Moniliales (Hyphomycetes)

Konidien an oder aus gewöhnlichen oder besonders gestalteten Hyphen (Konidienträgern) oder in morphologisch differenzierten Mutterzellen, die ebenfalls an Hyphen oder Konidienträgern sitzen.

Cylindrocarpon radicicola Wr. wird ebenso wie **Fusarium oxysporum** Schl. und andere *Fusarium*-Arten häufig an Pflanzen gefunden, die unter Keimlingsfäule leiden, in jüngerer Zeit vor allem an Douglasien, auch an älteren, wurzelfaulen Individuen. Ihre parasitären Eigenschaften sind noch nicht eindeutig geklärt, doch scheinen sie weniger gefährlich zu sein als die früher erwähnten *Pythium*-Arten und die noch zu nennende *Rhizoctonia solani* . In Ergänzung zu dem oben (S. 85) Gesagten sei hervorgehoben, daß die meisten oder vielleicht alle der anscheinend an den Keimlings- und Wurzelfäulen beteiligten Arten zur normalen Pilzflora der Rhizosphäre gehören; zusammen mit anderen Angehörigen der Bodenmikroflora halten sie einander im Gleichgewicht. Besondere Umstände mögen die eine oder andere Art begünstigen, so daß sie ein Übergewicht erhält. Beispielsweise kann *Cylindrocarpon radicicola* eine Fungizidbehandlung eher als andere Bodenpilze überstehen und in ihrer Folge zu einer Übervermehrung ansetzen. Die Erreger der Keimlingsfäule greifen die Pflanzen wahrscheinlich nicht unmittelbar parasitisch an, sondern scheiden zunächst Welketoxine aus, welche die Saugwurzeln zum Absterben bringen; diese werden dann saprophytisch besiedelt.

Hinsichtlich möglicher Bekämpfungsmaßnahmen sei auf die oben (S. 86) gemachten Angaben verwiesen.

Schrifttum: BLOOMBERG, W. J.: *Fusarium* root rot of Douglas Fir seedlings. Pp 63, 337–341, 1973. — A model of damping-off and root rot of Douglas-fir seedlings caused by *Fusarium oxysporum* . Pp 69, 74–81, 1979. — SCHÖNHAR, S.: Wurzelfäule an Douglasie. AF 26, 930, 1971.

Fusarium avenaceum (Fr.) Sacc. und andere Arten derselben Gattung finden sich als Begleiter von krebserzeugenden Pilzen der Gattung *Nectria* auf absterbenden und toten Rindenteilen von Pappeln und Weiden.

Cercospora acerina Htg., Ahornkeimlingspilz, verursacht braune Flecken an den Kotyledonen von Ahorn. **C. microsora** Sacc. erzeugt Flecken auf Blättern, Blattstielen und Blütenständen der Linde und bewirkt vorzeitigen Blattfall.

Meria laricis Vuill., Erreger einer Lärchenschütte, vorwiegend an Europäischen Lärchen. Ab Mai bräunen sich Nadeln am Grund oder in der Mitte des Triebs. Erinnert an Spätfrostschaden, jedoch: Verfärbung beginnt in der Mitte oder am äußeren Ende der Nadel und breitet sich von hier aus, während der Frost die ganze Nadel gleichzeitig tötet; selten werden die Nadeln an den Triebspitzen erfaßt, die vom Frost am häufigsten geschädigt werden; infizierte Nadeln fallen wenigstens zum Teil bald nach völliger Bräunung, frostgetötete Nadeln bleiben lange, oft über die ganze Vegetationszeit hängen. Verfärbung beginnt an den unteren Zweigen und schreitet mehr oder weniger rasch nach oben fort. Bei feuchtem Wetter wachsen bald aus den Spaltöffnungen der Nadeln Konidienträger, die an ihren Enden zahlreiche Sporen bilden. An älteren Pflanzen Zuwachsverlust und Erhöhung der Anfälligkeit für weitere Schadeinflüsse; Triebe verholzen oft im Herbst nur mangelhaft und sind dadurch frostempfindlich. Gefährlich für ein- und zweijährige Sämlinge, die bei starkem Befall absterben. Hauptsächlich in feuchten Lagen und Jahren.

Gegenmaßnahmen: Anlegen des Pflanzgartens in warmer, trockener Lage. Keine dichte Saat oder engständige Verschulung. Entfernen oder Untergraben der abgefallenen Nadeln, in denen der Pilz überwintert, um im nächsten Frühjahr neue Sporen zu bilden. Spritzen oder Sprühen mit Captan (PVG) oder Zineb (PVF), sobald sich die ersten Befallssymptome zeigen; Wiederholung nach 4 Wochen, bei anhaltend feuchter Witterung mehrmals in Abständen von 2 Wochen (SCHÖNHAR 1958).

Verticillium albo-atrum Rein. et Berth., Erreger der *Verticillium*-Welke an zahlreichen Pflanzenarten, seltener an Forstgehölzen. Myzel durchwuchert die Gefäße der befallenen Pflanzen in Wurzel und unterem Sproßteil und verstopft sie; Folgen sind Welken und Absterben. Gelegentlich an Jungpflanzen von Birke, Ahorn, Ulme, Linde und Roteiche beobachtet.

Alternaria humicola Oud. und **A. tenuis** Nees verursachen Bläue an gefälltem Kiefernholz ähnlich wie Arten der Gattung *Ceratocystis* (S. 90).

Tuberculina maxima Rostr. lebt angeblich als Parasit auf Rostpilzen und ist zur biologischen Bekämpfung des Strobenblasenrostes vorgeschlagen worden (S. 450).

Die Moniliales enthalten eine Reihe von Arten, die parasitär in Insekten leben. Von ihnen können in der Lebensgemeinschaft Wald eine Rolle spielen:

Beauveria bassiana (Bals.) Vuill., Erreger einer Mykose bei wohl allen Insekten, namentlich Lepidopteren wie Kiefernspanner, Forleule, Nonne und Kiefernspinner, Coleopteren wie Großem braunem Rüsselkäfer, Ulmensplintkäfer und Großem Waldgärtner, Hymenopteren wie Fichtengespinstblattwespe und Kiefernbuschhornblattwespe, sowie vielen anderen. Die auf ein Insekt gelangte Spore keimt nach 1–2 Tagen und treibt ihren Keimschlauch durch die Wirtshaut; er bildet in ihr ein Myzel, das, sich sternförmig erweiternd, in 1–2 Tagen bis zur Leibeshöhle vordringt. Der Pilz breitet sich hier auf Kosten des Fettkörpers und der Muskulatur aus, bleibt aber in seiner Ausdehnung begrenzt. Befallene Gewebestellen sind gelbbraun verfärbt, auf der Haut werden braune Flecken sichtbar. Bald bilden sich Konidien, die ins Blut gelangen, sich durch Sprossung und Teilung vermehren und schließlich den Blutkreislauf zum Stillstand bringen: das Wirtstier stirbt. Der Pilz durchwuchert und mumifiziert den Kadaver. Bei 100 % Luftfeuchtigkeit bricht das Myzel zur Oberfläche der Mumie durch und bildet hier außer Konidienträgern auch Perithezien. Wir haben es also in der Hauptfruchtform mit einem Ascomyceten zu tun (SCHAERFFENBERG 1957), doch ist seine Stellung im System noch ungeklärt. Die von der Mykose innerhalb einer Insektenpopulation erzeugte Sterblichkeit kann zwischen wenigen und nahezu 100 Prozent liegen. **B. tenella** (Del.) Siem., möglicherweise identisch mit der vorigen Art, hauptsächlich als Krankheitserreger bei sämtlichen Stadien des Maikäfers bekannt. Die Tiere sterben etwa 10 Tage nach der Infektion, Eier und Engerlinge färben sich rosa bis rotviolett, schrumpfen etwas und werden hart. Bei hinreichender Feuchtigkeit bedecken sie sich mit weißem Myzel.

Paecilomyces farinosus (Dicks. ex Fr.) Br. et Sm., wahrscheinlich identisch mit *Cordyceps militaris* (S. 92), sowie weitere Arten der gleichen Gattung sind ebenfalls Parasiten zahlreicher Insekten. Bilden auf den abgestorbenen Wirtstieren feste, in der Regel weiße Myzellager, aus denen die Fruchthyphen zu meist stiftförmigen oder keuligen weißen oder gelben Coremien vereinigt emporwachsen. Die aus den Sporen entstehenden Keimschläuche dringen nicht durch die Haut, sondern durch Stigmen über die Tracheenhauptstämme in das Innere des Wirtstiers ein.

Verticillium corymbosum Leb. soll in Puppen des Kiefernspanners parasitieren und auf ihnen weiße, schimmelartige Hyphenrasen bilden.

Schrifttum: ZIMMERMANN, G.: *Paecilomyces tenuipes* (Peck) Samson, ein seltener insektenpathogener Pilz an Noctuiden. AS 53, 69–72, 1980.

Mycelia sterilia

Fruchtkörper nicht bekannt.

Moniliopsis klebahni Burch. bewirkt Umfallen junger, bis 30 Tage alter Keimlinge von Kiefer, Lärche, Tanne und Douglasie. Zerstört die Zellen des Stämmchens vollständig bis auf die Gefäße. Fichtensämlinge haben sich als resistent erwiesen. Scheint besonders auf hohe Feuchtigkeit angewiesen zu sein. Gegenmaßnahmen wie bei der durch *Pythium* verursachten Keimlingsfäule (S. 86).

Basidiomycetes

Myzel gegliedert. Hauptfruchtform: Basidiosporen. Basidien zuweilen in dichten Schichten, Hymenien, vereinigt.

Reihe Uredinales, Rostpilze

Basidien quergeteilt, aus Teleutosporen entstehend, nicht an Fruchtkörpern. Obligate Parasiten an höheren Pflanzen mit interzellularem Myzel. Verschiedene Sporenformen.

Die Teleuto-(Winter-)Sporen überwintern in der Regel und keimen im Frühjahr zu einer meist vierzelligen Basidie (Promyzel) aus, die Basidiosporen (Sporidien) abschnürt; diese bewirken die Infektion, indem sie auskeimend die Epidermis der Wirtspflanze durchdringen. Am infizierten Pflanzenteil entstehen meist oberseits kleine kugelige Pyknidien, deren Sporen nur sexuelle Bedeutung haben. An anderer Stelle, meist blattunterseits, bilden sich becher- oder blasenförmige Behälter, Äzidien, die eine aus flachen Zellen bestehende Hülle (Pseudoperidie) besitzen können und Äzidio-(Frühlings-)Sporen enthalten. Sie verbreiten den Pilz zu Beginn der Vegetationszeit und infizieren geeignete Nährpflanzen, indem der Keimschlauch durch Spaltöffnungen eindringt. Im Sommer erfolgt Vermehrung und Verbreitung des Pilzes durch U r e d o sporen, die in mehreren aufeinanderfolgenden Generationen in rostbraunen Uredolagern entstehen. Am Ende der Vegetationszeit werden hier neben den Uredosporen auch derbwandige Teleutosporen gebildet, womit der Kreis geschlossen ist. Zahl und Auftreten der verschiedenen Sporenarten ist bei den Rostpilzen unterschiedlich. Der Einfachheit halber werden die auftretenden Sporengenerationen durch Zahlen gekennzeichnet, und zwar Äzidiosporen mit I, Uredosporen mit II und Teleutosporen mit III.

Neben autözischen Rostpilzen, welche alle vorkommenden Sporenformen auf der gleichen Wirtspflanze bilden, gibt es zahlreiche heterözische Arten, bei denen I (und Pyknosporen) auf der einen (Haplontenwirt), II und III auf einer anderen Wirtspflanze (Dikaryontenwirt) entstehen. Unter den heterözischen Uredinales gibt es biologische Arten, die morphologisch übereinstimmen, aber scharfe Unterschiede hinsichtlich der Wirtswahl aufweisen.

Außer zahlreichen landwirtschaftlichen Schädlingen enthalten die Rostpilze auch einige Erreger beachtlicher Waldkrankheiten.

Schrifttum: GÄUMANN, E.: Die Rostpilze Mitteleuropas. Bern 1959. — HASSEBRAUK, K.: *Uredinales (*Rostpilze). HP 6. A., III 4, 2–275, 1962.

Familie Pucciniastraceae

Äzidien und Uredolager mit Pseudoperidie. Uredosporen meist einzeln gebildet. Teleutosporenlager subepidermal oder intrazellular.

Melampsorella caryophyllacearum (Lk.) Schröt., Tannenkrebspilz. I auf Weißtanne und anderen *Abies*-Arten, II und III auf *Stellaria*- und *Cerastium*-Arten.

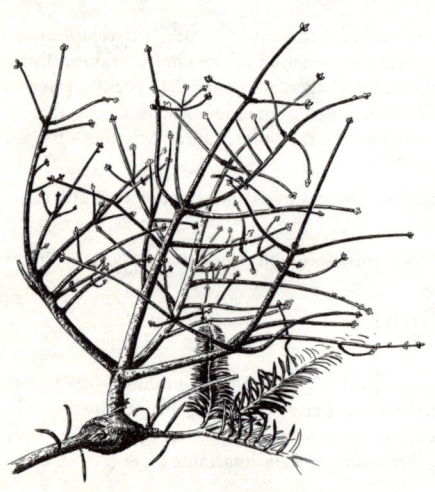

Überaus gefährlicher Feind der Tanne. Infektion im Frühjahr an eben sich entfaltenden Maitrieben. Keimschläuche wuchern bis zum Herbst eine kleine Strecke in der Rinde und bewirken eine Anschwellung der Sproßachse und, sofern sich in der infizierten Zone Knospen befinden, die Bildung eines Hexenbesens (Abb. 41). Seine Zweige wachsen möglichst senkrecht und besitzen kleine, dicke, gelbgrüne, ringsum stehende Nadeln, die im Juni bis August die gelben Äzidien tragen und nur eine Vegetationsperiode überdauern. Der Hexenbesen kann beträchtliche Größe annehmen und 20 Jahre und älter werden. Nach dem Absterben des Hexenbesens vergrößert sich die basale Zweiganschwellung, und es entstehen, namentlich wenn das Myzel in den Stamm gelangt, Krebse oder Krebsbeulen. Sie erscheinen als einseitige, oft die ganze Achse umfassende Auftreibungen, deren Rinde tiefrissig und dunkel gefärbt ist und sich zuletzt löst. Während die Astkrebse keine unmittelbare Schädigung

Abb. 41. Durch *Melampsorella caryophyllacearum* erzeugter Hexenbesen und Krebs an Tanne

darstellen, kommt den am Stamm auftretenden Schaftkrebsen große Bedeutung zu, da sie Zuwachsverlust verursachen, den Nutzholzwert des Stammes stark mindern, die Gefährdung durch Sturm, Schnee und Eisbruch erhöhen und Anfälligkeit für Insektenfraß und Pilzbefall schaffen. Der „gesunde" Krebs zeigt nur eine Strukturveränderung des Holzes, aber keine Zersetzung der Holzsubstanz; das Krebsholz ist weniger fest, schwerer, härter und weniger spaltbar als nichtkrebsiges. Durch Ansiedlung weiterer Pilze in den Krebsbeulen entstehen „kranke" Krebse mit Holzfäulnis. Die Krebstannen werden auch Rädertannen genannt. Überall in Tannenwaldungen, reinen und gemischten, vor allem im Schwarzwald; in allen Lagen und auf allen Böden.

Bekämpfung: Aushieb der Stämme mit Schaftkrebsen, Absägen der Äste mit nahe dem Stamm sitzenden Astkrebsen, um das Einwachsen zu verhindern.

Pucciniastrum goeppertianum (Kühn) Kleb. (= *Calyptospora goeppertiana* Kühn), Weißtannen-säulenrost. Lange säulenförmige Äzidien im Juli und August an der Unterseite der Tannennadeln in zwei Längsreihen. II fehlt; III an Preiselbeeren, Hexenbesen und schwammige, erst hellrote, dann schokoladenbraune Stengelauftreibungen erzeugend. Ohne Bedeutung. Ganz ähnlich **P. epilobii** (Pers.) Otth., I auf Tannennadeln, II und III auf *Epilobium*. Infizierte Nadeln verfärben sich bald, werden braun, schrumpfen und fallen schließlich ab. Bei starkem Befall dringt Pilz in die Triebe ein, wodurch Triebkrümmungen ähnlich denen des Kieferndrehrosts entstehen können. Erkrankung meist nur in unmittelbarer Nähe von Weidenröschen. In der Regel bedeutungslos. **P. areolatum** (Fr.) Otth., I an der Innenseite der Deckschuppen von Fichtenzapfen, deren Schuppen auch bei feuchtem Wetter sperren. II und III an Blättern von *Prunus padus*.

Melampsoridium betulinum (Pers.) Kleb., Birkenrost. I auf Lärchennadeln, II und III auf Birkenblättern; diese verfärben sich oberseits gelb und fallen vorzeitig ab.

Familie Cronartiaceae

Äzidien meist mit Pseudoperidie, häufig ein Peridermium (Fruchtblase) bildend, das bei der Reife unregelmäßig zerfasert. Uredolager unterschiedlich. Teleutosporen in flachen subepidermalen Krusten oder in Säulchen vereinigt.

Cronartium flaccidum (Alb. et Schw.) Wint. (= *asclepiadeum* [Willd.] Fr.), Kiefernrindenblasenrost, Erreger des Kienzopfes. Kommt nach früherer Meinung in zwei Varietäten vor (Hassebrauk 1962). Neuerdings werden diese als Arten angesehen und von der genannten die Spezies **Endocronartium pini** (Pers.) Hirats. unterschieden (Butin-Zycha 1973). Bei *C. flaccidum* findet sich I auf Kiefer, II und III auf verschiedenen krautigen Pflanzen; vor allem im südlichen Europa verbreitet. *E. pini* tritt nur in der Äzidiengeneration auf und ist auf einen Wirtwechsel nicht angewiesen, sondern breitet sich von Kiefer zu Kiefer aus; die Art, als **Peridermium pini** (Willd.) Kleb. bekannt, ist vor allem für die Entstehung des Kienzopfes im nördlichen Teil Europas, namentlich in den norddeutschen Kieferngebieten verantwortlich. Ihr Myzel perenniert in Holz und Rinde der Kiefer und erzeugt alljährlich im Frühjahr bis 15 mm lange, anfangs gelbrote, später verblassende, blasenförmige Äzidien, die an Zweigen und Ästen, namentlich an den Quirlstellen, auch am Schaft aus der Rinde hervorbrechen. Infektion erfolgt an wüchsigen, jungen, noch benadelten Trieben. Nach 1–3 Jahren erscheinen die ersten Äzidien (Abb. 42). Die befallenen Triebe sterben meist nach dem Fruchten des Pilzes oder schon vorher ab, womit in der Regel auch die örtliche Infektion beendet ist. In Ausnahmefällen vermag der Pilz in Zweige niederer Ordnung hineinzuwachsen und nach 4–10 Jahren den Stamm zu erreichen. Das von Hyphen durchwucherte Gewebe reichert sich mit Harz an: es verkient. Auch äußerlich können dicke, allmählich schwarzwerdende Harzkrusten auftreten. An den verkienten Stellen wird die Wasserführung erschwert oder gehemmt. Da

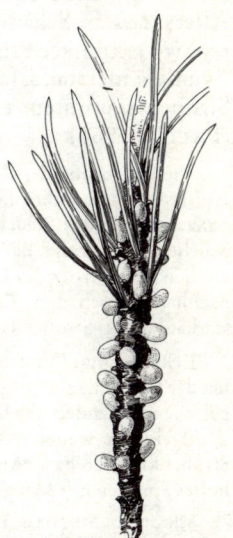

Abb. 42. Äzidien von *Peridermium pini* an Kiefer

infolgedessen die Baustoffe nach der gesunden Seite der erkrankten Stelle abgedrängt werden, nimmt der Schaft eine exzentrische oder, bei mehreren Infektionsstellen, gedrehte Form an. Nach Größerwerden der verkienten Stelle kann der darüberliegende Baumteil, oft erst nach Jahrzehnten, absterben: es entsteht der Kienzopf. Das Absterben wird durch trockenheiße Sommer, die hohe Ansprüche an die Wasserleitung des Baumes stellen, gefördert.

Vorkommen in allen Altersklassen vom Dickungsalter an mit Schwerpunkt in 40–50jährigen Beständen. Der Schaden kann beträchtlich sein. Für den Befall eines Baumes ist seine erbliche Disposition entscheidend.

Untersuchungen von MÜLDER 1951 ergaben keinen Kienzopfbefall in 7jährigen Kulturen, sehr schwachen Befall in 12–17jährigen Dickungen, eine starke Zunahme des Krankenanteils in Stangenhölzern zwischen 28 und 42 Jahren und einen Rückgang der Krankheit im Alter 60, der nicht allein durch getätigten Aushieb zu erklären war. Die Disposition zur Erkrankung entwickelt sich allmählich mit zunehmendem Alter der Kiefern, und zwar individuell verschieden: manche werden früh, die meisten mit 40 bis 50 Jahren, andere noch später anfällig. Mit weiterem Älterwerden geht die Disposition wieder zurück. Viele Kiefern erhalten sie nie.

Bekämpfung: Aushieb der befallenen Stämme mindert die Zahl der Kranken, verringert aber bei Allgegenwärtigkeit der Sporen nicht die Infektionsgefahr. Resistenzzüchtung erscheint aussichtsreich, doch dürfte das Ausfindigmachen kienzopffester Kiefern angesichts des zeitlich begrenzten Offenbarwerdens der Disposition nicht leicht sein.

Cronartium ribicola Fisch., Weymouthskiefernblasenrost, Strobenblasenrost. Myzel von I perenniert in der Rinde von *Pinus strobus* und anderen fünfnadeligen Kiefern, auch auf der Arve, welche anscheinend der ursprüngliche Wirt des Pilzes ist (S. 265); erzeugt jährlich große, hellgelbe Sporenblasen. II und III auf Blättern von *Ribes*-Arten. Möglicherweise kann die Verbreitung auch ohne Zwischenwirt erfolgen. Infektion der Strobe über die Nadeln; die jüngsten sind am anfälligsten. Pilz dringt von der Nadel in die Rinde vor, breitet sich von Jahr zu Jahr aus, wandert zuweilen auch über die Markstrahlen ins Holz und über die Gefäße bis in die Wurzeln. Sporenblasen erscheinen meist 1–2, sogar erst 10–20 Jahre nach der Infektion. Befallsstellen schwellen etwas an, sehen schorfig aus und zeigen starken Harzfluß. Vorkommen in allen Altersklassen. Schäden können erheblich sein, besonders in Pflanzgärten und Kulturen, wo erkrankte Pflanzen regelmäßig eingehen. Mit zunehmendem Alter scheinen die Bäume widerstandsfähiger zu werden: Stecklinge, die von 4-, 20-, 40- und 80jährigen Stroben stammten, erkrankten nach künstlicher Infektion zu 81, 50, 42 bzw. 27 % (PATTON 1961).

Die Bedeutung der Krankheit für die mitteleuropäische Forstwirtschaft ist in der ersten Zeit ihres Auftretens, namentlich in den zwanziger Jahren unseres Jahrhunderts, überschätzt worden. Nachdem zunächst hier das Schicksal der Strobe besiegelt schien, hat sich nach dem Abklingen der ersten Seuchenzüge gezeigt, daß der Rost kein unbedingtes Hindernis für ihren Anbau ist: befallene Bestände werden heute, trotz des Eingehens mehr oder weniger zahlreicher Einzelbäume, nur in seltenen Fällen nachhaltig geschädigt. Es ist zu erwarten, daß in einem natürlichen Ausleseprozeß der Anteil der starkanfälligen Stroben laufend sinkt.

Bekämpfung: Für den Aushieb der befallenen Kiefern gilt das beim Kienzopf Gesagte. Möglichkeiten der Resistenzzüchtung sind zu prüfen und gegebenenfalls auszunutzen. Saatgut nur aus mitteleuropäischen Beständen, die bereits der Krankheit ausgesetzt waren. Anlage von Pflanzgärten inmitten von Waldgebieten weitab von *Ribes*-Vorkommen. Entfernen der *Ribes*-Sträucher aus der Nähe von Strobenkulturen bzw. Anbau immuner Johannisbeersträucher. In der Baumschule erwies sich wiederholtes Spritzen mit Maneb (PVF) 0,5 % als wirksam (GREMMEN–DE KAM 1970).

Schrifttum: BINGHAM, R. T., a. GREMMEN J.: A proposed international program for testing White Pine Blister Rust resistance. EJFP 1, 93–100, 1971. — BOLLAND, G.: Über Bedeutung, erbliche Abhängigkeit und Bekämpfungsmöglichkeiten des Kienzopfes *Peridermium pini* (Willd.) Kleb. BF 5, 157–158, 1971. — GREMMEN, J u. DE KAM, M.: De bestrijding van blaasrost in kwekerijen van *Pinus strobus*. NBT 42, 54–57, 1970. — MITTEMPERGHER, L. a. RADDI, P.: Relationship between vigour and suspectibility of Austrian Pine (*Pinus nigra*) to Blister Rust (*Cronartium flaccidum*). EJFP 5, 44–49, 1975.

Familie Chrysomyxaceae

Äzidien mit Pseudoperidie (Peridermium), die bei der Reife zerfasert, oder nackt (Caeoma). Uredolager nackt. Teleutosporen zu gewölbten Polstern vereinigt.

Chrysomyxa rhododendri (D. C.) De By. und **C. ledi** (A. et S.) De By., Fichtenblasenrost. I auf Fichte, II und III auf *Rhododendron*-Arten (in den Alpen) bzw. auf *Ledum palustre* (im Flachland). Nadeln der letzten Fichtentriebe werden im Sommer gelbrot, im August brechen aus ihnen hellrote Äzidien hervor (Abb. 43). Erkrankte Nadeln sterben im Lauf des Jahres und fallen ab. Besonders in den Alpen verbreitet, wo erhebliche Nadelverluste entstehen können. **C. abietis** (Wallr.) Ung., Fichtennadelrost. Autözisch auf Fichte. Mai bis Juni entstehen an den Nadeln der Maitriebe gelbe Flecken in

Form von Gürteln; an ihrer Unterseite zeigen sich im Herbst die Teleutosporenlager als flache, braune Schwielen beiderseits des Mittelnervs. Nadeln fallen vorzeitig ab. Meist in 10–40jährigen Beständen, besonders in engen, feuchten Dickungen. Schaden meist belanglos.

Familie Coleosporiaceae

Äzidien mit blasenförmiger Pseudoperidie (Peridermium). Uredosporen in Ketten oder einzeln entstehend. Teleutosporen einzeln entstehend.

Coleosporium senecionis (Pers.) Fr., **C. campanulae** (Pers.) Lév. und andere, vielfach morphologisch nicht unterscheidbare Arten, Kiefernnadelblasenrost. Äzidien als kleine gelbe Blasen (ähnlich wie in Abb. 43) im April/Mai auf ein- und zweijährigen Nadeln junger, etwa 3–10jähriger Kiefern. II und III auf zahlreichen Pflanzen, insbesondere Unkräutern auf Schlagflächen und Kulturen, wie *Senecio, Campanula* u. a. Häufig, in manchen Jahren sehr auffällig. Da befallene Nadeln meist erhalten bleiben, im allgemeinen bedeutungslos. In Ausnahmefällen Schütten der Nadeln.

Familie Melampsoraceae

Äzidien ohne Hülle, ein Caeoma bildend. Uredosporen in nackten Lagern einzeln entstehend. Teleutosporen einzellig in ein- bis mehrschichtigen Krusten.

Melampsora pinitorqua Rostr., Kieferndrehrost. I auf Kiefer, auch Berg-, Schwarz- und Weymouthskiefer; II und III auf Aspe und Weißpappel. Befall an Pappel kann die gleiche Bedeutung haben wie der von anderen, im nächsten Absatz zu nennenden Rostpilzarten. An Kiefer entsteht eine üble Krankheit. Basidiosporen infizieren junge Kieferntriebe, Myzel breitet sich in Rindenparenchym, Bast und Markstrahlen aus. An Befallsstelle entstehen auf der Rinde anfangs hellgelbe, 1–3 cm lange Flecken, auf denen zunächst Pyknidien und im Juni, nach Aufplatzen der Rinde, die gelben Caeomapolster erscheinen. Oft starke Harzabscheidung. Der einseitig befallene Trieb krümmt sich nach unten, kann sich aber wieder aufrichten und so S-förmige Drehung erhalten (Abb. 44). Bei stärkerer Infektion stirbt der Trieb ab.

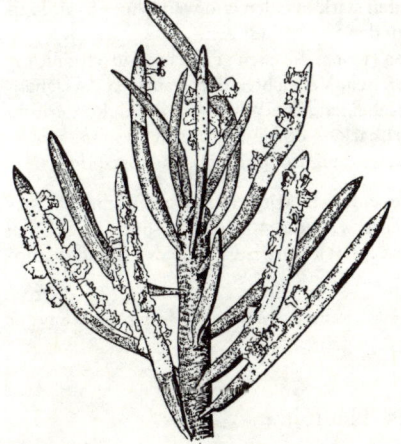
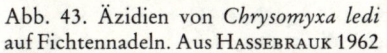

Abb. 43. Äzidien von *Chrysomyxa ledi* auf Fichtennadeln. Aus HASSEBRAUK 1962

Abb. 44. Von *Melampsora pinitorqua* befallener Kieferntrieb

Gefährdet sind vor allem 1–10jährige Pflanzen, selbst Sämlinge, bei denen die Caeomapolster auch an den Nadeln erscheinen. Der Drehwuchs tritt in manchen Jahren, vermutlich im Zusammenhang mit bestimmten Wetterbedingungen, geradezu seuchenhaft auf, um ebenso plötzlich wieder zu verschwinden. Förderlich sollen große Luftfeuchte und hohe Lufttemperaturen im Frühjahr und Sommer sein.

Bekämpfung: In Baumschulen keine Anzucht von Zitter- und Weißpappeln gemeinsam mit Kiefern; wenn jene vorhanden, Zusammenharken und Verbrennen des im Herbst gefallenen Laubs; wiederholtes Spritzen der Kiefern im Mai/Juni mit kupferhaltigen Fungiziden (PVG). In Kiefernkulturen Entfernen der Pappeln, auch in der Nachbarschaft bis zu einem Umkreis von 200–300 m.

Schrifttum: SIWECKI, R.: A review of studies on the occurence of *Melampsora pinitorqua* in Central and Eastern Europe. EJFP 4, 148–155, 1974.

Wie die vorgenannte Spezies leben auch weitere Arten der Gattung **Melampsora** Cast. in II und III auf Blättern von Pappeln und erzeugen hier die Pappelblattrostkrankheit, während I bedeutungslos sich auf Lärchen oder Krautpflanzen entwikkelt. Zu nennen sind **M. larici-populina** Kleb. auf Pappeln der Sektionen Aigeiros und Tacamahaca bzw. Lärchen; **M. larici-tremulae** Kleb. auf Pappeln der Sektion Leuce und ebenfalls Lärchen; **M. allii-populina** Kleb. auf Pappeln der Sektion Aigeiros bzw. *Allium*-Arten; **M. rostrupii** Wagn. auf Pappeln der Sektion Leuce bzw. *Mercurialis perennis.* Im Frühsommer Infektion des Pappelblatts durch Äzidiosporen, die sich auf dem Zwischenwirt entwickelt haben. Im Sommer erscheinen auf der Blattunterseite gelbe bis rostrote Uredosporenlager, im Herbst blattoberseits hell- bis schwarzbraune Teleutosporenlager, die auf den abgefallenen Blättern überwintern. Die im Frühjahr hier gebildeten Basidiosporen infizieren den Zwischenwirt. Möglicherweise kann auch der Wirtswechsel unterbleiben. Bei starkem Befall vorzeitiges Verdorren und Fallen der Blätter. Sein Ausmaß ist abhängig vom Umfang der Infektion, vom Wetter (feuchtwarm fördert es) und von der Empfindlichkeit der Pappelsorte. Folgen sind Zuwachsverlust und ungenügendes Ausreifen der Triebe, so daß sie leicht dem Spät- oder Winterfrost erliegen; doch hat DONAUBAUER 1963 beobachtet, daß sich Rost- und Frostempfindlichkeit der Pappelsorten nicht decken und besonders rostanfällige Sorten starken Frost gut überstanden.

Als ziemlich unempfindlich gelten u. a. Eckhof, Neupotz, Flachslanden, Regenerata; als empfindlich u. a. Brabantica, Gelrica, Robusta, Leipzig. Doch wird solche Einstufung dadurch erschwert, daß die *Melampsora*-Arten die einzelnen Pappelsorten verschieden stark befallen und weiterhin physiologische Rassen bilden können, die unterschiedliche Affinität zu den Sorten besitzen.

Gegenmaßnahmen: Wahl unempfindlicher Pappelsorten (wobei die eben gemachte Einschränkung zu beachten ist). Anlegen von Pappelgärten weitab von Lärchen, Vernichten der krautigen Zwischenwirte mit Herbiziden. Ausreichende Kalidüngung, die anscheinend die Widerstandsfähigkeit erhöht (SCHÖNNAMSGRUBER 1959). Untergraben oder Zusammenharken und Verbrennen des im Herbst gefallenen Laubs. Spritzen oder Sprühen mit Zineb (PVF) ab Anfang Juli in 14tägigen Abständen.

Melampsora amygdalinae Kleb., autözisch auf Mandelweide, **M. larici-caprearum** Kleb. auf Ohr- und Salweide, wirtswechselnd auf Lärche, sowie eine Reihe weiterer *Melampsora*-Spezies auf den genannten und anderen Weidenarten erzeugen Weidenblattrostkrankheit. Schaden und Bekämpfung wie beim Pappelblattrost.

Schrifttum: LEIBUNDGUT, H. et AMELS, C. W.: Observations sur la résistance à la rouille de quelques clones de peuplier. SchwZF 123, 660–661, 1972.

Reihe Hymenomycetes, Hautpilze

Die ungeteilten Basidien sind zu einer Hautschicht oder einem Sporenlager (Hymenium) vereinigt; dieses wird von einer Hyphenschicht (Hymenophor) getragen, die in einem häutigen, lederigen oder fleischigen Fruchtkörper gelagert ist. Saprophyten oder fakultative Parasiten, von denen zahlreiche Arten im toten Holz des gefällten oder abgestorbenen Baums, im toten Holz des lebenden Baums oder in dem noch wachsenden Holz der Kambialregion leben und dementsprechend technischen oder physiologischen Schaden anrichten.

Schrifttum: RYPÁČEK, V.: Biologie holzzerstörender Pilze. Jena 1966. — ZYCHA, H.: *Hymenomycetes.* II. Teil: Arten mit Fruchtkörperbildung. HP 6. A., III 4, 550–679, 1962.

Familien Corticiaceae und Coniophoraceae, Krustenpilze

Fruchtkörper vorwiegend krustenförmig ausgebreitet, dem Substrat aufliegend.

Aleurodiscus amorphus (Pers.) Schroet. bildet an der Unterseite absterbender Zweige der Tanne kleine fleischrote Fruchtkörper, die mit Apothezien von *Lachnellula*-Arten verwechselt werden können; fraglich, ob nur saprophytisch oder gelegentlich auch parasitisch. **Athelia epiphylla** Pers. (= *Corticium centrifugum* (Lev.) Bres.), Weißer Rindenpilz, findet sich im Herbst auf der Rinde vorwiegend der Buche, aber auch anderer Baumarten, in Gestalt weißlicher, bis handtellergroßer, aus Myzel bestehender Flecken; der Pilz parasitiert auf Algen und ist für den Baum ungefährlich. **Thanatephorus cucumeris** (Frank) Donk (= *Corticium solani* (Prill. et Del.) Bourd. et Galz.), über die ganze Erde verbreitet und Krankheitserreger an zahlreichen Pflanzenarten, wird hier genannt, weil die Nebenfruchtform **Rhizoctonia solani** Kühn häufig Keimlings- und Wurzelfäule verursacht und ähnlich schadet, wie oben bei *Pythium* geschildert wurde (S. 85). Erwies sich in den letzten Jahren bei Buchenmasten in Norddeutschland und Frankreich stellenweise als wichtiger Fäuleerreger der in der Laubstreu überwinternden Bucheckern (G. HARTMANN, mündl. Mitt.; PERRIN, 1979). **Peniophora gigantea** (Fr. ex Fr.) Mas., weitverbreiteter Erzeuger von Braunfäule an geschlagenem, noch frischem Koniferenholz; krustenförmige Fruchtkörper weiß und wachsartig an der Holzoberfläche, werden nach dem Eintrocknen gelb oder pergamentartig. Wird zur biologischen Bekämpfung wurzelpathogener Pilze empfohlen (S. 124, 450).

Coniophora puteana (Schum. ex Fr.) Karst., Kellerschwamm, in verbautem Nadelholz in feuchten Räumen. Holz wird braun und zerfällt würfelförmig in eine bröckelige Masse. Fruchtkörper bilden flache, dem Holz aufliegende Kruste, braun, mit anfangs weißem Rand. In einem westdeutschen, 40jährigen Douglasienbestand an 12 % der Bäume als Stammfäuleerreger festgestellt (SIEPMANN 1977). **Serpula** *(Merulius)* **lacrymans** (Wulf.) Karst., Echter Hausschwamm, häufigster und sehr gefährlicher pilzlicher Schädling in Häusern. **S. himantioides** (Fr.) Karst. (= *Merulius silvester* Falck), Wilder Hausschwamm, mehr im Freien, vielleicht nur eine Wuchsform der vorgenannten Art.

Schrifttum: BUTIN, H.: Der Weiße Rindenpilz (*Athelia epiphylla* Pers.) – Parasit oder Epiphyt? AF 34, 357, 1979. — PERRIN, R.: La pourriture des faines causée par *Rhizoctonia solani* Kühn: Incidence de cette maladie après les faînées de 1974 et 1976. Traitement curatif des faines en vue de la conservation. EJFP 9, 89–103, 1979. — SIEPMANN, R.: *Fomes annosus* (Fr.) Cke. und andere Stammfäulepilze in einem Douglasienbestand, *Pseudotsuga menziesii* (Mirb.) Franco. EJFP 7, 287–296, 1977.

Familie Thelephoraceae, Rindenpilze

Fruchtkörper konsolenförmig vom Substrat abstehend oder aufrecht.

Die Gattung **Stereum** Pers., Schichtpilz, hat lederartige, meist horizontal vom Substrat abstehende Fruchtkörper. **S. hirsutum** (Willd.) Gray., Zottiger Schichtpilz, häufig in Eichenwaldungen, auch an anderen Laubhölzern, als Saprophyt an Astenden, Schälwunden u. dgl. Im Herbst leuchtendgelbe, bis 5 cm breite Fruchtkörper, teils krustig, teils abstehend, auf der Oberseite behaart. Verursacht in gefälltem Holz Weißstreifigkeit (Fliegenholz). **S. frustolosum** Fr., Mosaik-Schichtpilz, erzeugt in Eiche eine ähnliche, als Rebhuhnholz bekannte Zersetzungsform: das Holz ist rotbraun mit eingestreuten weißen Höhlungen. Fruchtkörper klein, braungelb, mosaikartig gruppiert als Kruste und Konsole. **S. rugosum** (Pers.) Fr., Runzeliger Schichtpilz, Erreger einer Krebskrankheit bei Eiche und Roteiche, auch Buche und anderen Laubhölzern. Fruchtkörper rundlich-oval, mit schmalem, wulstigem Rand, korkig, dem Holzkörper angewachsen, hellbraun, an Wundstellen blutrot werdend. Infektion an freiliegendem toten Holz (Aststummel), breitet sich dann auf das benachbarte lebende Gewebe aus. Die vom Baum gebildeten Überwallungswülste werden in der Vegetationsruhe vom Pilz immer wieder zerstört, so daß sich die Wundstelle von Jahr zu Jahr vergrößert und vertieft und ein Krebs entsteht. Der Stamm wird vom Wind gebrochen oder geht nach Zerstörung der Siebröhren und Gefäße an Wassermangel und ungenügender Ernährung zugrunde. Vorwiegend an Orten mit hoher Luftfeuchtigkeit. Als Saprophyt Erzeuger von Weißfäule namentlich in Buche und Eiche. **S. purpureum** (Pers.) Fr., Violetter Schichtpilz, mit weichen, lederartigen, violetten Fruchtkörpern im unteren Stammteil von Buche, Birke u. a. Laubhölzern. Wirtschaftlich vor allem bedeutsam als Erreger von Verstocken und Weißfäule in lagerndem Buchen- und Pappelholz. Urheber des Milch- oder Bleiglanzes der Blätter der Obstbäume. **S. sanguinolentum** (A. et S.) Fr., und **S. areolatum** Fr., Blutender Schichtpilz, an Nadelholz, vorwiegend Zersetzer gefällten Holzes, in dem er Braunfäule mit würfelförmigem Holzzerfall verursacht. Erzeugt neben anderen Arten die als Rotstreifigkeit bezeichnete Verfärbung lagernden Fichten- und Tannenholzes. Auch in lebenden Fichten nach Rückeschaden, Rotwildschäle oder Gipfeldürre und nach Befall durch Holzwespen, mit denen der Pilz in Symbiose lebt.

Thelephora terrestris Ehrh., Zerschlitzter Warzenpilz, Saprophyt, der von Bestandteilen der Bodenstreu lebt. Mit seinem weichlederigen, braunen Fruchtkörper kann er junge Forstpflanzen in Kämpen und Kulturen bis zu 20 cm Höhe umwachsen und zum Ersticken bringen (Abb. 45). Besonders auf feuchten Standorten und in Lochpflanzungen.

Schrifttum: Aufsess, H. v.: Einige Pilzschäden an alten Eichen. FC 92, 153–169, 1973. — Pawsey, R. G. a. Stankovicova, L.: Studies of extraction damage decay in crops of *Picea abies* in Southern England. I. Examination of crops damaged during normal forest operations. EJFP 4, 129–137, 1974. – II. The developement of *Stereum sanguinolentum* following experimental wounding and inoculation. EJFP 4, 203–214, 1974. — Schönhar, S.: Untersuchungen über den Befall rückgeschädigter Fichten durch Wundfäulepilze. AFJZ 146, 72–75, 1975.

Familie Clavariaceae, Keulenpilze

Fruchtkörper aufrecht, keulenförmig oder korallenartig verzweigt.

Sparassis crispa (Wulf.) Fr., Krause Glucke, Fruchtkörper 5–30, ausnahmsweise bis 70 cm Durchmesser, blumenkohlähnlich, dem Erdboden aufsitzend, seltener auf Nadelholzstubben oder an lebenden Stämmen. Befällt von der Wurzel her das Kernholz lebender Bäume. Holz wird dunkelbraun, bricht muschelig und riecht stark nach Terpentin. Nur an der Stammbasis, daher Schaden gering. Vorwiegend an Kiefer, auch an Douglasie, vor allem in der Nachbarschaft infizierter Kiefern und Kiefernstubben, in denen sich der Pilz mindestens zwei Jahrzehnte hält (Siepmann 1977); ferner an Sitkafichte und Strobe gefunden. **S. laminosa** Fr., Eichenglucke, an Eiche, vielleicht auch an anderen Laubhölzern; seltener.

Abb. 45. Von *Telephora terrestris* umwachsene und erstickte Fichtenpflanze. Nach Neger 1924

Schrifttum: Courtois, H., u. Risse, P.: Kiefernstockfäule auf grundwasserbeeinflußtem, kiesigem Sand. AFJZ 150, 185–191, 228–234, 1979. — Delatour, C.: Comportement in vitro du *Sparassis crispa* Wulf. ex Fr. et du *Sparassis laminosa* Fr. EJFP 5, 240–247, 1975. — Schönhar, S.: Kernfäule verursachende Pilze in Kiefernbeständen Baden-Württembergs. AFJZ 141, 41–44, 1970. — Siepmann, R.: *Polyporus schweinitzii* Fr. und *Sparassis crispa* (Wulf. in Jacq.) ex Fr. als Fäuleerreger in einem Douglasienbestand (*Pseudotsuga menziesii* (Mirb.) Franco) mit hohem Stammfäuleanteil. EJFP 6, 203–210, 1976. — Über die Lebensdauer der Stammfäuleerreger *Polyporus schweinitzii* Fr. und *Sparassis crispa* (Wulf. in Jacq.) ex Fr. in Kiefernstubben. EJFP 7, 249–251, 1977. — Neue Erkenntnisse über die Wurzel- und Stammfäule der Douglasie. MBBA 191, 223–224, 1979.

Familie Hydnaceae, Stachelpilze

Hymenophor mit stachel- oder zahnförmigen Vorsprüngen.

Hydnum diversidens Fr., Fruchtkörper fleischig, gelbweiß, rötlich anlaufend, Konsolenform, mehrere Jahre ausdauernd. Verursacht Weißfäule an totem Holz der Eiche und Buche. **H. coralloides** Scop., Korallen-Stachelbart, Fruchtkörper baumartig verzweigt, weißfleischig, unterseits gelbliche Stacheln. Holzzerstörer an Laubbäumen, namentlich Buche, Esche, Ulme; ziemlich selten. **H. erinaceus** Bull., Igel-Stachelbart, Fruchtkörper weißgelbe, rundliche Knolle, ringsum mit 3–5 cm langen, hängenden Stacheln besetzt. Erzeugt Weißfäule in Eiche, nicht häufig.

Irpex fuscoviolaceus Fr., Eggenschwamm. Zahlreiche, kleine dachziegelig stehende Fruchtkörper, die oberseits grün sind und unterseits violett-braun gefärbte Zähnchen tragen. Holzzerstörer an Kiefer. **I. lacteus** (Fr.) Fr., Fruchtkörper weiß, konzentrisch gefurcht. Auf Ästen von Laubhölzern, verursacht Weißfäule. **I. obliquus** (Schrad.) Fr., Fruchtkörper weiß, flach, zottig. Ebenfalls auf Laubholzästen und Weißfäuleerreger.

Familie Hymenochaetaceae (Polyporaceae sensu lato partim), Schwammporlinge

Fruchtkörper ein- oder mehrjährig, konsolen- oder krustenförmig. Hymenophor porenförmig oder glatt. Fleisch braun, mit Kalilauge sich schwarz verfärbend.

Phellinus *(Trametes)* **pini** (Brot.) Am., Kiefernbaumschwamm. Wundparasit und Erreger von Stammfäule an Nadelhölzern, besonders Kiefer. Infektion an Kernholz.

das nicht durch Harzaustritt geschützt ist, insbesondere an Astabbrüchen. So ist meist Schwammbefall um so stärker, je ästiger der Bestand ist. Gern auch Infektion an Schälwunden, an denen infolge Schutzholzbildung Verkernung eingetreten ist; der funktionslos gewordene Splint stellt ein für den Baumschwamm geeignetes Substrat dar. Myzel breitet sich zunächst hauptsächlich in Richtung der Holzfaser, später auch in horizontaler Richtung aus. Sein Wachstum ist besonders von Temperatur (S. 265) und Harzgehalt (S. 311) abhängig; im Jahr etwa 8–25 cm. Holz wird rotbraun mit zahlreichen weißen Flecken. Frühholz wird stärker angegriffen und zersetzt als Herbstholz: Ringfäule. Bei Kiefer und Lärche wird im allge-

meinen nur Kernholz zersetzt: Kernschäle; bei Fichte und Tanne infolge Fehlens einer verharzten Schutzzone häufig auch der Splint. Allerdings kann sich der Pilz bei den erstgenannten Baumarten von erkranktem Kernholz auch auf benachbarten lebenden Splint ausdehnen, der sich in Gegenwirkung des Angriffes bei reichlichem Harzauftreten in Schutzholz verwandelt, also verkernt. Fruchtkörper erscheinen 10 bis 20 Jahre nach der Infektion bei Kiefer und Lärche an und unter Aststellen und Schälwunden als braune, holzige, oben konzentrisch gezonte Konsolen (Abb. 46), bei Fichte und Tanne auch unmittelbar aus der Rinde, dann krustenförmig. Fruchtkörper können 50 Jahre und älter werden; Sporenflug während des ganzen Jahres mit Ausnahme der Frosttage, besonders reichlich Ende April/Mai und Mitte Oktober bis Ende November (Abb. 124).

Abb. 46. Fruchtkörper von *Phellinus pini* an Kiefernstamm. Aus ZYCHA 1962

Auf der ganzen nördlichen Halbkugel verbreitet. In Mitteleuropa fast nur im Kieferngebiet ostwärts der Elbe, beschränkt auf ein Gebiet mit weniger als 600 mm Jahresniederschlag; Grund ist vielleicht der höhere Kernanteil der Kiefer: je kernreicher ein Baum, um so größer ist die Gefahr des Schwammbefalls. Alterskrankheit der Kiefernbestände, die den Nutzwert der befallenen „Schwammbäume" beachtlich vermindert, zumal die Fäule sich auf die verschiedensten Teile des Stammes erstrecken oder ihn ganz durchziehen kann, so daß ein „Gesundschneiden" wie bei *Fomes annosus*, also ein Abschneiden der auf den untersten Stammteil begrenzten Faulstelle, nicht möglich ist.

Nach Untersuchungen von ÖHLMANN 1959 verstärkt Befall durch Kiefernbaumschwamm die Quellungs- und Schwindungseigenschaften des Holzes; bei schwachem Befall wird das Maß der Quellung von gesundem Splintholz erreicht oder überschritten, bei starkem erhöht es sich weiter. Die Druckfestigkeit ließ bei schwachem und mittlerem Befall keine deutliche Minderung gegenüber gesundem Kiefernholz erkennen, bei starkem Befall war sie um etwa 20 % herabgesetzt.

Diagnose: Schwammstämme können erkannt werden an der Konsole oder, bei verborgener Erkrankung, an beiderseitigem, chinesenbartähnlichem Harzfluß an der beuligen oder vertieften, durch abspringende Borke gekennzeichneten Infektionsstelle.

Bekämpfung: Aushieb der Schwammbäume, obwohl damit die Erkrankung nicht wesentlich eingeschränkt werden kann; bezweckt hauptsächlich, weitere Holzzerstörung im befallenen Stamm zu verhindern. Engste Bestandesgründung, dadurch frühzeitige Reinigung, keine Infektionsmöglichkeit. Dazu Verkürzung der Umtriebszeit, wodurch der mit dem Baumalter wachsende Holzverlust in Grenzen gehalten wird.

Ebenfalls an K i e f e r : **Onnia** *(Polyporus)* **tomentosa** (Fr.) Karst. (= *P. circinatus* (Fr.) Fr.), Erreger der Bienenrosigkeit der Kiefer, einer Wabenfäule des Kernholzes. Fäule breitet sich, aus dem Wurzelbereich nach oben vordringend, ringförmig in mehreren Jahresringen aus; Holz wird braun, zersetzt sich fleckenweise, es entstehen Löcher, oft so viele nebeneinander, daß es sich ringförmig auflöst (Ringschäle). Mehrere Meter des unteren Stammteils können derart entwertet werden. An manchen Orten ziemlich häufig. Fruchtkörper 5–15 cm breit, filzig-rotbraun, häufig gestielt, oft zu mehreren nebeneinander und mit den Hüten zusammengewachsen.

An Laubholz als Erzeuger von Weißfäule im Kernholz: **Inonotus** *(Polyporus)* **dryadeus** (Pers.) Mur., Eichenporling, Wundparasit hauptsächlich an Eiche. Fruchtkörper bis 50 cm breit, dickfleischig, später korkig, rostbraun, am Rand Flüssigkeitstropfen. **I.** *(P.)* **hispidus** (Bull.) Karst., Borstiger Porling, Wundparasit besonders an Esche und Eiche. Fruchtkörper bis 35 cm breit, orangerot, später rostbraun, borstig behaart, meist einzeln. **I.** *(Poria)* **obliquus** (Pers.) Pil., Schiefer Schillerporling, in totem und lebendem Laubholz, besonders in Birken. **Phellinus** *(Fomes)* **igniarius** (L.) Quél., Falscher Zunderschwamm, häufig an Pappel und Weide, auch an anderen Laubhölzern. Fruchtkörper bis 20 cm breit, mehr hufförmig, rissig, steinhart, grau bis schwarz. **P. tremulae** (Bond.) Bond. & Bor., Aspen-Feuerschwamm, an Aspe, selten an anderen Pappeln. Fruchtkörper nur 5–10 cm breit, dunkelgrau, eng gezont, oft vertikal aufreißend.

Schrifttum: WIKSTRÖM, C.: The occurrence of *Phellinus tremulae* (Bond.) Bond. and Borisov as a primary parasite in *Populus tremula* L. EJFP 6, 321–328, 1976. — WIKSTRÖM, C., a. UNESTAM, T.: The decay pattern of *Phellinus tremulae* (Bond.) Bond. et Borisov in *Populus tremula* L. EJFP 6, 291–301, 1976.

Familie Poriaceae (Polyporaceae sensu lato partim), Porlinge

Fruchtkörper ein- oder mehrjährig, hut-, konsolen- oder krustenförmig. Hymenophor poren- oder zahnförmig, auch labyrinthisch, Fleisch weiß, gelb, rosa oder rot.

Fomes annosus (Fr.) Cooke (= *Heterobasidion annosum* [Fr.] Bref.), Wurzelschwamm. Bewirkt an Nadelhölzern, besonders an Fichte, sogenannte Rotfäule (die nach dem Zersetzungsvorgang im Holz – Abbau erst des Lignins, dann der Zellulose – eine Weißfäule [S. 337] ist). Saprophyt in totem, Parasit in lebendem und absterbendem Holz. Infektion und Verbreitung des Pilzes erfolgen durch Myzel, das aus der Wurzel eines erkrankten Baumes in die Wurzel des gesunden Nachbarn eindringt. Das geschieht ohne Schwierigkeit, wenn die Wurzeln, wie häufig, miteinander verwachsen sind. Berühren sie sich nur, so kann der Pilz aus der befallenen Wurzel hinauswachsen und, wenn das Myzel kräftig genug ist, in die gesunde unverletzte Wurzel eindringen; einem schwächeren Myzel gelingt dies nur über Verletzungen oder sonstige Schädigungen der Rinde, wie überhaupt Wurzelwunden dem Befall förderlich sind. Daneben Infektion durch Sporen, hauptsächlich über frische Stubben; über Stammwunden, etwa nach Rotwildschäle, erfolgt sie im allgemeinen nicht. Keimfähige Sporen fliegen fast das ganze Jahr über; auf einer Versuchsfläche wurden bis zu 1500 niedergehende Sporen je Quadratmeter und Stunde gezählt (DIMITRI et al. 1971). Geraten sie auf die Schnittfläche eines frischen Stubbens, so keimen sie; die Infektionsfähigkeit des Stubbens hält, laufend abnehmend, etwa vier Wochen an (SCHÖNHAR 1971). Feuchtes Wetter in der ersten Woche nach der Fällung ist günstig für die Stockbesiedlung durch den Wurzelschwamm; bei anhaltender Trockenheit und hohen Temperaturen ist die Chance für Stubbeninfektion gering (SCHÖNHAR 1975). Myzel wächst abwärts in die Wurzel, in einem Jahr bis zu 50 cm weit (DIMITRI et al. 1971). Kann hier mehrere Jahrzehnte (GREIG-PRATT 1976) saprophytisch leben und früher oder später die heranwachsende Wurzel eines benachbarten gesunden Baumes infizieren.

Die Besiedlung des Stubbens gelingt *Fomes* nur, wenn ihm nicht andere Pilze zuvorgekommen sind. Dabei handelt es sich weniger um Nahrungskonkurrenten als um Arten, deren Stoffwechselprodukte eine hemmende, antibiotische Wirkung auf *Fomes* ausüben. Solche Antagonisten sind neben sonstigen holzzerstörenden Basidiomyzeten, z. B. *Peniophora gigantea* (Fr. ex Fr.) Mas., auch weitverbreitete Humuspilze und Angehörige der Mykorrhiza, beispielsweise der zelluloseangreifende Schimmelpilz *Trichoderma viride* Pers. oder der Mykorrhizapilz *Gomphidius glutinosus* (Schaeff.) Fr. (FROIDEVAUX-AMIET 1974). Diese sowie weitere wurzelbegleitende Bodenorganismen spielen auch bei der Myzelinfektion von Wurzel zu Wurzel eine Rolle, indem sie sowohl den Austritt des Pilzes aus der befallenen als auch den Eintritt in eine benachbarte Wurzel steuern können.

Von der Infektionsstelle dringt der Pilz bei Kiefer vorwiegend in der Kambialregion der Wurzel stammwärts vor (Wurzelfäule), bis ihm starke Harzbildung und Anlage eines Wundperiderms in der Rinde Einhalt gebieten. Befallener Wurzelteil geht zugrunde, bei starkem Befall stirbt der Baum, bevor im Stamm nennenswerte Fäule aufgetreten ist. Ähnlich kann die Erkrankung in der Douglasie verlaufen. Bei Fichte, Tanne und Lärche ist Verharzung geringer, Pilz wächst, wenn er Wurzeln von mehr als 2 cm Dicke erreicht hat, nur noch im Innern des Holzes. Infolgedessen bleiben Seitenwurzeln am Leben, Baum stirbt nicht ab und Pilz kann sich im Stamm, fast ausschließlich im Reif- oder Kernholz, nach oben ausbreiten (Kernfäule). Geschwindigkeit des Vordringens in Fichte etwa 0,3 m je Jahr.

Im Längsschnitt eines Fichtenstammes lassen sich verschiedene Stadien des Pilzangriffs erkennen (Abb. 47): 1. Farbzone: Holz violett verfärbt, sonstige Eigenschaften nur geringfügig verändert. 2. Helle Hartfäule: Holz hellbräunlich verfärbt, chemische und mechanische Eigenschaften beeinträchtigt, aber noch schnittfest. 3. Dunkle Hartfäule: Holz braunrot verfärbt, Eigenschaften stark beeinträchtigt, doch Gefüge erhalten; gleichmäßig verteilte weiße, lang-ovale Flecken, in deren Zentrum sich ein vom Myzel gebildeter schwarzer Kern befindet. 4. Weichfäule: Holz weich und faserig aufgelöst, keinerlei Struktur mehr, meist im Stamm eine Höhlung (ZYCHA 1962).

Das im Gegensatz zu den derben Myzellappen des Hallimaschs dünne und zarte Myzel des Wurzelschwamms wächst als kleine, stecknadelkopfgroße Polster zwischen den Rindenschuppen hervor und erzeugt an Wurzeln in und über dem Boden und am Wurzelanlauf dünne, krustenförmige, dem Substrat enganliegende oder nur wenig abstehende, erbsen- bis handflächengroße Fruchtkörper (Abb. 48); Hymenialfläche weiß, Oberseite braun; können mehrere Jahre alt werden, wobei jährlich eine neue Porenschicht entsteht und die braun gewordene alte ganz oder zum Teil bedeckt. Nebenfruchtform in Gestalt von Konidien in der Natur selten.

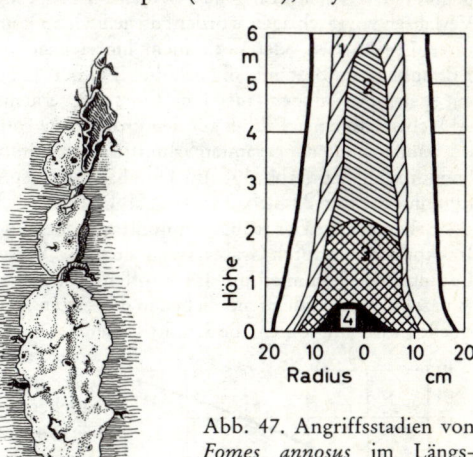

Abb. 47. Angriffsstadien von *Fomes annosus* im Längsschnitt eines Fichtenstamms. 1 Farbzone, 2 helle Hartfäule, 3 dunkle Hartfäule, 4 Weichfäule

An sämtlichen Nadelhölzern in allen Altersklassen, auch an Laubhölzern. Weit verbreiteter und gefährlicher Schädling einmal der Kiefer, die er, meist im jungen Alter, zum Absterben bringt, vor allem aber der Fichte, die er zwar in der Regel nicht abtötet, deren Reifholz er jedoch bis 16 und mehr Meter Höhe zersetzt. Ihre wasserführenden, lebenden Teile bleiben meist unberührt, so daß der Baum in äußerlich bester Gesundheit und mit voller Bekronung weiter wachsen kann. Nur wenn sämtliche Wurzeln befallen sind und der

Abb. 48. Fruchtkörper von *Fomes annosus* an einer Fichtenwurzel

Baum nicht mehr mit genügend Wasser versorgt wird, greift das Myzel auch auf die Kambiumzellen über und bringt den Baum zum Absterben. Häufig werden die Stämme wegen der verfaulten Wurzeln und des vermorschten Stammes vorzeitig vom Sturm geworfen oder gebrochen. Größter Schaden durch die Entwertung des sonst wertvollsten Stammteils; einige Angaben hierüber s. S. 358.

Der Pilz findet günstigste Daseinsbedingungen in stickstoffreichen Böden mit pH-Werten zwischen 5 und 6, wobei diese anscheinend nicht unmittelbar von Einfluß sind, sondern die Entwicklung der an saure Böden angepaßten Antagonisten hemmen. An künstlich verletzten Fichtenwurzeln betrug die Infektionsrate auf Kalkböden durchschnittlich 41%, auf anderen Böden 10% (SIEPMANN 1976). Fichtenbestände sollen besonders disponiert sein auf dichtgelagerten Böden mit extremem oder stark schwankendem Wassergehalt, besonders auf ehemaligen Ackerflächen (S. 349), auf Gebirgsböden ohne Grundwasserversorgung, namentlich auf trockenen Süd- und Südwesthängen, ferner allgemein außerhalb des natürlichen Verbreitungsgebiets. Mittlere Ertragsklassen sollen die geringsten Schäden aufweisen; auf schlechten Böden sei der Anteil rotfauler Stämme hoch, weil absterbende Wurzeln reichlich Infektionsstellen schaffen, auf besten Böden sei massenmäßig der Faulholzanteil wegen des lockeren Holzaufbaues der Stämme beachtlich. Demgegenüber konnten ZYCHA-KATÓ 1967 keine eindeutige Beziehung zwischen Auftreten der Fäule und Ertrags- oder Leistungsklasse feststellen; bestätigt wurde die Abhängigkeit vom Standort, namentlich das stärkere Vorkommen von *Fomes*-Schäden auf basenreichen, wechselfeuchten, staunassen Böden, bei sonnenseitiger Hanglage und in Erstaufforstungen. In undurchforsteten Fichten-Erstaufforstungen dagegen fand SCHÖNHAR 1979 äußerst geringen *Fomes*-Befall. Pflanzverfahren und Düngung hatten keinen Einfluß auf ihn (YDE-ANDERSEN 1977). Der Faulholzanteil nimmt im allgemeinen mit dem Alter der Bestände zu, kann im Einzelfall aber auch nach entsprechenden Pflegehieben wieder abnehmen.

Diagnose: Charakteristische Fruchtkörper namentlich an oberflächlich streichenden Wurzeln zeigen Vorkommen von *Fomes* im Bestand an. Ältere rotfaule Fichtenstämme sind häufig im unteren Stammteil flaschenförmig ausgebaucht. Zur Feststellung der Fäule im Stamm sind verschiedene Verfahren vorgeschlagen worden, die jedoch zu kompliziert, technisch nicht ausgereift, zu ungenau in ihren Ergebnissen oder noch nicht hinreichend praktisch erprobt sind (S. 382). Das Ausmaß der Erkrankung im Bestand läßt sich durch Untersuchung einer genügenden Zahl gefällter Probestämme, am besten im Rahmen einer Durchforstung, erkennen: Vorhandensein oder Fehlen der Fäule an den Abhieben läßt einen Schluß auf den Prozentsatz rotfauler Bäume zu; aus dem Anteil, den das Quadrat der Faulfläche an der gesamten Schnittfläche des Stubbens einnimmt, läßt sich auf die Höhe der Fäule im Stamm schließen (Abb. 49). Im Durchschnitt entspricht die Faulhöhe etwa dem 22fachen des Fäuledurchmessers am Abhieb (ZYCHA et al. 1970).

Bekämpfung: Das früher empfohlene Roden und Entfernen der kranken Stöcke oder Isolieren der Infektionsherde durch Gräben ist aussichtslos. Versuche (FALCK 1930), durch ein Bohrloch die Stämme im untersten Stammteil mit Impfstoffen zu tränken und den Holzkörper gegen das Vordringen des Wurzelpilzes abzudichten, blieben in den ersten Anfängen stecken. Zur Verminderung der Infektionsquellen wird empfohlen, die Schnittflächen der bei Durchforstungen entstehenden Stubben mit Sporen eines unschädlichen antagonistischen Pilzes zu beimpfen oder mit einem chemischen Schutzmittel abzudecken. Als solches ist Karbolineum brauchbar, doch zögert es die Zersetzung des Stubbens hinaus; dieser Nebeneffekt entfällt bei Verwendung von Natriumnitrit in 10%iger wässriger Lösung, das aufgestrichen oder aufgespritzt gute Wirkung zeigte, und von Borax, ebenfalls 10%ig in Wasser gelöst, das allerdings nur im Streichverfahren gut wirksam war (SCHÖNHAR 1977). Als Antagonist hat sich *Peniophora gigantea* bewährt, namentlich an Kiefer, doch auch an Fichte (KALLIO 1971). Das Beimpfen der Stöcke geschieht mit wässeriger oder öliger Sporensuspension, hinreichend wirksam auch durch Hinzufügen der Sporen zum Kettenöl der Motorsägen (GREIG 1976). Die Stockbehandlung muß unmittelbar nach der Fällung erfolgen. Damit läßt sich eine Einschränkung, keineswegs aber eine Ausschaltung der *Fomes*-Schäden erreichen. Immerhin wird das Beimpfen der Kiefernstubben mit *Peniophora gigantea* von britischen Forstleuten als so wirksam angesehen, daß es unter Verwendung kommerziell hergestellter Sporensuspensionen in den der Forestry Commis-

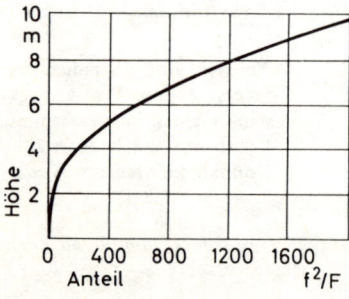

Abb. 49. Beziehung zwischen dem Anteil des Quadrats der Faulfläche (f) an der gesamten Schnittfläche des Stubbens (F) und der Höhenausdehnung der durch *Fomes annosus* erzeugten Fäule im Stamm. Nach KATÓ 1967

sion unterstellten Waldungen auf einer Gesamtfläche von 62 000 ha vorgenommen wird (RISHBETH 1979). Weiterhin kann Wurzelkontaktinfektion erschwert werden durch weite Pflanzverbände und Beimischung von Laubholz. Allgemein vorbeugend dürften Unterlassen einer Kalkdüngung und die Wahl standortgemäßer, ggf. auch widerstandsfähiger Herkünfte wirken; solche scheint es nach DIMITRI 1963/64 zu geben: bei Untersuchungen mit Fichtenkeimlingen vom Bodenseegebiet bzw. Schwarzwald erwiesen sich die ersten als merklich anfälliger. Ob allerdings derzeit festgestellte Widerstandsfähigkeit so bleibt, erscheint angesichts der Variabilität und Anpassungsfähigkeit des Pilzes als zweifelhaft (COURTOIS 1972). Auf besonders gefährdeten Standorten sollten statt Fichte oder Kiefer die weniger empfindlichen Douglasien, Tannen oder Lärchen gewählt werden. Ein stark verseuchter älterer Bestand ist bald zu nutzen, weil der jährliche Holzzuwachs durch das Fortschreiten des Faulholzanteils ausgeglichen wird.

Schrifttum (aus der sehr großen Zahl der in jüngerer Zeit sowohl in Europa als auch in Nordamerika erschienenen Veröffentlichungen können nur wenige genannt werden): COURTOIS, H.: Phytopathologische Aspekte zur Resistenzzüchtung der Fichte gegen die Rotfäule *(Fomes annosus)*. FH 27, 441–444, 1972. — Wie gefährlich ist *Fomes annosus?* AFJZ 146, 225–228, 1975. — DIMITRI, L.: Root rot caused by *Fomes annosus* in the forests of Western Europe: frequency, damages and current research work. EJFP 3, 245–248, 1973. — DIMITRI, L., ZYCHA, H., KLIEFOTH, R.: Untersuchungen über die Bedeutung der Stubbeninfektion durch *Fomes annosus* für die Ausbreitung der Rotfäule der Fichte. FC 90, 104–117, 1971. — EVERS, F. H.: Zusammenhang zwischen chemischen Bodeneigenschaften und Kernfäulebefall in Fichtenbeständen. MVFS 22, 65–71, 1973. — FROIDEVAUX, L. et AMIET, R.: Le champignon mycorrhizien *Gomphidius glutinosus,* un puissant antagoniste de *Fomes annosus* en culture pure. EJFP 4, 245–248, 1974. — GREIG, B. J. W.: Biological control of *Fomes annosus* by *Peniophora gigantea.* EJFP 6, 65–71, 1976. — Inoculation of pine stumps with *Peniophora gigantea* by chainsaw felling. EJFP 6, 286–290, 1976. — GREIG, B. J. W., a. PRATT, J. E.: Some observations on the longevity of *Fomes annosus* in conifer stumps. EJFP 6, 250–253, 1976. — HODGES, C. S.: Modes of infection and spread of *Fomes annosus.* ARP 7, 247–266, 1969. — IUFRO: Symposien über *Fomes annosus* in Aarhus (Dänemark) 1968, Athens (Georgia, USA) 1973 und Kassel 1978. — KALLIO, T.: Protection of spruce stumps against *Fomes annosus* (Fr.) Cooke by some wood-inhabiting fungi. AFF 117, 1–20, 1971. — PEEK, R. D., LIESE, W., PARAMESWARAN, N.: Infektion und Abbau der Wurzelrinde von Fichte durch *Fomes annosus.* EJFP 2, 104–115, 1972. — RISHBETH, J.: Modern aspects of biological control of *Fomes* and *Armillaria.* EJFP 9, 331–340, 1979. — SCHÖNHAR, S.: Untersuchungen über die *Fomes-annosus*-Rotfäule an Fichte. AFJZ 142, 274–278, 1971. — Zur Ausbreitung von *Fomes annosus* und anderer Rotfäulepilze in Fichtenbeständen 2. Generation. MVFS 22, 3–8, 1973. — *Fomes annosus* (Fr.) Cooke in Nadelholzbeständen und Möglichkeiten zu seiner Bekämpfung. ZPK 81, 52–64, 1974. — Untersuchungen über das Vorkommen von *Fomes annosus* und anderer Rotfäulepilze in noch undurchforsteten Fichten-Erstaufforstungen. AFJZ 145, 145–147, 1974. — Zur Besiedlung frischer Stubben in Fichten-Erstaufforstungen durch *Fomes annosus.* AFJZ 146, 177–179, 1975. — Erprobung von Chemikalien zur Verhütung einer Infektion frischer Fichtenstöcke durch *Fomes annosus.* AFJZ 148, 181–182, 1977. — Über die Anfälligkeitsdauer frischer Schnittflächen von Fichtenstubben gegen eine Infektion durch *Fomes annosus*-Sporen. AFJZ 150, 162–163, 1979. — SIEPMANN, R.: Über die Infektion von Fichtenwurzeln *(Picea abies* Karst.) durch *Fomes annosus* (Fr.) Cke. EJFP 6, 342–347, 1976. — *Fomes annosus* (Fr.) Cke. und andere Stammfäulepilze in einem Douglasienbestand, *Pseudotsuga menziesii* (Mirb.) Franco. EJFP 7, 287–296, 1977. — WERNER, H.: Möglichkeiten der Verminderung von Rotfäuleschäden. AF 28, 459–461, 1973. — YDE-ANDERSEN, A.: Attacks by *Fomes annosus* in spruce stands in relation to planting methods and fertilizer treatment with lime and phosphate. FFD 35, 39–59, 1977. — *Fomes annosus* attack and fertilizer treatment of old Norway Spruce stands with phosphorus and nitrogen. FFD 35, 61–68, 1977. — ZYCHA, H., AHRBERG, H., et al.: Der Wurzelschwamm *(Fomes annosus)* und die Rotfäule der Fichte. FF 36, 1976. — ZYCHA, H., DIMITRI, L., KLIEFOTH, R.: Ergebnis objektiver Messungen der durch *Fomes annosus* verursachten Rotfäule in Fichtenbeständen. AFJZ 141, 66–73, 1970. — ZYCHA, H., u. KLIEFOTH, R.: Beobachtungen über den Einfluß des Bodens auf die Keimung der Sporen von *Fomes annosus.* PZ 71, 285–294, 1971. — ZYCHA, H., u. ULRICH, B.: Die Rotfäule der Fichte. FA 40, 209–212, 1969.

Phaeolus *(Polyporus)* **schweinitzii** (Fr.) Pat., Kiefern-Braunporling, wichtigster Erreger der Kiefernstockfäule sowie der Kernfäule der Douglasien, auch in Lärche und Fichte vorkommend, hauptsächlich in älteren Bäumen. Holz wird olivgelb bis hellbraun, erhält Schwundrisse, in denen Myzel als kreidig-flockiger Belag zu erkennen ist, zerfällt würfelig und riecht intensiv nach Terpentin. Infek-

Abb. 50. Fruchtkörper von *Phaeolus schweinitzii.* Aus ZYCHA 1962

tion über Wurzeln, wohl auch über Verletzungen am Stammfuß. Fäule beschränkt sich auf das Kernholz des unteren Stammteils und der Wurzel. Fruchtkörper bis 30 cm breit, trichterförmig, einzeln oder zu mehreren dachziegelig angeordnet, oberseits gelb bis braun, wollig, Poren gelbgrün, bei Berührung rot werdend; am Stammfuß oder auf dem Boden, aus verborgenen Wurzeln entspringend (Abb. 50).

Schrifttum: Siepmann, R.: *Polyporus schweinitzii* und *Sparassis crispa* (Wulf. in Jacq.) ex Fr. als Fäuleerreger in einem Douglasienbestand (*Pseudotsuga menziesii* [Mirb.] Franco) mit hohem Stammfäuleanteil. EJFP 6, 203–210, 1976. — Über die Lebensdauer der Stammfäuleerreger *Polyporus schweinitzii* und *Sparassis crispa* (Wulf. in Jacq.) ex Fr. in Kiefernstubben. EJFP 7, 249–251, 1977.

Von den zahlreichen weiteren Porlingen, die lebende Bäume befallen, totes Holz zersetzen und damit wesentlich zur Humifizierung des Bestandesabfalls beitragen, auch an gelagertem, verarbeitetem und verbautem Holz schaden, jedoch längst nicht die forstpathologische Bedeutung wie *Fomes annosus* oder *Phaeolus schweinitzii* besitzen, seien genannt:

In Nadelholz Erreger von Braunfäule, soweit nicht anders vermerkt: **Antrodia** *(Trametes)* **serialis** (Fr.) Donk, Reihige Tramete, überwiegend an Fichte, an der Längsseite liegender Stämme krustenartig-flächige Fruchtkörper; auch an verarbeitetem Holz. **Fomitopsis pinicola** (Sw.) Karst. (= *Fomes marginatus* [Pers.] Fr.), Rotrandiger Baumschwamm, an Kiefer und Fichte, aber auch an Laubbäumen wie Buche, Erle, Eiche, Birke und Pappel. Vorwiegend im toten Holz. Fruchtkörper bis 15 cm breit, oberseits erst gelbbraun bis rot, später schwarz mit hellerem Rand. **Gloeophyllum sepiarium** (Wulf.) Karst., Zaunblättling, häufigster Porling an Nadelholzstöcken auf Kahlschlägen, energischer Holzzerstörer im liegenden Stamm und verarbeiteten Holz; dieses zerfällt würfelförmig. Halbkreis- und tellerartige, rostbraune, später schwärzliche Fruchtkörper. **G.** *(Lenzites)* **abietinum** (Bull.) Karst., Tannenblättling, häufiger Saprophyt in Nadelholz, wichtiger Zerstörer von Bau-, Masten- und Grubenholz. Fruchtkörper vielgestaltig, nur wenige Zentimeter vom Substrat abstehend, einzeln oder dachziegelartig gehäuft, oben zottig behaart. **G.** *(Trametes)* **odoratum** (Wulf.) Imaz., Fenchelporling, gern an größeren Stubben älterer Fichten. Orangebraune, dichtanliegende Fruchtkörper, Geruch nach Fenchel oder Anis. **Laricifomes** *(Fomes)* **officinalis** (Vill.) K. & P., Lärchenschwamm, an Lärchen im Alpengebiet. Fruchtkörper meist 7–15 cm breit, stark gewölbte Oberseite schmutzig gelb und unregelmäßig gezont. **Spongipellis** *(Polyporus)* **borealis** (Fr.) Pat., Nördlicher Porling, vorwiegend im Gebirge, in totem Holz sowie Wundparasit in lebenden Stämmen.Erzeugt Weißfäule. Holz zerfällt in Würfel und wird gegen gesundes durch braungelbe Streifen abgegrenzt. Fruchtkörper bis 15 cm breit, erst fleischig, dann korkig, oft zu mehreren übereinander, weiß, später gelblich. **Trichaptum** *(Polyporus)* **abietinum** (Dicks.) Ryv., Violettporling, selten am stehenden Stamm, sehr häufig am liegenden, zusammen mit *Stereum sanguinolentum* charakteristisch für Initialphase der Pilzbesiedlung (Jahn 1979). Fruchtkörper flächig, auch kleine Hüte, oben weißgrau

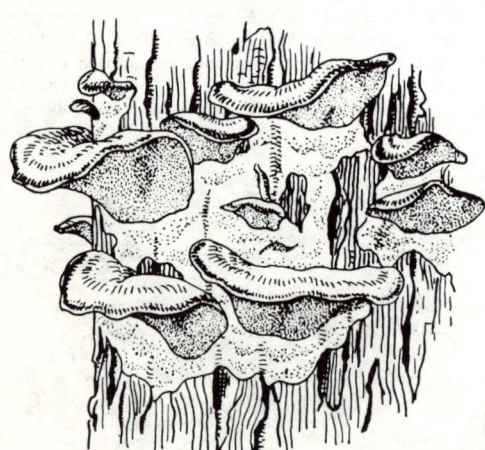

behaart, Poren violett. Holz wird gelbbraun, dann wabenartig weißfaul.

Zu nennen ist hier auch ein zur Familie Dacrymycetaceae gestellter Pilz: **Calocera viscosa** (Pers.) Fr., Klebriger Hörnling, in jüngster Zeit als Erreger von Stamm- und Wurzelfäule in Douglasien erkannt (Siepmann 1979). Die Fruchtkörper sind korallenförmig, gelb.

Schrifttum: Courtois, H.: Kiefernstockfäule auf grundwasserfernem, trockenem, kiesigem Sand. AFJZ 147, 177–184, 1976; 148, 239–247, 1977. — Schönhar, S.: Kernfäule verursachende Pilze in Kiefernbeständen Baden-Württembergs. AFJZ 141, 41–44, 1970. — Siepmann, R.: Stamm- und Wurzelfäulen in Douglasien, *Pseudotsuga menziesii* (Mirb.) Franco. EJFP 9, 70–78, 1979. — Neue Erkenntnisse über die Wurzel- und Stammfäule der Douglasie. MBBA 191, 223–224, 1979.

Abb. 51. Fruchtkörper von *Bjerkandera adusta*. Aus Butin 1957

In Laubholz, vorwiegend, sofern nicht anders erwähnt, Erzeuger von Weißfäule: **Bjerkandera** *(Polyporus)* **adusta** (Willd.)

Karst., Rauchgrauer Porling, Wundparasit an Buche, Pappel und anderen Laubbäumen. Fruchtkörper bis 5 cm breit, grauweiß, zähfleischig, zu mehreren neben- und übereinander (Abb. 51). **Daedalea quercina** (L.) Fr., Eichenwirrling, erzeugt Braunfäule fast ausschließlich in Eichenholz, verwandelt es sehr langsam in rotbraune, krümelige Masse. An alten Eichenpfählen, Grubenholz u. dgl., nur selten an lebenden Bäumen, dann an großen Wunden. Fruchtkörper bis 20 cm breit, korkig-lederig, oberseits meist glatt, hellbraun bis grau, Unterseite labyrinthisch-lamellig (Abb. 53). **Fomes fomentarius** (L.) Fr., Echter Zunderschwamm, sehr häufig an Buche, Birke, Ulme und anderen Laubhölzern. Wichtiges Glied in der Krankheitskette des Buchensterbens (S. 353): im erkrankten Stamm breitet sich Fäule rasch aus, er wird vom Sturm gebrochen. Fruchtkörper braungrau, glatt, gezont, bis 25 cm hoch und 50 cm breit (Abb. 52); früher zur Zundergewinnung benutzt. **Laetiporus** *(Polyporus)* **sulphureus** (Bull.) Mur., Schwefelporling, Wundparasit und Braunfäuleerreger in Eiche und anderen Baumarten mit

Abb. 52. Fruchtkörper von *Fomes fomentarius* an Buche

Abb. 53. Fruchtkörper von *Daedalea quercina*. Aus ZYCHA 1962

farbigem Kern, auch in Nadelhölzern. Kernholz färbt sich rotbraun, wird mürbe, in radialen und tangentialen Schwundrissen finden sich papierdünne, weißlederige Myzellappen. Fruchtkörper bis 40 cm breit, schwefelgelb, weichfleischig, später blasser und zäh, meist zu mehreren übereinander. **Lenzites betulina** (L.) Fr., Birkenblättling, vorwiegend saprophytisch an Eichen, Buchen, Birken und anderen Laubhölzern, gelegentlich auch an lebenden Stämmen. Fruchtkörper korkig, meist dachziegelartig gehäuft, 3–8 cm breit, oberseits gezont, wollig, graubraun. **Meripilus** *(Polyporus)* **giganteus** (Pers.) Karst., Riesenporling, Saprophyt in Baumstümpfen und absterbenden Stämmen von Buche und Eiche, auch an anderen Laubhölzern. Fruchtkörper oft bis 50 cm breit, zähfleischig, oberseits braun, zum Rand hin gezont, meist zu mehreren dicht beieinander; dann kann das Gebilde bis zu 1 m breit werden und 50–70 kg Gewicht erreichen. **Piptoporus** *(Polyporus)* **betulinus** (Bull.) Karst., Birkenporling, Wundparasit nur an Birken, in deren Holz er eine rasch sich ausbreitende Braunfäule verursacht, Fruchtkörper bis 20 cm breit, dick, weiß, fleischig, später grau und korkig. **Trametes hirsuta** (Wulf.) Pil., Striegelige Tramete, bevorzugt an Buche, auch an anderen Laubhölzern, oft in üppigem Rasen auf Stöcken und liegenden Stämmen, an stehenden gern an älteren Rindenbrandwunden. Fruchtkörper halbkreis- bis tellerförmig, bis 15 cm breit, gelbbraun gezont, älterer zentraler Teil häufig von Algen besiedelt und dann grünlich erscheinend. **T. versicolor** (L.) Pil., Schmetterlingsporling, in Lebensweise und Gestalt der vorigen ähnlich, Fruchtkörper lebhafter gezont. **T. suaveolens** (L.) Fr., Anis-Tramete, fast nur auf Weiden und Pappeln, intensiv nach Anis riechend.

Zur den Poriaceae nahverwandten Familie Ganodermataceae gehören zwei als Weißfäuleerreger erwähnenswerte Spezies: **Ganoderma applanatum** (Pers.) Pat., Flacher Lackporling, in totem Laubholz und Stöcken, namentlich von Buche, Eiche, Esche und Pappel. Nur gelegentlich Wundparasit und auch an Nadelholz. Fruchtkörper bis 40 cm breit, flach, oft zu mehreren übereinander, oben konzentrisch gefurcht, erst weiß, dann braun. **G. lucidum** (Curt.) Karst., Glänzender Lackporling, meist Wundparasit an Stamm und Wurzel von Laub- und Nadelbäumen. Fruchtkörper einjährig, bis 20 cm breit, meist kleiner, oberseits rotbraun, wie lackiert.

Zur ebenfalls den Poriaceae nahestehenden Familie Polyporaceae sensu stricto werden neuerdings auch Arten mit lamellenförmig ausgebildetem Hymenophor gestellt; sie bildet damit quasi den Übergang zu den im folgenden darzustellenden Blätterpilzen (Jahn 1979). Hier sind drei Arten zu nennen, die wiederum Weißfäule verursachen: **Polyporus squamosus** (Huds.) Fr., Schuppiger Porling, an lebenden Stämmen und totem Holz von Buche, Esche, Ulme, Ahorn, Linde, Pappel und Weide. Fruchtkörper bis 60 cm breit, zähfleischig, oberseits weißgelb bis bräunlich, dunkel geschuppt. **Pleurotus ostreatus** (Jacq.) Kumm., Austernpilz, an lebenden Stämmen und totem Holz, vor allem von Buche, Pappel und Weide. Fruchtkörper spät im Herbst, bis in den Winter. Hut 5–15 cm Durchmesser, weißlich über grau bis grünviolett, Lamellen am Stiel herablaufend, weiß. **Lentinus lepideus** (Fr.) Fr., Schuppiger Sägeblättling, an totem Nadelholz, häufig an Masten und in Bergwerken am Kieferngrubenholz. Hut 5–15 cm, holzfarben, dunkel geschuppt; Lamellen weiß, gezähnt.

Familie Tricholomataceae (Agaricaceae), Blätterpilze

Hymenium auf blattartigen Lamellen; Fruchtkörper meist hutförmig, fleischig, mit zentralem Stiel.

Armillariella *(Armillaria)* **mellea** (Vahl) Karst., Hallimasch, Honigschwamm. An Laub- und Nadelhölzern. Myzel lebt in Wurzeln und unterem Stammteil und ist durch seine Vielgestaltigkeit gekennzeichnet: es kann auftreten 1. als einfache Pilzfäden, 2. als flache, fächerförmig sich ausbreitende Bänder, 3. als weiße, derbe Häute unter lebender Rinde (Myzellappen), 4. als wurzelähnliche, braunschwarze, verzweigte, zuweilen zu Platten verwachsende, bindfadendicke Stränge oder Rhizomorphen, die einen dunklen Rindenmantel und innen weißes Hyphengeflecht aufweisen und sich unter der Rinde *(Rhizomorpha subcorticalis)* und im Boden *(Rhizomorpha subterranea)* erstrecken können. Von den unter der Rinde lebender Wurzeln usw. wachsenden Myzellappen dringen Fäden durch die Markstrahlen in den Holzkörper ein, wo sie besonders in den Harzkanälen fortwachsen, das Holzparenchym zerstören und eine Weißfäule hervorrufen. Mit lebenden Myzelfäden durchsetztes Holz leuchtet mitunter im Dunkeln. An jungen Nadelholzpflanzen tritt aus der Rinde reichlich Harz aus, das mit Erde dicke,

Abb. 54. Fruchtkörper von *Armillariella mellea*

dem Wurzelanlauf anhaftende Klumpen bildet („Harzsticken", Abb. 198). Im Herbst erscheinen am Ende von Rhizomorphen auf dem Boden, an Stöcken oder am Wurzelanlauf der absterbenden oder getöteten Pflanzen die eßbaren Fruchtkörper mit beringtem Stiel und 5–15 cm großem, gelbbraunem, geschupptem Hut (Abb. 54). Die Verbreitung des Pilzes geschieht durch Sporen, deren Keimmyzel sich wahrscheinlich saprophytisch auf Holz entwickelt, und durch im Boden fortwachsende Rhizomorphen, die sich vor allem an Laubholz- und Fichtenstubben bilden, während sie an Stöcken von Kiefern nur spärlich aufzutreten scheinen. Sie können bei langer Lebensdauer des Myzels noch nach Jahrzehnten entstehen, durchwachsen den Waldboden mehrere Meter weit und dringen, wenn sie auf eine geeignete Wurzel stoßen, in deren lebende Rinde – unter Benutzung einer Verletzung oder ohne diese – ein. Die infizierten Pflanzen können je nach ihrem Widerstandsvermögen und den äußeren Umständen lange kränkeln oder innerhalb kurzer Zeit absterben.

Der Pilz ist überaus häufig und die Zahl der Pflanzenarten, die er befallen kann, sehr groß. Befall wird begünstigt durch vorangegangene Schwächung der Wirtspflanze infolge von Insektenfraß, Dürre, Raucheinwirkung u. dgl. Nach dem großen Forleulenfraß 1923/24 hat der Hallimasch stellenweise, z. B. in der Landsberger Heide, größeren Schaden angerichtet als die vorangehende Raupe. Dem Dürresommer 1947 folgte gebietsweise ein seuchenhaftes Auftreten des Pilzes, welchem allein in Bayern mehr als 350 000 fm zum Opfer fielen; auch nach dem Trockenjahr 1959 war ein starkes Ansteigen der Schäden zu beobachten. Allgemein finden sich Hallimaschschäden vor allem auf Flächen mit ausgeglichenem Kleinklima und hoher Luftfeuchtigkeit in Bodennähe, ferner auf nährstoffreichen, nicht zeitweilig austrocknenden Böden mit einer Azidität von etwa 5 pH. Der Hallimasch befällt fast sämtliche Holzarten, vorzugsweise Fichte und Kiefer, und alle Altersstufen, von der dreijährigen Pflanze bis zum 100jährigen Baum. Besonders gefährdet sind Nadelholzkulturen auf früheren Laubholzflächen: der in den reservestoffreichen Laubholzstöcken saprophytisch lebende Pilz gewinnt infolge guter Ernährung eine hohe Aggressivität und befällt als Parasit die benachbarten Nadelholzpflanzen; Folgen sind üble Durchlöcherungen in Kulturen und Dickungen. Doch sind auch Schäden in reinen Nadelholzbeständen bekannt geworden. Hallimaschkranke Bäume werden gern von Borkenkäfern und anderen Sekundärschädlingen befallen.

Diagnose: In Nadelholzkulturen Welken und Braunwerden der gesamten Benadelung an einzelnen Pflanzen; lassen sich verhältnismäßig leicht umdrücken oder herausreißen, am Wurzelanlauf Verdikkung und Verharzung, beim Nachschneiden weißes Myzel unter der Rinde; im Herbst Fruchtkörper. An älteren Bäumen große weiße Myzellappen und Rhizomorphen unter der Rinde am Stammfuß.

Gegenmaßnahmen: Erhöhung der Widerstandskraft der Pflanzen durch geeignete Bodenvorbereitung, beste Pflanzung und Bestandespflege. Vermeiden von Nadelholzkulturen auf mit Hallimasch verseuchten Laubholzflächen; Wahl weniger anfälliger Baumarten wie Douglasie, Sitkafichte, Tanne oder Lärche. Impfen der Stubben mit unschädlichen Konkurrenzpilzen oder Überstreichen mit Schutzmitteln wie bei *Fomes annosus* angegeben; doch ist ein Erfolg der bisher nicht erprobten Maßnahme fraglich (RISHBETH 1979). Das früher empfohlene Roden der einzelnen Stöcke ist unter den heutigen Verhältnissen kaum anwendbar, das gleichfalls vorgeschlagene Isolieren befallener Pflanzengruppen durch schmale, 30–50 cm tiefe Gräben war, wo es angewendet wurde, meist erfolglos. Brauchbar ist, wenn auf eine bisherige Laubwaldfläche Nadelholz gebracht werden soll, eine maschinelle Gesamtrodung im Zuge eines Vollumbruchs.

Schrifttum: ANONYM: Kulturschäden durch Hallimasch. FH 30, 109–110, 1975. — DIMITRI, L.: Untersuchungen über die unterirdischen Eintrittspforten der wichtigsten Rotfäuleerreger bei der Fichte *(Picea abies* Karst.). FC 88, 281–308, 1969. — GUILLAUMIN, J. J., et LEPRINCE, S.: Influence de divers types de matière organique sur l'initiation et la croissance des rhizomorphes d'*Armillariella mellea* (Vahl) Karst. dans le sol. EJFP 9, 355–366, 1979. — MORRISON, D. J.: Vertical distribution of *Armillaria mellea* rhizomorphes in soil. Trans. Brit. Mycol. Soc. 66, 393–399, 1976. — REDFERN, D. B.: Infection by *Armillaria mellea* and some factors affecting host resistance and the severity of disease. Forestry 51, 121–135, 1978. — RISHBETH, J.: The production of rhizomorphs by *Armillaria mellea* from stumps. EJFP 2, 193–205, 1972. — Modern aspects of biological control of *Fomes* and *Armillaria*. EJFP 9, 331–340, 1979. — RITTER, G. u. PÖNTÖR, G.: Die Wurzelausbildung von Jungkiefern als Resistenzfaktor gegenüber Hallimaschbefall. AFw 18, 1037–1042, 1969. — RYKOWSKI, K.: Modalité d'infection des pins sylvestres par l'*Armillariella mellea* (Vahl) Karst. dans les cultures forestières. EJFP 5, 65–82, 1975. — SCHÖNHAR, S.: *Armillariella mellea* als Wurzel- und Stammfäuleerreger in Waldbeständen. ZPK 84, 304–315, 1977. — SCHÜTT, P., MASCHNING, E., HERMECKE, C.: Vorkommen und Entwicklung des Hallimasch *(Armillaria mellea)* in mechanisch und chemisch (2, 4, 5–T) abgetöteten Erlen. FC 97, 26–32, 1978. — SHAW, C. G., a. ROTH, L. F.: Control of *Armillaria* root rot in managed coniferous forests. EJFP 8, 163–174, 1978. — ZYCHA, H.: Hallimasch *(Armillaria mellea* [Vahl ex Fr.] Kumm.) als Kernfäuleerreger an Fichte *(Picea abies* Karst.). FC 89, 129–135, 1970.

Oudemansiella *(Collybia)* **mucida** (Schrad.), v. Höhn, Buchenrübling, an Stammverletzungen älterer Buchen und sonstiger Laubhölzer. Hut bis 10 cm Durchmesser, glockig, weiß, runzelig; Lamellen weiß.

Panellus *(Pleurotus)* **mitis** (Pers.) Sing., Milder Zwergknäueling, Saprophyt auf Koniferenästen. Fruchtkörper 1–2 cm, weiß, elastisch; Lamellen am Stiel herablaufend, weißgelb. Ist als gefährlicher Parasit der Tanne und Fichte in der Schweiz aufgetreten, vermutlich begünstigt durch Anbau ungeeigneter Samenherkünfte. Verursacht streifenförmiges Einsinken der Rinde, das meist am Stock beginnt, allmählich gegen die Kronen aufsteigt, schließlich den Stamm wie eine kannelierte Säule erscheinen läßt. Fäule dringt meist an den Wurzeln in den Stamm ein und hinauf. Selten Infektion durch Stammwunden. Pilz breitet sich im Holzkörper vorwiegend streifenförmig von unten nach oben aus, meist im Jung-, weniger im Reifholz. Tötet die lebenden Gewebe ab; dadurch Unterbrechung des Dickenwachstums, Einsinken der Rinde usw. Höhenwachstum wird eingestellt, Gipfeltrieb stirbt ab: Storchnestbildung.

Zur Familie Paxillaceae gehört **Paxillus panuoides** (Fr.) Fr., Muschel-Krempling, verursacht Braunfäule an totem Nadelholz. Fruchtkörper 3–10 cm breit, dünn, fleischig, oft seitlich angewachsen, zungenförmig, bräunlich; Lamellen gelbbraun.

Schließlich sind zwei Angehörige der Familie Strophariaceae zu nennen: **Pholiota squarrosa** (Pers.) Kumm., Sparriger Schüppling, in Stöcken und lebenden Stämmen von Laub- und Nadelhölzern. Fruchtkörper büschelig am Stammfuß. Hut 7–15 cm, rostgelb, mit zahlreichen dunklen Schuppen; Lamellen braun. **P. adiposa** (Fr.) Kumm., Schleimiger Schüppling, an Laub- und Nadelholz, namentlich Tanne, bei dieser eine charakteristische Zersetzung verursachend: Holz zerfällt entlang den Jahresringen in Lamellen und erscheint wie von Fraßgängen eines Insekts durchzogen. Hut 5–13 cm, schleimig, goldgelb, geschuppt; Lamellen gelblich.

E. FLECHTEN

Die Flechten (Lichenes) sind Doppelwesen, die sich aus einem Pilz und einer Alge zusammensetzen und ernährungsphysiologisch wie morphologisch eine Einheit bilden. Durch ihre epiphytische Lebensweise auf Stämmen und Ästen von Holzgewächsen können sie mittelbaren Schaden verursachen: durch Festhalten des Regenwassers fördern sie Fäulnis der Rinde; Zellwucherungen (Intumeszenzen) können zur Bildung von Rindenbuckeln führen; dichter Flechtenbelag kann den Zutritt des Sauerstoffs zu den Lentizellen erschweren.

Flechten treten vor allem auf an Orten mit hoher Luftfeuchtigkeit, reichlichen Niederschlägen und großer Lichtfülle , besonders in höheren Gebirgslagen. Besiedelt werden vorzugsweise Fichte, Lärche, Kiefer, Vogelbeere, Bergahorn, Eiche, Esche, Pappel, Buche, namentlich ältere oder im Wuchs stockende Bäume. Als häufigste Flechten sind zu nennen: **Hypogymnia** *(Parmelia)* **physodes** (L.) Nyl., Gemeine Astflechte; **Pseudevernia** *(Evernia)* **furfuracea** (L.) Zopf, beide häufig am Nadelholz. **Parmelia acetabulum** (Neck.) Duby, **Ramalina fraxinea** (L.) Ach., vorwiegend an Laubbäumen. **Usnea barbata** L., Bartflechte, und **Lobaria pulmonaria** (L.) Hoffm., Lungenflechte, weitverbreitet.

In ähnlicher Weise wie Flechten können auch M o o s e epiphytisch auf Holzpflanzen wachsen.

Bekämpfung: Mittelbar durch Fördern der Wachstumsbedingungen der Bäume und Schaffen von Luftzug mittels Durchforstung; bei einzelnen wertvollen Bäumen Abkratzen, Spritzen mit Kupferkalkbrühe oder – bei winterkahlen Holzarten im Winter – mit Obstbaumkarbolineum (PVG).

Schrifttum: FEIGE, G. B., u. KREMER, B. P.: Flechten – Doppelwesen aus Pilz und Alge. 2. Aufl. Stuttgart 1979. — HENSSEN, A., u. JAHNS, H. M.: Lichenes. Stuttgart 1974. — POELT, J.: Bestimmungsschlüssel europäischer Flechten. Vaduz 1974.

F. DIKOTYLE SCHMAROTZER

Eine kleine Zahl höherer, den Dikotylen angehörender Pflanzen lebt parasitisch auf Holzgewächsen. Forstliche Bedeutung können erlangen:

Viscum album L., Mistel. Immergrün, zweihäusig, Blätter lederartig, scheinbar nervenlos. Mesoparasit auf Laub- und Nadelhölzern, vorzugsweise auf den Ästen. Blüte Februar bis April, Samenreife im Dezember in weißen Beeren. Vögel, besonders Drosseln, nehmen die Beeren und verschleppen den Samen, dessen Haftenbleiben an Ästen durch das klebrige, viscinreiche Beerenfleisch erleichtert wird. Keimung im Frühjahr. Das Ende der Keimwurzel verbreitert sich nach Ausscheiden einer klebrigen Substanz zur Haftscheibe, aus welcher die primäre Saugwurzel, der erste Senker, radial durch die Rinde bis zum Holzkörper vordringt. Von der Basis der primären Saugwurzel zweigen Seitenwurzeln, „Rindenwurzeln", ab, die in der jüngsten Rinde außerhalb der Kambialschicht wachsen. Von ihrer Unterseite stoßen sekundäre Senker durch die Rinde bis zum Holzkörper vor. Sie werden allmählich vom Holzkörper umwachsen und dringen somit passiv in ihn ein; aktives Einwachsen in das Holz findet nicht statt. Mit Rindenwurzel und Senkern nimmt die Mistel hauptsächlich Wasser und Salze aus dem Nährast auf; Kohlehydrate und Eiweiß bildet sie selbst mit ihren grünen Blättern. Nach den Nährpflanzen werden drei biologische Arten unterschieden: Laubholzmistel, auf Laubhölzern; Kiefernmistel, auf Gemeiner Kiefer, Schwarz- und Bergkiefer; Tannenmistel, auf Weiß-, Nordmanns- und Griechischer Tanne. Morphologische Unterschiede kaum vorhanden. Schaden meist gering. Dem Wirtsbaum wird Wasser entzogen. Befallene Baumteile schwellen an. Senker hinterlassen nach dem Absterben ansehnliche Löcher im Holzkörper. Bei Kiefer tritt Verkienung ein. Starker Befall führt zum Absterben der Äste oder gar des Baumes. Bekämpfung:

Aushieb des befallenen Baumteils oder gründliches Ausschneiden der befallenen Stelle; Abschneiden der Büsche genügt nicht, da sie sich durch Wurzelbrut regenerieren. Sprühen der Büsche mit 2,4,5-T-Präparaten (PVF, DELABRAZE-LANIER 1972). Meist unnötig.

Loranthus europaeus L., Riemenblume, Eichenmistel. Auf Eiche, auch Eßkastanie; südliches Mittel- und Südeuropa. Ähnlich der Mistel, aber sommergrün, mit gelben Beeren und anderer Wurzelbildung. Ausbreitung ebenfalls durch Vögel (Drosseln). An der Zweigstelle, wo der Schmarotzer sitzt, entstehen bis kopfgroße Maserknollen. Stark befallene Zweige können von der Spitze her absterben. Bekämpfung wie Mistel.

Die Gattung **Cuscuta** L., Seide, enthält chlorophyllfreie, echte Parasiten, die vor allem landwirtschaftlichen Gewächsen, aber auch Holzpflanzen gefährlich werden können. Der aus dem Samen entstehende fadenförmige Keimling dringt mit seiner Wurzel kaum in den Boden ein und sucht mit seinem freien Ende eine ihm zusagende Wirtspflanze. Diese wird spiralig umwachsen; der Parasit, dessen Wurzeln absterben, entzieht durch Haustorien seinem Wirt Wasser, Nährsalze und Assimilate. **C. europaea** L., Hopfenseide, und die eingeschleppten **C. gronovii** Willd., Amerikanische Seide, und **C. lupuliformis** Krock., Große Seide, schaden an Weide, Pappel, Ahorn. Bekämpfung: Abschneiden von Wirt und Parasit dicht am Boden und Verbrennen.

Schrifttum: DELABRAZE, P., et LANIER, L.: Contribution à la lutte chimique contre le Gui *(Viscum album* L.). EJFP 2, 95–103, 1972.

G. FORSTUNKRÄUTER

Als Forstunkräuter werden Pflanzen bezeichnet, die, ohne parasitär zu sein, durch massenhaftes Auftreten oder durch ihr sonstiges Verhalten die Entwicklung bestimmter, für den Forstwirt wesentlicher Glieder des Waldökosystems, insbesondere junger Holzgewächse hemmen. Die Beeinträchtigung kann erfolgen durch 1. Umklettern und Niederreißen oder Bedrängen von Baumpflanzen; 2. Wurzelkonkurrenz, welche Nährstoffe und Wasser entzieht; 3. Verdämmen junger Forstpflanzen und Entzug von Luft, Licht und Niederschlag; 4. Erdrücken durch Überlagerung, namentlich bei Schneeauflage; 5. Erschweren oder Verhindern der Verjüngung durch Abschluß des Bodens; 6. Herbeiführen oder Begünstigen von Versumpfung, Versäuerung oder Austrocknung des Bodens; 7. Erhöhen der Waldbrandgefahr infolge Anhäufung trockener, leicht brennbarer Stoffe; 8. Steigern der Frostgefahr durch erhöhte Verdunstung; 9. Beherbergen schädlicher Tiere, besonders von Mäusen; 10. Übertragen oder Begünstigen von Pilzkrankheiten.

Als Beispiele für Forstunkräuter sind zu nennen:

Leucobryum glaucum (L.) Schimp., Weißmoos. Bildet auf Rohhumusböden gewölbte, mit Wasser vollgesogene Polster, die bei großer Ausdehnung den Luftzutritt zum Boden erschweren oder verhindern. **Sphagnum** spec., Torfmoose. Erzeugen ebenfalls dichte, polsterförmige Überzüge, die zur Vermoorung und Vertorfung führen.

Pteridium aquilinum (L.) Kuhn, Adlerfarn. Auf frischen bis feuchten, mäßig basenversorgten Böden, ausgedehnte Rhizome mit tiefreichenden Wurzeln. Wirkt verdämmend.

Juncus spec., Binsen, ferner Sauergräser, insbesondere **Carex brizoides** Jusl., Seegras, das übelste grasartige Forstunkraut in Süddeutschland; auf sauren Böden mit stagnierender Nässe, verdämmen, erhöhen die Frostgefahr und bewirken im Verein mit Torfmoosen Hochmoorbildung. Anger- und Haingräser, wie **Agrostis tenuis** Sib., Straußgras, **Molinia coerulea** Mönch., Pfeifengras, und **Calamagrostis epigeios** Roth, Landrohr, auch Segge genannt, können mit ihren zahlreichen Wurzeln den Boden verfilzen, ihn austrocknen, Brand- und Frostgefahr erhöhen und junge Pflanzen verdämmen.

Vaccinium myrtillus L., Heidel- oder Blaubeere, und **V. vitis-idaea** L., Preiselbeere, können mit ihrem dichten Filz Naturverjüngung verhindern und Kulturmaßnahmen erschweren. **Calluna vulgaris** (L.) Hull, Heide, schadet durch dichte Bodenverwurzelung, Verdämmung und Erzeugung eines sauren Humus, besonders im atlantischen Klimagebiet, wo sich die natürliche Heideformation im Kampf mit dem Wald befindet.

Rubus idaeus L., Himbeere, und **R. fruticosus** L., Brombeere, gedeihen auf kräftigen, humosen Böden und können durch Verdämmung schaden.

Sarothamnus scoparius (L.) Wim., Besenginster. Kann sich auf freien Flächen zu einem undurchdringlichen Dickicht entwickeln, das jungen Forstpflanzen die Lebensmöglichkeiten nimmt.

Convolvulus arvensis L., Feld- oder Ackerwinde, und **Calystegia sepium** (L.) R. Br., Zaun- oder Heckenwinde, schaden in Saat- und Pflanzkämpen bzw. in Weidenhegern durch Umschlingen und Niederziehen der Holzgewächse.

Abb. 55. *Lonicera periclymenum* an Birkenstämmchen

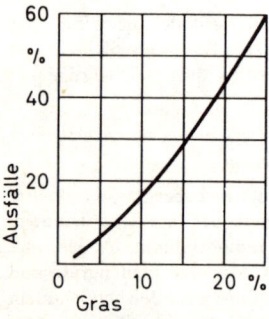

Abb. 56. Ausfälle in einer Pflanzung 1jähriger Kiefern in Abhängigkeit vom Bedeckungsgrad des Grases in den Pflanzreihen.
Nach HANSCHKE 1968

Humulus lupulus L., Wilder Hopfen, und **Clematis vitalba** L., Waldrebe, klettern, namentlich in Auewäldern und Erlenbrüchen, an Holzpflanzen empor, beeinträchtigen sie durch Lichtentzug und ziehen sie nieder. **Lonicera periclymenum** L., Geißblatt, ein ebenfalls besonders in Auewäldern auftretender Baumwürger, umschlingt mit rechtswindendem Stengel Holzgewächse und bewirkt Einschnürungen bzw. spiralig verlaufende Auftreibungen an jungen Stämmen (Abb. 55).

Außer den genannten können zahlreiche andere Pflanzenarten zu Forstunkräutern, ferner Baumarten, wie Weide, Aspe, Birke, zu sogenannten Unhölzern werden, sofern sie unter den gegebenen Verhältnissen die Erreichung des angestrebten Ziels erschweren oder verhindern. Ihre Bedeutung ist abhängig von den jeweiligen Umständen und um so größer, je mehr auf der einen Seite die örtlichen Verhältnisse massenhaftes Vorkommen und rasches Wachstum der Unkrautpflanze begünstigen, und je empfindlicher auf der anderen Seite die betroffene Baumart ist.

Auftreten, Schaden und Bekämpfung der Unkräuter sind vor allem Gegenstände des Waldbaus und seiner Technik. Deshalb kann sich hier die Darstellung mit kurzen Hinweisen begnügen. Unkraut entwickelt sich in der Regel zu schädlichen Mengen, wenn der Bestand stark gelichtet oder abgetrieben ist, oder im Pflanzgarten. Schaden entsteht hauptsächlich in diesem sowie in Verjüngungen und Kulturen; hierfür zwei Beispiele: In einer Kiefernpflanzung war der Ausfall um so größer, je dichter die Grasdecke war (Abb. 56); die verbliebenen Kiefern erzeugten erheblich weniger Trockensubstanz an Sproßachsen, Nadeln und Wurzeln als solche auf unkrautfreiem Boden (HANSCHKE 1968). In einer Buchenpflanzung unter lichtem Altholzschirm wurde in den ersten beiden Jahren das Wachstum der Jungbuchen durch Konkurrenz der Altbuchen nicht beeinträchtigt, doch wurde ihre Massenproduktion durch Unkräuter um 20–35 % verringert (BURSCHEL-SCHMALTZ 1965).

Gegenmaßnahmen: Biologisch durch Schaffen und Erhalten von Bestandesverhältnissen, welche übermäßige Entwicklung von Unkraut nicht zulassen, besonders durch Wahren des Bestandesschlusses und ggf. Unterbau mit schattenden Baumarten und Sträuchern. Mechanisch durch Abschneiden, Abbrennen, Ausjäten, Abplaggen, Unterpflügen u. dgl. (S. 412). Chemisch durch Verwenden von Herbiziden (S. 422 ff.).

Die mechanische und mehr noch die meist intensiver wirkende chemische Unkrautbekämpfung sollte mit Zurückhaltung vorgenommen werden, aus zwei Gründen: Wirtschaftlich rechtfertigt der Erfolg in sehr vielen Fällen nicht den Aufwand; bei Nachprüfung hat sich wiederholt gezeigt, daß Kulturen auf Parzellen, auf denen starkwachsendes Unkraut, zuweilen mehrere Jahre hintereinander, bekämpft wurde, kaum schlechter sich entwickelte als auf unbehandelt gebliebenen Teilflächen, und daß zunächst vorhandene Unterschiede nach einem Jahrzehnt fast völlig verschwunden waren (Huss 1969, Huss-Wachendorff 1977, Muhle-Huss 1972, Olberg 1974, Olberg-Kallfass 1979). Ökologisch bedeutet rigorose Unkrautbekämpfung eine künstlich erzeugte Verarmung des Ökosystems Wald, die nicht nur unter naturschützerischem Gesichtspunkt unerwünscht ist, sondern auch in forstpathologischer Hinsicht schädlich sein kann; auf die Darlegungen über den zönotischen Komplex Seite 322 ff. wird verwiesen.

Schrifttum: Heinsdorf, D.: Einfluß unterschiedlicher Vergrasung durch *Deschampsia flexuosa* auf Ernährungszustand und Wachstum gedüngter und ungedüngter Kiefern- und Roteichenkulturen. BF 12, 107–113, 1978. — Huss, J.: Kombination von Düngung und Herbizideinsatz in Fichtenkulturen. FA 40, 107–114, 1969. — Huss, J., u. Wachendorff, R.: Leisten mechanische oder chemische Pflegemaßnahmen eine wesentliche Hilfe bei der Entwicklung von Fichten- und Kiefernkulturen? FI 29, 9–13, 1977. — Muhle, O., u. Huss, J.: Die Wirkung von Freischneidemaßnahmen bei verschiedenen Terminen auf das Wachstum junger Fichten. AFJZ 143, 253–260, 1972. — Münch, W. D.: Zur Frage der Beeinflussung des Zuwachses von Forstkulturen durch Unkraut. NdDP 25, 134–138, 1973. — Unterschiede im Wachstum einer Fichtenkultur bei chemischer und bei mechanischer Unkrautbekämpfung. NdDP 27, 108–110, 1975. — Unterschiede im Wachstum einer Fichtenkultur bei chemischer und mechanischer Unkrautbekämpfung – weitere Ergebnisse. NdDP 31, 56–58, 1979. — Unterschiede im Wachstum einer Kiefernkultur bei chemischer und bei mechanischer Unkrautbekämpfung – vorläufige Mitteilung. NdDP 31, 70–72, 1979. — Olberg, R.: Wie reagieren Fichten-Kulturen auf Unkrautbekämpfung? AFJZ 145, 212–219, 1974. — Olberg-Kallfass, R.: Zur Reaktion von Fichten auf Unkrautbekämpfung in der Kultur. AFJZ 150, 191–195, 1979.

H. MIKROSPORIDIEN

Mikrosporidien sind einzellige Tiere (Protozoa), die Krankheiten u. a. bei Insekten erzeugen. Es sind intrazelluläre Schmarotzer, die durch Bildung von ei-, bohnen- oder birnförmigen Sporen gekennzeichnet sind. Durch Aufnahme der Sporen mit der Nahrung infiziert sich der Wirt. Im Darm entläßt die Spore den Amöboidkeim, der in Gewebezellen, vielfach von bestimmten Organen, eindringt und sich dann durch Teilung vermehrt; da sich die einzelnen Teilstücke oft nicht sogleich trennen, entstehen ketten- oder pilzhyphenähnliche Gebilde, die in großen Mengen die Zellen füllen und sie zerstören können. Auf diese Periode der vegetativen Vermehrung (Schizogonie), welche der Ausbreitung der Parasiten im Innern des Wirtstieres dient, folgt eine solche der Sporenbildung (Sporogonie); sie bezweckt seine Verbreitung außerhalb des Wirtes.

Von den Arten, die in Forstinsekten gefunden wurden, seien genannt: **Nosema melolonthae** Krieg in Engerlingen des Maikäfers, die abgetötet werden können. **N. curvidentis** Weis. in erwachsenen Käfern von *Pityokteines curvidens,* die bis zu 70–80 % befallen waren. **N. lymantriae** Weis. im Schwammspinner, dessen Populationen nach Massenvermehrung sehr stark infiziert sein können. **N. tortricis** Weis. und **Octosporea viridanae** Weis. in Raupen des Eichenwicklers; die erste kann Massenvermehrungen ihres Wirtes zum Zusammenbruch führen, die zweite ist anscheinend nicht häufig.

Schrifttum: Franz, J. M., u. Huger, A. M.: Microsporidia causing the collapse of an outbreak of the Green Tortrix *(Tortrix viridana* L.) in Germany. Proc. 4. Int. Coll. Ins. Path. 48–53, 1971. — Lipa, J. a. Madziara-Borusiewicz, K.: Microsporidians parasitizing the Green Tortrix *(Tortrix viridana* L.) in Poland and their role in the collapse of the tortrix outbreak in Puszcza Niepolomicka during 1970–1974. Acta Protozoolog. 15, 529–536, 1976.

I. WÜRMER

Die Würmer (Vermes) sind durch bilateralsymmetrischen, meist langgestreckten Körperbau und den Besitz eines Hautmuskelschlauches gekennzeichnet.

Nematoda, Fadenwürmer

Körper drehrund, unsegmentiert, fadenförmig; die hier in Betracht kommenden Arten meist winzig, unter 1 mm bis wenige Millimeter lang. Forstliche Bedeutung können einerseits zoo-, namentlich entomoparasitische, andererseits phytoparasitische Fadenwürmer erlangen.

Die in forstschädlichen Insekten lebenden Entomoparasiten gehören zu den Ordnungen Rhabditida und Tylenchida und sind fast ausschließlich in Käfern und ihren Larven gefunden worden. Zu nennen sind der in Engerlingen schmarotzende **Diplogasteroides berwigi** Rühm, welcher anscheinend beim Abklingen einer Maikäfervermehrung eine nicht unerhebliche Sterblichkeit unter den Tieren erzeugen kann (Niklas 1960), ferner **Neoaplectana carpocapsae** Weis., der sich als pathogen für *Hylobius abietis* erwies (Pye-Burman 1977), sowie einige Arten, die in Borkenkäfern parasitieren. Sie leben in der Leibeshöhle des Wirts, ohne ihn im allgemeinen wesentlich zu beeinträchtigen. Selten führen sie den Tod ihrer Wirte herbei, in der Regel mindern sie deren Fruchtbarkeit bis zur völligen Sterilität. Doch bleibt auch dieser Effekt meist gering.

Schrifttum: POINAR, G. O.: Entomogenous nematodes. Leiden 1975. — PYE, A. E. a. BURMAN, M.: Pathogenicity of the Nematode *Neoaplectana carpocapsae* (Rhabditida, Steinernematidae) and certain microorganisms towards the Large Pine Weevil, *Hylobius abietis* (Coleoptera, Curculionidae). AEF 43, 115–119, 1977.

Die Phytoparasiten unter den Nematoden leben in und an oberirdischen Pflanzenteilen oder in und an Wurzeln. Wegen ihrer aalartig schlängelnden Bewegungen werden sie als Älchen bezeichnet. Forstlich bemerkenswert sind ausschließlich Wurzelälchen, die zu den Gattungen **Tylenchorhynchus** Cobb, **Rotylenchus** Fil., **Pratylenchus** Fil. und **Longidorus** Mic. gehören. Sie stechen mit beweglichem Mundstachel Epidermiszellen der Wurzeln an und saugen sie aus; Wurzeln bleiben klein, zeigen blasige Auftreibungen oder knotige Verdickungen, auch Stauchungen und sekundäre Verzweigungen sowie nekrotische Stellen und sterben teilweise oder ganz ab. Schäden werden vorwiegend an ein- und zweijährigen Sämlingen von Kiefer, Arve, Fichte, Sitkafichte, Omorikafichte und Douglasie beobachtet. Oberirdisch äußert sich der Befall durch Nachlassen des Wuchses, Verfärbung der Nadeln und schließlich Absterben der Pflänzchen; er beschränkt sich häufig auf kleinere oder größere Nester, die sich rasch ausweiten können. Da die Entwicklung der Älchen durch Zwischenanbau nichtforstlicher Gewächse, etwa von Lupine, stark gefördert wird, sollte man in gefährdeten Gebieten damit vorsichtig sein. Bekämpfung durch Einbringen von Nematiziden (PVG, S. 424) in den verseuchten Boden; dabei müssen die von den Herstellern vorgeschriebenen Wartezeiten vom Tag der Behandlung bis zur Einsaat beachtet werden.

Schrifttum: MATSCHEK, M.: Klasse Nematodes, Fadenwürmer. FE I, 2–22, 1972. — RUEHLE, J. L.: Nematodes and forest trees – Types of damage to tree roots. ARP 11, 99–118, 1973. — STURHAN, D.: Freilandvorkommen von Meloidogyne-Arten in der Bundesrepublik Deutschland. NdDP 28, 113–117, 1976.

Annelida, Ringelwürmer

Körper gleichmäßig segmentiert. Die hier interessierenden Arten sind ausschließlich Bodenbewohner, die sich vorwiegend von toten Pflanzenteilen ernähren und im Walde durch Verarbeiten der Streu und Durcharbeiten des Bodens nützen. Gelegentlich können sie schädlich werden, indem sie sich an jungen lebenden Pflanzen vergreifen.

Die zur Familie Enchytraeidae gehörende, kleine, weißliche **Fridericia galba** Hoffm. entwickelte sich in einem beobachteten Fall im Komposthaufen eines Forstgartens zu Massen und gelangte mit dem Kompost auf die Beete; griff hier bis zu 3jährige Fichtenpflanzen an und verursachte erhebliche Ausfälle. Erzeugte Wunden in der Rinde der Stämmchen dicht oberhalb der Hauptwurzel; Ansammlung mehrerer Tiere führte zur Ringelung und zum Absterben der Pflanzen. Als vorbeugende Maßnahme wird empfohlen, dem Kompost hinreichend Kalk zuzusetzen (KURIR 1965).

Lumbricus rubellus Hoffm., **Dendrobaena rubida** Sav. und andere Regenwürmer aus der Familie Lumbricidae können auf Saatbeeten, in Freilandsaaten und Naturverjüngungen durch Hereinziehen der Keimlinge in den Boden und Verzehren junger Pflänzchen schädlich werden. Im allgemeinen belanglos. Bei starkem Auftreten wird nächtliches Auflesen der Würmer bei mattem Laternenlicht empfohlen.

K. SPINNEN

Die Spinnen (Arachnida) sind gekennzeichnet durch Verwachsung von Kopf und Bruststück (Cephalothorax), 2 Paar Mundgliedmaßen, 4 Beinpaare und ein gliedmaßenloses Abdomen. Die größeren Formen leben räuberisch vorzugsweise von Insekten und Spinnen, die sie mit Giftwaffen töten. Die einfacher organisierten Milben leben ebenfalls räuberisch oder parasitisch an Tieren und Pflanzen.

Schrifttum: CLOUDSLEY-THOMPSON, J. L.: Spiders, scorpions, centipeds and mites. Oxford 1968.

Aranea, Webespinnen

Mit gestieltem, meist ungegliedertem Hinterleib und 4 oder 6 Spinnwarzen. Räuber, die zum Teil ihre Beute im Lauf oder Sprung überfallen und das Sekret ihrer Spinndrüsen zur Überkleidung ihrer Schlupfwinkel und zur Anfertigung von Eiersäcken verwenden; zum Teil fangen sie die Beute in kunstvollen Gespinsten und Netzen.

Über die Rolle, welche die Webespinnen in der Lebensgemeinschaft Wald spielen, besteht noch kein klares Bild. Neuere Beobachtungen, die vereinzelte ältere Erfahrungen bestätigen, machen es wahrscheinlich, daß den Spinnen zumindest unter bestimmten Verhältnissen eine große, bisher unterschätzte Bedeutung als Vertilgern von Forstschädlingen zukommt.

Bemerkenswert sind schon die zuweilen überaus hohen Individuenzahlen der Spinnen im Walde. Während einer Kiefernspannergradation konnten 1937 in der Letzlinger Heide je Kiefernkrone 34–749 Spannerraupen und 68–240 Spinnen gezählt werden (ENGEL 1941). Die Spinnen merzten den größten Teil der Falterpopulation aus (SUBKLEW 1939). Am Boden ergriffen sie die frisch geschlüpften Falter im Sprung oder fingen sie in Netzen; in den Kronen wurden zahlreiche Spannerfalter in Spinnennetzen beobachtet. Auch Eiraupen des Kiefernspanners fielen den Spinnen zum Opfer. Ähnliches wurde 1930 bei einer Forleulenvermehrung im Nürnberger Reichswald beobachtet (SCHMIDT 1930). In Sachsen machten bei einem Nonnenfraß Spinnen aller Art Jagd auf die unter Leimringen angesammelten Raupen (ESCHERICH 1914). Falter von *Rhyacionia buoliana* und *Petrova resinella* wurden in Spinnennetzen gefunden (KELLER 1885). Bei einer Massenvermehrung von *Diprion pini* fanden sich 1940 bei Eberswalde zahlreiche von Spinnen getötete Wespen; während einer Gradation von *Acantholyda erythrocephala* im Netze-Warthe-Gebiet konnten 1943 vielfach Imagines in Spinnennetzen beobachtet werden. Solche Beobachtungen zeigen, daß Spinnen zahlreiche Schädlinge vernichten, lassen aber kein Urteil über die forstpathologische Bedeutung dieser Tätigkeit zu; denn es fehlt der quantitative Nachweis, welchen Anteil sie an der von vielen Widersachern erzeugten Sterblichkeit hat. Zahlenangaben liegen m. W. nur aus zwei Untersuchungen vor: Nach ENGEL 1942 beteiligten sich Spinnen an der Vertilgung des Kiefernspanners mit 12–25%; sie wurden nur von Wanzen mit 46–69% Getöteten übertroffen, während alle anderen Spannerfeinde weit geringere Wirkung aufwiesen. KIRCHNER 1967 beobachtete während einer Massenvermehrung des Eichenwicklers, daß Spinnen, namentlich *Linyphia triangularis*, fast ausschließlich im Falterstadium wirksam wurden und vorwiegend altersschwache Tiere nach erfolgter Fortpflanzung erbeuteten, so daß der Schädlingsbesatz durch sie um höchstens 0,3 bis 0,4% reduziert wurde. Diese beiden Befunde stimmen durchaus nicht überein. Außerdem ist zu bedenken, daß die Spinnen nicht nur schädliche Insekten erbeuten. Nach NIKLAS 1942 fielen ihnen 1937 in der Rominter Heide während einer Nonnenvermehrung zahlreiche Raupenfliegen zum Opfer. STURM 1942 spricht den Spinnen, obwohl sie zahlreiche Imagines von *Diprion* fingen, angesichts der hohen Zahl der ebenfalls gefangenen Coccinelliden, Ichneumoniden, Tachiniden und kleinerer Asiliden jeglichen Nutzen ab. So ist, wie KIRCHNER 1964 mit Recht feststellt, ein abschließendes Urteil über die forstliche Bedeutung der Spinnen heute noch nicht möglich; Empfehlungen, Spinnen in schadfraßgefährdeten Wäldern durch künstliche Maßnahmen zu vermehren, wie sie RUPPERTSHOFEN 1964 gibt, sind verfrüht.

Die am häufigsten gefundenen Arten bzw. solche, die bei der Vertilgung von Forstschädlingen beobachtet wurden, sind nachstehend genannt.

Familie Thomisidae, Krabbenspinnen: Die beiden vorderen Beinpaare länger als die hinteren. Lauern im Gebüsch und in den Baumkronen auf Beute. **Diaea dorsata** F., **Philodromus aureolus** Oliv. Als Vertilger von *Physokermes piceae* werden **Misumena calycina** L. und **Xysticus pini** Hahn genannt (KELLER 1884, 1885). **X. viaticus** L. wurde 1940 bei Eberswalde beim Fang von Kiefernbuschhornblattwespen beobachtet.

Familie Clubionidae, Sackspinnen: Mit 2 Tarsalkrallen und starken Kieferfühlern (Cheliceren). Unter Rinde und auf Gebüsch vorwiegend nachts jagend. **Anyphaena accentuata** Walck, **Clubiona brevipes** Blackw.; **C. holosericea** L. fraß *Adelges laricis* (KELLER 1885).

Familie Salticidae, Springspinnen: Mit großem, gewölbtem Bruststück und kurzen, kräftigen Beinen. Erhaschen ihre Beute im Sprung, vornehmlich in der Kraut- und Strauchschicht. Halten sich nachts in sackförmigem Gespinst auf. **Dendryphantes rudis** Sund.; **Marpissa muscosa** Clerck (*rumpfi* Scop.) wurde beim Aussaugen von Forleulenraupen und *Pristiphora*larven beobachtet (NOLTE 1938).

Familie Theridiidae, Kugelspinnen: Bauen unregelmäßige Gewebe mit allseits sich kreuzenden Fäden. **Theridium pinastri** Koch besonders auf Nadelholz. *Adelges*-Arten wurden verfolgt von **T. redimitum** L., **T. varians** Hahn und **T. tinctum** Walck (KELLER 1885). **T. notatum** L. trat 1886 bei Freienwalde/Oder (ECKSTEIN 1887), **T. impressum** Koch 1937/40 in Mecklenburg (STURM 1942) als Feind von *Diprion* auf. **T. ovatum** Cl. fand sich 1963 massenhaft auf jungen Laubhölzern, namentlich Linden und brachte durch ihre Gespinste die Blätter zum Einrollen; Schaden entstand allerdings nicht (POSTNER 1964).

Familie Linyphiidae, Deckennetzspinnen: Fertigen waagerechte Gespinstmatte, von der nach oben zahlreiche Stolperfäden gezogen sind. **Prolinyphia marginata** C. L. Koch, **Linyphia triangularis** Cl. und **L. pusilla** Sund. überzogen 1957 in Bremervörde 4–12jährige Sitkafichten vollkommen mit ihren Gespinsten und vertilgten die Sitkalaus *Liosomaphis abietina.*

Familie Micryphantidae, Zwergspinnen: Machen zum Teil ähnliche Gespinstmatten wie die vorgenannten; die meisten Arten leben ohne Netzbau in der Bodenstreu. **Erigone graminicola** Sund. und **Micryphantes ovatus** Koch werden als Feinde von *Physokermes piceae* genannt (KELLER 1885).

Familie Araneidae, Radnetzspinnen: Bauen kunstvolle, radförmige Netze. **Aranea sturmii** Hahn und **A. cucurbitina** L. Letztere ist besonders als Vertilgerin der Wespen und Larven von *Pristiphora abietina* aufgefallen (NÄGELI 1936). Die Kreuzspinne, **A. diadema** L., wurde beim Fang von *Adelges* beobachtet (KELLER 1885).

Familie Tetragnathidae, Kieferspinnen: Mit radförmigem Netz. **Tetragnatha obtusa** Koch; auf Hecken und im Nadelwald. **T. extensa** L., als Vertilger von *Adelges laricis* beobachtet (KELLER 1885).

Opiliones, Weberknechte, Afterspinnen

Mit gegliedertem, dem Cephalothorax breit ansitzendem Abdomen und oft auffallend langen, dünnen Beinen. Suchen nachts ihre Nahrung, die meist aus pflanzlichen Stoffen und kleinen Insekten und Milben besteht. Eine Art, **Opilio parietinus** Deg., ist als eifriger Vertilger von *Adelges laricis* beobachtet worden (KELLER 1883); häufig war außerdem **Phalangium opilio** L. (KELLER 1885).

Acarina, Milben

Meist gedrungene Körperform; ungegliedertes, mit dem Cephalothorax verschmolzenes Abdomen (Abb. 57). Zahlreiche Arten; überall, auch im Walde zu finden. Leben räuberisch oder als Parasiten an Tier und Pflanze. Ihre forstpathologische Bedeutung, als Nützlinge wie als Schädlinge, ist im allgemeinen mäßig. Infolge ihrer geringen Größe können die Räuber nur kleine Tiere überwältigen, und die Parasiten, die sich massenhaft gerade auf Insekten finden, betreiben im wesentlichen Raumparasitismus, ohne dem Wirt nennenswerten Schaden zuzufügen. Als örtlich recht wirksamer Feind der Eier von Borkenkäfern wurde *Tarsonemoides gaebleri* Schaarschm. beobachtet. Schädliche Arten finden sich unter den Spinn- und Gallmilben.

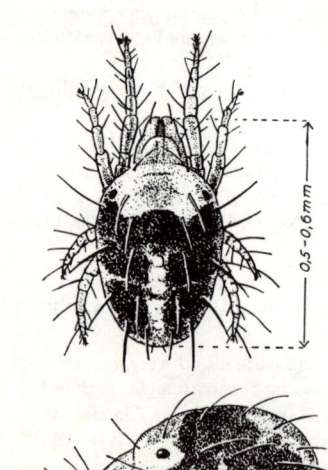
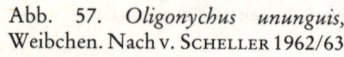

Schrifttum: POSTNER, M.: Klasse Arachnida, Spinnentiere. FE I, 29–79, 1972.

Familie Tetranychidae, Spinnmilben

Meist 0,3–0,8 mm lang, blaßgelb, grün und rötlich, überziehen Wirtspflanzen mit Spinnfäden und saugen an Blättern und Nadeln, die sich gelbgrau bis braun verfärben und vertrocknen; zuweilen in Massen. Mehrere Generationen im Jahr.

Oligonychus *(Paratetranychus)* **ununguis** Jac., Nadelholzspinnmilbe (Abb. 57). Weibchen bis 0,5 mm lang, Männchen kleiner. Aus im Herbst abgelegten, roten Wintereiern schlüpfen Mitte April bis Mitte Mai sechsbeinige Larven, die über zwei achtbeinige Nymphenstadien in etwa 3 Wochen zur erwachsenen Milbe heranwachsen. Diese legt bernsteinfarbene Sommereier. Vollendung einer Generation benötigt im Sommer rund 2 Wochen. Saugen vornehmlich an der Unterseite der Nadeln verschiedener Koniferen, in älteren Bestän-

Abb. 57. *Oligonychus ununguis*, Weibchen. Nach v. SCHELLER 1962/63

den hauptsächlich im unteren Kronenteil und deshalb belanglos; junge Pflanzen, vor allem Fichten und Sitkafichten, erlitten wiederholt starke Schäden, bis zum Absterben. Bedeutungsvoll in Pflanzgarten, Verjüngung, Weihnachtsbaumkultur. Trockene Wärme begünstigt Massenauftreten. Düngung mit N scheint Befall zu fördern.

Weitere Arten wurden auf verschiedenen Laubhölzern beobachtet, in der Regel ohne nennenswerten Schaden zu verursachen; genannt werden: **Metatetranychus** *(Panonychus)* **ulmi** Koch, Obstbaumspinnmilbe, Rote Spinne, vor allem auf Obstbäumen, auch auf Ulme und anderen Waldbäumen. **Eotetranychus tiliarum** Herm., Lindenspinnmilbe, besonders an Linde, namentlich an Straßenbäumen, deren Blätter sie häufig vorzeitig sich bräunen und abfallen läßt. **E. carpini** Oud., Hainbuchenspinnmilbe, vorzugsweise an Hainbuche. **Tetranychus urticae** *(telarius)* Koch, Gemeine Spinnmilbe, an einer Vielzahl von Laubholzarten.

Bekämpfung, wo nötig, durch Spritzen oder Sprühen mit Akariziden (PVG, S. 424).

Schrifttum: DENGLER, K.: Die Gemeine Nadelholzspinnmilbe *Oligonychus ununguis* Jacobi (Unterordnung Tetranychidae) als Schädling an Tannen-Jungpflanzen. Mitt. Forstl. Vers. Forsch. Anst. Baden-Württemberg 92, Freiburg/Br. 1980.

Familie Eriophyidae, Gallmilben

Langgestreckt, meist 0,1–0,4 mm lang, mit quergeringeltem Abdomen und 2 Beinpaaren. Viele erzeugen beim Saugen an der Wirtspflanze durch injiziertes Speicheldrüsensekret Gallen und andere Mißbildungen. **Trisetacus pini** Nal., Kieferngallmilbe, Urheber von Zweiggallen (Knotensucht), Knospendeformationen (Knospensucht) und Wuchsmißbildungen an Kiefern. **T. grosmanni** Keif. erzeugt Vergallung der Knospen an Fichten, **T. abietis** Postn. lebt in den Maitriebnadeln der Weißtanne. Zahlreiche Arten an Laubhölzern, z. B. **Aceria rudis** Can, Haarfilz auf Blättern und Knospendeformation an Birke, **A. nervisequa** Can. mit Haarfilz an Blattnerven bei Buche, **A. filiformis** Nal. in verfärbten Blattpocken an Ulme, **A. fraxinivora** Nal. in Blütenständen der Esche (Eschenklunker), **A. populi** Nal. verursacht Knospenwucherungen an Pappel.

Schrifttum: POSTNER, M.: Zur Kenntnis der in Europa an Tanne und Fichte auftretenden Gallmilben der Gattungen *Trisetacus* Keifer, *Nalepella* Keifer und *Keiferella* Boczek (Acarina, Eriophyoidea). ZPK 83, 131–136, 1976.

L. TAUSENDFÜSSLER

Die Tausendfüßler (Myriapoda) besitzen einen aus zahlreichen, beintragenden Leibesringen zusammengesetzten Körper. Sie sind lichtscheue Tiere, die an feuchten Orten unter Rinde, in der Bodenstreu, teils von pflanzlichen, teils von tierischen Stoffen leben. Als Nützling ist **Lithobius forficatus** L., Steinkriecher, bekannt geworden, welcher Borkenkäfern unter der Rinde nachstellt. Auch als Vertilger der in der Bodenstreu ruhenden Puppen dürfte er in Betracht kommen. Zuweilen haben Tausendfüßler durch Fraß an keimenden Samen geschadet.

Schrifttum: POSTNER, M.: Klasse Myriapoda, Tausendfüßler, FE I, 81–83, 1972.

M. INSEKTEN

Die Insekten (Kerfe, Kerbtiere, Hexapoda) sind gekennzeichnet durch bilateralsymmetrischen Aufbau, Gliederung des Körpers, drei hebelmäßig angeordnete Beinpaare am Bruststück, extremitätenlosen Hinterleib und ein hauptsächlich aus Chitin bestehendes Außenskelett (Kutikula).

Für das Gedeihen des Waldes und insbesondere als Erreger von Waldkrankheiten besitzen die Insekten eine überaus große Bedeutung.

Der Körper der Insekten besteht aus drei Hauptabschnitten, dem Kopf (Caput), der Brust (Thorax) und dem Hinterleib (Abdomen). Der Kopf ist Träger der Augen, welche als zusammengesetzte (facettierte) Seitenaugen oder als in Ein- bis Dreizahl vorkommende, kleinere Stirn- oder Punktaugen vorhanden sein können, ferner der mit zahlreichen Sinnesorganen ausgestatteten Fühler (Antennen) und der Mundgliedmaßen. Diese gruppieren sich um die Mundöffnung und sind entsprechend der unterschiedlichen Ernährungsweise der Insekten als kauende, leckende, stechende und saugende Mundgliedmaßen ausgebildet.

Der Thorax ist Träger der hauptsächlichen lokomotorischen (Fortbewegungs-)Organe. Jedes der drei Brustsegmente (Vorder-, Mittel- und Hinterbrust, Pro-, Meso- und Metathorax) trägt ein Paar Beine, die beiden hinteren außerdem bei geflügelten Stadien noch die Flügel (Vorder- und Hinterflügel). Sie können Umwandlungen erleiden: so ist bei Coleopteren das erste Paar zu lederartigen Deckflügeln (Elytren), bei Hemipteren ein Teil der Vorderflügel (Hemielytren) verhärtet; die Hinterflügel sind bei Dipteren zu kleinen Schwingkölbchen (Halteren) umgebildet. Auch Zurückbildung bis gänzliches Verschwinden beider Flügelpaare kommt vor (z. B. Frostspanner, Schildläuse); zuweilen werden die Flügel nach kurzer Zeit ihrer Verwendung als überflüssig abgeworfen (Ameisen).

Das Abdomen beherbergt den größten Teil der Verdauungsorgane sowie die Geschlechtsorgane und besitzt nur Reste oder Umwandlungen echter Extremitäten, z. B. in Gestalt der bei Raupen und Afterraupen vorkommenden Bauch- oder Abdominalfüße. Die Weibchen besitzen zuweilen Legeröhren und Legestacheln, mit denen sie ihre Eier tief in Erde, Holz, andere Tiere usw. einbringen können.

Aus der Physiologie der Insekten ist bemerkenswert, daß der die Verdauung hauptsächlich vollziehende Mitteldarmsaft bei vielen pflanzenfressenden Arten keine zelluloselösenden Bestandteile enthält. Solche Insekten machen sich die verzehrte Zellulose durch Vermittlung von Bakterien, Pilzen oder Protozoen zunutze, die mit der Nahrung aufgenommen wurden oder in ihrem Darm und seinen Anhängen als Symbionten leben; oder die Zellulose wird durch Pilze aufgeschlossen, die in Holzgängen u. dgl. gezüchtet und abgeweidet werden. Sind derartige symbiontische Einrichtungen nicht vorhanden, so kann nur der Inhalt derjenigen Blattzellen verdaut werden, die beim Kauen angeschnitten sind. Daher besteht der Kot der Raupen aus vielen kleinen Blattstückchen, die mit Ausnahme der Randzellen meist gut erhalten sind. Die Ausnutzung der Nahrung ist hier nur unvollkommen und wird um so geringer, je größer die älterwerdende Raupe ihre Nahrungsteilchen läßt. Das Verhältnis Nahrungsmenge zu Kotmenge, das als Stoffwechselquotient bezeichnet wird und ein Bild von der Ausnutzung der Nahrung gibt, wird mit dem Wachstum der Raupen ständig kleiner.

Das individuelle Leben des Insekts beginnt im allgemeinen als Ei. Es durchläuft mehr oder weniger unterschiedliche Entwicklungsstadien, um als ausgebildeter Vollkerf (Imago) nach der Vollziehung des Fortpflanzungsgeschäftes zu enden.

Das Ei weist hinsichtlich Form, Farbe und Größe reiche Mannigfaltigkeit auf. Die Farbe der Eier ist meist weißlich, wenn sie verborgen in Erde oder Pflanzenteilen abgelegt werden, sonst der Unterlage mehr oder weniger angepaßt: z. B. grüne Eier der Forleule auf der Kiefernnadel, rotbraune Eier der Nonne zwischen den Rindenschuppen. Manche Insekteneier nehmen nach der Ablage an Größe zu. Die Zahl der Eier, die ein Weibchen ablegt, schwankt bei den Forstinsekten zwischen etwa 25 und 1000, meist zwischen 100 und 200. Vielfach legen die Insekten ihre Eier auf einmal oder doch in einer kurzen Zeitspanne ab (Kiefernspinner), bei anderen ziehen sich Eiproduktion und Ablage über Wochen, Monate und Jahre hin (Borkenkäfer, Rüsselkäfer). Die Eier werden gewöhnlich dort abgelegt, wo die auskommenden Larven die ihnen zusagenden Lebensbedingungen, vor allem Nahrung finden. Die Ablage erfolgt entweder in unregelmäßiger Anordnung (Kiefernspinner) oder in bestimmter Regelmäßigkeit (Eizeilen des Kiefernspinners, Eiplatten des Eichenprozessionsspinners), bald frei auf dem Boden oder an Pflanzen, bald versteckt im Innern der Erde, in Pflanzenteilen, bald ohne Vorbereitung, bald nach Herrichtung der letzten im Interesse der Brut (Blattwickler). Vielfach sind die Eier mit einem klebrigen Sekret an der Unterlage und untereinander befestigt, häufig auch mit Haaren, Schuppen oder anderen Einhüllungen verdeckt (Schwammspinner, Wolläuse).

Das Ei macht eine Entwicklung durch, welche eine Reihe von Formbildungsvorgängen umfaßt und die Eizelle in ein vielzelliges Tier, den Embryo, überführt, das schließlich als Larve die Eischale verläßt. Die Dauer der Embryonalentwicklung beträgt meist 1–3 Wochen. Zuweilen kommt eine Diapause (s. unten) vor, die selbst wieder Ei-, Embryo- oder Larvendiapause sein kann, je nachdem, ob das Ei als solches, der Embryo auf einer gewissen Stufe oder die ausgebildete Larve in der Eischale beharrt. Bei einzelnen Insekten entwickeln sich die Eier im Mutterleibe, so daß bereits schlüpfreife Eier (Ovoviviparie) oder gar Larven (Viviparie) oder Puppen (Pupiparie) geboren werden.

Die aus dem Ei schlüpfende Larve ist stets kleiner als der Vollkerf, flügellos und nicht geschlechtsreif. Die nachembryonale Entwicklung besteht somit im einfachsten Fall in Wachstum, gegebenenfalls Ausbildung der Flügel und Reifung der Fortpflanzungsorgane; die Jugendformen können dann dem ausgewachsenen Insekt ähnlich sehen. Ist die Lebensweise des Vollkerfs und der Larven unterschiedlich, so kann die funktionell bedingte Ausgestaltung der Körperform Verschiedenheiten zeigen, die so groß werden, daß jede äußere Ähnlichkeit fehlt (Raupe-Schmetterling, Engerling-Maikäfer). Die notwendige Umbildung erfolgt dann hauptsächlich in einem besonderen, nicht nahrungsaufnahmefähigen Puppenstadium.

Die Verwandlung oder Metamorphose, welche die postembryonale Entwicklung darstellt, kann somit in verschiedener Weise vor sich gehen. Bei den für die Forstpathologie in Frage kommenden Insekten können wir unterscheiden: 1. Heterometabole mit imagoähnlichen Larven; die Entwicklung nimmt allmählich ohne Puppenstadium den Weg zum Vollkerf (Odonata, Heteroptera, ein Teil der Homoptera). 2. Neometabole mit imagoähnlichen Larven; in der Entwicklung wird ein Puppenstadium angebahnt, indem auf die flügellosen Larvenstadien ein präimaginales, mit Flügelanlagen versehenes Nymphenstadium folgt, dem noch eine Pronymphe mit kurzen Flügelanlagen vorangehen kann (Thysanoptera, ein Teil der Homoptera). 3. Holometabole mit imagounähnlichen Larven, die sich durch ein Puppenstadium zum Vollkerf umwandeln (Hymenoptera, Coleoptera, Lepidoptera, Diptera).

Die Larve ist das Stadium der Nahrungsaufnahme und des Wachstums. Kiefernspinnerraupen vermehren ihr Ausgangsgewicht auf das 900fache (siehe auch Abb. 58). Da die fertige Chitinhülle nur

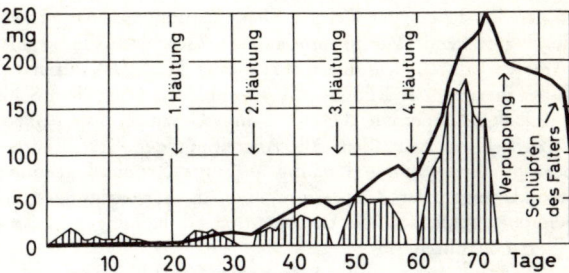

Abb. 58. Gewichtsentwicklung von Raupe und Puppe der Nonne (dickausgezogene Kurve) sowie tägliche Fraßmenge der Raupe (schraffiert). Nach FYRDRYCHE-WICZ 1930

wenig ausdehnungsfähig ist, tritt jedesmal, wenn die Körpermasse der Larve ein gewisses Maß erreicht hat, eine Häutung ein. Der zwischen zwei Häutungen liegende Larvenzustand heißt Entwicklungsstadium oder kurz Stadium. Die einzelnen Larvenstadien werden wie folgt bezeichnet:

Schlüpfen aus dem Ei	1. Häutung	2. Häutung	.. n. Häutung	Verpuppung
Eilarve oder 1. Stadium	Einhäuter 2. Stadium	Zweihäuter 3. Stadium	n-Häuter (n+1). Stadium	

Die Zahl der Larvenstadien ist nach Arten und häufig auch nach dem Geschlecht verschieden; der Maikäfer besitzt 3, die Forleule 5, die Männchen von *Diprion pini* haben 5, die Weibchen 6 Larvenstadien. Die Nahrungsaufnahme steigert sich gewaltig mit dem Wachstum der Larve; sie wird jeweils bei einer Häutung unterbrochen (Abb. 58). Von Außenfaktoren beeinflußt vor allem die Temperatur die Nahrungsaufnahme (Abb. 59).

Langgestreckte Larvenformen mit gut ausgebildeten Brustbeinen und wohlentwickeltem Kopf nennt man schlichtweg Larven (Abb. 61, 92). Ist der Körper weichhäutig, weißlich und bauchwärts gebogen, so heißen sie Engerlinge (Abb. 71). Maden besitzen keine Beine und einen nicht oder undeutlich entwickelten Kopf (Abb. 132). Haben die Larven außer den Thorakalbeinen noch Bauchfuße und einen gutentwickelten Kopf, so heißen sie entweder Raupen (Abb. 117, 122, 126), wenn die Zahl der Bauchfüße zwischen 2 und 5 Paaren liegt, oder Afterraupen (Abb. 140, 142), wenn die Zahl der Afterbeine 1 oder 6–8 Paare beträgt.

Die holometabole Larve verwandelt sich mit der

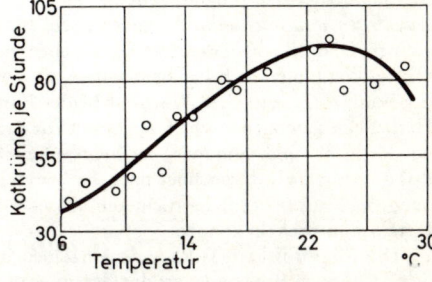

Abb. 59. Nahrungsaufnahme von Raupen des Kiefernspinners, dargestellt durch die Kotproduktion, in Abhängigkeit von der Temperatur. Nach SCHWERDTFEGER 1936

letzten Häutung in die nicht nahrungsaufnahmefähige, nicht wachsende und meist bewegungslose Puppe. Diese kann sein 1. eine freie Puppe (Pupa libera, Abb. 105, 132), wenn die Gliedmaßen frei vom Rumpf abstehen (Coleoptera, Hymenoptera), 2. eine bedeckte oder Mumienpuppe (P. obtecta, Abb. 223), wenn die Gliedmaßen dem Rumpf dicht anliegen und mit ihm zusammen von einer harten Puppenhaut umgeben sind (Lepidoptera), 3. eine Tönnchenpuppe (P. coarctata), wenn sie (als freie Puppe) in der erhärteten Haut des letzten Larvenstadiums wie in einem Tönnchen eingehüllt ist (Diptera); als Larvenhaut ist die Hülle an ihrer Segmentierung zu erkennen. Zum Schutz gegen äußere Einflüsse verpuppen sich die Larven vielfach an verborgenen Orten, in der Erde, im Holz usw., wobei oft besondere Höhlungen, Puppenwiegen, gefertigt werden. Andere verpuppen sich in ausgebauten Larvengehäusen (Lärchenminiermotte), und wieder andere verfertigen aus dem Sekret ihrer Spinndrüsen besondere Schutzhüllen, Kokons (Abb. 226, 232).

Am Ende der Puppenruhe wird die Puppenhülle gesprengt, und die Imago arbeitet sich heraus. Bei versteckter Lage der Puppe, im Holz oder in der Erde, hat das Insekt zuweilen einen beschwerlichen Weg zu überwinden, ehe es die volle Freiheit erlangt; häufig hat die Larve schon Vorkehrungen zur Erleichterung dieses Weges getroffen. Das Schlüpfen erfolgt vielfach zu einer bestimmten Tageszeit, z. B. bei der Forleule zwischen 1 und 9 Uhr. Häufig erscheinen während des sich über Tage und Wochen hinziehenden Schlüpfzeitraumes zunächst die Männchen und erst später die Weibchen (Protandrie; das frühere Erscheinen der Weibchen heißt Protogynie). Am ausgebildeten Tier läßt sich das Geschlecht oft durch auffallende Merkmale erkennen (Geschlechtsdimorphismus), z. B. durch verschiedene Größe (Ameisen), durch die Fühlerform (Nonne, Maikäfer), durch die Ausbildung der Flügel (Frostspanner), durch ornamentale Bildungen (Hirschkäfer). Nach dem Schlüpfen treten Wandlungen im und am imaginalen Körper ein, die wir in ihrer Gesamtheit als postmetabole Entwicklung bezeichnen. Dazu gehören vor allem die Ausreifung der Geschlechtsorgane, die sehr unterschiedliche Zeit beanspruchen kann und häufig an einen Reifefraß gebunden ist (Borkenkäfer, Pissodes), ferner Abänderungen der Körperform und Alterserscheinungen, die sich in Abnutzung des Haar- und Schuppenkleides sowie in Degenerationserscheinungen an den Zellen innerer Organe äußern und zum Alterstode führen.

Während und nach der Reifung der Geschlechtsorgane beginnt die Periode der Begattung und Eiablage, die den Hauptinhalt des Imaginallebens darstellt; sie wird häufig als Flugzeit bezeichnet.

Die Befruchtung der Eier findet stets im weiblichen Körper statt, setzt also eine Begattung (Kopulation) voraus. Die Geschlechter finden einander zufällig, in der Regel aber werden sie durch optische (Seh-), akustische (Hör-) oder olfaktorische (Riech-)Reize zueinander gelenkt, im letzten Fall auch über größere Entfernung (200–700 m werden für die Nonne angegeben). Bei manchen Arten ist Wiederholung der Begattung zur Befruchtung des gesamten Eivorrats erforderlich (Borkenkäfer), bei anderen überflüssig (Nonne).

Nach Erledigung des Fortpflanzungsgeschäftes ist die Aufgabe der Imago erfüllt; sie stirbt dann meist bald ab. Die Lebensdauer ist bei den einzelnen Arten sehr unterschiedlich; im allgemeinen liegt sie zwischen 2 und 3 Wochen. Sie wird wesentlich verlängert, wenn sich eine Ruhepause in der Entwicklung, etwa in Form der Überwinterung, einschiebt.

Wenn auch in der Regel die Eier der Insekten zur Weiterentwicklung der Befruchtung bedürfen, so kommt zuweilen Jungfernzeugung (Parthenogenese) vor. Es gibt Arten wie *Gilpinia hercyniae* und *Pristiphora erichsonii*, die sich ausschließlich parthenogenetisch fortpflanzen; bei anderen Blattwespen, z. B. *Pristiphora abietina*, ergeben befruchtete Eier Weibchen, unbefruchtete Männchen. Häufig kombiniert sich Parthenogenese mit zweigeschlechtlicher Fortpflanzung (Gamogenese) in der Form eines zeitlichen Wechsels beider Fortpflanzungsweisen (Heterogonie), wobei meist im Herbst eine gamogenetische Generation zur Erzeugung des befruchteten Wintereies auftritt, während im Frühjahr und Sommer parthenogenetische Generationen einander folgen (Blattläuse). Als Polyembryonie bezeichnet man die bei einigen parasitischen Hymenopteren gefundene Erscheinung, daß aus einem befruchteten Ei viele Embryonen hervorgehen, die sich alle zu normalen Imagines entwickeln können.

Die Entwicklungsdauer der einzelnen Stadien ist bei den verschiedenen Arten sehr unterschiedlich. In unseren Breiten dauert die Gesamtentwicklung meist 12 Monate. Doch gibt es viele Arten, die wesentlich länger zu ihrer Entwicklung brauchen (Maikäfer 3–5 Jahre), und andere, die weniger bedürfen, beispielsweise manche Schlupfwespen. Wie alle übrigen Lebenserscheinungen wird auch die Entwicklung bei den Insekten als wechselwarmen (poikilothermen) Tieren entscheidend von der Temperatur beeinflußt; sie geht innerhalb gewisser Grenzen um so schneller vor sich, je höher die Temperatur ist (siehe auch Abb. 235). Die strenge Abhängigkeit der Entwicklungsdauer von der Temperatur wird gemildert durch das Auftreten von Diapausen, in denen die Entwicklung u. U. trotz günstiger Außenbedingungen stillsteht; sie dienen der Synchronisierung der Entwicklung mit dem Geschehen in der Umwelt: z. B. benötigt die Eiraupe des Eichenwicklers aufbrechende Knospen zur Nahrung; das im Sommer abgelegte Ei diapausiert und entläßt das Räupchen erst im nächsten Frühjahr. Als Überliegen bezeichnen wir das Einschieben einer ungewöhnlich langen, ggf. mehrere Jahre dauernden Diapause; es tritt in der Regel nur bei einem mehr oder weniger großen Anteil der Individuen auf (*Diprion pini, Hyloicus pinastri*).

Unter Generation verstehen wir den Lebenslauf eines Insekts von Ei zu Ei. Die Zeitdauer, die dieser Lebenslauf beansprucht, heißt Generationsdauer. Ist sie einjährig, so sprechen wir von einfacher Generation. Doppelte oder mehrfache Generation liegt vor, wenn innerhalb eines Jahres mehrere Generationen aufeinander folgen. Insekten, die mehrere Jahre zur Vollendung ihres Entwicklungszyklus brauchen, besitzen zwei-, drei- oder mehrjährige Generationsdauer. Wir sprechen auch von uni-, bi- und plurivoltinen Insekten, wenn sie eine, zwei oder mehrere Generationen in einem Jahr vollenden können.

Zur kurzen Kennzeichnung der Lebensweise (Bionomie) werden in Anlehnung an einen Vorschlag RHUMBLERS bei vielen der nachstehend aufgeführten Forstinsekten sog. Bionomieformeln gebracht. Sie geben die Monate, in denen die Entwicklungsstadien des betreffenden Insekts auftreten, durch Zahlen an. Als erste wird die Erscheinungszeit des Eies genannt, dann die Larvenzeit, durch einen Minusstrich (Symbol für Larve) von ihr getrennt; nach einem Schrägstrich folgt die Puppenzeit, sofern ein holometaboles Insekt vorliegt, und schließlich, nach einem Pluszeichen (Symbol für geflügeltes Insekt), die Imaginalzeit. Eine Überwinterung ist durch ein Komma vermerkt. Die Bionomieformel der Forleule lautet dann: 5−67/8,3+35, oder übersetzt: Eier im Mai, Raupen im Juni/Juli, Puppen ab August, überwintern bis März, Falter von März bis Mai. Dauert die Entwicklung eines Stadiums länger als ein Jahr oder mehrere Jahre, so werden entsprechend viele A (annus) eingeschoben; Beispiel: *Cossus cossus:* 67−8, A, 4/5+67, d. h. Ei im Juni/Juli, Raupe ab August während des ganzen nächsten Jahres bis zum April des übernächsten, Verpuppung im Mai, usw. Die Gesamtentwicklung beansprucht 2 Jahre (2 Winterkommas). Benötigt die mehrjährige Entwicklung an verschiedenen Orten verschieden viele, z. B. hier 3 und dort 4 oder 5 Jahre, so werden die über die Mindestdauer vorkommenden A in Klammern gesetzt (z. B. Maikäfer S. 156). Gleiches geschieht, wenn ein Teil der Individuen überliegt (z. B. *Cephalcia abietis* S. 231). Bei Arten mit doppelter Generation werden die beiden Generationen durch einen Strichpunkt geschieden (vgl. *Pristiphora laricis* S. 236). Folgt eine zweistellige Zahl auf eine einstellige (z. B. *Bupalus piniarius* S. 209), so werden sie durch einen Punkt getrennt. Bionomieformeln können nur für solche Insekten gegeben werden, deren Erscheinungszeiten einigermaßen fest abgegrenzt sind, und auch hier ist zu berücksichtigen, daß sie nur Durchschnittsangaben liefern können, die im Einzelfall, besonders durch die Witterung, abgewandelt werden.

Schrifttum: BRAUNS, A.: Taschenbuch der Waldinsekten. 3. Aufl., 2 Bde. Stuttgart 1976. — EIDMANN, H.: Lehrbuch der Entomologie. 2. Aufl. bearb. v. F. KÜHLHORN. Hamburg-Berlin 1970. — WEBER, H.: Grundriß der Insektenkunde. 5. Aufl. bearb. v. H. WEIDNER. Stuttgart 1974.

Odonata, Libellen

Heterometabole räuberische Insekten, deren Larven im Wasser leben. Imago oft auffallend gefärbt, mit beweglichem Kopf und großen Facettenaugen, erbeutet andere Insekten im Fluge. Über ihre forstpathologische Bedeutung ist bisher kaum etwas bekannt. Bei einer Nonnenvermehrung in der Rominter Heide stellten die sehr zahlreich vorhandenen Arten **Aeschna juncea** S. und **A. grandis** S. unermüdlich den Nonnenfaltern (WELLENSTEIN 1942), aber auch den im Kronenraum schwärmenden Raupenfliegen (NIKLAS 1942) nach.

Orthoptera, Geradflügler

Heterometabole, mittelgroße bis große Insekten mit kauenden Mundwerkzeugen. Nehmen gemischte Kost, durch Fraß an jungen Holzpflanzen zuweilen schädlich.

Familie Tettigoniidae (Locustidae), Laubheuschrecken: Antennen lang. **Barbitistes constrictus** B. v. W., Waldheuschrecke. 18–24mm lang, grün mit braunen Punkten oder braun mit hellen Längslinien. 8,5 − 56 + 79 (?), vielleicht auch zweijährige Generationsdauer. In Kiefern- und Fichtenbeständen, häufig bei Nonnenvermehrungen. Hat in Kiefernjunghölzern durch Fraß an Nadeln, Trieben und Knospen zuweilen nennenswerten Schaden angerichtet. Ferner gelegentlich schädlich an jungen Holzpflanzen **Tettigonia viridissima** L., Grüne Laubheuschrecke, **Pholidoptera griseoptera** Deg. und **Decticus verrucivorus** L., Warzenbeißer, letzterer namentlich in Nadelholzkulturen.

Familie Acridiidae, Feldheuschrecken: Antennen kurz. **Miramella alpina** Koll., Buchenwaldheuschrecke, richtet in Österreich, namentlich in der Steiermark, zuweilen in Massen auftretend,

Fraßschäden an Buche, auch an anderen Laubhölzern und Buschwerk an. An jungen Douglasien haben **Tetrix bipunctata** L. und **Omocestus haemorrhoidalis** Charp. geschadet.

Familie Gryllidae, Grabheuschrecken, Grillen: Körper walzenförmig. **Gryllus campestris** L., Feldgrille. Frißt auch an jungen Saaten.

Gryllotalpa gryllotalpa L., Maulwurfsgrille, Werre (Abb. 60). Braun, 4–5 cm lang, Vorderbeine zu Grabschaufeln umgebildet. Vorwiegend unterirdische Lebensweise, Imagines zur Paarungszeit häufig auf der Bodenoberfläche, dann monotones Schrillen des Männchens. Kopula unterirdisch ab April bis in den Sommer. Ablage von 250–350 grünlich-gelbbraunen, hanfkorngroßen Eiern in hühner- bis gänseeigroßem, festem Erdnest mit geglätteten Wänden in 10–25 cm Tiefe; Weibchen bewacht das Nest. Eientwicklung je nach Temperatur und Bodenfeuchtigkeit 10–40 Tage. Die erst weißen, später braunen Larven verzehren zunächst Humus und feine Wurzeln, verlassen das Nest unter der Obhut der Mutter nach 2–3 Wochen und zerstreuen sich schließlich, meist nach der 3. oder 4. Häutung. Leben dann von pflanzlicher und tierischer Kost. Letzte läßt schnellere Entwicklung zu, und je nach ihrem Anteil erfolgen 5–10 Häutungen. Überwinterung entsprechend den Boden- und Grundwasserverhältnissen in verschiedener, bis mehr als 1 m Tiefe. Imagines langlebig. Generationsdauer und zeitliches Auftreten der Stadien unterschiedlich, weil deren Entwicklungsdauer stark durch Temperatur, Bodenzustand und Ernährung beeinflußt wird. Schaden durch Fraß an ober- und unterirdischen Pflanzenteilen, vor allem in Pflanzgärten. Erkennung an den Gängen, die sich häufig oberflächlich als langgestreckte, leichte Aufwürfe ausprägen.

Bekämpfung: Giftköder, die breitwürfig ausgestreut werden (PVG).

Schrifttum: Schwenke, W.: Ordnung Orthoptera, Geradflügler. FE I, 91–104, 1972.

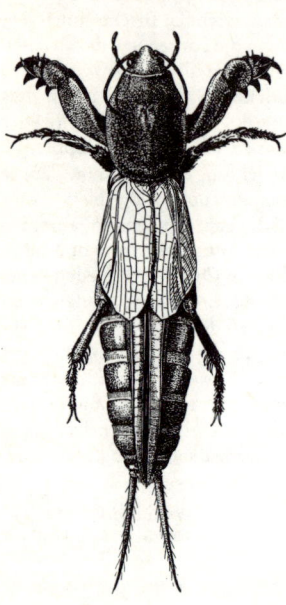

Abb. 60. *Gryllotalpa gryllotalpa.* 1/1

Dermaptera, Ohrwürmer

Am Abdominalende stark chitinisierte Zangen. **Forficula auricularia** L., Ohrwurm. Allesfresser. Hat 1935 in Österreich Bankskiefernsämlinge durch Durchbeißen der Stengel in Mengen vernichtet, während heimische Koniferensämlinge durchweg verschont blieben. Bei Schädlingsvermehrungen fällt ihm auch manches Schadinsekt zum Opfer.

Schrifttum: Schwenke, W.: Ordnung Dermaptera, Ohrwürmer. FE I, 105–106, 1972.

Thysanoptera, Blasenfüße

Klein, langgestreckt. Neometabol. Stechend-saugende Mundwerkzeuge. Haftblasen zwischen den Fußklauen. Flügel schmal mit fransenartiger Randbehaarung, oft zurückgebildet. Vielfach phytophag, an zarten Pflanzenteilen saugend.

Taeniothrips laricivorus Krat. & Far., Lärchenblasenfuß, Erreger des Lärchenwipfelsterbens.

♂ orangegelb, Spitze des Kopfes und Enden der Fühler dunkelbraun; 0,9 mm lang. ♀ schwarzbraun, Fühler und Beine stellenweise gelb; 1,2 mm lang. Eier glänzend weiß, bohnenförmig. Larven weißlich bis gelblich, zuweilen schimmert Darminhalt grün durch; 2 Larvenstadien (Abb. 61). Pronymphe weißlich-gelb, Fühler nach vorn getragen. Nymphe lang beborstet, Fühler auf den Kopf zurückgeschlagen.

5 − 56/67 + 67; 7 − 78/78 + 78,5. Im April, frühestens wenn die Kurztriebe entwickelt sind, erscheinen die Weibchen auf Lärchen, zunächst in den stärker begrünten mittleren Kronenteilen. In den folgenden Wochen verteilen sich die Tiere

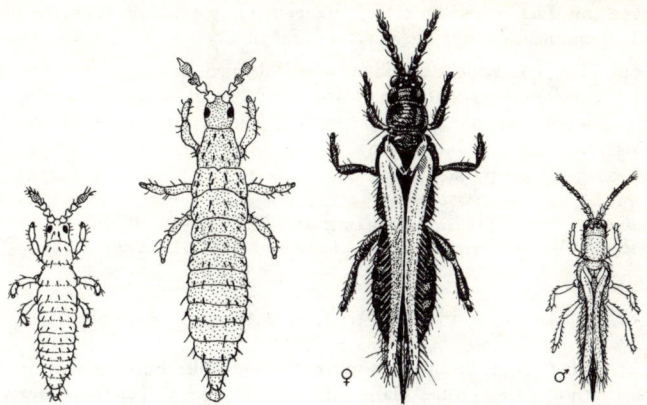

Abb. 61. *Taeniothrips laricivorus.* 1. und 2. Larvenstadium, Weibchen und Männchen. Nach VITÉ 1953

gleichmäßiger auf weitere Lärchen. Sie saugen an Trieb und Langtriebnadeln und legen Eier vorwiegend in die jüngsten Nadeln der Langtriebe. Produktion und Ablage der Eier erstreckt sich über längeren Zeitraum. Dauer der Eientwicklung 10 bis 14 Tage, der beiden Larvenstadien je 1–2 Wochen. Larven saugen wie die Imagines an jungen Langtrieben und Langtriebnadeln, also an Geweben, die in lebhaftestem Wachstum stehen. Pronymphe und Nymphe am Grunde von Kurztriebnadeln des Wirtsbaumes, hauptsächlich aber im Boden bis 4 cm Tiefe. Frischgeschlüpfte Imagines führen an den obersten und äußersten Trieben 8–10 Tage lang Reifungsfraß aus. Männchen sterben bald nach der Begattung ab, so daß meist mehr Weibchen zu finden sind. Erneut Eiablage, Larven- und Puppenentwicklung; Imagines im Juli/August. Die langlebigen Weibchen verlassen bald die Lärche und wandern zu Fichten und auch anderen wintergrünen Nadelhölzern, auf denen sie überwintern, vor allem in den basalen Deckschuppenkränzen der jüngsten Triebe.

Nachdem Schäden durch den Lärchenblasenfuß erstmals 1926 in der Tschechoslowakei beobachtet wurden, ist er nach heutiger Kenntnis im ganzen mittleren Europa einschließlich des nördlichen Südeuropas verbreitet. Befällt vorzugsweise die Leittriebe und von ihnen die äußersten 10 cm; erst wenn sie ganz besiedelt sind, werden die Wipfelseitentriebe und später die Langtriebe der übrigen Krone angenommen. Das Saugen der Imagines und Larven verursacht Graufärbung, Abbiegen, Krümmen („Nadelsträube") und frühzeitigen Abfall der Nadeln, ferner Verfärbung, Einreißen, Verharzen und Schorfigwerden der Triebrinde („Querrißbildung"); die Langtriebspitzen sterben ab. Folgen sind Verkleinerung der Assimilationsfläche und Nährstoffverlust durch den Nadelabfall, Hemmung des Höhenwachstums, nach Reproduktion der Triebe Verbuschung der Krone, Stammkrümmungen. Länger andauernde Schädigung führt zum Zurückbleiben der Lärche gegenüber den sie überwachsenden Mischholzarten. Die Rassen und Herkünfte der Europäischen Lärche werden gleichstark von den Schäden betroffen; die Japanische Lärche ist weitgehend resistent. Es wurden ausgeprägte, mehrjährige Massenvermehrungen beobachtet. Schaden besonders hoch bei trockenwarmem Wetter, weil die beiden Generationen des Schädlings in rascher Folge massiert angreifen und die Lärche den durch das Saugen verursachten Saftverlust nicht so rasch ergänzen kann.

Prognose: Mäßige bis starke Nadelsträube an den Leit- und Wipfelseitentrieben im Juni, durch die Frühjahrsgeneration verursacht, läßt starke bis sehr starke Schäden durch die Sommergeneration im Juli erwarten.

Gegenmaßnahmen: Bevorzugung der Japanischen Lärche; in gefährdeten Gebieten keine Einzelmischung der Lärche mit Fichte. Sprühen und Stäuben mit gegen Lärchenblasenfuß zugelassenen Insektiziden (PVF). Stammapplikation bei einzelnen und niedrigen Stämmen (S. 429).

Taeniothrips pini Uz., von manchen als identisch mit dem vorigen angesehen, hat Stauchungen und Krümmungen an Maitrieben der Sitkafichte verursacht (SCHNEIDER 1961). **Liothrips setinodis** Rtr., sonst als harmloser Laubholzbewohner bekannt, schädigte an Maitrieben von Weißtannen der beiden ersten Altersklassen unter Schirm (GAUSS 1958).

Schrifttum: MAKSYMOV, J. K.: Parthenogenese beim Lärchenblasenfuß, *Taeniothrips laricivorus* Krat. & Far. (Thysanoptera, Thripidae). AS 45, 53–56, 1972. — Der Boden als Verpuppungsort beim Lärchenblasenfuß *Taeniothrips laricivorus* Krat. u. Far. (Thysanoptera, Thripidae). AS 49, 117–122, 1976. — SCHWENKE, W.: Ordnung Thysanoptera (Physopoda), Fransenflügler, Blasenfüße, Thripse. FE I, 107–113, 1972.

Heteroptera, Wanzen

Vorwiegend flache, kleine bis große Insekten mit heterometaboler Entwicklung. Stechend-saugende Mundwerkzeuge. Prothorax frei, großes Halsschild. Vorderflügel als Hemielytren entwickelt, basalwärts lederartig verdickt, an der Spitze häutig. Die häutigen Hinterflügel gefaltet unter den Vorderflügeln. Vielfach Stinkdrüsen an der Hinterbrust, die ein widerlich riechendes Exkret abgeben.

Lebensweise sehr verschieden: Wasserbewohner und Landtiere, parasitische Blutsauger und Räuber, Pflanzensauger, Pilz- und Algenfresser. Im einzelnen Lebensweise noch vielfach unbekannt. Den Forstmann interessieren relativ wenige Arten.

Familie A r a d i d a e, Rindenwanzen: Flach, mit sehr langem, in der Ruhe innerhalb des Kopfes gerollt getragenem Saugrohr. Rindenbewohner. **Aradus cinnamomeus** Pz., Kiefernrindenwanze (Abb. 62). ♂ 3,5–4 mm, flugunfähig, ohne Hinterflügel, ♀ 4–4,5 mm, zum Teil ebenfalls flugunfähig

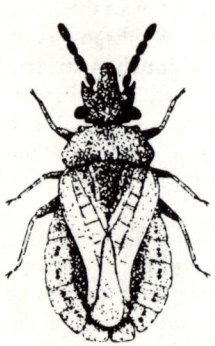

mit rudimentären Flügeldecken und ohne Hinterflügel, teils flugfähig mit normal entwickelten Vorder- und Hinterflügeln. Zweijährige Generation mit Überwinterung als Larve und Imago: 56 − 6,7 + 7,5. In allen Stadien auf 5–20jährigen Kiefern, besonders geringer Bonitäten und in weitem Verband. Sitzen unter Rindenschuppen, ihren Rüssel tief in den Bast versenkend. Bei massenhaftem Auftreten springt die Rinde rissig unter Harzaustritt auf, die Triebe bleiben verkürzt und vergilben, der Baum kann absterben. Starke Schäden vor allem in Schweden, Polen, der Tschechoslowakei und der UdSSR. Vorbeugend wirkt Dichthalten der Kiefernjungbestände. Chemische Bekämpfung wahrscheinlich durch Besprühen der Kronen mit Dimethoat-Präparaten (PVF) möglich. Ähnlich leben **A. depressus** F. und **A. betulae** L. an Laubbäumen. Im allgemeinen bedeutungslos.

Familie L y g a e i d a e, Langwanzen: Klein bis mittelgroß, meist schwarz und braun. In der Regel phytophag. **Gastrodes grossipes** Deg., 4 − 57 + 7,5 (?) und **G. abietum** Berg., beide 7–7,5 mm, braun, wurden in der Schweiz in großer Zahl unter Rindenschuppen an Fichte gefunden, wo sie Abblättern der Rinde und Harzfluß verursachten. Sonst häufig in Nadelholzzapfen, erstere an Kiefer, letztere vorwiegend an Fichte.

Abb. 62. *Aradus cinnamomeus.* 8/1. Aus OTTEN 1956

Familie P y r r h o c o r i d a e, Feuerwanzen: Mittelgroße, bunte Tiere. **Pyrrhocoris apterus** L., Feuerwanze. 9–11 mm. Schwarz mit roter Zeichnung. Oft in auffallenden Mengen am unteren Stammteil alter Linden, soll auch an jungen Blättern und Früchten der Linde saugen. Harmlos.

Familie M i r i d a e, Weich- oder Blindwanzen: Meist lebhaft gefärbt, Fühler und Beine in der Regel relativ lang und zart. Teils phytophag, teils räuberisch. **Camptozygum aequale** Vill. (*pinastri* Fall.), 4,3–4,8 mm, gelb- bis braunschwarz. An Kiefer, bringt Nadeln an ihrer Ansatzstelle durch Saugen zum Abfallen. Zahlreiche zoophage Arten saugen an Insekteneiern, jungen Raupen, Läusen, Spinnmilben

u. dgl. und stellen ein Reservoir von Gegenspielern für Forstschädlinge dar, wenn auch ihre Wirksamkeit im einzelnen noch nicht nachgewiesen ist.

Familie Pentatomidae, Schildwanzen: Mittelgroß bis groß, meist lebhaft gefärbt. Großes, die Mitte des Hinterleibes überragendes Schildchen zwischen den Hemielytren. Zum Teil phytophag, zum Teil räuberisch. **Troilus luridus** L., 11–12 mm, bräunlich-bronzegrün. Eier tönnchenförmig, aufrecht nebeneinanderstehend, olivgrün-perlmuttglänzend, mit Borstenkreis um Deckel. 5 Larvenstadien, gelb-schwarz. 56 − 68 + 8,6 (?). Eiablage an Zweigen und Nadeln. Entwicklungsdauer im Laboratorium: Ei 6–12, Larve 34–39 Tage. Erscheinungszeiten der einzelnen Stadien sehr unregelmäßig, vermutlich wegen langer Lebensdauer der Weibchen und lang sich hinziehender Eiablage. Weibchen bedarf mehrfacher Begattung. Imago und Larve stellen fast allen ihren Weg kreuzenden Insekten nach, hauptsächlich Lepidopterenraupen, Hymenopteren- und Coleopterenlarven und -imagines. Selbst jüngste Larvenstadien greifen schon ausgewachsene Nonnenraupen und -puppen an. Beutetiere sind bald bewegungsunfähig, da Speichel stark lähmend wirkt. Angestochene Insekten gehen auch zugrunde, wenn sie nicht ausgesogen werden. Saugen auch Pflanzensäfte, benötigen sie aber nicht zur Entwicklung. Wichtiger Gegenspieler zahlreicher forstschädlicher Insekten. Von ähnlicher Bedeutung, vor allem als eifrige Raupenvertilger, sind **Picromerus bidens** L., 11–13 mm, dunkelbraun, Fühler und Beine rotbraun, 8,5 − 57 + 79 (?) und **Pinthaeus sanguinipes** F., 11–13 mm, Bauch rötlich, mit großen schwarzen Flecken. **Pentatoma rufipes** L., vorwiegend phytophag, wurde an Blattwespenlarven saugend angetroffen.

Familie Nabidae, Raubwanzen: Mittelgroß, spitzovale bis keulige Gestalt, verdickte Vorderbeine, frei beweglicher Kopf. Räuberisch. **Nabis myrmecoides** Costa, 7,5–8,5 mm, wurde beim Vertilgen von Frostspannerweibchen, **N. apterus** F., 9–10 mm, beim Aussaugen von Kiefernspanner- und Blattwespenlarven beobachtet.

Schrifttum: BRAMMANIS, L.: Die Kiefernrindenwanze *Aradus cinnamomeus* Panz. (Hemiptera-Heteroptera) – ein wenig bekannter Forstschädling. FH 28, 62–64, 1973. — Die Kiefernrindenwanze, *Aradus cinnamomeus* Panz. (Hemiptera-Heteroptera). Stud. For. Suec. 123, Stockholm 1975. — DOOM, D.: Über Biologie, Populationsdichte und Feinde der Kiefernrindenwanze, *Aradus cinnamomeus*, an stark geschädigten Kiefern. ZPK 83, 45–52, 1976. — HOBERLANDT, L.: Ordnung Heteroptera, Wanzen. FE I, 114–125, 1972.

Homoptera, Pflanzensauger

Stimmen in der allgemeinen Organisation mit den Wanzen überein, auch heterometabol, jedoch meist nicht abgeflacht, Vorder- und Hinterflügel gleichartig und dünnhäutig. Durchweg phytophag. Vielfach Gallenerzeuger.

Familienreihe Cicadaria, Zikaden

Dreigliedrige Tarsen. Eier in der Regel in Pflanzengewebe versenkt.

Familie Cercopidae, Schaumzikaden: Klein bis mittelgroß, gutes Flugvermögen, Larven hüllen sich mit einem schaumartigen Sekret („Kuckucksspeichel") ein. **Cercopis sanguinolenta** Scop., 8–10 mm. Vorderflügel schwarz mit drei blutroten Flecken. Häufig in Kiefernkulturen. Ohne Bedeutung. **Aphrophora salicina** Goeze, Weidenschaumzikade. 9–11 mm, gelbgrau. An Weiden und Pappeln. Die bis auf den Splint gehenden Einstiche können ringförmige Wülste, Bräunungen in Splint und Bast und Absterben der Rinde verursachen. Von Juni bis September, Eier überwintern. Kann im Weidenbau bedeutungsvoll sein. Ähnlich auf verschiedenen Laubhölzern **A. alni** Fall.

Familie Jassidae, Zwergzikaden: Klein, fast stets mit Springvermögen. Eier meist in lebendes Pflanzengewebe versenkt. **Tettigella** (*Cicadella*) **viridis** L., Grüne Zikade, 7–9 mm. Vor allem in feuchten Lagen an krautigen Pflanzen, schlitzt an dort angepflanzten jungen Laubhölzern im Herbst die Rinde zur Eiablage auf; beim Schlüpfen der Larven im Frühjahr reißt die Rinde an dieser Stelle und stirbt ab. Bei starkem Befall Kränkeln und sogar Eingehen der Pflanzen. Im allgemeinen bedeutungslos. An Pappeln werden gelegentlich **Idiocerus laminatus** Flor. und **I. decimusquartus** Schrk. schädlich.

Schrifttum: JUUTINEN, P., KURKELA, T., LILJA, S.: *Cicadella viridis* (L.) as a wounder of hardwood saplings and infection of wounds by pathogenic fungi. Fol. For. 284, Helsinki 1976. — MÜLLER, H. J.: Unterordnung Cicadaria, Zikaden. FE I, 127–150, 1972.

Familienreihe Psyllina, Blattflöhe

Volltiere mit zweigliedrigen Tarsen. Klein, stets geflügelt, mit Sprungbeinen.

Einzige Familie Psyllidae: Schädlich besonders an Obsttrieben, -blüten und -blättern. Forstlich im allgemeinen bedeutungslos. **Psylla alni** L., Erlenblattfloh, 3–3,5 mm. Juni bis Oktober auf Erle.

Larve in den Blattachseln der Triebspitzen, mit Wachsflocken bedeckt. **P. betulae** L., Birkenblattfloh, 2,5–4 mm, an Birke. **P. ulmi** Frst., Ulmenblattfloh, 3,5–4,5 mm, auf Ulme und Feldahorn. **Psyllopsis fraxini** L., Eschenblattfloh, bräunlich, 2–2,5 mm (Abb. 63). Eier an Knospen der Esche, Larven mit reichlich Wachswolle, deren Fäden mehrere Zentimeter lang werden, saugen an sich einrollenden Blättern; Imagines vorwiegend an Blattstielen. Doppelte Generation: 8,4 − 46 + 6; 6 − 68 + 8. Blätter und Triebe krümmen sich und verdorren; bei starkem Befall, namentlich in Pflanzgärten, Kümmern der Pflanzen, auch Eingehen. Bekämpfung mit gegen Laubholzläuse anerkannten Mitteln (PVF).

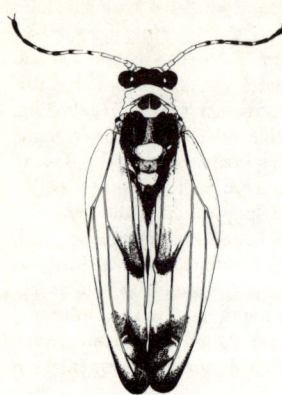

Abb. 63. *Psyllopsis fraxini.* 20/1. Nach SCHINDLER-EHR-HARDT 1969

Schrifttum: MÜLLER, H. J.: Unterordnung Psyllina, Springläuse, Blattflöhe, Psyllids. FE I, 150–157, 1972.

Familienreihe Aphidina, Blattläuse

Klein, meist grün oder schwarz, oft mit Wachswolle bedeckt, die aus Rückenporen ausgeschieden wird. Geflügelt und ungeflügelt, Vorderflügel viel größer als Hinterflügel (Abb. 64). Komplizierte Fortpflanzung. Im Herbst werden von der einzigen geschlechtlichen Generation (Sexuales) hartschalige, überwinternde Eier an Knospen, Trieben, Nadeln zu mehreren oder einzeln abgelegt. Aus diesen Eiern entsteht im Frühjahr die ungeflügelte Stammgeneration (Fundatrix), die sich parthenogenetisch über mehrere Generationen (Virgines) fortpflanzt, deren letzte (Sexupara) die aus Männchen und Weibchen bestehende Sexualis-Generation erzeugt. Solche Generationenfolge wird als Holozyklus bezeichnet. Sie läuft an einer Wirtspflanzenart (monözisch) oder an verschiedenen Wirtsarten (heterözisch) ab: dann erzeugen die Fundatrix oder ihre Fundatrigenien genannten Nachkommen eine geflügelte Generation (Migrantes alatae), die den Hauptwirt verläßt und auf einen Nebenwirt überfliegt. Hier entwickeln sich eine oder mehrere Exsules- oder Virginogenien-Generationen, deren letzte, die Sexupara (Remigrantes), auf den Hauptwirt zurückwandert, um hier die Sexuales hervorzubringen. Es kann sich weiterhin eine rein parthenogenetische (anholozyklische) Generationenfolge allein auf dem Zwischenwirt ausbilden. Im einzelnen kommen zahlreiche Abwandlungen des dargestellten Schemas vor.

In der uneinheitlich gehandhabten Systematik und Nomenklatur folge ich STEFFAN 1972.

Schrifttum: STEFFAN, A. W.: Unterordnung Aphidina, Blattläuse. FE I, 162–386, 1972.

Familie Lachnidae, Baumläuse, und verwandte Familien

Monözisch, in der Regel holozyklisch. Parthenogenetische Generation nur larvengebärend. Scheiden als Exkremente kugelige Flüssigkeitstropfen aus, die hohen Zuckergehalt besitzen. Bei größeren Blattlauskolonien sammeln sich die Exkremente zu klebrigen Überzügen auf Blättern u. dgl., „Honigtau". Von der großen Zahl der auf Holzpflanzen vorkommenden Arten können nur die wichtigsten bzw. einige Beispiele genannt werden.

An Buche: **Schizodryobius pallipes** Htg., Buchenkrebs-Baumlaus. Parthenogenetische, ungeflügelte Form fast schwarz, geflügelte Form 4–5 mm, schwarz mit schwarzbraun gefleckten Vorderflügeln. In Stangenhölzern, kolonieweise an Stamm und Zweigen. Durch ihr Saugen entstehen gallenartige Wucherungen des Kambiums, so daß die Rinde der Länge nach aufreißt. Die Folge sind krebsartige Bildungen, gegebenenfalls Absterben der Triebe. **Phyllaphis fagi** L., Buchenblatt-Baumlaus (Abb. 64). Der den Lachniden nahverwandten Familie Callaphididae, Zierläuse, angehörend. Überwinterndes Ei an den Knospen der Buche. Mit beginnendem Laubausbruch schlüpft die Larve, aus der nach 2–3 Wochen die ungeflügelte, grüne, 2 mm große Fundatrix entsteht. Ihr folgen parthenogenetisch mehrere Virgines-Generationen.

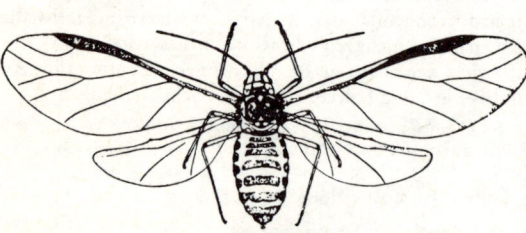

Abb. 64. Geflügeltes Weibchen von *Phyllaphis fagi.* 10/1. Nach SCHMUTTERER 1952

Die Läuse saugen, vorwiegend im Mai/Juni, an der Unterseite zarter Buchenblätter und an Keimlingen. Bei schwerem Befall Beeinträchigung der Blattentwicklung, Bräunung und Einrollen von Blatteilen, Absterben von Keimlingen. Im allgemeinen Bekämpfung unnötig, da Massenauftreten rasch zusammenbricht. Starkes Vorkommen von Geflügelten erzeugt in manchen Jahren auffälligen Blattlausflug.

An E i c h e : **Stomaphis quercus** L. und **S. longirostris** F., 4–6 mm lang, in Rindenspalten (auch an Birke, Pappel, Weide, Ahorn). **Lachnus roboris** L., 3–4 mm, schwarz, gesellig an den jüngsten Trieben. Durch ihr Saugen sollen gallartige Wucherungen entstehen, die sich im Lauf der Jahre zu großen Kropfbildungen (Eichenkropf) entwickeln können (S. 334).

An P a p p e l n : **Pterocomma populeum** Kalt. und **P. tremulae** CB., zur Familie Aphididae, Röhrenläuse, gehörend, saugen an 2- bis 3jährigen Trieben, erzeugen Rindenrisse und Absterben des Kambiums.

An K i e f e r : **Cinara pini** L. an 1–2jährigen Trieben zwischen den Nadeln, mindert bei starkem Befall Längenwuchs von Jungkiefern; im Zusammenwirken mit Kiefernschütte kann sie Absterben der Pflanzen verursachen. Ähnlich **C. piniphila** Ratz und **Cinaria nuda** Mordv. An Nadeln, die nach Gelbwerden vorzeitig abfallen, **Protolachnus agilis** Kalt., hellgrün, dunkelgepunktet.

An L ä r c h e : **Cinara laricicola** CB. an jungen, auch 2jährigen Trieben. **Cinaria laricis** Walk. an mehrjährigen Zweigen.

An T a n n e : **Buchneria pectinatae** Nördl. zwischen den Nadeln 1- bis 3jähriger Zweige. Grün mit weißen Streifen.

An F i c h t e : **Cinaropsis pilicornis** Htg., rostrot oder graugrünlich, an jungen Trieben zwischen den Nadeln; verursacht bei Massenauftreten durch Saftentzug Triebstauchungen und Wachstumsminderung. **C. piceae** Panz., **C. pruinosa** Htg. und **C. viridescens** Chol. an zwei- und mehrjährigen Zweigen. Neuerdings zu beachtlicher Bedeutung gekommen ist die zur Familie Aphididae, Röhrenläuse, gehörende

Liosomaphis abietina Walk., Fichtenröhrenlaus, Sitkalaus. Ungeflügelte Virgo (Abb. 65), 1–1,5 mm, während des ganzen Jahrs; im Frühjahr und Sommer auch geflügelte Virgines, bis 2 mm groß; beide grün mit roten Augen. Daneben im Herbst in geringer Zahl Männchen und ovipare Weibchen; aus deren Eiern, die überwintern, entstehen im Frühjahr innerhalb 3 Wochen über ein Eilarvenstadium und 3 Nymphenstadien die Fundatrices. Virgines sind das ganze Jahr über fortpflanzungsbereit; ungeflügelte erzeugen 1–34, im Mittel 12, geflügelte 1–17, im Mittel 4 Junglarven. Diese sind bei 16 °C nach 18 Tagen erwachsen und nach weiteren 3 Tagen fortpflanzungsfähig. Somit schnelle Generationenfolge, die einen kleinen Besatz unter günstigen Bedingungen rasch anwachsen läßt. Günstig sind milde Winter, in denen die Sterblichkeit gering ist und die Fortpflanzungstätigkeit, wenn auch verlangsamt, andauert. Folgt ein warmes Frühjahr, so vermehrt sich der vergleichsweise hohe Lausbestand in wenigen

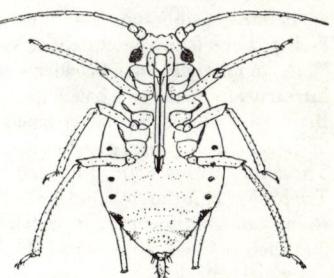

Abb. 65. Ungeflügeltes Virgo von *Liosomaphis abietina*. Unterseite mit Saugrüssel. 20/1. Nach v. SCHELLER 1962/3

Wochen zu riesigen Massen. Im Sommer bricht regelmäßig die Massenvermehrung durch Nahrungsmangel und das Wirken von Feinden, namentlich Coccinelliden und Syrphiden, zusammen. Die Läuse sitzen an der Unterseite der Nadeln; durch ihr Saugen entstehen an diesen gelbe Flecken und Bänder, die Nadeln verfärben sich braun oder violett und fallen schließlich ab. Alte Nadeln werden bevorzugt, die diesjährigen bleiben meist erhalten. Befallen werden alle Arten der Gattung *Picea*, am stärksten gefährdet ist die Sitkafichte, vor allem im atlantischen Klimagebiet; sie ist schon bestandsweise der Laus zum Opfer gefallen. Auffallend ist auch der Schaden an Blaufichten in Gartenanlagen.

Prognose: Nach OHNESORGE 1961 sind in Nordwestdeutschland Schäden durch die Sitkalaus im Frühjahr zu erwarten, wenn im Winter zuvor die Mitteltemperatur Dezember–März über 2,5 °C, die Mitteltemperatur des kältesten Monats über 0,5° und die überhaupt erreichte Minimaltemperatur über −14° lag.

Bekämpfung: Sprühen oder Stäuben mit gegen Laubholzläuse zugelassenen Mitteln (PVF). Das gilt für alle Lachniden. Da diese stark von Gegenspielern, vor allem Marienkäfer- und Schwebfliegenlarven, verfolgt werden, ist vor einer chemischen Maßnahme deren Besatzdichte zu prüfen; gegebenenfalls erübrigt sich eine Bekämpfung.

Schrifttum: PARRY, W. H.: Research on the Green Spruce Aphid *Elatobium abietinum*. Rep. For. Res. Lond. 136–137, 1971. — The effects of nitrogen levels in Sitka Spruce needles on *Elatobium abietinum* (Walker) populations in North-Eastern Scotland. Oecologia 15, 305–320, 1974. — The effects of nutrition and density on the production of alate *Elatobium abietinum* on Sitka Spruce. Oecologia 30, 367–375, 1977. — A reappraisal of flight regulation in the Green Spruce Aphid, *Elatobium abietinum*. Ann. app. Biol. 89, 9–14, 1978. — PARRY, W. H., a. POWELL, W.: A comparison of *Elatobium abietinum* populations on Sitka Spruce trees differing in needle retention during aphid outbreaks. Oecologia 27, 239–252, 1977.

Familie Pemphigidae, Blasenläuse

Durchweg heterözisch und holozyklisch. Parthenogenetische Generationen larvengebärend. Starke Wollausscheidung. Erzeugen auf den als Hauptwirten dienenden Laubhölzern Gallen; am Nebenwirt meist an dessen Wurzeln. Im allgemeinen bedeutungslos, zuweilen auffallend.

An Ulme als Hauptwirt: **Schizoneura lanuginosa** Htg., Birnenblutlaus, verursacht walnuß- bis kartoffelgroße hohle, beutelförmige Blattgallen; Exsulis an Wurzeln von *Pirus communis*. Weit verbreitet. **Sch. ulmi** L., Ulmenblattlaus, Blattgalle durch Umrollen und späteres Vertrocknen eines Blattrandes; Exsulis an Wurzeln von *Ribes*. **Colopha compressa** Kch., Galle hahnenkammähnlich, weißlich, behaart, an den Blattrippen; Nebenwirt *Carex*. **Byrsocrypta ulmi** L., bohnenförmige, gestielte, glatte Gallen auf der Blattoberseite; oft massenhaft; Nebenwirte sind Gräser. **Kaltenbachiella pallida** Hal., Galle behaart, haselnußgroß, sitzend, am Grund des Blattes, an der Mittelrippe; Nebenwirte verschiedene Krautpflanzen.

An Pappel als Hauptwirt: **Asiphon tremulae** L., in Gesellschaften auf jungen Aspenzweigen, Blattstiele und Blätter deformierend und verklebend; Nebenwirt Fichte. **Pachypappa marsupialis** Kch., Galle groß, länglich, beutelförmig auf der Mittelrippe des Blattes der Schwarzpappel; Exsulis wahrscheinlich an Wurzeln von *Picea abies*. **P. vesicalis** Kch., Galle walnußgroß, aus einem Blatt entstanden, gelbbraun, auf Silberpappel; Sekundärwirt Fichte; die als *Rhizomaria piceae* Htg., Fichtenwurzellaus, beschriebene Generation kann an Kämpen und Kulturen durch Saugen an den Wurzeln junger Fichten Schaden ähnlich der Tannenwurzellaus an Tanne (s. u.) anrichten. **Pemphigus bursarius** L., Galle eine bauchige, herzförmige, oft gebogene Erweiterung des Blattstiels unterhalb der Blattbasis; Sekundärwirte verschiedene Krautpflanzen. **P. protospirae** Licht. und **P. spirothecae** Pass., Spiralgallenlaus, spiralig gedrehte Galle am Blattstiel (Abb. 202), an Pyramiden- und Schwarzpappel. **Thecabius affinis** Kltb., Fundatrix erzeugt Blattrandgalle, Migrans alata später an den Blättern der Triebspitze eine durch Umklappen längs der Mittelrippe zustandekommende Schotengalle; Nebenwirt *Ranunculus*. **Phloeomyzus redelei** HRL., zur nahverwandten Familie Thelaxidae gehörend, in zuweilen riesigen Kolonien in Rindenfurchen von Schwarzpappeln, mit schmutzig-weißem Wachsschimmel bedeckt.

An Esche als Hauptwirt, Tanne als Nebenwirt: **Prociphilus fraxini** Htg., Eschenblattnestlaus. An der Unterseite der zarten Blättchen und an Blattstielen; durch Verkrümmungen der Stiele und Blättchen entstehen nestartige Bildungen. Exsulis als Tannenwurzellaus an den Wurzeln der Tanne. Hier schädlich vor allem in Pflanzgärten; Pflanzen kränkeln und sterben auch ab. Laus scheint ziemlich primär zu sein, kränkelnde Pflanzen werden bald verlassen. Befallene Wurzelstellen erscheinen abgeplattet, öfters geschwärzt oder bläulich bereift. **Prociphilus bumeliae** Schrk., Eschenzweiglaus. Zuerst in der Nähe der Knospen, dann an den Trieben der Esche, oft bogenförmige Krümmungen der jungen Zweige und auch nestartige Bildungen an den Blattfiedern hervorrufend. Exsulis ebenfalls an Tannenwurzeln. Gegenmaßnahme: Bodendesinfektion mit flüssigen Bodeninsektiziden (PVF).

Einzufügen ist hier die zur Familie Thelaxidae gehörende Weißtannentrieblaus **Mindarus abietinus** Kch. Geflügelte grün, 2 mm, Hinterleib schwarzbraun gebändert; Ungeflügelte grau bis gelbgrün. Monözisch an Tanne. Sitzen an jungen Trieben von Ende April bis Juni. Aufeinanderfolgend 1 gamo- und 2 parthenogenetische Generationen. Durch das Saugen der Läuse werden die zarten Triebe deformiert, die Nadeln verkrümmt und stellenweise mit der Unterseite nach oben gekehrt. Schlimmstenfalls Vernichtung der Maitriebe, Tannen sehen dann wie erfroren aus. Im allgemeinen belanglos.

Familie Adelgidae, Fichtengallenläuse

Heter- und monözisch, holo- und anholozyklisch. Alle weiblichen Tiere legen Eier. Ausschließlich auf Nadelhölzern. Hauptwirt ist stets die Fichte, auf ihr allein legen die Sexuales die befruchteten Eier ab.

Die aus ihnen entstehenden Fundatrices erzeugen Gallen; in ihren Kammern entwickelt sich die einzige fundatrigene Generation (Cellares), die geflügelt ist und auswandert oder monözisch auf der Fichte bleibt.

Die auswandernde heterözische Form fliegt auf Kiefer, Tanne oder Lärche und legt hier ihre Eier an die Nadeln ab. Der weitere Entwicklungsgang auf diesen Nebenwirten führt bei den meisten Arten zu selbständigen, in sich geschlossenen, parthenogenetischen Generationsreihen, die als Parallelreihen neben den heterogenetischen, auf die Fichte zurückweisenden Entwicklungsfolgen einherlaufen. Die Individuen dieser Parallelreihen (Virgines) können in den verschiedenen Häutungsstadien oder auch als Wintertiere (Hiemales, Sistentes) und Sommertiere (Aestivales, Progredientes) morphologisch verschieden sein und unterschiedliche Aufenthaltsorte an Rinde, Knospen oder Nadeln einnehmen. Gemeinsam ist den Exsules meist großer Individuenreichtum, Saugen ohne Gallbildung und starke Ausscheidung von Wachswolle. Zuweilen kann eine parthenogenetische Nebenreihe auch auf dem Hauptwirt ablaufen.

Neben den auf dem Nebenwirt bleibenden Virgines entstehen im zweiten Jahr der Migrans alata ähnliche, aber kleinere, geflügelte Sexupara-Läuse, die auf die Fichte zurückkehren (Remigrantes) und die Sexuales erzeugen. Diese legen je ein befruchtetes Ei, aus dem sich noch im Hochsommer die Fundatrix entwickelt, die an den Knospen der Fichte überwintert. Die normale Dauer der heterözischen Entwicklungsreihe ist somit zweijährig.

Die Entwicklung der an Rinde saugenden Tiere ist, wie Untersuchungen an *Dreyfusia*-Arten und auch an *Cryptococcus fagi* zeigten, stark von deren Eiweißgehalt abhängig. Tanne und Buche reagieren auf die Saugtätigkeit der Läuse zunächst mit einer starken Einlagerung löslicher Stickstoffverbindungen in die Rindenperipherie; die Tiere schaffen sich damit selbst eine gute Ausgangsbasis für ihre Vermehrung. Doch tritt, als Folge des gesteigerten Saugens, bald ein umgekehrter Prozeß ein, das Angebot an Eiweiß sinkt, die Vermehrungsrate der Läuse fällt, schließlich stirbt die Rinde örtlich ab und der Lausbefall bricht zusammen.

Die wirtschaftliche Bedeutung der Adelgidae liegt teils in den Gallbildungen der Fundatrix auf der Fichte, die bei stärkerem Auftreten Gedeihen und Wuchs hauptsächlich junger Pflanzen beeinträchtigen; deren Verwertbarkeit als Weihnachtsbäume wird in Frage gestellt. Von größerer Bedeutung ist meist der durch das Saugen der nadel- und rindenbewohnenden Exsules an anderen Nadelhölzern angerichtete Schaden, der namentlich an Tannen erheblich sein kann.

Nebenwirt Kiefer: **Pineus cembrae** Chol., Arvenlaus. Galle an *Picea abies*, besteht aus einem verkürzten walzen-, kegel- oder hakenförmigen Trieb; die Gallnadeln sind an der Basis nicht miteinander verwachsen. Die roten Exsules leben auf den Maitrieben der Arve. **P. pini** Macq. und **P. orientalis** Drf., Kiefernläuse. Galle nur bei der zweiten, ähnlich *P. cembrae*, an *Picea orientalis*. Virgines im Winter auf der Rinde der jüngsten Zweige junger Kiefern, im Sommer in dichte Wolle gehüllt an Maitrieben. Bei starkem Auftreten Nadelknickung und -abfallen. **Eopineus strobi** Htg., Strobenlaus. Virgines an Strobe, oft massenhaft an Stamm, Zweigen und Maitrieben. Verursachen auch Nadelknickkungen. Gallen fehlen. Meist belanglos. Bei starkem, hartnäckigem Befall kann es zum Kränkeln und Absterben der Stroben kommen.

Nebenwirt Tanne:

Aphrastasia pectinatae Chol., Sibirische Tannennadellaus. Galle an *Picea abies*, kurz zapfenförmig, ohne Schopf, kahl und mattgrün, ohne Wachsüberzug und ohne Verwachsungsränder, sonst wie *Adelges laricis*. Exsules vorwiegend auf *Abies sibirica*, weniger an anderen Tannen, auf der Unterseite der Nadeln. **Dreyfusia prelli** Grosm., Orientfichten-Gallenlaus, an *Picea orientalis*, auch *P. omorica*, und *Abies nordmanniana* in zwei, junge Triebe bzw. Stamm und Äste der Tanne bevorzugenden Formen (EICHHORN 1964). Gallen ananasförmig und nie vom Trieb durchwachsen. Weiterhin an Weißtanne drei, davon zwei sehr wichtige Spezies:

Dreyfusia nordmannianae Eckst. (*nüsslini* CB.), Einbrütige Tannentrieblaus. In der zweiten Hälfte des 19. Jahrhunderts – wie wahrscheinlich auch die vorgenannte – nach Mitteleuropa aus dem Kaukasus- und Krimgebiet eingeschleppt, wo sie ihre Generationenfolge auf *Picea orientalis* und *Abies nordmanniana* verbringt. Hat sich zum überaus gefährlichen Schädling der Weißtanne, vorwiegend in deren ersten Altersklassen, entwickelt, auf der allein sich in Mitteleuropa die Generationenfolge abspielt; Gallengeneration fehlt hier. Aus den Eiern der überwinternden Virgo (Hiemalis, Hiemosistens) entstehen im Frühjahr dreierlei Tiere: 1. langrüsselige Larven (Neosistentes), die sich wiederum an den Zweigen der Jungtannen festsetzen und in Sommerruhe verfallen; häuten sich meist erst im Oktober, überwintern, setzen im zeitigen Frühjahr ihre Entwicklung fort und beginnen April/Mai mit der Eiablage. 2. kurzrüsselige Larven (Progredientes), die auf die Nadeln, besonders der Maitriebe, überwandern und dort im Juni eine neue Generation hervorbringen, diesmal langrüsselige Larven, die auf die Zweige zurückwandern und sich den eben genannten Neosistentes zugesellen. 3. Geflügelte, die zum Rückflug auf die Orientfichte bestimmt sind und in Mitteleuropa meist zugrunde gehen.

Neben dieser, vorwiegend an den Zweigen, Trieben und Nadeln von Jungtannen saugenden forma *typica* tritt eine forma *schneideri* auf, die hauptsächlich die Stämme von Alttannen der 3.–6. Altersklasse bewohnt. Bei ihr unterbleibt die Ausbildung von Nadelsaugern und Geflügelten fast völlig; aus den im Frühjahr abgelegten Eiern gehen Stammsauger (Sistentes) hervor, die gleichfalls in Sommerruhe verfallen und sich erst im folgenden Frühjahr fortpflanzen. Im Gegensatz zur typischen Form, die beste Entwicklungsbedingungen in warmen, trockenen, sonnenexponierten Lagen bis etwa 1400 m Meereshöhe findet, ist sie vor allem in dicht stehenden Beständen auf feuchteren Standorten anzutreffen (PSCHORN-WALCHER 1960). STEFFAN 1972 sieht sie als eigene Spezies *Dreyfusia schneideri* CB. an.

Dreyfusia merkeri Eichhorn, Zweibrütige Tannentrieblaus. Erst seit 1957 als besondere Art erkannt und, da sie auch auf der Orientfichte Gallen bildet, vermutlich ebenfalls aus dem Osten eingeschleppt. Befällt vorwiegend Sämlinge, verschulte Tannen in Pflanzgärten und Jungtannen der ersten Altersklasse, aber auch Alttannen, besonders deren Stamm, seltener den Kronenbereich. Entwicklung ähnlich wie bei der typischen Form der vorigen Art: im Frühjahr treten wieder Zweig- und Nadelsauger sowie Geflügelte auf, diese viel häufiger als bei jener. Am Stamm von Altbäumen ist, wie bei der *schneideri*-Form von *D. nordmannianae*, die Ausbildung von Progredientes stark eingeschränkt. Im Gegensatz zur einbrütigen Trieblaus pflanzen sich jedoch die meisten Frühjahrstiere von *D. merkeri* im Sommer und Herbst erneut fort (daher „zweibrütig"). Im Spätsommer erreicht dadurch der Besatz ein zweites, deutlich sichtbares Maximum, in dem die Stämme durch die Wachsausscheidung der Tiere wieder „weiß werden". Ein weiteres Unterscheidungsmerkmal besteht darin, daß bei Befall durch *D. merkeri* die Äste an der Basis stark gestaucht werden, während dies bei der Einbrütigen Trieblaus weniger auffällt.

Dreyfusia piceae Ratz., Tannenstammlaus. Im Gegensatz zu den bisher genannten anscheinend in Mitteleuropa heimisch und ohne Gallengeneration. 2–3 Generationen im Jahr, Hauptvermehrungsperioden Mai/Juni und August/September. Es werden fast ausschließlich Stammsauger (Sistentes) gebildet, selten auch Geflügelte, die an der Tanne bleiben.

Stammverlausung, gleichgültig durch welche Art sie verursacht wird, bleibt, obwohl sie bei starkem Besatz dem Baum eine erhebliche Menge an Nährstoffen entzieht, in der Regel ungefährlich. Deshalb gilt die allein am Stamm auftretende *D. piceae* nicht als beachtlicher Forstschädling. Befall von *D. nordmannianae* und *D. merkeri* an Trieben und Nadeln hingegen führt zu deren Kümmern, Sichkrümmen und Absterben, unter Umständen zum Eingehen der Jungtannen in großem Umfang.

Diagnose: Einwandfreie Unterscheidung der Arten nur mikroskopisch; doch geben im Wald Ort und Zeit des Befalls Hinweise: Stammbefall an älteren Tannen mit „Weißwerden" nur im April/Juni deutet auf *D. nordmannianae* forma *schneideri*, mit erneutem „Weißwerden" im August/September auf *D. merkeri* oder *D. piceae* hin. Befall an Zweigen von Jungtannen bei starker Wachswollausscheidung nur im Frühjahr ist durch *D. nordmannianae* forma *typica*, mit wiederholter, wenn auch geringer Wachswollbildung im Spätsommer durch *D. merkeri* verursacht; diese produziert im Frühjahr viele, jene relativ wenig Geflügelte.

Gegenmaßnahmen: In erster Linie baumartgerechte Verjüngung und Erziehung der Tanne, namentlich Aufzucht unter Schirm und in Mischung. Chemische Bekämpfung mit gegen Nadelholzläuse zugelassenen Präparaten (PVF), vor oder nach der Eiablage, also im zeitigen Frühjahr oder im Spätherbst.

Schrifttum: EICHHORN, O.: Über die Gallen der Arten der Gattung *Dreyfusia* (Adelgidae), ihre Erzeuger und Bewohner. ZaE 79, 56–76, 1975. — JAHN, E.: Zum Einfluß einiger Standortfaktoren auf die Tannentrieblaus, *Dreyfusia Nüsslini* C. B. AS 44, 97–99, 1976. — KURIR, A.: Auftreten und Bekämpfung der Tannentrieblaus *Dreyfusia nüsslini* C. B. (Hemipt., Adelgidae) in Österreich 1947–1970. ZaE 67, 325–335, 1971.

Nebenwirt Lärche: **Sacchiphantes viridis** Ratz., Grüne Fichtengallenlaus, mit vollständigem Zyklus und Wirtswechsel zwischen Lärche und Fichte, ferner **S. abietis** L., Gelbe Fichtengallenlaus, mit unvollständigem Zyklus nur auf Fichte, sowie **S. segregis** Steffan, Lärchennadellaus, mit ebenfalls unvollständigem Zyklus nur auf Lärche. Großschuppige Gallen an Fichte, von der ersten Art meist einzeln, von der zweiten oft kolonieweise gehäuft, von Hasel- bis Walnußgröße ringsum oder einseitig an der Basis eines Triebes entwickelt, fast stets mit Schopf oder unversehrtem Endtrieb, bunt dunkelgrün mit rötlichbraunen Verwachsungsrändern, samtartig behaart (Abb. 66). Reife Juli/August. Enthalten 100–150 grüne *(S. viridis)* oder gelbe *(S. abietis)* Cellares. Auf Lärche Läuse an Stamm- und Astrinde sowie auf den Nadeln, an diesen Knickungen bewirkend. Außerdem holozyklisch und heterözisch **Adelges laricis** Vall., Kleine Fichtengallenlaus. Galle an Fichte kirschkerngroß, kurz, zapfenartig, ohne deutliche Nadelendteile an den Zapfenschuppen, ohne Nadelschopf oder mit ganz kurzem Endteil, mit Wachsanflug, meist bleichgrün oder gelblich. Oft mit daraufsitzenden, äußerlich saugenden Läusen. Zuweilen auffallend häufig in Stangenhölzern. Reife im Juli/August. Exsules knicken wie bei den vorigen

Abb. 66. Gallen von *Sacchiphantes abietis* an Fichte. 2/3

Lärchennadeln. **A. tardus** Drf. ist nur als Gallenbildner an Fichte bekannt, vorwiegend auf den unteren Ästen älterer Bäume; Gallen ähneln denen der vorigen Art. **Cholodkovskya viridana** Chol., Lärchentrieblaus, nur an Lärche; Sommergenerationen in oft ansehnlichen, dicht mit Wachsfäden bedeckten Kolonien an den Maitrieben.

Bekämpfung: An Lärche in der Regel unnötig, da Schaden nicht schwerwiegend; in Ausnahmefällen Sprühen mit gegen Nadelholzläuse zugelassenen Insektiziden (PVF), namentlich Endosulfan (MAKSYMOV 1975). Gallen an Fichte auch meist belanglos, können aber, namentlich die gehäuft auftretenden von *Sacchiphantes abietis,* den Höhenzuwachs beeinträchtigen und vor allem die Nutzung von Schmuckreisig und Weihnachtsbäumen stören; dann Sprühen im März/April mit Folidol-Ölspritzmittel 1,5 % (SCHINDLER 1967).

Schrifttum: BAURANT, R.: Le Chermès de l'épicéa: relations entre l'insecte et son hôte principal. Bull. Rech. Agr. Gembloux 13, 3–12, 1978. — MAKSYMOV, J. K.: Zur Bekämpfung von Gallenläusen aus der Gattung *Sacchiphantes* (Adelgidae, Homoptera) an der Fichte *(Picea abies* (L.) Karsten). AS 48, 113–118, 1975. — THALENHORST, W.: Die Auswirkung des Gallenlaus-Befalls auf Höhenzuwachs und Benadelung der Fichte. AF 26, 314–316, 1971.

Nebenwirt Douglasie: **Gilletteella cooleyi** Gill., Douglasienlaus. Aus Nordamerika eingeschleppt, seit 1933 in Deutschland bekannt. In Amerika Gallengeneration auf *Picea pungens, engelmanni* und *sitchensis,* in Mitteleuropa auf der letzten langgestreckte, oft hakenformig gekrümmte Gallen bildend. Daneben rein parthenogenetisch nur auf der Douglasie **G. coweni** Gill. Die Läuse saugen an den Nadeln, im Frühjahr durch starke Wachsausscheidung auffallend. Bei großem Befall Sichkrümmen der Nadeln, Kleinbleiben und Vergilben des Triebs, Nadelfall, Zuwachsverlust. Pflanzen erholen sich in der Regel bald wieder. Deshalb Bekämpfung im allgemeinen nur bei Sämlingen und einjährigen Pflanzen notwendig: Sprühen mit gegen Douglasienläuse zugelassenen Insektiziden (PVF).

Schrifttum: PARRY, W. H.: Studies on the factors affecting the population level of *Adelges cooleyi* (Gillette) on Douglas fir. ZaE 85, 365–378; 86, 8–18, 1978.

Ohne Nebenwirt: Hier wären die gallenbildenden *Sacchiphantes abietis* und *Adelges tardus* zu nennen, die jedoch, ihrer taxonomischen Zugehörigkeit zu den dort aufgeführten Gattungen wegen, bereits unter den Arten mit Nebenwirt Lärche erwähnt wurden. Außer ihnen noch: **Pineus pineoides**

Chol., **Weißwollige Fichtenstammlaus.** Nur ungeflügelte Weibchen bekannt, keine Gallenbildung. Erzeugt weißwollige Kolonien an der Stammrinde der Fichte. Bedeutungslos.

Familienreihe Coccoidea, Schildläuse

Klein bis winzig. Männchen meist geflügelt, Hinterflügel zu Stummeln reduziert oder fehlend, stets rüssellos. Weibchen auffallend verschieden vom Männchen, stets ungeflügelt, mit kurzem Schnabel, aber langen Stechborsten (Abb. 67), vielfach unbeweglich; oft sind Beine reduziert, auch die Segmentierung schwindet häufig im Lauf der Entwicklung, so daß Gebilde zustande kommen, die in nichts mehr an Insekten erinnern. Bei vielen Formen schildförmige Bildungen aus Hautsekreten zum Schutz der Nachkommen. Fortpflanzung einfach, bisexuell oder pathenogenetisch, durch Eier, bei einzelnen ovovivipar. Die forstpathologisch bemerkenswerten, verschiedenen Familien angehörenden Arten leben meist polyphag an Blättern, Früchten und Stammteilen und bewirken durch den Saftentzug Wuchshemmung und örtliches Absterben der befallenen Pflanzenteile, selten den Tod der ganzen Pflanze. Hauptsächlich Schwächeparasiten, die nicht vollgesunde Bäume und Baumteile befallen. Einige Arten verursachen Gallbildungen, andere Rindenwucherungen, Aufreißen der Rinde, rundliche Vertiefungen. Forstliche Bedeutung im allgemeinen gering.

Schrifttum: Schmutterer, H.: Unterordnung Coccoidea, Schildläuse. Allgemeines. FE I, 387–391, 1972.

An Buche:

Cryptococcus fagi Bärspr. (*fagisuga* Lind.), Buchenwollschildlaus (Abb. 67). Weibchen bis 0,8 mm, fast kreisrund, gelb, beinlos, mit weißer Wachswolle, Männchen nie gefunden. Ablage von maximal 50 Eiern Juli/August. Die auskommende Lauflarve setzt sich an der Rinde fest und bedeckt sich mit Wolle. Überwinterung meist als Junglarve. An Buchen jeden Alters vereinzelt bis massenhaft, einen dichten Wollüberzug bildend. Da geflügelte Stadien fehlen, Verbreitung durch den Wind. Meist nur an einzelnen Stämmen oder nesterweise. Vermehrung wird durch Dürre gefördert (Abb. 22). In Verbindung mit holzbohrenden Käfern und pilzlichen Erkrankungen kann vereinzeltes Absterben der stark befallenen Stämme erfolgen. Beteiligt am Buchenrindensterben (vgl. S. 353). Sonst im allgemeinen belanglos.

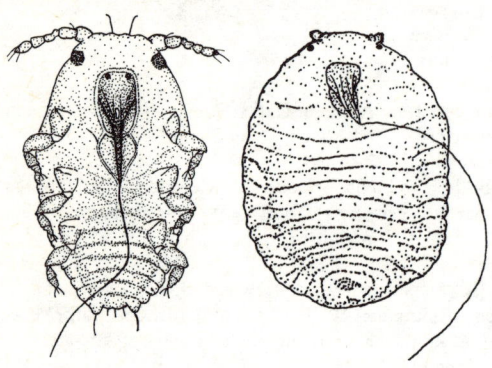

Abb. 67. *Cryptococcus fagi*, links Junglarve 80/1, rechts erwachsenes Weibchen 40/1. Nach Schindler 1962

Gegenmaßnahmen: Aushieb der stark befallenen Stämme; Abbürsten der Läuse bei trockener Witterung mit scharfer Bürste; Sprühen mit gegen Buchenwollschildlaus zugelassenen Insektiziden im Frühjahr (PVF).

An Eiche: **Asterolecanium variolosum** Ratz., Eichenpockenschildlaus. Weibchen rundlich, bis 2 mm lang, grünbraun, in gelbgrauer Wolle. An glattrindigen Teilen von Eichen. Werden von einem durch die Pflanze gebildeten Wulst ringsum eingefaßt; dadurch entstehen napfartige Vertiefungen, welche die Rinde nach dem Loslösen der Läuse pockennarbig erscheinen lassen. Erzeugt Verdickung der Maitriebe, Welken der Blätter, bei starkem Besatz Vertrocknen der Bastschicht, Absterben der Äste und Stämmchen. **Kermes quercus** L., Eichenschildlaus, an verletzten Rindenstellen oder in Borkenritzen 30- bis 70jähriger Eichen, häufig mit Schleimfluß vergesellschaftet.

An Esche: **Pseudochermes fraxini** Kltb., Eschenwollschildlaus. Weibchen bis 0,7 mm lang, hellrötlich, lebt in weißen, später grauen Wachsfilzsäckchen an der glatten Rinde junger bzw. in Rindenrissen älterer Eschen. Ausgesprochener Schwächeparasit und im allgemeinen belanglos.

An Ulme: **Gossyparia spuria** Mod., Ulmenwollschildlaus. Längliche, braune Weibchen bis 2,5 mm lang, von weißem Wollsaum umgeben an jungen Ulmen. Larven bis zum Spätsommer an Blättern und jungen Trieben, von Herbst bis Frühjahr in Rindenrissen von Zweigen und schwachen Stämmen. Stellenweise so massenhaft, daß einzelne Pflanzen absterben.

An verschiedenen Laubhölzern: **Chionaspis salicis** L., Weidenschildlaus. Weibchen rot, mit weißem, schinkenförmigem, 2,5 mm langem Schild. Polyphag an Rinde von Erle, Esche, Pappel, Weide, Eiche, Linde, Ulme, oft massenweise. Bei dichtem Besatz hebt sich die Rinde an schwachen Hölzern blasenartig ab, wodurch Vertrocknung erfolgt; jüngere Bäume sind dadurch wiederholt ernstlich geschädigt worden. **Parthenolecanium** (*Eulecanium*) **corni** Bché., Gemeine Napfschildlaus. Die von Mai an erwachsenen, bis 6 mm langen Weibchen erscheinen als länglich halbkugelige, glatte braune Schilder an den glattrindigen Trieben der verschiedensten Laubhölzer, besonders der Robinie. Äußerst polyphag und je nach der Nährpflanze stark abändernd, daher unter den verschiedensten Namen beschrieben. Ähnlich **Eulecanium coryli** L., Haselschildlaus. An Pappeln und anderen

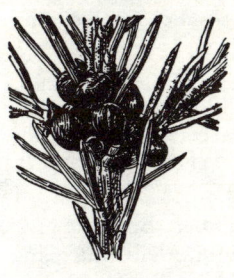

Laubhölzern, hat an Eschen in Auewäldern Schaden angerichtet. **Mytilococcus** (*Lepidosaphes*) **ulmi** L., Kommaschildlaus. Langgestrecktes, braunes, bis 3,5 mm langes Schild mit rotbraunen Exuvien am Vorderende. Auf zahlreichen Holzpflanzen, auch auf Nadelhölzern. Dazu noch eine Reihe anderer Arten.

An Fichte: **Physokermes piceae** Schrk. und **P. hemicryphus** Dalm., Große und Kleine Fichtenquirlschildlaus. Männchen an Nadeln, Weibchen an den vorjährigen Trieben; diejenigen der ersten Art vorzugsweise an Triebgabelungen, an aufgetriebene Kaffeebohnen erinnernd (Abb. 68), meist an Jungfichten und örtlich begrenzt vorkommend; Weibchen der zweiten Art mit langsamerer Entwicklung an älteren Fichten und weit verbreitet. Kümmernde Fichten scheinen bevorzugt zu werden.

Abb. 68. Weibchen von *Physokermes piceae* 1/1. Nach SCHIMITSCHEK 1955

An Kiefer: **Matsucoccus pini** Gr., Kiefernborkenschildlaus. Langgestreckte, gelbbraune, etwa 3 mm lange Weibchen in Borkenrissen und unter Borkenschuppen. Vielleicht am Kiefernsterben (S. 352) beteiligt. **Nuculaspis** (*Dynaspidiotus*) **abietis** Schrk., Kiefernnadelschildlaus, mit rundlichem, bis 2,3 mm langem Schild, auf den Nadeln, auch an Fichte und Tanne.

Schrifttum: BONNEAU, P., et SIMONIN, A.: La cochenille du hêtre (*Cryptococcus fagi* Bär.) en Normandie. Éléments de biologie et essais de lutte chimique. Phytiatrie-Phytopharm. 25, 3–18, 1976. — BURZYŃSKI, J., a. RODZIEWICZ, A.: Premiliminary studies and observations on the occurrence and economic importance of *Matsucoccus pini* Green: Margarodidae, Coccoidea. Sylvan 120 (6), 1–10, 1976. — MILLER, D. R., a. KOSZTARAB, M.: Recent advances in the study of scale insects. ARE 24, 1–27, 1979. — SCHMUTTERER, H.: Coccidae (Lecaniidae), Napfschildläuse. FE I, 405–418, 1972. — Kermesidae (Kermidae, Kermococcidae). FE I, 418–420, 1972. — Asterolecaniidae, Pockenläuse. FE I, 420–422, 1972. — SIEWNIAK, M.: Über eine Schildlaus der Gattung *Matsucoccus* als neuer weitverbreiteter Schadfaktor des sog. „Kiefernsterbens". AFw 18, 1043–1047, 1969. — Zur Morphologie und Bionomie der Kiefernborkenschildlaus, *Matsucoccus pini* Green (Hom., Coccoidea: Margarodidae). ZaE 81, 337–362, 1976. — ZAHRADNÍK, J.: Überfamilie Archaeococcoidea. FE I, 391–396, 1972. — Eriococcidae. FE I, 400–405, 1972. — Diaspididae, Deckelschildläuse. FE I, 422–446, 1972.

Coleoptera, Käfer

Die Käfer stellen von allen Insektenordnungen die größte Zahl forstlich bedeutsamer Arten; sie sind teils Schädlinge, teils – als deren Gegenspieler – Nützlinge.

Imago mit kräftig skletorisierten Flügeldecken (Elytren); stark entwickelte, frei bewegliche Vorderbrust, deren Rückenplatte, das Halsschild, ein wesentliches habituelles Merkmal ist; kauende Mundwerkzeuge. Form sehr verschieden, ebenso Größe: 1–60 mm. Trotzdem einheitlicher Typus. Lebensweise außerordentlich unterschiedlich; nähren sich von lebenden Tieren und Pflanzenteilen, von toten und verwesenden Stoffen, von Pflanzensäften usw. Haufig langlebig, dann fur das Fortpflanzungsgeschäft ausgeprägte „Flugzeit". Larve mit festem Kopf und meist gut ausgebildeten, kauenden Mundwerkzeugen. Zwei Haupttypen: 1. mit Laufbeinen, meist auch mit Augen, gut sklerotisiert, verschieden gefärbt, meist frei, vom Raube lebend (Carabidae, Staphylinidae); 2. beinlose, meist auch augenlose, weichhäutige, gewöhnlich weiß gefärbte Larven, unter Rinde, in Pflanzengeweben lebend (Curculionidae, Ipidae). Daneben eine große Zahl Untertypen und Zwischenformen wie z.B. asselförmige Larven der Silphiden, Drahtwürmer der Elateriden, Engerlinge der Scarabaeiden usw. Puppe frei oder in Kokon. Die unter Rinde und im Holz lebenden Larven machen häufig vertiefte, mit Holzspänen ausgekleidete Puppenwiegen (*Pissodes*). Stets Pupa libera. Bei in der Erde oder in Pflanzenteilen liegenden Puppen bohrt sich der Käfer zur Außenwelt durch und erzeugt so Fluglöcher.

Schrifttum: SCHWENKE, W. (Hsg.): Die Forstschädlinge Europas. Zweiter Band: Käfer. Hamburg-Berlin 1974.

Familienreihe Caraboidea, Laufkäfer

Scharf umschriebene Gruppe mit meist räuberisch lebenden Arten; selten phytophag. Flügeldecken stark sklerotisiert, lange, kräftige Laufbeine. Ebenfalls sklerotisierte Larven, gestreckt, beweglich, mit gut ausgebildeten Beinen und sichelförmigen Mandibeln.

Familie Cicindelidae, Sandlaufkäfer: Graziöse, 12–15 mm große, grüne oder erzbraune Käfer, die auf sandigen Wegen, an Waldrändern, im Sonnenschein rasch laufen und kurze Strecken fliegen. Sie und ihre Larven stellen räuberisch anderen Insekten nach. Larve sitzt, mit einem Rückenhöcker sich festhaltend, in einer bis 40 cm tief in die Erde gehenden Röhre und lauert auf vorüberlaufende Insekten, die sie ergreift und aussaugt. **Cicindela campestris** L., 12–15 mm, matt-grasgrün mit weißen Flecken. **C. hybrida** L., 12–16 mm, dunkelschmutziggrün mit weißlichen Binden. **C. silvatica** L., 15–17 mm, bronzefarben mit Binden.

Familie Carabidae, Laufkäfer i. e. S.: Artenreiche Familie mit sehr großen bis kleinsten Formen. Imagines und Larven leben meist räuberisch von Insekten, Würmern und Schnecken. Viele haben Stinkdrüsen am Hinterende. Durch Vertilgen von Forstschädlingen sehr nützlich. Nur wenige Arten werden durch Fraß an forstlichen, mehr an landwirtschaftlichen Kulturgewächsen schädlich.

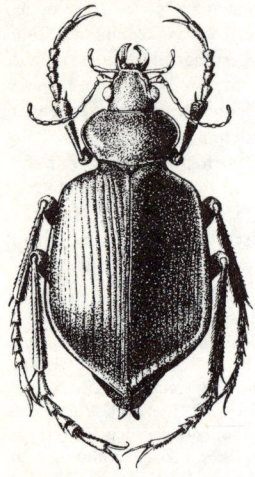

Abb. 69. *Calosoma sycophanta*. 3/2

Calosoma sycophanta L., Puppenräuber. Breites herzförmiges Halsschild, wappenförmiger Hinterleib mit glänzend grünrotgoldigen Flügeldecken (Abb. 69), 24–30 mm. Larve schwarz; 3 Stadien. Käfer verlassen Anfang Juni ihre Winterquartiere in der Bodendecke und gehen auf Jagd nach Larven und Puppen. Nach wenigen Tagen Begattung und anschließend Ablage von 100–160 Eiern je Weibchen in Gruppen von 1–5 Stück in die Erde, dicht unter der Oberfläche. Nach 3–10 Tagen schlüpft die Larve, die nach rund 14tägiger Fraßzeit in die Erde geht, wo sie sich nach 8–10 Tagen verpuppt. Jungkäfer schlüpfen nach etwa 14 Tagen im gleichen Sommer, erscheinen aber erst im Juni des nächsten Jahres über der Erdoberfläche. Sie leben 2–3, höchstens 4 Jahre; Eiablage jeweils im Frühling nach wiederholter Begattung. Fraßzeit der Käfer jährlich etwa 50 Tage; dann verkriechen sie sich wieder zur Überwinterung in die Bodendecke. Käfer und Larven sind sehr beweglich, gute Kletterer, die ihren Opfern in den Baumkronen nachstellen, und große Fresser. Wichtige Nützlinge, die im allgemeinen vereinzelt, bei Schädlingsvermehrungen oft massenhaft vorkommen.

Während der 50tägigen Fraßperiode verzehrte ein Käfer 235–336 Raupen und Puppen der Nonne. Die Larven fraßen im ersten Stadium 3, im zweiten 5 und im dritten 26 ausgewachsene Nonnenraupen und -puppen. Von einem *Calosoma*weibchen und seinen Nachkommen wurden die Nachkommen von 18–19 Nonnenweibchen des Vorjahres vernichtet (NOLTE 1938).

Calosoma inquisitor L., Kleiner Kletterlaufkäfer. Kleiner, 16–21 mm, bronzebraun. Sonst ähnlich *C. sycophanta*, auch in der Lebensweise. Hauptsächlich im Laubwald, zahlenmäßig konstanter vorkommend, besonders von Eichenwickler- und Frostspannerraupen lebend.

Daneben zahlreiche, meist nur am Boden und nachts jagende Arten, u. a.: **Carabus auratus** L., Goldschmied, Flügeldecken goldgrün, 20–27 mm; **C. violaceus** L., Flügeldecken blauschwarz mit violettem Rand, 18–34 mm; **Procrustes coriaceus** L., Lederlaufkäfer, schwarz, gerunzelt, 34–40 mm. Kleinere Arten der Gattungen **Abax** Bon. und **Pterostichus** Bon. betätigen sich u. a. als Vertilger von Blattwespenkokons, solche der Gattungen **Agonum** Bon. und **Dromius** Schaum. stellen unter der Rinde Borken- und Bockkäferlarven nach.

Arten der Gattungen **Amara** Bon., **Harpalus** Latr., **Poecilus** Bon. und **Bembidium** Latr. schaden zuweilen in Saatbeeten durch Annagen der Samen und Abfressen der jungen Keimpflanzen.

Schrifttum: SCHWENKE, W.: Carabidae, Laufkäfer. FE II, 4–10, 1974.

Familienreihe Staphylinoidea, Kurzflügler

Flügeldecken mehr oder weniger verkürzt. Meist Aasfresser und Räuber.

Familie Staphylinidae, Kurzflügler i. e. S.: Langgestreckter Körper, verkürzte Flügeldecken, frei bewegliche Hinterleibsringe. Zahlreiche, sehr kleine bis große Arten. Zum Teil nützliche Räuber, die auf freilebende Insekten, auf Puppen und Kokons unter der Bodenstreu oder unter der Rinde auf Borkenkäfer und ihre Stadien Jagd machen. **Staphylinus caesareus** Cederh., schwarz, Flügeldecken rotbraun, 17–25 mm. **Goerius olens** Müll., ganz schwarz, 20–32 mm.

Familie Silphidae, Aaskäfer: Körper häufig flach, meist an Kadavern. Nützlich durch räuberische Lebensweise. **Xylodrepa quadripunctata** L., Flügeldecken gelb mit je zwei schwarzen Punkten, 12–14 mm. 56−67 / 7+7,7. Ablage von etwa 20 Eiern in den Boden. Larve asselförmig, am Boden. Käfer machen auf Bäumen Jagd nach Insekten, besonders unbehaarten Raupen.

Familie Histeridae, Stutzkäfer: Abgeplattet, klein bis mittelgroß, Flügeldecken abgestutzt, glänzend. Gewöhnlich an verwesenden Stoffen. Einige Arten stellen Borkenkäfern und ihren Stadien nach, z. B. **Platysoma oblongum** F., **Paromalus parallelopipedus** Hbst., **Plegaderus discisus** Er.

Familienreihe Lamellicornia, Blatthornkäfer

Fühler gekniet mit einer Keule, die aus 3–7 einseitig zu Blättern erweiterten Gliedern besteht. Mittelgroße bis sehr große Formen. Engerlinge weichhäutig weißlich, blind, ventralwärts gekrümmt mit gut entwickeltem Kopf und Beinen, mit sackartig verdicktem Hinterleibsende; leben in Erde, Mulm oder Mist.

Familie Lucanidae, Hirschkäfer: Fühler mit unbeweglicher Kammkeule. Forstlich bedeutungslos. Am bekanntesten: **Lucanus cervus** L., Hirschkäfer, Feuerschröter. Unter Naturschutz. **Platycerus** *(Systenocerus)* **caraboides** L. und **P. caprea** de Geer, Rehschröter, 9–13 mm lang, schwarz, metallische Oberseite; gelegentlich Fraß an aufbrechenden Knospen von Laubhölzern. **Dorcus parallelopipedus** L., Zwerghirschkäfer, Balkenschröter, 19–32 mm, mattschwarz; Laubfraß im Frühsommer. Larven und Puppen der genannten Arten in anbrüchigem Laubholz, zu dessen Vermulmung sie beitragen.

Familie Scarabaeidae, Blatthornkäfer i. e. S.: Fühler mit beweglicher Blätterkeule. Larvensegmente in drei Querwülste gefaltet; seitlich je ein dreieckiger Wulst.

Melolontha hippocastani F., Waldmaikäfer, und Melolontha melolontha L., Feldmaikäfer (Abb. 70). Hinsichtlich Gestalt und Lebensweise weitgehend übereinstimmend.

Morphologische Unterscheidungsmerkmale beim Käfer: Hinterleibsende (Pygidium) bei *M. melolontha* in ziemlich breiten, von der Wurzel an allmählich verschmälerten Aftergriffel ausgezogen, bei

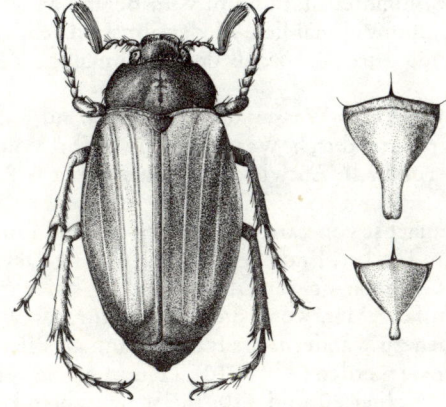

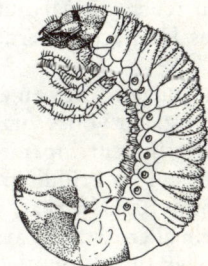

Abb. 70. *Melolontha melolontha*. 2/1. Rechts Pygidien von *M. melolontha* (oben) und *M. hippocastani* (unten)

Abb. 71. Maikäfer-Engerling

M. hippocastani schnell verengt und an der Spitze wieder verbreitet (Abb. 70); 3. Fühlerglied des Männchens bei *M. melolontha* einfach, bei *M. hippocastani* vorn mit einem Zahn; Flügeldecken bei *M. melolontha* ganz rotbraun, bei *M. hippocastani* mit schwarzem Saum; *M. hippocastani* durchschnittlich kleiner (20–25 mm) als *M. melolontha* (25–30 mm). Merkmale variieren stark, so daß sie zur Bestimmung alle zusammen herangezogen werden müssen. Männchen mit großen, Weibchen mit kleinen Fühlerblättern. Zahlreiche Farbvarietäten. Ei gelbweiß, ellipsoid. E n g e r l i n g (Abb. 71) mit 4gliedrigen Fühlern, gut ausgebildeten Brustbeinen, die von vorn nach hinten an Länge zunehmen. Dichter Dörnchenbesatz auf Abdominalsegment 1 bis 6. Afterspalt quer, darüber eine Doppelreihe von 26 Dörnchen. Zuverlässige Merkmale zur Unterscheidung der Engerlinge von *M. melolontha* und *M. hippocastani* sind nicht bekannt. 3 Stadien mit mittleren Kopfkapselbreiten von 2,6, 4,2 und 6,5 *(M. hippocastani)* bzw. 2,7, 4,5 und 6,9 *(M. melolontha)* mm. P u p p e gelbweiß.

57–7, A, (A, A,) 7 / 8+8,45. Ende April, Anfang Mai, je nach der Witterung, kommen die K ä f e r , Männchen durchschnittlich früher als Weibchen, aus dem Boden, wo sie überwintert haben. Ausfluglöcher scharfrandig, wie mit einem Stock gestochen. Sie fliegen zu Fraßbäumen. Als solche dienen fast sämtliche Laubhölzer und Lärche, nur in Not auch andere Nadelbäume. Bevorzugt werden frisches Laub und Eiche; häufig der Blattentwicklung folgend bestimmte Reihenfolge im Besuch der Fraßbäume, z. B. in Norddeutschland erst Birke, nach einer Woche Buche, nach einer weiteren Woche Eiche. Fraß verschwenderisch, viele Blattstücke fallen zu Boden. Abends, bei Temperaturen über 8–9°C, ausgelöst durch einen bestimmten Dämmerungsgrad, beginnt das Schwärmen der Käfer; sie fliegen dann von ihren Brutstätten zu den Fraßbäumen, von Fraßbaum zu Fraßbaum und später auch wieder zur Eiablage zurück zu den Brutorten. Schwärmen bei *M. melolontha* vielfach in ausgeprägten Schwärmbahnen, bei *M. hippocastani* mehr zerstreut. Bei weiter Entfernung von Brutort zu Fraßbäumen können 2 km und mehr zurückgelegt werden. Schwärmen dauert bis Dunkelwerden. Kopula und Fraß danach und tagsüber. Nach etwa 14tägiger Fraßzeit sind die Eier des Weibchens ausgereift, und es geht zur ersten Eiablage wieder in den Boden. Legt in 10–60 cm Tiefe 20–40 Eier in Häufchen ab und kommt nach 3–4 Tagen wieder an die Oberfläche, um seinen Fraß fortzusetzen. Nach weiteren 10 Tagen wieder Eiablage von 10–30 Stück und selten noch eine 3., gegebenenfalls sogar noch eine 4. Ablage nach weiterer Fraßzeit. Meidet bei der Eiablage vegetationslose Flächen. *M. hippocastani* legt Eier auch in bewaldete Flächen, nur nicht in dichtgeschlossene Dickungen und junge Stangenhölzer; Eiablage von *M. melolontha* nur auf Freiflächen, Kulturen, Äcker, Wiesen usw. Mittlere Lebensdauer der Käfer von *M. hippocastani* 4–5 (♂) bzw. 4–6 (♀) Wochen, von *M. melolontha* 4–7 (♂) bzw. 6–7 (♀) Wochen. Gesamtdauer der Flugzeit 4–6 Wochen. Flugintensität nimmt vom Beginn an allmählich zu, erreicht einen Höhepunkt und nimmt allmählich wieder ab; wird sehr durch Witterung beeinflußt, Kälte hält den Flug zurück, so daß der gleichmäßige Verlauf häufig unterbrochen wird.

Die E i e r nehmen während ihrer Entwicklung Wasser aus dem Boden auf, müssen also in feuchtem Medium liegen. Vergrößern durch Wasseraufnahme ihr Volumen auf das Dreifache, werden dabei mehr rundlich. Entwicklungsdauer meist 6–8 Wochen.

Die jungen L a r v e n ernähren sich zunächst von zarten Wurzelfasern und Humusstoffen, später von Wurzeln aller Art. Im Herbst, Ende September, Anfang Oktober, bei einer Bodentemperatur von 10–11°C, gehen sie zur Überwinterung tiefer in den Boden, um im Frühling, Ende April, Anfang Mai, wenn die Temperatur der Wohnschicht 7–10°C beträgt, wieder nach oben zu wandern. Sie fressen dann an Pflanzenwurzeln aller Art, um so mehr, je größer sie werden (Abb. 210). Häutungen jeweils im Juni oder Juli. Wohntiefe im Winter zwischen 20 und 110, meist zwischen 40 und 60 cm, während der Fraßzeit (Mai bis September) 5–20 cm (Abb. 72). Dürre läßt die Engerlinge im Sommer in tiefere, feuchtere Bodenschichten abwandern. Horizontal verbreiten sich die Engerlinge, da sie nicht zielstrebig wandern, nur wenig; in der Regel vermag sich der Engerling während seines ganzen Lebens nur 1,5–4,5 m von seinem Schlüpfort zu entfernen.

Der Engerling vermehrt in seiner Fraßzeit sein Gewicht auf das 60- *(M. hippocastani)* bzw. 100fache *(M. melolontha)* des Ausgangsgewichts. Der Engerling des

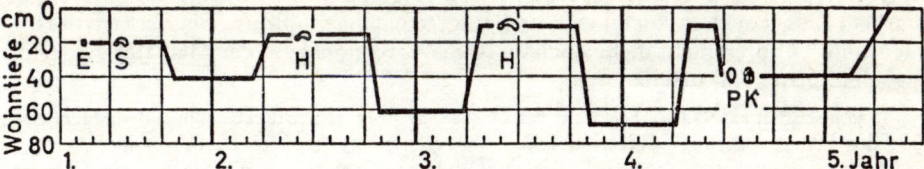

Abb. 72. Jahreszeitliche Änderung der Wohntiefe des Engerlings und Käfers von *Melolontha hippocastani* mit vierjähriger Generationsdauer. E Eiablage, S Schlüpfen des Engerlings, H Häutung, P Verpuppung, K Schlüpfen des Käfers. Schematisiert nach SCHWERDTFEGER 1939

Feldmaikäfers frißt und schadet mehr als der des Waldmaikäfers. Fraß nimmt mit dem Wachstum des Engerlings von Jahr zu Jahr zu und erreicht seinen Höhepunkt im Jahr vor der Verpuppung bzw. (bei 5jähriger Generationsdauer) im 2. Jahr vor der Verpuppung. Innerhalb der Vegetationszeit drängt sich bei gutem Wetter der Fraß auf die ersten Monate zusammen, bei schlechtem Wetter dauert er bis zum September. Ein warmes Frühjahr verschärft also den Schaden.

Im Juni des 2., 3. oder 4. Jahres nach dem Flugjahr ist der Engerling verpuppungsreif. Er fertigt in 20–40 cm Tiefe eine eiförmige Puppenwiege und wird über ein Vorpuppenstadium zur Puppe. Puppendauer meist 6 Wochen.

Der Käfer, zunächst hell und weich und erst allmählich ausfärbend, bleibt in der Puppenwiege und beginnt ab Februar des nächsten Jahres, zuweilen auch später, allmählich höher zu wandern, bis er im April dicht unter der Erdoberfläche liegt und auf geeignete Witterung zum Auskriechen und Beginn des Schwärmens wartet. Auskriechen erfolgt nur, wenn das Temperaturminimum in 8 cm Bodentiefe nicht unter 11 °C liegt.

Die Generation kann 3-, 4- oder 5jährig sein. *M. hippocastani* soll im Bodenseegebiet 3jährige Generationsdauer haben, im übrigen Mitteleuropa, ostwärts etwa bis zur Oder und im Norden bis Jütland, hat er 4jährige, weiter östlich und nördlich 5jährige Entwicklungsdauer; *M. melolontha* ist in Süddeutschland 3jährig, sonst 4jährig. Die unterschiedliche Generationsdauer ist offenbar eine Funktion des Klimas, insbesondere der Temperatur. Die Verlängerung der Generationsdauer wird durch Dehnung der Larvenzeit um 1 oder 2 Jahre erreicht; die Daten der Eiablage, des Schlüpfens, der Verpuppung bleiben im wesentlichen gleich.

Häufig ist nur 1 stärkerer Maikäferstamm vorhanden, dann ist nur alle 3, 4 oder 5 Jahre Flugjahr. Zuweilen laufen auch mehrere Stämme nebeneinander her; man spricht, wenn die Flugstärken unterschiedlich sind, von Haupt- und Nebenflugjahren.

Beide Maikäferarten kommen in ganz Europa vor, *M. melolontha* vorwiegend in Mitteleuropa, *M. hippocastani* weiter nach Norden und Osten verbreitet. Förderlich sind warme, trockene, mäßig durchlässige, tiefgründige Böden. Hochanstehendes Grundgestein und hoher Grundwasserstand verbieten dem Engerling Überwinterung in größeren Tiefen; da er bei –4 °C stirbt, ist an solchen Orten in winterkaltem Klima seine Entwicklung unmöglich. Der Feldmaikäfer ist mehr auf landwirtschaftlich und gärtnerisch genutzten Flächen, der Waldmaikäfer fast ausschließlich im Walde, auf sandigeren Böden anzutreffen.

Der Maikäfer besitzt einen ausgeprägten Massenwechsel (Abb. 170): Zeiten starken Auftretens wechseln mit solchen ab, in denen er geradezu verschwunden erscheint. Zwischen den Höhepunkten der Massenvorkommen können bis zu 45 Jahre liegen.

Im Gegensatz zum Obstbau spielt der Fraß des Käfers im Walde und in der Landwirtschaft im allgemeinen keine Rolle. Der stellenweise eintretende, auch völlige Kahlfraß, besonders an Eiche, wird durch den Johannistrieb bald ausgeheilt. Zuwachsverlust ist erträglich, Ausbleiben der Mast gegebenenfalls mißlich. Große bis riesige S c h ä d e n dagegen durch den Wurzelfraß der Engerlinge in Kämpen, auf Kulturen, bei starkem Besatz auch in Dickungen und jüngeren Stangenhölzern. Bei Massenvorkommen sind Kulturen nicht mehr hoch zu bringen. Regional gilt der Maikäfer-Engerling als schlimmster Kulturschädling.

Diagnose: Blätter, Nadeln, Triebe der befressenen Pflanzen welken und trocknen. Beim Herausziehen der Pflanzen geringer Widerstand der Wurzelverankerung: Seitenwurzeln sind abgefressen (Abb. 210). Unterscheidung gegenüber Fraß von Wühlmäusen an stärkeren Wurzeln: keine Zahnspuren, faserige Nagefläche. Unterscheidung gegenüber anderen wurzelfressenden Insekten nur durch Auffindung des Übeltäters.

Prognose: Nach RICHTER 1966 entwickelt sich die Generation um so besser und wird der nächste Flug um so stärker, je höher die Temperatur in der Zeit vom 21. Juli bis 31. August des Flugjahrs, also während der ersten Wochen des eben geschlüpften Jungengerlings ist; durch Vergleich des „Vier-Dekaden-Mittels" mit der üblichen Durchschnittstemperatur läßt sich langfristig die Intensität des Schädlingsauftretens vorhersagen. Eine kurzfristige Prognose, wann im Frühjahr die Käfer erscheinen und somit der richtige Zeitpunkt für ihre Bekämpfung ist, gründet sich auf der Temperaturabhängigkeit des Flugbeginns: die ersten Käfer sind zu erwarten, wenn die Summe aller Temperaturen ab 1. März über 0 °C als Tagesmittel 355 °C ergibt (DECOPPET 1920), aller Tagesmittel ab +8 °C ab 1. März 256° ± 16,3° ist (HORBER 1955), aller Tagesmittel ab 7,7 °C bis Mitte April 260°–270°, von dann ab täglich 5° weniger beträgt (RICHTER 1964). Im Pflanzgarten und in frischangelegten Kulturen gelten 5–15 Engerlinge des ersten, 3–5 des zweiten und 1–2 des dritten Stadiums je 1 m² als kritisch; in älteren Kulturen mit stärker bewurzelten Pflanzen und auf verunkrauteten Flächen, die mehr Nahrung bieten, liegen die Zahlen entsprechend höher.

Bekämpfung der Käfer während der Flugzeit mit Insektiziden, die gegen blatt- und nadelfressende Käfer zugelassen sind (PVF), vorwiegend solchen – weil bienenunschädlich – auf Endosulfan-Basis; der Engerlinge mit lindanhaltigen Bodeninsektiziden (PVF) in Form der Voll-, Streifen-, Pflanzloch- oder Punktbehandlung (s. S. 430), auch durch Tauchen des in den Boden kommenden Teils der Pflanzen in Lindan-Brühe (S. 433) oder durch Pudern des Wurzelwerks mit Lindan-Staub (S. 435). Eine Bodenbehandlung soll grundsätzlich vor dem Auspflanzen erfolgen, weil nachträgliches Begiften teurer und weniger erfolgreich ist; deshalb ist in maikäfergefährdeten Gebieten vorheriges Probesuchen nach Engerlingen mit Hilfe von Bodeneinschlägen erforderlich (S. 388).

Polyphylla fullo L., Walker. 30–40 mm, braun mit weißen Flecken; Larve bis 80 mm. Ausgesprochener Sand- und Dünenbewohner. 7–8, A, A, 5 / 56+67. Käfer frißt im Juli an Laubhölzern und besonders gern an Nadeln der Kiefer; benagt sie faserig von einer Seite her, den gegenüberliegenden Rand stehen lassend. Larve lebt wie Maikäferengerling, kann in Kiefernkulturen und Dünenaufforstungen sehr schädlich werden. Abwehr durch Pflanzlochbehandlung mit dreifacher Lindan-Dosis (S. 430).

Eine Reihe weiterer, meist kleinerer Käfer lebt ähnlich wie der Maikäfer. Ihre Larven richten wegen geringer Größe und kleinen Nahrungsbedarfs meist nur belanglosen Schaden an, der allerdings bei Massenvorkommen auch bedenklich werden kann. **Amphimallon solstitiale** L., Juni- oder Sonnwendkäfer (Abb. 73). 15–20 mm, schmutzig gelbbraun mit langen Zottenhaaren. In sandigen Gegenden. 7–8, A, (A,) 5 / 5+67. Schwärmt in der Dämmerung, befrißt Laub- und Nadelholz, besonders junge Kiefern, deren Triebe benagt und deren Nadeln von der Spitze her verzehrt werden. **Anoxia villosa** F., 24–28 mm, gelb bis braun, Unterseite weißlich, wollig behaart. Käfer in Süddeutschland, besonders an Rändern von Kiefernwäldern, zeitweise sehr häufig. Forstliche Bedeutung unbekannt. **Serica brunnea** L., Rotbrauner Laubkäfer. 8–10 mm, hell braunrot; mehr im Gebirge. 7–8, A, 5 / 5+7(?), in Schweden 3jährige Generationsdauer. Käfer ist Nachttier. Lokal begrenzt vorkommend. **Phyllopertha horticola** L., Gartenlaubkäfer (Abb. 73). 9–12 mm, Halsschild blaugrün glänzend, abstehend behaart. 68–7,5 / 5+68. Käfer gern an Rosen und Obstbäumen, deren Blüten- oder Fruchtteile er befrißt. Larve frißt hauptsächlich im Herbst, nach der Überwinterung nicht mehr. **Anomala dubia** Scop., Julikäfer (Abb. 73). 12–15 mm, Halsschild erzgrün, schwach behaart. 7–7, A, 6 / 6+7. Käfer frißt an Laub- und Nadelholz. Die Larven dieser Arten leben in der Erde von Humusstoffen und Pflanzenwurzeln. Bekämpfung, wo sie erforderlich werden sollte, wie beim Maikäfer.

Cetonia aurata L., Gold- oder Rosenkäfer. 15–20 mm, glänzend grün, Flügeldecken weiß quergesprenkelt. Käfer auf Blüten. Larve im Mulm und Kompost. Im allgemeinen bedeutungslos, oft mit Maikäferengerling verwechselt; kann, mit Kompost auf Saatbeete gebracht, durch seine Wühlarbeit Schäden an Sämlingen verursachen.

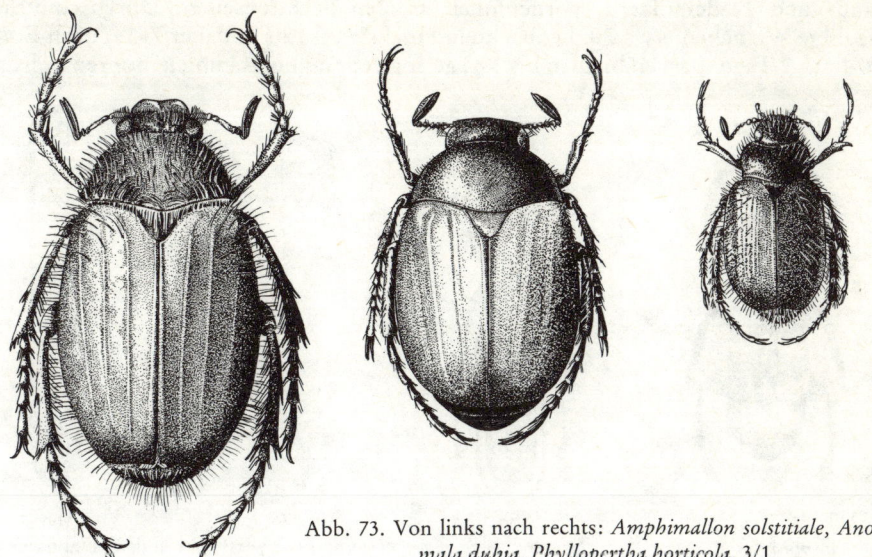

Abb. 73. Von links nach rechts: *Amphimallon solstitiale, Anomala dubia, Phyllopertha horticola.* 3/1

Schrifttum: LÜDERS, W.: Maikäferbekämpfung in den vergangenen 30 Jahren in Baden-Württemberg. NdDP 28, 33–39, 1976. — NIKLAS, O. F.: Familienreihe Lamellicornia, Blatthornkäfer. FE II, 85–129, 1974. — RICHTER, G.: Die Elimination von *Melolontha*-Käferpopulationen durch gezielten Forstschutz. AFw 18, 401–407, 1969. — SCHNEIDER, P.: Fraßmenge und Futterpräferenz des Maikäfers (*Melolontha melolontha;* Col.). MdGaaE 1 (2–4), 42–45, 1978. — SCHÜTTE, F.: Begründung von Untersuchungen zur Populationsdynamik der Maikäfer (*Melolontha melolontha* L. und *M. hippocastani* F.). ZPK 83, 146–158, 1976.

Familienreihe Malacodermata, Weichhäuter

Langgestreckt, weichhäutig; lederartig weiche Flügeldecken. Meist lebhafte Färbung.

Familie Cantharidae, Weichkäfer: Mittelgroß, sehr weiche Flügeldecken. Imagines und Larven meist karnivor. Einige Arten der Gattung **Cantharis** L. gehen an frische Pflanzenteile und werden dadurch schädlich. Käfer 10–15 mm, schwärzliche Flügeldecken, gelbes Halsschild mit schwarzem Fleck am Vorderrande: **C. fusca** L., Kiefernweichkäfer, oder in der Mitte: **C. rustica** Fall.; oder schwarzes Halsschild mit gelben Seitenrändern: **C. obscura** L., Eichenweichkäfer. 5–6,4 / 4+5,9. Larve dicht samtartig behaart, zuweilen im Winter auf dem Schnee („Schneewürmer"). Sonst in der Erde, karnivor. Imagines im allgemeinen räuberisch, haben gelegentlich junge Triebe von Eichen und Kiefern befressen. Schaden unbedeutend.

Familie Cleridae, Buntkäfer: Nützlinge, deren Larven und Imagines von holzzerstörenden Insekten wie Borkenkäfern, Rüsselkäfern, Anobien, Sirexlarven usw. leben. **Thanasimus formicarius** L., Ameisenbuntkäfer. 7–10 mm, schwarz-weiß-rot gefärbt (Abb. 74). Larve rosarot. 46–4.10 / 9,3+4 ff.; infolge langer Lebensdauer und Eiablage des Käfers kann das Schema stark variiert werden, so daß im Winter neben Puppen auch Larven und Käfer gefunden werden. Käfer jagt auf den Stämmen nach Borkenkäfern, Larve lebt in den Gängen von Borkenkäfern und nährt sich von deren Larven und Puppen. Arten der Gattungen **Opilo** Latr., **Tillus** Ol. und **Corynetes** Hbst. leben als Larven und zum Teil auch als Käfer von mancherlei Unterrinden- und Holzinsekten, in deren Gängen sie hausen.

Familie Lymexylidae, Werftkäfer: Mittelgroß, gewölbt, fast walzenförmig, Flügeldecken hinten klaffend. Larve weiß, weichhäutig, augenlos, Prothorax kapuzenartig über den Kopf ragend; in Holz.

Hylecoetus dermestoides L., Bohrkäfer, Sägehörniger Werftkäfer (Abb. 75). 6–18 mm, gelbbraun, Elytren bedecken Abdomen. Larve, abgesehen von jüngsten

Stadien, mit langem, gegabeltem Schwanzfortsatz (Abb. 76). 56−6, (A, A,) 4 / 4+5. Lebensdauer der Imagines 2–4 Tage. Eiablage in Häufchen von 6–30 in Rinden- und Holzrissen unter Rindenschuppen und Flechten, an saftreiche, unzersetzte Stöcke, an stärkere Wurzeln sowie an kränkelnde oder gefällte, feucht gelagerte Stämme von Laub- und Nadelhölzern, vornehmlich an den Schattenseiten. Durchschnittliche Eizahl je Weibchen etwa 70, beobachtete Höchstzahl 126. Eidauer 7–14, nach EGGER 1974 nur 2 Tage. Larven bleiben bis 3 Tage eng gedrängt beisammen, bohren sich dann

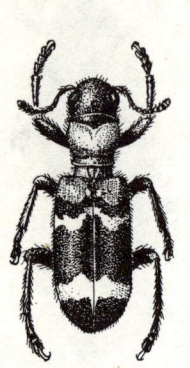 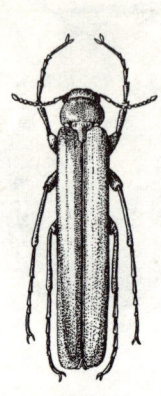 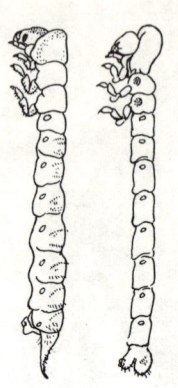 

Abb. 74. *Thanasimus formicarius.* 3/1   Abb. 75 *Hylecoetus dermestoides.* 3/1   Abb. 76. Larve von *Hylecoetus dermestoides* (links) und *Lymexilon navale* (rechts)   Abb. 77 Drahtwurm

einzeln ein und fertigen einen 18–26 cm langen Gang, meist radial ins Innere des Holzes führend, zuweilen eine Strecke zwischen Holz und Rinde verlaufend. Hauptbohrtätigkeit Juli/August. Lumen des Ganges in seiner ganzen Länge etwa gleichweit, nur Eingangsloch winzig. Bohrmehl wird durch das Eingangsloch mit Hilfe des Schwanzstachels ausgeworfen. Große Mengen von Bohrmehl, da die Larve kein Holz frißt, sondern von den verdickten, glykogenreichen Hyphenenden eines an den Gangwänden wachsenden Ambrosia-Pilzes, *Endomyces hylecoeti* Ng., lebt. Durch den Einfluß des Pilzes bräunt sich das Holz in der Umgebung der Gänge. Beim Abheben der Rinde erkennt man die wie mit Schrot verschiedenen Kalibers eingeschossenen Gänge im Holz bzw. die flachstreichenden, zwischen Rinde und Holz verlaufenden Gänge. Überwinterung im Innern des Holzes. Verpuppung in der Nähe des Eingangsloches, das vorher erweitert wurde, hinter einem papierdünnen Rindendeckel. Puppenruhe 7 Tage. Käfer schlüpft aus dem Eingangsloch. Generationsdauer meist zwei-, auch dreijährig, unter besonders günstigen Verhältnissen einjährig.

Da der Pilz ausschließliche Nahrung ist, muß er von Generation zu Generation übertragen werden: die Weibchen füllen Sporen in Taschen am Legeapparat und beschmieren von hier aus die austretenden Eier; die frischgeschlüpften Larven wälzen sich stundenlang in den Eischalen und schleppen die am Körper haftenden, bald keimenden Sporen in die neuangelegten Gänge.

Befall an Stubben fördert deren Zersetzung, an kränkelnden Stämmen verursacht oder beschleunigt deren Tod, an Nutzholz mindert dessen Wert. Hauptsächlich an Buche und auch Eiche. Wichtiger Folgeschädling beim Buchenrindensterben (S. 353): durch die Larven eingeschleppte Pilzsporen erzeugen Pilzinfektion im Innern des Stamms, das sich rasch verfärbt und weißfaul wird; der nächste stärkere Sturm bricht ihn.

Gegenmaßnahmen: Bei Befall am stehenden Stamm baldiger Einschlag, trockenes Lagern, rasches Abfahren und Einschneiden, damit weitere Entwertung durch fortschreitende Fraßtätigkeit und Fäule verhindert wird. Schutz des eingeschlagenen Holzes vor Befall durch Abfuhr vor der Flugzeit, durch trockene Lagerung, so daß Holz zur Flugzeit nicht mehr feucht genug, oder durch Hieb erst ab März, so daß Holz zur Flugzeit noch zu saftreich. Vorbeugende Behandlung eingeschlagenen Holzes mit gegen Borkenkäfer zugelassenen Insektiziden (PVF), Entwesung bereits befallenen Holzes mit denselben Mitteln in Dieselöl; hinreichende Erfahrungen über die Brauchbarkeit der Insektizidanwendung liegen nicht vor.

Lymexylon navale F., Schiffswerftkäfer. 7–13 mm, rotgelb, Flügeldecken lassen Hinterleibsende frei. Larve mit kapuzenförmigem Prothorax und zylindrischem, nach oben gerichtetem Fortsatz am Analsegment (Abb. 76). Fast ausschließlich in Eiche. Lebensweise noch wenig bekannt, wohl ähnlich wie *H. dermestoides;* aber Bohrmehl wird meist nicht herausgeschafft, streckenweise kerzengerade Gänge haben keine Pilzvegetation, Larve lebt offenbar von Holz. Gesamtlänge ihres Ganges 1–2 m. Nicht so häufig wie die vorige Art, infolgedessen weniger schädlich. Bekämpfung wie oben.

Schrifttum: EGGER, A.: Beiträge zur Morphologie und Biologie von *Hylecoetus dermestoides* L. (Col., Lymexylonidae). AS 47, 7–11, 1974. — KURIR, A.: Zweiter Beitrag zur Bionomie des Sägehörnigen Bohrkäfers (*Hylecoetus dermestoides* L.) – (Col.-Lymexilonidae). Holzforsch. Holzverwert. 24, 127–135, 1972. — SCHWENKE, W.: Familienreihe Malacodermata. FE II, 10–18, 1974.

Familienreihe Sternoxia, Schnellkäferähnliche

Schlank, mittelgroß bis groß, mit großem Halsschild. Vorderbrust unten mit nach hinten gerichtetem Fortsatz, der in einen Ausschnitt der Mittelbrust eingreift. Vorwiegend phytophag.

Familie Elateridae, Schnellkäfer

Langgestreckt, nach vorn und hinten verengt. Halsschild nach hinten in zwei Spitzen ausgezogen, nur lose mit der Mittelbrust verbunden. Unterer Fortsatz und Ausschnitt an Vorder- und Mittelbrust zu einem Sprungapparat ausgebildet, welcher den auf dem Rücken liegenden Käfer befähigt, sich in die Höhe zu schnellen („Schnellkäfer").

Käfer finden sich im Sommer auf Blumen, Sträuchern und Bäumen; nähren sich von der weichen Rinde frischer Triebe, teils auch karnivor von anderen kleinen Insekten. Eiablage auf oder unter der Erdoberfläche, oder im Mulm. Die nach etwa 14 Tagen auskriechenden Larven sind als Drahtwürmer bekannt: langgestreckt, mit harter, glatter Oberfläche (Abb. 77); zum Teil phytophag, zum Teil zoophag, teils auch pantophag. Bleiben unter der Erdoberfläche, in der Streu oder im Mulm; sehr empfindlich gegen Austrocknung. Zur Überwinterung gehen sie jeweils tiefer in den Boden. Verpuppung in glattwandigem Hohlraum im Boden oder unter der Streudecke, unter Steinen, im Mulm. 2–4 Wochen Puppenruhe. Käfer bleibt entweder in der Puppenwiege bis zum nächsten Frühjahr oder sucht sich zur Überwinterung ein anderes Versteck. Bedarf zur Ausreifung der Geschlechtsorgane eines Reifefraßes. Mehrjährige Generationsdauer. Genaueres noch nicht bekannt.

Forstliche Bedeutung in dreierlei Hinsicht:

1. Käferfraß an der saftigen Rinde junger Triebe von Kiefer, Fichte und Eiche; bei tiefergehendem Fraß knicken die Triebe um. Wegen meist geringfügigen Auftretens unwesentlich.

2. Larvenfraß an Samen verschiedener Laub- und Nadelhölzer und an Wurzeln. Das Innere von Samen, besonders von Eicheln, in Saaten und Saatkämpen wird ausgefressen. Die Wurzeln werden benagt und durchbissen, in dicke Wurzeln dringen die Larven ein, sie auf große oder kleine Strecken aushöhlend, Sämlinge werden abgebissen. Hauptsächlichste Wurzelfresser: **Selatosomus aeneus** L. (Abb. 78), 12–15 mm, metallisch glänzend, auf leichten, trockenen Böden; **Dolopius marginatus** L., 6–8 mm, braune Flügeldecken mit dunkler Längsbinde, und **Athous subfuscus** Müll., 8–10 mm, dunkelbraun auf schwereren, feuchteren Böden in Saatkämpen und jungen Kulturen aller Waldtypen. Größerer Schaden in der Landwirtschaft.

Bekämpfung: Bodendesinfektion mit Bodeninsektiziden auf Lindan-Basis (PVF).

3. Zoophage Elateriden stellen als Imagines und Larven den Schädlingen nach. Drahtwürmer unter der Rinde fressen Bock- und Borkenkäfer, in der Streu und im Boden vertilgen sie Schmetterlingspuppen, Rüsselkäferlarven, Engerlinge, eingesponnene Blattwespenlarven usw. Hauptsächlich Arten der Gattungen **Lacon** Cast., **Selatosomus** St., **Athous** Esch. und **Elater** L. Forstliche Bedeutung noch ungeklärt, wahrscheinlich nicht gering.

Während einer Massenvermehrung der Kleinen Fichtenblattwespe, *Pristiphora abietina*, erwiesen sich 50–70 % der in der Bodenstreu befindlichen, leeren Blattwespenkokons als von Drahtwürmern ausgefressen; es fanden sich in der Streu 10–70 Drahtwürmer je Quadratmeter, vorwiegend der Art *Athous subfuscus* Müll. (Ohnesorge 1957). Bei einem Massenauftreten der Fichtengespinstblattwespe *Cephalcia abietis* wurden bis 40 Drahtwürmer je Quadratmeter festgestellt, vorwiegend der eben genannten Art, daneben von *Dolopius marginatus;* versuchsweise vorgelegte Afterraupen des Schädlings wurden von ihnen vertilgt (Křístek 1967).

Schrifttum: Schaerffenberg, B.: Elateridae, Schnellkäfer. FE II, 18–31, 1974.

Familie Buprestidae, Prachtkäfer

Meist mittelgroße, metallisch grüne, blaue, rote oder kupfrige Käfer mit gestrecktem Körper, vorn abgestutzt, hinten zugespitzt; Oberseite flach, Unterseite gewölbt.

Fliegen in der warmen Jahreszeit, sitzen Pollen und Blattwerk verzehrend auf Blumen und Blättern; sehr flüchtig. Larven fast ausschließlich Rinden- und Holzbewohner, weißlich, weich, augen- und fußlos, mit verbreitertem Prothorax, in den der Kopf zurückgezogen ist. Prothorax entweder stark verbreitert, so daß dünnes Abdomen wie ein schwanzförmiger Anhang erscheint (*Buprestis*-Typ, Abb. 79), oder nur wenig verbreitert, letztes Abdominalsegment mit 2 stark verhornten Spitzen (*Agrilus*-Typ, Abb. 79). Machen geschlängelte, allmählich sich verbreiternde, mit Bohrmehl

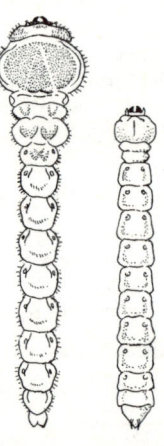

Abb. 78. *Selatosomus aeneus*. 3/1

Abb. 79. Links *Buprestis*-, rechts *Agrilus*-Larve

Abb. 80. *Agrilus biguttatus* 3/1

dicht angefüllte Gänge, die in einer im Holz oder in der Rinde liegenden Puppenwiege enden. Im Unterschied zu den sehr ähnlichen Gängen der Bockkäferlarven sind die der Prachtkäfer flacher, der Boden ist eben, die Ränder sind schärfer und das Bohrmehl ist häufig wolkig angeordnet. Larven des *Buprestis*-Typs drehen sich in der Puppenwiege um, so daß Kopf nach Eingangsöffnung gerichtet ist, aus der dann Imago ausfliegt. Larve des *Agrilus*-Typs dreht sich nicht um, Jungkäfer nagt sich ein besonderes Ausflugloch, Puppenwiege weist also zwei Löcher auf. Fluglöcher elliptisch, häufig eine Seite flacher als die andere und im Winkel aneinanderstoßend. Forstliche Bedeutung liegt im Larvenfraß. Im allgemeinen Sekundärparasiten oder gar Bewohner abgestorbener Bäume ohne wesentliche Bedeutung.

In Nadelholz:

Phaenops cyanea F., Blauer Kiefernprachtkäfer. 8–11 mm, blaugrün mit dicht-punktierten Flügeldecken. An Kiefer im Stangen- und Baumholzalter, ausnahmsweise an anderen Nadelhölzern. 78−8, (A,) 5 / 56+68. Eiablage einzeln in die Ritzen der Borke. Junglarven fertigen in der Kambialschicht bis 2 mm breite, sich vom Splint bräunlich abhebende, hin und her ziehende Gänge; nach der Überwinterung durchfurchen die Larven, nun in typischer kochlöffelförmiger Gestalt, die Bastschicht in geschlängelten, sich kreuzenden, bis 10 mm weiten und mit auffällig wolkigem Bohrmehl gefüllten Gängen. Zweite Überwinterung und Verpuppung in der dicken Borke, im oberen dünnrindigen Stammteil im Holz. Scharfkantiges Ausbohrloch häufig etwas schräg gestellt. Neben zweijähriger kommt auch ein- und gelegentlich dreijährige Generationsdauer vor. Gilt im allgemeinen als wenig wichtig, hat aber nach Ereignissen, welche die Kiefern schwächten, beachtliche Schäden angerichtet, so nach dem extremen Frostwinter 1955/56 in Mitteldeutschland oder in stehengebliebenen Bestandesteilen nach dem katastrophalen Sturmwurf und Waldbrand 1972 bzw. 1975 in Niedersachsen: befiel besonders gern freigestellte Altkiefern, auch ganz gesund erscheinende, und brachte sie zum Absterben. Wärmeliebend, kann er sich in warmen, trockenen Sommern zu Massen vermehren, und schädigte dann auch in Stangenhöl-zern.

Bekämpfung: Einschlag und Abfuhr des befallenen Holzes bis Ende Mai. Entrinden der gefällten Befallsstämme, Rinde verbrennen oder mit gegen Borkenkäfer zugelassenem Insektizid (PVF) spritzen. Fangbäume (S. 411) im Juni schlagen und im August/September abfahren oder entrinden.

Weitere Prachtkäfer mit geringerer Bedeutung in Nadelholz: **Chalcophora mariana** L., Großer Kiefernprachtkäfer. 24–30 mm, erzbraun mit messingglänzenden Furchen und Eindrücken. Häufig in Kiefernrevieren. Unschädlich, da er nur totes Material befällt. **Anthaxia quadripunctata** L., Vier-punkt-Kiefernprachtkäfer. 5–7 mm, schwarz mit 4 Grübchen im Halsschild. Sehr häufig an Kiefer und Fichte. Flugzeit Juni/Juli. Larve in dünnen Stämmchen und in Ästen. Scharfrandige, mit Bohrmehl verstopfte, geschlängelte, von oben nach unten verlaufende Gänge zwischen Bast und Splint, ähnlich denen des Wespenbocks *Caenoptera minor*. Verpuppung im Splint. Generation anscheinend 2jährig. Meist sekundär. **Chrysobothris solieri** Lap., Goldgruben-Kiefernprachtkäfer. 10–12 mm, kupfer-braun mit Goldgrübchen auf den Flügeldecken. Fliegt Juni/Juli. Larve in Kiefer, in schwachen Stämmchen und in Ästen. Generation vermutlich 2jährig. Seltener, Sekundärschädling.

In Laubholz:

Dicerca aenea L., Erlenprachtkäfer. 19–22 mm, braun erzfarbig. In Erle, Buche, Pappel. **Lampra** (*Poecilonota*) **rutilans** F., Lindenprachtkäfer. 12–15 mm, grün mit prächtig purpurroten Streifen. In Linde. Generation mindestens 2jährig. **Poecilonota variolosa** Payk., Aspenprachtkäfer. 13–19 mm, kupferfarbig. An Pappeln und Eschen. Generation 3jährig. **Melanophila picta** Pall. (*decastigma* F.), Zehnfleckiger Prachtkäfer. 9–12 mm, 10 gelbe Flecken auf kupfernem Grund. In kranken und abgestorbenen Pappeln. **Anthaxia manca** F., Ulmenprachtkäfer. 9–11 mm, Halsschild rot mit zwei Längsstreifen, Flügeldecken erzschwarz. In den Zweigen von Ulmen. **Chrysobothris affinis** F., Goldgruben-Eichenprachtkäfer. 12–14 mm, Flügeldecken kupferbraun mit je 3 goldenen Gruben. An Eiche. Weibchen legt Anfang Sommer je 1–3 Eier dicht über dem Wurzelanlauf an Heistern und Stangen. Larve frißt sehr flache Gänge im Bast. Das querelliptische Ausflugloch des Käfers ist oft etwas schräg gestellt.

Die Gattung **Agrilus** Curt. enthält eine Reihe hauptsächlich in jungen Laubhölzern schädlicher Arten, deren Lebensweise im allgemeinen übereinstimmt. Käfer klein, schmal, vielfach metallglänzend. Bau und Verpuppung der Larven nach *Agrilus*-Typ (s. o.). 78−8, (A,) 5 / 5+68; Flug und Entwicklung weitgehend vom Wetter beeinflußt, daher Erscheinungszeiten recht variabel. Die Käfer sind ausgesprochene Sonnentiere, fliegen und kopulieren während der wärmsten Tageszeit und vollführen Reife- und Ernährungsfraß an Blättern. Eiablage einzeln oder in Gelegen an die Rinde, meist an glatte, besonnte Rindenteile von Krone und Stamm, gern an Schadstellen. Larven fressen erst in der äußersten Rindenschicht, dann zwischen Bast und Splint hin- und hergehende Gänge („Zickzackwurm"); häufig mehrere Gangsysteme benachbarter Larven durcheinander. Gang steigt bis ½ m in die Höhe, biegt am Ende oftmals um; Puppenwiege gewöhnlich tief im Holz, aber auch unter der Rinde oder in der Borke. Sekundär, trotzdem können Schäden ganz erheblich sein. Fraß einer einzelnen Larve wird überstanden; bei größerer Larvenzahl – es wurden 50 und mehr in einem Stämmchen gefunden – wird die Saftzufuhr unterbrochen, die befallene Pflanze stirbt. **Agrilus viridis** L., Buchenprachtkäfer, 5–11 mm, metallisch grün, in Buchenheistern, aber auch in älteren Stämmen, ferner (vielleicht als biologische Arten) an Erle, Eiche, Linde, Birke. Hat in Süddeutschland im Gefolge einer von 1945 bis 1952 während Periode mit extremer Witterung, insbesondere Niederschlagsmangel und hoher Sommerwärme, in den anfällig gewordenen Buchenbeständen eine Massenvermehrung erlebt, welche namhafte Schäden verursachte. Im südlichen Niedersachsen häufiger Befall an durch Sturm oder Straßenbau freigestellten, sonnenexponierten Bestandesrändern.

A. **biguttatus** F., Zweipunktiger Eichenprachtkäfer (Abb. 80), in alten Eichen; A. **angustulus** Ill., **elongatus** Hbst. und **subauratus** Gebl., 5–9 mm, grün oder blau, hauptsächlich in Eichenheistern. A. **auricollis** Kiesw., Lindenprachtkäfer, 7 mm, lebhaft golden-kupfrig, Halsschild mit 2 hintereinander liegenden Grübchen, in Linde. A. **betuleti** Ratz., Birkenprachtkäfer, 5 mm, dunkel-bronzefarbig, an schwachen Zweigen der Birke. A. **ater** L. (*sexguttatus* Brahm), Pappelprachtkäfer, 10–12 mm, dunkel-olivgrün, vornehmlich an älteren Pappeln und Weiden; hat bei Leipzig nach dem Dürrejahr 1959 zahlreiche der geschwächten Pappeln zum Absterben gebracht.

Bekämpfung: Erziehung kräftiger Pflanzen, Vermeiden aller Einflüsse, welche ihre Vitalität schwächen. Aushieb und Entfernen des befallenen Materials. Gegen *A. viridis* war das Werfen von Fangbäumen wirksam; diese und stehende Stämmchen zur Abwehr anfliegender Käfer mit einem Kontaktinsektizid zu spritzen, wird günstig (Kamp 1956) bzw. als erfolglos (Heering 1956) beurteilt.

Schrifttum: Hellrigl, K. G.: Ökologie und Brutpflanzen europäischer Prachtkäfer (Col., Buprestidae). ZaE 85, 167–191, 253–275, 1978. — Schönherr, J.: Buprestidae, Prachtkäfer. FE II, 31–55, 1974.

Familienreihe Teredilia, Holzbohrer

Klein, Kopf oft tief in den Prothorax eingezogen, Larve engerlingsförmig, meist im Holz.

Familie Anobiidae, Nagekäfer: Meist 2–5 mm lange, dunkle Tiere, die an Borkenkäfer erinnern, im Gegensatz zu diesen aber nichtgekniete Fühler besitzen. Auch die weißen, weichlichen, bauchwärts gekrümmten Larven ähneln denen der Borkenkäfer, haben aber wohlgebildete Beine. Sie leben im Innern von Holz und anderen Pflanzenteilen. Ihre Hauptbedeutung liegt in der technischen Schädlichkeit, vor allem im verarbeiteten Holz. Der forstliche Schaden ist wesentlich geringer. Im Walde leben folgende Arten:

Anobium emarginatum Dft., Fichtenborke-Nagekäfer, Larve bewohnt, völlig unschädlich, oberflächlich die Borke alter Fichten. Häufig mit schädlichen Borkenkäfern verwechselt. **Ernobius abietis** F., Fichtenzapfen-Nagekäfer. Larve frißt in der Spindel von Fichtenzapfen und geht dann auf die Basis der Schuppen über (Abb. 81). Befall der Zapfen erfolgt nach dem Auswerfen der Samen, ist also bedeutungslos. Oft massenhaft. Ähnlich **E. abietinus** Gyll., Kiefernzapfen-Nagekäfer, in Kiefern- und Fichtenzapfen; wurde auch aus

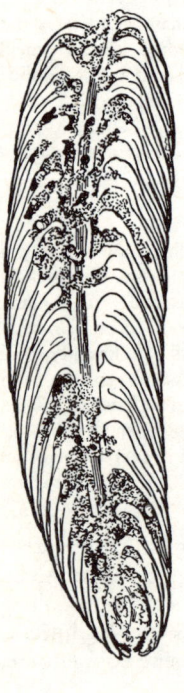

Abb. 81. Von *Ernobius abietis* befallener Fichtenzapfen, längs durchschnitten. Nach Rieck-Vité 1953

Kieferntrieben gezogen. Die Larven von **E. nigrinus** Strm., Kieferntrieb-Nagekäfer, fressen im Markkanal von Maitrieben älterer Kiefern und in Kulturen. Triebe fallen ab, erinnern an Waldgärtner-Absprünge; sie weisen aber im Innern die Larve auf, während bei Waldgärtnerbefall der Käfer im Trieb sitzt. 2jährige Generation. Nicht häufig. Die Larven von **Dryophilus pusillus** Gyll., Lärchenknospen-Nagekäfer, höhlen Kurztriebknospen der Lärche aus. **Xestobium rufovillosum** Deg. und **X. plumbeum** Ill. fressen in Eiche bzw. in Buche und Birke an anbrüchigen, bloßgelegten Stellen. Oft so dicht besetzt, daß diese Stellen siebartig von den Fluglöchern durchbohrt erscheinen. Technische Entwertung und Förderung von Fäulnisprozessen.

An geschlagenem und bearbeitetem Holz kommt eine Reihe von Anobien vor, die als „Holzwürmer" bekannt und gefürchtet sind. In Weichholz fressen hauptsächlich **Anobium punctatum** Deg., Totenuhr, **Dendrobium pertinax** L., Trotzkopf, und **Ernobius mollis** L., Weichhaariger Klopfkäfer, in Hartholz **Xestobium rufovillosum** Deg., Bunter Klopfkäfer, und **Ptilinus pectinicornis** L., Kammhornkäfer. Eine eingehendere Behandlung dieser wichtigen technischen und Haus-Schädlinge gehört nicht in den Rahmen dieses Buches; es wird auf VITÉ 1952/53 und SCHMIDT 1962 verwiesen.

Schrifttum: CYMOREK, S.: Familienreihe Teredilia, Kleine Holzwürmer. FE II, 56–77, 1974. — VITÉ, J. P.: Die holzzerstörenden Insekten Mitteleuropas. Göttingen 1952/53. — SCHMIDT, H.: Tierische Schädlinge im Bau- und Werkholz. Hamburg-Berlin 1962.

Familienreihe Clavicornia, Keulenkäfer

Äußerst vielgestaltige Gruppe mit verschiedener Lebensweise. Fühler meist keulenförmig oder geknöpft. Einige Familien, weil räuberisch, wichtig.

Familie Coccinellidae, Marienkäfer: Hochgewölbt, in der Regel rot oder gelb mit schwarzer Zeichnung oder umgekehrt. Larve langoval, meist mit langen Beinen, buntgefärbt oder einfarbig gelb oder dunkel. Käfer und Larven der uns interessierenden Arten leben frei auf Blättern, Nadeln und Stämmen und nähren sich von anderen Insekten, vor allem Blatt- und Schildläusen, aber auch von Schmetterlings-, Blattwespen- und Käferlarven. Weibchen legt im Frühjahr im Lauf von 6–10 Wochen langovale, meist gelbe Eier in Partien von 5–50 an Unterseite der Blätter oder ringsum an Nadeln. Gesamteimenge 400–600. Larvenentwicklung 30–45 Tage, Puppendauer 5–9 Tage. 1 oder 2 Generationen im Jahr. Sehr gefräßig, daher wichtige Nützlinge. Zahlreiche Arten. **Coccinella septempunctata** L., Siebenpunkt, 5–8 mm, gelbrot mit 7 schwarzen Flecken, frißt auch an jungen Blättern, z. B. an Eiche und Weide. **Adalia bipunctata** L., Zweipunkt, 5 mm, rot mit 2 schwarzen Punkten, **Anatis ocellata** L., 8–9 mm, gelb mit 20 Punkten, und **Aphidecta obliterata** L., 3–5 mm, schmutziggelb, meist ungefleckt, wurden u. a. als wichtige Feinde von *Liosomaphis abietina* und *Dreyfusia piceae* beobachtet.

Verwandte Familien sind die Ostomidae, Nitidulidae, Cucujidae und Colydiidae, die zahlreiche Nützlinge enthalten, meist kleine Arten, die unter der Rinde auf Borkenkäfer Jagd machen.

Schrifttum: HODEK, L.: Biology of Coccinellidae. The Hague 1973. — KLAUSNITZER, B., u. KLAUSNITZER, H.: Marienkäfer. Wittenberg 1972.

Familienreihe Heteromera, Ungleichgliedrige

In Bau und Lebensweise sehr verschieden. Vorder- und Mittelfüße mit 5, Hinterfüße mit 4 Gliedern. Im allgemeinen bedeutungslos, einige Vertreter wurden gelegentlich als Schädlinge beobachtet.

Familie Meloidae, Pflasterkäfer: **Lytta vesicatoria** L., Spanische Fliege. 12–20 mm, goldgrün, weichhäutig, mit unangenehmem Geruch. Erscheint im Juni, oft in Massen, und frißt auf Esche, auch an Liguster, Flieder, Ahorn, Pappel. Forstliche Bedeutung liegt im Käferfraß an Esche, der sich bis zum Kahlfraß steigern kann. Die Larve macht eine komplizierte Entwicklung (Hypermetamorphose) durch; sie lebt zuerst auf Blumen, dann parasitierend in Erdnestern von Bienen und überwintert außerhalb der Bienennester im Boden. Generation 1jährig. Die Käfer enthalten Cantharidin und sind offizinell.

Familie Serropalpidae (Melandryidae), Schwarzkäfer: **Serropalpus barbatus** Schall., Bärtiger Schwarzkäfer. 8–18 mm, schwarzbraun, Kiefertaster groß mit beilförmigem Endglied. Käfer nachts sehr flüchtig, am Tage versteckt, legt Mitte Juni bis Ende August Eier in Rindenritzen kränkelnder oder frischgefällter Nadelholzstämme. Larve gelbweiß, ziemlich weich, an beiden Enden verjüngt, frißt zylindrische, mit Fraßmehl verstopfte, 5–7 cm in den Holzkörper eindringende Gänge, die solchen von Holzwespen gleichen. Generation 2- oder 3jährig. Anscheinend nicht häufig, aber vielleicht öfter mit Holzwespen verwechselt.

Familie Lagriidae, Wollkäfer: **Lagria hirta** L., Gemeiner Wollkäfer. 7–10 mm, schwarz, Flügeldecken gelb-braun, weißlich behaart. Häufig und polyphag. Hat in einer Fichtenkultur in Schwaben durch Käferfraß an Maitriebnadeln Schaden angerichtet.

Familie Tenebrionidae, Dunkelkäfer: **Phylan gibbus** F., 7–9 mm, **Melanimon tibiale** F., 3–4 mm, und **Opatrum sabolosum** L., 7–10 mm, sämtlich schwarz, sind im Sandgebiet der Kurischen Nehrung und bei Königsberg Pr. durch Beschädigung und Vernichtung 1jähriger Kiefern aufgefallen. Einige andere Arten machen im Holz und unter der Rinde Jagd auf die Larven von Borken- und Bockkäfern und auf andere Schädlinge.

Familie Pyrochroidae, Feuerkäfer: **Pyrochroa coccinea** L., 14–15 mm, rot. Larve platt, drahtwurmähnlich mit kurzer Schwanzgabel und seitlich vorstehenden Brustbeinen, soll unter der Rinde zoophag von Bock- und Prachtkäferlarven, nach DERKSEN 1941 dagegen phytophag von Rinde und Holz abgestorbener Bäume und Stöcke leben.

Familienreihe Phytophaga, Pflanzenfresser

Meist stattliche, oft lebhaft gefärbte Käfer mit reduziertem 4. Fußglied. Larven pflanzenfressend, z. T. minierend und beinlos.

Familie Cerambycidae, Bockkäfer

In ihrer äußeren Erscheinung ziemlich einheitliche Familie. Käfer mittelgroß bis groß, schwarz oder bunt. Charakteristisch sind die langen Fühler mit knotigen Gliedern. Kräftige Beine, Füße mit stark behaarter Sohle. Auf Blüten und Pflanzen aller Art, auf Baumstämmen. Nähren sich von ausfließendem Baumsaft, von Blütenstaub oder gar nicht. Lebensdauer in der Regel kurz.

Larven leben meist im Innern von Holzpflanzen. Weiß, weich, langgestreckt, abgeflacht. Prothorax verbreitert, den Kopf umfassend; daher an Buprestidenlarven erinnernd, von denen sie sich durch den Besitz von Unterkiefertastern, durch ovale Stigmen (bei Buprestiden halbmondförmig) und durch charakteristische, dorsal und ventral vom 2. Brustring bis zum 7. Abdominalring entwickelte Laufwülste unterscheiden (Abb. 82). Beine sehr klein oder fehlend. Kopf gewöhnlich augenlos. Querschnitt

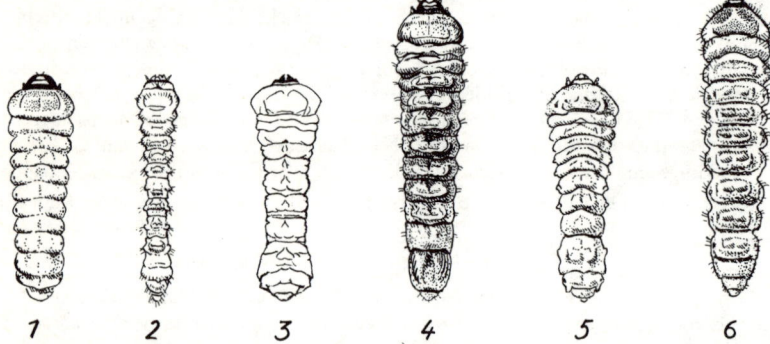

Abb. 82. Larven von Cerambyciden. 1. *Spondylis buprestoides*, 2. *Caenoptera minor*, 3. *Rhagium mordax*, 4. *Cerambyx cerdo*, 5. *Plagionotus arcuatus*, 6. *Saperda carcharias*. Nach VITÉ 1953

der Larvengänge meist queroval; mit Genagsel dicht angefüllt, unregelmäßig gewunden und oft sehr breit. Verpuppung unter der Rinde in einem aus Nagespänen hergestellten Nest oder in einem besonderen, hakenförmig ins Holz gehenden Verpuppungsgang (Hakengang) oder in dem etwas verbreiterten, oft mit Nagespänen verschlossenen Gangende. Jungkäfer frißt sich seinen Ausfluggang meist selbst. Ausflugloch gewöhnlich queroval, mit gerundeten Seiten, zuweilen kreisrund. Generationsdauer ein- bis mehrjährig; vielfach noch unbekannt.

Physiologische und technische Schädlinge. Entwerten das Holz unmittelbar durch ihre Fraßgänge und – bei Nadelbäumen – mittelbar durch Förderung der Verblauung. Viele sind, da sie im anbrüchigen Holz, in Stöcken, in toter Rinde leben, harmlos, aber auffallend.

Erkennung: Welken von Blattorganen und Trieben, z. T. gallenförmige Verdickungen; Auswurf von meist grobfaserigem Bohrmehl; Ablösen von Rinde und Aufhacken des Holzes durch Spechte; charakteristische Fraßgänge in der Bastschicht und im Holz.

Gegenmaßnahmen allgemein, sofern für die einzelne Art nicht anders angegeben: Zur Verringerung des Besatzes: Einschlag der befallenen Stämme und Abfuhr vor dem Ausschlüpfen der Käfer; Legen von Fangbäumen (S. 411) und Entrinden, solange die Larven unter der Rinde sitzen; Besprühen der üblichen Aufenthaltsorte der Käfer (Stammoberfläche, Baumkrone) mit einem gegen Borkenkäfer zugelassenen Insektizid (PVF). Zum Schutz des liegenden Holzes: Entrinden oder Abfuhr vor Beginn der Flugzeit; vorbeugendes Sprühen berindeten Holzes mit einem gegen Borkenkäfer zugelassenen Präparat kurz vor der Flugzeit; Besprühen nach Befall gegen unter der Rinde oder oberflächlich im Holz sitzende Larven mit denselben Mitteln, nicht immer erfolgreich.

In Nadelholz:

In lebendem oder frisch gefälltem, saftreichem Material:

Tetropium castaneum L. (*luridum* Gyll.) (Abb. 83) und **T. fuscum** F., Fichtenbock. 10–20 mm, braun, Halsschild matt, leicht runzelig punktiert (*T. fuscum*) oder glänzend, fein und weitläufig punktiert (*T. castaneum*). Larve bis 28 mm. Beide sehr nahe verwandte Arten sind Bewohner der Fichte, zuweilen auch der Lärche und Kiefer. Hauptsächlich im Altholz. Flugzeit April bis Juli. Ablage der insgesamt 80 Eier unter Borkenschuppen, in tiefe Rindenrisse, an den Stirnseiten gefällter Stämme zwischen Rinde und Holz, zunächst einzeln, dann 8–10 an einer Stelle. Die nach 10 bis 14 Tagen schlüpfenden Larven fressen vorwiegend im unteren Stammteil zwischen Rinde und Holz unregelmäßige, relativ breite Gänge (Abb. 84), die anfangs mit braunem, später,

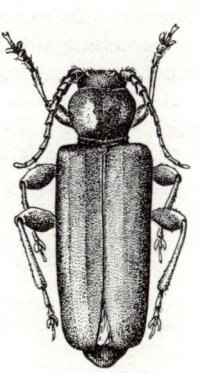

Abb. 83. *Tetropium castaneum*. 3/1

Abb. 84. Fraßbild von *Tetropium* in Fichtenrinde. 1/3

wenn sie in den Splint eingreifen, mit braun-weiß gemischtem Nagemehl dicht angefüllt sind. Erwachsene Larve nagt sich im Spätsommer, spätestens im Frühjahr des nächsten Jahres, 1–4, maximal 6 cm radialwärts, wendet sich im scharfen Winkel 3–5, maximal 9 cm tief nach abwärts, und verpuppt sich am Ende des mit Bohrmehl verstopften Hakengangs. Puppenruhe etwa 14 Tage. Käfer nagt sich durch den Bohrmehlpfropf und durch die Rinde mit flachovalem Flugloch nach außen. Generation je nach Witterung einfach oder doppelt. Die beiden Böcke gehören wegen ihres häufigen Vorkommens zu den forstlich schädlichsten Bockkäfern. Zwar regelmäßig sekundär, können aber z. B. durch Dürre geschwächte Bäume, die sich erholen würden, zum

Absterben bringen, indem sie durch die im Splint verlaufenden Larvengänge den Saftstrom unterbinden. Befall, auch an liegenden Stämmen, etwa nach Sturmwurf, senkt entsprechend der Tiefe der ins Holz eindringenden Hakengänge deren Verkaufswert.

Tetropium gabrieli Weise, Lärchenbock. Biologie wie bei den obigen, aber an Lärche. Schadauftreten nur in deren künstlichem Anbaugebiet.

Monochamus sartor F., Schneiderbock, 19–35 mm lang, schwarz, Flügeldecken vorn mit Quereindruck, und **M. sutor** F., Schusterbock (Abb. 85), 15–24 mm,

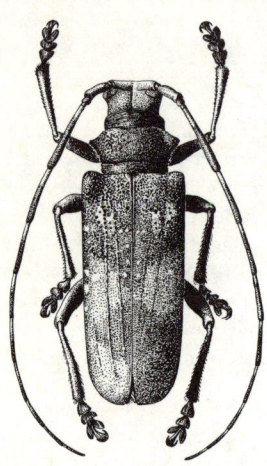

schwarz, Flügeldecken vorn ohne deutlichen Quereindruck. Fühler mehr als körperlang. Larve bis 40 mm. Hauptsächlich an Fichte, auch an Tanne und Kiefer. Flugzeit Juni bis September. Käfer fressen an Nadeln und junger Triebrinde. Weibchen durchnagt die Rinde des Stammes und legt je 1–3, zusammen etwa 50 Eier, in die Bastschicht. Larve frißt zuerst unter der Rinde breite Gänge, dringt dann in das Holz ein und durchsetzt es mit immer größer werdenden, im Querschnitt ovalen Gängen. Verpuppung tief im Holz. Käfer nagt ein kreisrundes Ausflugloch. Generation ein-, selten zweijährig. An geschwächten Bäumen, vor allem an liegenden, berindeten Stämmen. Schaden am stehenden Baum auch physiologisch, sonst wegen der das Holz durchziehenden Gänge technisch; doch anscheinend in Mitteleuropa nicht so häufig wie die beiden vorgenannten Fichtenböcke.

Abb. 85. *Monochamus sutor.*
2/1

Monochamus galloprovincialis Ol., Bäckerbock. 15–25 mm, sehr ähnlich den vorigen Arten, aber vorzugsweise an Kiefer. Nur lokal vorkommend. Namentlich in Osteuropa als gefährlicher Sekundärschädling aufgetreten, nach 1945 geradezu katastrophal in den vom Kriege heimgesuchten Kiefernwäldern Mittel- und Ostdeutschlands sowie Polens. 79−7,6/68+69. Käfer leben durchschnittlich 70, maximal 150 Tage. Fressen an Nadeln und Rinde ähnlich Rüsselkäfern in den oberen Kronenteilen, benagen junge Zweige, die wie Abbrüche des Waldgärtners, aber wesentlich größer als diese, abfallen. Ablage von meist je 2, insgesamt bis 30 Eiern in bis zum Kambium genagten Kerben; Eidauer 1–2 Wochen. Larve frißt von Anfang an breite Gänge zunächst unter der Rinde, dann im Holz, und wirft enorme Massen

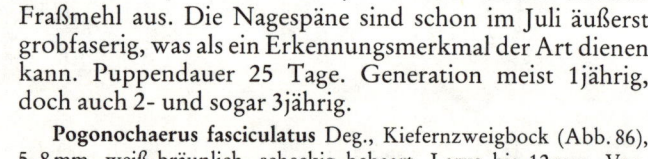

Fraßmehl aus. Die Nagespäne sind schon im Juli äußerst grobfaserig, was als ein Erkennungsmerkmal der Art dienen kann. Puppendauer 25 Tage. Generation meist 1jährig, doch auch 2- und sogar 3jährig.

Pogonochaerus fasciculatus Deg., Kiefernzweigbock (Abb. 86), 5–8 mm, weiß-bräunlich, scheckig behaart. Larve bis 12 mm. Vornehmlich an Kiefer, befällt in der Regel schwache Äste von 1–6 cm Durchmesser, selten junge Pflanzen. Flugzeit anscheinend von April bis Juni. Scharfrandiger Splintgang, der sich allmählich bis 3 mm Breite erweiternd in Windungen den Zweig verfolgt (Abb. 208) und in einem kurzen Hakengang im Holz endet. Generationsdauer vermutlich 1 Jahr. Physiologischer Schaden, der merklich sein kann. **Acanthocinus aedilis** L., Zimmerbock, 13–19 mm, braungrau, mit besonders langen Fühlern. Hauptsächlich in abgestorbenem Kiefernholz und Stöcken, ist aber nach Spanner- und Eulenfraß auch als ernster Sekundärschädling aufgetreten, der noch lebende, vielleicht sich erholende Stämme in Mengen zum Absterben brachte. Larven fressen unter der Rinde des Stammes und verpuppen sich dortselbst in nestartiger Puppenwiege

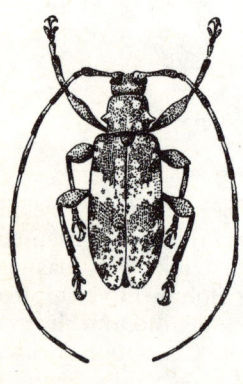

Abb. 86. *Pogonochaerus fasciculatus.* 4/1

oder in Puppenhöhle in den jüngsten Holzschichten. An liegenden, berindeten Stämmen oft in Konkurrenz mit Borkenkäfern und, weil sie alle ihnen in den Weg kommenden Lebewesen angreifen, diese u. U. in großer Zahl vernichtend; dann bis zu einem erheblichen Grade nützlich: ein Fraßbild von *Blastophagus piniperda* lieferte im Durchschnitt, wenn zahlreiche Zimmerbocklarven vorhanden waren, 1,3, sonst 18,8 Nachkommen (NUORTEVA 1962). Generation wird als doppelt, aber auch als zweijährig angegeben. **Clytus lama** Muls., 8–14 mm, schwarz-gelb gestreift. An Lärche, Zirbe, Kiefer, Fichte, vor allem im Alpengebiet. Gänge zunächst zwischen Rinde und Holz, später den Splint nach allen Richtungen durchziehend. 1–2jährige Generation. Stark sekundär.

In abgestorbenem, saftarmem Holz:

Kein physiologischer, höchstens technischer Schaden. Sehr zahlreiche Arten, von denen nur die wichtigsten genannt werden. Man kann 3 Gruppen unterscheiden:

1. Gruppe: Larven gehen entweder gleich oder, nachdem sie einige Zeit unter der Rinde gefressen haben, ins Holz und durchsetzen es mit ihren Gängen. Somit technisch sehr schädlich. Hierher gehört vor allem der wichtigste Bauholzschädling, der Hausbock, **Hylotrupes bajulus** L.; ferner können in lagerndem und verarbeitetem Holz schaden **Callidium violaceum** L., der Blaue Scheibenbock; **Asemum striatum** L., Düsterbock; **Criocephalus rusticus** L., Halsgrubenbock: dieser hat in Niedersachsen nach der Sturmkatastrophe 1972 bis zu 10% der in Poltern lagernden Stämme befallen; es kam zu ärgerlichen Beanstandungen durch Holzkäufer, weil der Befall meist erst entdeckt wurde, wenn die Käfer ausflogen, und dies bei 2-3jähriger Generationsdauer vielfach der Fall war, wenn das Holz bereits im Sägewerk oder gar schon verbaut war. Der Mulmbock **Ergates faber** L. findet sich in alten, mulmigen Kiefern- und Fichtenstöcken und trägt zu deren Zersetzung bei; bei genügender Feuchtigkeit kann er die bodennahen Teile von Masten, Zaunpfählen u. dgl. zerstören. Ebenfalls in mulmigen Stöcken: **Spondylis buprestoides** L., Waldbock; **Leptura rubra** L., Rothalsbock; **Rhagium bifasciatum** L., Zweibindiger Zangenbock.

2. Gruppe: Larven fressen unter der Rinde und machen nur zur Verpuppung einen Hakengang ins Holz. Technischer Schaden gering. Beispiele: **Callidium aeneum** Deg., Metallischer Scheibenbock; **Caenoptera minor** L., Kleiner Wespenbock, mit stark verkürzten Flügeldecken und weit herausragenden häutigen Flügeln, daher an Schlupfwespen erinnernd; hat in Fichtenrinde, die zu Gerbzwecken verarbeitet werden sollte, erheblichen Schaden angerichtet (ZWÖLFER 1936).

3. Gruppe: Larven leben ausschließlich unter der Rinde und verpuppen sich hier auch. Bedeutungslos. Häufigster Vertreter ist **Rhagium inquisitor** L., Grauer Zangenbock, mit der charakteristischen Spankranzpuppenwiege unter der Rinde; er hat 1933 ausnahmsweise alte Tannen anscheinend primär befallen und zum Absterben gebracht (SCHIMITSCHEK 1935).

In Laubholz:

In stehendem oder frisch gefälltem Holz:

In Harthölzern:

Cerambyx cerdo L., Großer Eichenbock (Abb. 87). 30–50 mm, Flügeldecken braunschwarz mit hellerer Spitze. Larve bis 90 mm. Fast ausschließlich an Eiche. Flugzeit Juni/Juli. Eiablage an stehende, leicht kränkelnde, starke Bäume, einzeln in Rindenritzen, insgesamt 50–150 Stück. Die nach 2–3 Wochen schlüpfende Larve nagt ihren Gang zunächst in der Rinde, dann im gesunden Holz, erst oberflächlich im Splint, dann tiefer. Die Wände der 15–50 cm langen, im Querschnitt ovalen, schließlich fingerstarken, mit festem, braunem Bohrmehl gefüllten Gänge schwärzen sich bald unter dem Einfluß von Pilzen: „Großer

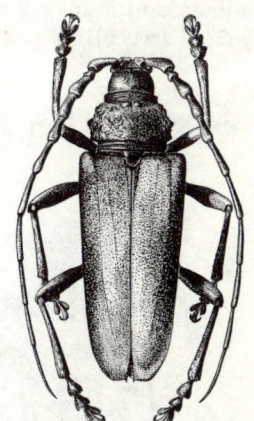

Abb. 87. *Cerambyx cerdo.* 1/1

schwarzer Wurm" der Holzhändler. Verpuppung in einem mächtigen Hakengang von etwa 80 mm Länge und 26 mm Durchmesser. Dauer der Puppenruhe 5–6 Wochen. Entwicklung in der Ukraine 68–6, A, 6/78+8,8 (RUDNEW 1935), also 3jährige Generationsdauer, wobei der Käfer in der Puppenwiege überwintert; vermutlich in anderen Gebieten ähnlich, doch können Klima und Holzfeuchtigkeit Abweichungen verursachen. Früher in Mitteleuropa weit verbreitet, heute selten geworden; in einigen Ländern unter Naturschutz gestellt. Häufiger **C. scopolii** Füssl., Kleiner Eichenbock, Buchenbock. Aussehen und Lebensweise ähnlich *C. cerdo,* aber nur 18–28 mm lang, Flügeldecken ganz schwarz, Hakengang bis 150 mm lang und 15 mm breit, Puppenwiege außer durch Späne noch mit Kalkdeckel

verschlossen. Bevorzugt Buche, auch an Eiche, Kastanie, Ulme, Obstbäumen. **Plagionotus arcuatus**
L., Eichenwidder. 6–20 mm, schwarz mit gelben Querbinden. Stellenweise häufig. Eiche, auch an
Buche und Hainbuche. Flugzeit Mai/Juni. Larven fressen zunächst unter der Rinde meterlange Gänge
und gehen dann ins Holz. Verpuppung hier. Generation 1- oder 2jährig. Sekundär. **Rosalia alpina** L.,
Alpenbock. 22–36 mm, blaugrau, mit samtbraunen, weiß eingefaßten Flecken. Besonders in den Alpen.
In anbrüchigen Buchen, daher keine forstliche Bedeutung; steht unter Naturschutz. **Rhopalopus
insubricus** Germ., Ahornbock. 18–24 mm, dunkelgrün-erzfarbig. An Bergahorn. Fraß größtenteils
unter der Rinde, Verpuppung in auffallend großem Hakengang im Holz. 2jährige Generation. **Saperda
punctata** L., Grüner Ulmenbock. 11–18 mm, grün mit schwarzen Punkten. In kranken oder
frischabgestorbenen Ulmen. Hakenförmige Puppenwiege greift bis 3 cm tief in den Holzkörper ein.
Stammrinde ist von runden Ausfluglöchern der Käfer oft förmlich durchsiebt. **S. scalaris** L.,
Leiterbock. 12–18 mm, schwarz mit 5 sprossenartigen Querbinden. In den verschiedensten Laubhölzern.

In Pappeln und Weiden:

Aromia moschata L., Moschusbock. 22–32 mm, metallisch grün, Moschusgeruch. Larve bis
40 mm. Lebt in starken Weiden, mit zahlreichen Gängen den Stamm durchziehend. In Nordeuropa
auch völlig primär. Bäume können den Angriff viele Jahre hindurch ertragen, so daß die folgenden
Generationen des Käfers in schon beschädigten Stämmen weiterleben. **Xylotrechus rusticus** L.,
Bauernbock, 9–20 mm, schwarz, mit grauen Querbinden. In Pappeln, aber auch in Harthölzern. **Lamia
textor** L. Weberbock. 15–30 mm, schwarz, glanzlos, gedrungen. Larve bis 40 mm, in Pappeln,
namentlich Aspen, und Weiden.

Saperda carcharias L., Großer Pappelbock (Abb. 88). 22–28 mm, ledergelb
behaart. Larve bis 40 mm. An Pappeln und Weiden, vorzugsweise an 5–20jährigen
Bäumen. 7,5–5, (A,) 5/67+69. Käfer lebt bei 18 °C 37–42 Tage, frißt unregelmäßige
Löcher in Blätter, an Blattadern und -stielen und an der Rinde von Zweigen und jungen
Stämmchen; Eiablage beginnt wenige Tage nach der Kopula, meist an der Stammbasis
in einem Rindenriß; dabei nagt der Käfer einen bis auf den Splint reichenden Spalt, in
den das Ei mit der Legeröhre geschoben wird. Insgesamt rund 40 Eier. Belegt werden
gesunde und kranke Bäume; in den letzten war die Eisterblichkeit niedriger (ŠROT
1962). Larve plätzt zunächst unter der Rinde, geht dann mit einem 4–6 cm langen

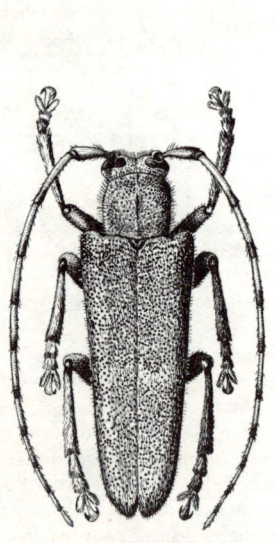
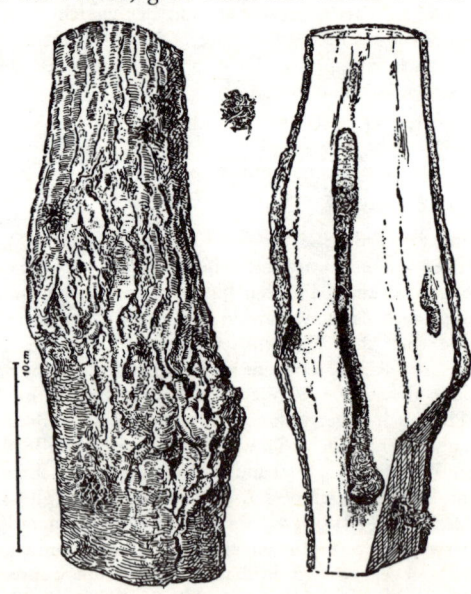

Abb. 88. *Saperda carcharias.*   Abb. 89. Fraßbild von *Saperda carcharias.* Nach
            2/1   VITÉ 1953

Horizontalgang ins Holz, biegt rechtwinklig um und frißt einen nach oben oder unten gehenden, im Querschnitt ovalen bis 25 cm, im Mittel 18 cm langen Gang (Abb. 89). Häufig mehrere Larven in einem Stamm. Große Nagespäne werden durch ein stets offen gehaltenes Loch ausgeworfen. Überwinterung in vorbereiteter Kammer, jeweils von Ende Oktober bis April. Puppendauer 3–4 Wochen. Befallene Stämme, besonders schwächere, reagieren oft durch Anschwellung des unteren Stammteiles. Schaden physiologisch, namentlich bei jüngeren Pflanzen: Kümmerwuchs, Stammdeformation, Bruchgefahr, Erhöhung der Disposition für Pilzbefall; weiterhin technisch: Verminderung oder Aufhebung der Nutzholzqualität der Stämme. Weitverbreiteter und wichtiger Feind der Pappel, namentlich bei Einzelanbau.

Bekämpfung: Allgemein gegen Bockkäfer empfohlene Maßnahmen wie Einschlag stark befallener Stämme und Besprühen, hier des unteren Stammteils, mit einem gegen Borkenkäfer zugelassenen Insektizid (PVF), um die Käfer vor und bei der Eiablage abzutöten. Dazu: gegen oberflächlich lebende Larven Sprühen der Rinde mit Trichlorfon 2 % Wirkstoff oder gegen Borkenkäfer zugelassenen Mitteln; gegen tief sitzende Larven Einbringen oder Einspritzen von Schwefelkohlenstoff oder Tetrachlorkohlenstoff in die Auswurflöcher und Verschließen dieser mit Lehm (ŠROT 1961).

Saperda populnea L., Kleiner Pappel- oder Aspenbock (Abb. 90). 9–14 mm, Flügeldecken dunkel mit je einer Längsreihe von 4–5 hellen Flecken. Larve bis 20 mm. Häufig. Hauptsächlich an Aspe, auch an anderen Pappeln und Weiden. 56–6, A, 4/5+57. Oft ist, bei 2jähriger Generationsdauer, die Generation eines Jahres wesentlich stärker als die des andern, so daß Massenauftreten alle 2 Jahre. Käfer fressen an Blättern, Blattstielen und die Rinde an der Spitze junger Triebe. Lebensdauer des Weibchens bis über 7, des Männchens 2–3 Wochen. Ablage der anscheinend mehr als 100 Eier einzeln vornehmlich an letztjährige, etwa bleistiftstarke Triebe oder an die unteren, schon verholzten Teile diesjähriger Triebe. Weibchen nagt einige kurze Querfurchen in die Rinde, frißt dann ein Loch bis zum Splint und begrenzt die so behandelte Rindenstelle mit einem oberflächlich genagten Bogen, der ein nach oben offenes Hufeisen bildet. Nun führt das Weibchen die Legeröhre in das Loch, löst mit ihr die dünne Rinde vom Splint los und schiebt unter das losgelöste Stück das Ei. Die Pflanze reagiert durch Bildung eines gallenartigen Wuchergewebes (Abb. 203), das als erste Nahrung der Larve dient. Wachstum des Wuchergewebes und Entwicklung von Ei und Larve müssen aufeinander abgestimmt sein; wächst das Gewebe zu rasch, so wird das Ei erdrückt; das gleiche Schicksal erleidet die Junglarve, die nicht im gleichen Tempo frißt, wie das Gewebe wächst. So können sich Pappeln in gutem Wuchszustand der Infektion entledigen. Hat sich die Larve behauptet, so frißt sie einen ringförmigen Gang in der Galle und geht dann in die Markröhre, wo sie aufwärts einen bis 5 cm langen Zentralgang fertigt (Abb. 209), in dem sie sich verpuppt. Käfer frißt sich durch ein kreisrundes Flugloch nach außen. Schlimmstes Schadinsekt der Jungpappel. Befall kann überaus stark sein, dann Absterben oder Abbrechen der Triebe, als Folge Verbuschung der Krone, Stammkrümmung; die Rindenwunden ermöglichen Infektion durch Pilze, insbesondere Krebserreger.

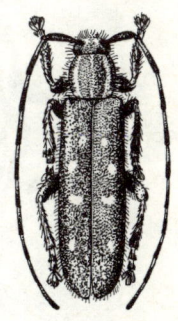

Abb. 90. *Saperda populnea.* 3/1

Bekämpfung: Beste Wachstumsbedingungen für die Jungpappel. Stark beschädigte Stämmchen auf den Stock setzen, die dann kräftig ausschlagenden Triebe sind in der Regel weniger anfällig. Besprühen von Stamm und Krone zu Beginn der Flugzeit mit einem gegen Borkenkäfer zugelassenen Insektizid (PVF), um die Käfer vor der Eiablage abzutöten. Gegen die Larve im Sommer und Herbst des Flugjahrs und im zeitigen Frühjahr des nächsten Jahrs Spritzen der Gallen mit Trichlorfon-Emulsion 1 % (WACHTENDORF 1958) oder Überpinseln mit Leinöl (BRAMMANIS 1963).

Oberea oculata L., Rothalsiger Weidenbock. 16–20 mm, Flügeldecken grau, Halsschild und Beine gelbrot. Larve bis 30 mm. An Weiden. Larve frißt im Innern der Triebe einen bis 30 cm langen und

3–4 mm breiten, fast drehrunden Gang. Am Ende des Fraßgangs erweiterte Puppenwiege. Generation 1jährig. Unter Umständen in Weidenkulturen ernstlich schädlich.

Im abgestorbenen, saftarmen oder trockenen Holz:

Gracilia minuta F., Weidenböckchen. 4–6 mm, braun. Larve bis 8 mm. Befällt tote, auch verarbeitete Zweige verschiedener Laubhölzer. Technischer Schädling in Faßreifen und Weidenkörben. Verschiedene nahverwandte Arten, die Scheibenböcke **Pyrrhidium sanguineum** L., **Phymatodes testaceus** L., **Ph. lividus** Rossi und **Callidium aeneum** Deg., alle 8–15 mm lang, leben in abgestorbenem, berindetem Laubholz, vornehmlich Eiche, Buche, Edelkastanie. Früher in den Vorräten der Drechsler und Stellmacher häufig. Larvenfraß zwischen Rinde und Holz, erst zum Schluß Hakengang ins Holz. Da dieser meist nicht tief geht, Schaden gering. Die Zangenböcke **Rhagium mordax** Deg., 12–20 mm, Flügeldecken mit 2 nahe beieinanderstehenden gelben Querbinden, und **Rh. sycophanta** Schrk., 17–30 mm, Flügeldecken mit 2 weit auseinanderliegenden gelbroten Querbinden, machen Gänge zwischen Rinde und Splint. Verpuppung in mit Spänen ausgepolsterter Puppenwiege. Bedeutungslos.

Schrifttum: Hellrigl, K.: Cerambycidae, Bockkäfer. FE II, 130–202, 1974. — Klausnitzer, B., u. Sander, F.: Die Bockkäfer Mitteleuropas. Wittenberg 1978.

Familie Chrysomelidae, Blattkäfer

Käfer gedrungen, stark gewölbt, oft halbkugelig, mit bunter, häufig metallischer Färbung. Verursachen Löcher- und Schartenfraß an Blättern und Nadeln. Ablage der oft lebhaft gefärbten Eier in großer Zahl (bis 1000 und mehr) frei an die Nährpflanze. Larven (Abb. 92) mit wohlausgebildeten Beinen, Fühlern

Abb. 91. *Melasoma populi.* 4/1

Abb. 92. Larve von *Melasoma.* Nach Schimitschek 1955

und Augen, meist dunkel, öfters bunt gefleckt, leben frei wie die Imagines und skelettieren gesellig Blätter (Abb. 205). Entwicklungsdauer meist kurz, einige Wochen, so daß mehrere Generationen im Jahr aufeinander folgen, die sich überschneiden können. Verpuppung meist freihängend an der Nährpflanze, seltener im Boden. Überwinterung gewöhnlich als Käfer im Boden. Forstliche Bedeutung im allgemeinen gering, in Weidenhegern, in Pappelgärten und an jungen Pflanzen beachtlich. Bekämpfung mit gegen blatt- und nadelfressende Käfer zugelassenen Insektiziden (PVF).

An Weiden und Pappeln: **Melasoma populi** L. (Abb. 91), **M. saliceti** Ws. und **M. tremulae** F., die Roten Pappel- oder Weidenblattkäfer, 7–12 mm, Flügeldecken rot, an der Spitze geschwärzt (*M. populi*) oder nicht geschwärzt, dann Halsschild nach der Spitze verengt (*M. saliceti*) oder parallel (*M. tremulae*). **Plagiodera versicolor** Laich., **Phyllodecta vulgatissima** L., **Ph. tibialis** Suff., **Ph. vitellinae** L., die Blauen oder Kleinen Weidenblattkäfer. 3 bis 5 mm, metallisch blau oder blaugrün. Schlimmste Weidenschädlinge. **Lochmaea capreae** L., **Galerucella lineola** F., die Gelben Weidenblattkäfer. 4–8 mm, gelbbraun. Jener ist auch als Birkenvernichter, dieser an Erle fressend beobachtet worden. **Zeugophora flavicollis** Mrsh., Minierender Pappelblattkäfer, 3–4 mm, schwarz, Halsschild gelb. Käfer Juni/Juli und wieder August/September. Zwei Generationen. Orangegelbe Larve miniert in Pappel-, auch in Weidenblättern.

An Erlen: **Agelastica alni** L., Blauer Erlenblattkäfer. 5–6 mm, tief stahlblau. **Melasoma aenea** L., Erzfarbener Erlenblattkäfer. 6–8 mm, metallisch grün, zuweilen auch blau oder kupferrot.

An Ulmen: **Galerucella luteola** Müll., Ulmenblattkäfer. 6–8 mm, Flügeldecken gelbbraun, Halsschild mit dunklen Flecken.

An Eichen: **Haltica quercetorum** Foud., Eichenerdfloh. 4–5 mm, grün, mit Sprungbeinen. Kann im Kamp Schaden anrichten.

An Kiefern: **Cryptocephalus pini** L., Gelber Kiefernblattkäfer. 4–5 mm, glänzend lehmgelb, walzenförmig. Käfer fressen ab Juli Rinnen in die Unterseite der Nadeln und benagen Triebspitzen. Auch an Fichte und anderen Nadelhölzern. Larvenentwicklung am Boden, Verpuppung in Rindenspalten. **Luperus pinicola** Duft., Schwarzer Kiefernblattkäfer. 3–4 mm, Halsschild, Beine und Fühler gelbrot, Flügeldecken schwarz. Lebensweise größtenteils unbekannt. Käferfraß Mitte Mai bis Ende Juli wie *C. pini*, außerdem platzweise auf der Oberseite der Nadeln und an der weichen Rinde junger Triebe. Massenvermehrungen in schlechtwüchsigen Kiefernbeständen auf Standorten mit ungünstiger Wasserversorgung. Der sonst an Cruciferen lebende Meerrettichblattkäfer, **Phaedon cochleariae** F., hat in einem Pflanzgarten erheblichen Schaden durch Ausfressen von Kiefernknospen angerichtet. (GAUSS 1966).

Schrifttum: MAISNER, N.: Chrysomelidae, Blattkäfer. FE II, 202–236, 1974. — TISCHLER, W.: Kontinuität des Biosystems Erle *(Alnus)* – Erlenblattkäfer *(Agelastica alni)*. ZaZ 64, 69–92, 1977. — WEISS, M.: Zur Wirkung von Dimilin auf die Imagines und Eier des Erlenblattkäfers, *Agelastica alni* L. (Coleopt., Chrysomelidae). AS 50, 161–164, 1977.

Familienreihe Rhynchophora, Rüßler

Artenreichste Familienreihe. Kopf gewöhnlich rüsselförmig verlängert. Larve meist weiß, bein- und augenlos, bauchwärts gekrümmt (Abb. 97).

Familie Anthribidae, Breitrüßler

Kurzer, breiter Rüssel. Lebensweise recht mannigfaltig, meist in anbrüchigem Holz. Zwei Arten forstlich nützlich: **Brachytarsus nebulosus** Forst., Grauer Schildlausrüßler. 2,5–4 mm. Flügeldecke schwarzgrau, glatt. Käfer frißt Schildläuse, Insekteneier u. dgl., Larve schmarotzt in der Fichtenquirlschildlaus und anderen Schildläusen. **B. fasciatus** Forst., Roter Schildlausrüßler, 3–4 mm. Flügeldecke rot-schwarz, höckerig. Larve in verschiedenen Schildlausarten auf Laubholz.

Familie Curculionidae, Rüsselkäfer

Kopf rüsselförmig verlängert. Fühler gewöhnlich mit verlängertem ersten Glied (gekniet) und verdickten Endgliedern (Keule). Flügeldecken sehr hart. Sämtlich phytophag als Larve und Käfer. Forstlich z. T. hervorragend bedeutsam.

Unterfamilie Rhynchitinae, Blattroller: Wegen ihrer Brutfürsorge interessant. Forstlich kommen nur einige Arten in Betracht, deren Weibchen bei der Eiablage die Blätter zusammenrollen und in einen welken, den auskommenden Larven zusagenden Zustand versetzen. Biologisch lassen sich folgende Gruppen unterscheiden: 1. Blattroller, die, ohne die Blattflächen selbst anzuschneiden, ein Blatt oder mehrere zu einer länglichen, hängenden Rolle (Zigarrenwickel) aufwickeln, nachdem sie oberhalb der Stelle den Trieb angeschnitten haben. In der Rolle entwickeln sich die Larven. **Byctiscus populi** L., Pappelroller, an Pappeln; **B. betulae** L. auf Laubhölzern, als „Rebstecher" in Weinbergen (Abb. 93) 2. Blattroller, welche die Blattfläche nahe der Basis einschneiden und das welkende Spitzenstück zu einer Rolle zusammenwickeln. Der Einschnitt ist a. einseitig, die Mittelrippe treffend. **Apoderus coryli** L., Haselroller, an Hasel und anderen Laubhölzern; **Deporaus tristis** F., Ahornroller, an Bergahorn. b. an beiden Seiten, die Mittelrippe bleibt unversehrt. **Attelabus nitens** Scop. *(curculionides* L.), Eichenroller, macht kurze zylindrische Röllchen an Eiche und Edelkastanie. **Deporaus betulae** L., Birkenroller, mit trichterförmiger Rolle an Birke, auch an Buche, Eiche, Hainbuche, Erle, Hasel, wobei der Käfer S-förmige Kurvenschnitte fertigt. Bekämpfung, sofern notwendig, mit Lindan-Präparaten (PVF), die sich auch gegen die Larven in Blattwickeln als wirksam erwiesen haben.

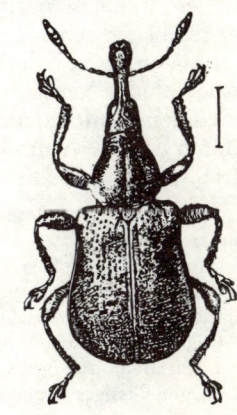

Abb. 93. *Byctiscus betulae.* Nach ESCHERICH 1923

Schrifttum: FRANCKE-GROSMANN, H.: Rhynchitinae. FE II, 240–252, 1974.

Adelognathi, Kurzrüßler: Rüssel dick und kurz. Käfer befressen Nadeln, Blätter, Knospen oder Rinde an meist jungen Pflanzen. Lassen sich bei drohender Gefahr zu Boden fallen. Larven leben im Boden von Wurzeln.

Unterfamilie Otiorrhynchinae. Forstliche Bedeutung liegt vorwiegend im Larvenfraß:

Otiorrhynchus niger F., Schwarzer Rüsselkäfer, Rotbein (Abb. 94). 7–12 mm, schwarz, Beine rot. An Fichte, auch an anderen Nadel- und Laubhölzern. Endemisch in Gebirgsgegenden zwischen 300 und 800 m. 67−8,57/8+9,58,58. Käfer kann bis 3 Jahre alt werden. Weibchen legen im ersten Sommer durchschnittlich 40, im zweiten 240 Eier in den Boden von Pflanzgärten, Kulturen oder jungen Beständen, besonders an frisch gelockerten Stellen. Larven fressen die zarten Wurzeln der Pflanzen, stärkere

Abb. 94. *Otiorrhyn-chus niger*. 3/1

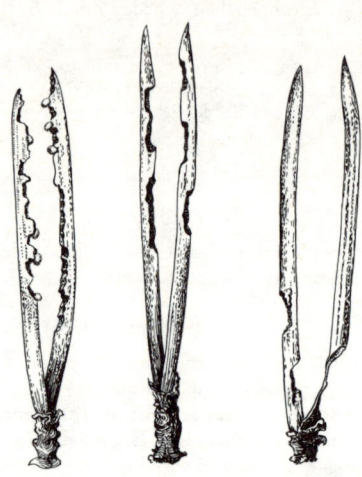

Abb. 95. Käferfraß von *Brachyderes incanus* (links), *Philopedon plagiatus* (Mitte) und *Strophosomus capitatus* (rechts). Nach Eckstein 1893

Wurzeln schälen sie. Verpuppung in geglätteter Höhle am Fraßort. Käfer überwintert in der Höhle, im nächsten Winter unter Steinen u. dgl. Im Frühjahr und Sommer frißt er an oberirdischen Teilen der Pflanzen, hauptsächlich an Nadeln der Fichte, gern auch an Blättern von Erlen. Die Entwicklung der Stadien dauert entsprechend den örtlich wechselnden Verhältnissen verschieden lang. Infolgedessen sind Generationsdauer und Generationenfolge unterschiedlich und nicht immer klar zu durchschauen. Schädlich durch den Larvenfraß; ortsweise, z. B. im Harz, gefährlicher Kampschädling. Käferfraß weniger bedeutsam.

Diagnose: Larvenfraß gleicht dem junger Engerlinge, von ihm nur durch Auffinden der Täter zu unterscheiden.

Prognose: 7–15 Larven je 1 m² Beetfläche gelten als kritisch.

Bekämpfung: Vorbeugend durch Sprühen der Pflanzen im Pflanzgarten und in seiner Umgebung mit einem gegen Rüsselkäfer zugelassenen Insektizid in 3facher normaler Aufwandmenge (PVF) Ende April, um die aus dem Winterlager kommenden Käfer vor der Eiablage zu treffen; Einbringen von 4 kg/a Lindan-Streumittel in die Beete vor der Bepflanzung. Gegen fressende Larven in bestockten Beeten Injektion flüssiger Bodeninsektizide, nicht immer erfolgreich.

Ähnliche Lebensweise haben: **Otiorrhynchus ovatus** L., Kleiner schwarzer Rüsselkäfer, 5 mm, schwarz, an Fichte, vorzugsweise in der Ebene. **O. scaber** L., 5–7 mm, erdfarben, an Tanne und Fichte. **O. singularis** L., Brauner Lappenrüßler, 6–8 mm, braun, besonders an Eiche, aber auch an anderem

Laubholz und an Nadelholz. **O. sensitivus** Scop., Großer schwarzer Rüsselkäfer, 12–15 mm, schwarz, Flügeldecken abgeflacht; in den Alpen an Nadelholz, besonders Fichte.

Ferner: **Phyllobius arborator** Hbst., Grünrüßler, 6–8 mm, metallisch grün. Larven an Wurzeln im Pflanzgarten. Käfer befressen im Mai/Juni die Blätter zahlreicher Laubholzarten, vor allem Birke, gelegentlich auch junge Maitriebe von Fichten. Schaden vor allem durch Larvenfraß. **P. oblongus** L., Schmalbauchrüßler, 4–6 mm, schwarz-bräunlichgelb, und andere Arten der Gattung vollführen ebenfalls Käferfraß an Laubhölzern.

Unterfamilie B r a c h y d e r i n a e . Forstliche Bedeutung liegt vorwiegend im Käferfraß:

Brachyderes incanus L., Gemeiner Graurüßler (Abb. 138). 8–11 mm, schwarz, mit kupfrigen Schuppen bedeckt; Rüssel breit und kurz. Charaktertier der Kiefernheiden im Schonungsalter, aber auch in älteren Kiefernbeständen. Der langlebige Käfer legt seine Eier in Päckchen von 30–125 Stück Ende August bis Ende September und nach Überwinterung in oder unter der Bodenstreu wieder Anfang April bis Ende Juli in den Boden. Eizahl bis mehr als 1000. Eidauer je nach Temperatur 2–6 Wochen. Larve frißt an Wurzeln, meist belanglos. Puppendauer 3 Wochen. Wegen langanhaltender Eiablage und entsprechend den wechselnden Temperaturverhältnissen verschiedener Entwicklungsdauer meist mehrere Stadien nebeneinander. Käfer hauptsächlich in zwei Wellen: April/Mai nach der Überwinterung und – gewöhnlich in größerer Zahl – die Jungkäfer August/September; benagen, vorwiegend nachts, Nadeln der Kiefer, meist die der Endknospe nahe stehenden. Fraßbild besteht aus scharfen, halbkreisförmig ausgeschnittenen Bogen, die bei starkem Fraß zusammenfließen, meist in der oberen Hälfte der Nadel (Abb. 95). An den Wundrändern treten Harztröpfchen aus. Massenvermehrungen vor allem in Kulturen auf nährstoffarmen Böden ohne nennenswerte Bodenvegetation, können erheblichen Schaden anrichten, namentlich in Verbindung mit Dürre oder auch mit Schütte: diese vernichtet die Nadeln der unteren, der Rüßler die der oberen Pflanzenteile. Massenauftreten 1966/67 in der Lüneburger Heide besonders stark in mannshohen Kulturen auf vollumgebrochenen Brandflächen von 1959.

Prognose: 40 Larven, Puppen und Jungkäfer je 1 m² im Boden, Anfang August gefunden, lassen starken Käferfraß im August/September erwarten.

Bekämpfung: Sprühen beim Erscheinen der Jungkäfer Anfang bis Mitte August mit gegen Rüsselkäfer zugelassenen Insektiziden in doppelter bis dreifacher normaler Aufwandmenge (PVF), gegebenenfalls kombiniert mit Schüttebekämpfung.

Weitere, durchweg kleinere Rüßler mit Käferfraß vorwiegend an Nadelhölzern sind: **Philopedon plagiatus** Schall., Gestreifter Graurüßler. 5–8 mm, dicht bräunlich-weiß gestreift beschuppt. Schadet wie *B. incanus*, bevorzugt aber 1- bis 2jährige Kiefern. Frißt mehr an der Nadelbasis und größere, mehr eckige Scharten (Abb. 95). Benagt auch plätzend zarte Rinde der Triebe. **Strophosomus capitatus** Deg., Dichtschuppiger Graurüßler, Schmerbauchrüßler, 4–6 mm, braunweiß geschuppt, marmoriert. In Kiefernkulturen. 4–57/8+9,5 (?). Käfer befrißt Nadeln, Knospen, Rinde. Nadelfraß zeigt sich in einigen voneinander getrennten Fraßscharten, deren Ränder mit scharfen Winkeln auf den geradlinigen Grund stoßen (Abb. 95). Auch an älteren Kiefern, Schwarzkiefer, Strobe, Douglasie, Sitkafichte, Eiche, Buche. Hat 1978/79 im Spessart erheblich in Eichensämlings-Kulturen geschadet; die Käfer fraßen die sich eben öffnenden Knospen aus, an den jungen Blättern und an der Rinde. **S. melanogrammus** Först., Kahlnahtiger Graurüßler. 4–6 mm, wie *S. capitatus*, aber mit kahler schwarzer Flügeldeckennaht. Bevorzugt junge Fichten, an denen Nadeln, Rinde und Knospen benagt werden. Gelegentlich auch an älteren Fichten, Sitkafichten, Kiefern, Laubholz. Schädling der Fichtenkulturen. Kann mit dem Vorgenannten auch Schaden in Buchenverjüngungen anrichten. **Polydrosus** (*Metallites*) **atomarius** O., Kleiner grüner Fichtenrüßler, 4–5 mm, grünlich beschuppt, benagt an Nadelhölzern junge Nadeln und Triebe, so daß diese umknicken. **P. mollis** Str., Großer grüner Fichtenrüßler, 6–10 mm, metallisch grün, schadet wie der vorige, auch an Eiche, Buche, Birke, vorwiegend im Mittelgebirge. **Scythropus mustela** Hbst., 7–9 mm, braun, mit kupfrigen Härchen bedeckt. Eiablage zwischen 2 mit Kitt verbundenen Nadeln. Larve geht in den Boden. Käfer frißt flachbogenförmige Ausschnitte an den Nadeln der Kiefer. **Neliocarus lateralis** Payk., Heiderüßler, 4–6 mm, schwarz; üblicherweise an Heidekraut, hat nach Entfernung der Heide Schäden in Kiefernkulturen angerichtet.

Käferfraß vorwiegend an Laubholz: **Polydrosus cervinus** L., 4–5 mm, goldgelb beschuppt, an Eiche, Buche, Birke. **Barypithes araneiformis** Schrk., 3–4 mm, glänzend braun. An Weiden und anderen Laubhölzern. Frißt an Knospen und jungen Trieben. Schädling in Korbweidenanlagen.

Schrifttum: SCHINDLER, U.: Adelognathi, Kurzrüßler. FE II, 252–271, 1974.

Phanerognathi, Langrüßler: Langer, meist drehrunder Rüssel. Lebensweise, im Gegensatz zu den Kurzrüßlern, sehr mannigfaltig; schaden als Käfer oder als Larve oder als Käfer und Larve durch Fraß an Rinde, Blattorganen, Knospen, Blüten und Früchten.

Unterfamilie Curculioninae. Sie enthält den gefährlichsten Schädling in Nadelholzkulturen:

Hylobius abietis L., Großer brauner Rüsselkäfer (Abb. 96).

8–13 mm, dunkelbraun, Flügeldecke mit rostgelb beschuppten Binden und Flecken. Fühler nahe Rüsselspitze eingelenkt; hervortretende Schultern. Erste und letzte Abdominalbauchplatte beim ♂ eingedrückt, beim ♀ gewölbt. Von ähnlichem Aussehen und anscheinend von gleicher Lebensweise, aber weniger häufig sind **H. pinastri** Gyll., 8–10 mm, und **H. piceus** Deg., 12–16 mm.

 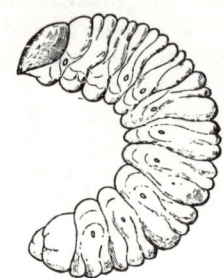

Abb. 96. *Hylobius abietis.* 4/1. Nach SCHIMITSCHEK 1955

Abb. 97. Larve von *Hylobius* spec. Nach HEQVIST 1957

Käfer legen nach der Überwinterung Eier an absterbende, flachstreichende Nadelholz-Wurzeln, meist an die Wurzeln der im voraufgegangenen Winter gefällten Kiefern und Fichten, ausnahmsweise an verletzte Wurzeln stehender Stämme, an kränkelnde oder verletzte jüngere Pflanzen oder stehende Stämme. Auch frische Rindenhaufen, die nach dem Schälen größerer Holzmengen zurückbleiben, werden belegt. Die Käfer gelangen laufend und fliegend zu geeigneten Brutplätzen, beispielsweise auf frische Kahlschläge, wo sie dann massenhaft zu finden sind. Während der Hauptflugzeit, in der Regel im Mai, fliegt der Käfer schnell und weit, vorzugsweise bei Temperaturen über 18–19 °C und Windgeschwindigkeiten unter 3–4 m/s (SOLBRECK-GYLDBERG 1979); in der übrigen Zeit überwiegt das Laufen. Im allgemeinen Nachttier, das sich bei Tage versteckt hält und in der Dunkelheit aktiv wird. Das Weibchen bohrt mit dem Rüssel Löcher in die Rinde, in die es 1–5 Eier legt, insgesamt von Mai bis September, mit einem Maximum im Juni, 80–150, im Durchschnitt rund 120 Stück. Eiablage kann in der nächsten und übernächsten Vegetationszeit fortgesetzt werden; in den Legepausen wiederholte Begattung und Nahrungsaufnahme. Überwinterung in der humosen Schicht des Mineralbodens oder auch im Auflagehumus, hauptsächlich in Stangenhölzern.

Die nach 2–3 Wochen auskriechenden Larven (Abb. 97) fressen wurzelabwärts lange, mit Bohrmehl gefüllte Gänge, die allmählich breiter werden, anfangs nur im Bast verlaufen, später in den Splint eingreifen und dicht beieinander liegen, so daß eine von mehreren Larven befallene Wurzel schließlich wie eine kannellierte Säule aussieht (Abb. 98). 4, in der Regel 5 oder 6 Stadien. Larvenentwicklung bei hohen Temperaturen kontinuierlich, z. B. bei solchen, die zwischen 20 und 28 °C schwankten, durchschnittlich 73 Tage (NOVÁK 1965); bei niedrigeren Temperaturen zwischen 10 und 20 °C fakultative Diapause vor der Verpuppung, die 60–220 Tage dauerte (EIDMANN 1964). Verpuppung in tiefer Splinthöhle, deren Eingang mit groben Spänen verstopft wird, ausnahmsweise auch in oberflächlicher Spanpolsterwiege (wie *Pissodes*). Puppenruhe etwa 2–3 Wochen. Der Jungkäfer verläßt nach weiteren 2–3 Wochen seine Brutstätte durch ein rundes Loch.

Lange Lebensdauer der Käfer (2–3 Jahre), ständige Fortpflanzungsbereitschaft und schwankende, durch die Temperatur stark beeinflußte Entwicklungsdauer der praeimaginalen Stadien, insbesondere der Larven, machen die Generationsverhältnisse unklar. Im günstigsten Falle dauert die Entwicklung vom Ei zum unreifen Jungkäfer 3–4 Monate; wenn die Eier im Mai abgelegt sind, erscheinen dann die Käfer im August/September, um Rinde platzweise zu befressen; sie sind noch nicht fortpflanzungsfähig. Nach Überwinterung erscheinen sie im nächsten Frühjahr wieder, um erneut zu fressen und nunmehr sich fortzupflanzen. Generation 1jährig. Häufiger dauert die Entwicklung der Larven länger; der Käfer kann dann erst nach etwa 12 Monaten erscheinen und sofort zur Fortpflanzung schreiten. Oder die Entwicklung dauert etwa 15 Monate; nach Eiablage im Mai überwintert die Larve, der unreife Käfer erscheint im Juli/ August des nächsten Jahres, frißt, überwintert und pflanzt sich im nächsten Frühjahr fort; 2jährige Generationsdauer. In nordischen Ländern auch 3- und 4jährige Generationsdauer.

Forstliche Bedeutung liegt im Käferfraß. Larvenfraß ist gleichgültig. Die Käfer fressen, entsprechend den Generationsverhältnissen, während der ganzen Vegetationszeit, treten aber gehäuft im Mai (Frühjahrsfraß) und August (Sommerfraß) auf. Hauptfraßpflanzen sind Fichte und Kiefer. Befressen wird auch anderes Nadelholz, bevorzugt die Strobe, und Laubholz. Fraß besteht in einem platzartigen Abnagen von Rinde und Kambium an jungen Stämmchen und Trieben, wobei häufig auch die äußere Schicht des jüngsten Jahresrings verletzt wird (Abb. 207). Der Umfang der rundlichen, erbsen- bis bohnengroßen, bis auf den Bast gehenden Wunden, ist in der Tiefe geringer als außen (trichterförmig). An den Wundrändern tritt Harz aus, das den Fraßstellen ein grindiges

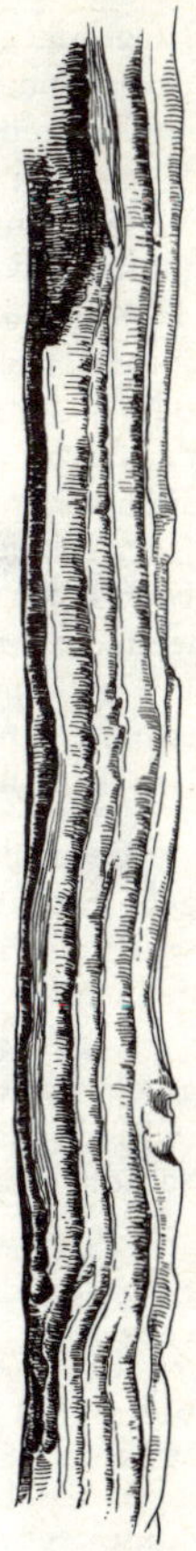

Abb. 98. Larvenfraß von *Hylobius abietis* an Wurzel. 1/2

Aussehen gibt. Die Wundstellen können so zahlreich werden, daß sie sich berühren. Dadurch wird der Saftstrom unterbrochen, und Stämmchen oder Trieb sterben ab. Zuweilen nagt der Käfer auch an Nadeln. Er ist in allen Altersklassen der Nadelholzbestände verbreitet und frißt vorzugsweise in den Kronen von Althölzern; Schaden richtet er aber nur auf den Kulturen an, die bis zur völligen Vernichtung befressen werden können.

Diagnose: Kränkeln, Welken, Absterben der jungen Pflanzen. Harzige Fraßstellen am Stamm, trichterförmig (zum Unterschied von wurzelbrütenden Borkenkäfern). Käfer in Gräben, an Rindenstücken, an frischgehauenen Stämmen und Knüppeln.

Prognose: Auf gefährdet erscheinenden Kulturen Auslegen von Fangrinden in Fichtenrevieren bzw. von Fangknüppeln im Kieferngebiet oder auch von Fangplatten aus Plastik mit untergelegten Fichten- oder Kiefernzweigen (S. 391) hier und dort auf der Fläche oder, wo Einwanderung der Käfer von außen zu erwarten ist, an ihren Rändern. Wiederholte Kontrolle. Bei Antreffen einiger Käfer sollte Bekämpfung erfolgen. Brauchbare kritische Zahlen anzugeben ist kaum möglich. Nach HULVERSCHEIDT 1934 sollen 25 Käfer je Ar eine Kiefernkultur im Pflanzverband $1,5 \times 0,5 \, m^2$ so schädigen, daß sie zu einem Drittel nachgebessert werden muß. Doch ist zu bedenken, daß 1. die gefährliche Käferdichte außer vom Verband auch von der Größe der Pflanzen abhängt; 2. die am Fangplatz gefundene Käferzahl nicht auf eine Flächeneinheit bezogen werden kann, weil a. das Einzugsgebiet unbekannt ist und b. nicht feststeht, wieviel Prozent der tatsächlich vorhandenen Käfer am Fangplatz angetroffen werden; 3. laufend Käfer neu erscheinen oder auch zur Eiablage sich fortbegeben; 4. die Käfer ihr Verhalten ändern können und anstelle der Fangplätze nach einiger Zeit vorzugsweise die Pflanzen zum Fraß aufsuchen (EIDMANN 1968). NOVÁK 1965 empfiehlt – wenn ich seine Ausführungen richtig verstanden habe – laufende Überwachung, wenn in 3- bis 4tägigem Sammelabstand bis 2 Käfer je Fangrinde gefunden werden, Vorbereitung der Gegenmaßnahme, wenn alle 2–3 Tage 3–4 Käfer, und Ausführung der Bekämpfung, wenn täglich 5 und mehr Käfer angetroffen werden.

Bekämpfung: Schutz der Pflanzen mit gegen Rüsselkäfer zugelassenen Mitteln (PVF). Ausbringung 1. vor dem Auspflanzen a. durch Spritzen der Pflanzen im Verschulbeet oder vor dem Ausheben unter Verwendung einer Rückenspritze mit dreiarmiger Gabel oder b. durch Tauchen der Pflanzen in Bündeln zu etwa 25 Stück mit ihrem oberen Teil bis zu den ersten Wurzeln in die Insektizidbrühe; 2. auf der Kultur a. durch Behandlung der einzelnen Pflanzen oder Reihen mit Rückenspritze und Zangenrohr (S. 431), wobei etwa ein Viertel der für Flächensprühung erforderlichen Insektizidmenge benötigt wird, oder b. durch Übersprühen der ganzen Fläche, was geringeren Arbeitsaufwand kostet, aber für die auf der Fläche vorhandene Tierwelt wesentlich nachteiliger ist als die Einzelpflanzenbehandlung. Der im Frühjahr applizierte Insektizidbelag schützt die Pflanze vor Frühjahrs- und Sommerfraß im gleichen Jahr. Minderung des Käferbesatzes durch Auslegen von E 605-getränktem Fangreisig oder von Fangrinden oder -platten, die mit Trichlorfon (NOVÁK 1965) oder einer subletalen Dosis des letztgenannten Insektizids in Verbindung mit einer Sporenaufschwemmung des insektentötenden Pilzes *Beauveria bassiana* (SAMŠINÁKOVÁ-NOVÁK 1967) versehen sind; nicht so sicher wie die auf unmittelbaren Schutz der Pflanzen zielenden Verfahren, die infolge der Giftwirkung des Insektizidbelags ebenfalls eine, wahrscheinlich größere Minderung des Käferbesatzes ergeben.

Coniocleonus glaucus F., Großer weißer Rüsselkäfer (zur kleinen Unterfamilie Cleoninae gehörend). 10–13 mm, schwarz, teilweise grau behaart, 2 schwarze Querbinden. Zuweilen in Gesellschaft mit *H. abietis*, besonders auf Sandböden Norddeutschlands. Forstliche Bedeutung anscheinend gering.

Lepyrus palustris Scop., Weidenrüßler. 7–11 mm, grau. Käfer fressen an Blättern der Pappeln und an Blättern und jungen Trieben von Weiden; legen Eier in den Boden. Larven nagen Löcher und Gänge in Rinde und Kambium am bodennahen Teil von Stecklingen und an Wurzeln von Weide und Pappel. Schädlich durch Käferfraß in Weidenhegern, durch Larvenfraß in Stecklingskulturen.

Schrifttum: DELORME, R., et MALPHETTES, C. B.: Resultats préliminaires de tests de laboratoire effectués pour évaluer l'efficacité de divers insecticides contre l'hylobe (*Hylobus abietis* L. Coleoptera, Curculionidae). Phytiatrie-Phytopharm. 25, 123–129, 1976. — EIDMANN, H. H.: Feldversuche mit Schutzbehandlung gegen Rüsselkäfer (*Hylobus abietis* L.) in Schweden. AS 47, 103–107, 1974. — *Hylobus* Schönh. FE II, 275–293, 1974. — GEISER, R., u. WALDERT, R.: Entwicklung von *Hylobius abietis* L. (Col., Curculionidae) in Fichten- und Kiefernrindenhaufen bei München. AS 52, 93–94, 1979. — KÖNIG, E.: Zur Bekämpfung des Großen braunen Rüsselkäfers (*Hylobius abietis* L.) mit DDT-freien Insektiziden. AFJZ 143, 241–243, 1972. — Gegenwärtige Forstschutzsituation in Südwestdeutschland. AF 34, 348–352, 1979. — MALPHETTES, C. B.: Contribution à l'étude de la biologie de *Hylobius abietis* L. dans le Nord-Est de la France. Thèse Fac. Sci. Paris 1971. — NEF, L.: Degré d'efficacité et de sécurité du traitement par trempage contre *Hylobius abietis* L. Bull. Soc. Roy. For. Belg. 369–389, 1974. — NEF, L., et ZENON-ROLAND, L.: Lutte contre *Hylobius abietis* L.: rémanence de divers insecticides appliqués par trempage. Parasitica 30, 159–166, 1974. — SOLBRECK, C. a. GYLDBERG, B.: Temporal flight pattern of the Large Pine Weevil, *Hylobius abietis* L. (Coleoptera, Curculionidae), with special reference to the influence of weather. ZaE 88, 532–536, 1979. — WALDENFELS, J. v.: Versuche zur Bekämpfung von *Hylobius abietis* L. (Coleopt., Curculionidae). AS 48, 21–25, 1975. — ZITZEWITZ, H. v.: Rüsselkäferbekämpfung ohne DDT? FH 28, 120–121, 1973.

Unterfamilie Calandrinae. Zu ihr gehören meist kleinere Spezies von größerer oder geringerer forstlicher Bedeutung:

Die Gattung **Pissodes** Germ. enthält eine Reihe wichtiger, an Nadelhölzern schädlicher Arten. Sie ähneln, besonders die größeren, in ihrem Aussehen *Hylobius*, haben aber in der Mitte des Rüssels eingelenkte Fühler und nicht hervortretende Schultern. Lebensweise der meisten Arten übereinstimmend. Eier werden in ausgenagte Gruben in die Rinde von Nadelholzstämmen abgelegt. Die ausschlüpfenden Larven fressen sich bis zum Splint durch und machen, diesen kaum berührend, allmählich breiter werdende, geschlängelte Gänge, die in einer charakteristischen, teilweise in den Splint eingreifenden Puppenwiege mit kokonartigem Spanpolster enden (Abb. 99). Sind mehrere Eier an einer Rindenstelle abgelegt, so gehen von dieser

Stelle die Larvengänge strahlig auseinander (Strahlenfraß). Verpuppung in der Spanpolsterwiege, die der Käfer durch ein kreisrundes Flugloch verläßt. Generationsverhältnisse ähnlich verwickelt wie bei *Hylobius*. Käfer sind langlebig, bis zu 2–3maliger Überwinterung, und erzeugen während der ganzen Vegetationszeit, vorwiegend im Frühjahr, Bruten. Entwicklungsdauer von Ei bis Jungkäfer im Sommer 1,5–4,5 Monate, bei eintretender Überwinterung 7–11 Monate. So kommen vom Frühjahr bis zum Spätherbst Jungkäfer aus. Die aus Sommerlarven mit kurzer Entwicklungsdauer entstehenden Käfer sind unreif und schreiten meist erst nach Überwinterung zur Fortpflanzung. Generation somit 1jährig. Nur bei ganz besonders günstiger Witterung kann Fortpflanzung im gleichen Jahr stattfinden und doppelte Generation entstehen. Die aus überwinterten Larven mit langer Entwicklungsdauer schlüpfenden Käfer sind reifer und bedürfen eines entsprechend kürzeren Reifefraßes, so daß sie ebenfalls 1jährige Generationsdauer besitzen. Da der Beginn der Generation in die verschiedensten Zeiten vom Frühjahr bis Herbst fallen kann, findet man meist ein regelloses Nebeneinander der Stadien.

Befallen im allgemeinen liegende und mehr oder weniger kränkelnde stehende Stämme. Bedeutung liegt im Larvenfraß, durch den geschwächte Bäume, die sich ohne den Befall erholt hätten, abgetötet werden.

Diagnose: Fraßgänge in der Bastschicht, die je nach der Art verschieden verlaufen; charakteristische Spanpolsterwiegen.

Abb. 99. Puppenwiegen von *Pissodes pini*

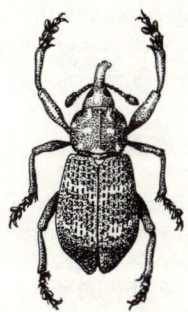

Abb. 100 *Pissodes notatus*. 3/1

Bekämpfung: Entfernen der befallenen Stämme und Pflanzen vor dem Auskommen der Käfer. Fangbäume (S. 411), beim Kulturrüßler die dort beschriebenen Fangstöcke.

An Kiefer:

Pissodes notatus F., Kiefernkulturrüßler (Abb. 100). 5–7 mm, kaffeebraun, mit zwei hellen Querbinden. An 3–15jährigen Pflanzen, auch an älteren Bäumen, selten an Fichte und Lärche. An jungen Pflanzen Eiablage zu mehreren an die unteren Quirle. Larvengänge ziehen dichtgedrängt nach abwärts, um über dem Wurzelknoten in Spanpolsterwiegen zu enden. Käfer frißt an Trieben und Zweigen der Brutpflanzen, indem er tiefe Löcher in die Rinde nagt. Larvenfraß kann namentlich auf schlechtwüchsigen Kiefernkulturen erheblichen Schaden anrichten. Zur Bekämpfung werden je nach Stärke des Befalls im 10–20 m Quadratverband 1 m lange, 6–10 cm starke, frische, berindete, am dickeren Ende angespitzte Kiefernknüppel mit diesem 20–30 cm tief in den Boden eingeschlagen; Käfer legen an ihnen ihre Eier ab; die Fangstöcke werden verbrannt oder entrindet, wenn sich die ersten Puppen zeigen (GÓRNAŚ 1957).

P. piniphilus Hbst., Kiefernstangenrüßler. 4–5 mm, rostrot, mit einer Querbinde. In Stangenhölzern von 30–50 Jahren, zuweilen auch in jüngeren und älteren Beständen, in diesen an den oberen, dünnborkigen Stammteilen. Auch an Strobe. Fraßbild unregelmäßig; entsprechend der zerstreuten Eiablage sind die Anfänge der Larvengänge meist mehr oder weniger voneinander entfernt, seltener Strahlengang. Die 10–15 cm langen Gänge kehren oft um. Relativ kleine und schmale Puppenwiegen, meist parallel der Baumachse mit besonders feinen Spänen. Käferfraß an Saftrinde junger Zweige. **P. pini** L., Kiefernbestandsrüßler. 7–9 mm, dunkelbraun, mit 2 Querbinden, die vordere aus 2 Punkten bestehend. Vornehmlich an älteren Kiefern, in den starkborkigen Teilen; seltener an schwachem Material, dann gewöhnlich an der Stammbasis. Auch an Strobe. Eiablage meist häufchenweise, typischer Strahlenfraß. Ganglänge bis 20 cm, große Puppenwiegen, die in dünnrindigen Stämmchen tief ins Holz gehen können, grobe Späne. Bedeutung geringer als die der beiden vorigen Arten.

P. validirostris Gyll., Kiefernzapfenrüßler. 5–6 mm, rostbraun, 2 Querbinden, die vordere meist nur aus 2 Flecken bestehend. In Kiefernzapfen, auch in Trieben fressend gefunden. Schädlich vor allem in Samenplantagen.

An Fichte:

Pissodes harcyniae Hbst., Harzrüßler. 5–6 mm, schwarz, mit 2 unterbrochenen Querbinden. An 50–100jährigen, unterdrückten und kränkelnden Stämmen, besonders in rauchgeschädigten Beständen. Käfer macht zum Fraß und zur Eiablage tiefe Einstiche in die Rinde, aus denen Harz austritt: Stämme sehen wie mit Kalk bespritzt aus. Zahl der Eier an einem Platz und somit Zahl der Ganganfänge 1–5. Gänge hauptsächlich in der Rinde. Puppenwiege in Längsrichtung. In relativ saftreichen Fichten häufig Abkapselung: Larven ersticken im Harz und Gänge füllen sich mit Korkschicht; sie erscheinen dann äußerlich als Riefen.

P. scabricollis Mill., 4–5 mm, dunkelbraun, vordere Querbinde auf einen Punkt reduziert. Meist mit *P. harcyniae*, dem er in Lebensweise und Schaden gleicht, vergesellschaftet. Gangsystem kleiner.

An Tanne:

Pissodes piceae Ill., Tannenrüßler. 7–10 mm, rostbraun, gelbfleckig, 1 Querbinde. An Stämmen verschiedensten Alters, vorwiegend zwischen 40 und 100 Jahren. Zahlreiche Eier je Eigrube, diese zuweilen dicht beieinander, so daß besonders vielstrahlige Gangbilder mit 30 und mehr Larvengängen entstehen. Gänge bevorzugen mehr oder weniger vertikale Richtung. Durchschnittliche Ganglänge etwa 50 cm. Befall vor allem an den unteren Stammteilen. Bedeutung kann sehr erheblich sein; Teilursache des „Tannensterbens" (S. 351).

Schrifttum: Annila, E.: The biology of *Pissodes validirostris* Gyll. (Col., Curculionidae) and its harmfulness, especially in Scots Pine seed orchards. Comm. Inst. For. Fenn. 85. 6. Helsinki 1975. — Control of the Pine Cone Weevil, *Pissodes validirostris* Gyll. (Coleoptera: Curculionidae) in pine seed orchards. Comm. Inst. For. Fenn. 90. 6. Helsinki 1977. — Kudela, M.: Pissodini. FE II, 299–310, 1974. — Roques, A.: Observations sur la biologie et l'écologie de *Pissodes validirostris* Gyll. (Coléoptères, Curculionidae) en forêt de Fontainebleau. Ann. Zool. Écol. anim. 8, 523–542, 1976.

Vorwiegend an Nadelhölzern finden sich weiterhin:

Brachonyx pineti Payk., Kiefernscheidenrüßler, 2,5 mm, hellrostbraun. 4−57/7+8,5. Käfer nagt Löcher in Kiefernnadeln. Zitronengelbe Larve frißt im Innern von Nadeln, am Basalteil; Verpuppung in der Nadelscheide; befallene Nadeln bleiben kürzer und werden rot. Häufig, im allgemeinen bedeutungslos; hat im südlichen Norwegen namhaften Schaden angerichtet (Bakke 1958). **Anthonomus varians** Payk., Kiefernblütenstecher. 2,5–3 mm, rot. 5−56/7+7,5. Käfer benagt im Frühjahr Nadeln und Triebe junger Kiefern. Larven leben in männlichen Blütenkätzchen der Kiefer, von Pollen sich nährend; auch in Knospen. Herbstfraß der Käfer an Nadeln. Bedeutungslos.
Die Gattung **Magdalis** Germ. enthält mehrere, meist blaue und schwarze Arten, die in Nadel- und Laubholzkulturen an 3–15jährigen Pflanzen oder in den letzten Trieben alter Nadelhölzer brüten. Eiablage im Frühjahr in die Rinde der Triebe. Larven fressen meist parallele, dicht aneinanderschließende Gänge, teils ins Holz und in die Markröhre eingreifend. Verpuppung in einer napfförmigen Splintwiege oder in der Markröhre. Generation 1jährig. Überwinterung als Larve oder Käfer. Meist stark sekundär, daher wenig bedeutsam. **M. violacea** L., 4–5 mm, hauptsächlich in Fichte, Käfer

skelettieren Birkenblätter. **M. frontalis** Gyll., 4–5 mm, in Kiefer. **M. duplicata** Germ., 3–4 mm, **M. phlegmatica** Hbst., 4–5 mm, **M. memnonia** Gyll., 5–9 mm, in Fichte und Kiefer.

An Laubhölzern fressend:

Cryptorrhynchus lapathi L., Erlenrüßler, Erlenwürger (Abb. 101). 6–9 mm, schwarz, Hinterende weiß. 58−5,7/7+8,8. An Pappeln, Weiden und Erlen, gelegentlich an Birke. In Mitteleuropa Hauptschaden an Erle; wo Pappel stärker angebaut wird, namentlich auch in Südeuropa, vorwiegend an dieser schädlich. Eiablage an rissigen Rindenstellen, bei jungen Stämmchen an deren unterem Teil bis etwa 40 cm Höhe, bei älteren Erlen und Stockausschlägen unregelmäßig über Stamm und Äste verteilt. Eidauer 2–3 Wochen. Larve dringt unter die Rinde und überwintert hier im 1. Stadium. Ab April/Mai des nächsten Jahres beginnt sie nach der ersten Häutung ihren bis Juli dauernden Schadfraß. 5 Larvenstadien. Verpuppung im Holz, Puppendauer 2–3 Wochen. Jungkäfer kriechen aus und vollführen bis in den Spätherbst Stichfraß an jungen Trieben; dadurch Schaden in Weidenhegern. Überwintern in der Bodenstreu, beginnen im nächsten Frühjahr mit der Eiablage. Zweijährige Generationsdauer. Forstliche Bedeutung liegt im Fraß der Larve: sie nagt Gänge in die Rinde, dann plätzend unter der Rinde, geht schließlich aufwärts steigend in den Holzkörper und bohrt einen bis

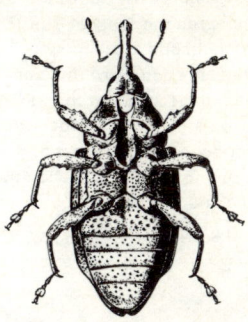

Abb. 101. *Cryptorrhynchus lapathi.* Ventralseite. 5/1. Nach SZALAY-MARZSÓ 1961/62

10 cm langen Gang, Nagespäne zum Teil im Gang lassend, zum Teil durch besonders gefertigte Löcher auswerfend. Das letzte Auswurfloch benutzt der Jungkäfer zum Auskriechen. Pflanze kümmert und stirbt ggf. ab. Namentlich in reinen Erlenkulturen, die unter Vergrasung und Befall durch Schildläuse und Zikaden leiden; sie können stark verlichtet bis völlig vernichtet werden.

Diagnose: Welkende Triebe, kümmernde und abgestorbene Pflanzen; aufgeblähte, dann vertrocknete Rindenstellen über den Fraßplätzen, Nagespäne, Fluglöcher, Spechthiebe; Überwallungen, krebsiges Aussehen.

Bekämpfung: Spritzen der Stämmchen im zeitigen Frühjahr, solange die junge Larve dicht unter der Rindenoberfläche sitzt, mit gegen Borkenkäfer zugelassenen Mitteln (PVF) oder Folidol-Ölspritzmittel in 1%iger Konzentration.

Stereonychus fraxini Deg., Eschenrüsselkäfer, Eschenblattschaber, 3 mm, rotbraun, Flügeldecken in der Mitte schwarzgefleckt. Auf Esche. 5−56/7+7,6. Nach Überwinterung in der Bodendecke oder unter Moospolstern am Stamm benagt der Käfer im Frühjahr Knospen und Blattstiele und durchbohrt junge Blätter. Die grünlich-gelben schwarzköpfigen Larven sitzen in klebriger Schleimhülle, fressen platzweise schabend Blätter aus, Rippen und gegenüberliegende Epidermis verschonend, und verpuppen sich in tönnchenartigem, glasiggelbem Kokon, teils im Boden, teils am Blatt. Larvenentwicklung etwa 14, Puppenruhe etwa 8 Tage. Nur Zuwachsverlust.

Die Gattung **Rhynchaenus** Clairv. enthält kleine, durch ihr Springvermögen ausgezeichnete Rüßler, die in der Hauptsache Blattfresser sind. Lebensweise der forstlichen Arten im allgemeinen übereinstimmend. Die Käfer, die in der Bodendecke, auch in Rindenritzen und unter der Rinde abgestorbener Bäume überwintert haben, machen im Frühjahr Löcherfraß an Blättern, häufig schon, wenn diese sich eben entfalten. Eiablage in Blätter, meist in Mittelrippe. Larve miniert zunächst einen schmalen Gang parallel den Seitenrippen, nagt dann eine unregelmäßig geformte Platzmine (Abb. 206). Nach etwa 3 Wochen Verpuppung im Kokon innerhalb der Mine. Puppendauer etwa 10 Tage, Jungkäfer macht Herbstfraß an Blättern, Blattstielen, Blattgallen und Früchten. Bedeutung im allgemeinen gering. Gegenmaßnahmen meist unnötig; ggf., namentlich in schwerbefallenen Verjüngungen, Spritzen mit gegen blatt- und nadelfressende Käfer zugelassenen Mitteln in doppelter normaler Aufwandmenge (PVF) gegen Käfer bzw. mit Dimethoat-Präparaten gegen die minierenden Larven. **R. fagi** L., Buchenspringrüßler, 2–3 mm, schwarz. Auf Buche. 45−5/6+6,5. Tritt zeitweise so massenhaft auf, daß die befallenen Bestände wie durch starken Spätfrost geschädigt aussehen; dann namhafter Zuwachs- und ggf. Mastverlust, auch Schaden in benachbarten Obstkulturen durch Fraß der Jungkäfer an den reifenden Früchten. **R. quercus** L., Eichenspringrüßler, gelbbraun, 2,5–3,5 mm. An Eichen. **R. alni** L., Ulmenspringrüßler, 2,5–3 mm, rot, Kopf schwarz. Auf Ulmen. **R. testaceus** Müll., Erlenspringrüßler, 3–3,5 mm, rotbraun, Kopf und Halsschild schwarz. An Erlen. **R. populi** F., Pappelspringrüßler, 2–2,5 mm, schwarz. Auf Weiden und Pappeln.

Balaninus nucum L., Nußrüßler, 5–7 mm; **B. glandium** Mrsh., Eichelrüßler, 6–9 mm, beide gelbgrau mit langem dünnen Rüssel, bei *B. nucum* Flügeldeckennaht hinten mit Haarkamm. Brüten in Eicheln und Haselnüssen. Eiablage Mai/Juni in halbwüchsige Früchte, die sich weiterentwickeln. Larve verzehrt den Kern und verwandelt ihn in krümelig-feinen Kot. Früchte fallen eher ab. Im Herbst bohrt sich die Larve durch ein kreisrundes Loch aus und überwintert im Boden. Verpuppung im nächsten Frühjahr, kurz vor der Flugzeit. Normal 1jährige Generation, aber auch 2- und 3jährig. Häufig in großer Zahl auftretend. Gegenmaßnahme bislang nur: Sammeln und Vernichten der abgefallenen Früchte vor Auskriechen der Larven. **B. elephas** Gyll., Eßkastanienrüßler, in Früchten der Edelkastanie und Eiche.

Schrifttum: Kudela, M.: Cryptorrhynchini. FE II, 294–299, 1974. — Maisner, N.: Anoplini bis Cionini. FE II, 311–333, 1974.

Familie Scolytidae, Borkenkäfer

Kleine bis kleinste Formen, ohne eigentlichen Rüssel, Fühler gekniet und mit einer meist scharfabgesetzten Keule. Walzenförmig, dunkel gefärbt (Abb. 104). Hinteres Ende der Flügeldecken vielfach eingedrückt: „Absturz" mit oft gezähntem Rand (Abb. 105). Larve beinlos, weich, weiß, ventralwärts gekrümmt, mit zahlreichen Wülsten, Kopf stärker chitinisiert (Abb. 105). Puppe kurz und gedrungen; Unterflügel überragen die Oberflügel, beide überdecken das letzte Beinpaar.

Typische Bewohner von Holzgewächsen. Manche Arten streng monophag, manche polyphag. Die einen gehen nur an schwache Stammteile mit dünner Rinde, die anderen an stärkere Stämme mit dicker Borke. Einige entwickeln sich in dünnen Ästen, andere in der Wurzelregion. Ein Teil wohnt in der Bastschicht zwischen Rinde und Splint, andere dringen in das Holz ein. Die meisten Arten bevorzugen kränkelndes Material, sind also sekundär. Nur einige sind primär. Manche sekundären Arten können bei starker Übervermehrung primär werden.

Den Hauptteil ihres Lebens bringen die Borkenkäfer im Innern ihrer Fraß- bzw. Brutpflanze zu. Das Weibchen legt seine Eier unter der Rinde oder im Holz in Muttergängen ab. Die Larven entwickeln sich in den davon ausgehenden Larvengängen; an ihrem Ende verpuppen sie sich, und hier entsteht der Jungkäfer. Er verläßt die Brutstätte, um in anderen Pflanzen zu fressen, zu überwintern oder neue Bruten anzulegen. Durch die Fraßtätigkeit der Eltern und Nachkommen am selben Ort ergibt sich ein charakteristisches Fraßbild (Abb. 102). Es besteht fast stets 1. aus dem Muttergang und 2. den davon ausgehenden Larvengängen; dazu kommen zuweilen 3. die Ernährungsgänge der Alt- und Jungkäfer. Alle diese Elemente können in Form, Richtung usw. verschieden sein, und so erhält jede Borkenkäferart ihr kennzeichnendes Fraßbild, das gewöhnlich allein zur Bestimmung der Art genügt.

Bei der Einteilung der Fraßbilder unterscheiden wir zwischen Rindenbrütern, deren Gänge zwischen Rinde und Holz verlaufen, und Holzbrütern, deren Gänge ins Holz eindringen. Bei den Rindenbrütern, zu denen auch die Wurzelbrüter (S. 194) zu rechnen sind, können die Muttergänge unregelmäßige Plätze oder röhrenförmige, dem Querschnitt der Mutter entsprechende Gänge sein. Diese laufen längs, quer oder schräg zur Stammrichtung; das Fraßbild enthält nur einen Muttergang oder mehrere, es ist ein- oder mehrarmig. Im letzten Fall werden die Arme durch ein gemeinsames Verbindungsstück oder einen gemeinsamen Raum, die Rammelkammer, zusammengehalten. Die Larvengänge verlaufen zunächst senkrecht zum Muttergang, biegen aber meist je nach den Raumverhältnissen um. Ihre Länge ist sehr unterschiedlich; ihr Durchmesser wächst mit der Larvendicke. Der Larvengang endet in der meist

ovalen **Puppenwiege**. Bei platzförmigen Muttergängen gehen entweder die Larvengänge strahlenförmig auseinander, oder Mutter- und Larvengänge bilden zusammen
einen großen Platz.

Man kann somit folgende Rindenfraßbilder unterscheiden (Abb. 102):
1. Einarmige Längsgänge
2. Zweiarmige Längsgänge
3. Einarmige Quergänge
4. Zweiarmige Quergänge, Klammergänge
5. Sterngänge, mit 3–5 und mehr Gängen
   a. Sterngänge mit längs oder quer gerichteten Muttergängen
   b. Sterngänge mit strahlenförmig auseinandergehenden Gängen
6. Platzgänge mit getrennten Larvengängen
7. Platzgänge ohne getrennte Larvengänge, Rinden-Familiengänge

Mit der Außenwelt steht das Fraßbild zunächst nur durch das **Einbohrloch** des
Mutterkäfers in Verbindung, das bei einarmigen Gängen an einem Ende liegt und bei
mehrarmigen in die Rammelkammer führt. Hinzu treten **Luftlöcher** und **Begat-
tungslöcher**, und schließlich die zahlreichen, meist von den Puppenwiegen ausgehenden **Ausfluglöcher** der Jungkäfer. **Ernährungsgänge** finden sich bei den
meisten Rindenbrütern; sie sind verschiedenförmige, oft hirschgeweihartige Erweite-

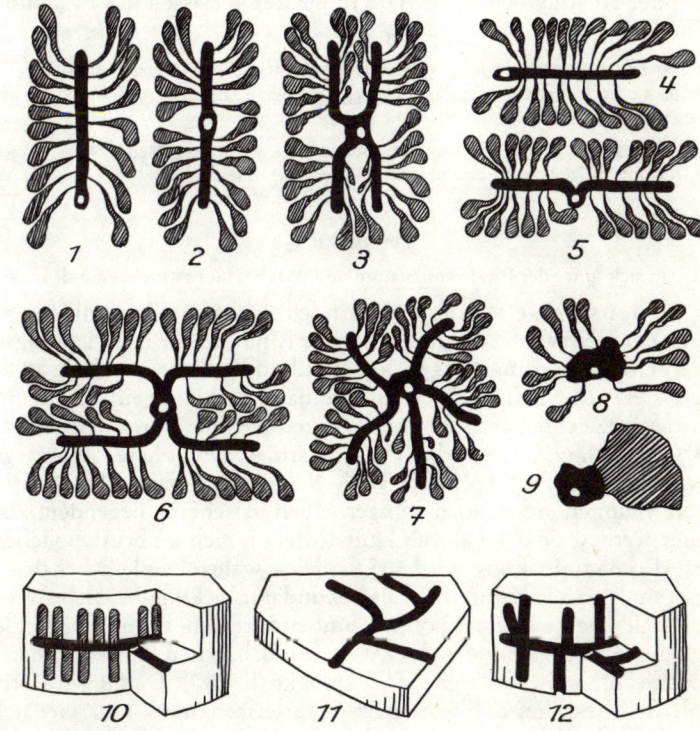

Abb. 102. Fraßbildtypen der Borkenkäfer. Muttergänge schwarz, Larvengänge schraffiert. 1 einarmiger Längsgang, 2 zweiarmiger Längsgang, 3 mehrarmiger Längsgang, 4 einarmiger Quergang,
5 zweiarmiger Quergang, Klammergang, 6 mehrarmiger Quergang, doppelter Klammergang,
7 Sterngang, 8 platzförmiger Muttergang mit getrennten Larvengängen, 9 platzförmiger Muttergang
mit Larvenfamiliengang, 10 Leitergang, 11 Gabelgang in einer Ebene, 12 Gabelgang in verschiedenen Ebenen

rungen entweder der Muttergänge, verursacht durch einen Regenerationsfraß der Altkäfer nach der Eiablage, oder der Larvengänge, wenn die Jungkäfer von der Puppenwiege aus einen Reifefraß vollziehen.

Die Fraßbilder können, beispielsweise durch langdauernden Reifefraß der Jungkäfer, undeutlich und verworren werden. Raummangel kann Abweichungen von der typischen Form verursachen, indem z. B. in schwachen Stämmchen Quergänge zu Schräggängen werden oder sich nur wenige Larvengänge entwickeln.

Die Fraßbilder der Holzbrüter zeichnen sich durch eine radial ins Holz eindringende Eingangsröhre aus, von der die eigentlichen Brutröhren zunächst quer zur Faserrichtung abgehen.

Sodann zeigen sich folgende Ausformungen (Abb. 102):
1. Von der Brutröhre gehen Larvengänge in Faserrichtung ab, und zwar
   a. in unregelmäßigen Abständen kurze, den Puppenwiegen entsprechende Larvengänge: Leitergänge
   b. gemeinsame Plätze: Holz-Familiengänge
2. Larven fressen keine Gänge, entwickeln sich in den Brutröhren: Gabelgänge
   a. Gabelgänge liegen in einer Ebene
   b. Gabelgänge gehen nach verschiedenen Richtungen, liegen also in mehreren Ebenen.

Ernährungsgänge kommen anscheinend bei Holzbrütern ebensowenig wie Luft-, Begattungs- oder Ausfluglöcher vor. Die Jungkäfer verlassen das Fraßbild durch die Eingangsröhre.

Wir benutzen Escherich 1923 folgend zur Einteilung das biologisch-forstliche Verhalten der Käfer und führen sie nach ihren Wirtspflanzen vor; polyphage Arten werden unter der am häufigsten befallenen Holzart gebracht.

Schrifttum: Postner, M.: Scolytidae (= Ipidae), Borkenkäfer. FE II, 334–482, 1974. — Rudnew, D. F., u. Kosak, W. T.: Über die Variabilität der Brutbilder von Kiefernborkenkäfern (Coleoptera, Ipidae). AS 47, 155–158, 1974.

Rindenbrüter

Larven entwickeln sich unter der Rinde von Stamm und Ästen. Hauptschaden durch Larvenfraß.

In ihrer Lebensweise stimmen die rindenbrütenden Borkenkäfer weitgehend überein. Nach der Überwinterung, die unter der Rinde an der Entwicklungsstätte oder in besonderen Überwinterungsgängen, außerhalb in Borkenritzen oder in der Bodenstreu erfolgt, schwärmen die Käfer im Frühjahr an sonnigen Tagen; manche, als Frühschwärmer bezeichnet, schon bei niedrigen Temperaturen (*Blastophagus piniperda* bei 9 °C) im März, andere, die Spätschwärmer, bei höheren Wärmegraden (*Ips typographus* bei 20 °C) im April bis Juni. Sie streben passenden Brutstätten zu, geschwächten Bäumen oder noch einigermaßen frischem, liegendem, berindetem Holz. Geleitet werden sie dabei durch Duftstoffe, die sich im bruttauglichen Material bilden. Diese Primäranlockung wird bei vielen – wahrscheinlich bei den meisten – Arten ergänzt und verstärkt durch ein als Sekundäranlockung bezeichnetes Verhalten der Tiere: sobald sie sich einzubohren und zu fressen beginnen, senden sie ein Pheromon, einen Sozialwirk- oder -lockstoff aus, d. h. einen Duftstoff, der, unabhängig vom Geschlecht, weitere Artgenossen anlockt (S. 280). Damit wird erreicht, daß Brutmaterial, das bestimmte Eigenschaften aufweisen muß und vielleicht nur in geringem Maße vorhanden ist, auch ausgenutzt wird oder daß der Widerstand eines Baums, den er den Eindringlingen durch Harzfluß entgegensetzt, durch Konzentration der Angreifer überwunden wird. Einer zu starken Besiedlung wird vielfach dadurch vorgebeugt, daß die Wirkung des Pheromons in hoher Konzentration, also bei stärkerem Käferbesatz umschlägt und abweisend wird. Der Lockstoffeffekt scheint ergänzt zu werden durch akustische Signale, welche die Tiere aussenden (Rudinsky 1979); die Untersuchungen hierüber stehen noch in ihren Anfängen.

Bei monogamen Arten, deren Fraßbild 1 Muttergang aufweist, bohrt sich das Weibchen ein, bei polygamen mit mehrarmigen Fraßbildern fertigt das Männchen Eingang und Rammelkammer; Begattung bei jenen meist außen am Stamm vor dem Sicheinbohren, bei diesen in der Rammelkammer. Kopula einmal oder wiederholt. Zum Zweck der Eiablage nagen die Weibchen meist röhrenförmige Muttergänge (Brutfraß), bei monogamen Arten in Fortsetzung der Einbohrlöcher, bei polygamen in verschiedenen Richtungen von der Rammelkammer aus. Das anfallende Bohrmehl wird laufend herausgeschafft. Eier, etwa 50–60 je Weibchen, werden beiderseits des Gangs einzeln in nischenförmige Eigruben abgelegt und in der Regel mit einem Bohrmehlpfropf abgedeckt; seltener Eiablage haufenweise. Dauer der Ablage etwa 2–4 Wochen. Anschließend vollführen die Weibchen mancher Arten einen Regenerationsfraß, entweder in Fortsetzung des Brutgangs oder am anderen Ort, um dann, soweit sie überleben, erneut Eier abzulegen. Auf diese Weise kommt es zu Geschwisterbruten: 2, gelegentlich auch 3 durch ein Regenerationsintervall getrennte Serien vom gleichen Weibchen stammender Nachkommen. Die Entwicklung der Eier dauert meist 10–14 Tage, der Larven 2–4 Wochen, der Puppen wiederum 10–14 Tage, wobei naturgemäß das Wetter, namentlich die Temperatur, stark modifizierend wirkt. Larven fressen vorwiegend in der Bastschicht, ein Hauptbestandteil ihrer Nahrung scheint der Saft zu sein. Verpuppung in dem zur Puppenwiege erweiterten Ende des Larvengangs. Überwinterung als Larve, Puppe oder Jungkäfer. Dieser muß, um fortpflanzungsfähig zu werden, einen Reifefraß ausüben, entweder von der Puppenwiege aus oder an einem anderen Baumteil. Bei ungünstigem Wetter kann er ausgedehnt werden, bereits ausgeflogene Käfer bohren sich wieder ein und vollführen einen Schlechtwetterfraß in Gestalt unregelmäßiger Nagegänge.

Die Generationsdauer ist nicht immer deutlich zu erkennen, und zwar aus folgenden Gründen: Mutterkäfer ist langlebig und kann wiederholt brüten; Jungkäfer schreitet nicht gleich zur Eiablage, sondern macht Reifefraß; Entwicklungsdauer der Stadien ist verschieden je nach der Temperatur; entsprechend der lang dauernden Eiablage kommen die Käfer der gleichen Brut nacheinander aus. Somit können vielfach während des ganzen Jahres verschiedene Entwicklungsstadien nebeneinander angetroffen werden.

Es gibt folgende Möglichkeiten:

1. stets einfache Generation (*Scolytus ratzeburgi, Blastophagus minor*),
2. eine Generation, unter günstigen Wetterbedingungen 2, ausnahmsweise auch 3 Generationen im Jahr (die meisten *Ips*-Arten),
3. regelmäßig doppelte Generation (viele *Scolytus*-Arten),
4. regelmäßig 2jährige Generation (*Hylesinus crenatus*).

Die forstliche Bedeutung des Käfer- und Larvenfraßes in der Rinde liegender und stehender toter oder absterbender Stämme ist an sich gleich Null, weil er die Verwertbarkeit des Holzes nicht mindert; sie wird beachtlich, wenn er Pilzinfektion begünstigt, bei Nadelholz und namentlich bei Kiefer zur Verblauung führt. Kränkelnde Bäume, die sich ohne Borkenkäferbefall erholt hätten, werden durch ihn abgetötet. Manche Arten befallen auch primär gesunde Bäume, entweder in bestimmten Stadien obligatorisch (Reifefraß des Jungkäfers von *Blastophagus piniperda* in Kieferntrieben) oder nach Massenvermehrung fakultativ (*Ips typographus*). Zu dem dann entstehenden physiologischen Schaden tritt der oben genannte technische Schaden durch Pilzinfektion des Holzes. Voraussetzung allgemein für umfangreiche Schädigungen und insbesondere für das fakultative Primärwerden mancher Arten ist ein Massenauftreten des Schädlings. Dieses wiederum setzt reichliches Angebot an bruttauglichem Material, namentlich an liegendem berindetem Holz oder an kränkelnden und absterbenden Stämmen voraus. Wo der Einschlag des hauptsächlich gefährdeten Nadelholzes sogleich entrindet, der Schlagabraum vernichtet, absterbendes Material baldigst entfernt, kurz: saubere Wirtschaft getrieben wird, ist den Borkenkäfern keine Möglichkeit zur Vermehrung geboten. So steht grundsätzlich ihre forstliche Bedeutung im umgekehrten Verhältnis zur Intensität der Forstwirtschaft. In Mitteleuropa spielen sie im allgemeinen nur eine Rolle, wenn nach umfangreichem Sturm- und Schneeschaden das angefallene Holz nicht zügig aufgearbeitet werden kann oder nach Raupenfraß eine Zeitlang, im Rauchschadensgebiet ständig geschwächte Bäume zur Verfügung stehen oder saubere Wirtschaft aus örtlichen (Hochgebirge) oder zeitlichen (Krieg) Gründen nicht einzuhalten ist. Nachdem neuerdings unter betriebswirtschaftlichen Gesichtspunkten und wegen Nichtverwertbarkeit anfallender Sortimente von dem bislang streng eingehaltenen Prinzip der sauberen Wirtschaft abgewichen, wenn zudem durch chemische Läuterung laufend Brutmaterial in Gestalt langsam absterbender Bestandsglieder geschaffen wird, ist auch hier die Bedeutung der Borkenkäfer gewachsen (S. 372).

Diagnose: Bohrmehl, das bei Anlage des Brutgangs aus dem Einbohrloch austritt (NIEMEYER 1978). Am lebenden Baum Welken der Krone, bei Nadelholz Harzausfluß, zuweilen in Gestalt von Harztrichtern *(Blastophagus piniperda, Dendroctonus micans)*. Abblättern der Rinde durch Spechtarbeit, Sichtbarwerden der Fraßbilder. Bei *Blastophagus*-Arten „Abbrüche" am Boden (S. 188).

Prognose: Fangbäume ohne und mit Pheromon, Lockstoff-Fallen (S. 391, 392).

Gegenmaßnahmen: 1. Gesunderhaltung der Bestände. 2. Vermeiden, daß Käfer bruttaugliches Material zur Massenvermehrung ausnutzen, durch a. rechtzeitigen Einschlag stark kränkelnder und sterbender Stämme, b. rasches Aufarbeiten von Sturm- und Schneeschadenholz, c. Abfuhr des aufgearbeiteten berindeten Holzes vor der Schwärmzeit oder d. Entrinden alles am Boden liegenden Holzes bis spätestens 4–8 Wochen nach Beginn der Schwärmzeit, e. Unbrauchbarmachen des Schlagabraums, z. B. durch Verbrennen oder Austrocknenlassen auf besonnter Fläche. 3. Anlocken und Vernichten der Käfer durch a. Giftfangbäume oder Giftfangstapel (S. 418), für Arten, bei denen die Pheromon-Anlockung eine wesentliche Rolle spielt, unter gleichzeitiger Ausbringung eines Lockstoffs (BÖHLER-GÜNTHER 1979); b. mit Hilfe von Lockstoff-Fallen (S. 418). 4. Im bereits befallenen Stamm Vernichten der Brut a. durch einfaches Entrinden, solange erst Eier und Larven vorhanden sind bzw. in der kalten Jahreszeit, da bei niedriger Temperatur Insektizide nicht genügend wirksam sind; b. sonst, also bei Vorhandensein von Puppen und Jungkäfern und in der warmen Jahreszeit, durch Entrinden, nachdem der Boden beiderseits des Stamms, wohin die Rinde fällt, mit Lindan-Staub überstäubt wurde; unmittelbar nach dem Entrinden nochmaliges Überstäuben der Rindenstücke; c. kurz vor dem Ausfliegen der Jungkäfer durch tropfnasses Spritzen der Stammoberfläche mit einer Brühe, die ein gegen rindenbrütende Borkenkäfer und Nutzholzborkenkäfer zugelassenes Mittel (PVF) enthält: Vor-Ausflug-Behandlung (DOOM-LUITJES 1970, THALENHORST 1975, BÖHLER 1977).

Schrifttum: BÖHLER, H.: Borkenkäferbekämpfungsmaßnahmen unter besonderer Berücksichtigung der Borkenkäfersituation im Jahre 1977. FH 32, 125–126, 1977. — BÖHLER, H., u. GÜNTHER, G.: Neue Möglichkeiten der Borkenkäferbekämpfung mit biologischer Lockstoffkombination. FH 34, 58, 1979. — COULSON, R. N.: Population dynamics of bark beetles. ARE 24, 417–447, 1979. — DOOM, D., en LUITJES, J.: Die chemische Bekämpfung des Waldgärtners mittels Stammsprühung. NBT 42, 297–302, 1970. — KOBERG, H.: Versuche zur chemischen Borkenkäferbekämpfung. CgF 86, 102–110, 1969. — LESSEL, W., DIMITRI, L.: Zur Bekämpfung des Buchdruckers. AF 35, 240, 1980. — NIEMEYER, H.: Zur Diagnose des Buchdrucker-Befalls in stehenden Fichten. FH 33, 185–189, 1978. — NIEMEYER, H., u. THALENHORST, W.: Die Borkenkäfergefahr in Niedersachsen nach der Sturmkatastrophe vom 13. November 1972. FH 29, 133–142, 1974. — RUDINSKY, J. A.: Chemoacoustically induced behavior of *Ips typographus* (Col.: Scolytidae). ZaE 88, 537–541, 1979. — SCHINDLER, U.: Stand der Borkenkäferbekämpfung. HZ 97, 373–374, 1971. — THALENHORST, W.: Die Borkenkäferkalamität in Niedersachsen 1974. I. Die Buchdrucker (*Ips typographus* L. und *Ips amitinus* Eichh.). FH 30, 167–173, 1975. — VASECHKO, G. I.: Host selection by some bark beetles (Col., Scolytidae). ZaE 85, 66–76, 141–153, 1978. — VITÉ, J.P.: Erste Anwendung synthetischer Populationslockstoffe in der Borkenkäferbekämpfung. AF 25, 615–616, 1970. — VITÉ, J. P., a. FRANCKE, W.: The aggregation pheromones of bark beetles: progress and problems. Nw 63, 550–555, 1976.

An Laubholz:

An Birke:

Scolytus ratzeburgi Jans., Großer Birkensplintkäfer. 5–7 mm. Einarmiger Längsgang, bis 10 cm lang, meist mit hakenförmiger Krümmung beginnend, mit mehreren Begattungslöchern. Dicht beieinander entspringende Larvengänge von 15–25 cm Länge, meist 50–60 Stück. Schwärmzeit Juni/Juli, 67−7,5/5+69. Hauptsächlich in alten, kränkelnden Birken.

An Ulme:

Scolytus scolytus F., Großer Ulmensplintkäfer. 4–6 mm. Auch an Pappel, Weide, Esche, Hainbuche. Einarmiger Längsgang von 2–3, zuweilen bis 10 cm Länge. Larvengänge 10–15 cm. Doppelte Generation. Flugzeiten Ende Mai und Ende August. Ernährungsfraß an der Basis der Blattstiele und den Abzweigstellen kleiner Äste. Überträgt dabei Sporen von *Ceratocystis ulmi* und ist somit Wegbereiter für Ulmensterben (S. 88). **S. multistriatus** Mrsh., Kleiner Ulmensplintkäfer. 2–4 mm. Auch an Aspe und Pflaume. Einarmiger Längsgang, 2–6 cm lang, schmäler als beim vorigen, Larvengänge zahlreicher, bis 50 auf jeder Seite, dichter stehend. Sonst wie *S. scolytus.*

S. laevis Chap., Mittlerer Ulmensplintkäfer. 3–4 mm. Einarmiger Längsgang, 4–10 cm lang, meist mit rammelkammerartiger Erweiterung beginnend, aber variabel. Larvengänge sehr fein und dicht, bis 8 cm lang. Besonders in den Ästen. Reifungsfraß an grünen Sprossen. **S. kirschi** Skal., 2–3 mm. Seltener. Sehr kurzer, 1 cm langer Längsgang mit 4–10 Larvengängen. Generation 1jährig. **S. ensifer** Eichh., 2–3 mm. Seltener. 2–3armiger Sterngang, Ganglänge 2–3 cm. Eizahl in einem Gang 70–80. **S. pygmaeus** F., Zwergsplintkäfer, 2–3 mm. Seltener. Einarmiger Längsgang von 2–3, höchstens 5 cm Länge; etwa 60 Larvengänge. **Pteleobius vittatus** F. und **P. kraatzi** Eichh., Bunter Ulmenbastkäfer, 2 mm. Doppelarmiger Quergang, Ganglänge 2–3 bzw. 4–5 cm. Larvengänge kurz. Ernährungsfraß in der Rinde, grindige Stellen, sogenannte Rindenrosen erzeugend.

Schrifttum: GERKEN, B., u. GRÜNE, S.: Zur biologischen Bedeutung käfereigener Duftstoffe des Großen Ulmensplintkäfers *Scolytus scolytus* F. (Col. Scolitidae) MdGaaE 1 (2–4), 38–41, 1978. — GERKEN, B., GRÜNE, S., VITÉ, J. P., MORI, K.: Response of European populations of *Scolytus multistriatus* to isomers of multistriatin. Nw 65, 110–111, 1978. — PFEFFER, A.: Einfluß der Borkenkäfer auf das Ulmensterben (Coleoptera, Scolytidae). AEB 76, 145–157, 1979. — VITÉ, J P., LÜHL, R., GERKEN, B.: Ulmensplintkäfer: Anlockversuche mit synthetischen Pheromonen im Oberrheintal. ZPK 83, 166–171, 1976.

An Esche:

Hylesinus crenatus F., Großer schwarzer Eschenbastkäfer. 4–6 mm. Auch an Eiche. Zweiarmiger Quergang, ein Arm häufig kürzer. Ganglänge bis 4 cm, Breite 5 mm. Larvengänge sehr lang, bis 30 cm. 2jährige Generation; Flugzeit April und Mai. An starken, dickborkigen Stämmen. **Leperesinus varius** F. (= *Hylesinus fraxini* Pz.), Bunter Eschenbastkäfer. 3 mm. Auch an Akazie, Apfel, Nuß, Eiche. Doppelarmiger Quergang, Ganglänge 3–5 cm, Breite 1,5 mm, mit kurzer, mittlerer Eingangsröhre. Larvengänge kurz, 4 cm, dicht gedrängt. Oft massenhafter Befall. Reifefraß der im Juli/August erscheinenden Jungkäfer unter grüner Rinde in der Krone oder in jungen Stangen, beginnend an kleinen krebsigen Stellen (PEDROSA-MACEDO 1979), erzeugt Rindenwucherungen, „Käfergrinde", fälschlich „Eschenrosen" genannt; hier auch Überwinterung. Generation 1jährig. Flugzeit März bis Mai bei Temperaturen ab 16 °C.

Hylesinus oleiperda F., Kleiner schwarzer Eschenbastkäfer. 2–3 mm. Auch am Ölbaum. Zweiarmiger Quergang, Ganglänge 2–3 cm, Breite 2 mm. Larvengänge 5–7 cm. Hauptsächlich an schwächeren Stämmchen und Ästen.

Schrifttum: PEDROSA-MACEDO, J. H.: Zur Bionomie, Ökologie und Ethologie des Eschenbastkäfers, *Leperisinus varius* F. (Col., Scolytidae). ZaE 88, 188–204, 1979. — SCHÖNHERR, J.: Evidence of an aggregating pheromone in the Ash-bark Beetle, *Leperisinus fraxini* (Coleoptera: Scolytidae). Contr. Boyce Thomps. Inst. 24, 305–308, 1970.

An Eiche:

Scolytus intricatus Rtzb., Eichensplintkäfer. 3–3,5 mm. Auch an Roteiche, Kastanie, Buche, Hainbuche, Pappel, Weide. Einarmiger Quergang von 1–3 cm Länge, den Splint tief furchend. Larvengänge 10–15 cm lang. Ernährungsfraß an der Basis der jüngsten Triebe, die häufig abbrechen. Einfache und doppelte Generation.

Dryocoetes villosus F., Zottiger Eichenborkenkäfer, 2,5–3 mm. Auch an Kastanie und Buche. 2–7armige Sterngänge. Am unteren Stammende in dicker Borke.

An Buche: **Ernoporus fagi** F., Kleiner Buchenborkenkäfer, 1–2 mm. Unregelmäßiger Brutgang, längsgeschlängelte Larvengänge. Doppelte Generation. Flugzeit Mai und Juli. An absterbenden Ästen. **Taphrorychus bicolor** Hbst., Buchenborkenkäfer, 1,5–2,5 mm. Oft undeutlicher Sterngang mit meist 5–8 Muttergängen. Zwei einander überlappende Generationen, so daß das ganze Jahr über Larven aller Größen, Puppen und Käfer zu finden sind. An sterbenden Ästen und gefällten Stämmen, gelegentlich auch in stehenden geschwächten Bäumen.

Schrifttum: Schönherr, J., u. Krautwurst, K.: Beobachtungen über den Buchenborkenkäfer *Taphrorychus bicolor* Hbst. (Col., Scolytidae). AS 52, 161–163, 1979.

An Hainbuche: **Scolytus carpini** Rtzb., Hainbuchensplintkäfer, 3–3,5 mm. Auch an Buche und Eiche. Fraßbild *S. intricatus* sehr ähnlich: einarmiger, tief in den Splint einschneidender Quergang. Generation 1jährig.

An Ahorn: **Scolytus koenigi** Schew. (*aceris* Knot.), Ahornsplintkäfer, 3–4,5 mm. Einarmiger Längsgang. 1,5–3 cm lang, 3 mm breit. Zahlreiche, dicht beieinander stehende Larvengänge, bis 12 cm lang.

An Linde: **Cryphalops** (*Ernoporus*) **tiliae** Panz., Lindenborkenkäfer, 1,5–2 mm. Zweiarmiger Quergang.

An Erle: **Dryocoetes alni** Georg, Erlenborkenkäfer, 2 mm. Fraßgänge unregelmäßig.

An Aspe: **Trypophloeus asperatus** Gyll., Aspenborkenkäfer, 1,2–1,6 mm, und **T. granulatus** Rtzb., 1,5–2,1 mm. Fraßgänge unregelmäßig.

An Nadelholz:

An Kiefer:
Vorzugsweise im Stamm:

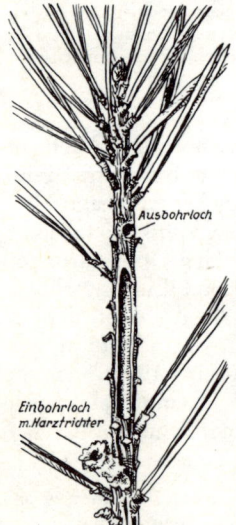

Abb. 103. Triebfraß von *Blastophagus piniperda*. Nach Schimitschek 1955

Blastophagus (*Myelophilus*) **piniperda** L., Großer Waldgärtner. 3,5–4,8 mm. An allen *Pinus*-Arten, selten auch an Fichte und Lärche. Triebfraß auch an Tanne und Douglasie beobachtet. Flugzeit März bis Mai. Käfer fertigt zur Eiablage einarmige, leichtgekrümmte Längsgänge, etwa 10 cm lang, die am Anfang häufig rammelkammerartig erweitert sind, mehrere Luftlöcher aufweisen, fast gänzlich im Bast verlaufen und den Splint nur leicht furchen. In liegenden Stämmen krückstockartige Krümmung des Anfangsteils nach unten. Muttergänge fast stets mit feiner Harzkruste ausgekleidet, in Rindenritzen liegende Bohrlöcher mit kleinen gelben Harztrichtern. Eizahl je Muttergang 50–80 und mehr. Larvengänge dicht gedrängt und lang. Puppenwiegen in der Rinde, also auf der Innenseite des abgelösten Rindenstücks nicht sichtbar. Altkäfer gehen nach beendetem Brutgeschäft (ab Mitte Mai) zum Regenerationsfraß, Jungkäfer (ab August) zum Reifungsfraß in die ein-, zwei-, seltener dreijährigen Triebe und höhlen sie aus (Abb. 103). Dabei wird die Fraßstelle mehrfach gewechselt. Die ausgehöhlten Triebe bleiben grün, brechen später, meist während der Herbststürme ab, und bedecken als „Abbrüche" den Boden. In

Ausnahmefällen, namentlich bei Befall der Triebe mit 2 und mehr Käfern, können diese noch in der Krone braun werden. November/Dezember verlassen die Käfer die Triebe und bohren an der Stammbasis älterer Kiefern, bis 1,5 m Höhe, an jüngeren Stämmen auch höher, nicht ganz auf den Splint reichende, etwa 5 cm lange, 2,5 mm weite Überwinterungsgänge, die häufig in späteren Wintern wieder benutzt werden; an den Einbohrlöchern Bohrmehl, Harzkrümel, auch Harztrichter. Gelegentlich Überwinterung in der Bodenstreu. Einfache Generation: 35—57/8+8,6. Zuweilen, stellenweise in beträchtlichem Umfang, schreiten regenerierte Altkäfer 8–10 Wochen nach Beginn des ersten Schwärmens zu einer 2. Brut (Geschwisterbrut); dabei 35–40 Eier je Weibchen. Brutfraß fast ausschließlich in frischgefällten oder absterbenden Stämmen, also ausgesprochen sekundär. Triebfraß primär, bei starkem Auftreten sehen Kronen wie beschnitten aus („Waldgärtner"), besonders häufig in der Nähe von Holzlagerplätzen; dann erhebliche Zuwachsminderung. Nach Nadelverlust durch Raupenfraß kann zusätzlicher Triebfraß verhängnisvoll werden. **B. minor** Htg., Kleiner Waldgärtner. 3,5–4 mm. Alle *Pinus*-Arten. Selten an Fichte. Flugzeit April/Mai. Doppelarmiger Quergang, tief im Splint, mit kurzem Eingangsstück und Armlängen von durchschnittlich 6–8 cm. Larvengänge kurz, 2 bis 3 cm, mehrere mm voneinander entfernt. Puppenwiegen radial im Holz. Bei starkem Besatz Abweichungen vom Normaltyp. Zahlreiche Ausfluglöcher. Mehr im dünnrindigen Stammteil; bei sehr dünner Rinde wird Verlauf der Muttergänge durch Aufplatzen der Rinde von außen sichtbar. Ernährungsfraß und Generation wie bei *B. piniperda*. Überwinterung hauptsächlich in der Bodenstreu. Vielleicht forstlich bedeutsamer als der Große Waldgärtner, da anscheinend mehr primär; tief den Splint furchende Muttergänge unterbinden den Saftstrom. **Ips sexdentatus** Boern., Zwölfzähniger Kiefernborkenkäfer. 5–8 mm, je 6 Zähne am Absturz. An *Pinus*-Arten, seltener Fichte. 2–4armige Längsgänge, von Rammelkammer ausgehend, auffallend lang (bis 50 cm), 4–5 mm breit. Larvengänge relativ kurz. Einfache und doppelte Generation mit Flugzeiten im April/Mai und Juli/August. Liebt Wärme und starkborkige Stammteile. Nach der Sturmkatastrophe in Niedersachsen 1972 in Einzelfällen Befall im Stehenden durch die 2. Generation, wenn der 1. Generation genügend liegendes Brutmaterial zur Verfügung gestanden hatte.

Ips acuminatus Gyll., Sechszähniger Kiefernborkenkäfer. 2,2–3,5 mm, 3 Absturzzähne. An *Pinus*-Arten, seltener an Fichte. Bevorzugt dünne Rinde. Vielarmige Sterngänge mit geräumiger Rammelkammer. Muttergänge bis 40 cm, 2–2,5 mm breit. Larvengänge ziemlich weit voneinander entfernt, nicht lang. Generation einfach und doppelt. **Ips mannsfeldi** Wachtl, Schwarzkiefernborkenkäfer, 2,5–3,8 mm, 3 Absturzzähne. Schwarzkiefer, seltener an Kiefer. Sterngang. Muttergänge 10–15 cm lang, 1,5 mm breit. Larvengänge ¼–2 cm auseinanderstehend, etwa 4 cm lang. Generation einfach und doppelt. **Orthotomicus** *(Ips)* **laricis** F., Vielzähniger Kiefernborkenkäfer. 3–4 mm, 5 Absturzzähne. Kiefer, auch Fichte, Strobe, Tanne, Lärche. Brutgänge unregelmäßig, Eiablage haufenweise, bis 50 Stück. Larven fressen zunächst gemeinsam, später getrennte Larvengänge. Doppelte Generation. **O.** *(Ips)* **suturalis** Gyll. und **O.** *(Ips)* **proximus** Eichh., Kiefernstangenholz-Borkenkäfer, 3–3,5 mm. Kiefer, auch an Schwarzkiefer, Arve, Fichte. Sterngänge. Doppelte Generation. Flugzeiten Mai und Juli/August. **O.** *(Ips)* **longicollis** Gyll., Langhalsiger Kiefernborkenkäfer, 1 1,5 mm. Auf *Pinus*-Arten. Unregelmäßiger Muttergang, Eigruben in dessen Mittellinie, Larvengänge in die Rinde eindringend.

Vorzugsweise in Ästen, Zweigen und jungen Pflanzen:

Carphoborus minimus F., Kleinster Kiefernbastkäfer. 1,3–1,8 mm. 3–5armige Sterngänge, Muttergänge 0,5 mm breit. Larvengänge weit voneinander entfernt und kurz. In der Regel 2 Generationen. 1. Flugzeit April. **Pityogenes bidentatus** Hbst., Zweizähniger Kiefernborkenkäfer. 1,8–2,5 mm, 1 Hakenzahn am Absturz. Auch an Lärche, Fichte, Tanne, Douglasie. 3–7armiger Sterngang, Muttergänge 1–5 cm lang, 1 mm breit. Larvengänge weitläufig. In der Regel 2 Generationen, 1. Flugzeit Mai/Juni. Auch Kulturschädling.

Pityogenes quadridens Hart., Vierzähniger Kiefernborkenkäfer. 1,7–2,2 mm, 2 Absturzzähne. Wie *P. bidentatus*. **P. trepanatus** Nördl., Schwarzkiefernborkenkäfer, 2,2–2,5 mm. Schwarzkiefer, seltener Kiefer. 3armiger Sterngang, Muttergänge bis 4 cm lang, 1 mm breit, gewöhnlich stark geschwungen. Larvengänge in großen, ungleichen Abständen, bis 4 cm lang, häufig stark geschlängelt. **Pityophthorus lichtensteinii** Rtzb. und **P. glabratus** Eichh., Kiefernzweigborkenkäfer, 1,5–2 mm. In dünnen und dünnsten Zweigen. 2–6armige Sterngänge. Muttergänge bis 6 cm lang, 0,75–1 mm breit. Flugzeit Mai. Letzterer wurde auch beim Triebfraß, ähnlich dem des Waldgärtners, beobachtet. **P. henscheli** Seitn., 1,7 mm. An dünnen Zweigen von Zirbe und Krummholzkiefern. Unregelmäßig breite, 2 bis 2,5 cm lange einarmige Lotgänge. 67–7,4/45+56.

An Stamm und Zweigen, meist in Raumparasitismus mit anderen Borkenkäfern:

Crypturgus cinereus Hbst., Kleiner Kiefernborkenkäfer, 1,2–1,4 mm. Auch Fichte. Muttergänge gehen von Gängen anderer Arten aus, unregelmäßig. Einfache und doppelte Generation.

Schrifttum: FRANCKE, W., u. HEEMANN, V.: Das Duftstoff-Bouquet des Großen Waldgärtners *Blastophagus piniperda* L. (Coleoptera: Scolytidae). ZaE 82, 117–119, 1976.

An Fichte:

Vorzugsweise im Stamm brütend:

Dendroctonus micans Kug., Riesenbastkäfer (Abb. 104). 7–9 mm. Auch an Kiefer, Tanne, Sitkafichte und Blaufichte. Schwärmt und brütet während der ganzen Vegeta-

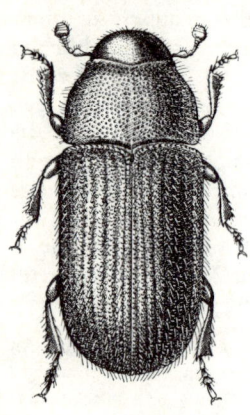

tionszeit, ohne abgegrenzte Flugzeiten. Platzförmiger Muttergang und Larvenfamiliengang. Meist an unterem Stammteil, Wurzelhals und oberflächlich streichenden Wurzeln, doch auch im Kronenraum, sogar in starken Ästen. Bohrloch mit Harzausfluß, vermischt mit Bohrmehl. Eiablage schubweise in Haufen; Eizahl 100 bis 150. Larven fressen dicht aneinander gedrängt, sich berührend, in einer Linie. Ein kleiner Anteil hält sich hinter dem fressend vorrückenden Trupp auf und häuft das Bohrmehl plattenförmig zusammen; zwischen den Bohrmehlplatten bleiben Verbindungsstraßen frei. Verpuppung in der Bohrmehlplatte in ovalen Puppenwiegen. Ernährungsfraß der Käfer in netzartig miteinander verbundenen Gängen anschließend an den Larvenfraßplatz. 1jährige, in höheren Lagen 2jährige Generation. Häufig primär, benutzt zum Einbohren Schälwunden, Fällungs- und

Abb. 104. *Dendroctonus micans*. 6/1. Nach BROWN-BEVAN 1966

Rückverletzungen, kann aber auch in unverletzte Rinde eindringen. Unempfindlich gegen Harzfluß. Die Fichte vermag den Angriffen lange standzuhalten; oft hält sich eine Infektionsstelle am Stamm viele Jahre ohne wesentliche Ausweitung. Bei starkem Befall oder Hinzutreten weiterer Parasiten (*Pissodes*, Hallimasch) erfolgt der Tod des Baumes rasch. Die Art verursachte zwischen 1945 und 1960 in Schleswig-Holstein, Dänemark und Holland schwere Verluste bei der dort zahlreich angebauten Sitkafichte; seitdem hat sich die Lage stabilisiert.

Hylurgops palliatus Gyll., Gelbbrauner Fichtenbastkäfer, 2,5–3 mm. Polyphag an Nadelholz. Einarmiger Längsgang, 2–5 cm lang, meist mit deutlichem Stiefelhaken beginnend, in der Breite wechselnd. Larvengänge auffallend lang, unregelmäßig, sich durchkreuzend, dadurch das Fraßbild verwirrend. 1jährige Generation. Stark sekundär. Zuweilen massenhaft in Wind- und Schneebruchholz. **H. glabratus** Zett., Dunkelbrauner Fichtenbastkäfer, 4,5–5 mm. Selten auch an Arve. Gebirgsbewohner und Spätschwärmer. 4–7 cm lange, einarmige Längsgänge mit krückstock- oder stiefelartigem Anfangsteil. Eiablage in Häufchen in der Nähe des Einbohrlochs, von wo die Larvengänge, zunächst gemeinsam, ausstrahlen. Zahl der Larvengänge bis zu 30, Größe bis 8 cm. Einfache Generation mit Schwestergeneration, auch zweijährige Generation. Sekundär. **Xylechinus pilosus** Rtzb., Fichtenbastkäfer, 2,2–2,5 mm. Doppelarmiger Quergang mit rammelkammerartiger Erweiterung. Bis 20 Larvengänge je Muttergang. Fraßbild variabel. Einfache Generation, Flugzeit Mai/Juni. **Polygraphus**

poligraphus L., Doppeläugiger Fichtenbastkäfer, 2,2–3 mm, und **P. subopacus** Thoms., 1,8–2,2 mm. Auch in anderem Nadelholz. 3–8armiger Sterngang, Muttergang 3–6 cm lang, 1,8 mm breit. Da Muttergang und Larvengänge gewöhnlich in verschiedenen Ebenen verlaufen, wird beim Ablösen der Rinde ein dichtes Gewirr von Gangstücken sichtbar, ohne daß die eigentliche Fraßfigur zu erkennen ist. Einfache und doppelte Generation, 1. Flugzeit April/Mai.

Ips typographus L., Großer achtzähniger Fichtenborkenkäfer, Buchdrucker (Abb. 105). 4,2–5,5 mm, je 4 Absturzzähne. Auch an Kiefer und Lärche. Käfer

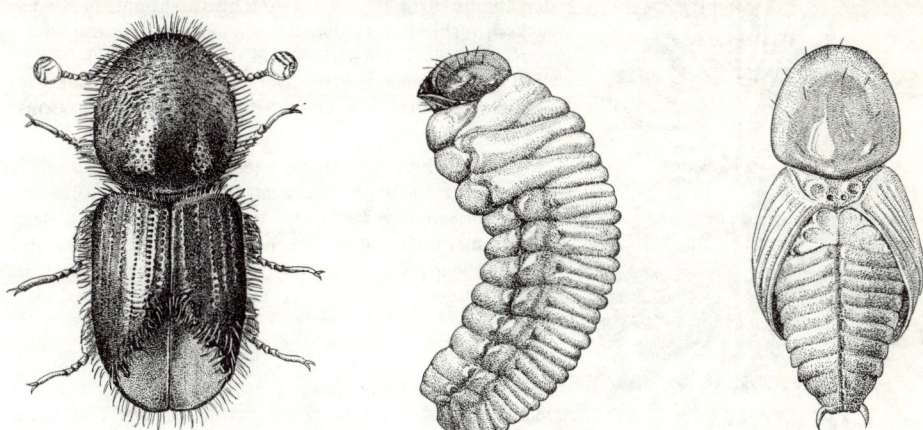

Abb. 105. *Ips typographus.* Käfer, Larve, Puppe. 10/1.

schwärmt, sobald Lufttemperatur 20 °C und mehr erreicht hat. Männchen bohrt sich meist unter Rindenschuppen ein. 1–3armige Längsgänge mit geräumiger Rammelkammer, die gewöhnlich ganz in der Rinde liegt. Muttergang 6–15 cm lang, 3–3,5 mm breit, mit Luftlöchern. Zwischenraum zwischen 2 Eigruben 2–10 mm. Eizahl 20–100 je Muttergang. Anlage der Muttergänge und Eiablage sind nach 2–4 Wochen beendet. Während dieser Zeit ständiger Auswurf von Bohrmehl, weil die Muttergänge, um wiederholte Begattung zu ermöglichen, freigehalten werden müssen. Dauer der Embryonalentwicklung 1,5–2 Wochen, der Larvenentwicklung bei warmem Wetter 3–4 Wochen, bei kühlem Wetter wesentlich länger. Larvengänge 5–6 cm lang, etwas geschlängelt (Abb. 106). Puppenwiege vorwiegend in der Rinde, Dauer der Puppenruhe 1–2 Wochen. Jungkäfer vollführen Reifefraß. Generation je nach der Witterung einfach oder doppelt, mit Flugzeiten Mitte April bis Ende Mai und Ende Juni bis Ende Juli; in sehr warmer Vegetationszeit auch 3 Generationen. Umgekehrt bei kalten Temperaturen erhebliche Entwicklungsverzögerungen. Ausgedehnte Geschwisterbruten kommen nach Regenerationsfraß der Altkäfer vor. Lebensdauer der Käfer bis zu 20 Monaten. Infolgedessen häufig sämtliche Entwicklungsstadien nebeneinander zu finden. Überwinterung meist als Jungkäfer am Brutort, in anderen Stämmen, in Stöcken und in der Bodenstreu. Neigt am meisten von allen Borkenkäfern zu Massenvermehrungen im liegenden Holz, in Sturmwürfen, aber auch in stehenden, durch Dürre, Nonnenfraß u. dgl. geschwächten Beständen. Kann dann auf völlig gesunde Bäume übergehen und Epidemien größten Ausmaßes verursachen. Daher der wichtigste und schädlichste aller Borkenkäfer. Gefährdet sind vor allem Fichtenbestände vom Alter 80 ab (Abb. 195). Symptome, neben Einbohrlöchern und Bohrmehlauswurf, bei Frühjahrsbefall Rötung der Krone von unten her, bei spätem Befall Abfallen der Rinde nach Spechtarbeit bei zunächst noch grüner Benadelung.

Großkalamitäten vor allem in früheren Jahrhunderten; einige sind in der 2. Auflage des Buchs genannt. Seit der Epidemie 1944/51, die als Folge des Zweiten Weltkriegs und gefördert durch günstige Wetterverhältnisse ganz Mitteleuropa erfaßte und einen Einschlag von rund 30 Millionen fm verursachte, sind umfangreiche Kalamitäten nicht mehr eingetreten. Aus Thüringen und Sachsen wurde im Anschluß an das Dürrejahr 1959 eine regionale Massenvermehrung mit Höhepunkt 1964/65 bekannt, die durch geeignete Maßnahmen rasch beendet werden konnte (RICHTER 1965, 1967). Ebenso konnte in Niedersachsen verhindert werden, daß die nach dem Sturmschaden vom 13. 11. 1972 einsetzende, in den Jahren 1973/75 zum Ausbruch kommende Massenvermehrung zu einer Katastrophe wurde (NIEMEYER-THALENHORST 1974, THALENHORST 1975).

Dem Buchdrucker nach Aussehen und Fraßbild ähnlich: **Ips amitinus** Eichh., Kleiner achtzähniger Fichtenborkenkäfer, 3,5–4,8 mm. 3–7armiger Längs- und Sterngang, Rammelkammer meist auf der Innenseite der Rinde sichtbar. 1–2 Generationen. Gern an Arve und Krummholzkiefer im Hochgebirge.

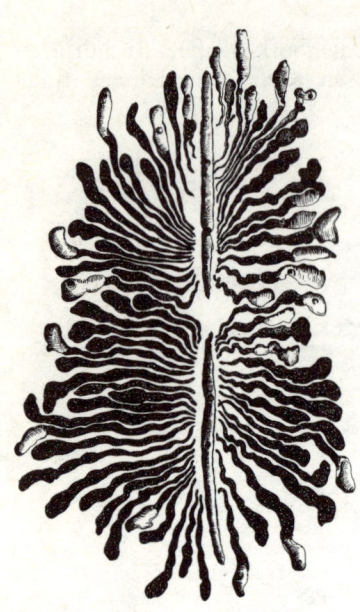

Abb. 106. Fraßbild von *Ips typographus* auf der Innenseite der abgelösten Rinde. Zwei lotrechte Muttergänge mit Luftlöchern; zwischen ihnen unsichtbar die Rammelkammer, in der Rinde verborgen. Von den Muttergängen abgehend die allmählich breiter werdenden Larvengänge; ihre Anfänge ebenfalls in der Rinde liegend und deshalb unsichtbar; an ihren Enden zum Teil Puppenwiegen. 1/2

Pityogenes chalcographus L., Kupferstecher, 1,8–2 mm, je 3 Absturzzähne. Selten an anderen Nadelhölzern, gern an Strobe. 3–6armiger Sterngang mit in der Rinde verborgener Rammelkammer; bei Befall von Kiefer und Strobe ist Rammelkammer sichtbar. Muttergänge etwa 6 cm lang, 1 mm breit. Larvengänge 2 bis 4 cm lang, zahlreich und dicht nebeneinander. Doppelte Generation mit Flugzeiten April und Juli/August. Breites Befallsspektrum, von 5jähriger Kultur bis zum Altholz, in Ästen und im Stamm. Bei Konkurrenz mit dem Buchdrucker auf dünnrindigen Stammteil beschränkt, sonst im ganzen Stamm. Nach Vermehrung in liegendem Material verhältnismäßig leicht primär werdend. Häufig in Beständen nach Dürre oder Grundwassersenkung.

Cryphalus abietis Rtzb. und **C. saltuarius** Weise, Gekörnter Fichtenborkenkäfer, 1,2–2 mm. Auch an anderen Nadelhölzern. Platzförmiger Muttergang, von dem eng aneinander stehende, geschlängelte 2–4 cm lange Larvengänge ausgehen. Meist doppelte Generation mit Flugzeiten im März und Juli/August. Vorzugsweise im Stangenholz und an den Astquirlen. **Dryocoetes autographus** Rtzb., Zottiger Fichtenborkenkäfer. 3–4 mm. Selten auch an Tanne, Strobe, Lärche. Fraßbild verworren. Kurze, unregelmäßige, gebogene, spornförmige, zuweilen erweiterte Muttergänge; wirre, geschlängelte Larvengänge. Doppelte Generation mit Flugzeiten im Mai und Juli. Stark sekundär. Käfer können durch Benagen junger Pflanzen ähnlich wie Wurzelbrüter (S. 194) schaden (MERKER-SATTLER 1952).

Vornehmlich in Ästen, Zweigen und jungen Pflanzen brütend:

Phthorophloeus spinulosus Rey. 1,8–2,2 mm. Doppelarmiger Quergang, dessen Arme von der kurzen Eingangsröhre im spitzen Winkel auseinander gehen. Vielfach Abweichungen im Fraßbild. Larvengänge nicht zahlreich, in unregelmäßigen Abständen, bis 10 cm lang. **Pityophthorus pityographus** Rtzb., Furchenflügeliger Fichtenborkenkäfer. 1–1,5 mm. Auch an anderen Nadelhölzern. 4–7armiger Sterngang, Muttergänge 2–5 cm lang, 0,5–0,7 mm breit, meist quer verlaufend. Larvengänge weitständig. Meist doppelte Generation mit Flugzeiten im Mai und Juli/August. **Pityophthorus exsculptus** Rtzb., 1,1–1,5 mm. Selten auch an Kiefer. 2–6armige Längsgänge. Muttergänge bis 35 cm lang, 0,5–0,7 mm breit. Larvengänge 5–6 cm lang, 1–3 cm voneinander entfernt. Seltener.

An Stamm und Ästen, meist als Raumparasit bei anderen Borkenkäfern:

Crypturgus pusillus Gyll., Winziger Fichtenborkenkäfer, 1 mm. Auch in anderen Nadelhölzern. Wie bei *C. cinereus* gehen die Muttergänge von Gängen anderer Arten aus. Unregelmäßiges Fraßbild. Doppelte Generation.

Schrifttum: AUSTARÅ, Ø., PETTERSEN, H., BAKKE, A.: Bivoltinism in *Ips typographus* in Norway, and winter mortality in second generation. MNS 33.7, 1977. — BAKKE, A.: Spruce Bark Beetle, *Ips typographus:* Pheromone production and field response to synthetic pheromones. Nw 63, 92, 1976. — Field response to a new pheromonal compound isolated from *Ips typographus.* Nw 64, 98, 1977. — BAKKE, A., AUSTARÅ, Ø., PETTERSEN, H.: Seasonal flight activity and attack pattern of *Ips typographus* in Norway under epidemic conditions. MNS 33.6, 1977. — BEJER-PETERSEN, B.: *Dendroctonus micans* Kug. in Denmark. The situation 25 years after a "catastrophe". ZPK 83, 16–21, 1976. — BIERMANN, G.: Zur Überwinterung des Buchdruckers, *Ips typographus* (L.), in der Bodenstreu (Col., Scolytidae). ZaE 84, 59–74, 1977. — BIERMANN, G., u. THALENHORST, W.: Zur Kenntnis des „Kleinen Buchdruckers", *Ips amitinus* (Eichh.) (Col., Scolytidae). AS 50, 20–23, 1977. — FÜHRER, E., u. CHEN, Z. Y.: Zum Einfluß von Photoperiode und Temperatur auf die Entwicklung des Kupferstechers, *Pityogenes chalcographus* L. (Col., Scolytidae). FC 98, 87–91, 1979. — HACKSTEIN, E., u. VITÉ, J. P.: Pheromonbiosynthese und Reizkette in der Besiedlung von Fichten durch den Buchdrucker *Ips typographus.* MdGaaE 1 (2–4), 185–188, 1978. — NIEMEYER, H., u. THALENHORST, W.: Die Borkenkäfergefahr in Niedersachsen nach der Sturmkatastrophe vom 13. November 1972. FH 29, 133–142, 1974. — PETTERSEN, H., og AUSTARÅ, Ø.: Overwintering conditions for *Ips typographus* L. (Col., Scolytidae). MNS 31.11, 1975. — PROSSINAGG, H.: Borkenkäferbekämpfung nach Windwurfkatastrophe in Quellenschutz der Stadt Wien. AFz 90, 337–338, 1979. — STURIES, H. J., u. FÜHRER, E.: Rassendifferenzierung bei *Pityogenes chalcographus* L. (Col.: Scolytidae). AFJZ 150, 99–101, 1979. — THALENHORST, W.: Zur Borkenkäferbekämpfung in Niedersachsen. AF 29, 762, 1974. — Die Borkenkäferkalamität in Niedersachsen 1974. I. Die Buchdrucker (*Ips typographus* L. und *Ips amitinus* Eichh.). FH 30, 167–173, 1975.

An Tanne:

Pityokteines *(Ips)* **curvidens** Germ., Krummzähniger Tannenborkenkäfer. 2,8 bis 3,3 mm. Selten in anderen Nadelhölzern. Doppelarmiger Quergang mit Eingangsröhre, von 1 Weibchen genagt. Häufig bohrt ein 2. Weibchen vom selben Einbohrloch aus einen entsprechenden Quergang nach unten, so daß charakteristische Doppelklammer entsteht. Oft Abweichungen im Fraßbild. Larvengänge dicht, bis 7 cm lang. Puppenwiegen bis 6 mm tief im Holz, mit Pfropf aus feinen Nagespänen verschlossen. Entwicklung vom Ei über 3 Larvenstadien und Puppe zum Jungkäfer dauert durchschnittlich 10–11 Wochen, bei überwinternden Bruten bis zu 8 Monaten. Jungkäfer vollführt Reifefraß im Bast. Doppelte, unter günstigen Verhältnissen dreifache Generation. Flugzeiten gewöhnlich April und Juli. Überwinterung in allen Entwicklungsstadien in den Brutgängen innerhalb der Rinde bzw. in den Puppenwiegen im Holz, als Käfer auch in kurzen Bohrgängen an besonderen, stehenden Überwinterungsbäumen, die durch Harzausfluß auffallen. Häufigster und gefährlichster Feind der Tanne, die er, zunächst in den Wipfelteilen, nach unten fortschreitend angreift. Besonders nach Schwächung der Tanne durch Trockenheit und außerhalb ihres natürlichen Verbreitungsgebietes. Wird leicht primär. Mitursache des „Tannensterbens" (S. 351).

Pityokteines *(Ips)* **vorontzovi** Jakobs., 1,7–2,5 mm. Bevorzugt glattrindige Stammteile und Äste. 3–9armiger Sterngang. Muttergänge 4–5 cm, meist quer verlaufend. Larvengänge dicht. **Pityokteines** *(Ips)* **spinidens** Rtt., 2–3 mm. Sterngang, oft *curvidens*-ähnlich; Muttergang bis 10 cm lang. Vorwiegend im oberen Stammteil. Die drei Arten treten häufig zusammen auf und unterscheiden sich nicht wesentlich hinsichtlich ihrer Gefährlichkeit.

Cryphalus piceae Rtzb., Kleiner Tannenborkenkäfer. 1,1–1,8 mm. Ausnahmsweise an anderen Nadelhölzern. Platzartiger Muttergang, Eiablage haufenweise (20 bis 40 Stück), Larvengänge strahlenförmig. Doppelte Generation mit Flugzeiten März/April und Juni. An dünnrindigen Baumteilen. Überwinterung in kurzen Gängen in den Ästen und Zweigen alter Tannenkronen, wobei die Rinde aufreißt und krebsartige Gebilde entstehen können. Ebenso gefährlich wie *Pityokteines curvidens*, besonders für Stangenhölzer.

Schrifttum: HARRING, C. M.: Aggregation pheromones of the European Fir Engraver beetles *Pityokteines curvidens*, *P. spinidens* and *P. vorontzovi* and the role of juvenile hormones in pheromone biosynthesis. ZaE 85, 281–317, 1978. — HARRING, C. M., a. MORI, K.: *Pityokteines curvidens* Germ. (Coleoptera: Scolitidae): Aggregation in response to optically pure ipsenol. ZaE 82, 327–329, 1976/77.

An Lärche:

Ips cembrae Heer, Großer Lärchenborkenkäfer. 5 mm, ähnlich *Ips amitinus*. Auch an Fichte. 3- und mehrarmiger Sterngang, Muttergänge 6–18 cm lang mit Luftlöchern, Larvengänge dicht. Je nach Klima und Witterung einfache oder doppelte Generation mit Flugzeiten Ende April/Ende Mai und Ende Juli/Anfang September; unter besonders günstigen Verhältnissen auch noch ein dritter Flug im Herbst möglich. Regenerationsfraß des Altkäfers sekundär am Ende des Muttergangs oder außerhalb des Brutortes an dünnberindeten Baumteilen und Stöcken oder auch primär in der Wipfelpartie vorwiegend junger Lärchen, die mit Harzfluß reagieren. Ebenso Reifefraß des Jungkäfers entweder am Brutort oder außerhalb sekundär am kränkelnden Material oder primär waldgärtnerähnlich an gesunden Lärchentrieben, zuweilen auch an Douglasie. Durch Primärfraß wichtiger Feind der Lärche im warmtrockenen Anbaugebiet, dagegen meist belanglos im natürlichen Verbreitungsgebiet der Baumart. Nach Schwächung des Wirtsbaumes infolge von Dürre oder anderen Ursachen kann auch der Sekundärfraß bedeutungsvoll werden.

Cryphalus intermedius Ferr., Kleiner Lärchenborkenkäfer. 2 mm. Hochgebirgstier. Platzförmiger Muttergang, Larvengänge wirr durcheinander. Generationsfrage ungeklärt.

Schrifttum: SCHNEIDER, H. J.: Erfahrungen bei der Bekämpfung des großen Lärchenborkenkäfers in Schwachholzbeständen. AF 32, 1115–1116, 1977. — STOACKLEY, J. T., BAKKE, A., RENWICK, J. A. A., VITÉ, J. P.: The aggregation pheromones system of the Larch Bark Beetle, *Ips cembrae* Heer.

Wurzelbrüter

Larven entwickeln sich unter der Rinde von Stöcken und deren Wurzeln, ausnahmsweise auch von lebenden Wurzeln. Käfer vollführen Ernährungsfraß an jungen Nadelholzpflanzen. Hauptschaden durch Käferfraß. An Zahl und Bedeutung gegenüber den Rindenbrütern stark zurücktretend. Bei uns kommen in Betracht:

Hylurgus ligniperda F., Rothaariger Kiefernbastkäfer, 5–6 mm; **Hylastes ater** Payk., Schwarzer Kiefernbastkäfer, 3,5–5 mm; **H. attenuatus** Er., Starkpunktierter Kiefernbastkäfer, 2–3 mm; **H. angustatus** Hbst., Schmaler Kiefernbastkäfer, 2,5–3,5 mm und **H. opacus** Er., Mattschwarzer Kieferbastkäfer, 2,5–3,5 mm, sämtlich in Kiefer, gelegentlich in Fichte. Vorwiegend in Fichte, selten an Lärche: **Hylastes cunicularius** Er., Schwarzer Fichtenbastkäfer, 4–4,5 mm. Lebensweise und forstliches Verhalten aller Arten übereinstimmend.

Frühschwärmer, die meist als Käfer an Stöcken, Knüppeln und Jungpflanzen überwintern. Die Käfer (von *H. cunicularius*) werden im ersten Frühjahr bei 5 °C aktiv, beginnen mit Ernährungsfraß bei 7–9 °C, mit Brutfraß bei 8–9 °C und erheben sich zum Schwärmflug bei 20 °C. Fliegen wenig. Eiablage (bis 60 Stück) an Stöcken und deren flachstreichenden Wurzeln. Einarmiger Längsgang; Larvengänge in regelmäßigen Abständen abgehend, verwirren sich bald, so daß das Fraßbild unklar wird. Reifungsfraß der Jungkäfer gewöhnlich an Stöcken, an feucht liegenden Stämmen und Kloben und an 1–10jährigen Kiefern und Fichten, wo sie teils unterirdisch die Pfahlwurzel, teils oberirdisch die Rinde am Wurzelhals und untersten Stammteil befressen. Fraßspuren ähneln *Hylobius*-Fraß, sind aber mehr gangförmig und unterhöhlen streckenweise die Rinde. Dieser Ernährungsfraß an jungen Nadelhölzern, der die Pflanzen zum Absterben bringt, kann forstlich sehr bedeutsam werden, während der Brutfraß im allgemeinen belanglos ist. Vermehrung und Schaden werden begünstigt, wenn Nutzung des Altbestandes und Auspflanzen der Abtriebfläche mehrere Jahre hintereinander streifenweise erfolgt: für Brutfraß stehen laufend frische Stöcke, für Ernährungsfraß junge Pflanzen zur Verfügung. Generation einfach oder doppelt.

Bekämpfung: Vorbeugend bei der Kultur Tauchen der Pflanzen in Insektizidbrühe (S. 433), Pflanzlochbegiftung (S. 430), an stehenden Pflanzen Tränkung des Wurzelbereichs mit Bodeninsektiziden (PVF). Lockfang der Käfer mit Knüppeln, Rinden oder Reisern, die mit gegen Borkenkäfer zugelassenen Mitteln begiftet oder in E 605 forte 0,1 % getränkt wurden.

Holzbrüter

Neben dem Eindringen der Brutgänge in das Holz ist ihnen gemeinsam die Pilzzucht. Als Nahrung dienen die glykogenreichen Hyphenenden eines an den Wänden der Gänge wachsenden „Ambrosia"-Pilzes, der weitgehend art- oder gattungsspezifisch ist und meist zu den Moniliales gehört. Er wird bei der Anlage des Ganges durch am oder im Körper mitgeführte Sporen oder Myzelstücke jeweils vom Käfer neu ausgesät. Der weiße Pilzrasen muß regelmäßig abgeweidet werden, andernfalls er unter Braunfärbung abstirbt. Die vom Myzel durchsetzten Gangwände und ihre Umgebung verfärben sich dunkel.

Über die Fraßgänge und ihre Formen siehe oben S. 184 und Abb. 102.

Die Holzbrüter sind vorwiegend technische Schädlinge (Nutzholzborkenkäfer), die absterbende Stämme oder frisch gefälltes Holz angehen. Eine gewisse Holzfeuchtigkeit, die weder zu hoch noch zu niedrig sein darf, ist Voraussetzung für die Pilzzucht. Da jeweils nur ein (oft geringer) Anteil des Einschlags den geeigneten Feuchtezustand aufweist, konzentriert sich auf solchen Stämmen der Befall, während die übrigen (in der Regel die überwiegende Mehrzahl) unversehrt bleiben. Die Konzentration wird gefördert, indem die Käfer, die sich als erste eingebohrt haben, durch Pheromone (S. 184) weitere Artgenossen anlocken. Der Befall ist an dem weißlichen Bohrmehl leicht zu erkennen. Was oben über die möglicherweise zunehmende Bedeutung der Rindenbrüter gesagt wurde, die bei Vernachlässigung des Prinzips der sauberen Wirtschaft ihre Besatzdichte zu erhöhen imstande sind (S. 186), gilt in gleichem, wahrscheinlich höherem Maße für die Holzbrüter.

Gegenmaßnahmen (namentlich gegen *Xyloterus lineatus*): 1. Grundsätzlich möglichst saubere Wirtschaft. 2. Vermeiden, daß liegendes Holz bruttauglich wird, indem seine Feuchtigkeit durch a. In-Rinde-lassen und Lagerung im Bestandsschatten oder feuchten Orten hochgehalten, b. Entrinden und Lagern an besonnten, luftigen Stellen rasch gesenkt wird. 3. Sommerfällung (ab Mai bis in den Spätherbst), weil das Holz im laufenden Jahr nicht mehr befallen wird und im nächsten Frühjahr zur Flugzeit bereits zu trocken ist. 4. Abfuhr des im Winterhalbjahr gefällten Holzes a. vor Einsetzen der Flugzeit, um es befallsfrei zu halten; b. nach dem Befall, bevor die Jungkäfer (ab Anfang Juli) ihre Brutstätten zur Überwinterung verlassen, um sie aus dem Wald zu entfernen. 5. Begiften der Stämme, a. vorbeugend vor dem Anflug mit gegen Borkenkäfer zugelassenen Insektiziden (PVF); b. nach erfolgtem Befall tropfnaß mit speziell zur kurativen Behandlung der Nutzholzborkenkäfer zugelassenen Mitteln. Da Befall häufig vorwiegend unterseits, sollten die Stämme gewendet werden.

Mit Leitergängen:

Xyloterus *(Trypodendron)* **lineatus** Ol., Gestreifter Nutzholzborkenkäfer. 3,5 mm, gelbbraun gestreift. An Nadelholz. Käfer verlassen im Frühjahr Überwinterungsstellen in der Bodendecke, wenn dort Temperatur etwa 10 °C erreicht, ab Ende März: Frühschwärmer. Fliegen bei Lufttemperatur ab 16 °C, voller Helligkeit und Windstille. Erscheinen der Käfer erstreckt sich über längere Zeit, weil erforderliche Mindesttemperaturen am schattigen Ort später erreicht werden als am besonnten. Befallen wird vorzugsweise berindetes, aber auch entrindetes Holz. Bruttauglich sind zunächst im Winter eingeschlagene Stämme; etwa ab Februar gefälltes Holz ist vorerst noch zu feucht. Bohren radiale Eingangsröhre, dann Brutröhre quer zur Faser, mehr oder weniger den Jahresringen folgend, aber auch wieder radial abweichend, meist im Splintholz bleibend; Durchmesser 1,5 mm. Eier in Eigruben, die beiderseits der Brutröhre in Faserrichtung genagt und mit Spänen verstopft werden. Larven fressen kurze zylindrische Gänge (Leitersprossen der einholmigen Leiter), so groß, daß die ausgewachsene Larve und Puppe eben Platz hat. Entwicklungsdauer von der Eiablage bis zum Jungkäfer 6–10 Wochen, dazu 2–3 Wochen Ernährungsfraß des jungen Käfers im Gangsystem. Er verläßt es ab Anfang Juli bis Mitte August, um in höchstens 30, meist 6–18 m Entfernung vom Entwicklungsort in der Streu zu überwintern. Einfache Generation: 46−57/67+7,37.

Charakteristisch sind lange Dauer des Brutgeschäfts, dementsprechend langanhaltender Auswurf von Bohrmehl sowie Wechsel des Brutstamms, wodurch zuweilen eine 2. Generation vorgetäuscht wird. Erscheinen der Käfer ist hier früher, dort später; Eiablage zieht sich über Wochen hin. Wenn der bisherige Brutbaum auch nur stellenweise, etwa an der besonnten Oberseite, stärker austrocknet, verlassen ihn die hier tätigen Altkäfer; sie fliegen einen anderen Stamm an, um die Eiablage fortzusetzen: Folgebrut, im Gegensatz zur Geschwisterbrut, die nach einem Regenerationsfraß zustandekommt. Die nachträglich befallenen Stämme sind solche, die erst dann bruttauglich wurden, also später gefällte oder im Schatten liegende.

Bedeutung des Käfers orts- und zeitweise groß; befallenes Holz ist erheblich im Wert gemindert.

Ebenfalls an Nadelholz: **Gnathotrichus materiarius** Fitch. 3 mm, dunkelrot bis schwarzbraun; schlanker als *X. lineatus.* Lebensweise und Fraßbild wie dieser, Gangdurchmesser nur 1 mm. Aus Nordamerika nach Europa eingeschleppt, seit 1933 in Frankreich, seit 1965 in Holland und Deutschland, danach häufiger, wenn auch stets vereinzelt festgestellt. Es besteht die Möglichkeit, daß er eine ähnliche Bedeutung wie die vorgenannte Art erhält.

In Laubholz: **Xyloterus** *(Trypodendron)* **domesticus** L., Buchennutzholzborkenkäfer, und **X. signatus** F., Eichennutzholzborkenkäfer, 3,5 mm, rotbraun. Polyphag in Laubbäumen. Lebensweise wie *X. lineatus,* aber Überwinterung in den Brutbildern, unter Rindenschuppen und in der Borke des Stamms, namentlich am Wurzelhals.

Mit Familienholzgängen:

Xyleborus saxeseni Rtzb., Kleiner Holzbohrer. ♂ 1,5–1,8 mm, ♀ 2–2,3 mm. Polyphag an Laub- und Nadelholz. Eingangsröhre und Brutgang wie bei *Xyloterus,* aber die Larven fressen keine getrennten Kammern, sondern einen Familienplatzgang, wodurch die Brutröhre nach oben und unten unregelmäßige, buchtige Erweiterungen erfährt. Generation wohl einfach. Wenig bedeutsam. **Xylosandrus germanus** Blandf., Schwarzer Nutzholzborkenkäfer, aus Ostasien stammend, seit 1932 in Nordamerika beobachtet, 1952 erstmalig in Deutschland festgestellt. ♂ 1,4, ♀ 2,3 mm, sehr ähnlich *Xyleborus dispar.* An Laub- und Nadelholz. Familienplatzgang weniger tief im Holz als bei *X. saxeseni.* Bedeutung bislang gering geblieben.

Mit Gabelgängen in einer Ebene:

Xyleborus monographus L., „Kleiner schwarzer Wurm". ♂ 2–2,5, ♀ 3 mm. In Eiche, auch in Kastanie, Ulme, Buche. Mutterkäfer bohren eine radiale Eingangsröhre, von der seitlich einfache oder verästelte Brutröhren ausgehen. Eiablage haufenweise in den Brutröhren. Larven leben vom Pilzbelag der Brutröhre, ohne das Gangsystem zu erweitern. Generation doppelt, mit Flugzeiten im März/April und Juli. Technischer Eichenschädling, der gelegentlich, wenn er in größerem Ausmaß im Walde lagerndes Eichenholz befällt, dessen Wert erheblich herabsetzen kann. **X. dryographus** Rtzb., Gekörnter Nutzholzborkenkäfer. ♂ 2, ♀ 2–2,5 mm. Gleiche Lebensweise.

Mit Gabelgängen in verschiedenen Ebenen:

Xyleborus dispar F., Ungleicher Holzbohrer. ♂ 2, ♀ 3–3,5 mm. Polyphag an Laubholz, seltener an Nadelholz. Das Weibchen bohrt radiale Eingangslöcher, dann, etwa in Richtung der Jahresringe, primäre Brutröhren und senkrecht zu diesen, in Richtung der Holzfaser, sekundäre Brutröhren. In beiden Brutröhrenarten leben die Larven vom Pilzrasen. Generation einfach. Befällt neben Stöcken und gefällten Stämmen auch lebendes Material, vor allem Heister. In Obstgärten schädlicher als im Walde. Benutzt nach chemischer Läuterung in Laubholzjungbeständen die absterbenden Stangen zur Brut. Die Befürchtung, daß er nach starker Vermehrung auf gesunde Bäume übergeht, hat sich bisher nicht bestätigt.

Schrifttum: ANNILA, E.: Effect of felling date of trees on the attack density and flight activity of *Trypodendron lineatum* (Oliv.) (Col., Scolytidae). Com. Inst. For. Fenn. 86. 6, Helsinki 1975. — EGGER, A.: Beiträge zur Biologie und Bekämpfung von *Xyleborus (Anisandrus) dispar* F., und *X. saxeseni* Ratz. (Col., Scolytidae). AS 46, 183–186, 1973. — EICHHORN, O., u. GRAF, P.: Über einige Nutzholzborkenkäfer und ihre Feinde. AS 47, 129–135, 1974. — FRANCKE-GROSMANN, H.: Zur epizoischen und endozoischen Übertragung der symbiotischen Pilze des Ambrosiakäfers *Xyleborus saxeseni* (Coleoptera: Scolytidae). Entomologia Germanica 1, 279–292, 1975. — KERCK, K.: Zur Bedeutung der primären und sekundären Anlockung von *Xyloterus domesticus* L. (Col., Scolytidae). ZaE 82, 119–123, 1976. — MAGEMA, N., et GILSON, J. C.: Vols et densités d'attaques de *Xyloterus lineatus* Oliv. (Coleoptera: Scolytidae) en fonction des différentes périodes d'abbatage des arbres (*Picea excelsa* Link.). Parasitica 33. 3–24, 1977. — POPO, A., u. THALENHORST, W.: Untersuchungen über den Anflug und die Brutentwicklung des gestreiften Nutzholzborkenkäfers, *Trypodendron lineatum* (Oliv.). ZaE 76, 251–277, 1974; 77, 31–72, 1974/75.

Familie Platypodidae, Kernkäfer

Borkenkäferähnlich, aber Kopf breiter als Halsschild, Fühler nicht gekniet. In Holz. Hauptsächlich Tiere der Tropen und Subtropen. Bei uns nur eine Art: **Platypus cylindrus** F., Eichenkernkäfer. 5 mm. In Eiche, selten in Buche, Esche, Kastanie. Das Weibchen dringt radial in den Stamm ein, nagt dann, in der gleichen Ebene, einen welligen Gang in der Jahresringrichtung, bis 30 cm lang und mehr; von diesem Seitengang aus nagt es wieder radial bis zur Stammitte, links und rechts abzweigende Seitengänge anlegend. Viele Abweichungen im Fraßbild. Kot und Bohrmehl werden vom Männchen herausgeschafft. Bohrmehl sehr langfaserig. Eiablage haufenweise in den Gängen. Die Larven leben von Pilzen und nagen erst vor der Verpuppung leitersprossenförmige Puppenwiegen ins Holz. 1jährige Generation. Flugzeit Juli. Am unteren Stammteil stehenden Holzes, an Stöcken und an gefälltem Holz. Technischer Schädling.

Schrifttum: POSTNER, M.: Platypodidae, Kernkäfer. FE II, 482–487, 1974.

Raphidides, Kamelhalsfliegen

Als Imagines und Larven räuberisch lebende Insekten mit halsförmig verlängertem Prothorax. Arten der Gattungen **Raphidia** L. und **Inocellia** Schn. werden im Walde durch Vertilgen von Schädlingen nützlich.

Schrifttum: METZGER, R.: Die Kamelhalsfliegen. NBB 254, 1960.

Planipennia, Hafte

Terrestrisch lebende Räuber. **Myrmeleo formicarius** L., Ameisenlöwe. Larve fängt Ameisen und andere kleine Tiere mit Hilfe eines Sandtrichters, an dessen Grund sie sitzt; Imago libellenähnlich. **Chrysopa** spec., Florfliege und **Hemerobius** spec., Blattlauslöwe sind Vernichter von Blattläusen.

Schrifttum: EGGER, A.: Zur Biologie und wirtschaftlichen Bedeutung von *Chrysopa carnea* Steph. (Neuropt., Planip., Chrysopidae). AS 47, 183–189, 1974.

Lepidoptera, Schmetterlinge

Neben den Käfern bedeutungsvollste Ordnung unter den forstschädlichen Insekten.

Imago charakterisiert durch saugende Mundwerkzeuge, Verwachsung der drei Brustabschnitte, Beschuppung der vier Flügel. Größe schwankt sehr: 27 cm Spannweite bei tropischen Faltern, 0,5 cm bei manchen Tineiden. Nur bei primitiven Formen Vorder- und Hinterflügel gleich groß, meist Vorderflügel größer. Nahrungsbedürfnis gering: nehmen entweder keine Nahrung auf und leben vom Fettkörper, der während der Raupenzeit angelegt wurde, oder nähren sich von Säften, Blütennektar. Beim Schlüpfen aus der Puppe enthalten die Weibchen noch keine oder sehr wenige legereife Eier, oder es sind bereits legereife Eier in mehr oder weniger großer Zahl vorhanden. Im letzten Falle kann die Eiablage sofort einsetzen. Die Larve, Raupe, ist wurmförmig, gleichmäßig gegliedert, mit hartschaligem Kopf und weichhäutigem, aus 14 Segmenten bestehendem Rumpf. Kopf hat kauende Mundgliedmaßen, kurze, dreigliedrige Fühler, 6 Punktaugen. Brustfüße bestehen aus drei zylindrischen Gliedern mit einer Chitinklaue am Ende. Abdomen hat 11 Segmente, von denen die 3 letzten zum Afterring oder Analsegment verbunden sind. Bauchfüße meist an Segment 3–6 oder (bei den Spannern) nur an 6, außerdem am Analsegment (Nachschieber). Wenige Arten haben andere Anordnung der Bauchfüße oder keine (Sackträger). Besitz der Bauchfüße ist wesentliches Merkmal der Schmetterlingsraupen. Spannerraupen mit nur 1 Paar Bauchfüßen (außer dem Nachschieber) bewegen sich spannend fort, die anderen mit 4 Paar Bauchfüßen kriechen. Die im Innern von Pflanzenteilen lebenden Raupen haben Kranzfüße, die außen an Pflanzenteilen lebenden Klammerfüße. Meist Pflanzenfresser, an Wurzeln,

Stamm, Blüten, hauptsächlich aber Blattorganen. Die Raupe ist das Stadium, das vielfach ausschließlich, immer aber hauptsächlich Nahrung aufnimmt. Zuweilen ausgeprägter Geselligkeitstrieb, während des ganzen Raupenlebens (Prozessionsspinner) oder nur in der Jugend (Goldafter, Ringelspinner, Birkennestspinner). Anzahl der Häutungen 3–8, meist 4–5. Pupa obtecta, häufig im Gespinst. Geschlecht ist an den letzten Abdominalsegmenten äußerlich erkennbar, was für die Prognose wichtig ist (Abb. 232).

Die meisten Arten haben einfache Generation, einzelne doppelte oder mehrfache, nur wenige mehrjährige.

Schrifttum: Schwenke, W.: Ordnung Lepidoptera, Schmetterlinge. FE III, 1–5, 1978.

Familiengruppe Tineidae, Motten

Kleine bis winzige Falter mit gestreckten, gewöhnlich mit langen Fransen besetzten Flügeln (Abb. 107). Raupen meist in Knospen, Blättern, Nadeln minierend.

An Eiche: **Tischeria complanella** Hb., Eichenminiermotte. Flügelspannung 12 mm; Vorderflügel dottergelb, Hinterflügel grau. Raupe flachgedrückt, gelb. Miniert in Eichenblättern und erzeugt, oft in Massen, weißliche blasige Flecken. Auch an Edelkastanien. **Coleophora lutipenella** Zll., Eichenknospenmotte; Räupchen fressen Knospen aus; im allgemeinen ohne Bedeutung.

An Esche: **Prays curtisellus** Dup., Eschenzwieselmotte. Flügelspannung 14–17 mm; Vorderflügel weiß, am Vorderrand ein braunes Dreieck. Raupe honiggelb, später schmutzig grüngrau. 6–7/8+8; 8–9,5/6+6. Junge Raupe der 1. Generation miniert in Eschenblättern, später frißt sie frei an der Oberseite der Blätter, so daß nur die Unterhaut übrig bleibt, schließlich spinnt sie Blätter zusammen und frißt große Löcher hinein. Verpuppung meist am Boden zwischen dürren Blättern. Raupe der 2. Generation miniert anfangs ebenso, nach dem Blattabfall geht sie in die Terminalknospe zur Überwinterung. Nach Aushöhlung der Knospe im nächsten Frühjahr frißt sie frei an den ausbrechenden Blättern, seltener im Trieb. Verpuppung am Zweig in einem weitmaschigen Gespinst. Schaden entsteht durch Vernichtung der Endknospe und dadurch bedingter Zwieselbildung. Sie wird bei jungen Pflanzen durch schiefen Schnitt am Triebende, der neben der Terminalknospe auch eine Seitenknospe entfernt, verhindert.

An Buche: **Chimabacche fagella** F., Buchenmotte. Flügelspannung 18–28 mm, Vorderflügel weißgrau mit schwärzlichen Querstreifen. 45–6.10/10,4+45. Raupe verspinnt zwei Blätter zu Gehäuse, Jungraupen skelettieren, ältere Stadien befressen Blätter von den Seiten her. Gebietsweise häufig, ohne forstliche Bedeutung. **Lithocolletis faginella** Zll., Platzmine im Blatt zwischen Seitenrippen. Doppelte Generation.

An Erle: **Coleophora serratella** L. (*fuscedinella* Zll.), Erlenminiermotte. Raupe miniert, zunächst frei, dann in einem aus Blatteilen gefertigten Sack, an Blättern (Pschorn-Walcher 1980). **Argyresthia albistria** Hw., Erlenknospenmotte. Raupe lebt in den Knospen. Beide auch an anderen Laubhölzern.

An Pappel: **Cemiostoma susinella** HS., Pappelminiermotte. Flügelspannung 8–9 mm; weiß mit Zeichnung auf Vorderflügel. Raupen fressen in hellgrünen, später schwarzen Platzminen in Pappelblättern. Verpuppung unter weißem, plattenförmigem Gespinst an den Rändern der Blattunterseiten. 2 oder 3 Generationen im Jahr. **Phyllocnistis suffusella** Zll., Saftschlürfermotte. Flügelspannung 6–7 mm; weiß mit gelber Zeichnung. Raupe in schneckenspurähnlicher Mine. Verpuppung in Tasche am Blattrand. 2 Generationen im Jahr. Beide können in hoher Befallsdichte auftreten, dann physiologisch schädlich.

An Kiefer: **Ocnerostoma piniariella** Zll., Kiefernnadelmotte. Flügelspannung 5 mm. Vorderflügel glänzend, weißlich oder bräunlich grau mit Längsstreifen, Hinterflügel grau. Raupe graugrün mit schwarzem Kopf und dunkelbraunem Nackenschild. 6–67/7+8; 8–8,5/5+6. Raupe miniert Nadel, oft auch die benachbarte Nadel, abwärts fressend, bis zur Scheide, geht hier durch ein rundes Loch nach außen, verspinnt darauf die befressenen und nahe unversehrte Nadeln zu einem Bündel und verpuppt sich in diesem Gespinst. In älteren Kulturen und Stangenhölzern. Ähnlich vorwiegend an der Zirbe **O. copiosella** Frey, Arvenmotte. **Exoteleia dodecella** L., Kiefernknospenmotte. Flügelspannung 12–14 mm, grau mit braungrauen Querbinden. 6–7,5/5+56. Orangegelbe Eier einzeln oder zu 2–5 in und an der Nadelscheide, gelegentlich auch auf Nadel und Trieb. Eientwicklung 16–19 Tage. Rotbraune Raupe miniert zuerst im Spitzenteil der Nadel, überwintert in der Mine, setzt ab Anfang April Minierfraß fort und bohrt sich nach 1 Woche in eine Knospe ein, wobei sie ein zelt- oder röhrenförmiges Gespinst fertigt. Ortsweise auch Eindringen in die Knospe vor der Überwinterung. Zerstört, je nach deren Größe, 1–8 Knospen. Verpuppung am letzten Fraßort, Puppendauer 10–14 Tage. Häufig vergesellschaftet mit *Rhyacionia buoliana;* starkes Auftreten besonders in Mähren und Polen, namentlich in Rauchschadensgebieten.

An Fichte: **Blastotere** *(Argyresthia)* **glabratella** Zll., Flügelspannung 11–12 mm, grauweiß, und **B. bergiella** Ratz. (*A. certella* Zll.), Flügelspannung 11–14 mm, messinggelb, Fichtenknospenmotte; Räupchen miniert in Knospen und nächstgelegenen Teilen des Triebes. **Recurvaria piceaella** Kearf., Fichtennadelmotte, aus Nordamerika eingeschleppt, Raupe miniert in Nadeln, vor allem von *Picea pungens.*

An Tanne: **Argyresthia fundella** F. R., Tannennadelmotte. Flügelspannung 10–12 mm; Vorderflügel weiß mit braunen Querstricheln. Raupe mattgrün mit glänzend schwarzem Kopf. 56–6,4/5+56. Raupe miniert in Nadeln; kann bis zum Lichtfraß führen. **Blastotere sergiella** Retz. (*A. illuminatella* Zll.), Tannenknospenmotte, miniert in Knospen und Trieben.

An Lärche:

Blastotere *(Argyresthia)* **laevigatella** H. S., Lärchentriebmotte. Flügelspannung 10–12 mm; Vorderflügel bleiglänzend mit dunklem Vorderrand und grauen Fransen. Raupe schwarzköpfig, hellgelb, später rötlich weißgrau. 56–6,4/5+56. Raupe nagt im unteren Teil des diesjährigen Triebes unter der Rinde, überwintert daselbst, und frißt im Frühjahr einen bis 4 cm langen, mit Bohrmehl gefüllten Gang. Trieb welkt oberhalb der Fraßstelle und stirbt ab. Verpuppung an der Fraßstelle; die Raupe hat zuvor ein Flugloch für den schlüpfenden Falter genagt. Hauptsächlich an jungen Lärchen, gelegentlich chronisch, dann Zuwachsverlust und Verbuschung. Bekämpfung: Spritzen eines breiten Ringes von Metasystox 5 % in Brusthöhe auf die Rinde des (jungen) Stämmchens (EIDMANN 1963).

Coleophora laricella Hb., Lärchenminiermotte (Abb. 107). Flügelspannung 9 mm; Vorder- und Hinterflügel grau. Raupe rotbraun. 56–6,4/4+56. Motten schwärmen hauptsächlich nachmittags, bei Sonne und Windstille; kopulieren 1–2 Tage nach dem Schlüpfen, beginnen einige Stunden später mit der Eiablage und leben 2–3 Wochen. Weibchen legt etwa 50 gelbe, napfkuchenförmige Eier einzeln an Unterseite von Nadeln vorwiegend der Kurztriebe. Räupchen ist nach etwa 1–2 Wochen entwickelt, bohrt sich durch den Eiboden in die Nadel ein und miniert in ihr. Im September ist eine

Abb. 107. *Coleophora laricella.* 3/1

4–7 mm lange, weiße Mine an der Spitze der Nadel zu sehen. Nach der ersten Häutung, vor dem Nadelabfall beißt die Raupe den ausgehöhlten Nadelteil ringsum ab und verwendet ihn dann als beiderseits offenen Sack, mit dem sie, den Vorderkörper herausgestreckt, umherläuft. Sie frißt an verschiedenen Nadeln jeweils so tief, wie sie es, ohne ihren Sack zu verlassen, vermag. Überwinterung an Kurztriebknospen, aber auch an anderen Stellen des Baums. Im nächsten April, wenn die Nadeln eben austreiben, fressen die Raupen schon wieder an den Spitzen des Kurztriebs. Nach der vierten Häutung wird der wachsenden Raupe der Sack zu eng; sie spinnt den alten Sack der Länge nach mit einer neu ausgehöhlten Nadel zusammen und schneidet die Berührungsstelle beider auf, so daß eine neue, doppelt breite Hülle entsteht. Frühjahrsfraßzeit 3–4 Wochen. Verpuppung im Sack. Treue Begleiterin der Lärche in allen Altersklassen. Gelegentlich auch an eingemischter Douglasie sowie an *Tsuga heterophylla* beobachtet. Massenauftreten vielfach periodisch wiederkehrend und jeweils eine Reihe von Jahren andauernd. Fraß verschwenderisch, 1 Raupe vernichtet je nach dessen Größe einen halben Kurztrieb bis 2 Kurztriebe. Befallene Nadeln werden grau und später rotbraun. Da Langtriebe im Frühjahr weitgehend verschont bleiben, in der Regel kein Totfraß. Aber bei Verlust der Kurztriebnadeln Schwächung des Baums, dadurch erhöhte Empfänglichkeit für andere Krankheiten und erheblicher Verlust an Zuwachs. Nach starkem Fraß wurde Minderung des Höhenzuwachses von durchschnittlich 17 %, des Durchmesserzuwachses von 33–50 % ermittelt (EWALD-BURST 1959, SCHWERDTFEGER-SCHNEIDER 1957).

Diagnose: Im Sommer durchscheinende Fraßmine in der gegen das Licht gehaltenen Nadel, im Herbst und Winter Säckchen am Fraß- und Überwinterungsort, im Frühling dazu Bräunung (wie Spätfrost) und Verlust der Nadeln.

Prognose: Starke Entnadelung droht, wenn zu Ende der Überwinterung je nach Wüchsigkeit des Baums 0,5–2 lebende Larven je Kurztriebknospe gefunden werden. Spätsommerbekämpfung ist angezeigt bei Vorkommen von 5 minierenden Räupchen je Kurztrieb.

Bekämpfung: Im August/September gegen minierende Raupe Sprühen mit gegen minierende Larven zugelassenen Mitteln; im Frühjahr gegen Altraupe unmittelbar nach dem Einsetzen der Fraßtätigkeit mit gegen freifressende Schmetterlingsraupen zugelassenen Insektiziden (PVF), bei rasch fortschreitendem Fraß oft unbefriedigend. Eine versuchsweise vorgenommene Frühjahrsbekämpfung mit Juvenilhormon (S. 420) verlief erfolgreich (SKUHRAVÝ 1973).

Schrifttum: DIERL, W.: Familienreihe Gelechioidae. FE III, 17–19, 1978. — Unterordnung Monotrysia. FE III, 6–10, 1978. — EICHHORN, O.: Familienreihe Coleophoroidae. FE III, 20–36, 1978. — LUITJES, J.: Lariksmot op douglas. NBT 43, 21–24, 1971. — MÜNSTER-SWENDSEN, M.: *Argyresthia fundella*, a potential forest pest. Dansk Skovfor. Tidsskr. 63, 254–261, 1978. — PSCHORN-WALCHER, H.: Populationsfluktuationen und Parasitierung der Birken-Erlenminiermotte (*Coleophora serratella* L.) in Abhängigkeit von der Habitat-Diversität. ZaE 89, 63–81, 1980. — SCHINDLER, U.: Einfluß der Meisen (Paridae) auf die Populationsdichte der Lärchenminiermotte (*Coleophora laricella* Hbn.) im Kalamitätsgebiet des Emslandes. AFJZ 143, 17–20, 1972. — SCHWENKE, W.: Familienreihe Yponomeutoidea, Gespinstmottenähnliche. FE III, 36–49, 1978. — SKATULLA, U.: Familienreihe Tineoidea. FE III, 11–16, 1978. — SKUHRAVÝ, V.: Field control of the Larch Case-borer Moth, *Coleophora laricella*. with a juvenoid. AEB 70, 313–322, 1973.

Familie Tortricidae, Wickler

Vorderflügel meist länglich viereckig, geschultert (Abb. 108). Raupen leben in der Regel zwischen versponnenen Blättern und Nadeln („Wickler") oder im Innern der Pflanzenteile (Knospen, Triebe, Früchte, Wurzeln).

Schrifttum: SCHWENKE, W.: Tortricidae, Wickler. FE III, 49–55, 1978.

An Pappel: **Gypsonoma oppressana** Tr., Pappelknospenwickler. Flügelspannung 12–14 mm, grau-kremfarben. 67−7,5/5+67. Schmutzig-blaßbraune Raupe miniert im Blatt, höhlt im April/Mai Knospen, vorzugsweise Terminalknospen 2–7jähriger Pflanzen aus. Überwinterung in einem unter Genagsel verborgenen Gespinst in Rindenrissen u. dgl., Verpuppung im Boden. **G. aceriana** Dup., Pappeltriebwickler. Flügelspannung 10–14 mm, bleich-bräunlich. 78−8,5/6+78. Gelbbraune Raupe frißt im Frühjahr in der treibenden Knospe und im Trieb; in allen Altersklassen. Überwinterung und Verpuppung wie bei der vorigen.

Schrifttum: BASSUS, W., KOST, F., ZICKERMANN, R.: Zum Auftreten von Knospen- und Triebminierern an Pappel. APP 11, 421–434, 1975.

An Birke: **Acleris ferrugana** D. u. Schiff., Birkenwickler. Flügelspannung 14–18 mm, rotgelb. Grüne Raupen spinnen Blätter von Birkenzweigen zusammen und skelettieren sie. 2 Generationen. Auch an Eiche, Pappel und anderen Laubhölzern. **Epinotia tetraquetrana** Hw., Birkengallenwickler. Flügelspannung 14–16 mm, weißlich-grau. Blaßgrün-gelbliche Raupe lebt in Zweiganschwellungen von Birke und Erle, die kugelig mit bis 1 cm Durchmesser sind; später skelettiert sie Blätter.

An Eiche:

Tortrix viridana L., Eichenwickler (Abb. 108). Flügelspannung 18–23 mm; Vorderflügel hellgrün, Hinterflügel grau. Raupe schmutziggrün, schwarz punktiert mit schwarzem Kopf, bis 20 mm; Kopfkapselbreite der 5 Stadien im Mittel 0,27; 0,42; 0,63; 0,97; 1,55 mm. 6,4−5/6+67. Ablage der etwa 60 Eier je Weibchen an Zweigen, namentlich an Blattnarben und Zweiggabelungen, über die ganze Krone verteilt, bevorzugt in der oberen Hälfte; immer je 2 Eier in kittartiger Masse eingebettet; durch aufsitzenden Staub und Algenbelag fast unsichtbar. Überwintern. Das im Frühjahr schlüpfende Räupchen kriecht unter eine Knospenschuppe und beginnt Fraß an den Knospen; Befall ist nur bei bestimmtem Öffnungszustand der Knospe möglich, dessen Vorhandensein, d. h. die Koinzidenz (S. 292) von Raupenschlüpfen und tauglichem Treibestadium entscheidet über die weitere Entwicklung der Raupen. Diese fressen später an Blüten und Blättern und falten oder rollen die letzten mittels Gespinstfäden zusammen. Vom Wickel aus verzehrt die Raupe, ohne

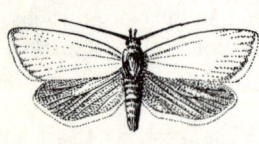

Abb. 108.
Tortrix viridana. 3/2

ihn zu verlassen, das angrenzende Blattgewebe; ist es aufgefressen und vom Unterschlupf aus keine Nahrung mehr zu erreichen, so fertigt die Raupe an einer anderen Stelle einen neuen Wickel. Die ältere Raupe ist überaus beweglich und läßt sich gern an Fäden herab. 5 Raupenstadien von etwa 4–6, 2–3, 2–3, 4–5 und 7–8 Tagen Länge. Verpuppung meist innerhalb der versponnenen Blattreste; nach Kahlfraß findet man die Puppen überall, wo die Raupen zuletzt nach Nahrung gesucht haben: an Trieben, am Stamm, an Blättern des Unterholzes und an der Bodenvegetation. Puppenruhe 2–3 Wochen. Lebensdauer des Falters 5–10 Tage. Typisches Eicheninsekt, besonders an Stieleichen; in der Not auch an anderen Laubhölzern. Bevorzugt zunächst ältere und einzeln stehende Bäume oder Baumgruppen, befällt bei Massenvermehrung sämtliche Altersklassen. Hartnäckiger Schädling, der an geeigneten Orten Jahrzehnte hintereinander in wechselnder Stärke fressen kann. Folgen: Ausfall der Mast; Schädigung oder Vernichtung von Verjüngung und Unterbau durch Raupen, die nach Kahlfraß im Kronendach nach unten kommen; Minderung des Nutzholzwerts der Eichen durch Entstehen von Wasserreisern, ungleichmäßige Jahrringbildung und stärkere Abholzigkeit; Zuwachsverluste: durch Kahlfraß wird Höhen- und Durchmesserzuwachs auf die Hälfte bis ein Drittel herabgesetzt, Verlust an Massenzuwachs beträgt 2–4 fm je Jahr und Hektar (JÜTTNER 1959, SCHWERDTFEGER 1961).

Diagnose: Fraßschaden schreitet im Kronendach von oben nach unten fort (im Gegensatz zum ebenfalls im Eichenwald häufig vorkommenden Fraß der Frostspanner, der von unten nach oben fortschreitet). Blattwickel, Puppen, lebhaftes Schwärmen der Falter.

Prognose: Auszählen der Eier im Winter an Zweigen, die aus den obersten Kronenteilen entnommen wurden; Übersehfehler groß, weil Eier schwer zu erkennen. Auszählen der Räupchen, die an Zweigstücken, ab Mitte Februar entnommen und in warmgehaltene Photeklektoren (S. 389) gebracht, vorzeitig schlüpfen. Als kritisch gelten nach PATOČKA 1955 und STEGER 1959 etwa 20 Eier oder Raupen auf 100 Knospen; FANKHÄNEL 1961 rechnet mit starkem Lichtfraß bei 10–30, Kahlfraß im oberen Kronenteil bei 40–50, Kahlfraß in der ganzen Krone bei 60 und mehr Räupchen je 100 Knospen. Stets unsicher, weil die über die Fortentwicklung der Population entscheidende Koinzidenz zwischen Treiben der Eichen und Schlüpfen der Räupchen (s. o.) nicht vorauszusehen ist.

Bekämpfung: Langfristig durch Anbau spättreibender Eichen, deren Knospen zur Zeit des Raupenschlüpfens noch geschlossen und zum Befall untauglich sind. Der häufig empfohlene Vogelschutz befriedigte ebenso wenig wie die Ansiedlung von Waldameisen. Kurzfristig durch Sprühen mit *Bacillus-thuringiensis*-Präparaten oder anderen gegen freifressende Schmetterlingsraupen zugelassenen Mitteln (PVF) einige Zeit nach Laubausbruch, wenn die Masse der Räupchen die schützenden Knospen verläßt (Faustregel: Beginn der Maßnahme 2 Wochen nach dem ersten Treiben der Frühtreiber).

Vergesellschaftet mit dem Eichenwickler, oft in großer Zahl, treten häufig andere Wicklerarten auf, so **Archips xylosteana** L., **A. rosana** L. und **A. crataegana** Hbn. Der letzte hat in Mähren Kahlfraß in Auewäldern verursacht (KUDLER-HOCHMUT 1959). Ferner: **Laspeyresia splendana** Hbn., Eichelwickler. Weißliche Raupe in Eicheln, Eßkastanien und Walnüssen.

Schrifttum: ALTENKIRCH, W., NIEMEYER, H., SCHINDLER, U.: Eichenwicklerbekämpfung 1971 mit *Bacillus-thuringiensis* im Forstamt Göhrde. FH 27, 93–96, 1972. — BOGENSCHÜTZ, H.: Archips Hbn. FE III, 67–71, 1978. — Tortrix L. FE III, 76–85, 1978. — NEUGEBAUER, W.: Späteichen aus Slawonien. FH 31, 21–22, 1976. — SCHWERDTFEGER, F.: Das Eichenwickler-Problem. Hiltrup 1961.

An Buche: **Pandemis corylana** F., Flügelspannung 20–25 mm, gelbbraun. Grüne Raupe frißt ab Mai zwischen versponnenen Blättern. Doppelte Generation. Gebietsweise häufig. **Laspeyresia fagiglandana** Z., Buchelwickler. Raupe in Bucheln (Abb. 109).

An Kiefer:

Archips piceana L., Kiefernnadelwickler. Flügelspannung 18–24 mm, graubraun. 67–8,5/6+67. Schmutziggrüne Raupe spinnt Nadeln von Kiefer und anderen Nadelhölzern zusammen und benagt sie von innen. Im Frühjahr frißt sie an den zarten Trieben, meist mehrere durch Fäden aneinander-

Abb. 109. Bucheln mit Ausbohrlöchern von *Laspeyresia fagiglandana*

heftend; das welkende Triebende knickt um. **Argyrotaenia pulchellana** Hw., Kiefernsämlingswickler. Flügelspannung 12 mm. Aschgrau mit braunroten Bändern und Flecken. 5−67/7+89; 89−8.10/ 10,4+45. Grüne Raupen der 2. Generation spinnen Nadeln von Kiefernsämlingen zusammen. Sonst an Pflanzen der Bodendecke. Kein nachhaltiger Schaden.

Rhyacionia buoliana D. u. Schiff., Kiefernknospentriebwickler (Abb. 110). Flügelspannung 18–23 mm; Vorderflügel ziegelrot mit silbrigen Querlinien. Raupe rotbraun, 6 Stadien. 7−7,5/6+67. Falterflug vorwiegend abends. Lebensdauer begatteter Weibchen 14–21 Tage. Ablage der 100 bis 300, einer ovalen, plankonvexen Linse ähnelnden Eier einzeln oder in Gruppen von 2–4 an Nadelscheiden, Nadeln und Triebe. Dauer der Embryonalentwicklung etwa 3 Wochen, dabei Verfärbung des Eies von hellgelb über braun nach grau. Räupchen durchbohrt nach kurzer Wanderung die Nadelscheide und frißt in den inneren Basalteilen der Nadeln. Von einer Raupe werden meist 4–6 Nadeln befressen, die rasch vergilben. Im zweiten Stadium geht sie zwischen den Quirl endständiger Knospen und fertigt hier ein Gespinst, das häufig die Mittelknospe mit 2 Seitenknospen verbindet. Die Larve bohrt sich in eine Knospe, meist eine Seitenknospe, ein; durch Einlagerung von Harz wird das Gespinst zum Gehäuse. Nach Aushöhlung der ersten werden weitere Knospen befallen und Gehäuse angelegt. Überwinterung im 3. oder 4. Stadium in der Knospe oder im Gehäuse. Im Frühling, meist Anfang April, wenn Durchschnittstemperatur an 3 aufeinanderfolgenden Tagen mindestens 15 °C betrug, verlassen die Larven den Überwinterungsort; sie wandern einige Stunden, zuweilen auch Tage, an den Knospenquirlen und bohren sich dann erneut in eine Knospe ein. Später wird der sich streckende Trieb von der Basis aus

Abb. 110. *Rhyacionia buoliana.*
2/1

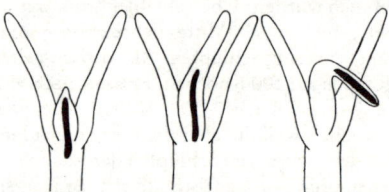

Abb. 111. Fraßschema von *Blastethia turionella* (links, beschränkt sich auf die Knospe), *Rhyacionia buoliana* (Mitte, von der Basis des Triebes aus) und *Rhyacionia duplana* (rechts, von der Spitze des Triebes her). Nach ESCHERICH 1931

entweder ausgehöhlt (Abb. 111) oder außen, rinnenartig, unter dem Schutz einer aus Harz und Gespinst bestehenden Decke befressen. Trieb vertrocknet und stirbt ab. Hat er im Wachstum einen Vorsprung, so knickt er um und wächst unter Posthornbildung weiter. Eine Raupe vernichtet im Durchschnitt 1 Mittel- und 2 Seitenknospen oder -triebe. Verpuppung meist im basalen Teil eines Maitriebes. Puppenruhe 2–3 Wochen. An 3–12jährigen Kiefern, aber auch bis ins Stangen- und Baumholzalter, vor allem in großen, lückigen Kulturen und Dickungen, auf nährstoffarmen, grundwasserfernen Böden. Folgen: Störung der Triebbildung; bei starkem Befall können sämtliche Maitriebe vernichtet werden; bei längerer Dauer des Fraßes erhebliche Wuchsstörungen, Krummschäftigkeit und Verstärkung der Ästigkeit, die Wertholzerzeugung unmöglich machen. Häufig nach jahrelangem Fraß plötzliches Aufhören, was durch hohe Wintersterblichkeit der gegen tiefe Kältegrade empfindlichen Raupen oder durch zunehmende Wirkung der zahlreichen Parasiten verursacht sein kann.

Diagnose: Ausgefressene Knospen, vertrocknete und Posthorn-Triebe. Befallene Knospen mit Harz und Gespinst. Im Winter in der Knospe relativ kleine, rotbraune Larve (im Gegensatz zu *Blastethia turionella:* relativ große, gelbbraune Larve oder Vorpuppe).

Prognose: Zu berücksichtigen ist die nach örtlicher Erfahrung begrenzte Dauer eines Massenauftretens und der Anteil der befallenen Leittriebe. 10% befallene Leittriebe können zu Beginn der Massenvermehrung, weil sie sich bei deren mehrjähriger Dauer summieren, eine Bekämpfung als ratsam erscheinen lassen, am Ende nicht mehr.

Gegenmaßnahmen: Wo angängig, Wahl der weniger anfälligen Schwarzkiefer statt der gemeinen Kiefer (LÜDGE 1968). Schaffung guter Wuchsbedingungen, vielleicht Düngung (SCHINDLER-BAULE 1964). Sprühen mit gegen verstecktfressende Kleinschmetterlingsraupen zugelassenen Mitteln (PVF).

Rhyacionia pinicolana Dbl. und **R. pinivorana** Zll. leben sehr ähnlich der vorgenannten Art, sind aber seltener und bislang ohne forstliche Bedeutung. **Rhyacionia duplana** IIb., Kieferntriebwickler. Flügelspannung 15 mm; Vorderflügel schiefergrau mit 4 weißen Doppellinien, Raupe hellgelbbraun-rosa. 34−47/7,4+34. Eiablage an Nadeln. Raupe zu mehreren in jungen Maitrieben 2−6jähriger Kiefern, von der Spitze zur Basis fressend (Abb. 111); Triebende welkt und knickt um. Verpuppung in grauweißem Kokon an der Stammbasis, zum Teil auch in der Bodenstreu. Gelegentlich Massenauftreten. **Blastethia turionella** L., Kiefernknospenwickler. Flügelspannung 18–20 mm; Vorderflügel braungrau mit vielen bleigrauen Querbinden. Raupe gelbbraun. 56−67,4/45+56. Eiablage an Innenseite der Nadel, nahe der Nadelscheide. Eidauer 2–3 Wochen. Räupchen wandern zu den Maitrieben, umspinnen die Spitzen des sich streckenden Nadelpaars, dringen in dessen Basis ein und fressen sie aus. Mehrere Nadelpaare können derart geschädigt werden. Raupe bohrt sich im 3. Stadium am Grunde einer Seitenknospe ein und höhlt sie aus. Wandert in benachbarte Knospen und vernichtet je nach deren Größe zwei oder mehr Knospen. Überwintert als ausgewachsene Larve oder Vorpuppe meist in der Mittelknospe eines Knospenquirls. Verpuppung hier im Frühjahr, Puppendauer etwa 3 Wochen. Nicht selten Massenauftreten, häufig zusammen mit *R. buoliana*, dann schädlich wie diese. Ähnliche Lebensweise haben die bedeutungslose **B. posticana** Z. sowie die im Hochgebirge vorkommende, Arve und Krummholzkiefer bewohnende **B. mughiana** Z., die letzte mit 2jähriger Generationsdauer.

Petrova resinella L., Kiefernharzgallenwickler. Flügelspannung 16–21 mm; Vorderflügel tief schwarzbraun mit bleigrauen Wellenlinien. Raupe gelbbraun. 56−6, A, 4/45+56. Eiablage am Maitrieb. Junge Raupe macht unterhalb des Knospenquirls dünnes Gespinst zwischen Trieb und benachbarten Nadeln, unter dem sie die Rinde benagt. Verdichtet das Gespinst durch Harz und Exkremente. Frißt sich bis in das Mark des Triebes, hier einen Längsgang ausbohrend. Das gallenartige Gespinst wird bis zum Herbst erbsengroß; nach Überwinterung weiterer Fraß und Anwachsen der Galle bis Kirschgröße. Puppe schiebt sich aus der Galle hervor. Befällt alle Altersklassen der Kiefer; wenn auch zuweilen der Trieb oberhalb der Galle abstirbt, ist Bedeutung gering.

Schrifttum: BOGENSCHÜTZ, H.: Untersuchungen über den Einfluß der Temperatur auf die Entwicklung von *Rhyacionia buoliana* Den. u. Schiff. (Lep., Tortricidae). ZPK 83, 22–39, 1976. — MAIER, G.: Ermittlung des Anteils schwerer Stammverkrümmungen durch Kieferntriebwickler in Kiefernbeständen der badischen Rheinebene. AFJZ 142, 188–195, 1971. — NEF, L.: Influence de la Plante-hôte sur les densités de population de *Rhyacionia buoliana* Schiff. Bokrijk-Genk 1966. — Biologie et importance forestière de *Rhyacionia buoliana* Schiff. Bull. Soc. Roy. For. Belg. 76, 1969. — SCHNEIDER, I.: Beobachtungen über den Einfluß von synthetischem Pheromon auf das Flugverhalten männlicher *Rhyacionia buoliana* (Schiff.) (Lep.). MdGaaE 1 (2–4), 180–184, 1978 — SCHRÖDER, D.: Eucosmini (part.) und Olethreutini. FE III, 109–134, 1978. — WINTER, T. G., a. SCOTT, T. M.: Chemical control of the Pine Shoot Moth, *Rhyacionia buoliana* (Denis und Schiffermuller) (Lepidoptera: Tortricidae) in seed orchards in Britain. Forestry 50, 161–164, 1977.

An Fichte:

Epinotia tedella Cl., Fichtennestwickler. Flügelspannung 13 mm; Vorderflügel dunkelbraun mit breiten Bleilinien. Raupe gelbbraun oder grünlich mit Rückenstreifen. 67−7,4/45+67. Falter schwärmt in den späten Nachmittags- und frühen Abendstunden. Legt die erst weißen, später rötlichen Eier einzeln an Nadeln, je Weibchen 20–25 Stück. Eidauer 3–4 Wochen. Räupchen miniert, verspinnt 10–15 Nadeln zu einem Nest und höhlt sie der Reihe nach aus (Abb. 112). Nadeln vergilben, im Gespinst sammelt sich der Kot an (Abb. 112). Raupe fertigt mehrere Nester und bringt, je nach deren Größe, 20–60 Nadeln zum Absterben. Spinnt sich Ende Oktober bis Dezember ab, überwintert in

Abb. 112. Nester von *Epinotia tedella*

lockerem Kokon in der Bodenstreu und verpuppt sich im nächsten Frühjahr. Puppenruhe anscheinend 5–8 Wochen. In sämtlichen Altersklassen der Fichte, auch an Douglasie beobachtet. Neigt zu Massenvermehrungen, die meist 1–2, selten 3 Jahre dauern; örtlicher Schwerpunkt des Fraßes verlagert sich von Jahr zu Jahr. Infolgedessen meist nur Lichtfraß, selten einmaliger Kahlfraß. Im allgemeinen lediglich Zuwachsverlust, aber unangenehm in Weihnachtsbaumkulturen. Prognose durch Gegenüberstellung von vorhandener Benadelung, Nadelverbrauch einer Raupe und Raupenzahl im August (OHNESORGE 1957). Bekämpfung durch Sprühen mit gegen freifressende Schmetterlingsraupen zugelassenen Mitteln (PVF, FÜHRER 1964, 1965). Ähnlichen Schaden richten die folgenden, im allgemeinen nicht in Massen vorkommenden und deshalb bedeutungslosen Arten an: **Epinotia nanana** Tr., Kleinster Fichtennadelmarkwickler. Flügelspannung 8–10 mm; braun. 67–7,5/56+57. Räupchen miniert im Sommer und Herbst an einer Fichtennadel; nach Überwinterung werden 5–8 Nadeln zusammengesponnen und befressen. **E. pygmaeana** Hb., Kleiner Fichtennadelmarkwickler. Flügelspannung 10–12 mm; braungrau. 5–67/8,4+5. Raupe miniert in Nadeln des Maitriebs, selten in älteren; spinnt häufig 2–3 Nadeln zusammen und höhlt sie gemeinsam aus. Vorzugsweise in Stangen- und Althölzern. Auch an Jungpflanzen von *Picea pungens* schädlich geworden. **Parasyndemis histrionana** Froel., Fichtentriebwickler. Flügelspannung 18–20 mm; weißgrau-braun. 78–7,6/67+78. Raupe frißt im Gespinst in, dann an alten Nadeln, nach der Überwinterung an jungen Nadeln und Maitrieben, die sich krümmen. **Zeiraphera ratzeburgiana** Sax., Roter Fichtenwickler. Flügelspannung 12–18 mm; braungelb. 8,4–47/7+8. Weißgraue bis gelbgrüne Raupe frißt im Gespinst an den Maitrieben; Massenvermehrung an Sitkafichte beobachtet (FRANCKE-GROSMANN 1958). Raupen von **Cnephasia incertana** Tr. und **Eana argentana** Cl., die sonst an der Bodenvegetation leben, haben gelegentlich Schaden an Jungpflanzen im Pflanzgarten und in der Kultur angerichtet.

Laspeyresia pactolana Zll., Fichtenrindenwickler. Flügelspannung 11–15 mm; Vorderflügel olivbraun mit weißlicher, gebrochener Mittellinie. Raupe blaßrötlich, Kopf und Nackenschild hellbraun. 56–6,4/5+56. Eiablage an Rinde, besonders an die Basis der Quirltriebe 5- bis 25jähriger Fichten. Raupe nagt 2–4 cm lange, unregelmäßige Gänge zwischen Rinde und Splint, die mit Gespinstfäden ausgekleidet sind. Überwinterung in seidenpapierartigem Kokon im Fraßgang. Ab Mitte September verraten austretendes Harz und Kot den Larvenfraß. Krebsartige Anschwellungen der Rinde. Verpuppung an der Fraßstelle. Liebt Ränder von Kulturen, einzeln stehende Pflanzen, durch Frost und Wildverbiß geschädigte Stämmchen. Die Rinde muß eine gewisse Dicke, die Fraßstelle eine bestimmte Höhe haben; deshalb werden die 3 obersten und 4–6 untersten Quirle meist verschont und ältere Stämmchen nicht mehr angegangen. Bei starkem Besatz sterben Fichten ab; sonst Kränkeln, Anfälligkeit für andere Feinde. Bekämpfung: Spritzen der Befallsstellen oder der befallenen Kulturen mit Metasystox 0,4 % oder Dipterex-Emulsion 0,1 % (PVF) vorzugsweise im Juli/August (WACHTENDORF 1956). Gemeinsam mit der Art, aber stets in geringer Zahl, treten zuweilen die auch an Tanne und Kiefer vorkommenden, die gleiche Lebensweise besitzenden **Laspeyresia duplicana** Ztt., Dunkelbrauner Fichtenrindenwickler, **L. coniferana** Sax., Tannenkrebswickler und **L. cosmophorana** Tr., Kiefernbeulenwickler, auf (POSTNER 1957).

Laspeyresia strobilella L., Fichtenzapfenwickler. Flügelspannung 13 mm; Vorderflügel olivbraun mit Bleilinien. Raupe weiß mit hellbraunem Kopf. 5–6,4/4+5. Raupen fressen in Samen, an Zapfenschuppen und in der Spindel von Fichtenzapfen. Samenernte wird beeinträchtigt.

Schrifttum: FÜHRER, E.: Griselda und Epinotia. FE III, 134–152, 1978. — POSTNER, M.: Laspeyresiini. FE III, 89–109, 1978.

An Tanne:

Choristoneura murinana

Choristoneura murinana Hb., Tannentriebwickler. Flügelspannung 15–25 mm; Vorderflügel graugelb, braun gegittert, sehr variabel. Raupe grünlich mit braunschwarzem Nackenschild und glänzend schwarzem Kopf. 6 Stadien mit Kopfkapselbreiten 0,20–0,26; 0,26–0,35; 0,39–0,48; 0,55–0,73; 0,80–1,22; 1,43–1,80 mm. Puppe 8–14 mm, dunkelbraun mit langem, 8 Hakenborsten tragendem Aftergriffel. 68–7,46/67+68. Falter schwärmen abends bis Mitternacht, Lebensdauer etwa 2 Wochen. Eiablage auf der Oberseite der Nadeln von Alttannen, vorwiegend an den jüngsten Nadeljahrgängen im oberen Kronenteil; Gelege zweizeilig, aus meist 10–30 sich dachziegelartig überdeckenden Eiern bestehend. Eizahl je Weibchen etwa 100. Nach 8–14 Tagen schlüpfen Eiraupen, die, ohne Nahrung aufzunehmen, sogleich Verstecke unter Rindenschuppen u. dgl. im Kronenbereich aufsuchen, wo sie nach einer Häutung bis zum nächsten Frühjahr in Diapause verharren. Mit dem Austreiben der Knospen verlassen die Jungraupen unter lebhaftem Spinnen ihre Schlupfwinkel, bohren sich in die Knospen, auch Blütenknospen, ein und leben dann in einem lockeren, röhrenförmigen Gespinst zwischen den Maitriebnadeln, die sie in der Nadelmitte (Lochfraß), später bis auf einen kurzen Stumpf befressen, wobei die obere Hälfte abgebissen und häufig im Gespinst befestigt wird. Lassen sich gern an Spinnfäden herab und werden dabei auf Nachbarbäume und Unterwuchs verweht. Jede Raupe zerstört durchschnittlich 120 Nadeln oder 1–2 normale Maitriebe; Fraßzeit etwa 8 Wochen. Verpuppung in der Krone zwischen versponnenen Nadeln, bei Massenauftreten auch am Stamm und im Erdboden. Puppendauer 10–16 Tage. Vorwiegend in Tannenalthölzern, bei Massenvermehrung in allen Altersklassen; auch in Mischbeständen, in denen die Fichte stark befressen wird. Neigt zu periodischen Übervermehrungen, die 10 und mehr Jahre andauern können. Folge: Entnadelung und Krümmung der Maitriebe, die allein befressen werden, dadurch Zuwachsverlust, Ausbleiben der Mast, bei längerer Fraßdauer Kränkeln der Bäume, Anfälligkeit für Sekundärschädlinge, Absterben von Bestandesgliedern.

Diagnose: Nadelverlust im oberen Kronenteil, Fraß am Unterwuchs; spinnende Räupchen, Puppen, schwärmende Falter.

Prognose: Zweige aus der oberen Krone, Februar/März entnommen, werden im warmen Raum in Photeklektoren (S. 389) getan; zum Licht strebende, sich im Glasbehälter fangende Räupchen werden ausgezählt. 30–40 Tiere auf 1 m Zweiglänge lassen starken Fraß erwarten (PATOČKA 1960). Aufstellen von Sexuallockstoff-Fallen (S. 391).

Bekämpfung mit gegen versiecktfressende Kleinschmetterlingsraupen zugelassenen Insektiziden (PVF).

Zeiraphera rufimitrana H. S., Rotköpfiger Tannenwickler. Flügelspannung 12 bis 16 mm; graubraun. Raupe jung schmutzig-gelbgrün, alt honiggelb; Kopf rostrot. 7,45–47/67+68. Schadet wie die vorige Art, weniger häufig als sie, oft mit ihr vergesellschaftet, gelegentlich auch eigene Massenvermehrungen. Prognose und Bekämpfung wie bei jener; als kritisch werden 70–110 (PATOČKA 1960) bzw. 30 Raupen (BISCHOF 1966) auf 1 m Zweiglänge genannt. **Epinotia nigricana** H. S., Tannenknospenwickler. Flügelspannung 11–13 mm; dunkelbraun. 68–7,5/46+57. Rotbraune Raupe frißt Knospen der Tanne, auch von Fichte und Douglasie, aus; Nahrungsverbrauch 4–5 Knospen je Raupe. Verpuppung im Boden. Allein meist ohne Bedeutung, zusammen mit den beiden vorgenannten Arten gefährlich.

Schrifttum: BOGENSCHÜTZ, H.: Choristoneura murinana Hbn., Tannentriebwickler. FE III, 59–67, 1978. — BOVEY, P.: Zeiraphera rufimitrana H.-S., Rotköpfiger Tannenwickler. FE III, 157–159, 1978. — FÜHRER, E.: Epinotia nigricana H.-S., Tannenknospenwickler. FE III, 136–138, 1978.

An Lärche:

Zeiraphera diniana Gn., Grauer Lärchenwickler. Flügelspannung 18–20 mm; Vorderflügel glänzend hellgrau, braun gegittert, sehr variabel. Raupe erst gelbgrün, dann grüngrau bis schwärzlich; bis 15 mm; 5 Stadien mit Kopfkapselbreiten von durchschnittlich 0,2, 0,4, 0,6, 0,9, und 1,4 mm. 8,5–57/78+79. Falter fliegen tagsüber und in der Dämmerung. Eiablage in Gruppen von 2–3, gelegentlich bis 9, unter Flechten vornehmlich im oberen Teil gutbenadelter Kronen; je Weibchen 100–150, maximal 300 Eier. Raupe lebt bis zur 2. Häutung in Gespinströhre in der Mitte des Nadelbüschels eines eben aufbrechenden Kurztriebs; wechselt nach der 2. Häutung den Kurztrieb, spinnt 10–20 Nadeln zu einem Wickel zusammen und verzehrt deren obere Teile (Abb. 113). Das Nadelbüschel wird ein- bis zweimal gewechselt. Nach der 4. Häutung frißt die Raupe von einem röhrenförmigen, parallel zur Zweigachse zwischen mehreren Kurz-

Abb. 113. Raupenfraß von *Zeiraphera diniana*. Nach SCHIMITSCHEK 1955

trieben liegenden Gespinst aus benachbarte Nadeln; Fraß verschwenderisch, Nadelreste bleiben im Gespinst und röten sich; auch Kot bleibt im Gespinst hängen. Insgesamt befällt Raupe 10–20 Kurztriebe und vernichtet davon die Hälfte. Verpuppung in Nadelstreu und Grasnarbe, bei Massenauftreten auch am Stamm. Gefährlichstes Lärcheninsekt in den Alpen. Hier, namentlich im Engadin, periodisch aufeinanderfolgende Massenvermehrungen im 8–10jährigen Zyklus (S. 277). Dauer des Schadfraßes meist 2–3 Jahre. Vor allem in älteren Reinbeständen. Schaden hauptsächlich Zuwachsverlust, ausnahmsweise Absterben von Bäumen. Außerhalb des Alpengebiets als Lärchenschädling geringe Bedeutung.

Die Art tritt offenbar in 2 ökologischen Rassen auf, der Lärchenform, für welche die obige Schilderung zutrifft, und der Arvenform, deren Raupen an Arve, Bergkiefer, Kiefer und Fichte fressen. Morphologisch sicher nur im letzten Raupenstadium unterscheidbar: es weist bei der Arvenform zwei helle Rückenlinien auf, die der Lärchenform fehlen. Erstmalig wurde die Arvenform anläßlich einer ausgedehnten Massenvermehrung 1924–1933 im Fichtengebiet des Erzgebirges beobachtet. Fraß erfolgte nur an Fichten aller Altersklassen, eingesprengte Lärchen wurden nicht angenommen. Raupen fraßen, eifrig spinnend und zunächst im oberen Kronenteil, nur am Maitrieb, dabei auch zarte Triebrinde benagend, so daß Krümmungen entstanden; Endknospen blieben verschont. Bei nicht allzu langer Dauer erwies sich der Fraß als nicht lebensgefährlich, brachte aber Zuwachsverlust. Weitere Massenauftreten wurden 1956–1959 in der Tatra und seit 1965 erneut im Erzgebirge beobachtet.

Bekämpfung im allgemeinen unnötig, da bei Fichte nur Maitriebe angenommen werden und (bei Lärche) erneute Eiablage vorwiegend an unbefressene Kronen, so daß sich befressene erholen können. Im Erzgebirge sind allerdings 1966/67 großräumige Maßnahmen unter Einsatz des Flugzeugs auf insgesamt 18 500 ha vorgenommen worden (THEILE-KLAUSNITZER 1969). Im Hauptschadgebiet der Lärchenform, im Engadin, haben wiederholte Bekämpfungsversuche mit chemischen Mitteln zwar den Fraßschaden verringert, aber den Fluktuationszyklus nicht grundsätzlich verändert, sondern lediglich um ein Jahr verschoben (BALTENSWEILER 1978).

Laspeyresia zebeana Rtzb., Lärchengallenwickler. Flügelspannung 17 mm; Vorderflügel grauschwarz mit Zeichnung. Raupe schmutzig gelbgrün; braunköpfig. 5–6, A, 3 / 4+5. Eiablage besonders an der Basis 1jähriger Triebe. Raupe bohrt sich in die Rinde ein und erzeugt Harzausfluß und Anschwellung (Galle). Diese bis zum Herbst erbsengroß, im nächsten Jahr kirschengroß. Verpuppung an der Fraßstelle. Hauptsächlich an 4–10jährigen Lärchen. Bei starkem Besatz Absterben der oberen Stammteile. **Clepsis spectrana** Tr., polyphag. Raupen haben an und in Wipfeltrieben 4–8jähriger Lärchen gefressen (BODENSTEIN 1955).

Schrifttum: AUER, C.: Dynamik von Lärchenwickler-Populationen längs des Alpenbogens. MEAfV 53, 71–105, 1977. — BALTENSWEILER, W.: Die Massenvermehrungen des Grauen Lärchenwicklers im Alpenraum. AFJZ 149, 168–172, 1978. — BALTENSWEILER, W., BENZ, G., BOVEY, P., DELUCCHI, V.: Dynamics of Larch Bud Moth populations. ARE 22, 79–100, 1977. — BOS, J. v. D., a. RABBINGE, R.: Simulation of the fluctuations of the Grey Larch Bud Moth. Wageningen 1976. — BOVEY, P.: Zeiraphera diniana Guén., Grauer Lärchenwickler. FE III, 159–175, 1978. — OMLIN, F. X., u. HERREN, H. R.: Zur Populationsdynamik des Grauen Lärchenwicklers, *Zeiraphera diniana* (Guénée) (Lep. Tortricidae), im Ahrntal (Südtirol, Italien): Lebenstafeluntersuchungen und Nahrungsverhältnisse während der Vegetationsperiode 1975. MSEG 49, 203–228, 1976. — VAČLENA, K., u. BALTENSWEILER, W.: Untersuchungen zur Dispersionsdynamik des Grauen Lärchenwicklers, *Zeiraphera diniana* Gn. (Lep., Tortricidae): 2. Das Flugverhalten der Falter im Freiland. MSEG 51, 59–88, 1978.

Familie Phycitidae (Pyralidae), Zünsler

Im allgemeinen größer als die Tortriciden mit schmalen dreieckigen Vorderflügeln. Raupen meist in Gespinstgängen.

Acrobasis tumidella Zck. (*zelleri* Rag.), Eichentriebzünsler. Flügelspannung 18–20 mm; rötlich aschgrau. 7,4–56 / 6+7. Raupe gelbgrün mit 3 dunklen Längslinien, skelettiert die Epidermis junger Blätter; diese ballen sich zu einem faustdicken Nest zusammen. Kann in Eichenkulturen im Zusammenwirken mit Spätfrost und Eichenmehltau gefährlich werden.

Dioryctria splendidella H. S., Harzzünsler. Flügelspannung 31–34 mm; Vorderflügel aschgrau mit weißlichen Querbinden und Mittelfleck. Raupe farblos bis graugrün. 78–8,6 / 6+78. Vermutlich in warmen Jahren auch 2 Generationen. Raupe lebt in unregelmäßigem Platzgang zwischen Rinde und Splint in verharzten Teilen der Kiefer und Strobe, vor allem in Kienzöpfen. Außerdem an verharzten Rändern von Rotwild-Schälwunden an Fichte; hier auch einige Bedeutung, da der Heilungsprozeß der

Schälwunden gestört wird. Äußerlich erkennbar durch starken Harzfluß und große, durch eingeschlossenen Kot rötlich gefärbte Harztrichter. **D. abietella** Schiff., Fichtenzapfenzünsler. Flügelspannung 26–30 mm; Vorderflügel aschgrau mit weißen Querzeichnungen. Raupe schmutzig rötlich, längsgestreift. 67–8,5 / 56+67. In warmen Jahren auch 2 Generationen. Fraß der Raupe mehrgestaltig: 1. In Zapfen der Fichte, wo sie Samen und Zapfenschuppen, letztere ankerförmig, befrißt, die Spindel aber – im Gegensatz zu *Laspeyresia strobilella* – verschont; Erkennung an Kot und Harz auf den Zapfen, Krümmung. Raupe verläßt im Oktober durch runde Öffnung den Zapfen und überwintert im Gespinst in der Bodendecke. 2. In *Sacchiphantes*-Gallen. 3. In Wipfeltrieben, die mehr oder weniger weit ausgehöhlt werden; Trieb vertrocknet, schrumpft und krümmt sich. Besonders stark an gutwüchsigen Sitkafichten. Auch vergesellschaftet mit *Rhyacionia buoliana* an Kiefer beobachtet. 4. An verharzten Stammteilen (ähnlich *D. splendidella*). **Assara** *(Hyphantidium)* **terebrella** Zck., Tannenzapfenzünsler. Flügelspannung 16–24 mm; dunkel braungrau. 79–8,46 / 57+68. Weißgelbe Raupe frißt in Zapfen von Tanne und Fichte. **Ephestia elutella** Hb., Kiefernsamenzünsler, Flügelspannung 15 mm; bräunlich aschgrau. Weißbraune Raupe in Vegetabilien aller Art, befrißt u. a. auch Kiefernsamen in der Darre, wobei sie bis 20 Körner zusammenspinnt.

Schrifttum: ANNILA, E.: The life cycles of the cone-infesting *Dioryctria* species (Lepidoptera, Pyralidae) in Finland. Notulae Ent. 59, 69–74, 1979. — MATSCHEK, M.: Familienreihe Pyraloidea, Zünsler. FE III, 205–216, 1978.

Familie Cossidae, Holzbohrer

Große, plumpe Falter. Raupen im Holz lebend. Puppen mit Hakenreihen; schieben sich vor dem Schlüpfen des Falters aus dem Kokon hervor. Zweijährige Generation.

Cossus cossus L., Weidenbohrer. Flügelspannung bis 95 mm; Vorder- und Hinterflügel braungrau mit Wellenlinien. Raupe fleischrot (Abb. 114). 67–8, A, 4 / 5+67. Der träge Falter legt die Eier zu 15–50 in Rindenritzen, mit Vorliebe am Wurzelhals. Gesamtzahl der Eier bis 900. Raupe plätzt zuerst unter Rinde, geht dann ins Holz, aufwärts bis Mannshöhe, abwärts in flachstreichende Wurzeln. Gänge von flachem Querschnitt und oft handbreit.

Abb. 114. Raupe von *Cossus cossus*. Nach SCHIMITSCHEK 1955

Nagespäne und Kot werden durch eine Öffnung ausgeworfen. Raupen wandern bei Nahrungsmangel (zu schwacher Stamm) in andere Bäume über. In Weiden und Pappeln, aber auch in Obstbäumen, Ulme, Erle, Eiche, Linde, Esche, Buche, Birke und Ahorn. Häufig in großer Zahl im gleichen Stamm. Schaden hauptsächlich technisch.

Diagnose: Kot und Bohrspäne an der Stammbasis, um eine große Öffnung angesammelt, charakteristischer Raupengeruch nach Holzessig.

Bekämpfung: Abtrieb stark befallener Stämme. Einführen von Schwefelkohlenstoff in die Gänge (S. 430). Bespritzen des unteren Stammteils mit gegen Rüsselkäfer zur kurativen Behandlung zugelassenen Insektiziden (PVF), zur Abtötung des Falters bei und vor der Eiablage, sollte versucht werden.

Zeuzera pyrina L., Blausieb (Abb. 115). Flügelspannung ♂ 50, ♀ 60–70 mm. Flügel weiß mit blauschwarzen Flecken. Raupe gelb mit schwarzen Punkten. 67–7, A, 5 / 5+67. Eiablage meist einzeln an verschiedene Pflanzenteile. Raupen fressen erst im Mark der Zweige, gehen dann in dickere Baum-

Abb. 115. *Zeuzera pyrina*. 3/2

teile, plätzen unter der Rinde und machen schließlich einen bis 20 cm langen, aufsteigenden, drehrunden Gang im Innern des Holzes. Kot und Späne werden von Zeit zu Zeit durch besondere Öffnungen ausgeworfen. In der Nähe der Öffnung Verpuppung. Noch mehr polyphag als *Cossus*. Fast alle Laubhölzer, besonders Harthölzer. Schlimmer Schaden im Obstbau, merklich auch in Pflanzgärten und Weidenhegern. Erkennung durch Kotauswurf. Gegenmittel (nur bei wertvollen Einzelpflanzen): Einführen von Schwefelkohlenstoff (S. 430) oder eines Drahtes in den Gang und Zerquetschen der Raupe.

Schrifttum: Postner, M.: Cossidae, Holzbohrer. FE III, 177–188, 1978.

Familie Aegeriidae, Glasflügler

Mittelgroße bis kleine Falter mit stellenweise unbeschuppten, glasartigen Flügeln; dadurch und durch schwarzgelbe Färbung des Hinterleibs entfernte Ähnlichkeit mit Wespen und Hornissen. Die schmutzig weißen, fast nackten Raupen fressen im allgemeinen erst plätzeweise unter der Rinde, dann Längsgänge im Holz, wobei sie den Kot durch eine besondere Auswurföffnung entfernen. Puppe braun, auf den mittleren Ringen dorsalwärts mit Querreihen nach hinten gerichteter Stacheln, am Hinterende mit Stachelkranz; verspinnt sich in einem Kokon aus Genagsel dicht unter der Oberfläche der Rinde und schiebt sich vor dem Schlüpfen des Falters aus dem Kokon teilweise hervor. Bedeutung meist gering, nur bei pappelbewohnenden Arten beträchtlich.

Paranthrene tabaniformis Rott., Pappelglasflügler. Flügelspannung bis 35 mm. An Pappeln aller Altersklassen, hauptsächlich an 2–5jährigen. 6–7, A, 5 / 56+6. Ablage von mehr als 1000 Eiern an Stamm, Äste und Triebe. Räupchen bohrt sich an Blattnarbe oder Wundstelle in Trieb ein, macht Schaden ähnlich dem des Kleinen Pappelbocks (S. 171); aber Gallen unregelmäßiger, sonst am Insassen zu unterscheiden. Bei Jungpappeln vor allem an der Stammachse, diese bricht leicht. Befallene Triebe sind als Steckhölzer unbrauchbar. Auch in Mutterstöcken, deren Lebensdauer verkürzt wird. Bekämpfung wie beim Kleinen Pappelbock. **Aegeria apiformis** Cl., Hornissenglasflügler. Flügelspannung bis 45 mm. An jungen Pappeln. 57–8, A, 4 / 5+57. Weibchen läßt Eier um Jungpflanze auf den Erdboden fallen. Räupchen bohrt sich, häufig an Rindenverletzungen, in unterirdischen Stammteil und Wurzel ein. Gänge im Holz bis 10 cm lang. Pflanze wird bruchgefährdet. Auch in Mutterstöcken, wie der vorige. Oft in beachtlichem Umfang in Baumschulen und Anpflanzungen. Zur Bekämpfung wird Behandlung von Boden und unterem Stammteil mit Lindan empfohlen, um die aus dem Boden sich herausbohrenden und am Stamm sitzenden Falter sowie die in den Boden kriechenden Räupchen zu treffen (Postner 1962). **Synanthedon** *(Trochilium)* **formicaeformis** Esp., Weidenglasflügler. Gefährlich in Weidenhegern. **S. spheciformis** Gerning., Erlenglasflügler; an Erlen und Birken. **S. culiciformis** L., Birkenglasflügler; an Birken und Erlen. **S. vespiformis** L., Eichenglasflügler; in Eichen. **S. cephiformis** Ochs., Tannenkrebsglasflügler, an krankhaften Holzwucherungen in Nadelhölzern.

Schrifttum: Postner, M.: Aegeriidae, Glasflügler. FE III, 188–205, 1978.

Familie Geometridae, Spanner

Kleine bis mittelgroße, schlanke, tagfalterähnliche Schmetterlinge. Raupen mit nur einem Bauchfußpaar und Nachschieber. „Spannende" Fortbewegung.

Schrifttum: Kudler, J.: Familienreihe Geometroidea. FE III, 218–265, 1978.

An Nadelholz:

Bupalus piniarius L., Gemeiner Kiefernspanner, einer der bedeutendsten Kiefernschädlinge (Abb. 116).

Flügelspannung ♂ 30–38 mm, ♀ 32–40 mm; Flügel ♂ schwarzbraun mit weißgelben Flecken, ♀ rostbraun mit ähnlicher, aber undeutlicher Zeichnung (Abb. 116). Fühler ♂ doppelt gekämmt,

Abb. 116. *Bupalus piniarius*. Links Männchen, rechts Weibchen. 4/3

♀ borstenförmig. Ei oval, hellgrün. Raupe grün mit weißen Längsstreifen, die (im Gegensatz zur Forleule) auf die grüne Kopfkapsel übergreifen (Abb. 117). 5 oder 6 Stadien; mittlere Kopfkapselbreiten der 3 ersten Stadien 0,5, 0,7 und 0,9 mm; bei 5 Stadien dann 1,4 und 2,0 mm, bei 6 Stadien 1,2, 1,6 und 2,3 mm. Puppe meist 11–12 mm lang, erst grün, dann grünbraun, mit einspitzigem, kurzem Aftergriffel (Abb. 223). Kot eckig, mit deutlich erkennbaren Nadelabbissen.

67−7.11/11,5+57. Schlüpfen der Falter meist in den frühen Morgenstunden; protandrisch. Schwärmflug tagsüber, sehr abhängig von der Witterung, am stärksten an windstillen, warmen, sonnigen Tagen; hauptsächlich im Innern der Bestände, weniger an den Rändern. Männchen flattern im taumelnden Flug, während Weibchen mehr träge am Unterwuchs und in den Kronen sitzen. Daher sieht man stets mehr männliche als weibliche Falter, tatsächlich ist aber das Geschlechterverhältnis meist ungefähr 1:1, obwohl starke Schwankungen vorkommen. Die Falter, zumindest die Weibchen,

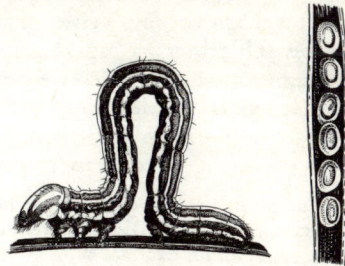

Abb. 117. Raupe (2/1) und Eier (4/1) von *Bupalus piniarius*

sind sehr ortstreu; ein Überflug – abgesehen von Windverwehungen – findet nicht statt. Kopula innerhalb 24 Stunden nach dem Schlüpfen; dabei sitzen die Falter voneinander abgewandt mit aufgeklappten Flügeln; Dauer mehrere Stunden. Eiablage innerhalb weiterer 48 Stunden, zumeist an der Innenseite vorjähriger Nadeln, über die ganze Krone verteilt mit Bevorzugung der mittleren und oberen Teile und der Süd- und Südostseite. Insgesamt legt ein Weibchen 100–150 Eier in einreihigen Zeilen von 2–7, maximal 32 Stück an alte Nadeln. Eidauer im Freiland meist 3 Wochen.

Frischgeschlüpfte Raupe ist 3 mm lang, verpuppungsreife etwa 30 mm; Wachstum geht sehr langsam und gleichmäßig vor sich. Dauer des Raupenstadiums etwa vier Monate. Länge der 5 Häutungsstadien etwa 14, 19, 22, 23, 42 Tage. Frißt normal nur an Kiefer, in der Not auch an anderen Nadelhölzern. Eiräupchen spannt und spinnt sogleich und nagt an alten Nadeln (diesjährige Nadeln werden nicht angenommen) Rinnen von der Fläche her. 2. Stadium geht zum charakteristischen Schartenfraß an Nadelrändern über, der schließlich nur die Mittelrippe mit zackigen Nadelresten übrig läßt. An ihnen treten Harztropfen aus, die trocknen und weiß werden. Stärker befressene Nadeln bräunen sich und fallen schließlich ab. Fraß findet hauptsächlich nachts statt, wird gesteigert durch hohe Temperatur verbunden mit hoher Luftfeuchtigkeit, wird praktisch gleich Null, wenn die Temperatur unter +2°C sinkt. Das langsame Wachstum der Raupen, der infolgedessen langsame Fortgang des Fraßes und die späte Bräunung der befressenen Nadeln lassen meist den Fraß erst spät (kaum vor September) erkennen. Nahrungsbedarf einer Raupe 1,2–2,0 g, nach KUDLER 1963 rund 2,5 g frische Nadelsubstanz. Unter natürlichen Verhältnissen wurden von der Raupenpopulation im 1., 2., 3. und 4. Viertel der knapp viermonatigen Fraßzeit 7, 16, 26 und 51% der Gesamtfraßmenge verzehrt. Die Raupen sind träge und ortstreu. Auf Erschütterungen des Baumes reagieren sie mit Abspinnen. Verlassen zuweilen ohne erkennbaren Grund die Heimatkrone, um an einer Nachbarkiefer wieder aufzubaumen. Sie sind widerstandsfähig gegen Witterungseinflüsse, insbesondere gegen Frost, fallen diesem aber u. U. auch zum Opfer.

Zur Verpuppung kriechen oder spinnen sich die Raupen herab, wenn sie fertig entwickelt sind, was von September bis Dezember der Fall sein kann. Wandern erst kleine Strecke über den Boden; dadurch unregelmäßige Verteilung im Bestand. Finden sich hauptsächlich innerhalb des Kronenbereichs und hier bevorzugt unter frischen, dichten Bodenüberzügen, die guten Verdunstungsschutz bieten, aber genügend durchlässig sind. Bohren sich in die Bodendecke bis zur Grenze des Mineralbodens oder auch wenig in den Mineralboden ein. In einer Wiege ohne Gespinst werden sie über ein Vorpuppenstadium, das 2 Wochen bis mehrere Monate dauern kann, zur Puppe. Dabei Verkürzung von 30 (Altraupe) über 17 (Vorpuppe) auf 12 mm (Puppe).

Neigt zu weiträumigen Massenvermehrungen. Sie treten in windarmen Gebieten mit 500–700, namentlich in solchen mit 600–650 mm Jahresniederschlag auf. Heimgesucht werden vorzugsweise auf ärmeren Böden stockende Kiefernreinbestände mittlerer bis schlechter Ertragsklasse im Alter von 25–70 Jahren; zugige Bestandsränder, Wegegrenzen u. ä. werden weniger befressen als das Bestandesinnere. Da der Schadfraß (im Gegensatz zu dem der Forleule) spät im Jahr eintritt, wenn die Knospen für das nächste Jahr voll entwickelt sind, ist meist Austrieb im folgenden Frühjahr gesichert. Nur zweimaliger Kahlfraß ist tödlich.

Diagnose: Fraßschaden spät im Herbst, an Mittelrippe der Nadel bleiben (im Gegensatz zum ähnlichen *Diprion*-Fraß) zackige Teile der Nadelfläche stehen, befressene Nadel wird graugrün, später braun und fällt im Lauf des Winters ab. Triebe erhalten ein grob besenartiges Aussehen. Charakteristisch gezeichnete bzw. geformte Falter, Eier, Raupen und Kotstückchen.

Prognose: Lebhafter Falterflug, dem aber keineswegs stets Fraßschäden folgen. Puppensuche (S. 387); 2–5 gesunde weibliche Puppen je 1 m² gelten als kritisch (S. 395). Werden diese Zahlen erreicht und überschritten und wird Bekämpfungsmaßnahme vorgesehen, Entscheidung hierüber erst nach Eisuchen (S. 389); kritische Eizahlen siehe S. 395.

Bekämpfung: Sprühen mit gegen freifressende Schmetterlingsraupen zugelassenen Mitteln (PVF).

Hylaea fasciaria L. (= *Ellopia prosapiaria* L.), Gebänderter Kiefernspanner. Flügelspannung 31–38 mm; rötlichgrau mit weißlichen Querstreifen. Eier rotbraun. Raupe variabel, gelbbraun bis weißlichgrau mit Flecken und Linien. 56–67 / 8+8; 8–9,5 / 5+56. Bedeutung nur in Gemeinschaft mit *B. piniarius*. **Semiothisa liturata** Cl., Veilgrauer Kiefernspanner. Flügelspannung 25–33 mm; veilgrau. Raupe wie *B. piniarius*, aber roter Kopf. 67–6.10 / 8,5+57. Lange Flugzeit und Eiablage, entsprechend verschiedenste Raupenstadien nebeneinander vorkommend. Auch 2 Generationen im Jahr. An Kiefer, zuweilen in Gemeinschaft mit *B. piniarius*. **Ectropis** *(Boarmia)* **bistortata** Goeze, Heidelbeerspanner. Flügelspannung 34–40 mm, weißgrau mit braunen Querlinien; 1 oder 2 Generationen mit Flugzeiten Mai/Juni bzw. April/Mai und Juli. Raupe hellgrau oder braungrün mit Seitenlinien, 3. Segment aufgetrieben. Frißt an Heidekraut, Beerkraut, Sträuchern, Laub- und Nadelhölzern und hat gelegentlich mehr oder weniger umfangreichen, kurzfristigen Schadfraß an junger Kiefer, Fichte und besonders an Lärche angerichtet.

Schrifttum: BOTTERWEG, P. F.: Moth behavior and dispersal of the Pine Looper, *Bupalus piniarius* (L.) (Lepidoptera, Geometridae). Proefschr. Utrecht 1978. — SCHWENCKE, W.: Zur Biologie, Gradologie und forstlichen Bedeutung von *Boarmia bistortata* Goeze (Lep., Geometridae). ZPK 83, 159–165, 1976.

An Laubholz:

Biston *(Amphidasis)* **betularia** L., Großer Birkenspanner. Flügelspannung 44–52 mm; kreideweiß mit schwarzen Punkten und Flecken. Raupe braun, grün oder grau, variabel. 6–7.10 / 10,5+56. Polyphag auf Laubholz und auf Lärche. **Ennomos quercinaria** Hfn., Eichen-Zackenrandspanner. Flügelspannung 40–45 mm; braun. Raupe rotbraun. 7,4–46 / 6+67. Polyphag an Laubholz. Wiederholt in Buchenbeständen des Saarlandes Massenvermehrungen mit Kahlfraß. **Collotois** *(Himera)* **pennaria** L., Hainbuchenspanner. Flügelspannung 42–44 mm; rotbraun mit braungelben Querlinien. Raupe graubraun mit gelben Längslinien oder brauner Fleckung. 11,4–45 / 69+10.11. An Hainbuche und anderem Laubholz. Massenvermehrungen in Niederösterreich.

Weitere Laubholzspanner besitzen (wie die vorgenannte) die Eigentümlichkeit, daß die Männchen zur kalten Jahreszeit, im Herbst oder Frühling, wenn die anderen Insekten ihre Winterruhe haben, fliegen; sie werden als Frostspanner bezeichnet. Ihre Weibchen haben verkümmerte Flügel und müssen die Stämme emporkriechen, um die Eier in der Krone abzulegen. Die Raupen befressen im ersten Frühjahr die jungen Blätter und Blüten und sind besonders im Obstbau schädlich. Im Wald in gemischten und reinen Laubholz-, vor allem Eichenbeständen. Bei stärkerem Vorkommen meist mehrere Arten gemeinsam, oft zusammen mit dem Eichenwickler.

Operophthera brumata L., Kleiner Frostspanner. Flügelspannung ♂ 23–25 mm; Vorderflügel gelbgrau mit dunklen Wellenlinien; ♀ kurze Flügelstummel, kaum die Hälfte des Abdomens erreichend. Raupe gelbgrün mit dunklem Rückenstreif und beiderseits drei hellgelben Längsstreifen, grüner Kopf. 10,4—46 / 6.10+10.11. Männchen umfliegt und begattet das emporkriechende Weibchen in der Dämmerung. Weibchen legt durchschnittlich 60, maximal 300 Eier am Stamm und verteilt in der Krone ab. Erster Fraß der Räupchen vorwiegend im unteren Kronenteil an aufbrechenden Blatt- und Blütenknospen. Noch geschlossene Knospen können nicht befressen werden; daher bleiben z. B. spättreibende Eichen meist verschont. Raupen spinnen lebhaft, vollführen Löcherfraß, stets auf der Unterseite der Blätter sitzend, vielfach zwei Blätter oder den umgebogenen Rand eines Blattes mit der Spreite zusammenspinnend. Bei starkem Besatz Kahlfraß; dann werden auch Früchte angefressen, Verjüngung und Unterwuchs schwer geschädigt oder vernichtet. Verpuppungsreife Raupe spinnt sich ab, geht in den Boden, bis 10 cm und mehr tief, und fertigt einen lockeren, im Erdreich schwer erkennbaren Kokon aus versponnenen Bodenteilchen. Massenvermehrungen meist kurz, 1 oder 2 Jahre anhaltend, stellenweise sich in etwa 7—8jährigem Rhythmus wiederholend.

Ähnlich lebend und schadend, aber weniger häufig: **Operophthera fagata** Scharfb., Buchenfrostspanner (Abb. 118). Flügel wie beim obigen, aber 28–30 mm; ♀ längere Flügelstummel, nur wenig

Abb. 118. *Operophthera fagata.* 3/2

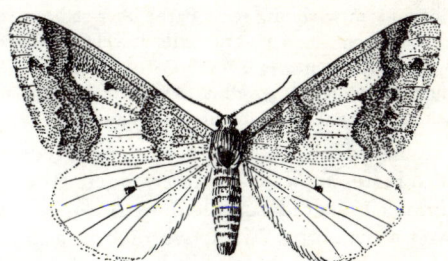

Abb. 119. *Erannis defoliaria.* 3/2

kürzer als Abdomen. Raupe ebenfalls wie *O. brumata,* aber schwarzer Kopf. Bioformel mit derjenigen der vorgenannten Art übereinstimmend. **Erannis defoliaria** Cl., Großer Frostspanner (Abb. 119). Flügelspannung ♂ 40 mm; Vorderflügel gelbbraun mit dunkelbraunen Querstreifen; ♀ völlig flügellos. Raupe rotbraun mit Längsstreifen. 9,4—46 / 79+9.10. **Agriopis** *(Erannis)* **aurantiaria** Hb., Orangegelber Frostspanner. Flügelspannung ♂ 40 mm; Vorderflügel orange mit dunklen Linien; ♀ braun und gelb gefleckt, mit kurzen, hellgrauen und langbehaarten Flügelstummeln. Raupe braun oder grau mit dunkler Rücken- und weißgesäumter Seitenlinie. **Alsophila aescularia** Schiff., Roßkastanien-Frostspanner. ♂ ähnlich *O. brumata,* Flügelspannung 35–40 mm; ♀ ganz flügellos. 24—47 / 7,2+24. Eier werden in Ringen (ähnlich Ringelspinner) um bleistiftstarke Zweige gelegt.

Diagnose: Fraßschaden schreitet im Kronendach von unten nach oben fort (im Gegensatz zum Fraß des Eichenwicklers, der von oben nach unten fortschreitet). Spinnende Raupen. Falterflug zur kalten Jahreszeit, bei Massenauftreten abends im Scheinwerferlicht „wie Schneegestöber".

Prognose: Puppensuchen liefern wegen schlechter Erkennbarkeit der Puppen, Eisuchen wegen unregelmäßiger Verteilung der Eier über Stamm und Krone keine verläßlichen Werte (allerdings hat HEQVIST 1956 bei einer Massenvermehrung von *Erannis defoliaria* in Buchenreinbeständen Puppensuchen anscheinend mit Erfolg durchgeführt; kritische Zahl für 50- bis 60jährige Bestände 8 Puppen je 1 m²). Zweckmäßig: Abfangen der aufbaumenden Weibchen durch Leimringe (S. 391); sie werden (zur Erfassung des meist in Frage kommenden Kleinen Frostspanners) Anfang Oktober in Brusthöhe an einer Anzahl beieinander stehender Stämme angelegt; 1 ♀/cm Stammumfang kündet starken Fraß an (ALTENKIRCH 1966).

Bekämpfung: wegen meist kurzer Dauer der Massenvermehrungen und guter Erholungsfähigkeit der befressenen Bäume in der Regel unnötig, sonst wie beim Eichenwickler (S. 201) mit dem Unterschied, daß gegen Frostspanner Vogelschutz wirksam ist.

Schrifttum: ANONYM: Frostspanner frißt 20000 Hektar Wälder in Unterfranken kahl. FH 32, 295, 1977. — JAHN, E., u. HOLZSCHUH, C.: Beobachtungen zum Auftreten von *Colotois (Himera) pennaria* L. im Wiener-Wald in den Jahren 1971–1973. AS 47, 20–24, 1974. — PURRINI, K., u. SKATULLA, U.: Über die natürlichen Krankheiten der

Frostspanner *Operophthera brumata* L. und *Erannis defoliaria* Clerck (Lep., Geometridae) im Spessart, Bayern. AS 52, 20–24, 1979. — Sᴇᴄʜsᴇʀ, B.: Der Parasitenkomplex des Kleinen Frostspanners (*Operophthera brumata* L.) (Lep., Geometridae) unter besonderer Berücksichtigung der Kokonparasiten. ZaE 66, 1–35, 144–160, 1970.

Familie Noctuidae, Eulen

Mittelgroße Schmetterlinge, an den Vorderflügeln „Eulenzeichnung" (Abb. 120). Fliegen nachts oder in der Dämmerung, um Saft von Blumen oder Honigtau zu saugen.

Schrifttum: Kᴜʀɪʀ, A.: Noctuidae, Eulen. FE III, 266–305, 1978.

An Nadelholz:

Abb. 120. *Panolis flammea.* 4/3

Panolis flammea Schiff., Kiefern- oder Forleule. Bedeutsamer Kiefernschädling, der großräumige Massenvermehrungen durchlaufen kann.

Flügelspannung 30–35 mm; Vorderflügel ziegelrot und gelbgrau gemischt (variabel) mit weißen Ring- und Nierenmakeln, Hinterflügel dunkel-gelbbraun (Abb. 120). Fühler des ♂ mit kurzen Wimperpinseln. Ei napfkuchenförmig, frisch abgelegt hellgelb-grünlich; verändert im Lauf der Embryonalentwicklung seine Farbe über gelbrot, rotviolett zu dunkelviolett kurz vor dem Schlüpfen der Räupchen. Raupe grün mit 3 weißen Rücken- und 1 gelb-orange Seitenstreifen. 5 Stadien; Kopfkapselbreiten 0,4; 0,7–0,8; 1,1–1,8; 2,0–2,3; 2,6–3,2 mm. Kot walzenförmig, durch Einschnürungen dreiteilig. Puppe bis 18 mm lang, braun, mit zweispitzigem Aftergriffel und nierenförmiger Rückengrube am 4. Hinterleibsring (Abb. 223).

5−67 / 8,3+35. Schlüpfen der Falter zwischen 1 und 9 Uhr morgens. Tagsüber sitzen Falter an Nadeln und Zweigen. Abends Schwärmen, das durch einen bestimmten Dämmerungsgrad ausgelöst wird und bis zur völligen Dunkelheit dauert; die Falter umschwärmen bei Massenvermehrung in dichten Wolken und unter hörbarem Summen die Kronen. Geschlechterverhältnis 1:1. Lebensdauer (bei 10 bis 12 °C) der Männchen 24–18, der Weibchen 32–23 Tage. Begattung nachts. Das Weibchen legt 150–180 Eier in einreihigen Eizeilen von 2–7, maximal 25 Stück an vorjährige Nadeln. Ablage beginnt meist am 4. Tag nach dem Schlüpfen und dauert 8–20 Tage, im Mittel bei normaler Witterung 14 Tage. Dauer des Eistadiums in der Regel 3 Wochen. Nach dem Schlüpfen fressen die Räupchen häufig die glashelle, irisierende Eischale an.

Raupe im 1. Stadium „spannt", unterscheidet sich aber von Kiefernspannerraupe durch gelbe Kopfkapsel und mehr Bauchfüße. Spinnt viel. Wandert zu den Maitrieben, die ihr allein als Nahrung dienen können. Am gestreckten Maitrieb werden die jungen Nadeln befressen; ist der Trieb noch nicht so weit entwickelt, können auch angetriebene Knospen, die eine Länge von etwa 2 cm erreicht haben, angenommen werden. Sollen sich auch in Knospen einbohren und sie aushöhlen. Nach der 1. Häutung vermag Raupe alte Nadeln zu benagen, aber erst das 3. Stadium kann ausschließlich von ihnen leben. Es werden dann sämtliche Nadeln bis auf kurze Stummel verzehrt; auch Rinde der Triebe kann benagt werden. Die Raupen fressen ziemlich gleichmäßig Tag und Nacht; Stärke der Fraßtätigkeit ist abhängig von der Lufttemperatur. Nahrungsbedarf einer Raupe insgesamt 7–8 g. Dauer der Raupenstadien siehe Abb. 235; im Freiland bei normaler Witterung zusammen 5–6 Wochen.

Verpuppungsreife Raupe kriecht am Stamm herunter oder läßt sich zu Boden fallen. Nach kurzer Wanderung am Boden bohrt sie sich in die Streu ein und verpuppt sich in einer mit wenigen Gespinstfäden ausgekleideten Höhle. Lage der Puppe in der Streu oder im Wurzelfilz dicht über dem Mineralboden; bei wenig Streu auch bis einige Zentimeter im Mineralboden. Puppe zunächst grün, bald dunkelbraun. Falter ist meist schon Mitte bis Ende August entwickelt, bleibt aber bis zum nächsten Frühjahr in der Hülle. Dauer der Puppenruhe rund 300 Tage.

Fraßbaum ist die Kiefer, gelegentlich auch Weymouthskiefer; nur in der Not werden andere Nadelhölzer und selbst Laubhölzer und Gräser angegangen. Massenwechselgebiete sind trockene, mit reiner Kiefer bestockte Orte mit jährlichen Regenmengen von 500 bis 700 mm und einer Seehöhe von höchstens 500–600 m. Disponiert sind die Altersklassen 20–100, besonders 40–80. Die Ertragsklassen werden ziemlich gleichmäßig befallen, IV. bevorzugt. Die Massenvermehrungen sind kurz, starker Fraß hält nur 1 oder 2 Jahre an. Doch ist er äußerst schädlich. Er setzt früh ein, Kahlfraß im Juni oder Juli, wenn die Knospen für das nächste Jahr noch nicht entwickelt sind; so kann einmaliger Kahlfraß den Tod der Kiefer zur Folge haben. Die befressenen Kronen bilden noch im gleichen Jahr Ersatztriebe; nach Erholung des Baums bleiben häufig „Eulenspieße", wenn der Wipfeltrieb mit den obersten Quirlen abstirbt.

Diagnose: Frühzeitige, sehr rasch vor sich gehende Entnadelung; vertrocknete, mit Wundstellen bedeckte, auch abgebissene Maitriebe; Nadeln werden vollständig bis auf kurze Stümpfe verzehrt. Charakteristisch gezeichnete bzw. geformte Falter, Eier, Raupen und Kotstückchen.

Prognose: Puppensuche (S. 387); durchschnittlich 3 Puppen auf 1 m² Bodenfläche, zu Beginn einer Massenvermehrung und in für den Schädling besonders günstiger Situation hinunter bis zu 1, andererseits bis hinauf zu 5 Puppen je 1 m² gelten als kritisch (s. auch S. 395). Werden diese Zahlen erreicht oder überschritten und wird Bekämpfung vorgesehen, Entscheidung hierüber erst nach Eisuchen (S. 389); kritische Eizahlen siehe S. 395.

Bekämpfung: Sprühen mit gegen freifressende Schmetterlingsraupen zugelassenen Mitteln (PVF).

Schrifttum: Altenkirch, W.: Forstschutzprobleme in Niedersachsen: Kiefernbuschhornblattwespe und Forleule. AF 32, 290–293, 1977. — Kieferngroßschädlinge in Niedersachsen 1977/78. AF 33, 367–368, 1978. — Kieferngroßschädlinge in Niedersachsen 1978/79. AF 34, 344–346, 1979. — Anonym: Bekämpfung der Kiefernschädlinge in Niedersachsen abgeschlossen. AF 33, 866, 1978. — Schwenke, W.: Panolis Hbn. FE III, 305–313, 1978.

An Laubholz:

Earias chlorana L., Weidenkahneule. Flügelspannung 15–25 mm; wie *Tortrix viridana*, aber Hinterflügel weiß. Raupe in der Körpermitte am dicksten, grünlich mit Streifen. Auf Weiden, spinnt Spitze der Rute zusammen und befrißt Blätter, Knospen und Triebteile. Verpuppung an der Pflanze in graubraunem, kahnförmigem Kokon. Zwei Generationen, zum Teil nur eine Generation im Jahr. Schädlich in Weidenhegern durch Hemmung der normalen Rutenentwicklung. **Bena** (*Hylophila*) **prasinana** L., Buchenkahneule. Flügelspannung 32–35 mm; grau mit weißlichen Querstreifen. Raupe gelbgrün, nach hinten stark verjüngt. Puppenkokon ebenfalls kahnförmig. An Buche, Eiche, Birke. Gelegentlich Massenvermehrung in Buchenbeständen. **Acronicta aceris** L., Ahorneule. Flügelspannung 40–45 mm; weißgrau. Auffallende rotgelbe Raupe mit weißen Rautenflecken auf dem Rücken und beiderseits roten Pinseln. Auf Ahorn, Roßkastanie, Eiche, Roteiche, Linde, Rüster, Buche.

In Kämpen und Kulturen (Erdeulen):

Agrotis vestigialis Rott., Kiefernsaateule. Flügelspannung 30–40 mm; Vorderflügel unruhig helle Zeichnung auf gelbbraunem Grund, Hinterflügel gelbgrau. Raupe erdgrau, ins Grünliche oder Fleischfarbene spielend. 89–9,7 / 78+89. Eiablage einzeln auf der Bodendecke. Raupe überwintert nach kurzem Herbstfraß, bei dem sie polyphag zarte Wurzeln, Gräser und Kräuter nimmt. Frühlingsfraß gern an 1–3jährigen Kiefern, tagsüber bis 2 cm tief an den Wurzeln, nachts oberirdisch an Nadeln und Rinde, auch schwache Seitentriebe und die Stämmchen 1jähriger Pflanzen durchnagend. Bei trübem Wetter auch bei Tage an der Oberfläche. Verpuppung meist im Boden. Stellenweise in Nordostdeutschland erhebliche Schaden auf Kiefernkulturen. **A. segetum** Schiff., Wintersaateule. Flügelspannung 35–50 mm; Vorderflügel gelbbraun mit Zeichnung, Hinterflügel weiß. Raupe ähnlich *A. vestigialis*. 56–6,4 / 5+56, aber nach Witterung sehr wechselnd. Flugzeit kann sich über den ganzen Sommer erstrecken, infolgedessen verschiedene Stadien nebeneinander herlaufend. Lebensweise wie *A. vestigialis*. Raupe ist außer an Kiefer auch an Keimlingen und 1jährigen Pflanzen von Fichte, Lärche und Buche schädlich geworden. **Euxoa** (*Agrotis*) **tritici** L., Weizeneule. Zuweilen auch an 1jährigen Kiefern. **Mamestra pisi** L., Erbseneule. Gelegentlich schädlich auf Forstkulturen. Gegenmaßnahmen bei allen Arten: Ausbringen von Giftködern (PVG).

Familie Arctiidae, Bärenspinner

Mittelgroße Schmetterlinge, Raupen meist stark behaart. Bisher ohne forstlich bedeutsame Angehörige; seit 4 Jahrzehnten in Europa eingeschleppt:

Hyphantria cunea Dr., Weißer Bärenspinner oder Amerikanischer Webebär. Flügelspannung 25–30 mm, rein weiß oder auf den Vorderflügeln zahlreiche schwarze Punkte; Raupe bis 5 cm lang, schwarzgrau gezeichnet, dichtweiß behaart. In Nordamerika heimisch. 1940 bei Budapest festgestellt, von dort Ausbreitung in die Tschechoslowakei, nach Rumänien, Jugoslawien, Österreich, Polen und in die europäische Sowjetunion; in Deutschland (1980) noch nicht festgestellt, mit einer seinerzeit befürchteten Einwanderung dürfte nicht mehr zu rechnen sein. 5−56 / 6+7; 7−89 / 9,5+5. Ablage von 300–1000 Eiern je Weibchen an Blattunterseiten. Raupen gesellig in leicht gesponnenen Nestern. Verpuppung unter Borkeschuppen u. dgl. Polyphag an Laubholz.

Schrifttum: Kurir, A.: Arctiidae, Bärenspinner, Bären. FE III, 380–391, 1978.

Familie Lymantriidae, Wollspinner, Trägspinner

Mittelgroße bis große Schmetterlinge; meist behaarte, 16füßige Raupen mit ausstreckbaren Wärzchen auf Ring 9 und 10.

Lymantria monocha L., Nonne (Abb. 121). Überaus wichtiger Schädling der Fichte, von Bedeutung auch in Kiefernbeständen.

Flügelspannung 35–60 mm; Vorderflügel weiß mit schwarzen Zickzackbinden, Hinterflügel grau; Ende des Abdomens, namentlich beim ♀, rosa. Fühler beim ♂ lang gekämmt, beim ♀ gezähnt. Eier etwas über 1 mm, seitlich zusammengedrückt, zuerst fleischfarben, dann dunkelbraun. Kurz vor dem Ausschlüpfen und nachher perlmutterweiß. Eiraupe durch 6 Reihen schwarzbehaarter Warzen sehr dunkel, ältere Raupe schmutzig weiß bis schwärzlich, mit braunem Kopf (Abb. 122); ein dunkler

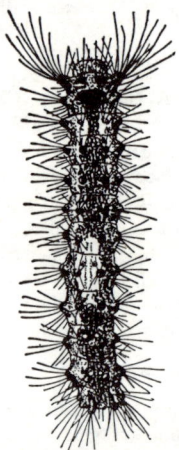
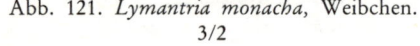

Abb. 121. *Lymantria monacha*, Weibchen.
3/2

Abb. 122. Raupe von *Lymantria monacha*. Nach Schimitschek
1955

Rückenstreifen beginnt auf Ring 2 mit herzförmiger Verbreiterung, setzt auf Ring 8 aus (Sattelfleck). Auf Ring 9 und 10 je ein rotes ausstreckbares Wärzchen. Bis 50 mm lang. 5–6 Stadien mit Kopfkapselbreiten 0,5–0,7; 1,0–1,2; 1,3–1,8; 2,0–2,7; 2,6–4,0; 3,7–4,9 mm. Puppe zuerst grünlich, dann dunkelbraun mit Bronzeglanz, mit gelblichen Haarbüscheln am Abdomen; am Kopf zwei kurze blaue Haarbürstchen (Unterschied zu *L. dispar*); 15–25 mm lang. Die Nonne variiert in ihrer Färbung sehr; Falter und Raupen können fast schwarz sein. Kot: kurze sechsfach gekehlte, 1- bis 2mal ringförmig eingeschnürte Walzen von höchstens 4–5 mm Länge.

7,4−46 / 67+78. Falter schlüpfen den ganzen Tag, vorwiegend zu den wärmsten Stunden zwischen 10 und 18 Uhr. Sitzen tagsüber am Stamm, Männchen ein gleichseitiges, Weibchen ein gleichschenkliges Dreieck bildend. Fliegen bei Beunruhigung leicht hoch. Schwärmen in hellen, warmen Nächten zwischen 22 und 3 Uhr. Besonders die Männchen fliegen gern zu Lichtquellen, werden zuweilen vom Wind über weitere Strecken transportiert: passive Überflüge. Begattung und Eiablage vorwiegend nachts. Kopula in den ersten beiden Lebensnächten; in der 2.–4. Nacht wird die Hauptmasse, nach 1–2tägiger Pause der Rest der Eier abgelegt. Geschlechterverhältnis schwankt und wird ebenso wie die Eiproduktion von der Witterung der vorangegangenen Raupenzeit beeinflußt (Abb. 178). Lebensdauer der Falter bei normalen Juli-August-Temperaturen von 18 bis 16 °C im weiblichen Geschlecht 11–14, im männlichen 9–10 Tage.

Weibchen legt normal 100–200 E i e r in Schüben von meist 20–100 Stück mit Legeröhre geschützt unter Rindenschuppen u. dgl. ab. Eiablage vielfach an den unteren grobborkigen Stammteilen, bei Massenvermehrung am ganzen Stamm. Nach etwa vier Wochen ist Räupchen im Ei entwickelt und durch die Schale sichtbar. Es überwintert und schlüpft erst im nächsten Frühjahr.

Die frischgeschlüpften R a u p e n bleiben noch Stunden bis Tage gesellig beisammen im „Spiegel", dann wandern sie, Fäden spinnend, zur Krone. Hindernisse werden mit Gespinsten (Schleiern) überzogen. Die junge Raupe ist sehr beweglich, spinnt sich bei jeder Beunruhigung ab und wird dabei häufig vom Winde verweht; so findet man Eiräupchen auf Kulturen, wo Eier nicht abgelegt wurden. Nach der 1. Häutung läßt das Spinnvermögen nach; ältere Raupen spinnen sich nicht mehr ab. Raupenzeit dauert bei normaler Witterung 7–11 Wochen. Zur Dauer der Raupenstadien siehe Abb. 235. Zahl der Häutungen 4–5, ausnahmsweise 6; Vierhäuter sind meist männlich, die anderen weiblich.

V e r p u p p u n g im lockeren Gespinst am Fraßort oder an Ästen und Stamm. Dauer des Puppenstadiums 13–19 Tage.

Die Raupe ist polyphag und frißt an Fichte, Kiefer, Strobe, Zirbe, Tanne, Douglasie, Lärche, Buche, Hainbuche, Eiche u. a.; Ulme, Pappel, Esche, Ahorn, Erle u. a. werden gemieden, höchstens bei Nahrungsmangel angenommen. Frißt auch zahlreiche Pflanzenarten der Bodenflora, besonders Heidel-, Preisel- und Himbeere. Bevorzugter Fraßbaum ist Fichte, ferner Buche und Kiefer. Alle Altersklassen werden befallen. Die junge Raupe befrißt an allen Nadelhölzern zunächst nur Maitriebe und sich streckende Knospen, ferner den Pollen männlicher Blütenstände; Altnadeln können bei Kiefer vom 2., bei Fichte vom 3. Stadium ab befressen werden; bis zum 3. bzw. 4. Stadium sind aber Jungnadeln günstiger. Bei Laubholz fressen die jüngsten Räupchen an den schwellenden Knospen, später Löcher ins Blatt (Löcherfraß). Der Fraß der alten Raupen ist sehr verschwenderisch: von Nadeln beißen sie die obere Hälfte ab, die zu Boden fällt, und fressen den Rest bis zur Scheide herunter; bei Blättern wird die Blattfläche unter Schonung der Mittelrippe und der Spitzenteile ausgefressen (Ankerfraß); oft wird die Mittelrippe durchnagt, worauf der Spitzenteil zu Boden fällt.

Eine sich viermal häutende Raupe fraß bis zur Verpuppung an Fichte 2,4 g, verschwendete dabei 0,3 g, vertilgte also insgesamt 2,7 g oder 769 Nadeln; die entsprechenden Zahlen für eine sich fünfmal häutende Raupe waren 4,4–0,7–5,1–1390 (FRYDRYCHEWICZ 1930). Nach GÄBLER 1950 verzehrte eine Raupe durchschnittlich 166 Stück oder 7,8 g Kiefernnadeln bzw. 1058 Stück oder 5,9 g Fichtennadeln, wobei aber starke individuelle Schwankungen auftraten und die weiblichen Raupen wesentlich mehr fraßen als die männlichen; die Menge der ungenutzt zu Boden fallenden Abbisse betrug im Mittel bei Kiefer 23 Stück oder 1,0 g, bei Fichte 68 Stück oder 0,3 g. In den beiden letzten Häutungsstadien werden rund 80 % des Nahrungsbedarfs gefressen.

Die Nonne ist zu weiträumigen Massenvermehrungen fähig. Sie treten in Gebieten auf, die einen Jahresniederschlag von 400–600, auch bis 700 mm und mittlere Monatstemperaturen von 11,5–13,5 °C im Mai, 15–17° im Juni, 16,5–19° im Juli und 16–18° im August (LEUTHOLD 1931) aufweisen. Starker Fraß hält am selben Ort nur 1 oder 2 Jahre an; häufig verlagert er sich von Jahr zu Jahr. Er wird von Laubhölzern und Lärchen ertragen. Die Kiefer erholt sich meist wieder, da der Fraß in der Regel einmalig ist und Teile der Maitriebe erhalten bleiben. Die Fichte dagegen ist sehr gefährdet; die Nonne ist in manchen Gebieten ihr schlimmster Feind. Kahlfraß tötet sie, z. T. infolge von Überhitzung des Kambiums durch Sonnenstrahlung nach Fortfall der schattenspendenden Benadelung. In Kiefern-Fichten-Mischbeständen wird die Fichte herausgefressen, einmal wegen ihrer größeren Empfindlichkeit, dann aber auch, weil die häufig sich abspinnenden Raupen stets wieder auf den unteren Zweigen der Fichte landen, während sich die Kiefer „entlastet" (S. 320).

Diagnose: Ankerfraß, Nadel- und Blattreste zwischen charakteristisch geformtem Kot. Falter, Eier, Puppen und Puppenhülsen am Stamm.

Prognose: Puppenhülsensuche (S. 390), Falterzählung (S. 390), Männchenfang mittels Sexuallockstoff (S. 391), Eizählung (S. 388); kritische Zahlen siehe Abb. 226 und 228 und S. 395.

Bekämpfung: Sprühen mit gegen freifressende Schmetterlingsraupen zugelassenen Mitteln (PVF).

Abb. 123. *Lymantria dispar*, Männchen. 3/2

Lymantria dispar L., Schwammspinner (Abb. 123). ♂ 40 mm Flügelspannung, braungrau, ähnlich dunklem Nonnenfalter; ♀ 50–55 mm, schmutzig weiß mit dunklen, gezahnten Querstreifen, Hinterleib plump abgestutzt. Raupe vordere Hälfte der mittleren Knopfwarzen blau, hintere rot. Eier in Haufen von 120–800 Stück, durch gelblich-braune Afterwolle schwammartig zugedeckt; vorwiegend am unteren Stammteil. 8,4–47 / 8+89. Polyphag, zuweilen zusammen mit Nonne an Nadelholz, häufiger an Laubholz (Eiche). Im Walde meist bedeutungslos, nur bei längerem Auftreten in Eichenwaldungen (besonders Südosteuropas) beachtlich; gefährlich im Obstbau. 1869 nach Nordamerika verschleppt, wo er sich infolge Fehlens seiner natürlichen Feinde ungehemmt ausdehnen und als „gypsy moth" zu einem ungewöhnlich hartnäckigen Feinde des Obstbaues und des Waldes werden konnte. **Ocneria detrita** Esp., Kleiner grauer Schwammspinner, hat gelegentlich im norddeutschen Flachland und in Österreich schlechtwüchsige Eichenkulturen geschädigt. **Euproctis chrysorrhoea** L., Goldafter. Flügelspannung 30–35 mm, weiß mit goldbraunem Abdominalende. Raupe mit gelblichen Knopfwarzenhaaren, in der Rückenmitte mit braunroten Zeichnungen. 67–7,5 / 6+67. Polyphag an Laubholz. Raupen skeletieren gesellig Blätter und spinnen sie zum „großen Raupennest" zusammen, in dem sie überwintern. Im Frühjahr befressen sie die austreibenden Blatt- und Blütenknospen, gesellig und immer wieder zum Nest zurückkehrend; später zerstreuen sie sich und verpuppen sich einzeln zwischen Blättern oder am Boden. An Eiche bedeutsam, namentlich an randständigen oder einzelstehenden Bäumen; besonders schädlich im Obstbau. Großräumige Massenvermehrung in Europa 1948–1956; stellenweise zur Entlastung des Obstbaus chemische Bekämpfung im angrenzenden Walde; beeinflußte trotz guten Abtötungserfolges den Befall in den Obstanlagen kaum, weil er von diesen auf den Wald übergriff und nicht umgekehrt (TEMPLIN 1957). **Porthesia similis** Fuessl., Heller Goldafter. Ähnlich *E. chrysorrhoea*, Falter mit gelber Hinterleibsspitze, Raupe mit 2 zinnoberroten Streifen neben der Mittellinie. Polyphag. Forstlich unbedeutend, im Obstbau schädlich. **Leucoma** (*Stilpnotia*) **salicis** L., Pappel- oder Weidenspinner. Flügelspannung 40 (♂) bis 55 (♀) mm, glänzend weiß, Raupe gelbe Fleckenkette auf dem Rücken. 100–250 Eier in weißem, schaumig erhärtendem Überzug (Schaumfleck) an der Rinde oder an der Unterseite der Blätter. 6–67,45 / 56+67. Raupe skeletiert anfangs, später frißt sie die Blätter bis auf ein kleines am Stiel bleibendes Stück. Verpuppung in lockerem Gespinst zwischen Blättern und Zweigen oder in Rindenrissen. An Pappeln und Weiden. Zuweilen hartnäckiger, jahrelang anhaltender Schadfraß.

Bekämpfung: Abtöten der Eigelege am Stamm (*L. dispar, L. salicis*) durch Tränken mit Karbolineum-Emulsion; Sprühen der Raupennester (*E. chrysorrhoea*) und der freilebenden Raupen mit gegen freifressende Schmetterlingsraupen zugelassenen Mitteln (PVF).

Dasychira pudibunda L., Rotschwanz, Buchenspinner (Abb. 124). Flügelspannung 40–50 mm, graubraun mit welligen Querstreifen. Raupe mit 4 gelbweißen Haarbürsten („Rasierpinsel") auf dem Rücken und rötlichem Haarpinsel auf Ring 11 („Rotschwanz"). 56–6.10 / 10,5+56. Eier in Haufen von durchschnittlich 100, maximal 400 Stück am Stamm bis etwa 3 m Höhe, im unteren Kronenteil und an der Bodenvegetation. Raupe frißt zunächst Löcher in die Blattspreite, später vom Blattrande her bogenförmig, verschwenderisch und läßt Blattstücke zu Boden fallen. Verpuppung in losem Kokon in der Bodendecke, auf Gestrüpp oder in der Krone.

Höchst polyphag an Laub- und Nadelholz. Bevorzugt Buche, hier häufig Massenvermehrungen. Da Fraß erst spät erfolgt, geringer Schaden; selbst bei wiederholtem Kahlfraß in der Regel nur schwacher Zuwachs- und Mastverlust. Bekämpfung deshalb nur unter besonderen Umständen, etwa wenn Verjüngung gefährdet ist, gerechtfertigt.

Dasychira selenitica Esp., Mondfleck-Bürstenspinner. Flügelspannung 30–35 mm; hellbraun mit dunkelbraunen und weißgelben Flecken und Linien. Schwarze Raupe mit 3 Haarpinseln und 5 gelbgrauen, oben schwarzen Haarbürsten. 6–69, 35 / 5+6. Polyphag an Laub- und Nadelholz.
Orgyia recens Hbn. (*antiqua* L.), Schlehenspinner. Flügelspannung 26–30 mm; gelbbraun mit weißem Fleck; ♀ Flügel verkümmert. Raupe bunt mit 4 gelben Haarbürsten auf dem Rücken und seitwärts gerichteten Pinseln. 67–78 / 9+9; 9,4–46 / 6+67. Bei kühlem Wetter und Standort nur 1 Generation. Polyphag. Zuweilen an Fichte und Kiefer. Schädlich an Obstbäumen.

Abb. 124. *Dasychira pudibunda.* 3/2

Schrifttum: ALTENKIRCH, W.: Kieferngroßschädlinge in Niedersachsen 1978/79. AF 34, 344–346, 1979. — FUESTER, R. W., DREA, J. J., GRUBER, F.: The distribution of *Lymantria dispar* and *L. monacha* (Lepidoptera: Lymantriidae) in Austria and West Germany. ZPK 82, 695–698, 1975. — GÖRLITZ, H., TRENKMANN, L., HEROLD, H.: Auftreten und Bekämpfung des Goldafters (*Euproctis chrysorrhoea* L.) im Jahre 1977 unter besonderer Berücksichtigung des Bezirkes Leipzig. NachrBl. Pflanzenschutz DDR 32, 47–50, 1978. — HOCHMUT, R., a. SKUHRAVÝ, V.: The flight period of the Nun Moth, *Lymantria monacha*, investigated by pheromone traps. AEB 74, 65–68, 1977. — MAKSIMOVIĆ, M.: Some research on the relation between the population densities of the Gipsy Moth and its natural enemies. Zaštita bilja 29, 127–139, 1978. — MAKSIMOV, J. K.: Biologische Bekämpfung des Pappelspinners *Stilpnotia salicis* L. (Lep., Lymantriidae) mit *Bacillus thuringiensis* Berliner. AS 53, 52–56, 1980. — NEF, L.: Leucoma Hbn. (= *Stilpnotia* Westw.). FE III, 375–380, 1978. — SCHMUTZENHOFER, H., u. JAHN, E.: Zur Massenvermehrung der Nonne (*Lymantria monacha* L.) im Waldviertel 1964–1967 und der weiteren Entwicklung bis 1973. MFBW 110, 1975. — SKATULLA, U., u. SCHWENKE, W.: Euproctis und Porthesia. FE III, 368–375, 1978. — ŠVESTKA, M., u. VANKOVÁ, J.: Über die Wirkung von *Bacillus thuringiensis* kombiniert mit synthetischem Pyrethroid auf *Orgyia antiqua* L. AS 51, 5–9, 1978. — WELLENSTEIN, G.: Lymantriidae, Trägspinner. FE III, 316–334, 1978. — WELLENSTEIN, G., u. SCHWENKE, W.: Lymantria Hbn (= *Psilura* Stph.). FE III, 334–368, 1978. — ZETHNER, O.: Control experiments on the Nun Moth (*Lymantria monacha* L.) by nuclear-polyhedrosis virus in Danish coniferous forests. ZaE 81, 192–207, 1976.

Familie Thaumetopoeidae, Prozessionsspinner

Relativ kleine, plumpe, graue Falter mit dunklen Querlinien auf den Vorderflügeln, Raupen lang und locker graugelb behaart, mit Samtspiegeln auf den Hinterleibsringen 1–8, leben in Nestern und wandern in „Prozessionen" vom Nest zur Fraßstelle. Die winzigen Spindelhaare („Gifthaare") auf den Spiegeln verursachen bei Mensch und Vieh Entzündungen empfindlicher Hautstellen, besonders an der Bindehaut des Auges und den Schleimhäuten von Nase, Mund, Schlund und Genitalien: juckende Bläschen, die sich zu rotem Ausschlag vereinigen und wochenlang schmerzen. Infektion teils durch direkte Berührung von Raupen, Raupenhäuten und Nestern, teils durch Verwehung abgebrochener Haare durch den Wind.

Thaumetopoea processionea L., Eichenprozessionsspinner. Flügelspannung 25–30 mm. Raupe mit rötlich-braunen Spiegelflecken. 8,4 – 57 / 78 + 89. Eiablage meist an glatten Rindenstellen freistehender, älterer Eichen in Form einer Platte aus 100–200 Stück, die durch einen mit Deckschuppen des Hinterleibs vermischten braunen Kitt überzogen und dadurch dem Aussehen der Rinde ähnlich wird. Bei Laubausbruch schlüpfen die Räupchen; sie bleiben gesellig zusammen, fressen des Nachts, ruhen am Tage und häuten sich gemeinschaftlich an geschützten Stellen. Hier entstehen durch Gespinstfäden, Ansammlung des Kotes und der Häute die Nester, welche die Größe eines Kinderkopfs erreichen können. Ihre Wege zum Fraß, der nach Entlaubung des Nestbaumes auf benachbarten Kronen ausgeübt wird, überziehen sie mit Gespinstfäden; sie kehren immer wieder zum Nest zurück. Wanderung in Prozessionen zu 1, 2, 3 oder mehr nebeneinander. Junge Blätter werden ganz gefressen, bei alten werden Rippenteile verschont. Verpuppung im Nest in dichten, ovalen, braunen Kokons. **T. pinivora** Tr., Kiefernprozessionsspinner. Falter im Gegensatz zu _T. processionea_ mit Hahnenkammfortsatz auf der Stirn; Flügelspannung 30–40 mm. Spiegel der Raupen samtschwarz, rotgelb gerandet. An Kiefer in Nordostdeutschland, besonders an der Ostseeküste. In schlechtwüchsigen, geringen Beständen; Dünenaufforstungen. 57,4 − 48 / 8,5 + 58. Eiablage zu 80–250 Stück spiralig um ein Nadelpaar, das mit Afterwolle rohrkolbenartig umhüllt wird. Raupen fressen, vorwiegend nachts, erst an alten Nadeln, _Diprion_-artig, später auch an Maitrieben. Bezüglich Geselligkeit verhalten sie sich wie _T. processionea,_ legen aber keine eigentlichen Nester an, sondern ruhen und häuten sich zu Klumpen zusammengedrängt in Astgabeln oder an Zweigspitzen. Prozessionen meist einreihig. Verpuppung in leichtem Sand in dicht gedrängten, aufrecht stehenden Kokons. **T. pityocampa** Schiff., Pinienprozessionsspinner. Im Mittelmeergebiet, in den südlichen Alpentälern, zuweilen in Baden (auch an Fichte). An verschiedenen Kiefern des Südens. 7 − 8,5 / 6 + 7. Raupen überwintern in Nestern in der Krone; Verpuppung im Boden. Raupenhaare sollen besonders gefährlich sein.

Die forstliche Bedeutung der drei Arten tritt im allgemeinen hinter der durch die Gifthaare bedingten Gefährdung von Mensch und Vieh zurück. Gegenmittel: vorsichtiges Entfernen oder Ausbrennen der Nester; Giftring (S. 429) oder Sprühen mit gegen freifressende Schmetterlingsraupen zugelassenen Mitteln (PVF), wahrscheinlich in höherer als der normalen Aufwandmenge.

Schrifttum: Dusaussoy, G., et Geri, C.: Étude des fluctuations du niveau de population de la processionaire du pin dans la vallée du Niolo en Corse. Ann. Sci. for. 26, 103–125, 1969. — Lemoine, B.: Contribution à la mesure des pertes de production causées par la chenille processionaire (_Thaumetopoea pityocampa_ Schiff.). Ann. Sci. for. 34, 205–214, 1977. — Maksymov, J. K.: Thaumetopoeidae, Prozessionsspinner. FE III, 391–404, 1978.

Familie Notodontidae, Zahnspinner

Mittelgroße, ziemlich plumpe, stark behaarte Falter. Raupen nackt oder behaart.

Phalera bucephala L., Mondvogel. Flügelspannung 50–55 mm; Vorderflügel aschgrau mit gelbem Mondfleck an den Spitzen. Raupe schwarz-gelb gegittert. 56 − 79 / 10,4 + 56. Raupe frißt, anfangs gesellig, polyphag an Laubholz, besonders an Linde, Weide, Eiche. Verpuppung im Boden. Bedeutung gering. **Cerura** (_Dicranura_) **vinula** L., Großer Gabelschwanz. Flügelspannung 55–60 mm; grau, Vorderflügel mit schwärzlichen Zickzacklinien. Raupen grau mit roten Streifen um Kopf; Körperende gegabelt, an jeder Spitze vorstreckbarer roter Faden. 67 − 79 / 9,5 + 56. An Pappeln und Weiden. **Clostera** (_Pygaera_) **anastomosis** L., Rauhfußspinner. Flügelspannung 30–35 mm; braun mit Querlinien. Raupe olivgrüngrau. 1–3 Generationen. An Pappeln und Weiden.

Schrifttum: Jahn, E.: Notodontidae, Zahnspinner. FE III, 404–420, 1978.

Familie Lasiocampidae, Glucken

Mittelgroße bis große Falter mit plumpem, wollig behaartem Leib. Raupen mehr oder weniger dicht und weich behaart. Verpuppung in festem Kokon.

An Nadelholz:

Dendrolimus pini L., Kiefernspinner. Wichtiger Kiefernschädling.

Flügelspannung ♂ 50–70, ♀ 70–90 mm; Färbung variabel, braunrot bis schiefergrau (wie Kiefernborke), mit Querbinde, dunklem Wurzelfeld und weißem Mondfleck. ♂ doppelt gekämmte, ♀ gezähnte Fühler (Abb. 125). Eier blaugrün, später grau, 2 mm groß (Abb. 224). Raupen bis 80 mm, Färbung sehr variabel, meist rötlich und grau, behaart, mit 2 blauen, queren „Nackenstreifen" auf dem 2. und 3. Brustring (Abb. 126). 4–7, ausnahmsweise auch 8 Häutungen; unabhängig von der Zahl der Häutungen erreichen die verpuppungsreifen Raupen etwa die gleiche Größe. Puppe braun in dichtem, spindelförmigem Kokon (Abb. 224). Kot: 6fach gekehlte, aus 3–4 Scheiben zusammengesetzte Walzen.

7 − 8, (A,) 6 / 67 + 7. Falter tagsüber träge am Stamm sitzend, schwer zu erkennen; Männchen beweglicher und bei Beunruhigung fortfliegend. Oft in Kopula. Schwärmen in den Abendstunden. Weibchen legt 150–250 Eier in unregelmäßigen Haufen von 20–150 Stück an Zweige, seltener an Stamm und Nadeln. Eientwicklung dauert bei normalen Temperaturen von 16–18 °C etwa 20–16 Tage.

Raupen fressen nach dem Schlüpfen zunächst an den Eischalen, dann Scharten in die Nadeln; bereits nach 10 Tagen verzehren sie die Nadeln ganz (Herbstfraß). Nach

2–3 Häutungen gehen sie bei sich verkürzender Tageslichtdauer Ende Oktober Anfang November zur Überwinterung in den Boden; liegen eingerollt vorwiegend in der Nähe des Stammfußes zwischen Bodendecke und Mineralboden oder oberflächlich im

Abb. 125. *Dendrolimus pini.* Links Männchen, rechts Weibchen in Ruhestellung. 1/1

Mineralboden. Gegen Kälte, auch wenn sie auf der Krone von ihr überrascht werden, sind sie widerstandsfähig. Im Frühjahr, bei Bodentemperaturen von mehr als 3 °C, meist im März, beginnen die Raupen wieder aufzubaumen, zuerst die kleinen, dann die größeren. Die Zeit des Aufbaumens dauert mehrere Wochen und ist meist Mitte April beendet. Bei dem nun einsetzenden schädlichen Frühjahrsfraß werden die alten Nadeln bis zur Scheide abgefressen, dann werden die Maitriebe angenagt und teilweise abgebissen. Die Raupen nehmen ziemlich gleichmäßig Tag und Nacht Nahrung auf; die Fraß-

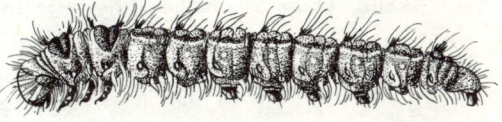

Abb. 126. Raupe von *Dendrolimus pini*

tätigkeit wird von der Lufttemperatur stark beeinflußt. Gesamtnahrungsbedarf 15–20 g, wovon etwa 97 % nach der Überwinterung, die Hauptmasse 2–3 Wochen vor der Verpuppung verzehrt werden. Die erwachsenen Raupen unternehmen gern Wanderungen, die aber mangels Zielstrebigkeit eine wesentliche Ausweitung des Befallsgebiets nicht herbeiführen können. Zur Verpuppung spinnt sich die Raupe am Stamm, in der Krone und am Unterwuchs ein; Dauer des Einspinnens 7–10 Tage. Im Gespinst Verpuppung; Dauer der Puppenruhe bei 18–15 °C etwa 4–5 Wochen.

Generationsdauer während Massenvermehrungen in Deutschland 1jährig; in nordischen Ländern und bei normaler Populationsdichte vermutlich auch in Norddeutschland 2jährig; man findet dann im Winterlager stets kleinere und größere (zum zweiten Mal überwinternde) Raupen nebeneinander.

WIEGAND 1956 meint, die regelmäßig zu beobachtenden überjährigen Raupen seien kranke Tiere, die meist nicht ihre Entwicklung vollenden könnten; danach würde eine zweijährige Generation in Norddeutschland nicht vorkommen. Doch bedarf dies der Nachprüfung.

Massenwechselgebiete sind trockene Orte mit nur 500–600 mm Jahresniederschlag (noch weniger als bei Forleule und Kiefernspanner), die während der Vegetationszeit besonders warm sind. Bevorzugt werden reine Stangen- und Althölzer geringer Bonität auf armen Böden; auf frischen Böden mit wasserhaltender Bodendecke verpilzen die überwinternden Raupen leicht. Befallen wird fast ausschließlich die Kiefer; nur in der Not geht die Raupe auch an andere Nadelhölzer. Doch wurde sie gelegentlich auch in reiner Fichte beobachtet. Herbstfraß meist ungefährlich, da Raupen klein und Fraßmenge gering; sehr gefährlich Frühjahrsfraß, da er früh einsetzt und die großen Raupen erhebliche Mengen vertilgen. Einmaliger Kahlfraß, der auch die Maitriebe vernichtet, bedeutet meist den Tod der Kiefer.

Diagnose: Rücksichtsloser, die Nadeln bis in die Scheide und darüber hinaus den Trieb vernichtender Fraß im zeitigen Frühjahr. Große Kotballen. Auffallend große Falter, Raupen, Puppen, charakteristische Eigelege.

Prognose: Zum Frühjahrsfraß: Suche nach überwinternden Raupen; werden beim üblichen Streifenverfahren (S. 387) 10 und mehr Raupen je 1 m² gefunden, erneute Suche auf kreisförmigen Fächen um den Stammfuß mit 1 m Radius. Kritische Zahlen für Streifen- und Stammsuche siehe S. 395. Andere Methode: Messen des Kotfalls (S. 392); 25–30 Kotballen je 1 dm² und Tag im Herbst künden Kahlfraß im nächsten Frühjahr an. Zum Herbstfraß: Zählen der nach dem Flug auf dem Boden liegenden toten Falter; Ei- und Raupensuchen an gefällten Probestämmen; kritische Zahlen sind nicht bekannt.

Bekämpfung: Giftring (S. 429); Sprühen mit gegen freifressende Schmetterlingsraupen zugelassenen Mitteln (PVF) in doppelter normaler Aufwandmenge im Herbst; gegen Raupen nach der Überwinterung brachte selbst vierfache Überdosierung keinen befriedigenden Erfolg (JAHN 1964).

Schrifttum: WELLENSTEIN, G.: Dendrolimus Germar. FE III, 435–444, 1978.

An Laubholz:

Malacosoma neustria L., Ringelspinner (Abb. 127). Flügelspannung ♂ 25–30, ♀ 35 bis 40 mm; ockergelb bis rotbraun mit Querbinde. Raupen mit weißer Rückenlinie, blauen Seitenstreifen, grauem Kopf mit 2 schwarzen Punkten (Livree-Raupe). 7,4 – 46 / 6 + 7. Eier werden mit festem Kitt in mehrreihigen dichten Ringen an die Zweige des Fraßbaumes angeklebt („Ringelspinner"). Bei Laubausbruch im Frühjahr fressen die Raupen, anfangs gesellig, an ausschlagenden Blatt- und Blütenknospen, machen dabei gemeinschaftliche Gespinste, besonders in den Zweiggabeln, in denen auch die ersten Häutungen stattfinden. Später vereinzeln sie sich. Polyphag. Im Walde schädlich an Eiche; wichtiger Obstbaumschädling. **Eriogaster lanestris L.,** Birkennestspinner (Abb. 128). Flügel-

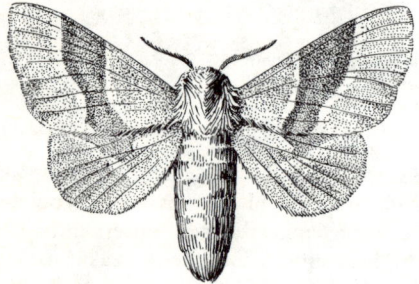

Abb. 127. *Malacocoma neustria.* 3/2

Abb. 128. *Eriogaster lanestris.* 3/2

spannung ♂ 30–35, ♀ 40–45 mm; braun, 2 weiße Flecken auf Vorderflügel, sehr dickleibig. Raupe schwarzbraun mit 2 Reihen rotgelber Flecken. Eier werden in länglicher Rolle um einen Zweig gelegt und mit Afterwolle bedeckt. 4 – 57 / 7,3 + 4. Raupen im Nest, von dem sie nachts in unregelmäßigen Zügen zum Fraß wandern. Tagesruhe und Häutung im Nest, das zu einem großen Beutel anwächst. Zuletzt fressen Raupen einzeln und verpuppen sich in festen gelben Kokons im Boden. Polyphag, besonders an Birke; hier gelegentlich Kahlfraß, der aber bedeutungslos ist. **Lasiocampa quercus L.,** Eichenspinner, Quittenvogel. Flügelspannung 55–60 mm; braun mit gelber Querbinde und weißem Punkt, sehr variabel. Raupe graugelb behaart mit schwarzen, weißgepunkteten Ringeinschnitten und weißen Längsstreifen. 7 – 8,5 / 6 + 7. Polyphag auf Laub- und Nadelholz. Gelegentlich an Lärche, Fichte, Roteiche schädlich geworden.

Schrifttum: SCHWENKE, W.: Familienreihe Bombycoidea. FE III, 421–435, 1978.

Familie Sphingidae, Schwärmer

Große, schlanke Falter mit auffallend kleinen Hinterflügeln. Schwirrender Flug in der Dämmerung an Blüten. Raupen dick, fleischig, nackt, mit Afterhorn und bunter Zeichnung.

Hyloicus pinastri L., Kiefernschwärmer. Flügelspannung 60 bis 70 mm; graubraun (Abb. 129). Raupe grün mit gelben und roten Rückenstreifen, Stigmen rot. Frißt an Kiefer, auch an Fichte und Lärche. Große braune Puppe mit stark hervortretender Rüsselscheide überwintert im Boden (Abb. 223). 67 – 89 / 10,5 + 67. Ein mehr oder weniger großer Anteil der Puppen kann überliegen. Forstlich im allgemeinen belanglos, aber auffällig. 1935/36 ist als seltene Ausnahmeerscheinung eine Massenvermehrung in Waldungen zwischen Thorn und Bromberg beobachtet worden, die bis zu 75 % Nadelverlust verursachte. Hat 1969 in Westfalen Schadfraß an *Picea omorica* angerichtet.

Schrifttum: Skatulla, U.: Sphingidae, Schwärmer. FE III, 445–449, 1978.

Familie Pieridae, Weißlinge

Weiße und gelbe Tagfalter, von denen die ersten vor allem im Gemüsebau schädlich sind (Kohlweißling).

Aporia crataegi L., Baumweißling. Flügelspannung 55–65 mm, weiß, Flügeladern schwarz. Raupen stark behaart mit rötlich-schwarzer Rückenzeichnung. 67 − 6,4 / 5 + 56. Besonders an Weißdorn und *Prunus-*

Abb. 129. *Hyloicus pinastri*. 1/1

Arten, auch an Eichen. Raupen gesellig, spinnen im Herbst die befressenen Blätter zum „kleinen Raupennest" zwecks Überwinterung zusammen. Hauptfraß bei Laubausbruch. Forstlich unbedeutend, im Obstbau schädlich.

Schrifttum: Schwenke, W.: Familienreihe Rhopalocera, Tagfalter. FE III, 449–453, 1978.

Diptera, Zweiflügler

Forstpathologisch in erster Linie bedeutungsvoll als Helfer bei der Erhaltung des ökologischen Gleichgewichts im Walde. Viele parasitische und räuberische Arten wirken der Vermehrung gefährlicher Schädlinge entgegen. Einige werden durch Beeinträchtigung des Pflanzenwuchses schädlich.

Imagines besitzen nur Vorderflügel („Zweiflügler"), die häutig sind; Hinterflügel zu Schwingkölbchen oder Halteren umgebildet, die vermutlich als Gleichgewichtsorgane während des Fluges dienen. Leckend- oder stechend-saugende Mundwerkzeuge. Große Netzaugen. Die kleinen bis mittelgroßen Tiere treten uns im wesentlichen in zweierlei Gestalt entgegen: als schlanke, langbeinige und langfühlerige Schnaken oder Mücken (Abb. 130, 132) und als plumpe, kurzbeinige und kurzfühlerige Fliegen (Abb. 135, 136). Ernährung fast ausschließlich durch Säfte, die sie entweder durch Anstechen pflanzlicher oder tierischer Gewebe gewinnen oder durch Auflösen fester, löslicher Substanzen mittels des eigenen Speichels (Stubenfliege). Ausnahmsweise nehmen sie auch Pollen. Geschlechter kaum verschieden, vereinzelt Unterschiede am Kopf (Augen, Fühler). Fortpflanzungsverhältnisse einfach, Gamogenese; sehr selten Parthenogenese in Form von Paedogenesis (im Körper einer Larve entwickeln sich zahlreiche Tochterlarven, z. B. bei Gallmücken). Meist ovipar. Eier in der Regel länglich und farblos. Vereinzelt ovovivipar (Tachinen), wobei unmittelbar nach der Eiablage die junge Larve die Eihaut sprengt; selten pupipar. Larven morphologisch und bionomisch viel mannigfaltiger. Meist weißlich, aber auch gelb, rot, grün mit bunten Zeichnungen. Fußlos (Maden). Manche haben wohlentwickelten Kopf (eucephale Maden), manche eine Kieferkapsel, die nur Kiefer und Fühler enthält (hemicephale Maden), manche gar keine chitinisierte Kopfkapsel (acephale Maden); der weiche Kopfteil trägt dann nur „Mundhaken", oder es fehlen auch diese. Lebensweise sehr verschieden: in Wasser, Schlamm, Erde, modernden Pflanzenteilen, verwesenden Tieren, lebenden Pflanzen und Tieren. Ernähren sich teils fressend, teils saugend. Die Puppe ist eine bewegliche, oft frei im Wasser schwimmende Mumienpuppe oder eine Tönnchenpuppe, d. h. eine von einem Tönnchen oder Puparium umschlossene freie Puppe.

Unterordnung Nematocera, Mücken

Mückenartige Insekten mit langen Fühlern, eu- und hemicephalen Larven und Mumienpuppen.

Familie Bibionidae, Haarmücken

Schwarz, stark behaart, verhältnismäßig groß; schwerfällig, mit herabhängenden Beinen fliegend; Männchen mit großen, die ganze Kopfoberfläche einnehmenden Augen. Larven walzenförmig, eucephal, mit kegel- oder fadenförmigen Anhängen, besonders an den letzten Segmenten; leben gesellig in Bodendecke und Erde, beteiligen sich an der Humifizierung der Streu, verüben selten Wurzelfraß in Pflanzgärten. **Bibio marci** L., Markushaarmücke. 6–9 mm, Larven bis 15 mm graubraun. Oft massenhaft in der Bodendecke. **Philia febrilis** L. (= *Dilophus vulgaris* Meig.), Gemeine Strahlenmücke. 5 mm; Larve bis 10 mm, lichtbraun; hat im Buchensaatbeet Schaden angerichtet.

Schrifttum: SCHWENKE, W.: Bibionidae, Haarmücken. FE IV, im Druck.

Familie Cecidomyiidae (Itonididae), Gallmücken

Klein, 2–5 mm lang. Relativ breite Flügel mit meist nur 2–6 Längsadern. Perlschnurförmige, oft wirtelförmig behaarte Fühler. Weibchen mit dickerem Leib und Legeröhre. Larve länglich eiförmig, meist rötlich gelb, mit sehr kleiner Kieferkapsel. Puppe öfters in einem Gespinst. Zum Teil Gallenerzeuger. Die Gallen finden sich an Blättern, Blüten, Früchten, Knospen und Stengeln. In forstlicher Beziehung enthalten die Gallmücken zwar die schädlichsten Zweiflügler, ihre wirtschaftliche Bedeutung ist aber gering. Zur Kennzeichnung der wichtigsten Arten sind im folgenden ausschließlich die Gallenformen verwendet.

Schrifttum: POSTNER, M.: Cecidomyiidae, Gallmücken. FE IV, im Druck. — SKUHRAVA, M., u. SKUHRAVY, V.: Gallmücken und ihre Gallen auf Wildpflanzen. NBB 314, 1963.

An Laubholz:

An Weiden: Helicomyia saliciperda Duf., Weidenholzgallmücke (Abb. 130). 5 − 6,4 / 4 + 5. Eiablage kettenweise an Rinde von zwei- und mehrjährigen Zweigen verschiedener Weidenarten, auch

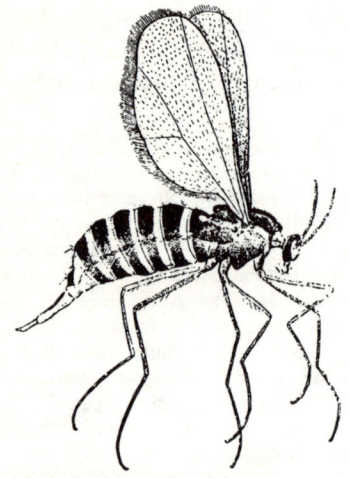 

Abb. 130. *Helicomyia saliciperda.* Nach ESCHERICH 1942

Abb. 131. Durch *Helicomyia saliciperda* geschädigter Weidenzweig. Nach SCHIMITSCHEK 1955

an Ästen und Stämmchen der Silberpappel. Orangegelbe Larve bohrt sich durch die Rinde in die Kambialschicht des wachsenden Holzrings; dieser bildet, durch den Reiz maserig wuchernd, radiärlängliche Larvenkammern um die einzelnen Larven herum. Später löst sich die Rinde fetzenweise ab, die freie Splintschicht erscheint dann wabenartig durchlöchert (Abb. 131). Orangefarbene Larve überwintert in Larvenkammer, bohrt sich zur Verpuppung im April nach außen oder verpuppt sich an der Befallsstelle im Zweig, von der Außenwelt nur durch eine dünne Rindenlamelle getrennt, durch die sich die Puppe teilweise oder ganz herausarbeitet, um den Imagines das Schlüpfen zu erleichtern. Da Eiablage gern in der Nähe der Ausfluglöcher, verdickt und vergrößert sich die Brutstätte immer mehr; Larvenkammern liegen dann in radialer Richtung übereinander. In der Regel Brutstätte nur an einer Seite des Zweigs, zuweilen auch ringsum. Längsausdehnung bis ½ m. Beschädigungen können zum Absterben der befallenen Pflanzenteile führen. Schädlich in Weidenhegern. **Rhabdophaga salicis**

Schrk., Weidenrutengallmücke. 6 – 7,4 / 45 + 56. Eiablage haufenweise an diesjährige Ruten. Mennigrote Larve im Innern des Markkörpers in bis 4 cm langen und 1 cm dicken Stengelgallen in brauner Masse, jede Larve in einer Kammer. Schädlich in Weidenhegern. **R. terminalis** Lw. lebt als Larve gesellig in einer 2–3 cm langen, aus 3–5 Endblättern gebildeten Galle. **R. heterobia** Lw. erzeugt eine knopfförmige Mißbildung der Sproßspitze, die aus einer lockeren, bis 10 mm großen, teilweise abnorm behaarten Blattrosette besteht; auch in den Kätzchen. **R. rosaria** Lw., Weidenrosengallmücke. Zur Zeit der Knospenschwellung belegt das Weibchen die Endknospe mit 1 Ei; infolgedessen streckt sich der Trieb nicht, die Blätter entwickeln sich dicht gedrängt, rosettenartig übereinander: „Weidenrose". Im Innern der Rosette eine mennigrote Larve. Blätter der Rosette fallen im Herbst nicht ab, sondern bräunen sich. **Dasyneura marginemtorquens** Winn. Die gelbroten Larven erzeugen auf der Unterseite der Blätter Umrollungen, Verdickungen und gelbrote bis bräunliche Verfärbungen des Blattrandes.

An Buche: **Mikiola fagi** Htg., Buchenblattgallmücke. Eiförmige, zugespitze, dickschalige, harte, anfangs grüne, dann rote, zuletzt braune Gallen auf der Oberseite der Blätter. Häufig, zuweilen massenhaft, im allgemeinen ohne Bedeutung, bei Massenbefall Zuwachsverlust. **Hartigiola annulipes** Htg. Niedrige, anfangs weiß-, später braunbehaarte Gallen auf der Oberseite von Buchenblättern. **Contarinia fagi** Rübs. Buchenknospengallmücke. Larven saugen an aufbrechenden Knospen und bringen sie zum Absterben. 3–4 Generationen im Jahr. **Dasyneura fagicola** Barn. lebt und schadet wie die vorgenannte Art.

An Eichen: **Macrodiplosis dryobia** Lw. und **M. volvens** Kieff. verursachen Umklappungen der Ränder an Eichenblättern.

An Esche: **Dasyneura acrophila** Winn. Fiedern gipfelständiger Blätter werden schotenartig verändert. **D. fraxini** Kieff. deformiert Blattrippen zu länglichen Gallen. **D. fraxinea** Kieff. verursacht flache, rundliche Blattparenchymgallen, Braunfleckigkeit der Blätter und bei langanhaltendem Befall und ungünstigen Umständen Absterben der Bäume.

An Birke: **Semudobia betulae** Winn. Larve lebt in den Samen in besonderer Gallenkapsel, die mit der Zapfenspindel verwachsen ist.

Schrifttum: KURIR, A.: Auftreten der Weidenholz-Gallmücke (*Helicomyia saliciperda* Dufour (Cecidomyidae)) auf Silberweide (*Salix alba* Linnaeus) und Trauerweide (*Salix alba* var. *vitellina-pendula* Rehder). ZaE 87, 203–215, 1978/79. — Neue Erkenntnisse in der Bionomie von *Helicomyia saliciperda* Dufour (Dipt., Cecidomyidae) auf *Salix alba* L. und *S. purpurea* L. ZaE 88, 318–325, 1979.

An Nadelholz:

An Kiefer:

Thecodiplosis brachyntera Schwaeg., Kiefernnadelscheidengallmücke. Länge 2,8 mm, Flügelspannung 6 mm; Hinterleib orange. 5 – 5,4 / 4 + 5. Lebensdauer der Mücken 1–2 Tage, schwärmen den ganzen Tag. Eiablage in Häufchen von meist 2, maximal 6, insgesamt etwa 120, unter die Deckschuppen vorzugsweise von Maitriebnadeln, die nicht mehr von Schuppen bedeckt sind, aber der Triebachse noch anliegen. Die nach 3–6 Tagen schlüpfende Larve wandert einige Tage auf den Deckschuppen umher und dringt dann in die Nadelscheide ein; Nadelpaar verwächst innerhalb der Scheide meist unter knolliger Auftreibung (Galle) oder mit Verdrehungen, bleibt kurz, wird gelb und fällt im Herbst oder Winter ab. Meist 1 orangerote Larve, maximal 6, in einer Galle. Überwinterung in feingesponnenem, weißgrauem Kokon außerhalb der Galle, unter den Hüllschuppen der Kurztriebe, am Boden und an anderen Orten. An gemeiner, Schwarz- und Berg-Kiefer, in allen Altersklassen, besonders auf geringeren Bonitäten. In manchen Jahren sehr häufig; dann kann merklicher Nadelverlust eintreten. Schaden wird erhöht durch nachfolgendes Auftreten des durch *Cenangium ferruginosum* verursachten Triebsterbens (S. 106), das in ursächlichem Zusammenhang mit der Vermehrung der Gallmücken steht.

Bekämpfung: Erfahrungen fehlen.

Contarinia (*Cecidomyia*) **baeri** Prell, Nadelknickende Kieferngallmücke. Zitronengelbe Larven im Basalteil von Maitriebnadeln der Kiefern; Nadelpaare bleiben kürzer, biegen nach unten um (Krückstockkrankheit), färben sich braun und fallen ab. In manchen Jahren auffallend. Mückenstadium bisher nicht bekannt. **Itonida** (*Cecidomyia*) **pini** Deg., Kiefernharzgallmücke. Auffällig durch 3 mm langen, ovalen, weißen Kokon an Nadeln und anderen Stellen. Fraß wahrscheinlich an Triebrinde.

An Fichte: **Dasyneura abietiperda** Hensch., Fichtentriebgallmücke. Mennigrote Larve lebt in Maitrieben in tönnchenförmiger Galle, die teils in die Rinde, teils in die Holzkörper ragt. **D. piceae** Hensch., Fichtenknospengallmücke. Mennigrote Larve, meist in Mehrzahl, in der zwiebelartig aufgetriebenen, von den Knospenschuppen umgebenen Basis diesjähriger Seitentriebe. Triebe vertrocknen zuletzt. Wahrscheinlich sind die beiden Arten identisch (SCHNEIDER 1962). **Plemeliella abietina** Seitn., Fichtensamengallmücke. Eigelbe Larve im Innern von Fichtensamen. Samen erscheinen länglich zugespitzt, gedreht. **Kaltenbachiola strobi** Winn., Fichtenzapfenschuppengallmücke. Samthäutige Larve im Basalteil der Zapfenschuppe.

An Tanne: **Agevillea abietis** Hub., Tannennadelgallmücke. 5 − 5,4 / 4 + 5. Eiablage an junge Nadeln der sich entfaltenden Maitriebe. Larve dringt im unteren Drittel der Nadel durch einen feinen Schlitz in deren Inneres ein. Saugt Zellsäfte, wächst heran und verläßt die Nadel im Oktober. Überwinterung in der Bodenstreu. Nadel wird graugelb, deformiert und fällt ab. Bei starkem Auftreten, namentlich in Naturverjüngungen, nicht unerhebliche Verzögerung des Wachstums, bei Sämlingen auch Totalausfall. **Resseliella piceae** Seitn., Tannensamengallmücke. 5 − 5, (A,) 4 / 4 + 45. Eiablage zwischen die noch zarten Samenschuppen. 1–7 Larven im Samen. Überwinterung am Boden, wo die Mehrzahl bis zum zweitfolgenden Frühjahr verbleibt. Häufig.

An Lärche: **Dasyneura laricis** Lw., Lärchenknospengallmücke. 5 − 5,4 / 4 + 45. Eiablage an Knospen, die in Entfaltung begriffen sind, zuweilen auch an Blütenknospen. Rötliche Larve gelangt zwischen den Nadeln bis zum Vegetationspunkt der neu entstehenden Knospe, die unter Harzausscheidung gallenförmig deformiert und meist abstirbt. An einzelnen Kurztrieben treiben die befallenen Knospen dürftig aus, werden im nächsten Jahr wieder befallen und lassen dann häßliche, bis 3 cm lange Stämmchen entstehen. Einzelne Äste können absterben. Besonders in den Alpen.

Schrifttum: SKUHRAVÝ, V.: Das Schadbild der Kiefernnadelgallmücke *Thecodiplosis brachyntera* (Schwägr.) (Diptera, Itonididae) an Nadeln einiger *Pinus*-Arten. Marcellia 36, 229–240, 1969/70. — Die Gallmücke *Contarinia baeri* (Prell) – ein Schädling der Weißkiefer (*Pinus silvestris* L.). AS 44, 49–56, 1971. — Distribution and outbreaks of the gall midge *Thecodiplosis brachyntera* (Schwägr.) in Europe (Diptera, Cecidomyiidae). AEB 69, 217–228, 1972. — SKUHRAVÝ, V., u. HOCHMUT, R.: Befallsdichte der Kiefernnadelgallmücke *Thecodiplosis brachyntera* (Schwägr.) an *Pinus silvestris* verschiedener Provenienz. AS 42, 165–169, 1969.

Familie Lycoriidae (Sciaridae), Trauermücken

Meist 2–5 mm lang, breite Flügel mit zahlreichen Längsadern. Larven walzenförmig, mit kleinem, glänzend-schwarzem Kopf. Mumienpuppe. Maßgeblich an Zersetzung des Bestandesabfalls beteiligt.

Neosciara amoena Winn. Schmutzig-weiße Larven haben unbewurzelte und bewurzelte Aspenstecklinge, auch Birken- und Lärchenstecklinge zum Absterben gebracht. Saßen dichtgedrängt zwischen der teilweise gelösten Rinde und dem Kambium und bohrten schlauchartige, klebrige Gänge. Pflanzen vertrockneten und knickten um. 3–4 Generationen im Jahr.

Familie Tipulidae, Riesenschnaken

Mittelgroße bis große Mücken mit schnauzenförmigem Kopf und auffallend langen Beinen (Abb. 132). Larven schmutzig grau-braun, walzig, derbhäutig, mit kleiner Kieferkapsel und kräftigen Oberkiefern,

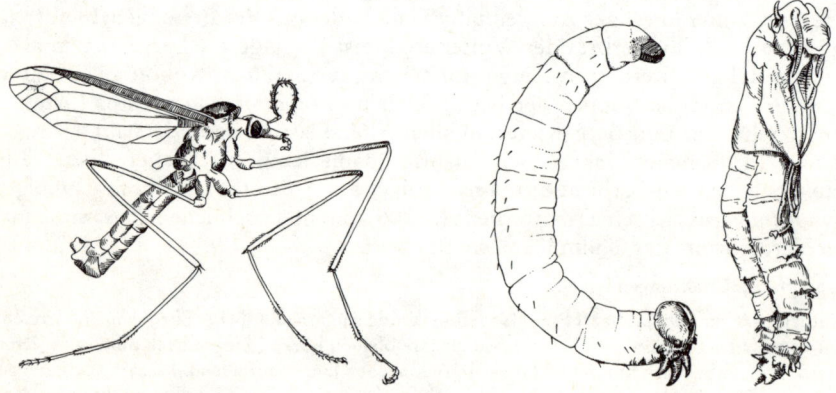

Abb. 132. *Pales crocata*. Schnake, Larve und Puppe. Nach ESCHERICH 1942

mit breitem, durch Fortsätze und ein Stigmenpaar ausgestattetem Abdominalende („Teufelsfratze"). Leben in der Bodendecke und im Mulm von verwesenden Pflanzenteilen, gehen aber auch an lebende Pflanzen. Tagsüber im Boden, befressen Wurzeln, nachts und bei Regen auf der Oberfläche, benagen Rinde und beißen Stengel durch. Oft massenhaft auftretend und dann Schaden anrichtend. Forstlich schädlich in Pflanzgärten und Weidenhegern.

Von den zahlreichen Arten werden als Forstschädlinge genannt **Pales crocata** L., Gelbbindige Riesenschnake, **Tipula marginata** Mg., **T. melanoceros** Schum., **T. oleracea** L. u. a.

Schrifttum: SKATULLA, U.: Tipulidae, Riesenschnaken. FE IV, im Druck.

Unterordnung Brachycera, Fliegen

Fliegenartige Insekten mit kurzen Fühlern, hemi- und acephalen Larven sowie Mumien- oder Tönnchenpuppen.

Familie Asilidae, Raubfliegen: Zahlreiche kleine bis große Arten von verschiedener Gestalt (Abb. 133). Hervorquellende Augen. Imagines sind durchweg kühne Räuber, die sich selbst an

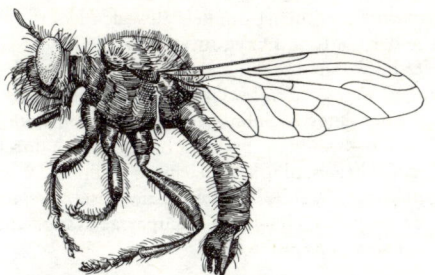

Abb. 133. Asilide. Nach ESCHERICH 1942

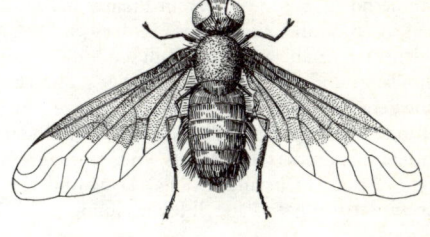

Abb. 134. *Hemipenthes morio.* 3/1

wehrhafte Immen und gepanzerte Käfer wagen. Sitzen häufig an Stöcken, Bäumen und dergleichen in lauernder Stellung, um blitzschnell auf ein herannahendes Insekt zu stürzen, das sie im Fluge erhaschen, mit den Beinen festhalten und an einen Ruheplatz schleppen, um es auszusaugen. Die mit Kriechschwielen versehenen Larven vielfach phytophag, zum Teil auch zoophag. Den Asiliden fallen zahlreiche Schädlinge zum Opfer.

Familie Therevidae, Stilettfliegen: Kleine, den Asiliden nahestehende Familie. Lange, stielrunde, dünne, weißliche Larven („weiße Drahtwürmer"), die sich schlängelnd fortbewegen. Leben in Boden und Streu wohl vorwiegend vom Raub anderer Insekten. **Thereva annulata** F. soll durch Befressen der Wurzeln 1jährige Kiefern vernichtet haben.

Familie Bombyliidae, Wollschweber: Mittelgroß. Pelzartig zottige Behaarung. Vielfach schön gefärbte Flügel. Parasiten bei Saltatorien, Lepidopteren, Hymenopteren und Dipteren. Vielfach Hyperparasiten (S.291). **Villa** *(Anthrax)* **hottentotta** L., Parasit in Forleulenpuppen. **Hemipenthes morio** L. (Abb. 291) und **H. maurus** L., Hyperparasiten von Tachinen und Ichneumonen, vor allem bei Forleule und Nonne, die stark auftreten und damit die Parasitierung des Schädlings beeinflussen können.

Familie Dolichopodidae, Langbeinfliegen: Klein, schlank, lebhaft; meist metallisch grün glänzend. Langgestreckte, schmutzig-weiße Larve im Boden oder in anderen feuchten Medien, vornehmlich räuberisch. Die Larve von **Medetera signaticornis** Lw. und anderen Arten derselben Gattung wird in Gängen von Borkenkäfern gefunden, deren Larven und Puppen sie verzehrt. Obwohl sie eine verhältnismäßig große Zahl von ihnen zu vertilgen vermag, ist der Effekt im allgemeinen gering, weil sie selbst stark unter anderen räuberischen Insekten, namentlich *Thanasimus formicarius*, leidet.

Familie Phoridae, Buckelfliegen: Kleine bis winzige, meist buckelige, dunkle Fliegen, die oft mit großer Hast im Zickzack auf Blättern, Holz usw. herumrennen (Rennfliegen). Larven meist an faulenden vegetabilischen und animalischen Stoffen, z. B. massenhaft an verwesenden Nonnenraupen. Daneben parasitische und räuberische Arten, z. B. **Megaselia plurispinulosa** Zett., Larve als Parasit in *Hylobius*-Larven festgestellt; **M. rufipes** Mg., wahllos polyphag, als Samenschädling bei Schwarzkiefer beobachtet, als Parasit in Larven von *Thanasimus formicarius*, in Larven und Puppen von *Melolontha* spec. u. a.; **Plastophora rufa** Wood an *Parthenolecanium corni*.

Familie S y r p h i d a e , Schwebfliegen: Auffallend bunt gefärbte Fliegen, die an Wespen, Hummeln oder Schlupfwespen erinnern (Abb. 135). Stehen rüttelnd in der Luft, um dann blitzschnell abzufliegen.

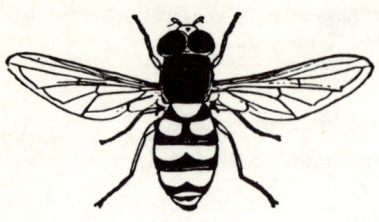

Leben auf Blumen. Larven im Mulm hohler Bäume, in Harz- und Saftausflüssen, in Ameisennestern, in faulenden Flüssigkeiten, phytophag im Innern von Pflanzen, räuberisch in Blatt- und Schildlauskolonien, als Vertilger von Blattwespenlarven und Schmetterlingsraupen. Forstpathologische Bedeutung besitzen die räuberisch lebenden Arten der Gattung **Syrphus F.**, insbesondere **S. tricinctus** Fall., die beim Verzehren von Nonnen-, Spanner- und Blattwespenlarven beobachtet wurden, ferner der Gattungen **Lasiopticus** Rond., **Paragus** Latr., **Cnemodon** Egg. und **Baccha** F. Ihre Maden sind meist bunt gefärbt, hinten verbreitert, sich blutegelartig fortbewegend.

Abb. 135. Syrphide. Nach SCHIMITSCHEK 1955

Familie A g r o m y z i d a e , Minierfliegen: Klein bis sehr klein, meist dunkel, zuweilen metallisch schimmernd. Larven minieren in Pflanzenteilen. Solche der Gattung **Dizygomyza** Hend. (*Phytobia*) erzeugen „Braunfleckigkeit" des Holzes (S. 339), Fehler im Rohmaterial der Furnierindustrie und bei Weidenruten. Eiablage Mai bis Juli unter die Rinde junger, weicher Triebe. Drahtförmig schlanke, bis 30 mm lange und 1 mm dicke Larve frißt stammabwärts in der jüngsten Splint- und in der Kambialzone dünne gerade oder geschlängelte, meterlange Gänge. Nach 6–8wöchiger Fraßzeit bohrt sie sich durch die Rinde und verpuppt sich in der obersten Bodenschicht. Fliege schlüpft im nächsten Frühjahr. Weit verbreitet, besonders in Mittel- und Nordeuropa. An Birke, Weide, Erle, Pappel, Hasel, *Sorbus*, *Prunus*. Arten: **D. betulae** Kang., **D. cambii** Hend., **D. latigenis** Hend., **D. aucupariae** Kang. und **D. tremulae** Kang. In Pappelblättern minierend: **Phytagromyza populi** Kltb.

Familie L o n c h a e i d a e : Fliegen klein, gedrungen, metallisch schwarzblau oder -grün. Larven saprophag, an und in lebenden Pflanzenteilen oder räuberisch. **Lonchaea** (*Earomyia*) **viridana** Mg., Samenschädling an Tanne, Larven bohren sich in Zapfen ein und fressen Samenanlagen aus. **L. seitneri** Hend., **L. chorea** L., **L. fugax** Beck. und andere Arten leben als Larven unter der Rinde von Nadel- und Laubbäumen, die von Bock- und Borkenkäfern besetzt sind, und können als Räuber deren Larven, Puppen und Käfer vertilgen. **L. inquilina** Hend. wurde als Feind von *Lasiomma laricicola* beobachtet.

Familie P a l l o p t e r i d a e : Im Aussehen den vorigen sehr ähnlich. Larven phytophag oder unter Baumrinde räuberisch Borken- und Bockkäfern nachstellend. **Palloptera usta** Meig. wurde beim Verzehren von *Rhagium*-Larven in einem Lärchenstamm beobachtet.

Familie A n t h o m y i i d a e , Blumenfliegen: Ähnlich der Stubenfliege, Larven in faulenden Substanzen, aber auch in lebenden Pflanzen. **Lasiomma** (*Phorbia*) **laricicola** Karl, Lärchenzapfenfliege. 5 – 56 / 6,5 + 5. Eiablage an Zapfenschuppen, Larven in Zapfenspindel und Samenanlagen der Lärche, Verpuppung in der Bodendecke. **L.** (*Phorbia*) **anthracina** Cz., Fichtenzapfenfliege, Larve in Fichtenzapfen, zerstört Samen; Zapfen krümmt sich und zeigt Harzausfluß. Hauptsächlich in Nordeuropa. **Paregle radicum** L., Larve benagt im Boden, 3–4 cm tief, Samen und Keimpflanzen.

Schrifttum: KÜHLHORN, F.: Brachycera, Fliegen. FE IV, im Druck. — SPENCER, K. A.: Agromyzidae (Diptera) of economic importance. The Hague 1973.

Familie T a c h i n i d a e (Larvaevoridae) Raupenfliegen

Parasiten, die innerhalb der Lebensgemeinschaft Wald eine hervorragende, zuweilen aussschlaggebende Rolle als Helfer bei der Erhaltung des ökologischen Gleichgewichts spielen.

Sehr artenreiche Familie, zu der hier auch Angehörige der nahverwandten Familie Calliphoridae, Schmeißfliegen, gezählt werden. Mittelgroße bis große Fliegen, meist stubenfliegenähnlich (Abb. 136). Halten sich gern auf Blumen oder auf Blättern mit Honigtau auf. Suchen die Sonne. Larven schmarotzen in Insekten, besonders in Großschmetterlingsraupen. Nach der Art der Eiablage unterscheidet ESCHERICH 1942 fünf biologische Gruppen: 1. Eier werden außen auf den Wirt abgelegt bzw. auf dessen

Haut oder Haaren befestigt. Zahl der Eier relativ klein. Raupenparasiten, z. B.
Carcelia, Exorista. 2. Eier bzw. die unmittelbar nach dem Ablegen ausschlüpfenden
Maden werden in der Nähe der Wirte oder auf den Fraßpflanzen abgelegt, wo sie auf

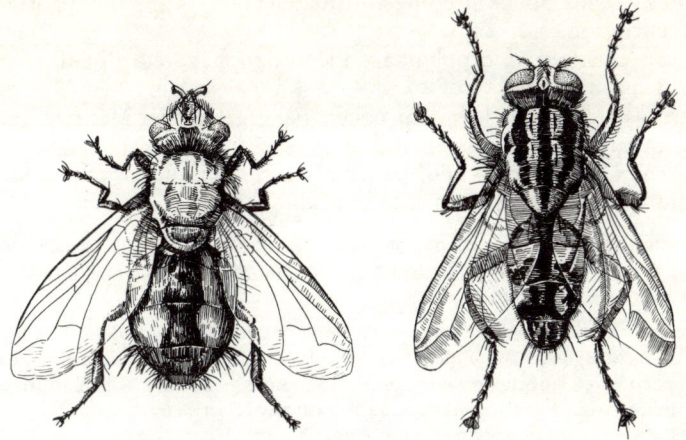

Abb. 136. *Ernestia rudis* (links) und *Sarcophaga schützei* (rechts). 5/1. Nach ESCHERICH 1942

das Herankommen der Wirte warten (Abb. 137). Meist große Fruchtbarkeit. *Ernestia,
Larvaevora.* 3. Vivipare Arten, deren Larven im Boden oder Bauminnern abgelegt
werden, von wo aus sie aktiv ihre Opfer (Engerlinge, Borkenkäferlarven) aufsuchen.
Dexia, Sarcophaga. 4. Die abnorm kleinen Eier werden auf die Fraßpflanze des Wirtes
abgesetzt oder zwischen seine Mundteile während des Fressens geschoben (Abb. 138)
und vom Wirt zugleich mit der Nahrung in den Darmkanal aufgenommen. Überaus
zahlreiche Eier. *Rondania, Zenillia.* 5. Eier werden mit einem besonderen Apparat
(Dorn usw.) durch Verwundung des Wirtes in dessen Inneres befördert. Mäßig viele
Eier. *Blondelia, Compsilura.*

Die Tachinenmade sitzt entweder im Darm oder zwischen Darmepithel und der
umgebenden Muskelschicht oder in der Körperhöhle des Wirts. Im letzten Fall bleibt
sie zur Atmung durch das Einbohrloch mit der Außenluft in Verbindung oder sie
schafft sich sekundär, nachdem sie sich eine Zeitlang frei im Innern des Wirtes bewegt
hat, eine Verbindung mit der Außenwelt, entweder direkt durch eine Öffnung in der
Körperhaut oder indirekt durch Anschluß an einen Tracheenstamm.
Meist bildet sich von der Wundstelle ausgehend eine trichterförmige
dunkle Hülle, der „Trichter", der einen Teil der Larve umhüllt, so daß
nur ihr nach Innen gekehrtes Vorderende aus ihm hervorragt. Die
Trichterbildung wird als Wundschorfbildung aufgefaßt oder als miß-
glückter Abwehrversuch des Wirtes, der bisweilen gelingt, indem die
eingedrungene Made völlig eingekapselt und unschädlich gemacht

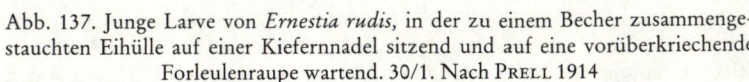

Abb. 137. Junge Larve von *Ernestia rudis*, in der zu einem Becher zusammenge-
stauchten Eihülle auf einer Kiefernnadel sitzend und auf eine vorüberkriechende
Forleulenraupe wartend. 30/1. Nach PRELL 1914

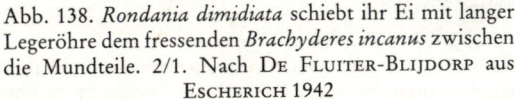

Abb. 138. *Rondania dimidiata* schiebt ihr Ei mit langer
Legeröhre dem fressenden *Brachyderes incanus* zwischen
die Mundteile. 2/1. Nach DE FLUITER-BLIJDORP aus
ESCHERICH 1942

wird. Entwicklungsdauer der Larven, die 3 Stadien durchlaufen, meist 1–3 Wochen. Auskriechen gewöhnlich erst nach dem Tode des Wirts. Dann Verpuppung, meist im Boden, nur selten innerhalb des Wirts. Dauer der Puppenruhe gewöhnlich 2–3 Wochen, sofern keine Überwinterung eintritt. Generation meist einjährig, aber auch mehrfache Generation.

Die meisten Tachinen sind polyphag, auch oligophag, dabei häufig Bevorzugung eines Wirtes. Je nach Art und Größe des Wirtes können sich in einem Wirtstier nur eine oder mehrere Maden entwickeln. Im ersten Falle gehen bei Mehrfachinfektion die übrigen Larven zugrunde.

Die befallenen Wirtsraupen und -larven sterben schon halbwüchsig oder kurz vor der Verpuppung oder erst im Puppenstadium ab.

Aus der großen Zahl der Arten sind nachstehend einige als Beispiele unter Angabe ihrer Wirte, der Zugehörigkeit zu den 5 biologischen Gruppen (G1–5) und von Besonderheiten ihrer Lebensweise, soweit diese bekannt sind, genannt.

In Coleopteren: **Dexia rustica** F., in Engerlingen des Maikäfers und anderer Blatthornkäfer. G 3. Fliegen legen im Juli/August 275 und mehr Eier in Erdboden; die sofort schlüpfenden Larven suchen den Wirt und sollen durch ein Stigma eindringen. Verpuppung im Boden. Wohl einjährige Generation. **Rondania dimidiata** Mg., Imaginalparasit beim Schwarzen Rüsselkäfer, Gemeinen Graurüßler u. a. (Abb. 138). G 4. Zwei Generationen im Jahr mit Flugzeiten im Mai und Juni.

In Lepidopteren: Überaus polyphag in Schmetterlings- und auch Blattwespenlarven: **Compsilura concinnata** Rond., G 5, kurze Entwicklungsdauer, mehrere Generationen im Jahr. **Exorista larvarum** L., G 1, zwei Generationen im Jahr. **Phryxe vulgaris** Fall., G 1, mindestens 2 Generationen im Jahr, Überwinterung als Tönnchen im Boden oder als Larve im Wirt. Mit kleinerem Wirtskreis, vor allem in Lymantriiden und Lasiocampiden: **Carcelia excisa** Fall., G 1. **Larvaevora fera** L., G 2. **Sarcophaga tuberosa** Pand., G 3. **Zenillia libatrix** Panz., G 4. Hauptsächlich oder ausschließlich in einer bestimmten Wirtsart: **Actia nudibasis** Stein, bivoltin, 1. Generation in Larven des Kiefernharzgallen-wicklers, 2. in solchen des Kiefernknospentriebwicklers. **Blondelia piniariae** Htg. im Kiefernspanner. G 5. Die Weibchen werden in 3–4 Tagen geschlechtsreif, Larvenleben dauert etwa 2 Wochen, Puppenstadium 3–4 Wochen, mehrere Generationen im Jahr. **Ernestia rudis** Fall. (Abb. 136), Hauptparasit der Forleule, der meist ihre Massenvermehrungen zu Ende führt. G 2. 56 − 67 / 78,5 + 56. Lebensdauer der Fliegen 4–6 Wochen, Ablage der rund 1000 Eier erstreckt sich über etwa 2 Wochen. Lebensdauer der freien Junglarven (Abb. 137) gewöhnlich 4–8 Tage. Infektion der Eulenraupe meist im 2. oder 3. Stadium. Verpuppungsreife Larve verläßt Raupe, wenn diese zur Verpuppung in den Boden gegangen ist; dabei stirbt Wirtsraupe ab. Verpuppung in der Nähe. Ein Teil der Puppen entwickelt sich subitan und entläßt die Fliegen im August; deren Schicksal ist unbekannt. **Phorocera silvestris** Rob.-Desv., Hauptparasit der Nonne, der bei Massenvermehrungen den Fraß abschwächt, in der Regel aber nicht zu Ende führt. G 1. 6 − 67 / 7,5 + 56. Lebensdauer der Männchen 20–30, der Weibchen 27–52 Tage. Weibchen legt bis 200 Eier, hauptsächlich an ältere Raupen. Entwicklungsdauer der Puppe bei 7 °C durchschnittlich 310, bei 12 °C 254 Tage.

In Hymenopteren: **Ceromasia inclusa** Htg. in Larven von *Diprion*. G 5. Made verwandelt sich innerhalb des Wirtskokons zum Tönnchen. 2 Generationen im Jahr. **Arrhinomyia cloacella** Kr. in Larven der Kleinen Fichtenblattwespe. G 1. Verpuppt sich ebenfalls im Wirtskokon.

Hymenoptera, Hautflügler

Forstliche Bedeutung sehr groß. Bezüglich schädlicher Arten treten die Hymenoptera hinter den Coleoptera und Lepidoptera zurück; die Schädlinge beschränken sich fast ausschließlich auf die Blatt- und Holzwespen. Viele Arten sind belanglos (Gallwespen). Die meisten Hautflügler spielen als Parasiten (Schlupfwespen, zu denen reichlich ⅕ der Hymenoptera gehören) oder Räuber (Raubwespen, Ameisen) eine sehr wichtige Rolle bei der Regelung des ökologischen Gleichgewichts.

Imagines winzig bis groß, mit kauenden oder leckend-saugenden Mundwerkzeugen, fast immer mit wohlentwickelten Komplexaugen und 3 Punktaugen, erstes Abdominalsegment stets eng an den Metathorax angeschlossen. Beide Flügel glasklar, häutig, in der Ruhe auf das Abdomen gelegt.

Legeröhre oder Wehrstachel mit Giftdrüse. Lebhafte, wenn auch meist einfache Färbung. Männchen und Weibchen in der Regel deutlich unterschieden. Fliegen, nur wenige bewegen sich meist laufend (Ameisen). Ernährung räuberisch, seltener durch Blütenbesuch, honigsaugend. L a r v e n sehr verschieden: weiße, fuß- und afterlose, in Brutzellen lebende Bienenmaden; mit Kopf und kleinen Füßen ausgestattete Holzwespenlarven (Abb. 148); mit wohlausgebildetem Kopf und meist zahlreichen Fußpaaren versehene, frei auf Pflanzen lebende Larven der Blattwespen (Afterraupen, Abb. 142). Blatt- und Holzwespenlarven leben von fester Pflanzensubstanz, die Bienen- und meisten Gallwespenlarven von Pflanzensäften, die Raub- und meisten Schlupfwespenlarven von tierischer Substanz. Nur wenige leben frei (Blattwespen), die anderen im Innern von Pflanzen (Holzwespen), Tieren (Schlupfwespen) oder in Nestern (Raubwespen). P u p a l i b e r a , meist in einem Kokon oder einer Zelle. Einzelne Arten leben sozial und sind durch Arbeitsteilung polymorph geworden; Brut-, Gesellschafts- und Bauinstinkte haben in dieser Ordnung die höchste Entwicklung erreicht. Fortpflanzungsverhältnisse z. T. kompliziert (Parthenogenese, Heterogonie).

Unterordnung S y m p h y t a , Pflanzenwespen

Brust und Hinterleib mit breiter Fläche zusammenhängend. Blatt- und Holzwespen.

Schrifttum: Pschorn-Walcher, H.: Symphyta, Pflanzenwespen. FE IV, im Druck.

Familie P a m p h i l i i d a e , Gespinstblattwespen

Wespe mit breitem, flachgedrücktem Hinterleib und langen Fühlern (Abb. 139). Larven mit 3 Paar Brustfüßen und Nachschieber (8füßig, Abb. 140) in Gespinsten lebend.

Die den Gattungen *Acantholyda* A. Costa und *Cephalcia* Pz. angehörenden Arten schaden fast ausschließlich an Kiefer und Fichte. I m a g i n e s ziemlich schwerfällig, Weibchen gelangen zur Eiablage an den Nadeln vielfach nicht fliegend, sondern stammaufwärts kriechend in die Krone. E i e r nehmen durch Flüssigkeitsaufnahme aus der Nadel während ihrer Entwicklung an Größe zu. In den mit Kot besetzten Gespinsten leben die L a r v e n einzeln oder gesellig, dann aber je in besonderer Gespinströhre, und fressen Nadeln, die sie in die Gespinste hineinziehen. Außerhalb der Gespinste Fortbewegung nur längs besonders gefertigter Gespinstbrücken möglich. Nach Beendigung des Fraßes geht die Larve in den Boden und wird zur E o n y m p h e , die sich einige Zeit vor der Verpuppung in die P r o n y m p h e verwandelt; diese besitzt bereits die großen Augen der Imago, welche durch die Kopfkapsel durchscheinen (Puppenaugen). Die P u p p e liegt frei ohne Kokon in einer Erdhöhle. G e n e r a t i o n s verhältnisse eigenartig: Flugzeit April bis Juni, Larvenfraß 1–2 Monate, Verpuppung der im Boden liegenden Larve im nächsten, 2. oder 3. Frühjahr. Larve kann also 2 bis 3 Jahre überliegen, Generation somit 1-, 2- oder 3jährig. Zuweilen infolgedessen Massenauftreten alle 2 oder 3 Jahre.

Diagnose: Auffallendes Fraßbild mit Gespinst. Charakteristisch geformte Eier, Larven und Imagines.

Prognose: Probegrabung nach im Boden ruhenden Eo- und Pronymphen sowie Puppen im Winter oder zeitigen Frühjahr (S. 387); es ist im allgemeinen recht tief zu graben (z. B. bei *Acantholyda erythrocephala* bis 15 cm, bei *Cephalcia abietis* bis 30 cm im Mineralboden). Für diesjährigen Flug und somit Fraßschaden kommen nur Tiere in Frage, die sich eine gewisse Zeit (Wochen oder auch Monate) vor der Flugperiode in Pronymphen oder Puppen verwandelt haben; überliegende Eonymphen können zunächst unberücksichtigt bleiben. Endgültige Entscheidung über notwendig werdende Bekämpfung nach Eisuche (S. 389). Als kritisch werden für *C. abietis* 180–200 Pronymphen je 1 m² angegeben (Heqvist 1956), doch kam es auch schon bei 30 Pronymphen auf 1 m² zu hohen Nadelverlusten (Jahn 1976); sonst sind kritische Zahlen nicht bekannt.

Bekämpfung: Sprühen mit gegen Afterraupen zugelassenen Mitteln (PVF). Gespinste schützen die Larven und erschweren die Bekämpfung. Sie muß, wenn ein größerer Anteil der Population überliegt, wiederholt werden. Bei manchen Arten (*Acantholyda posticalis*, *Cephalcia abietis*), deren Weibchen zur Eiablage meist den Stamm emporkriechen, ist auch Anlegen von Giftringen (S. 429) empfohlen und gelegentlich mit hinreichendem Erfolg ausgeführt worden.

An Kiefer:

Ancantholyda posticalis Mats. (*nemoralis* Th.), Kiefernbestandsgespinstblattwespe (Abb. 139).

11–15 mm lang. Kopf gelbgefleckt auf schwarzem Grund, Seitenränder des braunschwarzen Abdomens rötlich. Ei kahnförmig. L a r v e im Gespinst olivgrün mit braunen Streifen; Kopf mit dunklen Punkten; 6 Stadien (Abb. 140).

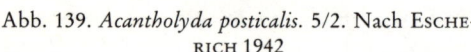
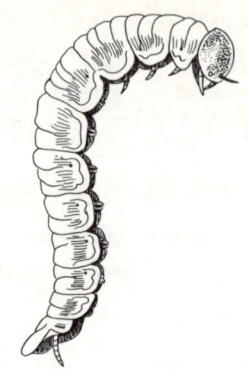

Abb. 139. *Acantholyda posticalis.* 5/2. Nach Esche-rich 1942

Abb. 140. Larve von *Acantholyda posticalis.* Nach Esche-rich 1942

5 – 57, (A, A,) 4 / 4 + 45. Bei stärkerem Vorkommen wurde regelmäßig ein Überwiegen der Männchen beobachtet. Lebensdauer der Wespen etwa 14 Tage. Weibchen fliegen oder kriechen stammaufwärts zur Krone und legen bis 80 E i e r einzeln an Nadeln. Eidauer etwa 2–4 Wochen. Je 1 L a r v e, bei Massenauftreten auch mehr, im lockeren Gespinst, jede einzelne in einer dichtgesponnenen Wohnröhre. Beißt Nadeln unter Stehenlassen des Scheidenteils ab, zieht sie in das Gespinst und verzehrt sie hier. Unverzehrt bleibende Reste bräunen sich. Fraßzeit 2–3 Wochen. Larven gehen dann in den Boden, wo sie sich 5–15 cm tief und tiefer eingraben. Treten als Eonymphen in verschieden lang dauernde Diapause ein. P u p p e n d a u e r bei 10–15 °C 17–8 Tage. An 40–100jährigen Kiefern, vielfach auf engbegrenzten Stellen. Kann überaus hartnäckig sein, länger als ein Jahrzehnt fressen und trotz weitgehender Schonung der Maitriebe recht schädlich werden.

Bekanntestes Schadgebiet, in dem die Wespe fast ständig in mehr oder weniger großer Ausdehnung endemisch auftritt, ist Oberschlesien. Daneben hat sie Schadfraß bei Guben angerichtet. Nach Koehler 1962 weist sie in den beiden Gebieten zwei morphologisch-phänologisch verschiedene Formen, f. *praecox* und f. *serotina*, auf. Die erste (schlesische) Form hat durchweg gelbe, die andere (Gubener) zu 30–40 % grüne Eonymphen, Pronymphen und Puppen. Höhepunkt der Flugzeit ist bei f. *praecox* Ende April (entsprechend der obigen Bioformel), bei f. *serotina* Mitte Juni. Die Frühform frißt erst alte, dann Maitrieb-Nadeln und in der Krone von unten nach oben und von innen nach außen; die Spätform macht es umgekehrt. Jene hat als Eonymphe eine Diapause von 9–21 Monaten und somit 1- bis 2jährige Generationsdauer; bei der Spätform beträgt die Diapause 21–33 Monate und die Generationsdauer 2–3 Jahre.

Bekämpfung mit Insektiziden allein hat sich nicht als ausreichend wirksam erwiesen; deshalb empfehlen Köhler-Burzyński 1967 ein kombiniertes Verfahren: Giftringe um die Stämme (S. 429), um die aufwärtskriechenden Weibchen abzutöten, ferner Schonen des Schwarzwilds, Vogelschutz und Ansiedlung von Waldameisen. Auf begrenzter Fläche wurde damit guter Erfolg erzielt.

Acantholyda erythrocephala L., Stahlblaue Kiefernschonungsgespinstblattwespe.

10–12 mm lang. Stahlblau, rauchgraue Flügel, ♀ mit rotem Kopf, ♂ mit gelbem Untergesicht. E i walzenförmig, anfangs dottergelb, später braun. L a r v e olivgrün mit Querreihen dunkler Flecken und

Längsstreifen. 5 (♂) und 6 (♀) Häutungsstadien mit Kopfkapselbreiten 0,7–0,8; 0,8–1,0; 1,0–1,4; 1,4–1,6; 1,6–1,8; 1,8–2,1 mm.

5 – 56, (A, A,) 3 / 34 + 45. Weibchen legt 1–18, insgesamt anscheinend etwa 35 Eier nebeneinander auf alte Nadeln der mittleren und unteren Zweige, besonders an etwa 10jährigen Pflanzen. Eidauer etwa 3–5 Wochen. Larven gesellig, 1–84 Stück, im Gespinst an vorjährigen Trieben, jede in besonderer Röhre. Fressen zunächst nur vorjährige Nadeln, bei Nahrungsnot auch die Nadeln der Maitriebe, wobei die Maitriebrinde platzförmig befressen wird. Es finden dann auch Wanderungen statt, bei denen die Larven lebhaft spinnen und Gespinstbrücken und Schleier verfertigen. Fraßzeit bei 20 °C 14–23 Tage. Gehen im Juni/Juli in den Boden, bleiben meist dicht am Stammfuß. Entwicklung zur Pronymphe im August, so daß ab September die im nächsten Frühjahr schlüpfenden Stücke an den Puppenaugen zu erkennen sind. Entwicklungsdauer der Puppe bei 7–10 °C etwa 7–3 Wochen. Lebensdauer der Wespen 2–3 Wochen. Generation 1–3jährig. An Kiefer, Schwarzkiefer, Bankskiefer, Bergkiefer, Strobe, Arve im Alter von 5–15 Jahren, ortsweise auch in Stangen- und Althölzern. Die Art kann begrenzten bis weit ausgedehnten Massenfraß vollführen, der wiederholt Bekämpfungen notwendig machte.

Acantholyda hieroglyphica Chr., Kiefernkulturgespinstblattwespe. 12–17 mm. Abdomen in der Mitte rotgelb. Ei kahnförmig. Larven schmutzig-grün mit bräunlichem Kopf. 6 – 78,5 / 5 + 6. Ablage je eines Eies an Maitrieb 2–6jähriger Kiefern, Schwarzkiefern, Stroben. Larve lebt meist am mittleren Maitrieb in röhrigem, mit Kot angefülltem, durch dessen Schwere sich sackartig senkendem Gespinst (Abb. 221), von wo sie die Nadeln des Mitteltriebs, später auch der Seitentriebe verzehrt. Geht Anfang August in den Boden. Generation normal wohl einjährig. Überliegen kommt vor. Trotz häufigen Vorkommens ohne Bedeutung.

Acantholyda pumilionis Gir., Zirbengespinstblattwespe. Im Alpengebiet an Zirbe, wahrscheinlich auch an Latsche. Larve einzeln in Kotsack-Gespinströhre. Generation einfach.

An Fichte:

Cephalcia abietis L., Fichtengespinstblattwespe.

11–14 mm lang. Abdomen vorherrschend rotgelb. Ei walzenförmig, grün. Larve im Gespinst graugrün mit glänzend schwarzen Chitinteilen, dunkler X-förmiger Kopfzeichnung und dunklem Längsstrich auf der Mitte der unteren Afterklappe; 6 Stadien. Im Boden Larve und Puppe in der Mehrzahl grün, etwa 10 % goldgelb, unabhängig vom Geschlecht.

56 – 68, A, (A,) 4 / 45 + 56. Flugzeit etwa 4 Wochen. Nur Männchen fliegen eifrig, um die in den Mittagsstunden am Baum emporkriechenden oder am Boden versteckten Weibchen zu begatten. Ablage der 100–120 Eier, je 4–12 Stück ringsum an eine Nadel, fast nur an vorjährigen Trieben. Eidauer 2–4 Wochen. Junge Larven wandern 1 oder 2 Triebe abwärts zu einer Zweiggabel, sammeln sich hier zu größeren Gesellschaften, legen ein Gespinst an, das bald mit dichten Kotmengen belastet wird, und fressen von hier 1-, 2- oder 3jährige Nadeln. Fraß schreitet von oben nach unten fort, dauert 6–8 Wochen. Im August gehen die Larven in den Boden, wo sie in einer Tiefe bis 30 cm bis zum folgenden 2. oder 3. Frühling liegen. Puppenruhe 2–3 Wochen. Meist 2- oder 3jährige Generation. Vorwiegend im Mittelgebirge, besonders in 60- bis 120jährigen Beständen, ausnahmsweise in Kulturen. Da Maitriebe meist verschont bleiben, Bedeutung trotz des zeitweise massenhaften Auftretens nicht erstklassig; in der Regel begrünen sich die Kronen wieder. Sekundärschädlinge werden begünstigt.

Cephalcia arvensis Pz. Kleiner, Färbung variabel. Längsgestreifte Larve einzeln im Gespinst an vorjährigen Trieben, sammelt wenig Kot und verzehrt zunächst nur vorjährige Nadeln, bei starkem Befall auch die Maitriebnadeln, verschont aber immer die Knospe. Vereinzelt, mehrfach im Erzgebirge und in Dänemark schädigend aufgetreten. **C. erythrogastra** Htg. lebt ähnlich wie die vorigen, zuweilen in ihrer Begleitung.

An Lärche:

Cephalcia lariciphila Wachtl (*alpina* Klug.), Lärchengespinstblattwespe. 8–11 mm lang, schwarz-gelb. Larve graugrün mit braunvioletten Streifen; 4 oder 5 Stadien. 45 − 57, (A, A,) 3 / 34 + 45. Ablage von durchschnittlich 25 Eiern je Weibchen einzeln an Nadeln der Kurztriebe. Eidauer 12–24 Tage. Fraß der eingesponnenen Larve ebenfalls einzeln am Kurztrieb, später auch am Langtrieb. Fraßdauer 3–5 Wochen. Pronymphe bereits im September entwickelt. Puppendauer 3–4 Wochen. Vorwiegend alpin, aber auch im Flachland. **Acantholyda laricis** Gir., ähnlich der vorigen, seltener.

An Pappeln und Weiden:

Pamphilius betulae L. und **P. sylvaticus** L. leben als Larven in Blattröhren.

Schrifttum: Jahn, E.: Die Fichtengespinstblattwespe, *Cephalcia abietis* L., als gefährlicher Bestandes- und Kulturschädling in Österreich. AS 49, 145–149, 1976. — Kurir, A.: Über die Antagonisten der Fichtengespinstblattwespe, *Cephaleia abietis* L. (Hym. Pamphilidae), im Bodenquartier mit besonderer Berücksichtigung der Virulenz pathogener Pilze. ZaE 84, 388–396, 1977. — Pschorn-Walcher, H., u. Zinnert, K. D.: Zur Larvalsystematik, Verbreitung und Ökologie der europäischen Lärchen-Blattwespen. ZaE 68, 345–366, 1971. — Schedl, W.: Zur Biologie und Verbreitung von *Acantholyda pumilionis* (Giraud, 1861) (Hymenoptera, Pamphilidae). Z. ArbGem. Öst. Ent. 24, 73–78, 1972/73.

Familie Diprionidae, Buschhornblattwespen

Wespen plump, Abdomen mehr oder weniger walzenförmig, Fühler der Männchen ein- oder zweireihig gekämmt (buschig). Larven (Afterraupen) 22füßig, ohne Gespinst, an Nadelholz.

An Kiefer:

Diprion pini L., Kiefernbuschhornblattwespe (Abb. 141).

♂ 7–8, ♀ 8–10 mm lang. ♂ mit buschig doppelt gefiederten, ♀ mit sägezähnigen Fühlern. Schwarzgelb. Larve (Abb. 142) gelbgrün mit braunem Kopf; 5 (♂) und 6 (♀) Fraßstadien mit Kopfkapselbreiten von 0,5; 0,8; 1,0–1,2; 1,4–1,5; 1,8–1,9; 2,2 mm. Kokon braun (Abb. 223, 229).

Nur Männchen schwärmen, während Weibchen träge an den Zweigen umherkriechen. Geschlechterverhältnis wechselnd, bei Massenvermehrungen überwiegen Weibchen. Kopula bald nach dem Schlüpfen der Wespe, dauert 20–50 Minuten; doch auch

Abb. 141. *Diprion pini*, Weibchen. 4/1. Nach
Eliescu 1932

Abb. 142. Larve von *Diprion pini*. Nach
Eliescu 1932

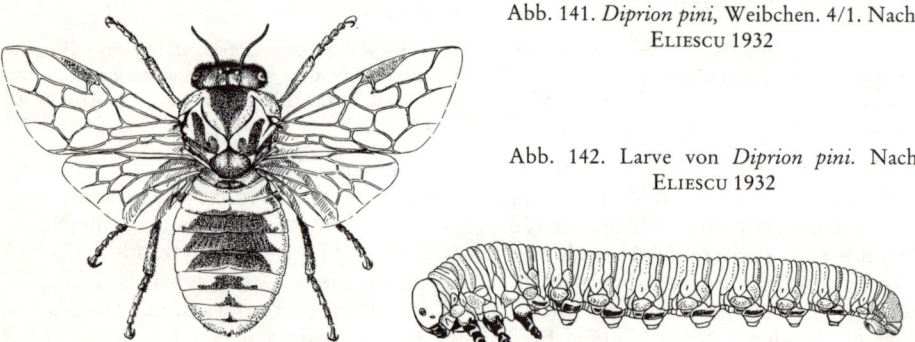

häufig Parthenogenese. Wenige Stunden später beginnt Ablage der Eier, die ohne Unterbrechung in 1–3 Tagen vollendet wird. Weibchen schlitzt die Nadeln am Rande rinnenartig auf und versenkt darin 80–150 Eier in Reihen von 10–15 Stück. Eidauer bei durchschnittlich 20–10 °C etwa 16–38 Tage. Im Frühsommer fressende Larven verschonen im allgemeinen die Maitriebe. Lassen zunächst die Mittelrippe der Nadel fadenförmig stehen, älter geworden fressen sie die ganze Nadel bis zur Scheide und plätzen an der Rinde. Fraß im Hochsommer und Herbst nimmt auch Maitriebe, verschont aber die Knospen. Regelmäßig werden einzelne Bäume stärker, andere schwächer befressen, so daß ein starkbefallenes Kronendach ein grünbraunmarmoriertes Aussehen annimmt. Fraßzeit 5–7 Wochen. Larven sind träge, bleiben gern klumpenweise zusammen und zerstreuen sich erst nach Entnadelung des befallenen Astes. Beunruhigt nehmen sie S-förmige Schreckstellung ein und machen mit dem Vorderleib pendelnde Bewegungen. Nach den Häutungen werden die abgestreiften Häute ringförmig um die Nadeln geklebt. Verpuppung während des Sommers in festen, graubraunen Sommerkokons an Stämmen, Zweigen u. dgl., im Herbst in braunen Winterkokons in, auch auf der Bodendecke. Im Kokon wird die Larve zur Eonymphe und mit dem Auftreten der Puppenaugen zur Pronymphe (Abb. 229), die sich nach kurzer Zeit verpuppt. Puppenruhe bei 18–10 °C etwa 12–20 Tage. Eonymphe kann Wochen und Monate überliegen, so daß die Erscheinungszeiten der Wespen sehr ungleichmäßig sind.

Maßgeblich für die Phänologie der Blattwespe und damit für das zeitliche Auftreten von Fraßschäden sind neben der nach Herkunft unterschiedlichen Reaktionsnorm vor allem Temperatur und Photoperiode (EICHHORN 1976/77, 1979). Die Temperatur entscheidet zunächst darüber, ob im Jahr nur 1 Generation (hauptsächlich im Gebirge) oder 2 Generationen (in der Ebene) entstehen. Die Photoperiode ist insofern von Einfluß, als je nach der Dauer der Photophase während des letzten (sensiblen) Larvenstadiums die Entwicklung ohne (subitan) oder mit Diapause der Eonymphe erfolgt: *D. pini* ist ein Langtagtier, die Hellzeit während des sensiblen Stadiums muß – nach Herkunft verschieden – zwischen 16 und 17 Stunden betragen, wenn die Entwicklung ohne Verzögerung vor sich gehen soll. Das bedeutet: eine 2. Generation kann nur entstehen, wenn das letzte Larvenstadium in die Zeit der Sommersonnenwende fällt. In der Ebene hat die Wespe in der Regel jährlich 3 Flugperioden, die erste Ende April/Anfang Mai, die zweite im Juni und die dritte Ende Juli/Anfang August. Die beiden ersten gehören zur stark sich verzettelnden 1. Generation, die dritte Flugwelle enthält die Tiere der 2. Generation sowie Nachzügler aus der ersten. Im Gebirge kommt es meist nicht zum Entstehen einer 2. Generation, weil wegen der niedrigeren Durchschnittstemperatur und infolgedessen länger dauernden Entwicklung der Stadien das sensible Larvenstadium in den Hochsommer fällt, in dem die relativ kurze Photophase eine Diapause der Eonymphe induziert; höchstens in besonders warmen Jahren oder Lagen können 2 Generationen aufeinander folgen.

Hauptsächlich an gemeiner Kiefer, aber auch an Bankskiefer, Schwarzkiefer und Strobe, besonders in 40–100jährigen Beständen. Neigt in der Ebene zu Massenvermehrungen, die oft großen Umfang annehmen und zu bedrohlich erscheinendem Fraß führen. Schaden aber meist nur Zuwachsverlust, da Maitriebe bzw. Knospen verschont bleiben und Kiefer sich wieder erholt.

Diagnose: Beim Fraß stehenbleibende fadenförmige Mittelrippe der Nadel, übrigbleibende Scheidenstummel. Schreckstellung einnehmende Raupen. Kokons. Rautenförmige Kotkrümel.

Prognose: Suche nach Sommerkokons am Stamm u. dgl. bzw. nach Winterkokons auf und in der Bodendecke (S. 387). Als kritisch gelten für Sommerkokons 1/50 der jeweiligen (noch zu nennenden) kritischen Eizahl, für Winterkokons 12 (THALENHORST 1941) bzw. 20 (SCHWENKE-STEGER 1961) Stück je 1 m². Nur gesunde Pronymphen und Puppen sind zu werten. Da entsprechend der unterschiedlichen Erscheinungszeit der Wespen auch die Wandlung zur Pronymphe zu verschiedenen Zeiten bis in den Frühsommer hinein erfolgt, sagt der Befund nur etwas über den nächstmöglichen Flugtermin aus; nach EICHHORN 1978 erscheinen die Puppenaugen der ersten Flugwelle (im Frühjahr) bereits im vorangehenden Vorwinter, der zweiten Welle überwiegend im Mai und der dritten etwa ab Anfang Juli. Vor dem Entschluß zur Bekämpfung ist unbedingt eine Eisuche anzusetzen, da Eier sehr stark parasitiert sein können. Kritische Eizahl entspricht dem Doppelten der kritischen Eizahl des Kiefernspanners (S. 395).

Bekämpfung: Sprühen mit gegen Afterraupen zugelassenen Mitteln (PVF). Zurückhaltung ist geboten, weil einmal, wie erwähnt, gefährlich aussehender Fraß meist nicht zu nachhaltigen Schäden führt und weiter die Kokons namentlich der späteren Wellen häufig zu hohem Anteil von Kokonparasiten befallen werden, die unter einer chemischen Bekämpfung leiden.

Diprion similis Htg., Wespe wie *D. pini*. Larve blauschwarz mit gelben Zeichnungen und schwarzem Kopf, gesellig, im Alter einzeln. Seltener, zuweilen mit *D. pini* gemischt, besonders an

Strobe und Arve. **Neodiprion sertifer** Geoffr., Rote Kiefernbuschhornblattwespe. 6–9 mm. Hinterleib rotgelb, Eier mit Zwischenräumen in den Nadeln versenkt; überwintern. Larve graugrün mit schwarzem Kopf, gesellig. 9,5 − 56 / 79 + 9. Einfache Generation, kann durch Diapause der Eonymphe im Kokon zwei- und mehrjährig werden, vor allem in höheren Lagen der Gebirge. Verschont Maitriebe. Kokon im Boden. In Kulturen und Dickungen, auch an Schwarz- und Bergkiefer, Arve und Strobe, im allgemeinen nur an einzelnen Bäumen oder Baumgruppen. Zuweilen Massenvermehrungen, auch größeren Umfangs, namentlich in lückigen Kulturen auf trockenen Standorten; brechen in der Regel bald durch Auftreten einer Virose zusammen; deshalb Bekämpfung unnötig. Außerdem, z. T. selten, **Microdiprion pallipes** Fall., **Gilpinia pallida** Kl., **G. socia** Kl. und **G. frutetorum** F.; die erstgenannte Art ist in Schweden ein gefährlicher Schädling der Kulturen, die zweite hat 1971/72 in Kärnten auf 6000 ha eine Gradation mit örtlichem Kahlfraß gezeigt, die letztgenannte durchläuft in Mitteleuropa gelegentlich kurzfristige Massenvermehrungen, die bislang keinerlei ernstlichen Schaden verursachten.

An Fichte:

Gilpinia polytoma Htg., **G. hercyniae** Htg., **G. abieticola** D. T. und **G. fuscipennis** Fors., bisher in Europa ohne Bedeutung. Die zweitgenannte Art hatte 1968 ein örtlich begrenztes Massenauftreten in einer 8jährigen Blaufichten-Weihnachtsbaumkultur am Nordrand der Lüneburger Heide.

Schrifttum: ALTENKIRCH, W.: Forstschutzprobleme in Niedersachsen: Kiefernbuschhornblattwespe und Forleule. AF 32, 290–293, 1977. — Kieferngroßschädlinge in Niedersachsen 1977/78. AF 33, 367–368, 1978. — Kieferngroßschädlinge in Niedersachsen 1978/79. AF 34, 344–346, 1979. — EICHHORN, O.: Autökologische Untersuchungen an Populationen der gemeinen Kiefern-Buschhornblattwespe *Diprion pini* (L.) (Hym.: Diprionidae). ZaE 82, 395–414, 1976/77; 83, 15–36, 1977; 84, 264–282, 1977; 88, 378–398, 1979; 89, 455–470, 1980. — Zur Prognose der Schlüpfwellen- und Generationenfolge bei der gemeinen Kiefern-Buschhornblattwespe *Diprion pini* L. (Hymenopt.: Diprionidae). AS 51, 65–69, 1978. — KURIR, A.: Eiablage der Blassen Kiefernbuschhornblattwespe, *Diprion pallidum* Klug (Diprionidae, Hymenoptera) bei der 1. Generation im Freiland. ZaE 78, 66–75, 1975. — Beobachtungen zur Bionomie der Blassen Kiefernbuschhornblattwespe, *Diprion pallidum* Klug (Hym. Diprionidae) während der Gradation in Kärnten 1971/1972. ZaE 84, 155–163, 1977. — Einspinnen und Überwinterung der 1. Generation der Gewöhnlichen Kiefernbuschhornblattwespe, *Diprion pini* Linnaeus (Hym., Diprionidae) in der Baumkrone der Weißkiefer (*Pinus sylvestris* Linnaeus). ZaE 84, 47–52, 1977. — MALLACH, N.: Zur Kenntnis der Kleinen Kiefern-Buschhornblattwespe, *Diprion (Microdiprion) pallipes* (Fall.) (Hym., Diprionidae). ZaE 74, 394–434, 1973; 75, 134–173, 337–380, 1974. — PSCHORN-WALCHER, H.: Studies on the biology and ecology of the alpine form of *Neodiprion sertifer* (Geoffr.) (Hym.: Diprionidae) in the Swiss Alps. ZaE 66, 64–83, 1970. — RYVKIN, B. V.: Die Diprionidae und die Komplexe ihrer natürlichen Feinde. BE 19, 595–605, 1969.

Abb. 143. *Pristiphora abietina*. 5/1. Nach NÄGELI 1936

Familie Tenthredinidae, Blattwespen

Artenreiche Familie mit sehr verschiedenen Formen. Larven meist 22füßig, an Nadel- und Laubholz.

An Fichte:

Pristiphora abietina Christ, Kleine Fichtenblattwespe (Abb. 143).

♂ 4,5–5 mm, ♀ 5–6 mm, gelbschwarz. Larve fichtennadelgrün, 20füßig, bis 13 mm lang. 4 (♂) und 5 (♀) Stadien mit Kopfkapselbreiten 0,3–0,4; 0,5–0,6; 0,7–0,9; 0,9–1,1; 1,2–1,4 mm. Kokon dunkelbraun, ♂ 5–6, ♀ 6–7 mm lang.

5 − 56,4 / 4 + 45. Wespen schlüpfen aus den im Boden überwinternden Kokons, wenn Bodentemperatur in 5 cm Tiefe die Schwelle von 7–8 °C dauernd übersteigt. Schwärmen setzt bei 10–14 °C Lufttemperatur ein und ist am stärksten bei etwa 20 °C. Schwärmzeit zwischen 10 und 14 Uhr bei Sonnenschein. Lebensdauer der Männchen etwa 9, der Weibchen 12–14 Tage. Häufig Parthenogenesis; dann liefern die nichtbefruchteten Eier nur männliche Tiere. Ein Weibchen legt 40–100 Eier an die Nadeln eben austreibender Maitriebe einzeln in taschenförmige

Schlitze, je Trieb meist nicht mehr als 6, maximal 35 Stück, vorwiegend in den obersten oder freiliegenden Teilen der Krone. Kurze Zeit nach der Eiablage schrumpft und bräunt sich der an der Ablagestelle befindliche Nadelteil („Eischüssel"). L a r v e kommt nach 2–5 Tagen aus, nagt, meist in Mehrzahl, aber jede für sich, an den Nadeln des Maitriebs und frißt sie später bis auf Stümpfe ab (Abb. 204). Fraßmenge einer Larve etwa 65 mg. Larvenentwicklung dauert im Durchschnitt ♂ 14–25, ♀ 16–27 Tage. Ende Mai/Juni geht die Larve in den Boden und überwintert, 2–3 cm tief, in dichtem K o k o n , vorzugsweise in der Streu, auch unter Moosrasen und in der obersten Mineralschicht. P r o n y m p h e mit Puppenaugen ist Mitte November ausgebildet. V e r p u p p u n g im Frühjahr, Puppendauer etwa 14 Tage. G e n e r a t i o n im allgemeinen 1jährig; ein kleiner Teil der Larven kann überliegen, angeblich bis zu 6 Jahren.

An 10–60jährigen, auch älteren Fichten; von hier aus auf Kulturen übergreifend. Warm- und lichtstehende Bäume und Bestandesteile, innerhalb des Bestandes die herrschenden und vorherrschenden Stämme, sonnseitige und windgeschützte Lagen werden bevorzugt; je nach dem Austreiben der Fichten erfolgen Eiablage und Fraß in einem Jahr mehr an Früh-, im andern mehr an Spättreibern. Nadelreste der befressenen Triebe werden rot und fallen im Herbst ab, Triebe entwickeln meist wieder kräftige Knospen. Bei starkem und wiederholtem Fraß sterben Spitzentriebe ab. Dann Verbuschung der Krone (Schopfbildung) und Spießbildung. Massenvermehrungen, durchweg im künstlichen Anbaugebiet der Fichte und in tiefen Lagen, können sich über Jahrzehnte erstrecken, verlagern ihren Schwerpunkt und gehen häufig von jüngeren Altersklassen aus, um dann auf ältere Waldteile überzugreifen. Wenn auch vielfach in Gebieten mit Rauchschaden oder Störungen des Wasserhaushaltes beobachtet, ist ihre Entstehung nicht an eine offensichtliche Schwächung der Bestände gebunden. Der Schaden besteht in Minderung des Zuwachses, besonders des Höhenzuwachses, Wachstumsstörungen, selten Absterben. Bei langandauerndem Fraß wurde Zuwachsverlust von jährlich 10 fm/ha ermittelt (NIECHZIOL 1958).

Diagnose: Charakteristisches Fraßbild: Nadel von der Kante befressen, gegenüberliegende Kante bleibt als schmälerer oder breiterer Faden stehen, vielfach knickt oberhalb gelegener Nadelteil um. Befressene Nadeln werden braun, dazwischen vereinzelte unberührte grüne. Stümpfe bleiben stehen, fallen erst später ab. Nur an Maitrieben, vorzugsweise Terminaltrieben. Grüne Afterraupen.

Prognose: Suche nach Kokons in der Bodenstreu (S. 387), mehrere (je Bestand 8) Suchflächen von 25 × 25 cm² Größe, innerhalb der Kronenprojektion, 1 m vom Stammfuß entfernt. Da Kokons klein und zwischen Moos und Nadeln schwer zu entdecken, wird entnommene Streu im geschlossenen Raum bei gutem Licht auf einem Tisch durchsucht. Anteile der Weibchen und der Überlieger sind durch Institut zu ermitteln. Völliger Verlust der Maitriebe ist zu erwarten, wenn in Kulturen 0,5–2, in 15–25jährigen Stangenhölzern 15–25, in 40–60jährigen Baumhölzern 50–60 Weibchen je 1 m² gefunden werden (OHNSORGE 1957).

Bekämpfung: Sprühen mit gegen Afterraupen anerkannten Mitteln (PVF), namentlich solchen auf Lindan-Basis. Das Insektizid muß in die äußersten Kronenspitzen gelangen, in denen die Larven hauptsächlich fressen. Richtiger Zeitpunkt ist wegen kurzer Larvenzeit und unterschiedlicher Entwicklung schwer zu fassen. Bei Überliegen eines größeren Anteils der Population Wiederholung notwendig. Während einer im Gang befindlichen Massenvermehrung wurde auch nach geglückter Bekämpfung rasches Wiederansteigen der Schädlingszahl beobachtet. Deshalb sind in Dauerschadgebieten langfristig wirksame ökologische Maßnahmen wie Düngung oder Ansiedlung von Ameisen angezeigt; über ihre Problematik gerade auch im Hinblick auf die Kleine Fichtenblattwespe wird später (S. 369, 379) noch etwas zu sagen sein.

Von meist geringer Bedeutung: **Pristiphora ambigua** Fall., Kleinste Fichtenblattwespe. ♀ schwarz, nur 4–4,5 mm. Larve weißgrün mit dunklem Kopf, befrißt Nadeln eben austreibender Knospen, durchbeißt die Triebachse und verspinnt die Nadeln. Trieb bleibt gestaucht, 2–3 cm lang; regelmäßig nur im unteren und mittleren Kronenteil junger Fichten, deshalb ungefährlich. **P. saxeseni** Htg., ♀ bräunlichgelb, 6–8 mm. Larve grün, gestreift; Kopfkapsel mit dunkler Zeichnung; an Maitrieben, vom 3. Stadium ab auch an vorjährigen Nadeln. **Pachynematus scutellatus** Htg., Gestreifte Fichtenblattwespe, Larve hellgrün mit 5 dunklen Längsstreifen, Kopf grün mit schwarzen

Flecken, sowie **P. montanus** Zadd., Fichten-Gebirgsblattwespe, Larve dunkelgrün, Kopf braun: beide fressen ebenfalls zunächst an diesjährigen, dann an älteren Nadeln und zeigen gelegentlich Massenvermehrungen, namentlich im sächsisch-böhmisch-mährischen Raum.

Schrifttum: SCHMUTZENHOFER, H.: Über das Auftreten forstschädlicher Blattwespen in Österreich. 2. Teil: Fichten-Gebirgsblattwespe, *Pachynematus montanus* Zadd. CgF 95, 86–94, 1978.

An Lärche:

Pristiphora erichsonii Htg., Große Lärchenblattwespe. 8,5–9,5 mm lang, Hinterleib größtenteils rot. Larve grau, bis 20 mm. 67 − 68,4 / 45 + 57. Eiablage reihenweise in die Rinde junger Maitriebe, 13–50, insgesamt 50–85 Eier in einem vom Weibchen gesägten Schlitz. Belegter Trieb deformiert und krümmt sich. Eidauer 6–10 Tage. Larve befrißt in Gesellschaft mit anderen die Nadeln der Kurztriebe, bei Nahrungsmangel auch die Langtriebe. Erst Rinnen- und Scharten-, später Totalfraß bis auf die Stummel; einzelne Nadeln bleiben stehen. Fraßzeit 3–4 Wochen. Kokonbildung und Verpuppung in der Bodenstreu nahe dem Stammfuß; Kokon erst grünlich-weiß, dann braun. Liegt zuweilen über. Weibchen überwiegen stark, Fortpflanzung vorwiegend parthenogenetisch. An allen Altersklassen sämtlicher Lärchenarten, vor allem im Seeklima. **P. wesmaeli** Tischb., Wesmaels Blattwespe. 5–6,5 mm lang, gelb. Larve grün mit schwarzen Punkten auf jedem Segment, bis 9 mm. 67 − 68,4 / 45 + 57. Eiablage einzeln in den Basalteil der Nadeln an den Langtriebenden im oberen Kronenteil, meist unter Schonung des Gipfeltriebs. Eizahl 70–90. Eidauer 6–10 Tage. Fraß einzeln, fast ausschließlich an den Nadeln der Langtriebe, von oben nach unten fortschreitend. Fraßzeit 18–24 Tage. Kokonbildung und Verpuppung wie *P. erichsonii*. Hauptsächlich an jungen Lärchen. Sehr ähnlich: **P. glauca** Bens., Larven fressen früher und an den Kurztrieben, sowie **P. pallidula** Knw., Larven zunächst an Lang-, später hauptsächlich an Kurztrieben. **P. laricis** Htg., Kleine schwarze Lärchenblattwespe (Abb. 144). 5–6 mm,

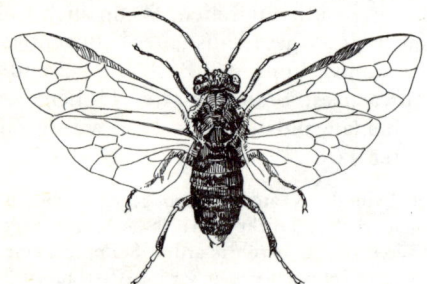 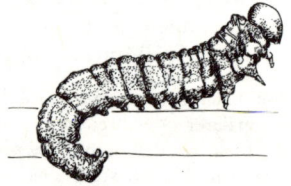

Abb. 144. *Pristiphora laricis*, Weibchen. 3/1. Nach ESCHERICH 1942

Abb. 145. Larve von *Pristiphora laricis*. Nach THIELMANN 1938

schwarz. Larve grün mit hellen Längsstreifen, bis 11 mm (Abb. 145). 56 − 57 / 68 + 79; 78 − 89 / 9,5 + 56. Entwicklung unregelmäßig, Eonymphen können überliegen. Eier werden einzeln in den Rand der Nadeln der Kurztriebe gelegt. Eidauer 7–12 Tage. Fraßzeit 3–4 Wochen. Kurztriebnadeln werden bevorzugt. Puppen liegen in der Streu- und obersten Mineralschicht, meist im Schirmbereich des Stammes. Besonders an jungen Lärchen. Bedeutung der 4 Arten im allgemeinen nicht erheblich; zuweilen aber Massenvermehrung und Totfraß, besonders dort, wo die Lärche nicht heimisch ist, wie im holsteinischen Lärchenaufforstungsgebiet. Für die Kleine Lärchenblattwespe gibt LANGENKAMP 1934 als kritische Kokonzahl 3,5 je 1 m² an; Bekämpfungsmaßnahmen sollen eingeleitet werden, wenn im Frühjahr weniger als 3,5 Kurztriebe je Larve vorhanden sind. Bekämpfung: Sprühen mit gegen Afterraupen zugelassenen Mitteln (PVF).

Seltener sind **Pachynematus imperfectus** Zadd., **P. itoi** Ok. (die Larven dieser Art fressen in Gesellschaften) sowie **Anoplonyx pectoralis** Lep., **A. ovatus** Zadd., **A. duplex** Lep. und **A. destructor** Bens.

Schrifttum: PSCHORN-WALCHER, H., u. ZINNERT, K. D.: Zur Larvalsystematik, Verbreitung und Ökologie der europäischen Lärchen-Blattwespen. ZaE 68, 345–366, 1971.

An Laubholz:

Von den zahlreichen und in der Regel forstlich bedeutungslosen Arten können nur einige häufigere genannt werden.

An Weide und Pappel: **Euura amerinae** L., Weidenmarkblattwespe. Larve lebt in Markröhre von Weidenruten, die z. T. absterben. **E. atra** Jur., Weidenrutenblattwespe, verursacht einseitige Zweiggallen. **E. mucronata** Htg., Weidenknospenblattwespe, in Knospengallen. **Nematus** *(Pteronidea)* **salicis** L., Große Weidenblattwespe, befrißt Blätter der Weide. **Trichiocampus viminalis** Fall., Gelbe Pappelblattwespe, an Blättern von Pappel und Weide. **Messa hortulana** Kl., Larve miniert in Pappelblättern. **Stauronematus** *(Stauronema)* **compressicornis** F. frißt in die Blätter Löcher, die von weißen Schaumfäden umgeben werden.

An Erle: **Eriocampa ovata** L., **Croesus septentrionalis** L., **Hemichroa crocea** Geoffr., **Nematinus abdominalis** Pz. *(fuscipennis* Lep.) und **N. luteus** Pz. an den Blättern.

An Birke: **Heterarthrus** *(Phyllotoma)* **nemoratus** Fall. und **Scolioneura betulae** Zadd. minieren in den Blättern.

An Eiche: **Periclista lineolata** Kl., Larve mit zweispitzigen Dornen („Dornraupe"), sowie **Apethymus braccatus** Gmel. und **A. abdominalis** Lep. befressen Blätter. Die beiden letztgenannten Arten haben in jüngerer Zeit namhafte Fraßschäden in Eichenwäldern Mährens, Kroatiens und Serbiens angerichtet.

An Esche: **Tomostethus nigritus** F., Schwarze Eschenblattwespe, frißt an Blättern.

An verschiedenen Laubhölzern: **Caliroa annulipes** Kl. Larve nacktschneckenartig, mit hellem Schleim überzogen. Skelettiert Blätter von Weide, Eiche, Linde, Birke. Bis 3 Generationen im Jahr. Schädling in Korbweidenkulturen.

Schrifttum: ALTENHOFER, E.: Zur Biologie der in Baumblättern minierenden Blattwespen (Hym., Tenthred.). ZaE 89, 122–134, 1980. — FRANKENHUYZEN, A. v.: *Messa hortulana* (Klug.) (Hymen., Tenthredinidae) als Pappelschädlinge in den Niederlanden. AS 47, 71–73, 1974. — KŘÍSTEK, J.: Die Blattwespen *Euura laeta* und *Euura mucronata* in den Korbweidenanlagen Mährens. Acta Sc. Nat. Brno 6 (4), 1–96, 1972.

Familie Cimbicidae, Knopfhornblattwespen

Wespen groß, lebhaft gefärbt, Fühler mit Keule oder Knopf. Larven 22füßig, meist grün, fressen an Blättern.

Imago ringelt junge Zweige von Birke, Buche, Hainbuche, Esche, Pappel, um ausfließenden Saft zu lecken. Die 1 mm breite Ringelwunde überwallt von den Rändern; belanglos (Abb. 146). Flugzeit Mai/ Juni. Fortpflanzung häufig parthenogenetisch. Eiablage einzeln oder zu mehreren in Eitaschen an Blattrand oder Unterseite. Larven fressen Juli/August, vorwiegend nachts, auf dem Blattrand reitend; am Tage zusammengerollt auf der Blattunterseite. Schaden gering. Verpuppung im Kokon an Ästen oder in der Bodendecke. Generation ein- oder zweijährig. **Cimbex femorata** L., Große Birkenblattwespe, Larve mit schwarzem Rückenstreifen; **Trichiosoma lucorum** L., Pelzblattwespe, Larve ohne Rückenstreifen, an Birke. **Cimbex fagi** Zadd. an Buche, **C. connata** Schrk. an Erle, **C. lutea** L. und **Pseudoclavellaria amerinae** L. an Pappeln und Weiden.

Familie Siricidae, Holzwespen

Groß, langgestreckt, Körper drehrund, Legebohrer des Weibchens weit vorragend (Abb. 147). Geschlechter meist auffällig verschieden gefärbt. Männchen kleiner. Larve weißlich ohne Bauchfüße, mit schwachen Brustfüßen, deutlichem Kopf und meist verkümmerten Fühlern; Hinterleib in Dorn auslaufend (Abb. 148); lebt im Innern des Holzkörpers. Puppe meist ohne Kokon.

Abb. 146. Rindenringelung durch *Cimbex*. 1/1

Im Juni bis September sticht das Weibchen mit langem Legebohrer durch die Rinde in den Splint eines, in der Regel dickeren Stammes, mit jedem Stich, der meist einige Minuten dauert, 1–8 Eier in das Holz legend. Gesamte Eiablage 250 bis 350 Stück. Ausgekommene Larve frißt im Holz einen immer weiter werdenden, zylindrischen, bogenförmigen, bis 20 cm langen Gang, der mit Fraßmehl fest verstopft wird. Lebt (mit Ausnahme der Gattung *Xeris*) in Symbiose mit holzzerstörenden Hymenomyceten. Puppenlager am Ende des Ganges, meist dicht unter der Oberfläche. Wespe nagt sich durch ein kreisrundes Loch nach außen. Larvenentwicklung dauert je nach

Temperatur und Saftgehalt des Holzes verschieden lang, daher auch Generations-dauer verschieden, mindestens 1jährig, meist 2- bis 4jährig.

Wespen gehen an kränkelnde, stehende oder gefällte, aber noch saftreiche Stämme, niemals an trockenes oder zersetztes Holz. Eiablage gern an verletzten Stellen, z. B. an Schälwunden. Schaden ausschließlich technisch. Erkennung schwer, selbst beim Aufschneiden der Stämme, da Gänge dicht mit gleichfarbigem Bohrmehl verstopft sind. Häufig kommen entwickelte Wespen erst nach Verarbeitung des Holzes, etwa in Neubauten, zutage und können sich dann durch Verputz, Linoleum und sogar Bleiplatten durchnagen. Neubefall durch Eiablage der ausgekommenen Wespen in solchen Fällen nicht zu erwarten, da Holz inzwischen zu sehr ausgetrocknet.

In Nadelholz: **Urocerus gigas** L., Riesenholzwespe (Abb. 147). ♂ 12–30, ♀ 15–40 mm lang. Abdomen ♂ rot mit schwarzer Basis und Spitze, ♀ gelb, mittlere Ringe schwarz. In Fichte, Tanne,

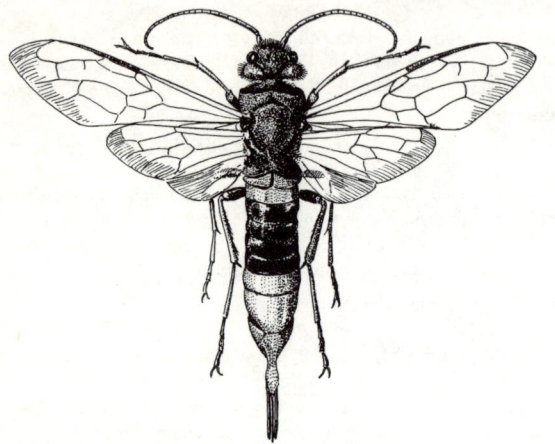

Abb. 147. *Urocerus gigas*, Weibchen. 3/2

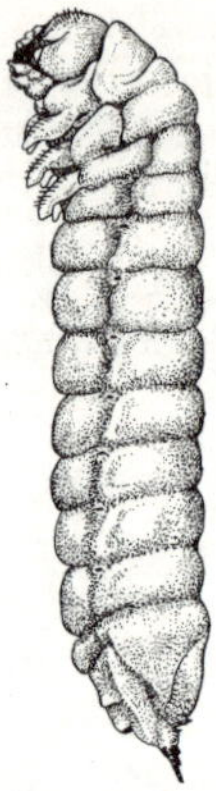

Abb. 148 Larve
von *Sirex juvencus*

Kiefer, Lärche. Dieser ähnlich: **U. augur** Kl. in Tanne, **U. fantoma** F. in Fichte, Tanne, Kiefer, Lärche. **Sirex juvencus** L., ♂ 12–30, ♀ 18–30 mm lang. ♂ Abdomen hellrotgelb, Basis und Spitze schwarz-braun, ♀ blauschwarz. An Fichte, Tanne, Kiefer. Hatte in Nordwestdeutschland in den trockenheißen Jahren 1947 und 1959 einjährige Generationsdauer. **S. noctilio** F., ähnlich in Aussehen und Fraßge-wohnheiten. **S. cyaneus** F., aus Nordamerika nach Europa verschleppt. **Xeris spectrum** L., ♂ und ♀ 15–30 mm lang, Legebohrer länger als Hinterleib. Schwarzbraun. Vorwiegend in Kiefernstöcken, auch in Fichte und Tanne. Nicht aus verbautem Holz bekannt.

In Laubholz, ohne nennenswerte Bedeutung: **Tremex fuscicornis** F. und **T. magus** F. Ferner hier zu nennen die ähnlich lebenden, einer eigenen Familie Xiphydriidae angehörenden **Xiphydria prolongata** Geoffr., **X. longicollis** Geoffr., **X. camelus** L., sämtlich in anbrüchigem Holz.

Gegenmaßnahme: Abfahren des eingeschlagenen Holzes vor der Flugzeit der Wespen.

Schrifttum: EICHHORN, O.: Siricoidea, Holzwespen. FE IV, im Druck.

Unterordnung Terebrantia

Wespe mit tiefer Einschnürung zwischen Brust und Hinterleib (Wespentaille) und mit Legeröhre. Larven meist entoparasitisch in Pflanzenteilen (Gall- und Erzwespen) und Insekten (Schlupfwespen im weiteren Sinne).

Familie Cynipidae, Gallwespen

Klein, mit seitlich zusammengedrücktem, gestieltem, kurzem Abdomen, über das die Flügel weit hinausragen. Legebohrer nicht vorstehend. Eier gestielt, Eizahl groß, bis 1000. Larve mit undeutlichem Kopf, fußlos. Meist Insektenparasiten; bekannter sind die phytophagen Arten, die hier allein besprochen werden sollen.

Eiablage an oder in Pflanzenteile, welche auf den Reiz, der von dem sich entwickelnden Ei und der Larve ausgeht, mit Wucherungen reagieren und eine G a l l e erzeugen, in der sich die Larve aufhält. Die Pflanzensubstanz bildet zunächst um die Larve eine zartwandige, an Eiweiß, Zucker und Öl reiche Nährschicht, um diese herum eine aus harten Sklerenchymzellen bestehende Schutzschicht. Beide formen, oft deutlich nach außen getrennt, die Innengalle, die von der gerbstoffreichen Außenschicht umhüllt wird.

Vielfach Heterogonie, d. h. Wechsel von gamogenetischen und parthenogenetischen Generationen. Die parthenogenetische Generation kann bei einzelnen Arten allein übrig bleiben. Der Generationszyklus dauert für die Arten mit Heterogonie 1 oder 2 Jahre, dann entfallen 3–4 Monate auf die gamogenetische, der Rest auf die parthenogenetische Generation. Die rein parthenogenetischen Arten haben 1jährige Generationsdauer.

Mit vereinzelten Ausnahmen (Rose, Ahorn und verschiedene Stauden) wird nur die E i c h e von Gallwespen heimgesucht. Gallen kommen an Blättern, Blüten, Früchten, Stengeln und Wurzeln vor. Die gleiche Art kann in ihren verschiedenen Generationen verschiedenartige Gallen erzeugen. Forstlich unbedeutend.

Die bekanntesten Eichengallen werden nachstehend angeführt, ohne daß dabei auf die Lebensweise der Wespen eingegangen werden kann. pG bedeutet parthenogenetische Generation des heterogenetischen Zyklus, d. h. die betreffende Galle liefert das parthenogenetische Weibchen, ist aber selbst durch die Eiablage eines gamogenetisch begatteten Weibchens entstanden. gG bedeutet umgekehrt die gamogenetische Generation des gleichen Zyklus.

Cynips quercusfolii L., pG erzeugt bekannteste Eichengalle: große, gelbe, rotbackige Kugel (Gallapfel) auf der Unterseite der Blätter. gG liefert im Frühjahr 4 mm lange dunkelviolette Knospengalle. **Neuroterus quercus-baccarum** L. erzeugt in pG oft massenhaft flach linsenförmige, gelbweiße Gallen mit zentralem, rötlichem Buckel auf Blättern. gG etwa 5 mm große, kugelige, saftige, lauchgrüne Blattgallen. Ähnliche Linsengallen werden von **Neuroterus numismalis** Ol., **N. laeviusculus** Schk. und **N. tricolor** (*fumipennis*) Htg. verursacht. **Trigonaspis megaptera** Pz., pG kleine, nierenförmige Gallen, oft reihenweise an den Rippen der Blattunterseite. gG erzeugt Gallen an den Stockausschlägen, Wurzeln, erbsen- bis kirschartig. **Biorrhiza pallida** Ol., pG traubige Galle an Wurzel. Galle der gG entsteht aus einer Endknospe, mehrkammerig, oft sehr groß, „Kartoffelgalle". **Andricus testaceipes** Htg., pG dicht gehäuft in der Nähe des Wurzelhalses. gG längliche Anschwellungen der Blattstiele und -rippen. **A. inflator** Htg., pG grüne kugelige Knospengalle von Erbsengröße. gG ebenfalls Knospengalle mit kohlrübenähnlichen Triebmißbildungen. **A. foecundatrix** Htg., pG ähnlich Hopfenfrucht („Eichenrose"), gG an männlichen Blütenständen. **A. curvator** Htg., pG Knospengalle. gG knollige, unregelmäßige Verdickungen und Krümmungen des Blattes. **A. quercuscalicis** Burgsd., Knopperngallwespe, erzeugt in gG Fruchtgallen, „Knoppern", deren starker Gerbstoffgehalt genutzt werden kann.

Schrifttum: Gauss, R.: Zur Massenvermehrung der Knopperngallwespe *Andricus quercuscalicis* Burgsd. im Jahre 1974 im Forstamt Stuttgart. ZaE 82, 277–284, 1976/77.

Überfamilie Chalcidoidea, Erzwespen

Winzige bis kleine Tiere, höchstens wenige Millimeter lang. Wespen metallisch, meist heller oder dunkler grün; Fühler gekniet, Vorderflügel mit nur 1 Nerv. Sehr artenreiche Familie. Larven leben in Pflanzenteilen oder schmarotzen in Insekten.

Von den Pflanzenbewohnern ist die Gattung **Megastigmus** Dalm. zu nennen, deren Arten z. T. in Samen, namentlich von Nadelhölzern leben. Flugzeit März bis August, Eiablage in befruchtete Blüten oder junge Zapfen. Larve verzehrt Sameninhalt, verpuppt sich in der Samenschale nach 1- oder 2maliger Überwinterung im Frühjahr. Puppenruhe etwa 3 Wochen. Wespe nagt sich durch kreisrundes Loch nach außen (Abb. 149).

Abb. 149. Douglasiensamen mit Schlüpflöchern von *Megastigmus spermotrophus*

Megastigmus strobilobius Ratz. in Fichte; **M. suspectus** Borries in Tanne; **M. pictus** Först. (*seitneri* Hoffm.) in Lärche; **M. zwölferi** Sch.-Im. in Strobe; **M. spermotrophus** Wachtl in Douglasie. Die letztgenannte Art ist sehr schädlich, da sie häufig nahezu die gesamte Samenernte vernichtet.

Bekämpfung (bei *M. spermotrophus*): Sprühen der Baumkronen, wenn Zapfen in Hängestadium eingetreten sind, mit Metasystox R oder Dimethoat-Präparaten, 1 % (HEDLIN 1960). Entwesung von verseuchtem Saatgut durch Begasen mit Blausäure (RICHARDSON-ROTH 1968) oder durch 8stündiges Erhitzen auf 55 °C mit sofort anschließendem Abkühlen; tötet die Larve, ohne den Samen zu schädigen. Der befallene Same ist natürlich nicht zu retten; deshalb Entwesung nur dort sinnvoll, wo Infektion benachbarter Bestände durch lagerndes oder ausgebrachtes Saatgut zu befürchten ist.

Schrifttum: SCHWENKE, W.: Chalcidoidea. FE IV, im Druck. — SKRZYPCZYŃSKA, M.: *Megastigmus suspectus* Borries, 1895 (Hymenoptera, Torymidae), its morphology, biology and economic significance. ZaE 85, 204–215, 1978.

Aus der großen Zahl der entomophagen Erzwespen seien genannt:

Die Gattung **Trichogramma** Westw. enthält mehrere Arten und eine Reihe allein durch ihr Verhalten unterschiedener biologischer Rassen, deren Angehörige darin übereinstimmen, daß sie winzig klein, die Wespen 0,3–0,9 mm lang sind und sich polyphag in Eiern anderer Insekten, hauptsächlich von Lepidopteren, entwickeln. Eier werden meist zu mehreren in das Wirtsei abgelegt. Durchschnittlich etwa 35 Eier je Weibchen, aber sehr wechselnd entsprechend seiner Größe, die wiederum von der Größe des Wirtseis, in dem es sich entwickelte, und der Zahl der in diesem gleichzeitig heranwachsenden Individuen abhängt. Entwicklungsdauer von Ei bis Imago im Sommer 3–4 Wochen. Mehrere Generationen im Jahr. Befallene Wirtseier werden schwarz. Parasitierung kann einen sehr hohen Prozentsatz, z. B. mehr als 90 % der Eier des Kiefernspanners erfassen; somit sehr wichtig zur Erhaltung oder Wiederherstellung des ökologischen Gleichgewichts.

Im Walde hauptsächlich **T. embryophagum** Htg., hellgelb, in Schmetterlings- und Blattwespeneiern; vornehmlich im Feld, aber gelegentlich mit jener gemeinsam im Wald **T. evanescens** Westw., dunkler, bis schwarzbraun. Daneben bisher nur aus je einem Wirt in Gebirgswäldern festgestellt: **T. cephalciae** Hochm.-Mart. aus Fichtengespinstblattwespe und **T. minutum** Ril. aus Tannentriebwickler.

Achrysocharella ruforum Kr., ebenfalls winzig, in Eiern von *Diprion*, an deren Dorsalwand bei fortschreitender Entwicklung der Parasitenlarve ein schwarzglänzender, breiter Streifen entsteht. Überaus wichtiger Parasit der Kiefernbuschhornblattwespe, der wiederholt entscheidend zur Beendigung ihrer Massenvermehrungen beitrug. **Erdoesina alboannulata** Rtzb. in *Bupalus piniarius, Panolis flammea, Hyloicus pinastri*. Eiablage in die Puppe. Entwicklungsdauer von Ei bis Imago in Zwingerzuchten je nach Temperatur 20–40 Tage. Mehrere Generationen möglich. Aus einer Wirtspuppe schlüpfen 20–70 Wespen, überwiegend Weibchen. Kann auch Hyperparasit sein. **Monodontomerus dentipes** Dalm. und **Dahlbominus fuscipennis** Zett. (*fuliginosus* Nees) sind Kokonparasiten der Kiefernbuschhornblattwespe. **Tomicobia seitneri** R. in *Ips typographus*. **Rhopalicus tutela** Walk. und **Roptrocerus** (*Pachyceras*) **xylophagorum** Ratz., Ektoparasiten an Larven von *Ips typographus* und anderen Borkenkäfern.

Schrifttum: BENDEL-JANSSEN, M.: Zur Biologie, Ökologie und Ethologie der Chalcidoidea (Hym.). MBBA 176, 1977. — EICHHORN, O., a. PSCHORN-WALCHER, H.: Studies on the biology und ecology of the egg-parasites (Hym.: Chalcidoidea) of the pine sawfly *Diprion pini* (L.) (Hym.: Diprionidae) in Central Europe. ZaE 80, 355–381, 1976. — KURIR, A.: Die Rolle der oophagen Erzwespe *Achrysocharella ruforum* Krausse (Eulophidae, Hymenoptera) in der biologischen Regelung der Blassen Kiefernbuschhornblattwespe *Diprion pallidum* Klug (Diprionidae, Hymenoptera). ZaE 83, 398–406, 1977. — PSCHORN-WALCHER, H., u. EICHHORN, O.: Untersuchungen über die Eiparasiten (Hym.: Chalcidoidea) der rotgelben Kiefern-Buschhornblattwespe *Neodiprion sertifer* Geoff. (Hym.: Diprionidae). AS 44, 97–103, 1971.

Familie Proctotrupidae, Zwergwespen

Ebenfalls winzig klein, reduziertes Flügelgeäder, meist schwarz oder braun, nicht metallisch. Arten der Gattung **Teleas** Kieff. in Eiern von Blattwespen, Borkenkäfern und Pflanzensaugern, der Gattung **Telenomus** Hal. in Eiern von Schmetterlingen, u. a. Kiefernspinner, Forleule und Kiefernspanner.

Schrifttum: NEF, L.: Étude écologique de *Telenomus nitidulus*, parasite des oeufs de *Stilpnotia (Leucoma) salicis*. ZPK 83, 109–119, 1976.

Familie Braconidae, Brackwespen

Meist kleine Arten mit reicher entwickeltem Flügelgeäder, schwarz, braun oder braungelb. Die Larven der Gattung **Apanteles** Först. schmarotzen in Schmetterlingsraupen, bohren sich vor der Verpuppung nach außen und spinnen sich, häufig in großer Zahl, am sterbenden Wirt in Kokons ein (Raupeneier). **A. ordinarius** Ratz. in Kiefernspinner (Abb. 150); **A. solitarius** Ratz. einzeln u. a. in Frostspanner und Nonne. 2 Generationen.

Meteorus versicolor Wesm. lebt als Larve in Raupen u. a. von Forleule, Goldafter, Kiefernspinner und Eichenprozessionsspinner; verpuppt sich in einzeln an Spinnfäden hängenden Kokons (Abb. 151); doppelte Generation. **M. albiditarsis** Curt., Raupenparasit in *Panolis flammea* und *Diprion pini*. Larve verläßt den Wirt kurz vor dessen Verpuppung und verpuppt sich in gelbem, wolligem Kokon in der Streu. **Microplitis decipiens** Prell, Jungraupenparasit in *P. flammea*; grüner, gerstenkornförmiger Kokon. **Orgilus obscurator** Nees., Raupenparasit in *Rhyacionia buoliana*

Familie Evaniidae, Hungerwespen

Arten der Gattung **Aulacus** Jur. sind Parasiten in Bockkäfer- und Holzwespenlarven. Nicht häufig und daher ohne große Bedeutung.

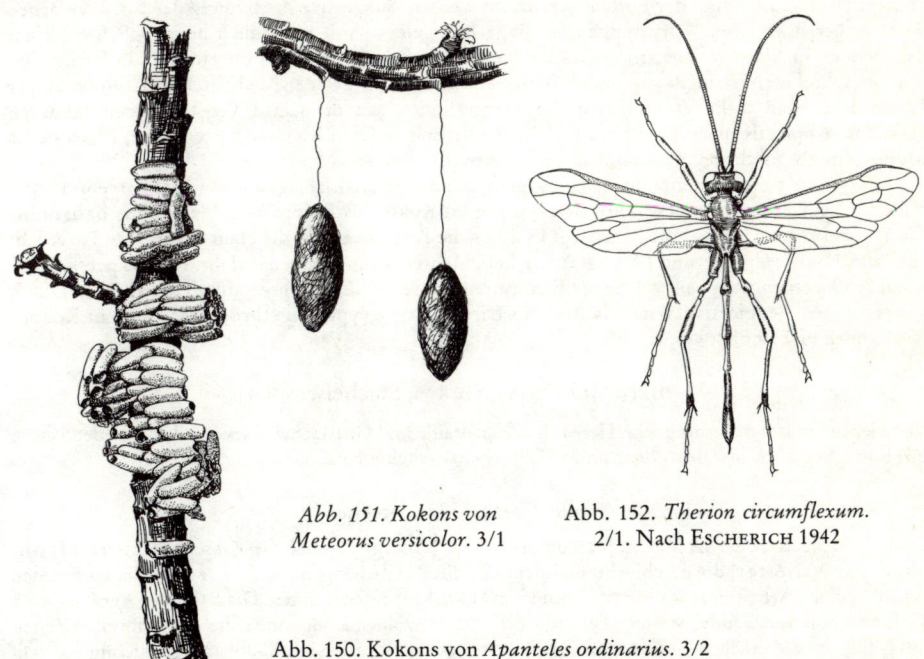

Abb. 151. Kokons von Meteorus versicolor. 3/1

Abb. 152. *Therion circumflexum.* 2/1. Nach Escherich 1942

Abb. 150. Kokons von *Apanteles ordinarius*. 3/2

Familie Ichneumonidae, Schlupfwespen im engeren Sinne

Sehr artenreiche Familie. Meist größer, Wespen mit reich geäderten Flügeln und borsten- oder fadenförmigen Fühlern, häufig lebhaft gefärbt. Larve weiß, fußlos, stets mit Kopfteil, der Oberkiefer trägt. Entwickeln sich im Innern von oder außen an Insekten. Meist oligophag oder polyphag.

Die Wespen nähren sich von tierischen und pflanzlichen Säften und Honigtau. Eiablage in oder an den Wirtskörper. Larve verzehrt die Körpersäfte und Gewebe des Wirts, der zur Verpuppung gewöhnlich verlassen wird; Wirtstier stirbt ab, besteht vielfach nur mehr aus der leeren Haut. Generation ein- oder mehrfach. Wichtige Gegenspieler vieler forstschädlicher Insekten.

Aus der sehr großen Zahl der Arten kann nur eine beschränkte Auswahl genannt werden.

In Coleopteren: **Dolichomitus messor** Grav. in *Saperda populnea*. **D. tuberculatus** Four. in *Hylobius abietis* und verschiedenen Bockkäfern. **Ischnoceros caligulatus** Grav. in *Saperda carcharias*. **Pimpla manifestator** L. in *Cerambyx cerdo* und anderen Bockkäfern.

In Lepidopteren: Reine Raupenparasiten, die ihre Entwicklung in der Raupe vollenden: **Banchus femoralis** Thoms., in *Panolis flammea*. 56 − 67,4 / 5 + 56. Lebensdauer der Wespen 4–6 Wochen. Eiablage in Raupen vornehmlich des 3. und 4. Stadiums. Larve verläßt nach beendeter Entwicklung die absterbende Raupe und spinnt sich in der Bodendecke in schwarzen, spindelförmigen Kokon ein. **Enicospilus ramidulus** L., ebenfalls in der Forleule. Lebensweise sehr ähnlich wie bei der vorigen Art. Kokon in Bodendecke sieht wie solcher von *Diprion* aus, hat aber in der Mitte eine ringförmige hellere Zone und unter der äußeren Gespinstschicht eine metallisch schimmernde Innenschicht. Raupenparasiten, die in die Wirtspuppe übernommen werden: **Anomalon biguttatum** Grav. in Kiefernspanner und Forleule; Wespe schlüpft Juli/August. **Heteropelma calcator** Wesm. in den gleichen Wirten, Flugzeit Juni. **Therion circumflexum** L. (Abb. 152), in Forleule und Kiefernspinner; als Schlüpfzeit wurde Mai/Juni beobachtet. Reine Puppenparasiten, die ihre ganze Entwicklung in der Wirtspuppe vollenden: **Coccygomimus turionellae** L. in Kiefernknospentriebwickler und zahlreichen anderen Lepidopteren. **Cratichneumon nigritarius** Grav., u. a. im Kiefernspanner. Lebensdauer der Wespen im Mai/Juni rund 30 (♂) und 50 (♀) Tage. Präimaginalentwicklung dauert bei 21 °C durchschnittlich 26 Tage. Mehrere Generationen im Jahr, die je nach Vorhandensein der Wirte in der Puppe des Kiefernspanners, anderer Spannerarten und der Forleule verbracht werden. Sukzessive Ausbildung der Eier. Weibchen sucht in der Bodenstreu Wirtspuppen, in die je 1 Ei gelegt wird. Kann auch bei ziemlich niedriger Temperatur Eiablage vollziehen; die in der Puppe von *Bupalus piniarius* überwinternde Generation wird im Oktober/November gegründet. Wespe erscheint in der zweiten Maihälfte. Wird infolge langer Lebensdauer und Sichüberschneidens der Generationen fast die ganze Vegetationszeit hindurch gefunden. **Itoplectis maculator** F. in Eichenwickler und anderen Kleinschmetterlingen. **Phaeogenes invisor** Thunb. anscheinend monophag im Eichenwickler.

In Hymenopteren: **Exenterus marginatorius** F. an *Diprion*. Eiablage an das letzte Larvenstadium, kurz vor dem Einspinnen. Verzehrt die Nymphe im Kokon als Ektoparasit. **Pleolophus basizonius** Grav. ebenfalls an *Diprion*. Weibchen legt Ei durch die Kokonwand an die Haut des Wirtes; Larve lebt ektoparasitisch und ist in rund 1 Monat entwickelt. Mehrere Generationen im Jahr. **Rhyssa persuasoria** L. an Holzwespenlarven, an welche die Eier mittels des langen Legebohrers durch das Holz hindurch gelegt werden. **Scopiorus flavicauda** Rom. in Larven, **Stylocryptus erythrogaster** Grav. in Kokons der Kleinen Fichtenblattwespe.

Unterordnung Aculeata, Stachelwespen

Vorwiegend mittelgroße bis große Tiere mit Wespentaille und Giftstachel. Larve fußlos, von den Eltern mit Futter versorgt. Mit Brutpflege und z. T. hochentwickeltem Staatsleben.

Familie Formicidae, Ameisen

Gesellig in Staaten oder Kolonien. Man unterscheidet Königin (weibliches Geschlechtstier), Männchen und Arbeiter, die geschlechtlich unentwickelte Weibchen sind und in verschiedenen Formen (kleinköpfige „Arbeiter", großköpfige „Soldaten" usw.) auftreten können. Die Staaten werden durch Teilung schon bestehender Staaten gegründet oder von einzelnen Königinnen, die zu bestimmten Zeiten mit geflügelten Männchen zum Hochzeitsflug den alten Stock verlassen. Häufig mehrere Königinnen in einem Bau. Hinsichtlich der Bauten gibt es sämtliche Übergänge vom einfachen, unter einem Stein angelegten Erdnest bis zum kombinierten Nest, dem typischen Ameisenhaufen, das teils unterirdisch, teils oberirdisch errichtet ist, oder zum oberirdischen Holznest. Vom Nest führen offene oder verdeckte Straßen zum Tochternest und zu den Jagd- und Fraßgebieten (Abb. 153). Nahrung sind meist tierische Substanzen und Blattlaushonig. Um diesen zu erhalten, suchen die Ameisen Blattlauskolonien auf und veranlassen die Läuse durch Betrommeln mit den Fühlern zur Honig- (Kot-) Abgabe. Das Verhältnis zwischen Ameise und Laus kann sehr eng werden. Verschiedene Ameisenarten können zueinander in ein Herr-Sklave-Verhältnis treten. Ökologische Verhältnisse kompliziert und interessant.

Forstliche Bedeutung besitzen im wesentlichen 4 Arten, von denen je zwei sich als Nützlinge bzw. Schädlinge betätigen. Nützlich sind:

Formica rufa L., Rote Waldameise, und **F. polyctena** Först., Kahlrückige Waldameise. Beide Arten ähneln einander sehr. Die Arbeiterinnen der zweiten zeigen, wenn man die Oberseite des ersten Brustabschnitts gegen hellen Hintergrund als Silhouette betrachtet, keine bis höchstens 3 Borsten, die der ersten dagegen viele Borsten. Beide bauen die bekannten großen Nesthügel aus Nadeln und anderem Material; deren Mittelpunkt bildet fast stets ein mit Gängen durchnagter Stubben. Die Nester sind am besonnten Standort flacher, am schattigen höher. Die von ihnen ausgehenden Straßen sind bei der ersten Art meist breit, nicht scharf begrenzt und nicht in den Boden eingeschnitten, bei der zweiten manchmal nur 10–20 cm breit mit deutlicher Begrenzung und sich im Boden abzeichnend (Abb. 153). Der forstpathologisch wichtigste Unterschied besteht darin, daß die Völker von *F. rufa* nur eine Königin oder auch mehrere Königinnen besitzen (meist monogyn, teilweise polygyn sind), während die Nester von *F. polyctena* überwiegend zahlreiche, in der Regel mehrere hundert, zuweilen mehr als tausend Königinnen aufweisen. Infolgedessen sind die Nester von *F. polyctena* individuenreicher, sie erreichen Höhen bis 2 m, Durchmesser bis 5 m und enthalten 500 000 bis 2 Millionen Arbeiterinnen; Bildung von Zweignestern ist häufig, es entstehen Kolonien, die aus 10 und mehr nahe beieinanderliegenden Einzelnestern zusammengesetzt sein können. Hochzeitsflug Ende April bis Anfang Juni. Junge Königinnen werden von königinnenreichen Völkern aufgenommen und ersetzen die verbrauchten, 10–20 Jahre alt werdenden Geschlechtstiere; damit ist ein potentiell unbegrenztes Fortbestehen des Volks gewährleistet. Vermehrung der Völker geschieht anscheinend nur durch Ableger.

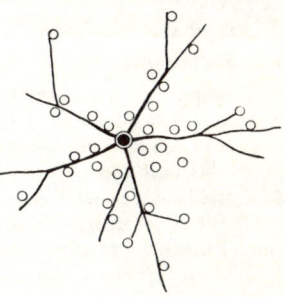

Abb. 153. Nest von *Formica polyctena* mit Straßensystem. Die offenen Kreise deuten belaufene Bäume an. Nach WELLENSTEIN 1965 aus SCHWERDTFEGER 1968

Der Nutzen der Waldameisen besteht im Vertilgen von Schadinsekten. Beutetiere, die in allen Schichten des Waldbestandes von der Bodenoberfläche bis zu den äußersten Spitzen der Kronen erjagt werden, sind vor allem lebhaft bewegliche Stadien, Raupen und Larven von Blattwespen, auch Falter, Schlupfwespen usw., weniger hartgepanzerte Käfer und Raupen mit langem, dichtem Haarkleid. Die Jagdtätigkeit folgt einem Tagesrhythmus mit Kulmination am Nachmittag; sie verlangt Temperaturen über 9 °C, ist an warmen Tagen lebhaft und hört auch in warmen Nächten nicht auf, verläuft an kalten Tagen aber sehr gehemmt.

Bei einer Massenvermehrung der Forleule konnte in nächster Nähe der Nesthügel stark verminderte Eiablage festgestellt werden, offenbar infolge Störung der weiblichen Falter. In den ersten 3 Wochen der Fraßzeit wurden von den Bewohnern eines mittelgroßen Nestes etwa 112 000 Forleulenraupen erbeutet (BEHRNDT 1933). Von der Gesamtbeute machten Forstschädlinge 90 %, nützliche Tiere 7 % und belanglose 3 % aus. GÖSSWALD 1940 beobachtete, daß bei einer Gradation von *Diprion pini* die Bestände im Umkreis von *Formica*-Kolonien grün blieben; die Tagesbeute eines Nestes wurde auf mindestens 20 000 erwachsene *Diprion*-Larven geschätzt. Nach OTTO 1967 konnten Waldameisen anläßlich einer Übervermehrung der Kiefernbuschhornblattwespe bei einer (sehr hohen) Nestdichte von 8,5 Haufen je 1 ha Fraßschaden verhindern; sie erbeuteten vor allem Altlarven und Imagines, 59 % der Weibchen vor der Eiablage. Eine deutliche und starke Zunahme der Besatzdichte mit wachsender Entfernung vom Ameisennest fanden BRUNS 1958 bei *Pristiphora abietina* und WELLENSTEIN 1954, 1957 bei Blattwespen, Schmetterlingsraupen und anderen Insekten (Abb. 219).

Infolge des begrenzten Jagdgebietes der Ameisen kann von einem Volk nur eine relativ kleine Fläche schädlingsarm gehalten werden, die je nach Größe des Nestes einer Kreisfläche von wenigen bis 30 m Radius entspricht. Auch wenn die Nester sich kolonieweise häufen, stellt sich regelmäßig das Ergebnis der Ameisentätigkeit in einem Massenfraßgebiet, weil Kolonien nur hier und dort vorhanden sind, in Gestalt weniger grüngebliebener Inseln im Kahlfraßmeer dar. So erfreulich diese grünen Inseln sind, so gering ist im allgemeinen ihre praktische Bedeutung. Um die offensichtlich nutzbringende Tätigkeit der Ameisen zu intensivieren und auf ein wirtschaftlich belangvolles Maß zu bringen, wird außer dem Schutz der bestehenden Kolonien ihre künstliche Vermehrung empfohlen mit dem Ziel, schädlingsgefährdete Bestände mit einem einigermaßen gleichmäßigen Netz von Nestern zu überziehen (S. 378). Dafür kommt in erster Linie die eine hohe Vermehrungsfähigkeit aufweisende Art *Formica polyctena* in Betracht.

Als andere nützliche, in der Regel nur lokal begrenzt wirkende Arten sind zu nennen: **Formica lugubris** Zett., monogyn und polygyn, im Alpengebiet und südlichen Schwarzwald; **F. pratensis** Retz., ebenfalls mono- bis polygyn, vorzugsweise im offenen Gelände; **F. fusca** L. in Erdnestern an Wegen und Bestandsrändern.

Schädlich sind

Camponotus herculaneus L. und **C. ligniperda** Latr., Roßameisen, zwei einander sehr ähnliche Arten (die erste dunkler und dichter behaart als die zweite). Größte europäische Ameisen, Arbeiterinnen bis 14 mm lang. Sie benutzen Stöcke und lebende Stämme zum Bau ihrer Nester, indem sie im Innern bei morschem Holz unregelmäßige Gänge und Kammern nagen, in gesundem Holz durch Ausfressen des weichen Frühjahrsholzes und Stehenlassen des harten Herbstholzes Hohlraumsysteme in Gestalt konzentrisch ineinander steckender Zylinder schaffen. Dringen durch Wunden, besonders durch Rückebeschädigungen, in den Stamm ein, gehen von diesem aber auch über das Wurzelwerk in benachbarte Stämme. *C. ligniperda* bleibt im gemischten Erd-Holz-Nest vorwiegend im Wurzelbereich und untersten Teil des Stammes, die Nester von *C. herculeanus* finden sich fast ausschließlich im Stamm, bis zu 10 m Höhe; diese ist deshalb die schädlichere Art. Fast ausschließlich im Kernholz; Splint wird kaum angegriffen, so daß der Baum lebensfähig bleibt. Weiße Nagespäne werden unten ausgeworfen. Dadurch sowie durch tiefgehende Schwarzspechtlöcher verrät sich ihre Anwesenheit im stehenden Stamm. Ernährung fast ausschließlich durch Blattlaushonig. Besonders an Fichte und Tanne, ferner in Kiefer, selten in Laubholz. Schaden technisch, meist vereinzelt; an Stellen, wo sich Rückeschäden, Rindenbrand oder sonstige Verletzungen häufen, auch massiert und dann bedeutsame Folgeschädlinge. Beißen zuweilen Eichentriebe an, so daß sie umknicken, um den austretenden Saft zu lecken. Bekämpfung durch Einführen eines Insektizids in die Eingangslöcher, durch Fällen der besetzten Stämme und baldige Abfuhr, da Ameisen auch in gefällten Stämmen weiterarbeiten. Befallene Baumstümpfe werden ausgangs des Winters mit einem Insektizid behandelt, um ein Ausschwärmen der überwinternden Geschlechtstiere im Frühjahr zu verhindern.

Durch den Schutz, den sie Baumläusen angedeihen lassen, können auch die nützlichen Waldameisen über deren Vermehrung indirekten Schaden anrichten, der allerdings im Walde meist belanglos zu sein scheint.

Schrifttum: DUMPERT, K.: Das Sozialleben der Ameisen. Berlin-Hamburg 1977. — NIEMEYER, H.: Zur Artansprache von *Formica polyctena* (Foerst.) und *Formica rufa* (L.) in der Praxis der Ameisenhege. ZPK 83, 120–130, 1976. — SCHULTZE, G.: Über den Einfluß einiger Standortfaktoren auf Bauweise und Entwicklung der Nester von *Formica polyctena*. AF 24, 586–592, 1969. — Der Einfluß des Standorts auf die Entwicklung der Nester von *Formica polyctena* Foerst. im Ameisenversuchsgebiet Kleve. AF 26, 738–748, 1971.

Familie Vespidae, Faltenwespen

Mittelgroße bis große, meist schwarz-gelb gezeichnete, brutpflegende oder sozial lebende Tiere. **Vespa crabro** L., Hornisse. 24–32 mm, braun, Hinterleib mit rotgelben Binden. Kartonnester bis reichlich Kopfgröße werden in Gebäuden und hohlen Bäumen angelegt. In der Nachbarschaft der Nester gelegentlich erhebliche Beschädigung durch Schälen von Bäumen, meist an schwächeren Stämmchen und Zweigen, teils des Saftes wegen, teils zur Gewinnung von Nestbaustoff. Gegenmaßnahme: Bestäuben oder Besprühen der Nester und ihrer Zugänge mit Insektiziden. Ähnliche Schäden verursachen anscheinend auch die Gemeinen Wespen **Vespa germanica** F. und **V. vulgaris** L., die fast regelmäßig in Erdnestern leben. Während der Massenvermehrung von *Ips typographus* 1944/51 haben sie gelegentlich, wenn befallene Stämme entrindet wurden, in großer Zahl Borkenkäfer sowie Larven und Puppen gegriffen und sich damit nützlich betätigt.

Schrifttum: GAUSS, R.: Vespidae, Faltenwespen. FE IV, im Druck.

Familie Sphecidae, Grabwespen

Mittelgroße Arten. Die Eier werden in einem vom Weibchen im Boden, in hohlen Pflanzenstengeln oder in sonstigen Hohlräumen angelegten Nest abgesetzt und mit einem Futtervorrat von Insekten oder

Spinnen versehen, welche die Mutterwespe durch einen Stich in das Nervenzentrum lähmt und herbeiträgt. **Ammophila sabulosa** L., 16–28 mm, **A. campestris** Latr., 12–18 mm, **Psammophila viatica** L., 12–22 mm, tragen als Larvennahrung Raupen ein. Dadurch nützlich.

Schrifttum: GAUSS, R.: Sphecidae, Grabwespen. FE IV, im Druck.

N. SCHNECKEN

Die Schnecken (Gastropoda) sind unsymmetrische Tiere ohne Gliederung des Körpers, Gliedmaßen und Skelett. Haut mit Schleimdrüsen. Bauchwand zu muskulösem Fuß, vielfach mit flacher Kriechsohle, verdickt. Zunge mit Reibplatte (Radula).

Die landbewohnenden Schnecken leben meist von pflanzlichen Stoffen, ohne im Walde nennenswerten S c h a d e n anzurichten. Sie kriechen zuweilen an Baumstämmen hoch, um die dort wachsenden Algen abzuweiden. In Ausnahmefällen ist Fraß in Laubholzkronen beobachtet worden. Die Gemeine Ackerschnecke, **Agriolimax agrestis** L., kann durch Fraß an jungen Laubholzpflanzen, namentlich an Buchenaufschlag, seltener an Nadelholz, schaden. Die Große Egelschnecke **Limax maximus** L. richtete an Buchensaaten in der Lüneburger Heide Schaden an (KRAUSSE 1916). Die Braune Wegschnecke **Arion subfuscus** Drap. ist als übler Schädling von Nadelholz-Keimpflanzen in Schweden aufgetreten (FORSSLUND 1936). Bekämpfung: Ausstreuen von 300 kg/ha Kalkstickstoff, Ausbringen von Ködermitteln auf Metaldehyd-Basis, Stäuben mit entsprechenden Molluskiziden (PVG). Ackerschnecken sind auch als N ü t z l i n g e beobachtet worden: bei Regenwetter verzehrten sie die träge an den Stämmen sitzenden Nonnenfalter (SCHOEPF 1906). *Limax maximus* L. und **Arion empiricorum** Fer. fraßen frischgeschlüpfte Falter der Forleule (SCHWERDTFEGER 1932).

Schrifttum: GODAN, D.: Schadschnecken und ihre Bekämpfung. Stuttgart 1979. — SCHWENKE, W.: Stamm Mollusca, Weichtiere. FE I, 23–27, 1972.

O. LURCHE UND KRIECHTIERE

Lurche (Amphibia) und Kriechtiere (Reptilia) können als Insekten- und Nagetierfresser nützlich sein. Es wurde beobachtet, daß Raupen des Kiefernspinners von Fröschen und Eier der Nonne von Eidechsen verzehrt wurden. Magenuntersuchungen bei Fröschen und Kröten während Massenvermehrungen von *Acantholyda posticalis* und *Lymantria monacha* zeigten, daß sich namentlich der Grasfrosch **Rana temporaria** L. und die Erdkröte **Bufo bufo** Laur. an der Dezimierung der Schädlinge beteiligten. Landkröten vertilgen Erdeulenraupen, und die Kreuzotter stellt den Mäusen nach. Der Umfang dieser waldfreundlichen Tätigkeit ist wahrscheinlich gering, doch fehlen nähere Ermittlungen.

P. VÖGEL

Die Vögel (Aves) treten, vom Standpunkt des wirtschaftenden Forstmannes aus betrachtet, im Walde teils als N ü t z l i n g e, teils als S c h ä d l i n g e auf. Nennenswerten Nutzen oder Schaden können sie allerdings nur bewirken, wenn sie in einer gewissen Anzahl auftreten. Deshalb werden im folgenden nur solche Arten aufgeführt, die diese Voraussetzung erfüllen können; andere, die relativ selten (geworden) oder gar in ihrem Bestand bedroht sind, werden nicht genannt, auch wenn sie z. B. forstschädliche Insekten fressen.

Schrifttum: GLUTZ V. BLOTZHEIM, U.N. (Hrsg.): Handbuch der Vögel Mitteleuropas. Wiesbaden, seit 1966 — HEINZEL, H., FITTER, R., PARSLOW, J.: Pareys Vogelbuch. 3. Aufl. Hamburg-Berlin 1980. — PETERSON, R., MOUNTFORT, G.,HOLLOM, P. A. D.: Die Vögel Europas. 12. Aufl. Hamburg–Berlin 1979.

Nützliche Vögel

Die Artenvielfalt, in der insektenfressende Vögel auftreten, und ihr relativ starkes Nahrungsbedürfnis bedingen ihre Bedeutung als Vertilger von Kerbtieren. Inwieweit ihre Tätigkeit für den Forstmann von Nutzen ist, hängt einmal davon ab, ob die Nahrung im wesentlichen aus schädlichen, belanglosen oder gar nützlichen Kerfen besteht. Weiter ist von Bedeutung, wie hoch der Anteil des Schädlingsbesatzes ist, den die Vögel zu vertilgen imstande sind, ob er z. B. nur 5 oder 50 % beträgt; und schließlich stellt sich die Frage, ob nicht die scheinbar nutzbringende Tätigkeit der Vögel durch kausal mit ihr in Zusammenhang stehenden Ausfall anderer Gegenwirkungen kompensiert wird, indem beispielsweise durch Senken der Schädlingsdichte die Vermehrung spezifischer Parasiten gehemmt wird. Auf diese Dinge wird bei Besprechung des Vogelschutzes als waldhygienischer Maßnahme näher eingegangen werden (s. 374). Nach herrschender Anschauung werden die Insektenfresser unter den Vögeln überwiegend als nützlich angesehen. Daneben helfen einige Arten bei der Vertilgung schädlicher Nagetiere.

Bei manchen der nachstehend genannten Vogelarten werden Zahlenangaben über den Nahrungsbedarf gebracht, die den Untersuchungen RÖRIGS 1903 entnommen sind. Bei ihrer Bewertung ist zu berücksichtigen, daß sie nur einen Anhalt liefern können, da naturgemäß die aufgenommene Futtermenge von den jeweiligen Verhältnissen maßgeblich beeinflußt wird.

Familie Falconidae, Falkenvögel: Der **Mäusebussard**, *Buteo buteo* L., frißt überwiegend Mäuse, daneben auch Insekten, wie Heuschrecken, Maulwurfsgrillen, Mist-, Mai- und Laufkäfer, Erdeulenraupen u. a. Ein 875 g schwerer Vogel fraß täglich etwa 130 g. Vorwiegend auf dem Felde nützlich. Der **Rauhfußbussard**, *B. lagopus* Br., nimmt während seines winterlichen Aufenthaltes in Mitteleuropa hauptsächlich Feldmäuse. Der **Turm-** oder **Rüttelfalk**, *Falco tinnunculus* L., frißt Mäuse und Insekten, namentlich Heuschrecken, Mist-, Mai- und Laufkäfer. Täglicher Nahrungsbedarf etwa 60–100 g. Der **Baumfalk**, *F. subbuteo* L., schlägt nur fliegende Beute, neben kleinen Vögeln auch Insekten aller Art.

Familie Strigidae, Eulen: Alle kleinen und mittelgroßen, bei uns heimischen oder sich zeitweise aufhaltenden Eulen sind hervorragend nützlich, da sie sich größtenteils von Mäusen ernähren. Wichtigste Art: **Waldohreule**, *Asio otus* L.; in ihrem Magen wurden bis 12 Mäuse gefunden. Ferner **Schleiereule**, *Tyto alba* Scop., und **Waldkauz**, *Strix aluco* L., der auch Insekten verzehrt; ein 480 g schwerer Waldkauz fraß täglich rund 70 g.

Familie Laridae, Möven: Die **Silbermöve**, *Larus argentatus* L., **Lachmöve**, *L. ridibundus* L., und andere, auch im Binnenland sich aufhaltende Möven sind hervorragende Vertilger von Maikäfern und Engerlingen, allerdings mehr auf landwirtschaftlich genutzten Flächen, wo sie die Bodeninsekten hinter dem Pflug auflesen. Unter geeigneten Verhältnissen scheinen sie einen Schädlingsbestand erheblich senken zu können.

Familie Cuculidae, Kuckucke: Der **Kuckuck**, *Cuculus canorus* L., ist ein typischer Waldvogel. Als Brutparasit läßt er seine Nachkommenschaft von anderen Vögeln aufziehen und besitzt dadurch eine Ungebundenheit, die ihm gestattet, zu den besten Fraßplätzen, zu Raupenansammlungen u. dgl. zu ziehen. Der ungesellige Vogel findet sich dann zuweilen in Scharen. Seine Nahrung besteht in erster Linie aus Raupen, besonders auch solchen, die von anderen Vögeln nur ungern genommen oder gemieden werden, wie den haarigen Larven von Prozessions-, Kiefern-, Ringel- und Schwammspinner, von Nonne und Goldafter; daneben werden auch nackte Raupen gefressen, ferner Blattwespen- und Blattkäferlarven, Puppen, Mai- und Rüsselkäfer und andere Insekten. Täglicher Nahrungsbedarf etwa 40 g.

Familie Troglodytidae, Zaunkönige: Der **Zaunkönig**, *Troglodytes troglodytes* L., wohnt in Mischwäldern, Hecken und dichten Gärten und ernährt sich von allerhand kleinen Insekten und deren Eiern, die er vielfach aus Verstecken in Bodennähe hervorholt.

Familie Prunellidae, Braunellen: Die **Heckenbraunelle**, *Prunella modularis* L., lebt in Laub- und Nadelwäldern, besonders im Gebirge, von Insekten und Sämereien.

Familie Muscicapidae, Sänger: Der **Grauschnäpper**, *Muscicapa striata* Pall., und der **Trauerschnäpper**, *Ficedula hypoleuca* Pall., bewohnen lichte Wälder; jener fängt vorwiegend vom Ansitz aus fliegende Insekten, dieser liest Käfer, Raupen usw. von den Bäumen oder vom Boden, greift aber auch fliegende Schmetterlinge, Schlupfwespen u. a. In einem untersuchten Fall bestand seine Beute aus 71 % sitzenden und 29 % fliegenden Kerfen. Bei anderen Untersuchungen in einem Kiefern- bzw. Eichenwald fand sich ein weites Nahrungsspektrum, das sich zu 23 bzw. 9 % aus Käfern mit ihren Larven, 20 bzw. 28 % aus Schmetterlingen einschließlich der Raupen, 23 bzw. 11 % aus Zweiflüglern und – der Rest – aus den verschiedensten sonstigen Arthropoden zusammensetzte. Der Trauerschnäpper läßt sich leicht in allen Waldbeständen, selbst im Fichtenwald, durch Anbringen von Nistkästen ansiedeln; in einem Vogelschutzgebiet mit rund 600 erfolgreich brütenden Höhlenbrüterpaaren waren 38,5 % solche des Trauerschnäppers und nur 0,4 % Paare des Grauschnäppers. Als Zugvogel ist der Trauerschnäpper nur von Ende April bis Anfang August bei uns. In manchen Teilen des südlichen Mitteleuropas brütet statt seiner der **Halsbandschnäpper** *Ficedula albicollis* T., der aber nirgends häufig ist.

Familie Sylviidae, Grasmücken: Die Laub- oder Mischwälder bevorzugenden **Waldlaubsänger**, *Phylloscopus sibilatrix* Bchst., **Fitislaubsänger**, *Ph. trochilus* L., und **Weidenlaubsänger** oder Zilpzalp, *Ph. collybita* Vieill., sowie der in Süddeutschland zu findende **Berglaubsänger**, *Ph. bonelli* Vieill., stellen mit Eifer kleinen und kleinsten Insekten, wie Gallwespen und Blattflöhen, ferner Lärchenminiermotten, Wicklern und Spannerraupen, in den Baumkronen nach. In gleicher Weise ernähren sich die **Sperbergrasmücke**, *Sylvia nisoria* Bchst., **Gartengrasmücke**, *S. borin* Bod., **Mönchsgrasmücke** oder Schwarzplättchen, *S. atricapilla* L., **Dorngrasmücke**, *S. communis* Lath., **Zaungrasmücke**, *S. curruca* L., die sämtlich unterholzreiche Laubwälder und Waldränder bevorzugen. Täglicher Nahrungsbedarf der Mönchsgrasmücke etwa 6–12 g, der Dorngrasmücke etwa 5–8 g, wobei die höheren Zahlen für den Sommer gelten. **Wintergoldhähnchen**, *Regulus regulus* L., und **Sommergoldhähnchen**, *R. ignicapillus* Temm., im Nadelwald, das letzte zum Winter fortziehend.

Familie Turdidae, Drosseln: Die **Amsel** oder Schwarzdrossel, *Turdus merula* L., **Misteldrossel**, *T. viscivorus* L., **Singdrossel**, *T. philomelus* Br., **Wacholderdrossel**, *T. pilaris* L., ferner die **Ringdrossel**, *T. torquatus* L., namentlich im Gebirge, leben von Regenwürmern, Schnecken, Beeren und suchen unter der Laub- und Moosdecke des Waldes nach Larven von Weichkäfern, Schnellkäfern, Erdeulen und Schnaken, nach Spanner- und Eulenpuppen, und sonstigen Insekten. Eine Drossel von 57 g Gewicht verzehrte täglich 16 g.

Familie Laniidae, Würger: Der Rotrückenwürger oder **Neuntöter**, *Lanius collurio* L., lebt hauptsächlich von Insekten, besonders Käfern, auf die er raubvogelähnlich von Spähsitzen aus Jagd macht. Auch Mäuse werden genommen.

Familie Paridae, Meisen: Neben dem Kuckuck und dem Star gehören die Meisen einschließlich der folgenden Familie Klettermeisen zu den forstnützlichsten Vögeln. Infolge ihrer großen Fruchtbarkeit sind sie regelmäßig in ansehnlicher Zahl im Walde vorhanden. Da sie im Winter nicht fortziehen, erleidet ihre nützliche Tätigkeit keine Unterbrechung. Geringe Größe und Gewandtheit im Klettern gestatten ihnen, selbst die kleinsten Zweige nach Eiern, Larven und Puppen abzusuchen. Ihre Nahrung ist vielseitig, und es dürfte kaum ein wichtigeres Forstinsekt geben, das ihnen nicht in irgendeinem Stadium zum Opfer fallen kann. Durch geeignete Maßnahmen läßt sich ihr Bestand im Walde leicht erhöhen (S. 376). **Kohlmeise**, *Parus major* L., kann in allen Waldbeständen mit Ausnahme des dunklen Fichtenwaldes in ziemlich großer Dichte siedeln; **Blaumeise**, *P. caeruleus* L., ausgesprochener Laubwaldvogel; **Tannenmeise**, *P. ater* L., und **Haubenmeise**, *P. cristatus* L., beide Bewohner des Nadelwaldes; **Sumpfmeise**, *P. palustris* L., und **Weidenmeise**, *P. atricapillus* L., in feuchten Misch- oder Laubwäldern; **Schwanzmeise**, *Aegithalos caudatus*. L., mehr an Waldrändern.

Einige Beispiele für die Art der Nahrung nach Freilandbeobachtungen: Gefressen wurden Eier der Nonne, des Schwammspinners, des Ringelspinners, aufgehackt wurden Blattwespenkokons und Puppengespinste des Ringel- und Kiefernspinners, namentlich von Kohl- und Blaumeise. Puppennester des Eichenprozessionsspinners wurden zerstört. Kohlmeisen fraßen von Forstschädlingen hauptsächlich Raupen von Eichenwickler, Frostspanner, Forleule sowie Tipuliden. Tannenmeisen verzehrten die Raupen der Lärchenminiermotte und hackten mit Wicklerraupen besetzte Knospen auf. Blaumeisen fraßen in Mengen Raupen des Eichenwicklers. Meisenschwärme vertilgten Tannentriebwickler, Fichtennestwickler und die Kleine Fichtenblattwespe. In einem Lärchen-Anbaugebiet bewirkten Meisen während des Winters eine Reduktion des Larvenbesatzes der Lärchenminiermotte um durchschnittlich 28 % (Schindler 1972). Als Hinweis auf den Nahrungsbedarf einige Versuchsergebnisse von Rörig 1903: 7 Meisen verschiedener Art fraßen in 24 Stunden 1876 Kiefernspannerraupen mit einem Gewicht von 101 g; da die Vögel zusammen 65 g wogen, haben sie 150 % ihres Körpergewichts verzehrt. 3 Blau- und 3 Tannenmeisen, die lockeres Mischfutter mit Mehlwürmern erhielten, vertilgten zusätzlich täglich 2000 Nonneneier; wurde ihnen das Mischfutter entzogen und nur eine geringe Zahl von Mehlwürmern belassen; so stieg der Verbrauch an Nonneneiern auf 8000–9000 täglich. Aus solchen Fütterungsversuchen entsteht aber leicht eine Überschätzung des tatsächlichen Nutzens im Freien: 10 Meisen, die in einem stark von der Nonne befallenen Revier geschossen wurden, enthielten zusammen nur 126 Nonneneier in ihren Mägen (Heinze 1910). Auch Ortlepp 1933 fand während einer Nonnengradation in Kropf und Magen geschossener Meisen nur wenig Nonneneier, deren Zahl in keinem Verhältnis stand zu dem riesigen Angebot. Siehe auch S. 376. Allgemein werden hartschalige Insekteneier vielfach abgelehnt (Bruns 1951). Nonneneier wurden zum Teil unverdaut mit dem Kot wieder ausgeschieden; sie waren dann aber nicht mehr entwicklungsfähig.

Familie Certhiidae, Klettermeisen: Für diese Familie gilt hinsichtlich ihres Nutzens das für die Meisen Gesagte. **Kleiber** oder Spechtmeise, *Sitta europaea* L., **Waldbaumläufer**, *Certhia familiaris* L., **Gartenbaumläufer**, *C. brachydactyla* Br.; spechtartig an den Stämmen kletternd suchen sie in den Rindenritzen nach Kurzrüßlern, Borkenkäfern, Frostspannerweibchen, Nonneneiern und anderen Insekten.

Familie Motacillidae, Pieper und Stelzen: Der **Brachpieper**, *Anthus campestris* L., und der **Baumpieper**, *A. trivialis* L., stellen Insekten in Heidegebieten und lichten Wäldern nach. Die **Bachstelze**, *Motacilla alba* L., **Schafstelze**, *M. flava* L., und **Gebirgsstelze**, *M. cinerea* Tunst., kommen als Vertilger von Forstschädlingen nur in beschränktem Maß in Betracht, wenn sie auch u. a. Erdraupen, Rüssel- und Schnellkäfer sowie schwärmende Borkenkäfer verzehren. Ihre größte forstliche Bedeutung besitzen sie als Pflegeeltern des Kuckucks.

Familie Sturnidae, Stare: Der **Star**, *Sturnus vulgaris* L., besitzt eine besondere Bedeutung als Forstnützling, da er fast alle forstschädlichen Insekten, auch behaarte Raupen, verzehrt, infolge seiner Größe und Häufigkeit beträchtliche Insektenmengen vertilgen kann, und der Forstmann es durch Anbringen von Nistkästen bis zu einem gewissen Grade in der Hand hat, ihn dort anzusiedeln, wo er gebraucht wird; allerdings wird dabei zu berücksichtigen sein, daß der Star im Obst- und Weinbau ein Schädling ersten Ranges ist. Er geht ungern in größere, geschlossene Waldungen, so daß sich sein Nutzen im allgemeinen auf randnahe Flächen beschränkt. Bei Massenvermehrung eines Forstschädlings, etwa von Eichenwickler, Nonne oder Kiefernspinner, sammelt er sich oft in großen Scharen im Befallsgebiet. Auch Bodeninsekten, Engerlinge und Drahtwürmer, werden gern genommen. Täglicher Nahrungsbedarf 15–23 g. Durch massenhaft allabendlich zur Nächtigung einfallende Starenschwärme sind einmal Bruchschäden in Fichten- und Buchenjunghölzern entstanden.

Schrifttum: SCHINDLER, U.: Einfluß der Meisen (Paridae) auf die Populationsdichte der Lärchenminiermotte (*Coleophora laricella* Hbn.) im Kalamitätsgebiet des Emslandes. AFJZ 143, 17–20, 1972. — WINKEL, W.: Vergleichend-brutbiologische Untersuchungen an fünf Meisen-Arten (*Parus* spp.) in einem niedersächsischen Aufforstungsgebiet mit Japanischer Lärche *Larix leptolepis*. Vogelwelt 96, 41–63, 104–114, 1975.

Teils nützliche, teils schädliche Vögel

Familie Corvidae, Raben: Der Nutzen, den die Angehörigen dieser Familie stiften, überwiegt den zuweilen angerichteten Schaden. Besonders die allesfressenden Krähenarten, **Nebelkrähe**, *Corvus cornix* L., **Rabenkrähe**, *C. corone* L., und **Saatkrähe**, *C. frugilegus* L., sind im Walde vorwiegend als nützlich zu bezeichnen. Ähnlich wie die Stare treten sie in Scharen auf und fallen dort ein, wo sie gedeckten Tisch finden, nehmen Schädlinge aller Art und beteiligen sich stark an der Vertilgung bodenbewohnender Kerfe, besonders der Engerlinge. In den Mägen von 658 Nebel- und Rabenkrähen, die Insekten verzehrt hatten, fand RÖRIG 472mal schädliche, 148mal nützliche und 117mal wirtschaftlich gleichgültige Kerfe. Vorwiegend waren Drahtwürmer, Zünsler- und Eulenraupen sowie Engerlinge vertilgt worden. Der tägliche Nahrungsbedarf einer Krähe wurde zu 35 g ermittelt, wovon etwa 10,5 g auf tierische Kost entfielen. Bei Saatkrähen bestanden 22 %, bei Nebel- und Rabenkrähen 8 % der Gesamtnahrung aus Insekten. Gelegentliche Übergriffe auf jagdbares Wild und Vogelnester sind bedauerlich, können aber die forstnützliche Bedeutung der Krähen nicht schmälern.

Der **Eichelhäher**, *Garrulus glandarius* L., betätigt sich als Nützling durch Verzehren von Insekten, die er von Baum und Boden absucht, z. B. von Eiern, Raupen, Puppen und Faltern der Nonne, Raupen des Kiefernspinners, des Tannentriebwicklers, von Rüsselkäfern, Maulwurfsgrillen u. a. Schädlich wird er durch Fressen von Eicheln und Bucheckern, die er aus dem Saatbeet holt. Eichelsaaten kann er zunichte machen. Zuweilen ist er durch Verbeißen von Gipfelknospen der Tanne aufgefallen. Diesen Schäden steht der waldbauliche Nutzen gegenüber, den er durch Verlieren und Vergraben von Eicheln und Buchen und somit durch Verbreitung dieser Holzarten, namentlich in Kiefernbeständen stiftet; durch „Vogelsaaten" sind häufig geschlossene Laubholzunterbauungen entstanden. Ganz ähnlich sind Nutzen und Schaden des **Tannenhähers**, *Nucifraga caryocatactes* L., zu bewerten. Der vorwiegend in Gebirgswaldungen Süddeutschlands lebende Vogel frißt Insekten, verzehrt Eicheln, Bucheln und Zirbelnüsse und schädigt dadurch Naturverjüngung und künstliche Saaten; durch Vergraben von Zirbelnüssen entwickelt er eine kultivierende Tätigkeit, die namentlich in schwer zugänglichen Gebirgswaldungen hoch zu bewerten ist. Beide Häher vergreifen sich häufig an Vogelbruten.

Familie Fringillidae, Finken: Obgleich in erster Linie Körnerfresser, beteiligen sich die Finken, besonders bei entsprechendem Angebot, also bei Insektenvermehrungen, eifrig an der Vertilgung von

Schädlingen. Ihre Bedeutung besteht weniger darin, daß sie, wie die Meisen, ein ständiges Gegengewicht gegen die Überhandnahme der Insekten bilden, als vielmehr in ihrem Eingreifen bei Kalamitäten. Vor allem ist hier wegen seiner Häufigkeit und seiner Eigenschaft als Waldvogel der **Buchfink**, *Fringilla coelebs* L., zu nennen, dessen nutzbringende Tätigkeit beobachtet wurde bei Massenauftreten von Fichtenblattwespe, Nonne, Schwammspinner, Tannenwickler, Eichenwickler, Lärchenminiermotte, Graurüßler und Borkenkäfern. Durch Aufnehmen von Nadelholzsämereien und Bucheln sowie Verbeißen von Kotyledonen schadet er zuweilen. Der im Norden brütende **Bergfink**, *F. montifringilla* L., wird, wenn er im Herbst und Winter in großen Zügen erscheint, in gleicher Weise schädlich, vor allem durch Auffressen von Bucheln in Saatbeeten. Bei Einfall in Insektenfraßgebiete kann er erheblich unter den Schadinsekten aufräumen. In ähnlicher Weise betätigt sich auch der **Grünling**, *Chloris chloris* L.

Der **Erlenzeisig**, *Carduelis spinus* L., frißt Erlensamen, aber auch Birken- und Nadelholzsämereien. Der **Kernbeißer**, *Coccothraustes coccothraustes* L., schadet durch Verzehren verschiedener Baumsamen und durch Abbeißen von Laubknospen. Ein Tier fraß täglich 73–133 Eichenknospen, vorzugsweise Terminalknospen. Die Kreuzschnäbel leben von Baumsämereien, der **Fichtenkreuzschnabel**, *Loxia curvirostra* L., vorzugsweise von solchen der Fichte, auch der Lärche, der **Kiefernkreuzschnabel**, *L. pytyopsittacus* Borkh., vorwiegend von Kiefernsamen. Sie beißen die Zapfen der Nadelhölzer an den Stielen ab, öffnen die Schuppen und holen die Samen heraus; dabei werden die Schuppen der Länge nach ein- oder zweimal gespalten. Sie schaden ferner durch Abbeißen und Abdrehen der Gipfelknospen und -triebe von Nadelhölzern, besonders Fichte und Tanne. Auch diese Arten können sich bei Insektenvermehrungen an der Vertilgung der Schädlinge beteiligen. Fichtenkreuzschnäbel wurden beim Verzehren von Fichtengallenläusen beobachtet.

Familie Picidae, Spechte: Als Insektenfresser nehmen die Spechte eine besondere Stellung ein, da sie im wesenlichen von Kerfen leben, die unter der Rinde oder im Holz sitzen und infolgedessen vor Verfolgung durch andere Vögel weitgehend geschützt sind. Der **Buntspecht**, *Dendrocopos major* L., frißt Bockkäfer, *Pissodes* und Borkenkäfer, ferner Holzwespen, Glasflügler, Holzbohrer, Prachtkäfer, den Erlenrüßler, *Hylobius*larven, die Larven der Weidenholzgallmücke und schließlich alle möglichen freilebenden Insekten, auf die er bei seinen Streifzügen stößt, beispielsweise Raupen, Puppen und Falter der Nonne. Der **Mittelspecht**, *D. medius* L., und der **Kleinspecht**, *D. minor* L., stehen in ihrer forstlichen Bedeutung trotz gleicher Ernährungsweise infolge ihrer geringeren Häufigkeit hinter ihm zurück. Der **Schwarzspecht**, *Dryocopus martius* L., stellt neben den genannten Holz- und Rindenkerfen vorzugsweise dem Holzameisen nach, vergreift sich aber auch an der nützlichen Waldameise und sucht zuweilen im Boden nach Puppen von Kiefernschwärmer, -eule und -spanner. **Grünspecht**, *Picus viridis* L., und **Grauspecht**, *P. canus* Gm., suchen ihre Nahrung vornehmlich im Boden, plündern die Nester der Waldameise, nehmen Engerlinge, Maulwurfsgrillen, Blattwespenkokons und Schmetterlingspuppen auf und stellen in geringem Umfang auch Rindeninsekten nach.

Dieser überwiegend nützlichen Tätigkeit der Spechte stehen Schäden gegenüber, die sie je nach den örtlichen Verhältnissen in mehr oder weniger auffälligem Maße anrichten können. Der Buntspecht verzehrt Nadelholzsamen in namhafter Menge: er klemmt die Zapfen in Rindenrisse oder Astgabeln und bearbeitet sie mit seinem Schnabel, um die Samen herauszuholen; die bearbeiteten Zapfen bedecken oft massenhaft den Boden: „Spechtschmiede". Auch als Nesträuber bei Höhlenbrütern, insbesondere Meisen, betätigt er sich. Schwarzspecht und Buntspecht zerfetzen zuweilen im Frühjahr und Sommer die Rinde freistehender oder eingesprengter, meist jüngerer Stämme, namentlich von selteneren oder im Gebiet fremden Baumarten; 30–40jährige gesunde Kiefern sollen von ihnen platzweise geschält worden sein. Die gleichen Arten, ferner der Grünspecht an Eiche, verursachen eine auffallende Ringelung an gesunden Stämmen verschiedener Baumarten und Altersklassen. Die Spechtringel entstehen derart, daß der Specht, sich auf die Schwanzfedern stützend, ziemlich horizontal um den Stamm hüpft und Einhiebe in die Rinde vollführt; es entstehen Überwallungsringe, die, wenn sie jahrzehntelang immer wieder behackt werden, allmählich zu leistenartigen Wülsten anwachsen, welche den Stamm ganz oder teilweise umfassen: „Wanzenbäume". Oft sind mehrere Ringe an einem Stamm. Die nur im Frühjahr, in der Saftzeit, und vorzugsweise bei Kiefern stattfindende, im übrigen recht seltene Ringelung bezweckt vermutlich den Genuß des Baumsaftes; auch Spielerei, Suche nach Insekten, Schärfen und Reinigen des Schnabels sind als Beweggründe genannt worden. Die Fichte zeigt nach der Ringelung keine Wulstbildung. Auch durch das Zimmern von Nisthöhlen, das sich nicht auf kränkelnde Stämme beschränkt, sondern zuweilen, namentlich vom Schwarzspecht, in völlig gesunden Bäumen und örtlich gehäuft erfolgt, wird Schaden angerichtet, zumal meist mehr Höhlen angefertigt werden, als der Specht braucht; andererseits wird hierdurch anderen Höhlenbewohnern, vor allem den nützlichen Meisen,

Brutgelegenheit geschaffen. Zusammenfassend kann über den Schaden der Spechte gesagt werden, daß er im einzelnen auffallen und örtlich auch unangenehm werden, aber kaum jemals wirtschaftlich nennenswertes Ausmaß annehmen kann, da die Spechte nicht in Massen auftreten.

Familie Columbidae, Tauben: **Ringeltaube,** *Columba palumbus* L., **Hohltaube,** *C. oenas* L., und **Turteltaube,** *Streptopelia turtur* L., leben von Waldsamen, Knospen usw. und können, namentlich zur Strich- und Zugzeit im Frühling und Herbst, wenn sie scharenweise in Freisaaten oder Saatkämpe einfallen, Schaden anrichten. Sie nehmen nicht nur die Samen, sondern verbeißen auch die Kotyledonen. Durch gelegentliches Vertilgen schädlicher Insekten können sie den angerichteten Schaden bis zu einem gewissen Grade ausgleichen. Schutzmaßnahmen: Decken der Saatbeete mit Reisig usw., Behandeln des Samens mit einem Abschreckmittel (S. 410, 416).

Schrifttum: ZYCHA, H.: Spechtschäden an Roteichen. FC 89, 349–355, 1970.

Q. SÄUGETIERE

Bei der Besprechung der Säuger (Mammalia), die ungefähr dem System der Zoologen folgt, werden zunächst die nützlichen, dann die teils nützlichen, teils schädlichen und schließlich die forstschädlichen Spezies behandelt.

Schrifttum: v. D. BRINK, F. H.: Die Säugetiere Europas. 3. Aufl. Hamburg-Berlin 1975. — NIETHAMMER, J., u. KRAPP, F. (Hsg.): Handbuch der Säugetiere Europas. Wiesbaden, seit 1978.

Insectivora, Insektenfresser

Kleine Sohlengänger mit fünfzehigen Füßen, vollständig bezahntem Gebiß, kleinen Eckzähnen und scharfspitzigen Backenzähnen. Leben hauptsächlich von Insekten.

Familie Erinaceidae, Igel: Der größte unserer heimischen Kerfjäger, der **Igel,** *Erinaceus europaeus* L., nimmt pflanzliche und tierische Kost auf: Früchte, Wurzeln, Baumsamen, vor allem aber Insekten, besonders Käfer und ihre Larven, Heuschrecken, Grillen, ferner Schnecken, Regenwürmer, Eidechsen, Ringelnattern, Frösche, Mäuse und auch Vogelgelege. Der zuweilen angerichtete Schaden wird vom Nutzen mehr als ausgeglichen.

Familie Talpidae, Maulwürfe: Der **Maulwurf,** *Talpa europaea* L., frißt alle Tiere, die er bei seinen Streifzügen im Boden findet und überwältigen kann, vor allem Maulwurfsgrillen, Schnakenlarven, Erdraupen, Drahtwürmer, Engerlinge, aber auch Regenwürmer. Je nach dem Ausfall der verschiedentlich durchgeführten Magenuntersuchungen, bei denen zum Teil überwiegend Regenwürmer, zum Teil fast ausschließlich Schadinsekten gefunden wurden, wird entweder sein Schaden oder sein Nutzen in den Vordergrund gestellt. Seine pathozöne Bedeutung ist zweifellos von den äußeren Umständen und der ihm angebotenen Nahrung abhängig. In Schädlingsgebieten, namentlich in engerlingverseuchten Böden, ist der Maulwurf als überaus wertvoller Insektenvertilger anzusehen. Wenn er durch seine Wühlarbeit in Kämpen lästig wird, sollte er nicht gefangen, sondern durch Begießen der Beete mit einer Mischung von Wasser und Petroleum im Verhältnis 2000 : 1 vertrieben werden.

Familie Soricidae, Spitzmäuse: Wagemutige und raubgierige Insektenfresser, die auch größere Tiere unbedenklich anfallen und töten. Die häufigste und forstlich wichtigste Art ist die **Waldspitzmaus,** *Sorex araneus* L., die als Waldbewohnerin zahlreiche Forstinsekten vertilgt, u. a. Schnakenlarven, Eulenraupen, Rüsselkäfer, *Diprion*kokons usw. Der Nahrungsbedarf einer 12 g schweren Spitzmaus betrug täglich 6,8 g frische Kost bzw. 2,3 g Trockensubstanz (RÖRIG 1905). Etwa 7 g schwere Waldspitzmäuse fraßen innerhalb 15 Stunden 69 Kiefernspanner- und 9 Kiefernschwärmerpuppen mit einem Gesamtgewicht von 24,2 g (MILHAHN 1955). Gleichfalls im Walde leben die seltenere **Zwergspitzmaus,** *Sorex minutus* L., und die im Gebirge heimische **Alpenspitzmaus,** *Sorex alpinus* Schinz.

Chiroptera, Fledermäuse

Gekennzeichnet durch die große Flughaut zwischen den verlängerten Fingern der Hand sowie zwischen Extremitäten und Rumpfseiten. Meist ausschließlich von Insekten lebend, die während der Dämmerung und Nacht im Fluge erjagt, aber auch vom Boden und von Bäumen abgesammelt werden. Dabei werden neben belanglosen vorwiegend schädliche Kerfe erbeutet, weil die meisten nützlichen, namentlich die Parasiten, tagaktiv sind. Großes Nahrungsbedürfnis. Von den 20 in Mitteleuropa vorkommenden Fledermausarten sind als waldbewohnende Feinde der Forstschädlinge zu nennen: **Langohrfledermaus**, *Plecotus auritus* L., auch Großohrfledermaus genannt, weitaus am häufigsten und in Beständen aller Baumarten anzutreffen. **Abendsegler**, *Nyctalus noctula* Schreb., ebenfalls in verschiedenen Waldformen. **Bechstein-Fledermaus**, *Selysius bechsteini* Leisl., vorwiegend im Fichtenwald, auch im Kiefern- und Laubwald. **Bartfledermaus**, *S. mystacinus* Leisl., hauptsächlich im Eichenwald. **Fransenfledermaus**, *S. natteri* Kuhl, weniger an den Wald gebunden als die vorigen. Vom **Großmausohr**, *Myotis myotis* Borkh., das besonders im bebauten Gelände siedelt, wurde festgestellt, daß es sich zeitweise überwiegend von Maikäfern bzw. Eichenwicklern ernährte; es wurde errechnet, daß eine Kolonie von 800 Tieren täglich rund 55000 Eichenwickler zu verzehren vermochte (KOLB 1957). Wegen ihrer ausgeprägt forstnützlichen Lebensweise auf der einen, ihres art- und ortsweise seltenen Vorkommens auf der anderen Seite wird künstliche Ansiedlung von Fledermäusen empfohlen und versucht (S. 378).

Schrifttum: LUGER, F.: Untersuchungen zur Verbreitung und Lebensweise von Fledermäusen in Nistkästen im Geisenfelder Forst, Oberbayern. AS 50, 183–188, 1977.

Carnivora, Raubtiere

Meist fleischfressende Säuger mit einem aus Schneide-, Eck- und Backenzähnen bestehenden Raubtiergebiß; fünf- oder vierzehige Füße mit Krallen. Einzelne Arten können durch Verzehren von Mäusen und Insekten nützlich werden, ohne daß ihre Tätigkeit wegen zu geringen Auftretens größere forstliche Bedeutung gewinnt.

Familie Mustelidae, Marder: Der allesfressende **Dachs**, *Meles meles* L., lebt hauptsächlich von Wurzeln, Beeren, Sämereien, Mäusen, Schnecken, Regenwürmern und Insekten, namentlich Maikäfern, Engerlingen, Mistkäfern, in der Bodendecke liegenden Puppen des Kiefernspanners und der Forleule. **Großes Wiesel**, *Mustela erminea* L., und **Kleines Wiesel**, *M. nivalis* L., verzehren Mäuse.

Familie Canidae, Hunde: Der **Fuchs**, *Vulpes vulpes* L., ist als Mäusefeind bekannt. Auch Insekten frißt er, besonders wenn sie massenhaft zur Verfügung stehen. So ist der Fuchs als Vertilger von Faltern des Kiefernspinners, der Nonne, der Forleule und von Maikäfern beobachtet worden.

Rodentia, Nagetiere

Kennzeichnend ist das Gebiß: Eckzähne fehlen, Schneidezähne sind zu wurzellosen Nagezähnen entwickelt. Meist Pflanzenfresser, die durch gelegentlichen Insektenfraß nützlich, durch Fraß an Forstpflanzen und -samen schädlich werden können.

Familie Sciuridae, Hörnchen

Das **Eichhörnchen**, *Sciurus vulgaris* L., tritt bei vorwiegend pflanzlicher Kost im Walde hauptsächlich als Schädling auf. Die Hauptnahrung bilden alle möglichen Waldsamen, die bei starkem Auftreten des Tieres in Mengen vernichtet werden. Schon vom Juli ab entschuppt es die Zapfen der Nadelhölzer, um zu den Samen zu gelangen; dabei bleibt die Spitze meist unversehrt; unter den Bäumen finden sich massenhaft Zapfenspindeln und -schuppen. Schwerwiegender ist der Schaden, der durch Herausscharren von Samen und Kotyledonen aus dem Boden und durch Abbeißen von oberirdischen Kotyledonen in Kämpen und Verjüngungen entsteht. Ferner werden Knospen, besonders gern Blütenknospen, von Fichte, Tanne und Kiefer verzehrt. An jungen Kiefern kann bei Mangel an sonstiger Nahrung der Knospenfraß so weit gehen, daß Schäden ähnlich den auf *Rhyacionia*-Befall folgenden entstehen. Bei Tanne und Fichte beißt das Eichhorn die äußersten Triebe ab, um auf einem Ast sitzend und den Zweig mit den Pfoten haltend die Knospen auszufressen. Die Triebe werden dann herabgeworfen und finden sich, namentlich in strengen Wintern samenloser Jahre, ferner vor Samenjahren, also bei gehäuftem Auftreten von Blütenknospen, als „Abbisse", fälschlich auch „Absprünge" genannt, unter den Baumkronen, besonders von Randstämmen. Auch Gipfelknospen und -triebe werden in ähnlicher Weise, wie es der Kreuzschnabel macht, abgebissen. Am übelsten schadet das Eichhörnchen, indem es die Rinde streifen-, ring- oder platzweise, auch spiralig in den oberen, glattrindigen Stammteilen von Nadelhölzern, besonders der Lärche, aber auch der Kiefer, Fichte und Tanne, ferner von Laubhölzern schält. Am stärksten werden 15- bis 30jährige Stämme geschädigt, meist während der Monate April bis

Juni. Die Rindenstücke findet man unter den Kronen, von den Stämmen hängen zuweilen noch lose Fetzen herab. Unter Umständen erreichen die Beschädigungen erhebliches Ausmaß; sie können, wenn sie den Stamm umfassen, zum Absterben des Baumes oder doch seiner oberhalb gelegenen Teile führen.

Neben pflanzlicher Kost nimmt das Eichhorn auch tierische Nahrung. So verzehrt es gerne zur Brutzeit der Singvögel deren Eier und Nestjunge. In geringem Umfang hat es sich zuweilen als Nützling betätigt, indem es Maikäfer, Larven der Fichtenblattwespe und des Eichenwicklers, Forleulenfalter und wohl auch andere Schadinsekten aufnahm. Wiederholt wurde beobachtet, daß es Blattläuse von Blättern ableckt oder aus Gallen herausfrißt, auch die grünen Gallen selbst verzehrt.

Bekämpfung durch Abschuß.

Schrifttum: BACHMANN, P.: Die Eichhörnchen-Schälschäden des Jahres 1969 im Kanton Bern. SchwZF 122, 164–180, 1971. — DENGLER, K.: Das Eichhörnchen als Waldschädling. AFJZ 146, 205–215, 1975. — WILTAFSKY, H.: *Sciurus vulgaris* Linnaeus, 1758 – Eichhörnchen. HS I, 86–105, 1978.

Familie Gliridae, Schläfer, Bilche

Vorzugsweise in Laubwaldungen. Nachttiere, mit Winterschlaf. Die größte Art, der **Siebenschläfer,** *Glis glis* L., oberseits gelbgrau, unterseits weiß, lebt, meist vereinzelt, örtlich allerdings auch Massenvermehrungen zeigend, in ganz Mitteleuropa mit Ausnahme der Randgebiete an Nord- und Ostsee. Der **Baumschläfer,** *Dryomys nitedula* Pal., mit einem bis zum Ohr reichenden, dunklen Augenring, kommt, ebenfalls meist in geringer Zahl, in Schlesien und Österreich vor. Der **Gartenschläfer,** *Eliomys quercinus* L., mit einem hinter das Ohr reichenden Augenstreifen, ist häufiger und hauptsächlich in den deutschen Mittelgebirgen, namentlich des Westens, heimisch. Die Lebensweise der drei Arten stimmt überein und ist, besonders betreffs der Nahrung, der des Eichhorns ähnlich. Sie schaden durch Verzehren von Samen, Abbeißen von Trieben und ringelförmiges oder spiraliges Schälen von Stämmen. Auch Vogelnester werden geplündert und zuweilen Insekten verzehrt. Durch Besiedlung künstlich angebrachter Nisthöhlen stören sie die Maßnahmen des Vogelschutzes. In Gärten gehen sie gern an Obst. Die kleinere **Haselmaus,** *Muscardinus avellanarius* L., lebt in Gebüschen, namentlich Haselsträuchern, vorzugsweise von Baumsamen, verzehrt im Frühjahr Knospen und schält zuweilen junge Laubhölzer.

Schrifttum: HENZE, O.: Haselmaus (*Muscardinus avellanarius* L.) als vermutlicher Urheber von Stammringelungen bei der Weißtanne (*Abies alba*). AS 50, 57–58, 1977. — STORCH, G.: Familie Gliridae Thomas, 1897 – Schläfer. HS I, 201–280, 1978.

Familie Muridae, Langschwanzmäuse

Von den nachfolgend behandelten Wühl- oder Kurzschwanzmäusen unterschieden durch etwa körperlangen Schwanz und große Ohren (Abb. 154). Forstliche Bedeutung besitzen die **Waldmaus,** *Apodemus sylvaticus* L., mit brauner Ober- und scharfabgesetzter, weißer Bauchseite sowie die **Gelbhalsmaus,** *A. flavicollis* Melch. (Abb. 154), von gleicher Färbung, mit gelber Kehlbinde. Die erstgenannte Art ist vorzugsweise in lichten Wäldern, namentlich Kiefernbeständen anzutreffen, die andere findet sich am häufigsten in den geschlossenen Laubwäldern Mitteleuropas. Beide sind in der Dämmerung und nachts aktiv und ernähren sich ganz überwiegend von Sämereien. Sie verzehren Bucheln, Eicheln und Haselnüsse; Tannensamen werden wegen ihres hohen Terpentingehalts verschmäht, andere Nadelholzsamen dagegen genommen. Sie legen Samenvorräte für den Winter an, z. B. in Vogelnistkästen. Schäden können in Saatbeeten und Freisaaten, besonders in Herbstsaaten während des folgenden Winters angerichtet werden. In Samenjahren werden unter Umständen große Teile der Mast vernichtet; bei starkem Mäusebesatz bleibt vom Abfallen der Mast bis zum Auskeimen im Frühjahr nicht viel übrig. Gelegentlich werden Knospen und grüne Pflanzenteile, wie Buchenkotyledonen, gefressen. Forstwirtschaftlich ohne Belang sind die durch ihren dunklen Rückenstreifen auffallende **Brandmaus,** *Apodemus agrarius* Pall., und die **Zwergmaus,** *Micromys minutus* Pall. Beide leben mehr im offenen Gelände; die erste wird zuweilen in feuchten, die zweite in trockenen, verseggten Verjüngungen angetroffen. Nützlich werden die Langschwanzmäuse durch Vertilgen von Puppen und Kokons schädlicher Insekten. Im Versuch verzehrten in 24 Stunden eine Gelbhalsmaus maximal 92 *Diprion*kokons oder 100 Kiefernspannerpuppen, eine Zwergmaus maximal 25 Kokons oder 31 Spannerpuppen (KULICKE 1963). Schon häufig haben Mäuse zur Beendigung von Übervermehrungen der Kiefernbuschhornblattwespe entscheidend beigetragen; man findet dann massenhaft ausgefressene Kokons, oft in Lagern zusammengetragen. Benutzen gelegentlich Nistkästen als Wohnstatt und beeinträchtigen dann den Vogelschutz. Bekämpfung, wo erforderlich, durch Auslegen vergifteter Samen, namentlich von gegen Rötelmaus zugelassenen Mitteln (PVF).

Schrifttum: BÄUMLER, W.: Über einen Zusammenbruch der Gelbhalsmauspopulation im Nationalpark Bayerischer Wald. AS 46, 161–168, 1973. — BÖHME, W.: *Apodemus agrarius* (Pallas, 1771) – Brandmaus. HS I, 368–381, 1978. — *Micromys minutus* (Pallas, 1778) – Zwergmaus. HS I, 290–304, 1978. — NIETHAMMER, J.: *Apodemus flavicollis* (Melchior, 1834) – Gelbhalsmaus. HS I, 325–336, 1978. — *Apodemus sylvaticus* (Linnaeus, 1758) – Waldmaus. HS I, 337–358, 1978.

Familie Microtidae, Wühlmäuse, Kurzschwanzmäuse

Im Gegensatz zu den vorgenannten charakterisiert durch kurzen Schwanz von kaum halber Körperlänge, kleine, im Pelz versteckte Ohren, plumpen Körperbau (Abb. 154) und zeitweise oder fast

Abb. 154. *Apodemus flavicollis* (oben) und *Microtus agrestis* (unten). 2/3. Zeichnung W. EHRHARDT

ausschließlich wühlend-unterirdische Lebensweise. Schaden durch Benagen von Stämmchen und Zweigen, Fraß am Wurzelwerk und Verzehren von Samen. Gefährlich durch große Vermehrungsfähigkeit: mehrere Würfe im Jahr, zumindest die Nachkommen der ersten Generation werden noch im gleichen Sommer fortpflanzungsbereit; infolgedessen kann sich der Besatz in kurzer Zeit vervielfachen.

Die Waldwühl- oder **Rötelmaus**, *Clethrionomys glareolus* Schr., mit braunrotem Rücken und weißlicher Bauchseite, ist überall im Walde anzutreffen, in Verjüngungen, Dickungen, Stangenhölzern und Altbeständen, am häufigsten in verbuschtem Gelände und Dickungsrändern mit eingesprengten jüngeren, vergrasten Partien. Baut kugeliges Nest aus Gras und Blättern unterirdisch oder unter Reisighaufen u. dgl.; davon Gänge oberflächlich ausgehend. Mehr als andere Wühlmause auch tagsüber und auf dem Boden aktiv. Lebt von verschiedenartigster pflanzlicher und tierischer Kost, klettert ausgezeichnet, holt sich Samen von Bäumen und schadet vor allem durch Benagen der Rinde von jungen Stämmen und Zweigen bis in Höhen von mehreren Metern, namentlich an Lärche, auch an Douglasie, Strobe, Kiefer, Fichte und eingemischten Edellaubhölzern. Kennzeichnend sind die schmalen, den Splint nur schwach furchenden, meist schräg gerichteten Zahnspuren. Nagt plätzeweise, unberührte und befressene Stellen wechseln miteinander ab; läßt Teile des Bastes am Holz, dieser bräunt sich, die Fraßstelle sieht marmoriert aus. Besonders gern wird Schwarzer Holunder angenommen und nahezu weiß geschält. Frißt auch Knospen, vor allem Gipfelknospen von Nadelhölzern aus und beißt Triebe ab, ähnlich wie Kreuzschnabel und Eichhorn. Beteiligt sich an der Vertilgung der in der Bodendecke überwinternden Schadinsekten und soll sich zuweilen an jungen Vögeln vergreifen.

Ob der häufig sehr schlimm aussehende Schaden durch Knospen-, Trieb- und Rindenfraß wirklich die hohe Bedeutung besitzt, die man ihm zuzumessen geneigt ist, erscheint nach neueren Untersuchungen als fraglich: je 50 verschieden stark beschädigte, 5–12 Jahre alte Lärchen und Kiefern wurden zwei weitere Jahre nach Eintritt des Schadens beobachtet; mit Ausnahme von wenigen stärkstgeschädigten zeigten die Bäume lediglich eine 1–2 Jahre dauernde Minderung des Höhenzuwachses (Semizorová 1967). Es kommt hinzu, daß die Schäden meist örtlich begrenzt sind und sich kaum wiederholen. In noch niedrigen Verjüngungen scheint die Rötelmaus bei Massenauftreten allerdings ähnlich hohe Ausfälle verursachen zu können wie die folgende Art.

Die **Erdmaus**, *Microtus agrestis* L. (Abb. 154), graubraun, bauchseits braunweiß, mit zweifarbigem Schwanz, bewohnt nicht zu trockene, selbst feuchte Orte mit üppiger Vegetation, vor allem verunkrautete, vergraste Kahlflächen und Verjüngungen, namentlich auch Buchennaturverjüngungen. Meidet Dickungen und Stangenhölzer mit vegetationsloser Bodenoberfläche, stellt sich im Altholz ein, wenn Lücken mit dichter Bodenflora entstehen. Haust in kurzen Erdgängen; oberirdische Laufgänge durch dichten Pflanzenwuchs ausgefressen und getreten, im Winter unter dem Schnee. Überwiegend nachts aktiv. Klettert nicht. Lebt während der Vegetationszeit von Gräsern und Unkräutern. Wenn diese welken, benagt sie die Stämmchen junger Holzpflanzen, ausnahmsweise im Sommer, z. B. im Dürrejahr 1959, regelmäßig vom Herbst bis zum nächsten Frühjahr. Häufig setzt das Nagen erst bei Schneefall ein. Schadstellen nur in Erdnähe, bis etwa 10 cm Höhe, oft ringsum, so daß die Pflanzen eingehen. Nagespuren in größerer Höhe entstehen bei Schnee, wenn die Maus weiter am Stämmchen hinaufreichen kann oder dieses heruntergedrückt ist. Mehr oder weniger waagerechte Zahnspuren tief, auch in das Holz eingreifend; zuweilen werden Stämmchen bis 2 cm Durchmesser dicht oberhalb des Bodens abgebissen. Befressen werden alle Laubhölzer außer Birke, besonders Buche (bis Armstärke), Eiche, Esche, Ahorn, aber auch Lärche, Douglasie, Kiefer und sogar die Fichte, wenn andere Fraßpflanzen fehlen. Natur- und Kunstverjüngungen können bei Massenauftreten der Erdmaus teilweise oder ganz vernichtet werden. Massenvermehrungen erfolgen in manchen Gebieten großräumig in nahezu regelmäßiger Folge mit Höhepunkten etwa alle 3 Jahre. Hier sind immer wieder Bekämpfungsmaßnahmen erforderlich.

Die ebenfalls zu Massenvermehrungen neigende **Feldmaus**, *Microtus arvalis* Pal., spielt im Walde eine geringe Rolle. Sie ist äußerlich nicht von der Erdmaus zu unterscheiden, sondern nur durch die Form des mittleren oberen Backenzahnes, der innen bei der Erdmaus 3, bei der Feldmaus 2 Zacken hat. Dagegen sind die ökologischen Ansprüche beider Arten durchaus verschieden. Die Feldmaus bewohnt trockenes, steppenähnliches Gelände und ist im Walde kaum zu finden; nur in feldnahe Flächen dringt sie bei Massenvermehrung ein. Der Schaden entspricht dem der Erdmaus.

Diagnose: Bei Rötelmaus Rinde auffällig abgenagt mit kennzeichnenden Zahnspuren (S. 253), total am Schwarzen Holunder, auch in größerer Höhe; ausgefressene Knospen, abgebissene Triebe. Bei Erdmaus bodennahe Nagestellen, Laufgänge im Bewuchs, Fraßplätze mit zerbissenem Gras und Resten von Unkrautblättern. Bei Feldmaus ebenfalls bodennaher Nageschaden, Erdauswurf vor offenen Löchern, meist in Feld- oder Wiesennähe.

Prognose (für alle 3 Arten): 50, besser 100 handelsübliche Mäuse-Schlagfallen, mit in etwas Fett angerösteten Brotwürfeln geködert, werden im September in Abständen von 2 m in einer Reihe quer über die Fläche aufgestellt. Nach 24 Stunden werden gefangene Mäuse entnommen und Fallen erneut fängisch gemacht; nach weiteren 24 Stunden zweite Kontrolle und Aufnehmen der Fallen. Der Fang wird in Prozent auf 100 Fallen und 1 Nacht (100 Fallennächte) bezogen. Bei Fangprozent von 10 und mehr bei Erdmaus (und Feldmaus), von 5 und mehr bei Rötelmaus ist Bekämpfung erforderlich. Eine längerfristige Prognose für Erd- und Rötelmaus läßt der Prozentsatz trächtiger Weibchen im September zu: er steht in Korrelation mit dem Fangprozent im Herbst des folgenden Jahres (Niemeyer 1979).

Bekämpfung von Rötel- und Feldmaus: Auslegen von gegen diese Arten zugelassenen Ködermitteln (PVF). Erdmaus: Niederhalten des Unkrauts durch Mähen oder Herbizide, doch kann im Herbst neu treibendes Unkraut die Tiere anlocken; ein Versuch, durch Ausbringen des Herbizids Paraquat die Erd- und Feldmausdichte zu reduzieren, blieb erfolglos (BÄUMLER 1977). Flächenbehandlung mit gegen Erdmaus zugelassenen Spritzmitteln (PVF), vorzugsweise im Oktober, auch noch im November. Die ebenfalls gegen Erdmaus zugelassenen Ködermittel sind meist weniger wirksam, aber bei Mischbesatz von Erd- und Rötelmaus angebracht. Benagte Laubhölzer im Frühjahr auf den Stock setzen, damit neue Ausschläge entstehen; tief benagte Buchen können behügelt werden, es bilden sich dann Wurzeln an der Schadstelle.

Schrifttum: BÄUMLER, W.: Über die Auswirkung köderförmiger Rodentizide auf die Kleinsäugerfauna forstlicher Kulturflächen und ein Vorschlag für eine verbesserte Anwendung. AS 46, 55–60, 1973. — Nebenwirkungen von Toxaphen auf Mäuse. AS 48, 65–71, 1975. — Wachstum und Vermehrung der Erdmaus (*Microtus agrestis* L.) auf Forstkulturen. AS 48, 129–134, 1975. — Herbizideinsatz und Mäuse in Forstkulturen. AS 50, 51–55, 1977. — HANSSON, L., a. NILSSON, B. (Eds.): Biocontrol of rodents. Bull. 19 Ecol. Res. Com./NFR, Stockholm 1975. — HARTMANN, G., u. NIEMEYER, H.: Schäden durch Pilze und Tiere in den Forstkulturen von 1973 bis 1977. AF 34, 324–329, 1979. — NIEMEYER, H.: Beobachtungen zum Massenwechsel von Erdmaus (*Microtus agrestis*) und Rötelmaus (*Clethrionomys glareolus*) in Niedersachsen und zur Möglichkeit einer Prognose. MBBA 191, 233, 1979. — SCHINDLER, U.: Erfolgskontrolle praxisüblicher Bekämpfungen der Erdmaus (*Microtus agrestis* L.) und der Rötelmaus (*Clethrionomys glareolus* Schreb.) in forstlichen Verjüngungen mit Hilfe der Lebendfang-Methode. ZPK 77, 76–82, 1970. — Massenwechsel der Erdmaus, *Microtus agrestis* L., in Süd-Niedersachsen von 1952–1971. ZaZ 59, 189–203, 1972. — SCHNEIDER, H. J.: Wirkungen der Erd- und Rötelmausbekämpfung mit Arrex-Ködern. AF 33, 382–383, 1978.

Die Große Wühlmaus oder **Schermaus**, *Arvicola terrestris* L., braun, nahezu rattengroß, lebt vorwiegend unterirdisch in langen Gängen mit Nestern und Vorratskammern und ernährt sich von Wurzeln der Kräuter, Sträucher und Bäume. Vor allem im Winter werden Baumwurzeln gefressen. Kommt nachts auch an die Erdoberfläche, beißt Gräser und Unkräuter ab und trägt sie in den Bau. Übler Schädling in Obstgärten. Im Wald vorzüglich auf Plätzen mit gelockertem Boden und nichtgeschlossenem Baumbestand, namentlich in Pflanzgärten und Samenplantagen, auf Vollumbruchkulturen und Ackeraufforstungen, besonders gern auf Flächen mit Dauerlupine. Benagt die Seitenwurzeln von Laub- und Nadelhölzern, geht dann an die Hauptwurzel, die sie rübenartig zuschneidet. Finger- bis armdicke Stämmchen werden befressen. Bei Nadelhölzern wird in der Regel nur die Rinde abgenagt, bei Laubhölzern auch das Holz stark angegriffen; in beiden Fällen gehen die Bäume ein. Besonders häufig werden Schäden in Saaten und Pflanzungen von Eichen und Roteichen beobachtet.

Diagnose: Gänge vielfach dicht unter der Erdoberfläche und sich abhebend; Erdhaufen wie Maulwurfshügel, aber flacher. Wurzelwerk grob abgefressen; Bäume haben keinen Halt, sind vom Wind geschoben oder lassen sich leicht umdrücken.

Bekämpfung: Im Pflanzgarten mit Fallen, mit Räuchermitteln und Begasungspatronen, mit gegen Schermaus zugelassenen Giftködern (PVG), durch Einleiten von Benzinmotor-Auspuffgasen in die Gänge (CREUZBURG 1957, SCHREIER 1957). Auf der meist vergrasten Kulturfläche sind diese Verfahren nicht anwendbar, weil sie voraussetzen, daß alle Gänge gefunden werden; hier höchstens Auslegen von Giftködern (PVG) mit zweifelhafter Erfolgsaussicht.

Familie Leporidae, Hasen

Der **Hase**, *Lepus europaeus* Pal., in den oberen Lagen der Hochgebirge sowie in Nord- und Osteuropa der im Winter weiße **Schneehase**, *L. timidus* L., schaden durch Verbeißen von Knospen und Trieben junger Pflanzen, namentlich der Laubhölzer. Besonders leiden natürliche Buchenverjüngungen und Pflanzungen 2- bis 3jähriger Buchensämlinge. Die Triebe werden glatt abgeschnitten. Entsprechend der ungeselligen und ortssteten Lebensweise des Hasen beschränkt sich der Schaden vielfach auf engumgrenzte Orte, kann hier aber recht empfindlich werden. Ferner werden junge Stämmchen geschält, vor allem in schneereichen Wintern die Robinie und andere Schmetterlingsblütler, aber auch Buche, Ahorn und Obstbäume. Die Schälstellen sind gekennzeichnet durch die breiten, paarigen Zahnspuren.

Das **Karnickel,** *Oryctolagus cuniculus* L., verbeißt sämtliche Holzarten, infolge seines überwiegenden Auftretens in Kieferngebieten hauptsächlich die Kiefer. Im Winter und Frühjahr schält es gern, meist junge Stämme bis 5 cm Durchmesser und bodennahe Zweige; es kann unter Umständen auch ältere Laubhölzer, selbst 100jährige Buchen, bis aufs Holz entrinden und zum Absterben bringen; Nadelhölzer werden nur in jugendlichem Alter geschält. Ferner schadet es durch Ausscharren von Samen und Pflanzen und durch Unterwühlen des Bodens. Die Schädlichkeit des Kaninchens wird erhöht durch das gesellige Zusammenleben vieler Stücke und die große Vermehrungsfähigkeit: während der warmen Jahreszeit können alle 6 Wochen 3–8 Junge geworfen werden, die mit etwa 8 Monaten fortpflanzungsfähig sind. Unter günstigen Verhältnissen ist somit eine rasche Massenvermehrung möglich.

Schutzmaßnahmen: Allgemein Verringerung der Wilddichte durch Abschuß; Flächenschutz durch hasen- bzw. kaninchendichten Zaun oder Einzelschutz der Pflanzen mit Drahthosen (S. 407). Gegen Abbißschäden Spritzen oder Streichen der Pflanzen mit gegen Hasen- und Kaninverbiß zugelassenen Mitteln (PVF, PVG); bei starkem Besatz und in Baunähe nicht immer wirksam. Gegen Nageschäden stammumhüllende Spiralen und Manschetten oder Stammanstrich mit geeigneten Mitteln, die zur Zeit (1980) allerdings nicht zur Verfügung stehen.

Schrifttum: UECKERMANN, E.: Verhütung von Wildschäden im Walde. Forschungsst. f. Jagdk. u. Wildschadenverhütung Beuel-Niederholtorf 1978.

Familie Castoridae, Biber

Der **Biber,** *Castor fiber* L., wird durch Abschneiden und Schälen von weichen, seltener von harten Laubhölzern in Wassernähe forstschädlich; schwache Stangen und Äste werden glatt abgebissen, stärkere Stämme bis 40 cm Durchmesser werden keil- oder kegelförmig abgeschnitten. In den kleinen Naturschutzgebieten, in denen das selten gewordene Tier noch vorkommt, bleibt dieser Schaden belanglos.

Ungulata, Huftiere

Gekennzeichnet durch Hufe bzw. Schalen, welche die Zehen umgeben.

Familie Suidae, Schweine

Das **Schwarzwild,** *Sus scrofa* L., kann durch Aufnehmen von Eicheln und Bucheln, Ausziehen, Umbrechen und Zertreten junger Pflanzen, Befressen von Wurzeln und Reiben an einzelnen Stämmen (Malbäumen) schädlich werden. Diesem gewöhnlich unbedeutenden Schaden steht im Walde der Nutzen gegenüber, der durch Auflockerung des Bodens und durch Vertilgen von Mäusen und Schadinsekten gestiftet wird.

Der Schaden kann gelegentlich hoch sein: im Forstamt Gartow wurden im Winter 1955/56 ein- und zweijährige Roteichensaaten und -pflanzungen durch Abbeißen der Pflänzchen restlos vernichtet. Der Nutzen wird nach dem Eindruck der umfangreichen gebrochenen Flächen und auf Grund von Magenuntersuchungen meist als beträchtlich angesehen; demgegenüber konnten VIETINGHOFF-RIESCH 1952 und BRIEDERMANN 1968 feststellen, daß bei hohem Insektenbesatz die erzielte Reduktion nicht ausreicht, um Schäden zu verhindern, und bei niedrigem Besatz kein Anreiz zum Brechen besteht. Wertvolle Hilfe leistet das Schwarzwild zum Entdecken von Schädlingsvermehrungen: wo Sauen brechen, kann ein stärkerer Besatz von Insekten vermutet werden.

Familie Cervidae, Hirsche

Die forstpathologisch bedeutungsvollste Art ist das **Rotwild,** *Cervus elaphus* L., das in verschiedener Weise im Walde schadet. Alle Waldfrüchte werden aufgenommen, insbesondere Eichel- und Buchelsaaten, auch nach der Keimung, heimgesucht; die Samen werden mit den Vorderläufen aus dem Boden herausgeschlagen. Während der Vegetationsruhe tätigt es V e r b i ß an Knospen und jungen Trieben fast aller Holzgewächse. Bevorzugt werden unter den Laubhölzern Aspe, Buche, Eiche, Esche und

Ahorn, unter den Nadelhölzern Tanne und Fichte. Doch verhält sich das Rotwild örtlich verschieden. Vielfach werden seltenere, nicht heimische Holzarten besonders gern angenommen. Die Verbißstelle ist, im Gegensatz zu dem glatt abgeschnittenen Hasenverbiß, faserig; der Trieb wird mehr abgerupft. Der Umfang des Schadens hängt naturgemäß von den örtlichen Verhältnissen ab, besonders von der Höhe des Rotwildbestandes und den im Winter gebotenen Ernährungsmöglichkeiten. Die Schäden häufen sich dort, wo das Wild mit Vorliebe steht. Wichtig sind ferner Reproduktionsvermögen und Wüchsigkeit der bedrohten Pflanzen. Im relativ harmlosesten Falle wird die Entwicklung der Pflanze zeitlich gehemmt; bei wiederholtem Verbiß entstehen die bekannten, kegelförmigen, dichtbelaubten oder -benadelten Kollerbüsche, deren jährlich neugebildete Seitentriebe immer wieder von der „Rotwildschere" zurückgeschnitten werden, bis sie so breit geworden sind, daß der Gipfeltrieb nicht mehr vom Wild erreicht wird und in die Höhe geht. In schlimmeren Fällen erleiden die Pflanzen, namentlich in Nadelholzverjüngungen und -kulturen, Verunstaltungen und Schaftkrümmungen, welche die Nutzholztauglichkeit in Frage stellen. Langdauernder Verbiß kann die Anfälligkeit für Befall durch Schadinsekten fördern; bei hartnäckig wiederholtem Verbiß kann die Pflanze eingehen. Das Fehlen von Laubholz in manchen Kieferngebieten ist auf das Rotwild zurückzuführen, das jede natürlich angekommene oder künstlich eingebrachte Laubholzpflanze solange verbeißt, bis sie verschwunden ist. Viele schlechte, lückige, ungleich entwickelte, kaum Wertholz liefernde Kulturen sind auf das Konto des Rotwilds zu buchen.

Ein gutes Beispiel für die Verbißschäden des Rotwildes fand HEYBEY 1938 auf einer Fichtenkultur mit eingesprengten Birken und Kiefern, die zum Teil durch einen Zaun geschützt war. 7 Jahre nach ihrer Gründung betrug auf der ungeschützten Fläche in Prozenten der geschützten die Pflanzenzahl bei Kiefer 91, Fichte 79, Birke 73 und die durchschnittliche Höhe dieser Pflanzen 39 bzw. 41 bzw. 35.

Ein weiterer, wirtschaftlich mindestens ebenso bedeutungsvoller Schaden entsteht durch das Schälen, das Abbeißen und -nagen der Rinde an Stämmen (Stammschäle) und zutage tretenden Wurzeln (Wurzelschäle). Die abgeschälte Rinde wird verzehrt. Geschält werden vor allem Fichte, Eiche, Esche, Tanne, Buche und Kiefer, aber auch andere Baumarten, jeweils in Altersklassen, in denen die Rinde noch dünn und glatt ist. Das Schälen setzt ein, wenn das Stämmchen dem angreifenden Äser genügend Widerstand zu bieten vermag, etwa im Alter 5–10; es dauert bis zum Alter von 60 Jahren bei Fichte, 40 Jahren bei Eiche, 70 Jahren bei Buche und 20 Jahren bei Kiefer. Rauhe Rinde und sperrige Beastung schützen gegen das Schälen. In steilen Lehnen und an Orten mit hoher Schneedecke sind die Bestände länger dem Angriff ausgesetzt als in ebenen Lagen, weil das Wild höher am Stamm hinaufreichen kann. Zuweilen wird eine Baumart nur in bestimmten Zeiträumen angenommen und dann wieder jahrelang verschont. Auch schälen einzelne Stücke stärker, andere weniger. Besonders starke Schältätigkeit wird häufig in sommerlichen Perioden hohen Niederschlags beobachtet. Die Behauptung, daß das Schälen eine in jüngerer Zeit erworbene, durch die Verhältnisse des modernen Wirtschaftswaldes bedingte Erscheinung ist, wurde von HEUELL 1937 widerlegt. Baumrinde gehört zur natürlichen Äsung des Rotwildes. In welchem Umfang es sie nimmt und dadurch Schaden entsteht, hängt von den örtlichen Verhältnissen ab. Zweifellos führen die im heutigen Wirtschaftswald vielfach ungenügenden Ernährungsverhältnisse, die Absperrung von der Feldäsung, das Ausmerzen von Äsungspflanzen durch gründliche Unkrautbekämpfung, die durch gesteigerten Verkehr und intensivere Bewirtschaftung häufigeren Störungen bei der Nahrungsaufnahme und die damit verbundene Ballung in bestimmten Beständen zu einer Erhöhung der Rindenaufnahme, besonders bei zahlenmäßig starkem Wildstand. Bemerkenswert ist, daß Schälen auch im artenreichen, vielfache Äsung bietenden Urwald in starkem Umfang vorkommen kann (LEITNER 1928).

Den Zusammenhang zwischen dem Angebot an sonstiger, namentlich Gras- und Kraut-Äsung und dem Ausmaß des Schälens läßt eine in den Fichtenbeständen des hessischen Staatswaldes vorgenommenen Untersuchung deutlich erkennen (WEIMANN 1979):

auf Standorten mit	hohem	mittlerem	niedrigem
Nährstoffanteil im Boden wiesen	69	83	93 %
der Bestände Schälschäden auf; in ihnen waren durchschnittlich	23	49	58 %
der Bäume geschält; die mittlere Länge der Schälwunde betrug	59	74	80 cm.

Je nährstoffärmer der Boden, d. h., je dürftiger die übrige Äsung war, um so intensiver erfolgte das Schälen.

Man unterscheidet verschiedene S c h ä l a r t e n. Bei der zur Saftzeit erfolgenden S o m m e r s c h ä l e schneidet das Wild die Rinde bis zum Splint durch, hält den abgelösten Teil mit Vorderzähnen und Oberkiefer fest und zieht durch Heben des Kopfes einen Streifen glatt ab; er verjüngt sich meist nach oben und reißt beim nächsten stärkeren Astquirl ab. Bei der gewöhnlich minder gefährlichen W i n t e r s c h ä l e wird die sich nicht lösende Rinde mit den Vorderzähnen des Unterkiefers abgenagt; die Zahnspuren sind deutlich sichtbar. Ferner unterscheidet man Ring-, Streifen- und Platzschäle, je nachdem die Rinde ringsum, in Längsstreifen oder platzweise abgeschält ist. Stufenschäle liegt vor, wenn sich die Rinde nicht in langen Streifen löst, sondern kleine Nagestellen stufenweise übereinander liegen; besonders bei Eiche, Buche und Esche. Die Größe der meist in 0,5–2,0 m Höhe auftretenden Schälstellen schwankt zwischen einigen Zentimetern und 1,5 m Länge. Geschält wird während des ganzen Jahres, am häufigsten von Januar bis April.

Die Folgen des Schälens bestehen in Zuwachsverlust, Mißbildungen des Stammes infolge der Überwallungen, Beeinträchtigung der Holzgüte, besonders bei einem in der Mehrzahl der Fälle erfolgenden Zutritt von Pilzinfektion; namentlich dadurch Verminderung des Nutzholzertrags sowie Steigerung der Wind-, Schnee- und Eisbruchgefahr; bei ringförmiger Schäle auch unmittelbar Tod des Baumes. Über die wirtschaftlichen Auswirkungen der Schälschäden vgl. unten S. 359.

Durch F e g e n und S c h l a g e n der Hirsche entstehen Schäden, die den Schälschäden ähnlich, aber von wesentlich geringerer Bedeutung sind, da sie stets nur an vereinzelten Bäumen auftreten. Das Fegen geschieht zur Entfernung des Bastes vom vereckten Geweih, das Schlagen mit dem gefegten Geweih an freistehenden, schwächeren Stämmen aller möglichen Holzarten, wobei örtlich seltenere bevorzugt werden.

Schließlich können auf Kulturen durch Zertreten, Herausschlagen und Herausziehen jüngerer Pflanzen sowie durch Zerdrücken beim Niedertun Schäden entstehen, die namentlich auf Brunftplätzen nicht unerheblich sein können.

Das **Damwild**, *Dama dama* L., schadet durch Verbiß, Zertreten, Fegen und Schlagen bei unruhiger Lebensweise stellenweise in beachtlichem Umfang. Es schält weniger als das Rotwild und vorwiegend an Laubhölzern, besonders an Esche im Alter von 6–35 und an Pappel im Alter von 3–15 Jahren. Die Schälwunden liegen 0,3–1,5 m hoch, zuweilen auch niedriger, dann offenbar von den Tieren in Kniestellung verursacht. Insgesamt ist die Schädlichkeit des Damwildes geringer als die des Rotwildes.

Das **Rehwild**, *Capreolus capreolus* L., nimmt Samen und Kotyledonen von Buche und Eiche und verbeißt, besonders im Winter, ortsweise auch während der Vegetationszeit, Knospen und Triebe fast aller Baumarten, namentlich der Laubhölzer. Seltenere Baumarten werden bevorzugt. Der Bock fegt und schlägt an freistehenden, schwächeren Stämmchen und Sträuchern. Gelegentlich werden Laubholzpflanzen, namentlich Weiden, in 1 m Höhe abgebrochen. Das Plätzen, d. h. das Wegschlagen der Bodendecke und obersten Bodenschicht mit den Vorderläufen, kann auf Kulturen zur Vernichtung junger Pflanzen führen. In seltenen Ausnahmefällen sind 7- bis 10jährige Kiefern, häufiger gefällte Stämme geschält worden. Das Reh kann, besonders durch Verbiß, recht beträchtlichen Schaden anrichten, der sich, bei ortssteter Lebensweise, lokal häuft; doch bleibt der Gesamtschaden hinter dem des Rotwildes weit zurück, da es infolge seiner geringeren Größe weniger Nahrung bedarf und in der Regel nicht schält.

Schutzmaßnahmen: Erhaltung oder Herstellung einer wirtschaftlich tragbaren Wilddichte, die nach Wildart und örtlichen Verhältnissen unterschiedlich ist. Sie wird angegeben für Rotwild mit 1,5–2,5 Stück auf 100 ha (als natürlichen, keinerlei Schaden verursachenden Rotwildstand der südosteuropäischen Urwälder nennt FRÖHLICH 1955 nur 2–4 Stück auf 1000 ha!), für Damwild 3–10 und für Rehwild 3–11 Stück auf 100 ha, jeweils die niedrige Zahl für geringe, die hohe für gute Standorte (UECKERMANN 1979). Solchen Angaben wird entgegengehalten, daß der Begriff der tragbaren Wilddichte vieldeutig ist (SPEIDEL 1975) und die tatsächliche Wilddichte selbst sich zufriedenstellend nicht ermitteln läßt: in einem Jagdrevier sollte aus hier nicht interessierenden Gründen der Gesamtbestand an Rehwild abgeschossen werden; durch sorgfältige Beobachtung wurde vorher die Menge der Tiere auf rund 70 ermittelt; bei dem dann erfolgenden Totalabschuß kamen 213 Stück zur Strecke, mehr als das Dreifache (ANDERSEN 1953). Die Fehlerquoten sind nach den Umständen sehr unterschiedlich und liegen für Rotwild durchschnittlich bei 100 %, für Rehwild bis 200 % und mehr (GOSSOW 1975). Deshalb haben EISFELD-ELLENBERG 1974 und EISFELD 1975, 1979 ein Verfahren der Abschußplanung speziell für Rehwild vorgeschlagen, das auf Dichteermittlungen verzichtet und die jeweilige Kondition des Wildbestandes zugrundelegt. Ob die damit feststellbare biotisch tragbare mit der angestrebten wirtschaftlich tragbaren Wilddichte übereinstimmt, bleibt zunächst offen. Nach SPEIDEL 1975 sollte die wirtschaftlich tragbare Wilddichte aus der Höhe des vom Wilde angerichteten Schadens abgeleitet werden: sie ist z. B. diejenige Wilddichte, bei der die Kosten für Schutz- und Ersatzmaßnahmen zur Sicherung einer normalen Entwicklung des Jungwuchses und der Dickungen einen bestimmten Prozentsatz der gegendüblichen Kulturkosten nicht überschreitet. Verbesserung der Ernährungsverhältnisse durch waldbauliche Maßnahmen und Anbau fruchttragender Bäume; durch Fällen von Proßholz, d. h. gern verbissenen oder geschälten Baumarten, vorzugsweise Weiden, Eschen, Eichen, Hainbuchen und Aspen, um das Wild von den stehenden Bäumen abzulenken; durch Anlage von Grünäsungsflächen und Wildäckern sowie durch Füttern und Darbieten von Salzlecken (S. 381). Ausreichende Versorgung mit Saftfutter mindert beim Rotwild den Drang zum Schälen (KÖNIG 1968). Schutz der Pflanzen durch Flächenschutz mit Gatter (S. 407) oder durch Einzelschutz: gegen Verbiß ganzjährig Drahthosen, im Winter sog. Hausmittel (S. 416) oder im Handel erhältliche, gegen Winter-Wildverbiß, im Sommer gegen Sommer-Wildverbiß zugelassene Mittel (PVF). Gegen Schälen Behandlung der Rinde mit Aufrauhgeräten (S. 410), Einband (S. 407) oder chemische, gegen Schälschäden zugelassene Mittel (PVF); geschützt werden nur wertvolle, voraussichtlich den Endbestand bildende Stämme, rechtzeitig vor Einsetzen des Schälens und, ggf. mit verschiedenen Verfahren, während der gesamten schälgefährdeten Altersspanne; z. B. bei Fichte 800 Pflanzen je ha ab Alter 5–10 Grüneinband, nach Trockenastbildung am unteren Stammteil Aufrauhen der Rinde mit Rindenhobel. Gegen Fegen mechanische Schutz- (S. 407) und Abschreckvorrichtungen (S. 410) oder chemische, gegen Fegeschaden zugelassene Mittel (PVF).

Schrifttum: ARETIN, C. A. FRHR. v.: Auswirkungen der überhöhten Rehwildbestände auf den Waldertrag. FH 32, 60–63, 1977. — BERLIT, J.: Einfluß von Gatterung und Verbiß auf Laubholzverjüngung. AF 35, 470–471, 1980. — EISFELD, D.: Zur Regulation der Rehdichte und Vorschlag zur Neugestaltung der Abschußplanung. AF 30, 1123–1127, 1975 — Unterkieferlänge des Rehwildes als Bejagungsmaßstab. AF 34, 1269–1270, 1979. — EISFELD, D., u. ELLENBERG, H.: Vorschlag einer neuen Abschußregelung für Rehwild. Pirsch 26, 858–860, 1974. — ELLENBERG, H.: Neue Ergebnisse der Reh-Ökologie: Zählbarkeit, Wachstum, Vermehrung. AF 30, 1113–1118, 1975. — FÖRSTER, M.: Auswirkungen eines überhöhten Wildbestandes auf die Vegetation. AF 30, 317–320, 1975. — GOSSOW, H.: Tragfähigkeitskriterien und Schalenwildregulation. FA 46, 254–258, 1975. — Wildökologie. München-Salzburg 1976. — HOFMANN, R. R.: Wildbiologische Erkenntnisse, ein Hilfsmittel zur Minderung der Wildschäden. AF 32, 111–115, 1977. — IMHOF, F.: Praktische Erfahrungen in der Wildschadensabwehr. AF 32, 115–119, 1977. — JENSCHKE, P.: Zur Frage der Wildschadenverhütung. AF 33, 454–455, 1978. — KLINKSPOOR, T. H., a. LUITJES, J.: Use of auxiliary species as protection against damage by fraying by roe-buck. NBT 42, 247–258, 1970. — KREIDLER, H.: Die tragbare Wilddichte im Wald. FH 32, 147–149, 1977. — LEIBUNDGUT, H. (Hrsg.): Wald und Wild. Zürich 1973. — LUITJES, J.: De invloed van het wild op de groei van jonge groveden. NBT 46, 32–43, 1974. — MASSAR, L.: Rehwildbewirtschaftung. AF 33, 1286–1289, 1978. — ROEDER, A.: Überraschende Untersuchungsergebnisse über Auswirkungen von Rotwildschälschäden bei Fichte. AF 26, 907–909, 1971. — ROEDER, A., u. KNIGGE, W.: Sind Rotwildschälschäden wirklich so schwerwiegend? FA 43, 109–114, 1972. — SCHRÖDER, W.: Brauchen wir den Abschußplan für Rehwild? AF 30, 1108–1112, 1975. — SPEIDEL, G.: Grundlagen und Methoden zur Bestimmung der wirtschaftlich tragbaren Wilddichte beim Schalenwild. FA 46, 221–228, 1975. — Schalenwildbestände und Leistungsfähigkeit des Waldes als Problem der Forst- und Holzwirtschaft aus der Sicht der Forstökonomie. AF 30, 247–250, 1975. — UECKERMANN, E.: Die Wildschadenverhütung in Wald und Feld. 4. A., Berlin-Hamburg 1980. — Verhütung von Wildschäden im Walde. Bonn 1978. — Die Verhütung von Wildschäden im Walde. FH 34, 201–206, 1979. — WEBER, T.: Wildschadensverhütung. AF 32, 105–106, 1977. — WEIMANN, H. J.: Hängt die Schälschadens-Intensität von der Nährstoffversorgung der Waldböden ab? AF 34, 487–488, 1979. — WICHMANN, A.: Maßnahmen der Hessischen Landesforstverwaltung zur Minderung der Wildschäden. AF 32, 109–111, 1977.

Familie Bovidae, Rinderähnliche

Das **Muffelwild,** *Ovis musimon* Pall., früher für forstunschädlich gehalten, verbeißt wie das Rot- oder Rehwild Laub- und Nadelholz, namentlich Buche, Eiche, Esche, Fichte und Kiefer. Da sich seine Verbißschäden nicht von solchen anderer vergleichbarer Schalenwildarten unterscheiden und es meist in einem Revier gemeinsam mit ihnen vorkommt, wird der Muffelverbiß häufig diesen zugeschrieben oder nicht in seinem Ausmaß erkannt. Auch Schälschäden werden beobachtet, jedoch offenbar nur bei bestimmten Mufflonbeständen, häufig allein durch einzelne Tiere verursacht. Geschält wird während des Winters, vor allem Esche, weiter Eiche, Buche, Fichte, Kiefer und Tanne, bis zu 1,6 m Stammhöhe, bei Fichte auch gern an freiliegenden Wurzeln.

Schutzmaßnahmen wie gegen Cerviden. Als wirtschaftlich tragbare Wilddichte werden bis 4 Stück auf 100 ha angegeben (UECKERMANN 1979). Schälende Einzelstücke oder Bestände sollten abgeschossen, diese ggf. mit Stücken aus nichtschälenden Beständen ersetzt werden.

Das **Gamswild,** *Rupicapra rupicapra* L., wird teils als nahezu unschädlich (HESS-BECK 1927), teils als fast so gefährlich wie die Ziegen (LINCKE 1938) hingestellt. Soweit es sich außerhalb geregelt bewirtschafteter Wälder aufhält, kommt es als Gegenstand des Forstschutzes nicht in Betracht. Im Wirtschaftswald schadet es hauptsächlich durch Verbiß in Kulturen und Verjüngungen. Auf einer näher untersuchten Fichtenkultur wurden in den einzelnen Jahren zwischen 0 und 76 % der Gipfelknospen verbissen; der Verbiß war im Sommer durchschnittlich um rund 50 % höher als im Winter (KÖNIG 1971).

Schrifttum: KÖNIG, E.: Der Einfluß des Verbisses durch Gamswild auf das Höhenwachstum der Fichte. AF 28, 467–468, 1971. — UECKERMANN, E.: Die Verhütung von Wildschäden im Walde. FH 34, 201–206, 1979.

Haustiere

Haustiere können zur Waldweide, d. h. zur Nutzung der Bodenpflanzen, besonders der Gräser, durch **Pferd, Rind, Schaf** und **Ziege,** und zur Mastnutzung, also zur Aufnahme von Eicheln und Bucheln durch das **Schwein,** in den Wald eingetrieben werden. Beide Arten der Nutzung spielen, im Gegensatz zu früheren Zeiten und zu anderen Ländern mit weniger hoch entwickelter Forstwirtschaft, im modernen Wirtschaftswald Mitteleuropas keine Rolle mehr.

Das W e i d e v i e h schadet durch Festtreten oder Lockern des Bodens, Ausziehen junger Pflanzen, Verbeißen von Knospen, Blättern und Trieben, Benagen von Baumrinden, Zertreten, Überreiten und Umbrechen von Jungwüchsen, Verletzen von Wurzeln. Verbissen werden in erster Linie Laubhölzer, von den Nadelhölzern vorzugsweise die Tanne; vereinzelt auftretende Holzarten werden besonders gern genommen. Den größten Schaden richtet die Ziege an, da sie selbst bei reichlich vorhandenem Futtergras die Holzgewächse intensiv verbeißt, an ihnen hochklettert, um in die Gipfel zu gelangen, und vereinzelt auch schält; nach dem Grade der Schädlichkeit abgestuft folgen Pferd, Rind und Schaf. Das H a u s s c h w e i n schadet und nützt im Walde wie das Schwarzwild.

MASSENENTWICKLUNG DER PATHOGENEN
ORGANISMEN

(Krankheitsvoraussetzungen auf seiten des Erregers)

Die im Walde lebenden forstpathogenen Organismen, welche im vorigen Abschnitt mit den anderen pathozönen Lebewesen vorgeführt wurden, vermögen im allgemeinen Störungen des ökologischen Gleichgewichtes oder wirtschaftliche Schäden nur zu erzeugen, wenn sie in Massen auftreten. Vereinzelt vorkommende Rotfäule oder wenige in den Kiefernkronen fressende Eulenraupen stören weder das Gedeihen des Waldes, noch beeinträchtigen sie das Wirtschaftsziel des Forstmanns. Erst wenn die pathogenen Lebewesen in großen Zahlen den Wald heimsuchen, wenn sie Massenerkrankungen oder Epidemien hervorrufen, werden sie biologisch und wirtschaftlich zum Problem.

Von dieser Regel gibt es Ausnahmen. Manche Organismen können infolge ihrer Größe bereits in geringer Stückzahl wesentlichen Einfluß auf das Gedeihen der Lebensgemeinschaft nehmen; hierher gehören Säugetiere, namentlich das Rotwild, von dem schon wenige schälende Individuen einen Fichtenbestand stark beeinträchtigen können, oder Hasen und Karnickel, welche den Pflanzenwuchs ihres Wohnbereichs beträchtlich unter die Schere nehmen. Oder es können auch nur wenige geschädigte Stämme für den Wirtschafter einen Verlust bedeuten, wenn beispielsweise der Baumschwamm starke Wertholzkiefern befiel, oder wenn mit besonderem Kostenaufwand gepflanzte, seltene Holzarten vom fegenden Bock zerschlagen wurden.

Diese Ausnahmen beeinträchtigen aber nicht die Gültigkeit des Satzes, daß das aus einer unzählbaren Menge von Lebewesen sich zusammensetzende Beziehungsgefüge Wald weder durch eine geringe Zahl sogenannter Schädlinge noch durch Erkrankung oder Ausfall weniger Bäume in seinem Gedeihen gestört wird. Ebensowenig kümmert den mit dem Waldbestand als Wirtschaftseinheit arbeitenden Forstmann das Eingehen oder die Wertminderung einzelner Stämme. Erst massenhaftes Auftreten von Erkrankungen bedroht Wald und Wirtschaftsziel und stört die Arbeit des Forstmannes.

Biologisch und wirtschaftlich bedeutsame Massenerkrankungen im Walde setzen eine Massenentwicklung der pathogenen Organismen voraus. Sie ist bedingt durch ihre artspezifischen Eigenheiten, die im vorigen Abschnitt behandelt wurden, und durch Einflüsse, welche die Umwelt auf sie ausübt. Die Verschiedenartigkeit der Grundvoraussetzungen zwingt dazu, die Massenentwicklung der Pilze und Insekten, die als pathogene Organismen in diesem Zusammenhang fast ausschließlich in Frage kommen, getrennt zu besprechen.

A. DIE MASSENAUSBREITUNG DER PILZE

Die Massenausbreitung der Pilze geschieht in der Regel durch ihre propagativen Sporen (S. 85), die sie oft in unvorstellbar großen Mengen zu erzeugen vermögen. Daß innerhalb kurzer Zeit, etwa in einer Nacht, Millionen von Sporen gebildet werden, ist keine Seltenheit.

TAYLOR 1922 stellte auf *Ribes*blättern je Quadratzoll bis über 16 Millionen Basidiosporen von *Cronartium ribicola* fest. Eine 100 cm² große Fruchtschichtfläche des Kiefernbaumschwammes schleuderte unter günstigen Bedingungen in einer Stunde nach MÖLLER 1904 150 Millionen, nach LIESE 1936 bis 580 000 Sporen ab. Buchwald 1938 fand, daß ein Fruchtkörper des *Fomes fomentarius* von April bis Augustmitte stündlich 2300–2500 Millionen Sporen bildete. 8 Millionen Sporen des Kiefernbaumschwamms füllen den Raum von nur 1 Kubikmillimeter.

Die Fruchtbarkeit der parasitischen Pilze ist also eine ungeheure. Im allgemeinen stehen riesige Sporenmengen zur Verfügung, welche den Pilz innerhalb kurzer Zeit über ein großes Gebiet ausbreiten können. Wenn trotzdem keine allgemeine und dauernde Verseuchung mit Pilzkrankheiten eintritt, so liegt der Grund hierfür einmal in später zu besprechenden Eigenschaften des Wirtes, zum andern aber in der Notwendigkeit des Zusammentreffens von Voraussetzungen, die auf seiten des Erregers erfüllt sein müssen.

Bedingungen der Sporenentstehung. Pilzentwicklung und Sporenbildung werden maßgeblich durch abiotische Umweltbedingungen sowie durch die Beschaffenheit des Nahrungssubstrats beeinflußt.

Zunächst spielt die Temperatur eine wichtige Rolle. Von einem unteren Nullpunkt ab, der meist bei 0–5 °C liegt, nimmt die durch Myzelwachstum sich äußernde Lebenstätigkeit der Pilze bis zu einem Maximum, etwa zwischen 20 und 30 °C, zu. Mit weiter steigender Wärme sinkt die Tätigkeit sehr schnell, um bei Temperaturen etwa zwischen 27 und 40 °C gänzlich aufzuhören. Auf beiden Seiten dieser Zone des aktiven Lebens liegt ein Bereich, in welchem der Pilz sich in Kälte- bzw. Hitzestarre befindet. Bei Überschreiten dieser Bereiche erfolgt der Kälte- oder Hitzetod. Es liegen also in dieser Hinsicht die gleichen Verhältnisse wie bei den Insekten (S. 286) und den übrigen wechselwarmen Organismen vor. Die im Freien vorkommenden Pilze sind derart an die üblichen Temperaturen angepaßt, daß Überwinterungsstadien unter Kältetod kaum zu leiden haben. Der Hitzetod tritt in der Regel für vegetative Pilzteile bei etwa 45–70°C, für Sporen erst bei 100 °C und darüber ein.

Zwei Beispiele für die Abhängigkeit des Myzelwachstums von der Temperatur bringt Abb. 155. Bemerkenswert ist die Anpassung von *Herpotrichia juniperi*, des „Schneeschimmels", an tiefe

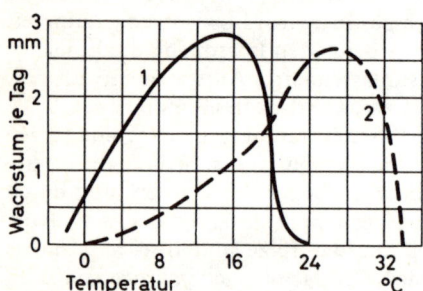
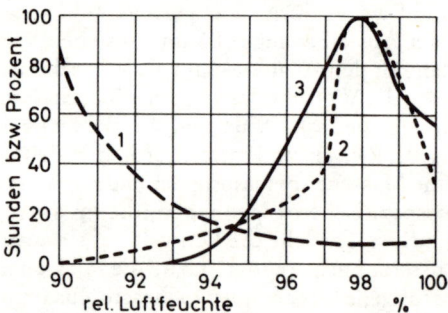

Abb. 155. Wachstumsgeschwindigkeit des Myzels von (1) *Herpotrichia juniperi* und (2) *Phellinus pini* auf Malzagar in verschiedenen konstanten Temperaturen. Nach Gäumann 1951 und Liese 1936

Abb. 156. Beziehung der (1) Keimungsdauer der Sporen (in Stunden) sowie der Wachstumsgeschwindigkeit (2) der Keimschläuche und (3) des Myzels (in Prozent der maximalen Geschwindigkeit) von *Septotis podophyllina* zur relativen Luftfeuchtigkeit (= Hydratur des als Nährsubstrat benutzten Malzagars). Nach Schwenke 1959

Temperaturen. Ein weiteres Beispiel: bei pH 5,1 erreichte Hallimaschmyzel in 6 Wochen bei 10 °C ein Gewicht von 121, bei 15–19 °C von 248, bei 25° von 357 mg (Reitsma 1932). Im übrigen ist die Beziehung zwischen Temperatur und Wachstumsgeschwindigkeit keineswegs starr, sondern von anderen Umständen abhängig, beispielsweise vom Herkunftsort des Pilzes: zwei Stämme von *Fomitopsis pinicola*, einer aus 850, der andere aus 1150 m Seehöhe, erreichten in optimaler Temperatur die gleiche maximale Wachstumsgeschwindigkeit von 5,8 mm je Tag, doch lagen die Optima unterschiedlich bei 30 bzw. 25 °C; zwei Stämme von *Trametes versicolor* aus 800 bzw. 400 m Seehöhe hatten ihre maximale Wachstumsgeschwindigkeit bei derselben Temperatur, sie betrug aber 9,6 bzw. 12,7 mm am Tag (RYPÁČEK 1966). Bei 9 Herkünften von *Dothichiza populea* lagen Minima und Maxima des Myzelwachstums gleichmäßig bei 4,5 bzw. 30 °C; Optima sowie Wachstumsgeschwindigkeiten waren dagegen recht unterschiedlich (HUBBES 1959). Außer der Herkunft beeinflußt auch die vorangegangene und derzeitige Ernährung des Pilzes die Beziehung zwischen Temperatur und Myzelwachstum (ZENTMYER et al. 1976). Solche Feststellungen wurden mit konstanten Temperaturen gemacht. In wechselnden Temperaturen, wie sie im Freiland üblich sind, braucht die Reaktion des Pilzes nicht derjenigen bei der entsprechenden durchschnittlichen, konstant gehaltenen Temperatur zu entsprechen. *Laetiporus sulphureus* und drei andere holzzerstörende Pilze steigerten ihr Wachstum, wenn sie statt in konstanter Temperatur von 21 °C sich in einer solchen entwickelten, die um 3 oder 6 °C nach oben und unten um jene als Mittelwert schwankte; das Wachstum war geringer, wenn die Schwankungsweite nach beiden Seiten 11 °C betrug (JENSEN 1969).

Myzel von *Lophodermium pinastri* in Kiefernnadeln hielt Temperaturen bis 70 °C kurze Zeit ohne merkliche Schädigung aus; selbst eine kurzfristige Erwärmung auf 95 °C verursachte keine restlose Abtötung (LANGNER 1933). Myzele holzzerstörender Basidiomyceten starben meist nach 15minutiger Einwirkung von Temperaturen zwischen 50 und 60 °C; ihr Wachstum sowie die Bildung von Fruchtkörpern waren nach Einwirkung tiefer Wintertemperaturen angeregt (LIESE 1931).

Entsprechend der allgemeinen Abhängigkeit der Pilzentwicklung von der Temperatur sind auch die Länge der Fruktifikationszeit, d. h. der Zeitspanne zwischen Keimung und Erscheinen der ersten Fortpflanzungskörper, sowie die Geschwindigkeit, mit der das Reifen der Fruchtkörper vor sich geht, temperaturbedingt.

Bei *Lophodermium pinastri* beträgt die Fruktifikationszeit bis zur Bildung der ersten Pyknidien bei 2 °C 93 Tage, bei 4–5 °C 63, bei 17 °C 45 und bei 25 °C 43 Tage. Ähnlich vergehen bis zum Erscheinen der Apothezien bei Infektionen im April/Juni 90–140 Tage, im August/September dagegen nur etwa 60 Tage (HAACK 1911). Apothezien von *Cenangium ferruginosum*, die Anfang Februar in Temperaturen von 4, 5, 10, 15, 20, 25 und 30 °C gebracht wurden, waren nach 10 Tagen zu 1, 8, 38, 59, 33 und 4 % reif (LORENZ 1967). *Nectria galligena* bildete reife Fruchtkörper in einem Temperaturbereich von 5 bis 25 °C; die Zeit bis zur Erzeugung der Perithezien und deren Menge waren proportional der Temperatur (KRÜGER 1974).

Neben der Temperatur ist die Feuchtigkeit der Umgebung von größter Bedeutung für die Entwicklung der Pilze. Sie wird ihnen, soweit sie oberirdisch leben, in zweierlei Weise geboten: als Feuchtigkeit des Substrats oder Mediums, etwa des Holzes, worauf in anderem Zusammenhang eingegangen wird (S. 309), und als Luftfeuchtigkeit. Beides läßt sich häufig nicht trennen, weil die Substratfeuchte oft unmittelbar von der Luftfeuchte abhängt. In der Regel sind es hohe Feuchtigkeitsgrade, die den Pilzen besonders zusagen; doch können bei manchen Arten auch niedere Feuchtigkeiten für bestimmte Entwicklungsvorgänge förderlich sein. Für Pilze, die im Boden bzw. im unterirdischen Substrat oder Medium leben, ist die Bodenfeuchtigkeit von wesentlicher Bedeutung (GRIFFIN 1969).

Myzelwachstum von *Septotis poduphyllina* war auf Nährböden, deren Hydratur der relativen Luftfeuchte entsprach, bei 98 % Luftfeuchtigkeit am stärksten und unterhalb 93 % nicht mehr möglich (Abb. 156). Innerhalb des Pappelblattes lebt der Pilz als Perthophyt nur in abgestorbenem Gewebe, und dieses macht die Schwankungen der Luftfeuchtigkeit mit. Sinkt sie unter 90 %, so stellt der Pilz sein Wachstum ein, um es nach Wiedereintritt höherer Luftfeuchtigkeit wieder aufzunehmen. Wenn die Trockenheit länger als 10–11 Tage dauert, gelingt es der Wirtspflanze, inzwischen eine durch Gerbstoffausfällung gekennzeichnete Demarkationslinie auszubilden, die der Pilz nicht mehr durchbrechen kann (SCHWENKE 1960). Die Apothezien von *Lophodermium pinastri* bilden sich nur bei hoher Luftfeuchtigkeit; sie öffnen sich im Kontakt mit flüssigem Wasser (Regen, Tau). Der Sporenfall des Kiefernbaumschwamms ist am stärksten zu Zeiten großer Luftfeuchte und bei Niederschlägen (LIESE 1936). Dagegen ist die reproduktive Vitalität der Erysiphaceen besonders hoch bei Trockenheit. *Uncinula aceris* entwickelt bei Aufzucht in trockener Luft mehr Konidien mit höherem Keimprozent und größerer Keimenergie als in feuchter (HAMMARLUND 1925).

Licht beeinflußt die Lebenstätigkeit der Pilze teils fördernd, teils hemmend. Im allgemeinen ist ihr vegetatives Wachstum am besten bei Dunkelheit, während zur Ausbildung von Fruchtkörpern häufig Licht benötigt wird. Doch liegen die Verhältnisse sehr unterschiedlich, so daß sich kaum eine Regel aufstellen läßt.

Die Vitalität der Erysiphaceen wird durch Licht offensichtlich gefördert; sie scheinen zur optimalen Entwicklung volles Sonnenlicht zu verlangen (HAMMARLUND 1925). Das Myzelwachstum wird durch Tageslicht bei *Serpula lacrymans* und *Armillariella mellea* (DOTY-CHEO 1974) gehemmt, bei *Coniophora puteana* beschleunigt, während *Fomes annosus* bei Licht ebenso viel Myzel produziert wie im Dunkeln. Licht beeinflußt nicht das Myzelwachstum von *Endothia parasitica*, ist aber für die Konidienbildung notwendig (PUHALLA-ANAGNOSTAKIS 1971). *Phytophthora cinnamomi* produziert Sporangien im Dunkeln wie im Hellen, doch ist die Lichtintensität von gewissem Einfluß (ZENTMYER-RIBEIRO 1977). Fruchtkörper kann *Gloeophyllum abietinum* nicht in normaler Gestalt entwickeln, wenn es dauernd dunkel ist; auch die meisten Tricholomataceen bedürfen zur normalen Fruchtkörperbildung einer gewissen Belichtung, während *Paxillus panuoides* in dieser Hinsicht vom Lichtgenuß unabhängig ist. *Nectria galligena* bildet reife Perithezien nur nach Lichteinwirkung, am besten bei Dauerlicht (KRÜGER 1974). Kulturen von *Hysterographium fraxini* entwickelten im Licht zahlreiche Fruchtkörperanlagen, während im Dunkeln bei schwankender Temperatur vereinzelt, bei konstanter Temperatur keine Fruchtkörperbildung erfolgte (ZOGG 1943).

Von maßgeblicher Bedeutung sind schließlich Nährstoffgehalt und Wasserstoffionenkonzentration des Substrats oder Mediums, auf oder in welchem der Pilz wächst.

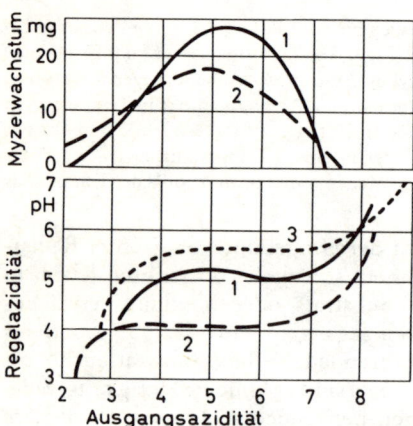

Abb. 157. Oben: Myzelwachstum von (1) *Fomes annosus* und (2) *Piptoporus betulinus* in Abhängigkeit von der Azidität des (gepufferten) Nährsubstrats. Unten: Regulation der Ausgangsazidität im (nichtgepufferten) Nährsubstrat zur Regelazidität durch (1) *Fomes annosus*, (2) *Armillariella mellea* und (3) *Lachnellula willkommii*. Nach RENNERFELT-PARIS 1952/53, HENNINGSSON 1965, RYPÁČEK 1966

Anreicherung des Nährsubstrats mit Mineralien, Zuckern, Stickstoff und Vitaminen wirkte sich mehr oder weniger stark auf das Myzelwachstum von *Piptoporus betulinus* aus (HENNINGSSON 1965). *Fomes annosus* erzeugte auf Nährstofflösungen mit Stickstoff die 8,5fache Menge Myzelgewicht dessen auf Lösungen ohne Stickstoff (v. HOPFFGARTEN 1933); Zugaben von Vitamin B_1 zum Nährsubstrat in verschieden hohen Mengen steigerten das Wachstum derselben Art entsprechend, bis zum 16,5fachen des im Vergleichsversuch ermittelten Werts (RENNERFELT-PARIS 1952/53). Bestes Gedeihen ist regelmäßig an einen bestimmten Azidätsbereich gebunden; so zeigten *Lophodermium pinastri* (SCHOLZ-STEPHAN 1974), *Armillariella mellea*, *Fomes annosus* und *Piptoporus betulinus* schnellstes Wachstum in einem Medium von etwa pH 5 (REITSMA 1932, Abb. 157 oben). Bei pH 5,5 und höher wuchs *Endothia parasitica* nicht mehr (PUHALLA-ANAGNOSTAKIS 1971). Die in Versuchen ermittelten optimalen pH-Werte variieren, weil sie u. a. von der Zusammensetzung des Nährbodens abhängen. Außerdem vermag der Pilz selbst die Azidität des Mediums zu verändern. Kurven wie in Abbildung 157 oben werden in gepufferten Nährlösungen erzielt. Bringt man den Pilz in ungepufferte Lösungen mit abgestufter Azidität ohne weitere Nährstoffzusätze, so reguliert das Myzel innerhalb einer bestimmten Zeit die Ausgangsazidität auf einen neuen Wert, die Regelazidität (Abb. 157, unten): der Pilz schafft sich, in einem gewissen Bereich, seine optimale Azidität selbst. Sie liegt dort, wo die Kurve der Regelazidität horizontal verläuft, also in den Kulturen der Abbildung 157 unten für *Armillariella mellea* bei pH 4,1, für *Fomes annosus* bei pH 5,2, für *Lachnellula willkommii* bei pH 5,7. Der Bereich der regulierbaren Azidität ist durch die beiden Punkte gegeben, in denen die Kurve der Regelazidität stark ab- oder ansteigt.

Wenn auch die Umweltbedingungen eine maßgebliche Rolle bei Pilzentwicklung und Sporenentstehung spielen, so darf nicht übersehen werden, daß das biologische Geschehen im Organismus einem eigenen, autonomen Rhythmus unterliegt. Das zeigt sich besonders bei der Ausschleuderung und dem Flug der Sporen, die trotz aller Beeinflussung namentlich durch das wechselnde Wetter eine klare und bei den einzelnen Arten durchaus unterschiedliche Tages- und Jahresrhythmik aufweisen (Abb. 158 u. 159).

Vorhandensein notwendiger Zwischenwirte ist die Voraussetzung für Dasein und Entwicklung obligat heterözischer Arten, wie vieler Rostpilze.

Ein hervorragendes Beispiel für das gegenseitige Bedingtsein von wirtswechselndem Pilz und Wirtspflanzen liefert *Cronartium ribicola*. Der Rost ist heimisch in den Alpen sowie in Ostrußland und Sibirien und wechselt dort zwischen der Arve und wildwachsenden *Ribes*-Sträuchern, ohne Schaden zu stiften. Trotz des Vorhandenseins von *Ribes*-Arten auch in anderen Gebieten, konnte der Pilz nicht weiter vordringen, weil hier die Arve fehlt. Die Einführung der Strobe aus Nordamerika, die sich als anfälliger Wirt für den Rost erwies, ermöglichte diesem, sein Areal auf das neue europäische Strobenanbaugebiet zu erweitern und hier zu einem beachtlichen Schädling zu werden. Anschließend wurde er mit jungen Bäumen nach Nordamerika in den natürlichen Strobenraum eingeschleppt, wo er neben *Ribes* auch andere anfällige *Pinus*-Arten antraf und Epidemien größten Ausmaßes verursachte.

Sporenverbreitung. Der Weg von der Erzeugungsstelle zum Infektionsort kann sehr kurz sein, wenn die

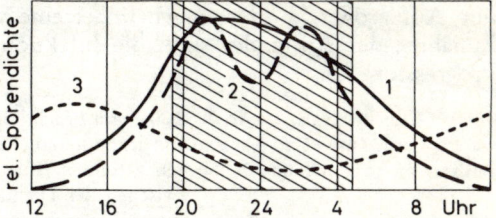

Abb. 158. Täglicher Rhythmus des Sporenflugs bei (1) *Ganoderma applanatum*, (2) *Fomes fomentarius* und (3) *Cladosporium* spec. Schematisiert nach DE-GROOT 1968

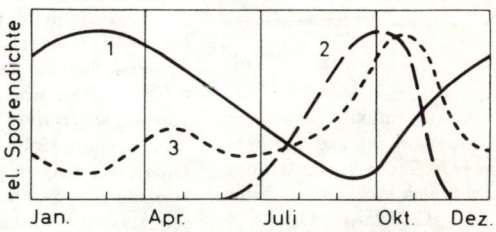

Abb. 159. Jährlicher Rhythmus des Sporenflugs bei (1) *Nectria galligena*, (2) *Lophodermium pinastri* und (3) *Phellinus pini*. Schematisiert nach GÄUMANN 1951, RACK 1963, DENEKE 1937

Sporen an oder in der Samenschale oder der Fruchtwand ihres Wirtes entstehen und die auskeimende Pflanze infizieren; dann besteht für den Pilz kein Verbreitungsproblem, da er mit dem Wirt passiv verschleppt wird. Vielfach, namentlich bei Ascomyceten, aber auch bei Basidiomyceten, werden die Sporen durch die Organe, in oder auf welchen sie enstanden sind, aktiv abgeschleudert; durch Sporenausschleuderung, die beispielsweise aus modernden Blättern am Waldboden erfolgt, können bereits Abstände von einigen Millimetern bis Zentimetern überbrückt werden. Zur Überwindung weiterer Entfernungen ist die Einschaltung besonderer Transportmittel in Gestalt von Wasser, Wind, Tier und Mensch erforderlich.

Die Verbreitung mit Hilfe von Wasser (Hydrochorie) geschieht entweder durch aktive Bewegung von Zoosporen in Tropfen und Lachen, oder durch passives Verschwemmtwerden.

Am häufigsten und wirkungsvollsten erfolgt die Sporenverbreitung durch Wind (Anemochorie). Die Sporen besitzen hohe Schwebefähigkeit, die sie in der Luft nur langsam und mit einer gleichmäßigen Geschwindigkeit absinken läßt. Diese Geschwindigkeit beträgt etwa 0,5 mm/s und ist so klein, daß geringste Konvektionsströmungen die Sporen nach oben wirbeln und auf weite Entfernungen forttragen können. Die Windverbreitung wird gefördert einmal durch die Ausschleuderung der Sporen, welche sie aus dem Bereich ihres Substrats entfernt und in günstige Luftströmungen bringt, und ferner durch schwache Temperaturunterschiede zwischen Fruchtkörper und umgebender Luft; sie erzeugen geringfügige Konvektionsströmungen, welche genügen, um die Sporen fortzutragen. Wie weit und hoch die Sporen durch Luftströmungen verschleppt werden können, zeigen Beobachtungen in Flugzeugen, die in mehreren tausend Meter Höhe keimfähige Pilzsporen antrafen. Die Anemochorie geht noch mehr als die anderen Verbreitungsweisen äußerst verschwenderisch mit den Sporen um. Auf größere Entfernungen findet eine sehr starke Streuung statt: mit linearer Zunahme des Abstandes sinkt die Infektionswahrscheinlichkeit etwa in kubischer Progression.

Auf Objektträgern, die in der Nähe von Fruchtkörpern des Kiefernbaumschwammes angebracht waren, wurden in 1–2 cm Abstand von der Sporenquelle maximal 5800 Sporen je Stunde und cm², in 2 m Entfernung maximal nur 30 Sporen gefunden (LIESE 1936). Abbildung 160 zeigt die Beziehung zwischen der Dichte der Infektion durch *Cronartium ribicola* in Strobenbeständen und der Entfernung der als Infektionsherde dienenden *Ribes*-Sträucher. Die Wahrscheinlichkeit der Nahinfektion nimmt also rasch ab. Das hindert nicht, daß eine Ferninfektion, bei der es nur darauf ankommt, daß wenige infektionstüchtige Sporen ihr Ziel erreichen, in kurzer Zeit über große Strecken erfolgt: als sich der Strobenrost in den zwanziger Jahren dieses Jahrhunderts durch den nordamerikanischen Kontinent ausbreitete, wurden auf *Ribes*sträuchern in einem Jahr Infektionssprünge bis zu 500 km beobachtet (GÄUMANN 1951).

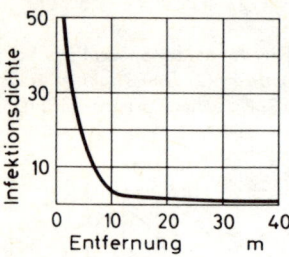

Abb. 160. Infektionsdichte bei *Cronartium ribicola* in Abhängigkeit von der Entfernung des Infektionsherdes. Nach GÄUMANN 1951

Beim Landen der vom Wind fortgetragenen Sporen wirken offenbar elektrische Kräfte mit. Nach RACK 1959 sind die Sporen von *Lophodermium pinastri*, wenn sie aus den Apothezien bis zu etwa 3,5 mm Höhe ausgeschleudert werden, wie diese und ihre Umgebung negativ geladen. Bald darauf erfolgt in der Luft eine Umladung zu positiv. Die zunächst gleichwertige Ladung der Sporen gegenüber ihrem Substrat verhindert, daß die frisch ausgeschleuderten Sporen schon in Bodennähe zum Haften kommen. Erst später, wenn die Sporen, von der Luftströmung erfaßt, eine größere Höhe gewonnen haben, setzt die Umladung ein, die nun zu einer Hafttendenz gegenüber den negativ geladenen Nadeln führt.

Weiterhin beteiligen sich Tiere an der Verbreitung der Sporen (Zoochorie); man bezeichnet sie in diesem Zusammenhang als Vektoren. Insekten werden durch Duftreize zu den Fruchtkörpern des Pilzes gelockt und beladen sich mit Sporen, ähnlich wie mit Pollen der Blütenpflanzen. Häufiger bleiben Sporen zufällig am Tierkörper haften. Manche Insektenarten besitzen Einrichtungen, mit deren Hilfe sich die Sporen lange halten, Borkenkäfer beispielsweise Vertiefungen in den Flügeldecken, in denen sie, eingebettet in einem Sekret, liegen. Auch in ihrem Innern, meist am Darmtraktus, können Insekten Höhlungen u. dgl. zum Bewahren und Transportieren von Pilzsporen aufweisen; dann besteht in der Regel ein Symbioseverhältnis zwischen Tier und Pilz. Wir sprechen von Endozoochorie im Gegensatz zur Epizoochorie, bei der die Sporen außen am Tier haften. Vielfach sind Insekten nicht nur Überträger der Krankheitskeime, sondern sie schaffen zugleich auch Wunden, die von den Pilzen als Eingangspforten benutzt werden: Wundübertragung im Gegensatz zur einfachen Kontaktübertragung.

Hierher gehört die Übertragung von *Ceratocystis ulmi* beim Ernährungsfraß der Ulmensplintkäfer (PFEFFER 1979) oder die Verbreitung der Blaufäulepilze durch pilzzüchtende Borkenkäfer, in deren Gängen *Ceratocystis*-Arten als Unkrautpilze der eigentlichen *Ambrosia*rasen nie fehlen. Die durch *Pseudomonas saliciperda* verursachte Bakterienkrankheit der Weide wird durch den Fraß des Erlenrüßlers verbreitet (LINDEIJER 1933). Die Übertragung der phytopathogenen Viren ist weitgehend an tierische Vektoren gebunden.

Neben Insekten kommen zuweilen auch Wirbeltiere, namentlich Vögel, als Verbreiter von Pilzsporen in Betracht. Schließlich kann auch der M e n s c h die Ausbreitung von Pilzen verursachen (A n t h r o p o c h o r i e), namentlich in der heutigen Zeit des gesteigerten, weltumspannenden Verkehrs.

Rhabdocline pseudotsugae, bis dahin südlich des Mains unbekannt, wurde durch einen Baumschulbesitzer mit Pflanzmaterial aus Schleswig-Holstein in die Schweiz eingeführt (TERRIER 1942). *Microsphaera alphitoides* wurde aus Nordamerika nach Europa, *Cronatium ribicola* umgekehrt aus Europa nach Nordamerika verschleppt.

Bedingungen der Sporenkeimung. Haben die Sporen auf den verschiedenen geschilderten Wegen unter ungeheuren Verlusten ihren Wirt erreicht, so müssen, wenn sie keimen wollen, bestimmte Bedingungen erfüllt sein.

Die L e b e n s d a u e r der propagativen Sporen ist meist kurz. Zoosporen bleiben im allgemeinen höchstens 48 Stunden keim- und infektionsfähig; wird innerhalb dieser Zeit der Wirt nicht erreicht, so endet das Dasein der Spore unerfüllt. Allerdings leben manche der Ausbreitung dienende Sporenformen auch länger; so bleiben die Uredosporen von *Cronartium ribicola* rund 9 Monate keim- und infektionsfähig (SPAULDING 1922). Trocken aufbewahrte Fruchtkörper von *Lenzites* warfen noch nach zwei Jahren keimfähige Sporen aus. Im übrigen ist die Lebensdauer der Sporen in hohem Maße von äußeren Umständen und der Herkunft abhängig. Ihre Widerstandskraft gegen schädliche äußere Einflüsse sinkt mit zunehmendem Alter.

Sporen von *Dothichiza populea* waren im Freiland bei trockenem Wetter nach 4 Wochen nicht mehr keimfähig; in den Pyknidien belassen und in konstanten Luftfeuchten von 90, 70, 33 und 17% aufbewahrt, war ihre Keimfähigkeit erst nach 0,5, 1, 2,5 bzw. 3 Jahren erloschen. Bei einer anderen Herkunft ergaben sich kürzere Zeiten (BUTIN 1962). 6 Wochen alte Konidien von *Botrytis cinerea* benötigten doppelt so viel Zeit zum Keimen wie 10 Tage alte (BROWN 1922).

Die T e m p e r a t u r g r e n z e n, innerhalb deren Sporenkeimung erfolgt, sind meist weit gezogen; doch sind die Maximalwerte für das K e i m p r o z e n t, d. h. den Anteil der überhaupt keimenden Sporen, für die K e i m g e s c h w i n d i g k e i t, also den Anteil der Sporen, der innerhalb einer gewissen Zeit keimt, sowie für die W a c h s t u m s g e s c h w i n d i g k e i t der Keimschläuche regelmäßig an einen engen Temperaturbereich gebunden, dessen Lage auf der Temperaturskala für die einzelnen Pilzarten und

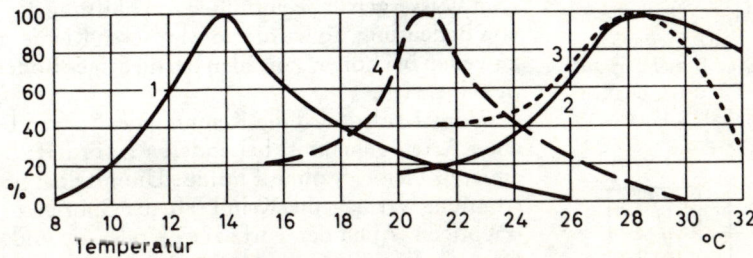

Abb. 161. Keimprozent der (1) Uredosporen von *Cronartium ribicola* und der (2) Konidien von *Microsphaera alphitoides*, ferner (3) deren Keimgeschwindigkeit und (4) Wachstumsgeschwindigkeit der Keimschläuche von *Septotis podophyllina* in Abhängigkeit von der Temperatur. Nach DORAN 1919, FALCK 1924, SCHWENKE 1959

Sporenformen sehr unterschiedlich sein kann (Abb. 161). Die thermisch bedingten Grenzen für die A g g r e s s i v i t ä t der Keimschläuche sind meist enger als die der Keimung.

Wie Abbildung 161 u. a. zeigt, liegt das Maximum des Keimprozents für die Konidien des Eichenmehltaus bei 28°, für die Uredosporen des Strobenrostes dagegen bei 14 °C. Die untere

Keimgrenze für letztere liegt bei 7 °C, während die Teleutosporen des gleichen Pilzes noch auf schmelzendem Eis keimen, wenn nur genügend Feuchtigkeit vorhanden ist. *Fomes annosus* keimt in Temperaturen zwischen 0° und 34 °C, maximale Keimprozente wurden bei verschiedenen Herkünften im Temperaturbereich 12–28 °C erhalten (Courtois 1972). Die Basidiosporen verschiedener *Lenzites*-Arten keimen zwischen 3 und 50°, können ihr Nährsubstrat aber nur bei Temperaturen zwischen 5 und 44 °C befallen (Falck 1909).

Sporenkeimung und Aggressivität sind im allgemeinen an eine hohe relative Luftfeuchtigkeit gebunden, vielfach verlangen sie sogar tropfbar flüssiges Wasser. Insofern kommt neben Regen und Nebel dem Tau eine große Bedeutung zu. Die untere Grenze, bis zu welcher die Luftfeuchtigkeit sinken darf, ohne den Verlauf der Infektion zu gefährden, ist unterschiedlich; doch darf sie im allgemeinen schon bei 90 % angenommen werden. Die Feuchtigkeit stellt somit einen Faktor dar, der bei der Sporenkeimung sehr leicht ins Minimum gerät und deshalb von entscheidender Bedeutung ist.

Die Sporen von *Septotis podophyllina* keimen am raschesten und die Wachstumsgeschwindigkeit ihrer Keimschläuche ist am größten bei einer relativen Luftfeuchte von 98 % (Abb. 156). Die Keimhyphen von *Microsphaera alphitoides* wachsen am schnellsten bei 100 % Luftfeuchtigkeit (Abb. 162). Bei künstlicher Infektion verletzter Pappelblätter mit dem erstgenannten Pilz, allerdings unter Verwendung von Myzel, wurde ein 100%iger Infektionserfolg nur erreicht, wenn während der ersten 16 Stunden nach der Infektion Luftfeuchten von 93 % und darüber herrschten (Abb. 163). Im ursächlichen Zusammenhang mit den Feuchtigkeitsverhältnissen steht sicherlich die Beobachtung von Rohde 1932, daß Douglasien an ihren unteren, von Gras überwachsenen Zweigen schweren *Rhabdocline*-Befall aufwiesen, während die oberen, freistehenden Triebe befallsfrei waren. In Kiefern-kulturen tritt die Schütte regelmäßig besonders stark in Bodennähe, bei Verunkrautung oder bei dichtem Schluß auf, also unter Umständen, welche die Luftbewegung hemmen, Tau und Niederschlag nur langsam trocknen lassen und die Luftfeuchtigkeit erhöhen.

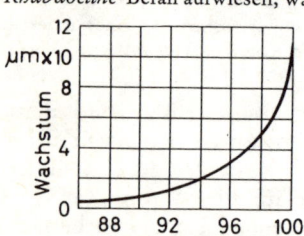

Abb. 162. Wachstumsge-schwindigkeit der Keim-schläuche von *Microsphaera alphitoides* in Beziehung zur relativen Luftfeuchtigkeit. Nach Falck 1924

Wenn Feuchtigkeit und Wasser genügend vorhanden sind, kann die Keimung der Sporen noch davon abhängen, ob die Sporen in oder auf dem Wasser schwimmen; im letzten Falle lieferten Uredinales bessere Keimprozente als im ersten (Melhus-Durell 1919).

Für bodenbewohnende Pilze spielt die Feuchtigkeit des Bodens eine wichtige Rolle. Doch ist auch die vom Wassergehalt beeinflußte Durchlüftung des Bodens von Bedeutung. So wurden die besseren Keimergebnisse zuweilen bei hoher, zuweilen bei niedriger Bodenfeuchtigkeit erzielt.

Vom Licht wird die Keimung der Sporen bei manchen Arten gehemmt, bei anderen gefördert; bei noch anderen bleibt es ohne Einfluß. Unmittelbare Sonnen-strahlung vermag die Keimkraft der Sporen zu beein-trächtigen. Auch der Luftdruck oder ein anderer, bei Druckänderung wirksam werdender Faktor scheint einen Einfluß auf die Sporenkeimung ausüben zu kön-nen: unter Schweizer Verhältnissen keimen die Sporan-gien von Peronosporaceen bei Föhn regelmäßig kaum halb so stark wie unter sonst gleichen Bedingungen bei normalem Barometerstand (Gäumann 1951).

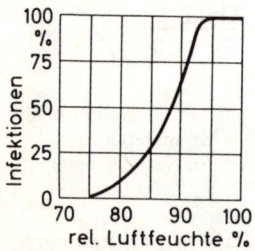

Abb. 163. Infektionshäufig-keit in Beziehung zur relativen Luftfeuchtigkeit bei Myzelin-fektion mit *Septotis podophyl-lina*. Nach Schwenke 1959

Die Wasserstoffionenkonzentration des Sub-strats ist innerhalb der üblicherweise vorkommenden Bereiche im allgemeinen von geringerer Bedeutung für die Sporenkeimung; die Optima liegen meist bei pH 4–6, doch sind die Grenzen ziemlich weit gezogen.

Basidiosporen von *Cronartium ribicola* waren nach 24 Stunden auf Nährsubstraten mit pH-Werten zwischen 3 und 10 einheitlich zu etwa 100 % gekeimt; bei kürzerer Beobachtungsdauer zeigten sich jedoch Unterschiede, nach nur 1 Stunde prägte sich ein deutliches Optimum bei pH 4–5 aus (Abb. 164 oben). Auch das Wachstum der Keimhyphen war bei diesen Werten am schnellsten (Abb. 164 unten). Nach PERCIVAL 1933 keimen die Sporen von *Phellinus pini* am besten bei pH 5–6; auf alkalisch reagierendem Substrat kommt es nicht zur Sporenkeimung. Maximale Keimprozente lieferte *Fomes annosus* je nach Herkunft bei pH 4,0–6,5 (COURTOIS 1972).

Wirtseigene Substanzen können das Keimen der auf die Pflanzen gelangten Sporen günstig oder ungünstig beeinflussen. Hierüber ist noch wenig bekannt. Im wesentlichen haben Versuche gezeigt, daß Extrakte aus Pflanzen, dem künstlichen Nährsubstrat beigegeben, auf Sporenkeimung und Wachstum der Keimschläuche fördernd oder hemmend zu wirken vermögen. Auch gasförmige Substanzen, welche Triebe und Blattorgane der Wirtspflanze abgeben, können wirksam sein.

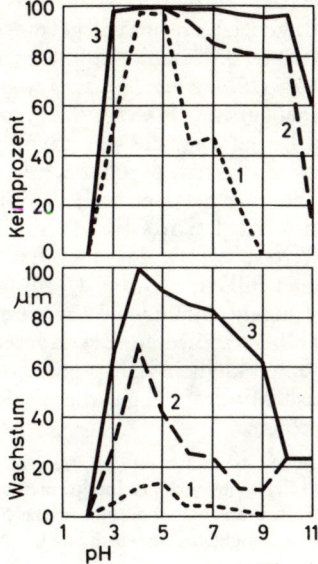

Abb. 164. Keimprozent der Basidiosporen und Wachstum der Keimschläuche von *Cronartium ribicola* in Beziehung zum pH des Nährsubstrats, jeweils nach (1) 3, (2) 12 und (3) 24 Stunden. Nach BEGA 1960

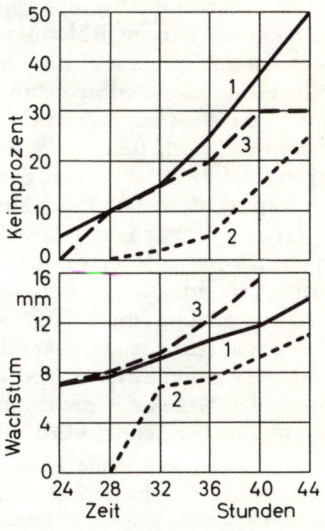

Abb. 165. Keimprozent der Sporen und Wachstum der Keimschläuche von *Piptoporus betulinus* 24–44 Stunden nach Versuchsbeginn auf Nährsubstrat, dem Extrakt von (1) Birkenholz, (2) Kiefernholz bzw. (3) nichts zugesetzt war. Nach HENNINGSSON 1965

Mit Chloroform von den Blattorganen potentieller Wirtsbaumarten extrahierte Kutikularwachse beeinflußten die Keimfähigkeit der Sporen und die Wachstumsgeschwindigkeit der Keimhyphen von *Lophodermium pinastri*, *Botrytis cinerea*, *Rhytisma acerinum* und *Microsphaera alphitoides* (SCHÜTT 1971, 1972). Sporen von *Piptoporus betulinus* ergaben auf Nährboden, dem ein wässeriger Extrakt aus Splintholz der Birke zugesetzt war, ein besseres, auf solchem mit Extrakt aus Kiefernsplintholz ein schlechteres Keimprozent als auf Nährboden ohne Zusatz (Abb. 165 oben); die Keimschläuche wuchsen am raschesten auf zusatzlosem Substrat, am langsamsten auf solchem mit Kiefernholzextrakt (Abb. 165 unten). Extrakt aus Pappelblättern wirkte deutlich keimhemmend auf Sporen von *Septotis podophyllina* (SCHWENKE 1959). Sporen von *Phellinus igniarius* keimten, wenn sie mit den äußeren Splintholzschichten frischgeschnittener Stammabschnitte von Aspen in Berührung standen; diese Splintschichten enthalten mehr wasserlösliche Kohlehydrate als das innere Holz, und es konnte gezeigt werden, daß Aufnahme von Glukose Voraussetzung für die Keimung der Sporen ist (MANION-FRENCH

1969). Gasförmige Ausscheidungen von Nadeln und Trieben verschiedener Koniferen beeinflußten die Sporenkeimung und, in geringerem Maße, das Myzelwachstum von *Botrytis cinerea;* die Wirkung der Stoffe war licht- und temperaturabhängig (SCHÜTT 1973).

Schließlich können offenbar auch Einwirkungen, welche die auf das Substrat gelangten Sporen aufeinander ausüben, deren Keimung beeinflussen. Jedenfalls zeigte sich ein deutlicher Zusammenhang zwischen Sporenkonzentration und Keimrate derart, daß im allgemeinen das höchste Keimprozent bei einer mittleren Sporendichte auftrat.

Sporendichten von 65, 127 und 255 × 1000/ml ergaben bei *Botrytis cinerea* nach 48 Stunden Keimraten von etwa 32, 45 und 9 %, solche von 48, 95, 190, 323, 516 und 1033 × 1000/ml bei *Rhytisma acerinum* nach 51 Stunden ein Keimprozent von 76, 75, 86, 94, 78 bzw. 65 (SCHÜTT 1971).

Voraussetzungen erfolgreicher Infektion. Wenn die Spore auf geeignetem Wirtssubstrat gekeimt ist, müssen wiederum bestimmte Voraussetzungen erfüllt sein, damit es zu einer erfolgreichen Infektion kommt und die Pflanze erkrankt. Die abiotischen Umweltverhältnisse spielen hier erneut eine Rolle; das wurde bereits am Beispiel von Myzelinfektionen mit einem blattbewohnenden Pilz gezeigt, die nur voll gelangen, wenn einige Zeit darauf die relative Luftfeuchtigkeit nicht unter 93 % sank (Abb. 163). Für eine erfolgreiche Infektion der Strobennadel durch *Cronartium ribicola* waren Menge und Verteilung von Wasser auf der Nadeloberfläche maßgebend (HANSEN-PATTON 1977). Weiter sind Eigenschaften der Wirtspflanze von Bedeutung, die sie gegenüber dem eindringenden Pilz anfällig oder widerstandsfähig sein lassen; darüber wird in einem späteren Kapitel, das sich mit der Disposition des Baumes befassen soll, ausführlich zu sprechen sein. Auf seiten des Pilzes ist es vielfach die Infektionsdichte, die Zahl der keimenden Sporen auf der Flächeneinheit des Wirtssubstrats, das über Erfolg oder Nichterfolg der Infektion entscheidet. Bei manchen Pilzen, z. B. bei Uredinales und Erysiphaceae, genügt eine einzige Spore, um auf einem anfälligen Wirt eine sichere Infektion mit anschließendem Krankheitsausbruch hervorzurufen. Bei anderen Arten reicht die Aggressivität einer Spore oder auch einer kleinen Zahl von Sporen zur Erzeugung der Krankheit nicht aus; eine gewisse Mindestmenge, die als kritische Infektionsdichte bezeichnet werden kann, ist vonnöten.

Bei etwa 10 und mehr Infektionen je Kurztrieb, im Spätsommer erfolgt, schüttet die von *Lophodermium pinastri* befallene Kiefer schon im nächsten Frühjahr; weniger Infektionen lassen den Nadelfall erst im darauffolgenden Herbst eintreten (RACK 1959). Natürlich ist die hier auf das Nadelpaar bezogene kritische Infektionsdichte auch von der Nadelgröße abhängig: bei langen und dicken Nadeln ist sie höher, bei kurzen und dünnen niedriger.

Mit der Infektionsdichte kann die Heftigkeit der Erkrankung steigen, jedoch im allgemeinen nur bis zu einem Optimum. Wächst die Infektionsdichte über dieses hinaus, so nimmt der Infektionserfolg wieder ab. Ursache hierfür ist die Konkurrenz der Pilzindividuen um Nahrung und Sauerstoff oder auch gegenseitige Beeinträchtigung durch Stoffwechselprodukte.

Konkurrenz oder Beeinträchtigung durch Stoffwechselprodukte braucht nicht allein zwischen Pilzindividuen derselben Art aufzutreten. Sie wird häufig auch zwischen Pilzen verschiedener Spezies oder zwischen Pilzen und Bakterien beobachtet. Arten, deren eine die andere in ihrer Entwicklung hemmt oder gar zum Absterben bringt, werden als Antagonisten bezeichnet; ihre Wirkung ist im ersten Fall fungi- bzw. bakteriostatisch, im zweiten fungi- bzw. bakterizid. Seltener treten bei Mischinfektion zwei oder mehr Arten als Synergisten auf, indem sie einander bei der Besiedlung der Wirtspflanze helfen, beispielsweise durch sich ergänzende enzymatische Aufschließung des Substrats.

Antagonismus spielt eine noch längst nicht ausreichend geklärte, sicher aber in vielen Fällen entscheidende Rolle für die Entwicklungsmöglichkeiten von Schadpilzen. Dem Wurzelschwamm *Fomes annosus*, für den diesbezügliche Untersuchungen bereits in einiger Zahl vorliegen, steht ein ganzes Heer von Bakterien und Pilzen als Antagonisten gegenüber: Beimpfungen von Waldboden verliefen, sofern er nicht vorher sterilisiert und damit die hemmende Tätigkeit der Antagonisten ausgeschaltet worden war, sämtlich negativ (NISSEN 1956). Daß dabei Stoffwechselprodukte eine wesentliche Bedeutung haben, zeigen u. a. Versuche mit *Gloeophyllum abietinum* auf Malzagar-Nährboden, in den zuvor Substanz aus einer wachsenden Kultur von *Serpula lacrymans* diffundiert war: das Wachstum von *G. abietinum* wurde um so stärker gehemmt, je mehr von dieser Substanz das Substrat enthielt. *Trichoderma viride* vermag durch Ausscheiden von flüchtigen und nichtflüchtigen Substanzen das Wachstum von Pilzen der Gattungen *Pythium*, *Fusarium* und *Rhizoctonia* zu hemmen (LANG 1975). Umweltverhältnisse können modifizierend auf den Antagonismus einwirken: waren *Fomes fomentarius* und *Serpula lacrymans* gleichzeitig 5 cm voneinander entfernt auf Malzagar aufgeimpft, so wurde bei einer Temperatur von 20 °C die erste Art, welche ihr Wachstum einstellte, von der zweiten überwachsen, während bei 23° beide Pilze, sobald sich ihre Myzele berührten, nicht mehr weiterwuchsen; beim Antagonistenpaar *S. lacrymans* und *Polyporus squamosus* kommt es gar zu einer Umkehrung der Überlegenheit, indem bei 20° die erste, bei 26° die zweite Art den Partner überwächst, der jeweils sein Wachstum einstellt. Auch das Alter der Kultur, die Nahrungsverhältnisse u. dgl. spielen eine Rolle für die Gestaltung des Antagonismus (RYPÁČEK 1966). Gegenüber wurzelangreifenden Pilzen scheinen Angehörige der Mykorrhiza eine wesentliche Rolle als Antagonisten zu spielen: in Versuchen von MARX 1969, 1970 hemmten verschiedene ektotrophe Mykorrhiza-Pilze und Filtrate von ihnen das Wachstum von *Phytophthora cinnamomi* und anderen wurzelpathogenen Pilzarten. Zu einer Art Synergismus kommt es bei Mischinfektion der beiden Erreger der Kiefernschütte, von *Lophodermium pinastri* und *Lophodermella sulcigena*: auf Nadeln, die von diesem primär befallen sind, entwickelt sich jener wesentlich rascher als sonst (STOLL 1961). Bei gemeinsamer Aufzucht von Arten der Gattungen *Pythium*, *Fusarium* und *Rhizoctonia* auf Malzagar beeinflußten sich die Pilze gegenseitig, wobei es neben Wachstumshemmungen auch zu Fördereffekten kam (LANG 1975).

Ausbreitung durch Myzele. Außer durch Sporen können sich parasitische Pilze durch wachsende Myzele ausbreiten. Wenn auch diese Form der Ausbreitung der durch Sporen hinsichtlich der überbrückbaren Entfernungen wie der Möglichkeit von Masseninfektionen nachsteht, so kann sie namentlich für bodenbewohnende Pilze eine nicht zu unterschätzende, ja entscheidende Rolle spielen.

Der Hallimasch breitet sich vom Stock eines abgetöteten Nadelbaumes oft Dutzende von Metern radial nach allen Seiten durch im Boden fortwachsende Rhizomorphen aus, die durch Rindenwunden oder auch ohne solche in die Wurzeln benachbarter Bäume eindringen. Befall gesunder Bäume durch *Fomes annosus* erfolgt sogar in der Regel durch das Myzel im Boden. *Rosellinia quercina* kann als Myzel im Wurzelwerk älterer Eichen überdauern, ohne sie zu schädigen; eintretende Verjüngung vermag der Pilz von diesem chronischen Infektionsherd aus zu befallen. Im Gegensatz zu den bodenbewohnenden Pilzen wachsen bei *Herpotrichia juniperi* die Infektionshyphen durch die Luft.

Für das Wachstum des Myzels sind Temperatur, Feuchtigkeit, Wasserstoffionenkonzentration, gegebenenfalls auch Kohlensäure- und Sauerstoffgehalt des Bodens von Bedeutung, worauf im einzelnen bereits oben (S. 262 ff.) hingewiesen wurde.

Änderung der Aggressivität. Die meisten pathogenen Pilze stellen sich während des Angriffs auf den Wirt von der saprophytischen auf die parasitische Lebensweise um. Die Keimschläuche der keimenden Sporen beziehen zunächst einen Teil ihrer Nahrung aus der Mutterzelle, den Rest aus dem Flüssigkeitstropfen, in dem sie zur Keimung gelangen. Erst die Infektionshyphe geht zur Ernährung aus der Substanz des Wirtes über. Dieser Übergang vollzieht sich bei manchen Arten mühelos. Andere müssen eine mehr oder weniger lange, auch wiederholte saprophytische Vorstufe durchlaufen.

Botrytis cinerea erlangt erst durch saprophytische Ernährung auf abgestorbenen Pflanzenteilen die nötige Aggressivität, um lebendes Gewebe mit Erfolg besiedeln zu können (BÜSGEN 1918). Wundparasiten, wie *Hysterographium fraxini*, siedeln sich zunächst in verletztem, abgetötetem Gewebe an. Der Hallimasch verliert seine Infektionskraft, wenn er nur parasitisch leben muß; kann er aber in der Zwischenzeit saprophytisch moderne Stöcke besiedeln, so erlangt er seine frühere Vitalität zurück und vermag nunmehr wieder junge, kräftig wachsende Wirtsindividuen anzufallen.

Die Aggressivität derselben, aus der gleichen Wirtsbaumart, aber in verschiedenen Teilen von deren Verbreitungsgebiet isolierten Pilzspezies erweist sich häufig als sehr unterschiedlich. Dafür können alle möglichen, lokal verschiedenen Umwelteinflüsse, denen der Pilz bisher ausgesetzt war, verantwortlich sein. Insbesondere spielt seine frühere Ernährung eine maßgebliche Rolle.

Isolate von *Ceratocystis ulmi* aus England und Holland bzw. aus verschiedenen Teilen Nordamerikas waren unter sonst gleichen Bedingungen ungleich aggressiv (HOLMES et al. 1972, SCHREIBER-TOWNSEND 1976). Myzele von *Rhizoctonia solani*, die auf flüssigem, verschiedene Konzentrationen von Glukose und Asparagin enthaltendem Substrat gezogen waren, wiesen eine direkte Beziehung zwischen ihrer Aggressivität gegen Baumwollsämlinge und dem Ausmaß der Kohlen- und Stickstoffversorgung auf (WEINHOLD et al. 1969).

Bedingungen der Massenerkrankung auf seiten des Pilzes. Überschauen wir die geschilderten Grundlagen für die Massenentwicklung der Pilze, so erkennen wir, daß die erste Voraussetzung für eine massenhaft erfolgende Infektion von Wirten infolge der überaus hohen Vermehrungspotenz der Pilze fast immer gegeben ist. Diese immense Fruchtbarkeit kann sich aber im allgemeinen nicht ungehemmt auswirken, da die Möglichkeit einer Infektion an eine Reihe verschiedener Voraussetzungen geknüpft ist, als deren wesentlichste wir die Bedingungen der Sporenentstehung, die Überbrückung des Weges vom Entstehungsort der Sporen bis zur Keimungsstelle, die Bedingungen der Sporenkeimung sowie besondere Voraussetzungen für den Erfolg der Infektion kennen lernten. Zu den letzten gehören auch die Bedingungen, die auf seiten des Wirtes erfüllt sein müssen und in einem späteren Teil des Buches behandelt werden sollen.

Alle diese Voraussetzungen gemeinsam liegen in der Regel nur hier und dort vor, und so kommt es, daß Pilzerkrankungen an Waldbäumen zwar häufig, aber im allgemeinen nur in beschränktem Ausmaß zu beobachten sind. Nur wenn besondere Umstände die Voraussetzungen großräumig erfüllt sein lassen, können Pilzkrankheiten einen seuchenhaften Umfang annehmen.

Als solche besonderen, Pilzepidemien auslösenden Umstände kommen im mitteleuropäischen Wald hauptsächlich drei Ereignisse oder Gegebenheiten in Frage, die durch je ein kennzeichnendes Beispiel erläutert werden sollen. Die meisten Pilze benötigen hinreichende Feuchtigkeit für ihre Entwicklung und viele von ihnen, bei denen sie den ausschlaggebenden Faktor darstellt, werden in niederschlagsreichen Jahren, namentlich wenn sie sich wiederholen, zu Ursachen großräumiger Epidemien. In Nordwestdeutschland brachten die fünf aufeinanderfolgenden Sommer 1954–1958 sämtlich übernormale Niederschläge; in den Monaten Juli bis September, in denen hauptsächlich die Sporenreife und Infektion von *Lophodermium pinastri* erfolgt, fielen in den einzelnen Jahren zwischen 112 und 151 % der normalen Regenmenge. Die in den nächsten Frühjahren beobachteten Schütteschäden entsprachen in ihrer Tendenz den Niederschlägen, wobei eine von Jahr zu Jahr zunehmende Intensität des Befalls deutlich wurde, indem – offenbar infolge des steigenden Angebots an Infektionsmaterial – einigermaßen gleiche Regenmengen in den Jahren 1955, 1956 und 1958 ein in der Reihenfolge der Jahre stärker werdender Schaden folgte (Abb. 166). Die Epidemie, die umfangreiche Bekämpfungs-

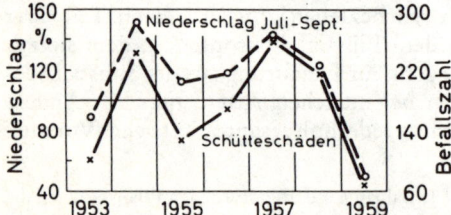

Abb. 166. Niederschlagssummen Juli-September in Prozent des langjährigen Mittels im Durchschnitt der Meßstellen Dannenberg-Lüchow, Bremen und Hannover in den Jahren 1953–1959 und Ausmaß der durch *Lophodermium pinastri* verursachten Schütteschäden in Nordwestdeutschland im jeweils folgenden Frühjahr. Befallszahlen nach SCHWERDTFEGER 1963

maßnahmen erforderlich machte, fand erst im Dürrejahr 1959 ein plötzliches Ende, als die benötigte Feuchtigkeit fehlte. Eine weitere Hauptursache für seuchenhaftes Auftreten von Pilzkrankheiten ist eine weiträumige Schwächung des Baumbestandes, aus der die zahlreichen Schwächeparasiten Nutzen ziehen. Wie schon erwähnt, wird hierüber, weil es sich um eine Krankheitsvoraussetzung auf seiten des Baumes oder des Bestandes handelt, später ausführlicher zu reden sein, doch sei hier auf das bei Besprechung von *Armillariella mellea* Gesagte (S. 128) verwiesen: sowohl nach ausgedehntem

Insektenfraß als auch nach Dürresommern, die beide die Vitalität der betroffenen Bestände stark herabsetzten, kam es zu schweren Hallimaschschäden. Die dritte hauptsächliche Ursache für Massenauftreten von Pilzerkrankungen liegt in Wirtschaftsmaßnahmen des Menschen. Beispiel ist hier *Fomes annosus*, dem Durchforstungen immer wieder die Möglichkeit bieten, in den frischen Stubben Fuß zu fassen und von ihnen aus gesunde Nachbarbäume zu infizieren; begünstigt wird er durch Anbau der Fichte auf basenreichen Böden, auf denen sie von Natur aus nicht vorkommt, wo aber die säureliebenden Antagonisten des Schadpilzes nicht zum Zuge kommen; enger Pflanzverband und Unterlassen von Laubholzbeimischung erleichtern die Infektion von Wurzel zu Wurzel.

Schrifttum: BERTRAND, P. F., a. ENGLISH, H.: Release and dispersal of conidia and ascospores of *Valsa leucostoma*. Pp 66, 987–991, 1976. — COURTOIS, H.: Das Keimverhalten der Konidiosporen von *Fomes annosus* (Fr.) Cke. bei Einwirkung verschiedener Standortfaktoren. EJFP 2, 152–171, 1972. — DOTY, J. E., a. CHEO, P. C.: Light inhibition of thallus growth of *Armillaria mellea*. Pp 64, 763–764, 1974. — GRIFFIN, D. M.: Soil water in the ecology of fungi. ARP 7, 289–310, 1969. — HANSEN, E. M., a. PATTON, R. F.: Factors important in artificial inoculation of *Pinus strobus* with *Cronartium ribicola*. Pp 67, 1108–1112, 1977. — HOMES, F. W., HEYBROEK, H. M., GIBBS, J. N.: Aggressiveness in *Ceratocystis ulmi*. Pp 62, 939–940, 1972. — KRÜGER, J.: Der Einfluß verschiedener Umweltbedingungen auf die Perithecienbildung von *Nectria galligena* Bres. PZ 80, 293–302, 1974. — LANG, K. J.: Experimente mit Erregern der Umfallkrankheit. I. Wechselwirkungen zwischen *Trichoderma viride* Pers. ex Fr. und Stämmen pathogener Pilze der Gattungen *Pythium*, *Fusarium* und *Rhizoctonia*. EJFP 5, 225–240, 1975. — MARX, D. H.: The influence of ectotrophic mycorrhizal fungi on the resistance of pine roots to pathogenic infections. V. Resistance of mycorrhizae to infection by vegetative mycelium of *Phytophthora cinnamomi*. Pp 60, 1472–1473, 1970. — PFEFFER, A.: Einfluß der Borkenkäfer auf das Ulmensterben (Coleoptera, Scolytidae). AEB 76, 145–157, 1979. — PINON, J.: Influence de la concentration de l'inoculum sur la sensibilité des peupliers cultivés à *Marssonina brunnea* (Ell. et Ev.) P. Magn. EJFP 4, 54–59, 1974. — PLANK, J. E. v. D.: Principles of plant infection. New York–San Francisco–London 1975. — PUHALLA, J. E., a. ANAGNOSTAKIS, S. L.: Genetics and nutritional requirements of *Endothia parasitica*. Pp 61, 169–173, 1971. — SCHOLZ, F., u. STEPHAN, B. R.: Physiologische Untersuchungen über die unterschiedliche Resistenz von *Pinus sylvestris* gegen *Lophodermium pinastri*. EJFP 4, 118–126, 1974. — SCHREIBER, L. R. a. TOWNSEND, A. M.: Variability in aggressiveness, recovery, and cultural characteristics of isolates of *Ceratocystis ulmi*. Pp 66, 239–244, 1976. — SCHÜTT, P.: Sporenkonzentration und Keimrate. EJFP 1, 122–123, 1971. — Untersuchungen über den Einfluß von Cuticularwachsen auf die Infektionsfähigkeit pathogener Pilze. EJFP 1, 32–50, 1971; 2, 43–59, 1972. — Die Wirkung gasförmiger Blattausscheidungen auf Sporenkeimung und Mycelentwicklung von *Botrytis cinerea*. EJFP 3, 187–192, 1973. — WEINHOLD, A. R., BOWMAN, T., DODMAN, R. L.: Virulence of *Rhizoctonia solani* as affected by nutrition of the pathogen. Pp 59, 1601–1605, 1969. — ZENTMYER, G. A., LEARY, J. V., KLURE, L. J., GRANTHAM, G. L.: Variability in growth of *Phytophthora cinnamomi* in relation to temperature. Pp 66, 982–986, 1976. — ZENTMYER, G. A., a. RIBEIRO, O. K.: The effect of visible and near-visible radiation on sporangium production by *Phytophthora cinnamomi*. Pp 67, 91–95, 1977.

B. DER MASSENWECHSEL DER INSEKTEN

Wie wir im vorstehenden Kapitel erkannt haben, sind die Pilze dank ihrer riesigen Sporenerzeugung imstande, innerhalb kürzester Zeit Masseninfektionen zu verursachen, wenn nur die jeweiligen äußeren Verhältnisse geeignet sind. In einem Jahr mit günstigen Witterungsbedingungen kann die Kiefernschütte nahezu schlagartig auf weiten Flächen auftreten, während sie in den vorangegangenen Jahren kaum vorkam. Demgegenüber bedürfen die Insekten, ehe sie massige Schäden anzurichten vermögen, regelmäßig einer Anlaufzeit; infolge ihrer im Vergleich zu den Pilzen geringen Fruchtbarkeit benötigen sie eine gewisse Zeitspanne, meist mehrere Jahre, um ihren normalerweise kleinen Bestand auf eine solche Höhe zu bringen, daß er merklich in Erscheinung tritt. Ist aber erst einmal die Insektenzahl beträchtlich angewachsen, dann besitzen die äußeren Verhältnisse nicht mehr solche Bedeutung für die Entstehung von Schäden wie bei den Pilzkrankheiten. Namentlich die bei vielen Pilzinfektionen ausschlaggebenden Faktoren, die Überwindung der Entfernung vom Entstehungsort zur Infektionsstelle und die Empfänglichkeit des Wirtes, spielen dann für das Insekt meist keine Rolle. Die Problemstellung ist somit bei der Entstehung von Mykosen und Entomosen grundsätzlich verschieden. Die erste Voraussetzung für eine Pilzepidemie ist durch das Vorhandensein großer Erregermengen in der Regel gegeben, für eine Insektenepidemie muß sie durch Massenvermehrung des Erregers erst geschaffen werden. Die Frage nach der Entstehung von Insektenepidemien ist somit gleichbedeutend mit der Frage nach dem Verlauf, dem örtlichen Auftreten und den Ursachen von Massenvermehrungen der Kerfe.

Unter den forstschädlichen Tieren neigen auch einige Nager, namentlich Mäuse und Kaninchen, zu Massenvermehrungen. Auf sie wird in der vorwiegend die Verhältnisse bei Insekten berücksichtigenden Darstellung eingegangen, soweit die auftretenden Erscheinungen abweichend bzw. bereits bekannt sind.

1. VERLAUF DES MASSENWECHSELS

Massenwechsel. In normalen Zeiten, in denen das biozönotische Gleichgewicht nicht gestört ist, leben die Insektenarten im allgemeinen in relativ kleiner Individuenzahl im Walde. Ihre Populationsdichte oder Abundanz, d.h. die Zahl der Individuen einer Art bezogen auf eine Raumeinheit, ist gering. Sie ist ständigen Änderungen unterworfen.

Beispielsweise nimmt, wie Abb. 167 zeigt, die Abundanz des Kiefernspinners im Juli während der ersten Zeit des Falterdaseins ab, um dann, infolge der Eiablage, in die Höhe zu schnellen; sie sinkt in den weiteren Monaten wieder, erst rasch, dann langsamer, bis zum Puppenstadium im Juli des folgenden Jahres.

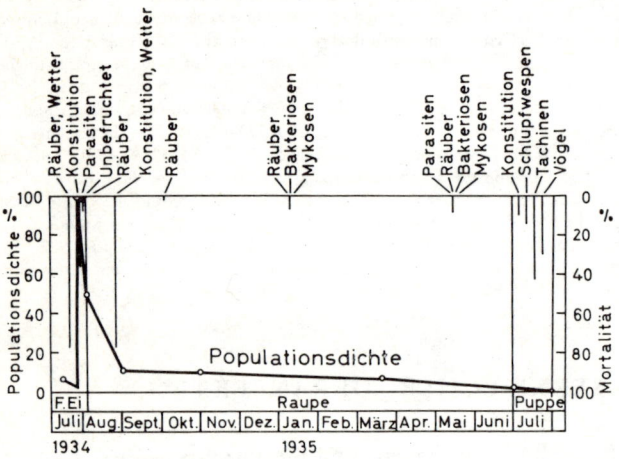

Dieser regelmäßige, innerhalb einer Generation oder eines Jahres erfolgende Wechsel der Populationsdichte ist bedingt durch das zeitliche Auseinanderfallen von Zugang der Nachkommen und Abgang durch Tod. Er wird als intraannuäre Abundanzdynamik oder besser kurz als Oszillation bezeichnet.

Der kurzfristigen Oszillation sind gegenüberzustellen die Abundanzänderungen, welche aus der auch über lange Zeiträume sich geltend machenden zahlenmäßigen Unausgeglichenheit von

Abb. 167. Abundanzänderung von *Dendrolimus pini* in einem Kieferngebiet von Juli 1934 bis Juli 1935. Senkrechte Linien: Anteile des jeweiligen Stadiums, die von den genannten Mortalitätsfaktoren vernichtet wurden. Nach SCHWERDTFEGER 1936

Zu- und Abgang resultieren. Vergleicht man miteinander die Mengen eines univoltinen Insekts, z.B. des Kiefernspanners, die an einem Ort jährlich zur gleichen Zeit, etwa im Dezember, gefunden wurden, so lassen sich zum Teil erhebliche Unterschiede in der Bevölkerungsdichte erkennen (Abb. 168). Diese Änderungen der Abundanz von Generation zu Generation, gemessen jeweils im gleichen Entwicklungsstadium, werden als Fluktuation oder Massenwechsel im engeren Sinne bezeichnet.

Fluktuation und Oszillation bilden zusammen die Abundanzdynamik oder den Massenwechsel im weiteren Sinne. Er ist ein Teil der Populationsdynamik, des allgemeinen In-Bewegungsseins der Population, welches auch ihren Altersaufbau, das Geschlechterverhältnis usw. umfaßt.

Gradation. Die Abundanzkurven der Abb. 168 verlaufen streckenweise dicht an der Null-Ordinate, von Zeit zu Zeit aber erheben sie sich in Form spitzer Zacken, die verschiedene Höhen erreichen. Das sind Massenvermehrungen, Übervermehrungen oder Gradationen des betreffenden Insekts. Der Zustand, in dem sich die Population zwischen den Gradationen befindet, wird als L a t e n z bezeichnet. Im Latenzstadium ist ein zahlenmäßig nur kleiner Bestand der Spezies vorhanden, der im forstlichen Sprachgebrauch e i s e r n e r Bestand, sonst L a t e n z b e s t a n d genannt wird. Man versteht darunter eine unmerklich kleine, das Bestandesleben nicht beeinflussende und daher wirtschaftlich belanglose Individuenzahl. Entsprechend heißt die Bevölkerung während der Gradation mit offensichtlicher und auffallend hoher Dichte E v i d e n z b e s t a n d.

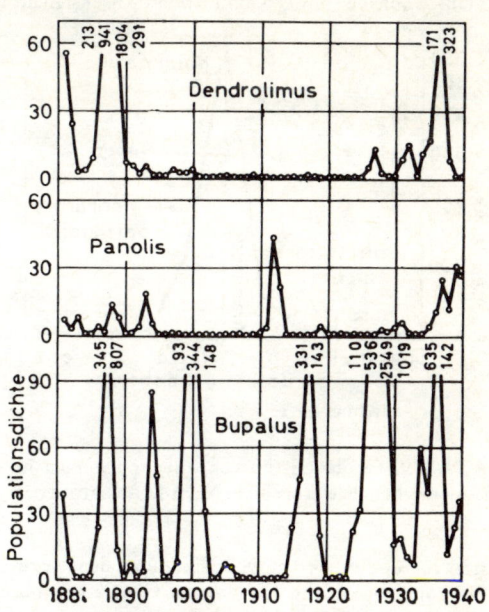

Abb. 168. Fluktuation von *Dendrolimus pini, Panolis flammea* und *Bupalus piniarius* in Letzlingen 1881–1940. Populationsdichte: überwinternde Raupen bzw. Puppen je Ar. Nach SCHWERDTFEGER 1941

Über die Höhe des Latenzbestandes wichtiger Forstschädlinge sind einige Zahlenwerte ermittelt worden: sie liegt im nordostdeutschen Kieferngebiet für die Puppen des Kiefernspanners unter 10, der Forleule und des Kiefernschwärmers unter 5 und für die überwinternden Raupen des Kiefernspinners ebenfalls unter 5 Individuen je Ar (SCHWERDTFEGER 1935). Der eiserne Bestand der Nonne ist im allgemeinen geringer als 5 Falter je Hektar (WELLENSTEIN 1942). Da die Feststellung, wann der Latenzbestand in Gradation übergeht, dem subjektiven Ermessen des Beobachters überlassen ist, können derartige Zahlenangaben nur willkürlich sein; sie wollen nichts anderes, als eine Anschauung von den hier in Frage kommenden Größenordnungen vermitteln.

Fluktuations- und Gradationstyp. Entsprechend der Form des Massenwechsels lassen sich verschiedene F l u k t u a t i o n s t y p e n unterscheiden: 1. l a t e n t e r T y p : die Art tritt in zwar schwankender, aber ständig niedriger, unauffälliger bzw. unschädlicher Dichte auf; hierhin gehören viele indifferente Forstinsekten, auch die Forleule in Letzlingen (Abb. 168). 2. t e m p o r ä r e r T y p : die Populationsdichte ist zeitweise sehr hoch oder sehr niedrig; die Hauptmasse der als Schädlinge bekannten Insekten und Nagetiere. 3. p e r m a n e n t e r T y p : die Art kommt (nahezu) dauernd in hoher, auffälliger bzw. schädlicher Individuenmenge vor; die sogenannten Dauerschädlinge wie Tannentrieblaus, Lärchenminiermotte oder Eichenwickler in entsprechenden Gebieten. Die drei genannten Typen sind nicht scharf voneinander abgrenzbar. Je nach den Umweltverhältnissen kann dieselbe Spezies hier dem einen und dort dem anderen Typ angehören.

Vom Fluktuationstyp ist zu unterscheiden der G r a d a t i o n s t y p : er kennzeichnet den typischen, durchschnittlichen Verlauf einer Gradation. Bei einer Reihe von Forstinsekten hat man einen solchen, im Einzelfall wechselnden, im Durchschnitt zahlreicher Gradationen recht typischen Verlauf feststellen können. Als Beispiel ist in Abb. 169 der Gradationstyp der Forleule wiedergegeben; er ist gekennzeichnet durch dreijährigen Anstieg (Progradation) und ebenso langen Abstieg (Retrogradation) der Populationsdichte.

Die D a u e r der Gradationen und ihrer Abschnitte ist für viele Insekten charakteristisch. Aus norddeutschem Material errechnete sich für Kiefernspanner, Forleule, Kiefernspinner und Kiefernschwärmer fast übereinstimmend eine mittlere Dauer der Gradation von 6–7 Jahren, wobei jeweils

3 oder 4 Jahre auf die Pro- bzw. Retrogradation entfielen (Abb. 169). Auch die Massenvermehrungen der Nonne dauern in Fichtengebieten meist 7, in Kiefernbeständen dagegen nur 4 Jahre (WELLENSTEIN 1942). Innerhalb der Gesamtdauer der Gradation treten schwerwiegende Fraßschäden nur in den 1 oder 2 Jahren auf, welche der Kulmination am nächsten liegen, den Eruptionsjahren (S. 327). Im Gegensatz zu

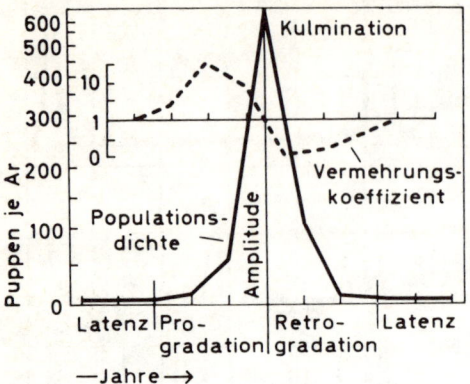

den genannten zeigen andere Schädlinge eine wesentlich längere Dauer der Gradation wie des Schadfraßes. Beides kann sich bei der Kleinen Fichtenblattwespe über 1–2 Jahrzehnte hinziehen. Für den Maikäfer wurde eine Gradationsdauer von 15–45 Jahren ermittelt (Abb. 170); auf die Länge einer Maikäfergeneration bezogen, betrug sie im Durchschnitt 6–7 Generationen (was auffälligerweise der Gradationsdauer der oben genannten Lepidopteren genau entspricht).

Kennzeichnend ist auch das Maß der Vermehrung, welches durch die Amplitude der Gradationskurve (Abb. 169) charakterisiert wird. Im Zeitraum 1881–1940 erreichte der Kiefernspanner in der Letzlinger Heide maximal 2549 Puppen je Ar (Abb. 168); das bedeutet, wenn man als Latenzbestand durchschnittlich 5 Puppen je Ar annimmt, eine Vermehrung auf rund das 500fache. Die Intensität der Vermehrung von einer Genera-

Abb. 169. Gradationstyp von *Panolis flammea* im ostdeutschen Kieferngebiet. Nach SCHWERDTFEGER 1933

tion zur andern wird ausgedrückt durch den Vermehrungskoeffizienten, d. h. die Zahl, mit der die Populationsdichte der vorigen Generation multipliziert werden muß, damit die diesjährige Bevölkerungsziffer erreicht wird. Der Vermehrungskoeffizient errechnet sich aus der Formel $V = N_2/N_1$, wenn N_2 die Populationsdichte dieser Generation, N_1 die der vorigen bedeutet. Er ist bei gleichbleibender Populationsdichte gleich 1, bei steigender größer und bei sinkender kleiner als 1; je

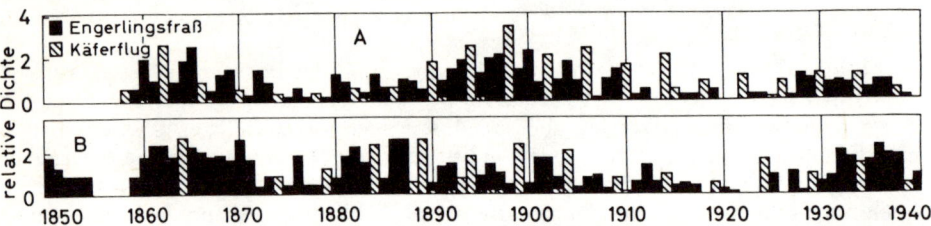

Abb. 170. Fluktuation von *Melolontha hippocastani* im Zeitraum 1850–1940, dargestellt durch die relative Stärke des Engerlingsfraßes und des Käferfluges (0–4), in (A) der Letzlinger Heide mit vierjähriger und (B) der Landsberger Heide mit fünfjähriger Generationsdauer der Art. Nach SCHWERDTFEGER-DARUP 1955

größer der Vermehrungskoeffizient ist, um so rascher wächst die Population an, je kleiner er ist, um so schneller verringert sie sich. In Abbildung 169 ist der durchschnittliche Vermehrungskoeffizient des Gradationstyps der Forleule eingezeichnet. Er ist am höchsten im ersten Progradationsjahr, am niedrigsten in den beiden ersten Retrogradationsjahren. Die Forleule weist bei ansteigender Populationskurve im allgemeinen höhere Vermehrungskoeffizienten auf als der Kiefernspanner oder gar Kiefernspinner und -schwärmer; damit stimmt die Erfahrung überein, daß eine Eulengradation überaus schnell, beinahe explosionsartig ausbrechen kann.

Wenn somit im Durchschnitt vieler Beobachtungen gewisse Regelmäßigkeiten zu erkennen sind, so ist doch mit Nachdruck zu betonen, daß der Verlauf des Massenwechsels im einzelnen äußerst mannigfaltig sein und mehr oder weniger stark von ermittelten Schemata oder aufgestellten Typen abweichen kann.

Zyklus. Eine besondere Form des temporären Fluktuationstyps liegt vor, wenn die Massenvermehrungen in einigermaßen gleichen Abständen einander folgen und der Dichteabstieg sogleich in einen Aufstieg übergeht. Das ist nicht häufig der Fall. Wir sprechen von zyklischer Fluktuation, die Dichtebewegung von Maximum zu Maximum oder von Minimum zu Minimum ist ein Zyklus, die von ihr beanspruchte Zeit ist die Zyklenlänge. Diese beträgt bei manchen zyklisch fluktuierenden Arten 3–4 Jahre, bei anderen 8–10 Jahre. Den kurzen Zyklus hält u. a. die Erdmaus in Nordwestdeutschland (SCHINDLER 1972), den langen der Graue Lärchenwickler in den Alpen ein (BALTENSWEILER 1978, Abb. 171). Die Ortsangaben deuten darauf hin, daß eine Art nur in einem bestimmten Gebiet zyklisch, anderswo hingegen azyklisch oder gar nicht fluktuiert. Das Ausmaß der Amplitude wie auch die Zyklenlänge werden durch äußere Umstände, vor allem durch das Wetter beeinflußt; so kann ein normal 3- bis 4jähriger Zyklus zu einem 2jährigen schrumpfen oder zu einem 5jährigen gedehnt werden.

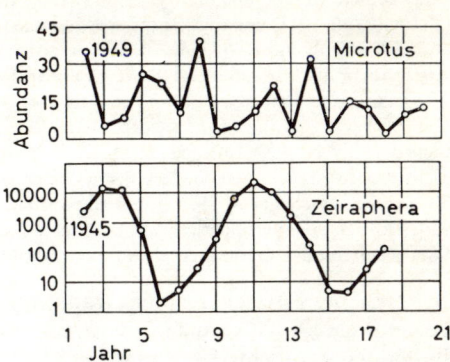

Abb. 171. Zyklische Fluktuation bei *Microtus agrestis* in Niedersachsen und bei *Zeiraphera diniana* im Engadin. Aus SCHWERDTFEGER 1968

2. ÖRTLICHES AUFTRETEN VON MASSENVERMEHRUNGEN

Regionale Abgrenzung. Nicht überall, wo ein zu Massenvermehrungen befähigtes Insekt vorkommt, vermag es auch Gradationen zu erzeugen. So werden in vielen nordwestdeutschen Waldgebieten zwar regelmäßig Puppen des Kiefernspanners und der Forleule gefunden, zu einem Schadfraß ist es aber noch nie gekommen; in Ostdeutschland dagegen sind Gradationen häufig. Wir können somit innerhalb des im wesentlichen vom Klima und vom Vorhandensein der Nahrung bedingten Verbreitungsgebietes einer Art unterscheiden das Latenzgebiet, in dem sie stets in geringer Dichte (latent), das Massenwechselgebiet oder Gradationsgebiet, in dem sie zeitweise (temporär), und das Massendauergebiet oder Permanenzgebiet, in dem sie ständig (permanent) in hohen Populationsdichten vorkommt. Unter wirtschaftlichem Gesichtspunkt sprechen wir auch von Nichtschadgebiet oder Indifferenzgebiet, wenn der Schädling zwar vorkommt, aber nie Schäden anrichtet, von Schadgebiet, wenn die Art vereinzelt Schäden verursacht, von Hauptschadgebiet, wenn wiederholt Schäden von bedeutendem Ausmaß vorkommen und von Dauerschadgebiet, wenn Schäden fast ständig auftreten.

Das Verbreitungsgebiet kann potentiell größer sein, als es zur Zeit effektiv ist. *Ips typographus* wurde in Westdeutschland zunächst nur im Bereich des natürlichen Vorkommens der Fichte beobachtet; erst später drang er auch in das künstliche Anbaugebiet der Wirtsholzart ein. Bevor dies geschah, war sein effektives, auf das natürliche Areal der Fichte beschränktes Verbreitungsgebiet kleiner als das klimabedingte potentielle, das erst ausgenutzt werden konnte, nachdem die Wirtsholzart eingebracht war. Ähnliche Ausweitungen des effektiven Verbreitungsgebietes werden von Nonne, Fichtennestwickler u. a. berichtet. Dagegen folgten *Eulecanium coryli* und *Zeiraphera diniana* ihren Wirtsholzarten nicht in das künstliche Anbaugebiet (KOMÁREK 1950).

Kiefernspanner, Forleule und Kiefernspinner sind im natürlichen Verbreitungsgebiet wie im künstlichen Anbaugebiet der Kiefer vorhanden; Gradationen sind aber fast ausschließlich aus dem natürlichen Verbreitungsgebiet der Wirtsholzart bekannt geworden (SCHWERDTFEGER 1935). Umgekehrt tritt die Kleine Fichtenblattwespe nur im künstlichen Anbaugebiet der Fichte in Massenvermehrung.

Klimatische Abgrenzung. Zweifellos sind für die Fähigkeit eines Insekts, sich in einem Gebiet zu Massen zu vermehren, klimatische Besonderheiten von maßgeblicher Bedeutung. Erst für wenige Arten sind diese bis zu einem gewissen Grade umrissen worden.

Die Sitkalaus vollführt Massenvermehrungen hauptsächlich im atlantischen Klimabereich. Die Schadgebiete der Nonne sind gekennzeichnet durch mittlere Jahresniederschläge von 400–700 mm (ZEDERBAUER 1911) und durch mittlere Monatstemperaturen von 11,5–13,5 °C im Mai, 15–17° im Juni, 16,5–19° im Juli und 16–18° im August (LEUTHOLD 1931). Sämtliche mitteleuropäischen Schadorte von Kiefernspanner, Forleule und Kiefernspinner liegen im regenärmsten Teil des Kieferngebiets mit Niederschlägen von 500–800 mm im Jahr, wobei der Kiefernspinner anscheinend die trockensten Gebiete bevorzugt (SCHWERDTFEGER 1935). Die monatlichen Mitteltemperaturen der Hauptschadgebiete des Kiefernspinners liegen merklich höher als die von Eule und Spanner; der Spinner stellt offenbar nicht nur bezüglich des Niederschlags, sondern auch im Hinblick auf die Temperatur besondere Ansprüche. Nach EBERT 1968 liegen alle mitteldeutschen Hauptschadgebiete des Kiefernspanners in subatlantisch oder pseudoatlantisch getönten Klimabereichen, während Forleule und Kiefernspinner in Landschaften mit subkontinentalem Binnenlandklima zur Massenvermehrung neigen.

Örtliches Entstehen einer Gradation. Das Massenauftreten eines Insekts an einem bestimmten Ort ist verursacht entweder durch Vermehrung des am Platz vorhandenen Bestandes: autochthone oder ortsbürtige Gradationsentstehung; oder durch Zuwandern von Tieren aus anderen Orten: allochthones oder fremdbürtiges Massenvorkommen.

Die Beobachtung, daß bei einer Gradation der Schädling regelmäßig zunächst auf kleiner Fläche merklich auftritt und erst in den folgenden Jahren größere Waldteile heimsucht, hat zu der Annahme geführt, die Massenvermehrung sei an dieser ersten, örtlich begrenzten Stelle, dem Herd, entstanden und habe sich dann durch Wandern der Insekten auf die Nachbarschaft ausgedehnt. Tatsächlich ist die Zuwanderung nicht so allgemein verbreitet, wie man nach dem Augenschein anzunehmen geneigt ist. Sorgfältige Überwachung der Schadinsekten und eigens angestellte Untersuchungen haben gezeigt, daß in sehr vielen Fällen, vielleicht in der Regel, die Massenvermehrung ortsbürtig erfolgt.

Die Ortsstetigkeit der Insekten ist vielfach erstaunlich: Falter der Forleule flogen in gleichalten Beständen kaum über (EIDMANN 1934), und der Kiefernspanner weitete sein Fraßgebiet in der Letzlinger Heide 1928/29 durch Flug der Imagines auch unter günstigen Umständen nicht aus. Selbst für die Nonne, deren Gradationen häufig durch hier und dort mit zeitlichen Unterschieden aufflackernden Fraß gekennzeichnet sind und deshalb gern durch Überflug erklärt werden, konnte WELLENSTEIN 1942 nachweisen, daß die Ausdehnung und Verlagerung der Befallsflächen in erster Linie auf eine standörtlich verschieden schnelle Vermehrung des Schädlings zurückzuführen ist. Örtlich unterschiedliche Gunst der gradationsfördernden Bedingungen vermag zwanglos das Auftreten sogenannter Herde, d. h. von zunächst kleinen Fraßplätzen, die sich in die Nachbarschaft auszubreiten scheinen, zu erklären. An begünstigten Stellen geht die Vermehrung rascher vor sich, die Schädlingszahl, welche sichtbaren Fraß hervorruft, wird hier eher erreicht als an weniger geeigneten Orten, an denen die Art zu gleicher Populationsdichte erst im nächsten oder übernächsten Jahr angewachsen ist. WOLFF-KRAUSSE 1922 brachten einen anschaulichen Vergleich: wie beim Aufsteigen von Land aus dem Meer zunächst die höchsten Erhebungen als Inseln erscheinen und allmählich zu einer zusammenhängenden Landmasse zusammenfließen, so erhebt sich die Populationsdichte des Schädlings zunächst an besonders begünstigten Stellen zu schädigender Höhe, um in der Folgezeit auch in der Nachbarschaft dieses Niveau zu erreichen, sofern nicht irgendwelche Ereignisse die Vermehrung rückläufig machen.

Diese zur Richtigstellung verbreiteter Ansichten notwendige Betonung der ortsbürtigen Entstehung bedeutet keineswegs, daß nicht auch das Zuwandern von Insekten für ihr Massenauftreten eine wichtige Rolle spielt. Besonders eine sich in Grenzen haltende, als Nahinfektion bezeichnete Ausweitung des Befallsgebiets, sozusagen infolge des Überdrucks in dichtbesiedelten Orten, ist nicht selten.

Fraßplätze von Borkenkäfern zeigen die Tendenz zur zentrifugalen Ausweitung. Bei einer Übervermehrung des Kiefernspinners drangen die nach Kahlfraß lebhaft umherwandernden Raupen bis 20 m in angrenzende Dickungen ein (SCHWERDTFEGER 1936). Nach WELLENSTEIN 1942 wirken sich bei Nonnenvermehrungen Randinfektionen durch Raupenverwehungen und Falterabwanderungen in einem Umkreis bis zu 200 m aus.

Wenn durch Auswandern zahlreicher Tiere in mehr oder weniger weiter Entfernung vom Herd ein neues Massenauftreten entsteht, sprechen wir von Ferninfektion. Sie ist in erster Linie bei geflügelten Stadien zu erwarten. Der aktive Flug allein führt allerdings meist nicht weit. Flugstrecken von wenigen Kilometern, wie sie der Maikäfer zurückzulegen vermag, gelten schon als Bestleistungen. Weitere Entfernungen werden überwunden mit Hilfe des Windes, welcher den aktiven Flug unterstützt oder das Insekt rein passiv verweht; so können auch flügellose Tiere, oft über unwahrscheinlich große Strecken, transportiert werden.

Jungraupen des Tannentriebwicklers wurden mit Hilfe von Gespinstfäden, die sie schwebend hielten, vom Winde über 150 m verfrachtet (FRANZ 1940). Die Eiräupchen der Nonne lassen sich bei Windgeschwindigkeiten zwischen 1,25 und 2,50 m/s fallen; infolge ihrer langen Schwebehaare ist ihre Sinkgeschwindigkeit so gering (im Mittel 71 cm/s), daß sie durch Luftströmungen weit verweht werden (HUNDERTMARK 1937). Bei Eiraupen des Schwammspinners wurden Überwehungen bis zu 48 km beobachtet. Die Fichtenlaus *Cinaropsis piceae* wurde auf Spitzbergen, 1300 km Luftlinie vom nächsten Vorkommen ihrer Wirtspflanze entfernt, gefunden (ELTON 1925).

Wenn Insekten aktiv oder passiv über größere Strecken fliegen, muß mit starker Streuung gerechnet werden, derart, daß das eine Tier hier, das andere dort einfällt, es also nicht zu geballter Infektion kommt. Sie tritt ein, wenn z. B. eine Luftströmung den Flug richtet und bei ihrem Aufhören enden läßt, oder wenn ein Borkenkäferschwarm in den Duftbereich eines frischen Schlages gerät und hier, angelockt, niedergeht. Sonst aber vermag Überflug wohl die Ausbreitung der Insekten, aber selten ein unmittelbares Massenauftreten zu bewirken.

Ferninfektion durch massige Überflüge ist beim Lärchenwickler und bei der Nonne beobachtet und bei der Kieferbestandsgespinstblattwespe wahrscheinlich. In der Regel waren an solchen Massenflügen überwiegend Männchen beteiligt, die mitfliegenden Weibchen hatten einen großen Teil ihrer Eier schon abgelegt, so daß ein neues Fraßgebiet nicht entstehen konnte.

Im konkreten Fall werden die verschiedenen Möglichkeiten der örtlichen Entstehung von Massenvorkommen häufig kombiniert angetroffen.

Bei einer ortsbürtigen Vermehrung der Nonne wird man bei hohem Populationsdruck eine Ausweitung des Befalls an den Rändern, vielleicht auch einmal einen Massenüberflug beobachten können. Der in einen frischen Fichtenschlag eingefallene Borkenkäferschwarm vermehrt sich; seine Nachkommen infizieren den benachbarten stehenden Bestand, und unter günstigen Bedingungen kann in der folgenden Generation wieder ein Schwarm abfliegen. Das letztgenannte Beispiel zeigt, daß infolge Wanderung ein Massenauftreten nicht nur entstehen, sondern, wenn der überwiegende Teil der Population den Platz verläßt, auch örtlich erlöschen kann.

Konzentration. Daß Ferninfektion geringe Bedeutung für das Entstehen örtlicher Massenvorkommen besitzt, trifft nicht zu für solche Insekten, die ganz bestimmte, nur hier und dort erfüllbare Ansprüche an ihr Fraß- und Brutmaterial stellen. Beispiel sei der Nutzholzborkenkäfer *Xyloterus lineatus*, der wegen seiner Pilzzucht kränkelnde, geworfene oder gefällte Stämme mit einem gewissen Feuchtigkeitsgehalt benötigt. Solche Stämme liegen oft weit von dem Ort entfernt, an dem die befallsbereiten Jungkäfer entstanden sind. Wenn diese auf die Suche gehen und die bruttauglichen Stämme finden, liegt zweifellos Ferninfektion vor. Am tauglichen Material sammeln sich die Käfer, die ringsum aus mehr oder weniger ferner Nachbarschaft kommen können: es findet eine Konzentration statt.

Voraussetzungen für die Konzentration sind ein entsprechendes Verhalten der Tiere, das sie auf die Suche gehen läßt, ihre Fähigkeit, auch größere Strecken im Flug zu überwinden, und das Vermögen, den bruttauglichen Stamm zu finden. Das letzte besteht in der Wahrnehmung spezifischer Geruchsreize, die von dem Stamm ausgehen und das Tier, sobald es in den Duftbereich gerät, zu ihm hinzuführen.

Das Wahrnehmen derartiger, dem Wirtsmaterial eigener Attraktivstoffe ist u. a. für *Hylobius abietis* und eine Reihe von Borkenkäfern nachgewiesen (LÖYTTYNIEMI-HILTUNEN 1976). Es handelt sich um Stoffe oder Stoffgemische, die beim Welke- und Absterbeprozeß des Stammes entstehen oder sich in ihrer Menge und Relation zueinander verändern. Entsprechend dem Werden und Vergehen der wirksamen Substanzen nimmt die Attraktivität des Materials zu und ab.

Bei manchen Arten wird die Attraktivität des Materials ergänzt und übertroffen durch arteigene Lockstoffe oder P h e r o m o n e (S. 184), die z. B. von den Weibchen des *X. lineatus* ausgeschieden werden, sobald sie in einen bruttauglichen Stamm eingedrungen sind. Sie erzeugen eine sekundäre Anlockung, deren Ausmaß im allgemeinen erheblich größer ist als das der primären Anlockung durch wirtseigene Duftstoffe.

So erklärt sich die gerade bei *X. lineatus* immer wieder zu machende Beobachtung, daß inmitten zahlreicher liegender Stämme nur einzelne, diese aber sehr stark befallen sind; die Erstankömmlinge haben die anderen nachgezogen. Hier hat das Weibchen das Pheromon erzeugt, bei anderen Arten, bei denen sich die Männchen als erste ansiedeln, z. B. solchen der Gattung *Ips*, produzieren auch die Männchen den Lockstoff. Er wird jeweils von dem Geschlecht abgegeben, dem die Wirtswahl obliegt, und erst dann, wenn das Tier den Stamm erfolgreich besiedelt hat; ein Anlocken an zufällig angeflogenes, aber untaugliches Material wird dadurch vermieden. Die Pheromone wirken auf beide Geschlechter, sind also keine Sexuallockstoffe, sondern Sozial- oder Populationslockstoffe (RUDINSKY et al. 1971, SELANDER 1978, Symposium on population attractants 1970). Sie sind art- oder gruppenspezifisch; im letzten Fall wirkt ein bestimmtes Pheromon auf mehrere verwandte phytophage Arten oder auch auf Gegenspieler der betreffenden Art: so wird der borkenkäferjagende Buntkäfer *Thanasimus formicarius* durch das vom Borkenkäfer *Ips typographus* abgegeben Pheromon angelockt (BAKKE-KVAMME 1978).

3. URSACHEN DES MASSENWECHSELS

a. Grundlagen des Ursachenproblems

Wenn man von Zu- und Abwanderung absieht, resultiert die derzeitige Dichte einer Population aus der vor einiger Zeit vorhandenen Ausgangsdichte und der inzwischen eingetretenen Fruchtbarkeit und Sterblichkeit. Die Fruchtbarkeit sucht die Dichte zu heben, die Sterblichkeit zu senken.

Als Formel läßt sich schreiben: $N_1 = N_0 \cdot f \cdot (1 - q)$, wenn N_1 die jetzige, N_0 die frühere Abundanz, f die Geburtenrate, d. h. die inzwischen erzeugte Nachkommenzahl, bezogen auf 1 Individuum der Population, und q die Sterberate, also die Zahl der Gestorbenen, ebenfalls auf 1 Populationsglied bezogen, bedeuten.

Ausgangsdichte. Es leuchtet ein, daß N_1 um so rascher und höher steigen muß, je größer N_0 ist. Eine kritische Dichte, sagen wir: von 1000, wird bei einer Ausgangsdichte von 200 eher erreicht als bei einer solchen von 100. Diese einfache Beziehung wird jedoch modifiziert durch den Umstand, daß f und q, die beide über das Maß der Steigerung entscheiden, ihrerseits von N_0 beeinflußt werden können: wegen gegenseitiger Beeinträchtigung der Individuen und aus anderen Gründen kann bei höherem N_0 die Geburtenrate kleiner und die Sterberate größer sein als bei niedrigerem. Daraus folgt, daß es für die Steigerung der Abundanz eine optimale Initialdichte gibt.

Das ist in Abbildung 172 für *Ips typographus* dargestellt, dessen Weibchen in unterschiedlicher Dichte bruttaugliche Stämme anflogen und mit Eiern belegten. Mit steigender Zahl der auf 1000 cm² Rindenfläche angeflogenen Weibchen (N_0) sinkt die Zahl der je Weibchen abgelegten Eier (hier mit p bezeichnet, weil die Untersuchung von der Dichte der Weibchen und nicht der Gesamtpopulation ausging). Das Produkt $p \cdot N_0$ ist die Dichte frischgeschlüpfter Larven: sie steigt mit zunehmender

Initialdichte bis zu einem Maximum bei $N_0 = 80$ und fällt dann wieder. Gleichsinnig ändert sich die im Larvenstadium auftretende Sterberate q. Da im folgenden Puppenstadium keine Abgänge eintraten, ergibt $1 - q$ multipliziert mit $p \cdot N_0$ die Dichte der Jungkäfer, also N_1. Sie folgt einer charakteristischen Kurve, deren Maximum die für die Dichtesteigerung optimale Ausgangsdichte anzeigt. Sie liegt hier bei 40–60 Weibchen auf $1000 \, cm^2$ Rindenfläche.

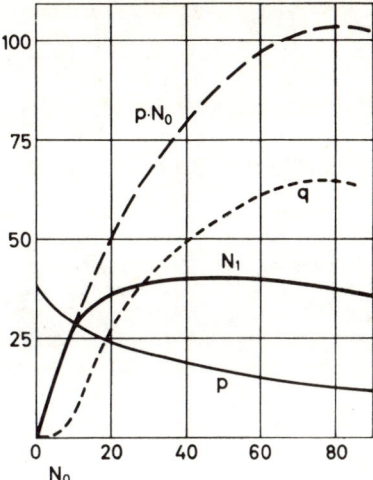

Abb. 172. Abhängigkeit der mittleren Zahl der je Weibchen gelegten Eier p, der Dichte der schlüpfenden Larven $p \cdot N_0$, der Sterberate im Larvenstadium q und der Dichte der Jungkäfer N_1 von der Dichte der eierlegenden Weibchen N_0 bei *Ips typographus*. Ordinate bei $p \cdot N_0$ und N_1 mal 10. Erläuterung im Text. Nach THALENHORST 1958

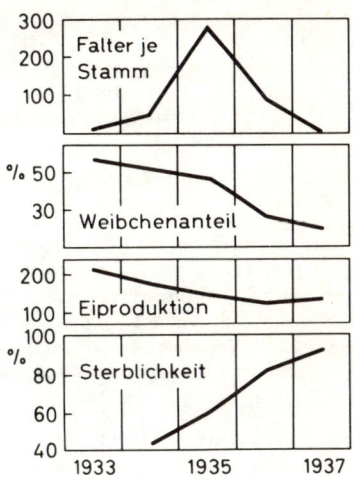

Abb. 173. Änderungen von Falterdichte, Weibchenanteil, Eiproduktion und Sterblichkeit im Ei- bis Puppenstadium von *Lymantria monacha* 1933–1937 in der Rominter Heide. Nach WELLENSTEIN-MORS 1942

Fruchtbarkeit. Unter Fruchtbarkeit oder Fertilität einer Population verstehen wir ihre reproduktive Leistung, ausgedrückt durch die Zahl der Nachkommen, diese bezogen auf sämtliche, auf 100 Individuen oder auf 1 Individuum der Bevölkerung. Sie ist abhängig von dem Anteil der sich fortpflanzenden Weibchen und der Menge der durchschnittlich je Weibchen abgelegten Eier.

Der Anteil der Weibchen kann verschieden ausgedrückt werden: bezeichnen wir die Zahl der Männchen mit m, die der Weibchen mit w, so ist $m : w$ das Geschlechterverhältnis; der Bruch $w/(m+w)$, d. h. der Anteil der Weibchen in der gleich 1 gesetzten Population, ist der Sexualindex; der gleiche Bruch multipliziert mit 100, also der Anteil der weiblichen Individuen in der gleich 100 gesetzten Population, ist der Weibchenanteil. Wenn wir die durchschnittliche Eizahl je Weibchen mit p und den Sexualindex mit i bezeichnen, dann ist die auf 1 Individuum bezogene Fertilität $f = p \cdot i$. Der gleiche Ausdruck, bezogen auf eine bestimmte Zeit, ist die oben bereits genannte Geburtenrate. Für die gesamte, aus n Individuen bestehende Population ändert sich die Formel in $f_n = n \cdot p \cdot i$.

Der Weibchenanteil ist bei einigen Arten ziemlich konstant, bei anderen hingegen schwankt er nach Ort und Zeit mehr oder weniger stark.

Veränderliches Geschlechterverhältnis weisen z. B. Kiefernspanner und Nonne (Abb. 173) auf; der Weibchenanteil der letzten schwankte 1928–1942 in verschiedenen Teilen Deutschlands zwischen 13 und 81% (WELLENSTEIN 1942). Dagegen lieferten Zuchten der Forleule sowohl bei Gradationen als auch während der Latenz durchweg etwa 50% Weibchen (SCHWERDTFEGER 1941, 1952). Bei starker Verschiebung des Geschlechterverhältnisses zugunsten der Weibchen läßt sich der Fall denken, daß die

Männchen zur Begattung nicht mehr ausreichen und die Vermehrung gamogenetischer Arten auf diese Weise gehemmt wird. In der Regel vermögen aber die Männchen mit mehreren Weibchen erfolgreich zu kopulieren, so daß selbst bei starkem Weibchenüberschuß die Begattung sämtlicher weiblichen Tiere gesichert ist. Für Nonne (EIDMANN 1935) und Kiefernspanner (BRANDT 1936) wurde nachgewiesen, daß 1 Männchen bis zu 4 Weibchen erfolgreich begatten kann.

Auch bei Kleinnagern ist der Sexualindex variabel. Im Höhepunkt einer Übervermehrung kann eine Bevölkerung der Feldmaus *Microtus arvalis* bis zu 90% aus Weibchen bestehen (BÄUMLER 1979).

Die durchschnittliche Nachkommenzahl je Weibchen, auch Natalität genannt, kann erhebliche örtliche und zeitliche Schwankungen aufweisen. Speziell bei Insekten ist derartige Inkonstanz sowohl hinsichtlich der Produktion legereifer Eier als auch in der Zahl tatsächlich abgelegter Eier zu beobachten: von der wechselnd großen Gesamtzahl produzierter Eier braucht nur ein wechselnd großer Anteil abgelegt zu werden.

Die mittlere Eiproduktion von *Diprion pini* betrug im Forstamt Finowtal 1940 in der Frühjahrsgeneration 111, in der Sommergeneration 121 Eier je Weibchen (THALENHORST 1942); die gleiche Art erzeugte bei Rathenow im Frühjahr 1941 nur 50 Eier je Weibchen. FRIEDERICHS 1933 fand bei einer Nonnengradation eine Eiproduktion von über 200 Stück, im Befallszentrum dagegen unter 50 (s. a. Abb. 173). Weibchen der Forleule, die in 14° C Lufttemperatur und 80–90% relativer Luftfeuchte gehalten wurden, legten nach ZWÖLFER 1931 im Durchschnitt 84 Eier ab, hatten aber nach ihrem Tod noch 101 legereife Eier im Ovar.

Sterblichkeit. Unter Sterblichkeit oder Mortalität wird der durch Tod verursachte Abgang von Populationsgliedern, ausgedrückt durch den Anteil der in der Zeiteinheit Gestorbenen, verstanden.

Dieser Anteil, bezogen auf 1 Individuum, wurde oben als Sterberate q bezeichnet. Der in der Formel verwendete Ausdruck $(1 - q)$ ist der Anteil der Überlebenden, die Überlebens- oder kurz Lebensrate. Sie ist, obwohl beide Ausdrücke denselben Sachverhalt darstellen, biologisch anschaulicher, weil die Fortentwicklung der Population ja nicht von den Gestorbenen, sondern von den Überlebenden abhängt.

Sterblichkeit wird durch verschiedenste Faktoren verursacht. Sie ist, anders als die Fruchtbarkeit, stets veränderlich; ihre Schwankungen sind im allgemeinen größer als diejenigen, welche die Fertilität aufweisen kann.

Beispiele für unterschiedliche Mortalität werden weiter unten in Anzahl gebracht. Hier sei nur auf Abbildung 173 verwiesen, nach der die Mortalität der Nonne im Ei- bis Puppenstadium während des Zeitraums 1933–1937 zwischen etwa 40 und 90% schwankte.

Populares Ungleichgewicht. Die Dichte einer Population wäre konstant, wenn jeder Zugang durch Geburt (oder Einwanderung) zur gleichen Zeit und im gleichen Ausmaß durch Abgang infolge von Tod (oder Auswanderung) ausgeglichen würde. In solchem Falle bestünde ein populares Gleichgewicht. Es ist nie exakt realisiert. Schon die zeitliche Diskrepanz zwischen meist saisonbegrenzter Fruchtbarkeit und ganzjähriger Sterblichkeit, die, wie wir oben sahen, zur Oszillation führt, schließt das aus. Sehen wir von der kurzfristigen Oszillation ab und betrachten wir nur die langfristige Fluktuation, so mag gelegentlich angenähert ein populares Gleichgewicht vorkommen; im allgemeinen aber gleichen sich Fruchtbarkeit und Sterblichkeit nicht aus, es herrscht ein populares Ungleichgewicht.

Bereits geringfügige Änderungen der Fertilität oder der Mortalität können die Abundanz entscheidend beeinflussen. Sie wirken sich besonders stark aus, wenn sie gleichsinnig, als Erhöhung oder Erniedrigung der Geburten- wie der Lebensrate, erfolgen und mehrere Generationen hindurch andauern.

Erzeugt ein Elternpaar des Kiefernspanners 100 Eier, so müssen 98% der Nachkommenschaft zugrundegehen, wenn im Jahr darauf wieder ein Falterpaar übrig sein soll. Erhöht sich die Fruchtbarkeit um 10% auf 110 Eier je Weibchen, so bleiben bei gleichem Abgang von 98 Individuen 12 Falter oder das sechsfache der ursprünglichen Zahl übrig. Ein Absinken der Sterblichkeit um nur 2% auf 96% hat die Entstehung der doppelten Falterzahl zur Folge. Hält die Verminderung der Mortalität von 98 auf 96% nur 3 oder 4 Jahre an, so erhöht sich die Bevölkerungsdichte auf das 8- bzw. 16fache.

Wenn, wie es häufig der Fall ist, die Fertilität einigermaßen konstant bleibt, wird die Fluktuation ausschließlich durch Änderungen der Mortalität bewirkt. Aber auch wo beide, Fruchtbarkeit und Sterblichkeit, variieren, kommt der zweiten in der Regel die größere Bedeutung für die Abundanzdynamik zu.

Ein Beispiel bringt Abbildung 174: für den Eichenwickler lagen 12 Angaben für Fertilität und Mortalität sowie für die zugehörigen Vermehrungskoeffizienten vor; es zeigt sich keine Beziehung der

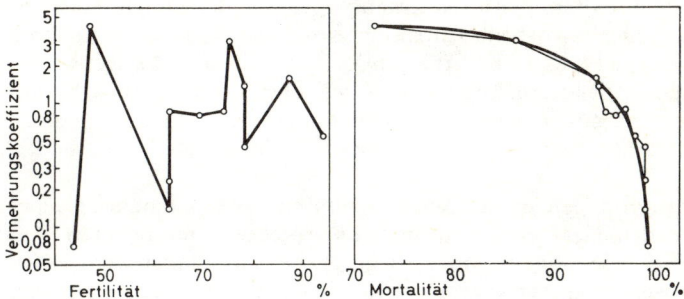

Abb. 174. Vermehrungskoeffizienten von *Tortrix viridana* in Beziehung zur Fertilität bzw. Mortalität der Generationen. Erläuterung im Text. Aus SCHWERDTFEGER 1968

Vermehrungskoeffizienten zur Fertilität, wohl aber eine klare Abhängigkeit von der Mortalität: je höher diese sich stellte, um so niedriger war der Vermehrungskoeffizient.

Hervorzuheben bleibt, daß das ständige Sichändern der Populationsdichte zwar am deutlichsten in den Gradationen zum Ausdruck kommt, daß aber auch der Latenzbestand dauernd in Bewegung ist. Aus Abbildung 168 ist dies kaum zu ersehen, was am benutzten Maßstab liegt. In Abbildung 175 sind die gleichen Zahlen für Kiefernspinner und Forleule mit wesentlich vergrößerter und logarithmischer Ordinate dargestellt: die Kurven schwanken hin und her und liefern in ihrer Gesamtheit ein wirres, dadurch eben anschauliches Bild von der nie unterbrochenen Dynamik der Populationen, auch wenn sie sich in Latenz befinden. Eine Gradation ist letztlich nichts anderes als ein besonders starker Ausschlag der stets hin und her pendelnden Abundanzkurve.

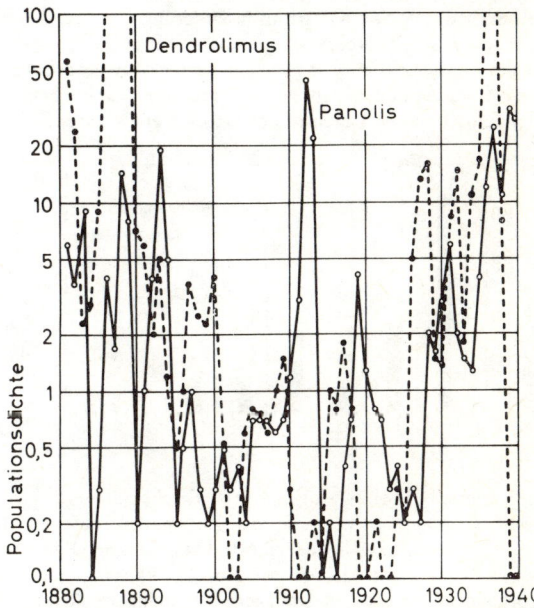

Abb. 175. Fluktuation von *Dendrolimus pini* und *Panolis flammea* in Letzlingen 1881–1940. Populationsdichte: überwinternde Raupen bzw. Puppen je Ar. Nach SCHWERDTFEGER 1935, ergänzt

b. Abundanzdynamische Faktoren

Die Änderungen von Fruchtbarkeit und Sterblichkeit und damit der Populationsdichte werden durch verschiedenste Gegebenheiten verursacht, die man als abundanzdynamische Faktoren zusammenfaßt. Es sind im wesentlichen die sich wandelnde Konstitution der Tiere, die ihnen angebotene Nahrung, die abiotischen Komponenten der Umwelt, namentlich des Wetters, und die biotische Umwelt in Gestalt von Feinden.

Konstitution. Unter Konstitution verstehen wir die einem Tier angeborene und in seinem Dasein erworbene Fähigkeit zu physiologischen Leistungen. Angeboren ist die genbedingte Reaktionsnorm, aber auch das durch den somatischen Zustand der Eltern, beispielsweise ihr Alter oder ihren Ernährungszustand, bedingte Maß der physiologischen Potenz. Der erworbene Anteil der Konstitution basiert vornehmlich auf dem derzeitigen Entwicklungs- und Ernährungszustand des Tieres selbst sowie auf etwaiger vorangegangener Belastung und Gewöhnung. Der Begriff ist zunächst auf das Individuum bezogen; er gilt auch für eine Population, indem man unter ihm die Gesamtheit der Konstitutionen aller ihr angehörenden Einzeltiere nach Breite und Durchschnitt versteht.

Die Konstitution ändert sich, entweder unmittelbar, indem beispielsweise mit dem Älterwerden der Tiere eine Empfindlichkeit gegen Schlechtwetter abnimmt, oder mittelbar durch Selektion: die unter den gegebenen Umständen weniger widerstandsfähigen Tiere werden ausgemerzt. Derartige Konstitutionsänderungen werden vielfach für Verschiebungen der Geburten- und Sterberaten verantwortlich gemacht.

WELLENSTEIN und MORS 1942 führten das bei einer Nonnenvermehrung zu beobachtende Absinken von Weibchenanteil und Eiproduktion (Abb. 173) wenigstens zum Teil auf konstitutionelle Usachen zurück. BOMBOSCH 1952 fand während einer Gradation von *Ips typographus* eine Eisterblichkeit, die in der ersten Generation 12–14, in der zweiten 19–24 und in der dritten 31% betrug; da sie durch äußere Einwirkungen nicht wesentlich beeinflußt wurde, war die Steigerung der Mortalität offenbar durch eine Konstitutionsänderung bedingt, die in Zusammenhang mit der fortschreitenden Gradation stand. Nonnenraupen, die teils aus Kremmen, teils aus der Rominter Heide stammten, wurden gleichzeitig unter gleichen Temperatur- und Luftfeuchtigkeitsverhältnissen, aber an verschiedenem Futter aufgezogen; an jeder Futterart war die Sterblichkeit bei den Rominter Raupen höher als bei den Kremmer Tieren (Abb. 176). Über die eigentlichen Ursachen und Vorgänge bei solchen als

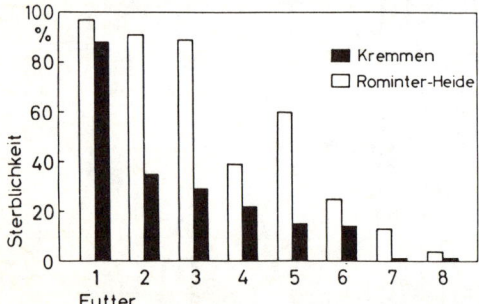

Abb. 176. Sterblichkeit von Eiraupen von *Lymantria monacha* aus zwei verschiedenen Orten (Kremmen und Rominter Heide) und an verschiedenem Futter: 1 Fichtentrieb, 2 Fichtensämling, 3 einjährige Kiefer, 4 Eichenblatt, 5 Kiefernsämling, 6 Kieferntrieb, 7 Kiefernknospe, 8 Eichel. Nach JANISCH 1938

konstitutionell bedingt angesehenen Erscheinungen liegen kaum mehr als Vermutungen vor. FRANZ 1949 stellte eine Theorie über den Zusammenbruch von Massenvermehrungen aus inneren Ursachen auf, die davon ausgeht, daß die Individuen einer Population nicht erbgleich sind und bei schneller Vermehrung einer kleinen Ausgangsbevölkerung notwendigerweise Inzucht eintritt. Heterozygot vorhandene, rezessive Erbanlagen, die vitalitätssenkend sind, werden homozygot und treten damit in Erscheinung. Gleichzeitig ist durch die günstigen, die Vermehrung in Gang setzenden Umweltverhältnisse die sonst wirksame Auslese abgeschwächt, die Überlebenswahrscheinlichkeit für weniger lebenskräftige Tiere ist gestiegen. Damit verschlechtert sich die durchschnittliche Leistungsfähigkeit der Population, sie degeneriert, und ihre Vermehrung bricht zusammen, vor allem wenn durch Ungünstigerwerden der Umweltbedingungen der Selektionsdruck wieder größer wird. SCHWERDTFEGER 1952 vermutet ähnliche Zusammenhänge als Ursachen eines beobachteten Anstiegs der Bevölkerungskurve. Während einer gleichzeitigen Vermehrung von Forleule und Kiefernspanner beeinflußte trockenheißes Wetter 1937 die Fraßtätigkeit der Raupen ungünstig; die Folgen waren Absinken der Populationsdichte, ungewöhnlich niedriges Puppengewicht, starkes Absterben der schwachen Puppen. Im nächsten Jahr verringerte sich die Abundanz unter ähnlichen Wetterverhältnissen weiter. Aus der Katastrophe blieben nur wenige Tiere übrig, diese aber besaßen beste Konstitution mit hervorragenden Erbanlagen und lieferten besonders lebenskräftige Nachkommen, welche, widerstandsfähig gegen Schadeinwirkungen, die Bevölkerungskurve zu einem neuen Maximum 1941 hochrissen.

Nahrung. Die verfügbare Menge der Nahrung kann sich ebenso wie ihre Beschaffenheit auf Geschlechterverhältnis, Eiproduktion und Sterblichkeit der Tiere auswirken. Hungertod tritt ein, wenn die Zahl der Fresser im Verhältnis zum Nahrungsangebot zu groß wird, namentlich bei Massenvermehrungen und Kahlfraß, aber auch, wenn das vorhandene Fraßmaterial in qualitativer Hinsicht mangelhaft ist. Hungernde Tiere, die überleben, produzieren weniger oder keine Nachkommen. Das Geschlechterverhältnis wird hauptsächlich über unterschiedliche Anfälligkeit der männlichen und weiblichen Tiere gegenüber quantitativem und qualitativem Nahrungsmangel beeinflußt: in gleicher Situation sterben von dem empfindlicheren Geschlecht mehr als vom anderen.

Die weiblichen Raupen vieler Lepidopteren, die Vorräte für die spätere Eiproduktion der Falter anlegen müssen, benötigen mehr Nahrung als die männlichen. Dementsprechend war die Sterblichkeit im weiblichen Geschlecht größer und das Geschlechterverhältnis zugunsten der Männchen verschoben, wenn Raupen der Nonne bei knappem Nahrungsangebot (BRANDT 1938) oder an qualitativ ungünstigeren Licht- statt an Schattennadeln der Fichte (WELLENSTEIN 1942) aufgezogen wurden. Ebenfalls bei der Nonne, aber auch bei anderen Lepidopteren und bei Blattwespen, hängt die Zahl der vom Weibchen erzeugbaren Eier von der Menge der im Raupenstadium aufgenommenen Vorräte ab, die sich im Gewicht oder in der Größe der ausgewachsenen Raupe und der Puppe ausweist; es besteht eine lineare Relation zwischen Eiproduktion und Puppengewicht oder -größe (Abb. 234). Bei Aufzucht von Nonnenraupen an Nadeln und Blättern verschiedener Baumarten war die Eiproduktion der aus ihnen entstandenen Falter unterschiedlich; sie betrug auf Tanne 86, Kiefer 160, Fichte 195, Buche 227 und Eiche 269 Eier je Weibchen (SATTLER 1939). Die gleiche Untersuchung zeigte den Einfluß der Nahrungsqualität auf die Mortalität: im 5. Stadium starben an Tanne 71%, Kiefer 2%, Fichte 1%, Buche und Eiche 0% der Raupen.

Sterblichkeit infolge quantitativen und qualitativen Nahrungsmangels braucht nicht immer unmittelbar als Hungertod einzutreten, sie kann auch mittelbar verursacht werden, wenn unzureichend oder ungeeignet ernährte Tiere in ihrer Konstitution geschwächt sind und dann leichter Schadeinflüssen, etwa Infektionskrankheiten, erliegen oder wenn ihre Entwicklung hinausgezögert wird und dadurch andere vorhandene Mortalitätsfaktoren länger Gelegenheit zum Angriff haben.

Auf Fichten mit kräftig entwickelten Kronen und harten Nadeln ausgesetzt, gingen Nonnenraupen nach schlechter Entwicklung vorzeitig an Polyedrose zugrunde, während aus der gleichen Population entnommene Raupen, die auf dichtstehende Fichten mit schwachen Kronen und weichen Nadeln gebracht wurden, durchweg gut gediehen (WELLENSTEIN 1942). Mit ungeeigneter Nahrung aufgezogene Raupen des Schwammspinners häuteten sich häufiger und brauchten zur Entwicklung durchschnittlich 13 Tage mehr als sonst (KURIR 1952); in solchem Fall ist Raupenparasiten länger die Möglichkeit zur Einwirkung gegeben.

Die Nahrung besitzt augenscheinlich je nach den Ansprüchen des Tiers und dem Angebot an Fraß- und Brutmaterial eine durchaus unterschiedliche Bedeutung für den Massenwechsel. Im einen Fall, etwa bei *Xyloterus lineatus*, ist die gesamte Entwicklung und Vermehrung des Insekts eng an das Vorhandensein eines Materials mit ganz bestimmten Eigenschaften, hier von kränkelnden oder liegenden Stämmen mit einem gewissen Feuchtigkeitsgehalt, gebunden. Im andern sind die Ansprüche ebenfalls sehr bestimmt, aber auf eine kurze Zeit der Entwicklung begrenzt, so bei den Eiraupen von

Tortrix viridana, die im Frühjahr, wenn sie schlüpfen, eben ausbrechende Knospen zum Fraß benötigen. Im dritten Fall, z. B. bei *Bupalus piniarius* im Kiefernwald, wird die Nahrung regelmäßig so reichlich angeboten, daß die Vermehrung des Schädlings unabhängig von ihr zu erfolgen scheint und der Nahrungsfaktor höchstens nach Kahlfraß für die Retrogradation verantwortlich wird.

Untersuchungen gerade auch mit *Bupalus piniarius* haben allerdings gezeigt, daß Düngung des Fraßbaums und damit doch wohl eine qualitative Änderung der Nahrungssubstanz in Gestalt der Nadel sich auf die fressenden Raupen auswirkt: auf ungedüngten bzw. gedüngten Wirtsbäumen betrugen die Raupensterblichkeit 54 bzw. 72%, das durchschnittliche Puppengewicht 124 bzw. 112 mg und die mittlere Eiproduktion 110 bzw. 95 Eier je Weibchen (OLDIGES 1958). Untersuchungen an weiteren Insektenarten, auf die noch zurückzukommen sein wird (S. 368), brachten ähnliche Ergebnisse. Danach muß es als zweifelhaft erscheinen, ob man die Bedeutung der Nahrung für den Massenwechsel der Primärinsekten als gering erachten kann. RUDNEW 1963/64 vertritt sogar die Ansicht, daß die Nahrung nach Menge und Beschaffenheit der Hauptfaktor des Massenwechsels aller Forstinsekten schlechthin sei; eine Gradation könne nur im Falle einer physiologischen Schwächung der Futterpflanze entstehen, das Wetter und andere Faktoren übten zwar einen beträchtlichen Einfluß auf die Dichteschwankungen der Schädlinge aus, jedoch hauptsächlich nicht direkt, sondern indirekt über den Zustand der Wirtspflanzen. Diese verallgemeinernde Bewertung ist sicher nicht zutreffend.

Der Verzehr von Pflanzengewebe durch Insekten und seine Erneuerung durch die am Leben gebliebene Pflanze führt, wenn beides sich wiederholt, zu einer periodischen Veränderung von Quantität und Qualität der Kerfnahrung, die einen zyklischen Massenwechsel der betreffenden Insektenspezies zur Folge haben kann.

Der Lärchenwickler *Zeiraphera diniana* weist im Engadin einen Fluktuationszyklus von 8–10 Jahren auf. Der im Höhepunkt der Gradation eintretende Kahlfraß an der Lärche bewirkt hohe Sterblichkeit der Raupen und Abwanderung der Falter. Den Überlebenden und am Ort Bleibenden bietet die Lärche im folgenden Frühjahr ungeeignete Nahrung: die neugebildeten Nadeln sind kurz und hart, sie haben erhöhten Rohfaser- und niedrigeren Stickstoffgehalt. Das führt zu weiterer Raupenverlusten. Erst drei Jahre nach dem Kahlfraß erreichen Nadelmenge und -güte wieder normales Maß, und die Dichte des Wicklers kann wieder ansteigen (BALTENSWEILER 1978).

Temperatur. Die Insekten sind als wechselwarme oder poikilotherme Tiere weit mehr als die gleichwarmen oder homoiothermen Vögel und Säuger in ihrem gesamten Stoffwechsel und damit in allen Leistungen von der Temperatur der Umgebung abhängig. Diese besitzt daher eine besonders hohe Bedeutung für deren Abundanzdynamik.

Ein typisches Beispiel für den umfassenden Einfluß der Temperatur auf Leistungen eines Insekts bringt Abbildung 177. Zwischen einer unteren vitalen Grenze bei −10,5° C und einer oberen vitalen Grenze bei 45,5° C liegt die vitale Zone der Nonneneiraupe; bei Temperaturen außerhalb dieser

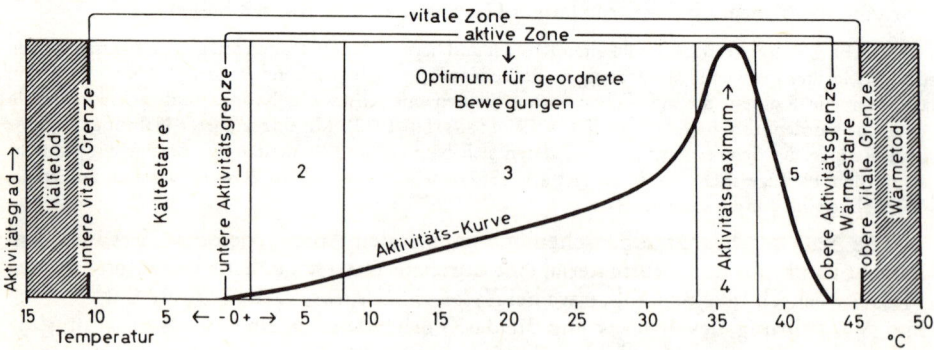

Abb. 177. Vitalitätsgrenzen, Aktivitätsstufen und Aktivitätskurve der Eiraupe von *Lymantria monacha* in Abhängigkeit von der Temperatur. Nach v. ARNIM 1936

Grenzen tritt der Kälte- bzw. Wärmetod ein. Im Bereich der vitalen Zone sind unterhalb – 0,5° C und oberhalb 43,5° C Bewegungen nicht möglich; das Tier ist, obwohl lebensfähig, im Zustand der Kälte- bzw. Wärmestarre. Zwischen den beiden Starrezonen liegt die aktive Zone, eingeschlossen durch die untere und obere Aktivitätsgrenze. Innerhalb der aktiven Zone nimmt die Aktivität entsprechend der eingezeichneten Aktivitätskurve erst langsam, dann rascher zu bis zu einem Aktivitätsmaximum, um dann rasch abzusinken. Nach der Intensität der Bewegungen lassen sich verschiedene Aktivitätsstufen unterscheiden: (1) untere Zone der ungeordneten Bewegungen, keine Ortsveränderung; (2) verminderte Aktivität, geordnete, aber langsame Laufbewegungen; (3) normale Aktivität, geordnete Laufbewegungen von üblicher Schnelligkeit; (4) gesteigerte Aktivität, Ruhelosigkeit; (5) obere Zone der ungeordneten Bewegungen, verminderte Beweglichkeit, Beginn der Wärmeschädigungen.

Besonders deutlich zeigt sich die Wärmeabhängigkeit bei der Entwicklungs-dauer der Insektenstadien, die sich – innerhalb gewisser Grenzen – mit zunehmender Temperatur verkürzt (Abb. 235). Langsame Entwicklung bedeutet längere Einwirkungsmöglichkeit für Schadeinflüsse, rasche hingegen schnelleres Hinwegkommen über Gefahrenzeiten, aber auch Intensivierung des Schadfraßes, weil die gleiche Menge in kürzerer Zeit verzehrt wird. Sie führt zu einer Vermehrung der Generationenzahl, sofern diese nicht erblich fixiert ist.

Die Temperatur der Vegetationszeit entscheidet darüber, ob *Ips typographus* einfache, doppelte oder gar dreifache Generation hat; dagegen ist die Generationsdauer von *Scolytus ratzeburgi* stets einjährig. Wenn niedrige Sommertemperaturen die Entwicklung der Brut von *Ips typographus* hinauszögern, kann diese im empfindlichen Larvenstadium in den Winter eintreten und erhebliche Verluste durch Kälte und Nässe erleiden.

Auf die Fruchtbarkeit kann die Temperatur durch Änderung sowohl des Geschlechterverhältnisses als auch der Eiproduktion einwirken.

Wurden Raupen der Nonne in verschiedenen konstanten Temperaturen aufgezogen, so zeigten die aus ihnen entstandenen Falter eine klare Abhängigkeit sowohl des Weibchenanteils als auch der Eiproduktion von der Zuchttemperatur (Abb. 178); vermutlich ist die Verschiebung des Weibchenan-

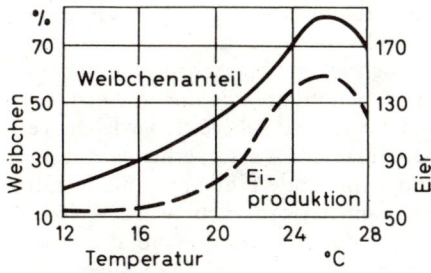

Abb. 178. Anteil weiblicher Falter und Eiproduktion von *Lymantria monacha* bei Aufzucht der Raupen in verschiedenen konstanten Temperaturen. Nach ZWÖLFER 1934

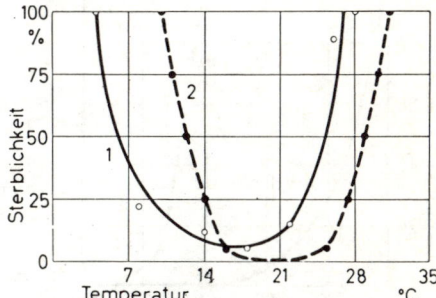

Abb. 179. Sterblichkeit der Eier von (1) *Panolis flammea* und (2) *Dendrolimus pini* bei Daueraufenthalt in verschiedenen konstanten Temperaturen und gleichmäßiger relativer Luftfeuchte von 50–60%. Nach ZWÖLFER 1931 und SCHWERDTFEGER 1936

teils auf unterschiedliche Sterblichkeit der beiden Geschlechter und die Änderung der Eiproduktion auf verschiedene Intensität der Nahrungsaufnahme und der Vorratsbildung in den einzelnen Temperaturstufen zurückzuführen. Durch die gleichsinnige Förderung des Weibchenanteils wie der Eiproduktion wirken hohe Temperaturen offensichtlich bei dieser Art in erheblichem Maße gradationsfördernd. Ein Zusammenhang zwischen der Temperatur während der Raupenzeit und der Eiproduktion der späteren Falter wurde auch bei anderen Lepidopteren nachgewiesen.

Sterblichkeit ruft die Temperatur hervor, wenn sie die vitalen Grenzen überschreitet. Sie liegen nach Art und Entwicklungsstadium verschieden und sind in der

Regel den herrschenden Wetterbedingungen angepaßt. Die untere Grenze ist im Winter meist so tief, daß die Überwinterungsstadien selbst in strengen Wintern keinen nennenswerten Schaden leiden. Frostempfindliche Stadien sichern sich durch Aufsuchen geschützter Örtlichkeiten. Im Frühjahr wird die Widerstandsfähigkeit gegen Kälte geringer, so daß Temperaturstürze jetzt eine erhebliche Sterblichkeit hervorzurufen vermögen. Die obere tödliche Grenze liegt bei Insekten zwischen 40 und 70° C. Die ortsbeweglichen Stadien vermögen der meist durch Sonnenstrahlung bedingten tödlichen Hitze auszuweichen und schattige Plätze aufzusuchen. Besteht diese Möglichkeit nicht, z. B. wenn Borkenkäferlarven unter der dünnen Rinde des sonnenexponierten Stammteils sitzen, so kann Überhitzung zu einem wichtigen Mortalitätsfaktor werden. Auch innerhalb der vitalen Zone kann temperaturbedingte Sterblichkeit eintreten: im Experiment sterben bei Daueraufenthalt in konstanten Temperaturen Insekten zu einem gewissen Prozentsatz ab, der nach den vitalen Grenzen hin größer wird und am kleinsten in einem mittleren, optimalen Bereich ist (Abb. 179). Ist das Optimum ausgedehnt, so sprechen wir von eurythermen, ist es klein, von stenothermen Tieren.

Dazu wie zu allen Untersuchungen mit konstanten Temperaturen ist allerdings zu sagen, daß in unserem Klima die im Freiland lebenden Insekten normal einem ständigen Temperaturwechsel ausgesetzt sind, Konstanz der Temperatur also für sie etwas Abnormes darstellt. Die im Laboratoriumsversuch bei konstanten Bedingungen gefundenen Ergebnisse brauchen deshalb nichts über Lage und Grenzen des Optimums im Freiland auszusagen. Das gilt auch für andere im Experiment geprüfte Faktoren.

Feuchtigkeit. In Bezug auf den Wassergehalt des Mediums, insbesondere der Luft, gibt es für die einzelnen Arten ebenfalls optimale Bereiche, außerhalb derer mit zunehmender Entfernung die Sterblichkeit in der Population ansteigt (Abb. 180). Lage und Ausdehnung des Optimums sind auch nach Entwicklungsstadium und physiologischem Zustand des Tiers sowie nach den äußeren Umständen verschieden und seinen normalen Lebensverhältnissen angepaßt. Wir unterscheiden euryhygre Tiere, die große Unterschiede in der Feuchtigkeit ohne Schädigung ertragen können, und stenohygre, die nur in einem engbegrenzten Feuchtigkeitsbereich zu leben vermögen. Übermäßiger Wasserverlust wird durch verdunstunghemmende Hüllen vermindert, die besonders dann erforderlich werden, wenn Wasserzufuhr durch Nahrungsaufnahme oder Aufsuchen geeigneter Feuchtigkeitsbedingungen durch Ortswechsel unmöglich sind (Ei- und Puppenhülle, Kokon). Ein Verdunstungsschutz wird entbehrlich, wenn die Stadien an Orten leben, die vor Austrocknung sicher sind (Eier der Buschhornblattwespen, Borkenkäfer), oder ihr auszuweichen vermögen.

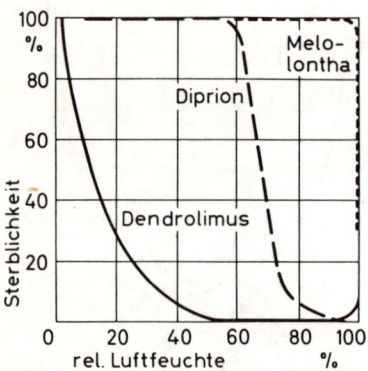

Abb. 180. Sterblichkeit der Eier von *Dendrolimus pini* (euryhygr), *Diprion pini* (stenohygr) und *Melolontha melolontha* (extrem stenohygr) bei Daueraufenthalt in verschiedenen Luftfeuchtigkeiten. Nach SCHWERDTFEGER 1936, GÖSSWALD 1936, SCHUCH 1938

So wandern in Trockenzeiten Engerlinge und Drahtwürmer in tiefere Erdschichten, die noch genügend Feuchtigkeit aufweisen. Besteht eine solche Möglichkeit nicht, wie bei Borkenkäferlarven unter der Rinde, so kann Austrocknung des Mediums eine katastrophale Sterblichkeit hervorrufen. Umgekehrt ist beträchtliche Mortalität bei Borkenkäfern beobachtet worden, wenn der Wassergehalt von Rinde und Holz infolge langandauernden Regens zu hoch wurde.

Wiederum über unterschiedliche Sterblichkeit der Geschlechter und über vermehrte oder verminderte Nahrungsaufnahme und Vorratsbildung bei den fressenden Stadien kann die Feuchtigkeit Weibchenanteil und Eiproduktion beeinflussen. Für die Bildung der Eier wird auch unmittelbar Wasser benötigt, und Mangel an solchem hemmt sie.

Wurden Eier von Nonne und Schwammspinner in 32–50% bzw. in 100% relativer Luftfeuchtigkeit gehalten, so waren die schlüpfenden Eiräupchen im ersten Fall überwiegend männlichen, im zweiten mehr weiblichen Geschlechts (Skuhravý 1952). Weibchen des Grauen Lärchenwicklers legten, wenn ihnen Zuckerwasser geboten wurde, im Durchschnitt doppelt so viele Eier wie solche ohne Trinkmöglichkeit (Maksymov 1959). Säugetiere benötigen nicht nur für die Bildung der Embryonen, sondern auch für das Säugen zusätzlich Flüssigkeit. Die amerikanische Maus *Peromyscus maniculatus* steigerte ihren Wasserbedarf während der Trächtigkeitsperiode laufend; einen Tag vor dem Werfen nahm sie 36% mehr Wasser zu sich als nichtträchtige Tiere. 2 und 3 Wochen nach dem Werfen tranken säugende Tiere 111 bzw. 158% mehr Wasser als andere. In Dürrezeiten müssen deshalb Mäuse vielfach ihre Fortpflanzungstätigkeit einstellen.

Licht. Die wechselnde Intensität des Lichts im Tageslauf und das jahreszeitlich verschiedene Verhältnis der täglichen Hellzeit oder Photophase zur Dunkelzeit oder Skotophase, die Photoperiode, haben im wesentlichen mittelbare Bedeutung für den Massenwechsel, indem sie vornehmlich die Aktivität bzw. die Entwicklungsdauer der Insekten beeinflussen.

Das abendliche Schwärmen des Maikäfers, der Forleule und des Kleinen Frostspanners wird durch einen gewissen Dämmerungsgrad, vielleicht auch durch den Fortfall bestimmter Strahlen nach Sonnenuntergang ausgelöst. Die Raupen des Kiefernspinners treten unabhängig vom erreichten Häutungsstadium in Diapause, wenn im Experiment die Helligkeit des Tages auf 9 Stunden verkürzt wird; dem entspricht, daß die in den Baumkronen fressenden Raupen sich im Herbst zur Winterruhe in den Boden begeben. Die Phänologie der Kiefernbuschhornblattwespe wird maßgeblich von der Photoperiode beeinflußt (S. 233).

Wetter. Während das Klima als die Gesamtheit der Witterungen, wie sie durchschnittlich in einem längeren Zeitlauf einzutreten pflegen, mehr für die örtliche Verbreitung der Tiere und für den Charakter eines Platzes als Latenz-, Massenwechsel- oder Massendauergebiet verantwortlich ist, wirkt das W e t t e r, das heißt der jeweilige, sich ändernde Zustand der Atmosphäre, auf die Dynamik der Populationen an einem bestimmten Ort ein. Das Wetter resultiert aus dem Zusammenspiel verschiedener Wetterelemente, deren wesentlichste vorstehend erörtert wurden, und ist ein sehr komplexer Begriff.

Zahlenmäßig wird es charakterisiert durch die von den meteorologischen Stationen ermittelten Wetterdaten. Diese können von den Kleinwetterbedingungen, welche an dem jeweiligen Aufenthaltsort des Tieres herrschen, weitgehend abweichen. Wellington 1950 fand in Kanada einen im wesentlichen auf Strahlung beruhenden Unterschied zwischen der Temperatur der Fraßpflanze und der umgebenden Luft, der an Sonnentagen im Sommer tagsüber $+8°$, nachts $-3°$ C betrug; die Temperatur in Raupengespinsten lag 8° C über der Lufttemperatur. Tau auf Blättern erhöht den Feuchtigkeitsgehalt der umgebenden Luft, Wind und Licht werden im Kronenbereich gemindert. Darauf ist bei Verwendung von Wetterdaten für biologische Zwecke zu achten.

Es wird seit langem und immer wieder versucht, das Fluktuationsgeschehen mit Wetterdaten in Beziehung zu bringen. So hat Eckstein 1923 ermittelt, daß Massenvermehrungen des Kiefernspanners in Jahren mit hoher Temperatur und geringem Niederschlag während der Raupenperiode einsetzten; nach Bejer-Petersen 1972 folgt eine Vermehrung von *Rhyacionia buoliana* steigenden Temperaturen im Juni/August und abnehmenden Niederschlägen im September. Damit ist zunächst eine Parallelität festgestellt, aber noch kein Kausalzusammenhang nachgewiesen. Dieser kann gegeben sein, indem Wetterkomponenten unmittelbar oder mittelbar, im letzten Fall über Verbesserung oder Verschlechterung des Nahrungsangebots oder über Hemmung oder Förderung der Tätigkeit seiner Feinde, auf den Schädling einwirken.

Mit der unmittelbaren Wirkung des Wetters ist einmal gemeint, was oben speziell für Temperatur und Feuchtigkeit dargelegt wurde: höhere Fruchtbarkeit und geringere Sterblichkeit im Optimum;

Verschlechterung der Entwicklungsbedingungen, wenn sich die Wetterverhältnisse von ihm entfernen, wobei diese aber noch durchaus im „normalen" Bereich liegen können. Weiter aber wirkt das Wetter unmittelbar in Gestalt besonderer Ereignisse, wie Stürme, Platzregen, Kälterückfälle im Frühling u. dgl., die mehr oder weniger große Abgänge unter den Insekten verursachen können. Im Frühjahr 1933 gingen während einer Mitte April einsetzenden neuntägigen Schlechtwetterperiode, die durch tiefe Temperaturen, hohe Luftfeuchtigkeit und Niederschläge gekennzeichnet war, fast alle zuvor geschlüpften Forleulenfalter, d. h. mehr als die Hälfte der Gesamtpopulation, noch vor erfolgter Eiablage zugrunde (SCHWERDTFEGER 1935).

Feinde. Als solche werden räuberische Tiere, Schmarotzer und Krankheitserreger zusammengefaßt. Ihre Einwirkung führt zum Tode des Tieres, sie sind also Mortalitätsfaktoren. Sie können aber auch mittelbar Geschlechterverhältnis und Eiproduktion und damit die Fertilität der Population beeinflussen.

Das Geschlechterverhältnis wird verändert, wenn beispielsweise Vögel die größeren weiblichen Kokons der Blattwespen leichter finden als die kleineren männlichen (SCHEDL 1939). NIKLAS 1942 stellte eine auffällige Bevorzugung weiblicher Nonnenpuppen durch Schlupfwespen bei der Eiablage fest. THALENHORST 1942 führte bei *Diprion pini* das Überwiegen der Männchen darauf zurück, daß die weiblichen Larven infolge ihrer längeren Entwicklungsdauer in höherem Maße einer erst spät auftretenden Seuche zum Opfer fielen. Bei allen Insekten, deren Geschlechter verschieden lange Zeit in den einzelnen Stadien verharren, ist eine unterschiedliche Einwirkung der Feinde und damit eine Verschiebung des Geschlechterverhältnisses nach der einen oder anderen Seite denkbar. Die Eiproduktion kann bei nichtletaler Parasitierung bis zur Sterilität herabgesetzt werden; Ursache ist der Verbrauch der Reservestoffe im Wirtskörper durch den Schmarotzer (ZWÖLFER 1930). Von *Ipocoelius seitneri* parasitierte Weibchen des *Ips typographus* legen weniger Eier ab als gesunde; die Vitalität der abgelegten Eier wird durch die Parasitierung des Muttertieres nicht beeinträchtigt (BOMBOSCH 1952).

Im einzelnen ist über die drei Feindgruppen noch zu sagen:

Räuber, Prädatoren oder Episiten. Als solche treten Spinnen, Tausendfüßler, Ohrwürmer, Wanzen, die verschiedensten Käfer, Kamelhalsfliegen, Hafte, Raubfliegen, Ameisen, Wespen, Grabwespen, Lurche, Kriechtiere, Vögel und Säugetiere auf. Über sie ist Näheres im vorigen Abschnitt gesagt worden.

Die ökologische Bedeutung der Räuber ist wesentlich von ihren spezifischen Lebensgewohnheiten abhängig. Es gibt räuberische Arten, die weitgehend auf bestimmte Beutetiere spezialisiert sind, wie den borkenkäferjagenden *Thanasimus formicarius* oder die blattlausfressenden Coccinelliden. Ihnen steht das größere Heer der Episiten gegenüber, die keine besondere Wahl bei ihrer Jagd treffen, sondern die Beute nehmen, wo sie am leichtesten zu gewinnen ist. Der spezialisierte Räuber ist hochwirksam gegen bestimmte Tiere, aber auch von ihnen abhängig; bei Beutemangel leidet er Not und muß seine Zahl, unter Umständen gewaltig, verringern. Der Nichtspezialist findet stets Nahrung, beeinträchtigt die einzelne Beuteart nicht so stark, kann aber bei einseitigem Angebot die betreffende Tierart massig angreifen und damit der Leistung des spezialisierten Räubers nahekommen. Der Gesamtwert der räuberischen Tiere im Haushalt des Ökosystems, bei der Verhinderung oder Beendigung von Schädlingsvermehrungen, ist häufig zugunsten der Parasiten oder Wetterfaktoren unterschätzt worden. Tatsächlich kommt dem Raub, dem Episitismus, als Erhalter des ökologischen Gleichgewichts eine große und zuweilen entscheidende Bedeutung zu.

Schmarotzer oder Parasiten der Forstinsekten sind fast ausschließlich Schlupfwespen und Raupenfliegen. Über ihre spezielle Lebensweise s. o. S. 240 ff. und S. 226 ff.

Das Wirtsinsekt wird meist als Ei, Larve oder Puppe, selten als Imago infiziert. Die angegriffenen Opfer suchen sich, soweit sie zu den aktiven Stadien gehören, häufig zu wehren: Raupen vollführen Schläge mit den Körperenden, auch Puppen schlagen mit dem Hinterleib und machen drehende Bewegungen; der Parasit wird dadurch in der Regel nicht von seiner Tätigkeit abgehalten. Andere Wirte, z. B. Blattläuse und auch manche Raupen, verhalten sich bei einem Angriff äußerlich völlig teilnahmslos. Einen brauchbaren äußeren Schutz besitzt der Wirt gegenüber seinem auf ihn spezialisierten Parasiten nicht. Das im Boden oder tief im Holz versteckte Insekt wird ebenso vom Schmarotzer gefunden wie die im dichten Kokon ruhende *Diprion*larve oder die im filzigen Winternest sitzenden Raupen des Goldafters.

Infektion durch Parasiten, welche ihre Eier außen an die Haut des Wirtstieres heften, kann zuweilen durch Eintritt einer Häutung vereitelt werden; so entledigt sich ein wechselnd großer Prozentsatz der Nonnenraupen mit der Haut auch der auf ihr sitzenden, zur Entwicklung einige Tage benötigenden Eier der Tachine *Phorocera silvestris*; je länger die Entwicklung der Eier bis zum Ausschlüpfen der Maden dauert, um so größer ist die Wahrscheinlichkeit, daß sie bei einer Häutung abgestreift werden.

Gegen den in den Körper eingedrungenen Parasiten versucht sich der Wirt zuweilen zu wehren, indem er ihn mit Phagocyten umhüllt. Der Ausgang des Versuchs hängt davon ab, ob den Phagocyten eine völlige Einkapselung gelingt, solange der Parasit noch im Ei- oder jüngsten Larvenstadium ist. Häufig bleibt der Parasit Sieger. Es wurde aber auch Abkapselung und Abtötung des Parasiten beobachtet; so bei Tachineneiern in Nonnenraupen (HEIDENREICH 1940) und in Larven von *Acantholyda posticalis* (ECKSTEIN 1931). Wir haben es hier mit typischen Fällen aktiver Resistenz zu tun (s. S. 314). Verfasser hat wiederholt in überwinternden Larven der *A. posticalis* und *A. erythrocephala* unschädlich gemachte Schlupfwespeneier gefunden, die schwarz, hart und brüchig geworden waren. Blattwespenlarven können offenbar infolge ihrer Abwehrreaktionen einen nicht unbeträchtlichen Anteil von Parasiteninfektionen vereiteln, während bei sonstigen Forstinsekten diese Erscheinung keine große Bedeutung zu besitzen scheint.

Die Parasitenlarve verzehrt allmählich die Körpersubstanz des Wirtes. Dabei nimmt sie zunächst Blutflüssigkeit, dann Fettzellen und dergleichen auf. Zur Atmung besitzen Tachinenmaden eine Verbindung mit der Außenwelt (S. 227); Schlupfwespenlarven, die einer solchen entbehren, werden von der Blutflüssigkeit des Wirts mit Sauerstoff versorgt. Der Wirt, dem der Schmarotzer dauernd Stoffe entzieht, frißt vielfach mehr als ein gesundes Tier. So stellte GÖPFERT 1934 ein größeres Nahrungsbedürfnis tachinierter Forleulenraupen fest; umgekehrt fand NIKLAS 1942, daß von Maden besetzte Nonnenraupen in ihrer Fraßtätigkeit erheblich geschwächt waren. In späteren Stadien greift die Parasitenlarve, gegebenenfalls unter Benutzung ihrer Mandibeln, auch lebenswichtige Organe des Wirtstieres an und bringt es meist zum Absterben. Dann ist die Entwicklung des Schmarotzers in der Regel beendet; er verpuppt sich innerhalb oder außerhalb des Wirts.

Wir unterscheiden verschiedene Formen des Parasitismus: Der Wirt ist regelmäßig mit 1 bzw. mit mehreren Larven derselben Parasitenart besetzt: Solitär- bzw. Gregärparasitismus; der Wirt enthält normal 1, bei Wirtemangel auch mehrere Parasiten derselben Art: Superparasitismus; im Wirt finden sich 2 oder mehr Larven verschiedener Parasitenarten: Multiparasitismus. Wo mehrere Larven vom Wirt zehren, konkurrieren sie um die begrenzt vorhandene Nahrung; bei der obligatorischen Gregärparasitie überleben sie in der Regel sämtlich, doch bleiben die Tiere entsprechend ihrer Zahl kleiner; bei Super- und Multiparasitie bleibt nur die überlegene Larve am Leben, oder sie gehen sämtlich ein. Ein Hyperparasit schmarotzt in einem Parasiten; er ist, weil er den Feind des Schädlings tötet, als schädlich anzusehen, doch ist eine allgemeingültige Beurteilung nicht möglich, da manche Schmarotzer als Parasiten wie als Hyperparasiten auftreten können. In überwinternden Raupen von *Rhyacionia buoliana* aus Kiefernkulturen der Oberrheinebene fand BOGENSCHÜTZ 1969 als häufige Parasiten die Braconide *Orgilus obscurator*, die Ichneumonide *Cremastus interruptor* und die Chalcidide *Perilampus tristis*; Multi- und Superparasitierung der Wirtsraupe durch alle drei Arten kommt regelmäßig bzw. nicht selten vor; die letztgenannte Art tritt auch als Hyperparasit auf. Durch diese gegenseitige Einflußnahme wird der Wirkungsgrad der Parasiten so stark hinuntergedrückt, daß sie das massenhafte Auftreten des Schädlings nicht einzudämmen vermögen.

Die verschiedenen Altersstufen eines Insekts dienen unterschiedlichen Parasiten als Wohnort. Innerhalb einer Wirtsgeneration treten nacheinander mehr oder weniger zahlreiche Schmarotzerarten auf, die ganze Parasitenreihen bilden.

Ähnlich wie bei den Räubern können wir auch unter den Parasiten Arten unterscheiden, die sich auf einen oder wenige Wirte spezialisiert haben, und andere, die einen großen Wirtekreis besitzen. Spezialisierte Parasiten sind in ihrer Lebensweise dem Wirt angepaßt; die Entwicklung der Forleule läuft mit der ihres Parasiten *Ernestia rudis* völlig parallel. Nicht spezialisierte Parasiten weichen in ihrer Entwicklung häufig von der des Wirts ab; der Spannerparasit *Cratichneumon nigritarius* findet als Puppenparasit von Juni bis November keine Kiefernspannerpuppen; da er mehrere Generationen im Jahre durchläuft, legt er seine Eier während dieser Zeit in die gerade vorhandenen Puppen anderer Lepidopterenarten. Diese anderen Puppen bezeichnen wir als Zwischenwirte, wenn wir von dem Hauptwirt Kiefernspanner ausgehen und die Überbrückung der Zeit, in welcher das geeignete Stadium des Hauptwirts fehlt, in den Vordergrund rücken. Wir sprechen von Nebenwirten, wenn gleichzeitig neben dem Hauptwirt andere Insekten parasitiert werden. Das Vorhandensein von Zwischen- und Nebenwirten ist für manche Parasitenarten ausschlaggebend für ihre Erhaltung.

Der Wert der spezialisierten Parasiten ist ähnlich dem der monophagen Räuber bedingt durch ihre Anpassung an den Wirt, die Abhängigkeit, aber unter geeigneten Umständen auch gewaltige Einflußnahme auf ihn bedeutet; sie sind in erster Linie in der Lage, eine Massenvermehrung des Wirtes abzubremsen und zu Ende zu führen. Die nichtspezialisierten Parasiten verzetteln in gewisser Weise ihre nutzbringende Tätigkeit, sind dafür aber nicht auf einen Wirt angewiesen und können stets in relativ großer Individuenzahl vorkommen; sie werden deshalb durch ihre ständige Angriffsbereitschaft und mehr vorbeugende Tätigkeit bedeutungsvoll.

Krankheitserreger sind hauptsächlich Viren, Rickettsien, Bakterien, Pilze und Mikrosporidien. Ihre Lebensweise und Wirkung auf das Insekt wurden in früheren Abschnitten behandelt. Voraussetzung für die Entstehung einer Krankheit ist sehr häufig das Vorhandensein einer gewissen Empfänglichkeit (Disposition) seitens des Insekts. Sie wird erzeugt durch ungeeignete Lebensverhältnisse, Hunger usw. Selbst massenhaft auftretende Erreger können, wenn die Disposition nicht gegeben ist, die Krankheit nicht hervorrufen. Unter geeigneten Umständen vermögen andererseits Krankheiten schlagartig selbst Massenvermehrungen größten Ausmaßes zu beenden.

c. Zusammenwirken der Faktoren

Koinzidenz. Es ist eine Selbstverständlichkeit, daß ein Faktor gegenüber einer Population oder ihren Gliedern nur wirksam werden kann, wenn sie zusammentreffen, wenn sie zeitlich und räumlich koinzidieren. Trotzdem muß auf das Problem der Koinzidenz hingewiesen werden, da es im konkreten Fall komplizierter sein kann, als es zunächst erscheint (THALENHORST 1950). Es kann sein, daß bei sehr niedrigen Populationsdichten ein polyphager Räuber mit kleinem Aktionsradius nicht auf den uns interessierenden Schädling stößt (keine räumliche Koinzidenz) oder ein Parasit, der seine Eier in Raupen legt, wegen besonderer Wetterverhältnisse erst fortpflanzungsbereit ist, wenn die Wirtstiere sich in der Mehrzahl schon verpuppt haben (geringe zeitliche Koinzidenz), oder ein Vogel die Raupe verschmäht, weil er satt ist (biologische Inkoinzidenz). Das Vorhandensein großer Parasitenmengen braucht nicht eine entsprechend hohe Parasitierung der Wirtspopulation nach sich zu ziehen, wenn die Erscheinungszeiten des infizierenden bzw. des empfänglichen Stadiums relativ kurz und unterschiedlich von äußeren Umständen, etwa vom Wetter, abhängig sind und sich infolgedessen gegeneinander verschieben. In manchen Fällen hat gute oder schlechte Koinzidenz mit einem lebenswichtigen Faktor entscheidende Bedeutung für den Massenwechsel einer Art.

So können sich die im Frühjahr aus den Eiern schlüpfenden Räupchen von *Tortrix viridana* nur entwickeln, wenn sie in Eichenknospen eines ganz bestimmten Öffnungszustandes einzudringen vermögen. Sowohl das Schlüpfen der Räupchen als auch die Entwicklung der Knospen sind vom Wetter abhängig, aber nicht in gleicher Weise; weiterhin können Zeitpunkt und Geschwindigkeit der Knospenentwicklung nach Art, Rasse, Herkunft und Individuum der Eiche verschieden sein. Das Wetter und die Eigenart des Wirtsbaumes entscheiden also darüber, ob zwischen Erscheinen der Räupchen und geeignetem Knospenzustand gute, schlechte oder keine Koinzidenz besteht. Ähnlich liegen die Verhältnisse bei der Kleinen Fichtenblattwespe, deren Junglarven nur an frisch sich entwickelnden Maitrieben zu gedeihen vermögen.

Vielfalt der Faktoren. Aus der Menge der Faktoren tritt bei der örtlich und zeitlich begrenzten Gradation eines Schädlings eine mehr oder weniger große Zahl in Erscheinung. Welche Faktoren im Einzelfall eine Rolle spielen, welche von ihnen entscheidend oder belanglos sind, kann nur durch sorgfältige Analyse im Freiland ermittelt werden, die sowohl die Art der auftretenden Faktoren (qualitativ) als auch ihre zahlenmäßige Wirkung auf die Population (quantitativ) erfassen muß. Zur theoretischen Unterbauung und Deutung mancher bei solchen Analysen nicht klar erkennbaren Zusammenhänge muß der Einzelversuch in Freiland und Laboratorium herangezogen werden.

Populationsanalysen liegen für einige Forstschädlinge vor. Als einfaches Beispiel ist eine sogenannte Sterbetafel für eine Population des Kiefernspinners wiedergegeben: sie zeigt für einen bestimmten Ort und für eine bestimmte Zeit, wieviel von den soeben abgelegten Eiern bis zum Falterstadium übrigblieb bzw. wie hoch die Mortalität in den einzelnen Stadien und wodurch sie verursacht war. Wir erkennen, daß eine ganze Reihe von Faktoren im Spiel war, von denen einige erhebliche, andere nur geringe Anteile des jeweils vorhandenen Stadiums ausmerzten.

Sterbetafel für eine Population von *Dendrolimus pini* in Malterhausen 1934/35.
Absolute Zahlen: Tiere auf 10 Bäumen. Nach SCHWERDTFEGER 1936

Stadium	Überlebende		Todesursache	Tote	Sterbe-rate
	absolut	%			
Ei	3460	100	Nichtbefruchtung		8
			Konstitution		36
			Parasiten		3
			Räuber		3
				1730	50
Raupe	1730	50			
nach dem Schlüpfen			Konstitution, Wetter		77
			Räuber		2
während der Überwinterung			Räuber, Bakteriose		6
			Mykose		1
nach der Überwinterung			Parasiten, Räuber,		
			Krankheiten		9
				1640	95
Puppe	90	2,5	Konstitution		10
			Schlupfwespen		15
			Raupenfliegen		43
			Vögel		30
				88	98
Falter	2	0,05			

Sämtliche bisher durchgeführten Populationsanalysen haben gezeigt, daß am Verlauf der Fluktuation stets eine mehr oder weniger große Vielzahl von Faktoren beteiligt war, die neben- und nacheinander, teils stärker, teils schwächer auf die Population einwirkten und ihre Dynamik bedingten. Ihre Bedeutung wechselte nach Tierart, Entwicklungsstadium der Generation und Gradation, Zeit und Ort. Übereinstimmung ergab sich in der stets offenbar werdenden Vielfältigkeit der die Fluktuation bedingenden Erscheinungen.

Gradozön und Demozön. Die bei den Analysen gefundenen Beziehungen zwischen abundanzdynamischen Faktoren und Schädling waren zunächst unmittelbarer Natur: Raubinsekten fraßen die Puppen, schlechtes Wetter vernichtete die Falter, Tachinen parasitierten die Raupen. Die Tachinen konnten allerdings nur in hohem Maße wirksam werden, weil die Witterung während ihrer Flugzeit günstig war. So ergibt sich ein mittelbarer Zusammenhang zwischen dem Wetter beim Tachinenflug und der Mortalität der Eulenraupen. Wenn die plurivoltine Erzwespe *Trichogramma embryophagum* die Eier des Kiefernspinners zu hohem Prozentsatz vernichtete, war Voraussetzung, daß die Wespe vorher reichlich Vermehrungsgelegenheit in Gestalt anderer Insekteneier gefunden hatte; das Vorhandensein irgendwelcher, vielleicht sonst völlig belangloser Insekteneier beeinflußte also über den Eiparasiten maßgeblich den Bevölkerungsgang des Kiefernspanners. Je mehr man in diese Zusammenhänge einzudringen versucht, um so größer erweist sich die Zahl der mittelbaren Beziehungen, welche Fäden zwischen zunächst scheinbar ganz unabhängig voneinander existierenden Arten und Faktoren knüpfen.

Das Nebeneinander von unmittelbaren und mittelbaren Beziehungen läßt sich an einem Schema klarmachen (Abb. 181), das der Einfachheit halber nur wenige Faktoren in großen Gruppen aufweist.

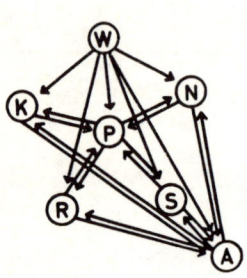

Direkten Einfluß auf die im mittleren Kreis dargestellte Populationsdichte (P) des Schädlings können nehmen Witterung (W), Nahrung (N), Schmarotzer (S), Räuber (R) und Krankheiten (K), die jeweils durch einen Kreis mit den betreffenden Buchstaben gekennzeichnet sind. Von der Popupationsdichte des Schädlings selbst können wieder das Nahrungsangebot und die Zahl der Räuber, Schmarotzer und Krankheitserreger abhängig sein. Die Witterung ihrerseits kann nun aber Nahrung, Schmarotzer, Räuber und Krankheiten beeinflussen und damit mittelbar auf die Schädlingspopulation einwirken. Die jeweilige Einflußnahme eines Faktors auf einen anderen ist im Schema durch einen Pfeil gekennzeichnet. Irgendeine andere Art A kann an der Nahrung des ersten Schädlings teilhaben, Zwischenwirt für Schmarotzer sein, den gleichen Räubern als Opfer und Krankheitserregern als Träger dienen. Auf diese Art wirken nun wieder Witterung, Nahrung, Schmarotzer, Räuber und Krankheiten ein. So ergibt sich ein Netzwerk von Beziehungen, das beliebig verdichtet und vergrößert werden kann, wenn man die Faktorengruppen Witterung, Räuber usw. in ihre Einzelkomponenten zerlegt. Würde man in einem konkreten Fall die einzelnen Wetterbedingungen, die zahlreichen Schmarotzer- und Räuberarten, die verschiedenen Krankheitserreger, die möglichen Zwischenwirte, Hyperparasiten usw. in ihrer Wirkung auf die Population einer Insektenart und untereinander aufzuzeichnen versuchen, so würde ein Gewirr von Linien entstehen, das an der Grenze der Darstellbarkeit läge, aber gerade wegen seiner Unübersichtlichkeit ein treffendes Bild von der Verflechtung der abundanzdynamischen Faktoren lieferte.

Abb. 181. Schema der Beziehungen zwischen Populationsdichte und abundanzbedingenden Faktoren. Erläuterung im Text. Nach SCHWERDTFEGER 1941

Die Gesamtheit der an einem Ort realisierten gradationsbedingenden Faktoren einer Art ist vom Verfasser 1941 als G r a d o z ö n bezeichnet worden. Mit der Begriffsbildung wurde bezweckt, mit Nachdruck darauf hinzuweisen, daß 1. der Massenwechsel von einer wechselnd großen Vielzahl von Faktoren bedingt wird, und daß 2. die verschiedenen gradologischen Faktoren miteinander verflochten sind, ein komplexes Gebilde darstellen, in dem ein einzelner herausgegriffener Faktor, etwa die Temperatur oder die Parasitenwirkung, nur richtig gewertet werden kann, wenn gleichzeitig die anderen Faktoren mit ihren Wechselwirkungen in die Betrachtung einbezogen werden. Das Gradozön ist ein Teilaspekt des umfassenderen Begriffs D e m o z ö n, der die Komplexnatur des Geschehens nicht nur im Massenwechsel, sondern in der gesamten Dynamik einer Bevölkerung, eines Demos, zum Ausdruck bringen will (SCHWERDTFEGER 1979).

Bewertung der Faktoren. Bei allem Miteinander-Verflochtensein können die Faktoren verschiedenes Gewicht besitzen. So liegt die Vermutung nahe, daß die Bedeutung eines Faktors mit der Größe der erzielten Wirkung steigt, daß beispielsweise unter den Mortalitätsfaktoren derjenige am wichtigsten ist, welcher die höchste Abtötung verursacht. Das ist grundsätzlich nicht richtig, weil die Faktoren nur innerhalb ihrer Gesamtwirkung zu werten sind: ein Faktor, der aus dem Zusammenhang genommen klein und bedeutungslos erscheint, kann im System sämtlicher Einwirkungen entscheidend für das Auf oder Ab der Populationsdichte sein.

In einer Kiefernspannerpopulation möge jedes Falterpaar 100 Nachkommen haben. Im Lauf der Entwicklung gehen bis kurz vor der neuen Eiablageperiode 98 Nachkommen ein. Die Mortalität betrug also 98%; darunter mag ein besonders gewichtiger Faktor mit 75% beteiligt sein. Unmittelbar vor der

Fortpflanzungszeit wird von den überlebenden 2 Nachkommen noch einer durch einen zusätzlichen Faktor getötet. Dieser hat einen Wirkungswert von nur 1% (bezogen auf die ursprüngliche Nachkommenzahl) bzw. 1,2% (bezogen auf die bisherige Mortalität). Trotzdem bewirkt er, daß die Dichte, welche infolge der bisherigen Mortalität, einschließlich des gewichtigen Faktors von 75% Wirkung, das ursprüngliche Maß von 2 Falterindividuen eingenommen hatte, nunmehr auf die Hälfte absinkt.

Auf die Dynamik, also auf die Änderungen der Abundanz haben diejenigen Faktoren den größten Einfluß, deren Wirksamkeit am stärksten wechselt. Sie sind deshalb von Morris 1963 Schlüsselfaktoren genannt worden.

Nehmen wir die früher gebrachte Formel $N_1 = N_0 \cdot f \cdot (1-q)$ und unterstellen wir, daß die Fruchtbarkeit f von Jahr zu Jahr einigermaßen gleichbleibt, die Sterberate q hingegen erheblich schwankt, so ist es klar, daß die Änderungen von N im wesentlichen durch die Änderungen von q verursacht sind. Die Sterblichkeit sei durch 4 verschiedene Mortalitätsfaktoren erzeugt; die Formel lautet dann $N_1 = N_0 \cdot f \cdot (1-q_1) \cdot (1-q_2) \cdot (1-q_3) \cdot (1-q_4)$. Wiederum soll f, außerdem sollen q_1, q_2 und q_3 nur wenig, q_4 jedoch stark veränderlich sein; die Schwankungen von N gehen dann hauptsächlich auf den Mortalitätsfaktor mit der Sterberate q_4 als Schlüsselfaktor zurück. Wesentlich für die Eigenschaft als Schlüsselfaktor ist nur seine stark variable Wirksamkeit, nicht deren Höhe. Angenommen, von jeweils 100 Nachkommen bringe der Faktor X gleichbleibend 50%, der Faktor Y ebenfalls gleichbleibend 40% zum Absterben, der Faktor Z hingegen wechselnd zwischen 9 und 6%; ob aus 100 Eiern nur 1 Imago oder 4 Imagines entstehen, darüber entscheidet allein der relativ gering wirksame Faktor Z.

Die Reihenfolge, in der die Faktoren im Ablauf einer Generation wirksam werden, ist für das Ergebnis belanglos, sofern ihre Effekte durch die sich ändernde Abundanz nicht beeinflußt werden.

In den obigen Gleichungen können die Glieder der rechten Seite beliebig vertauscht werden, ohne daß sich N_1 ändert. Diese rechnerische Ableitung entspricht dann nicht den tatsächlichen Verhältnissen, wenn z. B. nacheinander ein gleichmäßig auf die ganze Population wirkendes Wetterereignis, das ihre Dichte stark herabsetzt, und ein Parasit mit kleinem Aktionsradius, der seinen Wirt suchen muß, auftreten: das Endergebnis wird verschieden sein, je nachdem ob der Parasit als erster die hohe Wirtsdichte antrifft oder eine bereits durch Schlechtwetter wesentlich verminderte Population. Außerdem ist es in wirtschaftlicher Hinsicht nicht gleichgültig, ob ein Schädling bereits im Eistadium oder erst bei der Verpuppung, wenn er seinen Schadfraß vollendet hat, vernichtet wird.

d. Wirkungsweise der Faktoren

Kompensation. Von zwei benachbarten Eichenbeständen, in denen die Populationsdynamik des Eichenwicklers verfolgt wurde, wies der eine einen normalen, der andere einen durch Schutzmaßnahmen stark erhöhten Besatz an insektenfressenden Singvögeln auf. Im Bestand mit hohem Vogelbesatz war die Mortalität des Wicklers durch Vogelfraß wesentlich größer als im andern; in diesem aber wirkten Parasiten und Nahrungskonkurrenz entsprechend stärker, so daß die Gesamtsterblichkeit auf beiden Flächen nahezu gleich war. Wir sprechen in einem solchen Fall von Kompensation und verstehen darunter die Erscheinung, daß eine zeitweilig oder örtlich geringere oder größere Wirkung eines Faktors durch höhere bzw. niedrigere Wirksamkeit eines andern oder einiger anderer Faktoren mehr oder weniger aufgewogen wird.

Die Erscheinung der Kompensation besitzt erhebliche Bedeutung, auch bei der Bekämpfung von Schädlingen, namentlich wenn es sich um Anwendung einer biologischen Maßnahme, wie im obigen Fall, handelt.

Multiple Opponenz. Bei einer Untersuchung von Kokons der Blattwespe *Diprion similis* wurde festgestellt, daß ein großer Anteil von ihnen von Räubern ausgefressen, von Parasiten befallen oder von Krankheitserregern infiziert war. Vielfach waren bereits parasitierte Kokons nachträglich von Räubern befressen oder erkrankt, es gab sogar solche, die von allen drei Feindkategorien angegangen waren. Das ist in Abbildung 182 schematisch dargestellt. Die Erscheinung, daß dasselbe Tier von

mehreren Widersachern oder Opponenten erfolgreich angegriffen wird und schon
einer oder eine geringere Zahl von ihnen ausgereicht hätte, um es zu töten, wird als
multiple Opponenz bezeichnet.

Ihre abundanzdynamische Bedeutung läßt Abbildung 182 klar erkennen: die mehrfach schraffierten
Flächen sind zusammengenommen erheblich größer als das weißgebliebene Rechteck, das heißt: die

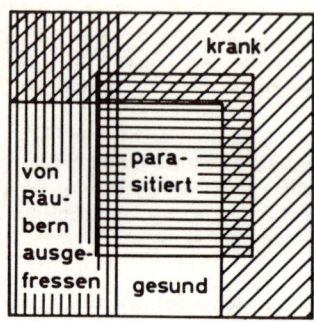

Abb. 182. Multiple Opponenz bei
Diprion similis. Schema. Erläuterung im Text. Nach HARDY 1939
aus SCHWERDTFEGER 1979

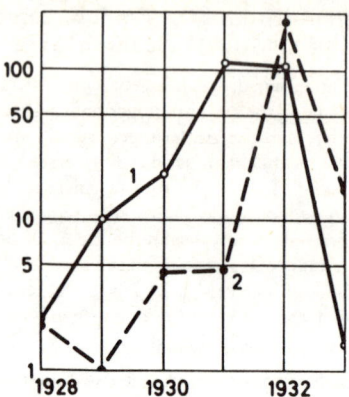

Abb. 183. Abundanzen von (1) *Panolis flammea* und (2) *Ernestia rudis*
(Puppen je Ar) im Forstrevier Eichen-
quast 1928–1933. Nach GÖPFERT 1934

vorhandenen Opponenten hätten bei weitem ausgereicht, die gesamte Population auszulöschen. Ein
Teil von ihr konnte überleben, weil sich viele Widersacher mit einem gemeinsamen Wirts- oder
Beutetier „begnügten". Natürlich ist die multiple Opponenz nicht immer so kraß ausgeprägt wie in dem
Beispiel, aber auch bei geringerem Auftreten mindert sie die Wirksamkeit einer steigenden Zahl von
Opponenten zugunsten der Population und auf Kosten der Widersacher.

Dichteunabhängigkeit und -abhängigkeit. Multiple Opponenz tritt in zunehmendem Maße auf, wenn im Verhältnis zur Wirtsdichte sich die Dichte der Gegenspieler
erhöht. Auch im umgekehrten Fall, wenn die Dichte des Schädlings im Verhältnis zur
Feindabundanz wächst, gibt es zu beachtende Erscheinungen. Manche Faktoren
werden durch die jeweilige Dichte der Population und ihre Schwankungen in ihrer
Wirksamkeit nicht beeinflußt; wir nennen sie dichteunabhängig. Andere sind dichteabhängig: ihre Effektivität ändert sich mit der Abundanz der Bevölkerung.

Als typisch dichteunabhängiger Faktor gilt das Wetter: ein Regenguß vernichtet 30% der
Population, gleichgültig ob sie aus 100 oder 1000 Tieren je Ar besteht. Dichteunabhängig ist in der Regel
auch die Qualität der Nahrung: es wird auf das oben gebrachte Beispiel des Eichenwicklers verwiesen,
dessen Eiräupchen Knospen eines bestimmten Treibezustands benötigen, um sich weiter entwickeln zu
können; das Angebot an solchen Knospen hängt im wesentlichen von der Frühjahrswitterung und von der
Zusammensetzung des Bestandes aus früher oder später treibenden Eichen ab. Dichteabhängig ist die
Entwicklung und Wirksamkeit spezifischer Parasiten: wenn sich die Abundanz der Forleule erhöht,
vermehrt sich damit das Wirtsangebot für ihren Parasiten *Ernestia rudis*; er nutzt es aus und steigert
ebenfalls seine Dichte, die zunächst hinter der des Wirts herhinkt, sie aber schließlich überrundet und
damit der Eulengradation ein Ende bereitet (Abb. 183). Weitere Beispiele für Dichteabhängigkeit bringen
die folgenden Abschnitte. Hier ist noch zu erwähnen, daß sie in verschiedenen Formen auftritt, von denen
nur zwei Alternativpaare genannt seien: Faktoren sind sofort- oder verzögert-dichteabhängig, wenn die
Wirkung sogleich mit der Dichtezunahme des Schädlings bzw. – wie in dem *Panolis-Ernestia*-Beispiel –
mit einer gewissen Verzögerung eintritt; sie sind vollkommen- oder unvollkommen-dichteabhängig, je
nachdem ob ihre Wirksamkeit allein von der Wirtsdichte oder auch von anderen Einflüssen – z. B. vom
Wetter, das die Tätigkeit der Parasiten beeinflußt – abhängt.

Funktionelle und numerische Reaktion. Ein Grund für die Dichteabhängigkeit der Opponentenwirkung liegt in der simplen Tatsache, daß der suchende Feind um so eher auf ein als Opfer taugliches Individuum stößt, je mehr solcher Individuen auf der Raumeinheit vorhanden sind. Die Wahrscheinlichkeit des Zusammentreffens entspricht der Wurzel der Populationsdichte. Weiter wird häufig eine in Menge angebotene Beute von polyphagen Widersachern bevorzugt, d. h. über das Maß der Treffwahrscheinlichkeit hinaus angenommen; das ist vor allem von ethologisch hochstehenden Räubern, namentlich Vögeln und Säugern, bekannt und wird mit Gewöhnung, Lernvermögen und ähnlichem erklärt (allerdings kommt, wenn eine bestimmte Kost sehr reichlich angeboten wird, auch Übersättigung vor, so daß sie nach einiger Zeit verschmäht wird). Die Erscheinung, daß bei gleichbleibender Opponentendichte der einzelne Feind mehr Schädlinge vertilgt, wenn deren Abundanz steigt, wird als **funktionelle Reaktion** der Widersacher bezeichnet. Demgegenüber versteht man unter **numerischer Reaktion** eine Erhöhung der Zahl der Feinde infolge der Dichtesteigerung des Schädlings; dabei wird unterstellt, daß sich die vom einzelnen Widersacher vertilgte Schädlingsmenge nicht ändert. Die Zahl der Opponenten kann sich rasch durch Zuwanderung erhöhen: auf jungen Fichten fanden sich umso mehr Coccinelliden und andere räuberische Insekten ein, je stärker sie von Lachniden befallen waren. Langsamer erfolgt die numerische Reaktion, wenn sie in einer Vermehrung der ortsansässigen Feindbevölkerung besteht; sie kann dann ausgesprochen verzögert verlaufen, wie in dem oben gebrachten *Panolis-Ernestia*-Beispiel (Abb. 183). Funktionelle und numerische Reaktion kombinieren sich häufig, indem z. B. mehr Stare als sonst in einen vom Eichenwickler befallenen Bestand einfliegen und auch jeder Star mehr Wickler als sonst frißt.

Konkurrenz ist der von einer Anzahl von Individuen getätigte, gemeinsame Verbrauch oder die gemeinsame Beanspruchung einer in begrenztem Maß vorhandenen Sache. Als solche kommen hauptsächlich der Raum als Daseins-, Schutz- und Brutraum sowie die Nahrung in Frage.

Konkurrenz um Brutraum machen sich Weibchen von *Hylobius abietis*, wenn nur wenige zur Eiablage taugliche, frische Stöcke vorhanden sind, oder Parasiten, deren Zahl die der verfügbaren Wirte übertrifft. Konkurrenz um Nahrung führt zu den bereits geschilderten Folgen quantitativen Nahrungsmangels. Konkurrenz um Raum und Nahrung, die unter Borkenkäferlarven mit deren Dichte wuchs, liegt der in Abbildung 172 vorgeführten Beziehung zugrunde.

Neben der innerhalb einer gleichartigen Population auftretenden, als intraspezifisch zu bezeichnenden Konkurrenz gibt es auch interspezifische Konkurrenz zwischen zwei oder mehr Arten, wenn sie ähnliche Lebensweise besitzen. Die Folgen für die Abundanzdynamik sind bei beiden Konkurrenzformen dieselben.

Interspezifische Konkurrenz wird beispielsweise beobachtet bei *Ips typographus* und *Pityogenes chalcographus* oder bei Borken- und Bockkäfern, die den gleichen Stamm besiedelt haben, oder auch bei Nonnen- und Forleulenraupen, die zur selben Zeit in einem Kiefernbestand fressen.

Interferenz nennen wir die unmittelbare gegenseitige Einwirkung von Individuen aufeinander, die mit wachsender Dichte zunehmend das Gedeihen der Tiere beeinträchtigt. Auch Konkurrenz bedeutet ein Aufeinanderwirken von Tieren, es geschieht aber mittelbar, über die Inanspruchnahme einer Sache. Die typische Interferenzerscheinung basiert auf Reizen, die von den Angehörigen einer Population ausgehen und auf welche die Nachbarn in bestimmter Weise reagieren, um so stärker, je mehr Reize sie perzipieren, je mehr Reizsender vorhanden sind, also je dichter die Population ist. Doch können Interferenzeffekte, wie GRUYS 1970 für Raupen des Kiefernspanners nachwies, schon bei überraschend niedrigen Dichten auftreten, die weit unter solchen liegen, die bei Übervermehrungen beobachtet werden. Die Reizreaktion kann ethologischer und physiologischer Art sein.

Der ethologische Interferenzeffekt besteht meist in der Verstärkung einer unter Populationsgliedern üblichen Verhaltensweise. Eine sonst nur mäßig vorhandene Aggressivität steigert sich mit wachsender Dichte. In Populationen der Erdmaus erhöht sich mit der Abundanz der Anteil der Tiere, die Verletzungen oder Narben aufweisen. Daß als Folge hiervon auch physiologische Effekte auftreten, zeigen u. a. Versuche von CLARKE 1953: wurde eine Erdmaus in einen Käfig gesetzt, in dem sich bereits ein Paar derselben Art befand, so kam es zu heftigen Kämpfen, die bei den betroffenen Tieren eine hochsignifikante Steigerung des Gewichts von Nebenniere und Milz und eine Gewichtsminderung des Thymus zur Folge hatten; auch Körpergewicht und Fettreserve nahmen ab. Das deutet auf Störungen der innersekretorischen Prozesse hin. Auf sie wird von manchen Autoren der immer wieder zu beobachtende Zusammenbruch von Nagergradationen, auch der Massenvermehrungen der Erdmaus, zurückgeführt: Je dichter die Bevölkerung wird, um so häufiger begegnen sich die Tiere, sie rempeln einander an, sie erregen sich, und als Folge hiervon wird über die Hypophyse die Nebenniere veranlaßt, mehr als bisher das Hormon Adrenalin auszuschütten; dadurch werden die Glykogenreserven abgebaut, der Zuckerspiegel sinkt, und es kommt zu einer schweren Störung des Kohlehydrathaushalts. Tritt nun eine zusätzliche Belastung hinzu, etwa durch eine Schlechtwetterperiode oder einen Kälteeinbruch, so setzt ein als Schocktod bezeichnetes Massensterben ein, das innerhalb weniger Tage nahezu die ganze Population erfassen kann.

Zu den Interferenzerscheinungen sind auch allelopathische Effekte zu zählen, d. h. gegenseitige Beeinträchtigungen der Populationsglieder, die durch Ausscheidungen ihrer Körper, durch Stoffwechselprodukte und Exkremente, zustande kommen. Mit ihnen muß überall dort gerechnet werden, wo sie sich anreichern können, also vor allem bei Populationen, die in geschlossenen Räumen in sich nicht erneuerndem Medium leben.

e. Integrierte Theorie der Abundanzdynamik

Es soll versucht werden, die zahlreichen, in den vorstehenden Abschnitten dargestellten Fakten zu einem geschlossenen Bild des beim Massenwechsel der Insekten ablaufenden Geschehens zu verknüpfen. Dieses Bild kann hier nur grob skizzenhaft sein. Wer eine mehr detaillierte Ausführung sucht, sei auf SCHWERDTFEGER 1979 verwiesen.

Ausgangsbasis sind die Gedankengänge von WILBERT 1962, der die Abundanzdynamik der Insekten aus dem kybernetischen Prinzip der negativen Rückkoppelung erklärt. Zur Erläuterung ein einfaches Beispiel aus der Technik: der Mechanismus eines Kühlschranks (Abb. 184A). Wir wollen in ihm eine bestimmte Temperatur erhalten und stellen sie irgendwo ein; es resultiert eine Innentemperatur, der Istwert, die nicht konstant ist, sondern in gewissen Grenzen schwankt. Der Schwankungsbereich, die Amplitude, ist der Sollwert. Die stets höhere Außentemperatur sucht den Istwert zu heben und wirkt – immer nach kybernetischer Nomenklatur – als Störgröße. Erreicht die Innentemperatur eine bestimmte Höhe, so wird über einen Thermostaten als Regler ein Kühlaggregat in Gang gesetzt, das Stellglied. Es liegt ein geschlossener Regelkreis vor, der bewirkt, daß der Istwert den Sollwert nicht überschreitet. Im Durchschnitt ergeben die Istwerte eine bestimmte mittlere Innentemperatur.

Als wesentlich ist also bei solchem Rückkoppelungsmechanismus zu unterscheiden 1. die Festlegung eines Sollwerts, der realiter ein nach unten und oben begrenzter Schwankungsbereich ist, und 2. die Einhaltung dieses Bereichs. Beides ist auch bei der Abundanzdynamik zu erkennen. Das soll am Schema B der Abbildung 184 erläutert werden, welches im Aufbau dem Schema A entspricht. In der Mitte ist als Istwert die jeweilige Abundanz eingetragen; ihr langjähriges Mittel wird als Gleichgewichtsdichte bezeichnet, weil in einer beständigen Population im Durchschnitt eines längeren Zeitraums sich Zu- und Abgang die Waage halten. Als Störgröße wirkt vor allem die Fruchtbarkeit, weil sie die Abundanz ständig zu heben sucht, aber auch die Sterblichkeit, die, wenn zu niedrig, ebenfalls die Dichte steigen, oder, wenn sehr hoch, sie vielleicht zu stark absinken läßt; auch Zu- und Abwanderung sind hier zu nennen.

Die Dichte darf, wenn die Population bestehen bleiben soll, nur innerhalb gewisser Grenzen schwanken. Das ist im Schema B – entsprechend dem Sollwert in A – durch das Wort Determination ausgedrückt: eine Amplitude, zwischen einer unteren und oberen Dichtegrenze, ist festgelegt oder determiniert. Nach unten ist die Grenze dort gezogen, wo sich ein Minimum von Tieren noch fortzupflanzen vermag; man kann sich

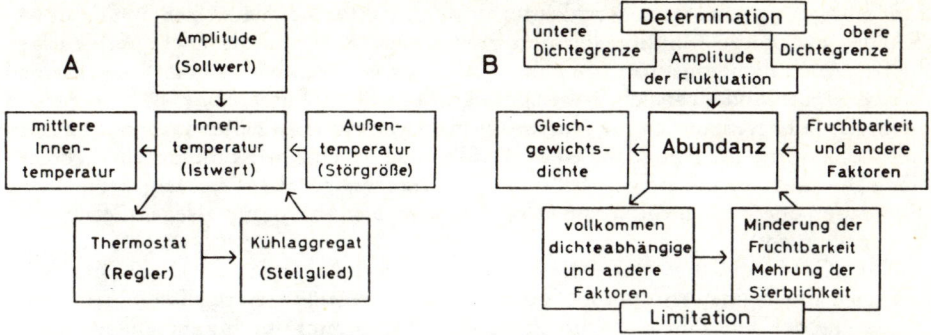

Abb. 184. Schema des Rückkoppelungs-Mechanismus (A) im Kühlschrank und (B) im Massenwechsel der Tiere

vorstellen, daß so wenig Tiere im Raum so weit verstreut sind, daß die Geschlechtspartner einander nicht mehr finden. Die obere Grenze liegt dort, wo die Bevölkerung sich bei weiterem Dichtewachstum selbst die Existenzmöglichkeit nehmen würde. Das geschieht beispielsweise, wenn die Forleule einen Bestand zwei Jahre hintereinander kahl frißt; damit ist die Reproduktionsfähigkeit der Kiefern überfordert, der Bestand stirbt ab und mit ihm die Forleulenpopulation. Der Mechanismus, der die Existenz der Bevölkerung sichern soll, hat versagt. In den weitaus überwiegenden Fällen aber funktioniert er, die Dichte bleibt unter der Obergrenze.

Die obere Dichtegrenze, die wohl im Massenwechsel eine unvergleichbar größere Rolle spielt als die untere, weil – wie gesagt – die Fruchtbarkeit laufend die Dichte zu heben sucht, entspricht dem, was auch als Umweltkapazität, als Aufnahmefähigkeit eines Lebensraums für eine bestimmte Tierart, bezeichnet wird. Ein einfaches Beispiel: in einem Waldbestand können nicht mehr Kohlmeisen brüten, als Nisthöhlen vorhanden sind. Oder: der Kiefernspanner kann sich nur soweit vermehren, wie der Kiefernbestand den Raupen ausreichend Nahrung bietet. Die determinative Obergrenze ist im ersten Fall durch den begrenzten Brutraum, im zweiten durch das Nahrungsangebot gegeben. Auch anderes kann die Umweltkapazität bestimmen, doch soll dies hier nicht weiter ausgeführt werden.

Im Meisenbeispiel mag die Zahl der Nisthöhlen von Jahr zu Jahr gleichbleiben, im Spannerbeispiel ändert sich das Nahrungsangebot zwangsläufig, wenn die Abundanz der Population der oberen Dichtegrenze nahe ist: die stark befressenen Kronen treiben zwar im nächsten Jahr wieder aus, doch ist die Nadelmasse dann wesentlich kleiner. Im ersten Fall liegt fixe, im zweiten variable Determination vor. Noch deutlicher ausgeprägt ist die Variabilität der oberen Dichtegrenze für Borkenkäfer, deren Brutmöglichkeiten durch einen Sturmwurf auf das Hundertfache und mehr ansteigen können.

Der Mechanismus, der gewährleistet, daß die Amplitude nicht überschritten wird, die Populationsdichte also in Grenzen bleibt, ist im Schema B mit dem Stichwort Limitation gekennzeichnet. Im einfachsten Fall entspricht er durchaus dem Regelkreis der Technik, indem mit steigender Dichte ein vollkommen-dichteabhängiger Faktor in Gestalt von Konkurrenz oder Interferenz tätig wird, der als Stellglied Minderung der Fruchtbarkeit und Mehrung der Sterblichkeit oder auch Abwanderung auslöst, wodurch die Abundanz wieder gesenkt wird. Beispiele sind der Hungertod des überwiegenden Teils der Kiefernspannerraupen infolge von Nahrungskonkurrenz, wenn sich ihre Dichte der oberen Grenze nähert, und die geringe Eiproduktion der Falter, die aus den überlebenden, schlecht ernährten Raupen entstehen; oder die oben geschilderten Interferenzeffekte beim Massenwechsel der Erdmaus; oder das Abwandern der überzähligen Kohlmeisen, wenn alle Nisthöhlen besetzt sind. Wir bezeichnen auch in der Abundanzdynamik einen derartigen autonomen, nur durch Einwirkungen der Populationsglieder aufeinander ablaufenden Mechanismus als Regelung oder Regulation. In den meisten Fällen aber sind Einflüsse von außen mit im Spiel. Unvollkommen- und verzögert-dichteabhängige Faktoren schalten sich in Gestalt von Feinden ein, die in funktioneller und numerischer Reaktion die Dichte erniedrigen helfen. Auch dichteunabhängige Faktoren, also vorwiegend Wettereinflüsse, können beteiligt sein: Modellversuche haben gezeigt, daß sie über kürzere oder längere, jedoch nicht für unbegrenzte Zeit die Dichte auf niedriger Höhe zu halten imstande sind. In der Regel dürfte die Abundanz einer Bevölkerung durch eine Kombination dichteabhängiger und -unabhängiger Faktoren in Grenzen gehalten werden, wobei eine Regulation durch einen vollkommen-dichteabhängigen Faktor nur gelegentlich tätig zu werden braucht.

Eine Gradation ist entweder ein besonders starker Ausschlag der Dichte innerhalb der gleichbleibenden Amplitude oder Folge einer Sollwertverstellung, d. h. einer Änderung der determinativen Situation. Ihr Ende kommt durch zunehmende Wirksamkeit dichteabhängiger Prozesse oder wiederum durch Sollwertverstellung zustande.

Beispiel für besonders starken Dichteausschlag und Rückgang infolge dichteabhängiger Vorgänge ist der schon mehrfach herangezogene Kiefernspanner. Die determinative Situation ändert sich beim Eichenwickler, wenn für die im Frühjahr schlüpfenden Räupchen nicht wie sonst 10–20 %, sondern 80–90 % der Eichenkronen einen zum Einbohren tauglichen Knospenzustand aufweisen; infolgedessen bleiben entsprechend mehr Raupen am Leben, und die Populationsdichte steigt; die Retrogradation kann durch den umgekehrten Vorgang, eine starke Verringerung des tauglichen Knospenanteils, bewirkt werden.

Schrifttum: BÄUMLER, W.: Geburtenregelung bei Nagetieren. NR 32, 239–240, 1979. — BAKKE, A., a. KVAMME, T.: Kairomone response by the predators *Thanasimus formicarius* and *Thanasimus rufipes* to the synthetic pheromone of *Ips typographus*. Norw. J. Ent. 25, 41–43, 1978. — BALTENSWEILER, W.: Die Massenvermehrungen des Grauen Lärchenwicklers im Alpenraum. AFJZ 149, 168–172, 1978. — BEJER-PETERSEN, B.: Relation of climate to the start of Danish outbreaks of the Pine Shoot Moth (*Rhyacionia buoliana* Schiff.). FFD 33, 39–50, 1972. — FÜHRER, E.: Zur Synchronisation der Entwicklung von *Epiblema tedella* Cl. (Lep. Tortricidae) und ihres Parasiten *Lissonota dubia* Hgn. (Hym. Ichneumonidae). AS 44, 165–171, 1971. — GRUYS, P.: Growth in *Bupalus piniarius* (Lepidoptera: Geometridae) in relation to larval population density. Wageningen 1970. — KLIMETZEK, D.: Insekten-Großschädlinge an Kiefer in Nordbayern und der Pfalz: Analyse und Vergleich 1810–1970. Freiburg. Waldschutz-Abh. 2, 1979. — LÖYTTYNIEMI, K., a. HILTUNEN, R.: Effect of nitrogen fertilization and volatile oil content of pine logs on the primary orientation of Scolytids. Comm. Inst. For. Fenn. 88 (6), 1–19, 1976. — OHNESORGE, B.: Populationsdynamik – Gegenwart und Zukunft. AFJZ 149, 177–183, 1978. — RUDINSKY, J. A., NOVÁK, V., ŠVIHRA, P.: Attraction of the bark beetle *Ips typographus* L. to terpenes and a male-produced pheromone. ZaE 67, 179–188, 1971. — SCHINDLER, U.: Massenwechsel der Erdmaus, *Microtus agrestis* L., in Süd-Niedersachsen von 1952–1971. ZaZ 59, 189–203, 1972. — SCHWERDTFEGER, F.: Ökologie der Tiere. Bd. I. Autökologie. 2. A. Hamburg-Berlin 1977. — Bd. II. Demökologie. 2. A. Hamburg-Berlin 1979. — Lehrbuch der Tierökologie. Hamburg-Berlin 1978. — SELANDER, J.: Evidence of pheromone-mediated behaviour in the Large Pine Weevil, *Hylobius abietis* (Coleoptera, Curculionidae). AEF 44, 105–112, 1978. — SYMPOSIUM on population attractants held at Freiburg University, Freiburg in Breisgau, Germany, June 22 and 23, 1970. Contr. Boyce Thompson Inst. 24, 249–350, 1970. — WEISER, J.: An atlas of insect diseases. 2. A. The Hague-Prague 1977. — WILBERT, H.: Cybernetic concepts in population dynamics. Acta biotheor. 19, 54–81, 1970. — Die Ursachen von Fluktuation, Regulation und Determination bei Insektenpopulationen. ZaE 77, 237–241, 1975. — ZETHNER, O., a. ESBJERG, P.: Cutworm attacks in relation to rainfall and temperature during 70 years. Dan. Met. Inst. Climatol. Pap. 4, 103–108, 1978.

VIERTER TEIL

DISPOSITION UND RESISTENZ DES WALDES

(Krankheitsvoraussetzungen auf seiten des Baumes bzw. Bestandes)

Wie auf seiten des Krankheitserregers bestimmte, im vorigen Abschnitt geschilderte Bedingungen erfüllt sein müssen, damit er als Ursache einer Massenerkrankung auftreten kann, so müssen auch auf seiten des Wirtes, in unserem Falle seitens des Baumes oder des Waldbestandes, gewisse Voraussetzungen gegeben sein, wenn die Krankheit zum Ausbruch kommen und sich entwickeln soll.

Die Empfänglichkeit gegenüber krankmachenden Einflüssen nennen wir Disposition. Die Disposition kann „normal" sein, wenn sie unter üblichen Umständen vorhanden oder an normale Entwicklungsphasen gebunden ist, beispielsweise an Jugendstadien, in welchen die Organe eine besondere Zartheit oder Schwäche gegenüber äußeren Einflüssen besitzen, oder „abnorm", wenn außergewöhnliche Umstände, wie Nahrungsmangel, Wunden und dergleichen die größere Anfälligkeit gegen Krankheiten erzeugen. Man kann ebensogut von physiologisch und pathologisch bedingter Disposition sprechen.

Entsprechend dem die Empfänglichkeit für schädliche Einflüsse kennzeichnenden Begriff Disposition wird die Widerstandsfähigkeit eines Organismus gegen die gleichen Einwirkungen Resistenz genannt. Resistenz ist die Gesamtheit derjenigen Eigenschaften des Wirtsorganismus, welche die Wirksamkeit des Krankheitserregers hemmen. Wie die Disposition mehr oder weniger stark ausgebildet sein kann, zeigt auch die Resistenz verschiedene Abstufung.

A. DISPOSITION DES BAUMES

1. NORMALE DISPOSITION

Von den mitteleuropäischen Baumarten sind im allgemeinen die Nadelhölzer stärker für Krankheiten disponiert als die Laubhölzer. Feuer- und Rauchschäden, wetter- und bodenbedingte Krankheiten, Pilz- und Insektenepidemien suchen vorwiegend Nadelhölzer heim.

Art, Rasse, Herkunft, Sorte. Wenn mehrere Arten einer Baumgattung von demselben Schaderreger angegriffen werden, erweist sich regelmäßig deren Anfälligkeit als unterschiedlich. Gleiches gilt für die verschiedenen Rassen und Herkünfte einer über ein weiteres Gebiet verbreiteten Baumart sowie für die vom Menschen geschaffenen Sorten.

Wenige Beispiele für ungleiche Disposition nahverwandter Arten: Die Traubeneiche ist mehr frostgefährdet, wird aber weniger vom Eichenwickler geschädigt als die Stieleiche. Japanische Lärche wird in wesentlich geringerem Ausmaß vom Lärchenkrebs und vom Lärchenblasenfuß befallen als Europäische Lärche. Schwarzkiefer leidet weniger unter *Lophodermium pinastri* und *Rhyacionia buoliana* als Gemeine Kiefer. Die Rassen der Douglasie werden in sehr verschiedenem Ausmaß durch die Rostige Douglasienschütte geschädigt. Unterschiedliche Disposition der Herkünfte läßt sich immer wieder auf Versuchsflächen nachweisen, auf denen sie vorwiegend zu ertragskundlichen Zwecken nebeneinander angebaut wurden. So zeigten sich die Provenienzen der Gemeinen Kiefer verschieden anfällig für Schneeschaden, Frost (KIENITZ 1922), Erreger der Keimlingsfäule (LANG 1976), den Schüttepilz (TROEGER 1960, HATTEMER 1965, LANIER et al. 1973), den Kienzopf (LIESE 1930), den Drehrost (SCHÜTT 1964) und den Kiefernknospentriebwickler (DENGLER 1937). Hochgebirgsprovenienzen der Fichte litten weniger unter Frühfrösten, Schneeschäden und Befall durch Fichtengallenläuse, aber stärker unter *Herpotrichia juniperi* als Herkünfte aus dem Tiefland. Provenienzen der Douglasie erwiesen sich als verschieden empfänglich für Frostschaden (NEUGEBAUER 1956, LARSEN 1978) sowie für Befall durch *Rhabdocline* (MEYER 1954, STEPHAN 1973), Hallimasch (LIESE 1939) und Douglasienlaus (TEUCHER 1955). Europäische Lärchen verschiedener Herkunft reagierten unterschiedlich auf Spätfrost (MÜNCH 1935) und Dürre (DENGLER 1942); Hochlagenherkünfte wiesen stärkeren Befall durch *Botrytis cinerea, Lachnellula willkommii, Meria laricis* und *Coleophora laricella* auf als Lärchen aus dem Berg- und Hügelland (SCHOBER-FRÖHLICH 1967). Provenienzen der Japanischen Lärche ließen gesicherte Unterschiede in der relativen Rauchhärte erkennen (VOGL-SCHÖNBACH-HAEDICKE 1968). Herkünfte von Eichen erwiesen sich als verschieden anfällig gegen Winterfrost (GRAUMANN 1941), Spätfrost (BURGER 1928) und Mehltau (RACK 1957). Die Sorten der Pappel zeigen oft sehr stark ausgeprägte Unterschiede in der Disposition für alle bisher untersuchten Schadeinflüsse, namentlich des Wetters (MORGENEYER 1960), von pilzlichen Krankheitserregern (CHIBA 1964, DONAUBAUER 1964, ZYCHA-WEISGERBER 1967) und von Insekten (ARRU 1967). Aus gelenkter Kreuzung zwischen Europäischer und Japanischer Lärche entstandene Hybridlärchen erwiesen sich als widerstandsfähiger gegen SO_2-Begasung als Europäer-Lärchen (SCHÖNBACH et al. 1964).

Die größere oder geringere Disposition darf nicht isoliert als Eigenschaft der Art, Herkunft oder Sorte angesehen werden; die örtlichen und zeitlichen Verhältnisse können sie erheblich beeinflussen, sie abwandeln, ja eine schwache in eine starke Anfälligkeit und umgekehrt umschlagen lassen.

Die Japanische Lärche hat sich stets als so gut wie resistent gegenüber dem Lärchenkrebs erwiesen; äußere Einflüsse scheinen hieran nichts zu ändern. Dagegen hat sich gezeigt, daß die Roteiche, die als nichtanfällig für den Eichenwickler galt, unter besonderen Verhältnissen, die im Großanbau der Baumart zu liegen scheinen, beträchtlich unter ihm leiden kann (MOELLER 1967). Herkünfte der Europäischen Lärche, die im Vergleich zu anderen sehr schwach von *Adelges laricis* befallen und scheinbar wenig disponiert waren, gehörten im folgenden Jahr zu den stärkstbefallenen (SINDELÁŘ-HOCHMUT 1967). Die Anfälligkeit derselben Pappelsorte gegenüber *Pollaccia radiosa* war je nach dem Standort unterschiedlich (ZYCHA-WEISGERBER 1967).

Individuum, Klon. Es ist immer wieder zu beobachten, daß in einem ziemlich einheitlich von einem Schadereignis heimgesuchten Pflanzenbestand einzelne Pflanzen besonders stark, andere so gut wie gar nicht betroffen sind. Es scheint ein individueller Unterschied in der Disposition vorzuliegen. Der Einwand, daß Zufall oder ein nicht sogleich erkennbarer äußerer Umstand im Spiel sein könne, läßt sich ausschließen, wenn man vegetative Nachkommen, also Klone der anscheinend stark und schwach disponierten Individuen nebeneinander anpflanzt; zeigen die Nachkommenkollektive gleiche Dispositionsunterschiede wie vorher die Einzelpflanzen, so sind diese als Eigenschaften der Individuen nachgewiesen. Sie können die Grundlage für die später zu erörternde Resistenzzüchtung bilden.

An individuelle Unterschiede der Empfindlichkeit ist zu denken, wenn KRAHL-URBAN 1943 inmitten stark frostgeschädigter Eichenkulturen einzelne völlig verschont gebliebene Pflanzen oder Verfasser in einer vom Spätfrost schwer heimgesuchten Kieferndickung nebeneinander starkbetroffene und unbeschädigte Kiefern fand. In schütteroten Kiefernkulturen fallen häufig einzelne grüne Pflanzen auf (SAMSON-HIMMELSTJERNA 1932). Von Tannen, die in Zweigberührung miteinander stehen, ist zuweilen die eine über und über von *Dreyfusia nordmannianae* befallen, die andere lausfrei. In Versuchen mit Klonen von Kiefern und Pappeln wurde verschiedene Anfälligkeit gegenüber Kiefernschütte (SCHÜTT 1964), *Scleroderris lagerbergii* (STEPHAN 1970, STEPHAN-SCHOLZ 1979), *Marssonina brunnea* (CASTELLANI-CELLERINO 1967) und *Aplanobacter populi* (KECHEL 1977) festgestellt. Klone von Fichten, Lärchen und Douglasien zeigten zum Teil sehr erhebliche Unterschiede im Befall durch *Sacchiphantes abietis* (EWERT 1967) bzw. *Adelges laricis* (EIDMANN 1966) bzw. *Gilletteella cooleyi* (BEIER-PETERSEN-SOEGAARD 1958).

Samenbeschaffenheit. Je größer und schwerer das Samenkorn ist, um so schneller und kräftiger entwickeln sich die jungen Pflanzen in den ersten Jahren, um so widerstandsfähiger sind sie gegen Schadeinflüsse und um so eher sind sie Jugendgefahren entwachsen. Nach einiger Zeit verwischen sich die Unterschiede in der Entwicklung, so daß der Vorteil der aus größeren Samen erwachsenen Pflanzen von begrenzter Dauer ist. Bei manchen Baumarten hat sich auch ein Einfluß des Alters der Mutterbäume auf die Nachkommenschaft beobachten lassen.

Die Abhängigkeit der Pflanzenentwicklung von der Samengröße wurde u. a. bei Eiche (EITINGEN 1926), Fichte (VANSELOW 1933, SCHELL 1960) und Kiefer (BUSSE 1931) nachgewiesen. Der letztgenannte Autor stellte ferner fest, daß das Samenkorn der älteren Kiefer kleiner und leichter als das der jüngeren ist, und daß dementsprechend die Nachkommen älterer Mutterkiefern empfindlicher gegen schädliche Einwirkungen sind als die von jüngeren. Bei starkem Auftreten von *Melampsora pinitorqua* litten Kiefern aus kleinen Samen mehr als solche aus großen (GAWRIS 1939).

Die Nachkommen mittelalter, 85jähriger Eichen zeigten in den ersten zwei Jahren wesentlich größere Wuchskraft als solche von 40jährigen oder 300jährigen Mutterbäumen (KRAHL-URBAN 1944).

Ernährungszustand. Daß die Ernährung der Pflanze erhebliche Bedeutung für ihre Disposition gegenüber Schaderregern besitzt, ist wiederholt auf Düngungsversuchsflächen festgestellt worden: Pflanzen, die auf im Gemenge liegenden, verschieden gedüngten und ungedüngten Parzellen wuchsen, wiesen unterschiedlichen Befall namentlich durch Pilze und Insekten auf. Dabei zeigte sich im allgemeinen, daß die Disposition für Pilze durch gute Versorgung mit Kalium, für nadel-, blatt- und knospenfressende Insekten durch stickstoffbetonte Ernährung gemindert wird; reiches Angebot an Stickstoff fördert dagegen den Befall durch saugende Insekten, während Kalium ihn hemmt.

Höhere Anfälligkeit bei schwacher Versorgung mit Kalium wurde bei Kiefer gegen *Phacidium infestans*, bei Eiche gegen Mehltau, bei Pappel gegen *Marssonina* und Rost nachgewiesen. Besser ernährte Kiefern zeigten geringeren Befall u. a. von *Brachyderes incanus, Bupalus piniarius* und *Diprion pini* (BISCHOFF 1967, BAULE 1968). Umgekehrt waren an Fichten, die mit N und P gedüngt wurden, ein Jahr nach der Applikation Zahl und Gewicht der Larven des Zapfenschädlings *Laspeyresia strobilella* größer als an ungedüngten (BAKKE 1969). Stickstoffüberschuß verbunden mit Kalimangel führte zu ungewöhnlich starkem Befall von Roteichen und Robinien durch *Parthenolecanium corni* (BRÜNING-UEBEL 1968). Rehwild verbiß Fichten stärker auf gedüngten als auf ungedüngten Parzellen (THALENHORST 1968).

Allerdings liegt keine einfache Beziehung derart vor, daß z. B. mit besserer Ernährung der Pflanze ihre Disposition für Pilze (DIMITRI 1977) oder fressende Insekten sinkt. Gut gedüngte Kiefern waren in einigen Versuchsanlagen erwartungsgemäß schwächer (SCHINDLER-BAULE 1964, NEF 1967), in anderen dagegen stärker (EIDMANN-INGESTAD 1963, BURZYŃSKI 1966) von *Rhyacionia buoliana* befallen als ungedüngte. Der Unterschied erklärt sich aus der ungleichen Ausgangslage: im letzten Fall handelte es sich um besonders arme Boden. Anscheinend ist die Pflanze in einem bestimmten Ernährungszustand am besten disponiert, und Abweichung von diesem Zustand sowohl nach schlechter als auch nach besser mindert die Disposition. Auf den sehr armen Böden lag die Anfälligkeit der Pflanzen unter dem Optimum und wurde mit der Düngung diesem genähert; auf den besseren Böden hingegen befand sich die Disposition in oder über dem Optimum, sie verschlechterte sich mit weiter verbesserter Ernährungslage.

Zu beachten ist, daß bessere Ernährung sich auch auf andere Eigenschaften der Pflanze auswirkt, namentlich auf Länge der Triebe, Zahl und Größe der Blattorgane und Reproduktionsvermögen. Dadurch kann eine verminderte Disposition vorgetäuscht werden. Auf gedüngten Kiefern war die Infektionsdichte von *Lophodermium pinastri* nicht kleiner als auf ungedüngten, und der Nadelfall entsprach der Infektionsdichte; trotzdem sahen die gedüngten Kiefern wesentlich besser aus, weil ihr Wachstum durch die Düngung stärker gefördert als durch die Schütte beeinträchtigt worden war (RACK 1965).

Soziale Stellung. Häufig ist zu beobachten, daß innerhalb eines Baumbestandes die herrschenden Glieder stärker oder schwächer von einem Schadereignis getroffen werden als die beherrschten. Das ist vielfach die Folge ungleicher Disposition, wobei der verschiedene Ernährungszustand oder, allgemeiner, die unterschiedliche Vitalität eine maßgebliche Rolle spielen dürfte. Doch kann die Ursache auch außerhalb des Baumindividuums liegen, namentlich im Verhalten des (tierischen) Schaderregers oder in unterschiedlicher kleinklimatischer Situation. Ferner ist daran zu denken, daß eine individuell disponierte Pflanze durch wiederholte Schädigung im Wuchs zurückbleiben und infolgedessen in eine niedrigere soziale Stellung absinken kann.

Auf verschiedene Anfälligkeit ist zurückzuführen, daß im Dürresommer 1959 viele Buchenstangenhölzer Nordwestdeutschlands nahezu ihren gesamten Nebenbestand verloren, während der Hauptbestand einigermaßen unversehrt blieb. Wenn hingegen in einer Kiefernkultur 45 % der vorherrschenden, 41 % der mitherrschenden und 22 % der unterdrückten Pflanzen vom Kiefernknospentriebwickler geschädigt waren (LÜDGE 1968), bleibt die Frage offen, ob dies an unterschiedlicher Disposition der Bestandesglieder oder am Verhalten des Schädlings lag, der vielleicht als Falter vorwiegend die herausragenden Kronen anflog. Stärkerer Schüttebefall an den niedrigen Kiefern einer Kultur hängt meist mit der größeren Feuchtigkeit in Bodennähe zusammen; es kann sich aber auch um Pflanzen handeln, die individuell besonders disponiert, häufiger befallen und deshalb im Wuchs zurückgeblieben sind.

Entwicklungszustand. Die Disposition kann an ein bestimmtes Entwicklungsstadium oder Alter des Wirtsbaums oder seiner dem Angriff ausgesetzten Teile gebunden sein.

Jungpflanzen sind dürregefährdet, solange ihre Wurzeln noch nicht in tiefere, der Austrocknung weniger ausgesetzte Erdschichten reichen; unter *Rosellinia quercina* leiden nur Eichen, die noch nicht 10 Jahre alt sind; Engerling und Großer brauner Rüsselkäfer schaden lediglich an jungen Holzpflanzen,

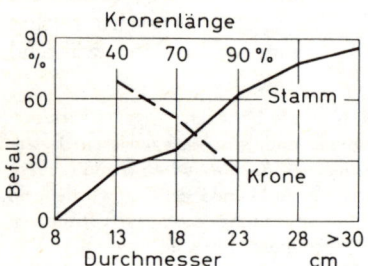

weil deren Anfälligkeit mit der Vergrößerung des Wurzelwerks bzw. dem Dickerwerden der Rinde und der Zunahme des Stammumfangs geringer wird. Umgekehrt entsteht die Disposition für zahlreiche Weiß- und Rotfäule erzeugenden Poriaceen und Tricholomataceen meist erst im vorgerückten Lebensalter des Baumes. KARPIŃSKI 1935 fand im Urwald von Bialowies um so stärkeren Befall von *Fomes annosus* und *Armillariella mellea*, je mehr sich das Alter der Bäume seiner oberen Grenze näherte. BUTOVITSCH 1938 stellte während einer Massenvermehrung von *Ips typographus* fest, daß der Anteil der befallenen Stämme geradlinig mit dem Stammdurchmesser anstieg; Bäume mit langer und allseitig ausgeformter Krone wurden weniger angegangen als solche mit kurzer und einseitiger Krone (Abb. 185).

Abb. 185. Befallsprozent von *Ips typographus* in Beziehung zum Brusthöhendurchmesser des Stammes und zur relativen Kronenlänge (Verhältnis von Kronen- zur Baumlänge). Nach BUTOVITSCH 1938

Unter Spätfrost im Frühjahr leiden im allgemeinen nur die eben sich entwickelnden Triebe und Blattorgane; die Endknospen der Fichte und die Langtriebe der Lärche treiben später aus als die Seitenknospen bzw. die Kurztriebe und sind infolgedessen weniger spätfrostgefährdet. Für Pilze, deren Keimschläuche unmittelbar die Epidermiswand durchbrechen, sind vorwiegend zarte, jugendliche Gewebe, entweder von Keimlingen oder an Vegetationspunkten, empfänglich. Da solche Gewebe oft streng lokalisiert und später eingeschlossen sein können, ergibt sich häufig eine nur kurz dauernde Disposition, so bei *Melampsorella caryophyllacearum* nur während der Entfaltung der Knospen (FISCHER-GÄUMANN 1929). Die Weibchen von *Pristiphora abietina* legen ihre Eier in eben aufbrechende Knospen; je nach der Frühjahrswitterung können zur Flugzeit der Wespe früher oder später treibende Fichten im günstigsten Entwicklungszustand sein, so daß im einen Jahr diese, im andern jene Bestandesglieder befressen werden (OHNESORGE 1958).

Jahreszeit. Unabhängig von den Wachstumsvorgängen wechselt die Disposition häufig regelmäßig mit der Jahreszeit, was mit der saisonalen Änderung im physiologischen Geschehen der Pflanze zusammenhängt. Solche Saison-Disposition bzw. Saison-Resistenz besitzen Holzpflanzen besonders gegenüber Pilzen, deren infektionsbereite Sporen oder Myzele das ganze Jahr oder doch einen großen Teil des Jahres über vorhanden sind, aber nur zu bestimmten Zeiten Fuß zu fassen bzw. Fortschritte zu machen vermögen. Im allgemeinen ist die Resistenz im Sommer am größten und im Winter am geringsten.

Monatlich vorgenommene Zweiginfektionen mit *Stereum purpureum* an Pflaumenbäumen führten im Januar bis April sämtlich zum Krankheitsausbruch; mit der Lebenstätigkeit erwacht im Mai auch die Abwehrbereitschaft der Pflanze, der Prozentsatz gelungener Infektionen nahm ab bis zum Minimum im Juni und Juli, um zum Herbst hin wieder anzusteigen (Abb. 186). Das Myzel von *Lophodermium pinastri* in der Kiefernnadel kann während des ganzen Jahres wachsen; die Intensität des Wachstums ändert sich saisonal mit den Temperaturverhältnissen und ist am größten im Hochsommer (Abb. 187).

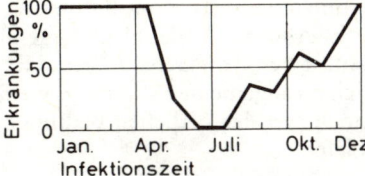

Abb. 186. Häufigkeit der Erkrankung von Pflaumenbäumen bei Infektion mit *Stereum purpureum* im Jahreslauf. Nach GÄUMANN 1951

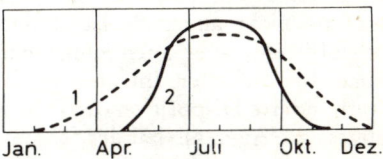

Abb. 187. Aktivität des Myzels von *Lophodermium pinastri* (1) und Abwehrkraft der Kiefernnadel (2) im Jahreslauf. Schema nach RACK 1961

Auch die Abwehrkraft der Nadel besitzt ihr Maximum im Juli und August; sie übertrifft dann die Aktivität des Pilzes, doch ist sie zeitlich enger begrenzt. Infolgedessen vermag das Myzel im Herbst und Frühjahr sich in der Nadel auszubreiten und sie zum Absterben zu bringen, während es in der sommerlichen Infektionszeit dazu nicht fähig ist.

Standort. Die standörtlichen Verhältnisse können, wie wir sahen, die provenienz- und individuengebundene Disposition beeinflussen und sich über den Ernährungszustand der Pflanze auf deren Anfälligkeit gegenüber Schadursachen auswirken. Aber auch sonst sind oft dem Augenschein nach die örtlichen Gegebenheiten des Bodens und des Klimas von Bedeutung für die Disposition der Bäume, ohne daß sich die Zusammenhänge deutlich zu erkennen geben.

Untersuchungen über das Auftreten von *Phellinus pini* und eines Stockfäuleerregers, vermutlich *Sparassis crispa*, in einem Kieferngebiet zeigten, daß beide wenig auf trocken-armen Sanden und am häufigsten auf reichen, grundwassernahen bzw. auf zwar grundwasserfernen, doch bodenfrischen, gut durchlüfteten Böden zu finden waren (PASSARGE 1953). Holz von Kiefern, die auf Kalkboden gewachsen waren, wurden durch *Serpula lacrymans* wesentlich langsamer abgebaut als das von Kiefern, die auf Sand oder lehmigem Sand gestanden hatten (TRUCKENBRODT 1961). Auch der Abbau von Buchenholz durch die Weißfäuleerreger *Pleurotus ostreatus* und *Trametes versicolor* verlief unterschiedlich je nach dem Standort, von dem die Buchen stammten (JAHN 1967). Durch *Fomes annosus* verursachte Fäule zeigte sich am häufigsten auf wechselfeuchten, staunassen, basenreichen Böden und auf sonnseiti-

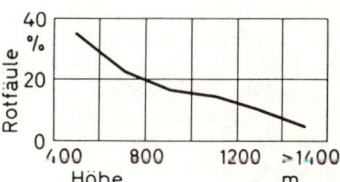

Abb. 188. Anteil rotfauler Stämme in Fichtenbeständen verschiedener Höhenlage. Nach FLURY 1907

gen Hanglagen (ZYCHA-KATÓ 1967). In der Schweiz wurde in natürlich gegründeten Fichtenbeständen eine klare Abhängigkeit des Anteils rotfauler Stämme von der Höhenlage gefunden (Abb. 188); eine ähnliche, wenn auch weniger gut ausgeprägte Beziehung konnte in Deutschland ebenfalls für die Fichte (ZYCHA-KATÓ 1967) sowie für die Lärche (GOTHE 1957) festgestellt werden. Sitkafichten auf schlechtem Boden mit relativ schwachem Wurzelwerk und kümmerndem Wuchs waren stark von *Liosomaphis abietina* befallen, solche auf benachbartem besserem Standort, gutbewurzelt und wüchsig, waren befallsfrei (LEROY-MALPHETTES 1969).

2. ABNORME DISPOSITION

Mehr noch als die üblichen können vom Normalen abweichende Zustände oder Geschehnisse die Pflanze für einen Angriff von Krankheitserregern empfänglich machen; vielfach können diese nur unter abnormen Verhältnissen wirksam werden.

Standortsfremdheit. Man kann davon ausgehen, daß im Lauf der phylogenetischen Entwicklung sich im natürlichen Wuchsgebiet einer Baumart eine Art Gleichgewicht zwischen ihrem Widerstandsvermögen und den in Frage kommenden schädlichen Einwirkungen ausgebildet hat. Krankheiten und Schädigungen, abgesehen von solchen, die mit dem Alterungsprozeß des Baums verbunden sind, treten deshalb vergleichsweise selten auf und werden leicht überwunden. Das Gleichgewicht braucht nicht gegeben zu sein, wenn die Baumart außerhalb ihres natürlichen Verbreitungsgebietes angebaut und damit in standörtliche Verhältnisse versetzt wird, an die sie von Natur aus nicht angepaßt ist. Folge ist vielfach erhöhte Anfälligkeit gegenüber Schadeinflüssen, aber auch umgekehrt Verschontbleiben von Schädlingen, die im Heimatgebiet auftreten. Im letzten Fall dürfte es sich im allgemeinen allerdings weniger um verminderte Disposition der Pflanze als um eine unter den örtlichen Bedingungen herabgesetzte Aggressivität der Schadursache handeln.

Die Fichte wird innerhalb ihres natürlichen Verbreitungsgebietes weniger von *Fomes annosus* geschädigt als im künstlichen Anbaugebiet; in diesem soll Mangel an Sommerniederschlägen zur Vertrocknung von Wurzeln führen, wodurch der Pilz Eintrittspforten gewinnt (PRIEHÄUSSER 1943), sowie Mangel an Winterkälte langes Wachstum ermöglichen, in dem viel weitlumiges, luftreiches und damit besonders pilzanfälliges Holz erzeugt wird (ROHMEDER 1937). Sie ist am Rande und außerhalb ihres natürlichen Wuchsgebietes in besonderem Maße durch Nonnenkalamitäten und nur im künstlichen Anbaugebiet durch *Pristiphora abietina* bedroht. Die Lärche leidet im Vorland unter *Lachnellula willkommii* mehr als im Hochgebirge, anscheinend weil dort im Winter, wenn Saison-Disposition vorliegt, der Pilz noch Temperaturen findet, die ihm Wachstum und Ausbreitung gestatten (GÄUMANN 1951). Sie wird in ihrem natürlichen Verbreitungsgebiet auch weniger von *Tetropium gabrieli*, *Ips cembrae* und *Blastotere laevigatella* (SCHIMITSCHEK 1929), von *Coleophora laricella* und *Taeniothrips laricivorus* befallen als im künstlichen Anbaugebiet. Umgekehrt treten Kiefernbaumschwamm, Kiefernspanner, Forleule und Kiefernspinner in Norddeutschland schädigend fast ausschließlich innerhalb des natürlichen Verbreitungsgebietes der Kiefer auf.

Standortsfremdheit liegt nicht nur unter dem bisher betrachteten weiträumigen Aspekt vor, sondern auch, wenn in einem begrenzten Bereich innerhalb des natürlichen Verbreitungsgebiets z. B. Nadelholz auf einen Boden gepflanzt wird, der von Natur aus Laubholz tragen würde.

Beispiel sei die bereits oben erwähnte Untersuchung über das Auftreten von Kiefernbaumschwamm und Stockfäule in einem mitteldeutschen Kiefernrevier (PASSARGE 1953): von *Phellinus pini* waren in Beständen auf Standorten des Eichen-Birken-Kiefernwaldes 1 %, des Buchen-Traubeneichenwaldes 8 % und des Buchen-Stieleichenwaldes 17–25 % der Stämme befallen; Stockfäule, vermutlich durch *Sparassis crispa* erzeugt, fand sich auf Standorten des Eichen-Birken-Kiefernwaldes in 0 %, des Stieleichen-Hainbuchenwaldes in 12 % und des Buchen-Traubeneichenwaldes in 34–44 % der daraufhin geprüften Stöcke.

Standortsänderung. Eine Disposition kann entstehen oder sich erhöhen, wenn ein ursprünglich für die Pflanze mehr oder weniger tauglicher Standort sich ändert. Ursachen solcher Änderung sind regelmäßig menschliche Maßnahmen, namentlich der Landwirtschaft, wie ackermäßige Bearbeitung, Beweidung und Streunutzung, ferner Senkung und Hebung des Grundwassers, aber auch forstliche Melioration, die dem Wachstum der Holzpflanzen zugute kommen soll, gleichzeitig jedoch ihre Anfälligkeit gegen bestimmte Krankheitserreger steigert.

Auf die bei Beackerung des Bodens entstehende Pflugsohle und sein geringes Porenvolumen wird, über Verschlechterung des Wasserhaushalts und dadurch bedingtes Absterben von Wurzeln, das bei Ackeraufforstungen häufig beobachtete starke Auftreten von *Fomes annosus* zurückgeführt (S. 349).

Massenvermehrungen von *Coleophora laricella* und *Zeiraphera diniana* kommen im natürlichen Verbreitungsgebiet der Lärche nach Schimitschek 1966 am häufigsten und stärksten auf Böden vor, die durch langjährige Beweidung verdichtet sind. Auch streugenutzte Böden verdichten (Abb. 24), die Pflanzen entwickeln ihre Wurzeln nur oberflächlich und sind infolgedessen empfindlicher gegen Dürre. Melioration von Waldböden durch Bodenbearbeitung und Düngung hat namentlich bei Fichten und Japanischen Lärchen zu einer Vergrößerung der Rotfäuleschäden geführt (Hassenkamp 1958, Seibt 1964).

Schwächung. Die höhere Disposition der Pflanze auf fremdem oder verändertem Standort besteht vielfach in einer herabgesetzten Vitalität. Die Lebenskraft und damit die Widerstandskraft gegen Schadeinwirkungen kann auch durch einmalige Ereignisse gemindert werden; sie stellen ihrerseits Schadeinwirkungen dar, die jedoch, allein auftretend, von der Pflanze ertragen und ausgeheilt werden.

Der dispositionsteigernde Effekt von allein nicht lebenbedrohenden Schadeinflüssen konnte eindeutig im Laboratoriumsversuch nachgewiesen werden: zweijährige, künstlich mit *Fomes annosus* infizierte Kiefernsämlinge erkrankten während des Beobachtungszeitraums von 10 Monaten in Boden, der wiederholt austrocknete, zu wesentlich höherem Anteil als solche in ständig feucht gehaltenen Töpfen (Towers-Stambaugh 1968); an Pappelstecklingen, die 90 Sekunden lang einem Hitzeschock von 42,5 °C ausgesetzt und 24 Stunden später mit einer Sporensuspension von *Melampsora larici-populina* besprüht wurden, war der Rostbefall deutlich stärker als auf ebenfalls beimpften, aber in üblicher Temperatur gehaltenen Pflanzen (Wagenbreth 1968). Als Beispiel für Beobachtungen im Freiland kann Abb. 22 dienen: in und nach dem Dürrejahr 1959 war die Disposition von Buche und Fichte für Befall durch Buchenwollschildlaus bzw. Fichtenborkenkäfer offensichtlich erheblich größer als vorher; in rauchgeschädigten Kiefernkulturen Polens wird ein zunehmendes und anscheinend chronisch werdendes Auftreten von *Exoteleia dodecella* und anderen Kiefernschädlingen beobachtet (Sierpiński 1966).

Bei bereits bestehender Schwächung wirken sich Erkrankungen häufig stärker aus als in sonst gesunden Beständen. Kieferndickungen, die unter Fraß der *Acantholyda erythrocephala* gelitten hatten, wurden durch nachfolgenden Befall von *Rhyacionia buoliana* ungewöhnlich heftig geschädigt: ihre Knospen waren so dürftig ausgebildet, daß die Wicklerraupe zu ihrer Entwicklung fast stets sämtliche Knospen eines Quirls oder gar noch mehr benötigte, während in benachbarten, vom Blattwespenfraß verschont gebliebenen Dickungsteilen, in denen die Knospen normale Größe besaßen, regelmäßig eine oder mehrere Quirlknospen unversehrt blieben und den Trieb fortsetzen konnten.

Herbizide. Die Ausbringung chemischer, selektiver Unkrautbekämpfungsmittel, mit der die Entwicklung von Forstpflanzen durch Ausschaltung konkurrierender Gewächse gefördert werden soll, kann die Disposition dieser Forstpflanzen im günstigen oder ungünstigen Sinne verändern. Das kann unmittelbar geschehen, indem das auch von der Baumpflanze aufgenommene Herbizid deren physiologische Leistungsfähigkeit nach der einen oder anderen Richtung verschiebt, oder mittelbar z. B. über eine Änderung des Mikroklimas über dem mehr oder weniger unkrautfrei gewordenen Boden.

In einem Freilandtopfversuch wurden Kiefern mit zwei Herbiziden, einem 2,4,5-T- und einem Dichlobenil-haltigen, behandelt und anschließend der Infektion mit *Lophodermium pinastri* ausgesetzt: mit dem ersten Präparat ergab sich eine deutliche Zunahme, mit dem zweiten ein geringeres Ausmaß der Schütteschäden als im unbehandelten Vergleich. Infektionsversuche mit verschiedenen Erregern der Keimlingsfäule an Fichtensämlingen, die mit Simazin und einem 2,4,5T-Präparat behandelt waren, erbrachten im allgemeinen höhere Erkrankungsquoten als in den Kontrollen (Beigl 1977, 1978).

Verletzung. Für alle pathogenen Organismen, welche die unversehrte Epidermis der Blattorgane oder die Rinde nicht zu durchdringen vermögen, schaffen erst Verletzungen die benötigten Eintrittspforten und damit die Voraussetzung für das Entstehen der Krankheit.

Septotinia podophyllina infiziert Pappelblätter über Fraßstellen von Blattkäfern. Bläuepilze gelangen durch Bohrlöcher von Borkenkäfern an das Holz der Kiefer. Rotwildschälwunden sind Infektionsstellen für Rotfäulepilze der Fichte. Beim Fällen oder Rücken entstandene Rindenverletzungen ermöglichen Holzwespen den Befall von Nadelhölzern.

3. URSACHEN DER DISPOSITION BZW. RESISTENZ

Die Disposition oder Resistenz der Pflanze gegenüber einem Schaderreger kann auf ihr eigentümlichen Zuständen und Vorgängen beruhen, die unabhängig von seinem Einwirken vorliegen und ablaufen. Die Pflanze kann aber auch beim Einwirken des Erregers in spezifischer Weise reagieren und dadurch seinen Angriff erleichtern oder – meist – erschweren oder abwehren. Unter Herausstellung des Widerstandsvermögens der Pflanze sprechen wir im ersten Fall von passiver, im zweiten von aktiver Resistenz. Beide lassen sich zuweilen nicht deutlich voneinander trennen, sie sind häufig gemeinsam im Spiel, und auch die verschiedenen Momente, auf denen die passive Resistenz beruhen kann, kombinieren sich nicht selten; daraus folgt, daß der Tatsache einer vorhandenen Disposition oder Resistenz in der Regel ein Komplex miteinander verbundener Zustände und Vorgänge zugrundeliegt, in den weiterhin Einflüsse der Umwelt einzubeziehen sind. Dies ist zu beachten, wenn nachfolgend aus didaktischen Gründen die Ursachen der Disposition bzw. Resistenz einzeln, sozusagen herausgerissen aus ihrer Verbundenheit, vorgeführt werden (Hanover 1975, Schoeneweiss 1975, Deverall 1977).

Passive Resistenz. Die der Disposition oder Resistenz zugrundeliegenden Zustände und Vorgänge in der Pflanze bestehen aus den gegebenen Baumerkmalen und einer bestimmten stofflichen Zusammensetzung bzw. aus Wachstumsprozessen. Unter dem Gesichtspunkt, daß Stoffgehalt und Bau der Pflanze für die Ernährung und das Angriffsverhalten des pathogenen (tierischen) Organismus fördernden oder hemmenden Wert besitzen können, lassen sich als weitere Momente der passiven Resistenz die trophische und ethologische Valenz der Wirtspflanze nennen.

Baumerkmale. Die morphologisch-anatomischen Schutzeinrichtungen bestehen im wesentlichen in besonderer Festigkeit oder Gestaltung von Pflanzenteilen, in einer Härte der Oberhaut oder anderer Gewebe, die dem Angriff des Krankheitserregers große oder unüberwindliche Schwierigkeiten entgegenstellt, oder in Ausbildung von Stacheln und Dornen, welche höhere Tiere vom Fraß abhalten sollen.

Baumarten mit starker Borke, welche Wärme schlecht leitet, leiden weniger bei Bodenfeuer und Sonneneinstrahlung. Röhrenförmige Bildung des Schaftes, die innen lockeres Holz mit breiten Jahresringen, außen schmalringiges Holz mit hohem Spätholzanteil aufweist, bietet Schutz gegen Bruchschäden.

Die unversehrte Rinde schützt den Kiefernstamm gegen das Eindringen von Bläuepilzen. Wo Pilzinfektion von Blattorganen nicht durch Spaltöffnungen, sondern unmittelbar durch die Epidermis erfolgt, muß dem Bau der Oberhaut Bedeutung für die Disposition zukommen. Auch die Beschaffenheit der Oberfläche, namentlich die Behaarung kann eine Rolle spielen. Wie besonders an landwirtschaftlichen Gewächsen beobachtet wurde, vermag außer dem Bau der Epidermis auch derjenige der inneren Gewebe, also die histologische Beschaffenheit der Wirtspflanze, die Disposition zu beeinflussen. Für die relative Resistenz von Ulmen gegen die von *Ceratocystis ulmi* hervorgerufene Krankheit sind in erster Linie anatomische Gegebenheiten wie Gefäßweite und Zahl zusammenhängender Gefäße verantwortlich (McNabb et al. 1970).

Nach Führer 1967 beruht die Befallsresistenz von Fichten gegen *Epinotia tedella* u. a. auf der Festigkeit des Nadelintegments, die von der Dicke der kutikularen Zellwandschichten und der Zellwände von Epidermis und Hypodermis, von der Wandverstärkung der Stoma-Randzellen und von der Zahl der Stomata abhängt; bei hinreichender Festigkeit vermag die frischgeschlüpfte Raupe nicht sich in die Nadel einzubohren. Zunehmende Dicke der Epidermisaußenwand macht die Fichtennadel für Eiraupen von *Semiothisa liturata* und für Imagines von *Gilpinia hercyniae* weniger geeignet als Fraßobjekt bzw. zur Eiablage und läßt die Mortalität der Räupchen bzw. der Eier ansteigen (Huang 1973, 1975, Huang-Führer 1979). Für junge Raupen des Ringelspinners, die spät an Eichenzweige gesetzt wurden, waren die im Mai getriebenen Blätter zu hart, und sie gingen sämtlich ein, während sie sich auf frischen Blättern der Johannistriebe entwickelten (v. d. Linde 1968).

Die dünnrindige Fichte wird bis ins hohe Alter vom Rotwild geschält, während die Kiefer nur in der Jugend, nach Verborkung der Rinde aber nicht mehr angenommen wird. Stachelige und dornige

Pflanzen werden vielfach von phytophagen Säugern gemieden; häufig finden sich die Abwehrmittel nur bis zu der Höhe, die den Tieren erreichbar ist: wilde Birnen und *Prunus*-Arten haben nur unten Zweigdornen, die Stechpalme hat oben dornenlose Blätter.

Stoffgehalt. In der Pflanze enthaltene Stoffe oder Stoffgemische können, sofern sie überhaupt einen Effekt auf den (organismischen) Krankheitserreger haben, in verschiedener Weise auf ihn einwirken: sie können 1. (stimulatorisch) seine Angriffskraft, sein Wachstum oder seine Fraßtätigkeit steigern, 2. (repulsiv) ihn hindern, Fuß zu fassen, 3. (biostatisch) ihn nach dem Fußfassen auf den eingenommenen Raum beschränken und seine weitere Ausbreitung nicht zulassen, und 4. (biozid) ihn töten. Sie können auch als geeignete oder ungeeignete Nahrungssubstanzen seine Entwicklung und Angriffstätigkeit fördern oder hemmen, was jedoch erst im nächsten Abschnitt besprochen werden soll.

Versuche haben gezeigt, daß sogenannte Inhaltsstoffe, die in Extrakten aus Pflanzenteilen enthalten sind, je nach dem Schaderreger jede der vier genannten Wirkungsweisen zeigen können. In manchen Fällen ist es auch gelungen, die im Extrakt enthaltene wirksame Substanz zu ermitteln.

Larven von *Gilpinia hercyniae* und *G. abieticola* fressen Nadeln der Gemeinen Fichte, aber nicht solche der Omorikafichte. Wurden Fichtennadeln mit Preßsaft aus Nadeln der Omorikafichte überstrichen, so lehnten die Larven auch jene ab. Offenbar enthielt der Preßsaft repulsive Stoffe (Ohnesorge-Serafimovski 1961). Wässerige Extrakte aus der Rinde verschiedener Balsampappelsorten beeinträchtigten Sporenkeimung und Keimschlauchwachstum von *Dothichiza populea* nicht bzw. schwächer oder stärker, je nachdem ob es sich um anfällige oder resistente Sorten handelte. Das in der Rinde enthaltene Trichocarpin wird, wenn eindringende Pilzhyphen Rindenzellen zerstören, durch Fermente in zwei Komponenten gespalten, deren eine, das Trichocarpinin, in hohem Maße fungistatisch wirkt (Butin 1964). Weitere Untersuchungen mit Blatt- und Rindenextrakten aus Pappeln ließen eine positive oder negative Beeinflussung des Wachstums von *Septotinia podophyllina* und *Dothichiza populea* durch phenolische Wuchs- und Hemmstoffe erkennen (Glattes 1971). Der Stamm- und Wurzelbast der Fichte enthält Hemmstoffe, die fungistatisch auf *Fomes annosus* wirken (Alcubilla et al. 1971, Alcubilla 1973); aus dem Holz entnommene Petroläther- und Methanolextrakte beeinträchtigten das Myzelwachstum des Pilzes (Aguinagalde-Cerny 1974). Kernholz kann biozide Stoffe enthalten, die es gegen den Angriff vieler Fäuleerreger widerstandsfähig machen; Kernholzspezialisten vermögen auch derart geschütztes Holz zu zerstören, indem sie die Toxine mit Hilfe oxydierender Fermente unwirksam machen (Lyr 1962).

Die Oxydationsaktivität der von den Pilzen produzierten Enzyme wird anscheinend durch Gerbstoffe gehemmt: *Trametes versicolor* und andere Pilze, die auf dem viel Tannin enthaltenden Eichenholz nicht gedeihen, können auf ihm wachsen, wenn jenes extrahiert wurde. Pilze, die normalerweise auf Eichenholz leben, vertragen Gerbstoffe (Rypáček 1966, Hart-Hillis 1972). Der Gerbstoffgehalt der Nadeln war an stark von der Nonne befressenen Fichten geringer als an schwachbefressenen, was auf einen repulsiven Effekt hinzudeuten scheint (Mitscherlich-Wellenstein 1942); im allgemeinen aber wirkt Tannin stimulierend auf die Fraßtätigkeit blattfressender Raupen wie auch von Maikäfern (Gottschalk 1957).

Von großer Bedeutung für die Disposition der Pflanze sind ihr Wassergehalt und die mit ihm zusammenhängenden Eigenschaften und Zustände. Verringerung des Wassergehalts der Gewebe, ein Welken, mindert deren Abwehrkraft, z.B. die Fähigkeit, das Vordringen von Pilzmyzel durch Bildung eines Wundperiderms zu hemmen. Mit dem Wassergehalt ändern sich der Anteil an Trockensubstanz, der Luftgehalt namentlich des Holzes, die Konzentration der Inhaltsstoffe einschließlich der vom Krankheitserreger benötigten Nahrungssubstanzen und mit ihr der osmotische Wert der Pflanzensäfte. Wie Untersuchungen ergeben haben, bestehen Beziehungen zwischen allen diesen Merkmalen und der Krankheitsanfälligkeit der Pflanze; in vielen Fällen muß allerdings offen bleiben, ob das Merkmal allein oder im Zusammenspiel mit andern maßgeblich oder auch nur ein Weiser für andere, nicht unmittelbar erfaßte Ursachen ist (Griffin 1977).

Infektionen von *Dothichiza populea* und *Cytospora chrysosperma* kommen zustande, wenn bei einer Temperatur von 20 °C der W a s s e r g e h a l t des Pappelzweigs um 10 bzw. 20 % gegenüber normal abgesunken ist (Butin 1957); die Geschwindigkeit, mit der sich das Myzel beider Pilze im Zweig ausbreitet, hängt von dessen Wassergehalt ab (Abb. 189). Das Myzel von *Nectria cinnabarina* dringt in der Rinde der Bergrüster, wenn ihr Wassergehalt normal ist, monatlich um 0,3–1 cm vor; setzt man den

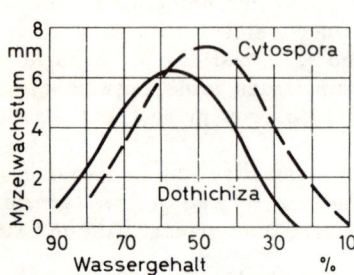

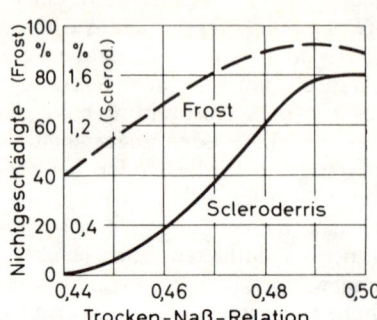

Abb. 189. Myzelwachstum von *Dothichiza populea* und *Cytospora chrysosperma* in 24 Stunden in Abhängigkeit vom Wassergehalt des Pappelzweigs. Temperatur 20° C. Nach Butin 1957

Abb. 190. Beziehung zwischen dem Anteil der durch Frost und *Scleroderris lagerbergii* nicht geschädigten *Pinus resinosa* und der Trocken-Naß-Relation ihrer Nadeln. Erläuterung im Text. Nach Teich 1968

Wassergehalt durch Eintrocknen herunter, so wächst im gleichen Zeitraum das Myzel bei einer Gewichtsabnahme von 12 % um 4 cm, von 18 % um 6 cm und von 32 % um 10 cm vor. Ähnlich vermag *Nectria ditissima* lebende Buchenrinde mit einem spezifischen Gewicht von 1,10 in 6 Wochen 1–3 mm weit zu bräunen, bei einem solchen von 0,91 dagegen 16–20 und von 0,88 sogar 30 mm weit. Diese Ergebnisse machen verständlich, daß die Disposition der Bäume gegenüber manchen Pilzen zu bestimmten Jahreszeiten oder nach Dürre größer ist als sonst; ebenso wird klar, weshalb unterdrückte, weniger Wassergehalt aufweisende Bäume leichter Pilzangriffen zum Opfer fallen als herrschende.

Nadeln verschiedener Provenienzen von *Pinus resinosa* wurden in 100 % relativer Luftfeuchte gelegt, gewogen, dann bei 80 °C getrocknet und erneut gewogen; die aus beiden Gewichten gewonnene Trocken-Naß-Relation ließ eine deutliche Beziehung zum Auftreten von *Scleroderris lagerbergii* und von Frostschäden erkennen (Abb. 190): je größer der Relationswert, also je höher der Anteil an T r o c k e n s u b s t a n z war, um so größer stellte sich der Anteil der Nichtgeschädigten. Auf den Zusammenhang zwischen Gehalt an Trockensubstanz und Frostempfindlichkeit der Pflanzen wurde schon oben (S. 44) hingewiesen.

Holzbewohnende Pilze benötigen einen gewissen L u f t g e h a l t im Holz, der seinerseits vom Wassergehalt abhängig ist: sinkt dieser, so füllen sich die freiwerdenden Hohlräume mit Luft. Das minimale Luftvolumen im Holz beträgt für *Fomes annosus* 10 %, für *F. fomentarius* 15 % und für andere

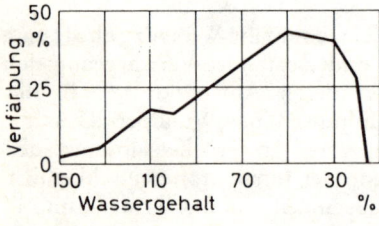

Abb. 191. Anteil der durch *Ceratocystis coerulescens* verfärbten Holzmasse in Beziehung zum Wassergehalt von Kiefernsplintholz. Nach Lagerberg-Lundberg-Melin 1927

holzzerstörende Arten 5 oder 20 % (Rypáček 1966); daneben wird auch ein bestimmtes Wasservolumen verlangt. Schon länger bekannt ist die Bedeutung des Luft- bzw. Wassergehalts des Holzes für Bläuepilze: Kiefernsplint besitzt größte Anfälligkeit gegenüber *Ceratocystis coerulescens* bei einem Wassergehalt von 45–55 % (Abb. 191); lebender Kiefernsplint hat rund 150 % Wassergehalt, was ihn gegen den Angriff des Pilzes resistent macht. Ähnlich liegen die Verhältnisse bei den Rotstreifigkeit erzeugenden Pilzen der Gattung *Stereum*, die vorwiegend in den halbfeucht gebliebenen Partien lagernder Fichtenstämme angetroffen wurden (v. Pechmann 1967).

Brendel 1965 fand bei Pappelsorten, die verschieden anfällig gegenüber *Dothichiza populea* sind, unterschiedliche Konzentration der Zellinhaltstoffe und meint, daß von ihr die Abwehrbereitschaft des Rindengewebes und damit die Disposition der Pflanze abhängt. Nach CHARARAS et al. 1960 besteht ein Zusammenhang zwischen der Konzentration wasserlöslicher Zucker und organischer Säuren im Rindensaft von Nadelhölzern und dem Befall durch Borkenkäfer. Nadeln rauchgeschädigter Fichten wiesen gegenüber denjenigen resistenter Bäume geringeren Wassergehalt, höhere Zuckerkonzentration im Nadelpreßsaft und höheren pH-Wert im Zellsaft auf (BÖRTITZ 1969).

Untersuchungen von CHARARAS 1959 und MERKER 1960 haben gezeigt, daß Nadelbäume für Borkenkäferbefall tauglich werden, wenn sich die Wasserversorgung verschlechtert und infolgedessen der osmotische Wert des Rindensaftes ansteigt. Vielfach scheint es notwendig zu sein, daß die osmotischen Werte des Pflanzengewebes, in dem das Insekt lebt, und seiner Körperflüssigkeit übereinstimmen, wobei kurzfristige Abweichungen unschädlich bleiben. Puppen von *Ips typographus*, *Ips spinidens* und *Agrilus viridis*, die in Rindenpreßsäften ihrer Wirtsbaumarten Fichte bzw. Tanne bzw. Buche gehalten wurden, blieben gesund, wenn deren osmotische Werte bei 13–14 Atü lagen; sie gingen in Säften mit höheren Werten unter Schrumpfung, in solchen mit niedrigeren unter Quellung ein; Eier von *Pristiphora abietina*, die in eben sich öffnende Maitriebe der Fichte abgelegt werden, entwickelten sich im Preßsaft junger Fichtennadeln mit osmotischen Werten von 9–11 Atü, schrumpften und starben dagegen im Saft vorjähriger Fichtenaltnadeln, der osmotische Werte von 18–23 Atü aufwies (MERKER 1965).

In umfangreichen Untersuchungen haben SCHIMITSCHEK-WIENKE 1963–68 die Ursachen der Befallsbereitschaft von Fichte, Sitkafichte und Lärche für Sekundärschädlinge zu ergründen versucht und dazu die Anatomie der Rinde, die Geschwindigkeit des Saftstroms, die Transpiration, die osmotischen Werte der Preßsäfte von Nadeln und Rinde sowie den elektrischen Widerstand in der Rinde herangezogen; die Befunde waren unterschiedlich für Bäume, die als gesund bzw. als physiologisch geschwächt und damit als disponiert angesehen wurden.

Bei Nadelhölzern kann das in Holz und Nadeln enthaltene oder bei Verletzungen ausfließende Harz dispositionsbestimmend sein. Harz ist ein kompliziertes Gemisch von Harzsäuren, -alkoholen, -estern, Kohlenwasserstoffen, Phenolen u. dgl., unter denen die als Terpenoide zusammengefaßten flüchtigen Substanzen für die Disposition des Baumes besonders wichtig sind. Die Wirkung des Harzes und seiner Komponenten kann mechanisch eine Wunden verschließende, chemisch-physiologisch eine Pathogen hemmende oder tötende und ethologisch eine Insekten abschreckende oder anlockende sein. Die letztgenannten ethologischen Effekte werden in einem späteren Abschnitt (S. 314) behandelt.

Verschluß von Rindenwunden durch Harzaustritt läßt eine Infektion des Baumes durch holzzerstörende Pilze nicht zu. Borkenkäfer, die in Nadelholzstämme eindringen wollen, werden häufig durch Harz, das an den Einbohrstellen austritt, daran gehindert. Voraussetzung ist ein gewisser Harzdruck, der in der Zeiteinheit eine zur Abwehr ausreichende Menge Harz ausfließen läßt. Der Harzdruck ist einmal abhängig vom physiologischen Zustand des Baums, namentlich vom Turgor des Harzkanalepithels, der seinerseits von der Wasserversorgung des Stammes abhängt (VITÉ-RUDINSKY 1960, BARLOW 1966). Auch die Ernährung der Pflanze spielt eine Rolle: bei gedüngten Kiefern betrug der Harzdruck in den Nadeln 145–190%, in den Trieben 235–290% desjenigen bei ungedüngten (OTTO-HACKBARTH 1967). Er steht weiter in Beziehung sozusagen von der Zahl der Zapfstellen: dem Baum steht in einer bestimmten Zeitspanne eine bestimmte Harzmenge zur Verfügung; greifen wenige Borkenkäfer an, so kann aus jedem Bohrloch eine zur Abwehr genügende Menge Harz ausfließen; sind es sehr viele Käfer, so reicht die je Bohrloch verfügbare Harzmenge nicht aus, den Angriff abzuschlagen (SCHWERDTFEGER 1955). In einem Versuch fand Verfasser 1933 eine sehr hohe Sterblichkeit bei Forleulenraupen, die an einer Kiefer eingebeutelt waren; während in Parallelversuchen an anderen Kiefern die Nadeln stark befressen waren, fanden sich hier nur geringe Fraßspuren, und die Fraßstellen waren mit dicken Harzkrusten überzogen; offenbar besaß diese Kiefer ein ungewöhnlich hohes Harzungsvermögen, das sie vor dem Fraß der Raupen geschützt hatte. Allgemein ist nach OTTO-GEYER 1970 die Disposition der Kiefer für nadelfressende Insekten durch die Ausflußintensität des Nadelharzes aus den Fraßwunden bestimmt.

Die Geschwindigkeit, mit der sich *Phellinus pini* im Holz der Kiefer ausbreitet, ist von dessen Harzgehalt abhängig. Nach LIESE 1936 werden harzreiche Stämme langsamer vom Schwamm durchzogen als harzarme, obere Stammteile, die weniger Harz enthalten, schneller als untere; deshalb erfolgt die Ausbreitung des Kiefernbaumschwamms von der Infektionsstelle aus meist zu etwa ⅔ der

Gesamtlänge nach oben, zu ⅓ nach unten. Dabei spielen die flüchtigen Bestandteile des Harzes, namentliche die Terpenoide, eine entscheidende Rolle: in wiederholt angestellten Versuchen wurde das Wachstum von *Fomes annosus, Ceratocystis pilifera* und anderen Pilzen gehemmt, wenn ihr Myzel gasförmigen Harzkomponenten ausgesetzt wurde (COBB et al. 1968, SHRIMPTON-WHITNEY 1968, GIBBS 1972, SCHUCK 1977). In Ausnahmefällen wurde auch eine Stimulation des Wachstums beobachtet (FRIES 1973).

Mykorrhiza. Man versteht unter Mykorrhiza das als symbiotisch angesehene Zusammenleben eines Pilzmyzels mit der Wurzel einer höheren Pflanze. Bei der ektotrophen Mykorrhiza, die für unsere Waldbäume eigentümlich ist, breiten sich die Pilzhyphen interzellular nur in den äußersten Rindenschichten aus, um dann einen die Wurzeln umspinnenden Pilzmantel zu bilden. Das Zusammenleben von Pilz und Baum gilt als förderlich für die beiderseitige Ernährung. Erst in neuerer Zeit wurde erkannt, daß Mykorrhizapilze den Forstpflanzen auch Schutz gegen Befall durch wurzelparasitäre Pilze zu bieten vermögen (MARX 1972, CERNY 1974). In Versuchen namentlich an Kiefernsämlingen mit und ohne Mykorrhiza wurden die ersten nicht oder kaum, die zweiten stark von den jeweils benutzten pathogenen Pilzen befallen. Die Schutzwirkung wird unterschiedlich erklärt: der Hyphenmantel des Mykorrhizapilzes bildet eine physikalische Schranke; der Mykorrhizapilz produziert Antibiotika; unter dem Einfluß des Mykorrhizapilzes erhöht sich in den Wurzeln der Gehalt an fungistatischen Terpenoiden.

In den diesbezüglichen Versuchen zeigte sich eine Schutzwirkung der Mykorrhiza u. a. gegen *Phytophthora cinnamomi* (MARX 1970, 1973), *Fusarium oxysporum* (STACK-SINCLAIR 1975) und *Fomes annosus* (KRUPA-NYLUND 1972). Mykorrhizawurzeln von *Pinus sylvestris* wiesen einen 2- bis 6fach höheren Gehalt an Terpenoiden auf als mykorrhizafreie Wurzeln (KRUPA-FRIES 1971).

Trophische Valenz. Jeder Organismus stellt in bezug auf die von ihm benötigte Nahrung bestimmte Ansprüche, und man kann als sicher unterstellen, daß Bäume oder Baumteile, die Pilzen oder Tieren als Nahrung dienen, diese Ansprüche nicht gleichmäßig erfüllen, sondern unterschiedliche Wertigkeit als Nahrungssubstanz besitzen. Darauf deuten die Ergebnisse von Versuchen hin, bei denen polyphage Insekten an verschiedenen Baumarten, z. B. Raupen des Schwammspinners an Hainbuche und Fichte aufgezogen wurden: die mit Hainbuchenblättern ernährten Tiere wurden größer, die Puppen waren fast doppelt so schwer wie die andern, und die Falter vermochten mehr Eier zu produzieren (MERKER 1964). Auch die oben schon angeführte unterschiedliche Entwicklung von Pilzen und Insekten auf ungedüngten und gedüngten Pflanzen weist in dieselbe Richtung. Wie im einzelne die Zusammenhänge sind, welche Nahrungsstoffe, im Überfluß oder zu knapp angeboten, den Krankheitserreger fördern oder hemmen, in welchem Ausmaß die trophische Valenz des Baumes oder Baumteils individuell, nach der sozialen Stellung, auf verschiedenen Böden, infolge des Wetters usw. variiert, darüber lassen sich allerdings zur Zeit kaum mehr als Vermutungen aussprechen.

Das Wachstum und die Tätigkeit holzzerstörender Pilze hängen in beträchtlichem Maß vom Gehalt des Substrats an Stickstoff, hauptsächlich an organisch gebundenem, ab; die Hyphen dringen in das Holz vor allem über die Markstrahlen vor, in denen sie die meisten stickstoffhaltigen Substanzen finden (RYPÁČEK 1966). Gegen Pilze, die keine entsprechenden Fermente zu bilden vermögen, gewährt der Ligningehalt verholzter Gewebe Schutz; aber auch die echten holzzerstörenden Pilze bauen in der Regel Zellulose leichter ab als Lignin. Die Widerstandsfähigkeit des Holzes wächst deshalb im allgemeinen mit steigender Inkrustierung des Zellulosegerüstes. Hoher Wuchsstoffgehalt des Holzes von Fichte und Tanne während der Jahrringbildung sowie der Quellungszustand der Zellwände zu dieser Zeit begünstigen die Entwicklung holzzerstörender Pilze; so wird das Holz in waldfeuchtem Zustand, wenn die Bäume von Februar bis Juli gehauen wurden, deutlich stärker abgebaut als bei Winterfällung (Abb. 192). Trockenlagerung im Schuppen oder Auswetterung im Freien verringern die Anfälligkeit gegen Pilze und gleichen die Unterschiede, die durch die Fällungszeit bedingt sind, aus.

Ein Gegenstück hierzu bilden in gewisser Weise die Ansprüche, die im Holz lebende Bockkäferlarven an ihre Nahrungssubstanz stellen: für Larven des Hausbocks ist der Nahrungswert des Kiefernsplintholzes, in erster Linie bedingt durch die Verteilung der Eiweißstoffe, am höchsten in den jüngsten Jahresringen (Abb. 193). Gute Versorgung der Nahrungspflanze mit Stickstoff ist für saugende Arthropoden, namentlich Milben und Läuse, günstig. Für das Gedeihen blattfressender Lepidopteren-

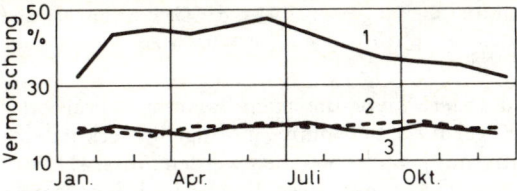

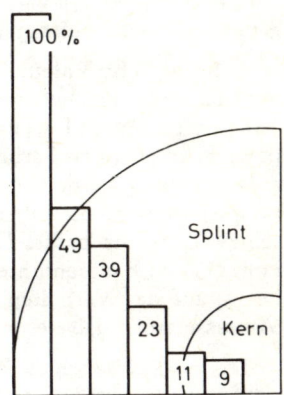

Abb. 192. Prozentuale Vermorschung (in 6 Monaten) von Tannenkernholz durch *Gloeophyllum abietinum* in Abhängigkeit von der Fällungszeit (Monat). 1 waldfeuchtes, 2 ein Jahr trocken gelagertes, 3 ein Jahr ausgewettertes Holz. Nach GÄUMANN 1951

Abb. 193. Prozentuale Gewichtszunahme der Larven von *Hylotrupes bajulus* in Kiefernholzklötzchen, die den angegebenen Stellen des Stammquerschnitts entnommen waren. Nach SCHUCH 1937

raupen sieht SCHWENKE 1961, 1968 das Verhältnis der Eiweißstoffe zu den Kohlehydraten im Blatt als entscheidend an: eine, etwa durch Dürre hervorgerufene Störung des Wasserhaushalts im Baum verschiebt dieses Verhältnis zugunsten des Zuckeranteils; der Nahrungswert der Blätter für die Raupen wird dadurch erhöht, ihre Sterblichkeit verringert sich, Gewichte, Weibchenanteil und Nachkommenproduktion werden größer, wodurch die Voraussetzungen für eine Massenvermehrung gegeben sind. Umgekehrt wird bei ausreichender Wasserversorgung der Zuckeranteil niedriger; das bedeutet eine Verschlechterung des Nahrungswerts der Blätter, sei es direkt infolge Zuckermangels oder indirekt durch ein Überangebot an Eiweiß oder auch durch Zusammenwirken beider Momente. Im Gegensatz zu dieser Auffassung stellte OTTO 1970 fest, daß Jungraupen von *Dendrolimus pini* und *Hyloicus pinastri* nur etwa 60 % des Zuckers der Futternadeln verwerten und somit Zuckermangel für ihre Sterblichkeit nicht verantwortlich gemacht werden kann. Nach BOMBOSCH-LUNDERSTÄDT 1975 liegen die nach Ort und Zeit verschiedenen Futterqualitäten der Fichtennadel für *Gilpinia hercyniae* nicht in Veränderungen des Zucker-Eiweiß-Verhältnisses, sondern darin, daß das stets im Überschuß angebotene Nadeleiweiß unterschiedlich durch die Blattwespenlarven ausgenutzt werden kann.

Wachstumsvorgänge. Der Zeitpunkt des Einsetzens sowie die Geschwindigkeit von Wachstumsprozessen bei der Wirtspflanze – aber auch beim Krankheitserreger – können entscheidend für Eintritt und Erfolg der Infektion durch einen pathogenen Organismus sein, und zwar in zwei Fällen: einmal dann, wenn der Angriff nur innerhalb eines bestimmten, kurz befristeten Entwicklungsstadiums der Wirtspflanze gelingen kann, und weiterhin, wenn das Wachstum des befallenen Pflanzengewebes wie des eingedrungenen Erregers in einem bestimmten Verhältnis zueinander stehen müssen.

Rhabdocline pseudotsugae kann nur die jüngsten Nadeln der Douglasie erfolgreich infizieren; die Sporenverbreitung findet hauptsächlich im Mai statt. Formen mit spätem Einsetzen der Triebentwicklung erkranken nicht, weil zur Zeit des Sporenflugs die Knospen noch nicht geöffnet sind (LIESE 1935). Hierher gehört auch die Notwendigkeit des Zusammenfallens von Knospenöffnung bzw. Maitriebentwicklung und Schlüpfen der Eiraupen von Eichenwickler, Forleule und Nonne oder Eiablage der Kleinen Fichtenblattwespe bzw. Auftreten der Progredientes der Tannentrieblaus.

Für die Bedeutung der Geschwindigkeit der Wachstumsvorgänge liefert *Cronartium ribicola* ein Beispiel: die Infektion erfolgt meist durch die Spaltöffnungen der Nadeln; der Pilz benötigt dann mehrere Monate, um die Rinde des Zweigs zu erreichen. Arten mit wenig Spaltöffnungen und kurzer Lebensdauer der Nadeln erkranken nicht so häufig wie andere, weil sie die an sich schon seltener infizierten Nadeln oft bereits abwerfen, ehe der Pilz bis zum Trieb vorgedrungen ist. SPAULDING 1925 fand diesen Zusammenhang bei Untersuchung von 21 Kiefernarten bis zu einem gewissen Grade bestätigt: die 3 empfänglichsten Arten hatten langausdauernde Nadeln mit Spaltöffnungen auf der Innen- und Außenseite, während widerstandsfähige Arten, darunter die Strobe, größtenteils nur 2–3jährige Nadeln mit Spaltöffnungen vorwiegend auf der Innenseite besaßen. Wenn das Weibchen von *Saperda populnea* sein Ei unter die Rinde eines Pappelzweigs abgelegt hat, reagiert dieser durch Bildung eines gallenförmigen Wuchergewebes; an ihm frißt die Junglarve. Wächst das Gewebe rascher und stärker, als das Ei sich entwickeln und die Larve verzehren kann, so werden sie erdrückt; die gutwüchsige Pappel entledigt sich damit des Schädlings.

Ethologische Valenz. Insekten und andere Tiere, die einen Baum zum Fraß oder zur Eiablage aufsuchen, werden in der Regel durch bestimmte, ihm eigene Merkmale zu ihm geleitet. Es sind, wenn gewisse Entfernungen überwunden werden müssen, Düfte bzw. Formen oder Farben, die von den Tieren mit ihren Riech- und Sehorganen aufgenommen werden. Auf dem Objekt angelangt, kann das Tier weitere Ansprüche beispielsweise an die Oberflächenbeschaffenheit des Substrats stellen, die es mit Hilfe seines Tastsinns prüft. Da diese Merkmale bei grundsätzlich als Wirte in Frage kommenden Bäumen unterschiedlich ausgebildet sein können, ist deren Wertigkeit in bezug auf das Verhalten des Schädlings, ihre ethologische Valenz, und damit die Voraussetzung, daß sie als Fraß- oder Brutobjekt genutzt werden, verschieden.

Das zur Eiablage an die Fichte anfliegende Weibchen von *Pristiphora abietina* erwies sich als indifferent gegenüber Duftstoffen, die Preßsäfte aus Fichtenmaitrieben entsandten, wurde aber durch Ätherextrakte von aufbrechenden und geschlossenen Knospen stark angelockt; offenbar wird es zur Brutstätte durch attraktive Düfte geleitet, welche aus den gerade aufbrechenden Maitriebknospen und den sie umhüllenden Knospenschuppen frei werden, während bereits weiter entwickelte Maitriebe für es „uninteressant" sind (MERKER-ADLUNG 1956). Auf diese Weise wird der Anflug auf diejenigen Fichten innerhalb des aus früher und später treibenden Stücken sich zusammensetzenden Bestands gerichtet, die gerade den für die Eiablage richtigen Entwicklungszustand besitzen. Auf dem Zweig angelangt, bevorzugt die Wespe die größeren Knospen zur Eiablage; stehen nur kleine Knospen zur Verfügung, so werden weniger Eier gelegt (OHNESORGE 1962). Das Ausmaß des Befalls von Jungfichten durch *Epinotia tedella* und *Pristiphora ambigua* hängt von der Dicke der Nadeln und der Dichte ab, mit der sie auf dem Trieb stehen (THALENHORST 1968, 1972). *Ips typographus* bevorzugt bei der Eiablage Fichten mit rauher, schuppiger Borke vor solchen mit glatter Rinde (SCHWERDTFEGER 1955).

Aktive Resistenz. Unter aktiver Resistenz verstanden wir Vorgänge in der Pflanze, welche durch den Angriff des Krankheitserregers ausgelöst werden und den Zweck haben, sein Fußfassen unmöglich zu machen oder seinem Vordringen eine Schranke zu setzen. Eine scharfe Abgrenzung zur bisher besprochenen passiven Resistenz, die auf unabhängig vom Schädlingsangriff gegebenen oder ablaufenden Zuständen bzw. Prozessen beruht, läßt sich nicht vornehmen. Die Fähigkeit einer Fichte, stärker oder schwächer zu harzen, ist gegeben, auch wenn kein Borkenkäfer sie anfliegt; zu einem mehr oder weniger wirksamen Vorgang wird das Harzen jedoch erst, wenn der Käferangriff erfolgt. Ähnlich läßt sich die oben erwähnte Bildung eines Wuchergewebes am Pappelzweig, wenn der Kleine Pappelbock sein Ei abgelegt hat, und das anschließende konkurrierende Wachstum von Galle und Larve ebensogut als ein Vorgang aktiver Resistenz auffassen. Ein solcher liegt eindeutig vor, wenn die Pflanze nach und infolge einer Pilz- oder Insekteninfektion spezifische Exsudate oder Gewebe bildet, die ein weiteres Vordringen der Infektion aufhalten sollen.

Die Aspe erzeugt nach Beimpfung der verwundeten Rinde mit Myzel von *Hypoxylon mammatum* und *Alternaria* sp. als Phytoalexine bezeichnete Exsudate; sie hemmen die Ascosporenkeimung von *H. mammatum*, die Konidienkeimung von *Alternaria*, das Myzelwachstum von *Alternaria*, nicht aber das von *H. mammatum* (FLORES-HUBBES 1979).

Die Stelle, an der ein Pappelzweig mit *Dothichiza populea* infiziert wurde, kann durch Bildung von Wundperiderm, namentlich von Wundkork und Wundholz, abgeriegelt werden (HUBBES 1959). Auf Befall durch *Endothia parasitica* reagieren manche Baumarten mit der Anlage von Abschlußgewebe, in das gummöse Substanzen eingelagert werden; es ist dann wirkungsvoller als eine rein histogene Schranke (LOEFFLER 1958). *Phellinus pini* ruft im befallenen Baum an den betroffenen Stellen eine starke Harzbildung hervor; der Pilz kann das mit Harz infiltrierte Gewebe nicht angreifen, wodurch die Befallsstelle lokalisiert wird (RYPÁČEK 1966). Die durch *Fomes annosus* verursachte Fäule wird von der Kiefer durch Verharzen auf den befallenen Wurzelteil beschränkt; in Fichte entsteht zwischen Splint und befallenem Reifholz eine Zone, deren Preßsaft fungistatisch auf den Pilz wirkt (SHAIN 1971).

Das von rindenbrütenden Borkenkäfern verletzte Kambium von *Tsuga heterophylla* bildet entgegen seiner normalen Tätigkeit nach der Holzseite hin reichlich Parenchym; in ihm entstehen Harzkanäle, aus denen sich Harz in die gefressenen Hohlräume ergießt, wodurch die Käfer vertrieben oder abgetötet werden. Anschließend wird vom Kambium die Fraßlücke allseitig durch normales Gewebe überwallt (BRAUN 1960). Das Rindengewebe der Buche, in das die Stechborsten von *Cryptococcus fagi* hineinreichen, stirbt früher oder später ab. Bei manchen Bäumen bleiben auch nach langjähriger Besiedlung die nekrotischen Zellkomplexe klein; die Reaktion des Baums war schwach, wodurch die lange Dauer des Befalls ermöglicht wurde. Andere Bäume reagieren sehr heftig in Form einer Abwehr-nekrose: große Zellkomplexe sterben rasch ab, den Tieren wird dadurch die Nahrung entzogen und der Befall erlischt nach kurzer Zeit (KUNKEL 1968).

Eine bemerkenswerte Form der Selbstauslöschung eines starken Insektenbefalls, deren Zuordnung zur aktiven Resistenz der Wirtspflanze allerdings fragwürdig erscheinen mag, hat OHNESORGE 1962 für *Pristiphora abietina* nachgewiesen. Wie schon erwähnt, legen die Weibchen ihre Eier vorzugsweise an große Knospen; wenn nur kleine Knospen zur Verfügung stehen, ist die Zahl der vom Weibchen produzierten und gelegten Eier kleiner als sonst. Im Lauf eines mehrere Jahre andauernden Schadfraßes, bilden die immer wieder geschädigten Fichten von Jahr zu Jahr kleinere Knospen. Damit verschlechtern sich die Brutmöglichkeiten für die Wespen; entweder wandern sie ab, oder sie legen laufend weniger Eier, wodurch die Massenvermehrung zu einem Ende geführt wird.

Zusammenwirken der disponierenden Ursachen. Wie eingangs erwähnt, beruht die Disposition oder Resistenz einer Pflanze gegenüber einem Schadfaktor regelmäßig auf einem Komplex von Zuständen und Vorgängen, die mit-, neben- und nacheinander wirksam werden. Nachdem vorstehend solche Zustände und Vorgänge einzeln aufge-führt wurden, soll an drei Beispielen ihr Zusammenwirken beleuchtet werden, wobei es sicher sein dürfte, daß mit den genannten längst nicht alle Komponenten des Ursachen-komplexes erfaßt sind. Das letzte Beispiel mag darüber hinaus auf die Bedeutung der Umweltsituation hinweisen.

Pristiphora abietina benötigt zur Eiablage Fichten mit eben aufbrechenden Knospen. Die geeignete ethologische Valenz solcher Fichten äußert sich im Aussenden von Duftstoffen, die der Knospe und ihrer Hülle entstammen, und weiterhin in der Größe der Knospe. Eier und Larve beanspruchen bestimmte osmotische Werte im Saft von Knospe und Nadel, die Entwicklung der letzten ist zudem abhängig vom Verhältnis der Eiweißstoffe zu den Kohlehydraten in der Nadel. Mit dem Kleinerbleiben der Knospen nach mehrjährigem Fraß sinkt die Disposition der Fichte. Für *Ceratocystis coerulescens* bietet die unversehrte Rinde des Stammes ein unüberwindbares Hindernis; erst Verletzungen der Rinde ermöglichen dem Pilz den Eintritt in den Splint. Hier können Harz und dessen flüchtige Bestandteile sein Vordringen aufhalten. Zum Wachsen benötigt er einen gewissen Wasser- bzw. Luftgehalt im Holz. Die Disposition der Pappelrinde für *Dothichiza populea* ist gebunden an eine Verringerung ihres Wassergehalts, die Konzentration der Zellinhaltstoffe, den Gehalt an Trichocarpin und die Fähigkeit des Pilzes, es zu dem fungistatisch wirkenden Trichocarpinin aufzuspalten, sowie durch die Eigen-schaft, dem Vordringen des Pilzes durch Bildung eines Wundperiderms eine Schranke zu setzen. Diese Eigenschaft ist bei Temperaturen von 4 °C nicht, von 10 °C unzureichend und erst bei einer Temperatur von 16 °C in vollem Maße gegeben, so daß der Pilz abgeriegelt wird (HUBBES 1959)

Schrifttum: AGUINAGALDE, I., u. CERNY, G.: Beziehungen zwischen der Ausbreitung künstlicher *Fomes annosus*-Infektionen in den Stämmchen zweier Fichtenklone und einigen holzchemischen Eigenschaften. EJFP 4, 138–148,1974. — ALCUBILLA, M.: Abwehrmaßnahmen der Fichte gegen den Kernfäulepilz *Fomes annosus*. MVFS 22, 72–74,1973. — ALCUBILLA, M., DIAZ-PALACIO, M. P., KREUTZER, K., LAATSCH, W., REHFUESS, K. E., WENZEL, G.: Beziehungen zwischen dem Ernährungszustand der Fichte (*Picea abies* Karst.), ihrem Kernfäulebefall und der Pilzhemmung ihres Basts. EJFP 1, 100–114, 1971. — BEIGL, H. J.: Veränderung der Krankheitsdisposition von Forstpflanzen durch Herbizide. EJFP 7, 200–219, 1977; 8, 174–183, 240–258, 1978. — BOMBOSCH, S., u. LUNDERSTÄDT, J.: Zur Frage der Ursachen standortbedingter Unterschiede in der Vermehrung von Schadinsekten. FA 46, 153–155, 1975. — CERNY, G.: Mykorrhiza der Waldbäume – Entstehung, Bedeutung für den Ernährungszustand und für die Disposition zum Befall durch pathogene Pilze. FA 45, 77–82, 1974. — DEVERALL, B. J.: Defence mechanisms of plants. Cambridge 1977. — DIMITRI, L.: Influence of nutrition and application of fertilizers on the resistance of forest plants to fungal diseases. EJFP 7, 177–186, 1977. — FLORES, G., a. HUBBES, M.: Phytoalexin production by Aspen (*Populus tremuloides* Michx.) in response to infection by *Hypoxylon mammatum* (Wahl.) Mill. and *Alternaria* spp. EJFP 9, 280–288, 1979. — FRIES, N.: The growth-promoting activity of terpenoids on wood-decomposing fungi. EJFP 3, 169–180, 1973. — GIBBS, J. N.: Tolerance of *Fomes annosus* isolates to pine oleoresins and pinosylvins. EJFP 2, 147–151, 1972. — GLATTES, F.: Dünnschichtchromatographische und mikrobiologische Untersuchungen über den Hemmstoffgehalt einiger Pappelklone. EJFP 1, 65–80, 1971. — GRIFFIN, D. M.: Water potential and wood-decay fungi. ARP 15, 319–329, 1977. — HANOVER, J. W.: Physiology of tree resistance to insects. ARE 20, 75–95, 1975. — HART, J. H., a. HILLIS, W. E.: Inhibition of wood-rotting fungi by ellagitannins in the heartwood of *Quercus alba*. Pp 62, 620–626, 1972. — HUANG, P.: Untersuchungen über die Bedeutung anatomischer Merkmale der Fichtennadel (*Picea excelsa* Link) für ihre Eignung als Nähr- und Brutsubstrat nadelfressender Insekten. Diss. Göttingen 1973; Auszug ZaE 77, 264–269, 1975. — HUANG, P., u. FÜHRER, E.: Zur Nahrungsqualität von Fichtennadeln für forstliche Schadinsekten. 12. Variabilität der Nadelhautstruktur. ZaE 88, 231–245, 1979. — KECHEL, H. G.: Zur Resistenz von Pappeln gegenüber *Aplanobacter populi* Ridé. Holzzucht 31, 1/2, 10–16, 1977. — KRUPA, S., a. FRIES, N.: Studies on mycorrhiza on pine. I. Production of volatile organic compounds. Can. J. Bot. 49, 1425–1431, 1971. — KRUPA, S., a. NYLUND, J. E.: Studies on ectomycorrhizae of pine. III. Growth inhibition of two rootpathogenic fungi by volatile organic constituents of ectomycorrhizal root systems of *Pinus sylvestris* L. EJFP 2, 88–94, 1972. — LANG, K. J.: Experimente mit Erregern der Umfallkrankheit. II. Einzel- und Mischinfektionen mit Umfallerregern und *Trichoderma viride* Pers. ex Fr. an Koniferensämlingen verschiedener Herkunft. EJFP 6, 46–56, 1976. — LANIER, L., LACAZE, J. F., MILLIER, C.: Lutte par voie génétique contre le Rouge cryptogamique des pins. EJFP 3, 97–105, 1973. — LARSEN, J. B.: Die Frostresistenz der Douglasie (*Pseudotsuga menziesii* (Mirb.) Franco) verschiedener Herkünfte mit unterschiedlichen Höhenlagen. SG 27, 150–156, 1978. — Die Klimaresistenz der *Abies grandis* (Dougl.) Lindl. 1. Die Frostresistenz von 23 Herkünften aus dem IUFRO-Provenienzversuch von 1974. SG 27, 156–161, 1978. — Untersuchungen über die winterliche Trockenresistenz von 10 Herkünften der Douglasie (*Pseudotsuga menziesii*). FC 97, 32–40, 1978. — LEROY, P., e. MALPHETTES, C. B.: Premières constatations sur les attaques du puderon vert vis-à-vis des plantation de *Sitka* installées en mauvais sol dans l'ouest de la France. Rev. For. Franc. 21, 547–550, 1969. — MARX, D. H.: The influence of ectotrophic mycorrhizal fungi on the resistance of pine roots to pathogenic infections. V. Resistance of mycorrhizae to infection by vegetative mycelium of *Phytophthora cinnamomi*. Pp 60, 1472–1473, 1970. — Ectomycorrhiza as biological deterrents to pathogenic root infections. ARP 10, 429–455, 1972. — Growth of ectomycorrhizal and nonmycorrhizal Shortleaf Pine seedlings in soil with *Phytophthora cinnamomi*. Pp 63, 18–23, 1973. — McNABB, H. S., HEYBROEK, H. M., MacDONALD, W. L.: Anatomical factors in resistance to Dutch Elm Disease. Neth. J. Plant Pathol. 196–204, 1970. — OTTO, D.: Zur Bedeutung des Zuckergehaltes der Nahrung für die Entwicklung nadelfressender Kieferninsekten. AFw 19, 135–150, 1970. — OTTO, D., u. GEYER, W.: Zur Bedeutung des Kiefernnadelharzes und des Kiefernnadelöles für die Entwicklung nadelfressender Insekten. AFw 19, 151–167, 1970. — RUDNEW, D. F., u. SMELJANEZ, W. P.: Ursachen der Massenvermehrung einiger Forstschädlingsarten. AS 42, 177–184, 1969. — SCHOENEWEISS, D. F.: Predisposition, stress, and plant disease. ARP 13, 193–211, 1975. — SCHUCK, H. J.: Die Wirkung von Monoterpenen auf das Mycelwachstum von *Fomes annosus*. EJFP 7, 374–384, 1977. — SHAIN, L.: The response of sapwood of Norway Spruce to infection by *Fomes annosus*. Pp 61, 301–307, 1971. — SHAIN, L., a. HILLIS, W. E.: Phenolic extractives in Norway Spruce and their effects on *Fomes annosus*. Pp 61, 841–845, 1971. — SMELYANETS, V. P.: Mechanisms of plant resistance in pine trees, *Pinus sylvestris*. ZaE 83, 225–233, 1977; 84, 113–123, 232–241, 1977. — STACK, R. W., a. SINCLAIR, W. A.: Protection of Douglas-fir seedlings against *Fusarium* root rot by a mycorrhizal fungus in the absence of mycorrhiza formation. Pp 65, 468–472, 1975. — STEPHAN, B. R.: Klonabhängiges Verhalten bei *Pinus nigra* Arnold gegenüber *Scleroderris lagerbergii* Gremmen. AFJZ 141, 60–63, 1970. — Nadelschütte (*Rhabdocline pseudotsugae*) an Douglasien unterschiedlicher Herkunft. FA 44, 175–177, 1973. — STEPHAN, B. R., u. SCHOLZ, F.: Weitere Untersuchungen zur unterschiedlichen Anfälligkeit von *Pinus nigra*-Klonen gegenüber *Scleroderris lagerbergii*. EJFP 9, 46–51, 1979. — THALENHORST, W.: Düngung, Wuchsmerkmale der Fichte und Arthropodenbefall. AdW 18, 1972. — WHITNEY, R. D., a. DENYER, W. B. G.: Resin as a barrier to infection of White Spruce by heartrotting fungi. For. Sci. 15, 266–267, 1969.

B. DISPOSITION DES BESTANDES

Die im vorigen Abschnitt im Hinblick auf den einzelnen Baum geschilderten Erscheinungen der Disposition und Resistenz gelten auch für die Vergesellschaftung von Bäumen, für den Waldbestand: wenn der Einzelbaum unter den Bedingungen seines Standorts für eine Krankheit empfänglich ist, so ist auch der aus dieser Baumart gebildete Bestand disponiert. Über die Eigenschaften der Baumart hinaus ergeben sich aber aus dem Zusammenleben von Bäumen miteinander und mit anderen Lebewesen in einer Gemeinschaft neue Gesichtspunkte: die Disposition eines Waldbestandes resultiert nicht nur aus der jeweiligen Empfänglichkeit der ihn bildenden Individuen, sondern wird weiter bedingt durch besondere, dem Wesen der Lebensgemeinschaft zukommende Eigenschaften.

1. BESTANDESBESCHAFFENHEIT
UND AUFTRETEN VON KRANKHEITEN

Umfang. Bereits das räumliche Nebeneinander vieler Bäume der gleichen Art kann die Disposition gegenüber Krankheiten erhöhen, in der Regel um so mehr, je größer der Umfang der Bestände ist. Namentlich die ausgedehnten Nadelholzbestände sind besonders empfänglich für Schädigungen der verschiedensten Art. Sie werden in erster Linie Opfer von Waldbränden, von Sturmwurf und Schneebruch, in ihnen werden Vermehrungen von Schadinsekten zu Großkalamitäten. In extrem großen Reinbeständen können sonst belanglose Kerfe zu Schädlingen ersten Ranges werden.

SCHWERDTFEGER 1955 konnte nachweisen, daß im nordwestdeutschen Kalamitätsgebiet *Ips typographus* 1946/50 um so stärkere Vermehrung zeigte und um so höhere Schäden anrichtete, je umfangreicher die befallsfähigen Fichtenbestände waren. In dem Kiefernaufforstungsgebiet des Netze-Warthe-Raumes, das infolge des Forleulenfraßes 1922/24 entstand und fast 40000 ha gleichförmiger, mehr oder weniger zusammenhängender Kiefernkulturen und -dickungen enthielt, trat 1937/43 die sonst als wenig bedeutungsvoll erachtete *Acantholyda erythrocephala* als Großschädling, stellenweise mit katastrophalen Folgen, auf. In speziellen Fällen kann auch umgekehrt der kleinere Bestand stärker gefährdet sein: in Unterbauten von Linde erwies sich das Ausmaß der Rehbock-Fegeschäden als ungefähr umgekehrt proportional zu deren Flächengröße; sie entstanden hauptsächlich an den Rändern der Unterbauten, und diese waren bei kleinerer Fläche relativ länger (HESMER 1960).

Alter. Im gleichaltrigen Hochwald treten viele Schäden entweder ausschließlich oder vorwiegend in bestimmten Altersklassen auf. Vielfach lassen sich regelrechte Kultur-, Dickungs-, Stangenholz- und Baumholzkrankheiten unterscheiden. Das beruht einmal auf der oben vermerkten Tatsache, daß Schaderreger häufig Einzelpflanzen nur in einem bestimmten Entwicklungsstadium oder Alter befallen oder schädigen; darüber hinaus mögen andere, durch die Vergesellschaftung bedingte Umstände, z. B. der Unterschied des Bestandesklimas in einer Kultur und einer Dickung, eine Rolle spielen.

Kulturen und Jungwüchse sind in erster Linie gefährdet durch Dürre, verschiedene Pilze und den Engerling. Untersuchungen in England zeigten, daß *Rhyacionia buoliana* vorwiegend in 6jährigen Pflanzungen schadete (Abb. 194). Dickungen werden vorzugsweise heimgesucht von Feuer und Schneedruck. Erst im Stangen- und Baumholzalter wird der Sturm zur Gefahr. Kiefernspanner, Forleule und Kiefernspinner treten in Beständen der Altersklassen 21–100 auf, häufig unter Bevorzugung bestimmter Altersgruppen; *Ips typographus* wird zur Gefahr in Beständen etwa vom Alter 80 an (Abb. 195). Der Kiefernbaumschwamm ist im wesentlichen eine Alterskrankheit der Kiefernbestände.

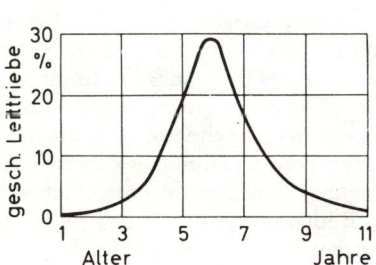

Abb. 194. Prozentsatz der von *Rhyacionia buoliana* geschädigten Leittriebe in Abhängigkeit vom Alter der Kiefernpflanzung. Nach BROOKS 1936

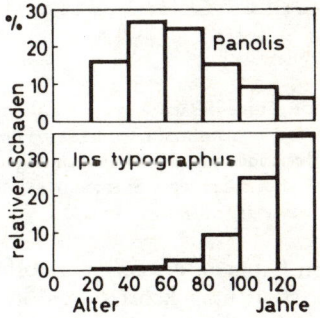

Abb. 195. Relativer Schaden von *Panolis flammea* und *Ips typographus* in verschieden alten Kiefern- bzw. Fichtenbeständen. Nach SCHWERDTFEGER 1934, 1955

Von Stockfäule waren in den Lärchenbeständen von Schlitz in den Altersklassen 41–130 ziemlich gleichmäßig ungefähr 10 %, in über 130jährigen Beständen dagegen 35 % der Stämme befallen (GOTHE 1957).

Ungleichaltrige, stufig aufgebaute Bestände sind gegenüber manchen Schadeinwirkungen resistenter als gleichaltrige mit Horizontalschluß.

Bestände mit Unter- und Zwischenstand haben sich als widerstandsfähiger gegen Sturm erwiesen als benachbarte ohne Unterstand (WOELFLE 1942). Schnee-, Duft- und Eisschäden sind vielfach im ungleichaltrigen Bestand geringer. *Dreyfusia nordmannianae* verursacht schwerste Schäden vornehmlich in gleichaltrigen Tannenkulturen, während sie in Plenterwäldern in der Regel von untergeordneter Bedeutung bleibt (HOFMANN 1939). BOMBOSCH 1954 fand unter vergleichbaren Verhältnissen einen durch *Ips typographus* verursachten Holzanfall von 103 fm/ha bei gleichaltrigem, von 5 fm/ha bei ungleichaltrigem Bestandesaufbau. Im ungleichaltrigen Kiefernbestand konnte ENGEL 1941 eine beträchtlich geringere Populationsdichte des Kiefernspanners feststellen als im gleichaltrigen Vergleichsbestand.

Schlußgrad. Ein locker erzogener Bestand mit kräftigen Einzelgliedern kann mechanische Belastungen durch Sturm oder Schneeauflage besser ertragen als ein dichtgeschlossener; doch ist er besonders anfällig, wenn die Auflockerung, vielleicht in ungewöhnlich starkem Maße, erst kurz vor Eintritt des Schadereignisses erfolgte und die Bäume noch nicht Zeit hatten, in ihrem Aufbau entsprechend zu reagieren. Pilzliche Krankheitserreger finden in der Regel bessere Entwicklungsbedingungen in dichtgeschlossenen Beständen, weil hier die Luftfeuchtigkeit höher ist, während Insekten sich unterschiedlich verhalten und je nach der Art in Beständen vorzugsweise weiterer oder engeren Schlußgrads schädlich werden.

Hauptsächlich in lückigen Kiefernkulturen werden Schäden von Graurüßler, Kiefernschonungsgespinstblattwespe oder Knospentriebwickler beobachtet. Der Waldmaikäfer findet beste Entwicklungsbedingungen in schlecht geschlossenen oder gar durchlöcherten Beständen. Bei Massenvermehrungen des Kiefernspanners, der Kiefernbuschhornblattwespe und des Goldafters wurden die höchsten Besatzdichten in Kiefernbeständen mit hohem bzw. mittlerem bzw. in Eichenbeständen mit geringem Schlußgrad angetroffen (Abb. 196). In Unterbauten mit Linde und Buche waren die Schäden durch Fegen des Rehbocks um so höher, je größer der Pflanzenabstand war (HESMER 1960).

Die genannten Zusammenhänge beziehen sich auf den Horizontalschluß. Vertikalschluß ist in seiner Auswirkung mit Ungleichaltrigkeit gleichzusetzen und oben bereits berücksichtigt.

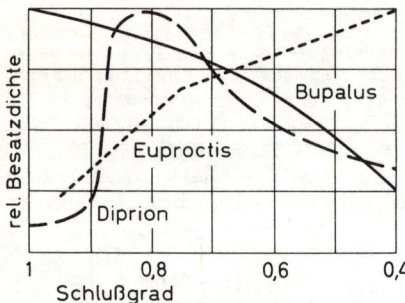

Abb. 196. Relative Besatzdichte von *Diprion pini*, *Bupalus piniarius* und *Euproctis chrysorrhoea* in Beständen verschiedenen Schlußgrades. Nach Befunden von SCHWERDTFEGER bzw. FANKHÄNEL 1957

Ertragsklasse. Die in der Ertragsklasse sich äußernde situationsgemäße Leistungsfähigkeit eines Bestandes bestimmt auch weitgehend seine Disposition gegenüber Schadeinflüssen. Manche holzbewohnenden Pilze finden besonders günstige Entwicklungsbedingungen in dem lockeren, schwammigen Holz von Bäumen, die auf nährstoffreichen Böden mit gutem Wasserhaushalt aufgewachsen sind; umgekehrt treten Schadinsekten, namentlich unserer Kiefernwälder, vorwiegend auf ärmeren Böden, in geringeren Ertragsklassen auf.

Die durch *Fomes annosus* verursachte Rotfäule findet sich häufig in Fichtenbeständen guter Ertragsklasse. Dagegen beobachtete WIEDEMANN 1937, daß durch Rotwild geschälte Fichten auf guten Bonitäten um 20 %, auf mittleren um 27–45 % und auf geringen Bonitäten um 40–58 % mehr Rotfäule aufwiesen als ungeschälte Stämme. Auch KARPIŃSKI 1935 fand im Urwald von Bialowies Hallimasch und Wurzelschwamm um so häufiger, je geringer die Bodengüte war. Bei einem Forleulenfraß 1932 und bei einem Fraß der Kiefernbuschhornblattwespe 1936, beide in der Mark Brandenburg, wurden von den Flächen, welche in dem Gebiet die einzelnen Ertragsklassen einnahmen, betroffen in der

	I.	II.	III.	IV.	V. Ertragsklasse
von Forleule	0,2	1,2	4,5	5,8	3,5 %
von Kiefernbuschhornblattwespe	0,0	6,5	15,3	24,8	15,4 %.

In beiden Fällen wies die IV. Ertragsklasse die relativ größten Fraßflächen auf. Die ärmsten Standorte bevorzugt der Kiefernspinner.

Baumartenmischung. Schaderreger treten in unterschiedlich zusammengesetzten Beständen in durchaus verschiedener Stärke auf. In vielen Fällen hat sich gezeigt, daß gemischte Bestände resistenter sind als reine; das gilt namentlich für Nadel-Laubholz-Mischbestände gegenüber reinen Nadelholzbeständen. So haben Mischbestände größere Widerstandsfähigkeit erwiesen gegen Feuer- und Rauchschäden, gegen schädliche Einflüsse der Witterung, wie Sturm und Schneeauflage, gegen viele pilzliche Krankheitserreger und Schadinsekten.

Abb. 197 schildert die Auswirkungen von zwei Massenvermehrungen der Forleule und einer solchen der Kiefernbuschhornblattwespe, sämtlich im nordostdeutschen Kieferngebiet, in Beziehung zum Kiefernanteil der betroffenen Forstämter. Als Weiser dient der Umfang der befressenen Bestände bzw. (Forleule 1922/24) der

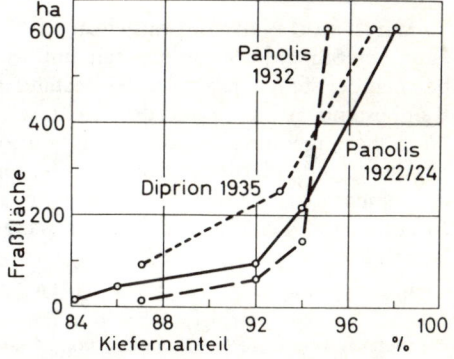

Abb. 197. Fraßflächen bei Massenvermehrungen von *Panolis flammea* 1922/24 und 1932 sowie von *Diprion pini* 1935 in Beziehung zum Kiefernanteil der betroffenen Forstämter. Ordinate für *Panolis* 1922/24 mal 4. Erläuterung im Text

infolge des Fraßes entstandenen kulturbedürftigen Flächen. Trotz beträchtlicher Streuung der in der Darstellung nicht eingezeichneten Einzelwerte zeigt sich im Durchschnitt ein klares Ansteigen der Schadfläche mit dem Kiefernprozent. Die Auswirkungen der Massenvermehrungen erhöhen sich nicht geradlinig mit dem Anwachsen des Kiefernanteils, sondern erfahren eine starke Steigerung in den nahezu reinen Kiefernrevieren. Zu einem entsprechenden Ergebnis führte eine andere Untersuchung, bei welcher in einer Reihe von Forstämtern des Bezirks Merseburg während der Forleulenvermehrung 1938 in 539 Beständen Puppenbelag und Mischholzanteil festgestellt wurden. Bei einem

Mischholzanteil von	0	vereinzelt	0,1	0,2–0,3	0,4–0,7	waren
im Mittel	3,5	1,6	1,3	1,3	0,8	Puppen je m²
im Maximum	30,0	10,9	7,4	10,0	3,1	Puppen je m²

vorhanden. Die hohen Populationsdichten in den reinen Kiefernbeständen sinken bereits bei Vorkommen vereinzelter Mischhölzer beträchtlich ab. Eine gleichgerichtete Korrelation zwischen Belagsdichte und Laubholzunterbau im Kiefernbestand fand LÜDGE 1971 auch für andere Kiefernlepidopteren.

Die große Widerstandskraft, welche zweifellos dem Mischwald gegen zahlreiche Gefahren innewohnt, darf nicht zu der Auffassung verleiten, daß er schlechthin resistenter sei als der reine Nadelwald. Es gibt gewichtige Ausnahmen von der Regel, auf die unten zurückzukommen sein wird.

2. URSACHEN DER UNTERSCHIEDLICHEN DISPOSITION DER BESTÄNDE

Die Ursachen für die vorliegend dargestellten Zusammenhänge zwischen Bestandesbeschaffenheit und Disposition sind zu suchen in den Festigkeitsverhältnissen des Bestandes, in dem Wirts- und Nahrungsangebot, den edaphischen und klimatischen sowie den zönotischen Bedingungen.

Bestandesfestigkeit. Gegen mechanische Einwirkungen durch Sturm, Schnee, Eis und Rauhreif ist der im Freistand erwachsene Baum durch die Eigenart seiner Schaft- und Kronengestaltung im allgemeinen widerstandsfähiger als der Bestand, in welchem gegenseitige Konkurrenz die Ausbildung der Stammfestigkeit beeinträchtigt. Je größer der Wuchsraum des Einzelbaumes, also je lockerer der Schluß ist, um so mehr nähert sich die Festigkeit des Baumes den Freistandverhältnissen. Gegenüber dem seitlich angreifenden Sturm hilft sich der Bestand durch Entwicklung eines Mantels aus kräftig gebauten Randstämmen, welche weitgehend die Eigenschaften der im Freistand erwachsenen Individuen besitzen.

Die Gefährdung des Bestandes ist um so größer, je empfindlicher die ihn bildenden Baumarten sind. Werden anfälligen Baumarten resistente beigemischt, so wird die Festigkeit insgesamt erhöht. Ein aus Flach- und Tiefwurzlern gemischter Bestand ist gegen Sturm widerstandsfähiger als ein solcher, der nur von einer flachwurzelnden Baumart gebildet wird.

Wirts- und Nahrungsangebot. Pathogene Pilze finden um so mehr Wirtsbäume, baumbewohnende Schadinsekten um so mehr Nahrung, je mehr geeignete Bäume beieinander stehen, je größer der Bestand ist. So besitzt der Bestand und namentlich der Reinbestand allein infolge der leichteren Infektionsmöglichkeit und des reichlichen Nahrungsangebots eine höhere Disposition als der Einzelbaum. Die Disposition muß aus den gleichen Gründen um so größer sein, je ausgedehnter der Reinbestand ist. Wird der einen disponierten Baumart eine andere, resistente beigemischt, so werden Infektionsmöglichkeit und Nahrungsangebot geschmälert; die Empfänglichkeit des Bestandes muß geringer werden.

In einem Kiefern-Buchen-Mischbestand werden die Sporen des Kiefernbaumschwamms zum Teil von den Buchen abgefangen, ohne hier Entwicklungsmöglichkeiten zu finden. Wenn gemischte Bestände weniger von *Phoma abietina*, von *Melampsorella caryophyllacearum* (NEGER 1924) oder von *Chrysomyxa rhododendri* (OECHSLIN 1927) befallen wurden, so ist hier in erster Linie an diese verringerte Infektionsmöglichkeit zu denken, wenn auch im Einzelfall die tatsächliche Ursache nicht ermittelt ist. Im Kiefern-Buchen-Mischbestand klettern *Diprion*larven, die von den Kiefernkronen fielen, zum Teil statt an ihrer Wirtsholzart an den Buchen hoch und finden hier keine passende Nahrung; sie müssen auf dem Umweg über den Erdboden einen neuen Fraßplatz suchen und können dabei durch Hunger geschädigt werden oder auf dem weiten Weg einem anderen Mortalitätsfaktor zum Opfer fallen.

Umgekehrt kann durch Beimischung anderer Holzarten die Disposition für bestimmte Krankheiten erhöht werden. Dies ist vor allem der Fall, wenn die Beimischung dem Krankheitserreger einen Wirtswechsel ermöglicht, der für sein Dasein förderlich oder gar notwendig ist. Unterschiedlicher Nahrungswert der Wirte kann dabei die Verhältnisse weiter komplizieren.

Erst das Vorhandensein von Laubhölzern im Nadelwald gibt dem Maikäfer die Daseinsmöglichkeiten, die er im reinen Kiefern- oder Fichtenwald nicht findet. Hallimaschschäden sind besonders stark in Laub-Nadel-Mischbeständen, weil der Pilz seine Aggressivität durch vorübergehendes saprophytisches Dasein in Laubholzstubben vergrößert und dann mit um so stärkerer Wucht die Nadelhölzer angreifen kann; so haben die vom Forleulenfraß 1923/24 geschwächten Bestände vor allem im Mischwaldgebiet der Landsberger Heide ungewöhnlich schwer unter Hallimasch gelitten. Der wirtswechselnde Kiefern-drehrost kann nur auftreten, wo Kiefern und Pappeln beieinander stehen.

Seit langem ist bekannt, daß Nonnenfraß in Kiefern-Fichten-Mischbeständen die Fichte vernichtet, die Kiefer aber am Leben läßt. Die ortsunstete Nonnenraupe läßt sich häufig von ihrem Fraßzweig fallen oder spinnt sich herab. Sie landet dabei nicht immer auf dem Boden, sondern auf den unteren Zweigen der Fichte: die verschiedenartige Ausformung der beiden Kronen und die tiefere Beastung der Fichte führen dazu, daß sich die Kiefer zuungunsten der Fichte „entlastet". Hierbei mag auch die verschiedene Eignung der Wirtsbäume als Nahrung eine Rolle spielen. Bei Fütterungsversuchen fand SATTLER 1939, daß die Gesamtentwicklung der Nonnenraupen auf Lärche, Eiche, Buche und Fichte ziemlich gleichmäßig, auf Kiefer etwas und auf Erle stark verzögert war; auf Kiefer, Tanne und Erle war die

Mortalität der Raupen wesentlich höher, das Puppengewicht beträchtlich geringer als auf Fichte und Lärche. Die Eiproduktion betrug im Mittel auf Tanne 86, Kiefer 160, Fichte 195 bzw. 211 und Lärche 261 je Weibchen. Entsprechende Untersuchungen von MAERCKS 1935 und MAYER 1940 ergaben z. T. andere Nahrungswerte, so daß ein abschließendes Urteil nicht möglich ist. Sicher ist, daß die verschiedenen Baumarten unterschiedliche Eignung als Nahrung für polyphage Insekten besitzen. Von Bedeutung für die Frage der unterschiedlichen Disposition von Mischwald und Reinbestand scheint auch die Beobachtung MAYERS zu sein, daß dauernd gleichbleibendes Futter günstiger auf die Entwicklung von Nonnenraupen wirkte als Futterwechsel.

Die Höhe der Wildschäden wird entscheidend beeinflußt vom Nahrungsangebot. Untersuchungen von FRANCKE-TÄGER 1942 zeigten, daß von der Gesamtbegrünung die zur Äsung tauglichen Pflanzen im Fichtenwald ⅓, im Kiefernwald ⅔ der Fläche einnahmen.

Standort. Daß Klima und Boden maßgeblich die Disposition eines Bestandes beeinflussen, ergibt sich aus den früheren Erörterungen über die Abhängigkeit der Krankheitsursache von den Standortsbedingungen von selbst. Waldbrand tritt vorwiegend in Trockengebieten auf, Schäden durch Kiefernbaumschwamm oder Forleule können nur innerhalb ihres klimatisch begrenzten Schadgebietes entstehen. Inmitten des vom Großklima bedingten Schadgebietes gibt es mehr oder weniger disponierte Orte, deren Empfänglichkeit auf örtlichen Kleinklima- und Bodenverhältnissen beruht.

In der Ostalb wurde in Fichtenbeständen ein Faulstammprozent von durchschnittlich 4 auf Feuersteinlehmen, von 19 auf mäßig trockenen und von 39 auf trockenen Tertiärkalkböden festgestellt (SCHLENKER 1976). Die Kiefernschütte tritt besonders stark in Lagen mit hoher Luftfeuchtigkeit auf.

Schwächeparasiten finden dort am ehesten Entwicklungsmöglichkeiten, wo der Bestand leicht in einen kränkelnden Zustand gerät: exponierte, flachgründige wechselfeuchte Standorte, auf denen die Bäume zeitweise unter Wassermangel leiden, werden bevorzugt von Sekundärinsekten wie *Ips typographus* (MERKER-MÜLLER 1951, ZINECKER 1957) oder *Ips curvidens* (MOSER 1952) heimgesucht. Aber auch für die Vermehrung primärer Insekten ist die Eigenart des Standortes von ausschlaggebender Bedeutung (RÖHRIG 1951). Hohe Besatzdichten von *Tortrix viridana* wurden auf grundwassernahen (RUPPERT-LANGER 1957), von *Rhyacionia buoliana* und *Neodiprion sertifer* auf grundwasserfernen (SCHIMITSCHEK 1962) Böden gefunden. Eine besondere Rolle spielt das örtliche Klima, namentlich die Temperatur. Seuchenherde, Ungeziefernester sind häufig die wärmsten Teile des Waldes (LÜDGE 1965), deren besondere Temperaturverhältnisse durch Lage, Oberflächengestaltung, Besonnung, Windschutz, vor allem aber auch durch die Beschaffenheit des Bodens bedingt sind: je trockener und sandiger dieser ist, um so schneller und stärker erwärmt die Sonne ihn und den Wald. Unmittelbar wirkt das Bodenklima auf die im Boden lebenden Insekten und Stadien ein. Nach FRIEDERICHS-STURM 1942 betrug die Sterblichkeit von Kiefernspannerpuppen

	in trockenen	mittelfeuchten	feuchten Lagen
im Jahr 1939/40	4,8	5,6–23,5	35,5 %
im Jahr 1940/41	7,0	12,5	61,2 %.

Die Standortsbedingungen werden durch die Vergesellschaftung von Bäumen mit anderen Organismen zu einer Lebensgemeinschaft abgeändert. Klima und Boden sind unter sonst gleichen Verhältnissen für einen Baum im Freistand anders als für einen Wald, im Kiefernbestand anders als im Buchenwald, im geschlossenen Bestand anders als im lückigen, im Reinbestand anders als im gemischten. Baumart, Bestandesschluß und Mischung beeinflussen maßgeblich Kleinklima und oberste Bodenschicht und damit die Disposition des Waldes. Die Gefährdung durch Kälte und Hitze wird durch gegenseitige Beschirmung gemindert. Windschäden werden durch Stufenschluß, Unterholz und die dadurch bedingte Abbremsung der Luftbewegung verringert. Alle Faktoren, welche die Luftfeuchtigkeit erhöhen, fördern im allgemeinen die Disposition für Pilzerkrankungen, während solche, welche das Bestandesklima ausgeglichener machen, die Vermehrung der meisten Schadinsekten hemmen.

Lockere, durchsonnte, vom Winde durchwehte Lärchenbestände sind weniger disponiert für den Lärchenkrebs als enggeschlossene, mit Laubholz durchmischte, in denen die Luftfeuchtigkeit hoch ist. Desgleichen leiden dichte, gegebenenfalls noch graswüchsige Kiefernkulturen infolge der höheren Feuchtigkeit der Luft mehr unter Schütte als weitständige und gut gepflegte. Umgekehrt bieten die lichten, trockenen Kiefernbestände besonders gute Voraussetzungen für Massenvermehrungen mancher Schadinsekten. Freikulturen Japanischer Lärchen wurden in der Lüneburger Heide in großem Umfange von Blattwespen heimgesucht, unter Kiefernschirm eingebrachte Japanlärchen blieben fast völlig verschont (DORSS 1947). In spätgelichteten Eichenbeständen trat *Cerambyx cerdo* um so stärker auf, je lockerer der Schluß war; in Beständen ohne Unterwuchs war der Schaden wesentlich höher als in solchen mit einer Strauchschicht (RUDNEW 1935). Bei einer Massenvermehrung in Mittelschweden bevorzugte *Ips typographus* ältere, etwas aufgelockerte, reine oder fast reine Fichtenbestände, während Junghölzer, dichtgeschlossene Bestände, Kiefern-Fichten-Mischbestände mit Vorherrschaft der Kiefer und versumpfte Fichtenbestände gemieden wurden (BUTOVITSCH 1938).

Die Erreger der Keimlingsfäule gediehen am besten bei ziemlich hohen Bodentemperaturen zwischen 15 und 30 °C, die im Frühling zur Zeit der Keimung der Holzarten auf beschatteten Flächen kaum erreicht werden. So beobachtete ROTH 1935 die Krankheit hauptsächlich im Freistand, weniger am Saum und gar nicht im vollen Schatten des angrenzenden Bestandes.

Zönotischer Komplex. Besonders wichtige Beziehungen zur Disposition des Bestandes ergeben sich aus dem Wesen der Lebensgemeinschaft, die wir als eine den Gleichgewichtszustand erhaltende oder anstrebende dynamische Organisation kennzeichneten. Diese Beziehungen wirken sich vor allem auf das Vorkommen pathogener Insekten aus, die zur Erzeugung einer Epidemie einer Massenvermehrung bedürfen.

Bei Besprechung des Massenwechsels der Insekten haben wir gesehen, daß ein bestimmter Schädling durch mehr oder weniger zahlreiche Beziehungen mit dem Geschehen seiner Umwelt verknüpft ist. Seine Populationsdichte ist ständigen Schwankungen unterworfen, die üblicherweise ein gewisses Maß nicht überschreiten und das ökologische Gleichgewicht nicht beeinträchtigen. Es kann aber ein meist von außen kommender Stoß einen übermäßig hohen Ausschlag der Populationsdichte, also eine Massenvermehrung auslösen. Wir sahen, daß die Wirkung eines solchen Vermehrungsstoßes, etwa einer für den Schädling besonders günstigen Witterungsperiode, ganz von den regulatorischen Kräften der Lebensgemeinschaft abhängt: in einem Falle kann er aufgefangen und unschädlich gemacht werden, im anderen das Beziehungsgefüge zerstören. Grundsätzlich muß ein Gefüge um so fester sein, je größer die Zahl der Verflechtungen ist bzw., wenn wir den Schädling ins Auge fassen, je größer die Zahl der Fäden ist, die ihn mit seiner Umwelt verknüpfen. Das heißt konkret gesehen: ein Wald wird ganz allgemein um so weniger zu Massenvermehrungen schädlicher Insekten disponiert sein, je mehr Organismenarten und -individuen er enthält. Denn je größer die Zahl der Lebewesen ist, um so zahlreicher sind die Einwirkungen auf den Schädling. Da das Tier, auch wenn es zunächst von anderen Tieren lebt, letztlich auf die Pflanze als Nahrung angewiesen ist, wird die Zahl der vorhandenen Tierarten wesentlich durch die Vielfalt der Pflanzenwelt bestimmt. Ein Mischwald mit zahlreichen Baumarten, Sträuchern, Kräutern und Gräsern muß daher, ganz abgesehen von den Standortsbedingungen, infolge seines Organismenreichtums resistenter gegen Insektenepidemien sein als ein einförmiger Kiefernbestand mit spärlicher Bodenvegetation.

Diese theoretisch sich ergebenden und durch allgemeine Erfahrungen wahrscheinlich gemachten Zusammenhänge werden bestätigt durch einige bisher durchgeführte Untersuchungen. ENGEL 1942 ermittelte die Arthropodenfauna der Kiefernkronen in einem gleichaltrigen Reinbestand, einem naheliegenden ungleichaltrigen Reinbestand und einem benachbarten Kiefern-Eichen-Mischbestand. Im Durchschnitt der Monate April bis Oktober fand er (ohne den Kiefernspanner, s. u.) 176 bzw. 187 bzw. 195 Individuen und 48 bzw. 54 bzw. 56 Arten je Krone. Bemerkenswert ist, daß sich gegenüber dem gleichaltrigen Reinbestand die Individuenzahl im ungleichaltrigen Bestand um 6, im Mischbestand um 11 % erhöhte, die Artenzahl dagegen um 13 bzw. 17 %; die Artenzahl stieg also stärker als die Individuenzahl: im Mischwald waren die zahlreicheren Arten mit weniger Individuen vertreten als im Reinbestand. Die gefundenen Unterschiede wurden, wahrscheinlich ausgleichend, beeinflußt durch eine zur Zeit der Untersuchung auf dem Höhepunkt stehende Massenvermehrung des Kiefernspanners; er übertraf im gleichaltrigen Kiefernbestand an Individuenzahl den gesamten Rest der vorhandenen Arthropoden. Das Verhältnis verschob sich zu Ungunsten des Spanners bereits im ungleichaltrigen Kiefernbestand; im Mischbestand belief sich die Individuenzahl des Spanners nur mehr auf einen verhältnismäßig geringen Teil der Gesamtbevölkerung. Demgegenüber waren die wichtigsten Feinde des Spanners unter den räuberischen Arthropoden – Spinnen und Wanzen – durchweg im Mischwald stärker vertreten als im ungleichaltrigen Kiefernbestand, in diesem wiederum stärker als im gleichaltrigen Reinbestand.

Diese wertvollen Untersuchungen werden ergänzt durch Einzelbeobachtungen. Eier des Kiefernspanners erwiesen sich in reinen Kiefernbeständen zu 18, in einem Kiefern-Fichten-Bestand zu 38 % und in einem Kiefern-Buchen-Bestand zu 49 % parasitiert (FRIEDERICHS 1934). Puppen des Kiefernspanners waren parasitiert im

gleichaltrigen Kiefernreinbestand	ungleichaltrigen Kiefernbestand	Mischbestand	
zu 9	17	22 %	(ENGEL 1942)
29	—	43 %	(FRIEDERICHS et al. 1940)

Nach den letztgenannten Verfassern vernichteten Mäuse im Mischwald wesentlich mehr Spannerpuppen als im Kiefernwald. Raupen und Puppen der Nonne waren in reinen Fichten- und Kiefernbeständen zu 11 %, in Mischwaldungen von Fichte, Kiefer, Lärche und Buche zu 55 % parasitiert (ULBRICH nach WELLENSTEIN 1942).

Die höhere Resistenz der artenreichen Lebensgemeinschaft braucht nicht an den forstlichen Begriff „Mischwald" als eines aus mehreren Baumarten zusammengesetzten Bestandes gebunden zu sein. Auch andere Pflanzen als die Holzarten geben Tieren Daseinsmöglichkeit, und so kann das Vorhandensein einer Blütenpflanze, welche bestimmten Schlupfwespen Nahrung spendet, für die Disposition des Bestandes bedeutungsvoller sein als die Beimischung von zwei oder mehr Baumarten. Der Begriff „Mischwald" ist deshalb unter dem Gesichtspunkt des Forstschutzes und der Disposition des Bestandes für Insektenepidemien weiter zu fassen, als er sonst in der Forstwirtschaft üblich ist: auch der Unterwuchs und die Bodendecke, kurz die gesamte Vegetation kann auf dem Wege über die Fauna einen entscheidenden Einfluß auf die Konstitution des Bestandes ausüben. Daß dabei die verschiedenen Pflanzenarten unterschiedliche Bedeutung besitzen, ist selbstverständlich.

Untersuchungen in Wäldern mit reicher Kraut- und Strauchschicht haben gezeigt, daß Schlupfwespen gern Blüten besuchen und die Aufnahme von Pollen und Nektar ihre Lebensdauer steigert und die Eiproduktion hebt. Die Brackwespe *Orgilus obscurator,* wichtiger Parasit von *Rhyacionia buoliana,* lebt, wenn sie aus Blüten der Wilden Möhre *Daucus carota* Nahrung entnehmen kann, bis zu 20 Tagen, sonst nur etwa 4; im ersten Fall vermag sie wesentlich mehr Eier abzulegen, und so stieg die Parasitierung des Schädlings in Kiefernkulturen, in denen die Möhre wuchs, bis auf 92 % (KNABE 1974, BOGENSCHÜTZ 1974). Wie weit die einzelne Schlupfwespenart eine blühende Pflanzenspezies nutzen kann, hängt von der zeitlichen Koinzidenz zwischen Flug- und Blühzeit, vom Ausmaß der Produktion an Nektar und Pollen sowie von deren, durch den Bau der Blüte bedingten Erreichbarkeit ab (HASSAN 1967). Ähnliche Bedeutung nicht nur für Schlupfwespen, sondern auch für Raupenfliegen und räuberische Insekten, namentlich Ameisen, besitzt der von Blattläusen erzeugte Honigtau (ZOEBELEIN 1957).

Der Mechanismus der regulatorischen Kräfte des Mischwaldes besteht im wesentlichen darin, daß, sobald ein Schädling eine das übliche Maß übersteigende Populations dichte erreicht, sich zwangsläufig, in funktioneller und rascher numerischer Reaktion, die Aufmerksamkeit der räuberischen und parasitischen Glieder der Lebensgemeinschaft auf ihn richtet, und zwar so lange, bis ein Ausgleich eingetreten ist und der Schädling seinen normalen Platz im Ökosystem wieder eingenommen hat.

In dem als Versuchsfläche dienenden Mischbestand (ENGEL 1942) wandte sich die Angriffskraft der belebten Umwelt in verstärktem Maße gegen den Spanner, als seine Bevölkerung durch die Eiablage sprunghaft anstieg. Im Jungraupenstadium war der Bevölkerungsrückgang im Mischbestand wesentlich stärker als im gleichfalls untersuchten Reinbestand. Nachdem im Mischbestand die Spannerpopulation auf ein niedriges Niveau hinabgedrückt war, spielte sie als Angriffsziel anderer Glieder der Zönose keine bevorzugte Rolle mehr; die Spanner wurden nun neben den zahlreichen sonstigen, vorhandenen Beutetieren verzehrt und parasitiert. So war in den späteren Stadien der Generation die Mortalität umgekehrt im Mischbestand geringer als im Reinbestand, in dem der in Gradation befindliche Spanner angesichts der geringeren Arten- und Individuenzahl weiterhin seine große Rolle als Beutetier spielen konnte. Der hier im Verhältnis zum Mischwald herrschende Mangel an Feindtieren konnte erst auf Grund des reichlichen Nahrungsangebots im Lauf der Zeit durch Zuzug und Vermehrung ausgeglichen werden.

Pathozöner Komplex. Im Einzelfall mag der eine oder andere der genannten disponierenden Faktoren, Festigkeit, Nahrungsangebot, Bedingungen des Bodens und des standörtlichen Klimas oder Wirkungen aus der belebten Umwelt, für die Entstehung einer Krankheit verantwortlich sein. Das starke Auftreten einer Pilzerkrankung kann hauptsächlich durch die hohe Luftfeuchtigkeit im Bestande gefördert werden. Häufig und besonders beim Auftreten biotisch bedingter Krankheiten wird man aber die mehr oder weniger ausgeprägte Empfänglichkeit eines Waldes nicht auf einen Faktor allein zurückführen können, sondern wird eine unterschiedlich große Zahl verschiedener Erscheinungen, die sich wieder untereinander bedingen, dafür verantwortlich machen müssen.

Wenn HELLWIG 1929 mitten in einem vom Spanner auf weiter Fläche kahlgefressenen, reinen Kiefernbestand einen größeren Horst aus Lärche, Fichte und Kiefer fand, in dem die Kiefer völlig grün und frisch erhalten geblieben war und mit Ausnahme der Randstämme keine sichtbaren Fraßspuren aufwies, so mag die Resistenz des Horstes auf der geringeren und schwerer erreichbaren Nahrung beruhen oder auf den durch die Holzartenmischung verursachten Kleinklimabedingungen oder auf der größeren Zahl von tierischen Feinden, die wiederum beeinflußt wird durch das standörtliche Klima und die von den Nahrungspflanzen abhängigen Neben- und Zwischenwirte.

Es liegen hier Verflechtungen abiotischer und biotischer Bedingungen vor, ähnlich, wie wir es bereits in bezug auf die Krankheitsanfälligkeit des Einzelbaums feststellen mußten. Auch für die Disposition eines Bestandes ist maßgeblich ein Komplex meist zahlreicher, das Krankwerden hemmender und fördernder Faktoren, also die jeweilige Ausgestaltung des Pathozöns. Die Wirkung des pathozönen Komplexes tritt in der Regel besonders deutlich bei Insektenepidemien zutage, weil sie bis zu ihrem Ausbruch einer mehr oder weniger langen Anlaufzeit bedürfen. So hat man gerade bei Insektengradationen seit langem die geringere Anfälligkeit des aus verschiedenen Baumarten zusammengesetzten Waldes gegenüber dem Reinbestand beobachtet, und die Forstentomologen haben immer wieder auf die unterschiedliche Disposition von Mischwald und Monokultur aufmerksam gemacht.

FRICKE 1935 fand bei den jährlichen Probesuchen während 27 Jahren stets auffällig wenig Schadinsekten in Mischbeständen; Schadfraß, der benachbarte reine Kiefernwaldungen heimsuchte, trat in ihnen nicht auf. Die gradationsfördernde Wirkung der Monokultur muß um so deutlicher werden, je umfangreicher und extremer diese verwirklicht ist. Ein krasses Beispiel hierfür boten die riesigen, Tausende von Hektar umfassenden Kulturen, die in dem Gebiet zwischen Netze und Warthe nach dem katastrophalen Forleulenfraß 1922/24 innerhalb weniger Jahre mit reiner Kiefer ausgeführt wurden. Es entstand eine Kiefernsteppe im wahren Sinne des Wortes, die nur Kieferninsekten, diesen aber im reichsten Maße Nahrung bot. Das extremreiche Klima förderte sie ebenso, wie es den Bodenzustand ungünstig beeinflußte, das Aufkommen anderer Pflanzenarten hinderte und damit eine Anreicherung der Lebensgemeinschaft unmöglich machte. Die Folge waren einander ablösende Gradationen der verschiedensten Kultur- und Dickungsschädlinge, die zum Teil in einem bisher nicht gekannten Ausmaß auftraten (SCHWERDTFEGER 1936).

Disposition des Urwalds. Es wird vielfach die Meinung vertreten, daß der Urwald gegen Krankheiten und insbesondere gegen Insektenepidemien gefeit sei. Dabei wird in der Regel unterstellt, der unberührte Wald sei ein artenreicher Mischwald, in dem es wegen der geschilderten zönotischen Zusammenhänge nicht zu Massenvermehrungen phytophager Arten kommen könne. Das trifft zweifellos für den Prototyp des Urwaldes, den tropischen Regenwald zu.

Nach aufschlußreichen Untersuchungen von SCHNEIDER 1939 finden wir im tropischen Urwald mit seinem Reichtum an Pflanzen- und Tierarten einen großen Bestand an phytophagen, aber auch an parasitischen und räuberischen Insekten. Die einzelne Pflanzenart wird von mehreren Insektenarten befallen, eine phytophage Insektenart wird von verschiedenen Parasiten und Raubinsekten angegriffen, während den einzelnen Parasiten- und Räuberarten eine große Zahl verschiedener Wirte zur Verfügung steht. Die zahlreichen Arten halten sich gegenseitig im Gleichgewicht; beginnt infolge eines günstigen Umstandes sich eine Art zu vermehren, so verbessern sich auch die Einwirkungsbedingungen der Feinde, welche die Gradation zu einem raschen Ende führen. Wird eine der Urwaldpflanzen aus ihrem Verband gelöst und auf großer Fläche unter veränderten Außenbedingungen in Monokultur angepflanzt (z. B. Anpflanzung von Gambirpflanzen in Sumatra), so treten tiefgreifende Veränderungen in der Struktur und Dynamik der Lebensgemeinschaft auf. Infolge der anders gearteten mikroklimatischen Bedingungen können nur wenige phytophage Insekten der Pflanze folgen; diese finden in der überreich zur Verfügung stehenden Nahrung verbesserte Entwicklungsmöglichkeiten und werden zu Schädlingen. Diejenigen Parasiten, welche sich trotz des veränderten Mikroklimas halten können, werden von dem einen Wirt oder den wenigen, noch zur Verfügung stehenden Wirten abhängig. Die Stabilität des Systems Wirt-Parasit ist geringer als im Urwald. Die Parasitensicherung ist nur schwach und kann durch einen Vermehrungsstoß des Schädlings leicht durchbrochen werden. So leiden Gambirpflanzungen auf Sumatra stark unter Schädlingen, und zwar um so mehr, je größer und je weiter vom Urwald entfernt sie sind; in waldnahen Pflanzungen werden Schädlingsvermehrungen durch Feinde, die aus dem Urwald einfliegen, rasch unterdrückt.

Der tropische Regenwald ist aber nur eine unter bestimmten klimatischen Verhältnissen vorkommende Form des Urwaldes. Die Gestaltung der Urwälder auf der Erde ist höchst mannigfaltig und umspannt alle Übergänge vom artenreichen, vertikal gegliederten Mischwald bis zum einstufigen Reinbestand. Dieser findet sich gerade in der uns angehenden gemäßigten Zone, und in ihm treten Krankheiten auf nicht anders als im entsprechend aufgebauten Wirtschaftswald.

So wird wiederholt von Insektenepidemien im nordamerikanischen Urwald berichtet (SCHENK 1924, WULZ 1950). BLAIS 1954 konnte nachweisen, daß der Wickler *Choristoneura fumiferana* Clem., der unter dem Namen Spruce Budworm als gefährlichster Schädling der Tannen-Fichten-Bestände Kanadas bekannt ist, im vergangenen Jahrhundert in Waldgebieten, die damals vom Menschen noch völlig unberührt waren, auf großen Flächen Kahlfraß mit katastrophalen Folgen verursachte. Nach FRÖHLICH 1931 sind die ungleichaltrigen, natürlich entstandenen, urwüchsigen und noch niemals genutzen Fichtenbestände der Ostkarpaten ebenso stark von *Phellinus pini* befallen wie andere, die schon längere Zeit der Nutzung unterliegen. Wenn nichtsdestoweniger Meldungen über Primärschäden im Urwald spärlich sind gegenüber solchen aus bewirtschafteten Waldungen, so mag der Grund sein einmal, daß sie dort weniger bekannt werden, vor allem aber, daß der Wirtschaftwald sehr häufig nicht mehr den Standortsbedingungen entspricht. Die mehr oder weniger große Indisposition des immer standortgemäßen Urwaldes ist nach SCHWERDTFEGER 1954 a) spezifisch bedingt: die Buche, die in Osteuropa urtümliche Reinbestände bildet, leidet als Baumart kaum unter Schadinsekten; b) klimatisch-edaphisch bedingt: in den Nadelwäldern des Nordens und der Hochgebirge läßt das Klima keine Gradationen zu; c) strukturell bedingt: im plenterartig aufgebauten Nadelwald kann *Hylobius* keine Schäden anrichten wie auf der Fichtenkultur; d) biozönotisch bedingt: zahlreiche biotische Gegenkräfte dämpfen die Fluktuation der phytophagen Insekten.

Eine Eigenart der Urwälder ist das regelmäßig starke Vorkommen von Alterskrankheiten und Sekundärschädlingen. In den kränkelnden und sterbenden Stämmen finden sich ungemein viele Pracht-, Bock- und Borkenkäfer (SCHIMITSCHEK 1953). Sie arbeiten die aus der Lebensgemeinschaft ausscheidenden Baumindividuen auf, eine Aufgabe, die ihnen im Wirtschaftswald vom Menschen vorweggenommen wird.

Unter der Voraussetzung, daß der Wirtschaftswald standortgemäß aufgebaut ist, unterscheidet ihn weniger die Disposition vom Urwald als die Wertung der Krankheit. Während sie im Wirtschaftswald Störung des Betriebs und Ertragseinbußen verursacht, gehört sie im Urwald zum natürlichen Ablauf der Dinge, und ein Sturmwurf oder ein Raupentotfraß bedeuten in ihm kaum etwas anderes als die Möglichkeit der Verjüngung und der Entwicklung einer neuen Lebensgemeinschaft.

Schrifttum: BOGENSCHÜTZ, P.: Fehlanzeige in Sachen biologischer Schädlingsbekämpfung? AF 29, 1040, 1974.— KNABE, W.: Neue Wege der biologischen Schädlingsbekämpfung in Kanada. AF 29, 584, 1974. — LÜDGE, W.: Der Einfluß von Laubholzunterbau auf die Schädlingsdichte in den Kiefernbeständen der Schwetzinger Hardt. AFJZ 142, 173–178, 1971. — SCHLENKER, G.: Einflüsse des Standorts und der Bestandesverhältnisse auf die Rotfäule (Kernfäule) der Fichte. FF 36, 47–57, 1976.

FÜNFTER TEIL

KRANKHEITSVERLAUF
UND KRANKHEITSERSCHEINUNGEN

Wenn die Krankheitsvoraussetzungen auf seiten der Ursache bzw. des Erregers (S. 261 ff.) wie auf seiten des Baumes bzw. Bestandes (S. 301 ff.) erfüllt sind, kommt es zum Ausbruch der Krankheit, die einen mehr oder weniger typischen Verlauf nehmen kann. Sie äußert sich in bestimmten Erscheinungen, den Symptomen.

A. ALLGEMEINER KRANKHEITSVERLAUF

Krankheitsbeginn. Wir haben oben (S. 21) gesehen, daß man den Begriff der Krankheit und speziell der Waldkrankheit unter physiologischem, ökologischem oder ökonomischem Aspekt sehen kann. Dementsprechend läßt sich als Krankheitsbeginn das Einsetzen einer Einwirkung verstehen, durch die das Gedeihen des Baumes bedroht, das Beziehungsgefüge des Bestandes gestört oder das Erreichen des vom wirtschaftenden Menschen angestrebten Ziels gefährdet wird. Diese Formulierung enthält ein quantitatives Moment: nicht der SO_2-Gehalt der Luft als solcher, nicht der einzelne, in die Kiefernnadel eindringende *Lophodermium*-Keimschlauch und auch nicht die wenigen in einer Fichtenkrone fressenden Nonnenraupen sind als krankmachende Einwirkung anzusehen; sie sind es erst dann, wenn sie in einer Höhe, Zahl oder Menge wirksam werden, die bedroht, stört oder gefährdet.

Voraussetzung für eine parasitäre Erkrankung des Baums ist die Infektion, d. h. der Vorgang, durch den Erreger und Träger in Wechselwirkung treten. Sie erfolgt bei pilzlichen Parasiten durch Eindringen von Hyphen oder des aus der Spore auswachsenden Keimschlauchs in den Wirtskörper, wobei entweder schon vorhandene Pforten, wie Spaltöffnungen, Lentizellen oder Wunden, benutzt oder Öffnungen durch mechanisches Durchbrechen der Kutikula und chemischen Abbau der Zellwände in der Epidermis geschaffen werden. Im Anfangsstadium der Infektion spielen vom Wirt ausgeschiedene Substanzen durch Stimulation des Pilzes und Beeinflussung der Wuchsrichtung seiner Keimschläuche eine entscheidende Rolle. Nach dem Eindringen setzt der Pilz seinen Weg fort, indem er auf das Gewebe mechanisch durch Druck und Durchbohrung wie chemisch durch Ausscheidung lytischer, die Zellwand aufweichender, und toxischer, den Zellinhalt tötender Substanzen einwirkt. Dabei kann der Wirt dem Pilz Widerstand entgegensetzen und sein weiteres Vordringen verhindern; vollendet kann deshalb die Infektion erst genannt werden, wenn sich zwischen Wirt und Parasit ein Zustand ausgebildet hat, der letzterem ermöglicht, auf seinem Wirt zu leben. Man sagt dann: die Infektion haftet.

Die Infektion des Baums durch Insekten, namentlich durch mehr sekundäre, stammbewohnende Arten, verläuft ganz ähnlich: auch hier werden zum Eindringen vorhandene Verletzungen der Rinde benutzt (Holzwespen) oder Einbohrlöcher selbst gefertigt (Borkenkäfer), und der Baum kann Widerstand leisten, vor allem durch Ausfließenlassen von Harz. Anders ist, daß der Anflug nicht zufällig erfolgt, sondern das Tier sucht, durch attraktive Reize zum Wirt geleitet wird und vielfach nach dem Eintreffen auf ihm durch Aussenden von Pheromonen für weiteren Anflug sorgt. Bei anderen, mehr primären, z. B. blatt- und nadelfressenden Insekten kann der Akt der Eiablage auf dem Wirt als Infektion angesehen werden. Ob sie zum Haften kommt, hängt allerdings häufig von äußeren Umständen ab: Eiparasiten können die Eier vorzeitig vernichten; erst wenn die ausgeschlüpften Larven ihren Fraß beginnen, kann von vollendeter Infektion gesprochen werden.

Krankheitsverlauf. Der Verlauf einer Krankheit, insbesondere einer durch Parasiten erzeugten, ist entsprechend den spezifischen Eigenschaften des Erregers und des Wirtes sowie nach den äußeren Umständen verschieden. Doch lassen sich vielfach einzelne Stadien unterscheiden, die unter Benutzung von Begriffen aus der Humanmedizin für die Erkrankungen des Einzelbaums und des Bestandes folgendermaßen gekennzeichnet werden können:

Krankheitsstadium	des Einzelbaumes	des Bestandes
Inkubationsstadium	Zeitraum zwischen Eindringen des Krankheitsstoffes in den Körper und Ausbruch der Krankheit; objektive Symptome fehlen	Vermehrung des Krankheitserregers, die nur dem aufmerksamen Beobachter auffällt; Schäden noch nicht wahrnehmbar
Prodromalstadium	leichte Krankheitserscheinungen mit unspezifischen Symptomen	nach weiterer Vermehrung des Erregers schwache Schäden auf kleiner Fläche
Eruptionsstadium	Höhepunkt der Krankheit mit starken, spezifischen Symptomen	Höhepunkt der Vermehrung, heftige Symptome in Gestalt starker Schäden auf großen Flächen
Krisenstadium	Beendigung der Krankheit durch Erholung oder Tod des Wirtes	Zusammenbruch der Vermehrung des Erregers; die geschädigten Bestände erholen sich oder sterben.

Die Einteilung für die Einzelerkrankung gilt in erster Linie für Mykosen und Bakteriosen, die der Massenerkrankung zunächst für Insektenepidemien. Doch lassen sich auch andere als die genannten Krankheiten bis zu einem gewissen Grade in das Schema einreihen.

B. KRANKHEITSVORGÄNGE UND -ERSCHEINUNGEN

Die bei einer Walderkrankung auftretenden Vorgänge und Erscheinungen spielen sich teils am Einzelbaum, teils in der Bestandsgemeinschaft ab.

1. KRANKHEITSVORGÄNGE IM BAUM

Die Wirkungen der Krankheitsursache auf den Organismus können in Störungen der physiologischen Vorgänge, in morphologischen Veränderungen (Bildungsabweichungen) und in Zerstörungen (Nekrosen) bestehen; diese lösen Wundheilungs- und Reproduktionsprozesse aus. Die einzelnen Vorgänge greifen naturgemäß ineinander über, und regelmäßig wird man im Verlauf einer Erkrankung einen Komplex verschiedener Reaktionen beobachten können.

a. Physiologische Veränderungen

Die häufigsten, durch Krankheit hervorgerufenen physiologischen Veränderungen sind solche des Stoffwechsels. Daneben können Änderungen der Periodizität, des tropischen Verhaltens und der Disposition eintreten.

Stoffwechsel. Die durch Krankheit erzeugten Veränderungen des Stoffwechsels unserer Waldbäume sind infolge ihrer schwierigen Erfassung noch verhältnismäßig schlecht bekannt. Festgestellt wurden u. a. Erhöhung oder Erniedrigung von Respiration, Transpiration und Assimilation, ferner, zum Teil im Zusammenhang damit, Störungen des Wasser- und Nährstoffhaushalts und infolgedessen Änderungen in der stofflichen Zusammensetzung des erkrankten Baums.

Die Respiration pathogenfreien Pflanzengewebes von Ulmen, die mit *Ceratocystis ulmi* infiziert wurden, war nach 11–22 Tagen um 80 % höher als in nichtinfizierten Vergleichsbäumen; anschließend nahm die Atmung ab, bis sie 20–26 Tage nach der Infektion unter derjenigen der Vergleichsbäume lag (LANDIS-HART 1972). Umgekehrt sank die Respiration von Pflanzenteilen, die von Läusen, namentlich von Adelgiden und Cocciden besogen wurden, zunächst ab, um sich dann wieder zu erhöhen, manchmal um mehr als 100 %. Durch den Stechakt der Läuse wurde die Transpiration gestört und die Assimilation des betroffenen Pflanzenteils gehemmt (KLOFT-ERHARD 1959, KLOFT 1960).

Störungen des Wasserhaushalts verursachen einen ungenügenden Turgor und damit ein Welken der Pflanze, das zum Verdorren, d. h. Absterben der ganzen Pflanze oder ihrer Organe unter Bräunung und Vertrocknung oder zum vorzeitigen Abwerfen von Blättern, Blüten und Früchten infolge abnorm früher Ausbildung der Trennungsschichten führen kann. Die Störung des Wasserumsatzes kann in dreierlei Weise erfolgen: Physiologisches Welken ist eine Folge von Wassermangel im Boden oder von übermäßiger Verdunstung bei hoher Lufttrockenheit, der die Regulierungseinrichtungen der Pflanze nicht nachzukommen vermögen; die Welkeerscheinungen sind reversibel, die Pflanze erholt sich nach Wiederherstellung des Gleichgewichts zwischen Wasserzufuhr und -verbrauch. Mechanisch induziertes Welken entsteht bei ungenügender Wasseraufnahme nach Verletzung der Wurzeln, etwa nach Engerlingsfraß; bei Störung der Wasserleitung z. B. durch Verstopfen der Leitungsbahnen von in ihnen sich ausbreitendem Pilzmyzel (Tracheomykose); bei Saftentzug durch saugende Insekten; bei übermäßiger Verdunstung nach Beschädigung des Verdunstungsschutzes, insbesondere der Kutikula, durch Insektenfraß und dergleichen. Es ist in der Regel irreversibel; eine Genesung der Pflanze kann eintreten, wenn die Urheber, etwa die saugenden Insekten, nach nicht zu starker Einwirkung rechtzeitig entfernt werden. Toxigenes Welken wird verursacht durch Pilze, welche nach Infektion der Pflanze Welketoxine abgeben, die in den Saftstrom des Wirtes eintreten und hier zu irreversiblen Schädigungen führen. Ähnlich wirkt der Speichel von Läusen auf das Plasma angestochener Zellen toxisch; die Wasserpermeabilität wird herabgesetzt, woraus eine Drosselung des gesamten Wasserumsatzes resultiert.

Das für die von *Ceratocystis ulmi* verursachte Ulmensterben charakteristische Welken und Verfärben der Blätter ist Folge einer Gefäßblockade, namentlich in den jungen Trieben und Zweigen (MACHARDY-BECKMAN 1973). Von *Dreyfusia nordmannianae* befallene Tannen zeigten gegenüber nichtbefallenen der Befallsstärke entsprechendes Absinken der Saftstromgeschwindigkeit und der Transpiration (SCHIMITSCHEK-WIENKE 1967). Pappelblätter, welche Minen von *Phyllocnistis suffusella* und *Phytagromyza populi* aufwiesen, verdunsteten, wenn die Minen bis 10 % der Blattspreite einnahmen, um 17 % mehr als gesunde, dagegen bei starkem Befall von 30–50 % der Spreite um 22 % weniger (KELLER 1964). Wenn junge Raupen von *Panolis flammea* Kutikula und Epidermis der Kiefernnadeln beschädigen und sie dadurch zu erhöhter Verdunstung anregen, wird zunächst durch Vermehrung der Leitungsbahnen eine Steigerung der Wasserbewegung erzielt, die im weiteren Verlauf des Fraßes bei hinreichender Raupenzahl infolge des Verlustes der Transpirationsorgane durch Kahlfraß in eine starke Verringerung der Wasserbewegung umschlägt. Die Vermehrung der Leitungsbahnen zu Anfang des Fraßes und die dann mehr oder weniger plötzlich einsetzende Stockung der Wasserbewegung bringen es mit sich, daß Bast und Splint entnadelter Stämme kurz nach beendetem Fraß höheren Wassergehalt besitzen als vollbenadelte Bäume (Schwerdtfeger 1934).

Das Schütten der Kiefer wird als Schutzmaßnahme gegen zu starke Transpiration aufgefaßt. Die infizierten Nadeln besitzen keine gut arbeitenden Schließzellen in den Spaltöffnungen mehr, sie verdunsten daher viel stärker als normale (Langner 1933). Hiergegen schützt sich die Pflanze durch Abwerfen des ganzen Kurztriebs, auch wenn eine der beiden Nadeln noch grün und gesund erscheint (Liese 1923).

Bei Aufzehren der Nährstoffe durch Parasiten, durch Beeinträchtigung der Assimilation infolge Zerstörung der Blattorgane, durch Einwirken von Toxinen, die vom Parasiten ausgeschieden werden, wie auch durch Abwehrreaktionen der befallenen Pflanze ändert sich die stoffliche Zusammensetzung des Wirtes. Beobachtet wurden außer Änderungen im Wassergehalt solche im Nährstoffgehalt namentlich der Blattorgane, im Aschen-, Eiweiß- und Kohlehydratgehalt, ferner im Gehalt an Harzen, Gummi und anderen Exkretstoffen und in der Azidität des Zellsaftes.

Kernholz der Kiefer, das von *Phellinus pini* besiedelt war, wies einen höheren Gehalt an W a s s e r als gesundes auf (Öhlmann 1959). Befall durch *Ceratocystis ulmi* senkte den N ä h r s t o f f g e h a l t, namentlich den von P und K, in den Ulmenblättern (Roberts-Jensen 1970); *Armillariella*-Wurzelfäule führte zu einer Konzentrationsabnahme von N, P, K, Mg und Na, jedoch zu einem Anstieg des Ca-Spiegels sowie von Mn, Fe und Zn in den Nadeln der befallenen Koniferen (Singh-Bhure 1974). E i w e i ß und seine Bausteine wurden in erkrankten Pflanzen teils in erhöhtem, teils in verringertem Maß gefunden: Durch *Dothichiza populea* infizierte Pappelrinde enthielt weniger freie, aber mehr gebundene Aminosäuren; von *Cytospora* spec. befallene Rinde wies eine Abnahme sowohl freier als auch gebundener Aminosäuren auf (Mocanu-Tănase 1968). In von *Dreyfusia nordmannianae* und *D. merkeri* besaugten Zellen nahm der Eiweißgehalt ab (Oechssler 1962), ebenso im Parenchym der von *Liosomaphis abietina* befallenen Nadeln (Kloft-Erhard 1959). Abnahme des K o h l e h y d r a t g e haltes fanden Hartig 1882 beim Auftreten holzbewohnender Hymenomyceten, Welch-Martin 1975 in Kiefernrinde, die von *Cronartium ribicola* befallen war, Liese 1925 und Kadambi 1932 im Holz von Kiefern, die durch Forleulenfraß ihrer Assimilationsorgane beraubt waren, Hartig 1892 und Havelik 1923 in Fichten, die von der Nonne kahlgefressen waren, Francke-Grosmann 1937 und Oechssler 1962 in den Parenchymzellen von Rinde und Trieb, die in Reichweite der Stechborsten von Tannenläusen lagen. Umgekehrt konnte eine Zunahme des Zucker- bzw. Stärkegehaltes in den Nadeln von Fichten, die SO_2-geschädigt waren (Grill et al. 1975), deren Wachstum stockte (Sorauer 1914), insbesondere nach Befall durch *Chrysomyxa* spec. beobachtet werden, ferner in Kiefernnadeln nach *Coleosporium*-Infektion und bei Erlen nach Befall durch *Taphrina alni-incanae*. Infektion mit *Lachnellula willkommii* führt in den benachbarten Geweben des Wirtsbaums zu einer starken Erniedrigung des o s m o t i s c h e n W e r t e s durch Verwandlung osmotisch wirksamer Stoffe in gerbstoffartige, osmotisch weniger tätige Substanzen; durch Zuströmen von Wasser und Bildungsstoffen werden Wassergehalt und Trockengewicht vermehrt (Langner 1936). Hinsichtlich der Veränderungen im Lignin- und Zellulosegehalt pilzbefallenen Holzes vgl. unten S. 337.

Abnorme H a r z bildung findet sich bei Nadelhölzern in Form des „Harzstickens" nach Hallimaschbefall (Abb. 198), ferner bei schwamm- und kienzopf-kranken Kiefern. Wunden, die z. B. an Nadeln und

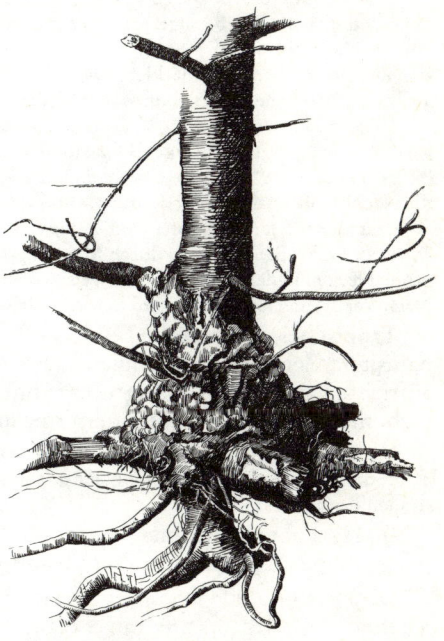

Abb. 198. „Harzsticken", Austritt von Harz am Wurzelansatz einer jungen Fichte nach Befall durch *Armillariella mellea*. 1/3

Trieben der Kiefer durch fressende Raupen entstehen, werden durch Harzaustritt geschlossen; bei starkem Fraß reicht das in den Harzkanälen vorhandene Exkret nicht aus, sondern muß aus Kohlehydraten neu gebildet werden; der Baum büßt damit einen Teil seiner Reservestoffe ein (s. a. S. 340). Durch rötliche Gummimassen, die das Holzparenchym der Wirte ausscheidet, werden zuweilen *Stereum purpureum* und *Phellinus igniarius* im Vordringen aufgehalten.

Meist an alten Bäumen und fast immer am unteren Stammteil kann nach Verletzungen schleimiger Saftausfluß auftreten, der als Schleimfluß bezeichnet wird und in verschiedenen Färbungen, weiß, braun, rot, schwärzlich, vorkommt (STAUTZ 1931). In der Flüssigkeit siedeln sich Bakterien, Pilze und Kleintiere an, deren Einwirkung neben der Verletzung wahrscheinlich zum Zustandekommen des Schleimflusses notwendig ist. Er spielt u. a. eine Rolle beim sogenannten Buchensterben (S. 353).

Die Azidität des Zellsaftes scheint sich nach Pilzinfektion im allgemeinen zu erhöhen. Abbildung 199 zeigt, daß schüttekranke Kiefernnadeln nicht nur durchschnittlich eine saurere Reaktion zeigen, sondern daß außerdem die jährliche Periodizität ihrer Wasserstoffionenkonzentration anders verläuft als bei gesunden Nadeln: die von *Lophodermium* befallenen Nadeln machen die im Hochsommer normalerweise auftretende Säurezunahme weniger deutlich mit (WILLE 1927). Im Versuch veränderte sich unter dem Einfluß des wachsenden Pilzes der pH-Wert des Mediums von durchschnittlich pH 3,7 in Richtung auf pH 5 (SCHOLZ-STEPHAN 1974, s. a. S. 275).

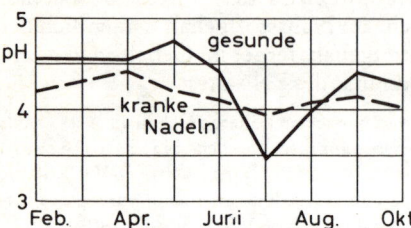

Abb. 199. Azidität des Zellsaftes gesunder und schüttekranker Kiefernnadeln. Nach WILLE 1927

Periodizität. Das vorletzte Beispiel zeigt bereits eine Beeinflussung des normalen Lebensrhythmus der Wirtspflanze. In anderer Weise kann eine Krankheit auf die Periodizität des Wirtes einwirken, indem an sich normale Zellarten zur Unzeit entstehen (Heterochronie) oder die erkrankten Organe verfrüht oder verspätet austreiben oder altern.

Werden Laubbäume durch Insektenfraß, Spätfrost, Trocknis, Verletzungen usw. entblättert und zur Bildung neuer Triebe angeregt, so setzt trotz der vorgeschrittenen Jahreszeit nochmals die Bildung von Frühholz ein, so daß in einer Vegetationszeit zwei Jahresringe entstehen. Die Deutlichkeit, mit der sich der überzählige Ring markiert, wechselt bei verschiedenen Baumarten und sogar an verschiedenen Teilen des nämlichen Individuums beträchtlich (RHOADS 1923).

Hexenbesen auf Tannen (*Melampsorella caryophyllacearum*) treiben 3–6 Wochen früher aus als gesunde Zweige; ebenso zeigen Hexenbesen auf Birke (*Taphrina turgida*) ein verfrühtes Austreiben (SCHELLENBERG 1915). Erstere besitzen nur 1jährige Benadelung. Vorzeitiger Nadelfall entsteht durch die Nadelschütten der *Lophodermium*- und *Chrysomyxa*-Arten. In manchen Jahren entledigen sich die Pappeln in großer Menge der von *Pemphigus*, die Ulmen der von *Byrsocrypta* besiedelten Blätter (KÜSTER 1925). Bei Infektion durch Mehltaupilze erhalten sich auf den Blättern von Ahorn und Hasel grüne Flecken in der sonst normalerweise bereits herbstlich verfärbten oder abgestorbenen Blattfläche. Nach Verletzung des Baums wird häufig verfrühte Fruktifikation beobachtet (BUSSE 1924).

Tropisches Verhalten. Nach Verlust des Gipfeltriebes durch mechanische oder parasitäre Zerstörungen können sich nächstgelegene Seitentriebe aus ihrer Schräglage aufrichten und die Führung übernehmen; ihre nun zuwachsenden Teile bilden sich nicht mehr fächerförmig, sondern ringsum gleich (radiär) aus (s. a. S. 343).

Die Lärche ersetzt Gipfelverlust nach Frostbeschädigung im Gegensatz zu den übrigen Baumarten nicht durch sofortige Ausbildung eines senkrechten Ersatzgipfels, sondern wächst oft jahrelang strauchförmig fort (Korbwuchs).

In Hexenbesen nehmen die normalerweise schräg zur Hauptachse wachsenden (plagiotropen) Sprosse und Zweige aufrechte (orthotrope) Haltung ein.

Disposition. Jede Erkrankung hat eine mehr oder weniger starke Herabsetzung der Vitalität des Organismus zur Folge; damit wird seine Empfänglichkeit gegenüber pathogenen Einflüssen erhöht. Eine durch Engerlingsfraß im Wurzelwerk geschädigte Jungkiefer übersteht schlechter Dürrezeiten als eine vollbewurzelte. Im einzelnen kann auf das in anderem Zusammenhang S. 307 Gesagte verwiesen werden.

b. Morphologische Veränderungen

Als Folge von Stoffwechselanomalien, von Ernährungsstörungen im weitesten Sinne des Wortes können Verfärbungen sowie Bildungsabweichungen, d. h. Wachstums-, Gestaltungs- und Differenzierungsanomalien auftreten. Äußert sich die Bildungsabweichung in regressiver Art, in einer Hemmung der normalen Entwicklung, so sprechen wir von Kümmerung (Hypoplasie), während abnorm gesteigerte, progressive Bildung als Wucherung (Hypertrophie) bezeichnet wird.

Verfärbung wird an Blattorganen und Trieben, an der Rinde und im Holz beobachtet.

Eine Änderung der Färbung sonst grüner Pflanzenteile tritt ein in Form des Vergilbens beim Etiolieren der Triebe infolge Lichtmangels oder bei ungenügender Nährstoffzufuhr, ferner als Chlorose, Ikterus oder Bleichsucht bei Mangel an Eisen, Sauerstoff usw., als Violett- oder Rotfärbung bei Phosphormangel, als Gelb- oder Braunfärbung nach Raucheinwirkung oder Dürre, als Weißfärbung oder Albinismus bei Fehlen von Chlorophyll, z. B. nicht selten an Buchensämlingen. Bei Buntblättrigkeit oder Panaschierung, häufig nach Virusinfektion, ist das Grün der Blattspreite stellenweise und mit einer gewissen Regelmäßigkeit gelb oder weiß verfärbt. Verfärbungen der Rinde in Gestalt hellerer oder dunklerer Partien werden nach Pilzbefall, z. B. der Pappel durch *Dothichiza populea*, oder auch beim Buchenrindensterben beobachtet. Im gefällten Stamm von Laubhölzern, namentlich der Buche, tritt, von den Schnittflächen und von Rindenverletzungen sich vorschiebend, eine Braunfärbung ein, die auf Einlagerung von Kernstoffen beruht und, als Ersticken oder Einlauf bezeichnet, ein rein physiologischer Prozeß ist; sind auch fäuleerzeugende Pilze beteiligt, so spricht man von Verstocken. Das Verblauen, eine blaue bis blaugraue Verfärbung des Splintholzes hauptsächlich der Kiefer, aber auch anderer Baumarten, wird von Pilzen der Gattungen *Ceratocystis*, *Alternaria* u. a. verursacht. In lagerndem Fichten- und Tannenholz treten rötliche Tönungen sowie braune, rote und violette Streifen und Flecken auf, was insgesamt als Rotstreifigkeit bezeichnet wird; Ursache sind vor allem einige *Stereum*-Arten (v. PECHMANN 1967). Weitere Pilze können andere Farbtönungen im Holz erzeugen, beispielsweise *Chlorosplenium aeruginosum* ein Grünwerden, vorwiegend im Laubholz.

Kümmerung ist jedes Zurückbleiben der Entwicklung hinter dem Normalmaß bzw. vorzeitiger Abschluß des normalen Entwicklungsganges. Die Entwicklung erscheint gleichsam gehemmt, so daß ihre Produkte auch Hemmungsbildungen genannt werden. Eine Verringerung der normalen Größe der ganzen Pflanze bei gleichbleibenden Größenverhältnissen der Organe wird als Zwergwuchs (Nanismus) bezeichnet. Unharmonische, mangelhafte Ausbildung der Pflanze oder ihrer Triebe heißt Kümmerwuchs; er tritt als Folge von Ernährungsstörungen durch Dürre, Insektenfraß, Pilzbefall usw. auf und äußert sich im Kleinbleiben der Blätter und Triebe, in veränderter Zusammensetzung der Gewebe sowie in Ausfall, Minderung oder abnormer Anlage des Zuwachses.

Zwergwuchs bei Fichte und Birke fand sich im Lee eines Fluorwasserstoff emittierenden Aluminiumwerks (HALBWACHS-KISSER 1967). Kümmerungserscheinungen

Abb. 200. Wuchshemmung an einer vierjährigen Kiefer nach Wurzelfraß durch Maikäfer-Engerling

an den Blattorganen und Trieben sind die kurznadeligen Bürstentriebe der Fichte nach Nonnenfraß oder junger Kiefernpflanzen nach Beschädigung der Wurzeln durch den Engerling (Abb. 200) oder die kleinblättrigen Triebe der Krebs-Buche oberhalb der Infektionsstelle (S. 91). Von *Coleophora laricella* stark befressene Lärchen wiesen auch nach Wiederbegrünung nur rund 50 % der Benadelung nichtbefressener Bäume auf (SCHWERDTFEGER-SCHNEIDER 1957). Junge Fichten, die mit Straßenstaub, Kalk oder Ruß bestäubt waren, produzierten während einer Vegetationszeit nur 69 bzw. 45 bzw. 32 % der an unbestäubten Pflanzen erzeugten Nadeln, gemessen als Lufttrockengewicht (ROHMEDER 1960).

Häufig kommen infolge von Ernährungsstörungen sekundäre Verdickungsschichten nicht zur Ausbildung, oder die Verholzung kann verzögert werden oder ganz unterbleiben; so beruht angeblich die Bedeutung des Eichenmehltaues zum Teil darauf, daß die befallenen Triebe die Winterreife nicht rechtzeitig erreichen und daher durch Frühfröste getötet werden. Auch an sich bedeutungsloser Rostbefall an Pappelblättern kann, wenn er bei starkem Auftreten frühzeitigen Blattfall erzeugt, ungenügende Ausreifung der Triebe und damit erhöhte Erfrierungsgefahr nach sich ziehen. Alle Gewebe können durch mehr oder minder energisch wirkende Faktoren in ihrer Differenzierung gehemmt werden: der Unterschied zwischen Herbst- und Frühjahrsholz kann verschwinden (WIELER 1892), das Herbstholz dünnwandig bleiben (KNY 1890).

Beeinträchtigung des Zuwachses. Die nach Ernährungsstörungen, insbesondere in den auf Raupenfraß folgenden Jahren sich einstellende Z u w a c h s m i n d e r u n g ist ein überaus ernst zu nehmender Schaden, dessen Höhe selten richtig gewürdigt wird. Er ist im allgemeinen bei wintergrünen Nadelhölzern höher als bei sommergrünen Baumarten und bei den letzten um so geringer, je später im Jahr die Ernährungsstörung, namentlich der Blattverlust, erfolgt.

HERING 1932 konnte durch zahlreiche Stammanalysen feststellen, daß der Stärkezuwachsverlust in K i e f e r n beständen nach dem Forleulenfraß 1923/24 je nach der Fraßintensität 1–3 Jahreszuwachseinheiten betrug. Etwa vom 3. Nachjahr ab fand wieder ein annähernd normales Dickenwachstum statt. Bei schlechtbekronten Stämmen war der Zuwachsrückgang stärker und nachhaltiger als bei Stämmen mit gut entwickelter Krone. Die Schädigung des Höhenzuwachses war erheblich und wirkte, namentlich bei stärkerem Auftreten des Waldgärtners, lange nach. Wirtschaftlich bedeutungsvoll war sie vor allem in jungen Beständen mit tief angesetzten Eulenspießen. MARCUS 1942 ermittelte als Folge der nordbayrischen Eulengradation 1928/31 an starkbefressenen Kiefern einen Massenverlust, der einem Wuchszeitraum von 5–7 Jahren entsprach. Während der Fraßjahre selbst nahmen Holzerzeugung und Höhenwuchs im allgemeinen nur langsam und verhältnismäßig unbedeutend ab. Das Jahr des Kahlfraßes war stets durch das Fehlen einer eigentlichen Spätholzzone gekennzeichnet. Im Jahre nach dem Fraß fehlte bei allen untersuchten Bäumen die Holzerzeugung völlig oder fast ganz. Minunter kam es in verschiedenen Stammteilen auch im nächsten und sogar im übernächsten Jahr noch nicht zur Ausbildung eines Holzrings. Die Rückkehr zu gesünderen Wachstumsverhältnissen erfolgte stets von der Krone her; manchmal ließ sich auch vom Boden her eine Zunahme der Holzerzeugung beobachten. Durch langjährigen Fraß von *Pristiphora abietina* erlitten F i c h t e n stämme Massenzuwachsverluste bis zu 68 % des Normalzuwachses (NÄGELI 1936). Die Bestandeshöhe verringerte sich gegenüber den Normalwerten um 33–40 %. Die Höhentriebe junger Fichten, die mit Straßenstaub, Kalk oder Ruß überstäubt waren, erreichten in einer Vegetationszeit nur 51 bzw. 60 bzw. 17 % der Trieblängen unbestäubter Pflanzen (ROHMEDER 1960). L ä r c h e n , die mehrjährig von der Lärchenminiermotte stark befressen waren, erlitten gegenüber unbefressenen einen mittleren Verlust an Durchmesserzuwachs von 33–45 % (SCHWERDTFEGER-SCHNEIDER 1957). Bei E i c h e n , die jährlich mehr oder weniger intensiv vom Eichenwickler und Frostspanner heimgesucht wurden, verhielt sich die Erzeugung von Spätholz genau umgekehrt zur Zahl der fressenden Raupen (Abb. 201; die Ordinate für den Zuwachs ist umgekehrt bezeichnet, so daß die beiden Kurven parallel verlaufen); der Zuwachs an Frühholz wurde nicht beeinflußt, weil er offenbar noch vor der Hauptfraßzeit der Raupen aus Vorratsstoffen aufgebaut wird. Bei B u c h e übte Verlust von 80–100 % der Belaubung durch Fraß von *Dasychira pudibunda* (nach PARAMONOV 1935) weder im Fraßjahr noch im folgenden Jahr einen deutlichen Einfluß auf den Zuwachs des Schaftes aus ; nur im oberen Teil der Krone wurde im Nachfraßjahr ein Zuwachsverlust bis 8 % ermittelt. Der Grund für die auch von SCHNEIDER 1954 festgestellte Geringfügigkeit des Schadens ist in dem späten Eintritt des Fraßes zu suchen, der im wesentlichen erst erfolgt, wenn der Zuwachs angelegt und die Knospenausbildung für das nächste Jahr beendet ist. Bei P a p p e l führte Entlaubung erst zu nennenswerten Einbußen an Höhen- und Massenzuwachs, wenn sie mehr als die Hälfte der Blattmasse erfaßte (JOLY 1959).

Im allgemeinen setzt die Tätigkeit des Kambiums und damit das Dickenwachstum nicht in allen Baumteilen gleichzeitig ein, sondern zuerst in den Zweigspitzen und am Wurzelanlauf. Wird aus einem äußeren Anlaß oder infolge von Erschöpfung der Reservestoffe die Holzbildung vorzeitig abgebrochen, so kann es vorkommen, daß in bestimmten Stammteilen überhaupt kein Jahreszuwachs gebildet wird,

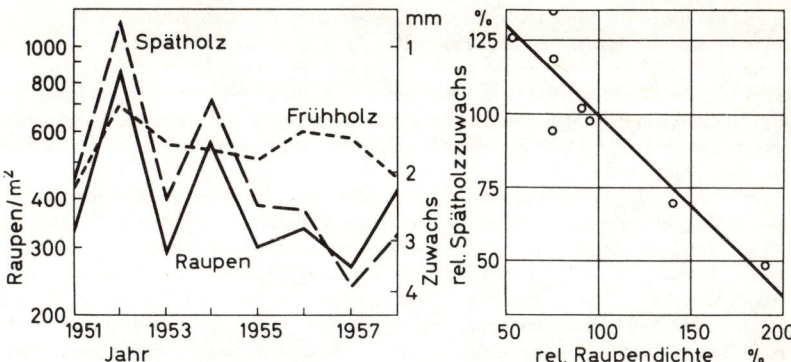

Abb. 201. Dichte (links) der Raupen von *Tortrix viridana* und *Operophthera brumata* sowie Zuwachs von Früh- und Spätholz an einer Eiche in den Jahren 1951–1957. Korrelation (rechts) zwischen relativer Raupendichte und relativem Spätholzzuwachs im gleichen Zeitraum, aber im Durchschnitt von fünf untersuchten Bäumen. Nach Varley-Gradwell 1962

daß also der Holzmantel dieses Jahres auskeilt (NÄGELI 1935). Eigenartige Schaftformen durch abnorme Anlage des Zuwachses können entstehen, wenn das Kambium nur teilweise zerstört wird. Der Pilz *Panellus mitis* tötet das Kambium von Nadelhölzern in Längsstreifen ab; Zuwachs legt sich nur in den gesund gebliebenen Zwischenteilen an, so daß der Schaft das Aussehen einer kannelierten Säule annehmen kann (JAAG 1937). Ein ähnliches Krankheitsbild beobachtete KNUCHEL 1940 an Esche; sein Erreger ist bisher unbekannt. Nach Befall durch *Peridermium pini* bildet sich der Jahrring nur einseitig aus. SO$_2$-Immission bewirkte Veränderungen im Xylem einer Fichte dahin, daß der Spätholzanteil anstieg, die Zahl der Tracheiden zunahm, diese kürzer blieben, während die Zahl der Tüpfel sich erhöhte (LIESE et al. 1975).

Zuwachsstockungen bei der Kiefer infolge von Dürre, Insekten- oder Pilzbefall haben im ariden Kieferngebiet Nordostdeutschlands Kronenabwölbung zur Folge, weil der Zuwachs der Hauptachse sich stärker verringert als der der Äste. Der Mitteltrieb stirbt leicht ab und wird zunächst nicht ersetzt. Bei guter Erholung kann auf die abgewölbte Krone eine neue Spitze gesetzt werden, die entweder vom alten Mitteltrieb oder einem früheren Seitenast gebildet wird. Bei weniger guter Erholung entsteht keine neue Hauptachse; die Krone bildet eine Kuppel mit mehreren gleichwertigen Ästen. Der Einfluß von Dürre zeigt sich am stärksten auf trockenen Böden; auf den geringsten Böden setzt die Wuchsstockung mit Kronenabwölbung schon bei einer Bestandeshöhe von nur wenigen Metern ein: es entstehen Krüppelbestände (MEYER 1939). Durch zeitweiligen Verlust von Kronenteilen infolge Schneebruchs wird die späterhin angelegte Holzsubstanz nicht nur mengenmäßig, sondern auch hinsichtlich ihrer mechanischen Eigenschaften beeinflußt. Neben den direkten Holzverlusten infolge von Bajonettbildung und Zuwachsruckgang tritt eine weitere Verminderung der Massenleistung in Form geringerer Raumgewichtserzeugung ein. Auch die Druckfestigkeit des Holzes ist bei Bruchfichten gegenüber normalen geringer (VOLKERT 1940).

Wucherung ist abnorm gesteigertes Wachstum. Sie kann überall am Pflanzenkörper durch die verschiedensten Einflüsse angeregt werden: durch Verletzung, durch abnorm reiche Wasser- und Nährstoffzufuhr, durch parasitäre Infektion (BEIDERBECK 1977). Im allgemeinen werden Pflanzenteile um so eher zu hypertrophischem Wachstum gebracht, je jünger sie sind.

Bei frostgeschädigten Fichten beobachtete FUNK 1928 eine ungewöhnliche Entwicklungstendenz der allein verschonten Gipfeltriebe: sie wurden abnorm lang und die trockenhäutigen Knospenschuppen der Terminalknospe und der darunter befindlichen Quirlknospen bildeten sich zu grünen Nadeln aus. An Pappeln wuchsen Blätter zu besonderer Größe, deren Stiele Gallen von *Pemphigus bursarius* trugen; ähnlich zeigte sich gesteigertes Wachstum von Fichtentrieben mit ungewöhnlich langen und kräftigen Nadeln nach Befall durch *Sacchiphantes abietis* (KIRCHHEIMER 1931). Diese Erscheinungen sind zum Teil durch kompensierendes Wachstum nach Verlust zahlreicher anderer Knospen und Triebe (Korrelationshypertrophie), zum Teil als Wachstumsförderung der distalen Pflanzenteile durch Abdrosselung des niedersteigenden Saftstroms erklärt worden, ohne daß damit mehr als Vermutungen gewonnen wurden, die noch manche Frage offen lassen. Abdrosselung des abwärts führenden Assimilatstroms ist auch beteiligt an dem als Einschnürungskrankheit bezeichneten Krankheitsbild: am Trieb, Zweig oder Stämmchen sterben, meist durch Pilzbefall, Kambium und Rinde ringförmig ab, die Assimilate stauen sich oberhalb der Befallsstelle und erzeugen hier einen kräftigen, wulstförmigen Dickenzuwachs; die Befallsstelle sieht dann, selbst wenn ihr Zuwachs unbeeinträchtigt bleibt, wie eingeschnürt aus.

Bei Befall junger Triebe verursachen die Sistentes der Tannentrieblaus durch ihre Einstiche pathologische Vergrößerungen der Parenchymzellen im Stichbereich, Hypertrophie ihrer Zellkerne, Verdickungen von Rinde und Periderm (FRANCKE-GROSMANN 1937, OECHSSLER 1962).

An Eiche, Kiefer und Fichte treten einander ähnliche Bildungen des Kambiums auf, die als Kropfkrankheit oder Knollensucht bezeichnet werden (SPRENGEL 1936). Eine oder einige anfänglich erkrankte Kambiumzellen vermehren sich zu einem Komplex kranker Zellen und erzeugen einen Kropf, dessen oberste Rindenschicht bei der Eiche aufplatzt und zu einem Borkenwulst wird, während die Knollen von Kiefer und Fichte meist nicht aufplatzen. Es sind an Kiefer allerdings auch Knollen mit starker Rißbildung, Verletzungen der Rinde und Harzaustritt beobachtet worden (LIESE 1930). Die Eichenkröpfe nehmen ihren Anfang stets innerhalb des ersten Jahresrings, während die Kiefern- und Fichtenkröpfe auch in späteren Jahren beginnen. Das kranke Kambium stirbt bei der Eiche meist nach einigen Jahren ab, bei Kiefer und Fichte in seltenen Fällen im späten Alter. Als Erreger des Eichenkropfes sehen ESCHERICH 1939 und ähnlich ZYCHA 1970 die am jüngsten Trieb saugende Laus *Lachnus roboris* an. Die Ursachen der Kiefern- und Fichtenkröpfe sind nicht bekannt.

Hypertrophien spielen eine wichtige Rolle bei den unten (S. 338 ff.) zu besprechenden Wundheilungs- und Reproduktionsvorgängen sowie bei der Gallenbildung.

Gallen. Einen besonderen Platz unter den Bildungsabweichungen nehmen die Gallen oder Cecidien ein. Es sind durch fremde Organismen verursachte Formanomalien, die durch Förderung oder Hemmung von Zellen, Gewebeteilen oder ganzen Organen zustande kommen und zum Gallenerzeuger in ernährungsphysiologischen Beziehungen stehen. Die interessante Erscheinung der Gallenbildung hat ein umfangreiches Spezialschrifttum veranlaßt (KÜSTER 1911, ROSS-HEDICKE 1927, ROSS 1932, ZWEIGELT 1931, WEIDNER 1957). Da ihre forstpathologische Bedeutung gering ist, kann hier nur auf das Wichtigste hingewiesen werden.

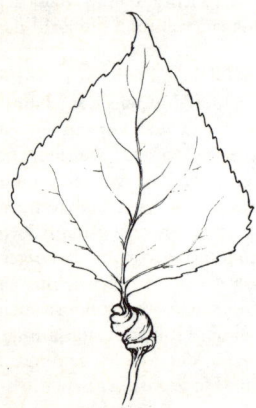

Abb. 202. Durch *Pemphigus spirothecae* verursachte Spiralgalle am Stiel eines Pappelblatts. 1/2

Abb. 203. Gallen von *Saperda populnea* an Pappelzweig. Dazwischen Einhieb eines Spechts, der die Larve herausholte. 1/1

Gallenerzeuger sind Tiere (Cecidozoen), namentlich Eriophyiden, Homopteren, Dipteren, Lepidopteren, Hymenopteren und Coleopteren, sowie Pflanzen (Cecidophyten), insbesondere Bakterien, Pilze und Loranthaceen. Entsprechend werden Zoocecidien, Entomocecidien, Phytocecidien, Mycocecidien usw. unterschieden. KÜSTER 1911 stellt den organoiden Gallen, die als Verzweigungsanomalien, Hexenbesen usw. deutlich erkennbare Organe besitzen, die meist spindel- oder kugelähnlichen histoiden Gallen gegenüber, welche eine Gliederung in Blatt und Achse nicht erkennen lassen

(Abb. 202). Ursache der Gallenbildung dürften in der Hauptsache vom Gallenerzeuger ausgeschiedene, das Wachstum hemmende oder steigernde Stoffe sein (WEIDNER 1950, NOLTE 1952); daneben können rein mechanische Einwirkungen sowie Wundreize Bedeutung haben. Die Fähigkeit, auf diese Einflüsse durch Gallenbildung zu reagieren, kommt in der Regel nur jungen, noch in der Entwicklung begriffenen Teilen der Pflanze zu.

Organoide und histoide Gallen können in den mannigfaltigsten Formen auftreten. Die ersten sind meist Knospen- und Triebspitzendeformationen, oft verbunden mit kurzbleibender Achse und überhäufter Blätterbildung; sie werden als Hexenbesen, Wirrzöpfe, Weidenrosen usw. bezeichnet. Hexenbesen sind dichte Zweigbüschel, die meist auf parasitische Einwirkungen von Pilzen und Milben zurückgehen. Die Laubholzhexenbesen werden besonders von *Taphrina*-Arten, die Tannenhexenbesen von *Melampsorella caryophyllacearum* verursacht (Abb. 41). Die Hexenbesen an Fichte und Kiefer entstehen nicht parasitär, sondern sind Knospenmutationen und als solche vererbbar. Werden durch Infektion Epidermiszellen zu starkem Wachstum ihrer Außenwände angeregt, so bilden sich Haar- und Filzgallen, wie die durch Milben verursachten Cecidien auf den Blättern von Ahorn, Birke oder Linde. Blattrollungen und -faltungen *(Byrsocrypta ulmi)* entstehen aus Wachstumsanomalien der Blattspreite und leiten über zu den Beutelgallen *(Schizoneura lanuginosa)*, die sackförmige Auswölbungen des Blattes darstellen, in deren Inneren der Parasit lebt. Durch lokales Dickenwachstum infizierter Pflanzenteile entstehen Gewebewülste, die entweder die Gallenerzeuger dauernd auf ihrer Oberfläche tragen (Krebsgallen, *Schizodryobius pallipes*) oder den Parasiten allmählich umwachsen (Umwallungsgallen, *Mikiola fagi*); liegt das Cecidozoon von Anfang der Gallenentwicklung an im Innern des Pflanzenorgans, so sprechen wir von Markgallen *(Saperda populnea*, Abb. 203), während als Lysenchymgallen solche bezeichnet werden, bei denen der Parasit das Wirtsgewebe auflöst und nachträglich in die durch Gewebeverflüssigung entstandene Höhlung einsinkt *(Neuroterus numismalis)*.

c. Zerstörungen

Den Tod von Organen, Geweben, Zellen oder Zellteilen, der durch Verletzungen, parasitäre Infektion, Frost, Wassermangel usw. herbeigeführt wird, bezeichnet man als Nekrose. Sterben nur bestimmte Gewebeformen ab, während andere, benachbarte, unter dem Einfluß der gleichen Bedingungen stehende am Leben bleiben, so sprechen wir von differenzierter Nekrose (Tod der Schließzellen, die sich durch Rötung ihres Inhalts äußert, infolge Raucheinwirkung auf Nadelhölzer). Lokale Nekrose ist Absterben einzelner Zellen oder Zellgruppen inmitten eines Gewebes oder Organs, z. B. fleckenförmiges Absterben von Blatteilen nach Pilzinfektion.

Zerstörung ganzer Organe, Gewebe und Zellen. In gröbster Weise erfolgt die Zerstörung ganzer Organe, Gewebe und Zellen auf mechanischem Wege durch abiotische Einwirkungen wie Hagel, Schnee- und Sturmbruch, Blitz usw., ferner durch Tierfraß in seinen mannigfaltigen Formen (Abb. 204).

Besondere Formen der Fraßschäden an Blattorganen sind Löcherfraß (junge Nonnenraupe), Schartenfraß (Kiefernspanner, Graurüßler, Abb. 95), Ankerfraß (alte Nonnenraupe), Skelettierfraß (Blattkäfer, Abb. 205) und Minierfraß (Buchenspringrüßler, Abb. 206); bei diesem entstehen durch Ausfressen des Blattparenchyms und Verschonen der beiderseitigen Epidermis Gang- oder Platzminen. Fraß an Stamm und Zweigen kommt vor als Rindenplatzfraß, d. h. Entfernen der Rinde und Freilegen des Holzkörpers, in Gestalt von Löchern *(Hylobius*, Abb. 207), Furchen (wurzelbrütende Hylesinen), Schälstellen (Rotwild) und Ringelungen *(Cimbex*, Abb. 146); ferner bei Eindringen des Tieres in die Rinde als Rindenminierfraß, der in der toten Borke erfolgen kann *(Anobium emarginatum)*, häufiger aber in die saftleitenden Schichten vorstößt (Borkenkäfer, Bockkäfer, Abb. 208), als Holzfraß (Weidenbohrer) und als Markröhrenfraß (Waldgärtner im Kieferntrieb, Kleiner Pappelbock, Abb. 209). Wurzelfraß besteht im Benagen der Rinde oder Abbeißen von Wurzelteilen (Engerling, Abb. 210). Bei Samenfraß wird meist das Innere des Samens ausgefressen *(Balaninus glandium)*.

Pilze rufen Zerstörungen hervor durch Verzehren und Verdrängen von Gewebeteilen, durch Ausscheiden von Giften, welche, häufig dem sich ausbreitenden Myzel mehr oder weniger voraneilend, die anstoßenden Zellen und Gewebe zum Absterben bringen, und durch Erzeugung von Fäulen (siehe unten).

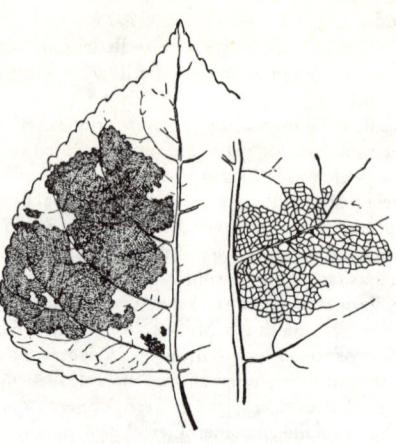

Abb. 205. Skelettierfraß an Pappelblatt durch *Phyllodecta vitellinae*. Rechts vergrößert

Abb. 206. Minierfraß von *Rh chaenus fagi* im Buchenblatt

Abb. 204. Fraß von *Pristiphora abietina* an Fichte

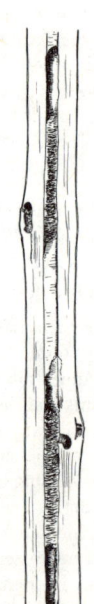

Abb. 207. Käferfraß von *Hylobius abietis* an Fichtenstämmchen. 2/1

Abb. 208. Larvenfraßgänge von *Pogonochaerus fasciculatus* an Kiefernzweig. 1/1.

Abb. 209. Larvenfraß von *Saperda populnea* im Pappeltrieb. 2/3

Abb. 210. Fraß des M fer-Engerlings an Fic wurzel. 1/1

Eigens bezeichnete Formen pilzlicher Zerstörungen sind die Rindennekrose, auch Rindenschorf oder Rindenbrand genannt: ein lokales Absterben der Rinde; Triebspitzen- und Blattfleckenkrankheit: Absterben des Triebendes bzw. von fleckenförmigen Stellen in der Blattspreite; Schütte: vorzeitiges Abwerfen von Nadeln, ohne oder nach Verfärbung.

Jede Zerstörung eines Pflanzenteils bedeutet den Ausfall einer Stätte der Produktion oder der Leitung von Stoffwechselprodukten wie auch der Konsumtion. Eine Unterbrechung, Stauung und Ablenkung der Nährstoffströme ist die Folge, die schlimmstenfalls zum Tode der Pflanze, häufig zu Bildungsabweichungen führt. Entblätterte Triebe zeigen unvollkommene Ausbildung mancher Gewebe, so daß sie weich und biegsam bleiben, während der Chlorophyllgehalt der Achsenrinde eine Verstärkung erfahren kann. Einseitige Zerstörungen an der Achse führen zu Triebkrümmungen (*Melampsora pinitorqua, Rhyacionia buoliana*).

In diesem Zusammenhang sei auf die oft auffälligen Lageveränderungen kahlgefressener Seitenzweige von Kiefer und Fichte hingewiesen. Infolge der durch den Nadelverlust bedingten Verminderung der Belastung krümmen sich die Zweigenden nach oben und innen: es entstehen „Todeskrallen", die vom Praktiker als Zeichen des Absterbens des betreffenden Zweiges oder auch des ganzen Baumes gewertet werden. Während die Kiefernzweige diese Stellung beibehalten, senken sich die Zweige der Fichte beim Eintrocknen wieder; das unterschiedliche Verhalten ist wahrscheinlich auf verschiedenen Rotholzanteil zurückzuführen (LIESE 1925).

Wird durch lokale Zerstörung von Geweben ganzer Organen die Wasser- und Nährstoffzufuhr dauernd abgeschnitten, so müssen diese absterben.

Hierher gehören das Triebsterben durch *Cenangium ferruginosum*, der Kienzopf, das Absterben ganzer Pflanzen durch Hallimaschbefall oder *Hylobius*-Fraß. Auf gleichsam indirektem Wege kann Nonnenfraß die Fichte töten, wenn nach Verlust der schattenden Benadelung direkte Sonnenstrahlung die Temperatur des Kambiums über das erträgliche Maß erhöht (HARTIG 1900).

Bei der Nekrose von Zellen und Zellgruppen können mannigfaltige chemische Umsetzungen stattfinden. Dabei regen vermutlich aus den verletzten Zellen stammende Wundreizstoffe oder Wundhormone (HABERLANDT 1922, LUNDEGÅRDH 1960) die Nachbarschaft zu anomalen Teilungen, zur Bildung der weiter unten zu besprechenden Wundgewebe an.

Zerstörung von Zellwand und Zellinhalt. Die Zellwand kann von Pilzen zerstört werden, welche die Mittellamellen, die Zellulose oder die Inkrusten herauslösen: es entsteht eine Fäule. Am häufigsten ist der Angriff auf die aus Pentosanen, besonders aus Pektinstoffen bestehende Mittellamelle, die verschleimt und abgebaut wird und mit ihren Abbaustoffen dem Parasiten zur Nahrung dient.

Hinsichtlich der Zerstörung von Zellulose und Lignin unterscheidet man bei den holzbewohnenden Pilzen zwischen Korrosions- und Destruktionsfäule (FALCK 1926). Die korrosive Holzzersetzung, nach der vorwiegenden Färbung des Faulholzes als Weißfäule bezeichnet, besteht in erster Linie in einem Abbau des Lignins, dem später ein solcher der Zellulose folgt (*Phellinus pini, Fomes annosus, Stereum frustulosum* u. a.) Es werden einzelne, örtlich begrenzte Teile des Holzes unter allmählicher völliger Auflösung der hier vorhandenen Holzsubstanzen angegriffen; dadurch entstehen Löcher, welche mit weißen Zelluloseresten ausgekleidet sind. Die zwischen den Zerstörungsherden vorhandene Holzsubstanz bleibt einigermaßen erhalten und gibt dem Holz noch lange eine gewisse Festigkeit. Bei der destruktiven Holzzersetzung oder Braunfäule wird bis zum letzten Stadium des Zerfalls der Holzsubstanz nur die Zellulose angegriffen und verbraucht, während das Lignin erhalten bleibt (*Coniophora puteana, Gloeophyllum abientinum* u. a.). Eine Löcherbildung findet nicht statt, von jeder Zelle bleiben Gestalt und Lage innerhalb des Gewebeverbandes erhalten, wenn auch die Zellwand weitgehend abgebaut wird. Infolge der Verringerung der Zellwandsubstanz und des gleichzeitigen Befalls großer Flächen bilden sich Schwundrisse. Destruktionsfäule hat im Rückstand eine Anreicherung an ligninartigen Substanzen, Korrosionsfäule eine solche an Zellulose zur Folge.

Nach den Symptomen bzw. dem Pflanzenstadium oder -teil, in dem die Fäule auftritt, unterscheidet man: Keimlingsfäule oder Wurzelbrand (*Pythium debaryanum*), an jungen und älteren Pflanzen Wurzelfäule (*Phytophthora cactorum, Armillariella mellea*), Stockfäule, die auf die Stammbasis beschränkt bleibt (*Sparassis crispa*), Kernfäule, von der Stammbasis aufsteigend (*Fomes annosus*), Stammfäule am stehenden Stamm (*Phellinus pini*) und Lagerfäule am lagernden Holz (*Gloeophyllum abietinum*); nach der Farbe, die das Faulholz annimmt – wie schon erwähnt –, Braunfäule, hauptsächlich an Nadelholz, und Weißfäule, vorwiegend an Laubholz (der vielgebrauchte Begriff Rotfäule bezieht sich vorwiegend auf die in Fichte durch *Fomes annosus* verursachte Fäule); nach der Festigkeit des Faulholzes Hartfäule mit noch festem Holzgefüge und Weichfäule nach weich-faseriger Auflösung des Holzes; je nachdem, ob das Holz trocken bleibt oder der Pilz Wasser ausscheidet Trockenfäule (*Coniophora puteana*) und Naßfäule (*Serpula lacrymans*); nach der Struktur des Faulholzes Loch- oder Wabenfäule mit löcheriger Zersetzung der Substanz (*Stereum frustulosum*), Ringfäule, wenn das Frühholz eher als das Spätholz zerfällt, so daß sich der Holzkörper in zylinderähnliche Schichten aufspaltet (*Phellinus pini*), Moderfäule mit weichem Holz, das sich mit dem Fingernagel eindrücken läßt und in trockenem Zustand in Querrissen reißt (*Chaetomium globosum*); schließlich Wundfäule, wenn der Pilz durch eine Wunde in den Baum eindringt (*Piptoporus betulinus*).

Wenn durch die vorstehend genannten Beispiele der Eindruck erweckt wird, die jeweilige Fäule werde durch einen bestimmten Erreger verursacht, so ist zu betonen: in der Regel sind neben dem hauptsächlich wirksamen Pilz weitere Arten – nicht nur Pilze – am Werk. BLANCHETTE-SHAW 1978 fanden in faulendem Koniferenholz eine enge Assoziation von Basidiomyceten, Bakterien und Hefen, wobei die beiden letzten merklich das Myzelwachstum der Pilze förderten und den Fäulnisprozeß beschleunigten.

Vom Zellinhalt können verändert werden das Zellplasma, das als Folge des Eindringens intrazellulär lebender oder haustorienbildender Pilze sowie unter der Einwirkung von Lauseinstichen bis zum Kollabieren der Zellwände abnimmt; ferner der Kern und die Chloroplasten: ein Abbau des Chlorophylls zeigt sich in den verfärbten Flecken und Querbändern auf Fichtennadeln nach Befall von *Chrysomyxa abietis* und *Liosomaphis abietina* (KLOFT-ERHARD 1959) oder auf Kiefernnadeln nach Infektion durch *Lophodermium pinastri*; durch Raucheinwirkung wird das Chlorophyll zerstört.

d. Wundheilung und Reproduktion

Jede einer lebenden Pflanze beigebrachte Wunde ruft Prozesse an den verletzten Zellen oder Geweben hervor, welche der Wundheilung und gegebenfalls der Reproduktion verlorengegangener Organe und Organteile dienen. Diese Prozesse sind vielfach identisch mit denjenigen, die oben (S. 314) unter anderem Gesichtspunkt als Vorgänge der aktiven Resistenz geschildert wurden.

Wundheilung kann erfolgen oder gefördert werden durch Bildung von Thyllen, Kallus, Wundholz und Wundrinde sowie von Wundkork und durch Auftreten von Gummi- und Harzfluß. In der Regel laufen mehrere dieser Vorgänge nebeneinander ab.

Thyllen sind meist kugelige Aussackungen im Lumen der Gefäße und Tracheiden, die dadurch entstehen, daß die den Gefäßen anliegenden Parenchymzellen an den Stellen, an welchen sie die dünnwandigen Teile des Gefäßes berühren, in dieses hineinwachsen. Sie entstehen auch ohne vorangegangene Verwundung, doch wird ihre Bildung durch Verletzung angeregt. Sie dienen dem Verschluß von Gefäßen, z. B. wenn diese angeschnitten sind. Ähnliche Aufgabe erfüllen die häufig zu beobachtenden thylloiden Füllungen in lufthaltigen Interzellularräumen, Sekretlücken und Harzgängen.

Kallus ist eine lockere, parenchymatische Gewebeschicht, die aus den an der Wundfläche sich abspielenden Wachstumsvorgängen entsteht und bald als unscheinbare, aus wenigen Zellagen bestehende Schicht, bald als üppige Wucherung an allen Organen und Gewebeformen auftreten kann. Er füllt Risse in Holz und Rinde, überzieht Wundflächen mit einer gleichmäßigen Gewebeschicht oder erhebt sich auf ihnen zu mehr oder minder hohen Polstern, die nie eine spezifische Form annehmen. In besonders starkem Maße ist das Kambium zur Kallusbildung befähigt. Das zunächst recht homogene Kallusgewebe differenziert sich bei größeren Bildungen: es entstehen Tracheiden, Steinzellen und Hautgewebe; im Kallus vieler Laubhölzer fallen Gerbstoffvakuolen auf.

Die auf Stammquerschnitten von Weide, Erle, Birke u. a. häufig zu beobachtende Braunfleckigkeit (Mondringe, Markflecken) erkannte KIENITZ 1883 als Kallusbildungen, mit welchen sich die von Minierfliegenlarven (S. 226) in der kambialen Region gefressenen Gänge gefüllt haben. Die Braunfärbung rührt von dem spärlichen Kot und wohl auch von angebissenen Zellen her. Die neuen Zellen, welche die Gänge ausfüllen, werden meist aus Markstrahlenzellen der Rinde, seltener des Holzes gebildet (SCHIMITSCHEK 1935). Nach VÖCHTING 1918 treten im Weidenholz auch Markflecken auf, die nicht auf Insektenfraß, sondern vielleicht auf Gewebezerreißungen zurückzuführen sind.

Wundholz ist jedes unter dem Einfluß des Wundreizes abnorm gebildete Holz. Entsprechend werden als Wundrinde alle nach Verwundung abnorm entstehenden Rindenelemente bezeichnet. Das Wundholz unterscheidet sich vom normalen Holz vor allem durch die geringere Weite der Gefäße, die geringere Länge der Gefäßglieder und Fasern und das Vorherrschen der Parenchymzellen, während die Fasern spärlich bleiben oder ganz fehlen. Sein Faserverlauf ist in der Nähe der Wunde meist unregelmäßig und kann zu auffälligen Maserungen und Knäuelbildungen führen (Abb. 211), in welchen

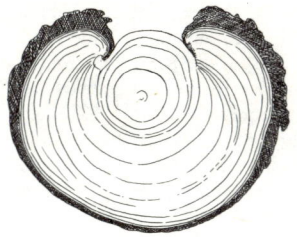

Links: Abb. 211. Wundholzbildung an Fichtenast nach Verletzung

Mitte: Abb. 212. Überwallung einer Rotwildschälwunde an Fichtenstämmchen

Rechts: Abb. 213. Krebs an Pappelzweig

besonders tracheale und faserähnliche Anteile wirbelartig ineinandergedreht erscheinen (MÄULE 1895, NEEFF 1914). Die vom Kambium innerhalb einer Vegetationsperiode in der Nähe der Wunde erzeugten Xylemmassen können erheblich größer sein als der normale Jahreszuwachs. Da sich der Wundholzkörper der gegebenen Raumverhältnissen anpaßt, ist seine Form sehr veränderlich. Große Wundflächen werden allmählich überwallt, indem vom Rande her Wundholz und Wundrinde zentripetal wulstartig vorwachsen, schließlich zusammentreffen und durch Verwachsung die Wunde endgültig schließen (Abb. 212).

Nach HESS-BECK 1927 geht die Überwallung von Schälwunden an Laubhölzern am raschesten bei Eiche und Esche, langsam bei Buche und Hainbuche und nur schlecht bei Ahorn vonstatten. Unter den Nadelhölzern ist die Folge in absteigender Reihe etwa: Tanne, Lärche, Strobe, Kiefer, Fichte. Im übrigen sind Umfang der Schälstelle, Schälzeit, Wiederholung der Beschädigung, Bestandesalter und Standortverhältnisse von maßgeblicher Bedeutung für die Schnelligkeit des Überwallens.

Bildung von Wundholz und Wundrinde ist auch ein wichtiger Faktor bei der Entstehung von Krebsen: sie kommen dadurch zustande, daß durch eine Infektion lokal das Kambium, meist während der Vegetationsruhe, abgetötet wird, der Baum sodann versucht, in der Vegetationszeit die nekrotische Stelle zu überwallen, und sich die Aufeinanderfolge von Absterbevorgang und Überwallungsprozeß jahrelang wiederholt. Als Folge dieser Entstehung findet man häufig eine konzentrische Ringbildung in den Überwallungswülsten der Krebse (Abb. 213).

Wundkork ist Gewebe, das im Gegensatz zum Kallus, der stets mit anomalem Zellenwachstum verbunden ist, vorwiegend durch Zellteilung entsteht. In unmittelbarer Nähe der Wundfläche bilden sich mehrere Schichten reihenweise geordneter Zellen, die an das normale Hautgewebe des verletzten Pflanzenorgans, Epidermis oder Kork, ansetzen und die Wunde abschließen. Außer an mechanisch erzeugten Wunden entsteht Wundkork auch dort, wo oberflächlich gelegene Teile eines Organs abgestorben oder inmitten des lebenden Gewebes nekrotische Herde entstanden sind; rings um die toten Massen bilden sich dann Wundkorkschichten, die den toten Anteil des Gewebes von dem lebenden allseits abschließen.

Wundgummi sind nach Wundreiz in verschiedener Weise entstehende, gummiähnliche Substanzen von durchaus unterschiedlicher chemischer Natur. Durch Gummiimprägnierung nehmen bei den Laubhölzern alle durch Wunden freigelegten Teile des Holzkörpers dunkle Färbung an; das derart gebildete Schutzholz (FRANK 1884) stimmt mit dem in alten Stämmen spontan entstehenden Kernholz in allen wesentlichen Punkten überein (PRAEL 1888). Mit der Überwallung und dem Verschluß der Wunde kommt der Prozeß der Schutzholzbildung zum Stillstand. Nichts anderes als Schutzholz ist auch der Rotkern der Buche, der vielfach als Falschkern bezeichnet wird; seine Entstehung wurde von früheren Autoren (MÜNCH 1910 u. a.) auf Verwundung und Pilzbefall zurückgeführt. Demgegenüber sieht ZYCHA 1948 die Rotkernbildung als rein physiologische Erscheinung an, die eintritt, wenn durch zeitweiligen abnormen Entzug von Speicherwasser aus dem Holz Luftsauerstoff durch Trockenäste eingesaugt wird. Die Füllung von Gefäßen mit Luft und der fortschreitende Wasserentzug führen zur Thyllenbildung und zu Absterbeerscheinungen unter oxydativer Verfärbung. Die Rotkernbildung ist also keine pathologische, sondern eine Alters-Erscheinung, die je nach standörtlichen und klimatischen Bedingungen früher oder erst sehr spät eintreten kann (NEČESANÝ 1969). Der Frostkern (S. 51) ist nur eine besonders üppige Form des Rotkerns. Das bei Nadelhölzern, namentlich der Kiefer, nach Verletzung des Holzkörpers entstehende Schutzholz enthält wie das echte Kernholz auch Toxine, die es gegen den Angriff vieler Pilze resistent macht; die Bildung des Schutzkernholzes erfolgt nur während der Vegetationszeit und am besten, wenn die Wunde mit Harz bedeckt und damit vor raschem Austrocknen geschützt ist (LYR 1967).

Bei der als Gummifluß oder Gummosis bezeichneten Erscheinung entsteht das Gummi auf Kosten der Membranen, die der Lösung anheimfallen. Gefäße, Holz- oder Bastfasern und andere Zellarten werden, vorzugsweise in den jüngsten Holzschichten, verflüssigt und von zahlreichen Gummilakunen zerklüftet. Die den Hohlraum auskleidenden lebenden Zellen können in ihn vorwachsen, kallusartige Zellfäden liefern und schließlich ebenfalls der Verflüssigung anheimfallen. Brechen die Gummilakunen auf, so lassen sie ihren Inhalt als gelbe oder braune Tröpfchen austreten oder als dicke, schwere Masse abfließen.

Harzfluß oder Resinosis ist eine dem Gummifluß ähnliche Erscheinung. Es handelt sich dabei nicht allein um den primären Ausfluß des Harzes aus normalen, durch Verwundung geöffneten Gängen, sondern auch um eine erst längere Zeit, oft wochenlang nach der Verletzung einsetzende, sehr reichliche und langandauernde sekundäre Abgabe von Harz, das aus abnormen, unter dem Einfluß des Wundreizes neugebildeten Harzgängen stammt (NYLINDER 1951). Das Harz bildet einen Wundverschluß, der wie ein erster Verband wirkt. Harzgallen sind ehemalige Inseln von Wundholzparenchym, die nach Verletzung des Kambiums der Koniferen entstanden und nach Überwallung von normalem Xylem allseits umschlossen wurden; die eingekapselten Wundholzmassen verfallen der Auflösung und verharzen (TSCHIRCH-NOTTBERG 1897, LINDINGER 1906).

Reproduktion. Als Reproduktion oder Regeneration bezeichnen wir die Neubildung zerstörter Organe und Organteile oder die Entstehung von Ersatzbildungen, welche die von den verlorengegangenen Organen bisher geübten Funktionen übernehmen. Der seltene Fall einer völligen Regeneration, welche den verletzten Organismus in allen Beziehungen in den früheren Stand zurückversetzt, heißt Restitution.

Regenerationsvorgänge können zunächst auf zwei verschiedenen Wegen zustande kommen: entweder durch direkte Neubildung, indem die durch die Wunde bloßgelegten oder die in ihrer Nähe gelegenen Zellen durch die Verletzung zu Teilungen angeregt werden und mit diesen unmittelbar zum Neuaufbau der zerstörten Anteile beitragen, oder durch indirekte Neubildung, bei welcher die vom Trauma ausgelösten Zellteilungen zunächst einen Kallus entstehen lassen; erst ein Teil von diesem liefert im Lauf der weiteren Entwicklung den Ersatz für das durch die Verletzung Genommene.

Reproduktion der Blattorgane und Triebe. Die für unsere Betrachtungen besonders wichtige Reproduktion der Blattorgane und Triebe befressener Baumkronen erfolgt im wesentlichen aus den für das nächste Jahr angelegten Knospen oder aus Reserveknospen; von den alljährlich im Herbst gebildeten Vegetationspunkten kommen im folgenden Frühjahr nie alle zur Entwicklung; sie bleiben als schlafende Knospen mehr oder weniger lange Zeit erhalten und können bei Bedarf austreiben.

Laubhölzer reproduzieren ihr Blattwerk selbst nach stärksten Verlusten leicht. Zeitig im Frühjahr erfolgende Entlaubung durch Frost, Dürre oder Insektenfraß (Maikäfer, Eichenwickler) ist bereits wenige Wochen später durch Johannistriebbildung äußerlich geheilt. Wegen der Notwendigkeit, in jedem Jahr die gesamte Krone zu erneuern, besitzen die Laubhölzer einen beträchtlichen Vorrat an Reservestoffen im Holz, besonders der Wurzeln, aus dem sie die nötigen Baustoffe zur Neubildung der Blattorgane sogleich entnehmen können. Eine zweite Entlaubung innerhalb der Vegetationszeit vertragen die Laubbäume allerdings nicht; selbst die reproduktionsfreudige Eiche stirbt ab, wenn die erste Belaubung durch Insekten vernichtet, die zweite durch Mehltau zum Verkümmern gebracht wird.

Relativ geringes Reproduktionsvermögen zeigte die Buche nach einem starken Spätfrost, der im Nordalpengebiet die infolge ungewöhnlich warmen Frühjahrs vorzeitig entwickelte Vegetation überraschte; die Wiederbegrünung dauerte bei ihr länger als bei den anderen Laubholzarten und wurde auch nicht vollständig erreicht (PODHORSKY 1928).

Die Nadelhölzer haben wesentlich weniger Reservestoffe, da sie jährlich nur einen mehr oder minder kleinen Anteil der Krone neu zu bilden haben und die älteren Nadeljahrgänge am Aufbau der Maitriebe mitarbeiten. Ein Nadelverlust kann daher von ihnen nur in gewissen Grenzen ersetzt werden und hinterläßt stets langandauernde Nachteile. Entscheidend für den Vorgang der Reproduktion sind Stärke und Zeitpunkt des Fraßschadens.

Untersuchungen über die Wiederbegrünung von Nadelhölzern liegen vor allem für die Kiefer vor; sie beziehen sich speziell auf die Reproduktion nach Eulenfraß (RATZEBURG 1862, 1863, LIESE 1924, 1925, 1926, 1933, TUBEUF 1930, KADAMBI 1932), nach Spannerfraß (HARTIG 1895, 1896, SCHWERDTFEGER 1932) und nach Blattwespenfraß (URBAN-KOCH 1964).

Eine schwach befressene Kiefer, die einen Teil ihrer Nadeln behalten hat, reproduziert ihre Benadelung durch Austreiben der normalen Endknospen im nächsten Jahr. Die Assimilation der noch vorhandenen Nadeln schafft die dazu notwendigen Aufbaustoffe heran. Dabei ist die Länge des neuen Triebes abhängig von der Zahl der Nadeln, die der betreffende Zweig noch besitzt.

Bei starkem Fraß oder Kahlfraß ist zu unterscheiden, ob der Fraß zeitig im Jahr, noch vor Beendigung der Knospenausbildung, oder später erfolgt. Tritt Kahlfraß nach der Knospenentwicklung ein (Kiefernspanner), so treiben die normalen Knospen im nächsten Frühjahr aus und bilden Triebe, die meist schwächer als gewöhnlich sind, da zu ihrer völligen Ausbildung die vorhandenen Reservestoffe nicht ausreichen und die Unterstützung der assimilierenden alten Nadeln fehlt. Die Triebe des folgenden Jahres nähern sich wieder der normalen Größe. Anders bei frühzeitigem Kahlfraß, also bei völliger Entnadelung nach Ausbildung der diesjährigen Triebe, aber vor Fertigstellung der neuen Endknospen (Forleule). Die im Vorjahr angesammelten Reservestoffe sind durch die Maitriebbildung verzehrt. Der vielleicht noch vorhandene Rest wird verbraucht zur Ernährung des Kambiums und Bildung des Jahrrings. Es besteht also die Gefahr, daß die Endknospen sich infolge Nährstoffmangels schlecht entwickeln oder daß die ausgebildeten Knospen im nächsten Frühjahr wegen Fehlens von Reservestoffen nicht zu treiben vermögen. Die Kiefer sucht sich daher noch im Fraßjahr Assimilationsorgane zu schaffen. Dies geschieht in einfachster Weise durch Verlängerung noch vorhandener Blattorgane zu abnormen Größen oder durch Nachschieben der stehengebliebenen Nadelstümpfe; beide Bildungen sind häufig auffallend gekrümmt und verbreitert und entstehen nur an letztjährigen Nadeln. Weiterhin vermögen schlafende Knospen auszutreiben, die in verschiedener Art vorhanden sind. Am Maitrieb können sich nach dem Fraß diejenigen Nadelpaare entwickeln, deren Vegetationspunkte im Herbst an der Triebknospe angelegt, aber im Frühjahr nicht zur Entwicklung gekommen waren; man sieht dann im Herbst am sonst kahlen Trieb einzelne unversehrte Nadelpaare, sekundäre Kurztriebe, die durch ihre Zartheit die nachträgliche Bildung erkennen lassen. Ferner können Quirltriebe entstehen, die ehemals als Quirlknospen angelegt waren, aber sich nicht entwickelten; besonders die latenten Quirlknospen des letzten Jahres werden nach dem Fraß zur Entwicklung angeregt, doch haben auch ältere die Fähigkeit hierzu nicht verloren. Die so entstehenden sekundären Quirltriebe sind meist kurze, gestauchte Triebe mit normalen zweinadeligen Kurztrieben. Schließlich können aus den latent zwischen den beiden Nadeln der Kurztriebe ruhenden Triebknospen Scheidentriebe entstehen. Bei hinreichenden Reservestoffen und frühzeitiger Beschädigung können sie wie auch die sekundären Quirltriebe zu normalen Langtrieben auswachsen. Bei geringerer Lebenskraft der Bäume werden die Scheidentriebe zu gestauchten, kurz bleibenden Trieben oder es bilden sich lediglich gut entwickelte Knospen, die im nächsten Jahr austreiben. Ist die Kiefer stark geschwächt, so entstehen Rosettentriebe, gestauchte Triebe, welche keine normalen Nadelpaare tragen, sondern einfache, flache, 1–3 cm lange, häufig gezähnte Blattorgane in der Gestalt der Primärblätter an den Keimlingen; es sind ergrünte Knospen- und Deckschuppen. RATZEBURG, HARTIG und TUBEUF messen den Rosettentrieben keinerlei Bedeutung für die Wiedererholung der Kiefer zu, halten sie sogar für sichere Todeszeichen, da sie die letzten Reservestoffe des Baumes verbrauchen, wegen ihrer späten Entstehung aber in unfertigem, empfindlichem Zustand in den Winter kommen und meist zugrunde gehen. Nach LIESE kann aber bei frühzeitiger Bildung und günstiger Witterung der Rosettentrieb zum Übergangstrieb werden, indem sich aus seiner Achsel regelrechte Kurztriebe entwickeln. Damit erhält die Krone eine wenigstens teilweise normale Benadelung und der Baum kann sich erholen, während bei ausschließlicher Rosettenbildung meist mit dem Absterben im folgenden Jahr zu rechnen ist.

An reproduzierten Langtrieben kommen zuweilen neben den normalen zweinadeligen auch drei-, vier- und fünfnadelige Kurztriebe vor (JACCARD 1925).

Die Erholung wird um so gründlicher sein, je höher am Stamm die benadelten Triebe sitzen; durch sie werden auch alle tieferen Teile der Krone in Tätigkeit gehalten. Bleiben nur untere Äste grün, so werden die darüber befindlichen vom Stoffverkehr ausgeschaltet. Der obere Gipfelteil stirbt ab und wird zum „Eulenspieß". Neben mangelnder Wasserversorgung kann hier auch die austrocknende Wirkung von Sonne und Wind auf die plötzlich freigestellte Kronenspitze beteiligt sein.

Über die Reproduktion der Fichte nach Nonnenfraß hat HARTIG 1892, 1893 grundlegende Untersuchungen angestellt. Sie haben eine Ergänzung gefunden durch die Beobachtungen NÄGELIS 1936 nach Fraß von *Pristiphora abietina*.

Wird die Fichte im ersten Frühjahr oder im Herbst entnadelt, so ergrünt sie wieder aus den normalen, vorhandenen Knospen, weil diesen der volle Vorrat an Reservenahrung in der Triebachse zur Verfügung steht; die neuen Triebe bleiben allerdings kleiner als normal, da ihnen die zusätzliche Ernährung aus der Assimilationstätigkeit der alten Nadeln fehlt. Bei Entnadelung im späten Frühjahr oder im Sommer, wie es meist (Nonne) der Fall ist, zeigen sich noch im gleichen Sommer

Reproduktionserscheinungen zweifacher Art. Sind die Knospen der neuen Maitriebe schon kräftig entwickelt, so treibt eine Anzahl von ihnen zu Johannistrieben aus, die meist kurz und büschelförmig bleiben. Konnten die Maitriebe vor dem Fraß keine entwicklungsfähigen Knospen mehr ausbilden, so beruht die einzige Möglichkeit der Wiederbegrünung auf der Entwicklung schlafender Augen (Präventivknospen), die sich lediglich am Grunde jedes Triebes, verborgen durch die Knospenschuppen der vorjährigen Triebspitze, finden. Diese kommen oft sehr üppig, besonders am Grunde der Maitriebe, zum Vorschein, ohne daß sie sich immer weiter entwickeln. Tritt Fortentwicklung ein, so entstehen kurze, büschelige Triebe, den sekundären Quirltrieben der Kiefer entsprechend, mit mehr oder weniger zahlreichen, kräftigen Nadeln. An sehr kräftigen Trieben entstehen sogar Seitenknospen. Die Reproduktionserscheinungen pflegen um so reichlicher einzutreten, je jünger und kleiner die Fichte ist. Sie bieten aber keine Gewähr für eine Wiedererholung des Baumes. Kleine Pflanzen von wenigen Dezimetern Höhe können sich nach sofortiger Wiederbegrünung gesund erhalten, dagegen sterben entnadelte Fichten von 1 m an aufwärts oft schon im Herbst des Fraßjahres, sonst im nächsten Sommer, ab. Ursache der gegenüber der Kiefer beträchtlich schlechteren Erholungsfähigkeit der Fichte ist wahrscheinlich ihre größere Empfindlichkeit für Erhitzung des Kambiums nach Fortfall der schattenden Benadelung und des kühlenden Saftstroms. Bei alleiniger Entnadelung des Maitriebs (*Pristiphora abietina*) entwickeln sich zahlreiche Triebe aus Präventivknospen, die der Krone ein buschiges Aussehen geben.

Während die schlafenden Augen der Kiefer sich nur innerhalb der Krone zu Neubildungen entwickeln treiben Fichte, Lärche, Tanne u. a. nach Entnadelung auch mehr oder weniger leicht am Stamm Präventivsprosse. Tannen bilden nach Wicklerfraß reichlich Klebäste.

Außer mit Hilfe normal gebildeter schlafender Knospen kann der Ersatz verlorengegangener Triebe und Blattorgane auch durch Sekundärknospen erfolgen, welche sich aus unscheinbaren Anlagen erst infolge einer Verstümmelung in der Achsel von Blättern oder Knospenschuppen bilden, wo normal keine Knospen zur Entwicklung gelangt sein würden. Die Fähigkeit zur Erzeugung solcher Sekundärknospen besitzt namentlich die Fichte; auf ihr beruht zum großen Teil ihre unverwüstliche Reproduktionskraft nach Wildverbiß.

Fichten, aber auch Buchen und Hainbuchen, die immer wieder verbissen werden, bekommen die Gestalt dichtverzweigter, niedriger Kegel, aus deren Mitte sich schließlich ein regelmäßiger Stamm erhebt, wenn der Busch so breit geworden ist, daß das Wild die Mittelknospe nicht mehr erreichen kann (HEYBEY 1937). Die gleiche Wirkung haben bei der Fichte wiederholte Spätfröste; sie vernichten die jungen Maitriebe besonders an den Seitenästen, während die Gipfelknospe häufig verschont bleibt, weil sie als letzte am Baum austreibt; ist der Mitteltrieb über die Frosthöhe hinausgewachsen, so eilt er aus dem dichten Kegel rasch voran.

Reproduktion des Endtriebs. Nach Beschädigung oder Verlust des Gipfels oder der Gipfelknospen können die Bäume auf zweierlei Weise Ersatz schaffen. Einmal treiben unterhalb der Schadstelle schlafende Knospen aus; das ist insbesondere der Fall bei Laubhölzern, aber auch bei Nadelholz möglich.

Werden z. B. einer Kiefer durch Wicklerfraß oder Wildverbiß die normalen Endknospen genommen, so entwickeln sich dicht unter der Wundstelle aus schlafenden Augen neue Triebe, die oft so gehäuft auftreten, daß büschelförmige Bildungen entstehen.

Die zweite, vornehmlich bei Nadelhölzern zu findende Möglichkeit besteht in der Aufrichtung eines Seitenzweiges, der die Führung übernimmt. Auch bei Seitenachsen stellt sich nach Verlust des Haupttriebs ein Seitentrieb in die Richtung des fehlenden Leittriebs. Der neue Haupttrieb wächst stärker als seine bisherigen Genossen. Richten sich mehrere Seitentriebe auf, so kommt es zu unerwünschter Mehrgipfeligkeit. Nur wenn junge Triebe sich aufrichten, kann ein fast völliges Einstellen in die Vertikale erfolgen. Geht ein größeres Gipfelstück verloren und richtet sich ein älterer Zweig auf, so geschieht es regelmäßig in einem mehr oder weniger großen Bogen; es bildet sich ein „Bajonett". Dabei kommt es zu Überkrümmungen, die Spitze des aufgerichteten Zweiges geht über die Lotrechte hinaus und krümmt sich dann wieder um (HÄRDTL 1934).

SCHMIDT 1940 beobachtete ein durchaus unterschiedliches Ausheilungsvermögen junger Kiefern nach Verlust des Höhentriebs je nach Rasse und Individuum: während einerseits vollkommene Ersatztriebbildung durch Aufrichten eines Seitentriebs erfolgte, übernahm in anderen Fällen kein Trieb die Führung, so daß vielgipfelige, kusselige Formen entstanden.

Bei völligem Wipfelbruch sind Nadelbaumstümpfe nicht regenerationsfähig, während Laubbäume, namentlich Esche, Ahorn, Birke, Erle, Roßkastanie solchen Schaden weitgehend durch Austreiben von Knospen unterhalb der Bruchstelle ausheilen können.

Reproduktion von Wurzelteilen. Untersuchungen über die Reaktion der Kiefernwurzel auf Verwundungen sind von LIESE 1926 durchgeführt worden; wenn sie sich auch zunächst auf Verletzungen durch Bodenbearbeitungsgeräte beziehen, so lassen sich ihre Ergebnisse bis zu einem gewissen Grade auch auf Verwundungen übertragen, welche durch den Fraß von Bodeninsekten, insbesondere des Engerlings, entstehen. Wird eine Wurzel ziemlich glatt abgetrennt, so schützt sich die Wundstelle sehr schnell durch Harzaustritt gegen weitere Schadeinwirkungen. Unter dieser Schutzschicht beginnt alsbald ziemlich unabhängig von der Jahreszeit die Bildung eines Kallus, aus dem sich allmählich neue Wurzelinitialen differenzieren. Die Anzahl der Neubildungen ist abhängig von zahlreichen Faktoren, insbesondere dem Standort, dem Alter, der früheren Lebenstätigkeit und der Menge von Reservestoffen. Die neuen Wurzeln verlaufen regelmäßig in der Richtung der alten; bei größerer Anzahl von Neubildungen gehen sie meist fächerförmig auseinander, doch herrscht das Bestreben, in der Hauptrichtung zu bleiben. Führt Pilzinfektion zum Absterben von Wurzeln, so sucht sich der Baum durch Harzausscheidung gegen weiteres Eindringen des Parasiten zu schützen; oberhalb dieser Schutzzone bilden sich unter geeigneten Umständen Adventivwurzeln.

Kiefern einer Ackeraufforstung stockten nach freudigem Jugendwachstum vom zweiten bis zum sechsten Jahrzehnt völlig im Wuchs, um mit 60 Jahren zu der früheren guten Zuwachsleistung zurückzukehren. Wurzeluntersuchungen zeigten, daß die Kiefern durch *Fomes annosus* fast ihr ganzes Wurzelsystem eingebüßt und dieses nach Jahrzehnten aus den wenigen überlebenden Wurzelstümpfen zu normalem Umfang wieder aufgebaut hatten. Ermöglicht wurde ihnen dies wahrscheinlich durch inzwischen erfolgte Zuwanderung im Waldboden heimischer, antagonistischer Pilze, die nun den gefährlichen Wurzelschwamm in Schach hielten (HUBER-JUNG 1960), wobei sich allerdings die Frage stellt, weshalb der ebenfalls im Waldboden lebende Schadpilz Jahrzehnte vorher sich einfinden konnte.

2. WIRKUNG DER KRANKHEIT AUF DEN BESTAND

a. Änderung der Zusammensetzung der Lebensgemeinschaft

Das mit einer Waldkrankheit als Massenerkrankung meist verbundene massige Auftreten von Krankheitserregern bedeutet an sich schon eine Änderung in der zahlenmäßigen Zusammensetzung der Lebensgemeinschaft. Wenn, wie es bei Insektengradationen stets der Fall ist, der Schädlingsvermehrung eine Zunahme der Räuber, Parasiten usw., d. h. des gesamten organismischen Anteils des Gradozöns folgt und gegebenenfalls eine Kette von Sekundärschädlingen auftritt, so können die Verschiebungen im Beziehungsgefüge schon beträchtlich werden. Sofern sie nicht von Dauer sind und entweder durch Selbstregelung oder vom Menschen nach mehr oder weniger langer Zeit ausgeglichen werden, ist ihre Bedeutung für das Dasein des Waldes und für die Wirtschaft des

Forstmannes gering. Erst wenn die Wirkung der Krankheit in einer nicht mehr rückgängig zu machenden Änderung der Lebensgemeinschaft besteht, kann sie sowohl vom biologischen als auch vom wirtschaftlichen Standpunkt aus von Belang sein. Eine besondere Rolle spielen hierbei die im Baumbestand eintretenden Änderungen.

b. Änderung des Baumbestandes

Im schlimmsten Falle kann ein Bestand so von einer Krankheit heimgesucht werden, daß sein Leben gefährdet ist. Ob er die Erkrankung übersteht, darüber entscheidet neben der Intensität der Schadwirkung zunächst einmal das im vorigen Kapitel geschilderte Wundheilungs- und Reproduktionsvermögen des Einzelbaumes. Für den Bestand ergeben sich dabei in Ergänzung des auf S. 338 ff. Gesagten einige weitere Gesichtspunkte.

Wiedererholung erkrankter Bestände. Zur Frage der Genesung erkrankter Bestände liegen die meisten Beobachtungen vor aus Kiefern beständen, die von Raupenfraß heimgesucht wurden. Maßgebend für ihre Erholung ist stets die Nadelmenge, mit welcher der Bestand den Winter übersteht. Da die noch im Fraßjahr gebildeten Ersatzorgane häufig den Frösten zum Opfer fallen, ist im allgemeinen von ausschlaggebender Bedeutung das Vorhandensein alter Nadeln. Wenige Prozent der normalen Benadelung genügen meist, um den Bestand zu erhalten. Je größer die noch vorhandene Nadelmenge ist, um so leichter geht die Umwandlung der im Baumkörper gespeicherten Reservestoffe vor sich, um so freudiger erfolgt das Wachstum der neuen Triebe.

Völlige Entnadelung mit gleichzeitiger Entknospung wirkt unbedingt tödlich. Frühzeitiger Kahlfraß der Forleule oder des Kiefernspinners, der neben den alten Nadeln die Maitriebe mit ihren Knospen vernichtet, führt daher zum Tode des Bestandes. Einmaliger Kahlfraß des Kiefernspanners, der die Knospen verschont, ist dagegen in der Regel nicht tödlich. Ein zwei Jahre aufeinanderfolgender Kahlfraß führt stets zum Absterben des Bestandes; dabei wird unter Kahlfraß restlose Entnadelung verstanden.

Sind noch geringe Nadelmengen vorhanden, so hängt die Wiedererholung des Bestandes von Alter, Bestandesschluß, Boden, Witterung und Auftreten sekundärer Schädlinge ab.

Beim Forleulenfraß 1923/24 erholten sich ältere Bestände besser als jüngere (LIESE 1924, 1933, RÖHRIG 1930, LEMMEL 1935). LIESE erklärt diese Erscheinung mit dem größeren Reservestoffvorrat älterer Stämme und ihrem Reichtum an Reserveknospen. Nach Spanner- und Blattwespenfraß fanden SCHWERDTFEGER 1932 bzw. URBAN-KOCH 1964 die geringste Erholungsfähigkeit in Stangenhölzern von 40–80 Jahren, die beste in Beständen von 20–40 und über 120 Jahren, während Baumhölzer von 80–120 Jahren die Mitte hielten. Die Schnelligkeit der Erholung, die Erholungsenergie, war am höchsten in den jüngsten Beständen und nahm mit steigendem Alter ab. Eingeklemmte und unterdrückte Stämme erholten sich schlechter als herrschende. Nach MARCUS 1942 hat sich der Standraum der geschädigten Kiefern als sehr wesentlich für die Genesung erwiesen. Kiefern in geschlossenen Bestandteilen haben sich nach dem bayrischen Forleulenfraß 1928/31 sehr langsam erholt und sind selbst 7 Jahre nach dem Fraß noch nicht zu normalen Verhältnissen zurückgekehrt, während bei freistehenden Kiefern das übliche Wachstum früher erreicht wurde. Hinsichtlich des Bodens ist nach Forleulenfraß wiederholt die Beobachtung gemacht worden, daß die Erholung besonders gut auf trockenen Sandböden, schlechter dagegen auf Moorböden, feuchten Senken und Böden mit hohem Grundwasserstand erfolgte (LIESE, RÖHRIG, KADAMBI 1932, LEMMEL, MARCUS); auf jenen war anscheidend vor dem Fraß der Stoffwechsel der Bäume schwächer als auf diesen, seine plötzliche Unterbrechung bedeutete daher hier keinen so scharfen Eingriff in das Leben des Baumes wie auf den besseren Böden. Mit dieser Erfahrung stimmen die nach Spannerfraß gemachten Beobachtungen nicht ganz überein: Erholungsfähigkeit und Erholungsenergie waren am größten auf den besten vorkommenden Ertragsklassen und sanken bis zur IV. Ertragsklasse ständig ab; auf noch schlechteren Standorten schienen sie wieder besser zu werden (SCHWERDTFEGER). Abgänge nach Blattwespenfraß waren auf grundwasserfernen Standorten höher als auf grundwassernahen (URBAN-KOCH). Bezüglich der Witterung gelten als günstig für die Erholung milde Winter und niederschlagreiche, nicht zu heiße Vegetationszeiten. Frühfröste im Herbst und tiefe Wintertemperaturen bringen der schwachen Ersatzbegrünung den Tod. SCHWERDTFEGER konnte einen Einfluß des Witterungscharakters der Nachfraßjahre auf die Wiederbegrünung der Kiefer nach Spannerfraß nicht feststellen; dagegen wirkte während der Fraßzeit herrschende Dürre verschärfend auf den Schaden. Im westslowakischen Befallsgebiet des Kiefernspanners haben die 1939 stärker befressenen Bestände durch den strengen Winter 1939/40 so gelitten, daß umfangreiche Bestandesflächen abstarben. Von großer Bedeutung kann das Auftreten von Sekundärschädlingen sein: Borkenkäfer und Hallimasch haben häufig nach Raupenfraß schlimmere Schäden angerichtet als der Primärschädling.

Für die Wiedererholung stark befressener Fichtenbestände ist außer dem Vorhandensein einer ausreichenden assimilierenden Nadelmenge das Ausbleiben einer tödlichen Erhitzung des Kambiums entscheidend. Übermäßig hohe Wärme kann im Kambium nur durch unmittelbare Sonnenbestrahlung entstehen; ihre Stärke ist außer von der Benadelung der Einzelkrone vom Bestandesschluß abhängig. Im geschlossenen Bestand wird daher die Fichte bessere Erholungsmöglichkeiten haben als im lückigen oder gar im Freistand. Hinsichtlich der Witterung müssen heiße, sonnige Vegetationszeiten als erholunghemmend angesehen werden.

Untersuchungen in Fichten- und Buchenbeständen, die 2 Jahre zuvor einem ungewöhnlich schweren Hagel ausgesetzt gewesen waren, zeigten, daß Fichten, die weniger als 30–40% der ursprünglichen Krone behalten hatten, selbst auf bestem Standort keine Möglichkeit der Erholung besaßen; dabei spielten auch die erheblichen Verletzungen des Kambiums und das Eindringen von Pilzen eine Rolle. Die Buche erwies sich als im Durchschnitt erholungsfähiger (v. PECHMANN 1958).

Änderung der Bestandesbeschaffenheit. Stirbt nur ein Teil der erkrankten Stämme ab, so ändert sich der Schlußgrad des Bestandes. Es entstehen mehr oder weniger große Lücken, die schließlich derart überwiegen können, daß von einem Walde nicht mehr gesprochen werden kann. Ist im gemischten Bestand eine Baumart empfindlicher als die andere, so kann die Krankheit eine Änderung im Mischungsverhältnis der Baumarten bewirken.

Die Fichte leidet in Fichten-Tannen-Laubholz-Mischbeständen stärker unter Sturm und Schneebruch als die übrigen Holzarten; sie starb in Fichten-Eichen-Kulturen des Rheinlandes (umgewandelte Schälwaldungen) infolge der Dürre 1947 ab, während die Eiche erhalten blieb; sie wird im Kiefern-Fichten-Mischbestand von der Nonne herausgefressen und litt nach dem Dürrejahr 1947 unter *Ips typographus* besonders stark im Laubholzgrundbestand. Der Tannenwickler kann aus einem Tannen-Fichtenbestand durch Vernichtung der Tanne einen reinen Fichtenbestand machen.

Wenn in einem ungleichaltrigen Bestand bestimmte Altersstufen besonders heimgesucht werden, wenn, wie es häufig der Fall ist, junge, unterständige Bäume stärker leiden als die herrschenden, so tritt eine Verschiebung im mittleren Alter des Bestandes ein. Auch eine nach Lichtung durch Rauchschäden oder Insektenfraß sich einfindende natürliche Verjüngung bringt eine Änderung des mittleren Bestandesalters mit sich.

Der Zuwachs des Bestandes ändert sich, gleichgültig, ob nach der Erkrankung eine völlige Wiedererholung eintritt oder Lücken bleiben. In der Regel wird er, entsprechend dem Zuwachsgang des Einzelbaumes (S. 332), eine scharfe Minderung erfahren, die sich um so mehr auf die Bestandesleistung auswirken muß, je größer die Verlichtung und damit der Ausfall an produzierenden Stämmen ist. Bei Holzarten, die auf Freistellung stark durch Zuwachssteigerung reagieren, kann bei Verlichtung des Bestandes nach anfänglichem Zuwachsrückgang auch eine beachtliche Erhöhung des Stärkezuwachses einsetzen, die bei nicht zu starker Verringerung der Stammzahl zu einer Mehrung des Bestandeszuwachses führt.

Nach Untersuchungen von SREINERTS 1935 in Fichtenbeständen verringerte sich nach Nonnenfraß der Stärkezuwachs vom ersten Nachfraßjahr ab stark, auf 20–40% der Vorfraßjahre, um bei jüngeren

Bäumen nach 3–4 Jahren, bei älteren erst nach 6–8 Jahren den normalen Wert wieder zu erreichen. In der Folgezeit nahm der Stärkezuwachs infolge Verlichtung des Bestandes auch in den älteren Stämmen weiter zu, so daß der Fraßschaden an diesen Bäumen ausgeglichen, in einigen Fällen sogar überholt wurde. Der Höhenzuwachs verringerte sich stark und war auch in den folgenden Jahren gering; erst nach 15 Jahren wies er bei einigen Fichten die Tendenz zur Zunahme auf.

Neben der Mengenleistung kann die Güteleistung des Bestandes eine scharfe Änderung erfahren; das ist in der Regel um so mehr der Fall, je geringer der Bestand bei Eintritt der Erkrankung war. Die Güteminderung kann unmittelbare Folge der Krankheit sein, sie kann aber auch mittelbar, insbesondere durch Änderung des Bestandesschlusses, hervorgerufen werden.

Unmittelbar wird die Bestandsqualität verschlechtert durch Schnee- und Duftbruch, durch Zuwachsstockungen infolge von Bodenverdichtung, durch den Kiefernknospentriebwickler, welcher durch Vernichten der Knospen Verbuschung und Ästigkeit, durch Posthornbildung Stammkrümmungen verursacht, ferner durch den Kiefernbaumschwamm oder den Wurzelschwamm, welche Holzfäule hervorrufen. Bei den bereits genannten Untersuchungen in hagelgeschädigten Beständen wiesen Fichten auf der Luvseite unter geringfügig verletzt erscheinender Rinde ausgedehnte Streifen mit abgestorbenem Kambium und Befall durch holzzerstörende Pilze auf; die Buchen zeigten trotz besserer Erholungsfähigkeit eine so starke Güteminderung des Holzes, daß sie nur noch als Schirm für eine beschleunigte Verjüngung erhaltenswert waren (v. PECHMANN 1958). Indirekt wird die Güte beeinträchtigt, wenn der Bestand infolge von Dürre oder Engerlingsfraß in der Jugend lückig emporwächst; die Stämme werden ästig und grobringig.

c. Fortentwicklung geschädigter Bestände

Stirbt der erkrankte Bestand ganz oder zum Teil ab, so tritt eine mehr oder weniger tiefgreifende Umwandlung der ganzen Lebenseinheit ein. Infolge des Wegfalles des Kronendachs und des Seitenschirms wandelt sich das Bestandesklima (Abb. 214). Die Beschaffenheit der obersten Bodenschicht kann dadurch oder auch z. B. durch den massenhaft zu Boden gefallenen Raupenkot beeinflußt werden. Entsprechend der Änderung der Klima- und Bodenverhältnisse treten Verschiebungen in der Vegetation ein, denen Änderungen in der Tierwelt folgen müssen. Auf Engerlingskulturen breitet sich das Landrohr aus, verlichtete Bestände vergrasen und verunkrauten, von den übriggebliebenen Bäumen stellt sich Verjüngung ein, anfliegende Samen bringen weitere Holzarten hinzu und es entsteht, wenn der Mensch nicht eingreift, nach mehr oder weniger langer Zeit und zuweilen nach manchen Umwegen eine natürliche Pflanzengemeinschaft, welche den jeweiligen Bedingungen des Klimas und Bodens entspricht und unter sich und mit der in ihr lebenden Tierwelt ausgeglichen ist.

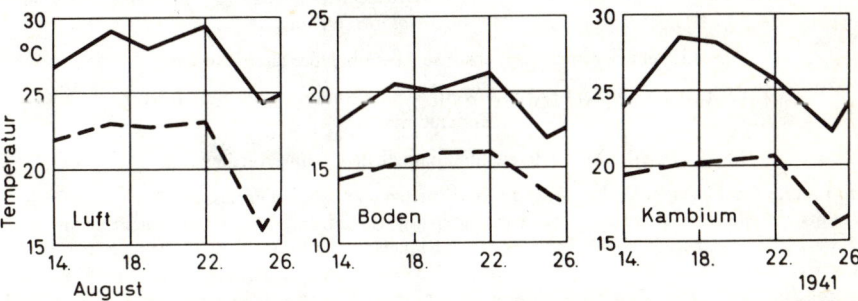

Abb. 214. Höchsttemperaturen in einem gesunden, geschlossenen (gestrichelte Kurven) und in einem nach Tannensterben stark verlichteten Tannenbestand (ausgezogene Kurven) am 14.–26. August 1941, und zwar Temperatur der Luft in 100 cm Höhe, des Bodens in 5 cm Tiefe und des Kambiums an der Westseite eines Stammes in 100 cm Höhe. Nach SCHIMITSCHEK 1942

Zuweilen führt diese natürliche Entwicklung zu einer auch forstwirtschaftlich erwünschten Waldform, wenn sich beispielsweise vom Kiefernspanner gelichtete Bestände freudig verjüngen und ein gesunder, ungleichaltriger Kiefernwald entsteht. In der Regel wird aber im Wirtschaftswalde die Entwicklung vom Menschen gesteuert werden müssen.

d. Verkettung von Krankheiten

Änderungen im Beziehungsgefüge Wald, die durch eine vielleicht nur geringfügige, keineswegs daseinbedrohende Erkrankung entstehen, können den Ausgangspunkt für weitere Störungen bilden, deren Auswirkungen sich gegenseitig verstärken. Es kommt auf diese Weise eine Verkettung von Krankheiten zustande, auf die bereits in früherem Zusammenhang wiederholt hingewiesen wurde, wenn als Folge einer Erkrankung das Entstehen einer Disposition für Sekundärschädlinge oder weiterer Krankheiten genannt wurde. Folgen mehrere Einzelkrankheiten aufeinander, die sich gegenseitig bedingen, allein relativ harmlos sein können, in der Gesamtwirkung aber schwerste Schäden oder gar den Tod verursachen, so sprechen wir von einer Kettenkrankheit. Ihre Erkennung ist zuweilen nicht einfach, da sich deutliche Symptome häufig erst in den Endgliedern der Kette bemerkbar machen, wenn der Anstoß zur Krankheitsfolge, die Primärursache, längst nicht mehr wahrzunehmen ist.

SCHIMITSCHEK 1942 führt die Erkrankung der Tannenbestände des Wienerwaldes auf eine Verkettung von Erscheinungen und Krankheiten zurück, die von einer wirtschaftlichen Maßnahme des Menschen ausgelöst wurde. Sie kann folgendermaßen dargestellt werden:

Gründung reiner Tannenbestände statt der standortgemäßen Mischbestände
aus Tanne, Buche und anderen Baumarten.

Änderung der kleinklimatischen Verhältnisse in den Beständen, Änderung des
Bodenklimas und des Wasserhaushalts.

Frühes Erreichen der physiologischen Altersgrenze. Dürrejahre, daraus folgen

einerseits

physiologische Störungen, besonders auf flachgründigen Böden und solchen mit geringer Luft- und Wasserkapazität
Hallimasch.
Auftreten von Sekundärschädlingen: *Pissodes piceae*, Brutfraß von *Cryphalus piceae, Pityokteines curvidens, P. spinidens, Xyloterus lineatus*.

andererseits

Massenvermehrungen von *Choristoneura murinana, Epinotia nigricana*. Überwinterungsfraß von *Cryphalus piceae*.
Verlichten und Absterben der Krone von oben durch *C. murinana*, von unten durch *C. piceae*.
Weitere Folgeschädlinge: *Pissodes piceae, Pityokteines curvidens, P. spinidens, Rhagium, Xyloterus lineatus*.

Einzelweise und gruppenweise Absterben der alten Tannen.

Verlichten der Tannenbestände. Weitgehende Änderung des Bestandes- und
Bodenklimas.

Ende jeder Möglichkeit einer natürlichen Tannenverjüngung.

Ein anderes Beispiel einer Verkettung von Krankheiten beobachtete Verfasser in Eichenbeständen des Forstamts Hellefeld im Warthegebiet: aufeinander folgten Kahlfraß durch den Goldafter im Sommer 1939, starker Winterfrost 1939/40, Kahlfraß durch Ringelspinner im Frühjahr 1940 und erneut abnorme Winterfröste 1940/41 und 1941/42. Durch die Entblätterung und die darauf einsetzende Wiederbegrünung trat eine Verschiebung im Entwicklungsrhythmus der Eichen auf, welche sie in die ungewöhnlich harten Winter eintreten ließ, ehe die an bestimmte stoffliche Vorgänge gebundene Kälteresistenz der Gewebe (S. 44) in genügendem Maße erreicht war. So führten Ereignisse, die einzeln für das Bestandesdasein belanglos gewesen wären, in ihrer Verkettung zu schwersten physiologischen Störungen, die sich in langandauerndem Absterben der Eichen äußerten.

Auch bei Krankheiten, welche allein durch einen gutbekannten Erreger verursacht zu sein scheinen, liegt häufig eine Verkettung verschiedener Faktoren vor. Das Auftreten der Fichtenwurzelfäule, das PRIEHÄUSSER 1943 im Forstamt Zwiesel schildert, liefert mit seinen Voraussetzungen und Folgen das Bild einer Kettenkrankheit. Primärursache ist stark schwankender Wasserhaushalt des Bodens, der in Trockenzeiten die Haarwurzeln der Fichten absterben läßt; bei erneuter Durchfeuchtung dringt *Fomes annosus* in die Wunden ein und erzeugt Wurzel- und Stammfäule. In Fichtenreinbeständen kann die Bodentrockenheit erst dann wurzelschädigend auftreten, wenn Auflichtung im Stangen- und Baumholzalter den Sonnenstrahlen und ungenügender Randschutz den austrocknenden Winden Zutritt gewährt. Folgen des Pilzbefalls sind Holzwertminderung und Zuwachsstörungen, die sich auch in der Form der Krone äußern: sie erhält eine im Schnitt beiderseits konkave Form, der ursprünglichen Paraboloidform wird eine Neiloidform aufgesetzt. Diese ermöglicht die Auflagerung größerer Schneemassen und gibt damit die Voraussetzung für Schneebruch. Die Wurzelschädigungen mindern die Standfestigkeit der Fichte gegen Sturm.

Weitere Beispiele für Kettenkrankheiten bringt das folgende Kapitel.

Schrifttum: AUFSESS, H. v.: Mikroskopische Erscheinungsbilder beim Holzabbau durch *Fomes annosus* (Fr.) Cooke. EJFP 4, 193–203, 1974. — BEIDERBECK, R.: Pflanzentumoren. Stuttgart 1977. — BLANCHETTE, R. A., a. SHAW C. G.: Associations among bacteria, yeasts, and basidiomycetes during wood decay. Pp 68, 631–637, 1978. — GRILL, D., ESTERBAUER, H., BECK, G.: Untersuchungen an phenolischen Substanzen und Glucose in SO₂-geschädigten Fichtennadeln. PZ 82, 182–184, 1975. — HEITEFUSS, R., a. WILLIAMS, P. H. (Eds.): Physiological plant pathology. Berlin-Heidelberg-New York 1976. — KIRK, T. K., a. HIGHLEY, T. L.: Quantitative changes in structural components of conifer woods during decay by white- and brown-rot fungi. Pp 63, 1338–1342, 1973. — LANDIS, W. R., a. HART, J. H.: Physiological changes in pathogen-free tissue of *Ulmus americana* induced by *Ceratocystis ulmi*. Pp 62, 909–913, 1972. — LIESE, W., SCHNEIDER, M., ECKSTEIN, D.: Histometrische Untersuchungen am Holz einer rauchgeschädigten Fichte. EJFP 5, 152–161, 1975. — LUNDEGÅRDH, H.: Pflanzenphysiologie. Jena 1960. — MacHARDY, W. E., a. BECKMAN, C. H.: Water relations in American Elm infested with *Ceratocystis ulmi*. Pp 63, 98–103, 1973. — NEČESANÝ, V.: Forstliche Aspekte bei der Entstehung des Falschkerns der Rotbuche. HZ 95, 563–564, 1969. — PEEK, R. D., LIESE, W., PARAMESWARAN, N.: Infektion und Abbau des Wurzelholzes von Fichte durch *Fomes annosus*. EJFP 2, 237–248, 1972. — PLANK, J. E. v. D.: Principles of plant infection. New York-San Francisco-London 1975. — ROBERTS, B. R., a. JENSEN, K. F.: The influence of Dutch Elm Disease and plant water stress on the foliar nutrient content of American and Siberian Elm. Pp 60, 1831–1833, 1970. — SCHOLZ, F., u. STEPHAN, B. R.: Physiologische Untersuchungen über die unterschiedliche Resistenz von *Pinus sylvestris* gegen *Lophodermium pinastri*. EJFP 4, 118–126, 1974. — SINGH, P., a. BHURE, N. D.: Influence of *Armillaria* root rot on the foliar nutrients and growth of some coniferous species. EJFP 4, 20–26, 1974. — WELCH, B. L., a. MARTIN, N. E.: Effects of *Cronartium ribicola* on soluble sugars in *Pinus monticola* bark. Pp 65, 1025–1026, 1975. — ZYCHA, H.: Auftreten einer „Kropfkrankheit" an Roteiche. PZ 69, 307–314, 1970. — Die Messung der Kernfäule-Aktivität in Fichtenbeständen. AFJZ 146, 153–155, 1975.

C. BESONDERE KRANKHEITEN

Mit besonderen Namen werden in der Forstpathologie einige Waldkrankheiten bezeichnet, deren Ursachen nicht klar zutage treten und häufig in einer Verkettung verschiedener Umstände beruhen, deren Bedeutung jedoch infolge ihres umfangreichen oder chronischen Auftretens und der Schwierigkeit oder gar Unmöglichkeit von Gegenmaßnahmen beachtlich ist.

Ackersterbe. Aufforstungen von Ackerflächen, die mit Fichte oder Kiefer ausgeführt werden und zunächst gut gedeihen, zeigen häufig im Dickungs- und Stangenholzalter eine Erkrankung, die als Ackersterbe oder Ackertannenkrankheit bekannt ist. Nester- und horstweise, oft ringförmig fortschreitend, sterben die Stämmchen ab; ihre Wurzeln sind fast immer faulig und verkient, besonders die Pfahlwurzel ist ungenügend entwickelt und erkrankt, meist ist auch Befall von *Fomes annosus* vorhanden. Im Stangenholzalter, etwa vom 50.–60. Jahre ab, kommt die Krankheit in der Regel zum Stillstand.

Als primäre Ursache kommt der Pilz wahrscheinlich nicht in Frage; sie ist vermutlich in der Eigenart des Ackerbodens zu suchen, der vielfach schlechte physikalische Eigenschaften, insbesondere geringes Porenvolumen und Verfestigung in der Pflugsohle zeigt. Dichtlagerung und geringe Tiefgründigkeit führen zu starken Feuchtigkeitsschwankungen im Wurzelraum: einerseits Vernässung und Sauerstoffmangel, andererseits Austrocknung verursachen Absterben der Wurzeln und Disposition für Pilzbefall. Die Baumindividuen, denen es gelingt, die verhärtete Bodenschicht zu durchbrechen und mit ihren Wurzeln tiefer in das Erdreich einzudringen, haben die Krankheit überwunden. Ein weiterer Grund liegt wahrscheinlich in der leichteren Aufnehmbarkeit der Nährstoffe auf ehemaligen Feldböden, wodurch die Wurzeln zur Ausbreitung in den obersten Schichten angereizt werden und andererseits das Holz rasch, locker und schwammig erwächst; weitlumiger Aufbau geht mit größerem Luftgehalt des Holzes parallel, der das Wachstum von *Fomes annosus* begünstigt.

Bei Züchtung dieses Pilzes auf Holzproben von Ackerfichten und Waldbodenfichten verloren in viermonatiger Versuchsdauer die Ackerholzproben 6,4%, die Waldholzproben 3,6% des Anfangsgewichts (v. HOPFGARTEN 1933).

Zur Vermeidung der Ackersterbe sind bei Feldaufforstungen statt Fichte und Kiefer Pionier-Holzarten zu verwenden oder zumindest beizumischen, die mit ihren Wurzeln möglichst tief in den Untergrund eindringen und den Boden lockern. Dazu eignen sich vor allem Laubhölzer: Erle, Robinie, Aspe, Roteiche, Birke und Eiche. Auch die Douglasie scheint nicht anfällig zu sein (ZIMMERMANN 1908). Diese Baumarten können auch zum Füllen der Sterbelücken verwendet werden. Die zweite Waldgeneration zeigt in der Regel die Krankheit nicht mehr.

Fichtensterben. Aus manchen Teilen Mitteleuropas, namentlich aus Ostpreußen, aber auch aus Schlesien und anderen Gebieten ist eine Krankheit in Fichtenstangen- und -althölzern bekannt geworden, die sich in jahrelangem Kränkeln der Bäume, Auftreten verschiedenartiger Schädlinge und schließlich Absterben der Fichten äußert. In manchen ostpreußischen Forstämtern war 1934 die Hälfte und mehr der vorhandenen Fichtenbestände verlichtet (HITSCHHOLD 1934). Während MÜLDER 1934 den Anlaß der Erkrankung im Winterfrost 1928/29 sucht, wird von anderen Autoren, und wohl mit größerer Wahrscheinlichkeit, als Primärursache eine Störung des Wasserhaushaltes im Baum angesehen. Sie kann auf verschiedenen Wegen entstehen, beispielsweise durch Senkung des Grundwasserstandes infolge von Drainage, Moorentwässerung, Flußregulierung oder Kanalbau. GROSS 1934 führt das Fichtensterben in Ostpreußen auf jahrelange beträchtliche Erhöhung des Grundwasserspiegels zurück. Demgegenüber ist nach KLEINSCHMIT-DEINES 1935 auf den schweren Lehm- und Tonböden z. B. im Forstamt Tapiau/Ostpr. die Störung der Wasserversorgung zwangsläufige Folge des Fichtenreinanbaues auf Extremböden; die Fichte vermag mit ihren Wurzeln in den schweren Ton nicht einzudringen, es entsteht eine physiologische Verflachung des Bodens, die im Winter und Frühjahr zur Vernässung, im Sommer zur Austrocknung der durchwurzelten obersten Bodenschicht führt; eine Wassernachlieferung von unten ist nicht möglich. Die Störung des Wasserhaushalts läßt die Fichten kränkeln und macht sie disponiert für die Angriffe sekundärer Schädlinge: *Fomes annosus*, Hallimasch und Borkenkäfer stellen sich ein, auch die Kleine Fichtenblattwespe frißt häufig in diesen Beständen. Für ein in Schweden und England 1973–1977 beobachtetes Fichtensterben wird mehrjährige, von 1971 bis 1976 auftretende Sommerdürre als auslösender Faktor angesehen. Der primäre Schaden bestand in verheerender Wurzelmortalität; ihr folgten Pilz- und Insektenangriffe. Am stärksten litten die Fichten auf physiologisch flachgründigen Podsolböden (DIAMANDIS 1979, JOHANSSON-WÄSTERLUND 1979, KOHH 1979). Offenbar ist die Fichte infolge ihres flachstreichenden Wurzelwerks allgemein und speziell auf ihr nicht zusagenden Böden im künstlichen Anbaugebiet gegenüber allen Änderungen der Wasserverhältnisse empfindlich, gleichgültig worauf diese zurückzuführen sind.

Die Bekämpfung der Krankheit – sofern überhaupt möglich – muß entsprechend ihrer Primärursache waldbaulicher Art sein. Für die ostpreußischen Extremböden wurde Übergang von der Fichtenreinbestands- zur Mischbestandswirtschaft empfohlen. Nach irreversibler Senkung des Grundwasserspiegels ist zweckmäßig der an den alten Grundwasserbestand angepaßte Bestand durch einen neuen zu ersetzen, der sich von vornherein auf die veränderten Wasserverhältnisse einstellt. Allgemein sollte Fichtenanbau auf physiologisch flachgründigen Böden vermieden werden.

Schrifttum: DIAMANDIS, S.: „Top-dying" of Norway Spruce, *Picea abies* (L.) Karst., with special reference to *Rhizosphaera kalkhoffii* Bubák. VI. Evidence related to the primary cause of „top-dying". EJFP 9, 183–191, 1979. — JOHANSSON, M., a. WÄSTERLUND, I.: Root and transpiration studies on young Norway Spruce trees with die back symptoms in Sweden. EJFP 9, 257–264, 1979. — KOHH, E.: Das „Sub top dying" der Fichte und das Tannensterben. FH 34, 265–269, 1979.

Tannensterben. In zahlreichen Weißtannengebieten treten – zeitweise stärker, zeitweise weniger bedenklich – Erkrankungen in Stangen- und Althölzern auf, die vielfach charakteristische Symptome zeigen. Nach WIEDEMANN 1927 äußert sich die Krankheit in Dürrwerden des unteren Teils der Krone, das allmählich höher hinaufrückt, bis schließlich nur noch ein 0,5 bis 2 m langes Gipfelstück grün ist. Die abgestorbenen Äste werden durch Wasserreiser ersetzt. Der oberste Gipfel behält noch lange eine gute Benadelung, läßt aber im Höhenwuchs nach, so daß ihn oft die äußeren Äste überragen und sich ein „Storchnest" bildet. Das Holz zeigt vielfach einen Naßkern, der braunfleckig ist und bei der Fällung jauchiges Wasser in Tropfen abgibt. Es treten langanhaltende Wuchsstockungen und schwere Zuwachsverluste ein, und ein großer Teil der Stämme geht zugrunde. Als Ursachen des Tannensterbens oder als an ihm beteiligt werden die verschiedensten Faktoren wie Bodenverhältnisse (HISS 1922, EVERS 1979), insbesondere Kalkmangel (SCHUBERT 1930), Störung der Kaliernährung (NEMEĆ 1940), Wassermangel, hauptsächlich verursacht durch Grundwassersenkungen (EBERDT 1930), Wurzelkonkurrenz (SCHMID-ZEIDLER 1953), ferner Immissionen (GERLACH 1928, ROETHER 1979), Dürre (MÜLLER 1921, LEININGEN 1924, WACHTER 1979), Frost (RUŽICKA 1937), waldbauliche Verhältnisse (SCHEIDTER 1919), Viren (FINK-BRAUN 1978), Wurzelfäule (SCHMIDT-VOIGT 1979) und Tannenläuse (SEDLACZEK 1933) genannt.

Es scheint, daß an verschiedenen Orten ungleichartige Ursachen zu ähnlichen Krankheitsbildern führen können, daß andererseits aber auch unterschiedliche, von verschiedenen Ursachen bedingte Krankheitserscheinungen mit dem Schlagwort „Tannensterben" belegt werden. In den meisten Fällen dürften Anlaß der Krankheit Wetterextreme sein, namentlich wenn sie sich in aufeinanderfolgenden Jahren wiederholen. Weitere Einflüsse treten dann hinzu. Der primäre Grund der Erkrankung dürfte jedoch in ungeeigneten standörtlichen und waldbaulichen Verhältnissen liegen, welche die Disposition der Tanne für Schadeinflüsse steigern und die Wirkung sonst leichter zu überstehender Angriffe zu fatalem Ausmaße erhöhen (s. auch oben S. 348). Die Tanne scheint nur optimal gedeihen zu können, wenn ihre sehr bestimmten und eng begrenzten ökologischen Ansprüche erfüllt sind. Werden, wie es im Wirtschaftswald zunehmend der Fall ist, die optimalen Grenzen überschritten, so reagiert die Tanne durch mehr oder weniger langdauernde und schwere Erkrankungen (PÉTER-CONTESSE 1957). Das gehäufte Auftreten des Tannensterbens seit der 2. Hälfte des vorigen Jahrhunderts ist vermutlich durch die Einschleppung eines neuen Schadfaktors, der Tannentrieblaus (S. 149), bedingt.

Die Bekämpfung der Krankheit wird, soweit sie überhaupt möglich ist, jeweils an ihrem ersten Ausgangspunkt anzusetzen haben; sie wird in der Regel allein in baumartgerechter waldbaulicher Behandlung der Tanne bestehen können (KRAUSS 1957, MEYER 1957, HORNDASCH 1978, MAYER 1979).

Schrifttum: ARNHOFER, A.: Das Tannensterben aus der Sicht des Kleinwaldbesitzers. AF 33, 997, 1978. — BAUCH, J., KLEIN, P., FRÜHWALD, A., BRILL, H.: Veränderungen der Holzeigenschaften von Weißtanne (*Abies alba* Mill.) durch das „Tannensterben". AF 33, 1448–1449, 1978. —Alterations of wood characteristics in *Abies alba* Mill. due to „fir-dying" and considerations concerning its origin. EJFP 9, 321–331, 1979. — EVERS, F. H.: Ernährungszustand gesunder und erkrankter Tannenbestände. FH 34, 366–369, 1979. — EVERS, F. H., KÖNIG, E., LIPPHARDT, M., MÜHLHÄUSSER, G., STUMMER, G., BERWIG, W.: Untersuchungen zur Tannenerkrankung. AF 34, 565–568, 1979. — FINK, S., u. BRAUN, H. J.: Zur epidemischen Erkrankung der Weißtanne *Abies alba* Mill. I. Untersuchungen zur Symptomatik und Formulierung einer Virose-Hypothese. AFJZ 149, 145–150, 1978. — II. Vergleichende Literaturbetrachungen hinsichtlich anderer „Baumsterben". AFJZ 149, 184–195, 1978. — HORNDASCH, M.: Das Schicksal der Tanne als Ergebnis ihrer waldbaulichen Behandlung. AF 33, 980—982, 1978. — KOCH, H.: Erhebung über Schäden an der Tanne in Ostbayern. AF 33, 989–991, 1978. — KÖNIG, E.: Entwicklungstendenzen bei der Tannenerkrankung.

FH 34, 361–366, 1979. — MAYER, H.: Zur waldbaulichen Bedeutung der Tanne im mitteleuropäischen Bergwald. FH 34, 333–343, 1979; AF 34, 575–576, 1979. — RIEDERER v. PAAR, FRHR. v.: Tannensterben als betriebswirtschaftliches Problem in einem privaten Forstbetrieb. AF 33, 995–996, 1978. — ROETHER, V.: Immissionen – Hauptursache für die Tannenerkrankung? AF 34, 582–583, 1979. — SCHMIDT-VOGT, H.: Zur Stabilisierung von Waldbeständen gegen Umweltgefahren. AF 34, 1280–1281, 1979. — SCHUCK, H. J., BLÜMEL, U., GEIER, L., SCHÜTT, P.: Schadbild und Ätiologie des Tannensterbens. I. Wichtung der Krankheitssymptome. EJFP 10, 125–135, 1980. — SCHÜTT, P.: Das Tannensterben. FC 96, 177–186, 1977. — Die gegenwärtige Epidemie des Tannensterbens. EJFP 8, 187–190, 1978. — WACHTER, A.: Untersuchungen zum Weißtannensterben in Baden-Württemberg. AFJZ 150, 196–203, 1979. — VINCENT, G., u. KANTOR, J.: Das frühzeitige Tannensterben, seine Ursachen und Vorbeugung. CgF 88, 101–115, 1971. — WAGNER, F.: Tannensterben in Ostbayern. AF 33, 992–994, 1978.

Kiefernsterben. Auch für die seit etwa 25 Jahren in manchen Gebieten Mitteleuropas beobachtete, mit dem Schlagwort Kiefernsterben bezeichnete Erkrankung in Beständen der Gemeinen Kiefer dürften unterschiedliche Ursachen in Frage kommen. Sie äußert sich im Schütterwerden der Benadelung, namentlich in Althölzern; Altnadeln verfärben sich im Frühjahr von der Spitze her rotbraun und werden im Lauf der Sommermonate abgestoßen, die neuen Nadeln bleiben kurz, die Triebe erscheinen gestaucht, Höhen- und Dickenwachstum lassen nach, schwer erkrankte Bäume sterben nach 2–5 Jahren, der Bestand verlichtet. Als Ursache sehen BUTIN-REUSS 1959 und LUX 1964 extreme Temperaturschwankungen in Verbindung mit Dürre an; der dadurch geschwächte Baum wird vom Hallimasch befallen und erliegt ihm. WITTICH 1960 führte ein Kiefernsterben auf schweren Böden bei Braunschweig auf deren „Versuppung" zurück, auf eine durch die regenreichen Jahre 1954–1958 zustande gekommene, langandauernde starke Vernässung; als Folge starben die unteren Stockwerke des Wurzelsystems der Kiefer ab, die im ausreichend durchlüfteten oberen Horizont verbliebenen Wurzeln genügten zunächst, um den Baum am Leben zu erhalten, doch wurden sie bei dessen zunehmender Schwächung ein Opfer des Hallimaschs. Nach ENDERLEIN-LUX 1962 und LUX 1964 ist das Kiefernsterben in Mitteldeutschland in manchen Gebieten durch Einwirkung von Immissionen zumindest mitveranlaßt; hier kann es katastrophales Ausmaß annehmen. Die Autoren stimmen also darin überein, daß es abnorme abiotische Verhältnisse sind, welche die Krankheit verursachen.

STOLL 1961 stellte in erkrankten Beständen fest, daß die Endverzweigungen der Feinwurzeln, die sich ständig erneuern müssen, die Fähigkeit hierzu verloren haben; parallel hierzu fand sich im Wurzelbereich eine qualitativ und quantitativ veränderte Mikroflora, deren Stoffwechselprodukte möglicherweise toxisch sind und die Restitution der Feinwurzeln verhindern. Worauf die Änderung der Mikroflora zurückzuführen war, blieb unbekannt.

Schrifttum: COURTOIS, H. u. RISSE, P.: Kiefernstockfäule auf grundwasserbeeinflußtem, kiesigem Sand. I. Bodenkundlich-abiotische Einflüsse auf die Erkrankung von Kiefernwurzeln. AFJZ 150, 185–191, 1979.

Lärchensterben. Der Anbau der Lärche in Mitteleuropa erleidet seit etwa 150 Jahren Rückschläge durch das mehr oder weniger starke Auftreten einer Krankheit, die sich in Kümmern und allmählichem Absterben von Bestandesgliedern äußert und auf Störung des Wasserhaushalts, Infektion mit *Lachnellula willkommii*, Befall von *Laspeyresia zebeana*, *Dasyneura laricis* u. a. zurückgeführt wurde. Nach MÜNCH 1936 ist die Primärursache der Erkrankung in der Frostempfindlichkeit der Lärche zu suchen. Bereits mäßige Fröste zu Beginn der Vegetationszeit können Zweige und Stämme unmittelbar töten oder durch Tötung von Knospen und Rindenplatten schädigen und für Infektion durch den Krebspilz vorbereiten. Der Pilz bringt durch zweigumfassenden Befall schwächere Zweige rasch zum Absterben, erzeugt an stärkeren Sproßteilen Krebsstellen und abgestorbene Rindenplatten, die sich mit Flechtenbesatz überziehen, und fördert wiederum die Frostempfindlichkeit der Lärche (S. 105). Die Frostwirkungen und ihre Folgeerscheinungen, Zweigdürre, Krebsstellen und Flechten, treten am stärksten an den unteren Baumteilen auf. Die Krankheit erscheint oft erst mit 20–40 Jahren nach vorherigem üppigen Wachstum. Sie wird begünstigt in Frostlagen und im atlantischen Klima, wo durch milden Winter und Vorfrühling die

Winterruhe vorzeitig beendet wird. Entscheidend für Entstehen und Verlauf der Krankheit ist nach MÜNCH die nach Samenherkunft und Rasse verschiedene Veranlagung der Lärche; während die Alpenlärche bei Anbau an anderen Orten anfällig sei, habe sich die Sudetenlärche in den meisten Gebieten Mitteleuropas als widerstandsfähig erwiesen. Demgegenüber konnte SCHOBER 1949 nachweisen, daß die Lärchenkrankheit nicht herkunftgebunden ist; in Nordwestdeutschland stammen ältere, hervorragend wüchsige und gesunde Bestände aus Tiroler Samen. Auch BURGER 1943 mißt weniger der Rasse als dem Standort sowie den Insekten- und Pilzbeschädigungen der Nadeln Bedeutung bei. Namentlich durch wiederholten Insektenfraß an den Nadeln wird die Lärche in Tieflagen und auf ungünstigen Standorten häufig derart geschwächt, daß sie ihre Langtriebe nicht mehr ausreifen kann, dann durch Herbst- und Winterfröste langsam krebsreif wird und zugrunde geht.

Buchensterben. In Deutschland, Frankreich, England, der Schweiz, in Polen und auch in Nordamerika tritt zeitweise in akuter Form und dann mehr oder weniger große Gebiete erfassend oder chronisch und mehr örtlich begrenzt eine Erkrankung der Buchenbestände auf. Erste Symptome sind braune bis schwärzliche, meist feuchte Flecken von Pfennig- bis Handtellergröße auf der Rinde der Stämme. Unter den Flecken ist der Bast rötlich verfärbt und das Kambium abgestorben. Es stellt sich Schleimfluß ein, der zahlreiche Bakterien und niedere Pilze enthält (Schleimflußkrankheit). Die Fäulnis der Rinde greift auf das Holz über, das sich unter der Einwirkung von Weißfäuleerregern rasch zersetzt. In kurzer Zeit, meist nach wenigen Jahren, werden die Stämme vom Sturm gebrochen. Zusätzlich finden sich *Nectria*-Pilze und holzbohrende Käfer wie *Xyloterus domesticus* und *Hylecoetus dermestoides*. Häufig wird auch Befall durch *Cryptococcus fagi* beobachtet. Die Erkrankung tritt vielfach im Bestand örtlich gehäuft auf. ZYCHA 1943, 1960 führt die von ihm als Rindenfäule oder Rindensterben bezeichnete Krankheit auf die Einwirkung extremer Witterung zurück: ihre akuten Formen treten nach strengen Wintern (1928/29) oder Dürresommern (1947, 1959) auf und klingen wenige Jahre nach dem Eintritt des Wetterereignisses ab. Die Annahme wird gestützt durch Experimente, in denen durch Behandlung der Rinde lebender Buchen mit hoher oder tiefer Temperatur die Symptome des Rindensterbens hervorgerufen werden konnten (DIMITRI 1967), sowie durch langfristige Beobachtungen in der Praxis (WAGENHOFF-WAGENHOFF 1975). Demgegenüber vertritt LYR 1967 die ebenfalls durch Versuche untermauerte Auffassung, daß es sich um eine *Nectria*-Erkrankung handelt, die besonders nach Dürreperioden auftritt; bei starkem Wasserdefizit kann der Pilz, offenbar wegen fehlender Abwehrreaktion der lebenden Rinde, in ihr Fuß fassen und sich ausbreiten. Eine langfristige, chronische, aber nur lokal sich zeigende Form geht nach SCHINDLER 1955, 1960 primär auf Befall durch *Cryptococcus fagi* zurück. BRAUN 1976, 1977 sieht die Laus als alleinigen oder wesentlichsten Erreger des Rindensterbens schlechthin an; eine Mitwirkung von *Nectria*-Pilzen wird von ihm als nicht erforderlich, von PERRIN 1979 dagegen als notwendig angesehen.

Ähnliche Krankheitserscheinungen, namentlich Auftreten dunkler Flecken auf der Rinde, Schleimfluß und gelegentlich Eingehen der Bäume wurden nach dem Dürresommer 1959 auch an anderen Baumarten beobachtet, so an Birke (v. FREIER 1961), Bergahorn (WAGENHOFF-WAGENHOFF 1975), Spitzahorn (CONRAD 1964) und Roteiche (ZYCHA 1968).

Das Buchenrindensterben tritt häufig allein oder besonders stark auf guten, wasserversorgten Standorten auf. Die Schäden sind insofern groß, als das Holz nach ausgeheilter Krankheit qualitativ insbesondere für die Verwendung als Schälfurnier Einbußen erlitten hat (WUJCIAK 1975), bei Auftreten von Weißfäule aber bald für Nutzzwecke völlig untauglich wird. Daneben wirken sich die vorzeitigen Abgänge erschwerend auf die waldbaulichen Maßnahmen aus (s. a. S. 358).

Eine Bekämpfung der akuten Form ist nicht möglich. Rascher Einschlag während des Höhepunktes einer Rindensterbenperiode schützt die stark erkrankten Buchen vor weiterer Holzentwertung; beim

Abklingen der Krankheit ist Zurückhaltung mit dem Hiebe empfehlenswert, da sich die überlebenden Buchen trotz erheblicher Schäden erstaunlich schnell erholen können. Die Erkrankung verläuft meist bösartig, wenn die nekrotische Rinde am Holz haften bleibt und sich Feuchtigkeit unter ihr ansammelt, was Weißfäulepilzen den Angriff erleichtert; dagegen kann sich der Baum erholen, sofern die Rinde aufreißt und abfällt. Dieser Vorgang läßt sich künstlich durch Auskratzen der fauligen Rinde mit einem Reißhaken oder Abschalmen mit einem Beil bewerkstelligen. Die durch *Cryptococcus fagi* bedingte Form der Krankheit kann durch Bekämpfung der Laus abgewehrt werden (S. 152).

Schrifttum: Anonym: Buchenrindennekrose und Schälholzverwertung. AF 32, 280–281, 1977. — Braun, H. J.: Neueste Erkenntnisse über das Rindensterben der Buche: Grundursache und Krankheitsablauf, verursacht durch die Buchenwollschildlaus *Cryptococcus fagi* Bär. AFJZ 147, 121–130, 1976. — Das Rindensterben der Buche, *Fagus sylvatica* L., verursacht durch die Buchenwollschildlaus *Cryptococcus fagi* Bär. EJFP 6, 136–146, 1976; 7, 76–93, 1977. — Butin, H.: Stand der Problematik der Buchenrinden-Nekrose. MBBA 191, 221–222, 1979. — Conrad, J.: Weitere Ungereimtheiten bei der Buchenrindenschleimflußkrankheit. AF 27, 758, 1972. — Houston, D. R., Parker, E. J., Perrin, R., Lang, K. J.: Beech Bark Disease: a comparison of the disease in North America, Great Britain, France, and Germany. EJFP 9, 199–211, 1979. — Kremser, W.: Nachdenkliche Bermerkungen über Buchen, Schleimfluß und den gesunden Menschenverstand. AF 27, 520–522, 1972. — Lonsdale, D.: *Nectria* infection of beech bark in relation to infestation by *Cryptococcus fagisuga* Lindinger. EJFP 10, 161–168, 1980. — Mülder, D., u. Kató, F.: Berücksichtigung der Schleimflußkrankheit bei der Auszeichnung von Durchforstungen. FH 27, 76–79, 1972. — Mülder, D., u. Zycha, H.: Saubere Wirtschaft im Buchenrevier. HZ 106, 266–267, 1980. — Perrin, R.: Contribution à la connaissance de l'étiologie de la maladie de l'écorce du hêtre. I. Etat sanitaire des hêtraies françaises. Rôle de *Nectria coccinea* (Pers. ex Fries.) Fries. EJFP 9, 148–166, 1979. — Schönherr, J., u. Krautwurst: Buchenschleimfluß als Folge von Käferbefall. AF 34, 868–869, 1979. — Wagenhoff, A., u. Wagenhoff, E.: Verlauf und Auswirkungen des Buchenrindensterbens im Forstamt Bovenden in den Jahren 1959 bis 1965. AdW 24, 111–168, 1975. — Wujciak, R.: Untersuchungen über Buchenschleimfluß und Holzqualität auf Buntsandstein-Verwitterungsböden. AdW 24, 169–208, 1975.

SECHSTER TEIL

WIRTSCHAFTLICHE AUSWIRKUNGEN
DER WALDKRANKHEITEN

Wenn auch die bisherigen Ausführungen über Ursachen, Voraussetzungen und Verlauf der Waldkrankheiten vorwiegend unter biologisch-ökologischen Gesichtspunkten standen, so ist dabei doch immer wieder auf ihre ökonomische Bedeutung innerhalb einer geregelten Forstwirtschaft hingewiesen worden. Es genügt deshalb, zur Abrundung des Bildes hier in einem kurzen Überblick die wirtschaftlichen Auswirkungen von Walderkrankungen zusammenzustellen und durch Beispiele darzulegen.

1. BEEINTRÄCHTIGUNG DES BETRIEBS

Je nach den zeitlichen und örtlichen Gegebenheiten bringen Waldkrankheiten im bewirtschafteten Wald mehr oder weniger große Störungen des Wirtschaftsbetriebs mit sich. Sie bewahren in der Regel ein erträgliches, häufig kaum spürbares Maß, können unter Umständen den Betrieb jedoch erheblich beeinträchtigen.

Im Jahrzehnt 1957–1966 betrug in den Landesforsten Niedersachsens die jährliche Waldbrandfläche ohne das Jahr 1959 durchschnittlich 2 % der jährlichen Neukulturfläche; im Dürrejahr 1959 stieg sie mit 686 ha auf 16,9 %. In den Staatsforsten von Baden-Württemberg betrug im Jahrzehnt 1953–1962 der Anfall von Schadholz zwischen 11 und 74 % des Hiebssatzes, davon zwischen 61 und 96 % durch Sturm, Schnee, Duft- und Eisanhang. Die von der Sturmkatastrophe des 13. November 1972 in Niedersachsen verwüsteten Forstbetriebe sind für absehbare Zeit auf durchschnittlich etwa 20 % ihres bisherigen Holzaufkommens zurückgefallen (KREMSER 1977). Beispiele für betriebliche Folgen von Bruchschäden bzw. Tannensterben in einzelnen Forstämtern bringen KOHLER 1973 und RIEDERER V. PAAR 1978. Wie selbst in einem von Kalamitäten nicht heimgesuchten Revier Rücksichten auf den Forstschutz laufend die Betriebsplanung bestimmen, hat MÜLDER 1948 am Beispiel eines märkischen Forstamts geschildert.

Allgemein kann gesagt werden: Wenn, wie es die Regel ist, eine Krankheit nur bestimmte Altersklassen heimsucht, werden das Altersklassenverhältnis der Betriebseinheit und die Hiebsfolge gestört. Durch Abtrieb und Verlichtung von Beständen ändern sich Holzvorrat und Zuwachs; entsprechend muß der Hiebssatz herabgesetzt und gegebenenfalls das ganze Betriebswerk umgearbeitet werden. Die Zerstörung von Bestandesrändern und -mänteln, die als Schutz gegen Wind und Sturm gedacht waren, die Notwendigkeit der Abrundung schlechtgeformter Abtriebsflächen zwingt zu weiteren planwidrigen Hauungen und vorzeitigen Abtrieben. Die Trocknishiebe werden vermehrt. Bei chronischem Andauern einer Schädigung kann Baumartenwechsel, also der Anbau einer minder gefährdeten und meist auch minder ertragreichen Baumart notwendig werden. Das Ausbleiben von Samenjahren oder die Vernichtung der Samenernte stören Verjüngungsbetrieb und Gewinnung von Saatgut. Bei Großschäden zwingt der Massenanfall von Holz zu Vermehrung der Arbeitskräfte, sorgfältigster Planung der Hiebsmaßnahmen, Anlage von Lagerplätzen für das Holz und Organisation der Abfuhr. Entsprechender organisatorischer und technischer Arbeitseinsatz wird notwendig bei der Wiederaufforstung der entstandenen Kahlflächen.

Es heißt, daß nach der Kalamität 1922/24 die Forleule noch mindestens 5–10 Jahre im Walde regiert und gewirtschaftet habe (Lemmel 1935); doch werden in Einzelfällen diese Zahlen weit übertroffen: in stärkstgeschädigten Forstämtern, welche fast ihren ganzen Waldbestand vom jüngsten Stangenholzalter ab verloren haben, bestimmt die Eule heute noch den Betrieb. Manche Reviere des Erzgebirges stehen hinsichtlich ihrer Betriebsmaßnahmen völlig unter dem Einfluß der immer wiederkehrenden Duftbruchkatastrophen. Durch den Novembersturm 1972 ging in Niedersachsen mehr als das Zwölffache des planmäßigen Jahreseinschlags an Kiefernholz verloren. „Die Kiefernwirtschaft kann diesen Schlag nicht verwinden. Sie müßte neu aufgebaut werden; dagegen sprechen aber viele Gründe – ökonomische wie ökologische –, so daß vorauszusehen ist: der Kiefernanbau im nordwestdeutschen Flachland wird seine bisherige Bedeutung nicht wiedergewinnen" (Kremser 1977).

2. BEEINTRÄCHTIGUNG DES WIRTSCHAFTSZIELS

Beeinträchtigung des Wirtschaftsziels heißt in der Regel Minderung des Holzertrags. Es kann aber auch in anderer Weise eine Schädigung erfolgen, sofern der Wald noch oder vorwiegend anderen Zwecken dient.

Minderung des Holzertrags kann in quantitativer und qualitativer Weise erfolgen. Der mengenmäßige Holzertrag wird verringert durch vorzeitige Abtriebe, durch Zuwachsverlust infolge von Einbuße oder Verringerung der Assimilationsorgane und Herabsetzung des Bestandsschlusses, durch Holzverlust z. B. infolge Splitterns der Stämme bei Sturm.

Über die Höhe des Zuwachsverlustes wurden bereits oben (S. 332) Angaben gemacht. Weitere Beispiele bringen die Abbildungen 215 und 216, welche den Stammaufbau einer schüttekranken Douglasie im Vergleich mit einer gesunden Fichte bzw. für Kiefer die Abhängigkeit des Zuwachsverlustes nach Blattwespenfraß von der Stärke der Entnadelung veranschaulichen. Nach Jüttner 1959 kann

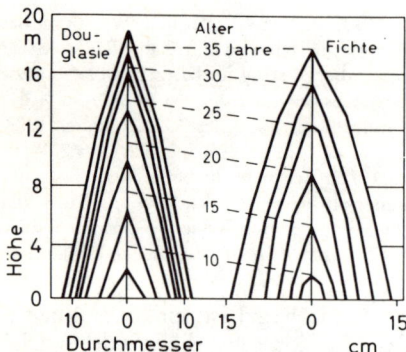

Abb. 215. Stammwuchsbild einer an *Phaeocryptopus gäumanni* erkrankten 38jährigen Douglasie und einer gesunden 35jährigen Fichte. Nach Merkle 1951

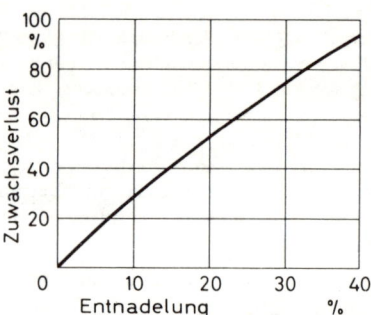

Abb. 216. Verlust an Massenzuwachs bei Kiefer in Abhängigkeit von der durch *Diprion pini* verursachten Entnadelung. Nach Luitjes 1958

schon einmaliger Kahlfraß des Eichenwicklers den Höhenzuwachs der Eiche auf die Hälfte bis ein Drittel herabsetzen, nach langandauerndem Fraß wird er nahezu Null; Durchmesser- und Kreisflächenzuwachs sinken nach starkem Fraß ebenfalls auf weniger als die Hälfte bis ein Drittel ab; der Verlust an Massenzuwachs beträgt 2–4 fm je Jahr und Hektar. Wie katastrophal sich in Hauptschadgebieten eine Reihe aufeinanderfolgender Krankheitsfälle auf den Zuwachs auswirkt, zeigt für eine Kiefer im bayrischen Forstamt Heideck Abbildung 217.

Die Güte des Holzertrags wird durch Krüppelwuchs, Mißbildungen, Grobringigkeit, Ästigkeit, Fäule, Fraßgänge usw. herabgesetzt. Der Gebrauchswert des Holzes kann damit stark beeinträchtigt, das Nutzholzprozent verringert werden.

Wenn sich die Beeinträchtigung der Holzgüte auf eine begrenzte Zahl von Bestandesgliedern beschränkt, wie es beispielsweise für die von *Rhyacionia buoliana* verursachten Posthornbildungen regelmäßig zutrifft, lassen sich die nutzholzuntüchtigen Stämme im Wege der Durchforstung entfernen und damit die Wertverluste in erträglichem Rahmen halten. Schwerste und nicht wieder gutzumachende Wertminderung des Bestandes entsteht dagegen, wenn ein sämtliche Bäume erfassendes Ereignis, etwa Schnee- oder Duftbruch, den Bestand heimsucht und auch die Endnutzungsstämme in ihrer Nutzholztauglichkeit herabsetzt. Langandauernder oder sich wiederholender Fraß des Eichenwicklers beeinträchtigt die Qualität der Eichen beträchtlich, indem die Schäfte kürzer bleiben, auch krummer, rauher oder ästiger und stark abholzig sind; durch die Entlaubung der Krone wird das Entstehen von Wasserreisern gefördert (SCHWERDTFEGER 1961).

Sonstige Beeinträchtigungen des Wirtschaftsziels entstehen, wenn es sich beispielsweise um einen Schutzwald im Gebirge oder um eine Dünenaufforstung handelt und die Schutzwirkung durch die Erkrankung in Frage gestellt wird. Ein stadtnaher Erholungswald kann seine Funktion nicht erfüllen, wenn sich der Spaziergänger durch zahlreiche gebrochene Bestandesglieder, durch Mißfärbung oder Entblätterung des Kronendachs, durch sich herabspinnende Raupen und rieselnden Raupenkot gestört fühlt.

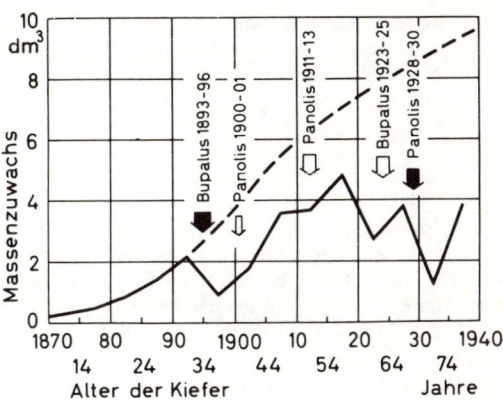

Abb. 217. Mittlerer jährlicher Massenzuwachs einer Kiefer im Forstamt Heideck, offenbar durch Insektengradationen stark beeinflußt. Gestrichelt der normale, ertragstafelmäßige Verlauf des Zuwachses. Nach MARCUS 1942

3. BEEINTRÄCHTIGUNG DES GELDERTRAGS

Die Beeinträchtigungen von Betrieb und Wirtschaftsziel lassen sich, wenigstens zum Teil, in Geldwert ausdrücken. Wenn damit auch nicht ein Bild des gesamten Schadens entsteht, so wird doch ein Vergleichsmaßstab gewonnen, der am eindringlichsten die wirtschaftlichen Auswirkungen einer Waldkrankheit aufzuzeigen vermag.

Die Berechnung der finanziellen Folgen einer Erkrankung ist allerdings nicht einfach und oft nur unter Zuhilfenahme von Schätzungen durchzuführen. So kommt es, daß wir trotz der Fülle von Schadereignissen über die tatsächlichen, mit ihnen verbundenen Geldeinbußen nur unzulänglich unterrichtet sind.

Eine einmalig dastehende Behandlung der wirtschaftlichen und finanziellen Auswirkungen hat der große Forleulenfraß 1922/24 durch LEMMEL 1935 erfahren. Die sehr eingehende Veranschlagung der entstandenen Verluste führte zu folgender Zusammenstellung des Gesamtschadens der Preußischen Staatsforstverwaltung:

A. Der in den Jahren 1923 bis 1930 eingetretene Schaden   Mill. RM

  I. Der Produktionsausfall in den Jahren 1923 bis 1930 33,74

    1. Auf den Kahlfraßflächen (84 000 ha) 24,44

      a. auf 44 000 ha abgetriebenen Kahlfraßflächen 12,64

        1. Produktionsausfall vor dem Einschlag 6,28

        2. Übermäßiger Einschlag, 16 000 ha zu viel abgetrieben 4,60

        3. Verzögerung der Wiederaufforstung 1,76

      b. auf 40 000 ha erholten, aber stark verlichteten Kahlfraßflächen 11,80

    2. Auf den Lichtfraßflächen (130 000 ha) 9,30

II. Die Produktionsverteuerung in den Jahren 1923 bis 1930			11,00
1. Verteuerung des Einschlages		3,00	
2. Verteuerung der Wiederkultur		8,00	
III. Die Verluste der Verwertung			50,40
1. Mindererlös infolge Überangebotes		48,40	
2. Niedergeschlagene Holzkaufgelder		2,00	

B. Die finanziellen Auswirkungen der Kalamität von 1931 an

I. Verlust am Holzvorratskapital			120,00
1. Verminderung des Holzvorrates		120,00	
2. Verschlechterung des erhalten gebliebenen Holzvorrates		?	?
II. Verlust an Bodenbruttokapital bzw. -rente			6,40
Verlust an Wegekapital			?

Zusammen Mill. RM 221,54

Hinzu kam der Schaden in den nichtstaatlichen Waldungen, der entsprechend der Flächengröße auf das Anderthalbfache der in den Staatsforsten entstandenen Verluste, also auf etwa 375 Millionen RM beziffert wurde. Damit belief sich die finanzielle Einbuße der Forstwirtschaft auf rund 600 Millionen RM. Die Folgeschäden in der Holzwirtschaft (s. u.) konnten mit 100–200 Millionen RM angesetzt werden, so daß sich als Gesamtschaden der Forst- und Holzwirtschaft ein Betrag von 700–800 Millionen RM ergab.

Eine ähnliche, weniger detaillierte, aber aus jüngerer Zeit stammende Schadensaufstellung hat PAUCKE 1966 für das seit dem Dürrejahr 1959 auf dem Gebiet der DDR beobachtete Buchenrindensterben gefertigt. Vollschaden trat auf 6538 ha oder 2,1 % der mit Buche bestockten Fläche ein. An Schadholz fielen 1,3 Millionen Efm an. Qualitätsminderung und falsche Aushaltung senkten den Verkaufspreis um 32 MDN/fm. Vorzeitiger Abtrieb der Bestände und Bestandesteile bedeutete einen Zuwachsverlust von 31930 Efm entsprechend 2,7 Millionen MDN. Die Zuwachsminderung durch lokale Kambiumschädigung an stehenbleibenden Stämmen wurde mit 489 Efm entsprechend 41000 MDN angesetzt. Die Mehrkosten für den Holzeinschlag betrugen 0,77 MDN/fm. Für Bodenbearbeitung und künstliche Verjüngung nach Abtrieb der schwerstgeschädigten Bestände ist mit zusätzlichen Kosten von rund 7,5 Millionen MDN zu rechnen. Damit beläuft sich die globale Schadenssumme auf annähernd 52 Millionen MDN.

Die Dürre des Jahres 1976 verursachte in Hessen Schäden an Kulturen und Dickungen, für deren Behebung 24,5 Millionen DM angesetzt wurden; hinzu kamen 29,8 Millionen DM an Aufforstungskosten für Trocknis- und Brandflächen (DIMITRI 1977).

Der in den Niedersächsischen Wäldern durch den Sturm vom 13. November 1972 angerichtete Schaden wird mit weit über 1 Milliarde DM angegeben (KOHLER 1973).

Neben diesen sich auf einmalige Katastrophen beziehenden Schadensberechnungen bzw. -schätzungen liegen Zahlenangaben über Schäden vor, die sich regelmäßig wiederholen oder lange Zeit andauern und damit den Geldertrag der Forstwirtschaft laufend belasten:

Die durch Waldbrand in der Bundesrepublik Deutschland verursachten Schäden betrugen im Zeitraum 1972–1978 jährlich durchschnittlich 14,7 Millionen DM (BUNDESMINISTERIUM ELF 1979).

SCHAFFNIT bezifferte 1930 den Wert der Ertragsminderung aller Kulturgewächse durch Immission allein im Ruhrgebiet auf jährlich rund 20 Millionen RM. In einer sorgfältigen, die dabei zu überwindenden Schwierigkeiten sehr deutlich aufzeigenden Ermittlung konnte ENDERLEIN 1964 den von einem einzelnen Kunstfaserwerk angerichteten Immissionsschaden auf 12–42 DM je Jahr und Hektar, je nach Lage des Waldes zur Schadquelle, errechnen; davon entfielen etwa 64 % auf Zuwachsverlust und 36 % auf Hiebsunreife.

Nach dem Stand von 1935 gibt ROHMEDER 1937 eine Übersicht über den Schaden, der durch die Rotfäule des Fichtenholzes jährlich im bayrischen Staatswald entsteht. Rund 10 % des Fichtenholzanfalls war Faulholz, der Wertverlust betrug rund 2 Millionen RM. In einer detaillierten Untersuchung errechnete KATO 1969, daß in den Staatsforsten Niedersachsens die durch Stammfäule im Fichtenwald verursachten jährlichen Verluste eine Größenordnung von 5,3 Millionen DM erreichen; daran ist die durch *Fomes annosus* erzeugte Fäule mit 0,9 Millionen DM, sonstige Kernfäule mit 0,8 Millionen DM, Wundfäule nach Wildschaden mit 2,6 Millionen DM und Wundfäule nach anderen Verletzungen mit 1,0 Millionen DM beteiligt.

Den aus Bekämpfungsaufwand, Nachbesserungskosten und Zuwachsverlust sich zusammensetzenden Schaden des Großen braunen Rüsselkäfers schätzte ESCHERICH 1923 für die deutschen Waldungen auf jährlich mehrere Millionen Goldmark.

HERTZ-KLEPTOW 1949 bezifferte die durch den Eichenwickler verursachte Mindererzeugung im westfälischen Eichengebiet auf jährlich 1,5 fm/ha bzw. auf insgesamt 75 000 fm; rechne man den Festmester nur mit 50 DM, so koste der Wicklerfraß den westfälischen Waldbesitz jährlich etwa 3,75 Millionen DM.

Die Höhe des durch Rotwild verursachten Schälschadens ist für begrenzte Gebiete mehrfach ermittelt worden. Die an verschiedenen Orten und in unterschiedlicher Weise fast ausschließlich im Fichtenwald vorgenommenen Untersuchungen ergaben im Vergleich zu ungeschälten Stämmen oder Beständen als Folge des Schälens eine Minderung des Durchmesserzuwachses um 18 % (REUSS 1888), eine Verringerung der Stärke des Mittelstammes um 11–20 % (GEHRHARDT 1905), aber auch geringe bis nichtnachweisbare Änderung des Durchmesser- und Massenzuwachses (ROEDER 1971, ROEDER-KNIGGE 1972, KNIGGE 1975) oder sogar infolge der Aufbauchung der geschälten Stämme eine Zunahme des Massenanfalls bis 9 % (EIDMANN 1952), ferner eine Erhöhung der Zahl anbrüchiger oder rotfauler Stämme um 33 % (WIEDEMANN 1936), 51 % (REUSS), 87,5 % (GEHRHARDT), eine durch Zuwachs- und Güteverlust bedingte Wertminderung des Bestandes bzw. des Anfalls um 8–10 % (HEUELL 1937), 8–27 % (EIDMANN), 39 % (MICKLITZ 1915), 41 % (ROHMEDER 1937). STACH 1943 errechnete einen werbungskostenfreien Erlös von 4,73 RM/rm für drei starkgeschälte, rotfaule Fichten gegenüber 8,45 RM/rm für entsprechende gesunde Stämme, also einen Geldverlust von 45 %. Bezogen auf alle Fichtenbestände des betreffenden Gebiets wurden finanzielle Einbußen von 17–37 DM je Jahr und Hektar infolge des Schälens ermittelt (WEIMANN 1977). Für die gesamte Bundesrepublik Deutschland errechnete MANTEL 1976 jährliche Geldverluste durch Schälschaden von 72 Millionen DM, durch Zuwachsverlust infolge Verbißschadens durch Rot- und Rehwild von 15 Millionen DM, durch Nachbesserungskosten von 38 Millionen DM, insgesamt durch Wildschaden von 125 Millionen DM. KNIGGE 1978 beziffert die jährlichen Verluste der deutschen Forstwirtschaft durch Schalenwild sogar mit 200 Millionen DM; das sind 10 % ihres Bruttoproduktionswertes.

Die vorliegenden, wenn auch zum Teil nur auf Schätzung beruhenden Schadensermittlungen zeigen mit aller Eindringlichkeit, eine wie immense wirtschaftliche Bedeutung die durch abiotische und biotische Ursachen bedingten Gleichgewichtsstörungen des Waldgefüges besitzen können. Die Schäden lassen sich – längst nicht immer, aber in sehr vielen Fällen – durch geeignete Maßnahmen der vorbeugenden Abwehr und der Bekämpfung verhüten; die dafür erforderlichen Aufwendungen sind ebenfalls als Minderung des Geldertrags in Rechnung zu stellen.

Als Beispiel für das Ausmaß der finanziellen Aufwendungen, mit denen die Forstwirtschaft zur Abwehr von Waldkrankheiten belastet wird, seien Zahlen aus der jährlich von der Niedersächsischen Landesforstverwaltung herausgegebenen Statistik angeführt. Es handelt sich um Durchschnittswerte der Jahre 1974–1977. Der Gesamtaufwand für Forstschutz belief sich auf jährlich rund 10 Millionen DM oder 32 DM je Hektar Holzboden. Die Forstschutzkosten machten 7 % der Betriebskosten aus; zum Vergleich: es entfielen auf Holzernte 43 %, Bestandesgründung 28 %, Läuterungen und Ästungen 3 %, Wegebau 11 %, Sonstiges 8 %. Von dem Gesamtaufwand für Forstschutz betrafen 9 % Feuersicherung und Waldbrandbekämpfung, 27 % Schutz- und Bekämpfungsmaßnahmen gegen pflanzliche und tierische Schädlinge (außer Unkrautbekämpfung, die in der Statistik nicht unter Forstschutzausgaben erfaßt ist, und außer Wildschadensverhütung), ferner 58 % Schutz gegen Wildschäden und 6 % Sonstiges. Die Kosten für die Wildschadensverhütung stellen – nicht nur in Niedersachsen, sondern allgemein in der Bundesrepublik – den Hauptposten der Forstschutzausgaben dar; von ihnen entfielen 70 % auf Zäune, 21 % auf Einzelschutz der Pflanzen und 9 % auf Verbesserung der Äsungsverhältnisse. Die Aufwendungen zur Abwehr pflanzlicher und tierischer Schädlinge (außer Wild) betrafen zu 3 % Pilze, zu 82 % Insekten und zu 15 % andere Tiere, namentlich Mäuse.

4. SONSTIGE WIRTSCHAFTLICHE AUSWIRKUNGEN

Wenn die ökonomischen Auswirkungen von Waldkrankheiten auch in erster Linie und hauptsächlich die Forstwirtschaft treffen, so können sie darüber hinaus in andere Wirtschaftsbereiche ausstrahlen, die in mehr oder weniger enger Berührung mit der

Forstwirtschaft stehen. Vor allem die Holzwirtschaft wird infolge ihrer reichen Beziehungen zu jener von forstwirtschaftlichen Schadereignissen leicht mitbetroffen. Es würde zu weit führen, auch nur die wichtigeren Möglichkeiten und Zusammenhänge zu schildern. Einige Beispiele müssen genügen.

In der obigen Darstellung der finanziellen Folgen des Forleulenfraßes 1922/24 wurde bereits ein Betrag von 100–200 Millionen RM als Schaden der Holzwirtschaft angesetzt. Dieser entstand hauptsächlich infolge des starken Absinkens der Preise und durch die Qualitätsverschlechterung des Holzes, die sich oft erst beim Einschnitt auf dem Sägewerk herausstellte. Nicht selten haben sich auch die holzzerstörenden Pilze erst voll ausgewirkt, nachdem das Holz schon verarbeitet war; dann mußte das faulende Holz aus den Bauten herausgerissen und durch gesundes ersetzt werden. Kostspielige Rechtsstreitigkeiten erhöhten den Schaden, der zum Konkurs manches alten, aber auch manches neuen konjunkturbedingten, holzwirtschaftlichen Betriebs führte. Ein Teil des aus Konkursen herrührenden Schadens blieb auf den Banken hängen.

Das durch Krankheit bedingte Verschwinden windabbremsender und verdunstunghemmender Waldstreifen kann sich auf den Ertrag angrenzender landwirtschaftlicher Betriebe höchst ungünstig auswirken. Bei umfangreichem Kahlfraß und nachfolgendem Abtrieb scheint der plötzliche Fortfall der verdunstenden Blattorgane Einfluß auf den Stand des Grundwassers zu nehmen; in vielen Teilen des großen Eulenfraßgebietes von 1922/24 wurde in den Folgejahren ein starker Grundwasseranstieg beobachtet, der allerdings nicht einwandfrei auf den Fraß zurückgeführt werden kann, da ähnliche Erscheinungen sich auch in anderen Gebieten bemerkbar machten. Es scheint aber, daß der Grundwasseranstieg in den stärkstbefressenen Gebieten zwischen Netze und Warthe besonders hoch war und über die allgemein beobachtete Hebung hinausging. Die Folge war die Überflutung bisher landwirtschaftlich genutzter Flächen, was sich in diesem Gebiet, das an landwirtschaftlich brauchbaren Böden arm ist, auf die Lebensmöglichkeiten der bäuerlichen Bevölkerung besonders kraß auswirkte. Noch 1944 wurden hier vielfach die ehemaligen Dienstländereien der Forstbeamten als Fischteiche genutzt.

Auf die Gefahren, die der Landeskultur durch Beschädigung von Schutzwaldungen, Dünenaufforstungen usw. drohen, ist bereits oben hingewiesen worden.

5. BESONDERE BETRIEBSMASSNAHMEN

Zu den wirtschaftlichen Auswirkungen von Waldkrankheiten gehört auch die Ausführung notwendig werdender Bekämpfungsmaßnahmen, über die unten (S. 363 ff.) ausführlich zu sprechen sein wird. Daneben kann mit Rücksicht auf die gegebene Gefahrenlage die Unterlassung sonst durchzuführender oder die Vornahme besonderer Betriebsmaßnahmen erforderlich werden.

Beachtung der Gefahrenlage. Solange die Gefahr von Schädigungen nicht gebannt ist, müssen alle Maßnahmen oder Veränderungen, die gegebenenfalls eine Verschärfung der Lage hervorrufen können, vermieden werden.

So sind, wenn Raupenfraß droht, Durchforstungen zu unterlassen, sofern nicht mit dem Stamm der Schädling aus dem Bestande entfernt oder vernichtet wird; bei Eulen- und Spannerfraß hat sich immer wieder gezeigt, daß frisch durchforstete Kiefernbestände stärker litten als benachbarte nichtdurchforstete, weil der Eingriff die Nadelmasse verringert und die Nahrungsmenge für die Raupen gekürzt hatte. Andererseits ist jeder Stamm, der von Sekundärschädlingen befallen ist und zur Quelle weiterer Infektionen werden kann, rechtzeitig herauszunehmen. Bei Kahlabtrieb erkrankter Bestände ist zu bedenken, daß der Schädling nach dem Verschwinden der Wirtsbäume auf die Nachbarschaft überwandern kann, daß beispielsweise die auf der Abtriebsfläche liegenden Forleulenpuppen im nächsten Frühjahr Falter entlassen werden, welche die anstoßenden Bestände aufsuchen und hier den Besatz vermehren. Da sie in der Regel nicht weit in den Bestand eindringen, empfiehlt es sich, einen etwa 30 m breiten Randstreifen stehen zu lassen, um sie abzufangen; auch einzelne, auf der Kahlschlagfläche stehenbleibende, gutbekronte Bäume, etwa 5 je Hektar, tun in dieser Hinsicht als Fangbäume gute Dienste.

Förderung der Reproduktion. Relativ selten ist die Möglichkeit gegeben, aktiv in den Regenerationsprozeß einzugreifen.

In dürregeschädigten Beständen kann die Erholung durch Minderung der Wurzelkonkurrenz mittels Durchforstung gefördert werden. Bei Laubhölzern, die von Mäusen geschält wurden, läßt sich der Reproduktionsvorgang durch Stummelung oder Überhügelung beschleunigen (S. 255). Durch Verschluß von Baumwunden mit geeigneten Anstrichmitteln kann das Eindringen parasitischer Pilze verhindert werden. Von besonderer Bedeutung kann eine derartige Wundbehandlung bei der Überwallung von Rotwildschälschäden sein. Bei Versuchen von ROHMEDER 1939, 1953 wurden sämtliche nicht geschützten Stämme von Pilzen befallen, während Anstrich mit teerigen Mitteln das Eindringen von Wundpilzen und bei bereits erfolgter Infektion die Ausbreitung der Fäule verhinderten.

Im allgemeinen ist der Forstmann nicht in der Lage, in den Regenerationsvorgang einzugreifen. Er muß abwarten, wieweit sich Stamm und Bestand wieder erholen, dauernde Schäden behalten oder gar zugrunde gehen. Nach massigen Fraßkalamitäten ist die Frage, wie weit der Besand erhalten werden kann, von besonderer Wichtigkeit. Die biologischen Grundlagen für die Beantwortung dieser Frage liefern unsere Erfahrungen über die Reproduktion des Einzelbaums und des Bestandes (S. 340 ff.). Darüber hinaus müssen aber weitere Gesichtspunkte in die Überlegung eingeschaltet werden, so die Gefahr des Auftretens von Sekundärschädlingen, die biologisch und wirtschaftlich gleich unerwünschte Entstehung umfangreicher Kulturflächen, die Behandlung stark verlichteter Bestände, die Ausnutzung der Produktionskraft des Bodens nach namhafter Stammzahlverringerung usw. Nicht zuletzt spielt eine wesentliche Rolle die Frage der Holzverwertung, sowohl in betriebstechnischer als auch in kaufmännischer Hinsicht.

Nutzung des Kalamitätsholzes. Die Stämme sollen genutzt werden, bevor eine Wertminderung durch Pilz- oder Käferbefall einsetzt, solange sie noch bastgrün sind.

Die häufig gehörte Behauptung, daß Raupenfraßhölzer an sich geringwertiger seien als andere, besteht nicht zu Recht. Die technischen Eigenschaften von Fraßhölzern sind zunächst nicht schlechter als die von gesund eingeschlagenen (HAVELIK 1923, LIESE 1929, 1936, KOLLMANN-BRUNN 1937). Forleulenholz zeigte lediglich geringeren Harzgehalt und ungleichmäßigeren Wassergehalt als normales Holz. Eine Minderung der Verwendbarkeit kann erst eintreten, wenn das rechtzeitig geschlagene Holz bis zur Abfuhr zu lange im Walde lagert oder die kränkelnden Stämme in der Hoffnung auf Wiederbegrünung so lange nicht genutzt werden, bis sie abgestorben sind; dieses Holz wird meist bald von Pilzen zerstört. Bis zum Tode der Stämme, der sich durch Braunfleckigkeit des Bastes ankündigt, ist in der Regel eine gewisse Zeit zum Abwarten gegeben.

Nach dem Fraß der Forleule 1923/24 blieben auch zweimal entnadelte Bestände bis zum Winter 1924/25 bastgrün und vollwertig. Im Winter 1925/26 besaßen die Baumhölzer zwar völlig trockene Kronen, aber noch überwiegend grünen Bast am Stammteil; doch verdarb das Holz sehr schnell, wenn es nicht bald nach dem Hieb ins Wasser gebracht wurde (RÖHRIG 1930). Bei wertvollen Kiefern kann man daher, um die bei Sommerfällung auftretende Blaufäule zu vermeiden, mit dem Hieb bis zum Winter warten.

Während nach ausgedehntem Eulenfraß schnelle und starke Hiebe gerechtfertigt erscheinen, ist nach dem weniger intensiven Fraß des Kiefernspanners mehr Zurückhaltung am Platz. In der Letzlinger Heide sind nach dem Fraß 1929 durch ständige Durchhauungen, die lediglich die nicht mehr lebensfähigen Bäume erfaßten, in weitem Umfang Bestände erhalten worden (SCHWERDTFEGER 1932, v. ENGELBRECHTEN-IHLOW 1933). Als nicht mehr lebensfähig galten die Bäume, die im Jahr nach dem Fraß nicht mehr austrieben, und solche, die schwach ausgetrieben hatten, und deren Kambium braunfleckig war. Im einzelnen muß auf die von SCHWERDTFEGER seinerzeit aufgestellten Hiebsregeln verwiesen werden.

Von der Nonne kahlgefressene Fichten und Tannen sind verloren und bald zu schlagen. Bei einer Benadelung von im Herbst 20 %, im Frühling 10 % der normalen Nadelmasse ist solange Hoffnung auf Erholung, wie der Bast weiß bleibt. Die Auszeichnung der zu schlagenden Stämme ist nach der Benadelung und der Farbe des Bastes am Wurzelanlauf, wo das Absterben meist beginnt, vorzunehmen (RUŽICKA 1924).

Nach Sturmwurf halten sich Stämme, die noch mit einem Teil des Wurzelwerks im Boden haften, oft ein Jahr und länger frisch.

Grundsätzlich ist das nach Kalamitäten eingeschlagene und aufgearbeitete Holz bald abzufahren und einzuschneiden, damit es seine normalen technischen Eigenschaften behält. Bei starkem Anfall haben sich Wasserlagerung und Beregnung des Nadelstammholzes bewährt (ARNOLD et al. 1976); damit kann das Angebot an den Verbraucher über einen längeren Zeitraum verteilt werden.

Untersuchungen über die Frage, ob aus Fraßbeständen Zapfen verwertet werden können, ergaben, daß Keim- und Pflanzenprozent von Kiefernsamen aus befressenen und unversehrten Beständen keine nennswerten Unterschiede zeigten; Unterernährung des Samens wirkte sich in keiner Weise auf die Nachkommen, auch nicht im ersten Jugendstadium, aus (HENNING 1930). Nach dem, was wir über die Disposition der Pflanzen aus großen und kleinen Samen wissen (S. 303), dürfte dieses günstige Ergebnis aber nur zutreffen, wenn der Kahlfraß nicht zu früh erfolgt und der Samen genügend Vorratsstoffe besitzt.

Schrifttum: ANONYM: Wildschäden, die unverantwortlich sind. AF 34, 1010, 1979. — ARNOLD, K. D., et al.: Beregnung und Wasserlagerung von Nadelstammholz aus der Sturmkatastrophe vom 13. November 1972. AdW 25, 1976. — BRAUN, R.: Wildschadenserhebungen im Rahmen der Österreichischen Forstinventur. AF 31, 49–51, 1976. — BUNDESMINISTERIUM für Ernährung, Landwirtschaft und Forsten: Waldbrand. FH 34, 415–416, 1979. — CHWALCZYK, C., u. HENNE, A.: Zur Schadensbewertung von Rotwildschäden an Buche. AF 34, 484–486, 1979. — DIMITRI, L.: Der Witterungsverlauf 1976 und einige seiner waldbaulichen und waldschutzmäßigen Folgen in Hessen. AFJZ 148, 68–79, 1977. — KNIGGE, W.: Die Auswirkungen von Schälschäden auf die Rohholzeigenschaften von Fichte und Buche. FA 46, 32–38, 1975. — Forstwirtschaft und hohe Jagd – Traditionslinien und Spannungsfelder. FA 49, 217–224, 1978. — KOHLER, O.: Bruchschäden als Betriebsfaktor im Fichtelgebirge – dargestellt am Beispiel der Katastrophe des Winters 1967/68. AF 28, 657–660, 1973. — Sturmschäden in den Wäldern kosten 1 Milliarde. FH 28, 11–14, 1973. — KREMSER, W.: Dokumentation der Sturmkatastrophe vom 13. November 1972. Teil I. Darstellung des Schadensereignisses. AdW 27, 11–23, 1977. — LUITJES, L.: Het effect van het schillen door edelherten op de hoogtegroei van de Corsicaanse den. NBT 43, 112–118, 1971. — MANTEL, W.: Ausmaß und Bewertung von Wildschäden in alter und neuer Zeit. AF 31, 47–48, 1976. — RICHTER, J.: Zur Auswirkung der Rotfäule auf den Fichtenertrag. AF 27, 71–73, 1972. — Die Ermittlung von Schälschäden. FH 31, 153–157, 1976. — RIEDERER VON PAAR, FRHR. V.: Tannensterben als betriebwirtschaftliches Problem in einem privaten Forstbetrieb. AF 33, 995–996, 1978. — ROEDER, A.: Überraschende Untersuchungsergebnisse über Auswirkungen von Rotwildschälschäden bei Fichte. AF 26, 907–909, 1971. — ROEDER, A., u. KNIGGE, W.: Sind Rotwildschälschäden wirklich so schwerwiegend? FA 43, 109–114, 1972. — SPEIDEL, G.: Methoden zur Beurteilung der wirtschaftlichen Auswirkungen und der Regulierung von Wildschäden im Wald. AF 34, 1268, 1979. — WEIMANN, H. J.: Art und Höhe von Wildschaden im Wald. AF 32, 106–109, 1977. — WIEBECKE, C.: Volkswirtschaftliche Bedeutung der Sturmkatastrophe 1972 und forst- und holzwirtschaftspolitische Folgerungen. FA 44, 140–145, 1973.

SIEBTER TEIL

VERHÜTUNG UND BEKÄMPFUNG
DER WALDKRANKHEITEN

(Forstschutz)

Der Mensch kann dem Auftreten von Waldkrankheiten dort, wo er den Wald materiell oder ideell nutzt, nicht untätig zusehen. Er muß bemüht sein, Gegenmaßnahmen zu ergreifen, welche den durch Krankheiten entstehenden Schaden abwenden sollen: er muß Forstschutz treiben. Dazu stehen ihm grundsätzlich zwei Wege zur Verfügung: er kann auf weite Sicht Verhältnisse schaffen, die das Auftreten von Krankheiten erschweren oder gar unmöglich machen; diese Maßnahmen fassen wir unter dem Begriff Waldhygiene zusammen. Der zweite Weg besteht in der direkten Bekämpfung der bereits vorhandenen und gegebenenfalls in starker Vermehrung begriffenen Krankheitserreger; die Gesamtheit der dabei benutzten Verfahren wird als Waldtherapie bezeichnet.

In der Humanmedizin versteht man unter Hygiene die Erhaltung und Erhöhung der Gesundheit der einzelnen Individuen wie der ganzen Bevölkerung, unter Therapie die Pflege und ärztliche Behandlung bzw. Heilung Kranker. Wir können diese Begriffsbestimmungen fast unverändert in die „Forstmedizin" übernehmen, wenn wir den Wald als eine Lebensgemeinschaft auffassen. Dann verstehen wir unter Waldhygiene alle die Maßnahmen, welche zur Erhaltung und Erhöhung der Gesundheit der Lebensgemeinschaft Wald, zur Festigung ihres Gefüges, dienen, unter Waldtherapie dagegen die Heilung erkrankter Waldgemeinschaften, die Wiederherstellung des verlorengegangenen ökologischen Gleichgewichts.

Kennzeichnend für alle Maßnahmen der Waldhygiene ist, daß sie auf weite Sicht arbeiten in gesunden Beständen, die keinen oder nur latenten, unschädlichen Besatz an Krankheitserregern aufweisen. Nach dem bekannten Wort, daß Vorbeugen besser ist als Heilen, muß auch der Forstmann das Schwergewicht seiner Waldschutztätigkeit auf hygienische Maßnahmen legen. Dieser Forderung ist nicht immer genügend Beachtung geschenkt worden. Der auf Großflächen erfolgte Reinanbau von Nadelhölzern ist vom waldhygienischen Standpunkt aus als fehlerhaft zu betrachten, da er Wälder schuf, die gegen Krankheitserreger verschiedenster Art besonders anfällig sind. Der intensive Ausbau direkter Bekämpfungsmaßnahmen, namentlich solcher auf chemischer Grundlage, hat häufig, zuweilen unbewußt, die Ansicht aufkommen lassen, der Forstschutz bestehe im wesentlichen in der Anwendung therapeutischer Mittel. Demgegenüber darf nicht verkannt werden, daß jede Massenerkrankung eine Verschiebung des Gleichgewichts der Lebensgemeinschaft bedeutet und selbst, wenn keine wirtschaftlichen Schäden entstehen, eine Beeinträchtigung des biologischen Gefüges des Waldes eintreten kann. Fraßschäden, auch geringfügige, bedeuten wohl immer Zuwachsverlust. Bekämpfungsmaßnahmen verlangen nicht nur zusätzlichen Aufwand an Arbeit und Geld; sie treffen auch selten den Schädling allein, sondern ziehen weitere Glieder des Beziehungsgefüges in Mitleidenschaft.

Aus diesen Überlegungen folgt zwangsläufig der Schluß, daß der Forstschutz vornehmlich auf Maßnahmen bedacht sein muß, welche die Entstehung von Erkrankungen von vornherein verhindern. Forstschutz muß in erster Linie Waldhygiene sein.

Allerdings vermag der Forstschutz nicht allein mit hygienischen Maßnahmen auszukommen; das kann auch die Humanmedizin nicht, obwohl hier in gewissem Sinne die Dinge einfacher liegen. Außerdem ist zu beachten, daß Waldhygiene nur ein Gesichtspunkt unter vielen ist, die der wirtschaftende Forstmann zu beachten hat, und häufig anderen ein höheres Gewicht zukommt; dann werden die Belange der Waldhygiene bewußt in den Hintergrund gestellt werden müssen. Hinzu kommt, daß eine planmäßig durchgeführte Waldhygiene oft kostspieliger und im Erfolg nicht sicherer ist als die Anwendung nur gelegentlich notwendig werdender therapeutischer Maßnahmen. So wird in Zukunft, auch wenn die Waldhygiene ihre Bedeutung steigern sollte, die Therapie der Waldkrankheiten ihren Platz behalten. Ihre Verfahren sind, wo immer möglich, prophylaktisch anzuwenden, d. h. so frühzeitig, daß die Wirkung eintritt, ehe Schaden entstanden ist.

Prophylaxe ist nicht mit Hygiene zu verwechseln. Hygiene arbeitet auf weite Sicht an der Gesunderhaltung der Lebensgemeinschaft, auch dann, wenn keine Krankheit vorliegt, und grundsätzlich in einem allgemeinen Sinne, nicht auf eine bestimmte Schadursache gerichtet. Prophylaxe heißt Vorbeugung, rechtzeitige Verhütung des Wirksamwerdens meist eines bestimmten Schaderregers; therapeutische Maßnahmen werden vorbeugend eingesetzt, wenn vorhandene Krankheitserreger vernichtet werden, ehe Schaden eintritt. In Einzelfällen mag es zweifelhaft sein, ob eine Maßnahme als hygienisch oder als prophylaktisch anzusehen ist.

Auf besonders krankheitsdisponierten Flächen können Umfang und häufige Wiederkehr der Schäden die Frage berechtigt erscheinen lassen, ob hier überhaupt eine geregelte Forstwirtschaft am Platze ist. FRIEDERICHS 1935 hat vorgeschlagen, ausgesprochene „Ungeziefernester" einer anderen Kulturart zuzuführen und sie beispielsweise (in damaliger Sicht) als Schafweide zu nutzen. Dieser Vorschlag kommt bei der heutigen Bodenverteilung und -nutzung nur für Extremfälle und relativ kleine Flächen in Frage, er verdient aber vom Standpunkt der Landesplanung und Raumwirtschaft aus sorgfältige Prüfung. Er bedeutet sozusagen die letzte Maßnahme der Schadensabwehr im Walde: die Aufgabe der forstlichen Bewirtschaftung.

Schrifttum: SCHWENKE, W.: Waldschutz gegen Raupenplagen – gestern, heute und morgen. FC 98, 79–87, 1979.

ERSTER ABSCHNITT

WALDHYGIENE

Der Waldhygiene dienen gesetzliche Maßnahmen sowie Mittel und Verfahren, die Abwehrkraft der Einzelpflanzen wie der gesamten Lebensgemeinschaft Wald gegenüber schädigenden Einflüssen zu steigern.

A. GESETZLICHE MASSNAHMEN

Allgemeine gesetzliche Maßnahmen können den Zweck verfolgen, 1. den Aufbau gesunder, gegenüber Schadeinflüssen widerstandsfähiger Wälder zu gewährleisten, z. B. indem besondere Anforderungen an das Saat- und Pflanzgut gestellt werden; 2. das Aufkommen und die Verbreitung von Krankheiten und Schädlingen zu verhüten oder zu erschweren, beispielsweise durch Verpflichtung des Waldbesitzers, das Auftreten von Schaderregern laufend zu überwachen und gegebenenfalls Bekämpfungsmaßnahmen durchzuführen; 3. die Einschleppung bisher im Gebiet nicht vorhandener Krankheitserreger von außerhalb zu verhindern, etwa durch Einfuhrverbote oder -beschränkungen.

In der Bundesrepublik Deutschland dienen diesen Zwecken neben dem Bundeswaldgesetz von 1975 und den Waldgesetzen der Länder vor allem das Gesetz über forstliches Saat- und Pflanzgut von 1957, die Pflanzenbeschauverordnung von 1957 und das Pflanzenschutzgesetz von 1968 mit ihren späteren Änderungen bzw. Neufassungen. Nach dem Gesetz über forstliches Saat- und Pflanzgut darf dieses nur in Verkehr gebracht werden, wenn es von zur Nachzucht anerkannten Waldgebieten, Beständen oder Einzelbäumen stammt (§ 3); die Anerkennung setzt bodenständige Bestockung oder besondere Güte voraus (§ 4), wobei unter Güte außer der allgemeinen Wuchsleistung auch Widerstandsfähigkeit gegen Krankheiten, Schädlinge oder sonstige Einflüsse zu verstehen ist (ROSSMÄSSLER 1957). Das Pflanzenschutzgesetz ermächtigt den Bundesminister für Ernährung, Landwirtschaft und Forsten oder, sofern dieser von seiner Befugnis keinen Gebrauch macht, die Landesregierungen, die Verwendung von nicht geeignetem Saat- und Pflanzgut zu verbieten oder den Anbau bestimmter Pflanzenarten und -sorten zu verbieten oder zu beschränken, wenn anders ein hinreichender Schutz der Pflanzen vor Schadorganismen und Krankheiten nicht erreicht werden kann (§ 3). Nach dem gleichen Pflanzenschutzgesetz können der genannte Bundesminister oder die Landesregierungen den Verfügungsberechtigten und Besitzer verpflichten, Pflanzen und Anbauflächen auf das Vorkommen von Schadorganismen hin zu überwachen, diese zu bekämpfen und weitere geeignete Maßnahmen durchzuführen (§ 3). Zum Schutze gegen die Gefahr der Einschleppung oder Verschleppung von Schadorganismen und Krankheiten kann der genannte Bundesminister nach dem Pflanzenschutzgesetz die Einfuhr, Durchfuhr oder Ausfuhr von Schadorganismen sowie von Pflanzen, Pflanzenerzeugnissen oder sonstigen Gegenständen, die Träger bestimmter Schadorganismen sind oder sein können, verbieten, beschränken, von einer Genehmigung oder der Erfüllung bestimmter Anforderungen, von einer Untersuchung, Entseuchung, Entwesung oder von der Beibringung eines amtlichen Pflanzengesundheitszeugnisses abhängig machen (§ 4). Im einzelnen wird dies in der Pflanzenbeschauverordnung von 1957 und ihren späteren Änderungen geregelt. Das Gesetz über forstliches Saat- und Pflanzgut bestimmt, daß Saat- und Pflanzgut von außerhalb der Bundesrepublik nicht eingeführt werden darf; Ausnahmen, z. B. für fremdländische Baumarten, wenn die Saatguterzeugung im Inland nicht ausreicht, muß der Bundesminister für Ernährung, Landwirtschaft und Forsten zulassen (§ 8).

Einfuhrverbote und -beschränkungen spielen im Zeitalter des ständig umfangreicher und schneller werdenden Verkehrs, in dem die Gefahr der Verschleppung von Schädlingen mit Pflanzen, Früchten, Verpackungsmaterial usw. laufend wächst, eine besondere Rolle. Man muß sich allerdings darüber im klaren sein, daß ihre Wirksamkeit begrenzt ist (HANUSS 1974). Einmal können sie nur Schutz bieten, wenn der Schädling nicht auch auf natürlichem Wege eindringen kann; ein 1930 ausgesprochenes Verbot, Douglasien nach Deutschland einzuführen, weil die aus Nordamerika eingeschleppte Rostige Douglasienschütte in Holland Fuß gefaßt hatte, war von vornherein zum Mißerfolg verurteilt: die Sporen des Pilzes konnten mit dem Westwind ungehindert die Grenzen überschreiten. Zweitens muß damit gerechnet werden, daß Organismenarten, die in ihrer Heimat nicht oder kaum schädlich und deshalb unverdächtig sind, sich erst nach ihrer Einschleppung in ein fremdes Land hier zu Schädlingen entwickeln; Beispiel ist wieder *Rhabdocline pseudotsugae*, die in ihrer nordamerikanischen Heimat eine untergeordnete Rolle spielt. Drittens lassen sich trotz aller Vorsichtsmaßnahmen heutzutage Einschleppungen nicht verhindern: *Xylosandrus germanus,* aus Ostasien stammend und erstmalig 1952 in Deutschland festgestellt, oder *Gnathotrichus materiarius,* aus Nordamerika und seit 1965 in Deutschland beobachtet, seien hier genannt. Solche Einschleppungen bleiben vielfach wirtschaftlich bedeutungslos, weil der neue potentielle Schädling, vielleicht weil das Ankunftsgebiet seinen ökologischen Ansprüchen nicht hinreichend genügt, sich nicht zu schadenbringender Dichte vermehrt; das scheint, soweit eine Aussage schon möglich ist, bei *X. germanus* der Fall zu sein. Es kann auch, nach zunächst starken Schäden, die Wirksamkeit des eingeschleppten Krankheitserregers nachlassen, indem sich sozusagen ein Gleichgewicht zwischen ihm und der Wirtspflanze einpendelt; der Eichenmehltau, Anfang unseres Jahrhunderts anscheinend aus Nordamerika nach Europa eingeschleppt und in dessen erstem Viertel als ausschlaggebender Faktor beim damals vielerorts beobachteten Eichensterben angesehen, hat offensichtlich stark an Bedeutung verloren.

Neben den aufgeführten generellen kommen auch spezielle gesetzliche Maßnahmen zur Verhütung oder Minderung bestimmter Schäden in Frage. Hierhin gehören die bereits früher genannten Gesetzesvorschriften zur Verhinderung von Waldbränden (S. 27) und von Immissionsschäden (S. 38). Auch die in einzelnen Ländern erlassenen Polizeiverordnungen, welche das Entrinden gefällter Nadelhölzer zur Vorbeugung gegen Borkenkäfervermehrungen regeln (S. 373), sind hier zu nennen.

Schrifttum: HANUSS, K.: Probleme der Pflanzenquarantäne im Zusammenhang mit der Entwicklung in Wirtschaft und Verkehr. ZPK 81, 39–51, 1974.

B. ERHÖHUNG DER RESISTENZ DES BAUMES

Die Maßnahmen zur Erhöhung der Widerstandskraft des Einzelbaums gegenüber schädigenden Einwirkungen ergeben sich als Nutzanwendung aus den früheren Erörterungen über die Disposition bzw. Resistenz des Baumes (S. 301 ff.).

Wahl der Baumart, Rasse, Herkunft, Sorte. Von grundsätzlicher Bedeutung ist die Wahl der richtigen Baumart für die betreffenden Standortsverhältnisse.

Es ist falsch, die Fichte auf basenreiche Böden zu bringen, wo sie zwar hohe Massenleistung erreicht, aber nach allen Erfahrungen den Rotfäulepilzen beste Daseinsbedingungen bietet. Es ist ebenso falsch, die Lärche auf dumpfen, feuchten Standorten, in engen Tälern anzubauen, wo Krebspilz und Lärchenschütte sie befallen. Die Schattholzart Tanne wird auf sonnigen Freikulturen, auf mageren und trockenen Rücken am stärksten von Tannenläusen heimgesucht.

Die Beachtung der vom Waldbau ermittelten Standortsansprüche einer Baumart ist die grundlegende hygienische Voraussetzung jeder wirtschaftlichen Maßnahme. Die Pflanze soll möglichst in ihrem ökologischen Optimum aufwachsen, d. h. unter Bedingungen, die den günstigsten Ablauf aller in ihr sich vollziehenden Einzelvorgänge gewährleisten. Die derart erwachsene Pflanze wird nicht so leicht in den Zustand der Disposition versetzt werden, welcher Voraussetzung für die Entstehung vieler Krankheiten ist. Die erkrankte Pflanze aber wird im Bereich ihres ökologischen Optimums eher die Krankheit ertragen und rascher genesen.

Innerhalb der für den betreffenden Standort in Frage kommenden Baumart läßt sich vielfach eine Rasse, Herkunft oder Sorte wählen, welche gegenüber den örtlich drohenden Krankheiten besonders widerstandsfähig ist.

Beispiele für rassen-, herkunfts- und sortenbedingte Unterschiede der Disposition sind oben gegeben (S. 301). Es sei nur an die Bedeutung der Rasse für das Auftreten der *Rhabdocline*schütte der Douglasie, der Herkunft von Nadelhölzern für das Ausmaß von Spätfrostschäden oder der Sorte für die Anfälligkeit von Pappeln gegenüber verschiedenen Pilzkrankheiten erinnert. SCHWERDTFEGER 1949 und HESMER 1955 empfehlen zur vorbeugenden Abwehr der Eichenwicklerschäden den Anbau spättreibender Eichen, von denen sich kleine Bestände im westfälischen Wicklerschadgebiet finden (NEUGEBAUER 1976). Diese treiben 2–3 Wochen später aus als die heimische Stieleiche, infolgedessen findet das im Frühjahr schlüpfende Wicklerräupchen nicht den geeigneten Knospenzustand (S. 200) und geht ein. Tatsächlich sind die im Dauerschadgebiet stockenden Späteichenbestände, obwohl überfliegende Falter sie immer wieder mit Eiern belegen, noch nie ernstlich befressen worden.

Die Arbeit zur Erhöhung der Widerstandskraft der Bäume läßt sich weiter verfeinern, indem aus örtlich gegebenen Populationen oder Nachkommenschaften jeweils die für den Standort tauglichsten Individuen ausgewählt werden.

Zunächst müßte es selbstverständlich sein, daß krankheitsdisponierte Bäume nicht zur Nachzucht verwendet werden; von kienzopfkranken Kiefern Saatgut zu verwenden, ist ein Fehler, weil die Empfänglichkeit für den Blasenrost als erblich erkannt wurde (LIESE 1936). Aber auch in anderen Fällen, in denen wir noch nichts von der Erblichkeit der Disposition wissen, gebietet die Vorsicht, von der Verwendung des Saatguts kranker Bäume abzusehen, sofern es sich nicht um Krankheiten handelt, zu deren Entstehung eine besondere Disposition des Wirts mit Sicherheit nicht erforderlich ist. In positiver Weise gibt die Verwendung schwerer Samen, bei Eichen von Saatgut aus mittelalten Beständen die Möglichkeit, rasch und kräftig wachsende Jungpflanzen zu gewinnen, welche über Jugendgefahren besser hinwegkommen als andere aus leichterem Saatgut (S. 303).

Resistenzzüchtung. Die letztgenannten Beispiele leiten über zur Resistenzzüchtung, die auf der Tatsache beruht, daß die Individuen einer Population verschieden empfänglich gegenüber Schadeinwirkungen sind und diese Eigenschaft vererben. Durch bewußte Auslese und Kreuzung lassen sich Sorten züchten, die gegen bestimmte Krankheiten resistent sind. Die gewaltigen Erfolge, welche die Resistenzzüchtung in der Landwirtschaft und im Gartenbau erzielt hat, sind allerdings im Walde nicht so rasch zu erhoffen, schon allein wegen des langsameren Wachstums der Bäume. Es wäre aber verfehlt, die erfolgversprechende Möglichkeit der Züchtung resistenter Baumrassen nicht voll auszuschöpfen, wenn auch das Ziel in der Ferne liegt. Wertvolle Ansätze liegen bereits vor.

Vergleichsweise einfach ist eine Massenauslese auf Spättreiber und damit auf Resistenz gegen Spätfrost, wie sie z. B. für die Fichte (MOULALIS 1973), aber grundsätzlich für alle Baumarten mit weiter Treibespanne möglich ist. Aussichten bestehen auch für eine Auslesezüchtung auf Früh- und Winterfrostresistenz z. B. bei der Grünen Douglasie (BELLMANN-SCHÖNBACH 1964) oder auf Resistenz gegen Industrieabgase bei Nadelbäumen (ROHMEDER et al. 1962, BRAUN 1977, 1978). Immissionsresistenz steht anscheinend in ursächlichem Zusammenhang mit Trockenresistenz (KLEIN 1980). In bezug auf pilzliche Schaderreger liegen Vorarbeiten für eine Resistenzzüchtung u. a. vor bei Kiefer gegen Schütte (v. WETTSTEIN 1933, SCHÜTT 1957, LANIER et al. 1973), bei Strobe gegen Blasenrost (LEHMANN 1951, MEYER 1954, MÜLDER 1955), bei Douglasie gegen *Phaeocryptopus* (MARQUARDT 1951), bei Fichte auf frühzeitige Bildung starker Borke, die weniger anfällig gegen Verletzungen ist und infolgedessen vor Wundfäule schützt (ROHMEDER 1971). Zu bereits schönen Erfolgen führten die sehr eingehenden holländischen Untersuchungen über die Anfälligkeit der verschiedensten Ulmenarten, -rassen und -individuen gegenüber der Ulmenkrankheit (WENT 1954, HEIJBROEK 1957); sie sind nach dem neuerlichen Auftreten eines besonders aggressiven Stammes von *Ceratocystis ulmi* (S. 89) fragwürdig geworden. Möglichkeiten der Resistenzzüchtung liegen auch für die durch Insekten verursachten Krankheiten vor. Die früher vorgeführten Beispiele über Resistenz von Fichte und Kiefer gegenüber Raupenfraß (S. 309, 311), von Tanne gegen Lausbefall (S. 302) weisen den Weg, den die Züchtungsarbeit zu gehen hätte. Einzelheiten über Aussichten, Verfahren und Erfolge finden sich bei ROHMEDER-SCHÖNBACH 1959, GERHOLD et al. 1966, BJÖRKMAN 1972 und DIMITRI 1974.

Der Anbau durch Auslese oder Züchtung gewonnener, gegen bestimmte Schaderreger fester Sorten wäre, wenn er in größerem Ausmaß erfolgte, nicht ohne Problematik. Gegen einen Schadeinfluß widerstandsfähige Sorten können andere, unerwünschte Eigenheiten aufweisen; so sollen spättreibende, gegen Spätfrost resistente Fichten hinsichtlich Massenleistung und technischer Holzeigenschaften den frühtreibenden unterlegen sein (REUSS 1928). Bezieht sich die Resistenz auf Schadorganismen, so ist zu bedenken, daß diese wie die genutzten Holzpflanzen eine mehr oder weniger weite Variationsbreite ihrer erblichen Potenzen, auch der Aggressivität, aufweisen (STEPHAN 1971); eine durch Selektion sich vollziehende Anpassung des Pathogens an die veränderte Eigenschaft des Wirtes ist nicht auszuschließen. Handelt es sich um Schadinsekten, deren Abundanz durch dichteabhängige Gegenspieler geregelt wird, so kann bei vorwiegend niedriger Dichte des Schädlings deren Regulationsvermögen sich nicht voll auswirken und die Gradationsgefahr steigen (FÜHRER 1975).

Schrifttum: BINGHAM, R. T., HOFF, R. J., McDONALD, G. I.: Disease resistance in forest trees. ARP 9, 433–452, 1971. — BJÖRKMAN, E.: Die Prüfung forstlicher Baumarten auf Resistenz gegen parasitäre Pilze. EJFP 2, 229–237, 1972. — BRAUN, G.: Über die Ursachen und Kriterien der Immissionsresistenz bei Fichte, *Picea abies* (L.) Karst. EJFP 7, 23–43, 129–152, 236–249, 303–319, 1977; 8, 83–96, 1978. — DIMITRI, L.: Erhöhung der Stabilität der Bestände und der Resistenz der Waldbäume als biologische Abwehrmaßnahme von Schäden aller Art. AF 29, 40–41, 1974. — FÜHRER, E.: Überlegungen zur Wirkung resistenzsteigernder Maßnahmen im Wald auf den Massenwechsel forstlicher Schadinsekten. FA 46, 228–233, 1975. — KECHEL, H. G.: Produktionssicherung durch Resistenzzüchtung. FH 34, 134–138, 1979 — KLEIN, B.: Zusammenhänge zwischen Immissions- und Trockenresistenz bei Fichte, *Picea abies* (L.) Karst. EJFP 10, 186–190, 1980. — LANIER, L., LACAZE, J. F., MILLIER, C.: Lutte par voie génétique contre le Rouge cryptogamique du Pins. EJFP 3, 97–105, 1973. — MOULALIS, D.: Untersuchungen über das Austreibeverhalten der Baumart Fichte *(Picea abies* (L.) Karst.) in Bayern und die Züchtung auf Spätfrost-Resistenz. FC 92, 24–47, 1973. — ROHMEDER, E.: Die Züchtung der Fichte auf frühzeitige und starke Borkenbildung. FC 90, 74–87, 1971. — STEPHAN, B. R.: Zum Problem einer Resistenzzüchtung gegen die Kiefernschütte. AF 26, 791–792, 1971.

Kultur- und Pflegemaßnahmen. Der Erhöhung der Widerstandskraft der Pflanze dienen weiterhin alle Kultur- und Pflegemaßnahmen, die uns der Waldbau in die Hand gibt. Standortgemäße und holzartgerechte Verjüngung und eine Erziehung, welche möglichst kräftige Pflanzen als Ziel hat, sind wesentliche Maßnahmen der Waldhygiene. Auf sie näher einzugehen, erübrigt sich, da sie Aufgabe des Waldbaus sind.

Düngung. Oben (S. 303) wurde ausgeführt, daß, wie sich namentlich auf Düngungsversuchsflächen zeigte, der Ernährungszustand der Pflanze von erheblicher Bedeutung für ihre Disposition gegenüber Schaderregern ist. Der Gedanke liegt nahe, eine gezielte Düngung als Maßnahme des Forstschutzes einzusetzen.

Versuche und Beobachtungen im Laboratorium und Freiland haben nachgewiesen, daß Düngung die Widerstandsfähigkeit der Pflanze gegen verschiedenste Schadursachen erhöhen kann (BAULE 1975,

DIMITRI 1978), und zwar gegen Immissionen (LAMPADIUS-HÄUSSLER 1962, MATERNA 1962), gegen Frost und Dürre (BRÜNING 1959, THEMLITZ-WANDT 1960, PÜMPEL et al. 1975), gegen eine Reihe von Pilzen (DIMITRI 1977), namentlich *Phacidium infestans* (KURKELA 1965), *Lophodermium pinastri* (ZÖTTL-JUNG 1964), *Marssonina* (KOLSTER-V. D. MEIDEN 1964) und *Melampsora larici-populina* (V. D. MEIDEN 1962), *Fomes annosus* (ALCUBILLA et al. 1971), gegen *Oligonychus ununguis* (THALENHORST 1963), *Parthenolecanium corni* (BRÜNING-UEBEL 1968), *Brachyderes incanus* (BISCHOFF 1967), *Rhyacionia buoliana* (SCHINDLER-BAULE 1964, NEF 1967), *Zeiraphera rufimitrana* (SCHWERDTFEGER, unveröffentlicht), *Bupalus piniarius* (OLDIGES 1958), *Lymantria monacha* (BÜTTNER 1956), *Diprion pini* (SCHWENKE 1960) und *Pristiphora abietina* (BÜTTNER 1956). Aus der großen Zahl der bereits vorliegenden Befunde darf man schließen, daß die Anfälligkeit der Pflanzen noch gegen sehr viel mehr, wahrscheinlich gegen die meisten Schadeinflüsse durch geeignete Düngungsmaßnahmen herabgesetzt werden kann. Doch gibt es auch Gegenbeispiele: *Blastophagus piniperda* griff ungedüngte und gedüngte Kiefern in gleichem Maße an und erreichte in den letzten höhere Gewichte und damit wohl größere Fruchtbarkeit (LÖYTTYNIEMI 1978).

Die sichtbare Wirkung der Düngung besteht bei abiotischen Einflüssen in einer geringeren Schädigung, bei pilzlichen Krankheitserregern in einem schwächeren Befall, bei Insekten in Minderung der Fruchtbarkeit und Steigerung der Sterblichkeit, infolgedessen in einem Niedrigbleiben ihrer Abundanz. Im allgemeinen und in grober Vereinfachung läßt sich sagen, daß gegen abiotische und pilzliche Krankheitsursachen sowie gegen saugende Insekten und Spinnmilben eine bessere Versorgung mit Kalium widerstandsteigernd wirkt, gegen nadel-, blatt- und knospenfressende Insekten hingegen eine solche mit Stickstoff. Zuweilen dauert es eine Reihe von Jahren, ehe sich der Effekt zeigt.

Die unterschiedliche Wirkung eines Düngers auf verschiedene Schaderreger ist bei seiner Anwendung zu beachten: Stickstoffgaben, zur Minderung der Abundanz der Kleinen Fichtenblattwespe ausgebracht, können in einer Fichtenkultur den Besatz an Spinnmilben oder Baumläusen und die Empfindlichkeit gegen Frost steigern. Auch der Effekt auf die Pflanze muß berücksichtigt werden: in den USA ergaben Düngungsversuche in einer Weymouthskiefernkultur, daß auf den kaligedüngten Flächen der Höhen- und Durchmesserzuwachs, aber auch der Befall durch den Strobenrüßler *Pissodes strobi* größer war als auf den ungedüngten, während Stickstoffdüngung sowohl Zuwachs als auch Rüßlerbefall gegenüber den Vergleichsflächen verringert hatte; Flächen, die mit Kali und Stickstoff gedüngt waren, lagen hinsichtlich Zuwachs und Befall wie die Vergleichsflächen in der Mitte (XYDIAS-LEAF 1964).

Eine ziemlich lange Zeitspanne zwischen Düngung und Sichtbarwerden ihrer Wirkung stellten SCHINDLER-BAULE 1964 fest: Auf einer Kiefern-Versuchsfläche wurde 5 Jahre nach der Pflanzung bzw. 3 Jahre nach der ersten Düngung ein ziemlich gleichmäßiger, hoher Befall durch *Rhyacionia buoliana* auf allen Parzellen ermittelt. Es erfolgte daraufhin eine chemische Bekämpfung des Schädlings, die den Wicklerbesatz auf ein Minimum hinabdrückte. 3 Jahre später war er wieder beachtlich, und nun zeigten sich in diesem wie im folgenden Jahr, also im 6. und 7. Jahr nach der ersten Düngerausbringung, erhebliche Unterschiede im Befall: er war auf den gedüngten Parzellen um 27–46 % bzw. um 59–71 % geringer als auf den ungedüngten.

Worauf die Änderung der Disposition beruht, ist noch weitgehend ungeklärt. In erster Linie ist an eine Verschiebung im Stoffgehalt der Pflanze und damit in ihrer trophischen Valenz für organismische Schädlinge zu denken. Weiterhin können Beschleunigung oder Verzögerung von Wachstumsvorgängen, Erhöhung der Harzfähigkeit der Nadelhölzer oder Kräftigung mechanischer Schutzeinrichtungen, etwa Verhärtung der Blattepidermis, beteiligt sein. Auch Merkmale der Pflanze, die für das, was wir oben (S. 314) als ethologische Valenz bezeichneten, kennzeichnend sind, können verändert werden.

Nach SCHWENKE 1961, 1968 verschiebt Düngung mit Stickstoff die Eiweiß-Zucker-Relation in den Assimilationsorganen zuungunsten des Zuckers, was die Entwicklung blatt- und nadelfressender Insekten beeinträchtigt, weil sie zur Deckung ihres Kohlehydratbedarfs auf ein ausreichendes Zuckerangebot angewiesen sind. OTTO-HACKBARTH 1967 fanden in Nadeln gedüngter Kiefern einen niedrigeren Zuckergehalt, aber auch eine wesentlich stärkere Harzfähigkeit als in solchen ungedüngter Pflanzen, was auf die Möglichkeit höherer Resistenz durch Ausfließenlassen von Harz hinweist; den geringeren Zuckerwert sieht OTTO 1970 nicht als entscheidenden Gradationsfaktor an. Nach BRÜNING 1959 verzögert Kalidüngung, unterstützt durch Natrium, das Austreiben der Knospen, wodurch die Gefahr von Spätfrostschäden gemindert wird. THALENHORST 1968 fand eine Korrelation zwischen Düngung und Nadeldichte bzw. -dicke bei Fichten, zwei Merkmalen, die anscheinend für die Valenz dieser Baumart für *Pristiphora ambigua* bzw. *Epinotia tedella* von Bedeutung sind.

Wie hoch die dispositionsändernde Wirkung einer Düngergabe ist, hängt u. a. stark von der durch die Eigenschaften des Standorts gegebenen natürlichen Versorgung der Pflanze mit dem betreffenden Nährstoff ab; sie kann hier hoch und dort nahezu Null sein. Hinzu kommt, daß auf der weiten Versorgungsskala von sehr schlecht bis sehr gut die größte Anfälligkeit der Pflanze nicht an deren unterem Ende zu liegen braucht, sondern irgendwo zwischen den Extremen liegen kann; die Disposition mag dann, in Form einer Glockenkurve, mit zunehmender Versorgung zunächst ansteigen, bis zu einem Maximum, und erst dann absinken. In einem solchen Fall werden zusätzliche Gaben auf Pflanzen, die von Natur aus sehr schlecht versorgt sind, anfälligkeitsteigernd und erst auf besser versorgten anfälligkeitmindernd wirken. Allgemeingültige Empfehlungen für Düngungsmaßnahmen als Verfahren des Forstschutzes zu geben, ist deshalb unmöglich.

MERKER 1963 folgerte aus seinen Versuchen im Mooswald bei Freiburg i. Br.: „Gegen die Kleine Fichtenblattwespe hilft eine Düngung mit Stickstoff 5 Jahre lang. Danach klingt die Düngewirkung wieder ab und muß wiederholt werden". Gleichartige Versuche, die Verfasser mit gleichem Dünger und gleicher Aufwandmenge durchführte, zeigten im Oldenburger Raum keinerlei Wirkung auf den gleichen Schädling. Auf die beobachteten gegensätzlichen Effekte von Düngungsmaßnahmen auf *Rhyacionia buoliana*, je nach der Güte des Bodens, wurde schon (S. 303) hingewiesen.

Daß bei der Auswertung von Düngungsversuchen außer den genannten noch weitere Umstände zu beachten sind, zeigen Untersuchungen von THALENHORST 1964, 1968: Fichten auf stickstoffgedüngten Parzellen wiesen erwartungsgemäß Ende Mai einen überdurchschnittlich hohen Besatz an Lachniden auf; wenige Wochen später war der Besatz weit unter den Durchschnitt abgesunken, und zwar infolge der kompensatorischen Tätigkeit räuberischer Insekten, namentlich von Coccinelliden- und Syrphidenlarven, die sich vor allem auf den Parzellen mit höchstem Beuteangebot eingefunden oder angesammelt hatten. Parzellen, die in einem Jahr am stärksten von *Epinotia tedella* oder *Pristiphora ambigua* befallen waren, erwiesen sich im nächsten Jahr als am schwächsten besetzt, und umgekehrt, was ebenfalls auf dichteabhängige Prozesse zurückzuführen war. Man darf somit Folgerungen über den Einfluß von Düngungsmaßnahmen auf Forstschädlinge nicht allein auf einmalige und infolgedessen nur einen Querschnitt liefernde Erhebung stützen, sondern sollte das Gesamtgeschehen von Anfang bis Ende dynamisch betrachten.

Noch eine Bemerkung: Bei allen vorstehend angeführten Untersuchungen wurden handelsübliche Mineraldünger benutzt; Klärschlämme und Müllkomposte, in jüngster Zeit vielfach zur Verwendung im Wald empfohlen, erwiesen sich gelegentlich nicht nur als unmittelbar toxisch für Holzpflanzen (S. 73), sondern steigerten auch deren Anfälligkeit gegen *Fomes annosus* und *Armillariella mellea* (COURTOIS 1973, EVERS 1977).

Schrifttum: ALCUBILLA, M., DIAZ-PALACIO, M. P., KREUTZER, K., LAATSCH, W., REHFUSS, K. E., WENZEL, G.: Beziehungen zwischen dem Ernährungszustand der Fichte *(Picea abies* Karst.), ihrem Kernfäulebefall und der Pilzhemmwirkung ihres Basts. AJFP 1, 100–114, 1971. — BAULE, H.: Wie wirkt sich die Düngung auf die Widerstandskraft der Waldbäume aus? Forstpflanzen-Forstsamen 15, 4, 1–12, 1975. — COURTOIS, H.: Müllkompostierung in der Forstwirtschaft. Einfluß einer Müllkompostierung auf Jungkiefern aus mykologischer Sicht. AFJZ 144, 186–190, 1973. — DIMITRI, L.: Influence of nutrition and application of fertilizers on the resistance of forest plants to fungal diseases. EJFP 7, 177–186, 1977. — Einfluß der Düngung auf die Gesundheit der Waldbestände. AF 33, 411–413, 1978. — EVERS, F. H.: Vom Nutzen und Schaden der Klärschlämme und Müllkomposte im Wald. AF 32, 623, 1977. — LÖYTTYNIEMI, K.: Effect of forest fertilization on pine shoot beetles *(Tomicus* spp., Col., Scolytidae). Fol. For. Helsinki 1978. — OTTO, D.: Zur Bedeutung des Zuckergehaltes der Nahrung für die Entwicklung nadelfressender Kieferninsekten. AFw 19, 135–150, 1970. — PÜMPEL, B., GÖBL, F., TRANQUILLINI, W.: Wachstum, Mykorrhiza und Frostresistenz von Fichtenjungpflanzen bei Düngung mit verschiedenen Stickstoffgaben. EJFP 5, 83–97, 1975.

C. ERHÖHUNG DER WIDERSTANDSKRAFT DES WALDBESTANDES GEGENÜBER PATHOGENEN EINFLÜSSEN

Alle Maßnahmen, welche der Erhöhung der Resistenz des Einzelbaums dienen, kommen naturgemäß auch der Vergesellschaftung von Bäumen, dem Walde, zugute. Darüber hinaus liefern die besonderen Eigenschaften einer Lebensgemeinschaft weitere Ansatzpunkte zur Stabilisierung ihres Gleichgewichts. Sie ergeben sich im wesentlichen als Schlußfolgerung aus den früheren Erörterungen über die Disposition des Bestandes (S. 316 ff.) und können deshalb hier zum Teil sehr kurz und unter Bezugnahme auf das früher Gesagte behandelt werden.

Grundlagen. Wir haben den Wald als eine Lebensgemeinschaft bezeichnet, welche in ihrer naturbedingten Form die Fähigkeit besitzt, das in ihr herrschende Gleichgewicht zu erhalten und Störungen durch Selbstregelung auszugleichen (S. 20). Den Regulationsmechanismus sahen wir augenfällig im Verlauf von Insektengradationen wirksam werden, wenn die Massenvermehrung des Schädlings beispielsweise ein Ansteigen der Populationsdichte von Parasiten und Räubern auslöste, das schließlich den Gleichgewichtszustand wiederherstellte. In vielen Fällen beobachten wir aber, daß die Selbstregelung offenbar nicht ausreicht und mehr oder weniger weite Waldflächen von Kalamitäten vernichtet werden. Da solche Fälle im Wirtschaftswald häufiger auftreten als im vom Menschen nicht berührten Urwald, liegt der Gedanke nahe, die Wirtschaft des Menschen sei ursächlich an dem Auftreten waldzerstörender Kalamitäten beteiligt. Daß dies tatsächlich der Fall ist, zeigen besonders solche Fälle, in denen der Forstmann von den natürlichen Verhältnissen stark abweichende Waldgebilde aufbaute, wenn er etwa in Gebieten des natürlichen Mischwaldes umfangreichen Reinanbau von Nadelholz trieb.

Das häufige Auftreten von Waldbränden und Insektenfraß im nordostdeutschen Kieferngebiet ist zweifellos zum nicht geringen Teil eine Folge der reinen Kiefernwirtschaft. SCHIMITSCHEK 1942 konnte nachweisen, daß die großen Nonnenmassenvermehrungen in den Sudetenländern und in Böhmen-Mähren fast durchweg in den Gebieten der natürlichen Kiefern-Eichen-Gesellschaften und der ursprünglichen Tannen-Buchen-Waldgesellschaften erfolgen, an deren Stelle künstlich reine Fichtenbestände gegründet wurden, eine Feststellung, die von WELLENSTEIN 1942 auch für andere Waldgebiete bestätigt werden konnte.

Auf die Ursachen, welche der höheren Gefährdung der eintönigen Nadelholzbestände als der extremen Form der vom Menschen geschaffenen Waldbilder zugrundeliegen, ist oben (S. 322 ff.) eingegangen worden. Die häufigen Krankheiten dieser Waldgebilde dürfen aber nicht allein kausal aus der Wirtschaftsform erklärt werden, sie lassen sich auch final als eine der Selbstregelung des Waldes dienende Erscheinung begreifen. Nach der Vernichtung der anthropogenen Zönose entsteht eine neue Waldgemeinschaft, welche den örtlichen Verhältnissen angepaßt und gegenüber pathogenen Einflüssen widerstandsfähiger ist. Die Zerstörung des Kunstwaldes durch eine Kalamität ist somit eine Reaktion der Natur auf die Unnatur der Forsten, welche zur Entstehung einer neuen, natürlich gefügten Waldform führt (FRIEDERICHS 1938).

Konsequent zu Ende gedacht, mündet diese Überlegung in der Forderung, Wälder aufzubauen, welche den natürlichen Gegebenheiten des jeweiligen Standorts entsprechen. Waldhygiene „muß die Erhaltung des standortgemäßen, bodenständigen Pflanzenkleides anstreben und, wo es zerstört ist, dessen Wiederaufbau" (SCHIMITSCHEK 1964). Dem ist entgegenzuhalten, was oben (S. 364) bereits in anderem Zusammenhang ausgesprochen wurde, daß nämlich der waldhygienische nur einer von vielen Gesichtspunkten ist, die der wirtschaftende Forstmann bei seinen Maßnahmen zu beachten hat. Er wird einen Ausgleich zwischen ihnen finden müssen. Dabei mag er bedenken, daß ein nach waldhygienischen Gesichtspunkten geschaffener, naturnaher Wald zwar vielfach geringere Nutzungserträge verspricht als ein nach rein ökonomischen Überlegungen aufgebauter, jedoch der Minderertrag als Versicherungsprämie für die Erhöhung der Betriebssicherheit angesehen werden kann.

Waldbauliche Maßnahmen. Zu den wichtigsten Maßnahmen, die Widerstandskraft des Waldes gegen pathogene Einflüsse zu stärken, gehört der Aufbau artenreicher Mischbestände an Stelle der Monokulturen und die Unterbrechung großer Nadelwaldflächen durch Laubholzstreifen, -horste und -bestände. Gemischte Wälder haben sich regelmäßig den abiotischen Einwirkungen gegenüber besonders widerstandsfähig gezeigt.

Aus der Erfahrung, daß Laubholzinseln dem Feuer selbst bei Großwaldbränden Widerstand zu leisten vermögen, daß Bodenfeuer auch in Kiefernbeständen ins Stocken gerät, wenn es auf Laubholzunterstand trifft, ergibt sich die Folgerung, waldbrandgefährdete Nadelholzbestände mit Laubholzstreifen zu unterbrechen und mit Laubholz zu durchmischen oder zu unterbauen. Schutzstreifen aus widerstandsfähigen Laubholzarten vermögen die Gefahr von Immissionsschäden bis zu einem gewissen Grade einzudämmen. Gegen Wind-, Sturm- und Bruchschäden haben sich gemischte Bestände widerstandsfähiger gezeigt als reiner Nadelwald; wiederholt konnte beobachtet werden, daß ungleichaltrige Mischbestände mit hohem Laubholzanteil Angriffe des Sturmes schadenlos überstanden.

Mischwald gewährleistet am ehesten einen dauernd guten Bodenzustand. Er wirkt günstig auf den Wasserhaushalt, der namentlich durch Fichtenreinwirtschaft auf ehemaligen Laubholzböden vielfach verschlechtert wurde. Er verhindert durch die mehrschichtige Durchwurzelung des Bodens Verdichtungsvorgänge und hemmt Versäuerung und Rohhumusbildung.

Der Schädling aus der belebten Welt wird durch Schaffung von Mischwald zugleich auf drei Fronten angegriffen: durch Verringerung der Nahrungsmenge und der Wirtsbäume, durch Veränderung der kleinklimatischen und edaphischen Bedingungen und durch Vermehrung seiner natürlichen Feinde. Dabei scheinen nach den auf S. 319 geschilderten Untersuchungsergebnissen bereits geringfügige Mischholzanteile wesentliche Wirkungen auszuüben. Daß vom Gesichtspunkt des Forstschutzes aus nicht nur die Mischung der Baumarten bedeutungsvoll ist, sondern auch die Anreicherung mit anderen Pflanzen, insbesondere die Mannigfaltigkeit der Bodenflora, wurde bereits oben (S. 323) betont.

Wenn die Schaffung von Mischbeständen mit Recht als die vordringlichste Forderung der Waldhygiene angesehen wird, so darf andererseits nicht verkannt werden, daß sie keineswegs ein Allheilmittel darstellt. Einmal finden manche Krankheitserreger, wie Hallimasch oder Maikäfer, gerade im gemischten Wald die besten Daseinsbedingungen, zweitens kann bei massigem Auftreten von Schadfaktoren, etwa bei heftigsten Stürmen oder ungewöhnlich starken Insektenvermehrungen, der sonst wirksame Schutz nicht ausreichen, und schließlich lassen die Standortsbedingungen nicht überall den Anbau von Mischwald zu.

Die Woge der riesigen Forleulenkatastrophe 1922/24 schlug auch über Mischwaldrevieren zusammen, während sonst die Eule fast ausschließlich in reinen Kiefernwaldungen schadet. Die größte, in der Geschichte der Raupenverheerungen beispiellose Nonnenkalamität von 1845/67 erstreckte sich von der Grenze Asiens bis nach Westpreußen, also über Waldgebiete, die in großen Teilen urwaldmäßig aus verschiedensten Holzarten zusammengesetzt waren.

Nicht alle Nadelholzreinbestände lassen sich mit Laubholz durchmischen; doch sind die vorhandenen Möglichkeiten längst nicht ausgeschöpft. Nach OLBERG waren 1936 im preußischen Staatswald Ostdeutschlands 40% der Kiefernbestände der I. Ertragsklasse, 63% der II. und 85% der III. Ertragsklasse Reinbestände ohne Mischholz; auf diesen relativ guten Standorten dürfte ausnahmslos die Möglichkeit der Laubholzbeimischung gegeben sein. OTTO 1972 schließt aus den Ergebnissen der Standortskartierung, daß im niedersächsischen Flachland die oft einförmige Kiefernbestockung weitgehend durch eine Vielzahl anderer Baumarten abgelöst werden kann. Auf armen Böden wäre zu prüfen, ob nicht durch Maßnahmen der Bodenbesserung, insbesondere der Düngung, die Voraussetzungen für Laubholzanbau geschaffen werden können, vor allem in ausgeprägten Insektenherden, Waldbrandgebieten und sonstigen gefährdeten Orten.

Weiterhin können zahlreiche andere waldbauliche Maßnahmen vorbeugend gegenüber Waldschäden dienen. Richtige B e s t a n d e s g r ü n d u n g ist die Voraussetzung für das Heranwachsen gesunder und widerstandsfähiger Bestände.

Kiefernsaaten leiden wegen ihres dichteren Schlusses und des dadurch bedingten, die Infektion mit *Lophodermium pinastri* begünstigenden Ökoklimas stärker unter Schütte als Pflanzungen. Auf Kiefern-Versuchsflächen, die nach verschiedener Bodenbearbeitung teils durch Saat, teils durch Pflanzung in Kultur gebracht waren, wiesen die Pflanzungen im Mittel 47 %, die Saaten 77 % Befall durch *Rhyacionia buoliana* auf; die verschiedenen Bodenbearbeitungsverfahren hatten keinen nennenswerten Befallsunterschied zur Folge. Der stärkere Wicklerbefall der Saaten stand in Zusammenhang mit ihrem gegenüber den Pflanzungen kümmernden, unter Schütte leidenden, sehr lückigen Zustand (WAGENKNECHT 1941). Eng gepflanzte und deshalb im Wuchs stockende Lärchendickungen hatten einen wesentlich höheren Besatz an *Coleophora laricella* als weitständige, nach Vollumbruch und Düngung gegründete Bestände (SCHINDLER 1968). Vollumbruch hat sich als forstpathologisch besonders empfehlenswert erwiesen, da er vorbeugenden Schutz bietet gegenüber Spätfrost, Unkraut jeglicher Art, Engerling, Kiefernwickler und möglicherweise auch noch gegen andere auf lückigen Kulturen und an geschwächten Pflanzen gut gedeihenden Schädlingen. Nach ENGBERG 1976 soll eine dem Blendersaumschlag ähnliche Nordsaum-Verjüngung der Fichte Schutz nicht nur gegen Frost, Dürre und Gras, sondern auch gegen *Hylobius abietis* geben.

Zeitige und häufige D u r c h f o r s t u n g e n, die aber eine zu starke Lockerung des Bestandesschlusses vermeiden, dienen der Kräftigung des Bestandes. Alle Hiebsmaßnahmen sind mit größtmöglicher Stetigkeit durchzuführen. Plötzliche Eingriffe in das Gefüge mindern Widerstandskraft gegen Wind, Schnee- und Eisbruch usw. Sorgfältige Regelung des Bestandsschlusses, insbesondere Erzielung des Stufenschlusses durch Hochdurchforstung und Holzartenmischung, Begünstigung der erwünschten, allmähliche Beseitigung der ungeeigneten Baumarten, Rassen und Individuen, Erhaltung des Waldmantels sind wichtige Maßnahmen, welche eine nach den örtlichen Gegebenheiten unterschiedliche Wirkung besitzen.

Am wenigsten vom Maikäfer gefährdet ist der allzeit geschlossene Wald: zu starke Auflockerung, Schirmschlag-, Femelschlagbetrieb fördern ihn (PUSTER 1936). *Cerambyx cerdo* findet günstigste Vermehrungsbedinungen an Bestandesrändern und wurde zur Katastrophe, als Eichenwälder in schmalen Kulissenhieben bewirtschaftet wurden (RUDNEW 1935). Der Lärchenkrebs tritt weniger stark auf in gut durchforsteten Beständen, die der Lärche einen angemessenen Wuchsraum bieten. Im reinen Fichtenwalde wurden 90–120jährige, teilweise ungleichaltrige, stetig gepflegte und gelichtete Bestände zu 6–8 %, geschlossene 60–80jährige Bestände dagegen zu 15–21 % der Fläche vom Sturm geworfen (Anonym 1943). Bei mechanischen und chemischen Läuterungen in Fichte, zu verschiedenen Jahreszeiten ausgeführt, wurde das liegengebliebene Material von Borkenkäfern am wenigsten zur Vermehrung genutzt, wenn die Maßnahmen im Juli/August vorgenommen worden waren (HOCHMUT 1975, LANZ 1975, WINTER 1980).

G r o ß k a h l s c h l ä g e sind wegen ihrer häufig schädlichen Einwirkungen auf die Boden- und Bestandesbiologie möglichst zu vermeiden. Auf Großflächen gegründete, einförmige Kulturen bieten zahlreichen Kulturschädlingen günstige Vermehrungsmöglichkeiten. Die späteren zusammenhängenden Dickungen sind vom Feuer gefährdet, und die umfangreichen gleichaltrigen Stangenhölzer werden am ehesten von Bestandesschädlingen heimgesucht. Häufiger Wechsel der Altersklassen ist anzustreben.

Schrifttum: ENGBERG, B.: Vermeidung von Rüsselkäfer-Schäden durch Kulissen-Verjüngung in Dänemark. AF 31, 854, 1976. — GREMMEN, J.: The benefit of silvicultural measures to prevent damage and disease in forest trees. EJFP 7, 158–164, 1977. — HOCHMUT, R.: Vorkommen des Kupferstechers, *Pityogenes chalcographus*, bei den schematischen Pflegeeingriffen. Lesnictví 23, 533–545, 1977. — LANZ, W.: Ein neues Verfahren der chemischen Läuterung in Laub- und Nadelholzbeständen. FH 30, 355–364, 1975. — OTTO, H. J.: Die Ergebnisse der Standortkartierung im pleistozänen Flachland Niedersachsens – Grundlage waldbaulicher Leitvorstellungen. AdW 19, 1972. — WINTER, K.: Läuterungszeitpunkt und Befall durch Kupferstecher (*Pityogenes chalcographus* L.) in Fichtenbeständen des Oberharzes. ZPK 87, 523–532, 1980.

Saubere Wirtschaft. Wie Reinlichkeit im weitesten Sinne ein überaus wichtiges Mittel der menschlichen Hygiene darstellt, so ist auch „saubere Wirtschaft" im Walde ein wesentlicher Faktor, um Waldschäden vorzubeugen. Die Bedeutung der sauberen Wirtschaft erhellt schlagartig aus der Tatsache, daß in den intensiv bewirtschafteten deutschen Wäldern die Borkenkäfer seit anderthalb Jahrhunderten – abgesehen von der Zeit am Ende des Zweiten Weltkriegs, wo besondere Umstände die Intensität der Bewirtschaftung kraß absinken ließen – eine nur geringe Rolle spielen, während sie in nicht sauber gehaltenen außerdeutschen Waldungen zu den am meisten gefürchteten Schädlingen gehören. Auch die Stammfäule erzeugenden Pilze haben in weniger gepflegten Wäldern, etwa Nordamerikas, eine größere Bedeutung als bei uns.

Gerade gegenüber unseren sekundären Borkenkäfern, Bockkäfern, Prachtkäfern, *Pissodes*-Arten und Holzwespen, die zu ihrer Vermehrung zunächst kranken, geschwächten Materials bedürfen, ist das Streben nach Sauberkeit im Walde, die Entfernung derartigen Brutmaterials der beste Schutz. Dazu dient der rechtzeitige Aushieb aller kränkelnden und ausscheidenden Stämme durch frühzeitige und häufige Durchforstung, rechtzeitige Abfuhr oder Entrinden und Berappen der geschlagenen Hölzer, um sie zur Brut untauglich zu machen, baldiges Aufarbeiten und Entrinden oder Abfahren der Bruchhölzer nach Wind- und Schneebruchkatastrophen, baldige Schlagräumung und Beseitigung des Abraums. Die Abfuhr bzw. das Schälen der Hölzer muß erfolgt sein, ehe sich die etwa vorhandene Brut verpuppt. Entsprechende Bestimmungen sind in den Verkaufsverträgen aufzunehmen und für Nadelholzgebiete auch durch Polizeiverordnung geregelt. Zur laufenden Niederhaltung eines normalen Besatzes von *Ips typographus* ist es nötig, das gesamte, vom Wintereinschlag noch im Walde liegende Fichtenderbholz vom 15. April bis 15. Mai zu entrinden, sofern es nicht mit Sicherheit bis zum 15. Mai aus dem Walde abgefahren ist; vom 15. Mai bis 15. September anfallendes Derbholz muß laufend entrindet werden. Zur Niederhaltung der *Blastophagus*-Arten sind alle im Walde liegenden, seit dem 1. November des Vorjahres gefällten Kiefernstämme bis zum 31. Mai, bei ungewöhnlich warmer Witterung bis zum 15. Mai zu entrinden (SCHWERDTFEGER 1944). An die Stelle des Entrindens kann Begiftung des Holzes mit gegen Borkenkäfer zugelassenen Mitteln (PVF) treten; im Winter gefälltes Holz soll kurz vor Beginn der Flugzeit der Käfer im Frühjahr, ab 1. April gehauenes jeweils bis spätestens 4 Wochen nach dem Einschlag behandelt werden.

Als weitere Maßnahmen der sauberen Wirtschaft können genannt werden: Stock- und Wurzelrodung, die dem Großen braunen Rüsselkäfer, manchen Bastkäferarten, dem Bohrkäfer *Hylecoetus dermestoides* und dem Hallimasch die Brutstätten nimmt, jedoch heutzutage wegen zu hoher Kosten in der Regel nicht mehr durchführbar, vielfach auch, weil die Bodenstruktur gestört wird, unerwünscht ist. Entfernen von Laub und Reisig aus den Pflanzgartenbeeten, weil sich unter ihm gern Blattkäfer und andere Schadinsekten verstecken und Mäuse bevorzugt aufhalten. Anlage von Saat- und Pflanzgärten dort, wo keine Infektionsgefahr durch Krankheitserreger besteht, z. B. von Kiefernkämpen weit entfernt von schüttenden Kulturen, am besten außerhalb des Kiefernwaldes. Vernichten der Brutstätten von Tieren, die als Vektoren von Pilz- und Bakterienkrankheiten dienen; rechtzeitiger Aushieb von Ulmen, die von Ulmenborkenkäfern befallen sind, ist gleichzeitig eine vorbeugende Maßnahme gegen das Ulmensterben.

Seit einiger Zeit ist in der Forstwirtschaft Mitteleuropas ein vom Standpunkt der Forstpathologie aus zu bedauerndes, mehr oder weniger starkes Abweichen vom bislang streng befolgten Prinzip der sauberen Wirtschaft festzustellen. Mangel an Arbeitskräften, hohe Lohnkosten und die Unmöglichkeit, manche früher ohne weiteres verkäuflichen Sortimente abzusetzen, zwingen die Betriebe, ihre Maßnahmen der Holzgewinnung und -aufarbeitung zu extensivieren: die sogenannten Sammelhiebe werden seltener durchgeführt oder entfallen, vereinzelte Wurf- und Bruchhölzer werden nicht gleich aufgearbeitet, unverwertbare, auch stärkere Holzteile, wie rotfaule Stammenden, dickes Astholz und langausgehaltene Zöpfe, auch die bei Läuterungen anfallenden Stämmchen bleiben liegen. Dies alles bedeutet erhöhtes Angebot an Brutmaterial für die sekundären Schädlinge. Hinzu kommt als weiteres Gefahrenmoment die statt der mechanischen immer mehr verwendete chemische Läuterung der Bestände: in den langsam absterbenden Stämmchen finden Sekundärinsekten bestens geeignete Vermehrungsstätten. Es wäre verfrüht, schon jetzt eine verbindlich erscheinende Aussage über die hierdurch bedingte tatsächliche oder mutmaßliche Gefährdung des Waldes zu machen; dafür ist die Entwicklung noch zu jung. Daß sie zu schweren Bedenken Anlaß gibt, steht jedoch außer Zweifel.

Dazu eine Beobachtung: SCHINDLER 1968 zählte in einem 2 m langen, rotfaulen Fichten-Stammabschnitt, der auf einem Schlag, weil unverkäuflich, liegen geblieben war, über 2000 Einbohrlöcher des *Xyloterus lineatus.* Bei gleichzeitig durchgeführten Zuchten schlüpften aus einem Brutgang 11–14 Jungkäfer, d. h.: dieser eine Abschnitt vermochte 22 000–28 000 Jungkäfer zu liefern. In dem betreffenden Forstort lagen aber an die 100 ähnliche Abschnitte! In Versuchen zur chemischen Läuterung von Nadelholzbeständen fand HUSS 1969, 1970 in behandelten Kiefern *Blastophagus piniperda* und *Pissodes piniphilus* in größerer Zahl, die deutlich von Behandlungszeit und Dosierung des verwendeten Mittels abhängig war, ferner in den abgetöteten Fichten und Lärchen nahezu hundertprozentigen Befall durch *Xyloterus lineatus.* Behandelte Buchen wiesen verstärkt *Xyloterus domesticus* auf (KERCK 1972). Damit stimmt überein, daß allgemein in Mitteleuropa seit einigen Jahren ein gegenüber früher erhöhter eiserner Bestand an Borkenkäfern beobachtet wird. Vielleicht führen zunehmender Mangel und Preisanstieg beim heute üblichen Heizmaterial, namentlich beim Heizöl, zu stärkerer Verwendung des im Walde sonst liegenbleibenden, zu Brennzwecken geeigneten Holzes und damit zurück in Richtung einer sauberen Wirtschaft.

Schrifttum: BOMBOSCH, S.: Ein neuer Aspekt zur chemischen Läuterung. FA 46, 210–211, 1975. — FLÖHR, W.: Möglichkeiten des Einsatzes von Arboriziden in der Jungbestandspflege. AFw 19, 341–345, 1970. — HUSS, J.: Chemische Läuterung bei Nadelbäumen. FA 40, 213–220, 1969; 41, 116–122, 1970. — KERCK, K.: Chemische Läuterung – Buchenstammholzschädlinge. FH 27, 59–60, 1972. — SCHÜTT, P.: Abkehr von der „sauberen Wirtschaft" – ein phytopathologisches Risiko? FC 98, 309–316, 1979.

Schutz der Nützlinge.

Neben den bereits genannten waldbaulichen Maßnahmen, die eine Anreicherung der Lebensgemeinschaft, insbesondere mit Nützlingen, bezwekken, können spezielle Maßnahmen dem Schutz und der Vermehrung nützlicher Tiere im Walde dienen. Zunächst ist alles zu unterlassen, was eine Verringerung der natürlichen Feinde der Schädlinge zur Folge haben könnte; dazu gehören unter Umständen starker Abschuß von Schwarzwild, von Füchsen und anderem Raubzeug, Vernichtung von Krähen (falsch bei starkem Engerlingsschaden!), von Igeln, Maulwürfen, Spitzmäusen und dergleichen. Es können aber auch positiv bestimmte, als nützlich erkannte Arten durch entsprechende Verfahren im Walde angesiedelt oder vermehrt werden. Hierher gehören insbesondere die näher zu besprechenden Maßnahmen des Vogelschutzes, der Fledermausansiedlung, der Ameisenhege und der Einführung von Feinden.

Einen interessanten Vorschlag zur Anreicherung der Nützlingsfauna hat NUORTEVA 1956 gemacht. Er fand, daß die natürlichen Feinde des durchaus sekundären, vielfach in den Stöcken der Nadelhölzer oder im Abraum brütenden *Hylurgops palliatus* auch solche gefährlicher Borkenkäfer, vor allem des *Ips typographus* sind. Daraus leitete er die Empfehlung ab, das Auftreten des harmlosen Borkenkäfers durch Belassen geeigneter Brutmöglichkeiten zu fördern und damit die natürlichen Widerstandskräfte gegen Massenvermehrungen schädlicher Arten zu stärken.

Vogelschutz.

Der Vogelschutz im weitesten Sinne umfaßt alle Maßnahmen, die eine Verminderung oder gar Ausrottung der Vögel verhüten und zu ihrem Gedeihen und ihrer Vermehrung beitragen. Man unterscheidet ideellen und wirtschaftlichen Vogelschutz. Jener wird von ethischen und ästhetischen Gesichtspunkten geleitet und bezweckt die Erhaltung der im Lande vorkommenden Vogelwelt um ihrer selbst willen. Der wirtschaftliche Vogelschutz, auch Vogelhege genannt, sucht bestimmte Vogelarten planmäßig zu fördern, weil sie dem Menschen irgendwie nützlich werden; leitend sind hierbei wirtschaftliche Erwägungen. Im Rahmen des Forstschutzes muß der Vogelschutz von der wirtschaftlichen Seite aus, also als Vogelhege, betrachtet werden. Dabei ist zunächst die Frage zu stellen, wieweit sich eine besondere Förderung der Vogelwelt als Schutz gegen Schädlinge auswirken kann.

Die zoophagen Vögel stellen einen zahlenmäßig wechselnden, im allgemeinen nur kleinen Teil der Lebensgemeinschaft dar. Unter den zahlreichen abiotischen und biotischen Faktoren, die auf einen Schädling einwirken, nehmen sie einen meist nicht übermäßig wichtigen Platz ein. Ihre Dichte und damit der durch sie dargestellte Anteil der belebten Gegenwirkungen läßt sich aber durch Maßnahmen des Vogelschutzes verhältnismäßig leicht erhöhen. Das trifft insbesondere für die höhlenbrütenden Arten zu, die im Wirtschaftswald nicht genügend natürliche Nisthöhlen finden; diesem Mangel kann durch Aufhängen künstlicher Höhlen abgeholfen werden. Ihre ökologische Grenze findet die künstliche Steigerung der Vogeldichte dort, wo zu üblichen Zeiten, wenn nicht gerade eine Insektenvermehrung im Gange ist, die Nahrung versiegt. Dies ist in armen Lebensgemeinschaften eher, in reichen später der Fall; in Reinbeständen von Nadelhölzern lassen sich weniger Vögel ansiedeln als in gemischten Laubholzbeständen.

In entsprechenden Versuchen konnte festgestellt werden, daß sich bei ausreichendem Angebot an künstlichen Nisthöhlen im Eichen-Hainbuchen-Wald 20–30 Brutpaare je Hektar (BRUNS 1960, PFEIFER-KEIL 1960, ALTENKIRCH 1965), im reinen Buchenwald 5–8 Brutpaare (BRUNS 1959), im Kiefernwald bis 5 Brutpaare (BRUNS 1959, MANSFELD 1960) und im Fichtenwald bis 3 Brutpaare je Hektar (BRUNS 1957, STAUDE 1968) dauernd ansiedeln lassen. Die Zahlen entsprechen einem Mehrfachen der sonst im Wirtschaftswald anzutreffenden Dichten. Sie gelten für größere Flächen und können weit höher sein, wenn sich das Höhlenangebot auf eine kleine Fläche konzentriert.

Neben der ökologischen ist der Steigerung der Vogeldichte auch eine ökonomische Grenze gesetzt: die Beschaffung der Nisthöhlen, der laufende Ersatz abgängiger Höhlen und die regelmäßige Kontrolle und Reinigung verlangen Aufwendungen an Geld und Arbeitskräften, die mit der Zahl der Höhlen je Hektar und der Größe der Fläche, auf der Vogelschutz getrieben wird, steigen. Um sie in einem vertretbaren Rahmen zu halten, haben BRUNS 1958 und MANSFELD 1960 vorgeschlagen, Schwerpunktvogelschutz zu treiben, d.h. in erster Linie dort und auch in größerer Zahl Höhlen anzubringen, wo erfahrungsgemäß immer wieder Insektenvermehrungen zu erwarten sind.

Wenn je Hektar 10 Nisthöhlen mit einer durchschnittlichen Lebensdauer von 10 Jahren hängen, so muß jährlich eine Höhle zum Preise (1980) von etwa 10 DM ersetzt werden; die jährliche Kontrolle und Reinigung der 10 Höhlen kostet mindestens ebenso viel; der Hektar ist somit laufend jährlich mit wenigstens 20 DM belastet.

Wirtschaftlich sinnvoll sind solche Aufwendungen selbstverständlich nur, wenn die Vögel einen entsprechend hohen Nutzen liefern. Angaben über ihn sind in zahlreichen Veröffentlichungen gemacht worden, doch halten sie meist einer kritischen Nachprüfung nicht stand. Erst in jüngerer Zeit haben eigens angestellte Untersuchungen brauchbare Hinweise auf den waldhygienischen Wert des Vogelschutzes geliefert. Danach ist er sehr verschieden, im allgemeinen in reichen Lebensgemeinschaften gering, in armen, namentlich in Kiefernwäldern, beachtlich; die Art des Schadinsekts spielt eine Rolle, indem das eine gern, das andere wenig genommen wird; auch sonstige, nicht ohne weiteres erkennbare Umstände sind von Bedeutung: in ganz ähnlich gelagerten Fällen ist der Effekt der Vögel auf das Insekt hier groß, dort nahezu Null.

Auf einer Vogelschutzfläche mit 15 Höhlen je Hektar reduzierten die vorwiegend sich betätigenden Meisen den winterlichen Larvenbesatz der Lärchenminiermotte um durchschnittlich 28 % (SCHINDLER 1972). Umfangreiche Untersuchungen liegen in Eichen-Hainbuchen-Wäldern speziell im Hinblick auf den Eichenwickler vor (RUPPERT-LANGER 1957, SCHÜTTE 1960, STEIN 1960, DUDERSTADT 1964, ALTENKIRCH 1965): sie zeigen übereinstimmend, daß, wenn man die vom Wickler angerichteten Fraßschäden auf vergleichbaren Flächen mit und ohne Vogelschutz einander gegenüberstellt, sie auf den geschützten Flächen nur wenig und oft gar nicht geringer waren als auf den ungeschützten; dabei handelte es sich zum Teil um Flächen mit mehr als 20 Brutpaaren je Hektar. Ein Effekt war in der Regel nur bei mittlerer, nicht hingegen bei geringer oder hoher Schädlingsdichte festzustellen. Eine Massenvermehrung konnte nicht verhindert werden. Hiervon abweichenden Beobachtungen von HENZE 1976 fehlt wegen mangelhafter Versuchsanordnung die Beweiskraft. Im Gegensatz zu den Feststellungen am Eichenwickler zeigte sich unter gleichen Verhältnissen ein bemerkenswerter Einfluß auf den Kleinen Frostspanner. Untersuchungen in Kiefernrevieren ließen eine gute Wirkung des Vogelschutzes auf den Kiefernspanner (HERBERG 1960, 1965, MANSFELD 1960, TICHÝ-KUDLER 1962) sowie auf *Diprion*-Arten (HENZE-SCHWENKE 1960, WELLENSTEIN 1962) erkennen. Ein besonders eindrucksvolles Bild scheinen langfristige Zahlenreihen aus einem 169 ha großen Kiefernrevier der

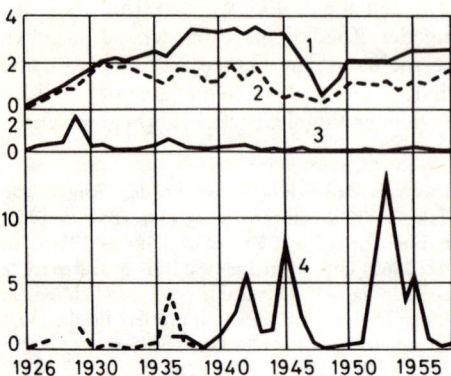

Steckbyer Heide zu liefern, in dem seit 1927 Vogelschutz betrieben und jährlich die Zahl der überwinternden Puppen des Kiefernspanners ermittelt wurde (Abb. 218): im Durchschnitt hingen etwa 3 Nisthöhlen und siedelten rund 1,5 Brutpaare je Hektar; Spannerpuppen wurden nur in sehr geringen Mengen gefunden, abgesehen von den ersten Jahren, in denen die Vogelschutzmaßnahmen erst anliefen; als Vergleich dienen Ergebnisse von Spannersuchen aus umliegenden Revieren: von 1930 bis 1958 sind vier deutliche Vermehrungen des Schädlings zu erkennen. Die Untersuchung hat leider den Mangel, daß die Flächen mit und ohne Vogelschutz anscheinend nicht miteinander vergleichbar sind (EBERT 1969).

Abb. 218. Zahl der (1) Nisthöhlen und (2) Brutpaare höhlenbrütender Vögel je Hektar sowie (3) der überwinternden Puppen von *Bupalus piniarius* je Quadratmeter im Vogelschutzgebiet Steckby, ferner (4) der Spannerpuppen in benachbarten Kiefernwäldern ohne Vogelschutz im Zeitraum 1926–1958. Nach HERBERG 1960

Während einer schwachen Gradation der Forleule in der Schwetzinger Hardt wurde die Raupenzahl durch Meisen bei einer Dichte von 20 Nisthöhlen auf 1,8 ha auf etwa die Hälfte bis ein Drittel der Raupenmenge hinabgedrückt, die sich in der Umgebung bei einer Dichte von 1–3 Nisthöhlen je Hektar fand (FREIBERGER 1927). Für die Nonne liegen unterschiedliche Erfahrungen vor: Nach MANSFELD 1936 wurde bei einer Nonnengradation keine Wirkung von Vogelschutzmaßnahmen festgestellt; mehrfach wurde beobachtet, daß Meisen trotz größten Angebots von Nonneneiern nur wenige von ihnen aufnahmen. Dagegen wiesen WELLENSTEIN 1973/74 und LÜHL-WATZEK 1976 bemerkenswerte, durch Vögel verursachte Abgänge an künstlich ausgebrachten Eiern, Raupen und Puppen der Nonne nach.

Bei Fällen, in denen ein Schädling nicht seinem zahlenmäßigen Vorkommen entsprechend verzehrt wird, mag eine Rolle spielen, daß die meisten insektenfressenden Vögel gemischte Kost bevorzugen und sich in ihrer Nahrungswahl auch durch überreichliches, aber einseitiges Futterangebot nur bis zu einem gewissen Grade bestimmen lassen (TINBERGEN 1949). Weiterhin ist inbezug auf den Effekt von Vogelschutzmaßnahmen zu bedenken, daß die durch Vögel verursachte Verringerung der Schädlingszahl durch gleichzeitige Minderung räuberischer und parasitischer Insekten sowie durch andere Wirkungen innerhalb des komplexen Gradozöns kompensiert werden kann (S. 295).

Als waldhygienische Maßnahme eignet sich der Vogelschutz am ehesten in Waldgebieten, die ständig oder häufig von Schadinsekten heimgesucht werden – sofern es sich um Arten handelt, die von Vögeln gern genommen werden. Je seltener Schadfraß eintritt, um so mehr schlagen die laufenden Kosten im Verhältnis zum erzielten Nutzen zu Buche; man wird sich dann überlegen müssen, ob nicht therapeutische Verfahren wirtschaftlicher sind.

Oben wurde eine laufende Belastung von wenigstens 20 DM/ha festgestellt, wenn auf dem Hektar ständig 10 Nisthöhlen unterhalten werden. Das summiert sich in einem Kiefernbestand, in dem die Höhlen im Alter 20 ausgebracht und bis zu seinem Abtrieb im Alter 100 erhalten werden, ohne Zinseszins- und andere Rechnung auf 1600 DM/ha. Wenn nach örtlicher Erfahrung während des Bestandesdaseins 2 oder 3 Massenvermehrungen des Kiefernspanners zu erwarten sind und eine dann notwendig werdende biotechnische oder chemische Bekämpfung jeweils etwa 100 DM/ha kostet, ist der Vogelschutz zu teuer. Man mag ihn – wenn auch mit Maßen – trotzdem betreiben: er kann sich auf so stichhaltige ideelle Gründe stützen, daß er es nicht nötig hat, sich ein wirtschaftliches Mäntelchen umzuhängen.

Die Vogelarten, die durch Vogelschutzmaßnahmen am ehesten gefördert werden können und auch vom Standpunkt des Waldhygienikers aus besondere Hege verdienen, sind: Meisen, Baumläufer und Kleiber, Stare, Trauerschnäpper.

Die Technik des Vogelschutzes kann hier nur in ihren Grundzügen dargestellt werden. Nähere Angaben finden sich in einer Reihe spezieller Schriften, beispielsweise von GASOW 1944, PFEIFER 1973 und LÖHRL 1973. Im wesentlichen sind 4 Punkte zu beachten:

Schaffung von Nistgelegenheiten ist die erste und wichtigste Aufgabe des Vogelschutzes. Hohle oder mit Spechtlöchern versehene Bäume sind, soweit es sich im Forstbetriebe ermöglichen läßt, zu erhalten; das gleiche gilt für dichte Strauchhecken und Gehölze. Sind solche natürlichen Nistgelegenheiten nicht in ausreichendem Umfange vorhanden, so können Nisthöhlen angebracht, Niststräucher, Nistbäume, Schutzgehölze und Hecken angepflanzt werden und dergleichen mehr. Für den Forstmann kommt es vor allem auf die Hege der Höhlenbrüter an, denn diese leiden in erster Linie unter der sauberen Wirtschaft des Nutzwaldes Not, andererseits befinden sich gerade unter ihnen die wichtigsten Vertilger der Forstschädlinge. So hat sich die vogelschützlerische Tätigkeit des Forstmannes vor allem auf das Anbringen von Nisthöhlen zu erstrecken. Am zweckmäßigsten sind solche aus Holzbeton; Wettersicherheit und leichte Öffnungsmöglichkeit, gehörige Wandstärke und richtige Fluglochweite, genügende Tiefe und ausreichende andere Maße, sachgemäße Einrichtung zum Aufhängen und Schutz der Höhlen vor Beschädigungen durch Eichhörnchen und Spechte sind zu berücksichtigen (LÜHL 1971). Die Höhlen werden im Frühherbst, wenn das Laub noch an den Bäumen ist und die Auswahl eines geeigneten Ortes erleichtert, oder auch weiter bis in den März hinein mit Aluminiumnägeln, welche beim späteren Einschneiden des Stammes die Säge nicht beschädigen, so angebracht, daß das Flugloch nach Südosten gerichtet ist. Die Zahl der zunächst aufzuhängenden Höhlen soll im reinen Kiefern-, Fichten- oder Buchenwald 3–5, im Eichen- und gemischten Wald 10–20 Höhlen je Hektar betragen. Die Nachschau über die Annahme der Höhlen wird während der Brutperiode von Mai bis Juli durchgeführt; bei dieser Gelegenheit werden unerwünschte Einwohner wie Mäuse, Eichhörnchen, Bilche, Sperlinge, Hornissen, Wespen, Ohrwürmer usw. beseitigt. Eine jährliche Reinigung der Höhlen soll im August, Herbst oder Winter erfolgen.

Winterfütterung sollte sparsam betrieben werden; die Vogelarten, die bei uns den Winter verbringen, sind im allgemeinen in der Lage, sich ohne menschliche Hilfe zu ernähren (PFEIFER 1973). Sie ist angebracht bei extremer Witterung oder um Vögel in insektengefährdeten Revierteilen zu halten. Geeignet sind kleine Futtergeräte wie Futtersteine, Futterringe oder Futterglocken. Die früher empfohlenen Großfutterstellen sollten nicht mehr verwendet werden, weil – wie sich gezeigt hat – die zahlreichen, an ihnen sich einfindenden Vögel einander mit Krankheiten infizieren können.

Schaffung von Tränken und Badegelegenheit ist als dritte Aufgabe der Vogelhege zu nennen. Man wird sich im allgemeinen darauf beschränken können, das natürlich vorhandene Wasser zu erhalten und den Vögeln zugänglich zu machen. In trockenen Gegenden wird man künstliche Wasserstellen schaffen müssen, am einfachsten in Gestalt von Autoreifen, die, der Länge nach aufgeschnitten, bis zum Rand in die Erde eingegraben und regelmäßig mit frischem Wasser beschickt werden.

Abwehr der Vogelfeinde. Als solche sind zu nennen Hühnerhabicht, Sperber, die verschiedenen Würgerarten, sodann Elster und Eichelhäher, ferner Eichhörnchen, Iltis, Marder, Wiesel und wildernde Katze. Sofern sie nicht unter Schutz stehen, sind sie durch Fang und Abschuß niederzuhalten. Die Niststätten können durch weite Umhüllung mit grobmaschigem Draht oder durch eine Manschette aus Blech geschützt werden.

Schrifttum: ALTENKIRCH, W.: Vogelschutz-Umfrage 1970 in den Forstämtern Niedersachsens, Nordrhein-Westfalens und Schleswig-Holsteins. AF 27, 523–526, 1972. — EBERT, W.: Zur Frage des Einflusses von Vogelschutzmaßnahmen auf das Gradationsverhalten des Kiefernspanners. AFw 18, 1027–1031, 1969. — FIEDLER, V.: Untersuchungen über Verbreitung, Lebensweise und Ansiedlung von höhlenbrütenden Singvögeln im Forstamt Geisenfeld, Oberbayern. AS 50, 152–157, 1977. — HENZE, O.: Das Ergebnis 40jähriger gezielter Singvogelansiedlung zur Niederhaltung des Eichenwicklers (*Tortrix viridana* L.). AF 31, 391–394, 1976. — HERBERG, M.: Vogelschutz gegen schädliche Insekten und seine Ergebnisse. AS 38, 137–142, 1965. — KLEIN, A.: Drei Jahre Vogelschutzstatistik im saarländischen Staats- und Gemeindewald. AS 47, 178–183, 1974. — Kontrollergebnisse, Folgerungen und Maßnahmen des Vogelschutzes im saarländischen Staats- und Gemeindewald. AF 31, 395–398, 1976. — LÖHRL, H.: Nisthöhlen, Kunstnester und ihre Bewohner. Stuttgart 1973. — LÜHL, R.: Untersuchungen über die Brauchbarkeit von Vogelnistgeräten im Forstschutz. AFJZ 142, 184–188, 1971. — LÜHL, R., u. WATZEK, G.: Die Wirkung von höhlenbrütenden Kleinvögeln auf künstlich ausgebrachte schädliche Forstinsekten. AFJZ 147, 113–116, 1976. — PFEIFER, S. (Hsg.): Taschenbuch für Vogelschutz. 4. Aufl. Stuttgart 1973. — SCHINDLER, U.: Einfluß der Meisen (Paridae) auf die Populationsdichte der Lärchenminiermotte (*Coleophora laricella* Hbn.) im Kalamitätsgebiet des Emslandes. AFJZ 143, 17–20, 1972. — SCHWENKE, W.: Vom ökonomischen zum ökologischen Vogel- und Fledermaus-Schutz im Walde. AF 34, 337–338, 1979. — SINGER, A. F.: Praktische Vogelhege im Wirtschaftswald. AF 27, 774–775, 1972. — WELLENSTEIN, G.: Weitere Beispiele für die quantitative Ermittlung der Einwirkung von Kleinvögeln auf forstliche Schadinsekten. Angew. Orn. 4, 54–70, 1973/74.

Fledermausansiedlung. Die Fledermäuse scheinen in zweifacher Hinsicht für waldhygienischen Einsatz besonders geeignet zu sein: Als Insektenfresser, die vornehmlich in der Dämmerung und während der Nacht jagen, erfassen sie einen hohen Anteil der schädlichen Insektenarten, die gerade in der Dunkelheit schwärmen; am Tage fliegende Nützlinge, wie Schlupfwespen, Raupenfliegen usw., bleiben ebenso wie parasitierte Raupen und Puppen verschont. Infolge ihrer Verträglichkeit vermögen sie in großer Zahl dicht beieinander zu wohnen. Dem stehen als Nachteile gegenüber die geringe Vermehrungsrate, da das Weibchen jährlich nur 1 Junges wirft; ihre Empfindlichkeit gegen Wettereinflüsse, die namentlich in strengen Wintern zu hohen Verlusten führt; die Neigung, weitab von ihren Schlupfwinkeln zu jagen.

Bisher liegen neben Anregungen und Empfehlungen nur wenige, kleinräumige Versuche zur Frage, wieweit sich Fledermäuse ansiedeln lassen, vor. Dabei wurden teils übliche Vogelnisthöhlen, teils eigens konstruierte Fledermauskästen benutzt. Ihre Ergebnisse lassen noch kein Urteil über die Möglichkeit einer Ansiedlung zu. Über den zu erwartenden Nutzeffekt ist nichts bekannt.

Schrifttum: Henze, O.: Möglichkeiten erfolgreichen Fledermaus-Schutzes. AF 31, 448–450, 1976.

Ameisenhege. Die auffällige insektenvertilgende Tätigkeit der Ameisen, insbesondere der Kahlrückigen Waldameise *Formica polyctena*, und ihr ins Auge springender praktischer Nutzen, der sich bei Kahlfraß in den bekannten „grünen Inseln" (S. 243) im Umkreis von Ameisenkolonien zeigt, haben die Anregung gegeben, die Ameisen durch Schutz der vorhandenen und durch Ansiedlung neuer Kolonien zur vorbeugenden Abwehr von Schädlingskalamitäten einzusetzen. Ein dichtes Netz von Ameisenkolonien soll beginnende Schädlingsvermehrungen im Keime ersticken.

Grundsätzlich liegen die Verhältnisse bei der Ameisenhege ähnlich wie beim Vogelschutz. Auch die Ameisen sind nur ein Teil der zahlreichen biotischen Faktoren; allerdings können sie dort, wo sie in großer Dichte auftreten, besonders in der Nähe der Kolonien, ausschlaggebend sein für die Entwicklung des Insektenbestandes. Auch die Vermehrung der Ameisen ist nur bis zu einer gewissen Grenze möglich, die durch die Nahrungsmenge in insektenarmen Jahren gegeben ist; zwar ist die Grenze dehnbarer als beim Vogelschutz, weil die Ameisen süße Exkremente von Pflanzenläusen auflecken und diese zusätzliche Nahrungsquelle in Zeiten geringen Insektenvorkommens in verstärktem Umfang einsetzen können; doch benötigen sie zur Fortpflanzung und damit zur Erhaltung ihrer Volksstärke Eiweißnahrung, die ihnen der Honigtau nicht ausreichend liefert. Daraus erklärt sich einerseits ihre eifrige Jagd nach Insekten auch in insektenarmen Jahren oder Gebieten und andererseits der zuweilen beobachtete Rückgang von Ameisenkolonien, wenn die Massenvermehrung eines Insekts und damit das reiche Angebot an Eiweißnahrung beendet waren. Gegenüber den Vögeln besitzen die Ameisen weiterhin den Vorzug einer höheren Vermehrungspotenz, die ihnen ermöglicht, ihre Zahl der zunehmenden Dichte eines Schädlings rascher nachfolgen zu lassen. Nachteilig ist ihre größere Empfindlichkeit gegenüber Standortseinflüssen.

Das namentlich von Gösswald entwickelte Verfahren der Ameisenhege besteht einmal im Schutz vorhandener und zum andern in der Ansiedlung neuer Nester. Schutz ist vonnöten gegen Beeinträchtigungen durch beutesuchende Tiere, wie Specht, Dachs usw., aber auch durch den Menschen, der beim Sammeln der als Vogelfutter begehrten Ameisenpuppen, aus Unachtsamkeit oder auch aus Übermut Zerstörungen an den Nestern anrichtet, die ihr Dasein in Frage stellen. Schutz bieten übergestülpte Hauben, die aus Holzstangen und Maschendraht selbst hergestellt werden oder als Metall- und Plastikhauben käuflich sind. Der Nutzen solchen Schutzes wird bezweifelt, weil anscheinend gelegentliche Beschädigungen des Nests die Ameisen zu regerer Bau- und sonstiger Tätigkeit stimulieren; jedenfalls wurde ein erheblich kräftigeres Bevölkerungswachstum in ungeschützten als in geschützten Nestern beobachtet, in den letzten nahm die Volksdichte sogar nach einigen Jahren ab (Lange 1964). Ein besonderer Nestschutz ist deshalb nur bei jungen Nestern angebracht; für ältere genügt einfaches Abdecken mit trockenem Reisig, Brombeerranken u. dgl. Zur Ansiedlung neuer Nester wird Nestmaterial aus vorhandenen Kolonien entnommen, zweckmäßig während der Sonnungsperiode der

Ameisen in den ersten Vorfrühlingstagen, wenn sich die Insassen in Klumpen auf dem Nest sammeln und auch die Königinnen sich nahe der Oberfläche aufhalten; das Nestmaterial mit Arbeiterinnen und Königinnen wird in 50 l fassenden Behältern zum vorgesehenen Ansiedlungsplatz gebracht und hier, insgesamt etwa 200 l, über einem alten, nicht zu morschen Stubben, auf den einige dürre Äste gelegt sind, aufgeschüttet. Der Platz soll möglichst warm, an Wald- und Wegrändern oder Bestandeslücken liegen, die von der Sonne erreicht werden. Trotz besterscheinender Wahl gefällt er offensichtlich häufig den Ameisen nicht: in sehr vielen Fällen wandern sie ab und bauen ihr Nest in einiger Entfernung auf. Die Vermehrungspotenz der Nester kann erhöht werden, indem nach besonderen Verfahren Königinnen zur Zeit des Hochzeitsfluges gefangen und den Nestern zugesetzt werden. Ziel der Ameisenansiedlung ist ein möglichst gleichmäßiger Besatz mit Nestern im Verband von etwa 50 m im Quadrat.

Während der Schutz natürlicher und angesiedelter Nester, wenn auch in einfacher Form, allgemein als notwendig angesehen wird, mehren sich neuerdings die Stimmen, die von der künstlichen Ansiedlung abraten oder sie nur für besonders gelagerte Einzelfälle empfehlen (SCHÖNHERR 1976, Arbeitsgruppe „Ameisenhege" 1977); dies wird begründet einmal mit der oft fatalen Schädigung der Nester, aus denen Material zur Ansiedlung entnommen wird, und zum anderen mit den häufigen Mißerfolgen der Ansiedlung. „In den durch Raupenplagen besonders gefährdeten Nadelholz-Monokulturen ist eine dauerhafte, gleichmäßige Ansiedlung von Waldameisen, also ein lückenloser Bestandesschutz, nur ausnahmsweise zu erzielen. In an Baum- und Straucharten reichen Mischwäldern finden die Ameisen optimale Entwicklungsbedingungen" (KRUMSCHMIDT 1974). Mischwälder aber sind im allgemeinen nicht durch Insektenplagen gefährdet und benötigen keinen besonderen, aufwendigen Schutz.

Die Wirksamkeit natürlicher und künstlich angesiedelter Ameisenkolonien erstreckt sich vornehmlich auf Raupen und Afterraupen; Borken- und Rüsselkäfer werden kaum erfaßt. Sie hat sich in mehrfachen Nachprüfungen als recht unterschiedlich erwiesen.

15jährige Untersuchungen über den Einfluß einer Ameisenansiedlung in zwei von *Pristiphora abietina* heimgesuchten Forstorten, die maximal 8, dann absinkend auf 3,5 Nester bzw. durchschnittlich etwa 3 Nester je Hektar aufwiesen, ergaben, daß jährlich rund zwei Drittel des Wespenbesatzes von den Ameisen vertilgt wurden; das führte auf der einen, isoliert gelegenen Fläche zum Verschwinden des Schädlings; auf der anderen wurde der Verlust durch jährlich aus der Nachbarschaft einfliegende Wespen ausgeglichen (SCHWERDTFEGER 1970, 1971). Während eines Massenfraßes von *Diprion pini* trat auf einer 8,4 ha großen Fläche mit 8,5 Ameisennestern je Hektar kein nennenswerter Nadelverlust ein, auf einer benachbarten Fläche mit 4 Nestern je Hektar betrug er etwa 25 %, auf weiterhin angrenzenden ameisenfreien Flächen hingegen 60–100 % (OTTO 1967). Nach HORSTMANN 1976/77 tragen Waldameisen Raupen von *Tortrix viridana* in Massen ein; doch zeigen sie auf Veränderungen der Schädlingsdichte weder eine numerische noch eine funktionelle Reaktion (S. 297), so daß sie die Abundanz des Wicklers nicht zu regulieren vermögen. Einen guten Einblick in die Wirksamkeit der Ameisen gibt auch die Feststellung der Insektendichte in verschiedener Entfernung vom Ameisennest: im Beispiel der Abbildung 219 zeigt sich die stärkste Wirkung auf Lepidopteren, geringere auf *Diprion* und nur in unmittelbarer Nähe des Nestes eine schwache Wirkung auf räuberische und parasitische Insekten.

Die gleiche Abbildung 219 läßt auch eine unerwünschte Folge der Ameisenhege erkennen: eine häufig sehr starke Vermehrung von Pflanzenläusen, besonders von Lachniden, infolge des Schutzes, den ihnen die Ameisen gewähren. Die Saugtätigkeit der Läuse verursacht meßbare Zuwachsverluste an den stark besetzten Pflanzen, die namentlich nach trockenen Jahren im Längenwachstum auffallen (KLIMETZEK-WELLENSTEIN 1978, WELLENSTEIN 1980). Sie sind im allgemeinen von geringer Bedeutung, doch wurden an

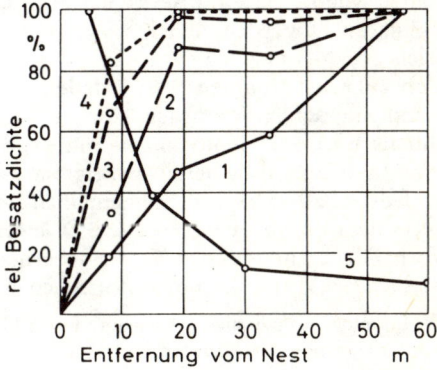

Abb. 219. Relative Besatzdichte von (1) forstschädlichen Lepidopteren, (2) *Diprion*-Arten, (3) räuberischen und (4) parasitischen Insekten sowie von (5) Pflanzenläusen in Beziehung zur Entfernung vom *Formica polyctena*-Nest. Nach WELLENSTEIN 1965

jungen Buchen und auch an Eichen erhebliche Schäden durch *Schizodryobius pallipes* und *Stomaphis longirostris* beobachtet. Deshalb wird Ameisenhege in Buchenbeständen für gefährlich, in buchenfähigen Kiefernbeständen für bedenklich angesehen (MÜLLER 1956, 1958).

Wie beim Vogelschutz sind auch bei der Ameisenhege die nicht unerheblichen Kosten zu berücksichtigen.

SCHÖNHERR 1976 beziffert die Aufwendungen für eine künstliche Ameisenansiedlung einschließlich Schutzhauben, aber ohne weitere Pflege in den folgenden Jahren, mit etwa 100 DM je Nest, also bei einem Nestabstand von 50 m im Quadrat mit 400 DM je Hektar. ZIEGLER 1972 nennt allein für den Nestschutz Kosten von rund 45 bis über 100 DM je Haube. Hinzu kommen laufende Aufwendungen, die durch die mindestens jährlich durchzuführenden Kontrollen, das Umsetzen des Nestschutzes nach Abwanderung von Völkern und die Beschaffung neuer Schutzhauben als Ersatz für abgängige sowie zum Schutz neuentstandener Nester entstehen.

Schrifttum: Arbeitsgruppe „Ameisenhege": Schutz der Waldameisen. Niedersächs. Landesforstverw. Merkblatt 2, 1977. — GÖSSWALD, K.: Über den Schutz von Nestern der Waldameisen. Merkbl. Waldameisenhege 3, Würzburg 1971. — Waldameisen-Vermehrung durch Bildung von Ablegern. Merkbl. Waldameisenhege 4, Würzburg 1971. — Massenzucht und Anweiselung von Königinnen der Kleinen Waldameise. AF 31, 446–447, 1976. — HORSTMANN, K.: Waldameisen *(Formica polyctena* Foerster) als Abundanzfaktoren für den Massenwechsel des Eichenwicklers *Tortrix viridana* L. ZaE 82, 421–435, 1976/77. — KLIMETZEK, D., u. WELLENSTEIN, G.: Assimilateentzug und Zuwachsminderung an Forstpflanzen durch Baumläuse (Lachnidae) unter dem Einfluß von Waldameisen (Formicidae). FC 97, 1–12, 1978. — KRUMSCHMIDT, W.: Praktische Erfahrungen in der Waldameisenhege. AFJZ 145, 71–77, 1974. — Erfolgreiche Waldameisenhege aus der Sicht der Ökologie und des Forstschutzes. AF 31, 440–444, 1976. — OTTO, D.: Einige grundsätzliche Feststellungen zur Einsatzmöglichkeit von *Formica polyctena* Foerst. im Forstschutz. TagBer. Dtsch. Ak. LandwirtschWiss. Berlin 110, 87–108, 1970. — SCHWERDTFEGER, F.: Untersuchungen über die Wirkung von Ameisen-Ansiedlungen auf die Dichte der Kleinen Fichtenblattwespe. ZaE 66, 187–206, 1970. — Langfristige Untersuchungen zur Niederhaltung der Kleinen Fichtenblattwespe durch Ansiedlung von Waldameisen. FH 26, 69–71, 1971. — WELLENSTEIN, G.: Weitere Ergebnisse über die Auswirkungen einer planmäßigen Ansiedlung von Waldameisen und höhlenbrütenden Vögeln im Lehr- und Versuchsrevier Schwetzingen. Angew. Orn. 3, 40–53, 1968. — Auswirkung hügelbauender Waldameisen der *Formica rufa*-Gruppe auf forstschädliche Raupen und das Wachstum der Waldbäume. ZaE 89, 144–157, 1980. — ZIEGLER, K.: Rationeller Ameisen-Nestschutz im Schwarzwald. AF 27, 518–519, 1972.

Einführung von Feinden. Den Schädlingen, namentlich unter den Insekten, stehen Widersacher in Gestalt von Räubern, Schmarotzern und Krankheitserregern gegenüber; deren Tätigkeit reicht ortsweise nicht aus, um ein gelegentliches oder häufigeres Anwachsen der Schädlingsdichte über das schadenbringende Niveau zu verhindern. Der Gedanke liegt nahe, das Heer der Widersacher durch Einführen weiterer Feindarten zu verstärken. Dazu bestehen zwei Möglichkeiten: Es gibt in anderen Ländern nahverwandte Arten unseres Schädlings, die dort von hier nicht heimischen Feinden heimgesucht werden; man kann versuchen, den einen oder anderen, zur Erreichung des Ziels geeignet erscheinenden Feind bei uns einzuführen in der Hoffnung, daß er den ihm zunächst fremden Wirt befallen wird. Oder: unser Schädling ist in ein fremdes Land eingeschleppt worden; dortige, bei uns nicht vorkommende Widersacher haben ihn als Wirt oder Beute angenommen; diese lassen sich in die Heimat des Schädlings einführen, zumal sie bereits gezeigt haben, daß sie in Beziehung zu ihm treten können. In jedem Fall müssen die allgemeinen ökologischen Verhältnisse des Einführungsgebiets dem neuen Feind zusagen. Wieweit er tatsächlich die Wirksamkeit des bereits vorhandenen heimischen Widersacherheers zu verstärken vermag, läßt sich im voraus nicht sagen, da mit kompensatorischen Wirkungen (S. 295) gerechnet werden muß.

Im mitteleuropäischen Forstschutz liegen bisher nur Anregungen oder Ansätze zur Realisierung solcher Gedanken vor. Auf die erste Möglichkeit verwies bereits ESCHERICH 1922: durch Einführung einiger der zahlreichen amerikanischen Engerlingsparasiten nach Deutschland könne hier die Maikäferbekämpfung in neue Bahnen gelenkt werden; später ist der Gedanke von anderen wieder aufgegriffen worden, ohne daß es zu seiner Verwirklichung kam. Die zweite Möglichkeit bot sich an, als bei Untersuchungen an dem nach Kanada eingeschleppten Kiefernknospentriebwickler *Rhyacionia buoliana* festgestellt wurde, daß in Kanada heimische, nicht in Mitteleuropa vorkommende Schlupfwespen ihn dort parasitieren; seit einigen Jahren laufen Untersuchungen mit dem Ziel, diese kanadischen Parasiten in Mitteleuropa einzubürgern (GELMROTH 1972, BIERMANN 1973, ALTENKIRCH 1976).

Günstiger liegen die Voraussetzungen für die Einführung von Feinden, wenn es sich nicht um die Bekämpfung einer heimischen Art handelt, sondern um einen ebenfalls eingeschleppten Schädling, der sich gerade wegen Fehlens der biotischen Gegenwirkungen ungehemmt vermehren konnte. Durch Nachimport seiner Feinde ist es vielfach gelungen, den von ihm angerichteten Schaden auf ein erträgliches Maß herabzudrücken.

Eines der bekanntesten diesbezüglichen Beispiele ist der Schwammspinner, der, in seinem Heimatlande Europa von nicht überragender Bedeutung, sich nach seiner 1868 durch Unvorsichtigkeit eines Insektensammlers erfolgten Einführung im Staate Massachusetts zu einem katastrophalen Dauerschädling in den USA entwickelte. Erst der Einbürgerung europäischer Parasiten und Episiten gelang es, die riesigen Schäden einzudämmen (SCHEDL 1936).

Schrifttum: ALTENKIRCH, W.: Versuche zur Massenzucht und Freilassung von *Elachertus (Hyssopus) thymus* Girault (Hym., Chalcidoidea, Eulophidae). ZPK 83, 1–15, 1976. — BIERMANN, G.: Untersuchungen zur Einbürgerung der nordamerikanischen Pimpline *Itoplectis conquisitor* (Say) (Hymenoptera: Ichneumonidae) als Parasit von *Rhyacionia buoliana* (Den. & Schiff.) (Lepidoptera: Olethreutidae) in Nordwestdeutschland. Diss. Göttingen 1973. — GELMROTH, K. G.: Aufzucht- und Aussetzungsversuche mit dem nordamerikanischen Parasiten *Elachertus (Hyssopus) thymus* Girault (Hym. Chalcidoidea, Eulophidae) zur biologischen Bekämpfung des Kiefernknospentriebwicklers *Rhyacionia buoliana* Schiff. (Lep., Tortricidae). AS 45, 47–52, 1972.

Verbesserung der Wildäsung. In gewissem Sinne können auch die Maßnahmen zur Verbesserung der Ernährungsverhältnisse des Wildes zur Waldhygiene gerechnet werden; sie bezwecken, durch reichlichere Darbietung von Äsung das Wild vom Verbeißen und Schälen abzuhalten.

Natürliche Äsung in Form von Wildobst, Eicheln, Kastanien ist durch Erhalten und Anzucht masttragender Baumarten zu schaffen. Auch *Sorbus*-Arten, Hirschholunder, Wacholder und andere beerentragende Sträucher, ferner Besenpfriem und Beerkräuter sind wertvoll. In den vom Wild besuchten Orten sind Weichhölzer und Sträucher zu schonen und gegebenenfalls anzupflanzen. Wichtig ist, daß dem Wilde der Graswuchs an Wegrändern und Abteilungsgrenzen zur Verfügung bleibt. Durch geeignete waldbauliche Bodenbearbeitungs- und Düngungsmaßnahmen, gegebenenfalls mit Aussaat natürlicher Äsungpflanzen, namentlich raschwüchsiger, saftigkrautiger Hochstauden, läßt sich die Bodenflora anreichern.

Im Walde liegende Wiesen sind durch mechanische Bearbeitung, Düngung und gegebenenfalls Neueinsaat in bestmöglichen Zustand zu versetzen; gutgepflegte Wiesen bieten dem Wilde bessere Äsungsverhältnisse als vernachlässigte, nasse Waldwiesen, die außerdem eine Infektionsquelle für Lungenwürmer und andere Schmarotzer darstellen. Auch bei Vorhandensein guter Wiesen sind, um Abwechslung in die Äsung zu bringen, Wildäcker anzulegen. Sie sollen 0,1–0,5 ha groß, auf das ganze Revier an verhältnismäßig ruhigen Orten verteilt und auf guten Böden angelegt sein. Sie sind einzugattern und dem Wild nach und nach zu öffnen.

Im Winter soll bei Schnee der Heide- und Beerkrautüberzug mit dem Schneepflug zugänglich gemacht werden. Junge Fichten, Tannen, Kiefern, Eschen, Eichen, Hainbuchen, Aspen, Weiden oder sonstige Weichhölzer sind zu fällen; das Wild schält solches Proßholz gern und nimmt die Knospen und jungen Triebe. Bäume mit Mistelbüschen liebt das Rot- und Rehwild besonders. Die Fällung soll namentlich an den Wechseln und Einständen des Wildes geschehen.

Wenn im Winter die natürlichen Äsungsstoffe knapp werden, muß Fütterung einsetzen. Geeignete Futterstoffe sind Wiesen- und Kleeheu, Lupinenheu, Laubheu u. a. als Rauhfutter; Hafer, Mais, Eicheln u. a. als Kraftfutter (auch käufliche Kraftfuttermischungen); Rüben, Topinambur, Biertreber, Silage u. a. als Saftfutter. Rauh-, Kraft- und Saftfutter sollen gleichzeitig, das letzte in drei- bis vierfacher Menge der beiden ersten zusammen geboten werden. Als Fütterungsanlagen dienen zur Verabreichung des Rauhfutters überdachte Raufen, die auf sägebockartigen Gestellen ruhen. Das Kraft- und Saftfutter wird in Futtertröge in der Nähe der Raufen geschüttet. An einem Futterplatz sollen stets mehrere Einzelfütterungen in gewissen Abständen voneinander angelegt sein, damit möglichst vielen Stücken Wild gleichzeitig der Zutritt ermöglicht ist. Die Fütterungen legt man in ältere Bestände und nicht in die Nähe von Kulturen oder Stangenhölzern, da hier Verbiß- bzw. Schälschaden begünstigt würde. Erwünscht ist die Nähe von Wasser, das bei strenger Kälte und hohem Schnee offen gehalten werden muß.

Schrifttum: GÜNTHER, G.: Wildschadensverhütung durch Biotophege. AF 32, 121–125, 1977. — JAHN-DEESBACH, W.: Düngung auf Wildäsungsflächen. FH 26, 439–441, 1971. — PETERS: Die Verhütung von Schälschaden durch das Rotwild auf biologischem Wege. FH 26, 102–104, 1971. — SIEBERT, H.: Anbau von Weichhölzern zur Äsungsverbesserung. AF 32, 120–121, 1977. — UECKERMANN, E.: Die Fütterung des Schalenwildes. 2. A. Hamburg-Berlin 1971. — UECKERMANN, E., u. SCHOLZ, H.: Wildäsungsflächen. 2. A. Hamburg-Berlin 1980.

ZWEITER ABSCHNITT

WALDTHERAPIE

Die Therapie umfaßt alle Maßnahmen zur unmittelbaren Abwehr bestimmter Krankheiten. Bevor Bekämpfungsmittel eingesetzt werden, ist es notwendig zu wissen, um welche Krankheit es sich handelt und wie sie sich voraussichtlich entwickeln wird. Der Darstellung der Bekämpfungsverfahren muß deshalb eine solche der Diagnose sowie der Prognose vorangehen.

A. DIAGNOSE

Diagnose ist die richtige Erkennung und Benennung einer Krankheit. Die Lehre von der Diagnose bzw. die Kunst, eine richtige Diagnose zu stellen, heißt Diagnostik. Sind die Merkmale verschiedener Krankheiten einander sehr ähnlich, so sucht die Differentialdiagnose unter sorgfältiger Berücksichtigung und Abwägung der Unterschiede die Krankheit zu bestimmen.

Die Diagnose gründet sich auf die Symptome, die mehr oder weniger kennzeichnenden Erscheinungen der Krankheit. Sie können in verschiedener Form auftreten: als Veränderungen am und im erkrankten Baum, als auffälliges Vorkommen von Krankheitserregern oder ihren Produkten, als besondere Erscheinungen in der Lebensgemeinschaft.

Krankhafte Veränderungen am Baum sind Welkeerscheinungen, Verfärbungen, Absterben von Organen, Formveränderungen, Wunden und Ausscheidungen. Eingehender sind diese Krankheitserscheinungen im fünften Teil des Buches beschrieben worden. Bei verstecktem Auftreten der Krankheit, etwa bei Stammfäule infolge Befalls durch holzzerstörende Hymenomyceten, können u. U. geringfügige äußere Merkmale einen Hinweis geben. So lassen sich von *Phellinus pini* befallene Stämme durch den beiderseitigen, chinesenbartähnlichen Harzfluß an der Infektionsstelle erkennen (FRANKE 1937). Rotfaule Fichten zeigen häufig eine durch verstärktes Dickenwachstum entstandene flaschenförmige Auftreibung am unteren Stammteil, vergrößerte Rindenlentizellen und zuweilen starken Harzfluß. Bei Untersuchungen von ČERVINKOVÁ-TEMMLOVÁ 1966 erwies sich das Verhältnis des Stammumfangs in 0,30 zu 1,30 m Höhe bei faulen Stämmen als hochsignifikant verschieden von dem bei gesunden; wieweit sich dies etwa zur Feststellung des Anteils rotfauler Bäume im Bestand ausnutzen läßt, bedarf der Nachprüfung. Zur Ermittlung versteckter krankhafter Veränderungen im Stamm gibt es trotz mancher Anregungen und Vorarbeiten keine in der forstlichen Praxis bewährte Methode. Sogenannte zerstörungsfreie Prüfverfahren, die weder das Holz beschädigen noch das weitere Wachstum des Baums nachteilig beeinflussen, sind auf der Grundlage von Schall, Ultraschall, Röntgenstrahlen, Tracermethodik und elektrischer Widerstandsmessung empfohlen oder auch entwickelt worden; im letzten Fall erwies sich regelmäßig die Treffsicherheit als zu gering oder die Handhabung des Geräts als für den praktischen Gebrauch nicht einfach genug (LANGE 1959, KLOFT et al. 1965). Ein nahezu zerstörungsfreies Gerät zur Ermittlung von Stammfäule arbeitet mit einer Stahlnadel, welche das Holzgewebe nur beiseite schiebt und die Druckwiderstandsunterschiede aufzeichnet; es erzielte in einem 52jährigen Fichtenbestand eine maximale Treffsicherheit von 87 %, bedarf aber der technischen Verbesserung (ZYCHA-DIMITRI 1962). Ein als Shigometer bezeichnetes Gerät, das den elektrischen Widerstand zwischen zwei in den Stamm eingeführten Sonden mißt, erreichte im Versuch eine Treffsicherheit von 98 %, wurde aber noch nicht in größerem Umfang erprobt

(Martin 1978). Die häufiger benutzte Entnahme von Bohrspänen mit Hilfe des Zuwachsbohrers und deren Untersuchung auf Fäule ergab in einem näher untersuchten 71jährigen Fichtenbestand eine Treffsicherheit von nur 57 % (Dimitri 1968).

Bei großräumigem Auftreten sichtbarer oder mit geeigneten Hilfsmitteln sichtbar zu machender Veränderungen im Kronendach läßt sich mit Erfolg das Luftbild verwenden, namentlich im unzugänglichen Gebiet, aber auch sonst, um z. B. Ausdehnung und Stärke von Rauchschäden oder die Verteilung von Borkenkäferbefall zu erkennen. Bereits der übliche Schwarzweiß- oder Farbfilm gibt gute Einblicke. Vielseitiger verwendbar ist der sogenannte Falschfarbenfilm, der nicht die natürlichen Farben wiedergibt, sondern vorhandene, oft minimale Farbunterschiede maximal kontrastierend zeigt; für das Auge kaum wahrnehmbare Verfärbungen einzelner Kronen können auf ihm deutlich erkannt werden. Im allgemeinen läßt sich durch das Luftbild nicht die Ursache der Schädigung identifizieren, es ermöglicht lediglich das Erkennen einer Veränderung und ihres örtlichen Auftretens (Murtha 1972, Arnberg et al. 1973, Tzschupke 1976).

Die Ursachen einer organismisch bedingten Erkrankung sind am ehesten bei auffälligem Vorkommen von Krankheitserregern, etwa von fressenden Raupen, fliegenden Faltern oder von Fruchtkörpern parasitischer Pilze (Abb. 220) zu erkennen. Doch muß man sich vor leicht möglichen Täuschungen hüten: die an einem abgestorbenen Stamm sitzenden Fruchtkörper können solche eines

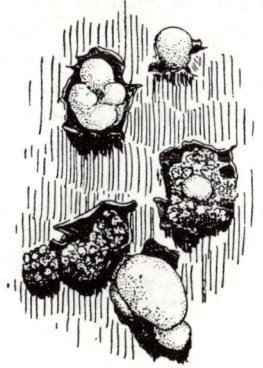

Abb. 220. Fruchtkörper von *Nectria cinnabarina,* aus der Rinde eines Buchenastes hervorbrechend. 10/1

Abb. 221. Kotsack von *Acantholyda hieroglyphica* an Kiefer. Nach Schimitschek 1955

saprophytischen Pilzes sein, welcher erst nach dem Tode des Baums das Holz befiel und mit der tödlichen Krankheit in keinem ursächlichen Zusammenhang steht. Es gibt täuschende Forstinsekten, welche Schädlingen überaus ähnlich sehen, aber harmlos sind: so kommen immer wieder Verwechslungen von Raupen der belanglosen Flechtenspinner (*Lithosia deplana* Esp. und *Oeonistis quadra* L.) mit solchen der Nonne, sowie von Faltern des Mönchs (*Panthea coenobita* Esp.) mit Nonnenfaltern vor; Flechtenspinnerraupen sind gegenüber Nonnenraupen kürzer behaart, haben doppelte gelbliche Rückenlinien und keine roten Warzen; der Mönchsfalter hat 12, der Nonnenfalter 4 dunkle Flecke auf der weißen Brust. Neben den Puppen des Kiefernspanners überwintern in der Streu die Puppen einiger anderer Spannerarten, die nicht schädlich sind, ihnen aber zum Verwechseln ähnlich sehen; Unterscheidungsmerkmale bietet hier die Ausformung des Hinterleibsendes, des Cremasters. Außer dem Schädling selbst können von ihm stammende Produkte, etwa Gespinstfäden an Zweigen, auf die Erkrankung hinweisen. Bei fressenden Tieren kann der zuweilen häufig und leichter als das Tier zu findende Kot, der sich in Gespinsten anhäuft (Abb. 221) oder auf dem Boden, am Stammfuß, an

Rindenvorsprüngen u. dgl. sammelt, zur Erkennung des Schädlings dienen; die Kotformen sind oft sehr charakteristisch und lassen nach der Größe der Ballen sogar eine Bestimmung des Entwicklungsstadiums zu. In anderen Fällen, wenn die Unterscheidungsmerkmale weniger kennzeichnend sind, ist eine sorgfältige Differentialdiagnose notwendig. Bei Pilzerkrankungen können die im Wirt vorgefundenen Gewebe des Krankheitserregers, etwa Myzel, so wenig charakteristisch sein, daß zur näheren Bestimmung eine Kultur auf künstlichen Nährböden erforderlich wird; die Ermittlung des Krankheitserregers erfolgt dann auf Grund der Eigentümlichkeiten des Myzelwachstums oder der auftretenden Fruchtformen.

Außer den krankhaften Veränderungen am Baum und den Krankheitserregern selbst lassen zuweilen andere Erscheinungen innerhalb der Lebensgemeinschaft Rückschlüsse auf das Vorhandensein einer Gleichgewichtsstörung zu. Auffälliger Tachinenflug deutet auf zahlreich auftretende Raupen hin, gehäuftes Brechen des Schwarzwildes an bestimmten Orten auf Vorkommen von Schädlingen in der Streu oder obersten Bodenschicht. Mehrfach beobachtetes Kränkeln junger, unter Kiefernschirm eingebrachter Douglasien wurde von örtlichen Beamten auf die strengen Winter 1939–1942 zurückgeführt; die Tätigkeit des Dachses, der am Fuß der Stämmchen eifrig gestochen hatte, ließ aber den Engerling als Übeltäter erkennen.

Kurze, zur Diagnose nach Krankheitserregern oder pathologischen Veränderungen am Baum brauchbare Hinweise sind oben bei Besprechung der wichtigeren Krankheiten gegeben worden. Auch die nach Baumarten und -teilen geordnete Übersicht der Krankheiten auf S. 456ff. kann einen Anhalt geben. Ausführlichere Merkmalsangaben finden sich in forstmykologischen und -entomologischen Lehr- und Handbüchern, z. B. von LANIER et al. 1976 und SCHWENKE 1972 ff., oder in speziellen Bestimmungsbüchern, von denen nachstehend einige genannt sind. In schwierigen Fällen muß die Diagnose einem Fachmann bzw. einem Institut überlassen werden.

Schrifttum: ARNBERG, W., WASTENSON, L., LEKANDER, B.: Use of aerial photographs for early detection of bark beetle infestations of spruce. Ambio 2, 77–83, 1973. — LANIER, L., JOLY, P., BONDOUX, P., BELLEMÈRE, A.: Mycologie et pathologie forestières. Tome II. Pathologie forestière. Paris–New York–Barcelone–Milan 1976. — MARTIN, B.: Verfahren zur Diagnose von Stammfäulen an Fichte. IUFRO-Symposium über *Fomes annosus* Kassel, 348–355, 1978. — MURTHA, P. A.: A guide to air photo interpretation of forest damage in Canada. Ottawa 1972. — SCHWENKE, W.(Hsg.): Die Forstschädlinge Europas. 5 Bde. 1972ff. — TZSCHUPKE, W.: Automation der forstlichen Fernerkundung. AFJZ 147, 216–223, 1976.

Bestimmungswerke: AMANN, G.: Bodenpflanzen des Waldes. Melsungen 1970. — Kerfe des Waldes. Melsungen 1959. — BAVENDAMM, W.: Erkennen, Nachweis und Kultur der holzverfärbenden und holzzersetzenden Pilze. Hdb. d. biol. Arbeitsmeth. Abt. 12, Teil 2, Heft 2. Berlin-Wien 1936. — BROHMER, P.: Fauna von Deutschland. 13. Aufl. hsg. v. W. Tischler. Heidelberg 1977. — BUHR, H.: Bestimmungstabellen der Gallen (Zoo- und Phytocecidien) an Pflanzen Mittel- und Nordeuropas. Jena 1964/65. — BUTOVITSCH, V. v., u. LEHNER, W.: Bestimmungstabelle der wichtigsten in märkischen Kiefernwaldböden vorkommenden Insektenlarven. Berlin 1933. — EBERT, W. et al.: Bestimmungsbuch der wichtigsten Kiefernschädlinge und -krankheiten. Berlin 1978. — GARCKE, A.: Illustrierte Flora. Deutschland und angrenzende Gebiete. 23. Aufl. hsg. v. K. v. Weihe. Berlin-Hamburg 1972. — GRÜNE, S.: Handbuch zur Bestimmung der europäischen Borkenkäfer. Hannover 1979. — HESMER, H., u. MEYER, J.: Waldgräser. 4. A. Hannover 1969. — KOCH, R.: Bestimmungstabellen der Insekten an Fichte und Tanne nach den Fraßbeschädigungen. 2. A. Berlin 1928. — Bestimmungstabellen der Insekten an Kiefer und Lärche nach den Fraßbeschädigungen. 2. A. Berlin 1932. — LEKANDER, B.: Scandinavian bark beetle larvae. Stockholm 1968. — PAESLER, F., u. KÜHN, H.: Bestimmungsschlüssel für die Gattungen freilebender und pflanzenparasitischer Nematoden. Berlin 1962. — PATOČKA, J.: Die Tannenschmetterlinge der Slowakei. Bratislava 1960. — SCHIMITSCHEK, E.: Schlüssel zur Bestimmung der wichtigsten forstlich schädlichen Käfer. 2. A. Wien 1955. — Die Bestimmung von Insektenschäden im Walde. Hamburg-Berlin 1955.

B. PROGNOSE

Prognose ist in der Pathologie die Vorhersage des Auftretens, des Verlaufs und des Ausgangs einer Krankheit. Sie bezweckt, unter Beurteilung aller in Betracht kommenden Umstände vorausschauend zu entscheiden, ob Gefahr droht, ob Abwehrmaßnahmen erforderlich werden. Die Lehre von der Prognose bzw. die Kunst, eine richtige Prognose zu stellen, wird Prognostik genannt.

In der forstlichen Krankheitslehre umfaßt die Prognostik zwei ursächlich zusammenhängende, in Methode und Ziel unterschiedliche Gebiete: das erste bezieht sich auf das Verhalten des Krankheitserregers und führt zur Entscheidung, ob eine Bekämpfung notwendig wird, das zweite erfaßt nach Überwindung der Krankheit den rekonvaleszenten Waldbestand und beantwortet die Frage, wie weit sich der Bestand wieder erholen wird oder zu nutzen ist. In diesem Zusammenhang wird nur das erstgenannte, größere Teilgebiet der forstlichen Prognostik behandelt; die zweitgenannte prognosis quoad vitam des Waldes ist bereits früher (S. 340 ff.) erörtert worden.

Die Prognose des Krankheitsverlaufs ist von überragender Bedeutung für den Wirtschafter, da auf ihr Maßnahmen aufgebaut werden, deren Unterbleiben für das Bestehen des Waldes verhängnisvoll werden kann, deren Ausführung aber in der Regel kostspielig ist.

Da der Verlauf einer Krankheit von mancherlei äußeren, nicht immer vorauszusehenden Umständen – z. B. der Witterung im kommenden Frühjahr – abhängig ist, birgt eine Prognose stets Unsicherheitsfaktoren in sich; ihr Ergebnis kann nur Wahrscheinlichkeitswert besitzen. Die Unsicherheit muß um so größer sein, je länger die Zeitdauer zwischen Prognosestellung und Eintritt des Schadens währt. Langfristige Voraussagen können daher nur mit aller Vorsicht gemacht werden. Größeren Wert für die Praxis besitzen kurzfristige Prognosen, deren Ziel die Voraussage der Ereignisse in den nächsten Wochen oder Monaten ist.

Um trotz aller Unsicherheitsmomente zu verwertbaren Ergebnissen zu gelangen, ist es notwendig, die zur Prognose verwandten Unterlagen und Methoden so einwandfrei wie möglich zu gestalten; andererseits wird auch durch peinlichst genaue Erfassung bestimmter Unterlagen, etwa der Besatzdichte des Schädlings, nicht die Unsicherheit des Gesamtergebnisses hinfällig, wenn dieses wesentlich von nichtvorausschaubaren Ereignissen, wie der Entwicklung des Wetters, bestimmt ist. In diesem Zwiespalt den richtigen Mittelweg zu finden, gehört mit zur Aufgabe des guten Prognostikers.

Prognoseverfahren kommen hauptsächlich für Insekten und Mäuse in Betracht. Da die Massenvermehrung eines tierischen Schädlings regelmäßig einige Zeit in Anspruch nimmt, ist Gelegenheit gegeben, sie mit Hilfe geeigneter Methoden zu erkennen und zu beurteilen, ehe Schaden eintritt. Mykosen dagegen entstehen infolge des Massenangebots an Sporen in der Regel mehr oder weniger plötzlich, sofern die äußeren Umstände es zulassen. Da als solche vor allem Wettererscheinungen in Frage kommen, entziehen sie sich meist einer vorausschauenden Beurteilung. Doch ist es immerhin möglich, z. B. nach einem nassen Sommer die Wahrscheinlichkeit starker Schütteerkrankung der Kiefer vorauszusagen; auch läßt sich durch zweckentsprechende Untersuchung die Frage beantworten, wo und wann Maßnahmen zu ihrer Abwehr erforderlich werden (S. 101).

1. VORBEREITENDE FESTSTELLUNGEN

Beachtung des Wetters. Eben wurde gesagt, daß man nach einem verregneten Sommer mit einiger Wahrscheinlichkeit stärkeres Auftreten der Kiefernschütte im nächsten Frühjahr voraussagen kann. Ähnliches gilt allgemein für Krankheitserreger, die durch bestimmte Wetterverhältnisse unmittelbar oder mittelbar über Veränderungen in der Wirtspflanze gefördert werden. Nach einem besonders warmen und trockenen Jahr ist eine Zunahme sekundärer Schädlinge zu erwarten (Abb. 22). Solche Voraussagen lassen sich mit um so größerer Sicherheit machen, je enger die Entwicklung des Schädlings an bestimmte Wetterkonstellationen oder wetterbedingte Wirtszustände gebunden ist und je weniger sie von anderen Faktoren beeinflußt wird. Im Falle der Sitkalaus ist es gelungen, eine derart strenge Korrelation zwischen Wintertemperaturen und Schadauftreten im folgenden Frühjahr aufzudecken, daß sich allein auf den winterlichen Temperaturdaten eine hinreichend sichere Prognose aufbauen läßt (s. oben S. 147).

Eignung als Schadgebiet. Allerdings gilt diese Prognose für die Sitkalaus vor allem im küstennahen Raum; in anderen Gebieten wird sie kaum schädlich. Es ist also grundsätzlich zu beachten, ob der Ort, in dem ein Schädling erwartet oder angetroffen wird, zu seinem Schad-, Hauptschad- oder gar Dauerschadgebiet zu rechnen ist (S. 277). Trifft dies zu, so ist die Möglichkeit weiterer Schäden gegeben; liegt er außerhalb, so ist die Wahrscheinlichkeit neu aufkommender Schäden gering.

Die Ermittlung, ob ein Schadgebiet vorliegt, kann am sichersten und meist auch am einfachsten auf historischem Wege durch Prüfung der Reviergeschichte erfolgen. Hat in früheren Jahren der betreffende Schädling bereits Schäden verursacht, so ist die Zugehörigkeit zum Schadgebiet erwiesen. Auf Grund von Nachrichten über frühere Krankheitsfälle sind für einige Krankheitserreger Karten aufgestellt worden, aus denen sich die Lage der Schadgebiete ersehen läßt.

Solche Karten liegen beispielsweise vor für Kiefernspinner, Forleule und Kiefernspanner (SCHWERDTFEGER 1935, EBERT 1968), für Nonne, Buchdrucker und *Hylurgops glabratus* (WILKE 1931), für Eichenwickler (RÖHRIG 1950) und Tannentriebwickler (EIDMANN 1936, Abb. 222), für den

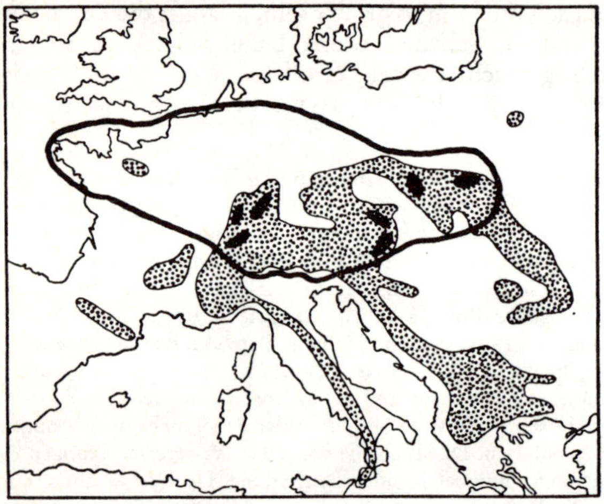

Abb. 222. Verbreitungsgebiet (schwarz umrandet) und Schadgebiete (schwarze Zonen) von *Choristoneura murinana*. Punktiert: Verbreitungsgebiet der Tanne. Nach EIDMANN 1949

Kiefernbaumschwamm (LIESE 1936) und für das Auftreten von Waldbränden (WECK, Abb. 1).

Indirekt ist die Festlegung des Schadgebietes durch Ermittlung der ökologischen Bedürfnisse des Krankheitserregers und seiner gradationsfördernden Faktoren möglich. Neben dem Vorhandensein entsprechender Nahrungs- und Wirtsbäume in geeigneter Menge und Beschaffenheit ist die edaphische und klimatische Eignung eines Ortes ausschlaggebend für den Eintritt von Schäden.

Für die Hauptschadgebiete von Kiefernspanner, Forleule und Kiefernspinner wurden auf Grund statistischer Ermittlungen die monatlichen Mitteltemperaturen und Niederschlagssummen in Gestalt von Klimapolygonen zusammengestellt (SCHWERDTFEGER 1935); es ist unwahrscheinlich, daß ein Gebiet, dessen mittlere Temperatur-Niederschlags-Werte außerhalb dieser Polygone fallen, die klimatische Eignung als Hauptschadgebiet besitzt. Auch die experimentell aufgedeckten Beziehungen zwischen Temperatur und Luftfeuchtigkeit auf der einen, Entwicklungsdauer und Vitalität des Schädlings auf der anderen Seite können unter Beachtung der notwenigen Vorsicht für die Beurteilung der klimatischen Eignung eines Ortes als Schadgebiet benutzt werden (SCHIMITSCHEK 1931). Durch Vergleich der beobachteten meteorologischen Daten mit der experimentell ermittelten, zur vollen Entwicklung notwendigen Wärmesumme konnte ZWÖLFER 1935 die geographischen Grenzen des thermischen Verbreitungsgebietes der Nonne festlegen; innerhalb dieser Grenzen wird aber nur in bestimmten, durch klimatische und andere Faktoren besonders begünstigten Gebieten die Entwicklung der Nonne so gefördert, daß sie zum Schädling wird.

Festlegung der Schadflächen. Ist bereits Schaden eingetreten, so muß als Unterlage für alle späteren Arbeiten die Schadläche kartenmäßig festgelegt werden. Man wird sich dabei nicht auf die Aufzeichnung des räumlichen Umfangs beschränken, sondern auch die Stärke der Schäden, etwa durch verschiedene Schraffur oder Farbe, kennzeichnen.

Verschieden starke Entlaubung oder Entnadelung durch Insektenfraß hat man früher mit den Begriffen Nasch-, Licht- und Kahlfraß zu erfassen gesucht. Besser ist es, die z. B. in einem Kiefernbestand nach Fraß noch vorhandene Benadelung, die Restbenadelung, in Prozent der normalen

Nadelmasse anzugeben. Ist der Benadelungszustand ziemlich einheitlich, so genügt an vier oder fünf Stellen des Bestandes eine Schätzung des Nadelvorrates, wobei die Angaben im allgemeinen von 10 zu 10 % abgestuft werden. Bei sehr unterschiedlicher Benadelung muß eine genauere Aufnahme erfolgen. Der Bestand wird in parallelen Streifen von 50 m Abstand durchgegangen; nach je 50 m wird das Kronendach auf sein Benadelungsprozent eingeschätzt. Auf einer Kartenskizze wird das Ergebnis der Schätzungen an den entsprechenden Punkten eingetragen. Es entsteht auf diese Weise eine Karte des Bestandes, auf der sich durch Verbindung der Punkte mit gleichem Nadelprozent (durch Linien gleicher Benadelung, Isofolien) die Flächen mit verschiedenem Benadelungszustand festlegen lassen.

Bei sehr großer Ausdehnung der Kalamität, namentlich in unzugänglichem Gebiet, lassen sich ihre Grenzen und bis zu einem gewissen Grade auch ihre Intensität mit Hilfe des vom Flugzeug aufgenommenen Luftbildes festlegen (s. oben S. 383).

2. FESTSTELLUNG DES SCHÄDLINGSBESATZES

a. Belagsdichte

Besteht auf Grund der ökologischen Gegebenheiten die Möglichkeit, daß ein in größerer Menge auftretender Krankheitserreger bedenkliche Schäden verursachen wird, so muß als Grundlage der weiteren Prognosearbeiten seine Populationsdichte ermittelt werden. Dazu sind Verfahren ausgearbeitet worden, die je nach dem Schädling und seinem Aufenthaltsort verschieden sind.

In der Bodendecke überwinternde Stadien. Die Methode wird in großem Umfang angewandt zur Ermittlung der Befallsstärke von Kiefernspanner, Forleule, Kiefernspinner und Kiefernbuschhornblattwespe, die als Raupen und Puppen in und unter der Bodendecke überwintern (Abb. 223). Sie ist, gegebenenfalls mit zweckentsprechenden

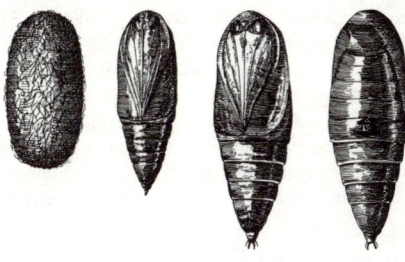

Abb. 223. Von links nach rechts: Kokon von *Diprion pini*, Puppen von *Bupalus piniarius*, *Panolis flammea* (Ventral- und Dorsalseite) und *Hyloicus pinastri*. 2/1

Abänderungen, auch brauchbar bei anderen, in gleicher Weise überwinternden Insekten, beispielsweise den *Acantholyda*- und *Pristiphora*-Arten. Ihr Prinzip besteht darin, Bodenflächen von bestimmter Größe gründlich nach Raupen und Puppen abzusuchen und deren Zahl je Quadratmeter Bodenfläche festzustellen.

Nach der Anleitung von SCHWERDTFEGER 1941 werden die Suchen auf Probestreifen von $1 \times 5 \, m^2$ Größe ausgeführt, deren eines Ende den Fuß eines Stammes umfaßt. Zwar haben Untersuchungen über die zweckmäßigste Art des Probesuchens (kreisförmig um den Stamm mit r = 1 m, auf quadratischer, ¼ Ar großer Fläche oder auf Streifen von $1 \times 5 \, m^2$) hinsichtlich der Zahl der gefundenen Insekten keine wesentlichen Unterschiede ergeben (Koch 1931); doch fanden Hilf-Wittich 1924 eine Abnahme der erkrankten Puppen mit Entfernung vom Stammfuß. Danach gewährleistet ein Streifenverfahren am ehesten die Gewinnung eines durchschnittlichen Bildes. Eine zeit- und kostensparende Abwandlung des Verfahrens beschränkt sich auf 2 quadratische Plätze von 1 m Seitenlänge, der eine um den Stammfuß, der andere in 1 m Abstand vom ersten. Auf je 50 ha disponierter Bestände werden je nach Gefährdungsgrad 1–4 Proben entnommen. Dabei werden bei Nichtfrostwetter die Bodendecke und die oberste Bodenschicht sorgfältig abgesucht. Die gefundenen Puppen und Raupen werden in einem Behälter gesammelt und dem Revierbeamten zur Bestimmung der Artzugehörigkeit und Buchung des Suchergebnisses übergeben. Spezielle Probesuchen nach Larven des Kiefernspinners und der Kiefern-schonungsgespinstblattwespe werden nicht auf Streifen, sondern auf kreisförmigen Flächen um den Stammfuß mit einem Radius von 1 m bzw. 55 cm ausgeführt.

Bei den Suchen wird naturgemäß nur ein Anteil der tatsächlich vorhandenen Insekten gefunden; je nach Beschaffenheit der Bodendecke und der Gewandtheit und Erfahrung der Suchenden ist der Prozentsatz der übersehenen Stücke verschieden hoch.

Durch Vergleich der bei Probesuchen nach Forleulen gefundenen Anzahl gesunder Puppen mit der Menge der später auf den gleichen Flächen geschlüpften Falter ergab sich ein Suchfehler von 40 % (Schwerdtfeger 1935); zu einem ähnlichen Ergebnis kam Houtermans 1939 beim Kiefernspanner. Der Suchfehler kann klein gehalten werden, wenn die Proben in Plastiksäcke gefüllt und statt draußen im geheizten Raum durchsucht werden – was allerdings einen höheren Zeitaufwand beansprucht.

Im Boden lebende Schadinsekten. Die Zahl der im Boden lebenden Schadinsekten, hauptsächlich Engerlinge und Drahtwürmer, wird durch Bodeneinschläge ermittelt.

Die Einschläge werden als Rechtecke von 0,5 × 2 m² Seitenlänge ausgeführt. Ihre Tiefe richtet sich nach den Lebensgewohnheiten der gesuchten Tiere: bei Drahtwürmern oder Engerlingen von *Phyllopertha horticola,* die meist nahe der Erdoberfläche leben, genügt eine solche von 30 cm; bei Engerlingen des Maikäfers muß von Mai bis Oktober bis 50 cm, im Winter, wenn sie sehr tief sitzen können, ferner bei Grabungen nach Maikäferpuppen und überwinternden Maikäfern bis 1 m Tiefe gegangen werden. Die Zahl der Einschläge richtet sich nach den örtlichen Verhältnissen und darf nicht zu klein gehalten werden, wenn ein brauchbares Bild gewonnen werden soll. Auf der festgelegten Einschlagsfläche wird die lebende Bodendecke abgestochen, in nicht zu großen Plaggen abgehoben und das Wurzelwerk sorgfältig durchsucht. Dann wird der Boden, gegebenenfalls nach Horizonten getrennt, ausgehoben und mittels eines Siebes ausgelesen. Bei großen Tieren (Engerlingen im dritten Stadium oder Maikäfern) genügt es, den Boden mit dem Spaten breitwürfig auszustreuen; die gesuchten Insekten fallen beim Wurf aus und können aufgelesen werden (Butovitsch-Lehner 1933, Eckstein 1931, Wellenstein 1943).

Am Baum lebende Stadien. Wenn die Besatzdichte eines baumbewohnenden Schädlings oder Stadiums ermittelt werden soll, muß in der Regel der Baum gefällt werden. Zur Gewinnung von Durchschnittswerten sind Mittelstämme auszuwählen. Sitzen die Schädlingsstadien fest am Baum, wie die Eier der Nonne, so kann die Fällung ohne besondere Maßnahmen geschehen. Besteht aber die Gefahr, daß ein Teil der Insekten vorzeitig abfällt, so muß die Fällung möglichst vorsichtig und erschütterungs-frei, ausschließlich mit der Säge vorgenommen werden. Wo die Tiere hinfallen können, sind große Tücher oder Kunststoffplanen auszubreiten, von denen sie abgelesen werden. Da diese beim Aufprall starker Stämme bald zerfetzt werden, kann als Ersatz der Bodenüberzug mit einer Hacke bis auf den Mineralboden entfernt werden; auf dem Boden herumkriechende Raupen oder andere Stadien werden dann leichter erkannt, als wenn sie in die Streu oder gar in die Beerkrautdecke fallen. Der Ersatz der Tücher durch Freilegen des Mineralbodens ist aber nur bei großen, leicht erkennbaren Stadien ratsam, da sonst der Sammelfehler zu hoch wird.

Einfach ist der Besatz festzustellen, wenn, wie bei Schwammspinner und Pappelspinner, die Eier in Haufen auf der Rinde des Stammes abgelegt werden: die Populationsdichte je Stamm wird durch Multiplikation der Zahl der Gelege mit der durch Stichproben festgestellten Eizahl je Gelege ermittelt. Schwieriger ist das Auszählen der unter Rindenschuppen sitzenden Nonneneier; sie können nur durch

Ablösen der Schuppen mit einem Messer gefunden werden. Die Arbeit ist langwierig und liefert auch bei sorgfältigster Ausführung unsichere Ergebnisse, da der Anteil übersehener Eier stets groß ist (NOLTE 1942). Deshalb ist das „Probeeiern", das lange Zeit die meistempfohlene Methode zur Prognose von Nonnenfraß war, durch Suchen nach Puppenhülsen oder Auszählen der Falter ersetzt worden (s. u.).

Zum Auffinden der Eier des Kiefernspinners (Abb. 224) sind vor allem die Zweige und unbenadelten Triebteile abzusuchen; ein kleiner Prozentsatz der Eier findet sich auch regelmäßig am Stamm.

Als Beispiel für das Probesuchen nach Eiern, die an Blättern und Nadeln abgelegt sind, soll im Anhalt an SCHWERDTFEGER 1938 die Technik der Forleulen-Eisuchen skizziert werden. Die Suchen müssen stattfinden, wenn sämtliche Eier abgelegt, die Eiräupchen aber noch nicht geschlüpft sind; denn leere Eihüllen sind schwer zu finden. Dieser Zeitpunkt kann durch laufende Probefällungen, welche einen Einblick in den Verlauf der Eiablage gewähren, oder durch Beobachtung des Falterfluges ermittelt werden; er liegt etwa 10 bis 15 Tage nach dem Höhepunkt des Flugs. Für die Suchen steht nur eine Frist von wenigen Tagen zur Verfügung, da die Eiraupen in der Regel bald zu schlüpfen beginnen. Müssen ausgedehnte Befallsgebiete durchsucht werden, so ist dazu eine größere Zahl von Hilfskräften notwendig. Die Eisuchen werden von Gruppen ausgeführt, die aus je einem Forstbeamten, zwei Arbeitern und zwei Frauen zusammengesetzt sind. Je Bestand

Abb. 224. Eier und Kokon von *Dendrolimus pini*. 1/1

werden vier gleichmäßig über die Fläche verteilte Bäume mit mittlerer Krone gefällt. Sodann wird ein benadelter Zweig nach dem andern mit einer Baumschere von der Krone abgeschnitten, in die Hand genommen und sorgfältigst auf Eibelag untersucht. Die mit Eiern besetzten Nadeln werden abgerupft und in einem Behälter gesammelt. Ist ein Probestamm fertig durchsucht, so werden die gesammelten Nadeln in einen Briefumschlag geschüttet, der außen mit Abteilungsnummer, Baumnummer und Datum beschriftet wird. Der Inhalt der einzelnen Briefumschläge wird vom Forstbeamten zu Hause mit Hilfe der Arbeiterinnen durchgezählt. Der Sammelfehler bei Probesuchen nach Eiern der Forleule betrug nach WELLENSTEIN 1934 rund 11 %, nach SCHWERDTFEGER 21 %. In entsprechender Weise werden Probesuchen nach Eiern des Kiefernspinners, der *Acantholyda*- und *Diprion*-Arten (THALENHORST 1941), von *Pristiphora abietina* usw. durchgeführt.

Eine vereinfachte Eisuchmethode besteht darin, daß aus der Krone des gefällten Baumes repräsentative Triebproben entnommen, diese in einem Beutel gesammelt und im geschlossenen Raum auf Eier untersucht werden; ihr Nadelgewicht wird mit dem der ganzen Krone ins Verhältnis gesetzt und auf Grundlage des früher angegebenen Nahrungsverbrauchs der Larve (z. B. Forleule 8 g) die Gefährdungsziffer (S. 396) berechnet (ALTENKIRCH-KOLBE 1979).

Man kann sich das häufig mühsame Suchen und Auszählen der Eier sparen, wenn man einen Photeklektor benutzt: die Zweige oder Triebe werden in einen lichtdichten Kasten getan, der an seiner dem Licht zugewandten Seite eine Öffnung besitzt, die mit einem Sammelglas verschlossen wird.

Bei hinreichender Wärme (im Laboratorium) schlüpfen die Räupchen bald; sie wandern dem Licht entgegen und sammeln sich im Glas, aus dem sie entnommen und gezählt werden. Ihre Zahl, bezogen auf die in den Photeklektor gebrachte Zahl von Trieben, Nadeln u. dgl. ergibt die entsprechende Dichte der Jungraupen und damit der schlüpffähigen Eier. Bei überwinternden Eiern, beispielsweise des Eichenwicklers, ist zu beachten, daß ihre Diapause nicht ohne weiteres durch Verbringen in einen warmen Raum beendet zu werden braucht; bei ihnen erhält man die besten Resultate, wenn die Proben erst ausgangs des Winters entnommen werden.

Suchen nach am Baum sitzenden Puppen oder Kokons kommen in Frage bei Nonne, der Sommergeneration der Kiefernbuschhornblattwespe und gegebenenfalls auch beim Kiefernspinner (Abb. 224). An Stelle der Puppen geben auch die leeren Puppenhülsen, aus denen die Falter bereits geschlüpft sind, einen brauchbaren Einblick in die Populationsdichte. Puppenhülsensuchen sind namentlich zur Nonnenprognose in Gebrauch und nicht auf einen solch kurzen Zeitraum beschränkt, wie das Suchen nach Puppen. Stamm, Äste und Zweige müssen abgesucht und die leicht zerbrechlichen Hülsen vorsichtig abgenommen werden. Der Sammelfehler war entsprechend der Sorgfalt der Suchen verschieden hoch; er betrug in Rominten 1934 bei unkontrollierter Arbeit 17–77, im Mittel 37%, im folgenden Jahr unter genauer Beaufsichtigung 5–20, im Mittel 12% (WELLENSTEIN 1942). Nach BITTER-NIKLAS 1939 belief sich der Fehler bei sorgfältiger Suche nach *Diprion*kokons auf nur 10%.

Suchen nach Raupen, die in den Kronen fressen, werden in der gleichen Weise ausgeführt wie die Eisuchen, insbesondere dann, wenn die Raupen festsitzen und sich nicht abschütteln lassen, wie diejenigen des Fichtennestwicklers oder auch Jungraupen des Kiefernspanners. Sonst werden die Äste vom gefällten Stamm abgehackt und tüchtig ausgeschüttelt; die an ihnen sitzenden Raupen fallen auf den Boden oder auf die ausgebreitete Tuchunterlage und können von dort aufgesammelt werden.

Zählverfahren. Während bei den bisher geschilderten Methoden die Tiere gesammelt und dann gezählt wurden, genügt in manchen Fällen das einfache Auszählen der an einem begrenzten Ort beobachteten Individuen, um einen Einblick in die Populationsdichte zu liefern.

Das Zählen der am Stamm sitzenden Nonnenfalter, wohl eine der ältesten Methoden der Befallsermittlung, dient heute zur laufenden Überwachung der Nonne in gefährdeten Gebieten (s. u. S. 403). Bei Forleulenvermehrungen lassen sich die abends schwärmenden Falter in einem ins Auge gefaßten Bestandesausschnitt auszählen. Die gleiche Methode ist beim Schwärmflug des Maikäfers anwendbar; hier ist aber zu beachten, daß der Ort der Eiablage nicht mit dem des Schwärmens übereinzustimmen braucht, daß also die Feststellung der Schwärmintensität keinen Maßstab abgibt für die örtliche Begrenzung späterer Engerlingsschäden. Diese läßt sich ermitteln, indem man beispielsweise auf der gefährdeten Kultur auf einer abgesteckten, gut zu übersehenden Fläche von etwa 50 m² die Zahl der zur Eiablage niedergehenden Weibchen feststellt; werden solche Zählungen gleichzeitig auf verschiedenen Kulturen vorgenommen, so läßt sich die relative Gefährdung der einzelnen Flächen durch kommenden Engerlingsfraß beurteilen.

Fangverfahren. Vielfach wird die Ermittlung der Besatzdichte durch besondere Fangmethoden erleichtert oder erst ermöglicht. Dabei ist folgendes zu beachten: Werden die Tiere auf einem Zwangspaß abgefangen, den sie alle gehen müssen, wie z. B. Kiefernspinnerraupen, die nach der Überwinterung im Frühjahr den Stamm emporklettern, um zum Fraßort zu gelangen, so ergibt sich die tatsächliche Populationsdichte. Wenn hingegen die Tiere nicht zwangsläufig zum Fangplatz geführt werden, wenn beispielsweise auf einer Fläche Fallen zum Fang von Mäusen aufgestellt sind, hängt das Ergebnis außer von der Besatzdichte auch von der Aktivität der Tiere ab: je eifriger sie umherlaufen, umso größer ist die Wahrscheinlichkeit, daß sie auf eine Falle stoßen. Es resultiert die Aktivitätsdichte, die mehr oder weniger von der realen Abundanz abweichen kann. Wird schließlich mit Lockmitteln gearbeitet, welche die Tiere aus einem mehr oder weniger weiten Umkreis heranziehen, so lassen sich die Ergebnisse nicht mehr auf eine natürliche Raum- oder Flächeneinheit beziehen; sie können nur in grober Annäherung Ausdruck für die Populationsdichte sein.

Probeleimungen gewähren Einblick in die Besatzdichte von Kiefernspinner- und Nonnenraupen. In einem quer durch den Bestand sich hinziehenden Streifen werden an einzelnen Stämmen Ringe von Raupenleim angelegt, unter denen sich (Spinner) die aus dem Winterlager aufbaumenden oder

(Nonne) die unter dem Leimring geschlüpften bzw. aus der Krone herabgefallenen und wieder aufsteigenden Raupen ansammeln. Entsprechend lassen sich die an den Stämmen hochkriechenden Weibchen der Frostspanner abfangen (ALTENKIRCH 1966).

Da die Wespen von *Acantholyda posticalis* und *Cephalcia abietis* gern glänzende Flächen anfliegen, hat man als Fangmittel Leimtafeln oder mit Leim bestrichene Pfähle aufgestellt und die daran gefangenen Tiere ausgezählt. In einfachster Weise läßt sich die Methode so durchführen, daß einzelne, bei der nächsten Durchforstung herauszunehmende Stämme während der Flugzeit der Wespen stehend geschält werden: die Wespen fangen sich an den harzenden Schälstellen.

Unmittelbar angelockt werden manche Insekten durch Licht. Man hat zur Kontrolle des Nonnenfluges Lichtfallen aufgestellt, indem man Leimtafeln mit Scheinwerfern anstrahlte oder die Scheiben einer Lampe mit Leim bestrich; die anfliegenden Falter blieben am Leim kleben und konnten ausgezählt werden.

Als weitere Lockmittel lassen sich von den Tieren ausgeschiedene Pheromone zur Prognose ausnutzen, namentlich Sexual- und Soziallockstoffe. Sexuallockstoffe, die, von den Weibchen abgegeben, die Männchen herbeilocken, haben sich speziell bei Lepidopteren als brauchbar erwiesen. Bereits Anfang der 30er Jahre hat DYK frischgeschlüpfte weibliche Nonnenfalter in Schachteln im Walde angebracht und die Schachteln mit Fliegenfangpapier überzogen. Der Sexualduft der Weibchen lockte männliche Falter in großer Zahl an, welche an dem Leimpapier haften blieben. Bei der Nonne ist derartige Wirkung bis zu einer Entfernung von mindestens 200 m, in vereinzelten Fällen von 700 m, beim Schwammspinner angeblich von 3,3 bis 3,8 km festgestellt worden (NOLTE 1940). Die Weibchen bleiben nur etwa 3–5 Tage fängisch und müssen dann durch neue ersetzt werden. Trotz mehrfacher Verfeinerung blieb das Verfahren umständlich. Erst nachdem es gelungen ist, den auch beim Schwammspinner wirksamen, als Disparlur bezeichneten Lockstoff zu identifizieren und synthetisch herzustellen (BIERL et al. 1970), besteht Aussicht, die Methode in der Praxis in großem Umfang einzusetzen. Entsprechende Untersuchungen liegen vor (SKUHRAVÝ et al. 1974, KLIMETZEK-SCHÖNHERR 1978, MAKSYMOV 1978). Dabei erwiesen sich Disparlur-Fallen als weniger vom Wetter abhängig als Weibchen-Fallen (JAHN 1979); sie lieferten im Durchschnitt höhere Fangzahlen. Beim Vergleich verschiedener Fallen-Ausführungen wurden beste Erfolge erzielt mit leimbestrichenen Zinkblechtafeln von 50×50 cm^2 Größe, die in der Mitte eine 10×10 cm^2 große Aussparung aufweisen, in der eine mit Disparlur versehene Kapsel angebracht ist (SKUHRAVÝ-HOCHMUT 1975, 1976). Das Fangergebnis wird beeinflußt durch die Abundanz der natürlich vorhandenen Weibchen, die konkurrierend Duftstoff aussenden: es wird mit steigender Weibchendichte relativ schlechter. Bei anderen Lepidopteren, so der Forleule (RIESNER et al. 1978, KNAUF et al. 1979), dem Kiefernknospentriebwickler (DATERMAN-McCOMB 1970, SMITH et al. 1974), dem Tannentriebwickler (BOGENSCHÜTZ 1980, BURGHARDT et al. 1980), dem Lärchenwickler (BENZ-v. SALIS 1973) und dem Eichenwickler (BOGENSCHÜTZ 1979) sind Untersuchungen über die Möglichkeit, Sexuallockstoffe prognostisch einzusetzen, angelaufen. Soziallockstoffe, die beide Geschlechter anlocken, lassen sich zur Prognose (und Bekämpfung, S. 411, 418) vor allem bei Borkenkäfern benutzen. Sie werden auch Aggregationspheromone genannt, weil sie eine Anhäufung der Tiere bewirken. Für verschiedene Scolytidenarten sind spezifische Lockstoffe identifiziert und synthetisiert worden (VITÉ 1978). Verhältnismäßig umfangreiche Erfahrungen liegen bereits mit dem als Typolur bezeichneten Lockstoff des Buchdruckers *Ips typographus* vor (SAUERWEIN-VITÉ 1978). Er wird zur Prognose entweder in Verbindung mit Fangbäumen (s. u.) oder in eigens konstruierten Fallen benutzt. Die Flug- oder Fensterfalle besteht aus einer durchsichtigen, mit Lockstoff versehenen, im Walde senkrecht aufgehängten oder -gestellten Glas- oder Kunststoffscheibe, von der die anfliegenden Käfer in eine unterhalb angebrachte Rinne mit entspanntem Wasser fallen. Die Lande- oder Rohrfalle ist im Prinzip ein perforierter Zylinder, der Lockstoff enthält; dieser tritt aus den Löchern, deren Durchmesser dem der natürlichen Einbohrlöcher des Käfers entspricht, aus, und die angelockten Tiere dringen durch die Löcher in das Innere der Röhre ein, aus der sie nicht mehr entkommen können (NIEMEYER-WATZEK 1977, KLIMETZEK-VITÉ 1978, VITÉ 1978). Mit dem synthetischen Lockstoff Multilur läßt sich *Scolytus multistriatus* anlocken, ein Wegbereiter des Ulmensterbens (VITÉ et al. 1976).

Bei Auftreten von *Hylobius abietis* und von wurzelbrütenden Borkenkäfern können Fangrinden und Fangknüppel einen Einblick in deren Besatzstärke geben. Fangrinden, hauptsächlich in Fichtenrevieren benutzt, sind von frischgefällten Stämmen gewonnene, 20–30 cm lange und breite Rindenstücke. Man legt sie mit der Bastseite nach unten flach auf den von der Narbe befreiten Boden oder – zur besseren Frischhaltung – mehrere übereinander, je zwei mit den Bastseiten aneinander, beschwert sie mit Steinen oder Grasplaggen und sammelt die darunter sich einstellenden Käfer in Abständen von wenigen Tagen ab. Nach etwa 14 Tagen bei feuchter, 8 Tagen bei trockener Witterung werden unter die ausgetrockneten und nicht mehr fangenden Rinden frische Stücke getan; unter oder zwischen die Rinden gelegte frische Zweige sollen die nahrungsuchenden Käfer besonders gut anlocken. In Kiefernrevieren benutzt man die hier leichter zu handhabenden Fangknüppel. Es sind 1 m lange, 8–10 cm starke, dünnrindige frische Ast- und Zopfstücke, die zur Steigerung der Lockwirkung angeplätzt und mit der entrindeten Seite nach unten in eine vorher gefertigte Rinne im Boden gelegt werden. Sie bleiben 3–4 Wochen fängisch und müssen dann ggf. durch frische ersetzt werden. Auch von ihnen werden die Käfer in kurzen Zeitabständen eingesammelt. Statt der Rinden und Knüppel empfiehlt Novák 1965 die Verwendung von Fangplatten: etwa 40×25 cm² große Plastikplatten werden an den Schmalseiten, jederseits etwa 5 cm, umgebogen, so daß sie, die umgebogenen Ränder nach unten, etwa 2 cm über dem Erdboden liegen; unter jede Platte wird ein Kiefern-, Douglasien- oder Tannenzweig gelegt, seine Enden werden unter die umgebogenen Schmalseiten eingeklemmt. Fichte ist weniger geeignet, notfalls aber auch zu verwenden. Die Zweige müssen nach 2–3 Wochen ausgewechselt werden. Absammeln der Käfer wie oben. Der Fangbaum dient zur Prognose (wie zur Bekämpfung, S. 411) von Borkenkäfern. Bäume werden durch Fällung oder Ringelung für den Befall durch Borkenkäfer geeignet gemacht. Wenn die Eiablage beendet, die Jungkäfer aber noch nicht geschlüpft sind, werden die Fangbäume entrindet. Es werden nun ausgezählt, gegebenenfalls auf ausgewählten Probeflächen: die Gangsysteme, die Muttergänge und die Nachkommenschaft je Muttergang, getrennt nach Eiern, Larven, Puppen und Jungkäfern, ferner die in den Gangsystemen sich aufhaltenden Räuber und Parasiten. Die Auszählungen ergeben die zuverlässigsten Werte, wenn die Mehrzahl der Nachkommenschaft das Imaginalstadium erreicht hat. Ein anderes Verfahren speziell für den Buchdrucker, das nur die anfliegenden Käfer erfaßt, jedoch für eine grobe Schätzung des Besatzes ausreicht, besteht darin, daß 2–3 m lange Fangstammstücke aufgebockt, darunter wannenartig Fangtücher gelegt und Stammstück wie Tuch mit einem gegen Borkenkäfer wirksamen Insektizid behandelt werden; das Stammstück wird mit einer Typolur-Formulierung (s. o.) versehen, welche die Käfer weitaus zahlreicher anlockt, als es der Duft des Stammstücks allein vermag; die Käfer vergiften sich, fallen auf das Fangtuch und können hier ausgezählt werden (Adlung 1979).

Die Besatzdichte der Erdmaus und anderer Mäuse wird mit handelsüblichen, zum Mäusefang im Hause benutzten Schlagfallen ermittelt, von denen 50–100 Stück in 2 m Abstand, mit geröstetem Brot geködert, in laufender Kette über die Fläche ausgelegt werden (S. 254). Plastikfallen sind solchen aus Holz vorzuziehen, weil diese bei feuchtem Wetter quellen und nicht mehr fangen.

Kotmessung. Indirekt ist die Feststellung der Populationsdichte von fressenden Stadien durch Messung des Kotfalls möglich. Der Kot wird aufgefangen, seine Menge durch Messen, Wägen oder Auszählen ermittelt und daraus auf die Zahl der fressenden Insekten geschlossen. Kotmessungen eignen sich vor allem für vergleichende Ermittlungen etwa der Raupenmengen vor und nach einer Bekämpfungsmaßnahme oder in behandelten und unbehandelten Beständen.

Als Kotfänge dienen 2 m² große Nesseltücher, die in etwa 0,5 m Höhe an vier Pfählen befestigt werden (Abb. 225). Der täglich abgesammelte Kot wird in einem Glas mit Kubikzentimeter-Einteilung gemessen oder nach Trocknung an der Luft gewogen. Genauere Ergebnisse liefern Kottafeln, quadratische Tafeln von etwa 25×25 cm² Größe, die waagerecht auf Pfählen unter Baumkronen aufgestellt werden (Abb. 225); auf der Tafel wird ein Bogen Pergamentpapier befestigt und mit Raupenleim bestrichen. Die auf die Tafel fallenden Kotteilchen bleiben liegen und können auf einer als Einheit gewählten Fläche ausgezählt werden.

Abb. 225. Kotfang und Kottafel

Auf Grund der ermittelten Kotmengen läßt sich die im Kronendach fressende Raupenzahl grob angenähert errechnen: im gleichen Bestande wird in Drahtkäfigen eine bekannte Zahl Raupen gehalten, die im Alter denen des Kronendaches entsprechen. Täglich wird die von ihnen produzierte Kotmenge ausgezählt und durch Division durch die bekannte Raupenzahl die tägliche Kotmenge einer Raupe ermittelt. Nach Division der im Bestande täglich fallenden Zahl von Kotpartikelchen durch die Menge der Krümel, die unter gleichen Umweltbedingungen eine Raupe liefert, ergibt sich die Zahl der im Bestande fressenden Raupen.

Beurteilung der Verfahren. Die Höhe der mehrfach genannten Suchfehler zeigt, daß Befallsermittlungen mit äußerster Sorgfalt durchgeführt werden müssen und ihre Ergebnisse nur mit Vorbehalt ausgewertet werden können. Selbst bei sorgsamster Arbeit können alle genannten Methoden nicht zu exakten Zahlen etwa im Sinne der menschlichen Bevölkerungsstatistik führen, da sie sich im Gegensatz zu dieser stets auf Stichproben beschränken. Die gewonnenen Durchschnittswerte werden um so sicherer, je größer die Zahl der Proben ist und je sorgfältiger ihre Auswahl unter Berücksichtigung aller Umstände erfolgt; doch ist der Vermehrung der Proben eine wirtschaftliche Grenze gesetzt. Durch Bearbeitung der Ergebnisse mit Hilfe variationsstatistischer Methoden, die sich in vielen Fällen als notwendig erweist, wird das Endresultat nicht genauer, doch werden Anhaltspunkte zur Beurteilung des wahrscheinlichen Fehlers gewonnen. Trotz dieser Einschränkungen genügen, wie die Erfahrung gelehrt hat, die auf einer hinreichenden Zahl von Proben beruhenden Mittelwerte im allgemeinen für die Zwecke der praktischen Prognostik.

Vermehrungskoeffizient. Ist die Befallsstärke eines Schädlings festgestellt, so wird sich in vielen Fällen schon grob sagen lassen, ob Gefahr droht. Liegen entsprechende Zahlen aus den letzten Jahren vor, so ist bereits zu erkennen, ob und wie lange eine Schädlingsvermehrung im Gange ist. Dabei kann die Höhe der Vermehrungskoeffizienten (S. 276) Auskunft über bisherige Dauer und Intensität der Gradation geben.

b. Kritische Zahl

Wesen. Grundlage jeder nach einer Befallsermittlung zu stellenden Prognose ist der Vergleich der gefundenen Populationsdichte mit einer als kritisch bekannten Richtzahl. Als kritisch wird die bei einem Probesuchen gefundene Anzahl gesunder Schädlinge bezeichnet, deren Höhe schwere Schädigungen des Bestandes erwarten und demgemäß die Vornahme von Bekämpfungsmaßnahmen notwendig erscheinen läßt (SCHWERDT-FEGER 1934). Die Ermittlung der kritischen Zahl ist auf zweierlei Weise möglich: einmal

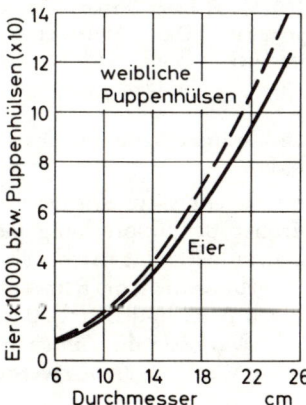

Abb. 226. Zahl der je Baum gefundenen Eier bzw. weiblichen Puppenhülsen der Nonne, die Kahlfraß im Fichtenbestand erwarten läßt, in Abhängigkeit vom Stammdurchmesser am Kronenansatz. Nach GÄBLER 1950

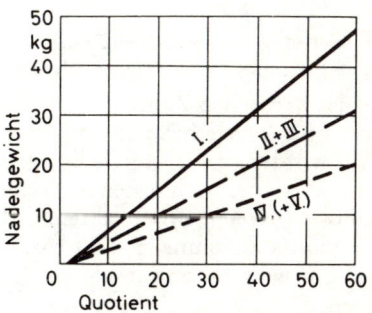

Abb. 227. Gesamtes Nadelgewicht einer Kiefernkrone in Beziehung zum Quotienten Grundfläche (Querschnitt in Brusthöhe) zu Höhe des Baums, für verschiedene Ertragsklassen. Nach RICHTER 1960

direkt durch Vergleich des Nahrungsbedarfs eines Tiers mit der zur Verfügung stehenden Blatt- oder Nadelmasse und zweitens indirekt durch statistische Auswertung von Erfahrungszahlen.

Den ersten Weg empfahl bereits Eckstein 1911 für den Kiefernspinner. Aus der durch Probesuchen ermittelten Raupenzahl je Stamm und dem experimentell gefundenen Nahrungsbedarf einer überwinterten Raupe (15–20 g) errechnet sich die Fraßmenge einer Kronenpopulation. Aus Probefällungen von Mittelstämmen und Wiegen der abgezupften Nadeln ergibt sich der Nadelvorrat je Krone. Ist er gleich, kleiner oder nur wenig größer als die voraussichtliche Fraßmenge, ist Kahlfraß zu erwarten. Ein solches Vorgehen erfordert, namentlich wenn für zahlreiche Bestände der Nadelvorrat ermittelt werden soll, einen nicht zu bewältigenden Arbeitsaufwand. Deshalb versuchte man, anstelle der Nadelmenge eine andere, leichter meßbare Bezugseinheit zu finden, die sie zu repräsentieren vermag. Gäbler 1950, 1951 fand sie im Stammdurchmesser am Kronenansatz und bezog seine kritischen Zahlen auf diesen (Abb. 226). Er ist ebenfalls nur nach Fällung des Baums zu ermitteln. Richter 1960 konnte auch auf sie verzichten, nachdem er festgestellt hatte, daß zwischen dem Quotienten Grundfläche (Querschnitt in Brusthöhe) zu Höhe des Baums und dessen Nadelmasse eine enge Beziehung besteht (Abb. 227); auf Grund dieser Beziehung und dem von andern ermittelten Nahrungsbedarf einer Raupe errechnete er die nebenstehend zusammengestellten kritischen Zahlen für die wichtigsten Kieferninsekten.

Durch statistische Auswertung von Erfahrungszahlen suchte Schwerdtfeger kritische Zahlen zu gewinnen. Er verglich nach Kalamitäten die Höhe des durch Raupenfraß verursachten Nadelverlustes mit der im gleichen Bestand vorher gefundenen Puppen-, Eier- oder Raupenzahl und gelangte so zu kritischen Zahlen für die Puppen des Kiefernspanners (1930), für die Puppen und Eier der Forleule (1932, 1934) und für die überwinternden Raupen des Kiefernspinners (1949). Auf ähnlichem Wege fand Wellenstein 1942 kritische Werte für die Falter der Nonne in Fichtenbeständen (Abb. 228).

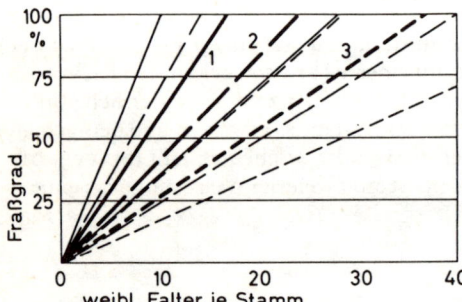

Abb. 228. Beziehung zwischen Zahl weiblicher Nonnenfalter bis 3 m Stammhöhe und nächstjährigem Fraßgrad in Fichtenbeständen im Alter von (1) 20–60, (2) 60–100 und (3) 100–140 Jahren. Erstes und zweites Hauptfraßjahr. Dick: Mittelwerte; dünn: Grenzen der Streuung. Nach Wellenstein 1942

Neben solchen eigens erarbeiteten Zahlen werden gelegentlich kritische Werte genannt, die sich in der Praxis aus mehr oder weniger eingehender Beobachtung ergaben.

Höhe der kritischen Zahlen. Kritische Werte sind bisher erst für eine beschränkte Zahl von Schädlingen bekannt. Sie sind jeweils früher bei Besprechung der Art aufgeführt worden. Hier soll lediglich noch eine detaillierte Übersicht über die kritischen Zahlen der wichtigsten Kieferninsekten gebracht werden, die Richter 1960 nach dem oben genannten Verfahren, differenziert nach Alter und Ertragsklasse des Kiefernbestandes zusammengestellt hat; wenn auch der Verfasser die Zahlenangaben als vorläufig ansieht, müssen sie als zur Zeit brauchbarste Werte angesehen werden.

Gesundheitszustand des Schädlings. Kritische Zahlen beziehen sich auf die Menge vorhandener gesunder Tiere, etwaige kranke Individuen müssen unberücksichtigt bleiben. Es ist deshalb unerläßlich, den Anteil an Individuen festzustellen, die durch irgendwelche Ursachen erkrankt oder abgestorben sind. Wenn es auch vielfach genügt, nur zwischen gesunden, kranken und toten Tieren zu unterscheiden, so ist für eine feinere Prognose die Ermittlung der Krankheits- oder Todesursachen vonnöten. Sie erfolgt nach äußeren und inneren Merkmalen mit besonders ausgebildeten Methoden.

Kritische Zahlen für	Ertrags-klasse	Alter in Jahren							
		30	40	50	60	70	80	90	100
Kiefernspanner,	II	4,9	4,7	4,3	4,1	3,5	2,9	2,6	2,4
weibliche Puppen	III	4,8	4,9	4,7	4,3	3,8	3,2	2,7	2,5
je m² Boden	IV	2,5	2,9	3,0	3,0	2,6	2,3	1,9	1,8
	V		3,4	3,7	3,0	3,0	2,6	2,2	2,0
Kiefernspanner,	II	1500	3000	4000	5000	6500	7500	9000	10500
Eier je Krone	III	1000	2000	3000	4000	5000	6000	7500	8500
	IV	500	1000	1500	2000	2500	3000	3500	4500
	V		1000	1500	1500	2000	2500	2500	3000
Forleule,	II	0,9	0,9	0,8	0,8	0,7	0,6	0,5	0,5
weibliche Puppen	III	0,9	0,9	0,9	0,8	0,7	0,6	0,5	0,5
je m² Boden	IV	0,5	0,6	0,6	0,6	0,5	0,4	0,4	0,3
	V		0,7	0,7	0,6	0,6	0,5	0,4	0,4
Forleule,	II	400	700	1000	1300	1600	1900	2300	2600
Eier je Krone	III	300	500	700	1000	1200	1500	1900	2200
	IV	100	300	400	500	600	800	900	1100
	V		200	400	400	500	600	600	700
Nonne,	II	2,6	4,7	6,6	8,5	10,7	12,8	15,2	17,4
weibliche Falter	III	1,9	3,3	4,9	6,5	8,3	10,3	12,4	14,5
je Stamm	IV	0,9	1,7	2,5	3,4	4,3	5,3	6,2	7,3
	V		1,7	2,4	2,8	3,5	4,0	4,3	5,0
Nonne,	II	250	450	650	850	1100	1300	1500	1700
Eier je Stamm	III	200	350	500	650	850	1000	1200	1400
	IV	100	150	250	350	450	550	600	750
	V		150	250	300	350	400	450	500
Kiefernspinner,	II	38	37	34	32	28	23	20	19
überwinternde	III	38	38	37	34	30	25	21	20
Raupen je m²	IV	20	23	23	23	20	18	15	14
Boden	V		27	29	24	24	20	17	16
Kiefernspinner,	II	100	180	250	320	400	480	570	650
überwinternde	III	70	120	180	240	310	390	460	540
Raupen je Stamm	IV	40	40	90	120	160	200	230	270
	V		40	90	110	130	150	160	190

Merkmale. Die durch räuberische Tiere vernichteten Individuen sind häufig auch nicht mehr in Resten festzustellen, beispielsweise wenn Vögel Raupen verzehrt haben; zuweilen aber gibt es Überbleibsel, etwa nichtverzehrte, harte Hüllen, an denen vielleicht sogar die Art des Räubers zu erkennen ist (Abb. 229). Parasitierte Tiere lassen sich durch Auffinden des Parasiten im aufgeschnittenen Tier oder vielfach durch äußere Merkmale feststellen: Auftreibung des Körpers, Verfärbung, herabgesetzte Beweglichkeit, verringertes Gewicht. Hat der Parasit bereits seinen Wirt verlassen, so ist das Schlüpfloch sichtbar, das häufig infolge seiner charakteristischen Gestalt Rückschlüsse auf die Art des Parasiten zuläßt (Abb. 229). Pilzkrankheiten sind – abgesehen von den Anfangsstadien – an einer Veränderung des Körperinhalts des Wirtstieres zu erkennen: er wird fest, holundermarkähnlich. In späteren Stadien überzieht sich die Oberfläche des Wirtstieres mit Myzel (Abb. 230), aus dem noch

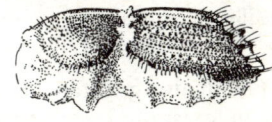

Abb. 229. *Diprion*-Kokons, von verschiedenen Einwohnern verlassen bzw. von räuberischen Tieren beschädigt. Von links nach rechts: Blattwespe, Maus, Schlupfwespe, Raupenfliege, Erzwespe, Drahtwurm. 3/2

Abb. 230. Verpilzter Borkenkäfer. 7/1

später Fruchtträger herauswachsen (Abb. 31). Bakterienkrankheiten äußern sich in einer Verjauchung des Körperinhalts. Verjauchung kann aber auch eintreten, wenn die Tiere infolge von schlechter Konstitution, Verletzung oder Witterungseinflüssen absterben und im toten Körper sich Bakterien ausbreiten und vermehren. In der Regel wird sich durch einfache Untersuchung nicht entscheiden lassen, ob verjauchte Tiere durch pathogene Bakterien vernichtet wurden oder durch andere Ursachen, denen Bakterien als Saprophyten folgten. Polyederkrankheiten sind an den in der Leibeshöhlenflüssigkeit befallener Tiere zu findenden Polyedern, Kapselkrankheiten an den auftretenden Granula zu erkennen (S. 80). Vertrocknete Individuen können unmittelbar ein Opfer zu großer Trockenheit geworden, aber auch nach Absterben infolge anderer Ursachen eingetrocknet sein. Keine spezifischen Merkmale weisen in der Regel Tiere auf, die durch weitere Witterungseinflüsse oder infolge herabgeminderter Konstitution eingegangen sind; auch nichtbefruchtete Eier sterben, sofern nicht die Möglichkeit parthenogenetischer Entwicklung gegeben ist, ohne kennzeichnende Symptome ab.

Methoden. Die Verfahren zur Erkennung von Krankheiten und Todesursachen sind nach Wirtstier, Stadium, Krankheitserreger und Zeit verschieden. Äußere und gutdifferenzierte Krankheitsmerkmale, wie Pilzmyzel mit Fruchtträgern oder Schlupflöcher von Parasiten, lassen ohne weiteres eine Diagnose zu. In manchen Fällen läßt Durchleuchtung erkennen, ob der Körperinhalt eines Tieres normal ist oder beispielsweise die Puppenhülle einen Parasiten birgt (EIDMANN 1925); auch Röntgenstrahlen lassen sich verwenden, allerdings mehr bei wissenschaftlichen Untersuchungen als zur praktischen Prognose (EIDMANN 1962). In der Regel muß, wenn äußere Merkmale nicht vorliegen oder zur Diagnose nicht ausreichen, das Tier zur Ermittlung seines Gesundheitszustandes geöffnet und sein Körperinhalt auf Parasiten, Verpilzung, Verjauchung, Vorkommen von Polyedern und Vertrocknung untersucht werden. Zur Erkennung verpilzter, verjauchter oder vertrockneter Tiere genügt in der Regel einfaches Auseinanderbrechen oder Aufschneiden. Auch große Parasitenlarven werden sich leicht finden lassen. Sind die Parasitenlarven klein, so muß der Körperinhalt des Wirtes ausgequetscht und gegebenenfalls unter dem binokularen Mikroskop bei schwacher Vergrößerung untersucht werden. Genaue Anweisungen dazu haben u. a. SCHEIDTER 1919 und SCHEU 1939 gegeben. Zum Sichtbarmachen sehr kleiner Parasitenlarven empfiehlt GÖRNITZ 1931, die getrockneten und aufgeschnittenen Puppen in Kalilauge zu kochen; nach Verseifung des Fettkörpers heben sich die Chitinhüllen der Parasiten deutlich ab. Polyeder werden in Ausstrichen der Leibesflüssigkeit bei starker Vergrößerung erkannt. Durch Aufzucht und Beobachtung einer Schädlingspopulation im Laboratorium läßt sich neben etwaiger Parasitierung, Pilzerkrankung usw. ihre Konstitution feststellen. Nonneneier aus zwei Gebieten der Rominter Heide, deren eines im Jahr zuvor mit Arsen bestäubt worden war, zeigten gleiche Eisterblichkeit; dagegen war im Raupenstadium bei dem Material aus begifteten Beständen die Entwicklungsdauer länger und die Sterblichkeit größer als beim andern (JANISCH 1936). Aufzucht von Nonnenraupen aus zwei Herkünften (Kremmen und Rominten) mit verschiedenem Futter ergab durchweg höhere Mortalität bei den Rominter Raupen (Abb. 176); ihre Konstitution war offenbar schlechter als die der Kremmer Tiere.

In der Regel werden bei der Untersuchung einer Population mehrere der genannten Methoden nacheinander benutzt. Die Durchführung solcher Untersuchungen erfordert Vorkenntnisse und Erfahrungen und ist Aufgabe besonderer Institute. Wird an diese Schädlingsmaterial eingesandt, so ist zu beachten, daß ein hinreichend genaues Bild vom Gesundheitszustand nur erhalten wird, wenn die Zahl der untersuchten Tiere nicht zu klein ist. Als Mindestmenge können 100 Tiere je Einheit (Bestand, Fläche) gelten. Ferner ist zu bedenken, daß die sorgfältigste Untersuchung nur dann ein richtiges Bild vom Gesundheitszustand der Population liefern kann, wenn das eingesandte Untersuchungsmaterial in einem Zustand vorliegt, welcher dem im Befallsgebiet gleicht. Ist infolge schlechter Verpackung und langen Transports die Hälfte der zugeschickten Puppen vertrocknet, so kann die Untersuchung niemals Unterlagen für eine richtige Prognose liefern. Die Art der Verpackung und Versendung von Schädlingen ist daher von großer Bedeutung für die Richtigkeit der Voraussage. Nähere Anleitung haben MÜLLER-SCHEU 1939 und SCHWERDTFEGER 1941 gegeben.

Gefährdungsziffer. Die kritischen Zahlen gelten für vollbelaubte oder -benadelte Bestände; ist die Laub- oder Nadelmasse durch vorangegangenen Fraß verringert, so müssen sie entsprechend reduziert werden. Lautet z. B. die kritische Eizahl des Kiefernspanners in einem 50jährigen Bestand 3. Ertragsklasse 3000, hat aber der betreffende Bestand nur mehr 70 % der üblichen Nadelmasse, so beträgt die für diesen Fall gültige reduzierte kritische Eizahl 3000 × 0,70 = 2100.

Zur einfachen Beurteilung der Gefährdung eines Bestandes hat SCHWERDTFEGER 1934 den Begriff der Gefährdungsziffer eingeführt: sie ist der Quotient aus gefundener Zahl gesunder Schädlinge und reduzierter kritischer Zahl. Beispiel: im dem eben herangezogenen Bestand wurden 5000 Spannereier gefunden, davon waren 80% = 4000 Eier gesund. Diese Zahl dividiert durch die reduzierte kritische Eizahl 2100 ergibt 1,9, das heißt: es droht Kahlfraß. Je höher die Gefährdungsziffer über 1 liegt, um so größer ist die Gefahr, um so wahrscheinlicher wird schwerer Bestandesschaden eintreten; ist die Gefährdungsziffer kleiner als 1, so sind schwere Schädigungen des Bestandes nicht zu erwarten, um so weniger, je niedriger sie ist.

Anwendung. Bei Benutzung von kritischen Zahlen und Gefährdungsziffern ist zu beachten, daß in der Zeit zwischen der Feststellung der mit ihnen zu vergleichenden Besatzstärken und dem Eintritt des Schadens mancherlei Einwirkungen auf den Schädling erfolgen, die seine Entwicklung im günstigen oder ungünstigen Sinne zu beeinflussen vermögen. Angenommen, es wird während der winterlichen Probesuche nach Puppen des Kiefernspanners das Doppelte der kritischen Puppenzahl festgestellt; schwerer Schadfraß im nächsten Sommer ist zu erwarten. Nun kann das Wetter während der Falterzeit gut oder schlecht, die Eier können nicht oder zu hohem Prozentsatz parasitiert, die Sterblichkeit der Jungraupen kann klein oder groß sein; dementsprechend wird es zu dem nach der Puppendichte vorauszusagenden Kahlfraß, zu geringen oder auch zu keinerlei merklichen Fraßschäden kommen. Die Unsicherheit der Prognose muß umso größer sein, je länger der Zeitraum bis zum Eintritt des Schadens und damit die Einwirkungsmöglichkeit von Umweltfaktoren ist. Deshalb wird, um beim Beispiel des Kiefernspanners zu bleiben, gefordert, daß die Puppensuche, sofern bedenkliche Dichten gefunden wurden, durch eine Eisuche ergänzt wird, die zwar schwieriger durchzuführen ist, aber erst die Unterlagen für die Entscheidung liefern kann, ob eine Bekämpfung erfolgen soll oder nicht. Grundsätzlich können kritische Zahlen niemals einen unverrückbar sicheren Maßstab liefern; sie wollen dem Praktiker ein Anhalt sein – und nicht mehr –, um die drohende Gefahr beurteilen zu können.

Alter des Schädlings. Es kann von Bedeutung sein, das Alter oder das Entwicklungsstadium des Schädlings zu wissen, beispielsweise wenn der Zeitpunkt für den Beginn einer Bekämpfungsmaßnahme festgelegt oder die Frage entschieden werden soll, ob sich bei vorgerückter Raupenentwicklung eine Bekämpfung noch lohnt. Die Erkennung des Alters von Insektenstadien ist vielfach schon bei äußerer Betrachtung, in besonderen Fällen aber erst nach Freilegung innerer Organe möglich.

Als äußeres Merkmal kommt zunächst die Farbe in Betracht: Imagines der Borkenkäfer sind nach dem Schlüpfen aus der Puppe hellgelbbraun und werden mit zunehmendem Alter dunkler; Puppen des Kiefernspanners sind kurz nach der Verpuppung grün, später grün-braun; Forleuleneier machen im Lauf ihrer Entwicklung eine eigentümliche Farbänderung durch (S. 212). Wachsende Stadien, etwa Eier des Maikäfers oder Larven aller Art, lassen aus ihrer Größe auf das Alter schließen. Zur Feststellung des Häutungsstadiums benutzt man bei Larven mit fester Kopfkapsel zweckmäßig die Kopfkapselbreite, da diese infolge ihrer starken Chitinisierung innerhalb eines Stadiums ziemlich konstant bleibt. Nach ECKSTEIN 1938 entspricht bei der Nonnenraupe die Länge des Kotballens etwa der Breite der Kopfkapsel, so daß die ungefähre Feststellung des Raupenstadiums schon auf Grund des zu Boden gefallenen Kots möglich ist. Auch wo derartige Beziehungen nicht bestehen, läßt die Größe der Kotballen Schlüsse auf das Alter der Larve zu. Bei fertig entwickelten Eiern schimmert häufig die schlüpfbereite Larve mehr oder weniger deutlich durch die Schale. Die sich weiter entwickelnden Pronymphen der Blattwespen unterscheiden sich von den überlie-

Abb. 231. Eonymphe und Pronymphe (mit Puppenauge) von *Diprion pini.* 4/1. Nach ELIESCU 1932

genden Eonymphen durch ihre Puppenaugen (Abb. 231). Schließlich kann bei Käfern, Schmetterlingen, Raupen usw. der Zustand der Behaarung und Beschuppung einen Hinweis auf das Alter des Tiers geben.

Innere Merkmale müssen zu Rate gezogen werden, wenn beispielsweise die Geschlechtsreife ermittelt oder die Frage, ob bereits Eier abgelegt sind, beantwortet werden soll. Die Legebereitschaft eines Falters läßt sich am Zustand der Eiröhren erkennen. Die als Corpora lutea bezeichneten gelblichen Anhäufungen fettig degenerierter Epithelzellen, die am Grunde der Eiröhre gefunden werden, sind das Zeichen vollzogener Eiablage. Vor allem bei langandauernder oder wiederholter Eiablage, wie etwa beim Maikäfer, kann die Ermittlung des jeweiligen Reife- und Ablagezustandes prognostischen Wert besitzen (SCHWERDTFEGER 1928, VOGEL 1950).

3. WAHRSCHEINLICHE FORTENTWICKLUNG DES SCHÄDLINGS

Vorstehend sind die Hilfsmittel geschildert, welche den derzeitigen Stand einer Gradation erkennen lassen. Zur Beurteilung des mutmaßlichen weiteren Verlaufs der Massenvermehrung ist eine Reihe von Gesichtspunkten zu beachten.

Fluktuations- und Gradationstyp. Wenn für den betreffenden Ort auf Grund vorliegender Erfahrungen bekannt ist, wie die Fluktuation des Schädlings üblicherweise verläuft, läßt sich wenigstens in allgemeiner Form etwas über seine mutmaßliche Fortentwicklung aussagen. Ist der hier herrschende Fluktuationstyp latent bzw. permanent (S. 275), so wird man mit belanglosem bzw. langandauerndem Schadfraß rechnen können. Bei Vorliegen des temporären Fluktuationstyps läßt die Kenntnis des Gradationstyps (S. 275) eine Aussage darüber zu, in welchem Stadium der Massenvermehrung sich der Schädling befindet und wie sie voraussichtlich ablaufen wird. Weist die Art einen zyklischen Massenwechsel auf (S. 277), so kann man mit ziemlicher Sicherheit sogar über eine Reihe von Jahren im voraus ihr schädigendes Auftreten prognostizieren; Beispiel ist die Erdmaus in Nordwestdeutschland, von der man weiß, daß sie alle 3–4 Jahre ein Maximum ihrer Populationsdichte erreicht.

Allgemeine Konstitution. Die Konstitution eines Schädlings, die sich in seiner Vermehrungskraft und dem Widerstand gegen schädliche Einflüsse äußert, ist veränderlich. Mancherlei Beobachtungen machen es wahrscheinlich, daß die Konstitution einer Population zu Anfang einer Massenvermehrung anders ist als am Ende, daß sie um so schlechter wird, je weiter die Gradation fortschreitet. Auch an verschiedenen Orten, etwa im Kern und in den Randzonen eines Gradationsgebietes, kann die Konstitution unterschiedlich sein.

Als Mittel zur Erkennung von Konstitutionsänderungen bzw. -verschiedenheiten ist bereits oben der Zuchtversuch genannt worden; dabei wurden Beispiele für die Verschlechterung der Konstitution einer Nonnenbevölkerung infolge Begiftung sowie für örtliche Konstitutionsunterschiede gegeben. Ein weiteres Beispiel stammt ebenfalls von JANISCH 1938: Kiefernspannerpuppen aus der Letzlinger Heide wurden anläßlich einer Massenvermehrung in den Frühjahren 1936 und 1937 unter optimalen Verhältnissen aufgezogen; 1936 ergaben sich eine Sterblichkeit von 16–19%, gute Begattung, reichliche Eiablage, gute Schlüpffähigkeit der Eier und geringe Mortalität der Raupen; es mußte mit gutem Gesundheitszustand und einer Vermehrung gerechnet werden, die auch tatsächlich eintrat. 1937 war die Puppensterblichkeit über 90%, von den abgelegten Eiern kamen rund 50% nicht zum Schlüpfen, die Raupen zeigten schlechtes Wachstum und erhebliche Mortalität, so daß die als richtig sich herausstellende Prognose auf Ende der Vermehrung lauten konnte.

Neben dem Zuchtversuch können dem Erfahrenen auch äußere Merkmale wie Größe, namentlich auch ihre Streuung innerhalb einer Population, ferner Farbe, Auftreten von verjauchten und vertrockneten Individuen usw. Hinweise auf die Konstitution der Schädlinge geben.

Zustand des Wirtsbaumes. Neben der Konstitution des Schädlings ist der Zustand seiner Wirtspflanze zu berücksichtigen. Er kann durch äußere, abiotische oder biotische

Einflüsse und durch das Wirken des Schädlings selbst verändert werden, in einem für dessen Vermehrung förderlichen oder abträglichen Sinne.

Eintretende Dürre oder einsetzender Raupenfraß mindern die Vitalität der Nadelbäume und begünstigen damit die Ausweitung einer im Gang befindlichen Borkenkäferkalamität. Starker Fraß der Larven von *Zeiraphera diniana* läßt die Lärchen im nächsten Frühjahr später austreiben, ihre Nadeln langsamer wachsen und deren Eignung als Raupennahrung absinken; die Folgen sind hohe Raupenmortalität im ersten und zweiten Nachschadensjahr, stark verminderte Fruchtbarkeit der übriggebliebenen Falter und hierdurch Einleitung der Retrogradation (BENZ 1974).

Überliegen. Von großer Bedeutung für den Verlauf einer Massenvermehrung kann das namentlich bei Blattwespen auftretende Überliegen (S. 140) sein. Liegt ein größerer Teil der Population über, so wird einerseits der zunächst zu erwartende Fraßschaden abgeschwächt und andererseits die Entwicklung der betreffenden Tiere um eine mehr oder weniger lange Zeit hinausgezögert, während der Mortalitätsfaktoren aller Art Gelegenheit zum Angriff haben.

Von einem im Winter 1935/36 in einigen Forstämtern des Bezirks Frankfurt/O. festgestellten starken Besatz von *Diprion pini*-Kokons erwiesen sich 60–70 % als überliegend; der im Frühjahr schlüpfende Anteil, der noch stark parasitiert war, konnte keinen Schaden verursachen. Der überliegende Rest wurde fast völlig von Mäusen, Vögeln und Schlupfwespen aufgerieben. Der Anteil der überliegenden Larven ist bei Blattwespenarten am Nichterscheinen der Puppenaugen (S. 398) zu erkennen, während die sich weiter entwickelnden Pronymphen durch Puppenaugen ausgezeichnet sind.

Geschlechterverhältnis. Bei Insektenarten, deren Populationen variablen Weibchenanteil aufweisen, kann es nicht gleichgültig sein, ob beispielsweise aus einer bestimmten gefundenen Puppenzahl 30 oder 70 % Weibchen schlüpfen; denn die Zahl der abgelegten Eier und der aus ihnen schlüpfenden Larven wächst mit dem Anteil der Weibchen. Es ist daher zur Prognose, soweit sie sich auf Auszählungen von Puppen oder Imagines stützt, die Feststellung des Geschlechterverhältnisses erforderlich.

Das Geschlecht kann bereits bei den Puppen an der Lage der Geschlechtsöffnungen erkannt werden (Abb. 232). Bei Blattwespenkokons läßt sich das Geschlechterverhältnis auf statistischem Wege auf Grund der Kokonbreite oder -länge ermittelt (Abb. 233). Die Geschlechter der Imagines unterscheiden

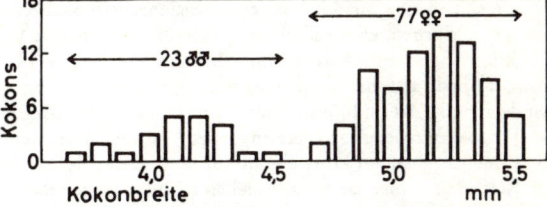

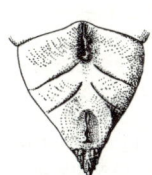 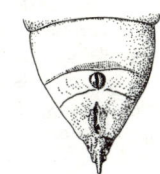

Abb. 232. Hinterleibsenden einer weiblichen (links) und einer männlichen (rechts) Puppe von *Hyloicus pinastri*

Abb. 233. Variationsdiagramm der Kokonbreiten von *Diprion pini* als Kriterium des Geschlechterverhältnisses. Nach THALENHORST 1941

sich meist deutlich schon äußerlich durch sekundäre Geschlechtsmerkmale (Färbung, Fühlerausbildung usw.). Sind, wie bei Forleulenfaltern, die äußeren Merkmale wenig ausgeprägt, so gibt nach Aufreißen des Hinterleibs das Vorhandensein oder Fehlen der Eiröhren Auskunft über das Geschlecht.

Eizahl. Von nicht minder großer Bedeutung wie das Geschlechterverhältnis ist für die Entwicklung der Gradation die Eizahl, die ein Weibchen im Durchschnitt produzieren wird. Die Eiproduktion ist in den Fällen, wo das Weibchen keine oder nur geringe Nahrung aufnimmt, wie bei vielen Großschmetterlingen, abhängig von den aus der Puppe mitgebrachten Reservestoffen. Es kann somit bereits aus dem G e w i c h t und der G r ö ß e der w e i b l i c h e n P u p p e n auf die künftige Eiproduktion geschlossen werden.

Experimentell ist die Beziehung zwischen Eierzeugung und Puppengewicht, -volumen oder -durchmesser bzw. Kokondurchmesser u. a. für Nonne (ZWÖLFER 1933, MORS 1942), Kiefernspinner (RUDELT 1935), Forleule (THALENHORST 1938), Kiefernspanner (BRANDT 1936, STAHL 1939) und Kiefernbuschhornblattwespe (SCHEDL 1939, THALENHORST 1941) ermittelt worden (Abb. 234). Statt

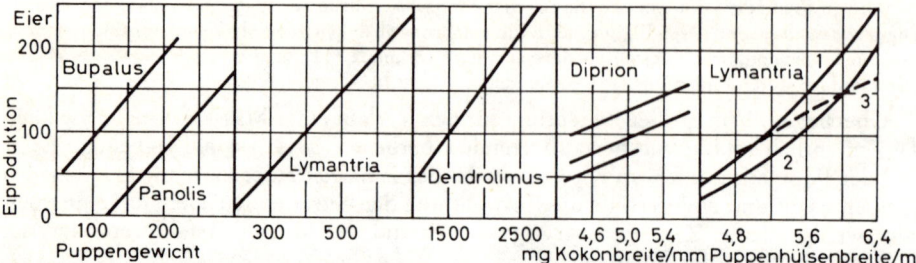

Abb. 234. Zahl der produzierten Eier in Beziehung zum Gewicht der Puppe bei *Bupalus piniarius*, *Panolis flammea*, *Lymantria monacha* und *Dendrolimus pini*; zur Breite des Kokons bei *Diprion pini* an verschiedenen Orten; zur Breite der Puppenhülse von *Lymantria monacha* im (1) Beginn, (2) Höhepunkt und (3) Zusammenbruch einer Massenvermehrung. Nach STAHL 1939, THALENHORST 1938, ZWÖLFER 1933, RUDELT 1935, SCHEDL 1939, MORS 1942

der lebenden Puppe vermag auch die leere, vom Falter verlassene Puppenhülse Hinweise auf die Eiproduktion zu geben; das von WELLENSTEIN 1942 ausgearbeitete Verfahren der Nonnenprognose benutzt als Bezugsgröße das Mittel aus den beiden Durchmessern des ersten und zweiten Hinterleibsringes, von der bauchwärts liegenden Flügelscheide an gezählt. Die Beziehung auf Puppengewicht und -volumen hat den Nachteil, daß beide Größen nicht konstant sind, sondern im Lauf der Puppenentwicklung infolge der Stoffwechselvorgänge abnehmen. Dagegen bleibt der Puppendurchmesser derselbe. Die Beziehung auf den Durchmesser liefert somit genauere Werte, hat aber den Nachteil, daß jede Puppe einzeln gemessen werden muß, während bei der Feststellung des Gewichts eine Probe von etwa 100 weiblichen Puppen und damit das Durchschnittsgewicht einer Population, auf das es vor allem ankommt, mit e i n e r Wägung untersucht werden kann; andererseits gibt die zeitraubende Einzelmessung Aufschluß über die Größenstreuung der Population und damit einen zusätzlichen Weiser für das Gradationsbild. Die Gewichtsänderung ist innerhalb der für Prognosearbeiten meist benutzten Zeit nur gering, so daß sie gegenüber anderen Unsicherheitsfaktoren keine große Rolle spielt. Diese liegen vor allem in den erheblichen individuellen Unterschieden, welche die Puppen hinsichtlich der untersuchten Funktion zeigen. Eine befriedigende Mittelbildung ist nur bei hinreichend großem Material möglich. Es kommt hinzu, daß die Beziehungen zwischen Puppen- oder Kokongröße und Eizahl nicht konstant, sondern nach Ort und Zeit variabel sind (HAGEMANN-MEURER-THALENHORST 1964). Die in Abb. 234 aus Einzeluntersuchungen verschiedener Autoren zusammengestellten Kurven sind nicht allgemeingültig, sondern geben nur Hinweise für die Beurteilung der künftigen Eiproduktion. Wie sehr im Einzelfall die Relationen voneinander abweichen können, zeigen die Beispiele Kiefernbuschhornblattwespe und Nonne. Außerdem ist zu beachten, daß die Eiproduktion nicht identisch mit der Zahl der abgelegten Eier ist. Häufig werden die Eier nicht sämtlich abgelegt, sondern es bleibt ein Rest im Geschlechtsorgan zurück, der je nach den Umständen verschieden groß sein kann. Trotz dieser Einwände ist die Puppengröße als Weiser der Eiproduktion wie auch der allgemeinen Konstitution des Schädlings ein wertvolles Hilfsmittel zur Prognose.

Äußere Hemmungsfaktoren. Häufig wird eine Schädlingsgradation durch Überhandnehmen von Räubern, Parasiten und Krankheitserregern beendet. Das Vorhandensein dieser biotischen Hemmungsfaktoren ist somit von größter Bedeutung für die Prognose. Beobachtungen im Walde und Probesuchen können für manche Parasiten und Feinde zahlenmäßigen Aufschluß über ihr Vorkommen geben; für andere Parasiten und räuberische Tiere und namentlich für die Erreger von Mykosen, Bakteriosen und Virosen können nur Schätzungen einen Anhalt für die Voraussage liefern; vielfach wird man sie unberücksichtigt lassen müssen.

Die Wirkung der biotischen Hemmungsfaktoren ist – wenigstens für das laufende Jahr – um so geringer anzusetzen, je später sie auf das schädigende Stadium einwirken.

Viele Parasiten, die in überwinternden Kiefernspinnerraupen gefunden werden, verlassen ihren Wirt erst im Puppenstadium; die parasitierte Spinnerraupe frißt also noch bis zur Verpuppung und häufig mehr als eine gesunde, da sie den Parasiten mit ernähren muß. In diesem Falle bringt also die Parasitierung keine Entlastung für den bevorstehenden Fraß. Das gleiche gilt grundsätzlich für den Hauptparasiten der Forleule, die Tachine *Ernestia rudis*, die ihren Wirt auch erst nach Beendigung des Fraßes kurz vor der Verpuppung abtötet. Es konnten aber Ausnahmen beobachtet werden, die durch ungewöhnlich starkes Auftreten der Parasiten verursacht wurden. Im Forstamt Hohenbrück wurden im Dezember 1932 mehr als doppelt soviel Tachinentönnchen wie Eulenpuppen gefunden; da die Eiproduktion der Tachine wesentlich höher war als die der Eule, entfielen bei gleicher Sterblichkeit auf jedes Eulenei 13 Tachinenmaden; tatsächlich gingen die Eulenraupen verhältnismäßig jung an übermäßiger Tachinierung ein. Ferner kann Parasitierung durch Schaffung der Disposition für andere Krankheitserreger, namentlich für Pilze und Bakterien, die vorzeitige Vernichtung des Wirtstieres verursachen. Im Jahre 1933 gingen parasitierte Eulenraupen in Massen an Bakteriosen und Mykosen zugrunde, während nichtparasitierte Raupen trotz gleicher Infektionsgefahr gesund blieben.

Die Wirksamkeit der Parasiten kann durch Hyperparasiten empfindlich gestört werden; ihr Auftreten ist, wenn es in stärkerem Maße erfolgt, aufmerksam zu beachten.

Abiotische Hemmungsfaktoren können von großer Bedeutung für das Ende einer Kalamität sein, beispielsweise andauernd schlechtes Wetter während der Flugzeit eines Insekts. Die Vorhersage der künftigen Witterung zu Zwecken der Schädlingsprognose dürfte aber bislang unmöglich sein.

Generationenzahl, Entwicklungsdauer. Wo die Generationenzahl nicht fixiert, sondern entsprechend den Temperaturverhältnissen variabel ist, kann ihre Voraussage auf Grund von Wetter- oder Klimadaten und der spezifischen Wärmesumme, welche das Insekt zur Vollendung des Entwicklungszyklus benötigt, von Nutzen sein.

So wird sich nach den durch langjährige Beobachtungen ermittelten Durchschnittstemperaturen sagen lassen, wo Borkenkäfer in der Regel einfache oder doppelte Generation haben. Ein anderes Beispiel: angenommen, zu Beginn der Eiablage des Kiefernspanners wird ein relativ häufiges Auftreten des Eiparasiten *Trichogramma embryophagum* festgestellt. Dieser Parasit vollendet seine Gesamtentwicklung, von Eiablage zu Eiablage, bei hoher Wärme ziemlich schnell, bei 20 °C in 18 Tagen. Es wird wichtig sein, festzustellen, wieviel Generationen der Parasit bei den herrschenden Temperaturen während der Eiperiode des Spanners haben wird, um daraus wieder das wahrscheinliche Parasitierungsprozent der Spannereier ableiten zu können.

Die Kenntnis der Abhängigkeit der Entwicklungsdauer von der Wärme ist ferner wichtig zur Voraussage des Eintritts bestimmter Ereignisse.

Beispielsweise kann es wertvoll sein, zu wissen, wann die Räupchen der Forleule aus ihren Eiern schlüpfen werden, da unmittelbar nach dem Schlüpfen die chemische Bekämpfung beginnen soll. Ist der

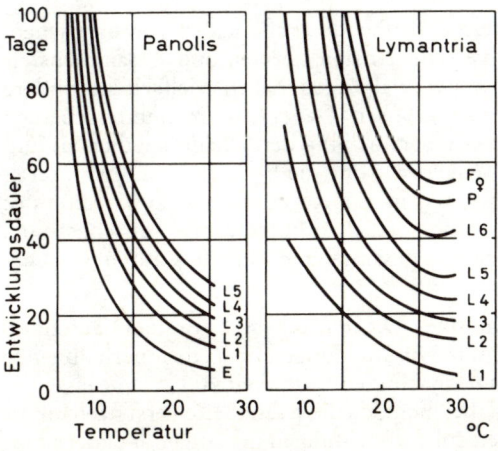

Abb. 235. Entwicklungsdauer der Stadien von *Panolis flammea* und *Lymantria monacha* in Abhängigkeit von der Temperatur. Es bedeuten (*Panolis*) E Entwicklungsdauer von der Eiablage bis zum Schlüpfen der Eiraupe, L₁ bis zur 1. Häutung, usf.; (*Lymantria*) L₁ vom Schlüpfen der Eiraupe bis zur 1. Häutung, L₂ bis zur 2. Häutung, P bis zum Schlüpfen der Falter, F bis zum Alterstod der Falter. Die Entwicklungsdauer einzelner Stadien (etwa von L₄) ergibt sich aus der Differenz der entsprechenden Kurvenwerte (L₄–L₃). Nach Zwölfer 1931, 1935

Zeitpunkt der Eiablage durch Beobachtung ermittelt, so läßt sich auf Grund der bekannten Beziehung zwischen Temperatur und Eidauer der Schlüpftermin ziemlich genau voraussagen. Auch kann es wichtig sein, zu wissen, wie lange die Räupchen im ersten, zweiten oder dritten Stadium verbleiben werden; denn der Erfolg einer Insektizidanwendung wird um so unsicherer, je älter die Raupen werden. Bei derartigen Ermittlungen können Zusammenstellungen von Entwicklungsdauerkurven eine wertvolle Hilfe sein (Abb. 235).

Gradationsstadium. Nach Prüfung der vorstehend geschilderten Einzelmerkmale lassen sich die Ergebnisse zum richtigen Bild nur runden, wenn das jeweilige Gradationsstadium beachtet wird. Bereits oben wurde darauf hingewiesen, daß die allgemeine Konstitution einer Schädlingsbevölkerung zu Beginn einer Massenvermehrung anders zu sein pflegt als auf ihrem Höhepunkt oder an ihrem Ende. Das gleiche trifft speziell für die Häufigkeit des Überliegens, das Geschlechterverhältnis, die Eizahl und die äußeren Hemmungsfaktoren zu. Im allgemeinen werden die Verhältnisse für die Schädlingspopulation von Jahr zu Jahr ungünstiger. Auch örtliche Unterschiede im Gradationsbild sind zu berücksichtigen: wiederholt wurde die Erfahrung gemacht, daß im Zentrum eines Gradationsgebietes die Fraßschäden schwerer waren als in den Randgebieten, auch wenn die zuvor gefundenen Schädlingsmengen keine nennenswerten Unterschiede aufgewiesen hatten.

WELLENSTEIN 1942 fand bei Nonnenvermehrungen in Kiefernbeständen eine von Jahr zu Jahr zunehmende Sterblichkeit und umgekehrt einen laufenden Rückgang des Weibchenanteils und der Eiproduktion (s. a. Abb. 173). Der gleiche Autor stellte im Fichtenwald bei einer Zahl weiblicher Nonnenfalter von mehr als 28 je Stamm (bis 3 m Höhe) einen Nadelverlust von 75–100 % fest. Im darauffolgenden Jahr blieb bei gleicher Falterdichte der Fraßgrad um die Hälfte hinter den Erwartungen zurück, und im Zusammenbruchsjahr kam es auch in den stärker beflogenen Beständen zu keinem Fraß mehr, obwohl noch massenweise Räupchen schlüpften, deren Menge in einem klaren Verhältnis zur Falterzahl stand.

Die praktische Folgerung eines solchen Wandels im Gradationsbilde muß die grundsätzlich verschiedene Beurteilung gleicher Schädlingsmengen in den einzelnen Stadien einer Massenvermehrung sein. Wenn im Prodromaljahr bereits 1 Forleulenpuppe je m² als kritisch angesehen wird, so können im zweiten Eruptionsjahr vielleicht erst 3 oder noch mehr Puppen je m² gefährlichen Fraß bringen. Die früher genannten kritischen Zahlen legen jeweils den ungünstigsten Fall, also die Verhältnisse zu Beginn einer Massenvermehrung zugrunde.

4. DIE PRAXIS DER PROGNOSESTELLUNG

Die vorstehend geschilderten Möglichkeiten, drohende Fraßschäden vorauszusehen, sind im praktischen Forstschutz in den verschiedensten Formen und Zusammenstellungen im Gebrauch. Die größeren Forstverwaltungen haben vielfach besondere Vorschriften zur Prognose von Gradationen erlassen. Dabei kann man unterscheiden zwischen Verfahren, welche der laufenden Überwachung der Schädlinge dienen, und solchen, welche bei einer speziellen Massenvermehrung die Erkennung ihres weiteren Verlaufs bezwecken. In beiden Fällen werden in der Regel die zur Gewinnung der Unterlagen notwendigen Probesuchen von den örtlichen Forstbeamten durchgeführt, während die Bearbeitung und Auswertung des gesammelten Materials durch Sachverständige und Institute erfolgt.

Laufende Überwachung der Schädlinge. Die einfachste Form der laufenden Überwachung ist die regelmäßige Erstattung von Meldungen über die innerhalb eines bestimmten, letztvergangenen Zeitraums beobachteten Krankheiten. Um eine eigentliche Prognosemaßnahme handelt es sich dabei nicht, da die Krankheiten erst nach ihrem Auftreten gemeldet werden; doch können solche Meldungen bei länger andauerndem

Schadauftreten Ausgangspunkt für spezielle Prognosen sein. Immerhin ist der Wert nachträglicher Meldungen beschränkt, und ein sehr weitgehend ausgebauter Meldedienst bedeutet eine Belastung des Betriebs, die in keinem Verhältnis zum praktischen Nutzen steht.

Wertvoller sind eigens durchgeführte Probesuchen nach Schädlingen, die regelmäßig, rechtzeitig vor Eintritt des Schadens und auch dann durchgeführt werden, wenn das betreffende Tier nicht merklich auftritt; damit werden Unterlagen gewonnen, welche eine Massenvermehrung schon in ihren Anfängen erkennen lassen und eine wirkliche Vorausschau ermöglichen.

Diese Form der laufenden Schädlingsüberwachung wurde in den preußischen Staatsforsten bereits in der zweiten Hälfte des vorigen Jahrhunderts eingerichtet und ist heute in den meisten größeren Forstverwaltungen üblich. Sie sieht in gefährdeten Kiefernwaldungen jährlich durchzuführende Suchen nach in der Bodendecke überwinternden Raupen des Kiefernspinners, Puppen des Kiefernspanners, der Forleule und des Kiefernschwärmers, Kokons der Kiefernbuschhornblattwespe sowie nach Schlupfwespen und Raupenfliegen vor; die Suchen erfolgen im Dezember in ausgewählten Probebeständen. Ihre Ergebnisse werden in Puppenbüchern gesammelt und forstentomologischen Dienststellen zur Auswertung zugeleitet. Weiterhin finden in nonnengefährdeten Fichtenwaldungen jährlich im Juli/ August Zählungen von Nonnenfaltern statt, deren Ergebnisse von den gleichen Stellen ausgewertet werden. Nähere Einzelheiten über die Organisation und Technik dieser Suchen und Zählungen sowie ihre Auswertung finden sich bei SCHWERDTFEGER 1941, neuere Erfahrungen zur Überwachung der Nonne in Kiefernbeständen bei RICHTER 1961, 1963. Stellenweise werden auch jährliche Befallsermittlungen beim Frostspanner durchgeführt: an ausgewählten Stämmen werden im Frühherbst Leimringe angelegt, die stammaufwärts kriechenden Weibchen fangen sich unter ihnen und können ausgezählt werden (ALTENKIRCH 1966).

Eine weitere Methode der ständigen Überwachung wichtiger Schadinsekten hat SCHWERDTFEGER 1932 vorgeschlagen: in Beständen, in denen Schädlinge vorzugsweise aufzutreten pflegen, werden alljährlich für mehrere, entsprechend der Lebensweise der Insekten ausgewählte Tage Kottafeln aufgestellt; durch Vergleich der auf Flächen- und Zeiteinheit reduzierten Kotmengen in den verschiedenen Jahren ließe sich ein ungefährer Einblick in die Bevölkerungsbewegung der Schadinsekten gewinnen. Nach TALLÓS 1967 ist in Waldungen Ungarns ein Netz von Lichtfallen eingerichtet; die Menge der an ihnen sich fangenden, nächtlich fliegenden Insekten kann einen Hinweis auf eine bedrohliche Vermehrung geben. Mit den neuentwickelten Pheromonfallen (S. 391) läßt sich eine laufende Überwachung von schädlichen Lepidopteren, namentlich der Nonne (BOGENSCHÜTZ 1978, 1979, MAKSYMOV 1978), sowie von Borkenkäfern, insbesondere des Buchdruckers durchführen.

Bei umfangreichen Überwachungsmaßnahmen kann die Auswertung der Befunde durch Einbeziehung maschineller Datenverarbeitungsverfahren erleichtert werden (EBERT-HÄUSSLER 1968, BACKWINKEL 1972).

Besondere Prognosemaßnahmen. Hat die laufende Überwachung ein gefahrdrohendes Auftreten eines Schädlings erkennen lassen oder weisen andere Erscheinungen wie stärkerer Falterflug, Kotfall u. dgl. auf den Beginn einer Gradation hin oder lassen besondere Ereignisse, etwa Sturmwurf oder Schneebruch, die Vermehrung von Sekundärschädlingen erwarten, so müssen besondere Prognosemaßnahmen eingeleitet werden, welche unter Beachtung aller Gesichtspunkte den mutmaßlichen Verlauf der Vermehrung zu ergründen suchen. Dabei werden die verschiedenartigsten der oben vorgeführten Methoden nach- und nebeneinander benutzt.

Es ist im Rahmen dieses Lehrbuches nicht möglich, ins einzelne gehende, praktische Beispiele vorzuführen. Genauere Anleitungen zur Vornahme spezieller Prognosen finden sich für die forstlich bedeutungsvollen Schmetterlings- und Blattwespenarten bei SCHWERDTFEGER 1941, für Borkenkäfer bei SCHEDL 1936, WAGNER 1954, NIEMEYER-THALENHORST 1974 und THALENHORST 1975.

Schrifttum: ADLUNG, K. G.: Pheromone zur Buchdrucker-Prognose. AF 34, 356, 1979. — ALTENKIRCH, W., u. KOLBE, H.: Die Entwicklung und Bekämpfung der Kieferngroßschädlinge und sonstiger Schadorganismen nach Sturm und Trocknis. AdW 31, 48–136, 1979. — BACKWINKEL, B. H.: Rationalisierung im Forstschutz durch Einsatz elektronischer Datenverarbeitung. AF 27, 230–231, 1972. — BENZ, G. u. v. SALIS, G.: Use of synthetic sex attractant of Larch Bud Moth *Zeiraphera diniana* (Gn.) in monitoring traps under different conditions, and antagonistic action of cis-isomere. Experientia 29, 729–730, 1973. — BIERL, B. A., BEROZA, M., COLLIER, C. W.: Potent sex attractant of the Gypsy Moth: its isolation, identification, and synthesis. Science 170, 87–89, 1970. — BOGENSCHÜTZ, H.: Überwachung der Forleule mit Sexual-Lockstoff. AF 33, 1253a, 1978. — Eichenwickler-Überwachung mit Sexuallockstoff-Fallen. AF 34, 583, 1979. — Tannentriebwickler-Überwachung mit Sexuallockstoff-Fallen. AF 35, 375, 1980. — Über den Einsatz von Sexuallockstoffen in der Forstschädlingsüberwachung. MBBA 191, 230, 1979. — BONESS, M.: Erfahrungen mit Sexualpheromonen von Lepidopteren. AS 51, 161–166, 1978. — BURGHARDT, G., et al.: Synthetische Sexual-Pheromone und deren Inhibitoren für *Choristoneura murinana* Hbn. (Tannentriebwickler. Lepidoptera: Tortricidae). AS 53, 49–51, 1980. — Daterman, G. E., a. McComb, D.: Female sex attractants for survey trapping European Pine Shoot Moth. JeE 63, 1406–1409, 1970. — JAHN, E.: Vergleichende Untersuchungen der Anziehungskraft von Weibchen und synthetischen Pheromonen auf Männchen von *Lymantria monacha* im Zusammenhang mit der Wirkung biophysikalischer Felder. AS 52, 145–153, 1979. — KLIMETZEK, D., u. SCHÖNHERR, J.: Unterschiede im Anflugverhalten von *Lymantria monacha* L. und *L. dispar* L. an razemischem Disparlur. AS 51, 23–29, 1978. — KLIMETZEK, D., u. VITÉ, J. P.: Einfluß des saisonbedingten Verhaltens beim Buchdrucker auf die Wirksamkeit von Flug- und Landefallen. AF 33, 1446–1447, 1978. — KNAUF, W.: Möglichkeiten einer Anwendung von Lepidopterenpheromonen im Forst. AF 33, 424–426, 1978. — KNAUF, W., BESTMANN, H. J., KOSCHATZKY, K. H., SÜSS, J., VOSTROWSKY, O.: Untersuchungen über die Lockwirkung synthetischer Sex-Pheromone bei *Tortrix viridana* (Eichenwickler) und *Panolis flammea* (Kieferneule). ZaE 88, 307–312, 1979. — MAKSYMOV, J. K.: Überwachung der Nonne, *Lymantria monacha* L. (Lepidoptera, Lymantriidae) in den Walliser Alpen mit Hilfe von Disparlure. AS 51, 70–75, 1978. — NIEMEYER, H., u. THALENHORST, W.: Die Borkenkäfergefahr in Niedersachsen nach der Sturmkatastrophe vom 13. November 1972. FH 29, 133–142, 1974. — PRIESNER, E., et al.: A sex attractant for the Pine Beauty Moth, Panolis flammea. Z. Naturforsch. 33, 1000–1002, 1978. — ROELOFS, W. L., a. CARDÉ, R. T.: Response of lepidoptera to synthetic sex pheromone chemicals and their analogues. ARE 22, 377–405, 1977. — SAUERWEIN, P., u. VITÉ, J. P.: Die Eignung von Typolur-Formulierungen zur Überwachung und Bekämpfung des Buchdruckers *Ips typographus*. MdGaaE 1 (2–4), 189–192, 1978. — SCHNEIDER, D., LANGE, R., SCHWARZ, F., BEROZA, M., BIERL, B. A.: Attraction of male Gypsy Moth and Nun Moth to Disparlure and some of its chemical analogues. Oecologia 14, 19–36, 1974. — SCHÖNHERR, J.: Die Wirkung von Disparlure auf die Nonne, *Lymantria monacha* L. ZaE 71, 260–263, 1972. — SCHRÖTER, H. J., u. LANGE, R.: Untersuchungen über den Einfluß des weiblichen Sexualpheromons auf die Flugaktivität der Männchen von *Lymantria monacha* L. im Freiland. ZaE 77, 337–341, 1975. — SKUHRAVÝ, V., ČAPEK, M., HOCHMUT, R.: Verwendung von *Lymantria dispar*-Pheromon zur Kontrolle des Vorkommens und der Flugdauer von *Lymantria monacha* L. und *Lymantria dispar* L. AS 47, 58–62, 1974. — SKUHRAVÝ, V., u. HOCHMUT, R.: Fangergebnisse von *Lymantria monacha* L. (Lepid., Lymantriidae) bei Verwendung von verschiedenen Pheromon-Lockfallen. AS 48, 52–55, 1975. — Methodische Probleme des Fanges von *Lymantria monacha* L. (Lepid., Lymantriidae) in verschiedenen Pheromon-Lockfallen. AS 49, 55–58, 1976. — SMITH, R., DATERMAN, G., DAVES, G. JR., McMURTREY, K., ROELOFS, W.: Sex pheromone of the European Pine Shoot Moth: chemical identification and field tests. J. Ins. Physiol. 20, 661–668, 1974. — THALENHORST, W.: Die Borkenkäferkalamität in Niedersachsen 1974. I. Die Buchdrucker (*Ips typographus* L. und *Ips amitinus* Eichh.). FH 30, 167–173, 1975. — VITÉ, J. P.: Einsatz von Lockstoffen bei der Borkenkäferbekämpfung. AF 33, 428–430, 1978. — VITÉ, J. P., LÜHL, R., GERKEN, B., LANIER, G. N.: Ulmensplintkäfer: Anlockversuche mit synthetischen Pheromonen im Oberrheintal. ZPK 83, 166–171, 1976.

C. BEKÄMPFUNG

1. ALLGEMEINES

Entschluß zur Bekämpfung. Die in dem vorstehenden Kapitel dargelegten Methoden der Prognose liefern das biologische Rüstzeug für die Entscheidung, ob eine Bekämpfung stattfinden soll oder nicht. Die Untersuchung des voraussichtlichen Verlaufs der Schädlingsvermehrung zeigt, ob Schadensgefahr droht. Die Prüfung der physiologischen Beschaffenheit des Waldbestandes klärt die Frage, ob er nach den bereits erlittenen Schäden noch lebensfähig ist und bei rechtzeitiger Abwehr erneuter Schwächung erhalten bleiben kann. Diese rein biologischen Untersuchungen können bereits genügen, um eine Bekämpfung zu indizieren. Das ist der Fall, wenn der Wald unter allen Umständen unversehrt gehalten werden muß, etwa aus Gründen des Naturschutzes, als Schutzwald gegen Naturgewalten usw.

Dient der Wald wirtschaftlichen Zwecken, so sind regelmäßig vor dem Entschluß zur Bekämpfung auch wirtschaftliche Überlegungen anzustellen. Es ist zu prüfen, ob der bei einer Bekämpfungsmaßnahme erzielte Vorteil auch den Aufwendungen entspricht. Vom wirtschaftlichen Standpunkt aus ist eine Bekämpfung dann angezeigt, wenn die verhüteten Schäden größer sind als die aufgewendeten Kosten; jeder erzielte Mehrwert, sei er noch so klein, rechtfertigt die Bekämpfung. Es wäre daher grundsätzlich richtig, einen drohenden Lichtfraß durch eine Bekämpfungsmaßnahme zu verhindern, sofern der zu erwartende Zuwachsverlust an Wert höher ist als die Kosten der Maßnahme.

Im allgemeinen Pflanzenschutz spricht man von einer wirtschaftlichen Schadensschwelle. Deren Festlegung kompliziert sich im Forstschutz, wenn die Zeit zwischen der für die Bekämpfung notwendigen Ausgabe und der Realisierung des durch sie erzielten Mehrertrags in Rechnung gestellt wird. Ist diese Zeitspanne sehr kurz, so ist die Antwort leicht: Aufwendungen, um gefälltes Stammholz gegen den Nutzholzborkenkäfer zu schützen, rechtfertigen sich, wenn sie durch den wenige Wochen oder Monate später eingehenden, höheren Verkaufserlös mindestens gedeckt sind. Das Gegenbeispiel ist eine an den künftigen Endnutzungsstämmen eines 10jährigen Fichtenbestandes vorgenommene Maßnahme, sie vor Rotwildschäle und anschließender Fäule zu bewahren; in den 9–11 Jahrzehnten, die zwischen der Ausbringung des Schutzes und der Ernte der geschützten Stämme liegen, ist der aufgewendete Betrag mit Zinseszinsen derart angewachsen, daß er, je nach dem Zinsfuß, ein Vielfaches des zu erwartenden Mehrerlöses betragen kann. Demnach wäre grundsätzlich die Berechtigung jeder Forstschutzmaßnahme um so fraglicher, je länger die Zeitspanne zwischen Aufbringung der Kosten und Einbringung des Mehrertrags ist. Die Problematik solcher Berechnung liegt darin, daß einmal über den anzuwendenden Zinsfuß keine einheitliche Auffassung besteht und zum andern die Höhe des nach Jahrzehnten oder gar erst nach einem Jahrhundert eingehenden Mehrertrags in keiner Weise vorauszusehen ist. Es erscheint deshalb als zweckmäßig, auch im Forstschutz der Meinung vieler Betriebswirtschaftler zu folgen, daß nämlich in der Forstwirtschaft wegen ihrer langen Produktionszeiten die in sonstigen Wirtschaftszweigen üblichen Methoden der Leistungsrechnung nicht anwendbar sind; sie ist als Nachhaltsbetrieb aufzufassen, der laufend Einnahmen und Ausgaben bringt, und ob er sich lohnt, ergibt sich aus der Gegenüberstellung der gleichzeitig, d. h. im gleichen Wirtschaftsjahr anfallenden Aufwendungen und Erträge.

Zuweilen werden Holz- und Bestandesgüte die Aufwendungen für eine Bekämpfung nicht rechtfertigen. Sind die Bestände hiebsreif, so können sie bei tödlichen Schädigungen ohne großen Wertverlust genutzt werden. Doch spielt die Absatzmöglichkeit eine Rolle. Auch ist zu bedenken, daß von der Bekämpfung nicht erfaßte Althölzer unter Umständen als Infektionsherde weiterwirken; ihr frühzeitiger Abtrieb beseitigt nicht die Gefahr, wenn die Schädlinge in die Nachbarschaft abzuwandern vermögen. Zu berücksichtigen sind ferner die Wirtschaftserschwerungen, welche Kalamitäten und etwa notwendig werdende Kahlabtriebe mit sich bringen, die späteren großen Kulturen, die wieder von Schädlingen bedroht sind, die Waldbrandgefahr in den gleichaltrigen Dickungen usw.

Wahl des Bekämpfungsmittels. Ist die Entscheidung für die Vornahme einer Bekämpfung gefallen, so stellt sich die Frage, welches Bekämpfungsverfahren anzuwenden ist. Stehen mehrere Wege zur Verfügung, so wird grundsätzlich der zu beschreiten sein, welcher die höchstmögliche W i r k u n g verspricht, z. B. die nahezu restlose Abtötung eines Schadinsekts erwarten läßt. Ist voraussichtlich ein derart hoher Effekt nicht zu erzielen, so bleibt zu prüfen, ob auch mit geringerer Wirkung ein biologisch und wirtschaftlich befriedigender Erfolg erzielt wird. Dabei ist davon auszugehen, daß die Bekämpfungsmaßnahme eine Ergänzung der natürlichen, auf den Schädling einwirkenden Vernichtungsfaktoren darstellt. Ist deren Effektivität groß, so mag eine Abtötung des Schadinsekts um 50% oder weniger genügen, um jeglichen Schaden zu verhüten. Doch fragt sich, ob die Effektivität der natürlichen Vernichtungsfaktoren nicht durch die Bekämpfung geschwächt wird. Jede Bekämpfungsmaßnahme stellt einen Eingriff in das Waldgefüge dar. Bei Anwendung eines Insektizids wird in der Regel nicht nur der Schädling getroffen, auch seine Räuber und Parasiten, vielleicht auch deren Zwischen- und Nebenwirte werden in Mitleidenschaft gezogen. Damit ändern sich die quantitative Zusammensetzung der Lebensgemeinschaft und der

Wirkungswert ihrer als Mortalitätsfaktoren tätigen Glieder. Selbst wenn die biotischen Gegenspieler des Schädlings zunächst unbehelligt bleiben, werden durch Herabminderung der Wirtszahl Entwicklung und Wirkung der dichteabhängigen Faktoren mittelbar beeinflußt. Neben der quantitativen kann eine qualitative Änderung der Wirtspopulation durch die Bekämpfung erfolgen: es ist denkbar, daß bei nicht vollwirksamer Begiftung nur die anfälligen Tiere zugrunde gehen und eine resistentere Population übrig bleibt oder umgekehrt im verbleibenden Populationsteil sich Nachwirkungen der Begiftung erst in einem späteren Stadium durch größere Empfindlichkeit der Tiere gegen Außeneinflüsse bemerkbar machen. In beiden Fällen stellt der Populationsrest den Einwirkungen der Umwelt gegenüber ein von der früheren Bevölkerung verschiedenes Objekt dar.

Wenn man diesen Überlegungen nachgeht, kommt man zu sehr verwickelten Zusammenhängen, die zeigen, daß letztlich die Bekämpfungsmaßnahme als Teil des Gradozöns bzw. Pathozöns zu werten ist, der auf alle übrigen Glieder in mehr oder weniger starker Weise Einfluß nimmt. Wenn irgend möglich, sollten Bekämpfungsmethoden, welche wenig Nebenwirkungen auf andere Glieder der Biozönose ausüben, also eubiozönotisch sind, vor den dysbiozönotischen, das Gefüge der Lebensgemeinschaft ungünstig beeinflussenden Verfahren bevorzugt werden.

Unter Umständen kann es zweckmäßig sein, eine Bekämpfungsmethode mit mehrfacher Wirkung zu wählen, etwa durch Unkrautvernichtung mit chemischen Mitteln gleichzeitig den Erdmäusen die Entwicklungsmöglichkeiten zu nehmen, durch Tauchen junger Pflanzen in eine Insektizidbrühe ihnen Schutz gegen Engerling, wurzelbrütende Borkenkäfer und Großen braunen Rüsselkäfer zugleich zu geben oder unter Verwendung eines Fungizid-Insektizid-Gemischs die Bekämpfung von Kiefernschütte und Graurüßler zu kombinieren.

Schließlich sind bei der Wahl der Verfahren die von den örtlichen Gegebenheiten abhängige Anwendbarkeit sowie die Kostenhöhe zu berücksichtigen.

Horst- und platzweise auftretender Befall eignet sich nicht zur Anwendung von Großflächenverfahren; Maßnahmen, die hohen Arbeitsaufwand erfordern, lassen sich bei Mangel an Arbeitskräften nicht ausführen.

Hinsichtlich der Kosten ist naturgemäß bei sonst gleichen Bedingungen die billigere Maßnahme zu wählen. Sind die Voraussetzungen unterschiedlich, so ist die Kostenfrage einer eingehenden Prüfung zu unterziehen. Ein Beispiel, das sich auf die Abwehr von Wildschäden bezieht, brachte DEGEN 1955: eine Kulturfläche von quadratischer Form 10 Jahre lang entweder durch Zaun oder durch jährliche Anwendung eines chemischen Mittels gegen Verbiß zu schützen, kostete bei

einer Größe der Fläche von	0,2	0,5	1,0	3,0	5,0 ha
mit chemischem Verbißmittel	200	500	1000	3000	5000 DM
mit Zaun	320	500	700	1200	1550 DM.

Auf kleiner Fläche wurde der chemische Schutz, auf größerer der Zaun billiger.

Großbekämpfungsaktionen können erhebliche Summen verschlingen. Unser größter Waldbesitzer, der Staat, wird die in seinen Forsten notwendig werdenden Bekämpfungskosten aufbringen können und müssen, da es sich um die Erhaltung von Volksgut handelt. Der Privatwaldbesitzer dagegen, namentlich der kleinere, ist vielfach nicht in der Lage, größere Geldbeträge für die Bekämpfung von Waldkrankheiten auszugeben. KOMÁREK 1929 und ESCHERICH 1931 haben daher eine Schädlingsbekämpfungs-Versicherung vorgeschlagen, bei welcher die Waldbesitzer jährlich Prämien einzahlen und bei notwendig werdenden Bekämpfungsmaßnahmen die entstehenden Kosten erstattet bekommen. Der Internationale Forstkongreß in Budapest 1936 hat den Plan einer solchen Versicherung befürwortet. Verwirklichung hat er nicht gefunden. Ein anderer Weg wird, nachdem er in Deutschland 1933 erstmalig begangen wurde, seit 1937 regelmäßig eingeschlagen: bei Großbekämpfungen erhalten Privatwaldbesitzer Zuschüsse des Staates oder der Landwirtschaftskammern, die entsprechend den wirtschaftlichen Verhältnissen der Besitzer abgestuft sind und bis zu 100% der Bekämpfungskosten betragen haben.

Einteilung der Bekämpfungsmittel. Die Bekämpfungsmaßnahmen lassen sich in mechanische, chemische und biologische einteilen, je nachdem, ob zur Abwehr der

Krankheiten mechanische Verfahren, chemische Stoffe oder Lebewesen eingesetzt werden. Die beiden erstgenannten Formen der Bekämpfung werden auch als technische Maßnahmen zusammengefaßt. Kombinierte Anwendung verschiedener Verfahren unter besonderer Berücksichtigung der ökologischen Gegebenheiten wird neuerdings als integrierte Schädlingsbekämpfung herausgestellt.

Schrifttum: FRANZ, J. M.: Schadensschwellen bei forstschädlichen Insekten. ZPK 77, 642–647, 1970. — KREMSER, W.: Differenzierungsprobleme für pragmatische Entscheidungen im Forstschutz. FH 28, 105–110, 1973. — SCHÖNHERR, J.: Der Forstschutz im Spannungsfeld zwischen Rentabilität und Umweltschutz. FH 32, 458–463, 1977. – SCHWENKE, W.: Waldschutz gegen Raupenplagen – gestern, heute und morgen. NR 33, 174–179, 1980.

2. MECHANISCHE BEKÄMPFUNGSMASSNAHMEN

Die mechanische Bekämpfung von Krankheiten ist die ursprünglichste therapeutische Maßnahme und bedient sich meist einfacher Mittel. Nach ihrer Wirkung lassen sich Fernhalte-, Abschreck-, Tötungs-, Sammel- und Fangmaßnahmen sowie Maßnahmen zur Vernichtung oder Veränderung der Wohnstätten der Krankheitserreger unterscheiden.

a. Fernhaltemaßnahmen

Die Fernhaltemaßnahmen bezwecken, schädigende Organismen von der bedrohten Pflanze fernzuhalten und damit Schaden von vornherein zu verhindern.

Einzäunung gefährdeter Waldteile, insbesondere von Kämpen und Kulturen, ist das sicherste Mittel gegen Wildschäden und eine der häufigsten Forstschutzmaßnahmen. Der übliche Zaun besteht aus Pfosten aus Holz oder Stahlrohr und zwischengespanntem Drahtgeflecht, ggf. noch Spann- und Sprungdrähten. Die meistverwendeten Drahtgeflechte sind Sechseck- und Knotengeflecht. Die Zäune können feststehend oder, als Wanderzäune, beweglich sein. Der feststehende Zaun ist starr mit einem Pfostenabstand von 2–4 m oder elastisch mit weiterem Abstand der Pfosten, so daß das Geflecht bei Druck nachgibt und flüchtendes Wild schonend auffängt. Die Bauart der Zäune hat sich nach der Beschaffbarkeit des Baumaterials sowie nach der Größe und den Lebensgewohnheiten der abzuhaltenden Wildart zu richten. Nähere Angaben zur Errichtung von Zäunen finden sich u. a. bei SOMMER 1957, BAAK 1963, 1970 und STORCH-BAAK 1970.

Die Gatterhöhe soll für Rotwild 1,6 m, bei großen Zäunen 1,8–2,0 m betragen, für Rehwild 1,5 m, für Schwarzwild sowie für Hasen und Kaninchen 1 m. Ebenso muß die Maschenweite beim Sechseckgeflecht bzw. der Abstand von Längs- und Querdrähten beim Knotengeflecht je nach der Wildart verschieden sein. Das Geflecht der Kaninchenzäune ist 30 cm tief, nach außen abgewinkelt, in den Boden zu versenken (BAAK 1959, UECKERMANN 1968). Sämtliche Zäune bedürfen, wenn sie ihren Zweck erfüllen sollen, dauernd sorgfältiger Überwachung und sofortiger Ausbesserung bei Beschädigungen. Zu große Gatter, etwa über 5 ha, die nicht wildrein gehalten werden können, sind zu vermeiden. Zu bedenken ist auch, daß bei starker Anwendung der Gatterung in einem Revier die Äsungsflächen des Wildes entsprechend verkleinert werden und sich damit die Wildschäden auf den nichtgezäunten Flächen erhöhen müssen.

Einzelstammschutz gegen Wildschäden kann erzielt werden durch Einschlagen von Pfählen und beasteten Stangen dicht neben der Pflanze (Abb. 236) oder durch Umhüllen der Pflanze mit Lattengehäusen, Maschendraht, Drahtspiralen, Stachelschützern und Manschetten aus Metall oder wetterfester Pappe. Durch Einzelstammschutz lassen sich je nach seiner Ausführung Verbiß-, Fege-, Nage- und Schälschäden abwehren. Gegen Schälen des Rotwildes hilft auch der Trockeneinband, d. h. das Einbinden der Stämme mit Reisig oder Stangen, sowie der Grüneinband: die lebenden Zweige des Stammes werden herauf- oder heruntergebogen und mit Draht so fest gebunden, daß sie den gefährdeten Stammteil eindecken (REINECKE 1968, Anonym

1969, KNIGGE-OLISCHLÄGER 1970). In gleicher Weise wirksam sind Kunststoffwickel und -netze (SCHWAIGER 1970, Anonym 1977, NIEMEYER 1978).

Bei Verwendung von Drahtumhüllungen muß das Einwachsen des Drahtes durch lockeres Anlegen und späteres, rechtzeitiges Entfernen bzw. Auflockern vermieden werden. Der Einzelstammschutz gegen Wildschäden ist eine brauchbare Maßnahme, die je nach verwendetem Material 5–15 Jahre Schutz gewährt, aber teuer ist. In weitständigen Pflanzungen, etwa von Pappeln, kann er auch zur Abwehr von Erdmausschäden benutzt werden.

Bedecken der Saatbeete mit Reisig, Stroh, Netzen oder engmaschigen Drahtgittern dient zum Schutz gegen V ö g e l , insbesondere Waldhühner, Tauben und Finken. Um die M a i k ä f e r von der Eiablage abzuhalten, hat man mit bestem Erfolg Kämpe mit billigem Stoff überspannt (GUJER 1926).

Abb. 236. Beispiele für Einzelstammschutz gegen Wildschäden

Gräben mit scharf abgestochenen, senkrechten Wänden werden zur Isolierung von L a n d r o h r herden empfohlen; dabei ist zu beachten, daß die Gräben nicht zu dicht um die Landrohrstellen gezogen werden, damit sämtliche Stolonen innerhalb des umgrabenen Stückes verbleiben. Man hat auch versucht, Befallsherde des H a l l i m a s c h s durch Gräben abzugrenzen; auch hier müssen die Gräben so weit von den befallenen Stämmen angelegt werden, daß voraussichtlich alle erkrankten Individuen mit eingeschlossen werden. In stark verseuchten Beständen hilft der Graben nicht, weil er zu spät kommt und die Krankheitsherde nicht mehr zu isolieren vermag. Mit Glasscherben und Dorngeflecht ausgefüllte Gräben, ferner eingegrabene Drahtgitter und Zinkblecheinfriedigungen werden benutzt, um unterirdisch wühlende N a g e t i e r e abzuhalten.

Leimringe, in Brusthöhe um den Stamm angebracht, wurden, oft in großem Umfang, zur Abwehr der im Frühjahr aus dem Winterlager in der Bodendecke aufbaumenden Raupen des K i e f e r n s p i n ners sowie der häufig zu Boden kommenden Raupen der N o n n e angewandt, gelegentlich auch zum Abhalten der flugunfähigen, stammaufwärts kriechenden Weibchen der F r o s t s p a n n e r und der zwar flugfähigen, aber vielfach zur Eiablage ebenfalls den Stamm hochkriechenden Weibchen von *Acantholyda posticalis* und *Cephalcia abietis*. Das Verfahren ist durch die Entwicklung der chemischen Bekämpfung überholt und höchstens noch in Sonderfällen angezeigt.

Wundschutz. Zu den Fernhaltemaßnahmen gehören auch Mittel des Wundschutzes, Bestreichen von Stammwunden mit Teer u. dgl., wenn sie das Eindringen von P i l z e n mechanisch verhindern sollen. Gegen eingedrungene Pilze wirken sie durch Sperrung der Sauerstoffzufuhr oder auch als Gifte; in diesem Fall müssen sie den mechanischen bzw. chemischen Tötungsmaßnahmen zugerechnet werden. Nach ROHMEDER 1953 haben sich als Schutzanstrich für Wunden an Fichten entsäuerter Steinkohlenteer und ein teerartiges Industriepräparat gut bewährt; bei ihrer Anwendung wurde das Faulholzprozent auf durchschnittlich 26 gegenüber 51 bei unbehandelten Stämmen heruntergedrückt. SCHÖNHAR 1979 fand gute Wirkung mit Xylamon-Hell-N und einigen Versuchspräparaten: von den mit ihnen geschützten Fichten wiesen nach zwei Jahren 3–7 % Fäulebefall auf gegenüber 70–73 % an nichtgeschützten Bäumen.

Schrifttum: Anonym: Wildschadenverhütung durch Grün- und Trockeneinband der Fichte. AF 24, 568, 1969. – Wild-Abwehr mit Kunststoffnetzen. AF 32, 179, 1977. — BAAK, W.: Der Großflächenzaun. FA 41, 145–149, 1970.— BECKER, G., u. MANNHEIMS, B.: Wundbehandlung von Rückeschäden in Durchforstungsbeständen – Arbeitsverfahren, Leistung, Kosten. FH 34, 405–408, 1979. — CRAILSHEIM, K. FRHR. V.: Zwölfjährige Erfahrung mit Großzäunen im Rehwild-Revier. AF 31, 567–568, 1976. — KNIGGE, W., u. OLISCHLÄGER, K.: Möglichkeiten der Grünästung der Fichte. HZ 96, 1497–1500, 1970. — NIEMEYER, H.: Versuche mit dem Sanpack-Schälschutzwickel. FH 33, 84–88, 1978. — SCHÖNHAR, S.: Erprobung von Wundschutzmitteln an der Fichte. FH 34, 12–14, 1979. — SCHWAIGER, H.: Versuche mit neuartigem Schälschutzmittel. AF 25, 970, 1970. — STORCH, K., u. BAAK, W.: Der Forstzaun. Grundsatzfragen und Planung. AF 25, 959–963, 1970. — TÄUBER, J.: Stützenzaun – im Flachland besonders rationell. AF 25, 964–965, 1970. — WILKE, W.: Erfahrungen mit Rehwild-Durchlässen in Kulturgattern eines Rotwildreviers. AF 31, 569, 1976.

b. Abschreckmaßnahmen

Während die im vorigen Abschnitt behandelten Mittel den Schädling physisch vom Fraßobjekt fernhalten sollen, stellen die Abschreckmaßnahmen grundsätzlich kein unüberwindliches Hindernis dar. Sie bezwecken eine Wirkung auf Sinnesorgane des Schädlings, die ihn vom Fraß oder von sonstiger Einwirkung Abstand nehmen läßt. Es handelt sich dabei hauptsächlich um Verfahren, welche auf Gesichts- und Tastsinn wirken; die dem gleichen Ziel dienenden chemischen Mittel, die vorwiegend über Geruch und Geschmack wirksam werden, sind weiter unten (S. 415 ff.) aufgeführt.

Vogelscheuchen auf Saatbeeten, auf Kulturen und namentlich auf Feldern zur Abwehr von Vögeln und auch von Wild sind das bekannteste Abschreckmittel. Ihre Wirkung ist meist gering.

Am ehesten hilft gegen Vögel in Saatbeeten noch das Überspannen der Beete mit Fäden, in welche weiße Tuchstreifen eingeknüpft sind. Raubvogel- und Katzen-Attrappen oder akustische Scheuchen (aneinander schlagende Blechstreifen u. ä.) halten die Vögel meist nur kurze Zeit vom Einfallen ab.

Schutzmaßnahmen gegen Wildschäden beruhen, wenn man von den bereits (S. 407) genannten Fernhaltemaßnahmen absieht, sämtlich auf mechanischer oder chemischer (S. 430) Abschreckwirkung. Auf mechanischem Wege bietet Flächenschutz das Einlappen, das Umspannen einer Fläche mit auf einer Schnur aufgereihten Lappen, die zur Erhöhung der Wirkung mit einer abschreckenden Flüssigkeit getränkt sein können; die Schutzdauer ist meist kurz. Durch Ausspannen von Stolperdrähten in niedriger Höhe an den Rändern oder quer durch Kulturen kann dem Wilde der Zutritt erschwert werden. Auch zum Schutz von Kämpen gegen Waldhühner wird Überspannen mit Draht angewandt; die Drähte können in etwa 2 m Höhe gezogen werden, so daß ungestörtes Arbeiten unter ihnen möglich ist.

Hierhin gehört auch der Elektrozaun, bei dem wenige Spanndrähte durch eine Trockenbatterie oder einen Akkumulator unter Strom gehalten werden; Wild, welches den Draht berührt, erhält einen elektrischen Schlag. Der Zaun hat sich trotz gelegentlicher guter Erfahrungen (DANUSER-BÜHRER 1963, BÖHM 1971, 1975) im Walde nicht bewährt, weil er ständiger Wartung bedarf, insbesondere die Zaunstrecke laufend von Unkrautwuchs, Zweigen usw. freigehalten werden muß, damit kein Kurzschluß entsteht.

Schutz von Einzelpflanzen gegen Wildverbiß kann mit zahlreichen in den Handel gebrachten Mitteln erzielt werden, die man in 3 Gruppen zusammenfassen kann: Knospenschützer, Blendschutz und Faserschutz (SCHWERDTFEGER 1963).

Knospenschützer sind an einer Seite drei- bis sechszackig ausgeschnittene Blechstücke, die um die Knospe oder den Trieb herumgelegt und durch Andrücken des unteren Teils befestigt werden. Sie verhindern nicht immer das Abbeißen unterhalb des geschützten Teils. Blendschutz sind rein optisch wirkende, um die Triebe herumgebogene helle und glänzende Streifen aus weichem Metall oder aus Papier (Abb. 237); diese sind auch in Rollenform und mit Klebstoff versehen im Handel. Der Faserschutz besteht aus Hanf, Werg, Zellwolle oder Glasfaser, die locker um den Trieb gewickelt werden. Die zeitweise warm empfohlene Glasfaser besitzt eine ausgezeichnete Schutzwirkung, auch hat sich die Befürchtung, daß das Wild Schaden leide, nicht bestätigt; jedoch werden die Bruten der Kleinvögel beeinträchtigt, wenn diese Glasfasern zum Nestbau benutzen (GAYLER 1956).

Das Fegen und Schlagen des Rehbocks und des Dam- und Rothirsches werden abgewehrt durch Anbringen von alten Konservendosenringen (Abb. 237) und Öldosen sowie durch Umwickeln des Stämmchens mit Glaswatte-Schlaufen oder Aluminiumband (LARGE 1958, v. STACKELBERG 1958).

Bei Anwendung von Maßnahmen zur Abwehr der Schälschäden ist wesentlich für den Erfolg, daß nicht alle Stämme, sondern nur die Zukunftsstämme behandelt werden, weil sonst der Schäldrang des Wildes sich über die Schutzwirkung hinwegsetzt. Ein brauchbares Verfahren beruht auf dem Gedanken, durch mechanische Verletzung der Stammrinde Harzfluß und Wundkorkbildung zu verursachen und damit die Rinde in einen für das Wild nicht mehr begehrenswerten Zustand zu versetzen.

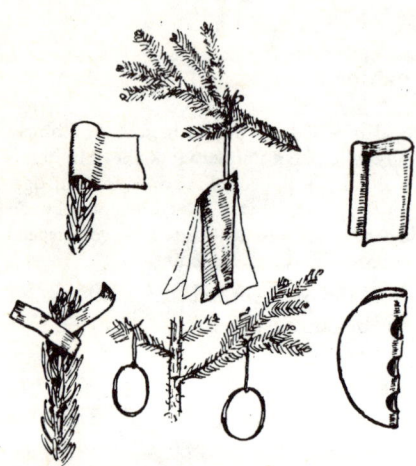

Abb. 237. Verschiedene Formen des Blendschutzes: Papierstreifen, Metallfolien, Blechklammern, abgeschnittene Konservendosenringe

Dem Verfahren dienen besondere Geräte, die unter den Namen Schutzkratzer, Rindenhobel, Rindenstriegel und Rindenpunktierroller entwickelt wurden. Die mit ihnen gefertigten Wundstreifen müssen so nahe beieinanderstehen, daß die unbehandelten Zwischenflächen dem Wild keine Angriffspunkte bieten. Keinesfalls darf so tief gehobelt oder gekratzt werden, daß das Kambium verletzt wird; bei richtiger Ausführung waren Schädigungen des Holzzuwachses oder der Holzbeschaffenheit nicht festzustellen (WINDTHORST-v. TÜRCKHEIM 1972). Die Schutzdauer erstreckt sich auf die ganze Zeit der Gefährdung. Das Verfahren ist billig (UECKERMANN 1955, OLISCHLÄGER 1972).

Schutz frisch ausgesäter Samen vor Vögeln, insbesondere vor Finken, gewährt das Überziehen der Samen mit einer Schreckfarbe, etwa mit Bleimennige.

In einem dicken Brei aus Wasser und 1 kg Mennige werden 7–8 kg Samen in Partien von etwa je 2 kg unter ständiger Bewegung des Gefäßes gefärbt. Die Samen brauchen nicht erst getrocknet zu werden, sondern lassen sich sogleich aussäen, ohne zu ballen.

Grundsätzlich ist zu allen auf abschreckende Wirkung hinzielenden Maßnahmen zu sagen, daß ihr Erfolg nicht unbedingt sicher, sondern von mancherlei örtlichen Gegebenheiten abhängig ist.

Schrifttum: BÖHM, A.: Bewährt sich der Elektro-Wildschutzzaun? AF 26, 508–509, 1971. — Wildabwehr an Straßen durch Elektro- oder Maschendraht-Zäune? AF 30, 574, 1975. — OLISCHLÄGER, K.: Zum Schälschutz der Fichte durch Rindenkratzen. AF 27, 246–247, 1972. — WINDTHORST, H., u. v. TÜRCKHEIM, E.: Wundreaktionen in Fichtenrinde nach Rindenkratzen. AF 27, 248–249, 1972.

c. Tötungsmaßnahmen

Als Tötungsmaßnahmen werden alle Methoden bezeichnet, die ein unmittelbares Abtöten des Schädlings an seinem Aufenthaltsort durch mechanische Mittel zum Zweck haben, ohne daß ein Fang oder ein Sammeln vorausgeht. Sie wurden zum Teil früher in beachtlichem Umfang benutzt, sind aber heute, weil zu arbeitsintensiv oder aus anderen Gründen, als überholt anzusehen. Dazu gehörten z. B. das sogenannte Abfaltern der Nonne, wobei die an den Stämmen sitzenden Falter unter Verwendung von Stangen, die oben mit Lappen umwickelt waren, zerquetscht wurden, oder das Abbrennen der Bodendecke, um die in ihr überwinternden Puppen der Forleule und des Kiefernspanners zu vernichten. Von neueren Methoden seien genannt das Anwenden von Ultraschall, das, zur Bekämpfung von *Megastigmus spermotrophus* in Douglasiensamen versucht, keinerlei Wirkung auf die Larven zeigte (RIEGEL 1952), sowie der Einsatz von Mikrowellen gegen holzbewohnende Insekten:

die bisher nur aus Experimenten stammenden Ergebnisse werden positiv beurteilt, doch bedarf es für eine praktische Anwendung der Entwicklung eines handlichen Geräts (BERWIG-SCHÜHLY 1964).

d. Sammel- und Fangmaßnahmen

Das einfache S a m m e l n von Schaderregern ist früher vielfach empfohlen und zum Teil auch in großem Umfang angewandt worden. In erster Linie ist hier das Sammeln der M a i k ä f e r zur Flugzeit zu nennen, das bis etwa 1945 als wichtigste Maßnahme der Maikäferbekämpfung galt. In den Jahren vor dem ersten Weltkrieg wurden auf Anregung von MÖLLER 1904 in den preußischen Staatsforsten überall die Konsolen des K i e f e r n b a u m s c h w a m m s abgestoßen, in Körben gesammelt und verbrannt oder tief eingegraben; damit sollte die Gefahr der Weiterinfektion verringert und im günstigsten Falle beseitigt werden. Solche und weitere Maßnahmen wurden seitdem durch wirksamere und wirtschaftlichere Verfahren ersetzt bzw., weil sie sich als wenig erfolgreich erwiesen, aufgegeben.

Während beim Sammeln die Schaderreger vom jeweiligen Aufenthaltsort abgesammelt werden, bedient sich das F a n g e n besonderer Vorrichtungen oder Lockmittel, in und an denen sich die Schädlinge anhäufen; sie können dann abgesammelt oder unmittelbar getötet werden. Vielfach wird die Methode mit der chemischen Bekämpfung kombiniert (S. 417, 418).

Fangbäume dienen zur Anlockung von B o r k e n k ä f e r n, von *Pissodes*-Arten und von B o c k k ä f e r n; man benutzt dabei die Gewohnheit dieser Tiere, ihre Brut in kränkelndem Material abzulegen. Fangbäume sind entweder gefällte, auch vom Sturm geworfene Stämme oder stehende Bäume, die durch Ringelung der Rinde in einen kränkelnden Zustand versetzt wurden. Die ersten sind vorzuziehen, weil sie leichter zu kontrollieren sind.

Bei rein mechanischem Verfahren sind die Fangbäume, in denen die angeflogenen Käfer ihre Brut abgelegt haben, zu entrinden. Der richtige Zeitpunkt hierfür ist am besten durch häufiges Nachschneiden zu ermitteln: beginnen die Larven aus den zuerst abgelegten Eiern mit der Verpuppung, so muß geschält werden. Wenn man mit dem Entrinden länger wartet, so läuft man Gefahr, daß bereits einzelne Käfer ausgeschlüpft sind; schält man aber zu zeitig, so veranlaßt man die später ablegenden Weibchen, weiteres, unter Umständen auch stehendes Holz zu befallen. Solange nur Eier und Larven vorhanden sind, genügt es, zur Abtötung der Schädlinge die abgeschälte Rinde der Luft und dem Sonnenlicht auszusetzen. Sind dagegen schon Puppen in größerer Zahl oder gar Jungkäfer entwickelt, so muß die Rinde verbrannt werden. Das Entrinden hat dann sorgfältig auf untergelegten Tüchern zu geschehen oder auf vorgerichteten Plätzen, an denen gleich das Verbrennen stattfindet. Die Schädlinge können auch durch Behandeln der entrindeten Stämme sowie der Rindenstücke mit einem Insektizid abgetötet werden.

Ihre häufigste Anwendung findet die Fangbaummethode zur Bekämpfung des B u c h d r u c k e r s. Die Fangbäume werden ab Februar geworfen und sollen in ausreichendem Maße bis zum Beginn der Flugzeit, etwa bis 15. April, liegen. Bedeckung mit Zweigen erhöht und verlängert ihr Anlockungsvermögen. Der Anflug ist sorgfältig zu kontrollieren. Etwa 4 Wochen nach erfolgtem Anflug sind die Fangbäume zu entrinden, gegebenenfalls mit Verbrennen der Rinde oder Anwenden eines Insektizids. Werden die Fangbäume sehr stark befallen, sind sofort weitere Fangbäume zu hauen, da die bereits liegenden offenbar nicht ausreichen und die Gefahr besteht, daß die anfliegenden Käfer benachbarte stehende Bäume infizieren. Sonst sind während der Vegetationszeit in Abständen von 5–6 Wochen bei kühler, von 4 Wochen bei warmer Witterung laufend neue Fangbäume zu legen, die ebenfalls 4 Wochen nach dem Anflug entrindet werden müssen. Das Verfahren läßt sich durch zusätzlichen Einsatz von Pheromon und Insektizid erheblich intensivieren (S. 418).

Fangstöcke, in den Boden eingeschlagene, 1 m lange Abschnitte von Kiefernstangen oder -wipfelstücken, werden zur Bekämpfung des Kiefernkulturrüßlers *Pissodes notatus* empfohlen (S. 179).

Fangpflanzen, z. B. Erdbeere, Mohrrübe und besonders Salat werden zur Bekämpfung von E n g e r l i n g e n und D r a h t w ü r m e r n in Kampbeeten benutzt. Die Pflanze zeigt durch rasches Welken der Blätter die an ihr fressenden Schädlinge an; sie können durch Ausheben der Pflanze aufgesucht und gesammelt werden.

Fallen der verschiedensten Bauart werden gegen M ä u s e, insbesondere gegen die S c h e r m a u s, angewandt. Zum Abfangen übermäßig stark auftretender K a r n i c k e l dienen Kastenfallen, in die Baue einzuführende Röhrenfallen und Abzugeisen, die mit einem Köder beschickt werden oder einen Haarabzug besitzen. Zur Abwehr der Maulwurfsgrille in Kämpen werden Fangtöpfe in Gestalt von Konservendosen oder Einmachgläsern in 1–2 m Abstand in die Beete so eingegraben, daß ihr Rand etwas unter der Erdoberfläche liegt. Man verbindet die Töpfe durch 4–5 cm hohe Latten, die so gelegt werden, daß die Grillen nicht unter ihnen hindurchkriechen können. Die Tiere laufen, sobald sie auf das Hindernis stoßen, an der Latte entlang und fallen in die Töpfe. Besonders erfolgreich ist das Verfahren zur Paarungszeit im Juni/Juli, in der die Grillen lebhaft umherlaufen.

e. Sonstige Maßnahmen

Beseitigen der befallenen Pflanzen und Pflanzenteile. Die Maßnahme bezweckt, mit der befallenen Pflanze oder dem vom Schaderreger besetzten Pflanzenteil den Schädling aus dem gefährdeten Wald zu entfernen, durch Verbrennen zu vernichten oder durch andersartige Behandlung abzutöten.

Durch Ausreißen und Verbrennen der befallenen Pflanzen läßt sich der Kiefernkulturrüßler *Pissodes notatus* bekämpfen, ferner eine Reihe von Pilzkrankheiten wie der Eichenwurzeltöter *Rosellinia quercina*, der Hallimasch u. a. Befallene Pflanzenteile werden abgebrochen oder abgeschnitten und dann verbrannt, so die Zweiggallen des Pappelbockes, die Raupennester des Baumweißlings oder des Goldafters, die Blattwickel der Weidenkahneule, die vom Drehrost *Melampsora pinitorqua* befallenen Triebe. Auch die von *Balaninus glandium* besetzten Eicheln können aufgelesen und vernichtet werden.

Aushieb ganzer Stämme und Verbrennen oder baldige Abfuhr aus dem Walde wird geübt zur Bekämpfung des Erlenrüßlers *Cryptorrhynchus lapathi*, von Holzwespen und Holzameisen, des Fichtenrindenwicklers *Laspeyresia pactolana*. Vom Buchenkrebs, Tannenkrebs, Kienzopf und Kiefernbaumschwamm befallene Stämme sollen zur Minderung weiterer Infektionsgefahr herausgehauen werden. Von *Pissodes*-Arten und Borkenkäfern besetzte Stämme werden gefällt und entrindet, ehe die Larven ausgewachsen sind; hat die Verpuppung schon eingesetzt, so muß die Rinde zur Vernichtung der Tiere verbrannt werden (s. o.) Bei sehr starkem Befall durch Borkenkäfer oder andere Schädlinge müssen gelegentlich ganze Waldteile der Axt zum Opfer fallen, damit das Weiterumsichgreifen der Seuche verhindert wird.

Entfernen von Zwischenwirten. Wenn ein Krankheitserreger Zwischenwirte für seine Entwicklung benötigt, macht deren Ausschaltung auch sein Auftreten unmöglich. Das gilt namentlich für die wirtswechselnden Rostpilze. So wirkt vorbeugend gegen den Kieferndrehpilz *Melampsora pinitorqua* das frühzeitige Entfernen des Zwischenwirts Aspe aus den Kiefernkulturen, gegen den Weymouthskiefernblasenrost *Cronartium ribicola* die Ausrottung der *Ribes*-Sträucher in der Nähe der Stroben-Anpflanzungen.

Schutz eingeschlagenen Holzes. Die den Einschlag befallenden Insekten und Pilze werden nur zu bestimmten Jahreszeiten gefährlich und stellen bestimmte Ansprüche an den Feuchtigkeitsgehalt des Holzes. Befall z.B. durch Nutzholzborkenkäfer oder Bläuepilze läßt sich vermeiden durch Abfuhr des Holzes vor der Flugzeit der Käfer bzw. vor der im Frühjahr beginnenden Infektionszeit oder durch rasches Trocknen des Materials bei luftiger Lagerung (STRITTMATTER 1973) oder umgekehrt durch Erhalten eines hohen Feuchtigkeitsgehalts durch schattiges Lagern, durch künstliche Beregnung oder durch Wasserlagerung (Anonym 1972, JÄGER 1973, METZENDORF 1973, ARNOLD et al. 1976).

Unkrautbekämpfung wird auf mechanischem Wege durch Bedecken des Bodens mit Papierscheiben oder Mulchfolien (REITZ 1969, ZWICK 1979), durch Niedertreten der verdämmenden Pflanzen (ROTHEMUND 1979) sowie mit Hilfe verschiedener, zum Teil für engbegrenzte Zwecke entwickelter Geräte durchgeführt. Gräser, Besenginster, Waldreben u. dgl. werden vor der Samenreife mit Sense, Sichel oder Messer abgeschnitten. Heidekraut wird durch Abmähen mit der Heidekniepe, einer Sense mit kurzem, breitem und starkem Blatt, durch Umplaggen mit der Siegener Plaggenhaue oder durch Schälen mit dem Schälpflug, gegebenenfalls nach Abmähen des hohen Krautes, vernichtet. Landrohr läßt sich durch Vollumbruch (s. u.) bekämpfen. Auch die Fräse führt zum Erfolg, wenn die losgefrästen Pflanzenteile nach der Hacke ausgemengt werden oder, sobald sich die ersten Grasspitzen zeigen, zum zweitenmal gefräst wird; dann ist wegen Erschöpfung der Vorräte kein neues Treiben möglich. Gegen Unkraut jeglicher Art haben sich motorgetriebene Freischneider bewährt (SCHNEIDER 1979).

Vollumbruch, d.h. vollständige, ackermäßige, in verschiedenen Arbeitsgängen durchgeführte Bodenbearbeitung, wird außer zur Landrohrbekämpfung mit gutem Erfolg auch zur Abwehr von Engerlingsschäden benutzt.

Da völlig vegetationslose Flächen von eierlegenden Maikäferweibchen gemieden werden, kann Vollumbruch zur Verhinderung der Eiablage angewandt werden. Zu diesem Zweck wird die Fläche im Herbst umgepflügt, zu Beginn der Flugzeit senkrecht zur Pflugrichtung gegrubbert und so lange über Kreuz geeggt, bis keine Spur von Vegetation mehr sichtbar ist. Bei Wiederbegrünung während der Flugzeit muß das Eggen wiederholt werden. Das Verfahren ist nur anwendbar bei nicht graswüchsigen Böden und bei Vorkommen nur eines Maikäferstammes (SCHWERDTFEGER 1938). Häufiger wird der Vollumbruch zur Bekämpfung des im Boden sitzenden Engerlings eingesetzt, wobei folgende Wirkungen erzielt werden: die Werkzeuge fügen dem Engerling mechanische Verletzungen zu, an denen er früher oder später eingeht; der Engerling wird an die Bodenoberfläche gebracht, wo er durch Wetter und räuberische Tiere getötet werden kann; durch die Vernichtung der Vegetation wird die Ernährungsmöglichkeit für den Engerling stark eingeschränkt und dadurch seine Empfänglichkeit für Pilz- und Bakterienkrankheiten erhöht; die vom Engerling bedrohte Pflanze erhält beste Wachstumsbedingungen und kann eine Schädigung leichter überstehen als eine andere, unter schlechteren Verhältnissen wachsende. Alle Arbeitsgänge dürfen nur in der Zeit vom 15. Mai bis 15. September, im Verpuppungsjahr bis 1. Juli, durchgeführt werden; während der übrigen Jahreszeit sitzt der Engerling in größeren, für die Werkzeuge nicht erreichbaren Bodentiefen und nimmt keine Nahrung auf. Das Wetter soll während der Arbeiten sonnig und trocken, die obersten Bodenschichten dürfen aber nicht ausgetrocknet sein, da dann der Engerling tiefer wandert und sich dem Wirkungsbereich der Werkzeuge entzieht.

Schrifttum: Anonym: Abschließende Erfahrungsberichte zur Wasserlagerung von Rundholz. AF 27, 76, 1972. — ARNOLD, K. D., et al.: Beregnung und Wasserlagerung von Nadelstammholz aus der Sturmkatastrophe vom 13. November 1972. Erfahrungen und erste Ergebnisse. AdW 25, 1976. — JÄGER, D.: Erfahrungen bei der Wasserlagerung von Kiefernstammholz. AF 28, 54–56, 1973. — METZENDORF, E.: Konservierung von Fichten- und Buchen-Rundholz durch Naßlagerung als Katastrophenvorsorge. AF 28, 49–52, 1973. — REITZ, J.: Unkrautbekämpfung durch Auslegen von Papierscheiben. AF 24, 646, 1969. — ROTHEMUND, H.: Kultursicherung ohne Herbizide mit einfachen mechanischen Mitteln. AF 34, 401–402, 1979. — SCHNEIDER, H. J.: Vorgabezeiten und Leistungsdaten bei der mechanischen Kulturpflege. AF 34, 402–405, 1979. — STRITTMATTER, W.: Konservierende Trockenlagerung von Fichten- und Tannenstammholz. AF 28, 57–58, 1973. — ZWICK, F.: Mulchfolie zur Pflege von Eichen-Kulturen. AF 34, 408–409, 1979.

3. CHEMISCHE BEKÄMPFUNGSMASSNAHMEN

Die chemische Bekämpfung der Waldkrankheiten verwendet Chemikalien, die chemischen Forstschutzmittel.

a. Allgemeines über chemische Forstschutzmittel

Zusammensetzung. Die chemischen Forstschutzmittel sind regelmäßig Präparate, die neben dem Wirkstoff sogenannte Hilfs- oder Beistoffe enthalten. Der Wirkstoff ist die chemische Komponente, welche die beabsichtigte Wirkung auf den Schaderreger ausübt; Hilfsstoffe sind Substanzen, die dem Mittel besondere, erwünschte Eigenschaften verleihen.

Hilfsstoffe sind die Haftmittel, welche die Haftfähigkeit des ausgebrachten Präparats gegenüber Erschütterungen und Regen erhöhen; als solche dienen Leime, Dextrine, Harze usw. Netzmittel fördern die Netzfähigkeit einer Flüssigkeit, d.h. ihr Bestreben, sich als zusammenhängender, gleichmäßiger Überzug, wie ein Film auf der Oberfläche zu verteilen; verwendet werden Seifen und andere synthetische, oberflächenaktive Stoffe. Lösungsmittel sind Zusätze zu Spritzmitteln, die einen an sich schwer löslichen Wirkstoff in Lösung bringen. Emulgatoren ermöglichen oder fördern das Emulgieren, also das gleichmäßige Sichvermischen öliger Mittel in Wasser. Färbemittel geben giftigen, mit Lebensmitteln zu verwechselnden Präparaten eine Warnfärbung.

Solche Beistoffe sind – wie gesagt – in den käuflichen Präparaten regelmäßig enthalten. Daneben werden selbständige Zusatzmittel angeboten, z. B. unter den Namen Adhäsit und Synergid, die im wesentlichen Haft- und Netzmittel sind und den Präparaten bei deren Anwendung zugesetzt werden sollen. Ob die mit ihnen bezweckte Verbesserung des Präparats, namentlich in bezug auf Wirksamkeit und Wirkungsdauer, erzielt wird, hängt wesentlich von der Art der in diesem bereits enthaltenen Beistoffe ab. Es besteht beispielsweise die Möglichkeit, daß sich das dem Präparat eigene Netzmittel nicht mit dem Zusatzmittel verträgt und dieses sich infolgedessen ungünstig auswirkt. Der Gebrauch von Zusatzmitteln bedarf daher jeweils vorheriger Prüfung.

Außer den genannten Hilfsstoffen können die Präparate, meist in hohem Anteil, Träger- und Füllstoffe enthalten oder mit ihnen angesetzt werden. T r ä g e r s t o f f e sind Substanzen, auf denen der Wirkstoff aufgebracht ist; F ü l l s t o f f e werden in Gestalt von Sand, Ziegelmehl, Wasser u. ä. zugesetzt, um dem Mittel die angestrebte Konzentration zu verleihen.

Dabei wird als K o n z e n t r a t i o n der Anteil entweder des Wirkstoffes oder des handelsüblichen Präparates in dem ausbringungsbereiten Mittel bezeichnet: ein käufliches Stäubemittel hat z. B. 1,5 % Wirkstoff, eine gebrauchsfähige Spritzbrühe von 0,2 % enthält 0,2 Teile des käuflichen Spritzpulver-Präparats in 100 Teilen Wasser.

Anwendungsformen. Die chemischen Forstschutzmittel werden ausgebracht in trockenem Zustand als S t r e u m i t t e l mit einer Teilchengröße von 100–500 µm und als S t ä u b e m i t t e l von 10–100 µm Teilchendurchmesser, in zähflüssigem Zustand als S c h m i e r m i t t e l, in flüssigem Zustand als G i e ß m i t t e l, als S p r i t z m i t t e l mit einem Durchmesser der Tröpfchen von 150–500 µm und als S p r ü h m i t t e l mit einem Tröpfchendurchmesser von 50–150 µm, in aerosolförmigem Zustand als N e b e l m i t -t e l mit einer Teilchengröße von 1–50 µm und schließlich in gasförmigem Zustand als G a s m i t t e l.

Da die Mittel meist oberflächenwirksam sind, ist die T e i l c h e n g r ö ß e von sehr großer Bedeutung: je kleiner sie ist, um so größer ist die Gesamtoberfläche einer bestimmten ausgebrachten Menge, um so höher ist deren Wirksamkeit. Deshalb kommt man bei feiner Versprühung mit geringeren Mittelmengen aus als beim Spritzen, und entsprechend beim Nebeln mit kleineren Mengen als beim Sprühen. 1 Liter Flüssigkeit ergibt durch

grobes	Spritzen bei etwa 1000 µm	}		{	6 m^2
	Sprühen bei etwa 100 µm		Tropfendurchmesser		60 m^2
feines	Nebeln bei 10–1 µm		eine Oberfläche von		600–6000 m^2

Nebel werden allerdings, wie noch zu zeigen sein wird (S. 433), im Forstschutz nicht mehr eingesetzt.

Flüssige Mittel werden angewendet als L ö s u n g, meist eines Salzes in Wasser; als S u s p e n s i o n, der Aufschwemmung kleinster fester Teilchen in einer Flüssigkeit, meist Wasser; als E m u l s i o n, der kolloidalen Zerteilung eines Öles in Wasser.

Physikalische Eigenschaften. Von entscheidender Bedeutung für die Wirkung eines chemischen Forstschutzmittels sind seine physikalischen Eigenschaften. Sie stehen in Zusammenhang mit der Anwendungsform und der Zusammensetzung des gebrauchsfertigen Mittels.

So beeinflussen bei Stäubemitteln das spezifische Gewicht und die Teilchengröße sowohl die S c h w e b e f ä h i g k e i t der nach dem Ausblasen sich entwickelnden Staubwolke als auch deren V o l u -m i n o s i t ä t, d. h. die Eigenschaft, sich rasch und unter Wahrung einer gleichmäßigen Staubkonzentra-tion auszubreiten. Bei der Verstäubung selbst und der Ablagerung der Teilchen auf den Pflanzen können e l e k t r i s c h e E r s c h e i n u n g e n wirksam werden. Die H a f t f ä h i g k e i t eines Mittels gegen-über Erschütterungen, Windwirkung oder Regen, im letzten Falle auch als R e g e n b e s t ä n d i g k e i t bezeichnet, spielt eine Rolle besonders in den Fällen, wenn eine langanhaltende Wirkung angestrebt wird. Bei Stäubemitteln, die aus einer Mischung wirksamer Substanzen mit unwirksamen Füllstoffen bestehen, darf beim Ausbringen keine E n t m i s c h u n g des Präparats eintreten.

Wichtige physikalische Eigenschaften der S p r i t z - und S p r ü h m i t t e l sind hinreichende S c h w e -b e f ä h i g k e i t der Teilchen im Wasser, welche ein vorzeitiges Absetzen der als Suspension benutzten Mittel verhindert, gute B e n e t z u n g s f ä h i g k e i t der Brühe, die es ermöglicht, daß das ausgebrachte Mittel wie ein lückenloser, gleichmäßiger Überzug das Objekt umhüllt, und R e g e n b e s t ä n d i g k e i t des Belags.

Gasmittel, die im Forstschutz zur Bodendesinfektion und zur Bekämpfung von Schädlingen im Innern von Stämmen benutzt werden, müssen ein gutes Ausbreitungs- und Durchdringungs-vermögen besitzen.

Wirkungsweise. Nach ihrer Wirkung unterteilen wir die chemischen Forstschutz-mittel in Schreck-, Lock-, Hemm- und Giftstoffe. Über sie und ihren Gebrauch wird im folgenden Näheres zu sagen sein. Anwendungen der drei erstgenannten Stoffe werden als biotechnische Verfahren bezeichnet, soweit sie natürliche Reaktionen der schädlichen Tiere auf bestimmte, vornehmlich chemische Reize „zweckentfremdet" von ihrer eigentlichen Bedeutung für den Organismus nutzen (FRANZ-KRIEG 1976).

Allgemein wirkt ein Forstschutzmittel prophylaktisch, präventiv oder vorbeugend, wenn es eine schädigende Wirkung des Krankheitserregers nicht zuläßt, z.B. das auf der Nadel umherkriechende Räupchen der Lärchenminiermotte abtötet, bevor es sich zum Fraß in diese einbohrt; es wirkt kurativ oder heilend, wenn es den in die Pflanze eingedrungenen Schädling vernichtet, also das bereits in der Nadel minierende Räupchen. Im ersten Fall braucht es nur Oberflächenwirkung zu haben, im zweiten muß es Tiefenwirkung aufweisen, d.h. durch die äußeren Schichten des Pflanzenteils in sein Inneres hineinwirken, oder systemische Wirkung besitzen: das Mittel wird von der Pflanze aufgenommen und in ihrem Gefäßsystem fortgeführt. Ein systemisches Mittel, am Stämmchen aufgebracht, ist imstande, auf Schädlinge an mehrere Meter oberhalb befindlichen Trieben zu wirken. Tiefenwirksame und systemische Forstschutzmittel haben einen innertherapeutischen Effekt.

Das Mittel wird vom Tier peroral, durch den Mund, oder perkutan, durch die Haut, aufgenommen. Entsprechend unterscheidet man Fraß- und Berührungs- oder Kontaktmittel. Ein durch die Atemwege eindringendes Atemmittel beeinflußt den Gasstoffwechsel des Organismus.

Die Wirkungsbreite eines Mittels ist je nach der Zahl pathogener Spezies, die mit ihm bekämpft werden können, groß oder klein; es ist selektiv, wenn es nur einen bestimmten Schädling trifft. Initial- oder Anfangswirkung ist der gleich nach Einsatz des Mittels zu beobachtende, Dauerwirkung ist der länger anhaltende Effekt; sie setzt eine gewisse Beständigkeit oder Persistenz des Wirkstoffes voraus.

Schrifttum: FRANZ, J. M., u. KRIEG, A.: Biologische Schädlingsbekämpfung. 2. Aufl. Berlin-Hamburg 1976. — KREMSER, W.: Chemischer Waldschutz zwischen Ökologie und Technik. FH 32, 445–454, 1977; AF 33, 445–449, 1978. — MUSCHEID, H., u. OLBERG, R.: Erfahrungen mit Synergidzusatz zu 2,4,5-T-Herbiziden. FH 28, 152–156, 1973. — PERKOW, W.: Wirksubstanzen der Pflanzenschutz- und Schädlingsbekämpfungsmittel. Berlin-Hamburg 1971 mit Ergänzungslieferungen. — RACK, K.: Erfahrungen mit Synergid bei der Bekämpfung der Kiefernschütte (*Lophodermium pinastri*). ZPK 79, 257–273, 1972. — RÖHRIG, E.: Chemie im Waldschutz – Entwicklung und Ziele. AF 33, 450–454, 1978. — SCHWENKE, W.: Zur Frage des Lösungsmittels bei der Bekämpfung von Forstschädlingen aus der Luft. AF 28, 730, 1973. — SMIDT, S.u. FERENCZY, J.: Forstliche Pflanzenschutzmittel. Forstschutz-Merkbl. 3, Forstl. Bundesvers. Anst. Wien 1977.

b. Schreckstoffe und ihre Anwendung

Schreckstoffe, repulsive Substanzen oder Repellentien halten aufgrund von Einwirkun-gen auf die Sinnesorgane, insbesondere auf Geruch und Geschmack, Tiere von den mit ihnen behandelten Flächen oder Pflanzen ab. Im Forstschutz benutzt man sie zur Abwehr schädlicher Säuger und Vögel.

Wie die früher genannten mechanischen Abschreckverfahren (S. 409) besitzen auch die chemischen Schreckstoffe keine absolut fernhaltende Wirksamkeit; je geringer die unangenehme Wirkung auf die Sinnesorgane, je größer der Drang des Tieres nach der geschützten Pflanze ist, um so eher ist ein Versagen des Mittels möglich. Doch hat die jüngste Entwicklung zu Repulsivstoffen geführt, welche den von der Praxis zu stellenden Forderungen durchaus entsprechen. Wichtig ist, daß, wenn möglich, die benutzten Mittel häufiger gewechselt werden, weil eine Gewöhnung des Tieres an die sinnesphysio-logisch wirkenden Stoffe erfolgen kann.

Verwitterung von Kulturen und sonstigen, durch Wild gefährdeten Flächen geschieht durch Ausbringen ihm unangenehm riechender Flüssigkeiten. Brauchbar sind das in jeder Apotheke oder Drogerie erhältliche Tier- oder Franzosenöl sowie zugelassene Spezialpräparate (PVG). Die Wirkung ist nur von kurzer Dauer.

Schutzmittel gegen Wildverbiß werden auf Knospen und Triebe ausgebracht und sind aus Teeren, Ölen, Fetten, Wachsen und anderen Stoffen zusammengesetzt. Entsprechend ihrer Viskosität unterscheidet man dünnflüssige Spritz- und zähflüssige Streichmittel. Spritzmittel sind in erster Linie geeignet für Saaten und Pflanzungen in engen Verbänden und in solchen Fällen, wo neben dem Endtrieb auch die Seitentriebe der Pflanzen vor Schaden bewahrt werden sollen; mit Streichmitteln wird lediglich der Gipfeltrieb geschützt. Die Präparate werden als Hausmittel im Eigenbetrieb hergestellt oder als Handelsmittel im gebrauchsfertigen Zustand von Firmen geliefert.

Ein Hausmittel kann beispielsweise folgende Zusammensetzung haben: je ein Drittel gelöschter Kalk (krustend), feuchter Kuhdung oder Schweinejauche (stinkend), Tierblut, Firnis oder Leinöl (klebend). Oder ein anderes Rezept: 40 kg gelöschter Kalk, 6 l Petroleum, 600 g Adhäsit, mit Wasser auf 100 l auffüllen (GRAUMANN 1954). Die amtlich zugelassenen Handelsmittel sind nicht nur auf hinreichende wildabweisende Wirkung, sondern auch auf Unschädlichkeit gegenüber der zu schützenden Pflanze geprüft (PVF).

Die Ausbringung der Mittel erfolgt im allgemeinen, zur Abwehr von Winterverbiß, im Spätherbst, wo Sommerverbiß auftritt auch während der Vegetationszeit. Besonders einfach und billig ist ihre Anwendung vor dem Auspflanzen, indem die Pflanzen entweder bündelweise in das flüssige Mittel getaucht oder im Einschlag stehend gespritzt werden. In der Regel aber erfolgt die Ausbringung auf der bereits bestockten Kultur- oder Verjüngungsfläche, und zwar im Tauch-, Streich- oder Spritzverfahren. Beim Tauchverfahren wird der zu schützende Endtrieb umgebogen und in einen mit dem Mittel gefüllten Behälter (Bohnerwachsdose) getaucht; das Streichen geschieht mit Geräten, deren wesentliche Bestandteile Bürsten sind, das Spritzen mit den unten (S. 431) noch vorzuführenden Hand- und Rückenspritzen. Wichtig ist, daß die benutzten Geräte auf das Mittel, insbesondere seine Viskosität, abgestimmt sind; das Ausbringen eines Mittels mit ungeeignetem Gerät mindert Erfolg und Wirtschaftlichkeit.

Schutzmittel gegen Schälschaden durch Rot-, Dam- und Muffelwild werden auf die gefährdeten Stämme aufgestrichen oder aufgespritzt, und zwar stammumfassend vom Erdboden bis 1,8 m (Rotwild) bzw. 1,6 m Höhe (die beiden anderen Wildarten). Dabei dürfen, wie bei den mechanischen Verfahren (S. 410), nicht sämtliche Bäume, sondern nur die Zukunftsstämme behandelt werden, damit dem Wild Gelegenheit bleibt, seinem Schäldrang nachzugehen. Brauchbare Schälschutzmittel sollen mindestens 10 Jahre lang wirksam sein (zugelassene Mittel siehe PVF).

Schutzmittel gegen Fegeschaden des Rehbocks werden auf die erfahrungsgemäß dem Fegen vorzugsweise ausgesetzten Pflanzen ausgebracht, z. B. auf die im weiten Verband in eine Buchenverjüngung gepflanzten Lärchen. Die Wirkung der bisher zugelassenen Mittel (PVF) ist auf eine Vegetationsperiode beschränkt, die Behandlung muß also wiederholt werden, bis die Pflanzen dem gefährdeten Alter entwachsen sind.

Schutzanstrich gegen Nageschäden durch Hase, Karnickel und Mäuse, insbesondere die Erdmaus, geschieht (mit meist mäßigem Erfolg) mit den üblichen Wildverbißschutzmitteln. Sie werden mit einem Pinsel oder einem ähnlichen Gerät an die gefährdeten Stämmchen gebracht.

Schutzmittel gegen Abbißschäden durch Hase und Kaninchen (PVF, PVG) haben sich häufig als nicht ausreichend wirksam erwiesen.

Abschrecken der Vögel vor der Aufnahme frisch ausgesäter Samen kann durch Behandlung des Saatguts mit entsprechenden Präparaten erfolgen. Als Spezialmittel werden Anthrachinon-Präparate, namentlich Morkit empfohlen (PRZYGODDA 1955); in einem Versuch gegen Eichelhäher hat es versagt (KRAHL-URBAN 1951). Günstige Erfahrungen liegen angeblich mit sonst als Insektizide wirksamen Lindan-Stäuben vor (HAHN 1951, SPEYER 1954).

SCHRIFTTUM: TEUSAN, A.: Bisherige Erfahrungen mit dem Wildabwehrmittel Fegol. AF 29, 256–257, 1974. — Chemischer Einzelschutz bei der Weißtanne als Alternative zum Zaun, dargestellt am Beispiel eines Privatwaldes im

Allgäu. AF 32, 232–234, 1977. — Die gezielt-intensiven Verbißschutzmaßnahmen – eine aussichtsreiche Kompromißlösung im Interessenkonflikt Wald/Wild. FH 34, 501–503, 1979. — UECKERMANN, E.: Die Wildschadenverhütung in Wald und Feld. 4. Aufl. Hamburg-Berlin 1980. — ZITZEWITZ, H. v.: Lassen sich Wildverbißschutzmittel noch verbessern? AF 30, 575, 1975.

c. Lockstoffe und ihre Anwendung

Lockstoffe, attraktive Substanzen oder Attraktantien veranlassen nach Einwirkung auf seinen Geruchssinn das Tier, den Ort, von dem der Lockstoff ausgeht, aufzusuchen. Der Lockstoff kann vom Fraß- und Brutmaterial oder von anderen Tieren derselben Spezies abgegeben werden. Sein Einsatz im Forstschutz bezweckt, entweder die Tiere an bestimmten Plätzen zu konzentrieren, wo sie leichter vernichtet werden können, oder durch Desorientierung der Tiere das Geschehen in der Population zu deren Ungunsten zu beeinflussen.

Pflanzeneigene Lockstoffe. Der zur Bekämpfung nadelholzbrütender Borkenkäfer benutzte Fangbaum ist bereits oben (S. 411) beschrieben worden. Seine Lockwirkung beruht auf dem Aussenden von Duftstoffen, namentlich verschiedenen Terpenen in bestimmter Zusammensetzung (KANGAS et al. 1971). Die beiden Holzbrüter *Xyloterus lineatus* und *X. domesticus* werden durch Äthanol angelockt, das in waldlagernden Stämmen durch Fermentation entsteht und den Käfern den bruttauglichen Zustand des Holzes anzeigt. Für den nadelholzbewohnenden *X. lineatus* wird die Lockwirkung des Äthanols durch das im Harz der Nadelbäume enthaltene α-Pinen drastisch verstärkt, bei dem im Laubholz siedelnden *X. domesticus* dagegen stark gehemmt (KLIMETZEK et al. 1980). Obwohl die Struktur der Lockstubstanzen für eine Reihe von Borkenkäfern aufgeklärt wurde, sind sie bisher unmittelbar zur Käferbekämpfung nicht versucht worden, auch nicht, wenn – wie bei den *Blastophagus*-Arten – der Anflug der Käfer allein oder nahezu allein durch sie gesteuert wird.

Tiereigene Lockstoffe. Anders ist es bei den von Tieren zur Anlockung von Artgenossen gesendeten Lockstoffen, den Pheromonen. Nach Isolierung und Strukturaufklärung (VOSTROWSKY-BESTMANN 1978) von Pheromonen forstschädlicher Insekten wird zur Zeit lebhaft daran gearbeitet, industriell hergestellte Formulierungen zur Forstschädlingsbekämpfung unmittelbar einzusetzen. Die Verfahren entsprechen den oben (S. 391) geschilderten, zur Prognose benutzten Methoden; im wesentlichen ist lediglich die Zielsetzung eine andere. Wie ebenfalls bereits erwähnt, sind beim praktischen Einsatz von Pheromonen Sexual- und Soziallockstoffe zu unterscheiden.

Sexuallockstoffe. Sie werden bei den derzeit allein näher untersuchten Lepidopteren fast ausschließlich von den Weibchen abgegeben, um Männchen anzulocken. Wenn im Waldbestand Leim-Lockstoff-Fallen, wie sie Seite 391 beschrieben wurden, in Anzahl angebracht werden, lassen sich in Mengen die Männchen z. B. der Nonne wegfangen. Man könnte sich als Ziel setzen, einen Männchen-Massenfang in solchem Ausmaß durchzuführen, daß zur Begattung einer für die Erhaltung der Populationsdichte hinreichend großen Zahl von Weibchen nicht mehr genügend Männchen übrigblieben. Ein solches Vorgehen hat, wie in Untersuchungen bestätigt wurde, wenig Aussicht auf Erfolg: Eine Bekämpfung kommt in der Regel erst bei vergleichsweise hoher Populationsdichte des Schädlings in Betracht. Dann sind auch viele Weibchen vorhanden, und sie wirken als Konkurrenten der wirtschaftlich-zwangsläufig nur in beschränkter Zahl ausgebrachten Lockstoff-Fallen. Trotz der Fallen gelingt es einer genügend großen Zahl von Männchen, das Fortpflanzungsgeschäft zu erledigen; sie sind zudem regelmäßig in der Lage, mehrere Weibchen erfolgreich zu begatten.

Ein aussichtsreicheres Verfahren des Einsatzes von Sexuallockstoff ist die Verwirrtechnik oder Desorientierungsmethode: das Areal der zu bekämpfenden Art wird mit einem Übermaß an künstlichem Pheromon überschwemmt, so daß die Männchen nicht imstande sind, die Weibchen zu orten. Voraussetzungen sind eine relativ niedrige Weibchendichte und eine Formulierung des Pheromons, die eine kräftige und hinreichend lange Zeit anhaltende Duftstoffabgabe zuläßt. LANGE 1973 konnte in einem Kleinversuch den Besatz von *Rhyacionia buoliana* mit diesem Verfahren auf die Hälfte hinabdrücken. BEROZA et al. 1974 sowie SCHWALBE et al. 1979 führten in den USA erfolgreichere

Großversuche mit Disparlur (S. 391) gegen den Schwammspinner aus. Zur Ausrottung des Schädlings an isolierten Orten wird vorgeschlagen, zunächst seine Dichte mittels eines üblichen Insektizids zu senken und dann die Population mit Hilfe der Verwirrtechnik auszulöschen.

Soziallockstoffe. Das ursprüngliche Fangbaumverfahren, bei dem die Rinde nach dem Anflug der Käfer entfernt und verbrannt wird, ist sehr arbeitsintensiv (S. 411). Man vereinfachte es, indem man den Fangbaum vor dem Anflug der Käfer mit einem geeigneten Insektizid übersprühte: an einem solchen Giftfangbaum oder auch an einem in gleicher Weise behandelten, aus Stammstücken bestehenden Giftfangstapel vergiften sich die Tiere beim Umherkriechen auf der Rinde oder beim Einbohren; das zeitraubende Entrinden kann wegfallen. Nachdem erkannt worden war, daß die auf pflanzeneigenen Duftstoffen beruhende primäre Lockwirkung des Fangbaums bei den meisten – wenn nicht allen – Borkenkäfern durch tiereigene, von den sich einbohrenden Käfern abgegebenen Lockstoffen ergänzt und verstärkt wird (S. 184), wurden berechtigte Zweifel an der Wirksamkeit der Giftfangbäume laut: wenn die Käfer vor dem Einbohren abgetötet werden, können sie kein Pheromon mehr aussenden. Die Folgerung war, den Mangel an natürlicher Pheromonabgabe durch zusätzliche Ausbringung von synthetischem Pheromon auszugleichen. Tatsächlich haben Untersuchungen gezeigt, daß zur Bekämpfung von *Ips typographus* begiftete Fangbäume oder Fangstapel in Kombination mit Typolur in geeigneter Formulierung mit gutem Erfolg eingesetzt werden können. Der Lockstoff-Giftfangbaum erwies sich als um ein Mehrfaches effektiver als der unbehandelte oder mit Lockstoff bzw. Insektizid allein behandelte Stamm; auch stehende, mit Lockstoff geköderte und auf 4–5 m Höhe mit Insektizid versehene Fangbäume waren wirksam (AUSTARÅ 1978, KLIMETZEK 1978, VITÉ 1978, KLIMETZEK et al. 1979).

Noch bessere Ergebnisse wurden mit Lockstoff-Fallen erzielt, wie sie oben (S. 391) beschrieben wurden (NIEMEYER-WATZEK 1977). Ihre Fangleistung gegenüber dem Buchdrucker war 9–20mal höher als die von Giftfangstapeln (KLIMETZEK et al. 1979). Zusätzliche Vorteile sind Wiederverwendbarkeit und Giftfreiheit. Eine gewisse Gefahr besteht darin, daß angelockte Käfer benachbarte Bäume angreifen: Fichten in der Nähe von Lockstoff-Fallen waren bis zu einem Umkreis von 7 m vom Buchdrucker befallen, über 90 % der Einbohrungen blieben allerdings auf einen Radius von 4 m um die Fallen beschränkt (KLIMETZEK et al. 1979). Auch locken die Pheromone der Borkenkäfer nicht nur diese, sondern manche ihrer Widersacher an, z. B. den Ameisenbuntkäfer *Thanasimus formicarius*; damit sie nicht zusammen mit dem Schädling getötet werden, müssen die Fallen entsprechend konstruiert sein.

Der Einsatz industriell hergestellter Pheromone in der Borkenkäferbekämpfung bedeutet einen gewaltigen Forstschritt, sofern – und dieser Vorbehalt ist zunächst noch zu machen – die in Versuchen erprobten Verfahren sich auch in der Praxis bewähren und wirtschaftlich tragbar sind (KÖNIG 1979, VITÉ 1979).

Für den holzbrütenden *Xyloterus lineatus* bietet sich als Attraktans eine Kombination des Soziallockstoffs Lineatin mit dem wirtseigenen Lockstoff Äthanol (s. o. S. 417), gegebenenfalls unter Zusatz von α-Pinen an; die Kombination hatte eine wesentlich höhere Fangwirkung als das Pheromon allein (KLIMETZEK et al. 1980).

Schrifttum: ADLUNG, K. G.: Versuchsergebnisse zur Anlockung des Buchdruckers (*Ips typographus* L.) mit Lockstoff-Dispensoren. AFJZ 150, 125–127, 1979. — ADLUNG, K. G., BECKER, P., WIRTZ, W.: Pheroprax, ein Borkenkäferlockstoffpräparat für die praktische Anwendung im Forst. MBB 191, 231–232, 1979. — AUSTARÅ, Ø.: Control of *Ips typographus*. Experiments with synthetic pheromones and insecticide spraying of standing trees. MNS 34.5, 124–152, 1978 — BEROZA, M., et al.: Large field trial with microencapsulated sex pheromone to prevent mating of the Gypsy Moth. JeE 67, 659–664, 1974. — BEROZA, M., a. KNIPLING, E. F.: Gypsy Moth control with the sex attractant pheromone. Science 177, 19–27, 1972. — BONESS, M., SCHULZE, W., SKATULLA, U.: Versuche zur Bekämpfung der Nonne *Lymantria monacha* L. mit dem synthetischen Pheromon Disparlure. AS 47, 119–122, 1974. — BÜHLER, H., u. GÜNTHER, G.: Borkenkäferbekämpfung mit biologischer Lockstoffkombination nunmehr möglich. AF 34, 108, 1979. — DONAUBAUER, E., EGGER, A., FERENCZY, J.: Erfahrungen mit dem Borkenkäfer-Lockstoff-Präparat Pheroprax. AFZ 90, 155–157, 1979. — KANGAS, E., PERTTUNEN, V., OKSANEN, H.: Physical and chemical stimuli affecting the behaviour of *Blastophagus piniperda* L. and *B. minor* Hart. (Col., Scolytidae). Acta ent. fenn. 28, 120–126, 1971. — KLIMETZEK, D.: Versuche zur Überwachung und Bekämpfung des Buchdruckers (*Ips typographus* L.) mit Hilfe von Insektizid und Pheromonen an stehenden Fangbäumen. AFJZ 149, 113–123, 1978. — Versuche zur Überwachung und Bekämpfung des Buchdruckers (*Ips typographus*) mit Typolur I und Insektiziden. MdGaaE 1 (2–4), 193–195, 1978. — KLIMETZEK, D., u. ADLUNG, K. G.: *Ips typographus*: Erhöhung der Lockwirkung begifteter und unbegifteter Fangbäume durch synthetische Pheromone. AFJZ 148, 120–123, 1977. — KLIMETZEK, D., SAUERWEIN, P., DIMITRI, L., VAUPEL, O.: Einsatz von Typolur und Fallen gegen den Buchdrucker. AFJZ 150, 238–242, 1979. — KLIMETZEK, D., VITÉ, J. P., MORI, K.: Zur Wirkung und Formulierung des Populationslockstoffes des Nutzholzborkenkäfers *Trypodendron* (= *Xyloterus*) *lineatum*. ZaE 89, 57–63, 1980. — KNAUF, W.: Möglichkeiten einer Anwendung von Lepidopterenpheromonen im Forst. AF 33, 424–426, 1978. — KÖNIG, E.: Gegenwärtige Forstschutzsituation in Südwestdeutschland. AF 34, 348–352, 1979. — LANGE, R.: Orientierende Versuche mit Sexuallockstoffen zur Minderung der Populationsdichte des Kiefernknospentriebwicklers. MBBA 151, 310, 1973. — LEVINSON, H. Z.: Lockstoffe als Insektistatika. ZaE 84, 1–19, 1977. — NIEMEYER, H.: Zu „Borkenkäfer-Bekämpfung mit behandelten Fangbäumen oder Pheromon-Fallen" in AFZ 33/34, 1979. AF 34, 1048, 1076, 1979. — NIEMEYER, H., u. WATZEK, G.: Lockstoff-Fallen: Versuche zur Bekämpfung des Buchdruckers (*Ips typographus*) ohne Fangbäume und Insektizide. AF 32, 1009–1010, 1977. — SCHWALBE, C. P., et al.: Field evaluation of controlled release formulations of disparlure for Gypsy Moth mating reduction. JeE 72, 322–326, 1979. — SCHWENKE, W.: Borkenkäfer-Bekämpfung mit behandelten Fangbäumen oder Pheromonfallen? AF 34, 913–914, 1979. — Zur Situation der Bekämpfung rindenbrütender Fichtenborkenkäfer. AF 34, 654–656, 1979. — VITÉ, J. P.: Chemische und biotechnische Schädlingsbekämpfung. FH 31, 101–103, 1976. — Einsatz von Lockstoffen bei der Borkenkäferbekämpfung. AF 33, 428–430, 1978. — Anwendung von Lockstoffen gegen Fichtenborkenkäfer. AF 34, 1268, 1979. — VITÉ, J. P., u. RENWICK, J. A. A.: Anwendbarkeit von Borkenkäferpheromonen: Konfiguration und Konsequenzen. ZaE 82, 112–116, 1976. — VOSTROWSKY, O., u. BESTMANN, H. J.: Isolierung und Strukturaufklärung von Pheromonen. MdGaaE 1 (2–4), 152–156, 1978.

d. Hemmstoffe und ihre Anwendung

Hemmstoffe, statisch wirkende Substanzen oder Biostatika hemmen die Entwicklung oder die Fortpflanzung eines Lebewesens, ohne es unmittelbar abzutöten. Der Tod tritt als Folge einer Entwicklungshemmung nach kürzerer oder längerer Zeit ein.

Antibiotika. Es sind in der Humanmedizin vielverwendete Stoffwechselprodukte von Kleinlebewesen, von denen einige sich als wirksam gegen Bakterien der Gattungen *Pseudomonas* und *Erwinia* sowie gegen forstpathogene Pilze erwiesen haben, beispielsweise gegenüber *Pythium ultimum*, *Botrytis cinerea* (GÄUMANN 1951), *Ceratocystis ulmi* (COSTONIS-DAVIS 1976), *Cronartium ribicola* (KÖHLER 1960) und *Armillariella mellea* (RITTER 1976). Praktische Auswertung haben solche im Versuch gewonnenenen Feststellungen bisher nicht gefunden.

Fraßhemmer. Eine als Azadirachtin bezeichnete, im Indischen Flieder *Azadirachta indica* enthaltene Verbindung wirkt auf zahlreiche Insekten fraßhemmend. Extrakte aus Samen der Pflanze, die in sehr geringer Konzentration der Nahrung beigegeben wurden, verursachten bei Raupen des Schwammspinners eine starke Reduktion der Nahrungsaufnahme, infolgedessen Stillstand der Weiterentwicklung und schließlich den Tod der Tiere (SKATULLA-MEISNER 1975). Ob hier Möglichkeiten für eine praktische Anwendung im Forstschutz gegeben sind, wäre noch zu klären.

Häutungshemmer. Neuerdings hat sich das Harnstoffderivat Diflubenzuron mit dem Handelsnamen Dimilin (PVF) in großräumigen Bekämpfungsaktionen gegen Schmetterlings- und Blattwespenlarven bewährt. Mit der Nahrung aufgenommen, verhindert es bei Arthropodenlarven und auch bei einigen Nematoden die Bildung der Chitinkutikula und damit die Häutung; die Tiere sterben infolgedessen ab. Es ist ein Fraßmittel und hat weder Tiefen- noch systemische Wirkung; saugende Arthropoden werden somit nicht erfaßt. Auch gegen versteckt fressende Gliederfüßler ist es unwirksam. Bei Insekten-Imagines, die Dimilin aufgenommen haben, können Störungen im Bereich der Fortpflanzungsorgane eintreten, die zu Sterilisierung, Verminderung der Eiproduktion und Senkung des Eilarvenschlüpfprozents führen. Frisch abgelegte Arthropodeneier können nach Kontakt mit Dimilin absterben. Seine besonderen Vorzüge sind Unschädlichkeit für Pflanzen, Bienen, höhere Tiere und den Menschen, ferner auch sein Wirksamwerden fast ausschließlich bei sich häutenden Arthropodenstadien, was bedeutet, daß die als Imagines gleichzeitig mit dem Schädling auftretenden Gegenspieler – parasitische Schlupfwespen und Raupenfliegen wie räuberische Käfer, Wanzen und Spinnen – im allgemeinen unbehelligt bleiben. Ein weiterer Vorteil kann die lange, sich über Monate erstreckende Wirkungsdauer sein: sie gewährleistet den Erfolg einer einmaligen Ausbringung auch bei Arten mit mehreren Schlüpfwellen, wie z. B. *Diprion pini*, oder bei aufeinanderfolgendem Fraß zweier Schädlinge, etwa des Eichenwicklers im Mai und des Schwammspinners im Juni. Die große Persistenz ist aber auch als ernstlicher Nachteil zu werten, namentlich in Ökosystemen mit reicher Arthropodenfauna, wie dem Eichenwald: hier werden neben den Schädlingen im Lauf der Vegetationszeit auch die Larven aller übrigen Lepidopterenspezies, vielleicht auch von Spinnen, Wanzen usw. getroffen und damit für Parasiten unentbehrliche Neben- und Zwischenwirte sowie wichtige Gegenspieler vernichtet. Wie weit sich dies auf den zunächst erzielten Bekämpfungserfolg nachträglich ungünstig auswirkt, müssen noch ausstehende Untersuchungen und Erfahrungen lehren (ALTENKIRCH-KOLBE 1979, ANONYM 1979, SCHWENKE 1979).

Ähnliche Wirkung wie das Diflubenzuron besitzen das in Insektenlarven deren Entwicklung und Häutung beeinflussende Juvenilhormon und seine natürlichen und künstlichen, als Juvenoide bezeichneten Analoga (STAAL 1975, GILBERT 1976). Versuche haben die Möglichkeit aufgezeigt, sie zur Insektenbekämpfung zu benutzen; doch ist diese Möglichkeit im Forstschutz bisher nicht realisiert worden, was auch angesichts der guten Verwendbarkeit des industriell relativ leicht herstellbaren Dimilins als unnötig erscheint – es sei denn, beim Gebrauch von Juvenoiden würden sich besondere Vorteile herausstellen.

Chemosterilantien. Es gibt Substanzen, die, vom Insekt bei Kontakt oder mit der Nahrung aufgenommen, seine Fortpflanzung hemmen (STÜBEN 1969). In einem ersten Versuch wurden Fangbäume mit einem solchen Chemosterilans übersprüht; der Borkenkäfer *Ips typographus* flog an und bohrte sich in sie ein. Während an benachbarten unbehandelten Stämmen aus durchschnittlich 5 % der abgelegten Eier keine Larven schlüpften, waren an mehrfach besprühten im Mittel 26 %, in Einzelfällen 100 % der Eier nicht entwicklungsfähig (SCHWERDTFEGER-EHRHARDT 1966). Die Methode erschien also verheißungsvoll, wurde aber im Forstschutz nicht weiter entwickelt, weil alle heute bekannten Chemosterilantien für den Menschen hochgiftig sind und es speziell zur Borkenkäferbekämpfung andere wirksame und ungefährliche Verfahren gibt.

Schrifttum: ALTENKIRCH, W., u. KOLBE, H.: Die Entwicklung und Bekämpfung der Kieferngroßschädlinge und sonstiger Schadorganismen nach Sturm und Trocknis. AdW 31, 48–136, 1979. — ANONYM: Zum Einsatz von Dimilin in Niedersachsen und in Österreich. AF 32, 646, 1977. — BÄUMLER, W., u. SALAMA, H. S.: Some biochemical changes induced by Dimilin in the Gypsy Moth *Porthetria dispar* L. ZaE 81, 304–310, 1976. — COSTONIS, A. C. a. DAVIS, H. F.: Fungitoxic properties of an antibiotic against Dutch Elm Disease. EJFP 6, 1–11, 1976. — GILBERT, L. I. (Ed.): The juvenile hormones. New York-London 1976. — SALAMA, H. S.: Sterilization and spermatogenesis of the Gypsy Moth *Porthetria dispar* L. as affected by thiotepa. ZaE 81, 292–304, 1976. — SCHWENKE, W.: Über die Rolle des Häutungshemmstoffes Dimilin im Waldschutz und Waldökosystem. AS 52, 97–102, 1979. — SKATULLA, U.: Erfolgreiche Versuche mit dem Entwicklungshemmer PH 60–40 zur Bekämpfung von *Lymantria dispar* L. und *L. monacha* L. AS 48, 17–18, 1975. — SKATULLA, U., u. MEISNER, J.: Labor-Versuche mit Neem-Samenextrakt zur Bekämpfung des Schwammspinners, *Lymantria dispar* L. AS 48, 38–40, 1975. — STAAL, G. B.: Insect growth regulators with juvenile hormone activity. ARE 20, 417–460, 1975. — STÜBEN, M.: Chemosterilantien. MBBA 133, 1969. — ZOEBELEIN, G., HAMMANN, I., SIRRENBERG, W.: Bay Sir 8514, a new chitin synthesis inhibitor. ZaE 89, 289–297, 1980.

e. Giftstoffe und ihre Anwendung

Im Pflanzenschutz werden als Gifte, toxische Substanzen oder Biozide solche Stoffe bezeichnet, die nach Aufnahme in den Körper eines lebenden Organismus diesen bei hinreichender Dosierung nach kürzerer oder längerer Zeit unmittelbar töten.

Giftigkeit oder Toxizität ist die einem chemischen Stoff innewohnende Eigenart, schädliche Wirkungen zu erzeugen. Der Grad der Giftigkeit wird meist durch Feststellung der toxischen (schädigenden) oder letalen (tödlichen) Dosis je Gewichtseinheit des Körpers gemessen. Die dosis minima letalis ist die Giftmenge, die eben noch zur Abtötung ausreicht; als mittlere letale Dosis (LD 50) wird die Giftmenge bezeichnet, welche bei einmaliger Verabreichung 50 % der Versuchstiere abzutöten vermag. Subletal ist eine Dosis, die zur Abtötung nicht genügt. Als Giftwirkungszeit rechnet die Zeit, die vom Augenblick der Giftaufnahme bis zum Tode oder zur Genesung verstreicht. Innerhalb dieses Gesamtvorgangs lassen sich Stadien unterscheiden, die entsprechend den Entwicklungsstufen einer Epidemie bezeichnet werden: die Inkubationszeit dauert vom Zeitpunkt der Giftaufnahme bis zum Auftreten der ersten Störungen; es schließt sich die Eruption an und an diese die Krisis, die Tod oder Genesung bringt. Begiftet ist ein mit Gift behandelter, vergiftet ein durch Gift geschädigter Organismus. Je nachdem, ob eine Substanz für nur eine Organismenart, für einen kleinen Kreis von Arten oder für viele Spezies giftig ist, spricht man von mono-, oligo- und polytoxischen Stoffen. Wirkt das Gift auf Pflanzen, so ist es phytotoxisch. Handelt es sich um zu schützende Pflanzen, so ist es nur brauchbar, wenn die Wirkung auf den Krankheitserreger bei geringerer Dosis erreicht wird als diejenige auf die Pflanze. Das Verhältnis der kleinsten heilenden Dosis (dosis curativa) zur größten von der Pflanze noch ohne Schaden ertragbaren Menge (dosis tolerata) bezeichnet man als chemotherapeutischen Index; je größer er ist, um so brauchbarer ist der Giftstoff für therapeutische Zwecke.

Die Giftstoffe werden zweckmäßig nach ihrem Anwendungsgebiet, d. h. nach den mit ihnen zu bekämpfenden Organismengruppen, und innerhalb dieser nach der Art ihrer Wirkstoffe aufgeführt.

Dabei sollen im allgemeinen nicht einzelne Präparate genannt werden, einmal weil dies über den Rahmen eines Lehrbuchs hinausgehen würde, vor allem aber, weil die fortschreitende technische Entwicklung eine Aufzählung von Präparaten schnell veralten läßt. Über die jeweils im deutschen Handel zugelassenen, als brauchbar anerkannten Präparate unterrichtet das nach Bedarf von der Biologischen Bundesanstalt für Land- und Forstwirtschaft herausgegebene Pflanzenschutzmittel-Verzeichnis mit seinen im Nachrichtenblatt des Deutschen Pflanzenschutzdienstes abgedruckten Nachträgen. Es basiert auf der amtlichen Mittelprüfung, die von einer Reihe einschlägiger Institute laufend durchgeführt wird mit dem Ziel, die von der Industrie entwickelten und der Praxis angebotenen Präparate auf hinreichende Wirksamkeit und Pflanzenunschädlichkeit zu untersuchen; darüber hinaus ist Grundlage der Zulassung eine vom Bundesgesundheitsamt vorgenommene Prüfung, die etwaige schädliche Auswirkungen für die Gesundheit von Mensch und Tier bei Handhabung des Mittels erkennen lassen soll. Die speziell für den Forstschutz zugelassenen Präparate sind in Teil 4 Forst des Pflanzenschutzmittel-Verzeichnisses (PVF) zusammengestellt. Außerdem finden sich einige gelegentlich auch im Forstschutz brauchbare und bei den betreffenden Krankheitserregern sowie unten genannte Mittel in Teil 2 Gemüsebau-Obstbau-Zierpflanzenbau (PVG).

Schrifttum: Büchel, K. H.: Pflanzenschutz und Schädlingsbekämpfung. Stuttgart 1977. — Herfs, W.: Die Auswirkungen des Pflanzenschutzgesetzes der Bundesrepublik Deutschland auf die amtliche Pflanzenschutzmittel-Prüfung nach einjähriger Erfahrung. NdDP 23, 17–19, 1971. — Hille, M.: Ergebnisse einer Erhebung über Art und Menge der Wirkstoffe der im Wald im Forstwirtschaftsjahr 1976 eingesetzten Pflanzenschutzmittel. AF 34, 73–76, 1979. — Koch: Pflanzenschutzmittel-Verzeichnis. NdDP 32, 16, 1980. — Perkow, W.: Wirksubstanzen der Pflanzenschutz- und Schädlingsbekämpfungsmittel. Berlin-Hamburg 1971/1979.

Fungizide sind Mittel zur Bekämpfung schädlicher Pilze. Ihre Anwendung erfolgt oberflächig, derart, daß der zu schützende Pflanzenteil mit einem möglichst lückenlosen Belag des Fungizids überzogen wird; sich einfindende Sporen, der aus der Spore austretende Keimschlauch oder auf der Pflanzenoberfläche wachsendes Myzel, etwa des Eichenmehltaus, werden abgetötet. Bereits in das Pflanzengewebe eingedrungene Hyphen werden im allgemeinen nicht mehr erfaßt; die Wirkung ist also hauptsächlich eine präventive. Es gibt auch systemisch wirkende Fungizide, die aber im Forstschutz bisher nur in geringem Ausmaß, im wesentlichen zur Bekämpfung von Keimlingsfäulen und Schneeschütte, Anwendung gefunden haben. Wirkstoffe sind anorganische Substanzen, namentlich Schwefel und Kupferverbindungen, im übrigen verschiedene organische Verbindungen.

Kupfer-Präparate auf der Grundlage von Kupferoxychlorid (PVG) werden zur Abwehr von *Dothichiza populea*, *Marssonina* und *Melampsora pinitorqua* empfohlen.

Schwefel wird in Gestalt von Netz- und Kolloidschwefel-Präparaten (PVF) hauptsächlich zur Bekämpfung des Eichenmehltaues benutzt.

Phthalsäure-Derivate sind Captan und Chlorthalonil (PVG), das erste Bestandteil zahlreicher pilztötender Präparate mit breitem Wirkungsspektrum, im Forstschutz speziell zur Bekämpfung von *Meria laricis* empfohlen, das zweite gegen *Phacidium infestans* und *Botrytis cinerea* wirksam, beide auch brauchbar gegen Erreger von Keimlingsfäulen.

Thiocarbamate sind die meisten der im Forstschutz benutzten Fungizid-Wirkstoffe. Im PVF sind gegen Kiefernschütte anerkannt Mancozeb, Maneb, Metiram und Zineb (s. S. 101/102), doch sind Präparate mit den genannten Wirkstoffen auch zur Bekämpfung anderer Schadpilze geeignet, so beispielsweise solche mit Zineb gegen *Botrytis cinerea, Meria laricis, Melampsora larici-populina* und weitere Pappelblattrost verursachende *Melampsora*-Arten. Prothiocarb (PVG) wird gegen Keimlingsfäulen empfohlen.

Aus verschiedenen Wirkstoffgruppen stammende fungizide Substanzen enthalten weitere gegen Keimlingspilze brauchbare Präparate: Thiram und Benomyl (PVG), die beide auch zur Anwendung gegen *Botrytis cinerea*, das zweite außerdem gegen Echte Mehltaupilze anerkannt sind, ferner Dazomet, Methylbromid und eine Mischung von Dichlorpropen + Dichlorpropan + Methylisothiocyanat (PVG), die neben Bodenpilzen auch im Boden lebende phytoparasitische Nematoden töten. Das systemisch wirkende Pyrazophos (PVF) ist zur Anwendung gegen Eichenmehltau zugelassen. Pentachlorphenol (PVF) hindert vorbeugend das Verstocken frischgeschlagener Laubholzstämme, insbesondere der Buche, bei Zusatz von Dinatriumtetraborat (PVF) auch das Verblauen von Nadelrundholz.

Schrifttum: FEHRMANN, H.: Systemische Fungizide – ein Überblick. PZ 86, 67–89, 144, 185, 1976. — FRAHM, J.: Verhalten und Nebenwirkungen von Benomyl (Sammelbericht). ZPK 80, 431–446, 1973. — LYR, H., u. POLTER, C. (Hrsg.): Systemfungizide – Systemic fungicides. Berlin 1975.

Herbizide werden zur Abtötung von Unkräutern benutzt, insbesondere von Gräsern und krautigen Pflanzen, aber auch von verholzenden Pflanzen und unerwünschten Holzgewächsen. Man unterscheidet die gesamte Vegetation vernichtende Totalherbizide, die beispielsweise Wege oder Holzlagerplätze von Pflanzenwuchs freihalten sollen, und nur bestimmte Pflanzengruppen, z. B. ausschließlich Gräser abtötende Selektivherbizide; sie insbesondere interessieren in forstlicher Hinsicht. Ferner werden unterschieden Kontaktherbizide, auch Ätzmittel genannt, welche bei äußerem Kontakt mit der Pflanze wirksam werden, und systemische Herbizide, die in das Gefäßsystem der Pflanze eindringen und mit dem Saftstrom befördert werden, unter den letzten weiterhin solche mit und ohne Wuchsstoffcharakter. Herbizide mit Wuchsstoffcharakter verursachen abnormes Wachstum, das letztlich zum Tode der Pflanze führt. Kontakt- und Wuchsstoffherbizide gelangen in erster Linie über das Blatt in die Pflanze (Blattherbizide), die anderen, soweit sie hier in Frage kommen, entweder über den Boden durch die Wurzeln (Boden- oder Wurzelherbizide) oder über Blatt und Wurzel (Blattwurzelherbizide).

Von Kontaktherbiziden werden folgende in der Forstwirtschaft benutzt:
Mineraldünger, insbesondere Kainit und Kalkstickstoff haben sich zur Vertilgung von Heide und Heidelbeere bewährt (BRÜCKNER-BUJAKOWSKY 1936, KOCH 1937, ALBRECHT 1965). 0,7 t/ha Kalkstickstoff werden zusammen mit 1,0 t/ha Hederichkainit während der Blütezeit, möglichst wenn die Pflanzen taufeucht sind, ausgestreut. Heide und Beerkraut sterben ab, die Forstpflanzen reagieren mit deutlicher Wachstumssteigerung.

Paraquat ist ein organisches, rasch und kurzfristig wirkendes Blattherbizid; es wird im Boden innerhalb weniger Stunden inaktiviert. Verwendet wird es zur Bekämpfung von Gräsern und krautigen Pflanzen auf Saat- und Verschulbeeten, in Kulturen und Verjüngungen, auf Kahlflächen sowie unter Altholz zur Kulturvorbereitung (PVF).

Zu den systemischen Wuchsstoffherbiziden gehört:
2,4,5-T, Abkürzung für 2,4,5-Trichlorphenoxy-essigsäure, in wässeriger Aufbereitung gegen Unkräuter und holzige Pflanzen einschließlich Buschwerk eingesetzt; in Dieselöl gelöst dient es zur Beseitigung unerwünschten Baum- und Strauchwuchses sowie zur Läuterung, wobei das Mittel an die abzutötenden Pflanzen durch Spritzen oder Streichen des unteren Stammteils appliziert wird. Das Absterben von Bäumen kann sich über Monate hinziehen. Ähnliche Wirkung besitzen MCPA, ebenfalls eine Essigsäure, sowie Mecoprop, eine Propionsäure (PVF).

Von systemischen Mitteln ohne Wuchsstoffcharakter sind als Blattherbizide zu nennen:
Glyphosat und Fosamin, organische Phosphorverbindungen, das erste mit breitem Wirkungsspektrum, gegen Gräser, Kräuter, Adlerfarn und Holzgewächse in Kulturen und Verjüngungen, auf Kahlflächen und unter Altholz, das zweite zur Abtötung von Holzgewächsen (PVF), wobei deren Austreiben gestört oder verhindert wird und ihr Absterben sich bis zu 3 Jahren hinziehen kann.

Zu den **systemischen Mitteln ohne Wuchsstoffcharakter** gehören als **Wurzelherbizide**:

Natriumchlorat, ein Totalherbizid, das auch eine gewisse Ätzwirkung auf oberirdische Pflanzenteile besitzt. Es ist wegen seines radikalen Effekts nur zur Unkrautbekämpfung auf Wegen und Plätzen zugelassen (PVF). Die Wirkungsdauer im Boden beträgt je nach Bodenart und Zeit der Ausbringung 2–6, unter Umständen bis 8 Monate. Von der Wurzelzone nahestehender Forstpflanzen muß genügender Abstand gehalten werden. In trockener Mischung mit organischer Substanz erhöht es deren Entzündbarkeit und damit die Waldbrandgefahr.

Simazin, eine Triazin-Verbindung, **Chlorbufam**, ein Carbamat, und **Cycluron**, ein Harnstoffderivat, die beiden letzten als Kombination im Handel, gleichen einander in der Wirkung insofern, als sie in der obersten Bodenschicht von häufig nur wenigen Millimetern zurückgehalten werden, hier keimende Unkräuter abtöten, aber tiefer sitzende Wurzeln (von Forstpflanzen) nicht erreichen. Sie sind deshalb geeignet zur vorbeugenden Behandlung unkrautfreier oder zuvor unkrautfrei gemachter Saat- und Verschulbeete (PVF). Die Wirkungsbreite ist groß und erfaßt die Keimlinge nahezu aller gras- und krautartigen Pflanzen. Ebenfalls groß ist die Dauerwirkung: meist genügt eine Behandlung im Frühjahr, um die Beete für die ganze Vegetationsperiode frei von Unkraut zu halten.

Chlorthiamid dringt bis etwa 10 cm in den Boden ein, tötet hier die Wurzeln der Gräser und Unkräuter, verschont aber die tiefer wurzelnden Forstpflanzen. Es eignet sich deshalb zur Unkrautbekämpfung in Kulturen und Naturverjüngungen, auch gegen Adlerfarn (PVF). Die Wirkungsdauer des im zeitigen Frühjahr ausgebrachten Mittels erstreckt sich auf eine Vegetationsperiode.

Von **systemischen Mitteln ohne Wuchsstoffcharakter**, die als **Blattwurzelherbizide** wirken, werden in der Forstwirtschaft benutzt:

Methabenzthiazuron, ein Harnstoffderivat, ähnelt in der Wirkungsweise dem oben genannten Simazin und läßt sich deshalb auf Verschulbeeten vor, auch nach dem Auflaufen der Unkräuter einsetzen (PVF); es muß aber vor dem Austreiben der Forstpflanzen ausgebracht sein.

Dalapon, das Natriumsalz der 2,2-Dichlorpropionsäure, ist in erster Linie ein Gräsermittel. Es ist zur Kulturvorbereitung auf Kahlflächen und in Altholzbeständen zugelassen und wird gern mit anderen, gegen Kräuter wirksamen Mitteln kombiniert (PVF). Seine Inaktivierung im Boden geschieht vergleichsweise schnell, meist innerhalb 6–8 Wochen.

Kombinationen von **Atrazin + Cyanazin** sowie von **Terbuthylazin + Terbumeton**, sämtlich heterozyklische Verbindungen, sind zur Bekämpfung von Gräsern und Kräutern in Laub- und Nadelholzkulturen, die erste auch in Verschulbeeten zugelassen (PVF).

Amitrol, Abkürzung für Aminotriazol, hat sich früher speziell zur Bekämpfung des Adlerfarns bewährt (PVF). Es liegt heute nur noch als Bestandteil von Kombinationspräparaten vor. Ein spezifisches, selektives Mittel gegen Adlerfarn ist **Asulam**, ein Carbamat (PVF); es kann sowohl auf Kahlflächen und unter Altholz als auch in Kulturen und Naturverjüngungen eingesetzt werden. Auch **Dichlobenil**, ein Dichlorbenzonitril, eignet sich zur Bekämpfung des Adlerfarns, aber auch von Gräsern und Kräutern in Kulturen und Verjüngungen (PVF).

Bei der Anwendung von Herbiziden ist, wie schon die vorstehenden Angaben erkennen ließen, sehr differenziert vorzugehen. Die folgende Übersicht bringt, um die Vielfalt der Anwendungsmöglichkeiten aufzuzeigen, die im PVF 1978 (mit Nachträgen bis Mitte 1980) enthaltene Gliederung mit den jeweils zugelassenen Wirkstoffen:

Anwendungsgebiet
1. auf Saat- und Verschulbeeten
1.1. vor dem Auflaufen der Unkräuter: Chlorbufam + Cycluron, Methabenzthiazuron, Simazin
1.2. nach dem Auflaufen der Unkräuter: Methabenzthiazuron + Amitrol + MCPA, Paraquat, Atrazin + Cyanazin
2. in Kulturen und Naturverjüngungen, vorwiegend zur Pflege
2.1. gegen Gräser: Dalapon
2.2. gegen Gräser und Kräuter: Atrazin + Cyanazin, Chlorthiamid, Chlorthiamid + Dalapon, Dalapon + Dichlobenil, Dichlobenil, Glyphosat, Paraquat, Terbutylazin + Terbumeton
2.3. gegen Adlerfarn: Asulam, Chlorthiamid, Dalapon + Dichlobenil, Dichlobenil
2.4. gegen Kräuter und Holzgewächse: 2,4,5-T-Salz
2.5. gegen Gräser, Kräuter und Holzgewächse: Glyphosat, Dalapon + Mecoprop- + 2,4,5-T-Salz (flüssig), 2,4,5-T-Salz + Dalapon
2.6. gegen Holzgewächse: Fosamin, 2,4,5-T-Ester, 2,4,5-T- + Mecoprop-Salze
3. auf Kahlflächen oder unter Altholz, vorwiegend zur Kulturvorbereitung
3.1. gegen Gräser: Dalapon

3.2. gegen Gräser und Kräuter: Dalapon+2,4,5-T-Ester, Paraquat
3.3. gegen Adlerfarn: Asulam, Glyphosat
3.4. gegen Holzgewächse: Fosamin, 2,4,5-T-+Mecoprop-Salze
3.5. gegen Kräuter und Holzgewächse einschließlich Buschwerk: 2,4,5-T-Ester, 2,4,5-T-+2,4-D-Ester, 2,4,5-T-+Mecoprop-Salze
3.6. gegen Gräser, Kräuter und Holzgewächse einschließlich Buschwerk: Glyphosat, Dalapon+2,4,5-T-Ester
4.   zur Einzelbehandlung von Stöcken, Sträuchern und Bäumen sowie zur Läuterung: 2,4,5-T-Ester, MCPA
5.   auf Wegen und Plätzen (gegen Gräser und Kräuter): Natriumchlorat

Im übrigen ist der Gebrauch von Herbiziden sowohl in ökonomischer als auch in ökologischer Hinsicht umstritten (s. S. 132). Hinzu kommen Bedenken, daß manche Mittel toxisch auf Mensch und Tier wirken können. Eine großzügige Anwendung, insbesondere solche vom Flugzeug aus, wird im allgemeinen abgelehnt; zulässig erscheint der gezielte Einsatz, wenn die Existenz der Kultur oder Naturverjüngung gefährdet ist, bzw. zur Gründungsvorbereitung oder Sicherung eines artenreichen Waldes. Eine besonders heftige Diskussion hat es um das Wuchsstoffherbizid 2,4,5-T gegeben (Biologische Bundesanstalt 1978 mit den dort zitierten, vorangegangenen diesbezüglichen Veröffentlichungen). Auf jeden Fall sind die von den Herstellerfirmen gegebenen Vorschriften sowie die im PVF genannten einschränkenden Voraussetzungen, unter denen die Mittel für den jeweiligen Zweck zugelassen sind, genau zu beachten.

Schrifttum (aus der sehr umfangreichen Herbizid-Literatur werden nur einige, allgemeinere Fragen behandelnde Veröffentlichungen aufgeführt): BIOLOGISCHE BUNDESANSTALT (Hrsg.): Stellungnahme zur Anwendung von 2,4,5-T bei der Unkrautbekämpfung im Forst. MBBA 181, 1978. — BOSSEL, H.: Umwelt- und Rückstandsfragen bei der Anwendung von Herbiziden im Forst. AF 29, 48–49, 1974. — HASENKAMP, J. G.: Es geht auch ohne Herbizide! AF 29, 43, 1974. — MAIER-BODE, H.: Umwelt- und Rückstandsfragen bei der Anwendung von Herbiziden im Forst. AS 46, 17–24, 1973. — MÜNCH, W. D.: Änderungen der Artenzusammensetzung von Unkräutern in Forstkulturen nach Anwendung von Herbiziden. ZPK 79, 485–497, 1972. — OLBERG-KALLFASS, R.: Chemische Unkrautbekämpfung im Walde. ZPK 84, 559–572, 1977. — REGEL, F.: Maßnahmen gegen Unkrautkonkurrenz. AF 29, 42–43, 1974. — SCHÜLLI, L.: Beeinflussung der Wirtschaftlichkeit durch den Einsatz chemischer Waldschutz-Präparate. AF 33, 469–470, 1978. — SOYEZ, D.: Herbizide in der Forstwirtschaft. FH 35, 105–108, 1980. — ZITZEWITZ, H. v.: Herbizide zwischen Wald und Wild. FH 34, 299–301, 1979.

Nematizide, Mittel zur Bekämpfung phytoparasitärer Nematoden, sind im Forstschutz bisher nur wenig benutzt worden. Gute Erfahrungen liegen mit einem als Di-Trapex in den Handel kommenden Mischpräparat aus Dichlorpropen+Dichlorpropan+Methylisothiocyanat vor (ZEYHER 1968); es wurde oben bereits als zur Bekämpfung von Bodenpilzen zugelassen (PVG) genannt. Ebenfalls aufgeführt wurden die auch als Nematizide wirksamen Fungizide Dazomet und Methylbromid (PVG).

Akarizide, Mittel gegen Spinnmilben, sind teils speziell gegen diese, wie z. B. Cyhexatin oder Dicofol (PVG), teils auch gegen Insekten wirksam, wie Dimethoat oder Parathion (PVG, PVF). Sie sind bisher nur selten zur Bekämpfung forstschädlicher Arten eingesetzt worden.

Insektizide, Mittel zur Abtötung von Insekten, wirken als Fraß-, Berührungs- oder Atemgifte. Fraßgifte müssen, um wirksam zu werden, in den Verdauungstrakt gelangen; sie sind nur anwendbar bei fressenden Stadien. Kontakt- oder Berührungsgifte wirken bei äußerer Berührung mit der Oberfläche des Tiers toxisch, in erster Linien auf und über seine Nerven; sie besitzen gegenüber den Fraßgiften den Vorteil, daß mit ihnen auch nichtfressende Stadien erfaßt werden können und daß die Wirkung schneller einsetzt und damit weniger von der Witterung abhängig ist. Atemgifte sind Stoffe, die in gasförmigem Zustand meist durch die Atemwege in das Insekt eindringen und hier seinen Gasstoffwechsel, insbesondere die innere Atmung der Gewebe, ungünstig beeinflussen. Vielfach wirken die Insektizide gleichzeitig in mehrfacher Weise: ein Kontaktgift, mit der Nahrung aufgenommen, ist auch Fraßgift; wenn es leicht verdunstet, kann seine Gasphase als Atemgift wirksam werden.

Weiterhin kann ein Insektizid unmittelbar das phytophage Insekt treffen bzw. von ihm aufgenommen werden oder mittelbar, indem es zunächst pflanzliches Gewebe durchdringt, um das in dessen Innern befindliche Schädlingsstadium zu erreichen, oder in den Leitungsbahnen der Pflanze zu dem Ort befördert wird, wo sich das Insekt aufhält. In den beiden letzten Fällen sprachen wir (S. 415) von Tiefenwirkung bzw. systemischer Wirkung.

Als Wirkstoffe der Insektizide wurden in früheren Auflagen dieses Buches mehr oder weniger ausführlich anorganische Substanzen, Bestandteile pflanzlicher Rohstoffe, Mineralöle und synthetische organische Verbindungen besprochen; heute sind nur noch diese mit einer umfangreichen Palette effektiver Substanzen im Gebrauch. Es sind chlorierte Kohlenwasserstoffe, Carbamate und organische Phosphorverbindungen.

Aus der Gruppe der chlorierten Kohlenwasserstoffe sind zu nennen:
DDT, Abkürzung für Dichlordiphenyltrichloräthan, ein breitwirksames Berührungsgift mit großer Dauerwirkung, wird des historischen Interesses wegen erwähnt. Erstmalig 1943 im Forstschutz eingesetzt, war es rund 3 Jahrzehnte lang das meistverwendete Insektizid. Die mit ihm erzielten Erfolge waren durchweg gut, doch wurde im Lauf der Zeit eine höchst unerwünschte Nebenwirkung bekannt: DDT wird, wenn es in subletaler Menge in den Tierkörper gerät, zum Teil nicht abgebaut, sondern namentlich im Fettgewebe gespeichert. Dank seiner Persistenz kann es über Nahrungsketten von Tier zu Tier weitergegeben werden und sich in deren Körpern anreichern. Man hat DDT in Vögeln und Robben der Arktis gefunden, weitab vom Ort seiner Anwendung, und erklärt sich dies so, daß in Wasserläufe verwehtes oder verschwemmtes DDT vom Plankton aufgenommen wurde, dieses wurde von Fischen verzehrt und die Fische wurden von Seevögeln und Robben gefressen. Um einer weltweiten Verseuchung der Tierwelt und auch der Menschheit mit DDT, deren Folgen nicht abzusehen sind, zu begegnen, ist in vielen Ländern, auch in der Bundesrepublik Deutschland, der Gebrauch dieses Mittels verboten worden.

Lindan ist ein Kontakt-, Fraß- und Atemgift mit im allgemeinen geringer Dauerwirkung, doch zuweilen auch beachtlicher Persistenz (MAKSYMOV 1974); eine Kumulierung im Tierkörper findet – wie ebenso bei den noch zu nennenden Insektiziden – nicht statt. Es ist zugelassen zur Bekämpfung von Käfern, Afterraupen, Lärchenblasenfuß und an Laubhölzern saugenden Blattläusen (PVF). Bewährt hat es sich auch gegen Bodeninsekten, wie Engerlinge und Drahtwürmer; in den Boden eingebracht, hält bei entsprechender Dosierung seine Wirkung mehrere Jahre an.

Endosulfan wirkt als Berührungs- und Fraßgift, besitzt eine beträchtliche Wirkungsbreite und ist zur Bekämpfung blatt- und nadelfressender Käfer, freifressender Schmetterlingsraupen, Afterraupen und saugender Insekten (außer Schildläusen) zugelassen (PVF). Sein besonderer Vorzug besteht darin, daß es im Gegensatz zu anderen hier genannten Insektiziden bei üblicher Aufwandmenge für Bienen unschädlich ist; auch als Gegenspieler von Schadinsekten auftretende Coleopteren und Hymenopteren bleiben mehr oder weniger weitgehend verschont (HÜTTENBACH 1969).

Schrifttum: HÜTTENBACH, H.: Selective insecticides in integrated pest control as illustrated by Thiodan (Endosulfan). ZPK 76, 667–677, 1969. — MAIER-BODE, H.: Verbreitung des DDT und anderer Insektizide in unserer Umwelt. ZPK 79, 232, 1972. — MAKSYMOV, J. K.: Persistenz von Lindan an jungen Lärchen. AS 47, 113–115, 1974.— SCHINDLER, U.: Forstschutz ohne DDT. AF 25, 161–163, 1970. — ULMANN, E. (Hrsg.): Lindan – Monographie eines insektiziden Wirkstoffes. Freiburg i. Br. 1973. — ZITZEWITZ, H. v.: Zum Einsatz von Lindan statt DDT. AF 28, 167, 1973.

Insektizide Carbamate spielen eine nur kleine Rolle im Forstschutz:
Promecarb ist vorwiegend Berührungs-, daneben auch Fraß- und Atemgift mit hoher Anfangswirkung. Es ist gegen Käfer (ausgenommen Rüsselkäfer), freifressende Schmetterlingsraupen, Afterraupen und Blattläuse an Laubholz zugelassen (PVF), jedoch zur Zeit (1980) nicht im Handel. Lediglich in Mischung mit Lindan wird es als Borkenkäfermittel angeboten.

Propoxur, ebenfalls Berührungs-, Fraß- und Atemgift mit starker Initial- und kurzer Dauerwirkung, ist lediglich zur Bekämpfung von Blatt- und Schildläusen zugelassen (PVF).

Organische Phosphorverbindungen sind die meisten der zur Zeit zugelassenen und für den Forstschutz verfügbaren insektiziden Wirkstoffe. Sie haben unterschiedliche Wirkungsweise, viele von ihnen besitzen neben dem unmittelbaren Effekt auf das Schadinsekt auch Tiefen- und systemische Wirkung. Die Wirkungsdauer ist meist kurz. Nachteilig ist die manchen Mitteln eigene, vergleichsweise hohe Warmblütertoxizität; doch kommt es nicht zu einer Kumulierung im Tierkörper.

Parathion, 1944 entdeckt und unter dem Namen E 605 bekannt geworden, führt die lange Reihe der insektiziden organischen Phosphorverbindungen an; es besitzt Berührungs-, Fraß- und Atemgiftwirkung, ist in hohem Maße polytoxisch und dient zur Bekämpfung von blatt- und nadelfressenden

Käfern, freifressenden Schmetterlingsraupen, minierenden Larven, von Afterraupen, Lärchenblasenfuß und Laubholzläusen, in Kombination mit Mineralöl auch von Douglasienlaus und Buchenwollschildlaus (PVF). Das Stäubemittel enthält Parathion-methyl. Die Anfangswirkung ist groß. Parathion wird vom Pflanzengewebe aufgenommen und besitzt deshalb die Tiefenwirkung, die es zum Einsatz gegen minierende Insektenstadien geeignet macht. Im Pflanzengewebe wird es in 3–7 Tagen abgebaut.

Anzinphos-methyl ähnelt in seinen Eigenschaften dem vorigen, hat aber längere Wirkungsdauer. Es ist Fraß- und Berührungsgift, besitzt ebenfalls beträchtliche Breitenwirkung und ist zur Bekämpfung der gleichen Insektengruppen zugelassen (PVF) mit Ausnahme der Minierer, weil seine Tiefenwirkung gering ist.

Tetrachlorvinphos, Berührungs- und Fraßgift mit großer Breiten-, rascher Anfangs- und guter Dauerwirkung. Es ist zugelassen gegen blatt- und nadelfressende Käfer, Rüssel- und Borkenkäfer, freifressende Schmetterlingsraupen und Afterraupen, als einziges Insektizid auch gegen verstecktfressende Larven von Lepidopteren, z. B. Kiefernknospentriebwickler und Tannentriebwickler.

Trichlorfon, Kontakt- und Fraßgift, besitzt eine gute Tiefenwirkung, die es zur Bekämpfung minierender Insekten tauglich macht. Es hat etwa gleiche Anfangs-, aber längere Dauerwirkung als Parathion. Es ist zugelassen gegen blatt- und nadelfressende Käfer außer Rüsselkäfern, gegen freifressende Schmetterlingsraupen, minierende Larven und Afterraupen (PVF). Ähnliche Wirkungsweise und Anwendungspalette besitzt Triazophos; doch ist es auch gegen Rüsselkäfer zugelassen und für Warmblüter giftiger (PVF).

Bromophos und Bromophos-äthyl sind Berührungs- und Fraßgifte. Das erste besitzt sehr geringe Warmblütertoxizität und ist zur Bekämpfung freifressender Schmetterlingsraupen, minierender Larven und an Laubhölzern saugender Blattläuse, das zweite ist bei geringer Bienengefährlichkeit ebenfalls gegen freifressende Lepidopterenlarven sowie gegen Afterraupen zugelassen (PVF).

Diazinon, ein Berührungs-, Fraß- und Atemgift mit schneller Anfangs- und vergleichsweise kurzer Dauerwirkung eignet sich zur Bekämpfung von freifressenden Schmetterlingsraupen, Afterraupen, Lärchenblasenfuß und Blattläusen an Laubholz (PVF).

Sämtlich systemisch wirkend mit Fraß- und Berührungsgifteffekt und deshalb besonders zum Einsatz gegen saugende Insekten geeignet sind Thiometon, Demeton-S-methyl, Oxydemeton-methyl, Dimethoat und Phosphamidon (PVF). Zugelassen sind sie alle gegen Blattläuse an Laubholz, außerdem das zweitgenannte Mittel gegen Nadelholzläuse, das drittgenannte auch gegen Lärchenblasenfuß, Dimethoat außer gegen Blattläuse noch gegen minierende Larven und Afterraupen, Phosphamidon noch gegen blatt- und nadelfressende Käfer ohne Rüsselkäfer, gegen freifressende Schmetterlingsraupen und gegen Afterraupen.

Seit 1979 schließlich ist das Kontaktgift Phosmet gegen *Hylobius abietis* zur vorbeugenden Tauchbehandlung und zur gezielten, kurativen Behandlung von Einzelpflanzen zugelassen.

Molluskizide, Mittel zur Bekämpfung von Schnecken, enthalten durchweg als Wirkstoff Metaldehyd. Es wirkt als Kontakt- und Fraßgift. Die Schnecken reagieren bei Berührung mit übermäßiger Schleimabsonderung und werden gelähmt; die Wirkung als Fraßgift zeigt sich in schweren Schädigungen des Darmkanals. Am häufigsten wird das Mittel in Kleieködern verwendet, die als feste Trockengranulate gebrauchsfertig im Handel sind (PVG).

Rodentizide, Mittel gegen Nagetiere, speziell zur Bekämpfung von Mäusen auch Murizide genannt, werden als Fraßgifte in Ködern oder flächig an den von Mäusen besiedelten Orten ausgebracht.

Zinkphosphid, ein starkes Fraßgift, ist der Wirkstoff verschiedener gegen Erd- und Rötelmaus benutzter Ködermittel (PVF).

Toxaphen (Camphechlor), zu den chlorierten Kohlenwasserstoffen gehörend, aber keine einheitliche Verbindung, sondern ein Gemisch von Substanzen, die beim Chlorieren von Camphen entstehen, ist ursprünglich als Insektizid entwickelt worden. Es hat sich als sehr wirksam gegen die Erdmaus erwiesen, wenn es als Spritz- oder Sprühmittel gleichmäßig auf die von ihr besiedelte Fläche ausgebracht wird (PVF). Die Mäuse vergiften sich wahrscheinlich durch Aufnehmen der Substanz in den Darmtrakt, wenn sie an begifteten Pflanzen fressen oder sich putzen und dabei auf dem Fell haftende Wirkstoffpartikel ablecken. Der Effekt setzt beinahe schlagartig ein; bei ausreichender Dosierung sind innerhalb von 48 Stunden alle Mäuse tot.

Kombination von Giften. Zur Erzielung bestimmter Effekte werden Giftstoffe miteinander kombiniert. Ziel ist dabei entweder höhere Wirksamkeit gegenüber einem

bestimmten Schädling oder größere Wirkungsbreite, um gleichzeitig mehrere Schaderreger zu fassen. Die gebräuchlichsten Kombinationen werden vom Handel als Fertig-
präparate geliefert.

Die Kombination von Zineb und Maneb bei der Bekämpfung der Kiefernschütte ergibt eine längere
Wirkungsdauer (S. 101). Mehrere Schaderreger werden erfaßt, wenn unterschiedlich wirksame
Herbizide miteinander kombiniert werden (S. 423) oder wenn bei einer Bekämpfung des Graurüßlers
Anfang August der Insektizidbrühe ein Fungizid beigemischt wird, um gleichzeitig die Kiefernschütte
vorbeugend abzuwehren.

f. Bedingungen der Wirkung chemischer Forstschutzmittel

Die Wirkung chemischer Forstschutzmittel hängt außer von den bereits behandelten Eigenschaften der
jeweiligen Substanz ab von der Dosis, in der sie gegeben wird, von der Zeitdauer, während der sie
einwirken kann, von der Anfälligkeit des Organismus und von Umweltverhältnissen.

Dosis. Eine höhere Dosis des Wirkstoffes ergibt einen höheren Effekt. Die Relation
ist aber nicht linear: die mittlere Lebensdauer von Larven des Gartenlaubkäfers, die mit
verschiedenen Mengen von Lindan begiftet wurden, nahm mit steigender Dosis
zunächst sehr rasch, dann langsamer und schließlich kaum mehr ab; entsprechend
erhöhte sich die innerhalb einer Woche erzielte Sterblichkeit mit der Dosis erst stark
und weiterhin immer schwächer (Abb. 238). Ähnlich stieg in einer sich stark abflachen-
den Kurve die Zahl der Schwammspinner an, die an

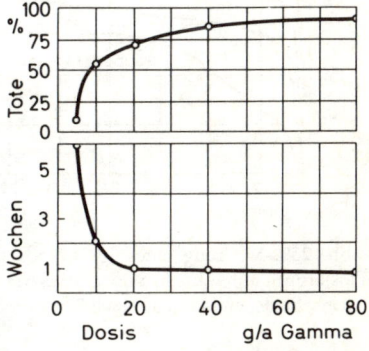

Fallen mit jeweils höheren Mengen von Disparlur
gefangen wurden (SCHNEIDER et al. 1974). Solche
Ergebnisse folgen einem allgemeinen Prinzip der
Ökologie, nach dem Intensitätsänderungen eines
Faktors umso weniger effektiv sind, je näher er dem
Bereich seiner maximalen Wirkung ist (SCHWERDT-
FEGER 1963). Auf die Praxis der Forstschädlingsbekämpfung bezogen heißt dies, daß Mehraufwen-
dungen über eine bestimmte Dosis hinaus (im Beispiel der Abbildung 238 etwa über 20 g/a Gamma)
keine entsprechende und kostenmäßig zu rechtfer-
tigende Steigerung des Erfolgs bringen, und daß ein
Mittel, das bei solcher Dosierung keine hinreichende Wirkung hat, auch bei Erhöhung der Gabe nicht
brauchbarer wird.

Abb. 238. Mittlere Lebensdauer in
Wochen (unten) bzw. Sterblichkeit
innerhalb einer Woche (oben) von je
20 Larven von *Phyllopertha horticola*
nach Begiftung mit Lindan in verschiedener Dosierung (g/a Gamma).
Nach SCHWERDTFEGER 1950

Zeit. Dies gilt für sogenannte zeitlos wirkende
Mittel: die Substanz muß in genügender Menge, in
einer bestimmten, wirksamen Dosis aufgenommen
werden; ist soviel nicht vorhanden, so tritt auch bei
längster Einwirkungszeit kein Erfolg ein. Natürlich
ist die Aufnahme der wirksamen Dosis zeitabhängig: ein langsam fressendes Insekt
braucht zur Vereinnahmung der tödlichen Menge eines Fraßgiftes längere Zeit als ein
schnell fressendes. Daß in Abbildung 238 die Wirkung bei einer Dosis von 10 g/a
Gamma so viel rascher einsetzte als bei einer solchen von 5 g/a, liegt sicher daran, daß im
zweiten Fall es länger dauerte, bis die Tiere hinreichend Kontakt mit dem spärlicher
vorhandenen Insektizid erhalten hatten; bei hoher Dosis, die sogleich genügenden
Kontakt gewährleistete, veränderte sich die mittlere Lebensdauer und damit die
Einwirkungszeit kaum mehr. Demgegenüber spielt bei der zeitgebundenen Vergiftung
die Einwirkungszeit eine ebenso große Rolle wie die Giftdosis: der Effekt kann auch
mit kleinster Giftgabe erreicht werden, wenn diese nur lange genug wirksam erhalten

werden kann. Das ist der Fall namentlich bei giftigen Gasen: ihre Wirkung ist proportional der Konzentration und der Einwirkungsdauer; das Produkt aus Konzentration und Einwirkungsdauer ist konstant.

Anfälligkeit des Organismus. Die Disposition eines Lebewesens gegenüber schädigenden Giftstoffen ist unterschiedlich je nach Art, Geschlecht, Entwicklungsstadium und Alter. Sie kann beeinflußt werden durch äußere Umstände wie Ernährung, Parasitierung usw.

Microsphaera alphitoides ist empfindlich gegen Schwefel, *Lophodermium pinastri* dagegen nicht. Käfer sind im allgemeinen anfällig gegenüber Trichlorfon, Rüsselkäfer aber widerstandsfähig. Unterschiedliche Anfälligkeit der Geschlechter zeigt sich häufig insofern, als weibliche Käfer verschiedener Spezies sich gegenüber chlorierten Kohlenwasserstoffen und organischen Phosphorverbindungen widerstandsfähiger erwiesen als die Männchen (SCHINDLER 1964, MÜNCH 1972). Hinsichtlich des Entwicklungsstadiums zeigt das vegetative Myzel der Pilze einen anderen Grad der Empfindlichkeit als ruhende, meist durch stärkere Membrane geschützte Sporen; Larven müssen vielfach mit anderen Giften bekämpft werden als etwa die zugehörigen Imagines oder Eier. Innerhalb des gleichen Entwicklungsstadiums hängt die Giftempfindlichkeit von Alter bzw. von der Größe des Tieres, bei Insektenlarven auch vom Eintreten der Häutung ab; junge Raupen sind regelmäßig anfälliger als alte (Abb. 239), wohl auch deshalb, weil die das Gift aufnehmende Oberfläche der Außenhaut, des Darms oder der Atmungsorgane relativ größer ist als bei erwachsenen Raupen; nach der Häutung ist die Empfindlichkeit der Larven im allgemeinen größer als kurz vor der Häutung.

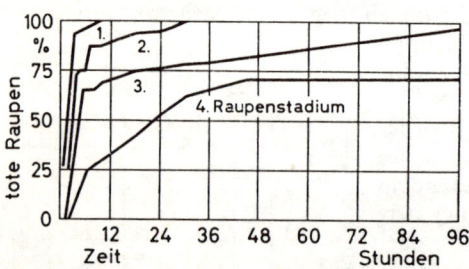

Abb. 239. Wirkung eines Insektizids (bei gleicher Dosierung) auf Raupen von *Lymantria monacha* in verschiedenen Stadien. Nach WELLENSTEIN 1942

Umweltverhältnisse. Wesentliche Bedeutung für die Wirkung eines ausgebrachten Giftes haben die Eigenschaften des Mediums, in denen sich der zu bekämpfende Organismus aufhält, vor allem des Bodens und der Luft. Die Gegebenheiten des Bodens und der vom Wetter beeinflußte Zustand der Luft, vor allem ihre Temperatur und Feuchtigkeit, dazu auch Licht, Sonnenstrahlung, Wind, Regen, Tau u. a. spielen dabei eine zweifache Rolle: sie steigern oder mindern sowohl die Disposition des angegriffenen Organismus als auch die Wirksamkeit der toxischen Substanz.

Im Boden erwies sich die Wirksamkeit von Lindan als umso geringer, je dichter er war (EDWARDS et al. 1957); die Wirkung von Parathion, ausgedrückt durch die LD 50, sank mit sich erhöhendem Wassergehalt und stieg mit zunehmendem Gehalt an organischer Substanz (HARRIS 1966, 1967). Bei Bekämpfung bodenbewohnender Erreger von Keimlingsfäulen erwies sich der Humusgehalt des Bodens als bedeutsam für die Wirkungsdauer der Fungizide; sie war in humusarmen Sandböden länger als in humusreichen (KLUGE 1969). Die Wirksamkeit des Fungizids wird anscheinend von der Mikroflora beeinflußt: sie war in natürlicher Gartenerde höher als in partiell sterilisierter, was auf einen kombinierten Effekt von Fungizid und biologischer Aktivität des Bodens hindeutet (BOCHOW-HENTSCHEL 1968).

Erhöhte Temperatur mehrt innerhalb gewisser Grenzen die Resorptionsfähigkeit des Tierkörpers für alle Giftarten; sie verstärkt gleichzeitig den Giftcharakter der angewandten Substanzen durch erhöhte Löslichkeit, verringerte Viskosität oder bessere Aktionsfähigkeit. Modifiziert werden diese Zusammenhänge durch den Umstand, daß der Organismus die größte Widerstandskraft gegen Schadeinwirkungen innerhalb der optimalen Temperaturzone besitzt und jede Abweichung nach oben, aber auch nach unten, seine Anfälligkeit mehrt. Ferner kann Temperaturerhöhung eine unerwünschte Steigerung von Verdunstung oder sonstigen Konzentrationsverlust mit sich bringen; umgekehrt erschwert niedrige Temperatur die Verdampfung von Mitteln, die in gasförmiger Phase wirken sollen.

Die Schwankungen der Luftfeuchtigkeit beeinflussen in ähnlicher Weise stärkend oder schwächend die Empfindlichkeit des Schädlings und die Wirkung des Chemikals. Im einzelnen bedürfen die Zusammenhänge noch der Klärung.

Auf Zusammenhänge zwischen der Wirksamkeit von Bioziden und am Ort auftretenden Immissionen hat BERGE 1978 hingewiesen.

Grundsätzlich darf wohl gesagt werden, daß allein von der Seite der Organismen gesehen die größte Widerstandsfähigkeit gegenüber Giften dann gegeben ist, wenn die Außenbedingungen für den normalen Ablauf der Lebensfunktionen am günstigsten sind. Der Widerstandskraft des Organismus steht die Wirksamkeit des Giftes gegenüber, die durch die gleichen Außenfaktoren in ganz anderer Weise beeinflußt werden kann. Eine durch Temperaturerhöhung unterhalb des vitalen Optimums verursachte Steigerung der Widerstandskraft von Raupen kann durch Erhöhung der Aktionsfähigkeit des Giftes ausgeglichen werden. Das Resultat aus dem Zusammenspiel von Gift, Organismus und Außenfaktoren kann außerordentlich wechselnd und je nach den Außenbedingungen, dem angewandten Chemikal und der Disposition des Schädlings verschieden sein.

Schrifttum: BERGE, H.: Wirkungsbeeinflussung von Pestiziden durch Immissionen. AS 51, 100–102, 1978. — HARRIS, C. R.: Influence of temperature on the biological activity of insecticides in soil. JeE 64, 1044–1049, 1971. — MÜNCH, W. D.: Studien zur unterschiedlichen Empfindlichkeit von männlichen und weiblichen Erlenblattkäfern – *Agelastica alni* L. – gegenüber den Thiophosphorsäureestern Bromophos und Diazinon. NdDP 24, 53–56, 1972. — SCHNEIDER, D., LANGE, R., SCHWARZ, F., BEROZA, M., BIERL, B. A.: Attraction of male Gypsy and Nun Moths to Disparlure and some of its chemical analogues. Oecologia 14, 19–36, 1974.

g. Applikation der Forstschutzmittel

Das Forstschutzmittel, speziell der Hemm- oder Giftstoff kann an den Schaderreger herangebracht werden, indem man entweder diesen bzw. die von ihm befallene Pflanze unmittelbar mit ihm behandelt oder zusätzlich Lockmittel verwendet oder schließlich, bei Bodenschädlingen, die Substanz in den Boden einbringt.

Unmittelbare Applikation. In den meisten Fällen wird das Forstschutzmittel mit den im nächsten Abschnitt vorzuführenden Verfahren und Geräten verspritzt, versprüht, verstäubt usw. derart, daß der Stoff sogleich mit dem Schädling in Berührung oder auf die Pflanze gebracht wird, damit er mit dieser (als Fraßmittel) aufgenommen oder auf ihr in anderer Weise (als Kontaktgift gegen den daraufsitzenden Käfer, als toxisch für den aus der Spore austretenden Keimschlauch usw.) wirksam wird. Neben diesen hauptsächlich benutzten einfachen Direktverfahren sind Abwandlungen für spezielle Zwecke in Gebrauch.

In Analogie zum Leimring (S. 408) wird ein um den Stamm gelegter Giftring zum Abhalten der aufbaumenden Raupen des Kiefernspinners und der Nonne verwendet. Auch gegen *Acantholyda posticalis* wird das Verfahren empfohlen (KOEHLER-ŚLIWA 1959). Sein Vorteil ist die Selektivität, die andere Insekten kaum zu Schaden kommen läßt, von Nachteil ist der hohe Arbeitsaufwand.

Bei Verwendung systemischer Mittel besteht die Möglichkeit, durch Stammapplikation Schaderreger im Kronenbereich abzutöten. Das Verfahren ist unter Verwendung eines Demeton-Präparates gegen Lärchenblasenfuß, Lärchenminiermotte und Lärchentriebmotte (S. 199), unter Benutzung eines systemischen Fungizids auch zur Bekämpfung von *Endothia parasitica* eingesetzt worden. Es ist erfolgreich bei nicht zu hohen Bäumen, sehr arbeitsaufwendig und deshalb nur in besonderen Fällen angebracht. Bei Wurzelapplikation wird das systemische Mittel über die Wurzel aufgenommen. POSTNER 1967 streute ein granuliertes Insektizid aus der Demeton-Gruppe unter junge Erlen, Fichten und Tannen, die von *Cryptorrhynchus lapathi* bzw. *Sacchiphantes abietis* bzw. *Agevillea abietis* befallen waren. Das Mittel gelangte durch den Boden über Wurzel und Stämmchen zu den unter der Rinde bzw. an den Trieben sitzenden Schadinsekten und bewirkte auch eine gewisse Abtötung. Doch ist das Verfahren praktisch kaum einzusetzen, weil die in Kulturen und Verjüngungen meist kräftige Bodenvegetation das Eindringen des Insektizids in den Boden erschwert und deshalb entweder ein unwirtschaftlich hoher Mittelaufwand oder ein vorheriges, kostenmäßig nicht zu rechtfertigendes Entfernen der Bodendecke erforderlich wird.

Während solche innertherapeutischen Verfahren nicht nur den Schädling abtöten, sondern auch die Pflanze gesunden lassen wollen, erfolgt die Tränkung lediglich zu dem erstgenannten Zweck an abgestorbenen und gefällten Stämmen, aber auch als Lebendtränkung am stehenden Stamm, der entweder bereits durch den Schädlingsbefall oder infolge der Pflanzengiftigkeit des applizierten Mittels zum Tode verurteilt ist. Verschiedene Versuchsansteller haben von Borkenkäfern befallene lebende Stämme in Brusthöhe mindestens 5 cm breit geringelt und auf das freigelegte Holz Fluor- oder Arsensalze in Pastenform aufgetragen; das Gift wird absorbiert und mit dem Saftstrom bis in die Stammspitze geleitet, Käfer und Brut werden abgetötet. Solche und ähnliche Verfahren kommen wegen der hohen Toxizität, welche die benutzten Gifte auch für den Menschen haben, für die forstliche Praxis nicht in Betracht.

In Stämmen lebende Insekten können durch Injektion vergasender Substanzen bekämpft werden. So läßt sich Schwefelkohlenstoff in die Gänge holzbohrender Kerfe einspritzen oder in getränkten Wattebäuschen einführen; die Bohrlöcher müssen sogleich mit Lehm oder Baumwachs geschlossen werden, damit das entstehende Gas nicht nach außen entweicht. Durch Injektion von Fungiziden in schwammbefallene Bäume konnten ORLOS-BRENNEJZEN 1957 das im Stamm wachsende Pilzmyzel abtöten. Auch diese Verfahren kommen im allgemeinen für die forstliche Praxis nicht in Frage, weil sie zu arbeitsaufwendig, nicht hinreichend wirksam oder die benötigten Biozide im Forstschutz nicht zugelassen sind.

Verwendung von Lockmitteln. Die Verfahren entsprechen den mechanischen, mit Lockmitteln arbeitenden Fangmaßnahmen (S. 411) mit dem Unterschied, daß der attraktive Köder, an dem sich die Schädlinge sammeln, mit einem Giftstoff versehen wird.

Hierhin gehören die bereits (S. 418) vorgeführten, zur Borkenkäferbekämpfung benutzten Giftfangbaum- und Giftfangstapel-Verfahren; ihre Wirksamkeit wird – wie ebenfalls schon gezeigt – durch Kombination mit Soziallockstoff entscheidend verbessert. Rüsselkäfer werden in ähnlicher Weise durch Giftrinden, durch Giftknüppel und durch Giftreisig angelockt und abgetötet; RAUSCH 1951 tränkte Reisig und Rindenstücke mit E 605, das nicht nur die sich einstellenden Käfer abtötete, sondern offenbar auf diese auch eine anlockende Wirkung ausübte.

Gebrauchsfertige Giftköder werden vom Handel zur Bekämpfung von Schnecken (PVG), Erdmaus und Rötelmaus (PVF) angeboten.

Bodenbehandlung oder Bodendesinfektion im weitesten Sinne bezweckt, im Boden lebende und die unterirdischen Teile der Pflanzen angreifende Schaderreger unschädlich zu machen. Bei dicht unter der Erdoberfläche sich aufhaltenden oder gefährlich werdenden Schädlingen genügt ein oberflächliches Ausbringen der Mittel, etwa ein Begießen des Bodens. Sitzen die Schaderreger tiefer, so müssen die Substanzen durch geeignete Verfahren in den Boden eingebracht werden. Die Behandlung kann total sein, also die ganze Fläche erfassen, oder partiell, indem beispielsweise nur die Wurzelbereiche der einzelnen Pflanzen desinfiziert werden.

Als Beispiel für eine totale Oberflächenbegiftung sei das Übersprühen von Saatbeeten mit einem geeigneten Fungizid zur Bekämpfung von Keimlingskrankheiten genannt. Tiefenbegiftung ist notwendig gegen Engerlinge und Drahtwürmer, wobei das wirksame Mittel innerhalb des Bodenbereichs, in dem sich die Tiere üblicherweise aufhalten, gleichmäßig verteilt sein soll; bei Maikäferengerlingen sind das etwa die obersten 20 cm. Total ist die vor allem in Pflanzgärten benutzte Vollbegiftung: 2 kg/a eines Lindan-Streumittels werden gleichmäßig über die Fläche verteilt und mit einem geeigneten Gerät in den Boden gebracht. Auf Kulturflächen wird meist eine partielle Begiftung durchgeführt, und zwar auf Streifenkulturen in Form der Streifenbegiftung: das Mittel wird nur auf den Pflanzstreifen ausgebracht. Das übliche Verfahren ist die Pflanzlochbegiftung: mit einer einfachen Streudose oder einem Löffel werden 3–5 g eines Lindan-Streumittels in das Pflanzloch appliziert, bevor die Pflanze eingesetzt wird. Die auf bereits bestockten Flächen durchführbare Punktbegiftung besteht im Injizieren eines flüssigen Lindan-Mittels entweder in den Wurzelbereich der einzelnen Pflanzen oder in gleichmäßigem Abstand über die Fläche verteilt.

h. Verfahren und Geräte

Die chemischen Forstschutzmittel werden in flüssiger Form durch Gießen, Spritzen, Sprühen, Nebeln, Tauchen und Injizieren, in zähflüssiger Beschaffenheit durch Streichen und als trockene Substanzen durch Streuen, Stäuben und Pudern ausgebracht.

Gießen kommt in Frage, wo verhältnismäßig große Mengen Flüssigkeit auf kleiner Fläche angewendet werden müssen, insbesondere bei der Bodendesinfektion und bei der Unkrautbekämpfung mit Natriumchloratlösungen. Die Wassermengen liegen bei 1–5 l/m². Der hohe Wasserbedarf beschränkt das Verfahren im allgemeinen auf Saat- und Pflanzgärten. Als Geräte dienen Gießkannen oder sonstige geeignete Gefäße.

Spritzen ist das Ausbringen von Füssigkeiten unter Druck in feiner, tröpfchenförmiger Verteilung. Der Durchmesser der Tröpfchen beträgt 150–500 μm. Die Wassermengen liegen bei 200–600 l/ha. Es wird u. a. benutzt zur Unkrautbekämpfung, zur Begiftung der Bodenvegetation bei der Erdmausbekämpfung, zur Behandlung von Kulturen, um schädliche Pilze, etwa die Kiefernschütte, oder Schadinsekten, wie den Großen braunen Rüsselkäfer, abzuwehren. Das Spritzen erfolgt mit S p r i t z g e r ä t e n .

Im Kleinbetrieb benutzt man H a n d s p r i t z e n mit 0,5–2 l Fassungsvermögen. Es sind entweder einfache Kolbenpumpen, die beim Zurückgehen des Kolbens sich vollsaugen und beim Vordrücken die Flüssigkeit durch geeignete Düsen hinauspressen, oder sogenannte selbsttätige Geräte: durch eine Pumpe wird im Flüssigkeitsbehälter ein Überdruck erzeugt, der beim anschließenden Spritzen die Brühe gleichmäßig austreten läßt. Beim Ausbringen spritzfähiger Wildverbißschutzmittel haben sich S p r i t z p i s t o l e n bewährt (SIRSCH 1976, v. ZITZEWITZ 1977).

Am meisten im Gebrauch sind R ü c k e n s p r i t z e n , die auf dem Rücken getragen werden. Ihre wesentlichen Teile sind ein 10–20 l Spritzbrühe fassender Flüssigkeitsbehälter, eine Pumpe, die den Druck erzeugt, ein Spritzrohr, mit welchem der Spritzstrahl auf das zu behandelnde Objekt gerichtet wird, und eine Düse, die den Flüssigkeitsstrahl in feine Tröpfchen zerteilt. Je nach der Art der Pumpe unterscheidet man verschiedene Spritzentypen: Bei den Membran- und Kolbenspritzen wird der Druck während des Spritzens durch Betätigung eines mit der linken Hand zu bedienenden Hebels erzeugt, der eine Membran- bzw. Kolbenpumpe bewegt; der Betriebsdruck beträgt 3–4 bzw. 5–6 atü. Bei den sogenannten selbsttätigen Spritzen und den Hochdruckspritzen erfolgt das Aufpumpen vor der Spritzarbeit durch eine Kolbenpumpe; der Betriebsdruck liegt bei 5–6 bzw. 10 atü. Membran- und Kolbenspritzen haben den Vorzug der einfacheren Handhabung, die Hochdruckspritze ergibt einen besseren Spritzeffekt. Bei der Arbeit führt die rechte Hand das Spritzrohr, das zur Unterbrechung des Strahls einen Revolververschluß besitzt. Das Rohr kann einfach gestaltet sein; es kann oben in zwei Düsen enden, die, divergierend eingestellt, einen nach zwei Seiten gerichteten Strahl liefern, was beispielsweise bei der Schüttebekämpfung ermöglicht, beim Durchgehen durch die Pflanzenreihen beide Reihen rechts und links vom Ausführenden gleichzeitig zu spritzen; es kann sich als Zangenrohr oben gabeln, wodurch ein doppelter, die zwischen den Düsen befindliche Pflanze allseitig erfassender Spritzstrahl entsteht, wie er z. B. bei Begiftung der Stämmchen gegen den Großen braunen Rüsselkäfer erwünscht ist. Besonders große Bedeutung für die Leistung des Spritzgeräts hat die dem Spritzrohr aufgesetzte Düse. Es gibt verschiedene Typen: Bei der Dralldüse wird die Flüssigkeit durch spiralige Einkerbungen eines Drallkörpers, der in den Düsenkörper eingesetzt ist, gepreßt, dadurch in Wirbelung versetzt und dann durch eine zentrale Bohrung am Düsenende gedrückt; es entsteht ein kegelförmiger Spritzstrahl. Bei der Pralldüse wird der Strahl durch die Düsenbohrung auf eine in geringem Abstand davor befindliche Prallplatte geleitet und so zerteilt; je nach der Gestalt der Prallplatte ist der Spritzstrahl kegel- oder fächerförmig. Bei der Schlitz- oder Flachstrahldüse prallen zwei Strahlhälften zusammen, so daß ein fächerförmiger Spritzstrahl entsteht. Der kegelförmige Spritzstrahl kann einem Hohl- oder Vollkegel gleichen, der Spritzwinkel von Kegel- und Fächerstrahl kann enger oder weiter sein. Am besten für die Aufgaben des Forstschutzes geeignet sind Drall-Vollkegel- und Flachstrahldüsen, die ersten vor allem zum Ausbringen von Fungiziden und Insektiziden, die zweiten für Herbizide; ihr Spritzwinkel muß dem jeweiligen Zweck entsprechen, beispielsweise bei Spritzung eines liegenden Stamms zur Bekämpfung von Borkenkäfern nicht so weit sein, daß ein namhafter Anteil der Spritzbrühe über den Stamm hinweggeht und vergeudet wird. Zusatzgeräte in Gestalt von Abweisschildern, -schirmen u. dgl. werden bei der Unkrautbekämpfung eingesetzt; sie haben den Zweck, den phytotoxischen Spritzstrahl von der Pflanze abzuhalten.

Ein fahrbares, zweirädiges, motorloses Spritzgerät ist der Laufener Spritzwagen: er wird von einem Mann geschoben, dabei treibt ein Rad eine Kolbenspritze an. Das Gerät ist mit Spritzschirmen, Doppeldüsen und Spritzgestänge ausgerüstet. Es ist vor allem für den Einsatz in Pflanzgärten von etwa 1–6 ha Größe geeignet (LABER 1970).

Zur Großflächenbehandlung werden fahrbare Motorspritzen mit einem Fassungsvermögen von 50–500 l und einem Betriebsdruck bis 50 atü verwendet. Sie werden vornehmlich zur Unkrautbekämpfung, gelegentlich auch zu anderen Zwecken, etwa zum Ausbringen von Fungiziden gegen Kiefernschütte, eingesetzt. Ihr mit einer Reihe von Düsen besetztes Spritzgestänge erlaubt, einen Streifen von mehreren Metern Breite zu begiften. In höheren Kulturen, die ein Durchfahren nicht mehr zulassen, erfolgt die Behandlung durch Schlauchspritzung: an der am Rande verbleibenden Motorspritze sind 50–100 m lange Schläuche angebracht, die, von Männern durch die Kultur getragen, eine entsprechend tiefe Fläche zu spritzen gestatten. Da das Fortbewegen der langen und schweren Schläuche mehrere Arbeitskräfte erfordert, ist das Verfahren teuer. Mit dem Justinger Gieß- und Spritzgerät, das nach dem Baukastenprinzip zusammensetzbar ist, lassen sich alle im Forstbetrieb anfallenden Arbeiten ausführen, bei denen Flüssigkeiten transportiert oder versprizt werden (HAGEL 1966).

Sprühen ist ein verfeinertes Spritzen, bei welchem die Flüssigkeit mit viel Luft gemischt in hoher Geschwindigkeit (bis 120 m/s) durch besonders gestaltete Düsen geführt und dabei in kleinste Tröpfchen von 50–150 µm Durchmesser zerrissen wird. Es entsteht eine Wolke von fast nebelartiger Beschaffenheit, die wegen der dem Luft-Flüssigkeits-Gemisch gegebenen Beschleunigung einige bis viele Meter gerichtet geblasen werden kann. Der Sprühnebel durchdringt den gesamten Pflanzenbereich und erzeugt auch auf den Blattunterseiten einen ausreichenden Belag. Der Flüssigkeitsverbrauch liegt beim Wassersprühen, d. h. bei Verwendung von Wasser als Füllstoff, unter 100, meist bei 30–60 l/ha, also wesentlich niedriger als beim Spritzen. Die Einsparung betrifft hauptsächlich den Füllstoff Wasser und die zum Ausbringen benötigte Zeit, weniger die Menge des Wirkstoffs: seine Dosis, auf die Fläche oder eine sonstige Einheit bezogen, bleibt im allgemeinen dieselbe wie beim Spritzen; die Konzentration der Sprühflüssigkeit muß also entsprechend höher sein als die der Spritzbrühe. Die geringe Größe der Sprühtröpfchen macht diese, sobald sie nicht mehr im Bereich der vom Ausbringungsgerät mitgegebenen Beschleunigung sind, mehr vom Wind abhängig als Spritztropfen; die Gefahr der Verwehung ist bei ihnen eher gegeben. Auch verdunsten sie früher: unter gleichen Verhältnissen betrug die Lebensdauer eines Wassertröpfchens von 50 bzw. 100 µm Durchmesser 2 bzw. 8 Sekunden. Für die Schnelligkeit der Verdunstung ist außerdem die relative Luftfeuchtigkeit maßgebend, während die Temperatur kaum eine Rolle spielt: Wassertropfen von 100 µm Durchmesser waren bei 40 % relativer Luftfeuchte nach 8 Sekunden, bei 70 % nach 18 Sekunden verdunstet (SCHWERDTFEGER 1958).

In mancher Hinsicht günstiger ist das Ölsprühen, d. h. die Verwendung eines Öls als Füllmittel: die dem Erfolg abträgliche Verdunstung tritt in geringerem Ausmaß ein, das Öl läßt sich feiner versprühen und bildet einen gleichmäßigeren und dauerhafteren Belag; infolgedessen kann sowohl die Flüssigkeits- als auch die Wirkstoffdosis herabgesetzt werden. Nach STEGER 1964 wurde beim Sprühen gegen die Forleule mit 0,5 kg/ha DDT Wirkstoff in 10 l/ha Dieselöl der gleiche Effekt erzielt wie mit 1 kg/ha DDT Wirkstoff in 30 l/ha Wasser (s. a. S. 444). Das Verwenden von Dieselöl ist heute untersagt, ein anderes brauchbares Öl steht nicht zur Verfügung, doch wäre eine Entwicklung in dieser Richtung höchst wünschenswert (SCHWENKE 1973, 1980).

Ganz auf den Füllstoff verzichtet das Ultra-low-volume (ULV)-Verfahren, das man deutsch als Konzentratsprühen bezeichnen kann (KOHSIEK 1971, MAAS 1971). Die Tröpfchengröße entspricht mit 60–150 µm derjenigen beim sonstigen Sprühen; neu ist, daß reines Wirkstoffkonzentrat ohne Wasser- oder sonstigen Zusatz ausgebracht wird. Verwendet werden eigens für das ULV-Verfahren zugelassene Mittel (PVF). Die Aufwandmengen liegen bei nur 0,6–1,0 l/ha. Gute Erfolge wurden bisher gegen Lärchenminiermotte, Nonne, Kiefernbuschhornblattwespe und andere Forstinsekten erzielt (SCHINDLER 1970, SCHMUTZENHOFER 1970, NIEMEYER pers. Mitt.).

Die Sprühgeräte bedürfen, um genügend Luftmengen mit hinreichender Geschwindigkeit fördern zu können, eines motorgetriebenen Gebläses.

Das kleinste derartige Gerät ist das 2 kg schwere ULVA-Handsprühgerät. Es besteht aus einem Stab, an dessen Spitze ein Präparate-Behälter angebracht ist. Aus ihm fließt die Sprühflüssigkeit zu einer Rotationsdüse, die durch einen batteriegetriebenen Elektromotor auf hohe Umdrehung gebracht wird und sie dabei in winzige Tröpfchen zerreißt. Bei sehr geringer Eigenbewegung wird die Sprühwolke fast ausschließlich durch die Luftströmung zum Objekt getragen (BUDDEN-v. ZITZEWITZ 1977).

Vielfach im Gebrauch sind rückentragbare Motor-Sprühgeräte. Sie bestehen im wesentlichen aus dem meist 10 l fassenden Flüssigkeitsbehälter, einem Gebläse, das von einem Zweitaktmotor getrieben wird und zwischen 6 und 12 m³/min Luft fördert, sowie einem Ausstoßrohr. Das Leergewicht liegt zwischen 8 und 13 kg. Die Ausbringmenge ist in weiten Grenzen etwa zwischen 0,4 und 2,7 l/min regulierbar; doch ist zu beachten, daß sie unter mancherlei Umstände beeinflußt wird. Der Sprühstrahl reicht 5–7 m weit und hoch. Die rückentragbaren Sprühgeräte sind sehr vielseitig verwendbar und wirtschaftlich im Betrieb. Einige von ihnen lassen sich mittels Zusatzeinrichtungen auch zum Konzentratsprühen, Spritzen und Stäuben verwenden.

Zur Behandlung größerer Flächen und höherer Bestände dienen fahrbare Sprühgeräte. Ihr Flüssigkeitsbehälter faßt 200–300 l, die Gebläseleistung liegt bei 75–250 m³/min, die Reichweite und -höhe beträgt 20–50 bzw. 15–25 m. Auch diese Geräte lassen sich zum Teil zum Stäuben umrüsten.

Über Sprühflugzeuge wird in einem späteren Abschnitt (S. 435), in dem allgemein über den Flugzeugeinsatz im Forstschutz zu sprechen sein wird, noch einiges zu sagen sein.

Nebeln ist strenggenommen die Entwicklung feinster Flüssigkeitsteilchen von durchschnittlich 10 µm, höchstens 50 µm Durchmesser, die als Wolke in der Luft verbleiben; entsprechendes Ausbringen fester Teilchen wird als Räuchern bezeichnet. Rauch und Nebel werden zusammengefaßt als Aerosol. Da die Aggregatzustände nebeneinander vorkommen und ineinander übergehen können, läßt sich das Nebeln vom Räuchern nicht klar trennen; im Pflanzenschutz hat sich deshalb eingebürgert, die Erzeugung von Aerosolen jeglicher Art als Nebeln zu bezeichnen. Einfache Nebel können zum Schutz von Kampanlagen oder jungen Kulturen gegen Frostschäden benutzt werden (S. 49). Zur Bekämpfung von Schadinsekten eignen sich insektizide Nebel.

Die besonderen Eigenschaften des insektiziden Nebels sind im wesentlichen auf die geringe Teilchengröße zurückzuführen. Das günstige Verhältnis zwischen Oberfläche und Volumen der Teilchen ergibt eine bessere Ausnutzung des Giftes; dadurch wird eine Herabsetzung der Dosis und infolgedessen eine Verringerung des Aufwandes an Material und Arbeit ermöglicht. Das starke Ausdehnungsbestreben des Nebels führt zu einer sehr gleichmäßigen Verteilung der Teilchen. Ihre Schwebefähigkeit verleiht dem Nebel ein besonders gutes Durchdringungsvermögen und, wenn leichte Luftströmung ihn geschlossen und langsam durch den Bestand treibt, eine unter Umständen erstaunliche Wirkungstiefe, die es gestattet, vom Rande her die Bestände bis zu mehreren hundert Metern Tiefe zu behandeln. Ein Nachteil ist die große Abhängigkeit der Nebelwolke von den jeweiligen Wetterbedingungen, vor allem von Wind und Thermik. Wenige Meter hinter dem Ausführungsrohr, sobald die richtende Kraft des Luftstrahls endet, ist die Nebelwolke allen Bewegungen der unteren Luftschicht ausgeliefert; ihre große Schwebefähigkeit läßt es zu, daß sie über weite Strecken fortgetrieben wird, unter Umständen an Orte, an denen sie keineswegs erwünscht ist.

Zum Ausbringen insektizider Nebel wurden tragbare und fahrbare Nebelgeräte entwickelt und mit Erfolg benutzt. Doch wurde seit längerem schon auf ihren Einsatz verzichtet, weil die Gefahr, daß abtreibender Nebel Schaden anrichtet, als zu groß angesehen wird.

Tauchen läßt sich bei kleinen Pflanzen vor dem Auspflanzen anwenden, aber auch bei größeren, bereits ausgepflanzten, wenn nur die Triebspitzen geschützt werden sollen: so können Wildverbißschutzmittel durch Umbiegen der Endtriebe und Eintauchen in ein das flüssige Mittel enthaltendes Gefäß ausgebracht werden (THIEL 1969).

Vor dem Auspflanzen werden die oberirdisch verbleibenden Teile der in Bündeln zusammengefaßten Pflanzen zum Schutz gegen *Hylobius* in ein für diesen Zweck zugelassenes Insektizid (PVF) getaucht. Gegen Engerlingsfraß schützt das Eintauchen des Wurzelsystems, Tauchung der ganzen Pflanze schützt gleichzeitig gegen Engerling und Rüsselkäfer sowie gegen wurzelbrütende Borkenkäfer. Das Verfahren ist ausgezeichnet durch geringen Aufwand an Arbeit und Giftbrühe und deshalb besonders wirtschaftlich. Hierher gehört auch das Beizen, speziell das Naßbeizen von Samen: sie werden in fungizide oder vogelabweisende Flüssigkeiten oder Aufschlämmungen getaucht, damit sie äußerlich einen Belag erhalten, der sie vor Befall durch Keimlingsfäuleerreger bzw. vor Vogelfraß schützt (PVG).

Streichen ist das Ausbringverfahren für zähflüssige bis pastenförmige Mittel, hauptsächlich Wildschadensverhütungsmittel, die auf die gefährdeten Stellen der Pflanze aufgebracht werden.

Im einfachsten Falle geschieht dies mit der durch einen Lederhandschuh geschützten Hand. Die üblichen Streichgeräte bestehen aus einer einfachen Bürste oder einer zangenförmigen Doppelbürste, mit der das Mittel aufgetragen wird, und einer Trageeinrichtung für dieses. Sie kann ein handgetragener Behälter sein, aus dem das Mittel entnommen wird. Für Mittel mit geringer Viskosität kann die Bürste mit einem rückentragbaren Behälter verbunden sein, aus dem es durch einen Schlauch in sie fließt (Teusan 1976, 1978, 1979).

Injizieren von Flüssigkeiten erfolgt zur Abtötung von Schädlingen, die im Holz und im Boden leben. Insbesondere zur Bekämpfung von Engerlingen auf bestockten Kulturflächen wird das Verfahren angewandt.

Dabei werden im einfachsten Fall ein oder zwei 15 cm tiefe Löcher mit einem Stock in den Wurzelbereich der Pflanze gestoßen, mit Lindan-Brühe gefüllt und zugetreten. Rascher geht die Arbeit vonstatten bei Verwendung eines Injektors: er besteht aus einem Behälter zur Aufnahme der Flüssigkeit, einer langen, unten spitzen und mit seitlicher Öffnung versehenen Ausführungsröhre und einer eingebauten Druckpumpe, die eine bestimmte Flüssigkeitsmenge in einer bestimmten Bodentiefe ausspritzt. Die rascheste und beste Arbeit liefert die Düngelanze, welche an eine Hochdruckspritze angeschlossen wird; der hohe Arbeitsdruck gewährleistet das Gleichbleiben der ausgespritzten Flüssigkeitsmenge und ihr gutes Eindringen in den Boden. In Verbindung mit einer Motorspritze können gleichzeitig mehrere Düngelanzen eingesetzt werden. Statt die Wurzelbereiche zu begiften, kann man die Flüssigkeit auch gleichmäßig verteilt über die Fläche ausbringen, indem die Löcher in einem Quadratverband von 30 cm eingestoßen werden.

Streuen fester Stoffe von relativ hoher Teilchengröße, von Granulaten, kommt bei der Unkrautbekämpfung sowie beim Ausbringen Lindan-haltiger Streumittel gegen Engerling und Drahtwurm (S. 430, PVF) zur Anwendung. Es geschieht mit der Hand oder einem landwirtschaftlichen Düngerstreuer, wenn es sich um vergleichsweise große Mengen handelt, wie z. B. bei herbiziden Mineraldüngern, von denen 1,5–2,0 t/ha ausgestreut werden. Eigentliche Herbizide in Granulatform, wie solche auf Simazin oder Dalapon-Basis, werden in Dosierungen von meist nur 50–60 kg/ha, auch weniger, ausgebracht; um diese geringen Mengen einigermaßen gleichmäßig zu verteilen, werden für Kleinflächen tragbare, mit der Hand zu bedienende Streugeräte, rückentragbare Motor-Sprühgeräte mit einer Zusatzeinrichtung zur Granulatausbringung oder fahrbare Granulatstreuer (Kramer 1978) benutzt.

Stäuben, das Ausbringen staubförmiger Forstschutzmittel, war von der Einführung der Flugzeugbestäubung 1925 bis in die Zeit nach dem zweiten Weltkrieg das weitaus am häufigsten angewendete Verfahren der forstlichen Schädlingsbekämpfung. Es ist zugunsten des Sprühens ganz in den Hintergrund getreten. Die Stäubemittel werden mit Hilfe von Stäubegeräten verschiedenster Leistungsfähigkeit ausgebracht.

Stäubebeutel sind poröse Leinensäckchen, die, mit Giftstaub gefüllt, an einen besenstielartigen Stock angebunden werden; durch Schütteln und Stauchen des Beutels wird das Mittel ausgestäubt. Stäubedosen sind Marmeladeneimer, deren Boden mit einem feinen Nagel durchlöchert wurde, und die oben einen festen Handgriff besitzen. Beutel und Dosen eignen sich für den Kleinsteinsatz. Die letzten werden vor allem beim Entrinden von Borkenkäferstämmen zur Begiftung von Stamm, Rinde und Boden (S. 186) benutzt.

Eigens entwickelte Stäubegeräte bestehen aus einer Vorrichtung zur Erzeugung eines Luftstroms, einem Behälter zur Aufnahme des Staubes, einem Mechanismus für die Zuführung einer bestimmten Menge des Mittels in den Luftstrom und einem Ausführungsrohr. Für den Kleinbetrieb, namentlich zur Behandlung einzelner Pflanzen, kommen Handstäuber, auch handgetriebene Bauch- und Rückenstäuber in Betracht. Leistungsfähiger sind rückentragbare Motorstäuber, die es auch in Kombination mit Sprühgeräten gibt (PVF). Größtgeräte in Gestalt von Stäubeflugzeugen, bis zum Ende des zweiten Weltkrieges in größtem Maßstab eingesetzt, gibt es nicht mehr.

Pudern ist das Gegenstück zum Tauchen: vor dem Auspflanzen werden die Pflänzchen, in Bündeln zusammengefaßt, ganz oder teilweise mit einem Giftstaub eingepudert oder durch das in einem Gefäß befindliche staubförmige Mittel gezogen.

Das Verfahren wird zur Begiftung des Wurzelwerks mit Lindan-Staub als Maßnahme gegen Engerlingsschäden benutzt. Auch das B e i z e n ist hier wieder zu nennen (S. 433), und zwar die Form des Trockenbeizens, bei dem das Saatgut mit fungizidem oder vogelabweisendem Puder zur Bekämpfung der Keimlingsfäule oder zwecks Verhinderung von Vogelfraß vermengt wird (PVG).

Einsatz von Flugzeugen. Die Verwendung von Luftfahrzeugen zum Ausbringen von Pflanzenschutzmitteln, auch als a v i o c h e m i s c h e s V e r f a h r e n bezeichnet, ist für den Forstschutz aus drei Gründen besonders geeignet: mit ihr können die häufig zu bearbeitenden Großflächen in vergleichsweise kurzer Zeit bewältigt werden; dichte Bestände, wie ältere Dickungen, oder die Kronen hoher Althölzer sind mit Bodengeräten nicht oder nur schwer zu behandeln; Schädlinge, die sich vorwiegend in den oberen Kronenteilen aufhalten, wie Eichenwickler oder Kleine Fichtenblattwespe, werden bei Applikation des Mittels von oben am ehesten getroffen.

Ausgebracht werden aus dem Flugzeug Fungizide, namentlich zur Bekämpfung der Kiefernschütte, ferner Herbizide und – am häufigsten – Insektizide sowie andere zur Insektenbekämpfung geeignete Mittel, fast alle im Sprühverfahren, Herbizide gelegentlich auch als Granulate (KÜHL 1978). Die Gefahr unerwünschter Nebenwirkungen, die vor allem bei Behandlung größerer Flächen besteht, zwingt zu Einschränkungen im Flugzeugeinsatz. So gilt in der Bundesrepublik Deutschland für eine Reihe von Herbiziden die Vorschrift, nicht mehr als 10 ha zusammenhängende Areale aus der Luft zu behandeln und außerdem die Zustimmung der nach Landesrecht zuständigen Behörde einzuholen (PVF). Von Insektiziden sollten nur solche benutzt werden, die das Ökosystem weitgehend schonen.

Während früher in großem Umfang Starrflügler eingesetzt wurden, verwendet man heute nur mehr den Hubschrauber (MÜNCH 1972). Mit ihm lassen sich dank seiner Wendigkeit auch kleinere Flächen, solche mit Hindernissen wie Überhältern oder Stromleitungen sowie steilere Hanglagen bearbeiten; er beansprucht keine größeren Start- und Landeplätze, wodurch längere An- und Abflugzeiten wegfallen. Damit wird der Vorteil des Starrflüglers, auf Grund seiner höheren Geschwindigkeit eine größere Flächenleistung zu erreichen, mehr oder weniger ausgeglichen. Die geringere räumliche Entfernung zwischen den irgendwo im Behandlungsgebiet eingerichteten Hubschrauberlandeplätzen und den Befliegungsorten erleichtert die Zusammenarbeit von Einsatzleitung, Piloten und Beobachtern.

Häufig verwendet wurden Hubschrauber der Typen Bell und Hiller mit Zuladungen von 150–240 kg. Zum E i n s a t z g e r ä t gehören außer dem Flugzeug ein Werkstattwagen mit allen Vorrichtungen für dessen laufende Wartung, ein Misch- und Füllgerät zum Ansetzen der Sprühflüssigkeit und zum Überpumpen derselben in das Flugzeug, Tankwagen zur Anfuhr des benötigten Wassers sowie, falls der Startplatz nicht nahe dem Befliegungsort liegt, Einrichtungen zur Nachrichtenübermittlung durch Fernsprecher oder Funk, damit der Beobachter im Behandlungsgebiet Verbindung mit dem Piloten halten kann. Als P e r s o n a l sind mindestens erforderlich ein örtlicher Forstbeamter als Einsatzleiter, der Pilot, ein Mechaniker, ein Beobachter im Befliegungsgebiet, der darauf achtet, daß die Behandlung richtig auf der vorgesehenen Fläche erfolgt, sowie Hilfskräfte, die beim Wassertransport, beim Ansetzen der Flüssigkeit usw. beteiligt sind. Zur V o r b e r e i t u n g der Aktion ist es notwendig, die zu behandelnden Flächen auf einer Karte festzulegen und in Flugfelder aufzuteilen. Örtlich werden die Flugfelder, soweit sie nicht durch deutlich von oben sichtbare Wege, Bestandesränder u. dgl. begrenzt sind, durch standartenartige Fahnen oder Ballons, die das Kronendach überragen, oder auch in anderer, geeignet erscheinender Weise gekennzeichnet. Bei A u s f ü h r u n g der Flugaktion ist sehr auf das Wetter zu achten, weil Wind die Sprühteilchen zur Seite treiben, Thermik sie in die Höhe reißen, hohe Lufttrockenheit Tröpfchen rasch verdunsten lassen und Regen während des Fluges oder gleich nachher ein dauerhaftes Sichabsetzen des Belages verhindern kann. Es darf deshalb keine stärkere Luftbewegung, nicht allzuviel Sonneneinstrahlung und kein Regen sein. Bei der Befliegung legt das Flugzeug, an der Leeseite des

Flugfeldes beginnend, parallele Streifen senkrecht zur Windrichtung in 20–30 m Abstand nebeneinander; es hält sich dabei 5–10 m über dem Kronendach. Eine detaillierte Schilderung der Vorbereitung und Ausführung einer Hubschrauber-Großaktion aus neuerer Zeit bringen ALTENKIRCH-KOLBE 1979.

Schrifttum: ALTENKIRCH, W., u. KOLBE, H.: Die Entwicklung und Bekämpfung der Kieferngroßschädlinge und sonstiger Schadorganismen nach Sturm und Trocknis. AdW 31, 48–136, 1979. — ANONYM: Die Ausbringungstechnik von Herbiziden zur Unkrautbekämpfung. AF 29, 55–57, 1974. — BIOLOGISCHE BUNDESANSTALT FÜR LAND- UND FORSTWIRTSCHAFT: Richtlinien für die Ausbringung von Pflanzenschutzmitteln mit Luftfahrzeugen. Braunschweig 1972. — BROSSMANN: Heutige Ausbringungs-Techniken im chemischen Forstschutz. AF 32, 624–626, 1977. — BUDDEN, F., u. ZITZEWITZ, H. v.: Erste Erfahrungen mit dem ULVA-Handsprühgerät bei Ausbringung von Krenite. AF 32, 846, 1977. — GRASBLUM, M.: Umfang, Flächengrößen und allgemeine Problematik der Herbizid-Ausbringung mit Luftfahrzeugen. AF 30, 980–981, 1975. — GÜNTHER, G.: Zur Ausbringungstechnik der HaTe-Mittel gegen Winterverbiß und Schälen. AF 32, 982–983, 1977. — KOHSIEK, H.: Low- und Ultra-low-Volume-Sprühverfahren. NdDP 23, 27–30, 1971. — KRAMER, W.: Neue Möglichkeiten der Granulatausbringung. FH 33, 156–157, 1978. — KÜHL, A.: Erfahrungen bei der chemischen Graswuchshemmung in Fichtenkulturen des Harzes mittels Hubschrauber. FH 33, 141–146, 1978. — LABER, B.: Ausbringung von Herbiziden, Fungiziden und Insektiziden im Forstpflanzgarten mit dem „Laufener Spritzwagen". AF 25, 585, 1970. — MAAS, W.: ULV application and formulation techniques. Amsterdam 1971. — MÜNCH, W. D.: Der Einsatz von Luftfahrzeugen im Forstschutz in der Bundesrepublik Deutschland 1959–1968. AF 27, 463–464, 1972. — SCHINDLER, U.: Bekämpfungsversuche gegen Forstinsekten mit Konzentrat-Sprühen (Ultra low volume-Verfahren). ZaE 65, 314–319, 1970. — SCHMUTZENHOFER, H.: Die ersten Erfahrungen mit dem ULV-Verfahren bei der Schädlingsbekämpfung in der Forstwirtschaft. Inform Dienst Forstl. BundesversAnst. Wien 126, 1970. — SCHNEIDER, H. J.: Möglichkeiten der Rationalisierung bei der Ausbringung von Wildverbißschutzmitteln. FH 33, 60–61, 1978. — SCHWENKE, W.: Zur Frage des Lösungsmittels bei der Bekämpfung von Forstschädlingen aus der Luft. AF 28, 730, 1973. — Waldschutz gegen Raupenplagen – gestern, heute und morgen. NR 33, 174–179, 1980. — TEUSAN, A.: Die Ausbringung von nicht spritzfähigen Wildschadens-Verhütungsmitteln mit der Streichvorrichtung „Ideal". AF 31, 574–575, 1976. — Zur Problematik des Verbißschutzes im Spritzverfahren. AF 32, 980–981, 1977. — Selektiver Verbißschutz mit dem Streichgerät „Ideal" als Alternative zum Spritzverfahren. AF 33, 375–378, 1978. — Zur kostensparenden Ausbringung von Fegeschutzmitteln an Douglasie. AF 34, 359, 1979. — THIEL, W.: Eine Lanze für das Tauchen gegen Wildverbiß – Vergleich zwischen Tauch- und Streichverfahren. FH 24, 371, 1969. — ZITZEWITZ, H. v.: Die alte Frage neu gestellt: Streichen oder Spritzen gegen Wildverbiß? FH 32, 311, 1977.

i. Neben- und Nachwirkungen

Statt oder außer der angestrebten Vernichtung des Schaderregers bzw. Abwendung des Schadens können während und nach der Ausbringung eines chemischen Forstschutzmittels weitere Wirkungen am behandelten Organismus oder an anderen Lebewesen auftreten, die entsprechend der Zeit ihres Eintritts als Neben- und Nachwirkungen bezeichnet werden. Sie können für den betroffenen Organismus günstig oder ungünstig, im Hinblick auf die durchgeführte Maßnahme und das Gedeihen des Waldbestandes erwünscht oder unerwünscht sein.

Wirkungen auf den Schädling, insbesondere auf Schadinsekten, für welche die meisten Beobachtungen vorliegen, treten bei Aufnahme subletaler, zur Abtötung nicht ausreichender Dosen auf. Geringe Giftmengen vermögen unter Umständen einen die Lebensprozesse anregenden, stimulierenden Effekt und bei erkrankten Organismen, ähnlich wie die Medikamente der Humanmedizin, eine heilende Wirkung auszuüben.

LIESE 1931 konnte nachweisen, daß schwache Dosen eines zur Bekämpfung verwandten Giftstoffes auf holzzerstörende Pilze stimulierend wirkten und ihr Wachstum förderten. SPEYER 1925 beobachtete eine Heilung polyederkranker Seidenspinnerraupen durch Aufnahme geringer Arsenmengen. In solchem Fall, durch Verbesserung des Gesundheitszustandes einer Raupenpopulation infolge der Anwendung subletal gebliebener Insektizide, könnte das Gegenteil des angestrebten Ziels erreicht und eine Gradation verlängert werden; entsprechende Beobachtungen wurden bei den zahllosen Bekämpfungsaktionen gegen Forstinsekten bisher nicht gemacht.

Häufiger dürfte bei subletaler Intoxikation eine Schwächung des Leistungsvermögens der betroffenen Individuen eintreten; sie kann sich in Wachstumshemmungen, verminderter Widerstandskraft gegen Belastungen und Beeinträchtigung der Reproduktionsfähigkeit äußern.

Verhältnismäßig oft wurden derartige Nachwirkungen nach Behandlung von Raupen mit arsenhaltigen Fraßgiften festgestellt; doch zeigten sie sich auch nach Anwendung von Kontaktgiften. Sie traten in allen Stadien nach der Verpuppung bis zum darauffolgenden Raupenstadium und noch später auf. Die Nachwirkung äußerte sich in geringerer Puppengröße (VOELKEL 1929), in Verkrüppelung (GÖSSWALD 1934) und größerer Sterblichkeit (FRIEDERICHS-STEINER 1930) der Puppen. Aus normal aussehenden Puppen des Kiefernspanners schlüpften Falter mit verkrüppelten Flügeln (BORCHERS-MAY 1930). Bei Schwammspinnerraupen, die latent virusinfiziert waren, brach die Krankheit nach Begiftung mit niedriger DDT-Dosis aus (KOVAČEVIĆ 1965). Die Fruchtbarkeit der Falter von Nonne und Goldafter wurde vermindert (GÄBLER 1943, BUCK 1953), abgelegte Eier starben ab. In der nachfolgenden Raupengeneration können sich Nachwirkungen noch in erhöhter Sterblichkeit (FRIEDE-RICHS-STEINER 1930, JANISCH 1936) und verminderter Nahrungsaufnahme (MÜLLER 1939) äußern. Letzteres führte wieder zu kleinen Puppen, aus denen Falter mit verringerter Fruchtbarkeit schlüpften; hier zeigten sich also die Nachwirkungen bis in die 2. Generation nach der Begiftung.

Innerhalb einer Schädlingspopulation besitzen die Individuen ungleiche Toleranz gegenüber einem Biozid. Seine Anwendung führt, wenn die Abtötung nicht vollständig ist, zu einer S e l e k t i o n, indem die Individuen mit höherer Toleranz am Leben bleiben. Diese kann z. B. bei Insekten gebunden sein an eines der beiden Geschlechter, an das ältere Entwicklungsstadium oder an gute Gesundheit (S. 428); die nach der Begiftung übrigbleibende Restpopulation kann infolgedessen ein anderes Geschlechterverhältnis, einen anderen Altersaufbau oder einen anderen Gesundheitszustand aufweisen als die Ausgangsbevölkerung.

Eine besonders interessante und praktisch bedeutsame Folge der Selektion ist das Sichausbilden giftresistenter Schädlingspopulationen. Es ist insbesondere bei Insekten gegenüber chlorierten Kohlenwasserstoffen und organischen Phosphorverbindungen beobachtet und näher untersucht worden. Voraussetzung ist, daß 1. innerhalb der Ausgangspopulation Individuen, wenn auch nur in verschwindend geringem Anteil, vorhanden sind, welche Insektizidresistenz als vererbbare Eigenschaft besitzen; 2. die nichtresistenten Populationsglieder durch wiederholte Begiftung laufend ausgemerzt werden; 3. eine Rückkreuzung der resistenten Überlebenden mit nichtresistenten Individuen aus benachbarten, nicht mit Insektizid behandelten Populationen weitgehend unterbleibt. Die Resistenz des Individuums kann morphologisch, physiologisch oder ethologisch bedingt sein, je nachdem, ob morphologische Strukturen das Eindringen des Gifts in den Organismus verhindern, physiologisch-biochemische Prozesse das Gift im Organismus unschädlich machen oder ein besonderes Verhalten das Tier nicht in Berührung mit dem Gift kommen läßt. Daß einige Individuen einer Population resistent, und zwar meist physiologisch-resistent sind und damit die erste der genannten Voraussetzungen erfüllt ist, dürfte auch für zahlreiche forstschädliche Insekten zutreffen. Die beiden anderen Voraussetzungen werden nur bei laufend wiederholten, umfangreichen Bekämpfungsmaßnahmen realisiert, wie sie beispielsweise bei hygienischen Schädlingen (Fliegen, Mücken) vorgenommen werden. Für die Entwicklung einer insektizidresistenten Population bedarf es einer Selektion über viele Generationen: sie geht während der ersten 6–10 Generationen kaum merklich vor sich, der Anteil der resistenten Individuen verdrei- bis vervierfacht sich dann in jeder Generation und kann in der 20. Generation ein Mehrtausendfaches des Normalen erreichen (WIESMANN 1965). Im Forstschutz ist mit einer solchen langandauernden Selektion kaum zu rechnen, weil ein laufend wiederholter Gebrauch chemischer Mittel am gleichen Ort nicht üblich ist. In Europa hat man auch von einer Entstehung insektizidresistenter Populationen von Forstinsekten nichts gehört; in Kanada wurde allerdings festgestellt, daß Raupen des Tannenwicklers *Choristoneura fumiferana*, die aus mehrfach mit DDT begifteten Wäldern stammten, eine deutlich erhöhte Resistenz, bis zum Zehnfachen der Toleranz von Tieren aus unbehandelten Gebieten, zeigten (RANDALL 1965). Das ist eine Warnung, Begiftungen nicht zu unüberlegt gehandhabten Routinemaßnahmen werden zu lassen.

Auch bei pflanzenpathogenen Pilzen wird eine Resistenzbildung, und zwar gegen systemische Fungizide beobachtet (HOFFMANN-KIEBACHER 1976), ebenfalls bisher außerhalb des Forstschutzes.

Wirkungen auf Pflanzen. Als günstige Nachwirkung tritt auch bei Pflanzen, die mit chemischen Schutzmitteln behandelt wurden, zuweilen eine S t i m u l a t i o n, eine Steigerung der Lebensvorgänge auf.

Nach Anwendung thiocarbamathaltiger Fungizide wurden an landwirtschaftlichen Gewächsen sattere Grünfärbung und üppigerer Wuchs beobachtet; entsprechende, einwandfreie Feststellungen an Forstpflanzen liegen bisher nicht vor.

Häufiger werden ungünstige Nebenwirkungen in Gestalt von Pflanzenschädigungen beobachtet. Das trifft vor allem beim Gebrauch von Herbiziden zu, die ja ihrem Wesen nach phytotoxisch sind; Schäden an den zu schützenden Forstpflanzen lassen sich nur durch vorsichtige Dosierung, Beachtung der Ausbringezeit und weitere, von den Herstellern vorgeschriebene Maßnahmen vermeiden. Aber auch andere Forstschutzmittel oder Füllstoffe können Schädigungen an Wurzel, Stamm, Trieben, Blättern, Blüten, Früchten und Samen von Bäumen hervorrufen.

Hierhin gehören die gelegentlich zu beobachtenden Schädigungen an Pflanzen, die mit teerartigen Schälschutz- und Wildverbißmitteln behandelt wurden (MEYER-TÜRCKE 1950, KÖNIG-LIESE 1965). Spritzungen mit Dieselöl-Wirkstoff-Gemisch zur Bekämpfung von *Rhyacionia buoliana* ergaben Schäden an Nadeln und Knospen der Kiefern, während Sprühungen, bei denen die Tröpfchengröße geringer war, keine Nebenwirkungen zeigten (WACHTENDORF 1958). In Versuchen bewirkte die Mehrzahl der geprüften Antibiotika, Fungizide und Insektizide schon weit unterhalb ihrer üblichen Aufwandmengen eine starke Hemmung der Pollenkeimung bei Kiefer und Fichte; während der Blütezeit sollte deshalb der Einsatz von Bioziden in Samenplantagen möglichst vermieden werden (RITTER-MIETHING 1967).

Neben der phytotoxischen Eigenschaft des Mittels sind von Bedeutung für das Auftreten von Pflanzenschäden die spezifische Empfindlichkeit der Pflanzenart sowie Gegebenheiten des Bodens und des Wetters, die ihrerseits sowohl die Disposition der Pflanze als auch die Toxizität des Mittels beeinflussen können.

An Blattorganen und Trieben können in regenreichen Jahren Nebenwirkungen auch durch sonst unschädliche Mittel verursacht werden; einmal gehen größere Mengen des Giftbelags in Lösung, sodann wird in solchen Jahren die Kutikula schwächer ausgebildet und daher leichter überwunden. Bei starker Sonnenstrahlung durchgeführte Spritzungen ziehen zuweilen Pflanzenschäden durch Brennlinsenwirkung der Spritztröpfchen auf die unterliegenden Gewebe nach sich. Rein physikalisch ist auch die pflanzenschädigende Wirkung dunkler Schälschutzmittel, wenn bei Sonneneinstrahlung das Rindengewebe des behandelten Stammes dank deren hohem Wärmeabsorptionsvermögen überhitzt wird.

Wirkungen auf den Boden. Beim Ausbringen chemischer Forstschutzmittel geraten mehr oder weniger große Teile von ihnen auf und in den Boden; sie vermögen seine chemischen, physikalischen und biologischen Eigenschaften zu beeinflussen. Auf den chemischen Zustand wirkt die Anwendung mancher Herbizide, namentlich eines solchen auf Natriumchloratbasis; sie stellt geradezu eine zeitweilige Vergiftung des Bodens dar. Aber auch weniger scharf eingreifende Maßnahmen können sich auf den Chemismus des Bodens auswirken.

BRONSART 1947 konnte nachweisen, daß durch Schwefelkohlenstoff, zur Bodendesinfektion in den Boden gebracht, gewisse Metalle, z. B. Eisen und Mangan, mobilisiert werden. Bei Anwendung kupferhaltiger Fungizide dürfte eine Anreicherung des Bodens an dem als Spurenelement wichtigen Kupfer eintreten.

Die physikalischen Eigenschaften des Bodens hängen weitgehend mit seinem Chemismus zusammen und können sich mit ihm ändern; näheres über diesbezügliche Einwirkungen chemischer Pflanzenschutzmittel ist nicht bekannt. Bei Ausbringung von Herbiziden wurde Verschlämmung und oberflächliche Dichtlagerung des Bodens beobachtet; als besonders gefährlich gelten in dieser Hinsicht die heute nicht mehr zugelassenen Mineralöl-Mittel.

Besser unterrichtet sind wir über Änderungen der biologischen Verhältnisse des Bodens, die mehrfach nach Anwendung von Bioziden untersucht wurden.

Die Bodenfauna kann namentlich durch Insektizide, in der Regel nur kurzfristig, geschädigt werden (BAUER 1964); das trifft insbesondere für chlorierte Kohlenwasserstoffe zu, die im Boden eine hohe Stabilität zeigen, während organische Phosphorverbindungen durch Mikroorganismen rasch abgebaut werden (V. D. DRIFT 1963, KARG 1965). Regenwürmer vermögen hohe Konzentrationen chlorierter Kohlenwasserstoffe zu ertragen (ZACHARIAE-EBERT 1970). Auch Herbizide können bis zu einem gewissen Grade schädigend auf Bodentiere wirken, z. B. 2,4,5-T auf Asseln und Collembolen

(EIJSACKERS 1978); Paraquat und Simazin zeigten durch die Vernichtung der Krautflora eher ökologische als toxikologische Nebenwirkung auf die Tierwelt des Bodens (BÄUMLER et al. 1978). Im allgemeinen dürften nachhaltige unerwünschte Veränderungen der Bodenfauna bei Verwendung der im Forstschutz üblichen Biozide und Dosierungen nicht zu erwarten sein.

Eine ungünstige Beeinflussung der Mikroflora des Bodens ist am ehesten durch Fungizide zu erwarten. Captan, zur Bekämpfung von Keimlingsfäulen auf und in den Boden gebracht, hemmte Bakterien nicht oder nur zeitweilig, Pilze hingegen wurden je nach der Art mehr oder weniger stark beeinträchtigt bis ausgelöscht (DOMSCH 1963); Benomyl zeigte so gut wie keine Wirkung auf die edaphische Mikroflora (HOFER et al. 1971, PEEPLES 1974). Herbizide, und zwar 2,4,5-T, Natriumchlorat, Simazin und Dalapon hatten in den üblichen Aufwandmengen keinen schädigenden Einfluß auf die Bakterien- und Pilzflora. Dasselbe gilt für Insektizide; häufig war nach ihrer Anwendung eine Zunahme von Bodenbakterien und -pilzen festzustellen (DOMSCH 1963). Untersuchungen von VALÁŠKOVÁ 1969 mit 15 Bodenpilzen und 18 Herbiziden ließen große Unterschiede in deren Wirkung erkennen; bei üblicher Applikation blieben die meisten saprophytischen und pathogenen Pilze ungehemmt.

Die Mykorrhiza junger Forstpflanzen kann durch Bodenentseuchungsmittel, speziell durch Nematizide, sowie durch Herbizide, im geprüften Fall durch Dalapon und Amitrol, mehr oder weniger stark gehemmt werden (LINNEMANN 1968, ILOBA 1976). Im Laboratoriumsversuch töteten Herbizide die geprüften Mykorrhizapilze ab; Insektizide bewirkten in sehr geringer Konzentration ein beschleunigtes Wachstum einiger Mykorrhizapilze, in praxisüblicher Dosierung dagegen eine Hemmung (LÁSZLÓ 1967).

Wirkung auf Insekten. Bei Anwendung oligo- oder polytoxischer Insektizide kann es nicht ausbleiben, daß neben dem Schädling, der getroffen werden soll, zahlreiche andere Insektenarten – schädliche, belanglose und nützliche – erfaßt werden. Mehrfach sind lange Listen abgetöteter Insekten, die beispielsweise nach Behandlung des Kronenbereichs mit einem Insektizid auf dem Waldboden gefunden wurden, veröffentlicht worden.

Nur zwei Beispiele seien genannt: Nach einer Maikäferbekämpfung mit 50 kg/ha DDT-Staub fanden sich neben dem Schädling 37 tote Tiere je 1 m²; davon waren 49 % Dipteren, 18 % Coleopteren, 17 % Homopteren und je 7 % Lepidopteren und Hymenopteren (CRAMER 1955). Bei einer Bekämpfung des Grauen Lärchenwicklers mit 5 l/ha DDT-Lindan-Ölsprühmittel betrug der Anteil des Schädlings etwa 90 % aller abgetöteten Arthropoden; von den übrigen 10 % entfielen rund 20 % auf fressende und 36 % auf saugende phytophage Arten, 5 % auf Parasiten, 15 % auf Episiten und 24 % auf Indifferente (THEILE-KLAUSNITZER 1969).

Solche Massenvernichtungen von Insekten sind nicht nur vom ethischen Standpunkt aus überaus bedauerlich. Sie können auch wirtschaftliche Folgen haben, wenn die nützlichen Gegenspieler des Schädlings stark getroffen werden und somit dieser eine Förderung erfährt. Darauf wird zurückzukommen sein.

In diesem Zusammenhang sind besonders zu erwähnen die Bienen. Die meisten Insektizide, kaum Fungizide, aber einige Herbizide sind für sie giftig (BERAN 1970). Im Pflanzenschutzmittel-Verzeichnis sind die Präparate nach ihrer Bienengefährlichkeit gekennzeichnet. Um Bienen und Imker vor Schaden durch Pflanzenschutzmaßnahmen zu bewahren, wurde in der Bundesrepublik Deutschland 1972 eine Bienenschutzverordnung erlassen (SCHMIDT 1973); sie verbietet die Anwendung bienengefährlicher Mittel an blühenden Pflanzen, verlangt bei Anwendung im Walde eine Meldung spätestens 48 Stunden vorher an die zuständige Stelle, und dergleichen mehr. Wo immer es geht, sollten im Forstschutz bienenungefährliche Mittel benutzt werden. Besteht die Möglichkeit, daß Bienen durch ein auszubringendes Mittel gefährdet werden, so bleibt nichts anderes übrig, als die Völker für die Zeit der Giftwirkung aus dem betreffenden Gebiet fortzubringen. Auch die aus waldhygienischen Gründen angesiedelten und geschützten Ameisen sind insektizidempfindlich. Trotzdem sind nennenswerte Verluste nach Begiftungen bisher nicht beobachtet worden. Das mag daran liegen, daß nur die gerade außerhalb des Nestes befindlichen, einen kleinen Bruchteil des Gesamtvolkes darstellenden Individuen bei der Aktion unmittelbar vom Gift getroffen werden und nachher die Tiere imstande sind, den auf der Bodenoberfläche und sonstwo abgelagerten Insektizidpartikeln auszuweichen (OTTO 1967).

Wirkung auf Fische. Viele Pflanzenschutzmittel sind für Fische giftig, manche bereits in äußerst geringen Dosierungen. Ihre Anwendung kann sich auf den Fischbestand von Gewässern ungünstig, bis zum Totalverlust, auswirken, wenn das Mittel in sie gelangt. Das geschieht in der Regel in viererlei Weise: bei großräumigen Aktionen, namentlich bei Befliegungen, läßt sich das inmitten des Bekämpfungsgebiets liegende Gewässer nicht aussparen, und es wird ebenso behandelt wie seine Umgebung; das Gewässer wird ausgespart oder liegt außerhalb der Behandlungsfläche, aber Wind treibt das Mittel zu ihm hin; nach der Begiftung schwemmt starker Regen das auf der Vegetation und dem Boden abgelagerte Mittel in das Gewässer; Rückenspritzen und andere benutzte Geräte werden in dem Gewässer gereinigt.

Namhafte Fischverluste sind bei verschiedenen Gelegenheiten bekannt geworden. Fische mit hohem Stoffwechselumsatz, wie Forellen, sind empfindlicher als solche mit geringem, z. B. Karpfen; junge Tiere sind weniger widerstandsfähig als ältere derselben Art. Temperatur, Sauerstoff- und Mineralgehalt des Wassers sind von Bedeutung. Im Hinblick auf die Fischgiftigkeit der Biozide unterscheidet BAUER 1961 vier Gruppen: 1. Mittel, die in Gewässernähe nicht benutzt werden sollten: Endosulfan, Toxaphen, Azinphos und die zur Unkrautbekämpfung zugelassenen Carbamate; 2. Mittel, deren Verwendung in unmittelbarer Nähe von Fischgewässern große Sorgfalt erfordert: Lindan, Parathion, Diazinon, Malathion; 3. Mittel, die für Fische in flachen Gewässern noch gefährlich werden können: Trichlorfon und Demeton; 4. Mittel, die bei üblicher Aufwandmenge Fische nicht gefährden: Chlorate, Dalapon, Simazin, 2,4,5-T, Amitrol, auch Dichlobenil (NIEHUSS-BÖRNER 1971).

Wirkung auf Vögel. Bei und nach dem Ausbringen von Pflanzenschutzmitteln können Vögel auf drei Wegen zu Schaden kommen: soweit es sich um für sie giftige Mittel handelt, 1. unmittelbar durch Kontakt mit ihnen oder auch durch Trinken von Spritzbrühen, 2. mittelbar durch Fressen be- und vergifteter Nahrung wie Samen, Knospen, Insekten, Mäusen; 3. nach Verwendung vogelgiftiger wie -ungiftiger Mittel durch Nahrungsmangel als Folge der Bekämpfungsmaßnahme, z. B. nach weitgehender Vernichtung des Insektenbesatzes. Die Wirkung besteht im Tod der Tiere oder in Entwicklungshemmungen wie Verringerung der Eiproduktion, Verzögerung der Eiablage, Abnahme der Schalendicke bei den Eiern und Minderung des Jungvogelgewichts (PRZYGODDA 1969, VOGT 1969).

Fungizide gelten als ungefährlich. Von Herbiziden wurden namentlich Wuchsstoffmittel verdächtigt, Vogelschäden zu verursachen; eigens angestellte Untersuchungen konnten dies nicht bestätigen (v. HORN 1974, HILBIG et al. 1975). Über Insektizide liegt eine Reihe von Versuchsergebnissen und Beobachtungen vor: v. HORN 1957 hielt 14 Tage alte Hühnerküken auf behandeltem Pflanzenwuchs und gab ihnen zusätzlich begiftetes Kraftfutter: Lindan, Parathion, Diazinon und Demeton zeigten keinerlei Wirkung, während Toxaphen bei Überdosierung zu Todesfällen führte. SCHMIDT-WELLENSTEIN 1958 fütterten Greifvögel mit Mäusen, die mit Toxaphen vergiftet waren: Mäusebussarde erwiesen sich als widerstandsfähig, während Hühnerhabicht, Schleiereule und Turmfalke nach kürzerer oder längerer Zeit eingingen. Doch sind solche Ergebnisse kaum auf das Freiland zu übertragen, weil im Versuch den Tieren die dort gegebene Möglichkeit der Auswahl fehlt: Schleiereule und Hühnerhabicht zeigten bald einen Widerwillen gegenüber den mit Toxaphen vergifteten Mäusen und hätten sie unter natürlichen Verhältnissen nicht mehr genommen. Beobachtungen im Freiland liefern auch ein günstigeres Bild: Eine Bestäubung mit Lindan hatte keinen Einfluß auf die Fütterungsfrequenz von Sumpf- und Tannenmeise; es wurde kein Eingehen, kein Abwandern festgestellt und eine Zählung der Vogelarten vor- und nachher ergab keine Änderung (TOUFAR-PALECEK 1956). Bei einer Besprühung mit 1,25 kg/ha DDT-Wirkstoff auf 707 ha wurden keinerlei tote Vögel gefunden, die unter Kontrolle gehaltenen Nestlinge flogen anscheinend normal aus, spürbare Bestandesverminderungen traten nicht ein (SCHIFFERLI 1966). Die Zahl der Beispiele könnte vermehrt werden. Allgemein läßt sich sagen, daß bei sachgemäßer Anwendung der Pflanzenschutzmittel Verluste an Vögeln in Mitteleuropa seltene Ausnahmen geblieben sind (PRZYGODDA 1955, 1958, 1969, BEJER-PERTERSEN et al. 1972). Solche Ausnahmen betreffen bestimmte Mittel, die heute im Forstschutz nicht mehr verwendet werden.

Die angeführten Beobachtungen betreffen bald zu beobachtende Effekte. Zu langandauernden, nicht sogleich erkennbaren Nachwirkungen können persistente Gifte führen, die vom Organismus unzureichend abgebaut und gespeichert werden. Als in dieser Hinsicht besonders gefährlich gilt das DDT, worauf bereits hingewiesen wurde (S. 425); ein Grund, weshalb seine Verwendung verboten wurde. In jüngerer Zeit vorgenommene Untersuchungen an Vogeleiern ergaben geringere oder größere Gehalte an Rückständen von chlorierten Kohlenwasserstoffen, doch handelt es sich dabei um Mittel, die im Forstschutz nicht oder nicht mehr benutzt werden (CONRAD 1977, ZIEGLER et al. 1978).

Wirkung auf Säugetiere. Sie ist am ehesten zu erwarten bei Mitteln, die zur Abtötung von Säugern verwendet werden, also bei Rodentiziden. Toxaphen, zur Bekämpfung der Erdmaus flächig ausgebracht, verursacht Verluste auch bei anderen Kleinsäugern. Die namentlich in Jägerkreisen weitverbreitete Meinung, daß das Wild unter der Anwendung von Pflanzenschutzmitteln schlechthin leide, ist durch Untersuchungen an Fallwild und durch Auswertung von Streckenzahlen widerlegt.

Bei Flächenbegiftungen mit Toxaphen, welche die Erdmaus nahezu völlig auslöschten, wurde der Besatz von Wald- und Gelbhalsmaus um 20–30, höchstens 50 %, von Rötelmaus um 0–20, höchstens 30 %, von Waldspitzmaus um 0–30, höchstens 50 % gesenkt; im Jahr darauf waren die Verluste wieder ausgeglichen. Das gilt für Begiftungsflächen bis etwa 10 ha; auf größerer zusammenhängender Fläche kann sich die Maßnahme stärker auswirken (SCHINDLER 1959). In sehr vereinzelten Fällen wurden tote Hasen gefunden, Schäden an Schalenwild sind nicht bekannt geworden. Einen unerwünschten Effekt auf den Schädling selbst beobachtete BÄUMLER 1975 auf einer Versuchsfläche: durch Beeinträchtigung der Ektoparasiten der Erdmaus durch das auch als Insektizid wirksame Toxaphen und durch die damit verbundene Einschränkung der Übertragung von Blutparasiten und Krankheiten wurde eine rasche Erholung der Mauspopulation begünstigt.

Auch andere Pflanzenschutzmittel als das genannte wirken im Fütterungsversuch auf Wild tödlich (SCHULZE 1960). Doch besagt dies wenig für den Effekt der Mittel im Freiland. Untersuchungen an 384 Stück Fallwild ergaben, daß in nur 2 % der Fälle Vergiftung die Todesursache war; die übrigen Todesfälle waren im wesentlichen durch Infektionskrankheiten verursacht (ENGLERT 1956). Zu ähnlichem Ergebnis kamen BECK et al. 1968 sowie UECKERMANN 1977. Eine Zusammenstellung der Hasenstrecken in dem landwirtschaftlich hochintensiven Braunschweiger Gebiet für die Jahre 1956–1964 läßt erkennen, daß die meisten Hasen in den Jahren zur Strecke kamen, in denen auch die meisten Pflanzenschutzmittel ausgebracht wurden; es waren die trockenen Jahre, die sich günstig sowohl auf den Hasenbesatz als auch auf die Entwicklung von Schädlingen auswirkten (v. HORN 1967).

Wirkung auf die Lebensgemeinschaft. Die im einzelnen vorgeführten Einwirkungen auf Pflanzen und Tiere bedeuten insgesamt quantitative und qualitative Veränderungen in der Zusammensetzung des Beziehungsgefüges. Daß sie von erheblicher Bedeutung für den Fortbestand der Lebensgemeinschaft Wald sein können, ist zumindest denkbar. Bereits die angestrebte Herabminderung der Schädlingszahl kann, wenn sie wegen mangelnden Erfolges der angewandten Maßnahme unzureichend blieb, zu unvorhergesehenen Entwicklungen führen.

Ein relativ einfaches und für das Ziel der Bekämpfung günstiges Geschehen beobachtete SCHWERDT-FEGER 1934 bei Bestäubung der Forleule mit einem Kontaktgift: nicht überall wurde der Raupenbesatz hinreichend getroffen; da die Parasiten aber kaum beeinträchtigt wurden, konnten sie sich in der verkleinerten Wirtspopulation stärker auswirken und die Gradation zu Ende führen. Vielfach dürften aber die Verhältnisse komplizierter liegen: die Verringerung der Wirtszahl kann sich ungünstig auf die Entwicklung dichteabhängiger Mortalitätsfaktoren auswirken und zu einer Verlängerung der Gradation führen. Einwandfreie Beobachtungen in dieser Hinsicht liegen nicht vor. RHUMBLER 1929 konnte für den Kiefernspanner feststellen, daß eine im Gang befindliche Retrogradation durch eine Bestäubung nicht aufgehalten wurde. Als Gegenbeispiele können gewertet werden eine ungewöhnlich langandauernde Spannervermehrung in Mecklenburg, deren Eruption von 1937 bis 1941 gegenüber normal 2 Jahren dauerte, und die durch wiederholte, nicht voll wirksame Bestäubungen bekämpft wurde, sowie eine Nonnengradation in Thüringen, die von 1939 bis 1944 alljährlich Bestäubungen erforderlich machte. Deren Wirkung war in jedem Jahr groß genug, um die drohenden Fraßschäden auf ein wirtschaftlich belangloses Maß hinabzudrücken, sie reichte aber nicht zur Vernichtung des Schädlings aus. Vermutlich konnte sich infolge der immer wieder vorgenommenen Schmälerung der Wirtsbasis die Polyedrose, welche in der Regel das natürliche Ende einer Nonnenvermehrung herbeiführt, trotz mehrfacher Ansätze nicht zu einer Massenseuche ausbilden. Besonders verhängnisvoll war, daß die im Altraupenstadium ausgeführten Bestäubungen die kräftigen, erwachsenen Raupen wegen ihrer Widerstandsfähigkeit nur zum Teil vernichteten, während die noch vorhandenen jungen Stadien, die als Nachzügler in erster Linie Schwächlinge und Krankheitsträger waren, ausgetilgt wurden. Auch die Tachinen litten bei den spät vorgenommenen Bestäubungen, welche in die Hauptschwärmzeit fielen, stärker als bei Frühbegiftungen (SCHWERDTFEGER 1948).

Die Abtötung von Gegenspielern, aber auch die Vernichtung von zunächst belanglos erscheinenden Arten, die als Zwischenwirte wichtiger Parasiten oder als Beute für räuberische Tiere eine Rolle spielen, können dem Verlauf der Schädlingsgradation eine unbeabsichtigte Richtung geben (Croft-Brown 1975). Darüber hinaus besteht die Möglichkeit, daß die Verarmung der Lebensgemeinschaft andere, bisher latent gebliebene Arten zu schädlicher Populationsdichte anwachsen läßt.

Im Obstbau wurde eine Milbe, die Rote Spinne, zu einem beachtlichen Schädling, nachdem Insektizide, die wiederholt zur Abwehr von Schadinsekten ausgebracht wurden, ihre Gegenspieler ausgeschaltet hatten. Solomon 1955 hat eine Anzahl hierher gehörender Beispiele zusammengestellt. Im Walde sind derartige Umsetzungen in der Schädlingsfauna noch nicht beobachtet worden, vermutlich weil hier die Insektizidanwendung längst nicht das Ausmaß erreicht wie beispielsweise im Obstbau oder in der tropischen Plantagenwirtschaft. Doch kann man hierhin die Beobachtung stellen, daß bei einer Bekämpfung des Tannentriebwicklers mit 1,5 kg/ha DDT in Dieselöl wichtige Gegenspieler der Tannentrieb- und -stammläuse fast völlig vernichtet wurden (Adlung 1962) oder daß nach Vernichtung dikotyler Unkräuter mit wuchsstoffhaltigen Herbiziden sich ein üppiger und sehr unerwünschter Graswuchs einstellte. Die Umwandlung der Vegetation durch Herbizide kann sich auch durch Fortfall notwendiger Nahrungspflanzen auf den Tierbestand auswirken.

Über die Veränderungen, welche eine Begiftung im Beziehungsgefüge hervorruft, und über die Folgen, die sie für das Auftreten von Epidemien haben, lassen sich bisher kaum mehr als Vermutungen äußern. Trotzdem muß auf die gefährlichen Entwicklungen, die sich hier anzubahnen vermögen, mit aller Eindringlichkeit hingewiesen werden. Andererseits darf nicht außer acht bleiben, daß trotz umfangreicher und langandauernder Anwendung chemischer Forstschutzmittel nur wenige Beispiele bekannt geworden sind, bei denen ein ungünstiger Verlauf des Geschehens wahrscheinlich oder nachgewiesen ist. Offenbar besitzt die Lebensgemeinschaft des Waldes eine beachtliche Regenerationsfähigkeit, welche Eingriffe in ihr Gefüge meist rasch überwinden läßt. Namentlich kleinflächige Störungen werden sich durch Einwanderung der ausgefallenen Arten von den Rändern her leicht ausgleichen können; nach Begiftungen auf großen, zusammenhängenden Flächen kann die Wiederherstellung der Lebensgemeinschaft auf Schwierigkeiten stoßen.

Eine im Abstand von 3 Tagen wiederholte Begiftung des Kiefernspanners mit je 0,8 kg/ha DDT ergab für diesen, die Kiefernnadelscheidengallmücke und für Staubläuse eine annähernd 100%ige Abtötung; für andere Glieder der Kiefernwaldgemeinschaft wie Spannerparasiten, Syrphiden, Coccinelliden usw. war eine Schädigung nur 4 Tage, teilweise bis zu 20 Tagen nach der Bekämpfung nachzuweisen (Zöbelein 1958). Nach Maikäferbegiftungen mit Lindan regenerierte sich die oberirdische Arthropodenfauna innerhalb einer Woche, die Bodenfauna in 14 Tagen (Cramer 1957). Vier Tage nach einer Bekämpfung der Kleinen Fichtenblattwespe mit Parathion ergab sich hinsichtlich des Besatzes an sonstigen Arthropoden kaum mehr ein Unterschied zwischen behandelten und unbehandelten Parzellen (Dahl-Beier Petersen 1960). In einer eigens angestellten Untersuchung ermittelte Schwerdtfeger 1959 zunächst während einer ganzen Vegetationsperiode qualitativ und quantitativ den Arthropodenbesatz in zwei benachbarten, durch Fichtenwald voneinander isolierten Eichenbeständen. Sodann wurde im Frühjahr des zweiten Jahres in dem einen Bestand ein DDT-Lindan Mischstaub in einer bewußt überhöhten Dosis von 3,6 kg/ha DDT und 220 g/ha Lindan ausgebracht; das ist mehr als das Dreifache der zur Bekämpfung des Eichenwicklers damals üblichen Dosis. Innerhalb der ersten 48 Stunden fielen auf 1 m² Bodenfläche durchschnittlich 122 Arthropoden der verschiedensten Arten, also 1,22 Millionen Gliederfüßler je Hektar. Der Arthropodenbesatz wurde in der gleichen Weise wie vorher auf dieser sowie zum Vergleich auf der unbehandelten Fläche bis in das vierte Jahr hinein verfolgt. Es zeigte sich, daß die Wirkung des ungewöhnlich starken Insektizideingriffs bereits im Jahr nach der Behandlung weitgehend und im zweiten Jahr danach so gut wie vollständig überwunden war.

Wirkung auf den Menschen. Alle im Forstschutz benutzten Chemikalien sind in hinreichend hoher Dosierung für den Menschen giftig; in den üblichen Anwendungsformen und -mengen kann aber nur ein kleiner Teil der Präparate als gefährlich angesehen werden. Sie vermögen unmittelbar unerwünschte Wirkungen auf den Menschen auszuüben, wenn er bei der Applikation mit ihnen in innige Berührung kommt, sie einatmet oder durch den Mund aufnimmt; nach der Ausbringung sind die Substanzen meist so fein verteilt, daß die Möglichkeit einer unmittelbaren Vergiftung kaum besteht. Mittelbar ist der Mensch vor allem durch den Genuß begifteter Nahrungsmittel gefährdet, ein Problem, das im sonstigen Pflanzenschutz allergrößte Bedeutung besitzt, im Forstschutz jedoch höchstens gelegentlich, wenn im Begiftungs-gebiet Beeren oder Pilze gesammelt werden, auftritt.

Zur Kennzeichnung der Giftigkeit von Pflanzenschutzmitteln sind u. a. drei Kriterien im Gebrauch. Zunächst die orale akute Toxizität, festgestellt als LD 50 bei Ratten, also als Menge, die bei einmaliger Verabreichung 50 % der Versuchstiere abtötet; gemessen wird sie in ppm (partes per millionem) oder mg/kg, d. h. Milligramm Wirkstoff auf Kilogramm Körpergewicht. Je niedriger die LD 50, um so giftiger ist der Wirkstoff. Sie beträgt in runden Zahlen für Zineb 5000, Malathion 1500, Trichlorfon 1000, Fenitrothion und Dimethoat 250, Diazinon 200, Lindan und Propoxur 125, Toxaphen 70, Endosulfan und Demeton 50, Promecarb 40, Azinphos und Phosphamidon 20, Parathion 6. Diese Zahlen gelten für den reinen Wirkstoff; Präparate können entsprechend der Menge zugefügter Beistoffe erheblich weniger giftig sein. Außerdem ist zu beachten, daß die für Ratten festgestellte Toxizität nicht in gleicher Höhe für andere Säuger und den Menschen gültig sein muß; die Werte können also nur einen Anhalt liefern. Ein zweites Kriterium ist die Karenzzeit oder Wartezeit, d. h. die auf Grund von Untersuchungen gesetzlich festgelegte Zahl von Tagen, die zwischen Behandlung und Ernte von Früchten u. dgl. verstreichen soll. Sie interessiert im Forstschutz in der Regel nicht unmittelbar, ist aber ein Ausdruck für die Wirkungsdauer der Mittel. Die Wartezeit im Gemüse- und Obstbau beträgt in der Bundesrepublik Deutschland nach dem Pflanzenschutzmittel-Verzeichnis 1978 Teil 2 nach Behandlung von Blattgemüse bei Präparaten auf der Grundlage von Malathion 7 Tage, Diazinon, Dimethoat, Endosulfan, Parathion, Phosphamidon und Trichlorfon 14 Tage, Azinphos, Demeton und Lindan 21 Tage, Promecarb 42 Tage. Das dritte Kriterium ist die in der Bundesrepublik Deutschland vorgeschriebene Einstufung und Kennzeichnung der im Handel befindlichen Pflanzen-schutzmittel nach Giftabteilungen. Die giftigsten Präparate gehören der Abteilung 1 an; es sind von den im Forstschutz benutzen Mitteln Parathion-, Azinphos- und Promecarb-Präparate. In Abteilung 2 sind die weniger giftigen Paraquat-, Phosphamidon-, Fenitrothion-, Malathion-, Thiometon-, Triazo-phos-, Toxaphen- und Zinkphosphid-Präparate eingestuft. Zur Abteilung 3, die den geringst giftigen Mitteln vorbehalten ist, gehören nahezu alle übrigen Insektizide. Als ungiftig gelten und deshalb in keine Giftabteilung eingestuft sind von den Insektiziden Bromophos sowie Endosulfan- und Lindan-stäube, der Häutungshemmer Diflubenzuron, ferner fast sämtliche Fungizide und Herbizide. Die drei Kriterien, kombiniert betrachtet, geben Hinweise auf Art und Höhe einer eventuellen Gefährdung nicht nur des Menschen, sondern auch der Tierwelt, speziell von Warmblütern.

Mittelbar kann der Mensch auch durch Verunreinigung des zu Trinkzwecken genutzten Grund-wassers infolge Eindringens chemischer Forstschutzmittel in den Boden beeinträchtigt werden. Solche Beeinträchtigung liegt nicht erst vor, wenn die Verunreinigung gesundheitgefährdend ist, sondern schon bei einer Geschmacksbeeinflussung, die das Wasser für Trinkzwecke ungeeignet macht. Untersuchungen haben allerdings gezeigt, daß sowohl Wirk- als auch Trägerstoffe in den im Forstschutz ausgebrachten Mengen in den oberen Bodenschichten festgehalten und mehr oder weniger rasch abgebaut werden. Danach dürfte die Gefahr einer Verunreinigung des Grundwassers infolge von Auswaschung von Insektiziden (BERAN-GUTH 1965) oder Herbiziden (LEH 1968) unter praxisüblichen Verhältnissen kaum gegeben sein. Trotzdem ist in Trinkwasser-Einzugsgebieten besondere Vorsicht angezeigt (FRÖHLICH 1961, THOFERN 1962, MÜNCH 1971). Dementsprechend enthält das Pflanzen-schutzmittel-Verzeichnis bei den in Frage kommenden Präparaten Hinweise auf Anwendungsbe-schränkungen aus Gründen des Wasserschutzes.

Verhütung unerwünschter Nebenwirkungen. In wenigen Fällen, vor allem unter den Fungiziden, besitzen wir Präparate, die im wesentlichen nur auf den Schädling einwirken und alle übrigen Organismen – Pflanzen, Tiere und Menschen – unbehelligt lassen. Bei der Mehrzahl der chemischen Forstschutzmittel aber müssen wir mit dem Eintreten unerwünschter Neben- und Nachwirkungen rechnen. Hier ist es in erster Linie Aufgabe der Forschung, die Entwicklung neuer Mittel mit diesbezüglich besseren Eigenschaften voranzutreiben.

Viele der früher von der Industrie angebotenen Wildverbißschutzmittel waren phytotoxisch (Türcke 1953); Untersuchungen führten zur Fertigung neuer Präparate, die nicht pflanzenschädlich sind. Anstelle des für den Menschen hochgiftigen Parathions wurden Mittel mit ähnlichen insektiziden Eigenschaften, aber geringerer Toxizität, wie Diazinon oder Tetrachlorvinphos entwickelt. Der Lebensgemeinschaft Wald droht Gefahr von der breiten Wirkung der Insektizide, die Schädlinge, Nützlinge und indifferente Arten in gleicher Weise trifft. Wiederholt ist die Forderung nach selektiven Mitteln gestellt worden, die im wesentlichen nur auf den Schädling wirken. Die Wirkungsbreite einzuschränken bedeutet jedoch nicht nur Verringerung der unerwünschten Nebenwirkungen, sondern auch engere Begrenzung der Anwendung und damit des Absatzes. Der Wunsch des Forstmannes nach selektiven Mitteln läuft also nicht konform mit den Interessen der Industrie, in deren Händen die Entwicklung neuer Präparate liegt. Wellenstein 1954 suchte nach einem Mittelweg, indem er die Verwendung von Fraßgiften empfahl, die schon durch den Umstand, daß sie in den Darmkanal aufgenommen werden müssen, bis zu einem gewissen Grade selektiv wirken. Abgesehen von ihrer im Verhältnis zu den Berührungsgiften vielfach unbefriedigenden Wirkung auf den Schädling konnte Zoebelein 1954 nachweisen, daß auch sie die Gegenspieler, insbesondere Schlupfwespen, abzutöten vermögen, wenn sie in den als Nahrung begehrten Honigtau geraten. Ein Fortschritt auf diesem Wege scheint der Häutungshemmer Diflubenzuron zu sein, der, als Fraßmittel aufgenommen, fast ausschließlich auf sich häutende Arthropodenlarven wirkt – sofern seine große Persistenz sich nicht als Nachteil herausstellen wird (S. 420).

Damit Nebenwirkungen der Pflanzenschutzmittel auf räuberische und parasitische Gegenspieler der zu bekämpfenden Schädlinge rechtzeitig erkannt und gewertet werden können, bemüht man sich seit 1970, neben die Prüfung der Mittel auf Wirksamkeit gegenüber dem Schädling und Unschädlichkeit für die Pflanze (S. 421) noch einen Test auf Verträglichkeit für derartige Nutzarthropoden treten zu lassen. Die in einer standardisierten Laboratoriumsprüfung mit ausgewählten, räuberischen und parasitischen Spezies gewonnenen Ergebnisse können, da die Tiere aus dem natürlichen Beziehungsgefüge herausgenommen und es zudem nur wenige Arten sind, nur begrenzten Aussagewert haben (Franz 1974, 1978, Franz et al. 1976).

Wo mit Mitteln gearbeitet werden muß, bei denen unerwünschte Nebenwirkungen nicht auszuschließen sind, lassen sich diese durch Beachtung verschiedener, zum Teil schon bei Darstellung der einzelnen Nebenwirkungen aufgeführter Gesichtspunkte auf ein möglichst niedriges Maß hinunterdrücken. Wiederholte Ausbringung desselben Mittels auf derselben Fläche sollte vermieden werden; durch einmalige Applikation entstandene Schäden heilen in der Regel schnell aus, ob dies auch bei mehrfacher Einwirkung der Fall ist, erscheint bei vielen Bioziden zumindest als fraglich. Wenn mehrere Mittel für den Zweck tauglich sind, sollte dasjenige verwendet werden, welches ausreichende, jedoch nicht überhöhte Wirksamkeit und Wirkungsdauer besitzt; je größer Wirksamkeit und Wirkungsdauer sind, umso mehr bzw. länger können andere Lebewesen gefährdet sein. Die Dosis sollte an der unteren Grenze des Zulässigen liegen; sie läßt sich bei geeigneter Form der Applikation häufig noch gegenüber dem bisher Üblichen erniedrigen. Zeitliche und räumliche Möglichkeiten für das Entstehen von Nebenwirkungen müssen beachtet werden (Schwerdtfeger 1966).

Eine Herabsetzung der Dosis von Insektiziden scheint vor allem bei Anwendung des Ölsprühverfahrens (S. 432) möglich zu sein: gegenüber der zur Abtötung von Raupen meist empfohlenen Aufwandmenge von 1–1,2 kg/ha DDT genügten 0,5 kg/ha (Martinek 1966), bei manchen Arten bereits 0,15–0,06 kg/ha (Kovačević 1965) für einen ausreichenden Erfolg. Verringerte Dosis bedeutet geringere Einwirkung auf andere Glieder der Lebensgemeinschaft: Kovačević fand nach Ausbringung von 0,6 bzw. 0,15 bzw. 0,06 kg/ha DDT auf ausgelegten Fangplatten außer Raupen noch 300 bzw. 114 bzw. 44 andere Insekten je Brett. Die günstigste Zeit zur Applikation ist im allgemeinen dann gegeben, wenn die jüngsten Larvenstadien vorhanden sind; sie sind am empfindlichsten und deshalb schon mit kleinen Aufwandmengen abzutöten, außerdem sind dann die Parasiten in der Mehrzahl noch nicht aktiv. Die Tachinen der Nonne fliegen hauptsächlich, wenn diese sich im Altraupenstadium befindet; eine Begiftung im Jungraupenstadium schont die Nützlinge. Was den Raum betrifft, so sind gezielte Verfahren, welche die Wirkung lokalisieren, solchen mit flächigem Gifteffekt vorzuziehen: als Maßnahme gegen den Großen braunen Rüsselkäfer ist eine Pflanzenbehandlung wesentlich schonender für die übrige Insektenfauna als eine Sprühung der Kultur. Wo Applikationen auf großen, zusammenhängenden Flächen nicht zu vermeiden sind, sollte man überlegen, ob nicht ein ausreichender Effekt bei Behandlung von Teilflächen erzielt werden kann, z. B. in Gestalt der Zebrabehandlung, bei der begiftete und unbegiftete Streifen miteinander abwechseln (SCHWERDTFEGER 1934). Voraussetzung ist, daß entweder der Schädling häufig den Ort wechselt, wie der Maikäfer, oder ein hoher Besatz an Gegenspielern vorhanden ist, der durch die Bekämpfungsmaßnahme nicht wesentlich beeinträchtigt wird: die auf den unbehandelten Streifen lebengebliebenen Tiere werden im ersten Fall bald in die behandelten Streifen gelangen und sich hier vergiften, im zweiten infolge des Ausfalls der Abgetöteten in verstärktem Maß den Feinden zum Opfer fallen. Die Ausgestaltung des Geländes ist zu beachten, wenn die Möglichkeit besteht, daß das Mittel nach der Ausbringung in Fischgewässer oder in Trinkwasseranlagen gelangen kann.

Der Mensch, der mit Pflanzenschutzmitteln umgehen muß, kann sich vor schädlichen Folgen schützen, indem er die von den Herstellerfirmen vorgeschriebenen und in Merkblättern und Veröffentlichungen zusammengestellten Vorsichtsmaßregeln beachtet (PVF, SCHINDLER 1963, SCHNEIDER 1974).

Bei der Auswahl der Männer, die unmittelbar mit gefährlichen Giften zu tun haben, beispielsweise die Spritzbrühe ansetzen oder ausbringen, sind alle empfindlichen Personen auszuschließen, solche mit Erkrankungen der Atemwege, des Magenkanals, des Herzens und der Nieren, ferner Personen mit Furunkulose, offenen Wunden und solche, die nach ihrem körperlichen Zustand (Gesichtsform, Zustand von Herz und Lunge) nicht in der Lage sind, eine Schutzmaske zu tragen. Allgemein soll bei Arbeiten mit Giftstoffen ein Schutzanzug getragen werden, der an Hand- und Fußgelenken gut abgebunden werden kann; außerdem sind bei Arbeiten mit gefährlichen Giften Atemschützer oder Vollmasken mit Staubfilter und überfallende Segeltuchhandschuhe anzulegen. Essen, Trinken und Rauchen während der Arbeit mit Giftstoffen und im Arbeitsanzug ist verboten. Beim täglichen Arbeitsschluß und vor jedem Essen und Trinken sind die Arbeitsanzüge abzulegen und anschließend Hände und Gesicht mit Wasser, Seife und Bürste zu reinigen. Vor jedem Essen und Trinken ist der Mund sorgfältig auszuspülen. Bei eintretender Erkrankung jeder Art ist sofort ärztliche Hilfe in Anspruch zu nehmen.

Die Giftstoffe sind stets unter Verschluß und getrennt von Lebens- und Futtermitteln aufzubewahren. Sie sollen möglichst nicht in andere Gefäße, Tüten usw. umgefüllt werden. Alle mit dem Gift in Berührung gekommenen Gegenstände sind nach Gebrauch gut zu reinigen. Leere Packungen sind, soweit sie nicht nach Reinigung weiter benutzt werden können, zu verbrennen. Jedes unnötige Verschütten oder Verstäuben von Giftstoffen ist zu vermeiden.

Bei Anwendung gefährlicher Stoffe in größerem Umfang ist das Gebiet durch polizeiliche Maßnahmen abzusperren.

Die beste Maßnahme zur Verhütung unerwünschter Nebenwirkungen ist das Unterlassen jeglicher Giftanwendung, die nicht unbedingt zur Erhaltung des Waldes erforderlich ist. Das Angebot der verschiedenartigsten Forstschutzmittel und handlicher Geräte mit großem Ausbringungsvermögen, die Möglichkeit, nahezu jedem Schädling wirksam zu begegnen, und nicht zuletzt der Wunsch, die zweifellos wertvollen Errungenschaften im eigenen Betrieb anzuwenden, verleiten zu Aktionen, deren Notwendigkeit nicht immer erwiesen ist. Oft mag es besser sein, einen Zuwachsverlust in Kauf zu nehmen als mit einer Maßnahme in das Waldgefüge einzugreifen und damit Entwicklungen auszulösen, deren Verlauf nicht abzusehen ist. Wo die Anwendung von Giften sich als notwendig erweist, sollte sie das Maß, das zur Erreichung des Zieles gerade erforderlich ist, nicht überschreiten.

Schrifttum: ANONYM: Keine Wildtierverluste durch Pflanzenschutzmittel. FH 30, 39, 1975. — BÄUMLER, W.: Nebenwirkungen von Toxaphen auf Mäuse. AS 48, 65–71, 1975. — BÄUMLER, W., et al.: Über den Einfluß der Herbizide Paraquat und Simazin auf die Fauna forstlich genutzter Böden. AS 51, 1–5, 1978. — BEJER-PETERSEN, B., HERMANSEN, P. R., WEIHE, M.: On the effects of insecticide sprayings in forests on birds living in nest boxes. Dansk Ornith. For. Tidsskr. 66, 30–50, 1972. — BERAN, F.: Der gegenwärtige Stand unserer Kenntnisse über die Bienengiftigkeit und Bienengefährlichkeit unserer Pflanzenschutzmittel. GP 22, 21–31, 1970. — BLUMENBACH, D.: Pestizide in der Umwelt. Eine Bibliographie über Nebenwirkungen, Rückstände und Schutzmaßnahmen. MBBA 141, 1971. — CONRAD, B.: Die Belastung der freilebenden Vogelwelt der Bundesrepublik Deutschland mit chlorierten Kohlenwasserstoffen und polychlorierten Biphenylen und deren mögliche Auswirkungen. Greven 1977. — CROFT, B.

A., a. Brown, A. W. A.: Responses of arthropod natural enemies to insecticides. ARE 20, 285–335, 1975. — Dustmann, J. H.: Wirkung von Tormona 80 auf Honigbienen. AF 30, 978–979, 1975. — Eijsackers, H.: Side effects of the herbicide 2,4,5-T affecting the isopod *Philoscia muscorum* Scopoli. ZaE 87, 28–52, 1978. — Side effects of the herbicide 2,4,5-T on reproduction, food consumption, and moulting of the springtail *Onychiurus quadriocellatus* Gisin (Collembola). ZaE 85, 341–360, 1978. — Franz, J. M.: Die Prüfung von Nebenwirkungen der Pflanzenschutzmittel auf Nutzarthropoden im Laboratorium – ein Sammelbericht. ZPK 81, 141–174, 1974. — Ergänzende Bemerkungen zur Weiterentwicklung der Prüfung von Pflanzenschutzmitteln an Nutzarthropoden. NdDP 30, 124–126, 1978. — Franz, J. M., Hassan, S. A., Bogenschütz, H.: Einige Ergebnisse bei der standardisierten Laboratoriumsprüfung der Auswirkungen von Pflanzenschutzmitteln auf entomophage Nutzarthropoden. NdDP 28, 181–183, 1976. — Franz, J. M., et al.: Symposium „Pesticides and beneficial arthropods". ZPK 84, 129–173, 1977. — Hilbig, V., Lucas, K., Sebek, V., Münchow, H.: Untersuchungen zur Ermittlung toxischer Wirkungen von Derivaten der 2,4-Dichlor- und 2,4,5-Trichlorphenoxyessigsäure (2,4-D und 2,4,5-T) auf Bruteier von Fasanen, Wachteln und Hühnern. AS 49, 21–25, 65–68, 1975. — Hofer, I., Beck, T., Wallnöfer, P.: Der Einfluß des Fungizids Benomyl auf die Bodenmikroflora. ZPK 78, 398–405, 1971. — Hoffmann, G. M., u. Kiebacher, H.: Resistenzbildung bei pflanzenpathogenen Pilzen gegen systemische Fungizide. ZPK 83, 368–382, 1976. — Horn, A. v.: Untersuchungen über den Einfluß von Wuchsstoffherbiziden auf Wildgeflügel, insbesondere Fasanen. NdDP 26, 154–155, 1974. — Iloba, C.: The effects of some herbicides on the development of ectotrophic mycorrhiza of *Pinus sylvestris* L. EJFP 6, 312–318, 1976. — Liederwald, H. D.: Umweltschäden durch Forstschutzmaßnahmen? FH 29, 93–96, 1974. — Münch, W. D.: Die Anwendung von Pflanzenschutzmitteln in Wasserschutzgebieten. AF 26, 640a, 1971; FH 26, 390, 1971; NdDP 23, 141–142, 1971. — Niehuss, M., u. Börner, H.: Untersuchungen über den Einfluß von Herbiziden auf Fische. NdDP 23, 113–117, 1971. — Paeschke, R. R., u. Heitefuss, R.: Der Einfluß von Herbiziden auf metabolisch aktive Bakterien und Pilze im Boden bei erstmaliger und mehrjähriger Anwendung. ZPK 85, 471–481, 1978. — Pechhacker, H.: Über die Wirkungen chemischer Forstschädlingsbekämpfungen aus der Luft auf Honigtau-Erzeuger und Ameisen. AS 47, 42–45, 1974. — Peeples, J. L.: Microbial activity in Benomyl-treated soils. Pp 64, 857–860, 1974. — Perring, F. H., a. Mellanby, K. (Eds.): Ecological effects of pesticides. London 1977. — Schmidt: Neue Bienenschutzverordnung in Kraft. FH 28, 180–181, 1973. — Schneider, K.: Arbeitshygiene und chemischer Forstschutz. AF 29, 45–46, 1974. — Ueckermann, E.: Pflanzenschutzmittelanwendung und Wild. MBBA 178, 252–253, 1977. — Winter, K.: Untersuchungen über die Auswirkungen von Dimilin auf Insekten und Spinnen der Bodenoberfläche in Kiefernwäldern. MBBA 191, 228–229, 1979. — Zachariae, G., u. Ebert, K. H.: Gefährdet chemische Schädlingsbekämpfung im Forst die Regenwürmer? Pedobiologia 10, 407–433, 1970. — Ziegler, W., Königer, M., Wallnöfer, P. R.: Gehalt an Umweltchemikalien (Organochlorverbindungen) in Amseleiern aus charakteristischen Biotopen. AS 51, 145–148, 1978.

4. BIOLOGISCHE BEKÄMPFUNGSMASSNAHMEN

Wie die mechanische Bekämpfung mit mechanischen Mitteln, die chemische mit Chemikalien arbeitet, so verwendet die biologische Bekämpfung O r g a n i s m e n, um drohenden Schaden abzuwenden. Sie sucht durch künstliche Einbringung eines geeigneten biotischen Faktors das Ausmaß der Schädigung auf ein wirtschaftlich belangloses Maß hinabzudrücken.

Häufig werden in Lehrbüchern und Abhandlungen als Methoden der biologischen Bekämpfung auch der Vogelschutz, die Vermehrung der Ameisen, der Schutz von Igel, Maulwurf, von parasitischen und räuberischen Insekten, ferner die Verwendung resistenter Pflanzen und die Schaffung von Mischwald genannt. Alle diese Maßnahmen sind aber keine Methoden der biologischen Bekämpfung. Sie werden in der Regel nicht angewandt, um einen speziellen, unmittelbar bevorstehenden Schadfall abzuwenden, sondern sollen der Lebensgemeinschaft Wald durch Mehrung der nützlichen Glieder und andere Maßnahmen eine festere Struktur geben. Sie sind damit nach unserer oben (S. 363) gegebenen Begriffsbestimmung waldhygienische Maßnahmen, die bereits besprochen wurden. Im Einzelfall mag allerdings die Frage, ob es sich um ein Verfahren der Waldhygiene oder der biologischen Bekämpfung handelt, schwer oder nicht zu beantworten sein. Die oben (S. 380) genannte Einführung von Feinden wichtiger Schädlinge aus anderen Ländern kann, wenn man das Gewicht auf die langfristige Anreicherung der Biozönose legt, als hygienische Maßnahme, falls man sie zur Abwehr akuter Schäden eines eingeschleppten Insekts anwendet, als solche der biologischen Bekämpfung beurteilt werden.

Biologische Bekämpfungsmaßnahmen besitzen gegenüber anderen, insbesondere den chemischen Verfahren den V o r t e i l, daß sie ausgesprochen selektiv wirken können und das Gefüge der Lebensgemeinschaft nicht so verändern, wie etwa die Anwendung eines polytoxischen Insektizids. Dieser Vorzug schwindet, wenn polyphage Nützlinge verwendet werden, die neben dem Schädling manches andere Lebewesen vertilgen;

dann kann von einem grundsätzlichen Unterschied zwischen den Auswirkungen biologischer und technischer Maßnahmen nicht mehr die Rede sein. Von Nachteil ist, daß die Arbeit mit Lebewesen in der Regel an mehr Voraussetzungen gebunden ist als der Einsatz lebloser Stoffe.

Die Anwendung von Mikroorganismen als Krankheitserreger scheiterte, weil die zu infizierenden Wirtstiere nicht die erforderliche Disposition besaßen. Ausgesetzte Schmarotzer wurden vielfach stärker von Witterungsfaktoren beeinträchtigt als der Schädling. Die Aufzucht von Parasiten oder Krankheitserregern erfordert, wenn die Bekämpfung in größerem Umfang angewendet werden soll, im allgemeinen mehr Aufwand als die Herstellung eines chemischen Giftes; bei Parasiten, die einseitig an einen Schädling angepaßt sind, wird der Aufzuchtbetrieb in den zahlreichen Jahren, in denen der Schädling nicht auftritt, stillstehen müssen, zumal eine Lagerung wie bei leblosen Stoffen in der Regel nicht möglich ist.

So hält sich die praktische Anwendung biologischer Verfahren im mitteleuropäischen Forstschutz, trotz intensiver Forschung und zahlreicher Ansätze, in vergleichsweise engen Grenzen. Doch sollten, gerade im Hinblick auf die Gefahren eines umfangreichen Gebrauchs chemischer Mittel, die Voraussetzungen, unter denen biologische Methoden brauchbare Ergebnisse versprechen, weiterhin gründlicher Prüfung unterzogen und gegebenenfalls entsprechende Verfahren entwickelt werden.

Schrifttum: BAKER, K. F., a. COOK, R. J.: Biological control of plant pathogens. San Francisco 1974. — COPPEL, H. C., a. MERTENS, J. W.: Biological insect pest suppression. Berlin-Heidelberg-New York 1977. — FRANZ, J. M.: Biological and integrated control of pest organisms in forestry. Unasylva 24, (99), 37–46, 1970; 25, (100), 45–56, 1971.— FRANZ, J. M., u. KRIEG, A.: Biologische Schädlingsbekämpfung. 2. Aufl. Berlin-Hamburg 1976. — GEILER, H.: Über das Problem der ökologischen Regelung in Waldbiogeozönosen und Möglichkeiten der integrierten Schädlingsbekämpfung. AP 8, 53–64, 1972. — HUFFAKER, V. B. (Ed.): Biological control. New York-London 1971. — PSCHORN-WALCHER, H.: Biological control of forest insects. ARE 22, 1–22, 1977. — SCHÖNHERR, J.: Die biologische Schädlingsbekämpfung in Theorie und Praxis. FH 31, 103–106, 1976. — SEDLAG, U.: Biologische Schädlingsbekämpfung. Berlin 1974.

a. Verwendung von Mikroorganismen und Pilzen

Viren. Das häufige Auftreten von Polyedrosen bei Nonne und anderen Lepidopteren gab in den zwanziger Jahren zu primitiven Versuchen Anlaß, durch Verstreuen und Verspritzen von Infektionsmaterial auf die Raupen und ihre Nährpflanzen die Polyederkrankheit hervorzurufen oder ihren Ablauf zu beschleunigen (KLÖCK 1925, RUŽIČKA 1925). Ein Erfolg wurde nicht nachgewiesen. Mit modernen Hilfsmitteln wurden seit Beginn der fünfziger Jahre Bekämpfungsversuche mit Viren gegen verschiedene forstschädliche Insekten, meist auf kleiner Fläche, vorgenommen, die gegen manche Arten gute Erfolge zeitigten. Von Vorteil erwies sich die Spezifität der Krankheitserreger und damit die Selektivität der Maßnahme. Das Problem war in der Regel die Beschaffung des Infektionsmaterials in einer für die praktische Anwendung erforderlichen Menge: Viren entwickeln sich nur in lebenden Zellen. Statt lebender Wirtstiere versucht man neuerdings zur Produktion Zellkulturen (Zellinien) zu benutzen (HILWIG 1976, MILTENBURGER et al. 1976/77, ROEDER 1978). Ein Nachteil ist auch die relativ lange Inkubationszeit der Virosen: von der Infektion bis zum merkbaren Ausbruch der Krankheit vergehen mindestens 6–10 Tage, in denen der Schädling noch mehr oder weniger starken Fraßschaden anrichten kann. Trotzdem wird – neben der Anwendung von *Bacillus thuringiensis* (S. 449) – der Einsatz von Insektenviren als das wohl zukunftsträchtigste Gebiet der mikrobiologischen Schädlingsbekämpfung angesehen (FRANZ-KRIEG 1976).

Ersten Erfolg brachte ein Bekämpfungsversuch mit *Borrelinavirus diprionis* Shd. gegen die Blattwespe *Neodiprion sertifer*. FRANZ-NIKLAS 1954 spritzten auf einer Kiefernkultur, die von *N. sertifer* befallen war, die Nadeln der Kiefern mit einer wässerigen Aufschwemmung von Polyedern der Virusart, und zwar zu zwei Zeitpunkten, einmal kurz vor dem Ausschlüpfen der Larven aus den

Eiern und zum andern einige Wochen später, nachdem die Larven das 2. Stadium erreicht hatten. Die Polyeder waren aus toten Freilandlarven des Vorjahres gewonnen worden. Auf den behandelten Kiefern setzte bald ein rasches, nachweisbar auf Virusinfektion zurückzuführendes Sterben der Larven ein, während auf den unbehandelten Bäumen die natürliche Sterblichkeit wesentlich langsamer verlief (Abb. 240). Ähnlich guten Erfolg brachten gleichartige, ebenfalls auf Kleinflächen beschränkte

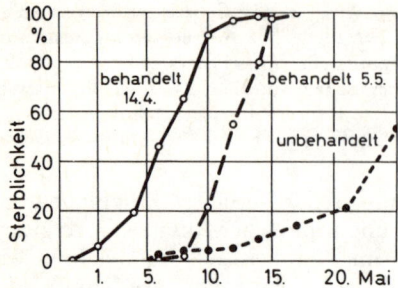

Abb. 240. Larvensterblichkeit von *Neodiprion sertifer* nach künstlicher Virusinfektion. Nach FRANZ-NIKLAS 1954

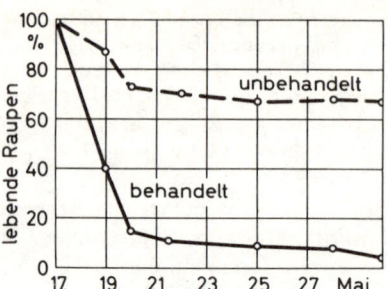

Abb. 241. Wirkung einer Behandlung mit *Bacillus thuringiensis* auf Raupen des 2.–4. Stadiums von *Panolis flammea.* Nach GLOWACKA-PILOT-KOEHLER 1965

Bekämpfungsversuche in Südwestdeutschland (SCHÖNHERR 1965), Österreich (JAHN-SINREICH 1964, DONAUBAUER-SCHÖNHERR 1972), der Tschechoslowakei (KUDLER 1965) und Norwegen (AUSTARÅ 1965). Erfolgreich waren ferner mehr oder weniger begrenzte Bekämpfungsversuche mit Viren gegen die Nonne (WELLENSTEIN 1973, ZETHNER 1976), bei denen es allerdings im Bekämpfungsjahr noch zu erheblichen und erst im folgenden Jahr zu keinen Fraßschäden mehr kam, ferner gegen den Pappelspinner (NEF 1971), den Tannentriebwickler (SCHÖNHERR 1966) und den Kiefernknospentriebwickler (HUBER 1978).

Schrifttum: BURGES, H. D., a. HUSSEY, N. W. (Eds.): Microbial control of insects and mites. London-New York 1971. — DONAUBAUER, E., u. SCHÖNHERR, J.: Neue Ergebnisse einer Bekämpfung von *Neodiprion sertifer* Geoffr. mit Virus-Suspension (*Borrelinavirus*) an Schwarzkiefern (*Pinus nigra austriaca*). CgF 89, 26–33, 1972. — FRANZ, J. M.: Auftreten, Eigenschaften und Nutzung von Virosen bei Schadinsekten. ZaE 82, 124–128, 1976. — HILWIG, I.: Arbeiten mit Insektenzellinien als Vorstufen für die in vitro-Produktion von Insektenviren zur biologischen Schädlingsbekämpfung. ZaE 82, 136, 1976. — HUBER, J.: Versuche zur Verwendung des Apfelwickler-Granulosevirus für die Bekämpfung des Kieferntriebwicklers. MdGaaE 1 (2–4), 132–135, 1978. — KRIEG, A.: Granulose- und Kernpolyeder-Viren: Hygienische Gesichtspunkte bei ihrer Produktion und Anwendung. ZaE 82, 129–134, 1976. — MILTENBURGER, H. G., DAVID, P., MAHR, U., ZIPP, W.: Über die Erstellung von Lepidopteren-Dauerzellinien und die in vitro-Replikation von insektenpathogenen Viren. ZaE 82, 306–323, 1976/77. — NEF, L.: Influence de traitements insecticides chemiques et microbiens sur une population de *Stilpnotia* (=*Leucoma*) *salicis* L. et sur ses parasites. ZaE 69, 357–367, 1971. — ROEDER, A.: Erste Ergebnisse eines Virusforschungsprojektes. AF 33, 432–433, 1978. — SCHÖNHERR, J.: Biozönoseschonende Bekämpfung von Forstschädlingen mit Hilfe insektenpathogener Viren. SchwZF 121, 134–142, 1970. — TVERMYR, S.: Effect of nuclear polyhedrosis virus in *Neodiprion sertifer* (Geoffr.) (Hymenoptera: Diprionidae) at different temperatures. Entomophaga 14, 245–250, 1969. — WELLENSTEIN, G.: The use of insect viruses for the protection of forests. OEPP/EPPO Bull. 9, 43–52, 1973. — ZETHNER, O.: Control experiments on the Nun Moth (*Lymantria monacha* L.) by nuclear-polyhedrosis virus in Danish coniferous forests. ZaE 81, 192–207, 1976.

Bakterien. Zur Bekämpfung der Feldmaus und anderer Mäuse sind früher in zahlreichen Aktionen Bakterienpräparate benutzt worden, die typhusähnliche Erkrankungen unter den Tieren hervorriefen; da sie sich als gefährlich auch für den Menschen und zudem im Erfolg als unsicher erwiesen, wurde ihre Verwendung in Deutschland 1936 verboten. Gegen Engerlinge des Maikäfers wurden in der Schweiz 1953–1955 in einer Serie von Freilandversuchen pathogene Bakterienstämme eingesetzt, die aus kranken Tieren gewonnen waren; die Abtötung lag im allgemeinen unter 50 % (WILLE et al. 1962). Versuche in Dänemark 1950–1951, Maikäferengerlinge durch Impfung des Bodens mit *Bacillus popilliae* Dutky zu bekämpfen, schlugen fehl (JØRGENSEN 1960). Dagegen hat sich der für Raupen vieler Lepidopterenarten pathogene *Bacillus thurin-*

giensis Berl. in Versuchen und praktischen Maßnahmen als zur biologischen Bekämpfung geeignet erwiesen. Er ist zum Einsatz gegen eine Reihe freifressender Schmetterlingsraupen zugelassen (PVF) und wird in Form leicht zu handhabender Präparate von der Industrie angeboten.

B. thuringiensis muß, um wirksam zu werden, von der Raupe mit der Nahrung aufgenommen werden. Der Effekt besteht primär in einer Vergiftung: in der reproduktiven Phase bildet jedes Bakterium neben der Spore einen kristallinen Körper, den Endotoxin-Kristall; dieser löst sich im Darmsaft, das Endotoxin zerstört das Darmepithel und lähmt die Darmmuskulatur. Die Raupe stellt die Fraßtätigkeit ein und stirbt nach einer kürzeren oder längeren Reihe von Tagen (Abb. 241). Die Sporen keimen dann u. U. im Darm des toten Wirts. Neben Endotoxin produzieren bestimmte Stämme des *B. thuringiensis* in ihrer vegetativen Phase ein in seiner Wirkung nicht auf Lepidopteren beschränktes Exotoxin. Die von der Industrie angebotenen, pulverförmigen Präparate enthalten etwa zu gleichen Teilen Sporen und Endotoxin-Kristalle; sie werden definiert durch die Zahl der Sporen in 1 g des trockenen Pulvers, die meist bei $25–75 \times 10^9$ liegt. Die Trockenpräparate sind länger als 10 Jahre haltbar. Ausgebracht werden sie in der Regel als Suspensionen, in gleicher Weise wie ein chemisches Insektizid. Die Wirkung entspricht der eines Fraßgifts, beansprucht also mehr Zeit als ein Kontaktgift. Namentlich der Tod der Raupen kann länger auf sich warten lassen; doch hört die Fraßtätigkeit meist bald auf, was für die Schadensabwehr entscheidend ist. Es liegen bereits zahlreiche Versuche und einige praktische Einsätze mit *B. thuringiensis* gegen Raupen verschiedenster Lepidopterenarten vor. Sie haben gezeigt, daß die einzelnen Spezies unterschiedlich anfällig sind. Nach Herfs 1978 können als leicht bekämpfbar angesehen werden u. a. *Tortrix viridana*, *Operophthera brumata*, *Bupalus piniarius* und *Dendrolimus pini*, als schwer bekämpfbar u. a. *Panolis flammea*, *Lymantria monacha* und *Leucoma salicis*. Wie weit dieser Bewertung allgemeinere Gültigkeit zukommt, bleibt fraglich; denn z. B. gegen *Leucoma salicis*, als schwer bekämpfbar eingestuft, haben Nef 1971 im Freilandversuch und Maksymov 1978 bei einem praktischen Einsatz mit Hubschrauber auf 100 ha beste Wirkung erzielt; umgekehrt erreichten Švestka-Vánková 1980 gegen den als leicht bekämpfbar angesehenen Eichenwickler im Freilandeinsatz nur eine Abtötung von rund 60%. Die Anfälligkeit einer Spezies ist offenbar nach der jeweiligen Situation unterschiedlich, bei einer polyphagen Art z. B. in starkem Maße nach der Fraßpflanze (Skatulla 1973).

Gegen *Lymantria monacha* zeigte eine Kombination von Kernpolyedervirus in normaler Dosierung mit einer schwachen, subletalen Menge von *B. thuringiensis* bessere Wirkung als die beiden Pathogene allein (Schönherr-Ketterer 1979).

Schrifttum: Afify, A. M. u. Matter, M. M.: Zunehmende Toleranz (LT-Werte) von *Anagasta kühniella* Z. gegen *Bacillus thuringiensis* mit dem Alter der Larvalentwicklung. AS 43, 97–100, 1970. — Altenkirch, W., Niemeyer, H., Schindler, U.: Eichenwicklerbekämpfung 1971 mit *Bacillus thuringiensis* im Forstamt Göhrde. FH 27, 93–96, 1972. — Hassan, S., u. Krieg, A.: Über die schonende Wirkung von *Bacillus thuringiensis*-Präparaten auf den Parasiten *Trichogramma cacoeciae* (Hym.: Trichogrammatidae). ZPK 82, 515–521, 1975. — Herfs: Vereinfachung der Prüfung auf biologische Wirksamkeit von *Bacillus thuringiensis*-Präparaten. NdDP 30, 173–174, 1978. — Krieg, A.: Insektenbekämpfung mit *Bacillus thuringiensis*-Präparaten und deren Einfluß auf die Umwelt. NdDP 30, 177–181, 1978. — Langenbruch, G. A.: Versuche zur Möglichkeit einer Bekämpfung von *Agrotis segetum* mit *Bacillus thuringiensis*. NdDP 29, 133–137, 1977. — Magnoler, A.: Ground application of a *Bacillus thuringiensis* preparation for Gypsy Moth control. ZPK 81, 575–583, 1974. — Maksymov, J. K.: Biologische Bekämpfung des Pappelspinners *Stilpnotia salicis* L. (Lep., Lymantriidae) mit *Bacillus thuringiensis* Berliner. AS 53, 52–56, 1980. — Nef, L.: Influence de traitements insecticides chimiques et microbiens sur une population de *Stilpnotia* (*=Leucoma*) *salicis* L. et sur ses parasites. ZaE 69, 357–367, 1971. — Schönherr, J. u. Ketterer, R.: Zur Frage der kombinierten Anwendung von Polyedervirus und *Bacillus thuringiensis* bei der Nonne, *Lymantria monacha* L. (Lepidoptera). ZPK 86, 483–488, 1979. — Skatulla, U.: Unterschiedliche Wirkungen von *Bacillus thuringiensis* (B.) auf *Orgyia antiqua* (L.) in Abhängigkeit von der Fraßpflanze. AS 46, 46–47, 1973. — Švestka, M., u. Vánková, J.: Über die Wirkung von *Bacillus thuringiensis* in Kombination mit dem synthetischen Pyrethroid Ambusch auf *Operophthera brumata*, *Tortrix viridana* und die Insektenfauna eines Eichenbestandes. AS 53, 6–10, 1980. — Vánková, J., u. Švestka, M.: Persistenz und Wirksamkeit von *Bacillus thuringiensis*-Präparaten in Freilandversuchen. AS 49, 33–38, 1976.

Mikrosporidien scheinen insofern zur biologischen Bekämpfung geeignet zu sein, als sie keine besonderen klimatischen Bedingungen oder eine Anfälligkeit des Wirtstieres benötigen und ihre Virulenz nicht verlieren. Auch ist die infektive Dosis gering und eher erreichbar als etwa bei Bakterien. Von Nachteil ist, daß sie sich nicht auf künstlichen Nährböden züchten lassen. Zu einer praktischen Anwendung ist es bisher nicht gekommen.

Weiser 1956 erzielte in ausgedehnten Versuchen mit Mikrosporidien, die an *Lymantria dispar*, *Malacosoma neustria* und anderen Lepidopterenarten ausgeführt wurden, durchweg positive Ergebnisse; gleichzeitige Einwirkung von Sporozoen und Insektiziden führte zu einer Erhöhung des Insektiziderfolgs bis auf das Zehnfache.

Pilze. Ohne überzeugende Ergebnisse blieben die mehrfach unternommenen Versuche, häufig auftretende Pilzkrankheiten an Raupen und Puppen unserer Lepidopteren, wie *Paecilomyces farinosus* und *Beauveria bassiana*, zur biologischen Bekämpfung auszunutzen. Auch die Hoffnung, daß man den bei Engerlingen und Maikäfern auftretenden Pilz *Beauveria tenella* künstlich verbreiten und durch Erzeugung einer vernichtenden Seuche den Engerlingskalamitäten ein Ende bereiten könne, hat getrogen.

Eine Zusammenstellung der von verschiedenen Autoren bekanntgegebenen Versuchsergebnisse findet sich bei Müller-Kögler 1965; es wurden eingesetzt *Paecilomyces farinosus* gegen Kiefernspanner, Nonne, Kiefernspinner und Kiefernschwärmer; *Beauveria bassiana* gegen Kiefernrindenwanze, Kiefernspanner und Große Lärchenblattwespe; *B. tenella* gegen Maikäfer und Engerling. In keinem Fall haben die gewonnenen Erfahrungen zu einer Anwendung in größerem, einer praktischen Bekämpfungsmaßnahme sich näherndem Umfang geführt. Auch weitere Feldversuche mit *B. bassiana* gegen *Hylobius abietis*, *Blastophagus piniperda* und *Xyloterus lineatus* (Novák-Samšiňaková 1962, Nuorteva-Salonen 1968) sowie mit *B. tenella* gegen den Maikäferengerling (Hurpin-Ferron 1964) brachten keine befriedigenden Resultate.

Wirkungsvoller scheint die Zurückdrängung holzzerstörender Pilze durch Antagonisten zu sein, namentlich des Wurzelschwamms *Fomes annosus* durch *Peniophora gigantea*: durch Beimpfen der frischen Stöcke mit diesem harmlosen Pilz wird deren Besiedlung durch *Fomes* und damit seine Weiterverbreitung verhindert. Das wurde oben (S. 124) bereits erwähnt.

Während das Verfahren in England mit handelsmäßig vertriebenen Sporensuspensionen in vergleichsweise großem Umfang angewandt wird (Greig 1976, Parker 1977), ist es in Mitteleuropa bislang nicht in Gebrauch. Neben *P. gigantea* können andere antagonistische Pilze den *Fomes*-Befall hemmen, z. B. *Trichoderma viride*, doch sind sie nicht so wirksam wie die erstgenannte Art (Sierota 1976, 1977, Kallio-Hallaksela 1979). Zu erwähnen ist hier auch der nie in praktischem Maßstab verwirklichte Vorschlag von Tubeuf 1930, den Strobenblasenrost mit Hilfe des vermeintlich parasitischen Pilzes *Tuberculina maxima* zu bekämpfen; nach Wicker 1979 ist er kein Parasit.

Schrifttum: Gibbs, J. N., a. Smith, M. E.: Antagonism during the saprophytic phase of the life cycle of two pathogens of woody hosts – *Heterobasidion annosum* and *Ceratocystis ulmi*. Ann. appl. Biol. 89, 125–128, 1978. — Greig, B. J. W.: Biological control of *Fomes annosus* by *Peniophora gigantea*. EJFP 6, 65–71, 1976. — Kallio, T., a. Hallaksela, A. M.: Biological control of *Heterobasidion annosum* (Fr.) Bref. (*Fomes annosus*) in Finland. EJFP 9, 298–308, 1979. — Parker, E. J.: Viability tests for the biological control fungus *Peniophora gigantea* (Fr.) Mass. EJFP 7, 251–253, 1977. — Sierota, Z. H.: Influence of acidity on the growth of *Trichoderma viride* Pers. ex Fr. and on the inhibitory effect of its filtrates against *Fomes annosus* (Fr.) Cke. in artificial cultures. EJFP 6, 302–311, 1976. — Inhibitory effect of *Trichoderma viride* Pers. ex Fr. filtrates on *Fomes annosus* (Fr.) Cke. in relation to some carbon sources. EJFP 7, 164–172, 1977. — Weissenberg, K. v., a. Kurkela, T.: *Tuberculina maxima* on *Pinus sylvestris* infected by *Melampsora pinitorqua*. EJFP 9, 238–242, 1979. — Wicker, E. F.: In vitro dual culture of *Tuberculina maxima* and *Cronartium ribicola*. PZ 96, 185–189, 1979.

b. Verwendung nützlicher Insekten

Die Verwendung nützlicher Insekten zur Bekämpfung von Schadinsekten ist ein Hauptarbeitsgebiet der biologischen Bekämpfung in Amerika. Mit vorbildlicher Organisation werden in „Nützlingsfabriken" Massenzuchten von parasitischen und räuberischen Insekten ausgeführt, die in den befallenen Obstplantagen u. dgl. ausgesetzt werden (Clausen 1958). In Mitteleuropa, wo es sich in der Regel nicht, wie in Amerika, um die Bekämpfung eingeschleppter, sondern heimischer Schädlinge handelt, sind ausreichende Erfolge mit dem Einsatz nützlicher Insekten bisher nur in wenigen Fällen erzielt worden. Namentlich im Waldschutz ist es trotz zahlreicher Versuche bisher nicht gelungen, das Aussetzen parasitischer oder räuberischer Insekten zu einem praktischen Verfahren der Forstschädlingsbekämpfung auszubauen.

Parasitische Insekten. Am häufigsten versucht wurde der Einsatz von Eiparasiten der Erzwespen-gattung *Trichogramma* (S. 240). Ihre meist polyphagen Arten werden als besonders geeignet für die biologische Schädlingsbekämpfung angesehen, weil sie sich – wegen ihrer Polyphagie – in stets verfügbaren Wirten und, bei rascher Entwicklungsgeschwindigkeit, auch in vergleichsweise kurzer Zeit zu Massen aufziehen lassen. 1933 und 1960/61 vorgenommene Versuche, die Wespe zur Bekämpfung der Forleule zu verwenden, mißlangen; als wesentlicher Grund hierfür wurde zu kaltes bzw. zu regnerisches Wetter während der jahreszeitlich frühen Eizeit des Schädlings angesehen (WELLENSTEIN 1934, SCHWENKE 1962). Im Sommer auf einer Kiefernkultur ausgebrachte *T. embryophagum* parasitier-ten 94 und 81 % der Eier von *Rhyacionia buoliana*, die offenbar weniger geeignete *T. evanescens* nur 28 %; die Erzwespen waren unter Gazezelten, also nicht auf der freien Kulturfläche ausgesetzt worden (FANKHÄNEL 1963). Der Versuch, eine aus *Cephalcia abietis* gewonnene *Trichogramma*-Art in Eiern anderer Wirte aufzuziehen und so zu einer Massenzucht zu gelangen, blieb erfolglos (KOLUBAJIV 1959).

Von weiteren Erzwespen sind *Erdoesina alboannulata*, ein Puppenparasit der Forleule und anderer Lepidopteren, sowie *Dahlbominus fuscipennis* , ein Kokonparasit der Kiefernbuschhornblattwespe, mit günstigem Ergebnis auf die Möglichkeit, sie in Massen zu ziehen, geprüft worden (SZMIDT 1959, 1960). Die erste Art, im Freiland auf kleiner Fläche ausgebracht, senkte innerhalb von drei Monaten die Zahl gesunder Forleulenpuppen über die natürliche Sterblichkeit hinaus von 0,5 auf 0,13 je Quadratme-ter, die zweite entsprechend die Dichte von *Diprion pini* von 3,9 auf 0,2; das entspricht Wirkungen von 74 bzw. 95 % (SCHWENKE 1964). Die Proctotrupide *Platygaster manto* Walk., in eine von *Agevillea abietis* befallene Tannenverjüngung gebracht, parasitierte die Gallmücken zu 86 % (POSTNER 1960). Ein ähnlich gutes Ergebnis wurde durch Überführen von *Misocyclops pini* Kieff., ebenfalls einer Zwerg-wespe, in eine von *Thecodiplosis brachyntera* heimgesuchte Kiefernkultur erzielt (FANKHÄNEL-ZELETZKI 1964). Die Tachine *Carcelia gnava* Meig., in einem begrenzten Befallsgebiet des Ringelspin-ners vermehrt, trug entscheidend zum Zusammenbruch seiner Gradation bei (DREES-SCHWITULLA 1957).

Zu allen diesen geglückten Versuchen ist zu sagen, was SCHWENKE 1964 als abschließende Beurteilung seiner durchaus verheißungsvollen Ergebnisse aussprach, daß nämlich die kleinflächigen Einsätze die Möglichkeit nachgewiesen haben, Schadinsekten mit Hilfe von Parasiten wirksam zu bekämpfen, daß aber einer praktischen Anwendung aus technischen und wirtschaftlichen Gründen vorerst noch enge Grenzen gesetzt sind.

Räuberische Insekten. NOLTE 1940 hat vorgeschlagen, den Puppenräuber *Calosoma sycophanta* künstlich zu vermehren und bei Schädlingsgradationen in Massen auszusetzen. Einen in die gleiche Richtung zielenden Hinweis gab GRISON 1955 auf Grund der Beobachtung, daß ein ungewöhnlich starkes Auftreten des Käfers entscheidend zum raschen Ende einer Schwammspinnervermehrung beitrug. Doch dürfte eine Massenzucht angesichts seiner langen Entwicklungsdauer (S. 154) schwierig sein. SCHNEIDER 1966 berichtet über eine Aussetzung des Coccinelliden *Aphidecta obliterata* auf der Nordseeinsel Amrum: die hier angepflanzten Sitkafichten leiden immer wieder unter *Liosomaphis abietina*, die Zahl der räuberischen Insekten, die der Laus nachstellen, ist gering; deshalb wurden 1962 etwa 2000 überwinternde *Aphidecta* bei Flensburg gesammelt und im Frühjahr auf Amrum ausgesetzt. Drei Jahre später konnte festgestellt werden, daß der Ansiedlungsversuch, wenn auch in bescheidenem Ausmaß, gelungen war. Es handelt sich dabei mehr um eine als waldhygienische Maßnahme anzusehende langfristige Stärkung der Feindwirkung als um eine biologische Bekämpfung im eigentli-chen Sinne. HASSAN 1974 schildert Methoden zur Massenzucht von *Chrysopa*-Larven, die sich zur Bekämpfung von Blattläusen einsetzen lassen.

Schrifttum: HASSAN, S. A.: Die Massenzucht und Verwendung von *Chrysopa*-Arten (Neuroptera, Chrysopidae) zur Bekämpfung von Schadinsekten. ZPK 81, 620–637, 1974. — KURIR, A.: Parasitenprobleme in der biologischen Regelung der zu Massenvermehrung neigenden Forstinsekten. AFz 86, 1975.

c. Verwendung innerartlicher Unverträglichkeit

Bei Arten, die ein weites Verbreitungsgebiet aufweisen, gibt es regionale Populationen, deren Geschlechter zwar miteinander kopulieren, aber wesentlich weniger Nachkommen als bei Begattung innerhalb derselben Population, vielfach nur sterile oder keine Nachkommen erzeugen. Ein Männchen der Stechmücke *Culex pipiens* aus Hamburg paart sich mit einem artgleichen Weibchen aus London, und dieses legt die übliche Zahl Eier ab, doch es schlüpfen keine Larven (FRANZ-KRIEG 1976). Man spricht von Unverträglichkeit oder Inkompatibilität. Sie wurde zur biologischen Bekämpfung der

Stechmücke benutzt, indem man massenhaft gezüchtete, unverträgliche Männchen einer anderen Population freiließ und damit die Fortentwicklung der örtlichen Population zum Stillstand brachte. Führer 1977 hat Inkompatibilität auch bei Populationen des Borkenkäfers *Pityogenes chalcographus* festgestellt: weibliche Tiere aus Oberschwaben, von Männchen aus dem gleichen Gebiet begattet, legten im Durchschnitt 43,1 Eier, aus denen 42,1 Junglarven schlüpften; mit Männchen aus Finnland gepaart, lieferten sie nur 2,1 Eier bzw. 1,8 Junglarven je Weibchen. Ob hier Ansatzpunkte für eine biologische Bekämpfung liegen, muß weitere Forschung zu klären suchen.

Schrifttum: Führer, E.: Genetische Unverträglichkeit – eine neue Perspektive der Vorbeugung gegen Schädlingsvermehrungen im Wald? AF 32, 611–613, 1977. — Studien über intraspezifische Inkompatibilität bei *Pityogenes chalcographus* L. (Col., Scolytidae). ZaE 83, 286–297, 1977.

d. Anbau von Abwehrpflanzen

Als Abwehrmittel gegen Schädlinge, die im Boden leben, wird der Anbau bestimmter Pflanzen empfohlen, welche die Eigenschaft besitzen sollen, den Schädling auf direktem oder indirektem Wege zum Absterben zu bringen oder zu vertreiben. So soll der Anbau der kreuzblättrigen Wolfsmilch (*Euphorbia lathyris* L.) ein wirksames Mittel zur Abwehr der Wühlmaus sein. Müller-Böhme 1935 konnte nachweisen, daß diese Pflanze keinerlei Bedeutung im Kampf gegen die Schermaus besitzt. Zur Bekämpfung des Engerlings ist der Anbau von Mohn, weißem Senf und Buchweizen empfohlen worden. Schwerdtfeger 1936 fand bei exakter Nachprüfung, daß die von einigen Autoren diesen Pflanzen zugeschriebenen schädlingvernichtenden Eigenschaften nicht vorhanden sind; der Vor- oder Mitanbau dieser Pflanzen zur Vernichtung oder Vertreibung des Engerlings ist wirkungslos. So muß auch die Mitteilung, daß der Saft zahlreicher Pflanzen auf Wolläuse tödlich wirke und diese Erscheinung zur biologischen Bekämpfung ausgenutzt werden könne (Buchholz 1954), mit Skepsis aufgenommen werden.

5. INTEGRIERTE BEKÄMPFUNGSMASSNAHMEN

Seit etwa zwei Jahrzehnten wird im Pflanzenschutz eine sogenannte integrierte Schädlingsbekämpfung gefordert. Ihr liegen nach R. F. Smith 1963 drei Prinzipien zugrunde: 1. Berücksichtigung des Umstandes, daß der Schädling nicht isoliert betrachtet werden darf, sondern mit seinen natürlichen Feinden, den anderen Mitbewohnern des gleichen Lebensraums usw. ein komplexes Beziehungsgefüge bildet; 2. Ausrichtung der Bekämpfungsmaßnahmen dahin, daß die Dichte des Schädlings unter der schadenbringenden Höhe bleibt, anstelle des Strebens, ihn möglichst vollzählig zu vernichten; 3. Vermeidung von Störungen im Beziehungsgefüge.

Solche Prinzipien sind im europäischen Forstschutz nichts Neues. Sie waren bereits Leitgedanken der 1944 erschienenen 1. Auflage dieses Lehrbuchs und wurden schon lange vorher von anderen ausgesprochen; sie werden auch in der Praxis der Forstschädlingsbekämpfung berücksichtigt. Daß sie vom allgemeinen Pflanzenschutz als neuartig herausgestellt werden, ist aus der anderen Situation z. B. im Obstbau zu verstehen: hier werden in einer ausgeklügelten „Spritzfolge" jährlich bis zu 10 und mehr Begiftungen einer Obstplantage vorgenommen, ohne Kenntnis, ob der Schädling, der bekämpft werden soll, überhaupt nennenswerten Schaden anrichten wird, ohne Rücksicht auf etwa vorhandene Gegenspieler und ausschließlich mit dem Ziel, völlig einwandfreies und deshalb bestbezahltes Obst zu produzieren. Hier stellt eine Befolgung der oben formulierten Prinzipien tatsächlich eine revolutionäre Neuerung dar.

Auf Grund der drei Prinzipien der integrierten Schädlingsbekämpfung werden Maßnahmen gefordert, die zum Teil, wie jene selbst, im Forstschutz Mitteleuropas seit langem bekannt und auch, soweit nicht andere Erwägungen dem entgegenstehen, im Gebrauch sind, zum Teil allerdings neue Wege gehen.

Bekannt, in früheren Abschnitten dieses Buches aufgeführt und im geordneten Forstbetrieb unter Berücksichtigung der sonstigen wirtschaftlichen Erfordernisse auch gebräuchlich sind die meisten der z. B. von Franz 1966, 1976 zur integrierten Bekämpfung speziell von Forstschädlingen geforderten

Maßnahmen: eine sorgfältige Prognose, um unnötige Aktionen zu vermeiden; die Vermehrung natürlicher Sterblichkeitsfaktoren durch waldbauliche und anbautechnische Verfahren, z. B. durch Düngung, sowie durch die verschiedenen, oben dargestellten Methoden der biologischen Schädlingsbekämpfung; Anwendung mechanischer und biotechnischer statt chemischer Maßnahmen; Gebrauch selektiver Biozide, soweit es solche gibt; Wahl kurzfristig wirksamer Insektizide, sofern zur Erreichung des Ziels keine lange Wirkungsdauer vonnöten ist; vorsichtige Dosierung; zeitliche Abstimmung der Maßnahme derart, daß das Insektizid ausgebracht wird, wenn möglichst wenig Gegenspieler des Schädlings getroffen werden; Beschränkung der Insektizidanwendung auf die unbedingt zu behandelnden Flächen.

Neu ist das Bestreben, mit Hilfe subletaler Insektizidmengen in einer latent verseuchten Lepidopterenpopulation den Ausbruch der Krankheit zu provozieren (S. 80). KOVAČEVIĆ 1965 gelang es, Massenvermehrungen des Schwammspinners, der stark zur Polyedrose neigt, auf diese Weise, also durch Kombination von niedriger, zur Abtötung des Schädlings an sich nicht ausreichender Giftdosis und natürlich vorhandenem Krankheitserreger, rasch zu Ende zu führen. Dank der geringen Dosierung des Insektizids bleibt die Lebensgemeinschaft weitgehend geschont. In die gleiche Richtung zielt die schon 1934 empfohlene und ausgeführte Zebrabehandlung (S. 445): der Besatz des Schadinsekts wird durch streifenförmige Applikation des Insektizids nur teilweise abgetötet, den Rest erledigen die zahlreich tätigen Räuber und Parasiten. Wenn der Krankheitserreger nicht von Natur aus vorhanden ist, läßt er sich künstlich einführen: es kommt dann zu einer Kombination von biologischer und chemischer Bekämpfung, wobei dieser die Aufgabe zufällt, die zur Wirksamkeit der ersten erforderliche Disposition beim Schadinsekt zu erzeugen. Auch hierfür genügen subletale, biozönoseschonende Insektizidmengen. Einige Ansätze zur Realisierung dieses Gedankens liegen vor.

SAMŠINÁKOVÁ-NOVÁK 1967 versahen Fangrinden oder mit Kiefernzweigen ausgestattete Fangplatten (S. 392), die zur Anlockung von *Hylobius abietis* ausgelegt waren, mit einer subletalen Dosis von Trichlorfon und einer Sporenaufschwemmung des insektentötenden Pilzes *Beauveria bassiana*; die sich einfindenden Käfer nahmen keine Nahrung mehr auf und starben ab. Der Tod war, wie die histologische Untersuchung ergab, durch den Pilz verursacht, während das Trichlorfon die zur Infektion notwendige Anfälligkeit der Tiere hervorgerufen hatte. FANKHÄNEL 1962 beobachtete restlose Abtötung von Raupen des Eichenwicklers sowie des Kiefernspanners, die mit einer subletalen Insektiziddosis zusammen mit einer Sporen-Endotoxin-Suspension von *Bacillus thuringiensis* behandelt worden waren (Abb. 242). Ähnliche Ergebnisse mit Kombinationen von *Bacillus thuringiensis* und reduzierten Insektizidmengen erzielten CANIVET et al. 1978 an *Euproctis chrysorrhoea* und ŠVESTKA-VÁNKOVÁ 1978, 1980 an *Orgyia antiqua, Operophthera brumata* und *Tortrix viridana*. Dagegen beobachteten FRANZ-KRIEG 1969 keine Wirkungssteigerung der Kombination Bakterienpräparat plus Insektizid gegenüber dem Eichenwickler. WELLENSTEIN-LÜHL 1972 fanden eine wesentlich höhere Effizienz des Polyedervirus der Nonne, wenn der Virussuspension das als Insektizid kaum wirksame Kupfersulfat beigemischt war.

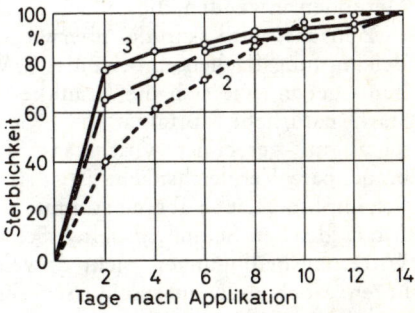

Abb. 242. Sterblichkeit von Altraupen von *Tortrix viridana* nach Behandlung mit (1) der Normaldosis eines Parathion-Präparats, (2) einem *Bacillus-thuringiensis*-Präparat und (3) der gleichen Menge des Bakterienpräparats kombiniert mit einem Sechstel der Normaldosis des Insektizids. Nach FANKHÄNEL 1962

Schrifttum: CANIVET, J. P., NEF, L., LEBRUN, P.: Utilisation combineé de *Bacillus thuringiensis* et d'insecticides chimiques à doses réduites contre *Euproctis chrysorrhoea*. ZaE 86, 85–97, 1978. — FRANZ, J. M.: Towards integrated control of forest pests in Europe. In: Perspectives in forest entomology, 295–308, New York–San Francisco–London 1976. — FRANZ, J. M., u. KRIEG, A.: Freilandversuche zur Bekämpfung des Eichenwicklers mit *Bacillus thuringiensis*. Jahresber. Biol. Bundesanst. 1968, 79–80, Braunschweig 1969. — FRANZ, J. M., PHILLIPS, D. H., STARK, R. W.:

Integrierter Pflanzenschutz gegen Schadinsekten und Krankheiten im Wald. ZPK 83, 59–65, 1976. — KÖNIG. E., BOGENSCHÜTZ, H., GAUSS, R., OLBERG, R.: Zum integrierten Pflanzenschutz im Walde. AF 31, 331–333, 1976. — ŠVESTKA, M., u. VÁNKOVÁ, J.: Über die Wirkung von *Bacillus thuringiensis* kombiniert mit synthetischem Pyrethroid auf *Orgyia antiqua*. AS 51, 5–9, 1978. — Über die Wirkung von *Bacillus thuringiensis* in Kombination mit dem synthetischen Pyrethroid Ambusch auf *Operophthera brumata*, *Tortrix viridana* und die Insektenfauna eines Eichenbestandes. AS 53, 6–10, 1980. — WELLENSTEIN, G., u. LÜHL, R.: Bekämpfung schädlicher Raupen mit insektenpathogenen Polyederviren und chemischen Stressoren. Nw 59, 517, 1972.

D. ERFOLGSKONTROLLE
VON BEKÄMPFUNGSMASSNAHMEN

Wer gegen einen Schädling ein Bekämpfungsmittel angewendet hat, wird sich Rechenschaft abgeben wollen, ob die Maßnahme wirksam war. Ein Urteil zu fällen, scheint leicht zu sein: wird beispielsweise nach einer Begiftung der Wald dennoch von Raupen kahlgefressen, so liegt der Schluß nahe, daß das Insektizid unwirksam oder die Applikationstechnik schlecht war; bleibt umgekehrt der Wald nach der Behandlung grün, so wird man leicht einen guten Erfolg der Maßnahme annehmen. Beide Schlüsse können falsch sein. Im ersten Fall können 95 % der Raupen durch die Begiftung vernichtet sein, bei riesigem Besatz aber 5 % ausreichen, um Kahlfraß anzustellen; die insektizide Wirkung war dann zweifellos gut, Gift und Ausbringungstechnik müssen als einwandfrei beurteilt werden, wenn auch der wirtschaftliche Erfolg der Maßnahme ausgeblieben ist. Im zweiten Fall kann nach der Behandlung einsetzende natürliche Mortalität den Schädling so dezimiert haben, daß Fraßschaden nicht eintrat, obwohl der Prozentsatz vergifteter Raupen gering war. Der Augenschein kann also täuschen. Um ein sicheres Urteil über die Wirksamkeit einer Maßnahme zu gewinnen, muß man Methoden anwenden, die einfach sein können, aber einwandfrei sein müssen.

Zunächst wird es in der überwiegenden Zahl der Fälle notwendig sein, neben den Bekämpfungsflächen unbehandelte Vergleichsflächen zu beobachten, die Auskunft geben, wie sich die Krankheit ohne Eingriff des Menschen entwickelt hätte. Starke natürliche Mortalität, die – wie im obigen Beispiel – gern dem Bekämpfungsmittel zugute gerechnet wird, kann dann erkannt werden. Voraussetzung für eine brauchbare Vergleichsfläche ist, daß sie in allen wesentlichen Bedingungen mit der Bekämpfungsfläche übereinstimmt, also gleiche Bestandeszusammensetzung, gleiches Alter, gleichen Schluß, gleichen Schädlingsbesatz usw. aufweist. Sie soll, damit die Witterungsbedingungen nicht abweichen, möglichst nahe der Bekämpfungsfläche liegen; doch muß ausgeschlossen sein, daß sie durch die Bekämpfungsmaßnahme beeinflußt wird.

Die Erfolgskontrolle kann geschehen durch Zustandsfeststellung an den Pflanzen, z. B. durch Auszählen der kranken und gesunden Individuen, wobei die Schwere der Erkrankung durch Stufenbildung (schwach, mittel, stark) bewertet werden kann, oder durch Schätzen der Restbelaubung, d. h. der nach Fraßschaden noch vorhandenen Laub- oder Nadelmasse in Prozent der normalen. Durch Vergleich mit den entsprechenden Zahlen auf den Vergleichsflächen ergibt sich der prozentuale Bekämpfungserfolg. Man erhält ein Bild vom wirtschaftlichen Ergebnis der Maßnahme und Antwort auf die Frage, in welchem Umfange es gelang, die geschützte Pflanze gesund zu erhalten.

Beispielsweise wird nach Bekämpfung der Kiefernschütte im nächsten Frühjahr, wenn die Symptome der Krankheit auftreten, der durchschnittliche Befallsgrad nach dem prozentualen Anteil der gebräunten oder abgefallenen Nadeln ermittelt; er wird auf der behandelten Fläche mit b, auf der unbehandelten mit u bezeichnet. Dann ist nach RACK-ZYCHA 1966 der relative Befall auf der behandelten Fläche

$$100 \cdot \frac{b}{u} \text{ und das Wirkungsprozent } w = 100 - 100 \cdot \frac{b}{u}$$

Will man die Wirkung auf den Krankheitserreger selbst, namentlich die erzielte Abtötung bei Schadinsekten ermitteln, so ist die Zahl der Schädlinge festzustellen. Das geschieht unmittelbar durch Suchen nach Raupen, Puppen und dergleichen oder mittelbar durch Messen des Kotfalls. Die Verfahren sind dieselben, wie sie oben zur Feststellung des Schädlingsbesatzes für die Prognose geschildert wurden (S. 387 ff.). Die Ermittlungen sollen in der Regel auf Behandlungs- und unbehandelten Flächen vor und nach der Bekämpfungsmaßnahme erfolgen.

Im einfachsten Falle kann die Berechnung des Abtötungs- oder Wirkungsprozents w nach der von ABBOTT 1925 vorgeschlagenen Formel

$$w = 100 \cdot \frac{u - b}{u}$$

vorgenommen werden, in der u den Prozentsatz lebender Tiere auf der unbehandelten und b den Prozentsatz Lebender auf der behandelten Fläche bedeuten. Sie benötigt nur die Tierzahlen nach der Behandlung und setzt voraus, daß sie vorher auf unbehandelten und behandelten Flächen einigermaßen gleich waren und seitdem durch natürliche Sterblichkeit nicht nennenswert beeinflußt wurden. Diese Voraussetzungen sind im kurzfristigen Laboratoriumsversuch, für den sich die Formel gut eignet, meist gegeben, dagegen in der Regel nicht unter Freilandverhältnissen. Die hier nahezu stets vorhandene Ungleichheit der Ausgangsdichten und eine etwaige natürliche Sterblichkeit berücksichtigt die von SCHWERDTFEGER 1932 entwickelte Wirkungsformel

$$w = 100 \cdot (1 - \frac{u \cdot b_1}{b \cdot u_1})$$

Es bedeuten u und b die Schädlingszahlen auf der nicht zu behandelnden Vergleichsfläche bzw. auf der zu behandelnden Fläche zur selben Zeit möglichst kurz vor der Behandlung, u_1 und b_1 die Schädlingsdichten auf den gleichen Flächen zur selben Zeit nach der Behandlung. Die Formel liefert brauchbare Werte, wenn die Zeitspanne zwischen den Ermittlungen vor und nach der Behandlung und insbesondere zwischen Behandlung und nachfolgender Ermittlung nicht zu groß ist. Denn: in ihr ist unterstellt, daß die natürliche Sterblichkeit auf unbehandelter und behandelter Fläche gleich ist; über längere Zeitspannen braucht dies, worauf FRANZ 1968 hingewiesen hat, nicht der Fall zu sein. Namentlich wenn nach der Behandlung die Schädlingszahlen auf der unbehandelten Fläche weit höher sind als auf der behandelten, können dort dichteabhängige Mortalitätsfaktoren wesentlich stärker wirksam werden als hier. Dann kann die Mittelwirkung bis zu einem gewissen Grade kompensiert werden, indem dichteabhängige Sterblichkeit die Schädlingszahlen auf den unbehandelten Flächen kräftiger herunterdrückt als auf den behandelten. Die Berechnung des Wirkungsprozents wird in solchem Fall mit einem Fehler belastet, der umso größer werden kann, je später die Erfolgskontrolle vorgenommen wird. Eine Möglichkeit, diesen Fehler auszumerzen, hat THALENHORST 1970 in Gestalt eines Rechenverfahrens aufgezeigt, bei dem die negativen Korrelationen zwischen Ausgangsdichte und Vermehrungsfaktor auf unbehandelter und behandelter Fläche bestimmt werden. ABDEL-SALAM et al. 1968 haben Formeln für die Wirkung der Behandlung auf das Schadinsekt sowie für die Nachwirkungen auf dessen Gegenspieler entwickelt.

ZUSAMMENSTELLUNG DER SCHADERREGER
NACH BAUMART UND BAUMTEIL

Die Zusammenstellung soll eine Hilfe bei der Bestimmung von Schadursachen sein. Sie ist in Verbindung mit dem Text Seite 33–260 zu benutzen. In einem ersten Teil werden unter knapper Angabe des hauptsächlichsten Symptoms diejenigen Schaderreger genannt, die nicht spezifisch sind, sondern an zahlreichen Baumarten gleiche Schäden hervorrufen; dabei wird nach Entwicklungsstufen und Teilen des Baums gegliedert. Im zweiten Teil folgen die speziellen Erreger, die ausschließlich oder vorwiegend an einer bestimmten Baumart oder an wenigen Baumarten schaden, und zwar in alphabetischer Folge der deutschen Baumnamen; die Gliederung innerhalb jeder Baumart ist dieselbe wie oben. Unter den speziellen sind auch noch einmal diejenigen generellen Schaderreger bei der betreffenden Baumart aufgeführt, an der sie bisher vorzugsweise angetroffen wurden. Die Zahl jeweils hinter der Bezeichnung des Schaderregers verweist auf die Seite, auf der er behandelt ist.

Zur Bestimmung einer Schadensursache geht man zweckmäßig so vor, daß für das betreffende Baumstadium oder den betreffenden Baumteil sowohl unter den generellen Schaderregern als auch unter denjenigen der jeweiligen Baumart die in Frage kommenden Erreger festgestellt werden; aus ihnen versucht man dann unter Heranziehung der ausführlicheren Angaben auf den jeweils genannten Textseiten die richtige Schadensursache zu ermitteln.

I. Generelle Schaderreger, die an zahlreichen Baumarten gleiche Schäden erzeugen:

Keimling: Umfallen und Absterben: Überhitzung der Bodenoberfläche 42, Dürre 67, Keimlingsfäule durch Pythium, Phytophthora 85, Mucor 86, Cladosporium herbarum 108, Cylindrocarpon radicicola, Fusarium 112, Rhizoctonia solani 119. Hereinziehen in den Boden: Regenwürmer 134. Fraß: Fridericia galba 134, Laub- und Feldheuschrecken 141, Gryllus campestris, Gryllotalpa gryllotalpa, Forficula auricularia 142, Amara, Harpalus, Poecilus, Bembidion 154, Agrotis, Mamestra pisi 213, Philia febrilis 222, Tipulidenlarven 224, Paregle radicum 226, Schnecken 245. Verbiß: Buchfink, Bergfink, Grünling 249, Tauben 250, Eichhörnchen 251, Langschwanzmäuse 252, Rehwild 258. **Steckling:** Fraß: Neosciara amoena 224. **Jungpflanze:** Auffrieren 51. Umwachsender Pilz: Thelephora terrestris 120. Verfärben und Kümmern: Staunässe 65, Nährstoffmangel 71, Düngeschaden 73. Welken und Absterben: Dürre 67, Rhizina undulata 87, Nectria cinnabarina 92, Nematoden 133, Spinnmilben 136. Wurzelfäule: Pythium, Phytophthora 85, Cylindrocarpon radicicola, Fusarium 112, Rhizoctonia solani 119. Rindennekrose: Tettigella viridis 145; mit Einschnürung: Pestalotia hartigii 111. Fraß: Fridericia galba 134, Laub- und Feldheuschrecken 141, Gryllotalpa gryllotalpa 142, Agrotis, Mamestra pisi 213. Verbiß: Hase 255, Karnickel, Rotwild 256, Damwild, Rehwild 258, Muffelwild, Gamswild, Haustiere 260. Benagen und Schälen: Wespen 244, Rötelmaus 253, Erdmaus, Feldmaus 254, Hase 255, Karnickel 256. Fegen und Schlagen: Rotwild 256, Damwild, Rehwild 258. Umbrechen: Schwarzwild 256, Hausschwein 260. **Wurzel:** Absterben: Winterfrost 45, Vernässung 65. Verdickung und lokale Nekrose: Nematoden 133. Wurzelkropf 82. Fraß: Melolontha 155, Polyphylla fullo, Amphimallon solstitiale, Anoxia villosa, Serica brunnea, Phyllopertha horticola, Anomala dubia 158, Drahtwürmer 161, Otiorrhynchus 174, Phyllobius 175, Agrotis 213, Tipuliden 224, Schermaus 255. **Stamm:** Flechten 130. Krusten auf Rinde: Hypoxylon rubiginosum 95. Aufspalten und Zerstauchen: Schneedruck 60. Rindennekrose: Rindenbrand 43, Frostplatte 46. Verletzung der Rinde: Hagel 63, Buntspecht, Schwarzspecht 249. Schäle: Eichhörnchen 251, Bilche 252, Rotwild 256, Damwild 258, Muffelwild, Haustiere 260. Riß: Sonnenriß 43, Frostriß 50. Ringelung: Buntspecht, Schwarzspecht, Grünspecht 249. Krebs: Frostkrebs 46; an Laubholz: Nectria 91, Stereum rugosum 119. Fraß zwischen Rinde und Holz: Hylecoetus dermestoides 160, Saperda scalaris 170. Fraß im Holz: Hylecoetus dermestoides 160, Xyleborus saxeseni, Xylosandus germanus 196, Camponotus 244; nur im Nadelholz: Serropalpus barbatus 165, Xyloterus lineatus 195, Gnathotrichus materiarius 196, Urocerus, Sirex, Xeris 238; nur im Laubholz: Xyloterus domesticus, X. signatus, Xyloberus dispar 196, Cossus cossus, Zeuzera pyrina

207, Tremex, Xiphydria 238; in Holzwucherungen: Synanthedon cephiformis 208. F ä u l e im Holz, ggf. krusten- oder konsolförmige Fruchtkörper: Braunfäule: Fomitopsis pinicola 126, Laetiporus sulphureus 127; Weißfäule: Ganoderma applanatum, G. lucidum 127, Armillariella mellea 128, Pholiota adiposa, P. squarrosa 130; Grünfäule: Chlorosplenium aeruginosum 104; Moderfäule: Chaetomium globosum 91. F ä u l e im Nadelholz: Braunfäule: Peniophora gigantea, Coniophora puteana, Serpula himantioides, Stereum sanguinolentum, S. areolatum 119, Phaeolus schweinitzii 125, Lentinus lepideus 128, Paxillus panuoides 130. Weißfäule: Fomes annosus 122, Spongipellis borealis, Trichaptum abietinum 126. Weißfäule im Laubholz: Stereum hirsutum, S. purpureum 119, Inonotus obliquus, Phellinus igniarius 122, Bjerkandera adusta 126, Fomes fomentarius, Lenzites betulina, Trametes versicolor, T. suaveolens 127, Polyporus squamosus 128, Oudemansiella mucida 129. **Ast** und **Zweig:** Flechten 130. Mistel 130. Absterben: Nectria cinnabarina 92. R i n d e n n e k r o s e : Aphrophora alni, Tettigella viridis 145. V e r l e t z u n g d e r R i n d e : Hagel 63. S c h ä l e : Wespen 244, Eichhörnchen 251, Bilche 252. S c h i l d l ä u s e : Chionaspis salicis, Parthenolecanium corni, Eulecanium coryli, Mytilococcus ulmi 153. Weißfäule im Laubholz: Irpex lacteus, I. obliquus 120. **Trieb:** W e l k e n u n d A b s t e r b e n : Immission 35, Überhitzung 42, Frost 46, Wind 52, Dürre 67, Cladosporium herbarum 108. V e r l e t z u n g : Sturm 54, Hagel 63. F r a ß : Elateriden 161, Barypithes araneiformis 176. V e r b i ß : Kreuzschnabel 249, Eichhörnchen 251, Bilche 252, Rötelmaus 253. **Knospe:** F r a ß a n aufbrechender Knospe: Platycerus caraboides, P. caprea 155, Barypithes araneiformis 176. V e r b i ß : Kernbeißer, Kreuzschnabel 249, Eichhörnchen 251, Langschwanzmäuse 252, Rötelmaus 253. **Blatt:** V e r f ä r b u n g , ggf. Abfallen: Immission 37, Überhitzung 42, Spät- und Frühfrost 46, Dürre 67, Nährstoffmangel 72, Virose 79; mit Gespinst: Spinnmilben 137. V e r l e t z u n g : Sturm 54, Hagel 63, Platzregen 64. W i c k e l : Byctiscus betulae, Apoderus coryli 173. F r a ß : Dorcus parallelopipedus, Melolontha 155, Polyphylla fullo, Amphimallon solstitiale 158, Phyllobius, Polydrosus, Strophosomus 175, Acleris ferrugana 200, Biston betularia, Ennomos quercinaria, Collotois pennaria, Frostspanner 210, Hyphantria cunea, Lymantria monacha 214, L. dispar, Euproctis chrysorrhoea, Porthesia similis, Dasychira pudibunda 216, D. selenitica, Orgyia recens 217, Phalera bucephala 218, Malacosoma neustria, Lasiocampa quercus 220. **Nadel:** V e r f ä r b u n g , ggf. Abfallen: Immission 37, Überhitzung 42, Winterfrost 45, Frostschütte 46, Dürre 67, Nährstoffmangel 72, Virose 79, Rhizophoma pini 110; mit Gespinst: Herpotrichia juniperi 93, Spinnmilben 136. V e r l e t z u n g : Sturm 54, Hagel 63. F r a ß : Strophosomus 175, Lymantria monacha 214, L. dispar, Dasychira pudibunda 216, D. selenitica, Orgyia recens 217, Lasiocampa quercus 220. **Blüte:** Absterben: Spätfrost 46. V e r l e t z u n g : Sturm 54, Hagel 63, Platzregen 64. **Frucht:** A b s t e r b e n d e s S a m e n s : Winterfrost 46, Dürre 67. Schimmel am Samen: Mucor mucedo 86. V e r z e h r e n v o n S a m e n : Buchfink, Bergfink, Grünling, Erlenzeisig, Kernbeißer, Buntspecht 249, Tauben 250, Eichhörnchen 251, Bilche, Langschwanzmäuse 252, Rötelmaus 253. F r a ß a m S a m e n : Drahtwürmer 161; am keimenden Samen: Tausendfüßler 137, Amara, Harpalus, Poecilus, Bembidion 154, Paregle radicum 226.

II. Spezielle Schaderreger, die ausschließlich oder vorwiegend an einer bestimmten Baumart oder an wenigen Baumarten Schäden erzeugen; auch solche generelle Schadursachen, die vorzugsweise an einer bestimmten Baumart angetroffen wurden:

AHORN, *Acer* spec. **Keimling:** F l e c k e n : Cercospora acerina 112. **Jungpflanze:** Umschlingung: Cuscuta 131. W e l k e n u n d A b s t e r b e n : Verticillium 112. **Stamm:** F r a ß z w i s c h e n R i n d e u n d H o l z : Rhopalopus insubricus 170, Scolytus koenigi 188. L ä u s e : Stomaphis quercus, S. longirostris 147. **Ast** und **Zweig:** Hexenbesen: Taphrina aceris 87. **Trieb:** A b s t e r b e n : Septogloeum hartigianum 111; Şichkrümmen und Verdorren: Psylla ulmi 146. **Blatt:** Mehltau: Uncinula aceris 88. F l e c k e n : Rhytisma acerinum, R. punctatum 103. W i c k e l : Deporaus tristis 173. F r a ß : Lytta vesicatoria 165, Acronycta aceris 213.

ARVE, *Pinus cembra* L. **Jungpflanze:** An W u r z e l : Nematoden 134. Fraß an Rinde: Hylobius 176. **Stamm:** Rindennekrose: Nectria cucurbitula 92. F r a ß z w i s c h e n R i n d e u n d H o l z : Clytus lama 169, Blastophagus piniperda 188, B. minor 189, Hylurgops glabratus 190, Ips amitinus 192; im Holz: Clytus lama 169. **Ast** und **Zweig:** Absterben: Lachnellula flavovirens 106. F r a ß z w i s c h e n R i n d e u n d Holz: Pityophthorus henscheli 190. **Trieb:** Läuse: Pineus cembrae 149. F r a ß i m I n n e r n : Blastophagus piniperda 188, B. minor 189. **Knospe:** F r a ß i m I n n e r n : Blastethia mughiana 203. **Nadel:** Verfärbung, ggf. Abfallen: Phacidium infestans 97, Lophodermium pinastri 99. F r a ß : Diprion similis 233, Neodiprion sertifer 234; mit Gespinst: Ocnerostoma copiosella 198, Zeiraphera diniana 205, Acantholyda erythrocephala, A. pumilionis 231; Minierfraß: Ocnerostoma copiosella 198. **Frucht:** Verzehren von Samen: Tannenhäher 248.

ASPE, *Populus tremula* L., siehe Pappel, S. 462.

BERGKIEFER, *Pinus mugo* Turra., siehe Kiefer, S. 460.

BIRKE, *Betula* spec. **Jungpflanze:** Welken und Absterben: Verticillium 112. **Stamm:** Läuse: Stomaphis quercus, S. longirostris 147. Fraß zwischen Rinde und Holz: Agrilus 164, Scolytus ratzeburgi 187; im Holz: Xestobium plumbeum 165, Cryptorrhynchus lapathi 181, Synanthedon spheciformis, S. culiciformis 208. Braunfleckigkeit des Holzes: Dizygomyza 226. Fäule im Holz, ggf. Fruchtkörper: Inonotus obliquus 122, Fomes fomentarius, Piptoporus betulinus 127. **Ast** und **Zweig:** Galle: Epinotia tetraquetrana 200. Hexenbesen: Taphrina betulina, T. turgida 87. **Trieb:** Absterben: Myxosporium devastans 111, Psylla betulae 146. **Blatt:** Flecken: Venturia ditricha, Dothidella betulina 109. Verfärbung, ggf. Abfallen: Melampsoridium betulinum 115. Haarfilz: Aceria rudis 137. Wickel: Deporaus betulae 173. Fraß: Lochmaea capreae 172, Phyllobius arborator 175, Polydrosus cervinus 176, Magdalis violacea 180, Epinotia tetraquetrana 200, Bena prasinana 213, Heterarthrus nemoratus, Scolioneura betulae, Caliroa annulipes, Cimbex femorata, Trichiosoma lucorum 237; mit Gespinst: Acleris ferrugana 200, Eriogaster lanestris 220. **Frucht:** Wülste: Sclerotinia betulae 105. Galle: Semudobia betulae 223. Verzehren von Samen: Erlenzeisig 249.

BUCHE, *Fagus silvatica* L. Buchensterben 353. **Keimling:** Läuse: Phyllaphis fagi 146. Fraß: Philia febrilis 222. **Stamm:** Sonnenriß 43. Läuse: Schizodryobius pallipes 146, Cryptococcus fagi 152. Krebs: Nectria 91. Rindennekrose: Nectria 91, Bulgaria polymorpha 104, Fusiococcum quercus 108. Fraß zwischen Rinde und Holz: Dicerca aenea 163, Agrilus 164, Hylecoetus dermestoides 160, Scolytus intricatus, S. carpini, Dryocoetes villosus 188; im Holz: Hylecoetus dermestoides 160, Xestobium plumbeum 165, Cerambyx scopolii 169, Plagionotus arcuatus 170, Xyleborus monographus, X. dryographus 196, Platypus 197. Verstocken des Holzes: Ceratocystis piceae, C. bacillospora, C. torulosa 90, Stereum purpureum 119. Fäule im Holz, ggf. Fruchtkörper: Stereum rugosum, S. purpureum 119, Hydnum diversidens, H. coralloides 120, Bjerkandera adusta 126, Fomes fomentarius 127, Oudemansiella mucida 129. Frostkern 51. **Ast** und **Zweig:** Läuse: Schizodryobius pallipes 146. Krebs: Nectria 91. Rindennekrose: Fusiococcum quercus 108. Fraß zwischen Rinde und Holz: Ernoporus fagi, Taphrorychus bicolor 188. **Knospe:** Absterben: Contarinia fagi, Dasyneura fagicola 223. **Blatt:** Läuse: Phyllaphis fagi 146. Mehltau: Phyllactinia suffulta 88. Flecken: Gloeosporium fagicolum 95, Valdensia heterodoxa 104, Mycosphaerella maculiformis 108. Verfärbung, ggf. Abfallen: Gloeosporium fagicolum 95. Galle: Aceria nervisequa 137, Mikiola fagi, Hartigiola annulipes 223. Wickel: Deporaus betulae 173. Fraß: Miramella alpina 141, Polydrosus mollis, Strophosomus capitatus 175, Rhynchaenus fagi 181, Chimabacche fagella 198, Pandemis corylana 201, Ennomos quercinaria, Frostspanner 210, Bena prasinana, Acronycta aceris 213, Lymantria monacha 214, Dasychira pudibunda 216, Cimbex fagi 237; Minierfraß: Rhynchaenus fagi 181, Lithocolletis faginella 198. **Frucht:** Fäule der am Boden liegenden Buchel: Rhizoctonia solani 119. Fraß in der Buchel: Laspeyresia fagiglandana 201. Verzehren von Bucheln: Eichelhäher 248, Buchfink, Bergfink 249, Schwarzwild, Rotwild 256, Rehwild 258.

DOUGLASIE, *Pseudotsuga menziesii* (Mirb.) Franco. **Keimling:** Keimlingsfäule: Cylindrocarpon radicicola, Fusarium 112, Moniliopsis klebahni 113. **Jungpflanze:** An Wurzel: Nematoden 134. Einschnürung: Phoma pithya 110. Fraß an Rinde: Hylobius 176. **Stamm:** Rindennekrose mit Einschnürung: Phomopsis pseudotsugae 97. Fäule im Holz, ggf. Fruchtkörper: Coniophora puteana 119, Sparassis crispa 120, Phaeolus schweinitzii 125, Calocera viscosa 126. **Ast** und **Zweig:** Rindennekrose mit Einschnürung: Phomopsis pseudotsugae 97, Phoma pithya 110. Fraß zwischen Rinde und Holz: Pityogenes bidentatus 189. **Trieb:** Herabhängen: Kupfermangel 72. Absterben: Botrytis cinerea 104, Allantophoma nematospora, Diplodia pinea 110, Phomopsis conorum 111. Fraß im Innern: Blastophagus piniperda 188, Ips cembrae 194. **Knospe:** Fraß im Innern: 205. **Nadel:** Läuse: Gilletteella cooleyi, G. coweni 151. Verfärbung, ggf. Abfallen: Frostschütte 46, Phaeocryptopus gäumanni 93, Rhabdocline pseudotsugae 98, Rhizosphaera kalkhoffii 111, Gilletteella cooleyi 151. Fraß: Tetrix bipunctata, Omocestus haemorrhoidalis 142, Strophosomus capitatus 175, Coleophora laricella 199; mit Gespinst: Epinotia tedella 203. **Frucht:** Fraß im Samen: Megastigmus spermotrophus 239.

EDELKASTANIE siehe Eßkastanie, S. 460

EICHE, *Quercus robur* L. und *Quercus petraea* Liebl., auch Roteiche, *Quercus borealis* Michx. **Keimling:** Keimlingsfäule: Diaporthe fasciculata 95. **Jungpflanze:** W e l k e n und Absterben: Rosellinia quercina 94, Diaporthe fasciculata 95, Verticillium 112. Wurzelfäule: Diaporthe fasciculata 95. Rindennekrose: Hercospora taleola, Diaporthe eres 95. **Wurzel:** Galle: Trigonaspis megaptera, Biorrhiza pallida, Andricus testaceipes 239. **Stamm:** Sonnenriß 43. Frostriß 50. Kropf 334. L ä u s e : Stomaphis quercus, S. longirostris 147, Asterolecanium variolosum, Kermes quercus 152. K r e b s : Endothia parasitica 97, Stereum rugosum 119. R i n d e n n e k r o s e : Hercospora taleola 95, Dermatea quercina, Bulgaria polymorpha 104, Fusiococcum quercus 108. F r a ß zwischen Rinde und Holz: Hylecoetus dermestoides 160, Chrysobothris affinis, Agrilus 163, Hylesinus crenatus, Leperesinus varius 187, Scolytus intricatus, S. carpini, Dryocoetes villosus 188; im Holz: Hylecoetus dermestoides 160, Lymexylon navale 161, Xestobium rufovillosum 165, Cerambyx cerdo, C. scopolii 169, Plagionotus arcuatus 170, Xyleborus monographus, X. dryographus 196, Platypus 197, Synanthedon vespiformis 208. F ä u l e im Holz, ggf. Fruchtkörper: Stereum hirsutum, S. frustulosum, S. rugosum 119, Sparassis laminosa, Hydnum diversidens, H. erinaceus 120, Inonotus dryadeus, I. hispidus 122, Daedalea quercina, Laetiporus sulphureus, Meripilus giganteus 127. **Ast** und **Zweig:** Eichenmistel 131. Läuse: Asterolecanium variolosum 152. Rindennekrose: Fusiococcum quercus 108. A b s t e r b e n : Ceratocystis fagacearum 90, Endothia parasitica 97, Clithris quercina 99. **Trieb:** Läuse: Lachnus roboris 147. W e l k e n und Absterben: Microsphaera alphitoides 87, Endothia parasitica 97, Botrytis cinerea 104. F r a ß : Cantharias obscura 159, Elateridae 161, Scolytus intricatus 188, Camponotus 244. **Knospe:** Galle: Cynips quercusfolii, Biorrhiza pallida, Andricus 239. Fraß im Innern: Coleophora lutipenella 198. **Blatt:** Mehltau: Microsphaera alphitoides 87. F l e c k e n : Valdensia heterodoxa 104, Mycosphaerella maculiformis 108. W e l k e n und Absterben: Endothia parasitica 97. G a l l e : Macrodiplosis 223, Cynips quercusfolii, Neuroterus, Trigonaspis megaptera, Andricus testaceipes, A. curvator 239. W i c k e l : Attelabus nitens, Deporaus betulae 173. F r a ß : Haltica quercetorum 173, Strophosomus, Polydrosus mollis 175, P. cervinus 176, Rhynchaenus quercus 182, Bena prasinana, Acronycta aceris 213, Lymantria dispar, Ocneria detrita, Euproctis chrysorrhoea 216, Phalera bucephala 218, Lasiocampa quercus 220, Aporia crataegi 221, Periclista lineolata, Apethymus, Caliroa annulipes 237; mit Gespinst: Tortrix viridana 200, Archips 201, Acrobasis tumidella 206, Frostspanner 210, Thaumetopoea processionea 217, Malacosoma neustria 220; Minierfraß: Rhynchaenus quercus 182, Tischeria complanella 198. **Blüte:** Galle: Andricus foecundatrix 239. **Frucht:** Galle: Andricus quercuscalicis 239. Fraß in der Eichel: Drahtwürmer 161, Balaninus 182, Laspeyresia splendana 201. Verzehren von Eicheln: Eichelhäher, Tannenhäher 248, Schwarzwild, Rotwild 256, Rehwild 258.

ERLE, *Alnus* spec. **Stamm:** F r a ß zwischen Rinde und Holz: Dicerca aenea, Lampra rutilans 163, Agrilus 164, Dryocoetes alni 188; im Holz: Cryptorrhynchus lapathi 181, Synanthedon spheciformis, S. culiciformis 208. B r a u n f l e c k i g k e i t des Holzes: Dizygomyza 226. **Ast** und **Zweig:** Galle: Epinotia tetraquetrana 200. Hexenbesen: Taphrina epiphylla 87. Absterben: Ditopella ditopa 95, Valsa oxystoma 97. **Trieb:** Sichkrümmen und Verdorren: Psylla alni 145. **Knospe:** Fraß: Argyresthia albistria 198. **Blatt:** Galle: Taphrina tosquinetii 87. Flecken: Gnomoniella tubiformis 95. Verfärben und Absterben: Bakterien 83. Wickel: Deporaus betulae 173. F r a ß : Galerucella lineola, Agelastica alni, Melasoma aenea 172, Otiorrhynchus niger 174, Rhynchaenus testaceus 182, Epinotia tetraquetrana 200, Eriocampa, Croesus, Hemichroa, Nematinus, Cimbex connata 237; Minierfraß: Rhynchaenus testaceus 182, Coleophora serratella 198. **Frucht:** Galle: Taphrina alni-incanae 87. Wülste: Sclerotinia alni 105. Verzehren von Samen: Erlenzeisig 249.

ESCHE, *Fraxinus excelsior* L. **Stamm:** Läuse: Pseudochermes fraxini 152. Grind: Leperesinus varius 187. Krebs: Bakterien 82, Nectria 91. Rindennekrose: Hysterographium fraxini 109. Absterben des Kambiums: Winterfrost 46. F r a ß zwischen Rinde und Holz: Poecilonota variolosa 163, Scolytus scolytus, Hylesinus crenatus, Leperesinus varius 187; im Holz: Platypus 197. F ä u l e im Holz, ggf. Fruchtkörper: Hydnum coralloides 120, Inonotus hispidus 122. Frostkern 51. **Ast** und **Zweig:** Krebs: Bakterien 82, Nectria 91. Rindennekrose: Hysterographium fraxini 109. Fraß zwischen Rinde und Holz: Hylesinus crenatus, H. oleiperda, Leperesinus varius 187. **Trieb:** Läuse: Prociphilus bumeliae 148. Sichkrümmen und Verdorren: Psyllopsis fraxini 146. **Knospe:** Fraß: Stereonychus fraxini 181, Prays curtisellus 198. **Blatt:** Läuse: Prociphilus fraxini 148. Flecken: Mycosphaerella maculiformis 108, Venturia fraxini 109. Sichkrümmen und Verdorren: Psyllopsis fraxini 146. Galle: Dasyneura 223. F r a ß : Lytta vesicatoria 165, Stereonychus fraxini 181, Prays curtisellus 198, Tomostethus nigritus 237; Minierfraß: Prays curtisellus 198. **Blüte:** Galle: Aceria fraxinivora 137.

ESSKASTANIE, *Castanea sativa* Mill. **Wurzel:** Fäule: Phytophthora cambivora 86. **Stamm:** Rindennekrose: Phytophthora cambivora 86, Endothia parasitica 97, Fusiococcum quercus 108. Fraß zwischen Rinde und Holz: Scolytus intricatus, Dryocoetes villosus 188; im Holz: Cerambyx scopolii 169, Xyleborus monographus, X. dryographus 196, Platypus 197. **Ast** und **Zweig:** Eichenmistel 131. Rindennekrose: Phytophthora cambivora 86, Endothia parasitica 97, Fusiococcum quercus 108. **Trieb:** Welken: Endothia parasitica 97. **Blatt:** Flecken: Mycosphaerella maculiformis 108. Welken und Vergilben: Phytophthora cambivora 86, Endothia parasitica 97. Wickel: Attelabus nitens 173. Minierfraß: Tischeria complanella 198. **Frucht:** Fraß im Innern: Balaninus elephas 182, Laspeyresia splendana 201.

FICHTE, *Picea abies* Karst., auch Stech- oder Blaufichte, *Picea pungens* Engelm. Ackersterbe 349, Fichtensterben 350. Blitzloch 59. **Jungpflanze:** Absterben: Armillariella mellea 128, Nematoden 134. Fraß am Stämmchen: Hylobius 176, Pissodes notatus 179, Dryocoetes autographus 192, Hylastes cunicularius 194; an Nadeln: Cnephasia incertana, Eana argentana 204. **Wurzel:** Nematoden 134. Läuse: Rhizomaria piceae 148. **Stamm:** Hitzeriß 67. Kropf 334. Läuse: Pineus pineoides 152. Rindennekrose: Bakterien 83, Nectria cucurbitula 92, Gastrodes 144. Fraß in der Rinde: Anobium emarginatum 164; zwischen Rinde und Holz: Phaenops cyanea, Anthaxia quadripunctata 163, Tetropium 167, Pissodes 180, Blastophagus piniperda 188, B. minor, Ips acuminatus, Orthotomicus laricis 189, Dendroctonus micans, Hylurgops, Xylechinus pilosus, Polygraphus 190, Ips typographus 191, Ips amitinus, Pityogenes chalcographus, Cryphalus, Dryocoetes autographus 192, Ips cembrae 194, Laspeyresia 204; im Holz: Serropalpus barbatus 165, Monochamus 168, Clytus lama 169, Siricidae 237, Camponotus 244; in verharzten Teilen: Dioryctria splendidella 206, D. abietella 207. Bläue: Ceratocystis 90. Rotstreifigkeit: Stereum sanguinolentum 119. Fäule im Holz, ggf. Fruchtkörper: Fomes annosus 122, Antrodia serialis, Fomitopsis pinicola, Gloeophyllum abietinum, G. odoratum 126, Pleurotus mitis 129. **Ast** und **Zweig:** Läuse: Cinaropsis 147, Physokermes 153. Fraß zwischen Rinde und Holz: Anthaxia quadripunctata 163, Pityogenes bidentatus 189, Crypturgus cinereus 190, Phthorophloeus spinulosus, Pityophthorus 192, Crypturgus pusillus 193. **Trieb:** Läuse: Cinaropsis pilicornis 147, Physokermes 153. Gallen: Pineus cembrae, Aphrastasia pectinatae 149, Sacchiphantes viridis, S. abietis, Adelges laricis, A. tardus 151, Dasyneura abietiperda, D. piceae 224. Absterben: Botrytis cinerea 104, Scleroderris lagerbergii 107, Septoria parasitica, Pestalotia versicolor 111. Fraß außen: Elateridae 161, Phyllobius arborator, Polydrosus 175, Hylobius 176, Parasyndemis histrionana 204; im Innern: Magdalis 180, Blastotere glabratella, B. bergiella 199, Dioryctria abietella 207. **Knospe:** Galle: Trisetacus grosmanni 137. Absterben: Cucurbitaria piceae 108. Fraß außen: Strophosomus melanogrammus 175; im Innern: Blastotere glabratella, B. bergiella 199, Epinotia nigricana 205. Verbiß: Fichtenkreuzschnabel 249. **Nadel:** Läuse: Liosomaphis abietina 147, Physokermes, Nuculaspis abietis 153. Verfärbung, ggf. Abfallen: Frostschütte 46, Lophodermium macrosporum, L. piceae, L. abietis 102, Rhizosphaera kalkhoffii 111, Chrysomyxa 116, Oligonychus ununguis 136, Liosomaphis abietina 147. Fraß: Lagria hirta 165, Otiorrhynchus niger 174, Strophosomus melanogrammus 175, Parasyndemis histrionana 204, Ectropis bistortata 210, Lymantria monacha 214, Orgyia recens 217, Lasiocampa quercus, Hyloicus pinastri 220, Gilpinia, Pristiphora abietina 234, P. ambigua, P. saxeseni, Pachynematus 235; mit Gespinst: Epinotia tedella 203, E. nanana, E. pygmaeana, Parasyndemis histrionana, Zeiraphera ratzeburgiana 204, Z. diniana 205, Cephalcia abietis, C. arvensis, C. erythrogastra 231; Minierfraß: Recurvaria piceaella 199, Epinotia tedella 203, E. nanana, E. pygmaeana 204. **Frucht:** Äzidien am Zapfen: Pucciniastrum areolatum 115. Insekten im Zapfen: Gastrodes abietum 144, Ernobius 164, Laspeyresia strobilella 204, Dioryctria abietella, Assara terebrella 207, Kaltenbachiola strobi 224, Lasiomma anthracina 226. Insekten im Samen: Plemeliella abietina 224, Megastigmus strobilobius 239. Verzehren von Samen: Fichtenkreuzschnabel 249.

HAINBUCHE, *Carpinus betulus* L. **Stamm:** Rindennekrose: Dermatea carpinea 104. Fraß zwischen Rinde und Holz: Scolytus scolytus 187, S. intricatus, S. carpini 188; im Holz: Plagionotus arcuatus 170. **Ast** und **Zweig:** Hexenbesen: Taphrina carpini 87. **Blatt:** Mehltau: Phyllactinia suffulta 88. Flecken: Mycosphaerella maculiformis 108. Verfärben und Absterben: Eotetranychus carpini 137. Wickel: Deporaus betulae 173. Fraß: Collotois pennaria, Frostspanner 210.

KIEFER, *Pinus silvestris* L., auch Bergkiefer, *Pinus mugo* Turra. Ackersterbe 349. Kiefernsterben 352. **Keimling:** Keimlingsfäule: Moniliopsis klebahni 113. Fraß: Argyrotaenia pulchellana 202, Agrotis 213. **Jungpflanze:** Kuckucksspeichel: Cercopis sanguinolenta 145. Absterben: Fomes annosus 122, Armillariella mellea 128. Fraß: Phylan gibbus, Melanimon tibiale, Opatrum sabulosum 166, Hylobius

176, Coniocleonus glaucus 178, Pissodes notatus 179, Hylurgus ligniperda, Hylastes 194, Agrotis 213; mit Gespinst: Acantholyda hieroglyphica 231. **Wurzel:** Fraß: Brachyderes incanus, Scythropus mustela 175, Agrotis 213, Thereva annulata 225. **Stamm:** Läuse: Matsucoccus pini 153. Kropf 334. Krebs: Crumenula sororia 107. Kienzopf: Peridermium pini 115. Rindennekrose: Nectria cucurbitula 92, Aradus cinnamomeus 144. Fraß zwischen Rinde und Holz: Chalcophora mariana, Phaenops cyanea, Anthaxia quadripunctata, Chrysobothris solieri 163, Tetropium 167, Acanthocinus aedilis 168, Pissodes 179. Blastophagus piniperda 188, B. minor, Ips, Orthotomicus 189, Dendroctonus micans, Hylurgops palliatus 190, Polygraphus, Ips typographus 191, Ips amitinus, Pityogenes chalcographus, Cryphalus 192, Laspeyresia 204; im Holz: Serropalpus barbatus 165, Monochamus 168, Clytus lama 169, Siricidae 237, Camponotus 244; in verharzten Teilen: Dioryctria splendidella 206. Bläue im Holz: Ceratocystis, Leptographium lundbergii 90, Discula pinicola 98, Sclerophoma pityophila, Allantophoma nematospora 110, Alternaria humicola, A. tenuis 112. Fäule im Holz, ggf. Fruchtkörper: Sparassis crispa, Irpex fuscoviolaceus, Phellinus pini 120, Onnia tomentosa 121, Fomes annosus 122, Phaeolus schweinitzii 125, Fomitopsis pinicola 126. **Ast** und **Zweig:** Galle: Trisetacus pini 137. Krebs: Crumenula sororia 107. Absterben: Sclerophoma pityophila 110. Läuse: Pineus pini, P. orientalis 149. Fraß zwischen Rinde und Holz: Anthaxia quadripunctata, Chrysobothris solieri 163, Pogonochaerus fasciculatus 168, Carphoborus minimus 189, Pityogenes, Crypturgus cinereus 190, Pityophthorus 192. **Trieb:** Krümmung: Melampsora pinitorqua 117, Rhyacionia buoliana 202. Galle: Petrova resinella 203. Läuse: Cinara pini, C. piniphila, Cinaria nuda 147, Pineus pini, P. orientalis 149. Absterben: Cenangium ferruginosum 106, Peridermium pini 115, Melampsora pinitorqua 117. Fraß außen: Barbitistes constrictus 141, Amphimallon solstitiale 158, Cantharis fusca 159, Elateridae 161, Monochamus galloprovincialis 168, Cryptocephalus pini, Luperus pinicola 173, Philophedon plagiatus, Polydrosus 175, Hylobius 176, Anthonomus varians 180, Archips piceana 201; im Innern: Ernobius nigrinus 165, Pissodes validirostris, Magdalis 180, Blastophagus piniperda 188, B. minor 189, Pityophthorus glabratus 190, Rhyacionia buoliana 202, R. duplana 203. **Knospe:** Deformation: Trisetacus pini 137. Fraß: Phaedon cochleariae 173, Strophosomus 175, Exoteleia dodecella 198, Rhyacionia buoliana 202, R. pinicolana, R. pinivorana, Blastethia turionella, B. posticana 203. **Nadel:** Gelbe Blasen: Coleosporium 117. Läuse: Protolachnus agilis 147, Nuculaspis abietis 151. Knickung: Contarinia baeri 223. Verkürzung und Verfärbung: Brachonyx pineti 180, Thecodiplosis brachyntera 223. Verfärbung, ggf. Abfallen: Phacidium infestans 97, Lophodermium pinastri 99, Lophodermella sulcigena 102, Cenangium ferruginosum 106, Sclerophoma pityophila 110, Rhizosphaera kalkhoffii 111, Camptozygum pinastri 144. Fraß: Barbitistes constrictus 141, Polyphylla fullo, Amphimallon solstitiale 158, Cryptocephalus pini, Luperus pinicola 173, Brachyderes incanus, Philopedon plagiatus, Strophosomus, Scythropus mustela, Neliocarus lateralis 175, Brachonyx pineti, Anthonomus varians 180, Rhyacionia buoliana 202, Blastethia turionella 203, Bupalus piniarius 208, Hylaea fasciaria, Semiothisa liturata, Ectropis bistortata 210, Panolis flammea 212, Lymantria monacha 214, Orgyia recens 217, Thaumetopoea pinivora, Dendrolimus pini 218, Hyloicus pinastri 220, Diprion pini 232, D. similis 233, Neodiprion sertifer, Microdiprion pallipes, Gilpinia 234; mit Gespinst: Ocnerostoma piniariella 198, Archips piceana 201, Zeiraphera diniana 205, Thaumetopoea pityocampa 218, Acantholyda posticalis, A. erythrocephala 230; Minierfraß: Ocnerostoma piniariella, Exoteleia dodecella 198. **Blüte:** Fraß: Anthonomus varians 180. **Frucht:** Insekten im Zapfen: Gastrodes grossipes 144, Ernobius abietinus 164, Pissodes validirostris 180. Insektenfraß im Samen: Ephestia elutella 207. Verzehren von Samen: Kiefernkreuzschnabel 249.

LÄRCHE, *Larix decidua* Mill. und *Larix leptolepis* Gord. Lärchensterben 352. **Keimling:** Keimlingsfäule: Moniliopsis klebahni 113. **Jungpflanze:** Korbwuchs: Frost 46. Fraß: Hylobius 176, Pissodes notatus 179. **Stamm:** Läuse: Sacchiphantes 151. Krebs: Lachnellula willkommii 105. Rindennekrose: Nectria cucurbitula 92; mit Einschnürung: Phomopsis pseudotsugae 97. Fraß zwischen Rinde und Holz: Tetropium castaneum, T. fuscum 167, T. gabrieli 168, Pissodes notatus 179, Blastophagus piniperda 188, Orthotomicus laricis 189, Ips typographus 191, Dryocoetes autographus 192, Ips cembrae, Cryphalus intermedius 194; im Holz: Serropalpus barbatus 165, Clytus lama 169, Siricidae 237. Fäule, ggf. Fruchtkörper: Laricifomes officinalis 126. **Ast** und **Zweig:** Läuse: Cinaria laricis 147, Sacchiphantes 151. Krebs: Lachnellula willkommii 105. Absterben: Sclerophoma pityophila 110. Rindennekrose mit Einschnürung: Phomopsis pseudotsugae 97. Fraß zwischen Rinde und Holz: Pityogenes bidentatus 189, Cryphalus intermedius 194. **Trieb:** Herabhängen: Kupfermangel 72. Verfärbung und Verharzen: Taeniothrips laricivorus 142. Absterben: Botrytis cinerea 104, Lachnellula willkommii 105, Crumenula laricina 107. Läuse: Cinara laricicola 147, Cholodkovskya viridana 151. Galle: Laspeyresia zebeana 206. Fraß außen: Polydrosus atomarius 175, Clepsis spectrana 206; im

Innern: Ips cembrae 194, Blastotere laevigatella 199. **Knospe:** Galle: Dasyneura laricis 224. Fraß im Innern: Dryophilus pusillus 165. **Nadel:** Läuse: Sacchiphantes, Adelges laricis 151. Verfärben und Abfallen: Lophodermium laricinum, Hypodermella laricis 103, Mycosphaerella laricina 108, Meria laricis 112, Taeniothrips laricivorus 142. Fraß: Coleophora laricella 199, Ectropis bistortata, Biston betularia 210, Lasiocampa quercus, Hyloicus pinastri 220, Pristiphora, Pachynematus, Anoplonyx 236; mit Gespinst: Zeiraphera diniana 205, Cephalcia lariciphila, Acantholyda laricis 232; Minierfraß: Coleophora laricella 199. **Frucht:** Insekten im Zapfen: Lasiomma laricicola 226; im Samen: Megastigmus pictus 239. Verzehren von Samen: Fichtenkreuzschnabel 249.

LINDE, *Tilia* spec. **Jungpflanze:** Welken und Absterben: Verticillium 112. **Stamm:** Wanzen: Pyrrhocoris apterus 144. Fraß zwischen Rinde und Holz: Lampra rutilans 163, Agrilus 164, Cryphalops tiliae 188. **Blatt:** Flecken: Mycosphaerella maculiformis 108, Cercospora microsora 112. Verfärben und Absterben: Cercospora microsora 112, Eotetranychus tiliarum 137. Fraß: Acronycta aceris 213, Phalera bucephala 218, Caliroa annulipes 237. **Blüte:** Flecken: Cercospora microsora 112.

PAPPEL, *Populus* spec. **Jungpflanze:** Umschlingung: Cuscuta 131. Kuckucksspeichel: Aphrophora salicina 145. Rindennekrose: Dothichiza populea 95, Dothiorella populnea 109, Phoma urens 110. **Wurzel:** Fraß: Lepyrus palustris 178. **Stamm:** Läuse: Stomaphis quercus, S. longirostris 147, Phloeomyzus redelei 148. Krebs: Bakterien 82, Nectria 91. Rindennekrose: Braunfleckengrind 96, Hypoxylon mammatum 95, Dothiorella populnea 109. Fraß zwischen Rinde und Holz: Poecilonota variolosa, Melanophila picta 163, Agrilus ater 164, Scolytus scolytus, S. multistriatus 187, S. intricatus, Trypophloeus 188; im Holz: Xylotrechus rusticus, Lamia textor, Saperda carcharias 170, Cryptorrhynchus lapathi 181, Cossus cossus 207, Aegeria apiformis 208. Braunfleckigkeit des Holzes: Dizygomyza 226. Verstocken des Holzes: Stereum purpureum 119. Fäule im Holz, ggf. Fruchtkörper: Stereum purpureum 119, Phellinus igniarius, P. tremulae 122, Bjerkandera adusta 126, Pleurotus ostreatus 128. **Ast** und **Zweig:** Krebs: Bakterien 82, Nectria 91, Valsa sordida 96. Rindennekrose: Dothichiza populea 95, Aphrophora salicina 145. Galle: Saperda populnea 171, Paranthrene tabaniformis 208, Helicomyia saliciperda 222. **Trieb:** Läuse: Pterocomma populeum, P. tremulae 147. Galle: Saperda populnea 171, Paranthrene tabaniformis 208. Absterben: Septotis podophyllina 104, Pollaccia radiosa 109. Fraß im Innern: Saperda populnea 171, Gypsonoma aceriana 200. **Knospe:** Wucherung: Aceria populi 137. Fraß im Innern: Gypsonoma oppressana, G. aceriana 200. **Blatt:** Mehltau: Uncinula salicis 88. Rost: Melampsora 117, 118. Flecken: Marssonina 103, Septotis podophyllina 104, Septoria populi 108, Pollaccia radiosa, P. elegans 109, Phyllosticta populina, Titaeosporina tremulae 111. Verfärbung und Absterben: Marssonina 103, Pollaccia radiosa 109, Tetranychus urticae 137, Idiocerus laminatus, I. decimusquartus 145. Galle: Taphrina aurea 87, Asiphon tremulae, Pachypappa marsupialis, P. vesicalis, Pemphigus, Thecabius affinis 148. Wickel oder Röhren: Byctiscus populi 173, Pamphilius 232. Fraß: Lytta vesicatoria 165, Saperda carcharias 170, S. populnea 171, Melasoma, Phyllodecta, Plagiodera versicolor, Lochmaea capreae, Galerucella lineola 172, Lepyrus palustris 178, Rhynchaenus populi 182, Leucoma salicis 216, Cerura vinula, Clostera anastomosis 218, Trichiocampa viminalis, Stauronema compressicornis, Cimbex lutea, Pseudoclavellaria amerinae 237; Minierfraß: Zeugophora flavicollis 172, Rhynchaenus populi 182, Cemiostoma susinella, Phyllocnistis suffusella 198, Phytagromyza populi 226.

ROTEICHE, *Quercus borealis* Michx., siehe Eiche, S. 459.

RÜSTER, *Ulmus* spec., siehe Ulme, S. 463.

SCHWARZKIEFER, *Pinus nigra* Arn. **Jungpflanze:** Fraß: Hylobius 176; mit Gespinst: Acantholyda hieroglyphica 231. **Stamm:** Fraß zwischen Rinde und Holz: Blastophagus piniperda 188, B. minor, Ips 189. **Ast** und **Zweig:** Fraß zwischen Rinde und Holz: Pityogenes trepanatus 190. **Trieb:** Krümmung: Melampsora pinitorqua 117. Absterben: Scleroderris lagerbergii 107, Melampsora pinitorqua 117. Fraß im Innern: Blastophagus piniperda 188, B. minor 189. **Nadel:** Verkürzung und Verfärbung: Thecodiplosis brachyntera 223. Verfärben, ggf. Abfallen: Lophodermium pinastri 99, Scleroderris lagerbergii 107. Fraß: Strophosomus capitatus 175, Diprion pini 232, Neodiprion sertifer 234; mit Gespinst: Acantholyda erythrocephala 230. **Frucht:** Insekten im Samen: Megaselia rufipes 225.

SITKAFICHTE, *Picea sitchensis* Carr. **Jungpflanze: Fraß:** Hylobius 176. **Stamm:** Rindennekrose und Krebs: Nectria cucurbitula 92. Fraß zwischen Rinde und Holz: Dendroctonus micans 190. Fäule im Holz, ggf. Fruchtkörper: Sparassis crispa 120. **Trieb:** Galle: Gilletteella cooleyi 151. Stauchung und Krümmung: Taeniothrips pini 144. Absterben: Botrytis cinerea 104. **Nadel:** Läuse: Liosomaphis abietina 147. Verfärben und Abfallen: Oligonychus ununguis 136, Liosomaphis abietina 147. Fraß: Strophosomus capitatus 175; mit Gespinst: Zeiraphera ratzeburgiana 204.

STROBE, *Pinus strobus* L. **Jungpflanze:** Absterben: Cronartium ribicola 116; mit Einschnürung: Phoma pithya 110. Fraß: Hylobius 176; mit Gespinst: Acantholyda hieroglyphica 231. **Stamm:** Läuse: Eopineus strobi 149. Schwellung mit Harzfluß: Cronartium ribicola 116. Fraß zwischen Rinde und Holz: Pissodes 179, Blastophagus piniperda 188, B. minor, Orthotomicus 189, Pityogenes chalcographus, Dryocoetes autographus 192; in verharzten Teilen: Dioryctria splendidella 206. Fäule im Holz: Sparassis crispa 120. **Ast** und **Zweig:** Einschnürung: Phoma pithya 110. Läuse: Eopineus strobi 149. **Trieb:** Krümmung: Melampsora pinitorqua 117. Absterben: Hypoderma brachysporum 102, Scleroderris lagerbergii 107, Melampsora pinitorqua 117. Fraß im Innern: Blastophagus piniperda 188, B. minor 189. **Nadel:** Knickung: Eopineus strobi 149. Verfärben und Abfallen: Lophodermium pinastri 99, Hypoderma brachysporum 102. Fraß: Strophosomus capitatus 175, Panolis flammea 212, Diprion pini 232, D. similis 233, Neodiprion sertifer 234; mit Gespinst: Acantholyda erythrocephala 230. **Frucht:** Insekten im Samen: Megastigmus zwölferi 239.

TANNE, *Abies alba* Mill. Tannensterben 351. **Keimling:** Keimlingsfäule: Moniliopsis klebahni 113. **Jungpflanze:** Läuse: Dreyfusia merkeri 150. Fraß: Hylobius 176. **Wurzel:** Läuse: Prociphilus fraxini, P. bumeliae 148. Fraß: Otiorrhynchus scaber 174. S t a m m : Läuse: Dreyfusia nordmannianae 149, D. merkeri, D. piceae 150. Krebs: Melampsorella caryophyllacearum 114. Rindennekrose: Nectria cucurbitula 92. F r a ß zwischen Rinde und Holz: Rhagium inquisitor 169, Pissodes piceae 180, Orthotomicus laricis 189, Dendroctonus micans 190, Dryocoetes autographus 192, Pityokteines, Cryphalus piceae 193, Laspeyresia 204; im Holz: Serropalpus barbatus 165, Monochamus 168, Siricidae 237, Camponotus 244. Fäule im Holz, ggf. Fruchtkörper: Panellus mitis 129, Pholiota adiposa 130. Rotstreifigkeit: Stereum sanguinolentum 119. Bläue: Ceratocystis piceae 90. Frostkern 51. **Ast** und **Zweig:** Läuse: Buchneria pectinatae 147, Dreyfusia nordmannianae 149, D. merkeri 150. Hexenbesen und Krebs: Melampsorella caryophyllacearum 114. Absterben mit Einschnürung: Phoma abietina 110. F r a ß zwischen Rinde und Holz: Pityogenes bidentatus 189, P. quadridens 190, Cryphalus piceae 193. **Trieb:** Läuse: Mindarus abietinus 148, Dreyfusia nordmannianae 149, D. merkeri 150. Absterben: Botrytis cinerea 104. Fraß im Innern: Blastophagus piniperda 188, B. minor 189, Blastotere sergiella 199. **Knospe:** Fraß im Innern: Blastotere sergiella 199, Choristoneura murinana 204, Zeiraphera rufimitrana, Epinotia nigricana 205. Verbiß: Eichelhäher 248, Fichtenkreuzschnabel 249. **Nadel:** Läuse: Aphrastasia pectinatae, Dreyfusia nordmannianae 149, D. merkeri 150, Nuculaspis abietis 153. V e r f ä r b e n , ggf. Abfallen: Herpotrichia parasitica 93, Lophodermium abietis, L. nervisequium 102, Rhizosphaera kalkhoffii 111, Pucciniastrum goeppertianum, P. epilobii 115, Trisetacus abietis 137, Liothrips setinodis 144, Agevillea abietis 224. Fraß mit Gespinst: Choristoneura murinana 204, Zeiraphera rufimitrana 205; Minierfraß: Argyresthia fundella 199. **Frucht:** Insekten im Z a p f e n : Assara terebrella 207, Lonchaea viridana 226. Insekten im S a m e n : Resseliella piceae 224, Megastigmus suspectus 239.

ULME, *Ulmus* spec. Ulmensterben 88. **Jungpflanze:** Läuse: Gossyparia spuria 152. Welken und Absterben: Verticillium 112. **Stamm:** Läuse: Gossyparia spuria 152. Rindenrose: Pteleobius 187. F r a ß zwischen Rinde und Holz: Anthaxia manca 163, Saperda punctata 170, Scolytus, Pteleobius 187; im Holz: Cerambyx scopolii 169, Xyleborus monographus, X. dryographus 196. Fäule im Holz, ggf. Fruchtkörper: Hydnum coralloides 120, Fomes fomentarius 127. **Ast** und **Zweig:** Läuse: Gossyparia spuria 152. Krebs: Cucurbitaria naucosa 108. Absterben: Ceratocystis ulmi 88, Diaporthe eres 95. Fraß zwischen Rinde und Holz: Anthaxia manca 163, Scolytus laevis 187. **Trieb:** Läuse: Gossyparia spuria 152. Sichkrümmen und Verdorren: Psylla ulmi 146. Welken und Absterben: Ceratocystis ulmi 88. Fraß: Scolytus 187. **Blatt:** Läuse Gossyparia spuria 152. G a l l e : Aceria filiformis 137, Schizoneura lanuginosa, S. ulmi, Colopha compressa, Byrsocrypta ulmi, Kaltenbachiella pallida 148. V e r f ä r b e n und Absterben: Bakterien 83, Ceratocystis ulmi 88, Metatetranychus ulmi 137. Flecken: Mycosphaerella ulmi 108, Dothidella ulmi 109. F r a ß : Galerucella luteola 173, Rhynchaenus alni 182, Acronycta aceris 213.

WEIDE, *Salix* spec. **Jungpflanze:** Umschlingung: Cuscuta 131. Kuckucksspeichel: Aphrophora salicina 145. **Wurzel:** Fraß: Lepyrus palustris 178. **Stamm:** Läuse: Stomaphis quercus, S. longirostris 147. Rindennekrose: Glomerella miyabeana 94, Cryptodiaporthe salicella 96. Fraß zwischen Rinde und Holz: Agrilus sexguttatus 164, Scolytus scolytus 187, S. intricatus 188; im Holz: Aromia moschata, Lamia textor, Saperda carcharias 170, Cryptorrhynchus lapathi 181, Cossus cossus 207, Synanthedon formicaeformis 208. Braunfleckigkeit des Holzes: Dizygomyza 226. Fäule im Holz, ggf. Fruchtkörper: Phellinus igniarius 122, Trametes suaveolens 127, Pleurotus ostreatus 128. **Ast** und **Zweig:** Galle: Saperda populnea 171, Helicomyia saliciperda, Rhabdophaga salicis 222, Euura atra 237. Welken und Absterben: Bakterien 82, Glomerella miyabeana 94, Cryptomyces maximus 99, Pollaccia saliciperda 109, Aphrophora salicina 145. Fraß zwischen Rinde und Holz: Gracilia minuta 172. **Trieb:** Galle: Saperda populnea 171, Rhabdophaga 222. Rindenschorf: Marssonina salicicola 104. Absterben: Bakterien 82, Glomerella miyabeana 94, Cryptodiaporthe salicella 96, Pollaccia saliciperda 109. Fraß außen: Barypithes araneiformis 176, Lepyrus palustris 178, Cryptorrhynchus lapathi 181, Earias chlorana 213; im Innern: Oberea oculata 171, Euura amerinae 237. **Knospe:** Galle: Euura mucronata 237. Fraß: Barypithes araneiformis 176. **Blatt:** Galle: Dasyneura marginemtorquens 223. Mehltau: Uncinula salicis 88, Rost: Melampsora amygdalinae, M. larici-caprearum 118. Flecken: Glomerella miyabeana 94, Rhytisma salicinum 103, Marssonina salicicola, Septotis podophyllina 104, Pollaccia saliciperda 109. Verfärben und Absterben: Tetranychus urticae 137. Fraß: Coccinella septempunctata 165, Saperda carcharias 170, Melasoma, Phyllodecta, Plagiodera versicolor, Lochmaea capreae, Galerucella lineola 172, Lepyrus palustris 178, Rhynchaenus populi 182, Earias chlorana 213, Leucoma salicis 216, Phalera bucephala, Cerura vinula, Clostera anastomosis 218, Nematus salicis, Trichiocampus viminalis, Stauronematus compressicornis, Caliroa annulipes, Pseudoclavellaria amerinae 237; in Röhre: Pamphilius 232; Minierfraß: Zeugophora flavicollis 172. **Blüte:** Mißbildung: Rhabdophaga heterobia 223.

WEYMOUTHSKIEFER, *Pinus strobus* L., siehe Strobe, S. 463.

ZIRBELKIEFER, *Pinus cembra* L., siehe Arve, S. 457.

SACHREGISTER

Wenn mehrere Hinweise gegeben sind, verweist die fettgedruckte Seitenzahl auf die ausführliche Darstellung

Von Prof. em. Dr. Dr. h. c. Fritz Schwerdtfeger erschienen ferner:

Ökologie der Tiere

Ein Lehr- und Handbuch in drei Teilen
Band I: Autökologie: Die Beziehungen zwischen Tier und Umwelt. 2., neubearb. Aufl. 1977. 460 Seiten mit 268 Abb. und 55 Übersichten. Ln. 120,– DM
Band II: Demökologie: Struktur und Dynamik tierischer Populationen. 2., neubearb. Aufl. 1979. 450 Seiten mit 249 Abb. und 55 Übersichten. Ln. 120,– DM
Band III: Synökologie: Struktur, Funktion und Produktivität mehrartiger Tiergemeinschaften. Mit einem Anhang: Mensch und Tiergemeinschaft. 1975. 451 Seiten mit 118 Abb. und 125 Übersichten. Ln. 98,– DM

Lehrbuch der Tierökologie

1978. 384 Seiten mit 164 Abb. und 57 Übersichten. Balacron brosch. 48,– DM

Grundzüge der Waldhygiene

Wege zur ökologischen Regelung. Ein Leitfaden. Von Prof. Dipl.-Ing. Dr. ERWIN SCHIMITSCHEK. 1969. 167 Seiten mit 44 Abb. und 24 Tabellen. Ln. 40,– DM

Die Bestimmung von Insektenschäden im Walde nach Schadensbild und Schädling

Von Prof. Dipl.-Ing. Dr. ERWIN SCHIMITSCHEK. 1955. 196 Seiten mit 290 Abb. Ln. 24,– DM

Lehrbuch der Entomologie

Von Prof. Dr. H. EIDMANN. 2. Auflage, neubearbeitet von Dr. FR. KÜHLHORN. 1970. 631 Seiten mit 964 Abb. Ln. 75,– DM

Die Mikrosporidien als Parasiten der Insekten

Von Dr. J. WEISER. „Monographien zur angewandten Entomologie", Nr. 17. 1961. 149 Seiten mit 60 Abb. und 6 Tafeln. Brosch. 34,– DM

Zeitschrift für angewandte Entomologie – Journal of Applied Entomology

Begründet 1914 von K. ESCHERICH. Hrsg. von W. SCHWENKE, München. Erscheinungsweise: im Abstand von 4–6 Wochen ein Heft von ca. 112 Seiten. Abo.-Preis (1981) 374,– DM, zzgl. Versandkosten. Das Abonnement verpflichtet zur Abnahme jeweils kompletter Bände. Einzelhefte außerhalb des Abonnements 82,– DM

Parasitäre Krankheiten und Schäden an Gehölzen

Von Prof. Dr. Dipl.-Ing. WALTER MENZINGER und Ing. (grad.) HERBERT SANFTLEBEN. 1980. 264 Seiten, davon 48 als loser Anhang, mit 8 Übersichten und 55 Abb. Balacron gebunden 58,– DM

Leitfaden der Forstzoologie und des Forstschutzes gegen Tiere

Für Studium und Praxis. Von Prof. Dr. WOLFGANG SCHWENKE. „Pareys Studientexte", Nr. 32. 1981. Ca. 200 Seiten mit 420 Einzeldarstellungen in 126 Abb. und 9 Tabellen. Balacron brosch. ca. 29,– DM

Die Raupen und Puppen der Eichenschmetterlinge Mitteleuropas

Von Dr. JAN PATOČKA. Beiheft zur „Zeitschrift für angewandte Entomologie". 1980. 188 Seiten mit 957 Abb. Kart. 56,– DM; für Bezieher der Zeitschrift 50,40 DM

Allgemeine Botanik für Forstwirte

Ein Leitfaden für Studium und Praxis. Von Prof. Dr. PETER SCHÜTT und Prof. Dr. WERNER KOCH, unter Mitarbeit von Dr. HANS JOACHIM SCHUCK. „Pareys Studientexte", Nr. 17. 1978. 265 Seiten mit 160 Abb. und 7 Tabellen. Balacron brosch. 39,– DM

Die Forstschädlinge Europas

Ein Handbuch in fünf Bänden. Unter Mitwirkung zahlr. Wissenschaftler, hrsg. von Prof. Dr. WOLFGANG SCHWENKE
Band I: Würmer, Schnecken, Spinnentiere, Tausendfüßler und hemimetabole Insekten. 1972. X, 464 Seiten mit 172 Abb. Ln. Subskriptionspreis 164,– DM. Einzelpreis 196,– DM
Band II: Käfer. 1974. VIII, 500 Seiten mit 200 Abb. Ln. Subskriptionspreis 269,– DM. Einzelpreis 323,– DM
Band III: Schmetterlinge. 1978. VIII, 467 Seiten mit 244 Abb. Ln. Subskriptionspreis 296,– DM. Einzelpreis 355,– DM
Band IV: Hautflügler und Zweiflügler. Ca. 450 Seiten mit 181 Abb. Erscheint voraussichtlich 1981
Band V: Wirbeltiere. Erscheint voraussichtlich 1982

Anzeiger für Schädlingskunde · Pflanzenschutz · Umweltschutz

Vereinigt mit „Schädlingsbekämpfung". Begründet 1925 von K. ESCHERICH und F. STELLWAAG. Herausgebergemeinschaft. Schriftleitung: W. SCHWENKE, München; Erscheint monatlich. Umfang eines Heftes: 16 Seiten zzgl. Umschlag. Bezugspreis (1981): jährlich 189,– DM, zzgl. Versandkosten. Einzelheft 17,50 DM

VERLAG PAUL PAREY · HAMBURG UND BERLIN

Grundriß der Forstbenutzung

Entstehung, Eigenschaften, Verwertung und Verwendung des Holzes und anderer Forstprodukte. Von Prof. Dr. W. Knigge und Doz. Dr. H. Schulz. 1966. 584 Seiten mit 208 Abb. und 44 Tabellen. Ln. 108,– DM

Wald · Mensch · Kultur

Ausgewählte Vorträge und Aufsätze zur Kulturgeschichte, zur Ökonomie des Forstwesens und zur Technik der Waldpflege. Von Prof. Dr. Dr. h. c. J. N. Köstler. 1967. 346 Seiten. Ln. 48,– DM

Die Wurzeln der Waldbäume

Untersuchungen zur Morphologie der Waldbäume in Mitteleuropa. Von Prof. Dr. Dr. h. c. J. N. Köstler, Olfm. a. D. Dr. E. Brückner und Ofm. Dr. H. Bibelriether. 1968. 284 Seiten mit 135 Abb. und 20 Tabellen. Ln. 68,– DM

European Journal of Forest Pathology

Journal Européen de Pathologie Forestière – Europäische Zeitschrift für Forstpathologie. Erscheint 1981 mit Band 11. Unter internationaler Mitwirkung zahlreicher Wissenschaftler. Schriftleitung: Prof. Dr. Peter Schütt, München. Erscheinungsweise: zweimonatlich. 7 Hefte von jeweils 64 Seiten zzgl. Zeitschriftenspiegel bilden einen Band. Abonnementspreis (1981) je Band 428,– DM zzgl. Versandkosten. Das Abonnement verpflichtet zur Abnahme kompletter Bände. Einzelbezugspreis der Hefte 67,– DM

Forstwissenschaftliches Centralblatt

Vereinigt mit „Tharandter Forstliches Jahrbuch". Begründet 1879. Unter Mitwirkung zahlreicher Wissenschaftler. Schriftleitung: Prof. Dr. Ulrich Ammer, München. Jeden zweiten Monat erscheint ein Heft von 48–64 Seiten. 6 Hefte bilden einen Band. Abonnementspreis (1981): je Band 146,– DM zzgl. Versandkosten. Das Abonnement verpflichtet zur Abnahme jeweils kompletter Bände. Einzelpreis der Hefte 27,– DM. Studenten der Forstwissenschaft und Forstreferendare, die sich noch nicht in vollbezahlter Anstellung befinden, erhalten gegen entsprechenden Nachweis einen Nachlaß von 20 % auf den Abonnementspreis.

Forstliche Bodenkunde

Von Prof. Dr.-Ing. S. A. Wilde. Aus dem Engl. übersetzt und in Gemeinschaft mit Prof. Dr.-Ing. S. A. Wilde für die deutsche Ausg. bearb. von Dr. Th. Keller, Dr. H. H. Krause und Dr. F. Richard. 1962. 239 Seiten mit 84 Abb. Ln. 38,– DM

Experimentelle Ökologie des Kulturpflanzenbaus

Probleme, Forschungsmethoden und Anwendungen in der Bodenkultur. Von Priv.-Doz. Dr. J. Barner. 1965. 213 Seiten mit 113 Abb. im Text und auf 4 Tafeln. Ln. 46,– DM

Die Eichen

Forstliche Monographie der Traubeneiche und der Stieleiche. Von Prof. Dr. J. Krahl-Urban. 1959. 288 Seiten mit 110 Abb. Ln. 54,– DM

Die Pappel

Anbau · Pflege · Verwertung. Ein Leitfaden für die Praxis. Unter der Redaktion von Prof. Dr. H. Zycha, bearb. von Prof. H. Zycha, Doz. Dr. E. Röhrig, Dipl.-Forstw. B. Rettelbach, Doz. Dr. W. Knigge. 1959. 121 Seiten mit 57 Abb. Ln. 14,– DM

Unkrautbekämpfung in der Forstwirtschaft

Die wichtigsten Unkräuter und neue Wege zu ihrer Bekämpfung. Von Dr. P. Burschel und Dr. E. Röhrig. 1960. 92 Seiten mit 72 Zeichnungen von R. Kliefoth und 2 Tabellen. Kart. 12,– DM

Forstliche Umschau

Referate über das forst- und holzwirtschaftliche Schrifttum. Erscheint 1981 im 24. Jahrgang. Unter Mitwirkung zahlreicher Wissenschaftler. Schriftleitung: Prof. Dr. Dr. Dr. h. c. Kurt Mantel, unter Mitwirkung von Prof. Dr. Josef Pacher, beide Freiburg/Br. Erscheinungsweise: vierteljährlich. Umfang je Heft: 96 Seiten. 4 Hefte (zzgl. jährlichem Bandinhaltsverzeichnis und Register) bilden einen Band. Abonnementspreis (1981): je Band 308,– DM zzgl. Versandkosten. Das Abonnement verpflichtet zur Abnahme kompletter Bände. Einzelbezugspreis der Hefte 85,– DM. Studenten der Forst- und Holzwirtschaft, die ihr Abschlußexamen noch nicht abgelegt haben und noch nicht vollbezahlt angestellt sind, erhalten gegen entsprechenden Nachweis einen Nachlaß von 15 % auf den Abonnementspreis.

Zu beziehen durch jede Buchhandlung
Preisstand: Sommer 1981.
Änderungen vorbehalten.
Fordern Sie das vollständige Gesamtverzeichnis „Forstwirtschaft" an.

VERLAG PAUL PAREY · HAMBURG UND BERLIN